中文翻译版

化妆品制剂与技术

Introduction to Cosmetic Formulation and Technology

第2版

原　著　〔美〕加布里埃拉·巴基
（Gabriella Baki）
主　译　白仁仁

WILEY

科学出版社
北京

图字：01-2025-0656号

内 容 简 介

本书是化妆品科学领域的经典著作，聚焦于化妆品研发基本原理与制剂技术，以“理论-技术-应用”三位一体架构，全面覆盖护肤、护发、彩妆及个人护理四大核心品类，深入解析洁肤、抗衰老、防晒、染发、彩妆等20余种产品的开发要点与技术细节。全书共五部分，第一部分介绍一般概念、成分类型、通用测试方法及美国相关立法概览。之后按应用部位和功能分类，从结构功能、基本原理到成分制剂、质量安全等多维度展开，详细讨论各类产品：第二部分聚焦护肤产品，涵盖洁肤、保湿、美白、抗痤疮等多种类型产品；第三部分介绍护发产品，包括洗发水、染发剂等；第四部分解析唇部、眼部、面部和指甲彩妆产品；第五部分概述其他个人护理产品，如口腔护理、脱毛产品等。每章均以“学习目标”“主要概念”引入，穿插“你知道吗？”趣味拓展，搭配“术语表”“缩略词表”辅助查阅。

本书结构设计清晰、案例丰富，兼具学术性与实用性，适用于对化妆品领域感兴趣的所有读者，尤其适合化妆品专业的师生、研发人员参考，也可为化妆品监管、营销从业者提供指导。

图书在版编目（CIP）数据

化妆品制剂与技术 ： 原书第2版 / （美） 加布里埃拉·巴基（Gabriella Baki） 著 ； 白仁仁主译. -- 北京 ： 科学出版社，2025. 8.
ISBN 978-7-03-081767-9

Ⅰ. TQ658

中国国家版本馆CIP数据核字第2025JK2448号

责任编辑：马晓伟　刘天然 / 责任校对：张小霞
责任印制：肖　兴 / 封面设计：龙　岩　白仁仁　罗世男

科学出版社 出版
北京东黄城根北街16号
邮政编码：100717
http://www.sciencep.com
三河市春园印刷有限公司印刷
科学出版社发行　各地新华书店经销
*
2025年8月第　一　版　开本：787×1092　1/16
2025年8月第一次印刷　印张：39　3/4
字数：922 000

定价：358.00元

（如有印装质量问题，我社负责调换）

《化妆品制剂与技术》（第2版）
译者名单

主　译　白仁仁

译　者　白仁仁　杭州师范大学

陈文超　杭州师范大学

蒋筱莹　杭州师范大学

初　春　沈阳医学院

王　鹏　中国药科大学

孙春萌　中国药科大学

李可欣　沈阳药科大学

田吉来　南京中医药大学

王　琰　中国食品药品检定研究院

王　悦　中国食品药品检定研究院

沈奇英　杭州师范大学

译者序

在生活中，化妆品不仅是提升个人形象、增强自信的重要工具，更融合了护肤保健、社交礼仪与情绪疗愈等多维价值。通过守护皮肤健康、延缓衰老、满足个性化审美需求，化妆品已然成为追求品质生活的必备之选。这一趋势推动了化妆品行业的蓬勃发展，使其成为融合尖端科技、美学创新与社会责任的核心产业。据估计，2025年我国化妆品市场规模或将逼近8000亿元。值得注意的是，我国化妆品市场的消费者群体正趋于年轻化，80后、90后和00后消费者的占比已超过60%。

遗憾的是，由于商业保密的需要、学术研究与产业实践的脱节、传播环节的利益干扰，以及跨学科认知的高门槛，导致非专业群体仅能接触经“过滤”后的碎片化信息，往往无法深入、全面地认识化妆品科学的全貌。国内虽不乏化妆品相关的书籍，但大多聚焦某个单一领域，鲜有从“配方设计”到“产品落地”的全流程解析，而系统阐述化妆品科学与制剂技术原理的综合性专著和教材更是少见。

《化妆品制剂与技术》（*Introduction to Cosmetic Formulation and Technology*）作为化妆品领域的经典著作，聚焦于化妆品研发的基本原理与制剂技术，全面而系统地阐述了该领域的基本概念、主要法规，以及各类产品研发的背景知识和制剂技术。书中采用“理论-技术-应用”三位一体的新颖架构，在介绍基本概念和法律规范的同时，以“应用场景”为脉络，巧妙地将护肤、护发、彩妆及其他个人护理产品等四大核心产品类型逐一拆解，既涵盖皮肤生理学、技术原理等基础理论，又深入探讨了产品开发和制剂技术的关键细节。该书全面而系统地介绍了洁肤、保湿、抗衰老、痤疮、美白、防晒、洗发护发、美发造型、染发、唇妆、眼妆、面妆、指甲护理、口腔与牙齿护理、脱毛、除臭与止汗、婴儿护理、女性卫生和美黑等20余种产品，堪称化妆品研发领域的百科全书。此外，为改变传统技术书籍晦涩难懂的固有印象，本书在结构设计上更是匠心独运。每一章均以“学习目标”和“主要概念”作为开篇，引导读者带着疑问阅读学习；正文部分巧妙穿插“你知道吗？”作为补充，进行相关知识拓展；并将“术语表”与“缩略词表”置于各章末，便于读者快速查阅关键信息。书中涉及的法规内容虽然是基于美国化妆品法规，但大多与国内相同、相通，对国内的化妆品研发同样具有重要的借鉴和指导意义。

“为书找人，为人找书”。对本书的学习让我受益匪浅，为了使其能惠及国内读者，我毅然决定将其引进国内。随即，我迅速组建了翻译团队，历时一年完成了初稿翻译工作。为了让本书能尽早与读者见面，我又倾注半年时间完成对书稿的修订与校对。虽然内容浩繁，但本书无疑是我众多译著中翻译和出版效率最高的一本。

在此，由衷感谢陈文超、蒋筱莹、初春、王鹏、孙春萌、李可欣、田吉来、王琰、王悦和沈奇英老师在本书翻译过程中付出的辛勤努力。

衷心感谢科学出版社编辑团队的鼎力支持，由衷欣喜能与各位老师长期保持紧密且卓有成效的完美合作，并对大家为本书及时出版的辛勤付出表示最诚挚的谢意。

我国化妆品行业正处于从“制造”到“智造”的转型期。期待《化妆品制剂与技术》能成为推动行业升级的一块重要基石，助力科研人员突破技术瓶颈，帮助企业顺利跨越合规壁垒。化妆品学科绝非玄学，而是一门可被理解、验证的专业学科。每一款产品的背后都是一场化学与美学的精妙交融与和谐共舞。也希望普通读者通过阅读本书，能够以更加科学的视角重新审视梳妆台上的瓶瓶罐罐，在理性与美学的交融中，寻得属于自己的答案。

尽管各位译者已竭尽所能力求精准，但书中难免有不当之处，敬请读者海涵。

白仁仁

2025年5月于杭州

renrenbai@126.com

原书序

数千年来，化妆品和个人护理产品一直在我们的生活中扮演着不可或缺的角色。在过去几十年间，随着成分分析技术和制剂方法的进步，化妆品和个人护理产品技术也在不断优化创新。目前，越来越多的产品针对的是过去未受到太多关注的特殊受众。创新、创造性思维和解决问题的能力是化妆品行业所需的基本技能。然而，最为关键的还是掌握扎实的基础知识及对主要原理的理解。化妆品科学是化学、生物学、制剂学、药理学、市场营销、艺术和法律等多个领域知识的精妙融合。但是，目前仅为特定专业读者编写的著作才对其相关基础知识有所介绍。对非专业人士而言，往往无法获取包含其所需全部信息的综合性书籍。

本书旨在弥补上述基础科学书籍与前沿文献之间的空白，并成为化妆品科学领域的综合参考书。本书从基础和实践两个层面涵盖了化妆品制剂和技术的所有主要方面，旨在拓宽读者的知识面，向其介绍化妆品和个人护理产品的"奇妙世界"，使读者对这一领域有基本的认识和了解，包括相关法规、主要特性、成分、制剂、测试和包装（主要侧重于美国市场上的产品）。

全书共五部分。第一部分涉及一般概念、基本定义、成分类型、产品形式、通用测试方法，以及美国化妆品和药品现行立法概览。第二至第五部分讨论了各类彩妆和个人护理产品，以及日常生活中最有效的产品使用方式，并按照应用部位和功能对产品进行分类。本书正是以这种方式进行编排。第二部分重点介绍护肤产品，包括洁肤、保湿、抗衰老、抗痤疮、美白和防晒产品。第三部分主要介绍护发产品，包括洗发水、护发素、定型和染发产品。第四部分重点介绍唇部、眼部、面部和指甲相关的彩妆产品。第五部分概述了其他个人护理产品，包括牙齿和口腔护理产品、脱毛产品、除臭剂和止汗剂、婴儿护理产品、女性卫生用品及免晒美黑产品。

第二至第五部分的每一章均采用了相同的框架结构，包括对相关应用部位的结构和功能概述、与本章相关的基本原理及各种产品的类型和定义、产品的使用历史、产品对应用部位的影响、产品的必要特性、消费者需求、产品主要成分、性质和制剂概述，以及与产品制剂和使用相关的典型质量问题、产品测试、安全问题及包装。

本书共29章，每一章节都有独特的内容编排，以增强读者的阅读体验和学习兴趣。每章开头均列出了相关学习目标，使读者明确在阅读和学习本章后应该了解哪些重要信息，并提供了读者需要了解的基本术语。每章还设置了"你知道吗？"环节，向读者科普一些有趣的常识，以加深对相关内容的理解。在每章末尾的术语表中，列举了所有关键术语及其定义，以及每章的缩略词列表。

本书内容广泛，适用于对化妆品领域感兴趣的所有读者，包括化妆品专业本科生、研究生、研究人员、美容学校学生，以及从事化妆品和个人护理产品监管、销售和营销的相关人员，相信本书对所有读者都会有所裨益。本书内容新颖、全面，也可能激发非专业读者的兴趣。最后，衷心希望本书能成为化妆品科学教育的经典教科书和参考书。

Gabriella Baki 博士
美国俄亥俄州托莱多大学（The University of Toledo）
药剂与制药科学学院

目　录

第一部分　基本概念

第二部分 护 肤 产 品

第三部分 护 发 产 品

第四部分 彩 妆 产 品

第五部分　其他个人护理产品

1

第一部分 基本概念

简介

化妆品科学是一个复杂的科学领域，涵盖了广泛的学科，包括与个人护理产品相关的基础学科和应用学科（如化学和制剂科学），也包括科学领域以外的学科（如商业和艺术）。

本书第一部分旨在介绍书中所涉及的主要基础理论和相关术语，使读者熟悉后续部分所依据的基本原理。此部分首先讨论了基本定义、药品和化妆品的法律区别，以及流行的化妆品声明。书中设置了独立的章节专门讨论化妆品中所使用的成分、产品形式、读者应熟悉的政府机构和独立组织、美国食品药品监督管理局（FDA）有关规定，以及化妆品检测的基础知识。建议在阅读第9～29章之前首先阅读本书第一部分。

第1章 化妆品与非处方药妆品的基本定义、声明及分类

学习目标

通过本章的学习，读者将掌握以下内容。

1. 以下术语的定义：

化妆品科学	化妆品	药妆品	个人护理产品
洗漱用品	肥皂	美国《联邦食品、药品和化妆品法案》	应用部位
预期用途	目标群体	声明	成分声明
安全性声明	性能声明	膳食补充剂	有机
天然	素食	清真	可持续
低致敏性	零残忍		

2. 化妆品科学是一门重要科学的原因。
3. 作为化妆品行业的工作者，需要具备哪些基础知识和教育背景。
4. 区分美国化妆品和药品的差异。
5. 美国法律区分化妆品和药品的主要依据。
6. 某些产品在美国既可以是药品又可以是化妆品的原因。
7. 美国化妆品的预期用途是如何确定的。
8. 化妆品和非处方（OTC）药妆品的分类方法。
9. 基于目标群体、应用部位和功能的化妆品具体实例。
10. 区分成分声明、安全性声明和产品性能声明。
11. 解释美国关于广告真实性的相关规则。
12. 膳食补充剂在美国是否可用作化妆品。
13. 以下术语的含义及其在美国使用中的监管情况：有机、天然、素食、清洁、清真、可持续、低致敏性、零残忍、无防腐剂、皮肤科医生推荐、临床验证、专利制剂和pH平衡。
14. 美国如何对肥皂产品进行监管。

主要概念

1. 化妆品科学不仅是一门科学，还涉及多学科领域，包括基础知识和不同领域的广泛信息，一些非科学领域的内容也是化妆品科学的重要组成部分。

2. 化妆品（以美国为例）：①拟在人体或其他任何部位涂抹、倾倒、喷洒、引入，或以其他方式应用以达到清洁、美化、提升吸引力或改善外观效果的产品；②拟用作此类产

品组成成分的物质，但不包括肥皂。

3. 药品（以美国为例）：①在《美国药典》（*United States Pharmacopeia*）、《美国顺势疗法药典》（*Homeopathic Pharmacopeia of the United States*）或美国《国家处方集》（*National Formulary*）及其补充文献中被认可的产品；②拟用于诊断、治愈、缓解、治疗或预防人体或其他动物疾病的产品；③拟影响人体或其他动物的身体结构或任何功能的产品（食品除外）；④拟作为第①②或③条目中所列任何产品组成成分的物质。

4. 以美国为例，化妆品和药品在法律层面上的区别是由产品的预期用途决定的。

5. 由于既符合化妆品的定义，又符合药品的定义，某些产品在美国可以同时是化妆品和药品。

6. 一种化妆品的预期用途可以通过多种方式确定，包括声明、消费者对产品的认知，以及某一成分的使用历史。

7. 化妆品和非处方（over-the-counter，OTC）药妆品可以根据目标群体、产品形态、法律地位、应用部位、功能等多种方式进行分类。

8. 如今化妆品的许多常用声明均并未得到FDA的认可，其背后仅有有限的科学证据予以支持。然而，相关术语的使用并未被禁止，因此得以继续使用。

9. 肥皂产品是由美国消费品安全委员会（Consumer Product Safety Commission）监管的，而非FDA。

1.1 什么是化妆品科学

一般而言，科学是一种系统化的知识体系，其来源于对自然现象和条件的系统观察，并且可以通过进一步的研究进行验证或测试[1]。科学的实例包括化学、生物学和物理学。化妆品科学（cosmetic science）是一门真正的科学吗？当试图回答这一问题时，我们往往会联想到在新闻或电视上看到、听到或读到的信息。此外，公众舆论和宗教信仰也可能影响人们对什么是真正科学的理解。如今，有部分持怀疑态度的消费者甚至专业人士也想了解化妆品科学的准确定义。根据信息来源的不同，化妆品科学涉及的定义如下。

- **商业科学（commercial science）**：试图寻找销售一种产品原因的商业科学。
- **比较科学（comparative science）**：许多制造商将自己的产品与其他制造商的产品进行比较，并试图说服消费者为什么购买自己的产品而非其他公司的产品，化妆品科学是基于这一事实的比较科学。
- **传统科学（traditional science）**：如化学或物理学，其中存在各种假说，研究人员试图通过大量的测试和反应来证明或反驳相关假说。
- **边缘科学（borderline science）**：化妆品科学是许多不同科学领域的过渡，包括药学、化学、皮肤病学和市场营销等。
- **非一门科学（not a science）**：一些消费者认为化妆品科学并非一门科学[2]。

下文将回顾哪些学科领域对化妆品科学有所贡献。

- **生物学**：是研究生命和生物体的科学。化妆品（cosmetics）应用于生物表面，因此了解相关部位的结构（解剖学）和功能（生理学）是非常重要的，相关部位包括皮肤、头发、牙齿和指甲。此外，化妆品有可能被污染并滋生微生物，这是需要避免的。学习微生物学（研究微生物的科学），对于了解一些微生物在产品中为何具有危害性及学习如何测试防腐剂的有效性非常重要。需要注意的是，有些微生物是有益的，如益生菌，并被用于化妆品中。微生物学涵盖了微生物的各个方面。药理学是研究药物及其对生命系统影响的科学。在选择成分和设计制剂时，了解有效成分和化妆品成分对目标部位的潜在影响非常重要。毒理学是研究药物、化学品和其他物质对生物体的安全性和生物效应的科学。化妆品对消费者而言必须是安全的，因此评估成分和产品的安全性是产品开发和测试的重要组成部分。
- **化学**：是研究物质的科学。其主要研究物质的组成和性质、物质发生的变化，以及描述相关变化的自然规律。化妆品是由化学物质组成的，因此有必要研究各种类型的化学物质，以便能够选择相互兼容的成分，以实现产品的目标，并能够制造出有效、稳定、高质量、安全、具有吸引力的外观和适当的性能，以及与应用部位（application surface）相兼容的产品。对化妆品来说，重要的化学领域包括有机化学、无机化学、胶体化学、高分子化学、生物化学和分析化学。
- **物理学**：是研究物质的科学。其主要研究运动、力、能量、热、声和光。在制造和测试化妆品时，有许多重要的物理原理需要了解。例如，光反射原理对彩妆产品非常重要，而能量吸收和反射的物理原理是防晒霜工作原理的基础。
- **数学（mathematics）**：是研究数字及其关系的科学。数学和统计学，即一种处理数据收集、分析和解释的数学形式。例如，在配制化妆品时，计算生产某个特定批次所需成分的正确用量，以及在临床研究中评估新产品是否优于基准产品，数学都是必不可少的。
- **制剂科学**：涉及混合各种化学物质以制造成品的知识和实践技能。制剂师需要了解其可以制造出作为最终产品的不同类型的产品形式。此外，其还必须学习各种制剂技术，并使用仪器来制造最终产品。
- **监管科学（regulatory science）**：是研究开发新的工具和标准，以评估产品的安全性、质量和功效，并确保符合当前监管要求的科学和技术领域。制剂师专注于科学，但必须遵守相关法律。毋庸置疑，对化妆品和OTC药妆品相关的现行指南、规定和法规有基本的了解和认识是至关重要的。例如，作为法规的一部分，人们需要了解并遵守化妆品成品的标签和包装规则。监管人员需要与监管机构互动，以确保公司遵守法规。
- **测试科学（measurement science）**：涉及测试成分和产品的化学成分、结构、理化特性和性能。测试科学与生物学、化学、物理学、工程学和数学有交叉。化妆品在产品开发、生产过程中和生产后都要接受严格测试。例如，产品性能可以在临床研究、感官研究和仪器测量中进行评估。不同类型的测试科学教育对于了解化妆品和OTC药妆品的不同类型的测试及其测试方法非常重要，以评估其性能、质量、安全性和稳定性。

- **市场营销和销售**：化妆品公司是商业机构，了解商业运作方式对于任何想在化妆品行业工作的人而言都十分重要。市场营销是使潜在客户对所销售的产品感兴趣的过程。销售是将产品卖给消费者的业务过程。了解消费者对产品的期望和其需求是什么（即市场调查）对于能够瞄准并满足消费者相关需求是至关重要的。因此，学习不同类型的商业课程是非常有帮助的。
- **艺术**：化妆品必须看起来有吸引力，这样消费者才会愿意购买和使用。制剂师必须使颜色与产品的香味或味道协调一致，这需要一些设计技巧。包装设计师必须为产品设计既与产品相得益彰，又能吸引消费者的包装。这也需要艺术设计的技巧。

综上所述，可以得出这样的结论：❶*化妆品科学是一门真正的科学，而且是一个涉及多学科的领域，包含了许多不同科学领域的基础知识和广泛信息。此外，一些非科学领域也是化妆品科学的组成部分。化妆品科学主要涉及化妆品和个人护理产品的开发和配制。相关信息的总结参见**图1.1**。

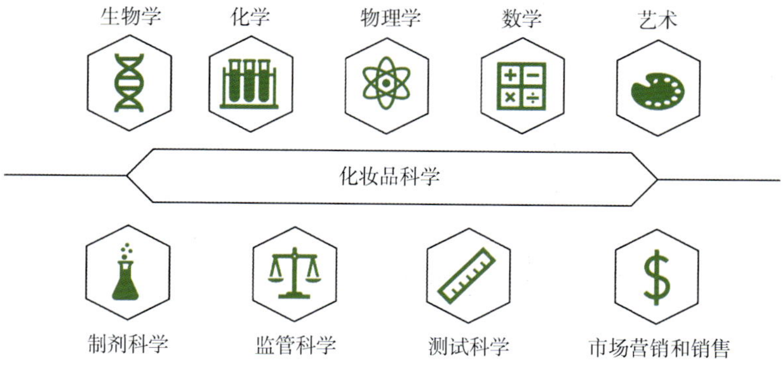

图1.1 对化妆品科学具有贡献的学科领域

1.2 基本定义

是药品还是化妆品？如今，无论是在实体店还是互联网上，包括杂货店、药店、美容院，甚至加油站，化妆品和个人护理产品几乎无处不在。但是，什么是化妆品？化妆品的定义又是什么？当有人被问到“你认为化妆品是什么？”时，答案通常是“我妻子用在脸上的数百种产品”“美容师使用的产品”“我的剃须膏”“可能是我的防晒霜”，或者“我的抗皱霜”。相关答案并没有完全涵盖现有化妆品的范围，其中一些甚至是不正确的。作为健康科学的专业人士，必须了解相关基本定义，且能够合理应用［译者注：在中国，根据2007年8月27日国家质量监督检验检疫总局公布的《化妆品标识管理规定》，化妆品是指以涂抹、喷洒或者其他类似方法，散布于人体表面的任何部位，如皮肤、毛发、指（趾）甲、口、唇、齿等，以达到清洁、保养、美容、修饰和改善外观，或者修正人体气味，保持良好状态为目的的化学工业产品或精细化工产品。国家药品监督管理局负责全国化妆品检查管理工作。县级以上药品监督管理部门负责本行政区域的化妆品检查管理工作。化妆

* 黑色圈码代表每章的知识点。

品相关法规主要包括《化妆品监督管理条例》《化妆品注册备案管理办法》和《化妆品生产经营监督管理办法》]。

1.2.1 美国

在美国，FDA有权监管化妆品和药品。在FDA内部，隶属于食品安全与应用营养中心（Center for Food Safety and Applied Nutrition，CFSAN）的化妆品和色彩办公室（Office of Cosmetics and Colors）具体负责监管化妆品（参见第4章中有关FDA职能的更多信息）[3]。而药物则由药物评价与研究中心（Center for Drug Evaluation and Research，CDER）下设的非处方药物办公室（Office of Nonprescription Drugs）负责监管（更多信息参见第4章）。《联邦食品、药品和化妆品法案》（Federal Food，Drug，and Cosmetic Act，FD&C法案）中规定了相关法律责任和要求。该法案颁布于1938年，是1906年《纯净食品和药品法案》（Pure Food and Drugs Act）的修订版。FD&C法案定义了两大类产品，即化妆品和药品。

- **化妆品：** FD&C法案根据化妆品的预期用途来定义❷化妆品，具体定义如下[4]：“①拟在人体或其他任何部位涂抹、倾倒、喷洒、引入，或以其他方式应用以达到清洁、美化、提升吸引力或改善外观效果的产品；②拟用作此类产品组成成分的物质，但不包括肥皂。”该定义中所包含的产品包括皮肤保湿霜、口红、指甲油、眼部和面部化妆产品、洗发水、烫发和染发产品及除臭剂。
- **药品：** 根据FD&C法案，❸药品是指[5]：“①在《美国药典》《美国顺势疗法药典》或美国《国家处方集》及其补充文献中被认可的产品；②拟用于诊断、治愈、缓解、治疗或预防人体或其他动物疾病的产品；③拟影响人体或其他动物的身体结构或任何功能的产品（食品除外）；④拟作为第①②或③条目中所列任何产品组成成分的物质。”

根据FDA的规定，药品分为两类：非处方药和处方药。顾名思义，非处方药无需处方即可购买。相关药品被认为是安全有效的，供公众在没有处方医师授权的情况下使用（如可购买用于治疗头痛、咽喉痛和过敏的药品）。另外，处方药则需要专业人员开具的处方才能购买。出于一些原因，相关药物不能用于自我治疗，这也是在没有专业人员监督的情况下不能使用相关药物的原因（如抗生素、避孕药和抗高血压药）。

FD&C法案对化妆品和药品的定义，从法律上规定了一种制剂是药品还是化妆品。值得注意的是，在美国，❹化妆品和药品之间在法律层面上的区别是由产品的预期用途决定的[6]，即产品用于什么，而非产品的成分。因此，若预期用途涉及预防和治疗疾病，则该产品就是药品；若预期用途在声明（claims）和广告中被描述为提升外在吸引力，则该产品就是化妆品。

但对于想从事化妆品行业工作的人员而言，或许会感到困惑，那就是为什么必须清楚化妆品和药品的定义。在这一点上，必须明确的是，❺在美国，某些产品如果同时符合化妆品和药品的定义，就可以同时是化妆品和药品。相关产品在本书中将被称为“OTC药妆品”。如前所述，在法律上区分药品和化妆品的主要依据是产品的预期用途。当一种产品具有两种预期用途时，可能会出现双重功能。例如，洗发水是一种化妆品，因为其预期用途是清洁头发。去屑成分被认为是一种药物，因为其旨在预防或去除头皮屑。因此，相应的去屑洗发水既是化妆品，也是药品（**图1.2**）。

图 1.2　去屑洗发水在美国被视为OTC药妆品

同时是药品和化妆品的其他示例还包括：

- **含有氟化物的牙膏（toothpaste）**：可预防龋齿。其化妆品功能是清洁、清新牙齿和口腔。然而，由于氟化物（如氟化钠）的存在，该产品被视为OTC药品，除了清洁和清新作用外，还可以预防疾病，即龋齿。
- **除臭剂（deodorant）**：不仅能掩盖难闻的体味，还能改变正常的排汗过程，因此，其也是**止汗剂（antiperspirant）**。
- **漱口水（mouthwash）**：含有预防或治疗牙龈炎（即牙龈的炎症）的成分。
- **面部粉底（facial foundation）**：具有防晒作用的市售面部粉底。
- **洁面产品（facial cleanser）**：含有抗痤疮活性成分的洁面产品，可预防或治疗寻常痤疮[7]。

必须强调的是，“OTC药妆品”这一术语既没有得到FDA的认可，也没有官方的定义。但是，相关产品均必须遵守FDA对药品和化妆品的规定。使用该术语的目的是让读者从监管的角度理解其独特性。简单的OTC药品，如镇痛药，仅有一个预期用途，没有任何化妆品功能。然而，OTC药妆组合产品兼具药品和化妆品的功能，这使得其在OTC产品中独具一格。

在美国，大多数兼具化妆品和药品属性的产品被视为OTC药。相关产品同时受到CDER和CFSAN的监管[3, 8]。仅有少数产品属于处方药，但仍为用户提供化妆品功效。

你知道吗?

虽然FDA只定义了化妆品和药品，但消费者和公司经常使用“个人护理产品”（personal care product）、“装饰护理产品”（decorative care product）、“化妆品”、“彩妆”（color cosmetic）和“洗漱用品”（toiletry）等术语。但相关术语的定义是什么呢?“洗漱用品”一词通常用于清洁身体、头发和牙齿的产品，如沐浴露、洗发水和牙膏。该术语经常和“个人护理产品”交替使用。“彩妆”“化妆品”和“装饰护理产品”一般用于可使消费者更具吸引力的产品，如口红、睫毛膏和指甲油。但需要注意的是，相关术语并不能反映产品的法律状态，即其是化妆品还是药品。即使是口红，如果具有防晒功效，也可能是一种药品。

1.2.2　其他市场

除了美国，化妆品的主要市场是欧盟（European Union，EU）、加拿大、南美洲和亚洲。相关市场对化妆品的定义和规定与美国及其他国家略有不同，或具有显著差异。这意味着相同的产品类型在不同的市场可能会以不同的方式进行分类。对于将产品从一个国家出口至另一个国家，并在多个国家销售的公司而言，这尤为重要，因为其必须符合其他国家的定义和法规。为了使读者大致了解这些情况，本节对其中一些市场的基本定义进行了梳理。

1.2.2.1　欧盟

在EU，化妆品受《化妆品法规》（Cosmetics Regulation，EC，1223/2009）的监管，该法规取代了1976年的《化妆品指令》（Cosmetics Directive，76/768/EC）。该法规加强了化妆品的安全性，简化了该行业所有经营者的框架及相关程序。根据该法规，化妆品是指[9]任何拟与人体外部（表皮、毛发系统、指甲、嘴唇和外部生殖器官）或牙齿和口腔的黏膜接触的物质或混合物，目的是专门或主要用于清洁、芳香、改善外观、保护作用、保持良好状态或消除身体异味。

对于人用药品上市许可的要求和程序，以及产品获批后的持续监管规则，主要由不同的法规规定，即指令2001/83/EC（已于2004年由指令2004/27/EC修订）和法规（EC，No. 726/2004）。药品的定义如下[10, 11]：①用于治疗或预防人体或动物疾病的任何物质或物质组合；②可用于人体或动物的任何物质或物质组合，目的是做出医学诊断或通过发挥药理学、免疫或代谢作用来恢复、纠正或改善生理功能。

药品的定义包括对人体具有作用的物质。然而，正如EU所认同的，该定义仅与显著影响人体代谢的成分有关。在EU成员国范围内，仅有助于预防某些疾病（如龋齿）的牙膏等产品不属于药品的范畴[12]。换言之，在EU，化妆品可以有温和的活性，并具有药物活性。这导致了一个事实，如防晒霜和去屑洗发水在EU被视为化妆品，而在美国则被视为药品。一个重要的区别是，在EU，一种产品要么是化妆品，要么是药品，但并非两者的结合。

1.2.2.2　加拿大

在加拿大，化妆品和药品由卫生部根据《食品和药品法》（Food and Drugs Act）及《化妆品法规》进行监管[13]。加拿大立法确定了两大类产品，即化妆品和药品（包括OTC）。

根据《食品和药品法》，化妆品是指[14]为清洁、改善或改变肤色、皮肤、头发或牙齿而生产、销售的任何物质或物质混合物，包括除臭剂和香水。具体包括美容制剂，如彩妆、香水、护肤霜、指甲油和个人护理辅助用品（如肥皂、洗发水、剃须膏和除臭剂）。《食品和药品法》对药品的定义如下[14]：针对以下情况而生产、销售的任何物质或物质混合物：①在人体或动物中用于诊断、治疗、缓解或预防疾病、紊乱、身体状况异常或其症状的物质；②恢复、纠正或改善人体或动物有机功能的物质；③在食品生产、制备或储存场所使用的消毒产品。

根据加拿大卫生部的定义，“个人护理产品”可被定义为公众普遍认可的用于日常清洁或个人护理的物质或物质混合物。根据产品的成分和声明（即在产品标签、互联网、广告和任何宣传材料中关于产品预期效果的声明），其可作为化妆品或药品进行监管。加拿大也区分了药品和化妆品，但与美国不同的是，一种产品只能归属于一个类别。

1.2.2.3 日本

在日本，化妆品和药品由厚生劳动省（Ministry of Health，Labour and Welfare）根据《药事法》（Pharmaceuticals Affairs Law，PAL）进行管理。PAL颁布于1943年，并在2001年之前进行了多次修订。目前的PAL是在2001年开始实施的，通常被称为“放松管制”（deregulation），因为新法规取消了许多强制性要求。PAL定义了三种相关的产品类别：化妆品、准药品（quasi-drug）和药品。根据日本PAL标准，化妆品是指对人体具有温和作用的物质（准药品除外），旨在通过涂抹、喷洒等方式施用于人体，以达到清洁、美化、提升吸引力、改善外观或保持皮肤或头发良好状态的目的[15]。

在PAL法规中，药品的定义[15]如下：①《日本药典》中认可的产品；②用于诊断、治疗或预防人体或动物疾病的物质（准药品除外），而非设备或仪器（包括牙科材料、医疗用品和卫生材料）；③旨在影响人体或动物身体结构或功能的物质（准药品和化妆品除外），而非设备或仪器。

与美国、加拿大和EU不同的是，日本有一个额外的产品类别，即所谓的准药品，包括介于上述两个类别之间的产品。根据PAL相关规定，准药品定义[15]如下：对人体具有轻微作用，但不用于诊断、治疗或预防疾病或影响身体结构或功能的物质。准药品的使用目的包括预防恶心或其他不适、口臭或体臭；预防痱子、溃疡等；预防脱发，促进毛发生长，或用于脱毛；以及为了人体或其他动物的健康，用于消灭或驱除老鼠、苍蝇、蚊子、跳蚤等的物质。

准药品在日本被定义为具有轻微至中度药理学活性，但仅限于特定适应证的产品。这类产品包括沐浴产品、皮肤美白产品、痤疮产品、去屑洗发水、含氟牙膏、染发剂和其他产品。相关产品被认为是边缘性药品，在不同市场有着不同的分类。

总结：前文介绍了全球四大市场对化妆品和药品的定义，读者应该了解相关定义和分类的异同。这也使得一种简单的产品，如防晒霜，在美国、EU、加拿大和日本的定义和监管方式有所不同。最重要的是，这会使其进口变得非常困难。在阅读第5章关于美国化妆品和药品的规章制度之后，读者就会理解定义上的差异在监管方面具有重要的意义。

1.3 在美国如何确定一个产品的预期用途

在美国，产品的预期用途在产品分类中起着重要作用，但是产品的预期用途是如何确定的呢？❻化妆品的预期用途可通过多种方式确定，包括声明、消费者对产品的认知，以及某一成分的使用历史[6]。

- **声明：**在产品标签、广告、互联网和其他宣传材料上所述的声明，反映了特定产品的预期效果，或显示了产品中的成分特征，也可能支持产品的安全性。需要注意的是，即使某一产品是作为化妆品销售的，某些声明也可能会导致其被认定为药品。化妆品声明示例包括“滋润皮肤”“清洁头发”“清新口气”等，而药品声明示例包括“促进头发生长”“防止嘴唇干裂”“重建最深层表皮层”等。化妆品不能在销售时声称有药品功效，因此，作为化妆品销售但宣传中标有药品声明的产品将受到FDA的监管。在大多数情况下，FDA会向化妆品公司发出警告信，建议其修改声明的措辞，以避免监管方面的问题。

- **消费者认知：**是通过产品的声誉而确立的。这需要消费者填写问卷，询问其为什么购买某一特定产品，以及对该产品的期望是什么。消费者的认知反映了消费者对声明的基本了解。此外，其还可反映原本旨在作为化妆品声明的内容，是否真正被理解为化妆品声明而未被误解。
- **某一成分的使用历史：**即使在没有明确药品声明的情况下，具有药理活性的成分也可以使产品成为药品。当已知一种成分具有类似药品的作用（如氟化钠可预防龋齿），并将其以一定浓度添加至产品中时，该产品将自动被视为药品，因为其预期用途是预防或治疗疾病。虽然明确预期用途是确定化妆品和药品分类的主要依据，但在确定其监管状态时，必须考虑产品中成分的类型和用量，即使该产品没有明确的药品声明[16]。

1.4　化妆品和OTC药妆品分类

❼化妆品和OTC药妆品可以通过多种方式进行分类。例如，根据目标群体、产品形态、法律地位、应用部位、功能等方式进行分类。本节概述了相关分类系统（**图1.3**）。

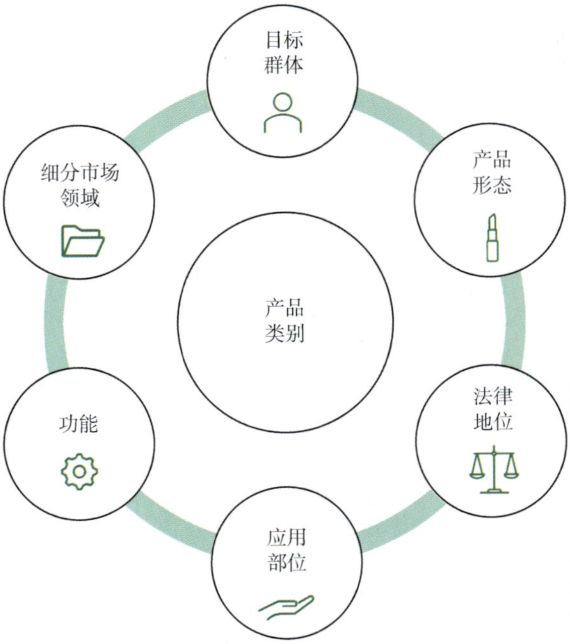

图1.3　化妆品和OTC药妆品的分类类别

- **目标群体**：目标群体或目标受众可被定义为化妆品或OTC药妆品所针对的特定客户群体。化妆品的目标群体包括女性、男性、婴儿和儿童。目标群体，如女性，可进一步细分为不同子类，如孕妇、非裔美国女性、少女、敏感皮肤女性、年轻女性和老年女性等。其他目标群体也可进一步细分为不同子类。
- **产品形态**：产品形态在制药领域也被称为剂型，是消费者可以拿在手中、购买和使用的成分混合物的最终物理形式。化妆品和OTC药妆品的各种产品形态将在第3章中详细讨论。主要产品形态包括固体、液体和半固体。
- **法律地位**：如上所述，产品可以是化妆品、药品或两者的结合，这取决于其预期用途。需要注意的是，其他产品类别（如药妆品）是不被FDA认可的。
- **应用部位（或应用区域）**：可定义为化妆品和OTC药妆品应用的体表部位，包括身体、面部、嘴唇、眼睑、颈部、手臂、手部、臂下、躯干、生殖器、腿部、足部、头皮、头发、睫毛、牙齿、口腔和指甲等。
- **功能**：化妆品和OTC药妆品一般具有多种功能。例如，清洁，这是洗发水、沐浴露、洗手液和眼部卸妆液的主要功能；保湿，这是面霜、护手霜、身体乳、须后润肤膏和角质软化剂的主要功能；着色，这是许多彩妆（如口红、睫毛膏和腮红）的主要功能；以及保护作用，这是防晒霜、护臀膏和润唇膏的主要作用。化妆品和OTC药妆品还可实现许多其他附加功能，具体将在不同类型产品的相关章节中进行阐述。
- **细分市场领域**：化妆品市场通常分为5～6个主要细分市场领域，主要基于其功能和应用部位来划分。受欢迎的产品领域包括彩妆、护肤和防晒、护发、口腔护理、香水/香精和其他产品。

本书在第二、三、五部分对个人护理产品进行介绍，具体产品会根据应用部位和主要功能分为不同的章节。彩妆将在第四部分中进行介绍。化妆品行业所涵盖的各种产品类型如图1.4所示。

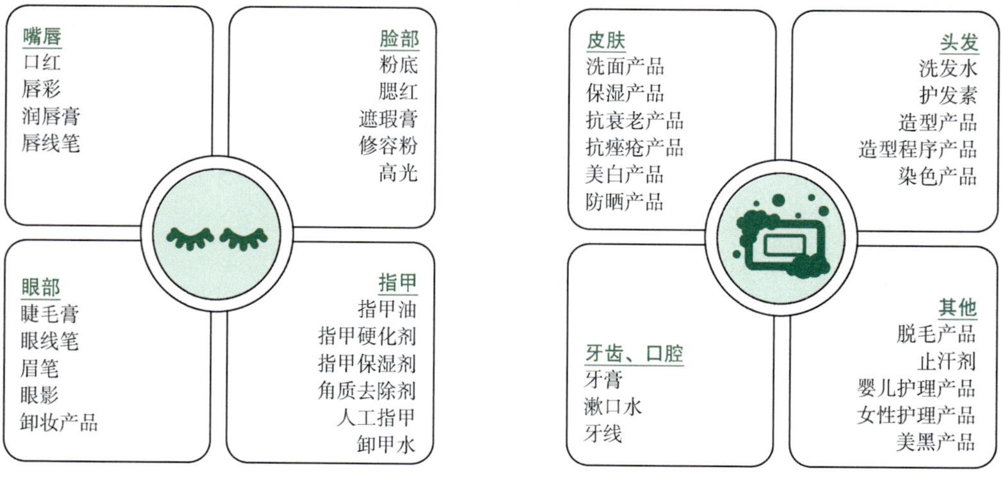

图1.4 化妆品行业主要彩妆及个人护理产品类别

1.5 化妆品声明

1.5.1 声明的类型

声明是指在产品标签、电视和广播广告、杂志、互联网及其他宣传材料中出现的，与产品的组成成分、安全性、类型、性质或功效有关的内容。几种主要类型的声明之间的差异如下。

- **成分声明（ingredient claims）**：以产品中的一种或多种成分为特征，并突出其功能。例如，“产品X含有已知可实现Z功能的成分Y”。相关声明意味着使用已知益处的成分为产品提供了益处，并假设该成分在化妆品中的活性得以保持[17]。
- **安全性声明（safety claims）**：支持该产品的安全性。例如，经过皮肤科医生的测试，该产品适用于敏感皮肤。有时，公司使用“不含”的声明，如不含硫酸盐，以此作为安全性声明，以试图传达因为不含某些成分，其产品是安全的。许多声明不含有的成分本身其实是安全的，因此，该声明可能会误导消费者。如果A公司声明在其产品中不含成分X，而B公司未提及其产品中不含成分X，甚至在其产品中含有成分X，那么消费者可能认为，A公司的产品比B公司的产品更安全。然而，事实未必如此。第8章将介绍化妆品的安全性测试。
- **产品性能声明（product performance claims）**：是指产品的预期效益。例如，“产品X在*Z*天内可减少多达*Y*%的黑眼圈”。对于性能声明，产品制造商必须获得证据来证明其声明。第8章将介绍有关证实声明的更多信息。
- **感官声明（sensory claims）**：是指产品所提供的感官属性和皮肤感觉，如黏性、油腻或清爽。感官声明要么是基于专业培训人员，要么是基于未经训练的消费者的评估。
- **夸张声明（puffery claims）**：是对产品预期效果的明确夸大。普通消费者不会按字面意思理解相关信息，但由于其夸张的特性，这类声明无须证实。例如，“这种香水能让您如虎添翼”[18]。夸张声明往往不受公司内部法务部门的青睐，因为这可能会歪曲产品，误导消费者，并导致法律问题。
- **情感声明（emotive claims）**：是指消费者使用产品后的感受。例如，“让您感到信心倍增”。类似于夸张声明，其通常不受法务部门的青睐。
- **比较声明（comparative claims）**：是将一家公司的产品与另一家公司（通常不提及或指明另一家公司）的产品进行比较，以传达类似或更好的性能。例如，“比领先品牌更好或与其相当”。如果对一种产品做出这样的声明，则必须确定该类别中哪些品牌是领先品牌，且必须对该产品进行测试[18]。使用比较声明的另一种方式是，将一种产品与同一产品的早期版本进行比较，并声明“性能有所提升”。
- **消费者感知声明（consumer perception claims）**：是基于消费者使用产品时的意见。相关意见可能与产品的性能或感官属性有关。例如，“让我的皮肤感觉滋润”。
- 声明也可能与**产品的物理性质（physical properties）**有关。例如，“透明防晒霜”。
- 目前，更为常见的声明是指**产品的性质**，如天然（natural）、清真（Halal）、素食

（vegan）。消费者可以基于其生活方式、个人价值观和信仰，对相关声明产生共鸣。后文将介绍一些流行的声明。

1.5.2 美国化妆品声明的监管

第5章将详细介绍化妆品和OTC药妆品的法律法规，下文将继续介绍哪些声明是合理的。

法律并未要求化妆品标签在上市前必须经过FDA的审查或批准，FDA也没有化妆品批准或接受的声明清单。然而，在美国，对广告是有相关规定的，不仅仅针对化妆品，还针对许多其他产品。美国联邦贸易委员会（Federal Trade Commission，FTC）根据《联邦贸易委员会法》（Federal Trade Commission Act），基于广告中信息真实性相关法律来监管食品、膳食补充剂、OTC药品、医疗设备和化妆品的广告[19]。相关规定指出：

（1）广告必须真实、无欺骗性。

（2）广告商必须有证据来支持其声明。

（3）广告必须具有公平性。

这些规定本质上意味着，关于产品的表述，包括其成分、安全性和效果，必须是真实的，不能具有误导性，并且要得到充分证实。目前基于上述规定，下文将介绍一些常见的化妆品声明。

1.5.3 常见的化妆品声明

下文回顾了一些美国常见的化妆品声明，如药妆品、有机、素食、低致敏性（hypoallergenic）和零残忍（cruelty-free）。相关术语是什么意思？有官方的定义吗？是经FDA认可的吗？事实上，许多术语是由营销人员创造的，目的是使产品听起来更吸引人、新颖、值得信赖，从而激发消费者的兴趣。❽许多常用于化妆品的声明并未被FDA认可，其背后仅有有限的科学证据予以支持。然而，相关词汇和术语的使用并未被禁止。因为相关词汇和术语在电视广告、网络宣传和产品标签中都经常使用，所以值得进行分析讨论。

1.5.3.1 药妆品

当"药妆品"一词在20世纪刚出现时，是指用于解决外观问题（如痤疮）的含处方成分的产品[20]。现如今，药妆品主要用于可作为化妆品购买的多功能产品，并宣传为能比简单化妆品提供更多的护肤功效。其本身听起来像"化妆品"和"药品"的组合，这更能激发消费者的兴趣。

药妆品通常被宣传含有生物活性成分，这些成分虽然不是药品，但对皮肤有明显及可测量的短期和长期影响，如改善细纹。生物活性成分的实例包括维生素、抗氧化剂、蛋白质和抗炎成分等。

虽然药妆品是皮肤护理专业人士和医生经常使用的一个词语，但未被FDA认可。

FDA指出，一种产品可以是药品、化妆品，也可以是两者的结合；因此，“药妆品”一词在法律上并无实际意义。正如前文所述，日本有一个特定类别的产品介于化妆品和药品之间，被称为准药品。然而，在美国，目前还没有这一类别。

药妆品是化妆品和药品之间的“灰色地带”（图1.5），许多药妆品也会作为化妆品销售。但是，其在应用部位上可能表现出类似药品的作用。例如，目前许多抗皱制剂被标榜为药妆品，并作为化妆品出售。由于许多生物活性成分的使用历史不长，因此缺乏明确的药理性质。目前，药妆品是根据其预期用途和所含成分的声明来定义的。例如，“消除皱纹”的产品是一种药品，而“减少皱纹出现”的产品则是一种化妆品，尽管两者可能含有相同的成分[20]。

图1.5　个人护理产品在美国包括两个合法类别，即药品和化妆品，分别用白色和深绿色表示，而药妆品则是这两个类别之间的浅绿色区域

1.5.3.2　保健品

有一类独特的产品，被称为膳食补充剂（dietary supplement）或保健品（nutraceutical），消费者往往根据在电视、网络及印刷媒体上所获得的信息，如“由内而外的美”“来自内在的美”等说法，认为其属于化妆品。相关产品通常声称可以使头发、皮肤或指甲看起来更健康、更有光泽、更强韧。

尽管其可能被视为化妆品，但膳食补充剂其实属于一种独立于食品、药品和化妆品的特定类别。“保健品”一词指的是天然成分和药品的结合，这意味着其属于医药级的营养品。在现实中，保健品包括维生素、矿物质、草药及其提取物。联邦法律中没有“保健品”这一词。根据FDA规定，大多数保健品被归类为膳食补充剂[21]。

膳食补充剂也受到FDA的监管，并由1994年颁布的《膳食补充剂健康与教育法》（Dietary Supplement Health and Education Act，DSHEA）定义，而非监管化妆品的FD&C法案[22]。相关产品中含有膳食成分，如维生素、矿物质、草药或其他植物提取物、氨基酸，以及酶、器官组织、腺体和代谢物等物质。膳食补充剂也可以是提取物或浓缩物，可能以多种形式存在，如片剂、胶囊剂、软凝胶、软胶囊、液体或粉末。根据FDA规定，膳食补充剂是“一种含有膳食成分的口服产品，旨在补充饮食营养”。

无论其形式如何，DSHEA将膳食补充剂归为食品名目下的一个特殊类别，而非药品，并要求每种补充剂都贴上膳食补充剂的标签。需要注意的是，膳食补充剂是一个合法的类别，但其并非化妆品[23]。

1.5.3.3　有机和天然产品

在过去十年里，化妆品和个人护理产品的消费者对有机和天然成分产品的需求日益增长。随着“如果不能吃，就不要涂在皮肤上”等趋势的出现，添加在食品中备受欢迎的食材品牌也在不断增加。

在讨论有机和天然的定义之前，有必要先探讨一个常见的误解。人们普遍认为，有机和天然的食材及产品比其相应的合成成分和产品更健康、更安全。然而，事实未必如此。一种成分的来源并不能决定其安全性。动植物产生的许多物质（如毒素）对人体有毒，如蝰蛇和箭毒蛙的毒液或毒葛中含有的漆酚等化学物质。更为常见的实例是在苹果籽和杏仁中发现的“毒素”[氰苷（cyanogenic glycoside）]。其在单个苹果或杏中的含量通常非常低，因此对人体并无危险，但摄入过量的果核，达到致命剂量，可能导致死亡。另一种常见的天然成分是花生，其是一种常见的变应原。事实上，花生是美国儿童最常见的过敏食物之一。

你知道吗？

公元前399年，古希腊哲学家苏格拉底（Socrates）因饮用毒堇汁中毒而死。毒堇含有的主要生物碱是一种神经毒素，其毒理学机制是阻断了肌神经接头，进而导致上行性肌肉麻痹，最终使呼吸肌麻痹，造成心脏和大脑缺氧而致死。因此，极低剂量的摄入都可能导致呼吸衰竭和死亡。

对于许多消费者而言，芦荟提取物、洋甘菊提取物、柠檬籽提取物等听起来天然的成分，会自动被视为天然成分，并且和天然成分具有同等的安全性。但需要注意的是，相关成分可以在实验室中合成（包括生物技术工艺），从而获得相同的化学结构、物理特征和成分名称[也就是国际化妆品成分命名（International Nomenclature of Cosmetic Ingredients）或INCI名称]（详见第7章），因此，一种成分的名称并不意味着其本身是天然来源的。

天然成分的普遍问题在于，其通常是包含多种成分的混合物，这取决于植物在栽培过程中所接受的光照、湿度、温度和养分含量。就合成成分而言，其确切成分始终是已知的，质量也更容易控制。但是，天然成分并非如此。天然成分组成在不同批次和不同供应商之间往往存在很大差异。天然成分很可能与产品中的其他成分有更高的相互作用机会。此外，许多天然成分并没有确定的安全性，也不清楚其是否会引起过敏反应，如果会，过敏程度又如何。此外，使用有机成分时的不良反应发生率往往未被认识或被严重低估[24]。因此，化妆品制剂开发人员应该谨慎使用天然成分，以保护消费者的安全。已知的不良反应包括皮肤刺激、致敏、光毒性和过敏[25, 26]。

“有机”（organic）这一术语在FDA的任何法律或法规中都没有定义，其适用于化妆品和个人护理产品。相关产品由美国农业部（US Department of Agriculture，USDA）通过其国家有机计划（National Organic Program，NOP）进行监管，因为其适用于农产品[27, 28]。如果化妆品中含有农业成分或由农业成分制成，并且符合USDA/NOP有机生产、处理、加工和标签标准，那么USDA也会对化妆品和个人护理产品进行认证。然而，USDA并没有为含有有机成分的个人护理产品制定具体的有机标准，食品、饮料和个人护理产品使用的标准是相同的。USDA根据NOP中产品有机成分的含量和其他因素，将其划分为四种有机类别：①100%有机；②有机；③由有机成分制成；④有机成分低于70%。

- **标有“100%有机”的产品：**必须只含有机生产成分。相关产品可以印有USDA有机认证标识。
- **“有机”类别的产品：**必须含有至少95%的有机生产成分。法规对剩下的5%也有明确要求。相关产品也可以印有USDA有机认证标识。
- **“由有机成分制成”的产品：**至少含有70%的有机成分。相关产品可以在主要显示版面上列出最多三种有机成分（参见第7章），相关产品不得印有USDA有机认证标识。
- **“有机成分低于70%”的产品：**不能在主要显示版面上的任何地方使用“有机”一词。然而，其可能会在信息面板上标识USDA认证的特定成分（参见第7章）。相关产品不得印有USDA有机认证标识[27]。

应注意的是，NOP规则非常严格，因此鲜有化妆品公司能做到这一点。

除USDA外，化妆品和个人护理产品还可以通过其他认证程序进行认证，包括美国国家卫生基金会（National Sanitation Foundation，NSF）/美国国家标准学会（American National Standards Institute，ANSI）305（NSF/ANSI 305）[29]。NSF是一个非营利性的非政府组织，其发布了个人护理产品标注有机认证标识的国家标准。含有至少70%有机成分但不符合NOP食品要求的产品，可以通过NSF/ANSI 305进行认证。

NOP和NSF/ANSI 305具有相同的架构、风格和目标。然而，NSF/ANSI 305标准允许个人护理产品中经过认证的有机成分采用特定加工工艺和防腐剂；而在NOP规定中，这些加工工艺和防腐剂可能不被允许用于有机产品或有机产品制备[29, 30]。

> **你知道吗?**
>
> 标有有机声明标识的化妆品必须符合USDA法规，或其他认证机构关于有机声明的法规及FDA关于化妆品标签和安全性要求的法规。

一般而言，“天然”指的是不含人工或合成成分的物质。该术语在美国没有受到任何监管，也没有官方定义。因此，任何人都可以用自己的方式对其进行定义，并在任何产品上使用，而不需要承担任何法律后果。天然产品可能只含有天然、未经加工的成分（如提取物），或取自天然成分（如硬脂酸）的化学加工成分，或与天然成分相同的人工合成成分（如维生素），或相关成分的组合，甚至还含有人工合成成分[30]。

天然产品有着相应的认证程序。在这种情况下，认证机构定义“天然”一词，并评估产品是否符合其定义。获得此类认证不是必要的，类似于有机认证，但其可以建立消费者的信任，树立品牌形象。美国国家产品协会（National Product Association，NPA）在美国设有一个天然产品认证项目[31]。

当消费者购买有机和天然化妆品及个人护理产品时，应寻找认证机构的名称或标识，以及被认证为有机的成分。如前所述，一种成分的名称并不涉及其来源。

1.5.3.4　素食产品

纯素食主义（veganism）是素食主义（vegetarianism）的一种。纯素食主义者不吃乳制品、鸡蛋及其他动物制品。成为素食主义者不仅意味着饮食限制，还意味着秉持特定的生活方式。纯素食主义现在在许多不同的行业流行，包括食品、健康、化妆品和时尚领域。

“素食”一词不受FDA的监管，任何人都可以以自己的方式对其进行定义。这也意味着，一种产品即使未被认证为素食，也可以被贴上素食的标签。但需要注意的是，未被认证为素食的产品不能标注认证商标。由于没有官方定义和认证可选，市场上并非所有素食产品都获得了认证。

一般而言，素食美容产品不能含有任何动物成分，如羊毛脂、胭脂红、水解角蛋白，或者由动物制成的成分，如蜂蜡和蜂蜜[30]。美国的认证机构包括素食协会（Vegan Society）[32]和“素食行动”组织（Vegan Action）[33]。

> **你知道吗?**
> 蜂蜡（beeswax）被视为一种动物来源的成分，因为其是由蜜蜂酿制的。因此，蜂蜡不能包含在素食产品中。

1.5.3.5 清洁产品

在过去十年间，关注浪费行为的消费者数量不断增加。因此，“无浪费”（waste-free）或“零浪费”（zero-waste）已成为一种流行趋势。无浪费的消费者通过使用可重复使用的包装，以及定期回收和堆肥来最大限度地减少废物的产生。清洁生活是一种影响消费者饮食习惯、美容习惯和产品偏好的生活方式。

与许多其他趋势相似，清洁潮流也始于食品行业。在化妆品行业，清洁美容之所以出现，是因为消费者担心化妆品和个人护理产品含有可能造成长期危害的成分，担心这些产品不具备可持续性，以及品牌不够透明。许多品牌都采取了注重将对消费者和环境的危害降至最低的绿色措施，同时公开成分信息和经营方式[34]。

如上所述，天然产品可能包含天然和合成成分的组合，而对以天然产品为导向的消费者而言，这可能不符合天然的定义。从制剂开发人员的角度而言，在创造一种天然产品的过程中面临艰巨的挑战。例如，使真正天然的产品保持稳定和对其进行保存均具有挑战性。此外，仅基于天然成分的产品的性能可能不如其相应的合成产品，如洗面奶[34]。相关担忧促成了清洁美容声明的产生。总体而言，清洁之美可以被定义为自然的迭代，更注重消费者和环境的安全性、产品性能和皮肤触感，以及产品成分和成分来源的透明度[35]。

与上述讨论的诸多术语类似，美国没有任何组织机构定义或管控清洁、清洁美容或清洁化妆品的相关术语，这使得企业可以创建自己对清洁美容的定义。

1.5.3.6 清真产品

“清真”（Halal）是一个阿拉伯语词汇，意为符合伊斯兰教法或该教法所允许的事物。

清真产品被定义为不含伊斯兰教法禁止穆斯林食用的任何物质，并使用伊斯兰教法器具加工、制造、生产和储存的产品，以及根据伊斯兰教法清洗的设备和机器[36]。此外，也不允许使用转基因生物（genetically modified organism，GMO）和动物身体部位/体液[37]。通常，清真产品的范畴不仅限于食品，也适用于皮肤上使用的产品[30]，这就是清真产品在化妆品行业中越来越受欢迎的原因。

一般而言，除了一些来自符合清真标准来源的成分外，清真化妆品不能含有动物来源的成分。例如，如果明胶来自猪或未按规定屠宰的动物，就不能被认为是清真的。此外，清真化妆品不能含有乙醇[30]。

在美国，有一些认证机构可对清真化妆品进行认证，包括华盛顿地区伊斯兰协会（Islamic Society of Washington Area，ISWA）、清真认证部门（Halal Certification Department）[38]、清真咨询组织（Halal Advisory Group）[39]和美国伊斯兰食品与营养委员会（Islamic Food and Nutrition Council of America）[36]。

1.5.3.7　可持续和绿色声明

根据《韦氏词典》，“可持续”的定义为一种获取或使用资源的方法，该方法不会使资源枯竭或永久受损[40]。就化妆品行业而言，“绿色”和“可持续”被定义为由天然成分制成，并由可再生材料生产的产品。一些公司仍然使用来自石油的石化成分，而石油是一种不可再生和经济上不稳定的资源。另外，生物基油脂化学品来自可再生植物和细菌，是绿色化妆品趋势的核心[41]。

公司一般都有使其产品更具可持续性的方法，包括无公害化妆品、海洋友好型产品、减少碳排放、环保包装、减少塑料废物和不含棕榈油的产品。

1.5.3.8　低致敏性产品

低致敏性化妆品（hypoallergenic cosmetics）是指声称比其他“非低致敏性”化妆品产生的过敏反应更少的产品。过敏性皮肤，甚至皮肤正常的消费者可能认为低致敏性产品比非低致敏性化妆品更温和。然而，应该指出的是，对于“低致敏性”这一术语的使用，并没有联邦标准或定义。该术语的含义取决于特定公司或消费者的理解。低致敏性化妆品的制造商不需要向FDA提交数据和测试结果来证实其低致敏性的声明[42]。该术语通常指的是不含已知致敏成分的产品，如香精。然而，由于该术语的使用不受监管，建议皮肤敏感的消费者查看产品标签上的具体成分表，以明确产品中是否含有可能对自己造成过敏的成分。

1.5.3.9　零残忍产品

“零残忍”或“无动物测试”（not tested on animals）的声明经常出现在标签和广告中。动物实验是全球性热门话题，各动物保护组织抗议在动物中进行化妆品测试。在某些市场，此类测试已被禁止。在EU，化妆品成品和化妆品成分的动物测试已被禁止，被称为测试禁令（testing ban）。此外，2013年3月11日后，禁止销售已在动物中测试过的化妆品成品，或其成分已在动物中测试过的化妆品，这被称为营销禁令（marketing ban）[43]。

在美国，FD&C法案并未要求使用动物来测试化妆品的安全性。然而，FDA建议化妆品制造商采用适当和有效的测试来证实其产品的安全性。因此，制造商仍有责任在销售前证实成分和成品化妆品的安全性，这意味着动物实验可以用于确定产品的安全性。目前已开发了替代动物实验的方法，如体外研究，即在外部人工环境中使用来自生物体的组织进行研究。最大的挑战之一是尝试模仿人体组织在人工环境中共同作用的复杂性。在开展动物实验时，FDA提倡研究和试验应从最少数量的动物中获取最大量的有用科学信息，并在科学能力的范围内采用最人道的方法[44]。

关于“零残忍”或“无动物测试”的声明，尚无法律定义。因此，公司可以随意使用相关术语。值得注意的是，即使将相关术语用于未进行动物实验的产品，也并不意味着相关原材料在多年前首次引入时未进行过动物实验。FDA表示，“化妆品制造商可能只会使用相关原材料，并基于相关材料或产品目前没有在动物中进行测试的事实，来提出零残忍的声明”[45]。

值得注意的是，有些组织定义了相关术语，并向公司提供认证，如善待动物组织（People for the Ethical Treatment of Animals，PETA）[46]和“跃兔计划”（Leaping Bunny Program）零残忍认证项目[47]。需牢记的是，FDA或美国任何其他机构均未要求使用零残忍标识，获得零残忍认证是公司的自愿行为。

1.5.3.10 无防腐剂产品

防腐剂可保护化妆品制剂免受微生物污染，如抑制乳液中霉菌、酵母菌和细菌的过度繁殖（参见第2章）。大多数化妆品制剂都含有水，因此防止细菌、霉菌和酵母菌污染至关重要。所有水活度（water activity）≥0.7的含水产品都应含有某类防腐剂，以为产品提供适当的使用期限，并保证消费者使用的安全性。因此，“不含防腐剂”（preservative-free）的声明在许多情况下都是值得怀疑的。很少能找到不含防腐剂且保质期达标的产品。

需要使用防腐剂的主要原因是水，因此不含水的产品（即所谓的无水制剂）不需要使用防腐剂，但仍然需要有一个适当的保质期。其他声称不含防腐剂的产品类型包括含有较高比例乙醇的制剂（众所周知乙醇具有抗菌活性）。此外，某些产品具有不利于微生物生长的特定pH。还有一些特殊的包装材料，如密封包装，也可以确保产品不含微生物。

你知道吗?

水基化妆品（water-based cosmetic product）为微生物的生长提供了一个理想的环境，而产品中的其他成分可能成为相关微生物的养分。需要注意的是，被微生物污染的产品（可能没有明显的污染迹象）对使用者而言，危害远大于防腐剂。

你知道吗？

目前，已开发出了治疗干眼症的一次性滴眼液。该类产品不含防腐剂，并且使用的均是一次性容器。一旦容器打开，滴眼液必须在24 h内使用和丢弃。这也表明不含防腐剂的水基产品不能持续使用很长时间。

另一个常见的关于防腐剂的声明是“未添加防腐剂”，意思是制剂里未添加任何以防腐为主要功能的成分。然而，有几种化妆品成分既具有功能作用（如皮肤调理），也具有有限的抗菌性能。在这种情况下，为调理皮肤活性而添加的成分也可以在一定程度上防止产品中的微生物污染。相关类型的防腐剂通常被称为“非防腐剂型防腐剂”，因为其主要功能并非防止污染。然而，其功效可能不如传统的防腐剂，因此，制剂往往需要使用更高剂量的此类物质来替代防腐剂。

1.5.3.11　皮肤科医生推荐的产品

“皮肤科医生推荐”（dermatologist-recommended）这一声明通常用于化妆品。这可能会让消费者认为，由皮肤科医生组成的专家组已经对产品进行了充分评估，并在经过验证的结果的基础上推荐了这款产品。事实上，在美国没有任何管理机构要求化妆品公司提供数据，证明有一位、少数或者大量皮肤科医生测试并推荐了某一化妆品。“皮肤科医生推荐”的说法可能是基于一项产品调查，一位或多位皮肤科医生可能已认可了该产品。如果能知道有多少皮肤科医生对该产品持中立态度或不喜欢该产品，将会更有价值。此外，值得一提的是，即使是被认为安全的成分，也可能会引发敏感患者的过敏反应。因此，除非产品在更大的消费群体中进行了长时间测试，否则此类说法仅有很低的科学价值。

1.5.3.12　临床验证声明

“临床验证”（clinically proven）这一声明在消费者心中既科学，又有说服力。由于关于化妆品的声明必须是真实的，并且正如前文所讨论的，声明的背后通常是有科学依据的，公司会进行测试来支持其声明。值得注意的是，对于无药品功效声明的化妆品，不需要进行临床试验。不过，临床研究可为产品声明提供有力支撑。在临床研究中需要考虑的重要因素包括参与者的数量、年龄和种族，其是否真正代表了更广泛的典型消费者群体，参与者的皮肤状况（如其是否有任何皮肤敏感、过敏、皮肤病等），对照产品的使用和类型，研究时长，使用频率，其他产品的使用情况，研究中使用的数据分析类型，以及许多其他因素。

在医学界，“验证”一词通常意味着该产品经过严格控制的临床研究测试，结果支持该产品或成分的性能（如在x天内治愈干性皮肤）。因此，“临床验证”是一个强有力的声明。

另一方面，“临床试验”仅指产品经过了临床研究的测试。然而，声明中并未提供任何关于研究结果的信息，研究结果可能支持也可能不支持产品或成分的性能。

1.5.3.13 专利制剂声明

另一常用的声明是“专利制剂”。消费者认为，获得专利的产品一定更严谨、更科学，因此比其他产品的效果更好。事实是，申请产品专利往往与产品的制剂和生产技术有关，而与产品的实际效果无关。因此，申请专利的制剂并不一定意味着具有更好或更持久的性能。

1.5.3.14 pH平衡声明

提出“pH平衡声明”（pH-balanced claims）的公司试图暗示，其产品某种程度上优于无这一声明的产品。其希望消费者相信，pH平衡的产品刺激性更小，效果更好。然而，任何制剂合理的产品都是在与皮肤、头发、腋下或其他应用部位相容的pH范围内配制的。消费者不会注意到“pH平衡”的产品和正常制剂产品之间的差异。

> **你知道吗?**
> 在加拿大，化妆品监管机构加拿大卫生部（Health Canada）发布了一份完整的化妆品可接受和不可接受的声明清单，为生产商提供指导。而在美国，目前尚无此类清单。

1.6 一个特殊的类别：肥皂

肥皂是一个需要特殊解释的类别，这是因为监管部门对肥皂的定义与消费者通常使用的定义不同。人们通常把“肥皂”一词与一种用于洗手和身体的清洁助剂联系在一起。从严格的化学意义上来讲（这也是FDA所采用的定义），肥皂是一种由脂肪酸（如硬脂酸）和碱（如氢氧化钠）生成的盐，被称为普通肥皂（ordinary soap）或真正的肥皂（true soap）。

❾ 真正的肥皂是由美国消费品安全委员会（Consumer Product Safety Commission，CPSC）监管的，而非FDA。究其原因，肥皂并未被纳入首个化妆品法规（即1938年颁布的FD&C法案），此后也一直未被纳入。根据FDA对化妆品的定义，肥皂显然属于化妆品，因为其可以清洁手部和身体。然而，该规定将其排除在化妆品的定义之外。根据FDA的规定，真正的肥皂是指：“①产品中大部分非挥发性物质由脂肪酸的碱盐组成，产品的洗涤剂特性是由碱-脂肪酸化合物所致；②该产品仅作为肥皂标识、销售和宣传”[48]。

目前，市场上仅有少数真正传统意义上的肥皂。市场上的大多数手部和身体清洁剂都是基于表面活性剂的合成产品，且受FDA的监管。合成的基于表面活性剂的洁面产品很受欢迎，因为其很容易在水中产生泡沫，而且不会形成沉积物。其中一些合成的表面活性剂产品被当作肥皂销售。然而，从这一词的法律定义而言，其并非真正意义上的肥皂。

对于肥皂制造商的声明，肥皂可能被视为简单的非化妆品（真正的肥皂）、化妆品、药品，或者既是化妆品又是药品（即OTC药妆品）[6]。具体分为以下几种情况：

- 如果一种产品由洗涤剂组成，或者主要由脂肪酸的碱盐组成，并且仅用于清洁，没有其他用途，那么其就是真正的肥皂，并受CPSC的监管。

- 如果一种产品由洗涤剂组成，或者主要由脂肪酸的碱盐组成，并且不仅用于清洁，还用于其他化妆品用途，如保湿或除臭，那么其就是化妆品，并受到FDA的监管。
- 如果一种产品是由合成洗涤剂制成的，并且仅用于清洁，那么其就是化妆品，并受到FDA的监管。
- 如果一种产品由洗涤剂组成，或者主要由脂肪酸的碱盐组成，并且不仅用于清洁，还用于治愈、治疗或预防疾病，或影响人体的结构或任何功能（如抗痤疮洁面剂），那么其就是一种药品，或者可能既是药品又是化妆品，并受到FDA的监管。

术语表

中文术语	英文术语	解释
化妆品科学	cosmetic science	一门涉及开发和配制化妆品及个人护理产品的多学科科学。
化妆品	cosmetic	FD&C法案对化妆品的定义如下："①拟在人体或其他任何部位涂抹、倾倒、喷洒、引入，或以其他方式应用以达到清洁、美化、提升吸引力或改善外观效果的产品；②拟用作此类产品的组成成分的物质；但不包括肥皂"。
药品	drug	FD&C法案对药品的定义如下："①在《美国药典》《美国顺势疗法药典》或美国《国家处方集》及其补充文献中被认可的产品；②拟用于诊断、治愈、缓解、治疗或预防人体或其他动物疾病的产品；③拟影响人体或其他动物的身体结构或任何功能的产品（食品除外）；④拟作为第①②或③条目中所列任何产品组成成分的物质"。
药妆品	cosmeceutical	可作为化妆品购买的多功能产品，并被宣传为除具备简单化妆品的功效外，还可提供额外的皮肤益处。
个人护理产品	personal care product	通常用于清洁身体、头发和牙齿的产品，如沐浴露、洗发水和牙膏等。
洗漱用品	toiletries	个人护理产品的同义词。
肥皂	soap	从严格的化学意义上来讲，肥皂是一种由脂肪酸（如硬脂酸）和碱（如氢氧化钠）生成的盐。
FD&C法案	Federal Food，Drug，and Cosmetic Act	《联邦食品、药品和化妆品法案》，FDA在其授权下管理化妆品和药品。
应用部位	application surface	化妆品或OTC药妆品所应用的体表。
预期用途	intended use	产品使用的目的。
目标群体	target group	化妆品或OTC药妆品的目标客户群体。
声明	claim	在产品标签、互联网、广告和任何宣传材料上有关产品的成分、安全性、类型、性质或性能的声明。
成分声明	ingredient claim	以产品中的一种或多种成分为特色并突出其功能的声明。
安全性声明	safety claim	支持产品安全性的声明。

续表

中文术语	英文术语	解释
性能声明	performance claim	一种关于产品预期效益的声明。
膳食补充剂	dietary supplement	一种旨在以维生素、矿物质、草药和其他成分补充饮食营养的口服产品。
有机	organic	化妆品标签上经常使用的一个术语，表示天然衍生成分。该术语由美国农业部和NSF定义并认证。
天然	natural	用于描述产品中不含任何人工或合成成分的术语。该术语不受FDA的监管。
素食	vegan	用于描述不含任何动物成分的产品的术语。该术语不受FDA的监管。
清真	Halal	用于描述不含根据伊斯兰教法禁止穆斯林食用的任何材料的产品，使用符合伊斯兰教法器具加工、制造、生产和储存的物质，以及根据伊斯兰教法清洗过的设备和机器。
可持续	sustainable	由天然成分和可再生材料制成的产品。
低致敏性	hypoallergenic	化妆品标签上的一个术语，表示该产品不太可能引起过敏反应。该术语无FDA的官方定义，其不受FDA的监管。
零残忍	cruelty-free	化妆品标签上的一个术语，表示未使用动物进行产品测试。该术语无FDA的官方定义，其也不受FDA的监管。

缩略词表

缩略词	英文全称	中文全称
ANSI	American National Standards Institute	美国国家标准协会
CDER	Center for Drug Evaluation and Research	美国药物评价与研究中心
CFSAN	Center for Food Safety and Applied Nutrition	美国食品安全与应用营养中心
CPSC	Consumer Product Safety Commission	消费品安全委员会
DSHEA	Dietary Supplement Health and Education Act	《膳食补充剂健康与教育法》
FD&C Act	Federal Food，Drug，and Cosmetic Act	《联邦食品、药品和化妆品法案》
FTC	Federal Trade Commission	联邦贸易委员会
GMO	genetically modified organism	转基因生物
INCI	International Nomenclature of Cosmetic Ingredients	国际化妆品成分命名
ISWA	Islamic Society of Washington Area	华盛顿地区伊斯兰协会
NOP	National Organic Program	国家有机计划
NPA	National Product Association	国家产品协会
OTC	over-the-counter	非处方

（白仁仁　译，蒋筱莹　校）

参考文献

1. Morris, C.G. (1992). *Academic Press Dictionary of Science and Technology*. Houston: Gulf Professional Publishing.
2. Wiechers, J.W. (2009). Is cosmetic science really "bad" ? Part II: detecting baloney science./www.cosmeticsandtoiletries.com/research/literature-data/article/21834407/is-cosmetic-science-really-bad-part-ii-detecting-baloney-science (accessed 1 February 2022).
3. FDA (2019). FDA: CFSAN—what we do at CFSAN. www.fda.gov/about-fda/center-food-safety-and-applied-nutrition-cfsan/what-we-do-cfsan (accessed 17 February 2020).
4. FD&C Act Section 201(i)
5. FD&C Act Section 201(g)(1)
6. FDA (2020). FDA: is it a cosmetic, a drug, or both? (Or is it soap?). www.fda.gov/cosmetics/cosmetics-laws-regulations/it-cosmetic- drug-or-both-or-it-soap (accessed 17 February2020).
7. Hutt, P.B. (2005). Legal distinction in USA between cosmetic and drug. In: *Cosmeceuticals and Active Cosmetics: Drugs versus Cosmetics* (ed. P. Elsner and H. Maibach). Boca Raton: CRC Press.
8. FDA: Center for Drug Evaluation and Research (2018). Center for Drug Evaluation and Research | CDER. www.fda.gov/about-fda/fda- organization/center-drug-evaluation-and-research-cder (accessed 17 February 2020).
9. Regulation (EC) No 1223/2009 of The European Parliament and of The Council of 30 November 2009 on cosmetic products. *Off. J. Eur. Union* (22 December 2009).
10. Directive 2001/83/EC of The European Parliament and of the Council of 6 November 2001 on the Community code relating to medicinal products for human use, *Off.J. Eur. Commun.*, 28 November 2001.
11. Regulation (EC) No 726/2004 of The European Parliament and of The Council of 31 March 2004 laying down Community procedures for the authorisation and supervision of medicinal products for human and veterinary use and establishing a European Medicines Agency. *Off. J. Eur. Union* (30 April 2004).
12. RPA (2004). Comparative study on cosmetics Legislation in the EU and other principal markets with special attention to so-called borderline products. rpaltd.co.uk/uploads/report_files/j457-final- report-cosmetics.pdf (accessed 10 June 2013).
13. Health Canada: Regulatory Information for Cosmetics (2021). www.canada.ca/en/health-canada/services/consumer-product- safety/cosmetics/regulatory-information.html (accessed 5 May 2021).
14. Health Canada, Food and Drugs Act Section 2.
15. Pharmaceutical affairs law (Law No. 145 of August 10, 1960), Chapter 1, Article 2. www.jouhoukoukai.com/repositories/source/pal.htm (accessed 5 May 2021).
16. Milstein, S.R., Bailey, J.E., and Halper, A.R. (2001). Definition of cosmetics. In: *Handbook of Cosmetic Science and Technology* (ed.A.O. Barel, M. Paye and H.I. Maibach). New York: Marcel Dekkel, Inc.
17. Wiechers, J.W. and Wortel, V.A.L. (1999). Creating effective claim support packages. *Cosm. Toil.* 114: 51–57.
18. Cosmetics Europe (2019). Guidelines for cosmetic product claim substantiation. cosmeticseurope.eu/files/4016/0015/2480/Guidelines_for_Cosmeti c_Product_Claim_Substantiation.pdf (accessed 6 May 2021).
19. FTC (2020). Advertising FAQs: a guide for small business. www.ftc.gov/tips-advice/business-center/guidance/advertising-faqs- guide-small-business (accessed 11 March 2020).
20. Draelos, Z.D. (2009). Cosmeceuticals: undefined, unclassified, and unregulated. *Clin. Dermatol.* 27 (5): 431–434.
21. How the FDA regulates Nutraceuticals (2019). www.fdareader.com/blog/how-the-fda-regulates-nutraceuticals (accessed 11 March 2020).
22. Dietary Supplement Health and Education Act of 1994. Stat. 4325–Public Law 103–417 (accessed 25 October

1994).
23. FDA (2019). Questions and answers on dietary supplements. www.fda.gov/food/information-consumers-using-dietary-supplements/questions-and-answers-dietary-supplements(accessed 11 March 2020).
24. Walji, R., Boon, H., Barnes, J. et al. (2010). Consumers of natural health products: natural-born pharmacovigilantes? *BMC Complim. Altern. Med.* 10 (8): 1–10.
25. Antignac, E., Nohynek, G.J., Re, T. et al. (2011). Safety of botanical ingredients in personal care products/ cosmetics. *Food Chem. Toxicol.* 49 (2): 324–341.
26. Bakkali, F., Averbeck, S., Averbeck, D. et al. (2008). Biological effects of essential oils. *Food Chem. Toxicol.* 46 (2): 446–475.
27. USDA NOP (2019). About the National Organic Program. www.ams.usda.gov/publications/content/about-national-organic- program (accessed 8 June 2019).
28. 7 CRF Part 205
29. NSF/ANSI 305 (2019). Organic personal care products. www.nsf.org/testing/food/food-beverage-product-certification/organic-certification (accessed 8 June 2019).
30. Lam-Phaure, L. and Baki, G. (2020). Certified true, part I. *Cosm. Toil.* 135 (5): 20–29.
31. Natural Products Association (2019). NPA Certifications. www.npanational.org/certifications/ (accessed 9 June 2019).
32. The Vegan Society Trademark. www.vegansociety.com/the-vegan-trademark (accessed 5 May 2021).
33. Vegan Action: Get Certified. vegan.org/certification/ (accessed 6 June 2019).
34. Lam-Phaure, L. and Baki, G. (2020). Certified true, part II. *Cosm. Toil.* 135 (7): 24-DM20.
35. Gleason, J. and Grabenhofer, R. (2019). Special report: clean beauty decoded. www.gcimagazine.com/ business/rd/claims/Clean-Beauty- Decoded-510077751.html (accessed 12 July 2019).
36. Islamic Food and Nutrition Council of America. www.ifanca.org/Pages/index.aspx (accessed 22 June 2019).
37. Islamic Council of Victoria. What is Halal? A guide for non- Muslims. www.icv.org.au/about/about-islam-overview/what-is- halal-a-guide-for-non-muslims/ (accessed 13 June 2019).
38. ISWA Halal Certification Department (2019). Become Halal Certified Today. www.ushalalcertification.com/ (accessed 20 June 2019).
39. Halal Advisory Group. www.halaladvisory.ca/ (accessed 22 June 2019).
40. Merriam-Webster. Sustainable. www.merriam-webster.com/dictionary/sustainable#synonyms (accessed 13 June 2019).
41. Green cosmetics: the push for sustainable beauty. www.acme-hardesty.com/green-cosmetics-sustainable-beauty/(accessed 13 June 2019).
42. FDA (2017). Hypoallergenic. www.fda.gov/cosmetics/cosmetics- labeling-claims/hypoallergenic-cosmetics (accessed 13 March 2019).
43. Directive 2010/63/EU of The European Parliament and of The Council of 22 September 2010 on the protection of animals used for scientific purposes. *Off. J. Eur. Union* (20 October 2010).
44. FDA (2017). Animal testing and cosmetics. www.fda.gov/cosmetics/product-testing-cosmetics/animal-testing-cosmetics (accessed 12 March 2020).
45. FDA (2017). Cruelty free/not tested on animals. www.fda.gov/cosmetics/cosmetics-labeling-claims/cruelty-freenot-tested-animals (accessed 12 March 2020).
46. PETA (2019). About PETA. www.peta.org/about-peta/ (accessed 23 June 2019).
47. Cruelty Free International. Leaping Bunny Certification Programme. www.crueltyfreeinternational.org/what-we- do/corporate-partnerships/leaping-bunny-certification-programme (accessed 8 June 2019).
48. 21 CFR Part 701.20

第2章 化妆品成分与非处方药妆品中的活性成分

学习目标

通过本章的学习，读者将掌握以下内容。

1. 以下术语的定义：

化妆品成分	活性成分	研磨剂	抗氧化剂
酸败	自由基	螯合剂	着色剂
染料	颜料	色淀	批量认证
效果颜料	去角质剂	成膜剂	芳香剂
香精	前调	中调	后调
保湿剂	润湿剂	润肤剂	密封剂
pH调节剂	pH缓冲液	增塑剂	防腐剂
水活度	推进剂	硅酮	溶剂
表面活性剂	甜味剂	增稠剂	抗痤疮成分
抗龋齿成分	去屑成分	止汗剂成分	皮肤保护剂
收敛剂	唇部保护剂	局部抗菌剂	UV过滤剂

2. 化妆品成分和活性成分的区别。

3. 美国化妆品不能含有活性成分的原因。

4. 着色剂（包括上市前审批和批量认证）是如何监管的。

5. 以下几种化妆品成分的功能和实例：研磨剂、抗氧化剂、螯合剂、着色剂、效果颜料、去角质剂、芳香剂、香精、保湿剂、pH调节剂、pH缓冲液、增塑剂、防腐剂、推进剂、硅酮、溶剂、表面活性剂、甜味剂和增稠剂。

6. 制剂师如何获取被批准用于OTC药品的活性成分列表。

7. 以下几种活性成分的功能和实例：抗痤疮成分、抗龋齿成分、去屑成分、止汗剂成分、皮肤保护剂、局部抗菌剂和UV过滤剂。

主要概念

1. 化妆品不能预防或治疗任何疾病，也不能影响皮肤的结构或功能，因此其不含活性成分，仅含有化妆品成分。

2. OTC药妆品用于预防、诊断、治愈或治疗某一疾病，因此，除了化妆品成分外，还含有活性成分。在相关产品中，化妆品成分被称为非活性成分。

3. 化妆品成分用于为产品提供适当的美感、质地、pH、颜色和气味，并满足产品的化妆品声明。

4. 虽然着色剂未被归类为活性成分，但其在美国仍受到严格的监管。
5. 活性成分提供了所声明的治疗作用，并对人体产生了影响，即预防或治疗某一疾病。
6. 化妆品的活性成分要么列在OTC专论中，要么是一种新成分。

2.1 化妆品成分

❶化妆品不能预防或治疗任何疾病，也不能影响皮肤的结构或功能，因此，其不含活性成分，只含有化妆品成分（cosmetic ingredient）。❷OTC药妆品用于预防、诊断、治愈或治疗某一疾病（参见第1章），因此，除了化妆品成分外，其还含有活性成分（active ingredient）。在相关产品中，化妆品成分被称为非活性成分（inactive ingredient）。

❸化妆品成分用于产品中，赋予产品适当的外观、质地、pH、颜色和气味，并满足产品的化妆品声明。化妆品成分在化妆品和OTC药妆品中具有多种功能，包括帮助混合不混溶的成分、保持制剂稳定性、保湿皮肤、增加头发光泽、为产品着色、排出喷雾剂罐内的物质、去除牙渍等。一种常用且实用的成分分类方法是基于成分的功能进行分类。由于许多成分具有多种功能，可能同属于多个类别。本章总结了最常用的化妆品成分类型（不完整）及其主要功能，包括每种成分的实例。

2.1.1 研磨剂

研磨剂（abrasive）是一种能通过摩擦或研磨来抛光、平滑或清洁较硬表面的成分。研磨剂是不同粒径大小的沙砾状固体颗粒，通常用于两个领域：①牙膏；②护肤产品，如面部、手部、足部和身体磨砂膏。虽然研磨剂所提供的效果相同，但在口腔和护肤品中使用的实际成分是不同的。

1. 护肤制剂 研磨剂提供了一种物理去角质效果，这意味着其有助于擦掉并剥落皮肤的外层，也被称为角质层（stratum corneum，SC）（参见第9章）。皮肤有其自身正常的脱落过程，称为脱皮。然而，在某些情况下，帮助皮肤从其表面剥落死亡的细胞是有益的。从SC中去除死细胞可使皮肤看起来更加光滑。用于面部和身体制剂的研磨剂如下[1]。

- 水果的种子，如草莓、葡萄和杏的种子。
- 坚果壳，如杏仁和核桃的壳。
- 谷物，如燕麦和小麦。
- 纤维，如檀香木纤维。
- 盐，如喜马拉雅岩盐和海盐。
- 糖，如白糖和红糖。
- 矿物质，如碳酸氢钠、氧化铝和浮岩。
- 生物衍生的粉末，如聚乳酸粉末。
- 合成蜡和天然蜡，如米糠蜡。

2. 牙膏　研磨剂还有助于提升牙膏的物理清洁和去污效果，增加牙齿的光泽。牙膏中的研磨剂通常是经过精细研磨的颗粒，不会伤害和磨损牙釉质，但可以清洁牙齿，并在一定程度上具有去污效果。牙膏中使用的研磨剂包括矿物粉末，如水合氧化铝、水合二氧化硅、碳酸镁和碳酸钙、磷酸氢钙和碳酸氢钠。

2.1.2　抗氧化剂

抗氧化剂（antioxidant），顾名思义，能够抵抗自由基（free radical），并能防止其他分子的氧化。在化妆品和OTC药妆品中，该特性的目的主要有两方面：①预防或延缓酸败，即油脂、脂肪、黄油和蜡类的颜色变化及气味形成，并提高化妆品制剂的物理稳定性；②防止或减缓各种氧化机制引起的皮肤老化。

首先，应了解自由基是如何形成的，以及其为何具有危险性。自由基是具有未配对电子的分子或原子。具有一个未配对电子的分子或原子，较具有成对电子和完整电子壳的分子或原子更具化学反应活性。原子趋向于达到最大稳定状态，因此，一个自由基会试图从另一种分子中“窃取”一个电子来填充其外壳。当目标分子失去一个电子给自由基时，其本身也变成了一个自由基，必须找到可以“窃取”一个电子的“供体”。由此，链式反应（chain reaction）就开始了，其可以对人体细胞蛋白、脂质、细胞膜和DNA及制剂中的某些成分（如脂质和香精）造成相当大的损害[2]。自由基的半衰期非常短（纳秒或微秒级），但这仍然足以让其进攻分子并产生新的自由基。化妆品中的自由基会在光、热或金属离子存在下由氧气触发。

抗氧化剂可以向自由基提供一个电子或从自由基接受一个电子来稳定自由基并停止链式反应（**图2.1**）。在这一过程中，抗氧化剂本身就变成了一个自由基。然而，由于其化学结构，该抗氧化剂的反应性远低于其他自由基。大多数抗氧化剂含有排列成线性或芳香体系的双键共轭体系，其可以使整个结构中的未配对电子离域[3]，该过程被称为抗氧化剂的清除活性。

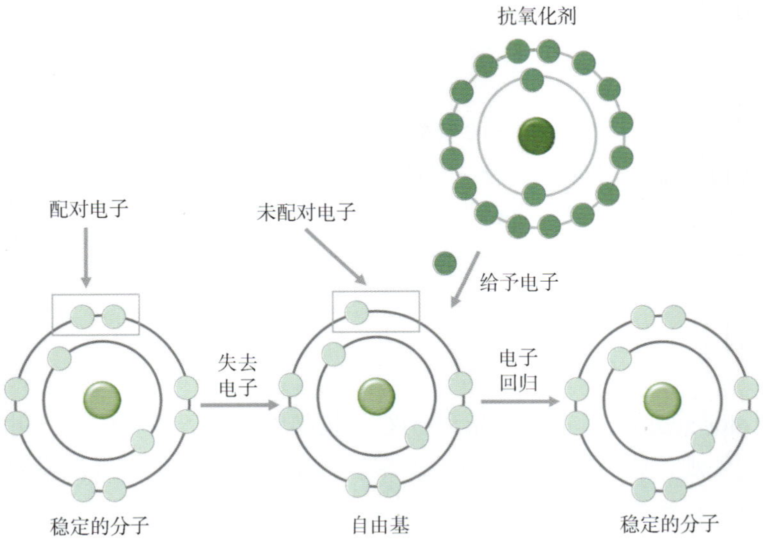

图2.1　抗氧化剂抗自由基的机制

- 抗氧化剂存在于大多数化妆品和OTC药妆品中，以提高其物理稳定性，特别是在那些含有油脂、黄油和蜡类的产品中，因为这些成分通常比其他成分对氧化反应更敏感。在化妆品中用作稳定剂的抗氧化剂主要包括合成化合物，如丁基羟基甲苯（butylated hydroxytoluene，BHT）、丁基羟基茴香醚（butylated hydroxyanisole，BHA）和没食子酸丙酯（propyl gallate）。
- 此外，抗氧化剂对消费者的皮肤也有益处，因为其可对抗皮肤中的自由基。众所周知，由自由基引起的氧化应激作用加速了皮肤老化，并促进了细纹和皱纹的形成、色素沉着和恶性病变的形成。人体皮肤中有天然的抗氧化剂和防御机制，可以中和自由基，保护自身免受伤害。然而，某些因素，如紫外线（ultraviolet，UV）暴露[4]、皮肤病（如银屑病）[5]，会消耗皮肤外层的抗氧化剂。因此，在护肤品中应用抗氧化剂可以使这些活性分子失活，并预防由光照引起的皮肤老化相关症状[6]。皮肤抗氧化剂包括维生素类[如维生素A、维生素C（抗坏血酸）和维生素E（生育酚）]、泛素酮（辅酶Q10）、阿魏酸、天然提取物、异黄酮和多酚。

2.1.3 螯合剂

螯合剂（chelating agent），也称为络合剂，是一种具有特定三维结构的分子，可与非活性金属离子形成复合物。金属杂质有许多不同的来源，包括化妆品成分、水系统、制造过程中的不锈钢设备和储存容器。如果不使其失活，金属离子会降低化妆品的透明度（导致污浊），损害香精的完整性（导致异味、变色和酸败）[7]。对金属离子特别敏感的成分包括香精、植物提取物和着色剂[7]。螯合剂可以通过捕获（络合）金属离子来稳定化妆品，防止其变质。此外，螯合剂还可提高防腐剂的活性。用于化妆品和OTC药妆品的螯合剂包括乙二胺四乙酸（ethylenediamine tetraacetic acid，EDTA）及其衍生物（如乙二胺四乙酸二钠和乙二胺四乙酸四钠）、羟乙基膦酸及其衍生物、磷酸和膦酸衍生物、肌醇六磷酸和柠檬酸及其衍生物。

> **你知道吗？**
> “螯合物”一词来自希腊语中的蟹钳（crab’s claw），指的是螯合分子和金属离子的三维钳状结构。螯合剂用其蟹钳一样的“分子钳”捕获金属离子，防止金属离子与其他物质发生反应。

2.1.4 着色剂

着色剂（color additive）在化妆品和OTC药妆品中发挥着重要作用，可为成品增添色彩，美化产品的外观，或为皮肤、头发及其附属物染色，提升消费者的自然美。❹虽然着色剂不被归类为活性成分，但其在美国仍受到严格的监管。FDA的职责之一是确保着色剂被安全和适当地使用。

> **你知道吗?**
> 颜色一词来源于拉丁语“*colos*”，意思是“覆盖”或“隐藏”。

根据FD&C法案，着色剂是指[8]“任何染料、颜料或其他材料，当添加或应用于食品、药品、化妆品或人体及其任何部位时，能够（单独或通过与其他物质反应）赋予其颜色”。

根据着色剂的性质和组成，可将其分为以下几类：

- **染料（dye）**：是一种可溶于其分散介质（如油或水）中的有色物质。染料在使用过程中会溶解，在此过程中失去其晶体或颗粒结构，如蓝1（Blue 1）和绿5（Green 5）。
- **颜料（pigment）**：是一种着色物质，但与染料相比，颜料通常不溶于其分散介质，如黑氧化铁。当其分散时，颜料仍以晶体或颗粒的形式存在。
- **色淀（lake）**：是一种由染料与无机基质（如氧化铝、黏土和二氧化钛）发生化学反应而形成的不溶于水的颜料。色淀是颜料的一种，如日落黄铝色淀（Yellow 5 Al Lake）和蓝1铝色淀（Blue 1 Al Lake）。与染料相比，色淀具有优越的不透明性，以及对光和热的稳定性。

如前所述，根据美国法律[9, 10]，着色剂需要经过严格审批。有两项读者需要了解的主要要求。第一个主要要求是，每种着色剂（除煤焦油染发剂外）在用于化妆品之前，都必须经过上市前的审批程序（更多信息参见第19章的煤焦油染发剂部分），每种着色剂都必须按照其批准的用途、规格和限制条件进行使用。在批准过程中，FDA会评估安全性数据，以确保着色剂的预期目的是安全的。对于化妆品和个人护理行业，目前已有一份经过批准的着色剂清单[11, 12]。该清单规定了着色剂可以应用的区域，以及缺陷、限制和对其使用的建议。一种着色剂可能会被批准用于化妆品，但不适用于眼部。产品制造商仅能使用已被FDA批准的着色剂，并用于法规中规定的预期用途。审批程序和设置限制条件的原因是一些着色剂可能会引起皮肤刺激和过敏反应，因此，并不是所有成分都可以用于化妆品，即使是经过批准的成分也有一定的限制。

> **你知道吗?**
> FDA尚未批准任何可以注射至皮肤的着色剂，包括文身和永久化妆品所使用的着色剂。文身墨水中使用的一些颜料是工业级的，适用于打印机油墨或汽车涂料[13]。

另一个主要要求是着色剂的批量认证（batch certification）。一些着色剂在销售和使用时有额外要求，这被称为批量认证。一般而言，当需要控制着色剂的成分以保护公众健康时，就需要进行批量认证。一些着色剂可能含有存在毒理学隐患的杂质。根据着色剂是否必须经过认证，FD&C法案和着色剂法规将着色剂分为两大类：①需要认证的着色剂（也称为可认证的着色剂）；②免认证的着色剂[9, 10, 14]。对于可认证的成分，法律要求每一批这种着色剂在用于化妆品之前都要经过FDA的测试和认证。在批量认证过程中，FDA对着色剂制造商提供的着色剂样品进行分析，以确保样品符合相关规定的标识和规格。如果样品符合要求，FDA将颁发认证[15]。

- 需要认证的着色剂主要来自石油，有时也被称为“合成有机”着色剂。这些成分有三部分名称，包括前缀、颜色和数字（如FD&C Yellow No.5），或没有前缀的较短的名称，如Yellow 5。如果是色淀，必须标明基质，如铝，并在名称的末尾加上“色淀”。

• 免认证的着色剂主要来自矿物、植物或动物，其通常具有简单的名称或化学名称，如焦糖、氧化铁、二羟基丙酮、指甲花和二氧化钛。

需要强调的是，未能满足美国着色剂要求是FDA监管产品掺假或贴错标签的原因之一，具体参见第5章。

你知道吗?

煤焦油染发剂无须FDA的批准。即使染发剂产品含有有毒的煤焦油成分，且这种成分可能有害，也仅需在标签上标注特别的警示声明，并且有足够的说明供消费者进行皮肤敏感性初步测试，这样FDA就不会进行干预。警告声明如下：“注意：本产品含有可能对某些人造成皮肤刺激的成分，应首先根据附带的说明进行初步测试。本产品不得用于染睫毛或眉毛，否则可能会导致失明”[16]。

目前，市场上有许多颜料可提供特殊且不寻常的效果。除了美化产品的外观，这些颜料还可以改善皮肤的感觉。其可以单独使用或与传统的着色剂联合使用。两种常用的颜料类型是珠光颜料（pearlescent pigment）（一种效果颜料）和金属颜料（metallic pigment）（一种特殊颜料）。两种颜料均呈薄片状，但其产生的效果因基质和涂层材料的不同而不同。

珠光颜料通过反射、折射和透射提供一种五彩光泽效果，类似于天然珍珠（图2.2）[17]。该颜料通常是在透明的薄片状基质上涂一层或几层精确控制的高反射金属氧化物而制成。用于覆盖基质的金属氧化物包括二氧化钛和三氧化二铁氧化物。目前用于珠光颜料的最常见的基质材料包括天然和合成云母、铝矾土（氧化铝）、硅土（二氧化硅）和硼硅酸盐[18]。根据金属氧化物层的厚度和基质的尺寸，可以产生各种外观。金属氧化物层的厚度决定了颜料的颜色。较小的颗粒（颗粒大小可达60 μm）可产生丝绸般闪闪发光的柔和光泽，而较大的颗粒（颗粒大小可达150 μm）会产生更明显的闪光效果[18]。

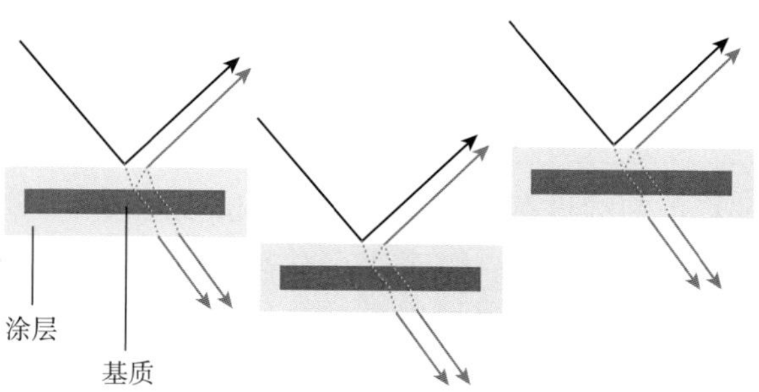

图2.2 珠光颜料基于透明基质，该基质可使入射光发生反射、折射和透射，最终产生特殊的效果。颜料本身的颜色受涂层类型及其厚度的控制[17]

金属颜料将所有入射光反射到一个方向上，就像微小的镜子（图2.3）。该颜料的基质是不透明的（即不透明颜料），如铝粉，其可以涂覆一层或多层金属氧化物。

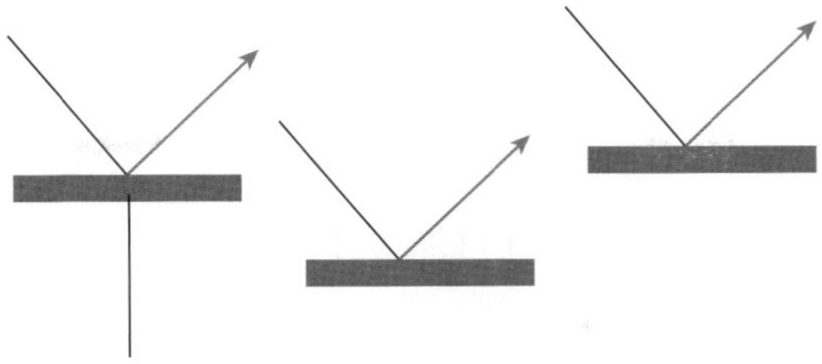

图 2.3　金属颜料由不透明基质制成，只允许入射光被反射

2.1.5　去角质剂

去角质剂（exfoliant）是一种通过松解和溶解角质层中的死皮细胞来促进皮肤剥脱过程的成分，这与上文所述研磨剂的物理磨损工作原理不同。化学去角质剂包括羟基酸类[如α-羟基酸（alpha hydroxy acid，AHA）、乙醇酸]、酶类（如菠萝蛋白酶和木瓜蛋白酶），以及维生素A衍生物（如维生素A和维A酸）。为了发挥有效的去角质效果，羟基酸必须具有较低的pH，即pH 3～4。

2.1.6　成膜剂

成膜剂（film former），顾名思义，是一种可以在应用部位（如皮肤、头发和指甲）上形成连续柔性薄膜的成分。成膜剂应用于化妆品行业的多个领域，具有不同的用途。在皮肤保湿产品中，成膜剂有助于在皮肤上形成一层丝般光滑的物质，使皮肤感觉柔软。在防晒霜中，成膜剂可以在皮肤上形成一层均匀的、通常可防水的防晒层，从而为皮肤提供足够的保护，从而有效防护有害的UV辐射。在基于聚合物的造型产品中（如定型喷雾和发胶），成膜剂可使头发保持理想的形状。在睫毛膏中，成膜剂有助于在睫毛上形成一层均匀的彩色薄膜，从而使睫毛更加浓密。在指甲油中，成膜剂会在指甲上形成一层有弹性的彩色薄膜。虽然这些成分的最终效果是相同的，即形成一层薄膜，但不同类型产品中使用的成分存在显著差异。

根据产品类型，成膜剂可以是聚合物，如纤维素胶、尼龙、聚乙烯吡咯烷酮（polyvinyl pyrrolidone，PVP）、丙烯酸酯聚合物、硅酮，以及乙氧基化和丙氧基化（如聚丙烯）成分。其他成膜剂还包括黏土（如锂蒙脱石和高岭土）、乳胶，以及树脂（如硝化纤维素）。

在大多数化妆品中，成膜剂会与挥发性溶剂一起使用。当挥发性物质从应用部位蒸发时，其会在表面形成薄膜。需要注意的是，每种成膜剂都有各自的特点、功能和性质，并非所有成膜剂都以相同的方式发挥作用或适用于所有化妆品体系。

2.1.7　芳香剂

香味是由产品的质地、味道和气味组成的复杂感官体验。芳香剂（flavoring agent）为产品赋予独特的味道或气味。此外，其还可以掩盖不良味道。总体而言，芳香剂有助于提升产品的接受度。芳香成分主要用于可能与味蕾接触的产品，包括唇妆制剂（如口红），以及牙科和口腔护理产品（如牙膏）。化妆品和OTC药妆品中所用的芳香剂可能包括天然来源的香料，或人工香料，其可能具有自然界中不存在的香味（如泡泡糖味），或自然界中存在但经人工合成的香味（如西瓜味）[19]。实际使用的芳香剂可以在产品标签上标注为“香精”，这样消费者就不会知道实际成分是什么，或者也可以按其具体成分名称单独列出[20]。

你知道吗?

为什么食物会有不同的味道？舌头和上腭布满了成千上万个微小的味蕾。当咀嚼时，口腔中的唾液会帮助分解食物，这时味蕾中的受体细胞会通过感觉神经向大脑传递信息，随后大脑反馈具体味道。舌头能感知的味道只有几种，包括甜、咸、酸、苦和鲜，而鼻子能感知数千种不同的气味。因此，大多数芳香剂同时具有味觉和嗅觉成分，以刺激味觉和嗅觉感受器。

你知道吗?

从出生起，我们就被教导对颜色做出逻辑或情感上的反应。颜色是有意义的，其因文化和居住地的不同而不同。颜色可用于支配和控制交通，触发情绪，并用于描述情绪。颜色在化妆品领域同样非常重要——不仅对彩妆产品，对个人护理产品也如此。一般而言，颜色、香味和味道（如果适用）应协调一致，以增加产品的内在价值。当在产品中添加芳香剂时，通常也会使用甜味剂来提供所需的味道。制剂师在选择着色剂、香精和芳香剂时，必须注意成分和整体产品的特征、目标受众，以及其期望值、营销案例和趋势。

2.1.8 香精

香精（fragrance）是天然或具有特定气味的合成化合物组成的复杂混合物，其被添加至化妆品和OTC药妆品中，使这些产品具有一种独特的、令人愉快的气味，以提升消费者体验感，使消费者因宜人的气味而感到产品更具吸引力。香精也可以添加到产品中以掩盖一些原料的不良气味。香水是高香精含量的水醇溶液，喷洒在皮肤上，为使用者带来令人愉悦的气味。与香水不同，个人护理和化妆品用香精的含量较低，通常用于化妆品、护肤品和护发制剂中，以增加产品接受度，并掩盖成分的天然气味。

香精的结构类似于一个金字塔，其分为三部分，称为香调，包括前调、中调和后调（**图2.4**）。就像金字塔的顶端一样，香精的前调是占比最小的部分。前调是人们第一次打开一瓶香精时最先闻到的部分，其会给香水带来瞬间的吸引力，但很快就会消散。前调通常是清新和淡雅的。中调是香精的核心部分，在前调淡去后，中调变得更加明显。常见的中调包括花香和草药味。后调是波动性最小的，因此更持久，其构成了香精的最后一个阶段，并在香精变干后显现。常见的后调包括檀香和麝香[21]。

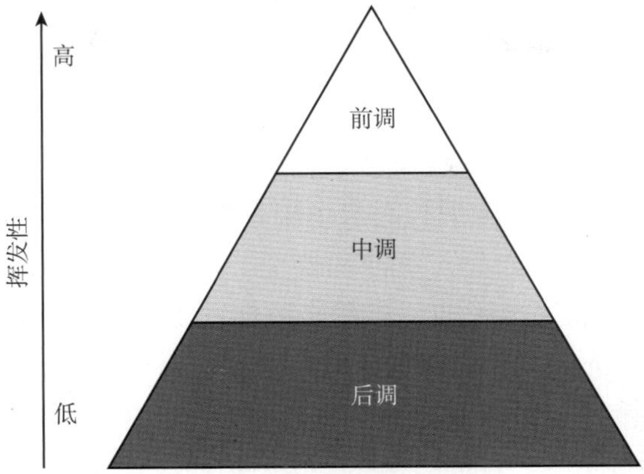

图 2.4　香精的构成

在化妆品和OTC药妆品中使用的香精包括天然成分，如从花朵、水果、根部、叶子、木材、树皮和种子等不同部位提取的精油。天然香精也可从动物的腺体和器官中获得，如麝香。另一类是合成的香精成分，如芳樟醇和香茅醇。目前，人们主要使用合成香精，这是因为其有许多优点。合成香精比天然香精气味更强烈、留香更持久、成分更复杂、更容易生产、更具重复性和更廉价，还可以创造出自然界中不存在的香精[22]。

一种香精可能含有数百种成分，而这些混合成分配方属于商业秘密。在产品标签中，消费者只能看到“香精”一词，而不能看到单一成分[20]。

你知道吗？

香精是化妆品中变应原的常见来源。在欧盟，已经确定了26种公认的可能引起过敏的香精变应原，该列表可以在化妆品相关法规中获取。如果化妆品中任何这些香精变应原的浓度超过了限制，则必须在产品标签上单独列出该变应原。而欧盟对于免洗和需冲洗产品的限制是不同的[23]。

2.1.9　保湿剂

保湿剂（moisturizer）是一个通用术语，用来描述增加皮肤水分并帮助皮肤保持水分的成分。保湿剂，也被称为皮肤调理剂，可滋润皮肤，使皮肤更柔软光滑，减少皮肤粗糙、开裂和刺激。如今这些成分在许多制剂中都广泛使用，要么作为制剂的主要成分（如日常面部保湿产品），要么作为提供额外益处的成分（如卸甲水）。保湿剂分为以下四类（更多信息参见第11章）。

1. 润湿剂（humectant） 是吸湿性成分，这意味着其可以从周围环境中吸收和保持水分。一般而言，其在化妆品和OTC药妆品中具有两个主要作用。

（1）润湿剂可以通过增加皮肤角质层（SC）的含水量来促进皮肤水合作用。用于其保湿特性的润湿剂包括透明质酸（一种天然润湿剂）、甘油、山梨醇、尿素、丙烯乙二醇、丙二醇和AHA（如乳酸）。

（2）此外，润湿剂还可以延缓化妆品中的水分蒸发，即防止干燥。例如，山梨糖醇正是由于该作用而经常被用于牙膏中。在这种情况下，山梨糖醇作为甜味剂的同时，还可以防止产品中的水分流失。

2. 润肤剂（emollient） 通过填补皮肤表面的空隙并替换SC中丢失的脂质而使皮肤柔软光滑。其还可在皮肤表面发挥保护和润滑作用，以减少摩擦，并增强皮肤的美观性。润肤剂是典型的油性化合物，如油类、黄油和蜡类。用于化妆品和OTC药妆品的润肤剂包括植物油（蓖麻油和杏仁油等种子油、澳洲坚果油、果脂如芒果脂）、羊毛脂、脂肪醇和脂肪酸的合成酯（如棕榈酸异丙酯和硬脂酸甘油酯）、聚合物（如聚季铵盐）、碳氢化合物（如矿物油和石蜡）、硅酮（如二甲基硅油和环戊基硅氧烷）等。

3. 密封剂（occlusive） 在本质上是疏水的，并可在皮肤上形成防水层。该防水层在物理上阻止或至少阻碍了水分通过皮肤流失，而这反过来又增加了皮肤的水分含量。与润肤剂类似，密封剂通常也是脂质，在许多情况下，相关成分既可以作为润肤剂，也可以作为密封剂。用于化妆品中的密封剂包括烃类油和蜡质（如凡士林、矿物油和石蜡）、植物蜡类（如巴西棕榈蜡和小烛树蜡）、硅油（如二甲基硅油）、植物油、动物脂肪（如羊毛脂）、脂肪酸（如硬脂酸）、脂肪醇（如十六烷醇）等。

4. 其他保湿剂 可以改善干燥的皮肤，减少剥落。此类成分多样，例如草本成分（如芦荟提取物）、蔬菜成分（如黄瓜汁）和水果成分（如椰子果粉）。此外，蛋白质类（如胶原蛋白、角蛋白和弹性蛋白）也属于这一类。蛋白质可以帮助修复、保护和增强皮肤的屏障功能，并在皮肤表面形成一层薄膜，从视觉上使皮肤变得光滑，并舒展细纹[24]。

由此可见，不同类型保湿剂的作用机制是不同的，因此其通常会相互结合，为消费者提供特定的功效。

2.1.10 pH调节剂

pH调节剂（pH adjuster）是一种用于控制化妆品和OTC药妆品中pH的成分。由于诸多原因，在制剂中可能需要进行pH的调整。例如，要使制剂的pH与应用部位相匹配；当使用的成分仅在特定pH下才稳定时用于稳定制剂；调整pH以使防腐剂发挥最大功效，以及使制剂增稠（某些增稠剂必须中和至适当pH才能达到最佳黏度，如卡波姆）。用于化妆品和OTC药妆品的pH调节剂包括柠檬酸（作为酸性成分），以及氢氧化钠和三乙醇胺（作为碱性成分）。

2.1.11 pH缓冲液

pH缓冲液是一种能够减少产品因添加少量酸、碱或产品被稀释而导致的pH波动的成分。缓冲溶液由弱酸及其共轭碱或弱碱及其共轭酸组成。用于化妆品和OTC药妆品的pH缓冲液的一个实例是柠檬酸/柠檬酸钠。

> **你知道吗？**
> pH是衡量溶液酸碱性的指标。pH小于7的溶液被认为是酸性的，pH大于7的溶液被认为是碱性的，pH为7的溶液则被认为是中性的。

2.1.12　增塑剂

增塑剂（plasticizer）是一种可以软化薄膜并使薄膜（如指甲油薄膜或发胶薄膜）在干燥时具有柔韧性的成分。如果指甲油薄膜是坚硬而脆的，其会使指甲油容易脱落和开裂；如果发胶薄膜硬而脆，其也会很容易脱落。增塑剂有助于减少上述不良影响。增塑剂通常用于指甲油、指甲硬化剂、防晒霜和基于成膜剂的造型产品中。用于指甲油的增塑剂包括樟脑、蓖麻油、三苯甲酸甘油酯、磷酸三苯酯、柠檬酸酯和乙酰柠檬酸三丁酯等。在以成膜成分为基础的造型产品中，主要使用矿物油、二甲基硅油和蓖麻油。

> **你知道吗？**
> 增塑剂一般会被添加至坚硬而脆的塑料中，使其更有弹性。许多化妆品包装材料，如沐浴露容器、液体肥皂容器和牙膏管中也含有增塑剂，这样就可以挤压瓶体，从容器中取出少量的产品。如果这些塑料中不添加增塑剂，其将会太硬而难以使用。

2.1.13　防腐剂

防腐剂（preservative）常被用于化妆品中，以防止或延缓霉菌、酵母菌和细菌的不良生长，以保护消费者，并保持产品的完整性。在生产、包装、储存和消费者使用过程中，微生物可能会在不经意间被引入液体、半固体和粉末产品中。

下面将介绍能促进产品中微生物生长的最常见因素，以便读者理解必须使用防腐剂的原因。水活度（water activity）是决定包括化妆品在内的产品质量和安全性，以及控制产品腐败的最关键因素之一。水活度是指产品中水的蒸气压与相同温度下纯水的蒸气压之比，其会影响产品的稳定性、保质期、安全性、质地和气味。测量水活度可以帮助制剂师确定产品是否需要添加防腐剂；如果需要，需要什么类型的防腐剂，是针对细菌、霉菌还是酵母菌的防腐剂。大多数细菌在水活度低于0.9时不会生长，而大多数霉菌在水活度低于0.8时不会生长。然而，有些霉菌在水活度低至0.7时仍能生长，因此保持水活度低于这一水平是一个合理的规则[25]。许多保存过程试图通过降低水对微生物的可利用性来消除腐败。如果产品中含有可供微生物利用的营养物质，则必须使用防腐剂。可作为微生物营养物质的常见成分包括阴离子表面活性剂和植物树胶。从化妆品的角度而言，许多重要的微生物可以在pH 5～9时生长。考虑到人体皮肤的pH是酸性的（4.5～5.5），大多数产品的pH都在这一范围。因此，将pH作为微生物生长的一个促进因素也非常重要。其他需要考虑的参数还包括渗透压、表面张力和温度。

不同类型防腐剂的作用机制和作用范围也有所不同。通常，不同防腐剂联用可以提供对更广泛种类微生物的防护作用或提高彼此的功效。用于化妆品和OTC药妆品的防腐剂包括对羟基苯甲酸酯类（如对羟基苯甲酸甲酯和对羟基苯甲酸丙酯）、甲醛供体（如DMDM乙内酰脲、咪唑烷基脲和戊二醛）、阳离子表面活性剂（通常称为“季铵盐”，如苯扎氯铵和苄索氯铵）、醇类（如乙醇和苯甲醇）、苯酚衍生物（如苯氧乙醇）、异噻唑啉酮类（如甲基异噻唑啉酮）和其他成分（如苯甲酸钠和山梨酸）。

此外，还有所谓的非防腐剂类防腐剂。这些成分的主要功能并非防腐。例如，精油通常作为香精成分而添加至产品中；还有一些润湿剂（如辛甘醇）[26]。

> **你知道吗？**
> 含水量和水活度并不相同。含水量是指产品中的总含水量。而水活度则代表有多少水是“游离的”，即可供微生物生长的游离水分。

2.1.14 推进剂

推进剂（propellant）是添加至喷雾剂中的成分，如剃须膏、发胶、止汗喷雾和防晒喷雾，用于维持喷雾剂罐内适当的压力，并在阀门开启时排出容器中的内容物。推进剂可以是压缩气体或液化气体。用于化妆品和OTC药妆品的液化气体包括异戊烷、丁烷和异丁烷，压缩气体包括氮气和二氧化碳。

2.1.15 硅酮

与本章讨论的其他化妆品成分不同，硅酮（silicone）在产品中具有独特的功能，是一类具有相似化学结构的化学物质，而不是具有特定功能的成分。

硅酮是一个通用术语，指的是一类广泛的成分，即所谓的有机硅聚合物，其具有硅氧烷（Si—O）主链和有机侧链，通常是甲基侧链。主链赋予分子灵活性和刚性，而侧链基团为硅酮提供了表面活性[27]。在硅氧烷主链上添加苯基、烷基和聚醚等官能团，可以为成分提供特殊功能[28]。

硅酮常用于多种化妆品和OTC药妆品，可以实现许多不同的功能，如赋予皮肤丝滑、光滑的感觉，形成薄膜，增加防水性、抗洗脱性、抗产品转移性，以及护理皮肤和头发。

> **你知道吗？**
> 硅酮是由一种常见的矿物石英制成的。

2.1.16 溶剂

溶剂是许多化妆品和OTC药妆品制剂的重要组成部分。溶剂是一种用于溶解固体成分，与液体混合，并为制剂提供载体的液体成分。溶剂会影响制剂的稳定性、质地、肤感和黏度，调节蒸发速率，提供冷却效果，帮助产品应用，影响成膜性能，并具有许多其他功能。

一种成分在给定溶剂中的溶解度很大程度上取决于溶剂的极性。溶剂的作用遵循相似（同类）相溶（like dissolves like）原理。这里的“相似”（like）指的是溶剂分子的整体极性（无论是极性还是非极性），以及溶质的整体极性（即待溶成分）。根据介电常数（即极性），可将溶剂大致分为三类：极性（polar）、半极性（semipolar）和非极性（nonpolar）溶剂[29]。

1. 极性溶剂　含有强偶极分子，并表现出氢键性质，因此，其介电常数很高。极性溶剂通常能溶解极性溶质。用于化妆品和OTC药妆品的典型极性溶剂包括水和多元醇类溶剂（如甘油和丙二醇）。

2. 半极性溶剂　也含有强偶极分子，但不形成氢键。半极性溶剂能够溶解极性和非极性物质，因此可以作为含有极性和非极性溶剂的多组分均相体系的介质。用于化妆品和OTC药妆品中的半极性溶剂包括醇类（如乙醇、异丙醇）、酮类（如丙酮）和酯类（如乙酸乙酯）。

3. 非极性溶剂　所包含的分子只有很弱的偶极性或没有偶极性，即其介电常数很低。非极性溶剂能溶解非极性分子。用于化妆品和OTC药妆品的非极性溶剂包括油类（如矿物油、凡士林、葵花籽油、杏仁油）、硅油、己烷、甲苯和二甲醚。

这种广泛使用的溶剂分类方式并非唯一的方式。许多溶剂可能同属于不止一种类别。例如，尽管甘油可形成氢键，但其既可被认为是极性，也可被认为是半极性。

水是化妆品中最常用的溶剂。化妆品和OTC药妆品中的溶剂选择通常取决于制剂中的成分类型、产品形式和与应用表面的相容性。

2.1.17　表面活性剂

表面活性剂（surfactant）也被称为表面活性成分，是一种可在表面/界面上定向排列，并可降低两个不混溶相之间表面/界面张力的成分。

首先，必须理解一些基本术语。液-液相（如面霜中的油和水）和液-固相（如口红中的颜料和油）之间的边界通常被称为一个界面（interface）。当其中一个相是气体（通常是空气），而另一个相是液体（如剃须泡沫）或固体（如粉底液）时，两者之间的边界被称为表面（surface）。突破界面/表面所需的能量被称为界面/表面张力[30]。

表面活性剂具有独特的化学结构，其由一种亲水性的头部和疏水性的尾部组成（**图2.5**）。同时具有亲水性和疏水性区域的成分被称为两亲性物质。这种结构特性使得表面活性剂能够溶解于水和油中。当表面活性剂被添加至水中时，其头部进入水相，尾部朝向空气，在两相之间创造了一个连续的过渡（“桥”）（**图2.6**）。这种现象会导致表面张力的降低。当表面饱和时，表面活性剂分子开始在水相内形成胶束（micelle），这时的浓度被称为临界胶束浓度（critical micelle concentration，CMC）[31]。表面活性剂分子的头部基团将位于胶束的表面，屏蔽了在胶束核心处的疏水尾部。胶束的形成是化妆品中许多工艺的基础。例如，其是洗发水去除头发上油脂和污垢的原理。

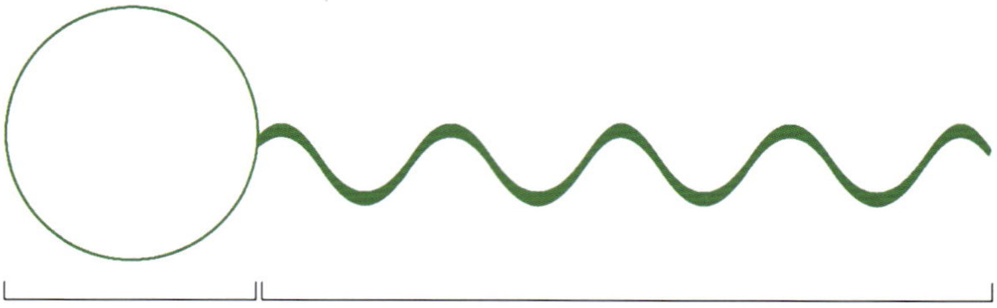

图2.5 表面活性剂分子的基本结构

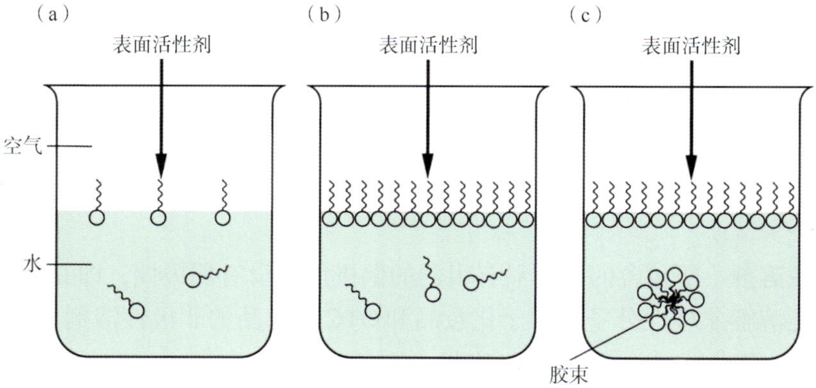

图2.6 胶束在水中的形成过程。（a）将表面活性剂添加至水中，其亲水的头部朝向水，疏水的尾部朝向空气。（b）当添加更多表面活性剂时，液体表面变得饱和。（c）一旦表面达到饱和，便在水中形成了胶束

基于其结构方面的特性，表面活性剂被广泛应用于化妆品和OTC药妆品中。表面活性剂对产品的制剂、稳定性和适用性都有重要作用。其可以实现多种功能，包括乳化（帮助两个不混溶的相，如水相和油相，相互混合形成稳定的乳状液）、增溶、清洗、发泡、增泡、润湿、消泡、调理、保存、分散、稳定、控制黏度等。

表面活性剂可根据功能进行分类，根据其疏水侧链，可以分为烃类和硅酮类表面活性剂。更普遍的是基于其亲水性部分的电荷而分为四类，即阴离子、阳离子、两性离子和非离子表面活性剂。

- **阴离子表面活性剂（anionic surfactant）**：其亲水性头部含有一个负电荷，通常用于发泡和清洁。用于化妆品和OTC药妆品的阴离子表面活性剂包括羧酸（即脂肪酸，如硬脂酸），其可用于制造条状产品（如除臭剂）。脂肪酸肥皂（如硬脂酸钠）被广泛用于制作块状肥皂。异硫酸盐是另一类阴离子表面活性剂，主要用于合成块状物。头发和皮肤清洁剂中最常用的阴离子表面活性剂是烷基硫酸盐，如月桂醇硫酸钠和烷基乙氧基硫酸盐（如月桂醇醚硫酸钠）。阴离子表面活性剂是很好的发泡剂和清洁剂，很容易增稠，且相对便宜，但其缺点是可能会具有刺激性。将其与非离子和两性表面活性剂结合使用可以提高皮肤耐受性[32]。磺酸盐

（如$C_{14\sim16}$烯烃磺酸钠）、磺基琥珀酸盐（如月桂醇醚磺基琥珀酸二钠）、肌氨酸盐（如月桂酰肌氨酸钠）、谷氨酸盐（如椰油酰谷氨酸钠）均是较温和的阴离子表面活性剂[32]。

- **阳离子表面活性剂（cationic surfactant）**：其亲水性头部含有一个正电荷，是皮肤和头发最有效的调理剂。由于皮肤和头发的整体表面带有负电荷，阳离子表面活性剂可通过静电被吸引到这些负电荷部位。用于化妆品和OTC药妆品的阳离子表面活性剂包括最常用的季铵化合物（通常称为"季铵盐"，如西曲氯铵和司拉氯铵）、烷基胺（如硬脂酰胺丙基二甲基胺），以及胺氧化物（如椰油胺氧化物）。除了调理作用外，某些阳离子表面活性剂还具有其他作用。例如，苯扎氯铵具有杀菌特性，因此可以用作防腐剂和洗手液中的活性成分。阳离子表面活性剂可能具有刺激性，使用时这一点需要加以考虑。
- **两性离子表面活性剂（amphoteric surfactant）**：其亲水性头部既含有负电荷也含有正电荷，这种特征被称为"两性离子"性质。两性离子表面活性剂比较温和，并与所有类型的表面活性剂相容。两性离子表面活性剂本身并非很好的清洁剂或乳化剂，但当与其他类型的表面活性剂联用时，可以改善泡沫的形成，进而发挥调理作用，并能减少刺激[30]。用于化妆品和OTC药妆品的两性离子表面活性剂包括甜菜碱（如椰油酰胺丙基甜菜碱）、两性乙酸盐（如月桂酰两性基二乙酸二钠），以及两性丙酸盐（如月桂亚氨基二丙酸钠）。
- **非离子表面活性剂（nonionic surfactant）**：亲水性头部不带有电荷，是化妆品和OTC药妆品中最常用的表面活性剂。其应用领域包括稳定乳剂、调理作用和增溶作用。与其他类型的表面活性剂相比，其优势包括不受pH和电解质的影响，低刺激性，以及与其他类型表面活性剂的相容性[31]。用于化妆品和OTC药妆品的非离子表面活性剂包括：①脂肪醇（如十六烷基醇或硬脂醇），主要用于面霜和乳液以提高其黏度和质地；②山梨醇酯［如硬脂酸山梨醇酯和乙氧基化山梨醇酯（聚山梨醇酯）］也是常用的乳化剂，如聚山梨醇酯20是一种优良的乳化剂。其他实例包括烷醇酰胺［如椰油酰胺单乙醇胺（monoethanolamine，MEA）］、乙氧基脂肪醇（如硬脂醇聚醚-2）、甘油酯（如单硬脂酸甘油酯）、聚氧乙烯-聚氧丙烯嵌段共聚物［也称为泊洛沙姆（poloxamer），如泊洛沙姆407］、胺氧化物（如椰油酰胺丙基胺氧化物）、烷基葡糖苷（如月桂基葡糖苷）等。

乳化剂中表面活性剂的选择往往是基于反复的试验。格里芬（Griffin）提出了亲水亲油平衡（hydrophile lipophile balance，HLB）理论，主要用于非离子表面活性剂，以指导乳化剂的选择[33]。HLB是一种测量物质在水或油中的溶解度的方法。HLB也是表面活性剂亲、疏水基团关系的经验表达形式。根据表面活性剂对油和水的亲和力，HLB系统采用1～20的数值范围，HLB值越高，表面活性剂的水溶性就越强。一般而言，HLB值为1～3的乳化剂为消泡剂，4～6为油包水型（water-in-oil，W/O）乳化剂，7～9为湿润剂，8～18为水包油型（oil-in-water，O/W）乳化剂，13～15为清洁剂，10～18为增溶剂[34, 35]。

你知道吗?

根据清洁和发泡性能，表面活性剂可分为初级表面活性剂和次级表面活性剂［后者也称为助表面活性剂（cosurfactant）］。初级表面活性剂的主要功能是清洁和发泡。次级表面活性剂则用于减轻由初级表面活性剂引起的刺激和干燥。此外，一些次级表面活性剂也具有调理作用。因此，许多皮肤和头发清洁产品中含有初级和次级表面活性剂的混合物。

2.1.18 甜味剂

甜味剂（sweetener）是一种比蔗糖甜数十倍至数百倍的甜味成分。甜味剂有助于提高直接接触味蕾的化妆品和OTC药妆品的产品接受度，如牙膏、漱口水、口红、润唇膏和唇彩等。甜味剂通常与芳香剂结合使用，为制剂提供一种可接受和有吸引力的味道。甜味剂通常可分为两大类。

1. 不提供或只提供很少能量的非营养性甜味剂 用于化妆品和OTC药妆品中的非营养性甜味剂包括糖精钠。

2. 营养性甜味剂 作为碳水化合物提供一些能量，包括糖醇，如山梨醇。

2.1.19 增稠剂

增稠剂（thickener）是可以增加化妆品和OTC药妆品黏度的物质，也被称为增黏剂。增稠剂还可以提高产品稳定性和适用性，改善产品的外观、美感和流变学性质。增稠剂也可以用作悬浮剂，如在指甲油制剂中使用。一般而言，增稠剂主要分为两类。

1. 水溶性增稠剂 用于增加化妆品水相的黏度。水溶性增稠剂包括树胶（如黄原胶和瓜尔胶）、纤维素及其衍生物（如羟乙基纤维素）、亲水黏土（如锂蒙脱石、膨润土和镁铝硅酸盐）、聚乙二醇（polyethylene glycol，PEG，如PEG 200）、合成聚合物（如卡波姆）和氯化钠。

2. 非水溶性增稠剂 用于增稠化妆品的水不溶相。非水溶性增稠剂也可用于无水体系产品中，如口红。非水溶性增稠剂包括蜡类（如巴西棕榈蜡）、长链醇（如十六烷醇）、有机黏土、高分子量硅酮、气相二氧化硅、合成聚合物和聚乙烯等。

对于增稠剂的选择，应考虑多种因素，包括产品的使用、应用部位、与制剂中其他成分的兼容性、pH［某些增稠剂（如卡波姆），必须用碱性成分进行中和，使其增稠并达到最佳流动性能］、透明度、电解质的存在、加工工艺中的温度（蜡质必须熔化才能与油相混合，如果产品制作过程中没有加热过程，则不能使用蜡质），加工过程中需要剪切（如有机黏土等成分需要剪切激活并获得最佳黏度；而如气相二氧化硅等其他成分，则可能对剪切敏感）。

❓ 你知道吗?

乳状液的分离和混悬液的沉降可以通过斯托克斯（Stokes）定律来表示[30]：

$$V = \frac{2r^2 g(D_1 - D_2)}{9\eta}$$

式中，V为粒子或液滴的沉降速率（m/s）；r为粒子或液滴的半径；g为重力加速度（m/s^2）；D_1为粒子或液滴的密度（kg/m^3）；D_2为乳状液的液相或外相的密度（kg/m^3）；η为乳状液的液相或外相的黏度（Pa・s）。

由方程可知，黏度越大，沉降速率越慢。因此，具有较高黏度的乳状液或混悬液会更稳定。在乳状液和混悬液的制剂中，一个重要的要求是缓慢的沉降速率，这也是在制剂中使用增稠剂的主要原因之一。根据斯托克斯定律，有助于稳定性（即减缓混悬液或乳状液的沉降速率）的其他因素是较小的颗粒或液滴尺寸，以及减小颗粒或液滴与液相或外相之间的密度差。

2.2　活性成分

如前所述，组合产品中常含有活性成分。❺活性成分提供了所声称的治疗作用，并对人体产生影响，即预防或治疗某一疾病。❻OTC药妆品的有效成分要么列在OTC专论（OTC monographs）中，要么属于新成分。最常见的是，OTC药妆品中含有获批适应证的特定活性成分。

OTC专论系统可以视为一本“配方书”（译者注：参考网址为https：//dps.fda.gov/omuf/monographsearch），告诉制剂人员哪些成分和何种浓度（百分比）可以用于特定用途，如治疗头皮屑。活性成分被分为不同的类别，并在专论中进行描述。这些专论还描述了某种成分可用于哪些类型的制剂，并提供了关于声明和标签的信息。对于一些产品类型，如防晒霜，相关测试也在专论中进行了描述。OTC专论定义了所有OTC活性成分的安全性、有效性和标签。通过添加、更改和删除成分、标签及其他相关信息不断更新OTC专论。

OTC专论系统是在1972年随着FDA的OTC药物审查一同建立的。药物审查是一个持续的过程，通过OTC专论系统来评估OTC成分的安全性和有效性。OTC专论制定过程分为三个阶段（三步规则），最终确定了OTC药物类别的标准（**图2.7**）[36]。

第一阶段　在这一阶段，专家组审查了有关不同治疗类别的OTC活性成分的数据，并确定了所审查的活性成分是否具有“公认安全有效性”（Generally Recognized as Safe and Effective，GRASE），并可用于自我治疗。专家组还审查了声明要求和建议的适应证、剂量和警告。专家组报告作为“拟定规则的预先通知”（advanced notice of proposed rulemaking，ANPR）发布。相关成分可分为以下三类。

第一类：公认安全有效性（GRASE）
第二类：非公认安全有效性
第三类：数据不足

图2.7 旧版OTC专论制定的三个阶段

- 第一类：对于所声明的治疗指征，具有公认安全有效性。
- 第二类：不被普遍认为具有公认安全有效性（非GRASE），或具有不可接受的指征。
- 第三类：没有足够的数据来确定最终结果分类。

第二阶段 在这一阶段，FDA审查了活性成分，并考虑了专家组的调查结果、公众评论和可用的新数据，最终发布“暂定最终专论”（Tentative Final Monograph，TFM）作为结论性文件。

第三阶段 最后一步是实施的“最终专论”（final monograph，FM），这些专论确定了某些OTC药品具有公认安全有效性的条件。

尽管许多OTC药品经旧版三步规则制定过程成功进入市场，但这一过程仍存在诸多挑战。此外，这是一个缓慢的过程，FDA很难迅速对OTC专论做出改变，即使是存在重大安全问题的情况下。

2020年，美国通过了《冠状病毒援助、救济和经济安全法案》（Coronavirus Aid，Relief，and Economic Security Act，CARES法案）[37]。该法案对OTC药品审查程序进行了改革并使其现代化，对美国OTC药品的监管做出了重大调整。CARES法案用对OTC专论做出调整的行政命令程序取代了三步规则制定程序。新的流程更加精简，并有望使更新OTC专论变得更容易、更快、更高效。根据新法案，OTC专论程序仍然以成分为基础，活性成分像以往一样按治疗类别分组。上述讨论过的GRASE分类也保持不变[38]。

下面将介绍各种类型OTC药妆品中的主要活性成分类型（不完整）。

> **你知道吗?**
> 《联邦法规电子法典》（Electronic Code of Federal Regulations，ECFR）和OTC专论均可免费获取。更多信息可访问ecfr.gov，并选择第21条（食品和药品）。

2.2.1 抗痤疮成分

痤疮是一种复杂的皮肤疾病，当毛囊被油脂和死皮细胞堵塞时就会引发痤疮（参见第13章）。痤疮最常发生在面部、颈部、背部和胸部。细菌可以在堵塞物中生长并引发炎症。

痤疮的症状各不相同，可能从肉眼看不见的毛孔堵塞到带有白色或黑色小脓头的、几乎难以察觉的毛孔堵塞，再到红肿、发炎和疼痛的病变（包括丘疹、脓疱、结节或囊肿），具体取决于病情严重程度。

抗痤疮成分位于OTC专论的局部抗菌药部分[39]，所列成分具有去角质、抗粉刺、抗炎和抗菌作用，以去除多余的油脂并促进皮肤剥落[40]。相关成分也可在护肤品中找到，如洗面奶、爽肤水和保湿霜。OTC专论中用于治疗局部轻度痤疮的抗痤疮成分包括过氧化苯甲酰（2.5%～10%）、水杨酸（0.5%～2%）、硫磺（3%～10%）和间苯二酚（与硫磺合用时为2%）。

2.2.2 抗龋齿成分

龋齿（caries），也被称为蛀牙或龋洞，其特征是在牙齿的咀嚼面出现棕色斑点或小洞。龋齿通常不会引起疼痛，除非损伤部位变大，进而影响了神经或导致牙齿断裂。然而，龋齿未经治疗会破坏牙齿内部的牙髓，从而导致牙齿脱落（参见第24章）。

抗龋齿成分位于OTC专论的抗龋齿药部分[41]，用于预防龋齿，强化牙釉质，减缓牙齿上一种不可见的黏性薄膜（牙菌斑）的形成，并修复和硬化牙齿[42, 43]。这些成分存在于各类口腔护理产品中，包括牙膏、牙膏凝胶和漱口水。OTC专论中的抗龋齿成分包括氟化物，如单氟磷酸钠、氟化钠和氟化亚锡。对每种产品类型（如凝胶、膏体和漱口水）中的每种成分都规定了具体浓度。

2.2.3 去屑成分

头皮屑是头皮常见的一种非传染性疾病，其特征是头皮上死细胞的脱落速度加快。虽然对大多数人而言，死细胞的脱落是连续且难以察觉的，但在有头皮屑的情况下，脱落速度会大大加快，常见症状包括头发和肩膀上呈油状的灰色至白色薄片，以及头皮瘙痒。马拉色菌（*Malassezia*）是一种酵母菌，是正常皮肤菌群的一部分，在头皮屑的形成中起重要作用。在适当的条件下，这种酵母菌会引起炎症和未成熟死皮细胞的过量产生，这些死细胞会脱落成可见的团块（参见第17章）[44]。

去屑成分在OTC专论中位于各种外用OTC药品部分[45]。相关成分具有抗菌特性，有些还具有去角质特性。一般而言，其会被添加至洗发水中。OTC专论中的去屑成分包括煤焦油（0.5%～5%）、吡硫鎓锌（冲洗型产品浓度为0.3%～2%）、水杨酸（1.8%～3%）、硫化硒（1%）和硫磺（2%～5%）。

2.2.4 止汗剂成分

汗水本身是没有气味的，当细菌分解皮肤表面无气味的汗液时，就产生了体味。止汗剂通过在汗液管道内形成临时堵塞物来减少到达皮肤表面的汗液量（参见第26章）。

止汗剂在OTC专论中位于止汗剂OTC药品部分[46]。OTC专论中的止汗剂包括氯化铝（≤15%）、水合氯化铝（≤25%）、倍半氯化羟铝（≤25%）、二氯化羟铝（≤25%）、PEG配合物（如氯化羟铝PEG，≤25%）、锆配合物（如八氯羟铝锆，≤20%）和八氯羟铝锆GLY配位化合物（≤20%）。

> **你知道吗?**
> 除臭剂和止汗剂的作用方式并不相同。除臭剂可以减轻或掩盖体味，在美国被视为化妆品。而止汗剂通过减少身体应用部位的出汗量发挥作用，因此被视为OTC药品。

2.2.5 皮肤保护成分

皮肤保护成分位于OTC专论的皮肤保护药品部分[47]，该类别主要包括收敛剂（astringent）、唇部保护剂和皮肤保护剂。

1. 收敛剂 应用于皮肤或黏膜，以实现局部和有限的蛋白凝固作用[47]。其通常用于面部爽肤水和须后水中以收缩毛孔。OTC专论中的收敛剂包括乙酸铝（0.13%～0.5%）、硫酸铝（46%～63%）和金缕梅（witch hazel）。

2. 唇部保护剂 可以暂时防止嘴唇干燥，并帮助缓解嘴唇外露部位的皲裂[47]。用作唇部保护剂的成分可以滋润嘴唇，防止水分进一步流失，通常用于润唇膏中。OTC专论中的唇部保护剂包括尿囊素（0.5%～2%）、可可脂（50%～100%）、二甲基硅油（1%～30%）和凡士林（30%～100%）等。

3. 皮肤保护剂 可暂时保护受伤或暴露的皮肤或黏膜表面免受有害或刺激性物质的侵害。此外，其还可以为这些部位提供治疗作用[47]。皮肤保护剂通常被制成乳液、乳膏和软膏。皮肤保护剂和唇部保护剂的实例相同。

2.2.6 局部抗菌成分

局部抗菌成分主要针对手部的短暂菌群，以提供保护作用并防止感染的传播。目前，有关医疗保健抗菌剂和消费者抗菌剂的专论是分开的，本书重点关注的是消费者抗菌剂（参见第10章）。在每一部专论中，FDA区分了洗涤剂（即需要用水冲洗的产品）和搽剂（即不需要用水冲洗的产品）。FDA最近发布了关于消费者抗菌洗手液（2016年）[48]和消费者抗菌搽剂（2019年）[49]的最终规定，并禁止使用许多成分，如三氯生。仍然允许使用的成分包括用于抗菌洗涤剂和水基抗菌搽剂中的苯扎氯铵，以及乙醇基抗菌搽剂中的乙醇。

2.2.7 紫外线过滤剂

防晒霜可保护皮肤免受有害UV辐射。防晒霜中的活性成分也被称为UV过滤剂（UV filter），位于OTC专论的防晒药品部分[50]。UV过滤剂可被配制成各种产品形式，包括气溶胶喷雾剂、乳剂、条状物和凝胶（参见第15章）。UV过滤剂主要通过吸收紫外线辐射来保护皮肤[51]。目前，在OTC专论中列出了16种UV过滤剂。FDA批准的UV过滤剂包括物理（也称为无机）过滤剂，如二氧化钛（≤25%）和氧化锌（≤25%）；以及化学（也称为有机）过滤剂，如阿伏苯宗（≤3%）、水杨酸辛酯（≤5%）和胡莫柳酯（homosalate，≤15%）。

化妆品和OTC药妆品中可能含有其他类型的成分。本章的目的是在继续讨论各种产品类别之前，使读者对主要成分类型有一个大致的了解。在相关产品章节中介绍了关于成分类型、功能和特性的更多信息。

术语表

中文术语	英文术语	解释
化妆品成分	cosmetic ingredient	用于为产品提供适当的美观度、质地、pH、颜色和气味，并满足产品的化妆品声明。OTC药妆品也含有化妆品成分，被称为非活性成分。
活性成分	active ingredient	OTC药品或处方药中的一种成分，提供所声称的治疗作用并对人体具有影响，即预防或治疗某一疾病。
研磨剂	abrasive	一种能通过摩擦或研磨来抛光、平滑或清洁较硬表面的成分。
抗氧化剂	antioxidant	一种能防止自由基和其他分子氧化的成分。
酸败	rancidity	油脂、脂肪、黄油和蜡类的颜色变化及气味形成。
自由基	free radical	具有未配对电子的分子或原子。
螯合剂	chelating agent	一种具有特定三维结构的成分，能与金属离子形成复合物并使其失活。
着色剂	color additive	一种可以为成品增添色彩以改善产品的外观，或为皮肤或其附属物染色，提升消费者自然美的成分。
染料	dye	一种可溶于其分散介质的有色物质。
颜料	pigment	一种不溶于其所分散介质的有色物质。
色淀	lake	一种由染料与无机基质发生化学反应而形成的不溶于水的颜料。
批量认证	batch certification	FDA对着色剂制造商提供的着色剂样品进行分析的过程，以确保样品符合相关法规中描述的标识和规格。
效果颜料	effect pigment	一种能为产品提供特殊、不寻常效果的颜料。
去角质剂	exfoliant	一种能松解和溶解皮肤角质层的死皮细胞的成分。
成膜剂	film former	一种能在应用部位（如皮肤、头发和指甲）形成连续柔性薄膜的成分。
芳香剂	flavoring agent	一种能为产品提供特殊味道或气味的成分。
香精	fragrance	天然或具有特定气味的合成化合物的复杂组合，使产品具有独特的、令人愉悦的气味。
前调	top note	打开一瓶香水时最先闻到的成分。

续表

中文术语	英文术语	解释
中调	middle note	香精的核心部分，在前调淡去后变得更加明显的成分。
后调	base note	香精中挥发性最小的成分，因此更持久，在香精变干后显现。
保湿剂	moisturizer	一种能增加皮肤水分并帮助皮肤保持水分的成分。
润湿剂	humectant	一种吸湿性成分，能够增加皮肤角质层的含水量，还可以延缓化妆品中的水分蒸发。
润肤剂	emollient	一种通过填补皮肤表面的空隙和替换角质层中丢失的脂质而使皮肤柔软光滑的成分。
密封剂	occlusive	一种能在皮肤上形成防水层的成分，可增加皮肤的含水量。
pH调节剂	pH adjuster	一种用于控制产品pH的成分。
pH缓冲液	pH buffer	一种可以尽量减少产品中pH变化的成分。
增塑剂	plasticizer	一种能软化薄膜并在薄膜干燥时赋予其柔韧性的成分。
防腐剂	preservative	一种能防止或延缓霉菌、酵母菌和细菌的不良生长，以保护消费者，并保持产品完整性的成分。
水活度	water activity	“自由的”水分含量，即可供微生物生长的游离水分含量。
推进剂	propellant	一种添加至喷雾剂中以保持罐内适当压力，并排出容器中内容物的成分。
硅酮	silicone	一类具有硅氧烷（Si—O）主链和有机（通常是甲基）侧链成分的化合物的统称。
溶剂	solvent	一种用于溶解固体成分，与液体混合，并为制剂提供载体的液体成分。
表面活性剂	surfactant	一种能在表面/界面上定向排列，并降低两个不混溶相之间表面/界面张力的成分。
增稠剂	thickener	一种能增加产品黏度的成分。
抗痤疮成分	anti-acne ingredient	一种具有去角质、抗粉刺、抗炎和抗菌作用，以去除多余的油脂并促进皮肤剥落的成分。
抗龋齿成分	anticavities ingredient	一种有助于防止牙齿上形成棕色孔洞（即蛀牙），并能强化牙釉质，减缓牙菌斑的形成，并修复和硬化牙齿的成分。
去屑成分	anti-dandruff ingredient	一种具有抗菌和去角质作用并能预防或治疗头皮屑的成分。
止汗剂成分	antiperspirant ingredient	一种通过在汗液管道内形成临时堵塞物，进而减少到达皮肤表面汗液量的成分。
皮肤保护剂	skin protectant	一种能暂时保护受伤或暴露的皮肤或黏膜表面免受有害或刺激性物质侵害的成分。
收敛剂	astringent	一种用于皮肤或黏膜，以实现局部和有限的蛋白凝固作用的成分。
唇部保护剂	lip protectant	一种能暂时防止嘴唇干燥，并帮助缓解嘴唇皲裂的成分。
局部抗菌剂	topical antiseptic	一种能防止感染传播的成分，主要针对手部短暂的微生物群。
UV过滤剂	UV filter	一种能保护皮肤免受有害UV辐射的成分。

缩略词表

缩略词	英文全称	中文全称
AHA	alpha hydroxy acid	α-羟基酸
ANPR	advanced notice of proposed rulemaking	拟定规则的预先通知
BHA	butylated hydroxyanisole	丁基羟基茴香醚
BHT	butylated hydroxytoluene	丁基羟基甲苯
CARES Act	Coronavirus Aid，Relief，and Economic Security Act	《冠状病毒援助、救济和经济安全法案》
CMC	critical micelle concentration	临界胶束浓度
ECFR	Electronic Code of Federal Regulations	《联邦法规电子法典》
EDTA	ethylenediamine tetraacetic acid	乙二胺四乙酸
FD&C Act	Federal Food，Drug，and Cosmetic	《联邦食品、药品和化妆品法案》
FM	final monograph	最终专论
GRASE	Generally Recognized as Safe and Effective	公认安全有效
HLB	hydrophile lipophile balance	亲水亲油平衡
O/W	oil-in-water	水包油型
PEG	polyethylene glycol	聚乙二醇
PVP	polyvinyl pyrrolidone	聚乙烯吡咯烷酮
SC	stratum corneum	角质层
TFM	Tentative Final Monograph	暂定最终专论

（蒋筱莹　白仁仁　译、校）

参考文献

1. SpecialChem (2020). Exfoliating agents: selection and formulation tips. cosmetics.specialchem.com/selection-guide/exfoliating-agents-selection (accessed 18 June 2020).
2. Fuller, B.B. (2010). Antioxidants and anti-inflammatories. In: *Cosmetic Dermatology* (ed. Z.D. Draelos), 281–291. Hoboken: Wiley-Blackwell.
3. Lu, J.M., Lin, P.H., and Chen, C. (2010). Chemical and molecular mechanisms of antioxidants: experimental approaches and model systems. *J. Cell Mol. Med.* 14 (4): 840–860.
4. Pandel, R., Poljsak, B., Godic, A. et al. (2013). Skin photoaging and the role of antioxidants in its prevention. *ISRN Dermatol.* 2013: 930164.
5. McArdle, F., Rhodes, L.E., Parslew, R. et al. (2002). UVR-induced oxidative stress in human skin in vivo: effects of oral vitamin C supplementation. *Free Radic. Biol. Med.* 33: 1355–1362.
6. Masaki, H. (2010). Role of antioxidants in the skin: anti-aging effects. *J. Dermatol. Sci.* 58 (2): 85–90.
7. Abrutyn, E.S. (2011). Chelating agents. *Cosm. Toil.* 126 (8): 542–546.
8. FD&C Act Section 201(t)
9. FD&C Act Section 721
10. 21 USC 379e
11. 21 CFR Part 73

12. 21 CFR Part 74
13. FDA Cosmetic Facts (2015). Tattoos and permanent makeup. www.fda.gov/media/93379/download (accessed 21 June 2020).
14. 21 CFR Parts 70 and 80
15. FDA (2018). Color Certification FAQs. www.fda.gov/industry/color- certification/color-certification-faqs (accessed 3 June 2020).
16. FD&C Act Section 601(a)
17. Rohrer, A. and Venturini, M.T. (2018). Pearlescent pigments in coatings–a primer. *PCI Magazine*.
18. Pfaff, G. and Becker, M. (2012). Special effect pigments in cosmetic applications. *HPC Today* 1: 12–15.
19. FD&C Act Section 101.22
20. 21 CFR Part 701.3(a)
21. Schueller, R. and Romanowski, P. (2005). The essence of fragrance. *Cosm. Toil.* 120 (2): 67–71.
22. Manowitz, M. and Naipawer, R.E. (1994). The fragrance industry in a changing world. In: *Perfumes. Art, Science and Technology* (ed. P.M. Muller and D. Lamparsky), 465–479. Berlin, Germany: Springer Science+Business Media, B. V.
23. European Commission (2020). Perfume allergies. ec.europa.eu/health/scientific_committees/opinions_layman/perfume- allergies/en/index.htm#3 (accessed 22 June 2020).
24. Nolan, K. and Marmur, E. (2012). Moisturizers: reality and the skin benefits. *Dermatol. Ther.* 25: 229–233.
25. Steinberg, D.C. (2013). Water activity. www.cosmeticsandtoiletries.com/research/methodsprocesses/premium Water-Activity.html (accessed 29 June 2020).
26. Steinberg, D. (2006). Global regulation of preservatives and cosmetic preservatives. In: *Cosmetic Microbiology, A Practical Approach* (ed. P.A. Geis), 216–226. New York: Taylor and Francis.
27. Reeth, I.V. (2009). Silicones–a key ingredient in cosmetic and toiletry formulations. In: *Handbook of Cosmetic Science and Technology* (ed.A.O. Barel, M. Paye and H.I. Maibach), 371–380. New York: Informa Healthcare.
28. DiSapio, A. (1994). *Silicones in Personal Care: An Ingredient Revolution*. Brussels: Dow Corning Publication.
29. Smith, B.T. (2015). *Remington Education: Physical Pharmacy.* London, UK: Pharmaceutical Press.
30. Kronberg, B., Holmberg, K., and Lindman, B. (2014). *Surface Chemistry of Surfactants and Polymers.* Hoboken: Wiley and Sons, Ltd.
31. Tadros, T.F. (2005). *Applied Surfactants: Principles and Applications*. Weinheim: Wiley-VCH.
32. Guertechin, L.O. (2009). Surfactants: classification. In: *Handbook of Cosmetic Science and Technology* (ed. A.O. Barel, M. Paye and H.I. Maibach), 769–786. New York: Informa Healthcare.
33. Griffin, W.C. (1949). Classification of surface active agents by HLB. *J. Soc. Cosmet. Chem.* 1: 311–326.
34. ICI Americas, Inc (1984). *The HLB System*. Wilmington: ICI Americas, Inc.
35. Swarbick, J., Rubino, J.T., and Rubino, O.P. (2013). Coarse dispersions. In: *Remington* (ed. L.E. Felton). London, UK: Pharmaceutical Press.
36. FDA (2020). Over-the-counter (OTC) drug monograph process. www.fda.gov/drugs/over-counter-otc-drug-monograph-process (accessed 2 June 2020).
37. H.R. 748 CARES Act
38. FDA (2020). Webinar: monograph reform is here! Learn what to expect and how to prepare. www.fda.gov/drugs/news-events-human- drugs/webinar-monograph-reform-here-learn-what-expect-and-how-prepare-05292020-05292020 (accessed 23 December 2021).
39. 21 CFR Part 333.301–333.350
40. Decker, A. and Graber, E.M. (2012). Over-the-counter acne treatments. *J. Clin. Aesthet. Dermatol.* 5 (5): 32–40.

41. 21 CFR Part 355
42. Stewart, R. (1982). *Mechanisms of Action of Fluoride–Pediatric Dentistry: Scientific Foundations and Clinical Practice*. St. Louis: Mosby.
43. Hamilton, I.R. (1977). Effects of fluoride on enzymatic regulation of bacterial carbohydrate metabolism. *Caries Res.* 11 (Suppl 1): 262–291.
44. Elewski, B. (2005). Clinical diagnosis of common scalp disorders. *J. Investig. Dermatol. Symp. Proc.* 10: 190–193.
45. 21 CFR Part 358.701–358.760
46. 21 CFR Part 350
47. 21 CFR Part 347 48. 81 FR 61106
49. 84 FR 14847
50. 21 CFR Part 352
51. Osterwalder, U., Sohn, M., and Herzog, B. (2014). Global state of sunscreens. *Photodermatol. Photoimmuno. Photomed.* 30: 62–80.

第3章
化妆品与非处方药妆品的产品剂型

学习目标

通过本章的学习，读者将掌握以下内容。

1. 以下术语的定义：

产品剂型	液态产品剂型	半固态产品剂型	固态产品剂型
无水的	水醇的	亲水性	亲脂性
水基	溶液	乳液	乳剂
乳（milk）	膏（balm）	凝胶	软膏
膏体（paste）	精华液	膏霜（cream）	混悬液
斯托克斯定律	沉淀	胶囊	气雾剂
粉剂	散粉（powder）	粉饼（pressed powder）	棒状剂型（stick）
不透明的	半透明的	透明的	

2. 产品剂型的概念。
3. 溶液、乳剂和混悬液的区别。
4. 乳液和膏霜、溶液和混悬液、散粉和粉饼之间的区别。
5. 以下产品剂型的主要特点：溶液、乳液、膏霜、混悬液、软膏、膏体、凝胶、散粉、粉饼、胶囊、棒状剂型和气雾剂。
6. 以上每种产品剂型的优缺点。
7. 每种产品剂型相关化妆品和OTC药妆品的实例。

主要概念

1. 化妆品和OTC药妆品包含数百种剂型，可根据其物理性质进一步分为不同的产品剂型。
2. 产品剂型是指由化妆品原料或活性成分混合而成的最终作为化妆品或药妆品使用的物理形式，以供消费者挑选、购买和使用。
3. 产品剂型可根据其物理形态分为液态、固态和半固态。
4. 化妆品和药妆品的液态产品剂型包括溶液、乳剂和混悬液。
5. 化妆品和OTC药妆品的固态产品剂型包括散粉、粉饼、胶囊和棒状剂型。
6. 化妆品和药妆品的半固态产品剂型包括膏霜、软膏、膏体和凝胶。

3.1　引言

❶化妆品和非处方（OTC）药妆品包含数百种剂型，如沐浴露、婴儿爽身粉、口红、浴球、液体眼线笔、剃须泡沫、唇线笔、牙膏、滚珠除臭剂等。然而，还可以根据其物理性质进一步分为不同的产品剂型（product form）。“剂型”（dosage form）是制药行业中使用的标准术语，而在化妆品行业中，术语“产品剂型”的使用更为普遍。本书主要使用“产品剂型”进行描述。本章概述了化妆品和药妆品最常见的产品剂型及其主要特征，还总结了不同产品剂型的主要优缺点，突显了对各种产品剂型合理选择的理念。

3.2　什么是产品剂型

在开始讨论不同的产品剂型之前，首先需要了解什么是产品剂型。❷产品剂型是指由化妆品原料或活性成分混合而成的最终作为化妆品或药妆品使用的物理形式，以供消费者挑选、购买和使用。

读者可能会有这样的疑问：“为什么会存在多种产品剂型？”这主要是由于化妆品原料或活性成分不能单独应用于皮肤、头发或黏膜。例如，漱口水是由至少6～8种不同的成分组成。消费者不可能仅购买其中某一单个组分，然后仿照漱口水的制剂配方依次使用。相关成分必须被配制成某种剂型，如一种包含各组分及其固定配比，且能应用于口腔黏膜的产品剂型。

❸产品剂型根据其物理形态可分为液态、固态和半固态。图3.1列举了化妆品的主要产品剂型。

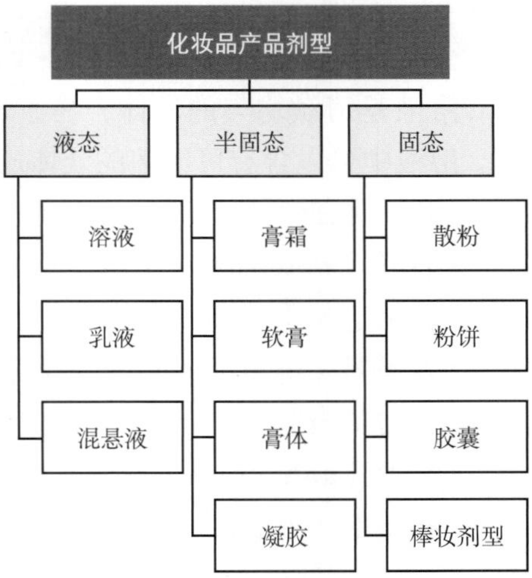

图3.1　化妆品和非处方药妆品的主要产品剂型

- 如果产品是容易流动的，并由液体成分或液体和固体成分组成，则将其归类为液态产品剂型。液态产品剂型不能直接拿在手中，因为其会从手中流失。❹化妆品和药妆品的液态产品剂型包括溶液（solution）、乳液（lotion）和混悬液（suspension）。
- 如果产品由干燥的固体颗粒混合或挤压在一起，或其材料是以凝固形式存在的具有特定形状的蜡质，则该产品可归类为固态产品剂型。❺化妆品和OTC药妆品的固态产品剂型包括散粉（loose powder）、粉饼（pressed powder）、胶囊（capsule）和棒状（stick）剂型。
- 如果产品剂型的质地介于固态和液态之间，则将其归类为半固态产品剂型。这种区别通常在于产品的黏度或流动性。半固体比液体更黏稠，使用时则需要更大的力度。虽然其可保持形状，但仍然很容易变形。❻可用作化妆品和OTC药妆品的半固态产品剂型包括膏霜（cream）、软膏（ointment）、膏体（paste）和凝胶（gel）。

在为产品选择适当的产品剂型时，制剂设计师须考虑诸多因素，包括所使用组分的性质是水溶性或亲水性的，还是油溶性或亲脂性的；是液态还是固态；稳定与否；组分之间能否相互兼容。制剂设计师还必须考虑产品的功能和应用部位。例如，对于头发护理，应选择易于使用和清洗的产品剂型，推荐使用洗剂而非油性的软膏。如果需要更持久的效果，如针对尿布疹（diaper rash）的配方，产品剂型可以更具油性、更防水，含油量更高。

3.3 化妆品的产品剂型

《美国药典》（*United States Pharmacopoeia*，USP）是美国的药品汇编，规定了药品、食品成分和膳食补充剂等的质量、纯度、效力和鉴别标准[1]。USP在制定化妆品和个人护理产品的标准方面也发挥了重要作用。USP在第1151章（即＜1151＞）中定义了药品剂型的概念[2]。不管是化妆品、OTC药妆品，还是药品，其对剂型的定义和主要特征是相同的。因此，我们将以USP＜1151＞作为讨论的基础。

3.3.1 溶液

溶液是清澈均匀的液体，易于倒出，在室温下能够流动且形状会随容器的形状而改变。溶液中可以含有可混溶的液体成分或可溶于液体的固液混合物。

溶液可根据所用溶剂分为三种主要类型：

- **水基（water-based）溶液**：以水作为主要溶剂。水基溶液的实例包括大多数眼部卸妆液、洗手液和许多洗发水。
- **水醇基（hydroalcoholic）溶液**：以水和乙醇的混合物作为主要溶剂。水醇溶液的实例包括发胶、漱口水和面部爽肤水。
- **无水（anhydrous）溶液**：以水之外的其他成分作为主要溶剂。相关溶剂可以是有机溶剂（如底漆和指甲油清洁剂），也可以是油性成分（如沐浴油和打蜡底油）。

溶液是一种热力学稳定剂型，不会随时间而变化。溶液的制备方法一般较简单，首先溶解可溶性固体成分，从需要加热溶解的相关成分开始，而有气味、易挥发的成分通常最后添加以防止其从产品中蒸发。同样，有色成分和着色剂也在最后添加，因其可能会使溶解终点更加难以检测。

3.3.2 乳剂

大多数化妆品成分不能互溶或仅部分互溶。此时，配方设计师须选择一种可同时包含不混溶成分的产品剂型。乳剂（emulsion）是一种包含两种互不混溶液体的两相体系。一种液体可以以液滴的形式均匀地分散在另一种液体中，该液体被称为内相（internal phase）或分散相（dispersed phase）；而另一种液体则被称为外相（external phase）或连续相（continuous phase)。互不相溶的两相通过一种或多种乳化剂加以稳定。不混溶的液体可以是水、油或硅油。这里的各种成分不一定仅指其单一组分，往往可能是混合组分。例如，水可能是指水、甘油或其他水溶性成分的混合物。但为了简便起见，本文将使用油、水和硅油等术语。总之，乳剂包含三个基本组成部分：①油或硅油相；②水相；③乳化剂。

乳剂是化妆品行业应用最为广泛的产品剂型，因为其较其他剂型更具优势。乳剂具有独特的质感和舒适的触感，并可作为递送亲水性和疏水性成分的载体。根据相的不同，乳剂可分为多种类型，包括水包油（oil-in-water，O/W）、油包水（water-in-oil，W/O）、硅包水（water-in-silicone，W/Si）和多重乳剂（multiple emulsions）等类型。

- **O/W型乳剂**：即油滴分散于水中。乳化剂分子包裹在油滴表面，使其更易与水混溶，防止油滴浮在水面之上（如图3.2所示的O/W型乳剂）。在O/W型乳剂中，表面活性剂分子的亲水性头部基团朝向连续水相，疏水性尾部朝向油滴。因为外相是水基的，所以其触感轻盈，容易洗掉。由于含水量高，其配制成本也较低[3]。O/W型乳剂在市场上占据主导地位，如护发素、剃须膏和许多面部及身体保湿霜都是O/W型乳剂。

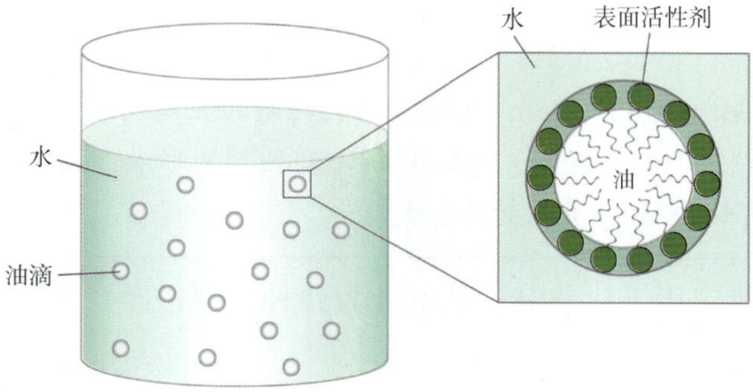

图3.2　O/W型乳剂，由油相、水相和油滴周围的表面活性剂分子组成

- **W/O型乳剂**：即水滴分散于油中，乳化剂分子的头部基团朝向水滴，尾部基团朝向连续相。W/O型乳剂涂抹在皮肤上会感觉油腻且沉重，又因外相的油性性质，更加难以清洗。但W/O型乳剂更有利于保湿和维持水分，如防晒霜或干性皮肤使用的保湿霜。该型乳剂也常被用于尿布疹产品。
- **W/Si型乳剂**：虽然是占比较小的一个类型，但其在化妆品行业也非常重要。该类型乳剂可提供不油腻、丝滑的独特触感和快速干燥效果，使皮肤保持光滑。W/Si型乳剂的实例包括部分液体面部粉底。
- **多重乳剂**：是分散液滴中包含更小的分散小液滴的复杂体系[4]，其本质上是“乳剂中含有乳剂”。更为复杂的乳剂包括水包油包水（water-in-oil-in-water，W/O/W）乳剂和油包水包油（oil-in-water-in-oil，O/W/O）乳剂。多重乳剂可作为储存库以保护敏感成分（如维生素C），也可提供持久的保湿效果[5]。

受内相液滴粒径的影响，化妆品乳剂通常是不透明的。这种白色、奶油状的外观通常对消费者极具吸引力。乳剂在热力学上不稳定，这意味着其会随着时间而分离。众所周知，水和油不能混溶。乳化剂将这两种成分混合在一起，有助于各相在较长时间内维持稳定的混合状态。然而，即使加入了乳化剂，各相也趋向达到各自稳定的最低能量状态[6]。斯托克斯定律（Stokes' law）（见下式）可用来增强乳剂的物理稳定性。第2章也对此进行了讨论。

$$V = \frac{2r^2 g(D_1 - D_2)}{9\eta}$$

式中，V为液滴沉降速率（m/s）；r为液滴半径；g为重力加速度（m/s^2）；D_1为液滴密度（kg/m^3）；D_2为乳剂外相密度（kg/m^3）；η为乳剂外相黏度（Pa・s）。根据斯托克斯定律[7]，可通过减小内相液滴的大小来提高乳剂的稳定性（可通过剧烈搅拌实现），减少两相的密度差异（通常此因素不可改变，因其取决于所使用成分的类型），并增加连续相的黏度，从而发挥其阻止内相液滴合并的屏障作用。选择适当的乳化剂种类和用量是必不可少的一步，应根据油相的亲水亲油平衡（HLB）值需求进行选择。此外，最终产品不应在高温下保存，因为高温会影响制剂的黏度和油脂的氧化稳定性。

你知道吗?

各相的比例不一定会决定乳剂的类型。例如，由75%水相和25%油相组成的制剂并不意味着其一定是O/W型乳剂。决定乳剂类型的主要因素是乳化剂的溶解度。根据班克罗夫特规则（Bancroft's rule），更易溶解乳化剂的相趋向成为连续相[8]。因此，水溶性乳化剂（具有较高的HLB值）可促进O/W型乳剂的形成，而油溶性乳化剂（具有较低的HLB值）可促进W/O型乳剂的形成。

基于黏度，可将应用于化妆品的乳剂分为两种类型，即乳液（lotion，露）和膏霜（cream）。

- **乳液**：是低黏度（稀薄）的液体乳剂，可从瓶中倒出。其连续相含有比膏霜更多的水分，因此更易流动、易于涂抹，且使用中无须用力。该特性使其在较大皮肤表面上应用时尤其有优势。因水相较多，乳液不那么油腻，容易清洗。乳液在化妆品中常被称为"乳"（milk）或"膏"（balm）。乳液的实例包括洁面乳、须后膏和非气溶胶防晒喷雾。
- **膏霜**：是黏度较高（较厚）的半固态乳剂，不易流动。因此，膏霜可分装在罐或管中。其实例包括面部保湿霜、免洗护发素、防晒霜和脱毛膏。

在传统加热制备乳剂的方法中，水相和油相被分别加热至相同的温度，该温度通常要比其中最高熔点蜡质的熔点还高数摄氏度。当两相均达到相同温度时，进行剧烈混合——混合是产生小尺寸液滴和稳定乳剂的关键。通常，内相被加至连续相中，持续搅拌直至乳剂冷却，以促其均匀。冷却后，便可添加其他温度敏感和剪切应力敏感的组分，并混合至乳剂中。另一种被称为冷却处理的方法也可用于制备某些乳剂。在这一过程中，各相可在室温下混合且无须加热。该技术的优点是，由于无须加热，节省了能源，缩短了处理时间，并且可以在混合（乳化）两相之前加入温度敏感性成分。然而，在冷却处理法中，可用乳化剂和增稠剂的种类相对有限。例如，不能使用蜡质增稠剂和蜡质乳化剂，因其均需加热。

3.3.3 混悬液

混悬液是一种含有均匀分散、不溶固体颗粒的液态产品剂型。根据液体介质的类型，通常将混悬液分为三种类型。

- **水基混悬液（water-based suspension）**：如水基亮甲油（nail polish）。
- **水醇制剂（hydroalcoholic formulation）**：如某些治疗面部斑点的产品等。
- **无水制剂（anhydrous formulation）**：如含硅止汗喷雾剂（silicone-based antiperspirant spray）、有机溶剂型指甲油，以及任何含有颜料的液态化妆品，如液态唇膏和唇彩。

介质也可以是乳剂[9]，这就形成了混合混悬液-乳剂体系，其属于半固体系统。具体实例包括无机的紫外线（UV）过滤型防晒霜、眼影霜和粉底霜。

混悬液与乳剂类似，在热力学上是不稳定的。随着时间的推移，由于重力作用，不溶性颗粒倾向于沉淀至容器底部，这一过程称为沉淀。沉降速率可以通过斯托克斯方程进行计算。根据斯托克斯定律，影响混悬液稳定性的因素包括液相的黏度、两相密度差、不溶性颗粒的粒径和重力加速度。在相关因素中，通过简单地改变液相的黏度和分散相的粒径，可以增加混悬液稳定性。悬浮剂（suspending agent）也称为增稠剂（译者注：悬浮剂往往采用增稠剂，但不能认为悬浮剂就是增稠剂），是混悬液的重要组成部分（**图 3.3**）。其可以增加黏度，减缓不溶性固体颗粒的沉降速率，进而提高系统的整体稳定性。不溶性成分的粒径越小（如可通过研磨减小粒径），沉降速率越慢。

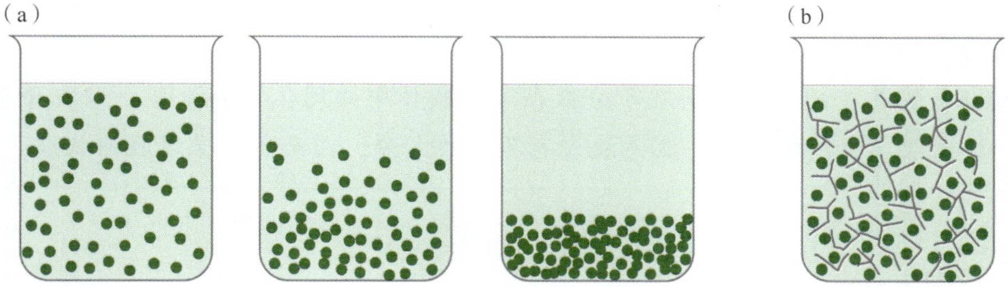

图 3.3 混悬液中不溶性固体颗粒随时间的沉降情况：（a）不使用助悬剂时，不溶性固体颗粒在短时间内沉降至容器底部；（b）助悬剂的使用可增加液相黏度，使固体颗粒分散于液体介质中，可减缓其沉降速率

分散不溶性颗粒是配制混悬液的关键过程。这一过程可分为三步：①不溶性颗粒的润湿；②团聚体的解聚，即将松散结合在一起的单个颗粒群进行分散；③不溶性颗粒的稳定化（**图 3.4**）[10]。在润湿过程中，存在于团聚体表面和内部的空气被液体分散剂取代。润湿剂（wetting agent）通常是表面活性剂，可通过降低表面张力促进润湿过程（参见第 2 章）。分散剂（dispersing agent; dispersant）能解聚团块并稳定单个颗粒以防止聚集体重新形成。解聚团块需要大量的机械能。单个粒子有再次聚集的倾向，因此必须被稳定化。分散剂可使之稳定并提供防止再次团聚的屏障。常用的分散剂包括表面活性剂和聚合物分子。湿润剂和分散剂的选择取决于混悬液的类型，即水基的或无水的。大多数情况下，润湿剂也是一种有效的分散剂。

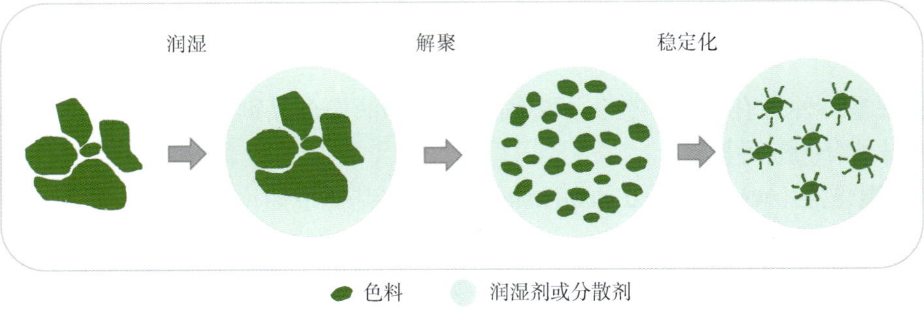

图3.4 分散过程：润湿、解聚和稳定化

混悬液的制备方法取决于产品是液态还是半固态。如果是液体混悬液，则减小尺寸和制备增稠剂溶液通常是第一步。增稠剂适当水化膨胀后，可将其他液体成分混合至液相中。最后，固体颗粒在液相中被高速剪切、润湿和分散，得到光滑均匀的制剂。混悬液-乳剂可通过将油相加入混悬液中进行乳化，或将固体分散至乳剂中进行制备[10]。

你知道吗？

某些面部爽肤水、身体爽肤水和眼影的标签上都有“使用前应摇匀以激活其中主要成分”的说明。通常，这种描述针对的就是混悬液，因为其会随着时间推移而沉淀。摇匀可使产品中的不溶性粉末重新分散（“激活”），从而使产品准备就绪。

你知道吗？

溶液和混悬液的主要区别在于分散在液体载体中的固体成分类型。溶液含有可溶性成分，因此是澄清的制剂。混悬液含有不溶性成分，因而制剂呈现混浊状态。

3.3.4 软膏

与膏霜相比，软膏（ointment）是高度黏稠和油腻的产品。由于其油腻的性质，软膏可在皮肤表面提供防水隔层。软膏一般是无水的，即使含有水，通常也仅含少量水分。无水制剂微生物污染的概率非常低，这是其明显优势。由于软膏具有油性、蜡质、油腻、黏稠或发黏及厚重的特点，其并不适用于护肤和护发产品，但对于非常干燥和需要保湿的小面积皮肤区域，以及易与衣服摩擦而需要保护的区域，则较具优势。由于不适的触感，仅有少数化妆品被制备成软膏形式，如一些头发造型产品（如润发膏）、一些干性皮肤保湿剂（如润肤乳）和尿布疹软膏。

软膏的制备方法取决于其是否含水。若含水，则可采用热加工法制备成O/W型乳剂（如前所述）。若不含水，其制备工艺是将油性、蜡质成分混合，直至形成均匀的混合物，这一过程可能需要加热。

3.3.5 膏体

膏体（paste）是一种非常黏稠的半固态产品剂型，其中含有大量的固体成分，占20%～50%。高固体成分含量使得膏体发硬，难以涂抹和擦入皮肤。

在个人护理行业，膏体主要用作尿布疹治疗膏和牙膏。尿布疹治疗产品通常很油腻，因此具有防水性；高固体成分含量使其具有黏附性，难以洗脱。以上相关特性有助于预防/治疗尿布疹。牙膏用于口腔内清洁和抛光牙齿。牙膏是水基产品，能很好地与唾液混合并起泡。

无论是油基还是水基的膏体配方，将固体成分掺入基质是至关重要的一步。如果这一步出现问题，则最终产品会粗糙并结块。

3.3.6 凝胶

凝胶（gel）是一种半固态产品剂型。凝胶中含有胶凝剂（gelling agent），可形成液体间相互渗透的三维网络结构。凝胶好比浸泡过的海绵，海绵基质就是胶凝剂，这种基质可将液体保持在其结构之中[11]。胶凝剂是增稠剂的同义词，可增加液体介质的黏度，提供复杂的三维内部结构。凝胶的外观可能各不相同，有的是完全透明的，有的是不完全透明的（或称半透明的），有的则是不透明的。根据液体介质的性质，凝胶可分为以下几类。

- **水基配方：**如洁面凝胶和剃须凝胶。
- **水醇配方：**如发型定型凝胶和手部消毒凝胶。
- **无水配方：**如可挤出的止汗凝胶和发油凝胶。

凝胶也可能含有香珠（fragrance bead）、保湿珠（moisturizing bead）和去角质珠（exfoliating bead），就像部分洁肤凝胶一样，这使凝胶成为混悬液和凝胶的组合。如果O/W型乳液在水相中含有大量的增稠剂，则最终产品是乳剂，但感觉上更像凝胶。相关产品通常被称为膏霜凝胶（cream gel）或凝胶膏霜（gel cream）。膏霜凝胶作为眼部和面部保湿剂很受欢迎。啫喱（jelly）是一种具有颤动黏稠质感的凝胶，如沐浴啫喱。

与其他半固态剂型相比，凝胶含有更多的水分，使用后由于水分的蒸发，可表现出冷却效果。凝胶也更加适用于晒伤产品，因为这种冷却效果可被感知为镇痛效果，即缓解疼痛。同样，在须后凝胶（aftershave gel）中，水分或乙醇的蒸发也会带来一种清爽的感觉。

凝胶的制备通常从增稠剂的水化开始，这可能是一个耗时的过程。如第2章所述，某些增稠剂需要中和至一定的pH，有些需要高剪切分散，而另一些则可能对剪切应力比较敏感。在选择增稠剂时应考虑相关特性。当增稠剂完全水化后，可混入其他成分并搅拌至均匀。有气味、易挥发和有色的成分通常在最后添加。

你知道吗？

目前，牙膏凝胶（toothpaste gel）也已在市面上销售，其可被视为牙膏和凝胶的结合。牙膏凝胶和牙膏一样是用来清洁、抛光牙齿和去除污渍的，但两者的质地和口感不同。具体参见第24章有关口腔护理产品的详细介绍。

你知道吗?

精华液（serum）是一种广受欢迎的产品剂型，常用于面部补水、保湿和抗衰老。精华液的外观和质地差异非常大，从使用滴管的透明溶液到低黏度凝胶，再到不透明的乳液。精华液可分为水基或油基两类。

3.3.7 粉剂

粉剂（powder）是一种含有固体颗粒混合物的固态产品剂型，通常分为两大类，即散粉（loose powder）和粉饼（pressed powder）。

散粉是由自由流动的干燥固体成分混合而成的产品剂型。这种产品剂型主要包括面用矿物粉、腮红和眼影，以及婴儿爽身粉和浴盐。通常，浴盐比其他散粉更粗糙，颗粒尺寸更大。散粉的制备常从初始物料的研磨开始，以提供相似的细粒度，除非其是作为细粉原料购买的。研磨后，将配料混合在一起，装入容器中。

粉饼是由自由流动的粉末通过压缩混合制成的。在粉末压制中，黏合剂是一种必不可少的成分。黏合剂可使颗粒聚集在一起，提供机械强度，防止在运输或摇晃时破碎和碎裂。黏合剂可以是固体成分，如淀粉；也可以是液体成分，如辛酸/癸酸甘油酯（caprylic/capric triglyceride）和二甲基硅油（dimethicone）。粉饼在眼影、面部粉刺（facial-powder）、定妆粉和腮红中非常受欢迎。浴球（bath bomb）也是粉饼的应用实例，有各种可供选择的形状。其制备的第一步与散粉相似（即研磨和混合）。然而，其并非立即被填充至容器中，而是被压制成特定的形状。目前，市场上有各种形状的粉饼产品，包括矩形、三角形、圆形、心形等。在化妆品制备中，粉末被直接被压缩至金属盘里，然后放入最终的塑料容器中。

3.3.8 胶囊

胶囊（capsule）是一种由外壳和填充物组成的固态产品剂型。用于化妆品的胶囊外壳是柔软的，里面含有油性液体填充物。化妆品胶囊的实例包括浴油珠（bath oil bead）和抗衰老精华液胶囊。浴油珠主要在浴缸中使用。明胶在温暖的浴缸水中容易溶解，而珠粒会将其内容物释放至浴缸中。抗衰老精华液胶囊通常具有一个小拉环，可以轻轻旋转或剪开胶囊。软胶囊易于挤压，因此轻轻挤压胶囊外壳即可将产品从其中释放出来。

3.3.9 棒状剂型

棒状剂型（stick）是由蜡质和油脂，以及添加的其他油溶性或油分散性成分制成的一种固态产品剂型。棒状剂型非常受欢迎，如口红、眼影棒、眼线笔、遮瑕膏，以及个人护理产品（如除臭剂、止汗棒和防晒棒）。棒状剂型的优势在于其可避免消费者的手部直接接触产品。

棒状剂型最常用的制备方法是成型技术。首先，将室温下为固态的蜡质成分熔化，并与油脂和其他成分混合，趁热将混合物倒入最终容器中（如唇膏盒），或者倒入金属、塑料或硅胶模具中。冷却后，其会变成模具/容器的形状。更多有关成型技术的介绍请参见第20章。

3.3.10　气雾剂

气雾剂（aerosol）更多是一种包装选择而非特定的产品类型。如果使用合适的罐体、推进剂（propellant）和喷嘴装置，上述诸多产品剂型均可采用气雾剂的形式生产，包括溶液、乳液、膏霜、混悬液和粉剂。气雾剂由产品浓缩液和推进剂组成，并在压力下进行包装。当激活阀门系统时，产品被释放出来。

气雾剂可以产生细雾（如防晒喷雾和发胶），也可产生细粉（如干洗香波），还可以产生浓密的奶油状泡沫[如剃须膏和发用摩丝（hair mousse）]。

产品浓缩液是按常规形式制备的，如膏霜。然后，将浓缩液和推进剂填充至罐中。最常用的方法是使用压力填充技术，这一过程需要特别小心。因此，气雾剂通常在适当的防爆建筑中进行包装。

气雾剂罐体由以下部分组成：容器、阀门系统、启动器和瓶盖。必须根据应用所需，选择合适的启动器和产品浓缩液。对于剃须泡沫，具有较大喷嘴的启动器和良好的起泡乳剂是最佳选择。这种结合可使喷出的泡沫立于手掌或面部。然而，对于气溶胶防晒喷雾（aerosol sunscreen spray），则推荐使用带有小喷嘴的启动器及质地轻盈、易于快速蒸发的产品浓缩液。

> **你知道吗?**
> 并非所有泡沫都是由气雾剂罐产生的。如果选择带有合适泵头的容器，洗手液也可以泵出泡沫。

术语表

中文术语	英文术语	解释
产品剂型	product form	成分混合物的最终物理形态，以供消费者选择、购买和使用。
液态产品剂型	liquid product form	一种具有液体稠度并能自由流动的产品剂型。
半固态产品剂型	semisolid product form	一种比液体更黏稠的产品剂型，可以保持其形状，但仍然非常容易变形。
固态产品剂型	solid product form	一种主要由混合或压在一起的干燥固体颗粒或蜡质成分模制成特定形状的产品剂型。
无水的	anhydrous	干性的，不含水的。

续表

中文术语	英文术语	解释
水醇的	hydroalcoholic	由水和醇相混合的。
亲水性	hydrophilic	指亲水，对水有亲和力，可能通过氢键与水相互作用，因此可能易溶于水相（译者注：亲水性不等同于水溶性，同样，脂溶性也不等同于亲脂性，如亲水性高分子材料不一定能溶于水）。
亲脂性	lipophilic	指与脂质（如脂肪）具有亲和力，可能更易溶于脂质。
水基	aqueous	基于水的。
溶液	solution	一种透明、均匀的液态产品剂型，可仅含有可混溶的液体成分，或可溶于液体的液体成分和固体成分的混合物。
乳液	lotion	低黏度的液态乳剂。
乳剂	emulsion	一种液态或半固态的产品剂型，包含两相互不相溶的液体，其中一相以小滴的形式（内相）分散于另一相（外相）中。该系统通常借助乳化剂加以稳定。
乳	milk	乳液（lotion）的同义术语。
膏	balm	乳液的同义术语。
凝胶	gel	一种半固态产品剂型。其含有胶凝剂，可以形成由液体相互渗透的三维网络。
软膏	ointment	高黏性，通常是油腻的半固态产品剂型。
膏体	paste	含有大量固体的非常浓稠的半固态产品剂型。
精华液	serum	一种透明液体、低黏度凝胶或不透明的乳液，用于保湿或抗衰老。
膏霜	cream	一种半固态乳剂。
混悬液	suspension	含有均匀分散、不溶性固体颗粒的液态产品剂型。
斯托克斯定律	Stokes' law	描述乳剂分离和混悬液沉淀的数学方程。
沉淀	sedimentation	混悬液中的悬浮颗粒缓慢沉降至容器底部的过程。
胶囊	capsule	由外壳和填充物组成的固体产品。
气雾剂	aerosol	含有产品浓缩物和推进剂，并在压力下包装的产品。
粉剂	powder	含有固体颗粒混合物的固态产品剂型。
散粉	loose powder	含有自由流动的干燥固体成分混合物的固态产品剂型。
粉饼	pressed powder	由自由流动的粉末通过压缩混合而成的固态产品剂型。
棒状剂型	stick	一种固态产品剂型，由蜡质、油及其他油溶性或油分散成分制成。
不透明的	opaque	不清晰、不透光的。
半透明的	translucent	部分透光的。
透明的	transparent	清晰、能透光的。

缩略词表

缩略词	英文全称	中文全称
HLB	hydrophile lipophile balance	亲水亲油平衡
O/W/O	oil-in-water-in-oil	油包水包油型
O/W	oil-in-water	水包油型
W/O/W	water-in-oil-in-water	水包油包水型
W/O	water-in-oil	油包水型
W/Si	water-in-silicone	硅包水型

（田吉来　译，白仁仁　陈文超　校）

参考文献

1. United States Pharmacopoeia (2015). What is the US Pharmacopoeia? qualitymatters.usp.org/what-us-pharmacopeia (accessed 20 June 2020).
2. USP <1151>
3. Epstein, H. (2009). Skin care products. In: *Handbook of Cosmetic Formulation and Technology* (ed. A.O. Bare, M. Paye and H.I. Maibach), 121–134. New York: Informa Healthcare.
4. Fox, C. (1986). An introduction to multiple emulsions. *Cosm. Toil.* 101 (11): 101–112.
5. Sonchal, B.P., Kothekar, S.C., Momin, S.A. (2013). Multiple emulsions: applications in cosmetics. www.cosmeticsandtoiletries.com/research/methodsprocesses/premi um-multiple-emulsions-applications-in-cosmetics-227722211.html (accessed 20 June 2020).
6. Gibbs, J.W. (1878). On the equilibrium of heterogeneous substances. *Trans. Connect Acad.* 3: 108–248.
7. Kronberg, B., Holmberg, K., and Lindman, B. (2014). *Surface Chemistry of Surfactants and Polymers*. Hoboken: Wiley and Sons, Ltd.
8. Bancroft, W.D. (1913). The theory of emulsification. *J. Phys. Chem.* 17: 501–519.
9. Tadros, T.F. (2018). *Pharmaceutical Cosmetic and Personal Care Formulations*. Berlin, Germany: Walter de Gruyter GmBH & Co KG.
10. Tadros, T.F. (2014). *Formulation of Disperse Systems: Science and Technology*. Weinheim, Germany: Wiley-VCH.
11. Junginger, H.E. (1997). Multiphase emulsions. In: *Surfactants in Cosmetics* (ed. M.M. Rieger and L.D. Rhein), 155–182. New York: Marcel Dekker, Inc.

第4章 化妆品行业相关的政府组织与独立机构

学习目标

通过本章的学习，读者将掌握以下内容。

1. 以下术语的定义：

美国食品安全与应用营养中心	美国化妆品与色素办公室	美国药品评价与研究中心
美国个人护理产品协会	欧洲化妆品协会	化妆品成分审查委员会
美国联邦贸易委员会	美国国家广告部	美国环境保护署
国际香精香料协会	香精香料研究所	美国香精香料与提取物制造商协会
公认安全认证	欧盟委员会	消费者安全科学委员会

2. 受美国食品药品监督管理局（FDA）监管的产品类型。
3. FDA负责化妆品监管的中心/办公室。
4. FDA负责非处方（OTC）药妆品监管的中心/办公室。
5. 美国个人护理产品协会的职责。
6. 化妆品成分审查委员会的主要职能。
7. 美国联邦贸易委员会的职责。
8. 美国国家广告部的职责。
9. 美国环境保护署的职责。
10. 国际香精香料协会的主要职能。
11. 香精香料研究所的主要职责。
12. 美国香精香料与提取物制造商协会的主要职能。
13. 欧盟委员会在化妆品领域的职责。
14. 负责评估美国和欧盟化妆品成分安全性的相关机构。
15. 化妆品成分审查委员会是否评估香精香料成分的安全性。
16. 欧洲化妆品协会的职能。

主要概念

1. FDA是美国主要的消费者保护机构，负责确保人用和兽用药品、生物制品、医疗器械、食品供应、化妆品和放射性产品的安全性、有效性及防护性。

2. 美国食品安全与应用营养中心是FDA的一部分，负责监管食品、膳食补充剂和化妆品。

3. 美国药品评价与研究中心是FDA的一部分，负责确保药品（包括处方药和非处方药）的安全性和有效性。

4. 美国个人护理产品协会是美国化妆品和个人护理产品行业的主要贸易协会。

5. 化妆品成分审查委员会是一个独立、自愿运作的科学机构，致力于以公开、公正、专业的方式，对化妆品成分的安全性进行审查和评估。

6. 美国联邦贸易委员会拥有对食品、膳食补充剂、非处方药品、医疗器械和化妆品广告的主要监管权。

7. 美国国家广告部是美国商业改进局国家项目下设的一个部门，通过监管美国所有媒体中全国性广告的真实性来提供独立的自我监管。

8. 美国环境保护署是一个旨在保护人类健康和环境的独立机构。

9. 国际香精香料协会代表全球香精香料行业的集体利益，并促进其安全使用。

10. 香精香料研究所负责生成、分析、评估和发布有关香精香料成分的科学数据，旨在为其安全使用提供科学依据。

11. 美国香精香料与提取物制造商协会是美国香精香料行业的国家协会。

12. 欧盟委员会全面负责欧盟范围内的化妆品立法。

13. 消费者安全科学委员会作为欧盟委员会的一个科学顾问委员会，负责评估非食品类消费品和服务的健康及安全风险。

14. 欧洲化妆品协会是欧洲化妆品和个人护理产品行业的贸易协会。

4.1　引言

如第1章所述，美国FDA拥有对美国化妆品和药品的监管权。除FDA之外，还有一些机构在化妆品行业同样发挥着重要作用，并参与各类指南的制定。本章主要介绍化妆品和OTC药妆品相关的重要机构。

4.2　美国食品药品监督管理局

❶FDA作为美国政府主要的消费者权益保护机构，其历史可追溯至19世纪50年代。其现代监管职能始于1906年的《纯净食品和药品法案》（Pure Food and Drugs Act），该法案是《联邦食品、药品和化妆品法案》（FD&C 法案）的前身。

在美国，FDA在保护公众健康方面肩负多项职责。FDA负责确保人用和兽用药品、生物制品、医疗器械、食品供应、化妆品和放射性产品的安全性、有效性。其还负责监管烟草产品的生产、营销和分销，以保护公众健康，并减少未成年人吸烟问题。在反恐怖主义方面，FDA同样发挥着重要作用[1]。此外，FDA还负责帮助加快产品更新换代，以促进公众健康。FDA通过网站为专业人士和消费者提供准确、科学的信息，以促进教育，并持续发布有关药品、化妆品、医疗器械、食品和其他相关主题的新闻[1]。

在化妆品领域，FDA负责确保其安全性及标签的合规性。一旦发现不符合相关法规，

FDA可采取各种监管措施，具体内容将在第5章详细讨论。FDA正在与许多国家及国际政府、非政府团体和组织合作，以确保化妆品的安全性，并协调相关产品的规章制度。FDA通过国际化妆品监管合作组织（International Cooperation on Cosmetics Regulation，ICCR）与其他国家的监管机构合作，并对美国、欧盟、日本、加拿大和巴西的化妆品进行监管[2]。其在国际协调方面的目标包括：促进国际贸易和增进相互理解，促进与外国政府在科技和监管方面的交流，接受其他国家的等效标准、合规活动和执行计划，以保护公共健康[3]。

对于OTC药妆品，FDA负责此类产品的安全性、标签和有效性。FDA监察化妆品和OTC药妆品的生产设施，以确保所有的执行程序符合相关法规。FDA还与美国海关和边境保护局（Customs and Border Protection）合作，在边境检查进口物品，以确保其符合美国法规。

4.2.1 美国食品安全与应用营养中心

❷美国食品安全与应用营养中心（Center for Food Safety and Applied Nutrition，CFSAN）是FDA的一部分，负责对食品、膳食补充剂和化妆品进行监管[4]。CFSAN负责确保产品的安全性及标签的合规性，促进和保护公众健康，并在消费者教育和国际标准协调方面发挥重要作用。CFSAN的美国化妆品与色素办公室（Office of Cosmetics and Colors）负责管理和监督化妆品的安全性和标签，对已上市的化妆品进行市场监督，并负责相关的合规活动。其负责化妆品自愿注册计划（Voluntary Cosmetic Registration Program，VCRP）及其日常运作（VCRP将在第5章中详细讨论）。此外，CFSAN还负责可认证的着色剂的批量认证[4]。

4.2.2 美国药品评价与研究中心

❸美国药品评价与研究中心（Center For Drug Evaluation and Research，CDER）也是FDA的一个分支机构，负责确保药品（包括处方和OTC药品）的安全性和有效性。该中心监管所有药妆品，如防晒霜、抗痤疮药物、去屑洗发水和止汗剂。CDER负责评估上市前的新药，并检查市场上销售的药品，以确保其符合最高标准。此外，其还监管药物的研究、开发和生产。CDER还需确保处方药广告的真实性，并监督上市药品的使用情况[5, 6]。此外，在向医疗卫生专业人员和消费者提供有关药品及其安全使用的信息方面，CDER同样发挥着重要作用[7]。

4.3 美国个人护理产品协会

❹美国个人护理产品协会（Personal Care Product Council，PCPC）是美国化妆品和个人护理产品行业的主要贸易协会。PCPC代表化妆品和个人护理产品公司，也是其在科学、

法律、监管、立法和国际问题方面的代言人[8]。PCPC成立于1894年，原名为化妆品、盥洗用品和香料协会（Cosmetic, Toiletry, and Fragrance Association，CTFA）。截至2020年5月，PCPC共拥有600多家成员公司，涉及成品的制造商和分销商，辅料、原材料、包材供应商，成品生产和营销相关的其他服务，以及消费者和贸易媒体[9]。PCPC通过化妆品成分审查（Cosmetic Ingredient Review，CIR）委员会对产品进行安全性评估，以提高化妆品的安全性，并通过其专用网站（CosmeticsInfo.org）向消费者提供信息。PCPC还积极参与协调国际化妆品和个人护理产品的全球监管标准，以消除全球贸易壁垒[10]。此外，PCPC还监管国际化妆品成分命名（International Nomenclature of Cosmetic Ingredient，INCI）计划，并在《国际化妆品成分词典和手册》（*International Cosmetic Ingredient Dictionary and Handbook*）中发布INCI命名（电子版为wINCI）。

4.4　化妆品成分审查委员会

❺CIR委员会是一个独立、自愿运作的科学机构，由美国工业贸易协会（当时的CTFA，目前的PCPC）在FDA和美国消费者联合会的支持下，于1976年成立。虽然受PCPC资助，但CIR和审查过程独立于PCPC和化妆品行业。CIR以公开、公正、专业的方式审查和评估化妆品生产中使用成分的安全性。CIR委员会是一个非营利性科学和医学专家组，成员包括毒理学家、皮肤科医生和化学家，这些成员具有投票权。委员会中没有投票权的成员代表政府、消费者和化妆品行业[11]。该委员会通过审查公开文献中的信息，收集数据并就选定的成分做出决定。如果文献中没有关于选定成分的足够信息，CIR委员会可要求行业或其他相关方提供更多未公布的数据，或要求其开展特定研究。

在选择主要成分时，CIR委员会依据VCRP的数据，考量具体成分的使用频率，个人护理产品中使用某种成分带来的健康影响报告，以及之前何时审查过某种成分（如果适用）。其每年还会选择一种染发剂。此外，成分也可被提名[12]。在CIR委员会准备其最终安全性评估报告之前，公众也可发表意见。该专家组可就化妆品成分的安全性做出以下四项决定[11]。

（1）在现行使用方法和浓度下是安全的。

（2）不具备安全性。

（3）在某些条件下是安全的，如该成分可能存在浓度上限要求。

（4）数据不足，无法做出决定。

CIR委员会的安全性评估以专论形式发布，也可在《国际毒理学杂志》（*International Journal of Toxicology*）上查阅。

每年，CIR委员会都会发布《CIR简编》（*CIR Compendium*），全面收集了所有CIR报告的调查结果。虽然调查结果为FDA提供了相关信息，但FDA并无义务必须采纳，但会在决策过程中考虑CIR委员会关于成分的结论。

> ❓ 你知道吗?
> 正如其名称所示，参加VCRP完全出于自愿，但值得注意的是，如果某公司参与此报告计划，则表明其支持成分的安全审查过程（换言之，对成分的安全性更具信心）。如前所述，在选择成分时需考虑其使用频率（由产品制造商提供），以评估消费者对某一成分的总体暴露量。

4.5 美国联邦贸易委员会

❻美国联邦贸易委员会（Federal Trade Commission，FTC）成立于1914年，旨在防止商业中的不公平竞争。FTC负责执行众多消费者保护法，并致力于防止市场中的欺诈、误导和不公平商业行为。FTC作为一个独立的行政分支机构，拥有对食品、膳食补充剂、OTC药品、医疗器械和化妆品广告的主要管辖权[13]，其成员由总统任命并需得到参议院的认可。

如第1章所述，根据FTC法案，广告的真实性规则如下[14]：

（1）广告必须真实、不具有欺骗性。

（2）广告商必须有证据支持其宣传内容。

（3）广告必须遵守公平原则。

为了确保准确理解上述规则，我们来探讨以下两种情况。以下情形的广告可视为带有欺诈性：如果一则广告包含可能误导消费者的声明，或不包含某些信息，如对消费者决定是否购买或使用产品非常重要的"实质性"信息，则该广告被视为具有欺骗性。如果一则广告对消费者造成或可能造成重大伤害，而消费者又无法合理地避免这种伤害，并且这种伤害未被消费者的获益所平衡，那么此广告就被视为具有不公平性[14]。

FTC负责对广告进行调查，如果广告不符合FTC法案的要求，则可对其采取必要措施。

4.6 美国国家广告部

❼美国国家广告部（National Advertising Division，NAD）是美国商业改进局（Better Business Bureaus，BBB）国家项目下的一个部门，通过监控美国所有媒体全国性广告的真实性，提供独立的自我监管。NAD为广告真实性和准确性设定了一致的标准[15]。NAD负责调查对欺骗性广告的指控，并为广告商提供自愿解决争议的机制。如果广告公司没有对NAD关于证实其声明的要求做出实质性回应，或者没有以任何方式参与自我监管程序，NAD可将此事提交给FTC和FDA，有可能对涉事广告商采取强制行动。

4.7 美国环境保护署

❽美国环境保护署（Environmental Protection Agency，EPA）是美国政府的一个行

政部门，作为一个独立机构，其使命是保护人类健康和环境。EPA保护人类和环境免受重大健康风险，赞助和开展研究，并制定和执行环境法规[16]。EPA主要负责执行美国的众多环境法规。EPA针对可能影响人类健康和环境的各种因素制定计划和法规，如空气质量和空气污染、水质和水污染，以及有害废物。对于化妆品和个人护理产品，EPA根据《国家消费品和商用产品挥发性有机化合物排放标准》(*National Volatile Organic Compound Emission Standard for Consumer and Commercial Products*)的规定，对挥发性有机化合物（volatile organic compound，VOC）在户外的使用和最大允许量进行监管[17]。受该法规管辖的个人护理产品包括气雾型发胶（aerosol hair spray）和气雾型剃须凝胶（aerosol shaving gel）。此外，EPA还制定了一些计划，以促进可持续性发展的选择和推广绿色商业实践。在某些情况下，EPA还可能制定政策并撰写指导性文件，以阐明并协助实施环境法规[18]。

> **❓你知道吗？**
>
> VOC是一类有机气体，由于在产品中被频繁使用，普遍存在于室内和室外环境中。尽管其在室内和室外均已引起关注，但关注重点有所不同。在室内，主要关注的是使用会释放VOC产品的个人直接暴露情况。在室外，除了有与室内使用类似的健康问题外，在某些条件下还会产生地面臭氧。EPA通过对室外VOC进行管制，防止臭氧的形成[19]。

4.8 国际香精香料协会

❾ 国际香精香料协会（International Fragrance Association，IFRA）代表了全球香精香料行业的集体利益，并通过《业务守则》(*Code of Practice*)和IFRA标准促进香精香料的安全使用[20]。IFRA成员网络包括来自亚太地区、欧洲、拉丁美洲和北美的正式会员、国家协会和支持性会员。IFRA制定和实施的准则包括良好操作规范（good operating practice，GOP）建议、香精香料成分安全评估和香精香料安全标准指南，其可能会限制或禁止某些香精香料的使用[21]。值得注意的是，该准则涵盖了所有应用场景下的香精香料。

4.9 香精香料研究所

❿ 香精香料研究所（Research Institute for Fragrance Materials，RIFM）是一个非营利性科研机构，其主要职责是生成、分析、评估和发布有关香精香料成分的科学数据，为香精香料成分的安全使用提供科学依据。RIFM的研究由名为香精香料安全专家小组（Expert Panel for Fragrance Safety）的独立专家组进行审查。专家小组负责对RIFM的战略方针提出建议、审查协议，并评估所有科学发现[22]。专家小组通过审查可用信息和生成额外数据，确定香精香料成分的使用安全性，并将其独立结论发表于同行评审的科学期刊上。如果相关结论对消费者和环境保护具有重要意义，那么专家组关于使用限制的决议将

会作为IFRA标准进行发布[23]。

4.10 美国香精香料与提取物制造商协会

⓫美国香精香料与提取物制造商协会（Flavor and Extract Manufacturers Association，FEMA）是美国香精香料行业的国家级协会。其成员包括香精香料制造商、用户、原料供应商，以及其他对该行业感兴趣的人士。FEMA专家小组通过其公认安全（Generally Recognized as Safe，GRAS）计划，对香精香料成分提供独立、科学的安全性评估[24]。GRAS计划的主要目标是保护消费者的健康，并为该行业维持自我监管模式提供科学依据[25]。专家小组的调查结论和GRAS决定将会与FDA共享并予以公布。CIR将对单个香精香料成分的审查交由FEMA负责，除非该成分具有除香精香料以外的重要用途。在这种情况下，该成分可能需由CIR委员会和FEMA专家组共同进行评估[26]。

4.11 欧盟委员会

⓬欧盟委员会（European Commission，EC）是欧盟的执行机构，代表全欧盟的整体利益，而非某一成员国的利益。EC是欧盟的三大机构之一，另外两个机构分别是欧洲议会（European Parliament）和欧盟理事会（Council of the EU）。欧盟委员会负责起草法规草案，供欧盟理事会（代表各成员国）和欧洲议会（代表欧盟公民）审议通过[27]。在化妆品领域，EC全面负责欧盟内部的化妆品立法。各成员国仍需承担化妆品的个体责任，指定其相关主管机构，执行法规并进行企业合规性监督。

4.12 消费者安全科学委员会

⓭消费者安全科学委员会（Scientific Committee on Consumer Safety，SCCS）是欧盟委员会的一个科学顾问委员会，负责对非食品类消费品和服务的健康和安全风险进行评估。SCCS评估范围内的非食品类消费品包括化妆品、个人护理产品、玩具、纺织品和服装，服务的实例包括文身和人工日光浴（artificial suntanning）。SCCS负责审查欧盟提交的化妆品成分，并确定安全使用水平（或判定某些成分不可使用）。该委员会类似于美国的CIR。在最终确定意见之前，SCCS还为各相关方提供了就审查结果发表评论的机会。审查结束后，SCCS会在其网站上以“意见”（opinion）的形式公布风险评估结果[28]。

4.13 欧洲化妆品协会——个人护理产品协会

⓮欧洲化妆品协会（Cosmetics Europe）是欧洲化妆品和个人护理行业的贸易协会。其

成员包括化妆品和个人护理产品制造商，以及代表该行业的国家级协会。该协会前身为欧洲化妆品工业协会（Colipa），于2012年更名为欧洲化妆品协会——个人护理产品协会（Cosmetics Europe—the Personal Care Association）。其职责是在欧洲创造一个有利于长期增长和可持续发展的运营环境[29]。该协会可视为美国PCPC的姐妹协会。

术语表

中文术语	英文术语	解释
美国食品安全与应用营养中心	Center for Food Safety and Applied Nutrition	FDA下设的一个中心，负责食品、膳食补充剂和化妆品的监管工作。
美国化妆品与色素办公室	Office of Cosmetics and Colors	该办公室是CFSAN的一部分，负责监管化妆品的安全性和标签。
美国药品评价与研究中心	Center for Drug Evaluation and Research	隶属于FDA的一个中心，负责确保药品的安全性和有效性。
美国个人护理产品协会	Personal Care Product Council	美国化妆品和个人护理产品行业的主要贸易协会。
欧洲化妆品协会——个人护理产品协会	Cosmetics Europe—the Personal Care Assocination	欧洲化妆品和个人护理产品的行业协会。
化妆品成分审查	Cosmetic Ingredient Review	一个评估正常使用条件下化妆品成分安全性的独立自愿小组。
美国联邦贸易委员会	Federal Trade Commission	对美国食品、膳食补充剂、OTC药品、医疗器械和化妆品广告拥有主要监管权的独立机构。
美国国家广告部	National Advertising Division	BBB国家项目的下属部门，负责对美国所有媒体全国性广告的真实性进行独立自我监管。
美国环境保护署	Environmental Protection Agency	一个以保护公众健康和环境为使命的联邦独立机构。
国际香精香料协会	International Fragrance Association	全球香精香料行业的代表性机构。
香精香料研究所	Research Institute for Fragrance Materials	香精香料安全使用方面的国际科学权威机构。
美国香精香料与提取物制造商协会	Flavor and Extract Manufacturers Association	美国香精香料行业的全国性协会，通过其FEMA GRAS计划对香精香料成分进行安全性评估。
公认安全	Generally Recognized as Safe	某种成分经专家认证是安全的。

续表

中文术语	英文术语	解释
欧盟委员会	European Commission	全面负责欧盟化妆品立法的执行机构。
消费者安全科学委员会	Scientific Committee on Consumer Safety	欧盟委员会的一个科学咨询委员会，负责评估非食品类消费品的健康和安全风险。

缩略词表

缩略词	英文全称	中文全称
BBB	Better Business Bureaus	美国商业改进局
CDER	Center for Drug Evaluation and Research	美国药品评价与研究中心
CFSAN	Center for Food Safety and Applied Nutrition	美国食品安全与应用营养中心
CIR	Cosmetic Ingredient Review	化妆品成分审查
EPA	Environmental Protection Agency	美国环境保护署
FD&C Act	Federal Food, Drug, and Cosmetic Act	《联邦食品、药品和化妆品法案》
FEMA	Flavor and Extract Manufacturers Association	美国香精香料与提取物制造商协会
FTC	Federal Trade Commission	美国联邦贸易委员会
GRAS	Generally Recognized as Safe	公认安全
ICCR	International Cooperation on Cosmetics Regulation	国际化妆品监管合作组织
IFRA	International Fragrance Association	国际香精香料协会
INCI	International Nomenclature of Cosmetic Ingredient	国际化妆品成分命名
NAD	National Advertising Division	美国国家广告部
PCPC	Personal Care Product Council	美国个人护理产品协会
RIFM	Research Institute for Fragrance Materials	香精香料研究所
SCCS	Scientific Committee on Consumer Safety	消费者安全科学委员会
VOC	volatile organic compound	挥发性有机化合物

（沈奇英　白仁仁　译，陈文超　校）

参考文献

1. FDA (2018). About the FDA. www.fda.gov/about-fda/what-we-do (accessed 8 May 2020).
2. FDA (2017). Overview of International activities for cosmetics. www.fda.gov/cosmetics/cosmetics-international- activities/overview-international-activities-cosmetics (accessed 8 May 2020).
3. ICCR (2019). Preparation for the 2019 International Cooperation on Cosmetics Regulation. www.fda.gov/media/135077/download (accessed 8 May 2020).
4. FDA (2019). What we do at CFSAN. www.fda.gov/about- fda/center-food-safety-and-applied-nutrition-cfsan/

what-we- do-cfsan (accessed 8 May 2020).
5. FDA (2019). Frequently asked questions about CDER. www.fda.gov/about-fda/center-drug-evaluation-and-research- cder/frequently-asked-questions-about-cder (accessed 8 May 2020).
6. FDA, CDER (2020). The Office of Prescription Drug Promotion. www.fda.gov/about-fda/center-drug-evaluation-and-research- cder/office-prescription-drug-promotion-opdp (accessed 8 May 2020).
7. FDA (2019). Center for Drug Evaluation and Research. www.fda.gov/about-fda/fda-organization/center-drug-evaluation-and-research-cder (accessed 8 May 2020).
8. PCPC (2020). About us. www.personalcarecouncil.org/about- us/ (accessed 8 May 2020).
9. PCPC (2020). Member companies. www.personalcarecouncil.org/about-us/member-companies/ (accessed 8 May 2020).
10. PCPC (2020). Global Advocacy. www.personalcarecouncil.org/public-policy/global-advocacy/ (accessed 8 May 2020).
11. How does CIR work. www.cir-safety.org/how-does-cir-work (accessed 8 May 2020).
12. Boyer, I., Bergeld, W.F., Heldreth, B. et al. (2017). The Cosmetic Ingredient Review Program—expert safety assessments of cosmetic ingredients in an open forum. *Int. J. Toxicol.* 36 (S2): 5S–13S.
13. Memorandum of Understanding Between the Federal Trade Commission and the Food and Drug Administration (1971). www.ftc.gov/policy/cooperation-agreements/memorandum- understanding-between-federal-trade-commission-food-drug (accessed 11 May 2020).
14. Advertising FAQs (2001). A guide for small business. www.ftc.gov/tips-advice/business- center/guidance/advertising-faqs-guide-small-business (accessed 11 May 2020).
15. National Advertising Division. bbbprograms.org/programs/all- programs/nad (accessed 11 May 2020).
16. Federal Agencies (2020). Environmental Protection Agency. www.usa.gov/federal-agencies/environmental-protection- agency (accessed 11 May 2020).
17. 40 CFR Part 59
18. Environmental Protection Agency (2020). Policy and Guidance. epa.gov/laws-regulations/policy-guidance (accessed 11 May 2020).
19. Environmental Protection Agency (2022). Technical overview of volatile organic compounds. epa.gov/indoor-air-quality- iaq/technical-overview-volatile-organic-compounds (accessed 7 January 2022).
20. IFRA (2020). How we make the difference–in every sense. ifrafragrance.org/about-ifra/making-a-difference-in-every- sense (accessed 6 June 2020).
21. Whitehouse, L. (2020). IFRA standards: how do they help keep the fragrance industry transparent and safe?. www.cosmeticsdesign-europe.com/Article/2018/10/17/IFRA-standards-how-do-they-help-keep-the-fragrance-industry- transparent-and-safe (accessed 6 June 2020).
22. RIFM (2020). About RIFM. www.rifm.org/about.php#gsc.tab=0 (accessed 6 June 2020).
23. Expert Panel for Fragrance Safety (2020). fragrancesafetypanel.org/ (accessed 6 June 2020).
24. FEMA (2020). About FEMA. www.femaflavor.org/about (accessed 7 June 2020).
25. Smith, R.L., Cohen, S.M., Doull, J. et al. (2005). Criteria for the safety evaluation of flavoring substances. The Expert Panel of the Flavor and Extract Manufacturers Association. *Food Chem. Toxicol.* 43: 1141–1177.
26. CosmeticsInfo (2020). Flavor safety. cosmeticsinfo.org/ingredient/flavor-0 (accessed 7 June 2020).
27. EU: European Commission (2020). europa.eu/european- union/about-eu/institutions-bodies/european-commission_en (accessed 11 May 2020).
28. EC (2020), Scientific Committee on Consumer Safety. ec.europa.eu/health/scientific_committees/consumer_safety_ en (accessed 11 May 2020).
29. Cosmetics Europe The Personal Care Association. cosmeticseurope.eu/about-us/ (accessed 5 December 2020).

第 5 章 化妆品与非处方药妆品——美国及欧盟化妆品相关现行法规

学习目标

通过本章的学习，读者将掌握以下内容。

1. 以下术语的定义：

化妆品自愿注册计划	上市前审批	掺假	标签错误
禁用成分	限用成分	检验	防篡改包装
进口	召回	负责人	

2. 美国和欧盟对化妆品生产设备和产品的注册要求。
3. 化妆品自愿注册计划（Voluntary Cosmetic Registration Program）及其运作方式。
4. 上市前审批的定义及美国和欧盟化妆品的上市前审批。
5. 美国法律相关的化妆品掺假。
6. 美国法律相关的化妆品标签错误。
7. 制造商如何保证和保持产品的高质量。
8. 美国和欧盟如何限制化妆品成分的使用。
9. 美国和欧盟负责化妆品安全性的机构。
10. FDA 如何监管化妆品的安全性。
11. 美国和欧盟如何监管化妆品的动物实验。
12. 美国和欧盟化妆品标签法规的异同。
13. 美国和欧盟对进口化妆品的规定。
14. 召回的定义及美国和欧盟启动召回程序的机构。

主要概念

1. 对于消费者而言，将漱口水视为药品或化妆品可能并无差异，但是将其归类为药品而非化妆品对监管方面具有巨大影响。

2. 在美国，化妆品制造商无须通过FDA注册其生产机构或化妆品及其成分。

3. 在美国，化妆品无须经FDA进行上市前审批。但是，化妆品不得存在掺假或标签错误情况。

4.“掺假”是指通过混入外来或劣质物质使某种物质纯度降低的过程。

5.“标签错误”是指错误或误导性地贴上品牌标签。

6. 虽然FDA为化妆品行业制定了化妆品的生产质量管理规范（GMP）指南，但法规并未对化妆品提出具体的GMP要求。

7. 在美国，化妆品制造商几乎可随意选择任何原料作为化妆品成分，而无须经任何审批或受到任何限制。仅对着色剂、少量禁用和限用成分，以及活性成分的使用有所限制。

8. 在美国，化妆品必须具有安全性，化妆品制造商或经销商有责任在产品上市前确保产品及其成分的安全性。

9. 一般而言，化妆品的标签必须清晰、易懂、真实，不会引起误导。

10. 所有美国进口的化妆品均需遵守与美国本土生产产品相同的法律法规。

11. 根据FD&C法案，FDA无权下令强制召回化妆品，但是FDA有权要求召回，并在召回过程中发挥推动作用。

5.1　引言

如第1章所述，美国化妆品和OTC药品的法律层面存在差异。❶对于消费者而言，将漱口水视为药品或化妆品可能并无区别，但是将其归类为药品而非化妆品对监管方面具有巨大影响，因为药品的要求比化妆品更为广泛。当了解到FDA同样监管化妆品时，大多数消费者会认为化妆品的法律法规与药品相似，而事实并非如此。与药品不同，FDA对化妆品仅具有有限的监管权。FDA享有对药品公司的随机监管权；然而，对于化妆品的监管则是出于自愿，制造商有责任确保其产品符合现行标准。这种监管权力受限的原因之一是美国化妆品的监管法律在很长时间内基本保持不变，尤其是自1938年FD&C 法案出台以来。化妆品的定义是在化妆品的种类和成分非常有限的情况下形成的。

相较而言，随着科技的不断发展，欧盟的立法历经多次修订、更正和调整，以确保其对化妆品的定义和监管能够紧跟产品开发的步伐。因此，众多新产品（如防晒霜和牙膏）被归为化妆品类别，而非药品。由于不断更新，《欧盟化妆品法规》（EU Cosmetic Product Regulation）已成为全球现代化妆品法规的典范。世界各国都在努力协调各自的化妆品法规，并倾向与欧盟的相关法规更为接近。因此，本章将主要介绍美国和欧盟的相关法规。

5.2　美国法规

5.2.1　生产设施及产品的注册

5.2.1.1　化妆品

❷在美国，化妆品制造商无须向FDA注册其生产设施或化妆品及其成分。但是，美国鼓励国内外化妆品制造商、包装商和经销商通过FDA的化妆品自愿注册计划（Voluntary

Cosmetic Registration Program，VCRP）注册其设施或提交产品信息[1, 2]。显而易见，这是在化妆品公司自愿的基础之上。VCRP旨在为化妆品行业提供一个平台，以便向FDA报告化妆品及其成分、使用频率，以及生产和分销业务的上市后信息，并协助FDA履行其对美国化妆品的监管职责[2]。此外，化妆品成分审查（CIR）委员会（有关CIR的更多详细信息，请参见第4章）也会通过信息报告来评估成分的安全性，并确定成分安全性审查的优先顺序。VCRP包括两部分：①生产或包装设施注册；②在美国已处于商业分销阶段的化妆品成分声明。

? 你知道吗?

参与VCRP并不代表化妆品制造商或化妆品已获得批准。不知情的消费者可能会误以为，参与VCRP的公司及其产品优于未参与VCRP的公司，产品质量也更好，但事实并非如此。参与此项目仅仅表示公司自愿向FDA提供相关信息。因此，FDA禁止将参与VCRP作为促销手段。例如，公司在产品广告中使用“参与VCRP”误导消费者属于违法行为。同理，使用“FDA注册”标志也是不被允许的[1, 3, 4]。

? 你知道吗?

美国不要求化妆品公司及其产品注册，因此FDA并没有一份官方的、完整的化妆品公司及其产品清单。

? 你知道吗?

值得注意的是，VCRP不适用于仅作专业用途的化妆品（如美容院使用的产品），以及非销售性质的产品（如酒店样品、免费赠品或家庭制作并赠予朋友的化妆品）[1]。

5.2.1.2 非处方药

从事药品（包括防晒霜等OTC药妆品）生产、重新包装或重新贴标签工作的国内外公司，每年都需向美国FDA注册，并每年2次更新其市售药品清单[5, 6]。相关信息有助于FDA维护在美国销售的药品清单。

5.2.2 上市前审批

5.2.2.1 化妆品

上市前审批是指产品进入市场和销售给消费者前需经监管部门审批，以确保其预期功能的安全性和有效性。❸ 在美国，化妆品无须经FDA上市前审批。但是，化妆品不能出现掺假或标签错误的情况[7]。这意味着产品必须具有安全性，并贴有正确的标签。该规定适用于成分、包装材料及成品。下文介绍一些关键术语。

❹“掺假”（adulteration）是指通过混入外来或劣质物质使某种物质纯度降低的过程[8]。对于化妆品，产品成分或包装可能涉及掺假。根据法律规定，化妆品可能因多种原因被视为掺假，例如[9]：

- **禁用或限用成分：** 违反禁用和限用成分的使用限制。
- **微生物污染：** 化妆品无须无菌，但是产品的微生物污染会对健康造成危害。
- **化学及其他污染物：** 产品中含有许多有害物质，其可能来源于制造、包装和储存过程。
- **包装：** 容器成分可能会对健康产生危害。
- **着色剂违规：** 使用未经批准的着色剂（煤焦油染发剂除外）。

❺“标签错误”（misbranding）是指错误或误导性地贴上品牌标签[10]。就化妆品而言，标签错误与产品标签、类型和容器形状的信息有关。根据 FD&C 法案规定，化妆品若出现以下情况，则可被视为标签错误[11]。

- 存在虚假或误导性的标签。
- 缺少必要信息。
- 信息显示不正确、不清晰。
- 容器标签具有欺骗性，如制造、成型或填充信息具有误导性。
- 着色剂的标签或包装不当。
- 包装或标签不符合1970年《防中毒包装法案》（Poison Prevention Packaging Act），该法案要求某些产品采用儿童防护包装[12]。

5.2.2.2　非处方药

对于OTC药品，包括OTC药妆品，均需进行上市前审批。若制造商使用OTC专论中列出的成分，并用于特定药品类别，则无须上市前审批。在专论所规定条件下使用各成分，可确保其安全性和疗效（即公认安全和有效，即GRASE状态）。另外，新的活性成分需通过新药申请（New Drug Application，NDA）程序，以获得FDA上市前审批。在上市前审批过程中，公司必须证明其产品在预期用途上是有效且安全的。这一过程需公司进行临床试验，即以人为受试者，观察药品是否有效及其可能引发的副作用[3]。

5.2.3　生产

5.2.3.1　化妆品

化妆品的生产应确保所有批次产品的质量一致。为了确保质量的一致性，公司通常采用质量保证体系。作为质量保证体系的一部分，GMP旨在确保生产过程的一致性，以符合产品预期用途的质量标准[13]。❻虽然FDA对化妆品行业制定了化妆品的GMP指南，但并未对化妆品提出具体的GMP要求。FDA鼓励制造商遵循GMP，以确保产品无掺假或标签错误；但是，化妆品公司并非必须遵循相同的质量标准和系统。化妆品GMP指南为识别可能影响化妆品质量的标准和潜在问题提供指导[14]（化妆品GMP的更多详细信息，请参见第6章）。此外，美国个人护理产品协会（Personal Care Product Council，PCPC）也发布了质量保证指南，用于帮助化妆品制造商建立其GMP和质量保证体系。

5.2.3.2 非处方药

法律要求严格遵守药品GMP要求，并且有相关法规明确规定了现行的最低GMP要求[15, 16]。若不遵守GMP要求，则会导致药品掺假问题[3]。

5.2.4 原料的使用

5.2.4.1 化妆品

❼在美国，化妆品制造商几乎可随意选择任何原料作为化妆品成分，而无须任何审批或受到任何限制。仅对着色剂、少量禁用或限用成分，以及活性成分的使用有所限制。

如第2章所述，《联邦法规》（Code of Federal Regulations，CFR）提供了专门针对化妆品着色剂的批准清单。公司仅能从此清单中选择着色剂，并且必须遵守其使用限制。美国还有简要的禁用成分清单，相关成分不得用于化妆品。这一清单包括二硫酚、气溶胶产品中的氟氯烷烃类推进剂、氯仿、卤代水杨酰苯胺、二氯甲烷、气溶胶产品中的氯乙烯和含锆复合物，以及一些禁用的牛源性材料。此外，化妆品中六氯酚和汞化合物的使用，以及“防晒霜”这一术语的使用均受到限制[17, 18]。此外，如前所述，化妆品不得含有任何活性成分，因为这会导致其被视为药品。

5.2.4.2 非处方药品

OTC药品的活性成分受到严格监管。一般而言，其必须通过NDA程序获得FDA的上市前审批，或者符合特定药品分类的OTC专论要求（如第2章所述）

> **你知道吗？**
>
> 如果一家公司想将一种新药引入美国市场，必须向FDA提交NDA。NDA包含新药在安全性和有效性方面的综合信息。

对于非活性成分（也称为辅料），尚无一份完整的批准清单供制造商选择。当新药通过FDA上市前审批时，其中的非活性成分也被批准为新药的组成成分。FDA拥有一份非活性成分的清单，称为非活性成分数据库（Inactive Ingredient Database，IID）。该数据库还包括给药途径和每种成分用量的信息。相关信息可用于药品开发[19]。

受FDA专论体系监管的OTC药妆品（如防晒霜）无须经FDA的上市前审批，因此其中的非活性成分也无须获得批准。对于OTC药妆品，制造商既可从IID中选择成分，也可使用清单上没有的成分。

5.2.5　产品安全

5.2.5.1　化妆品

❽在美国，必须确保消费者按照标签上的说明、习惯或预期方式使用化妆品时的安全性。FDA在产品销售前不会测试产品的安全性。化妆品制造商或经销商有责任在产品上市前确保其产品和成分的安全性。但是，相关法规中并无关于如何进行安全性测试的明确规定。每个制造商都有责任确定如何测试产品，并确保其在使用时的安全性。制造商和经销商通常需遵循行业制定的指南。公司可通过多种方式确保产品及其成分的安全性（更多详细信息，请参见第8章）。

作为化妆品安全性要求的一部分，特定化妆品的标签上必须包含强制性警告和注意事项声明（标签声明的更多详细信息，请参见第7章）。

与市场监管相同，FDA通过多种方式对上市化妆品的安全性进行监管[20, 21]。

- **VCRP**：FDA鼓励企业参加VCRP，并向FDA提交产品信息。
- **CIR**：在评估安全性时，FDA会考虑CIR的结论。
- **针对性现场检查（targeted on-site inspection）**：根据FD&C法案，FDA有权对化妆品公司进行有针对性的检查且无须事先通知，以确保其合规性，确认化妆品的安全性及标签的准确性，并识别任何潜在的健康风险或其他违规情况[22]。如果FDA有可靠信息表明产品存在掺假或标签错误情况，则可采取相应的监管行动。
- **进口产品的检验**：FDA与美国海关和边境保护局（US Customs and Border Protection）合作，对进口化妆品进行检查，以确保其符合美国相关法规。
- **产品调查**：FDA会定期购买化妆品并进行检测分析，尤其是存在潜在问题的情况下。
- **报告**：FDA也会评估与化妆品使用相关的问题报告，如过敏反应。
- **研究**：FDA会进行研究并在同行评审的期刊上发表研究结果。此外，FDA还关注同行评审文献。

> **? 你知道吗?**
>
> 在美国，只要煤焦油染发剂的标签上标注了规定的警示声明，并提供了进行皮肤斑贴试验（patch test）的操作说明，那么即使其可能对皮肤产生刺激或对人体有害，也不会被视为掺假。

5.2.5.2　非处方药

有效性和安全性证据对药品获得FDA上市前审批至关重要，有两种方式可供公司选择。

（1）公司使用OTC专论中列出的活性成分，以确保其安全性和有效性。在这种情况下，通常无须进行临床研究，仅需产品符合最终的专论标准即可上市，无须FDA的进一步审查。

（2）不符合OTC专论标准的活性成分或新颖成分，必须通过NDA程序进行审查。在这种情况下，必须进行临床研究，以获得药品安全性和有效性的相关信息。

对于OTC药妆品，另一项要求是强制性报告不良事件，而该要求对于化妆品而言仅是自愿的。

5.2.6 包装和标签

5.2.6.1 化妆品

产品上市前，必须进行包装并附上标签，明确告知消费者其预期用途、成分组成、安全性问题，以及法律规定的其他重要事实。制造商需严格遵循特定的标签规定。❾一般而言，化妆品的标签必须清晰、易懂、真实，不会造成误导。化妆品的标签和包装受FD&C法案和1967年颁布的《合理包装和标签法案》（Fair Packaging and Labeling Act，FPLA）的监管。

零售时，某些产品（如漱口水等液体口腔清洁用品）和所有阴道产品（如冲洗液），必须包装于防篡改包装中[23]。防篡改包装的设计目的是阻止接触容器内的产品。例如，漱口水瓶口处以塑料密封，即可作为防篡改包装。

> **你知道吗？**
> FDA在其网站上发布了《化妆品标签指南》（Cosmetics Labeling Guide），其中提供了化妆品标签的示例和详细信息[24]。

5.2.6.2 非处方药

有关药品和化妆品标签的规定非常详细，要求产品标签必须真实且所含信息丰富。与化妆品相似，OTC药品的标签必须清晰、易懂、真实，不会造成误导。FD&C法案和CFR中规定了OTC药品标签和包装的相关要求。值得注意的是，OTC药妆品必须符合药品和化妆品两者的标签要求[25]。消费者无须咨询医生或药剂师，可直接使用OTC药品，因此相关产品的标签必须具有足够的信息，并确保患者易于理解，以便其能够适当自行选择产品。OTC药妆品的标签同样如此。OTC药品的信息面必须包含一个所谓的药品信息框，其中包含标准化格式的信息（更多详细信息，请参见第7章）。

5.2.7 进口产品

5.2.7.1 化妆品

在美国，纯化妆品进口公司无须向FDA申请注册，这些公司向美国进口化妆品也无需注册号。但是，❿所有进口至美国的化妆品均需遵守与美国本土生产化妆品相同的法律法规。这意味着产品在其预期用途下必须是安全的，并符合所有标签和包装规则[26]。

如前所述，某些产品在美国被视为药品，而在另一些国家却被视为化妆品，如去屑洗发水、含有紫外线过滤剂的化妆品或抗痤疮产品。此类产品的进口商必须注意相关产品在美国的分类，并确保其符合所有相关规定。化妆品在进入美国边境时，需接受美国海关和边境保护局的检查。不符合FDA法律法规的产品，以及可能存在掺假或标签错误的产品，可能会被拒绝进入美国市场。化妆品进口遭拒的最常见原因包括药品声明不当、标签违规、非法使用着色剂，以及含有病原微生物[26]。

由于并非所有化妆品在入境时都会被检查或取样，FDA特此发布进口警报，以帮助检查人员更有针对性地开展工作。在未接受检查的情况下，进口警报中列出的产品可能会被扣留。警告中涉及的问题包括宣称具有疗效的化妆品、含有未经批准着色剂的产品，以及微生物污染[26]。

5.2.7.2　非处方药

与美国国内公司相似，所有生产、重新包装或重新贴标药品的外国公司，在将其产品出口至美国时，都必须向FDA注册，并每年更新1次注册信息。此外，美国国内外制造商、重新包装商和重新贴标商都必须列出其在美国分销的所有药品，并每年更新2次相关信息[27, 28]。进口产品在入境时，必须接受美国海关和边境保护局的严格检查。若产品不符合美国法律规定，则会被扣留。与化妆品相似，FDA也会发布药品进口警报。此外，为了确保FDA了解所有进口至美国的药品信息，进口商必须向美国海关和边境保护局提交入境通知和入境保证金，并静候有关产品可接受性的审查决定[28]。

5.2.8　召回

5.2.8.1　化妆品

召回是指将产品从市场上撤出的行动。当产品违反相关法规时，通常会进行召回，这对保护公众健康和福祉至关重要。化妆品的召回可由产品的制造商和经销商自愿进行，也可在FDA的要求下执行[29, 30]。⓫根据FD&C法案，FDA无权下令强制召回化妆品。但FDA可要求召回，并在召回过程中发挥积极推动作用。FDA通过向某公司发送警告信以启动产品召回程序。在警告信中，FDA会明确指出该公司的违规行为，并要求其采取改正措施。FDA有权采取以下措施[30, 31]：

- 监控召回的进度。
- 进行具有针对性的检查，以确定是否符合相关规定。
- 进行审核以验证召回的有效性。
- 评估产品对健康的危害。
- 如果需要公开通知，须确保公司通知公众，如果公司未进行通知，则由FDA自行通知公众。

- 拒绝进口产品入境。

如果FDA对召回进展表示满意，通常无须采取进一步的行动。但是，如果召回进展未能达到令人满意的标准，FDA有权采取权威性的法律行动，包括扣押或发布禁令。

> **你知道吗?**
> 警告信发布于FDA网站上，所有人均可访问。

> **你知道吗?**
> “撤回”和“召回”都是指撤出或更正已上市的产品，但两者并不等同。根据FDA的规定，当一种产品违反相关法律法规，并且FDA对其采取法律行动时，召回程序便启动了。当发现问题时，制造商通常会主动进行召回，以避免更严厉的执法行动。如果仅涉及不会受到FDA法律制裁的轻微违规，或并无违规的情况（如常规设备维修），则实施撤回[30, 32]。

5.2.8.2 非处方药

与化妆品相似，OTC药妆品的召回也是基于自愿原则。FDA无权召回非处方药，但其可对OTC药妆品采取与化妆品相同的行动[33]。

总之，OTC药妆品的监管规定更为严格，其制造商和经销商需承担更多的职责。**表5.1**总结了美国化妆品与OTC药妆品的相关法规制度。

表5.1 美国化妆品和OTC药妆品相关法规总结

	化妆品	OTC药妆品
公司注册	自愿通过VCRP	要求每年1次
产品注册	自愿通过VCRP	要求每年2次
上市前审批	无要求	1. 新药要求 2. OTC专论中列出的成分不要求
产品生产	GMP推荐	GMP要求
成分使用	严格监管着色剂、禁用和限用成分，以及活性成分。尚无允许使用的化妆品成分清单	1. 新药：活性和非活性成分一同审批 2. OTC专论：列出了活性成分，未列出非活性成分
测试和产品安全性	产品必须安全——测试是生产商或经销商的责任；尚无正式协议	必须证明安全性和有效性
包装和标签	提供严格规定的标签指南	要求严格规定药品信息框
进口	进口产品遵循与美国生产产品相同的法规；无须注册	要求公司和产品注册
召回	生产商/经销商自愿发起，FDA无权强制召回	生产商/经销商自愿发起，FDA无权强制召回

5.3　欧盟法规

欧盟委员会（European Commission，EC）全面负责欧盟范围内的化妆品监管。欧盟对于化妆品的主要立法是欧盟化妆品法规（EC）No.1223/2009（以下简称“法规”)，其目的是保障消费者的健康，并通过监管产品的成分和标签获取大量信息。此外，该法规还提供了有关产品安全性测试和禁止动物实验的信息[34]。

如第1章所述，防晒霜和抗痤疮产品在美国被视为药品，而在欧盟则被视为化妆品——这是由于定义不同。本节将简要介绍欧盟化妆品的相关法规。

5.3.1　生产设施和产品注册

根据法规第13条规定，在欧盟，每种化妆品都必须进行上市前注册。该注册是通过化妆品门户网站，以电子方式执行的管理流程，并要求提交相关化妆品的基本数据。提交材料示例：化妆品类别，化妆品销售成员国，负责人的身份信息和地址，以纳米材料形式存在的物质，致癌、致突变或具有生殖毒性物质的分类信息，以及相关产品规格[34]。

5.3.2　上市前审批

在欧盟，化妆品无须通过上市前审批。如前所述，产品在上市前必须进行电子注册。之后，在欧盟国家层面，无须进一步通知或审批。但是，法规要求每一种化妆品都必须指定一名负责人，以确保产品顺利投放市场。顾名思义，此人对化妆品及其是否符合法规负责[34]。

5.3.3　生产

法规规定化妆品的生产应符合GMP。欧盟公认的协调标准EN ISO 22716：2007为化妆品GMP提供依据。在欧盟，公司是否遵循GMP是自愿的。如果公司遵循这一标准，则认为其符合GMP[34]。

5.3.4　成分的使用

欧盟对化妆品成分的使用同样设有相应限制。法规附件Ⅱ～Ⅵ中详细列出了允许使用的成分清单[34]。值得注意的是，相较于美国，欧盟的成分清单更为详尽，纳入的成分更多。

- 附件Ⅱ列出了1300多种在化妆品中禁用的物质。
- 附件Ⅲ列出了250多种在化妆品中限用的物质。
- 附录Ⅳ列出了在化妆品中允许使用的着色剂。
- 欧盟列出了化妆品中允许使用的防腐剂（附件Ⅴ）及紫外线过滤剂（附件Ⅵ）。

此外，该法规禁止使用公认的致癌、致突变或具有生殖毒性的物质，但某些特殊成分例外。对于纳米材料在化妆品中的使用，也有特别的规定[34]。

> **你知道吗?**
>
> 欧盟化妆品成分制造商和进口商也必须遵守《化学品的注册、评估、授权和限制》(Registration，Evaluation，Authorisation and Restriction of Chemicals，REACH）法规（EC No.1907/2006）。REACH是欧盟有关化学品注册、评估、授权和限制的法规。根据该法规，年产量超过1吨的某些成分必须在欧洲化学品管理局（European Chemical Agency）进行注册/预注册[35, 36]。

5.3.5 产品安全性

与美国相似，进入欧盟市场的化妆品的安全性并非主管当局的职责，而是制造商/进口商的责任。在产品投放市场前，必须对其进行安全性评估。尽管该法规要求进行安全性评估，但其并未包含安全性测试的类型。安全性测试指南的制定由消费者安全科学委员会（Scientific Committee on Consumer Safety，SCCS）负责。

现如今，欧盟禁止通过动物实验评估化妆品成品及其成分。根据试验禁令，化妆品成品及其成分不允许进行动物实验。根据营销禁令[34, 37]，禁止销售经过动物实验或其成分经过动物实验评估的化妆品。

> **你知道吗?**
>
> 根据法规，负责人必须准备一份产品信息文件（product information file，PIF），其中包括产品安全性和有效性数据。如前所述，PIF也是化妆品上市前申报的依据。

5.3.6 包装和标签

该法规第19条列出了标签的常规要求。标签要求与FDA的要求相似（美国标签要求的更多信息，请参见第7章），两者的主要区别在于，欧盟对纳米材料的强制性标签要求，以及对化妆品标签上标注有效期的强制性要求。失效日期可表示为：①使用煮蛋计时器符号表示的“此日期前最佳”，如果产品的保质期小于30个月，则用实际失效日期来表示；②对于保质期超过30个月的产品，使用开罐符号表示的“开封后保质期”（period after opening，PAO）（图5.1）。开封的罐子上标有一个数字，代表该产品在开封后的保质期，而字母“M”则代表月[34, 38]。

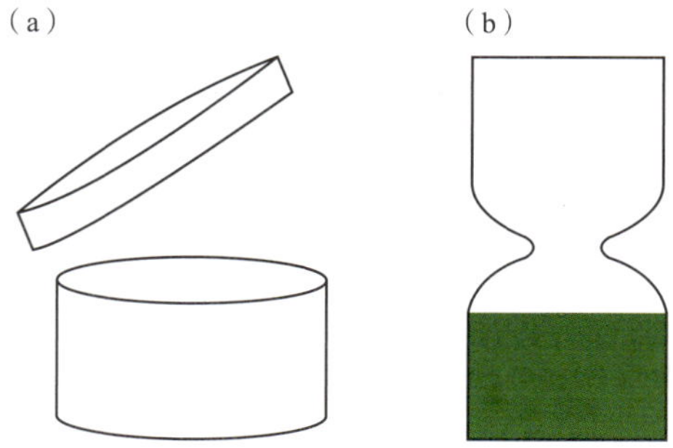

图5.1 欧盟化妆品的失效日期：(a) 煮蛋计时器符号；(b) 开封后保质期符号

5.3.7　产品进口

欧盟进口产品的公司必须遵守所有的欧盟法规。与欧盟生产的化妆品相似，公司需为每种化妆品准备一份PIF，并提交至主管部门。欧盟生产产品的相关规定同样适用于进口的化妆品。这些规定包括禁止使用禁用成分、遵守标签规则（包括最低保质期）、向主管当局通报产品信息，以及禁止进行动物实验。

5.3.8　召回

在欧盟，产品召回是制造商指定负责人的职责。该法规还明确规定，如果有必要立即采取行动或负责人未在规定时限内采取适当措施，主管当局有权撤回或召回产品[34]。

术语表

中文术语	英文术语	解释
化妆品自愿注册计划	Voluntary Cosmetic Registration Program	FDA制定的一项计划，旨在为化妆品行业提供一个平台，以便向FDA报告化妆品及其成分、使用频率，以及生产和分销业务的上市后信息。
上市前审批	premarket approval	产品在进入市场和销售给消费者之前由监管机构进行审批的过程，以确保其预期用途的安全性和有效性。
掺假	adulterated	由于成分、制造工艺、储存环境或容器，使产品变得不纯或不安全。
标签错误	misbranded	由标签、包装或容器问题而导致信息不实或具有误导性的标签。
禁用成分	prohibited ingredient	化妆品中不能使用的成分。
限用成分	restricted ingredient	可用于化妆品中的成分，但仅能在法规规定的限度下使用。
检验	inspection	FDA对生产、加工、包装或持有FDA监管产品的企业进行详细检查，以确定企业是否符合FDA法律规定。
防篡改包装	tamper-resistant packaging	一种旨在阻止接触容器内产品的包装。
进口	import	将产品从国外引进至国内销售的过程。
召回	recall	为保护公众健康和福祉，制造商和经销商自愿从市场上撤出其产品的行动。
负责人	responsible person	负责欧盟市场化妆品合规性的人员。根据欧盟化妆品法规规定，每一种化妆品都必须确保有一名负责人。

缩略词表

缩略词	英文全称	中文全称
CFR	Code of Federal Regulations	《联邦法规》
CIR	Cosmetic Ingredient Review	化妆品成分审查
FD&C Act	Federal Food，Drug，and Cosmetic Act	《联邦食品、药品和化妆品法案》
GMP	Good Manufacturing Practice	生产质量管理规范
GRASE	Generally Recognized as Safe and Effective	公认安全有效
IID	Inactive Ingredient Database	非活性成分数据库
NDA	New Drug Application	新药申请
PAO	period after opening	开封后保质期
PCPC	Personal Care Product Council	美国个人护理产品协会
PIF	product information file	产品信息文件
REACH	Registration，Evaluation，Authorisation and Restriction of Chemicals	《化学品的注册、评估、授权和限制》
SCCS	Scientific Committee on Consumer Safety	消费者安全科学委员会
VCRP	Voluntary Cosmetic Registration Program	化妆品自愿注册计划

（沈奇英　陈文超　译，白仁仁　校）

参考文献

1. 21 CFR Part 710
2. FDA (2018). Voluntary Cosmetic Registration Program. www.fda.gov/cosmetics/voluntary-cosmetic-registration-program (accessed 9 June 2020).
3. FDA (2018). Is it a cosmetic, a drug, or both? (or is it a soap?). www.fda.gov/cosmetics/cosmetics-laws-regulations/it-cosmetic- drug-or-both-or-it-soap (accessed 9 June 2020).
4. 21 CFR Part 720.9
5. FD&C Act Section 510
6. 21 CFR Part 207
7. FD&C Act Section 301(a)
8. Merriam-Webster (2020). Adulteration. w ww.merriam-webster.com/dictionary/adulteration (accessed 10 June 2020).
9. FD&C Act Section 601 (21 USC 361)
10. Merriam-Webster (2020). Misbranding. www.merriam-webster.com/dictionary/misbranding (accessed 10 June 2020).
11. FD&C Act Section 602 (21 USC 362)
12. 16 CFR Parts 1700 through 1702
13. Sharp, J. (1991). *Good Manufacturing Practice, Philosophy and Applications*. Buffalo Grove: Interpharm Press.
14. FDA (2020). Guidance for industry, cosmetic Good Manufacturing Practice. www.fda.gov/media/86366/download (accessed 10 June 2020).
15. 21 CFR Part 210
16. 21 CFR Part 211

17. 21 CFR Part 250.250
18. 21 CFR Parts 700.11 through 700.35
19. FDA (2019). Inactive ingredient search for approved drug products: frequently asked questions. www.fda.gov/drugs/drug- approvals-and-databases/inactive-ingredient-search-approved-drug-products-frequently-asked-questions#what%20is%20inactive%20ing (accessed 11 June 2020).
20. FDA (2020). Cosmetics Research Projects. www.fda.gov/cosmetics/cosmetics-science-research/cosmetics-research-projects (accessed 11 June 2020).
21. FDA (2018). Cosmetics and pregnancy. www.fda.gov/cosmetics/resources-consumers- cosmetics/cosmetics-pregnancy (accessed 11 June 2020).
22. FDA (2020). Inspection of cosmetics. www.fda.gov/cosmetics/cosmetics-compliance- enforcement/inspection-cosmetics (accessed 11 June 2020).
23. FD&C Act Section 700.25
24. FDA (2020). Cosmetics labeling guide. www.fda.gov/cosmetics/cosmetics-labeling-regulations/cosmetics-labeling-guide (accessed 11 June 2020).
25. FDA (2018). Cosmetics labeling regulations. www.fda.gov/cosmetics/cosmetics-labeling/cosmetics-labeling-regulations (accessed 11 June 2020).
26. FDA (2018). Cosmetics importers. www.fda.gov/cosmetics/cosmetics-international- activities/cosmetics-importers#Imports1 (accessed 14 June 2020).
27. FDA (2020). Registration and listing. www.fda.gov/industry/fda- basics-industry/registration-and-listing (accessed 14 June 2020).
28. Small Business Assistance (2016). Import and export of human drugs and biologics. www.fda.gov/drugs/cder-small-business- industry-assistance-sbia/cder-small-business-and-industry- assistance-import-and-export-human-drugs-and-biologics (accessed 14 June 2020.
29. FDA (2020). Recalls background and definitions. www.fda.gov/safety/industry-guidance-recalls/recalls-background-and-definitions (accessed 14 June 2020).
30. 21 CFR Part 7
31. FDA (2018). Recall policy for cosmetics. www.fda.gov/cosmetics/cosmetics-recalls-alerts/fda-recall-policy-cosmetics#What_is_FDA_s_role (accessed 14 June 2020).
32. FDA (2020). Regulatory precedes manual, chapter 7, recall procedures. www.fda.gov/media/71814/download (accessed 14 June 2020).
33. FDA (2019). Questions and answers on current good manufacturing practices–holding and distribution, human drug recalls. www.fda.gov/drugs/guidances-drugs/questions-and- answers-current-good-manufacturing-practices-holding-and-distribution#6 (accessed 14 June 2020).
34. EU: Regulation (EC) No 1223/2009 of the European Parliament and of the Council of 30 November 2009 on cosmetic products.
35. European Chemical Agency (2020). Understanding REACH. echa.europa.eu/regulations/reach/understanding-reach (accessed 16 June 2020).
36. Chemical Inspection and Regulation Services Limited (2020). REACH and cosmetics. www.cirs-reach.com/pdf/REACH_and_Cosmetics.pdf (accessed 16 June 2020).
37. European Commission (2020). Ban on animal testing. ec.europa.eu/growth/sectors/cosmetics/animal-testing_en (accessed 16 June 2020).
38. Cosmetics Europe (2020). Understanding the label. cosmeticseurope.eu/cosmetic-products/understanding-label/ (accessed 16 June 2020).

第 6 章
化妆品生产质量管理规范

学习目标

通过本章的学习，读者将掌握以下内容。

1. 以下术语定义：

生产质量管理规范（GMP）	现行生产质量管理规范	国际化妆品监管合作组织	国际标准化组织
国际标准化组织	产品安全报告系统（MedWatch）	规则	标准
化妆品生产标准ISO 22716	质量	原材料	生产
批量	投诉	不良事件	召回
内部审核			

2.“制造”的定义，以及产品、原材料和包装材料制造商的区别。

3. 美国和欧盟分别如何对化妆品生产质量管理规范进行监管。

4. 区别标准和规则。

5. 术语“质量”的定义。

6. 指出生产质量管理规范中包含化妆品相关指南的领域。

7. 通过实例解释制造商在化妆品制造过程中应遵循生产质量管理规范的原因。

主要概念

1. 无论是在美国还是欧盟销售的化妆品，其一般要求是必须安全、有效、稳定，并且不同批次具有相同的质量。

2. 在美国，并无针对化妆品制造的官方强制性质量保证体系，但是，FDA强烈建议化妆品制造商遵循GMP。

3. 在美国，药品必须按照GMP要求进行生产，否则将被视为掺假。

4. 遵循FDA的化妆品GMP指南，可以帮助成品制造商降低生产掺假或贴错标签化妆品的风险，并对其运营进行自我检查。该指南为以下领域提供了建议：文档、记录、厂房和设施、设备、人员、原材料、生产、实验室控制、内部审核、投诉、不良事件和召回。

5. 化妆品GMP指南并不是关于如何生产产品的严格说明，而是在制造过程中应考虑和遵循的一般原则和最低要求。

6. GMP旨在将任何无法通过最终产品测试消除的生产过程风险降至最低。

7. 遵循GMP的另一个重要原因是确保所有生产的产品，包括未经测试的产品，都符合质量规范。

6.1 化妆品生产质量管理规范内容

生产是一个多步骤的过程，在此过程中，由有资质且称职的人员在受控环境中使用特定技术和设备，将化妆品成分根据配方制成化妆品。负责生产化妆品的个人或实体通常被称为产品制造商。应注意的是，制造还可以指化妆品成分的生产。负责生产化妆品成分的公司通常被称为化妆品成分供应商或原材料供应商。此外，制造也可以指包装材料的生产。生产包装材料的公司通常被称为化妆品包装供应商。本章重点介绍化妆品的制造，此处的制造是指化妆品的生产。

❶无论是在美国还是欧盟销售的化妆品，其一般要求是必须安全、有效、稳定，并且不同批次具有相同的质量。如第5章所述，❷在美国，没有针对化妆品制造的官方强制性质量保证体系。但是，FDA强烈建议化妆品制造商遵循化妆品生产质量管理规范（GMP）。FDA发布了关于化妆品GMP的行业指南（截至2022年1月，已发布草案）。该指南反映了FDA当前的思路。这是一项应该遵循的建议，但不要求强制执行。该指南旨在帮助确定可能影响化妆品质量的标准和潜在问题[1]。

与化妆品不同，❸药品必须按照GMP要求进行生产，否则在美国会被视为掺假[2]。如前所述，在欧盟，所有投放市场的化妆品都必须按照ISO 22716标准中描述的化妆品GMP进行生产[3]。因此，所有出口到欧盟的非欧洲市场的商品都会受到相关影响，因为其必须符合欧洲标准才能进入市场。为了遵守欧盟法规，即使不想将商品出口到欧盟，许多欧盟以外的公司也会遵循GMP要求。了解GMP的基础知识对参与化妆品行业任何层面的个人都至关重要。本章对化妆品GMP进行了概述。

你知道吗?

ISO是指国际标准化组织（International Organization for Standardization），其是一个非政府组织，是世界上最大的自愿性国际标准制定者。ISO相关标准是最先进的，有助于提高行业效率。ISO标准是通过全球共识制定的，旨在支持创新并为全球挑战提供解决方案[4]。

你知道吗?

“规则”（rule）和“标准”（standard）不是同义词。规则是强制性、约束性和严格的指示或指令，若不满足或不遵守，可能会产生法律后果。然而，标准［也称为指南（guideline）］更为灵活，提供了更广泛的选择。建议遵循标准以符合规则，但其并非强制性的。举例而言，美国和欧盟的化妆品GMP分别对应的是标准和规则。FDA不要求制造商遵循GMP，仅建议制造商遵循GMP。在美国，GMP被认为是一项指南。但是，为化妆品提供一致质量的最佳方法是遵循GMP，但制造商也可以遵循其他适用的标准。然而，在欧盟遵循GMP是将产品投放到欧洲市场的规则。

国际化妆品监管合作组织（ICCR）是由美国、日本、巴西、欧盟和加拿大化妆品监管机构组成的国际自愿组织。该组织在最大限度减少国际贸易壁垒的同时，保持着全球消费者保护的最高水平。ICCR为成员国之间讨论化妆品法规的一致性提供了一个论坛[5]。ICCR认识到GMP的重要性，以及朝着共同方法努力的必要性。2007年，监管机构达成一致，在制定或更新其化妆品GMP指南时考虑ISO标准22716（即化妆品GMP）。FDA于2013年更新了其指南，并酌情将ISO 22716的要素纳入新指南。

> **你知道吗？**
> FDA的化妆品GMP指南可通过FDA网站免费访问。

GMP是质量保证的一部分，旨在确保产品的生产一致性，并根据与每种产品预期用途相适应的质量标准和产品规格要求对生产过程进行控制[6]。谈及质量保证和质量标准，需要思考“质量”（quality）一词的含义。质量可以被定义为一个实体的所有特征，相关特征与其满足既定和隐含需求的能力有关[7]。其更多的是一个理论定义，说明质量适合于产品的使用目的。但是，其也可能因产品类型而异，因为不同群体有不同的需求，对产品特性的要求也不尽相同。化妆品尤其如此。例如，如果你咨询5位女士，“高质量睫毛膏”可能意味着5种不同的特征。消费者满意度是产品质量的重要组成部分，但仅靠其来概述产品所需的特性过于主观。为了使其更加客观，配方设计师通常会依据可测量特性来设定要求，如黏度、颜色和pH等。通过满足这些要求，制造商可以为每批产品提供相同的质量。控制生产还可以生产出安全的产品，减少废物的产生，并降低召回需求。这也是遵循GMP等质量保证体系的主要目的。

> **你知道吗？**
> 术语“批量”（batch）是指在一次生产操作中所制造的产品总量。

GMP通常被称为现行GMP（current GMP），缩写为“cGMP”。术语“现行”是指能帮助制造商满足最低GMP要求的最先进和最具创新性的技术和设备。然而，对于什么是“现行”并无明确的定义，而是由制造商自行决定。十年前可能是防止污染、混淆和错误的最佳系统和设备，但按照今天的标准，相关系统和设备可能不再被接受。因此，制造商应紧跟科技进步，及时更新设备。

正如第5章所述，FD&C法案禁止将掺假或贴错标签的化妆品引入美国市场。❹遵循FDA的化妆品GMP指南，可以帮助成品制造商降低生产掺假或贴错标签化妆品的风险，并对其运营进行自行检查。该指南在以下方面给出了建议：文档化（documentation）、记录（records）、厂房和设施（buildings and facilities）、设备（equipment）、人员（personnel）、原材料（raw material）、生产（production）、实验室控制（laboratory control）、内部审核（internal audit）、投诉（complaint）、不良事件（adverse event）和召回（recall）[1]。下文将详细介绍相关领域。

6.1.1 文档化

文档化是指在公司所有运营环节中对信息进行系统化记录的过程。文档应涵盖所有流程，并记录生产过程的各个方面，包括生产前、生产中和生产后执行的步骤。对所有操作进行记录，记录下何时、何人完成了哪些操作，以及必须满足的规范，这可以用来指导员工如何执行任务，有助于防止理解错误和数据丢失，可供公司追踪问题，并可证明产品是按照要求生产的。

> **你知道吗?**
>
> 人们常说："如果没有记录下来，就等于没有发生过。"文档化对于制造商的成功至关重要。公司不能仅仅假定各项流程是按照标准或法规执行的，一切都应记录在案。标准操作规程（standard operating procedure，SOP）是包含了关于如何执行常规操作的分步说明的文档。SOP 可以帮助员工提高工作效率，使公司运营更加规范一致，避免沟通不畅。

6.1.2 记录

记录是指创建的文档资料。GMP 指南没有明确规定文档必须是电子版还是纸质版，这由公司自行决定。关于化妆品公司应该保存何种记录，有详细的建议。举例而言，FDA 指南建议公司审查原材料记录，如接收、检查和使用记录，这有助于确定原材料是否得到适当控制。另一个实例是批量生产控制记录，其应包括进入批量生产的成分、生产步骤、过程中抽样和成品的状态（即是否被批准或拒绝）。

6.1.3 厂房和设施

GMP 指南中有一部分是关于公司用于生产化妆品的厂房和设施。该指南是一般性的，并未提供有关厂房和设施的规模、设计和建造的具体信息，相关细节由公司自行决定。该指南建议厂房和设施需适合公司运营，并保持干净有序。一般性建议的实例包括建立适当的污秽和虫害控制措施、充足的照明和通风、设施和设备的充分清洁、个人清洁，以及使用光滑且易于清洁的地板、墙壁和天花板。例如，地毯不是制造设施中地面的最佳选择，因为其会吸附颗粒且难以清洁。与 GMP 指南的其他部分一样，公司在这方面具有很大的灵活性。各个公司可自行决定制造设施的位置，其设计应该最适合公司运营类型及生产规模。这些指南旨在最大限度地优化工作流程并防止混淆、交叉污染和产品变质。

6.1.4 设备

设备是指公司用于化妆品加工、保存、转移和包装的设备和器具。该指南只是指出设备应具有适当的设计、规格和材质，但设备的规格、品牌和型号由公司自行选择。强烈建议保持设备干净整洁，定期校准，并在适当的情况下进行定期维护。

6.1.5 人员

人员是指在公司中负责监督或执行化妆品制造或质量控制的员工。人员始终是公司能否满足标准和要求的关键组成部分。由公司自行决定其需要多少员工，以及员工完成其任务所需的教育背景和工作经验。指南规定，当员工直接接触原材料、加工材料、成品或接触表面时，应穿戴合适的服装和防护用具，如手套和护目镜。此外，应充分保持个人卫生。饮食和吸烟仅限制在某些指定区域。

6.1.6 原材料

原材料是指用于生产化妆品的起始材料。FDA指南对原材料的识别、储存、检查、测试、库存和处理提出了建议，以确保原材料符合相应的质量标准。该指南中有一部分内容涉及作为化妆品成分的水。水应具有明确的质量标准，并定期进行测试，以验证其是否符合质量规范，如不含某些化学物质和微生物。其他部分还讨论了着色剂的使用。正如第2章所述，着色剂在美国受到严格监管，并且是被禁止和限制使用的成分。

6.1.7 生产

生产是指化妆品的制造过程。对任何生产设施的基本要求是，其工艺能够满足既定的质量标准以生产出质量稳定的成品。建议针对生产步骤和过程控制方法制定书面SOP。某些关键步骤，如称量原料，应由另一名员工进行复核。必须采取适当措施防止产品受到微生物、化学物质和污垢的污染。还建议为每个批次分配批号。

6.1.8 实验室控制

实验室检测是生产过程中不可或缺的一部分。实验室控制涉及化妆品样品采集技术、规格要求、检测方法、实验室设备，以及对新品和留样化妆品进行检测的技术人员资格。应对原材料、加工中样品和成品进行质量检测，以确保其符合适用的规格要求。该指南指出，应进行防腐剂功效测试及稳定性测试。任何退回的样品均应进行充分检查，以确定潜在问题。

6.1.9 内部审核

内部审核是指由公司内部有资质的人员进行的系统且独立的审查活动。内部审核的目的是确定指南所涵盖的内容和相关结果是否符合既定安排，这些安排是否得到有效实施，并利于实现目标[8]。FDA指南建议定期进行内部审核。

6.1.10　投诉、不良事件和召回

产品投诉是指因产品不可接受或令人不满意而对产品发表的声明。公司应制定一套投诉处理程序。不良事件是指与产品使用相关的不良消费者体验[9]。公司应制定程序来记录不良事件和相关产品的类型及严重程度、是否需要采取医疗救治措施，以及问题是否得到解决。产品召回是制造商和分销商为保护公众健康和福祉而自愿将产品从市场上撤下的行动。公司应制订策略来实施召回、通知相关方并存储召回样品。

> **你知道吗?**
> FDA有一个名为MedWatch的产品安全报告系统。MedWatch接收来自卫生专业人员、患者和消费者的报告，并在适当时间发布FDA监管产品（包括化妆品和OTC药妆品）的安全警报[10]。该报告程序允许消费者向FDA发送信息，反馈其在使用FDA监管产品时观察到的现象或体验到的感受。该网站会不断更新，因此其还能够让公众及时了解最近报告的安全信息。

正如本章所讨论的，❺化妆品GMP指南并不是关于如何生产产品的严格说明，相关指南是制造过程中应考虑和遵循的一般原则和最低要求[11]。GMP的要求是灵活的，每个制造商都可以以自己的方式满足相关要求。如何最好地满足GMP要求是每个制造商的责任。例如，并非所有公司都必须实施相同的清洁措施并使用相同的清洁助剂。最重要的是实现最终结果，即示例中的清洁度。

目前我们对GMP指南如何控制生产已有初步了解。下面介绍GMP的益处，以及遵循和实施化妆品GMP的主要原因。❻GMP旨在最大限度地降低任何生产中涉及的无法通过最终产品测试来消除的风险。风险的实例包括产品的意外污染，这可能会导致健康损害；容器上的标签不正确，这可能会导致消费者拿到错误的产品；错误的配料称重，这可能会导致不良效果或性能不佳。事后发现错误比一开始就防止错误发生的成本更高。如本章所述，GMP有助于引入过程控制，可以快速应对潜在的危险情况，并提供连续的质量控制措施，可以在问题发生时和成品放行（即批量获批）之前发现问题。

质量和保持批次之间的质量一致性是化妆品及其生产的基本要求。在生产后实际上只有一小部分成品会进行质量参数测试。如果不实施可靠的质量保证体系，制造商就无法确保每一批产品的质量都相同。因此，❼遵循GMP的另一个重要原因是确保所有生产的产品，包括未经测试的产品，都符合质量规范。质量不佳可能会给整个公司带来巨大的无形成本，还可能损害公司的声誉，并导致客户失去信心。通过实施化妆品GMP，可主动避免这些后果。

值得注意的一个关键理念是，“良好的质量必须在生产过程中建立，而不是在事后通过检测来赋予”[12]。

术语表

中文术语	英文术语	解释
生产质量管理规范	Good Manufacturing Practice，GMP	是质量保证的一部分，旨在确保产品的生产过程一致性，并根据与每种产品预期用途相适应的质量标准和产品规格要求对生产过程进行控制。
现行生产质量管理规范	current Good Manufacturing Practice，cGMP	是指在最先进、最具创新性的技术和设备条件下，制造商能够满足的最低生产质量管理规范要求。
国际化妆品监管合作组织	International Cooperation on Cosmetics Regulation，ICCR	一个由来自美国、日本、巴西、欧盟和加拿大化妆品监管机构组成的国际自愿组织。其为成员之间讨论化妆品法规的一致性提供了一个论坛。
国际标准化组织	International Organization for Standardization，ISO	一个非政府组织，世界上最大的自愿性国际标准制定者。
	ISO 22716	描述化妆品生产质量管理规范的标准。
	MedWatch	FDA的产品安全报告系统。
规则	rule	强制性、约束性和严格的指示或指令。如果不遵守或不执行，可能会产生法律后果。
标准	standard	建议但非必须遵守的灵活指示或指令。如果不遵守，可能不会产生任何法律后果。
批量	batch	一次生产操作中所制造的产品总量。
质量	quality	一个实体满足既定和隐含需求能力的全部特征。
原材料	raw material	用于制造化妆品的原始材料。
生产	production	制造化妆品的过程。
内部审核	internal audit	由公司内部有资质的人员进行的系统且独立的检查。
投诉	complaint	由于产品不可接受或令人不满意而发表的关于该产品的声明。
不良事件	adverse event	与产品使用相关的不良消费者体验。
召回	recall	制造商和分销商为保护公众健康和福祉而自愿将产品从市场上撤下的行动。

缩略词表

缩略词	英文全称	中文全称
cGMP	current Good Manufacturing Practice	现行生产质量管理规范
GMP	Good Manufacturing Practice	生产质量管理规范
SOP	standard operating procedure	标准操作规程

（孙春萌　译，白仁仁　蒋筱莹　校）

参考文献

1. FDA (2013). Guidance for industry, cosmetic good manufacturing practices, draft guidance. www.fda.gov/media/86366/download (accessed 9 July 2020).
2. FD&C Act Section 501
3. European Commission (2020). Internal market, industry, entrepreneurship and SMEs. ec.europa.eu/growth/single- market/european-standards/harmonised-standards/cosmetic- products_en (accessed 9 July 2020).
4. ISO (2020). About ISO. www.iso.org/about-us.html (accessed 9 July 2020).
5. FDA 2020. Cosmetics: International Cooperation on Cosmetics Regulation (ICCR, 2020). www.fda.gov/cosmetics/cosmetics- international-activities/international-cooperation-cosmetics- regulation-iccr (accessed 9 July 2020).
6. Sharp, J. (1991). *Good Manufacturing Practices, Philosophy and Applications*. Buffalo Grove: Interpharm Press.
7. ISO (1994). *Technical Committee ISO/TC 176. ISO 8402: Quality Management and Quality Assurance—Vocabulary*. Geneva, Switzerland: International Organization for Standardization.
8. Internal Audit (2007). *Cosmetics–Good Manufacturing Practices (GMPs)–Guidelines on Good Manufacturing Practices*, ISO 22716:2007. Geneva, Switzerland: International Organization for Standardization.
9. FDA (2016). What is a serious adverse event?. www.fda.gov/safety/reporting-serious-problems-fda/what-serious-adverse-event (accessed 11 July 2020).
10. FDA (2020). MedWatch: the FDA safety information and adverse event reporting program. www.fda.gov/safety/medwatch-fda-safety-information-and- adverse-event-reporting-program (accessed 9 July 2020).
11. Karmacharya, J.B. (2012). Good manufacturing practices (GMP) for medicinal products. In: *Promising Pharmaceuticals* (ed. P. Basnet). Rijeka, Croatia: InTech.
12. WHO (2013). Training workshops on good manufacturing practices (GMP). apps.who.int/prequal/trainingresources/Training_gmp_info.h tm (accessed 1 May 2013).

第7章
化妆品与非处方药妆品的标识指南（INCI名称）

学习目标

通过本章的学习，读者将掌握以下内容。

1. 以下术语的定义：

外部容器	直接容器	标签	标识
零售	主要展示面	信息栏	产品名称
成分表	药品信息表	含量降序排列	字母顺序排列
INCI名称	净含量	有效期	原产国
儿童防护包装	防篡改包装	安全使用说明	警告声明

2. 美国化妆品标识和包装的相关法规。

3. 区分以下内容：包装和标签、外部和内部容器、标签和标识、主要展示面和信息栏。

4. 化妆品和OTC药妆品的主要展示面上必须出现的信息。

5. 美国化妆品的安全性警告声明何时需要注明于主要展示面上。

6. 美国化妆品和OTC药妆品信息栏上必须注明的信息。

7. 如何在化妆品的标签上标明香精和香料。

8. 药物信息表的作用。

9. 化妆品和OTC药妆品的成分声明要求。

10. 美国免费销售化妆品的成分声明要求。

11. 进口至美国的化妆品必须符合哪些标识规定。

12. 何时及哪些产品需要儿童防护包装。

13. 什么是INCI名称。

14. 美国消费者是否知道化妆品和OTC药妆品的确切成分。

主要概念

1. 在美国销售的化妆品必须符合FD&C法案、《合理包装和标签法案》（Fair Packaging and Labeling Act，FP&L Act）的标识要求，以及FDA在这两部法律授权下发布的标识规定。

2. OTC药妆品必须同时符合化妆品法规和OTC药品法规。

3. 标识在产品的合法分类中起着重要作用。

4. 化妆品必须有主要展示面和信息栏。

5. 根据美国现行法规，在美国销售的化妆品必须在主要展示面上注明以下信息：名称、净含量。在特定情况下，还必须注明产品未经证实的安全性警告声明。

6. 根据美国现行法规，在美国销售的化妆品必须在信息栏上注明以下信息：安全使用说明、警告声明、成分表、名称和厂家地址，以及原产国。

7. OTC药妆品必须同时具有化妆品和OTC药品标识。

8. 根据美国现行法规，在美国销售的OTC药妆品必须在主要展示面上注明以下信息：名称和净含量。

9. 根据美国法规，在美国销售的OTC药品必须在信息栏上注明以下信息：药品信息、名称和厂家地址、有效期、批号和原产国。

10. 根据1970年颁布的《防中毒包装法案》，某些化妆品和OTC药妆品应按规定采用儿童防护包装。

11. 根据FD&C法案要求，液体口腔卫生产品[如漱口水，以及阴道使用的产品（如灌洗液）]在零售时应采用防篡改包装。

12. 化妆品成分必须以其通用名列出，通常是INCI名称。

13. INCI名称是根据成分的化学成分和结构制定的。

14. 化妆品或OTC药妆品的确切成分仅限产品制造商知晓。

7.1 引言

❶在美国销售的化妆品必须符合FD&C法案、《合理包装和标签法案》的标识要求，以及FDA依据这两部法律的授权发布的标识规定[1]。值得注意的是，相关法规适用于所有在美国销售的化妆品，无论是在美国生产还是从国外进口的产品。❷非处方（OTC）药妆品必须同时符合化妆品法规和OTC药品法规。FD&C法案和美国《联邦法规》(Code of Federal Regulations，CFR）规范了OTC药品的标识要求。本章介绍了FDA对化妆品和OTC药妆品的标识要求。

如前所述，并无相关法规指出化妆品（包括其标识）需经过FDA的上市前批准。在美国，确保产品标识符合规范是制造商和经销商的责任。如果未能遵守标识要求，可能会导致产品被视为误标产品。正如第5章所讨论的，FDA禁止销售误标化妆品。

化妆品和OTC药妆品标签上需要标明特定的信息。相关信息有助于消费者在购买产品时做出明智的决定，以及明确产品的某些危害。化妆品标签上使用的标准化成分名称可使消费者更容易阅读和理解其成分表。必须强调的是，❸标识在产品的合法分类中起着重要作用，因为药品和化妆品之间的主要区别因素（即预期用途）是根据产品标识上的说明确定的。法院在决定一种产品是化妆品、药品还是OTC药妆品时，主要依靠消费者对标签声明含义的理解，而较少依赖厂商或监管机构的解释[1]。

7.1.1 定义

在讨论标签的细节之前，首先介绍一些定义。

- **包装（package）**：是产品的外部容器（outer container），如盒子或折叠纸盒。需要注意的是，如果直接容器（immediate container）没有外部包装，则其便充当产品的包装，如瓶子、罐子或气雾剂罐，可以直接容纳产品。图 7.1 显示了外部容器和直接容器的区别[2, 3]。

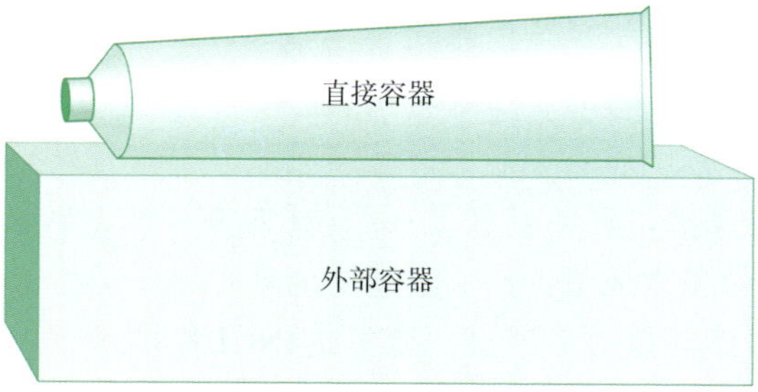

图 7.1　牙膏产品的外部容器（图中为折叠纸盒）和直接容器（图中为塑料管）

- **标签（label）**：是指在化妆品容器上，以粘贴或其他形式出现在产品包装上的书面、印刷或图形信息[4-6]。
- **标识（labeling）**：是指产品上或随附的所有标签，以及其他书面、印刷或图形资料。具体包括标签、插页、展示架上的说明、展示包装、传单、宣传资料，或与产品一起分发的任何其他书面或印刷信息[7, 8]。
- **主要展示面（principal display panel，PDP）**：是在零售的常规条件下，包装上最有可能被展示或检查的一面[9, 10]。通常为产品的正面。
- **信息栏（information panel）**：是指除主要展示面以外的标签部分。背面、底部、侧板统称为信息栏。图 7.2 显示了化妆品包装上主要展示面和信息栏的总体布局。

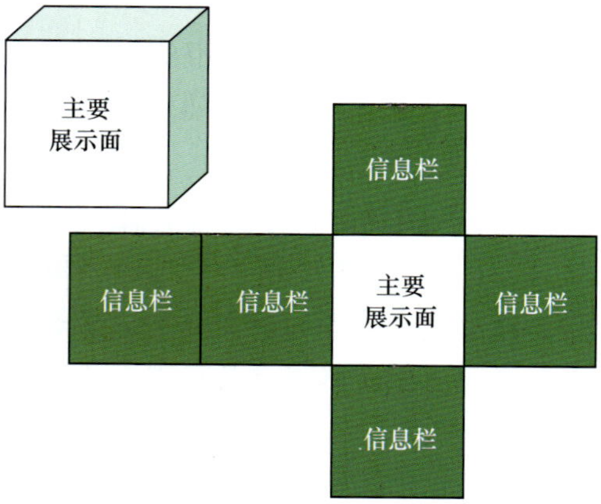

图 7.2　主要展示面和信息栏

7.2 化妆品

❹化妆品必须有主要展示面和信息栏。

7.2.1 主要展示面

❺根据美国现行法规，在美国销售的化妆品必须在主要展示面上注明以下信息：名称、净含量，在特定情况下，还必须注明产品未经证实的安全性警告声明（图 7.3）。

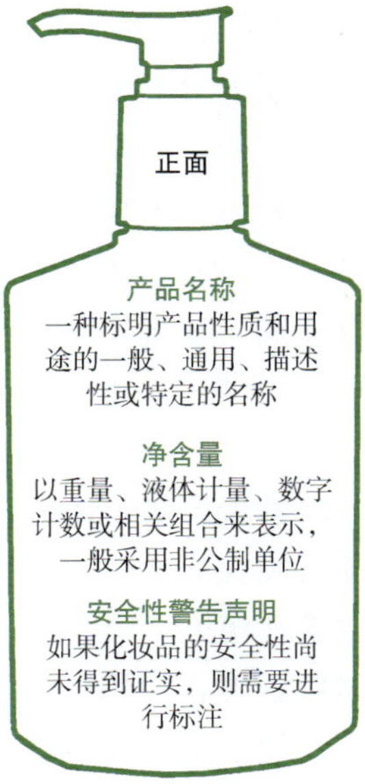

图 7.3　美国化妆品主要展示面上需要标明的信息

1. 产品适用声明（identity statement） 表明产品的性质和用途，可使用通用名称、描述性名称、公众理解的特殊名称或插图[9, 11]。例如，滋养护手霜、烘焙古铜色粉饼、清爽沐浴露、哑光粉底液和剃须啫喱。

> **你知道吗？**
> 消费者可以在大多数产品的正面找到品牌名称，然而，这并不是美国现行法规的要求。

2. 内容物的净含量（net quantity of content） 表示容器中产品的总量，以重量、液体计量、数字计数或相关组合来表示。对于气雾剂产品，净含量必须表示实际排出的内容物的全部含量。在美国，净含量必须以非公制单位表示，如盎司（oz.）或液盎司（fl. oz.），在某些情况下也可以使用公制单位表示，如克（g）或毫升（mL）[12, 13]。例如，2 fl. oz/59 mL，净重 0.21 oz./6 g，以及 25 块湿巾。

3. 必要的警告声明 如果化妆品的安全性尚未得到评估，则必须在主要展示面上[14]注明必要的警告声明，即“警告——此产品的安全性尚未确定”。

> **你知道吗？**
> 对于容量小于 1/4 oz. 或 1/8 fl. oz. 的化妆品容器，净含量可以于容器上粘贴的可撕标签粘贴、胶带或卡片上注明。

7.2.2　信息栏

❻根据美国现行法规，在美国销售的化妆品必须在信息栏上注明以下信息：安全使用说

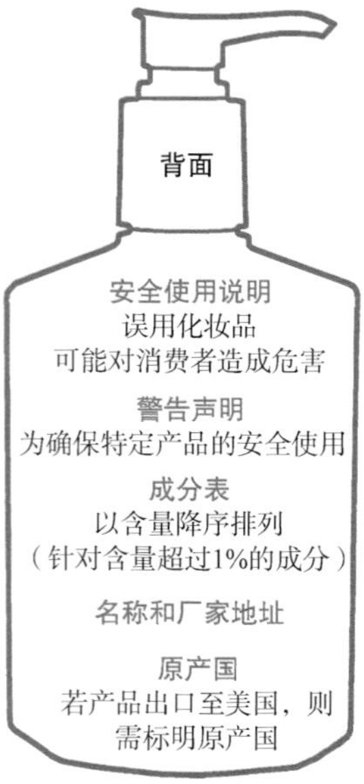

图7.4　美国化妆品信息栏上需要标注的信息

明、警告声明、成分表、名称、厂家地址及原产国（图7.4）。

1. 安全使用说明（directions for safe use） 如果误用化妆品可能对消费者造成危害，则需要注明安全使用说明。这是一种重要的说明，如果缺少，可能导致出现误导性标签，从而使产品标识不规范[15]。洗发水的安全使用说明可以注明“在湿发上按摩，然后用温水冲洗干净，避免入眼”。对于面部粉底，可以注明“用刷子或指尖均匀涂抹于面部”。

2. 警告声明（warning statement） 法律规定，化妆品标签必须在必要时附有警告声明，以防止对消费者健康造成危害。相关声明应包括产品的使用场景、如何安全使用、何时应该停止使用，或者是否应该存放在儿童无法接触的地方。除了这些一般性声明之外，有些化妆品还必须贴有法规要求的具体警告或注意事项[16]。气雾剂、美黑剂、女性除臭剂和儿童泡泡浴产品都是需要注明警告声明的产品。例如，不含防晒成分美黑剂的标签必须注明以下警告：“警告——本产品不含防晒成分，不能防止晒伤。日光浴时，若皮肤长期暴露于阳光下未受保护，即使未被晒伤，也可能会加速皮肤老化，导致皮肤癌或其他对皮肤有害影响的风险”[17]。此外，法规明确禁止或限制化妆品中某些成分的使用，并要求对特定产品进行特定的警告声明[18]。

3. 成分表（ingredient declaration） 生产或零售给消费者的化妆品必须注明成分。需要注意的是，通常不进行零售分销的化妆品，如专业场所使用的护发产品、酒店样品或免费分销的样品，则不受此要求的约束。相关产品不销售给消费者，因此不需要贴有成分标签。

你知道吗?

如果在一个产品上看到“专业”（professional）一词，并不意味着其仅供专业人士使用。很多标示着“仅供专业人士使用”的产品其实是为零售而生产的，因此必须贴有成分标签。

一个重要的要求是成分表必须清晰可辨。成分表可能出现在包装的任何信息栏上，也可能出现在粘贴牢固的标签、胶带或卡片上，如睫毛膏或眼线笔。如果化妆品中的成分含量大于1%，则必须按照含量由高到低的顺序进行注明。这意味着，含量最高的成分要列在最前面。除着色剂外，含量在1%或以下的成分（如香料和防腐剂）可以在所有含量超过1%的成分之后以任何顺序列出。这一1%的限制在标签上是不可见的，只有制造商才知道实际浓度。任何浓度的着色剂都可以在列出所有其他成分之后以任何顺序列出。

成分必须由法规规定或采用的名称进行标识。有一些名称已由委员会确定，如氯氟烃-11代表三氯氟甲烷[19]。大多数成分则没有经委员会确定，在这种情况下，可参照国际化妆品成分命名（INCI）。如果没有INCI名称，则标签上的名称可能列在《美国药典》（USP）、美国《国家处方集》（*National Formulary*，NF）、《食品化学品法典》（Food Chemicals Codex，FCC）、美国通用成分命名（United States Adopted Names，USAN）和《美国药典药品名称词典》（*USP Dictionary of Drug Names*）。如果上述文件均未列出成分名称，则必须使用消费者理解的通用或常用名称。最后，还可以使用化学或技术名称来描述，但禁用商品名[19]。

> **? 你知道吗?**
>
> 一些用于配色的着色剂可被添加至化妆品（如腮红）中，使每批化妆品都具有相同的色调。相关成分不一定存在于每批化妆品中，但仍需标注。相关成分可以在成分表末尾的“可能含有”（may contain）部分找到。

香精和香料可按其含量递减顺序标示为“香精”和“香料”，也可以按其具体名称分别标示。如果一种香料同时充当香精，则必须注明为“香精和香料”[19]。

有些成分是不需要标注的。FDA规定不要求注明附带成分，相关成分是微量的且对化妆品没有技术性或功能性作用。例如，原料中的防腐剂，将被防腐剂X保存的原料添加至化妆品中时，防腐剂X的浓度会降至其有效水平以下。因此，在最终配方中，其只是一个附带成分。

此外，FDA认为可作为商业秘密的成分名称不需要在标签上标明，其可能会在成分声明的最后被列为“及其他成分”。

另外一个要求是，所有的标签和标识声明必须是英文的。这条规则的唯一例外是产品仅在美国某特定地区销售，且该地区（如波多黎各）以其他语言为主流[20]。如果标签也使用第二种语言，则所有英文信息也必须以另一种语言标明。

4. 名称和厂家地址　包括制造商、包装商或分销商[21]。

5. 原产国　若产品进口至美国，则需标明原产国[22, 23]。

除了基本要求外，在规定中还提到了公司必须遵守的许多细节。例如，面板尺寸及其位置、字体类型和大小、背景合同等，都是规定中包含的细节。

7.3　OTC药妆品

❼OTC药妆品必须同时具有化妆品和OTC药品标识。其也具有主要展示面和一个或多个信息栏，但相关标签的内容和格式与化妆品不同。

7.3.1　主要展示面

❽根据美国现行法规，在美国销售的OTC药妆品必须在主要展示面（正面）上注明以下信息：产品适用声明和内容物的净含量（**图7.5**）。

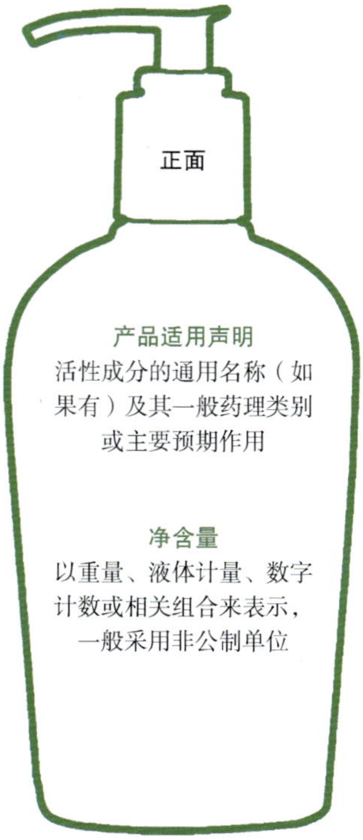

图7.5 美国OTC药妆品主要展示面上需要显示的信息

1. 产品适用声明 一般采用活性成分的通用名称（如果有）及其一般药理类别或主要预期作用[24]。例如，抑菌皂、洗手液、隔离防晒粉底液、水杨酸痤疮洗剂和止汗除臭剂。

2. 内容物的净含量 表示容器中产品的总量，以重量、液体计量、数字计数或相关组合来表示。例如，净含量在美国必须以非公制单位表示，同时也可以在某些情况下以公制单位表示[25]。

7.3.2 信息栏

❾根据美国法规，在美国销售的OTC药品（包括OTC药妆品）必须在信息栏（背面）上注明以下信息：药品信息、名称和厂家地址、有效期、批号和原产国（图7.6）。

1. 药品信息表（drug facts table） 以标准化形式标明产品的信息。这种类型的标识旨在使消费者更容易阅读和理解产品，并安全有效地使用OTC产品。相关信息必须出现在零售包装的外部容器上，如果没有外部容器，则必须出现在直接容器上。所有信息必须按照以下标题顺序进行标明[26]。

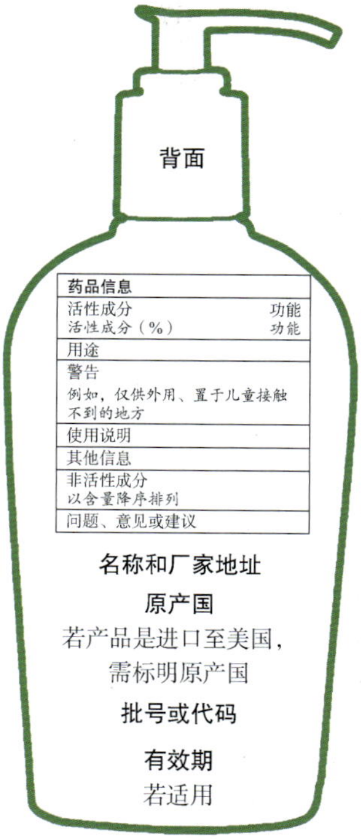

图7.6 美国OTC药品信息栏上需要标注的信息

- **活性成分（active ingredient）**：指在诊断、治愈、缓解、治疗或预防疾病方面具有药理活性或直接作用，或影响身体结构或任何功能的成分。活性成分的浓度必须以百分比表示。
- **功能（purpose）**：每种活性成分都需要具有简短的描述，这种描述可能是在相关的OTC药品专论中对该成分的说明。若没有相关说明或没有适用的OTC药品专论，则可能是活性成分的一般药理类别或主要预期作用。例如，杀菌剂、防晒霜、痤疮药品、抗菌斑剂/抗牙龈炎剂和皮肤保护剂。
- **用途（use）**：本部分描述了产品的适应证。需要强调的是，此部分只包括活性成分的信息。例如，防晒霜中此部分在药品信息标签上的用途只包括产品的防晒信息（如帮助防止晒伤），但没有关于保湿剂活性的信息，因为这是一种化妆品功能。
- **警告（warning）**：如果适用，药品信息中可能会出现一些警告声明。例如，"仅供外用""易燃""远离热源和火焰"和"置于儿童接触不到的地方"。如果产品有使用年龄限制，相关信息也会出现在这一部分。此外，还应该标明消费者在使用产品时可能会出现哪些副作用，以及如果出现副作用应该如何处理。
- **使用说明（direction）**：此部分必须列出产品正确使用的信息。
- **非活性成分（inactive ingredient）**：此部分列出了除活性成分外的所有成分。列出成分的顺序及其命名法与化妆品相同，即含量高于1%的成分，按含量降序列出；而任何含量低于1%的成分及着色剂，则在最后按任意顺序列出。所使用的名称应以INCI名称为主。

> **你知道吗?**
>
> OTC药品（不包括OTC药妆品）必须按字母顺序列出非活性成分，而不是按主要成分降序排列。

> **你知道吗?**
>
> 有一些信息可选择性地展示在药品信息标签中。例如，"其他信息"，其包含了产品的储存信息及其潜在有害影响（如对织物或塑料的影响）。另一个可选部分是"问题"或"意见或建议"。此部分可能包括产品部门的电话号码，如果消费者想获得有关产品的更多信息，可以拨打这一号码。

2. 制造商、包装商或分销商的名称和厂家地址[27]

3. 法规要求的有效期（expiration date）[28]

4. 批号或代码（lot number or batch code） 一般要求在OTC药妆品上注明。批号是产品批次的特定编号[29]。

5. 原产国 若产品进口至美国，则需标明原产国[22]。

对于某些化妆品，还有额外的包装规定，总结如下。

❿根据1970年颁布的《防中毒包装法案》（Poison Prevention Packaging Act，PPPA），某些化妆品和OTC药妆品应按规定采用儿童防护包装（child-resistant packaging）。《防中

毒包装法案》的目的是防止儿童因摄入潜在危险物品而中毒甚至死亡。根据《防中毒包装法案》，儿童防护包装是指“该包装对于5岁以下的儿童而言，难以在适当的时间内获取其中的有毒有害物质，而正常成年人使用起来并不困难。但是，这并不意味着所有儿童都无法在适当时间内打开并获取其中的有毒有害物质”（图7.7）[30]。儿童防护包装由消费品安全委员会（Consumer Product Safety Commission，CPSC）监管。根据《防中毒包装法案》，含有≥ 10%低黏度碳氢化合物的某些漱口水和某些非乳剂液体化妆品，必须按要求使用儿童防护包装，如某些婴儿油[30]。

⓫根据FD&C法案要求，液体口腔卫生产品（如漱口水，以及阴道使用的产品如灌洗液）在零售时应采用防篡改包装（tamper-resistant packaging）（图7.8）[31]。防篡改包装有一个指示或保护层，若破损或丢失，可明显看出产品是否已被拆封使用[31]。漱口水产品通常用塑料收缩带包装，必须撕开才能取出。

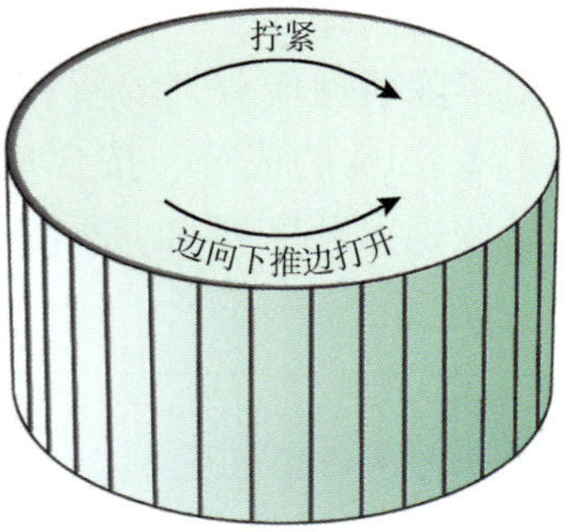

图7.7 婴儿油的儿童防护瓶盖

图7.8 漱口水瓶上的防篡改塑料收缩带

7.4 INCI命名

如前所述，⓬化妆品成分在美国必须以其通用名列出，通常是INCI名称（INCI name）。INCI名称是由美国个人护理产品协会（Personal Care Products Council，PCPC）[前身为化妆品、盥洗品和日用香精协会（Cosmetic，Toiletry，and Fragrance Association，CTFA）]创建的，可在《国际化妆品成分词典和手册》（*Cosmetic Ingredient Dictionary and Handbook*，也称为INCI词典）中找到。该词典的首版于1973年出版，自此进行了多次修订。最近的印刷版是2016年出版的第16版。如今印刷版已经停止出版，取而代之的是一个名为wINCI的在线数据库。

国际命名委员会（International Nomenclature Committee，INC）是PCPC的分属委员会，负责维护纳入词典数据的完整性和有效性。INCI名称的主要目的是标准化成分名称，减少语言障碍，便于全球应用，并为医学界提供识别成分的综合资源。同一种化妆品成分可能由多个供应商生产和分销，从而产生不同的商品名称。使用商品名称会增加理解成分标签的难度，几乎不可能实现进出口。而建立了标准化、统一的命名法，消费者就更容易通过检查成分表，找到其想要的、不喜欢的或可能过敏的成分，进而明智地决定是否购买此产品。此外，使用INCI名称有助于跨国公司的贸易往来，因为在向其他国家出口产品时不必更改成分名称。

> **你知道吗?**
> INCI名称并非对化妆品成分安全性或其使用许可的认可。确保产品安全性是制造商的责任[32]。

INCI名称被广泛应用于市场，包括美国、中国、日本、欧洲国家，以及其他需要在化妆品标签上列出成分的国家。值得注意的是，尽管在协调INCI命名法方面做出了许多努力，但不同国家的INCI名称在颜色、植物药和普通成分方面仍然存在一些差异。例如，H_2O在欧洲的INCI名称是“aqua”，而在美国是“water”。美国要求使用美国的颜色名称（如Red 4），而欧盟要求使用颜色指数编号（如CI 14700）。在这种情况下，可以在括号中提供替代名称，如Red 4（CI 14700）。这些似乎都是细微的差别，但是其可能会给进出口商带来严重的问题。此外，在一些国家，INCI名称被翻译成当地语言，这也造成了差异。

⓭INCI名称是根据成分的化学成分和结构指定的。然而，其通常与分子的官方化学名称［即国际纯粹与应用化学家联合会（International Union of Pure and Applied Chemistry，IUPAC）的名称，其可以用来编写任何成分的结构式］不同[33]。例如，一种常用护发素成分的IUPAC名称是“十六烷基三甲基氯化铵”（hexadecyltrimethylammonium chloride），而其INCI名称是“西曲氯铵”（cetrimonium chloride）。根据IUPAC名称，可以确定该成分的正确分子结构，而INCI名称并没有这种作用。INCI名称专门用于识别化妆品和个人护理产品，以及OTC药妆品中的成分，但不适用于OTC药品、处方药及食品。

以下是INCI命名的其他示例：

- 有些成分的INCI名称与常用化学名称相同，如氯化钠和甘油。
- 植物成分的INCI名称包含植物的拉丁名和该成分来源的植物部分，如可可籽黄油（*Theorbroma Cacao* Seed Butter），俗称可可脂（cocoa butter）。
- 发酵是一种流行的生物技术过程，可利用微生物及其酶来生产化妆品成分。如果一种成分是通过发酵加工的，这可能会反映在INCI名称中，如乳酸菌/人参根提取物发酵滤液。
- 有些成分有许多不同的类型，但仍然具有相同的INCI名称。例如，卡波姆是一种增稠剂，因其不同的分子量、黏度和交联程度而衍生出不同的类型。然而，其具有相同的INCI名称，即卡波姆。二甲基硅氧烷也是如此，其是一种硅酮成分，尽管有着不同的黏度，但INCI名称均为二甲基硅氧烷。

新的成分也会被INC命名并添加到字典中。INC会根据制造商提供的书面信息开展命名工作。因此，供应商有责任确保所提交的信息完整、准确。该词典为生产商提供的化妆品成分提供了额外的信息和参考[34]。

> **你知道吗?**
> 在创建INCI名称时，INC不会评估成分的功效。成分的功效由供应商提供。

7.5 消费者知道化妆品或OTC药妆品的确切成分吗

正确的答案是，⓮化妆品或OTC药妆品的确切成分仅限产品制造商知晓。生产商需要根据相关标识规定适当地对产品信息进行标注。但是，有一些信息，作为消费者的你是不知道的。

消费者可以在产品标签上看到成分表，但如前所述，有些成分可以作为概括性术语列出，而我们并不知道相关术语包括哪些成分。香料和香精就属于这种情况。“香料”一词可能包括50多种成分，因此，无法识别其中的单一成分。此外，由于附带成分在配方中不具有任何技术或功能作用，因此也未列出。成分表可能会对皮肤敏感的顾客选择产品时有所帮助。然而，消费者仍然无法看到每种成分的含量——这属于机密信息，只有少数人知晓。

归根结底，消费者永远无法知道化妆品或OTC药妆品的确切成分。然而，在使用产品之前，阅读产品标签是必要的，其可以帮助我们了解产品信息、产品使用方式，以及产品的安全警示或注意事项。如果消费者皮肤敏感或对某一物质过敏，需要检查相关成分。

术语表

中文术语	英文术语	解释
外部容器	outer container	与产品间接接触的容器，如纸箱。
直接容器	immediate container	与产品直接接触的容器，如气雾剂罐。
标签	label	在化妆品容器上，或粘贴或出现在产品包装上的书面、印刷或图形的信息显示。
标识	labeling	在产品上粘贴或随附的所有标签和其他书面、印刷或图形材料。
零售	retail sale	将产品小批量直接销售给消费者的销售形式。
主要展示面	principal display panel	在零售陈列的常规条件下，包装上最有可能被展示或检查的那一面。
信息栏	information panel	除主要展示面以外的标签。
产品名称	identity statement	在主要展示面上说明产品性质和用途的名称。
成分表	ingredient declaration	化妆品成分清单。

续表

中文术语	英文术语	解释
药品信息表	drug facts table	OTC药品信息表上的表格，包含产品的活性成分、功能、用途、警告、使用说明和非活性成分等信息，在美国有标准的格式。
含量降序排列	descending order of predominance	按含量高低进行名称排序的一种索引方法。含量最高的成分置于首位，含量最低的成分置于末尾。
字母顺序排列	alphabetical order	按字母表中的字母顺序进行名称排序的一种索引方法。
INCI名称	INCI name	在美国、中国、日本和许多欧洲国家，在化妆品标签上用于表示化妆品成分的标准名称。相关名称通常与成分的化学名称不同。
净含量	net quantity of content	产品标签上标明的内容物含量。
有效期	expiration date	产品有效使用的日期。超过该日期后，将不再能确保产品的稳定性和有效性。
原产国	country of origin	产品生产和进口的国家。
儿童防护包装	child-resistant packaging	对5岁以下的儿童而言，该包装难以在适当的时间内打开并获取其中的有毒有害物质，而正常成年人使用起来并不困难。但是，这并不意味着所有儿童都无法在适当时间内打开并获取其中的有毒有害物质。
防篡改包装	tamper-resistant packaging	有标识或保护层的包装，若损坏或丢失，可明显看到产品是否已被拆封使用。
安全使用说明	directions for safe use	产品标签上的产品安全使用方法说明。
警告声明	warning statement	产品标签上的声明，包含消费者在使用产品前应了解的有关产品成分、安全性和储存的重要信息。

缩略词表

缩略词	英文全称	中文全称
CI	color index	颜色指数
CFR	Code of Federal Regulations	《联邦法规》
CPSC	Consumer Product Safety Commission	消费品安全委员会
FCC	Food Chemicals Codex	《食品化学品法典》
FD&C Act	Federal Food，Drug，and Cosmetics Act	《联邦食品、药品和化妆品法案》
FP&L Act	Fair Packaging and Labeling Act	《合理包装和标签法案》
INC	International Nomenclature Committee	国际命名委员会
INCI	International Nomenclature of Cosmetic Ingredients	国际化妆品成分命名
IUPAC	International Union of Pure and Applied Chemists	国际纯粹与应用化学家联合会

续表

缩略词	英文全称	中文全称
NF	*National Formulary*	美国《国家处方集》
PCPC	Personal Care Products Council	美国个人护理产品协会
PDP	principal display panel	主要展示面
PPPA	Poison Prevention Packaging Act	《防中毒包装法案》
USAN	United States Adopted Names	美国通用名
USP	*US Pharmacopoeia*	《美国药典》
wINCI	online INCI database	INCI在线数据库

（孙春萌　译，白仁仁　校）

参考文献

1. FDA (2020). Cosmetic labeling guide. www.fda.gov/cosmetics/cosmetics-labeling-regulations/cosmetics-labeling-guide (accessed 8 October 2020).
2. FP&L Act Section 10(b)
3. 21 CFR Part 1.20
4. FD&C Act Section 201(k)
5. FP&L Act Section 10(c)
6. 21 CFR Part 1.3(b)
7. FD&C Act Section 201(m)
8. 21 CFR Part 1.3(a)
9. FP&L Act Section 10(t)
10. 21 CFR Part 701.10
11. 21 CFR Part 701.11
12. 21 CFR Part 1.24
13. 21 CFR Part 701.13
14. 21 CFR Part 740.10
15. 21 CFR Part 1.21
16. 21 CFR Part 740
17. 21 CFR Part 740.19
18. 21 CFR Part 700
19. 21 CFR Part 701.3
20. 21 CFR Part 701.2(b)
21. 21 CFR Part 701.12
22. 19 United States Code, Chapter 4 (Tariff Act of 1930), § 1304(b)
23. 19 CFR Part 134
24. 21 CFR Part 201.61
25. 21 CFR Part 201.62
26. 21 CFR Part 201.66
27. 21 CFR Part 201.10
28. 21 CFR Part 201.17

29. 21 CFR Part 201.18
30. 16 CFR Part 1700
31. 21 CRF Part 700.25
32. PCPC (2020). International Cosmetic Ingredient Nomenclature Committee (INC). www.personalcarecouncil.org/resources/inci/background- information/international-cosmetic-ingredient-nomenclature-committee-inc/ (accessed 18 October 2020).
33. Abrutyn, E.S. (2007). The INCI process: a chairman' s perspective. *Cosm. Toil.* 122 (9): 22–30.
34. PCPC (2020). Nomenclature conventions. pcpcouncilstg.wpengine.com/wp-content/uploads/2018/11/INCI-Nomenclature-Conventions.pdf (accessed 18 October 2020).

第 8 章
化妆品与非处方药妆品的检测

学习目标

通过本章的学习，读者将掌握以下内容：

1. 以下术语的定义：

产品概念	批量	原型	质量
质量保证	质量控制	中试规模	放大规模
检验报告	客观检测	主观检测	上市后监督
声明验证	稳定性	安全性	风险
危害	保质期	计算机模拟	体外
体内	离体	光刺激	皮肤刺激
皮肤致敏剂	皮肤腐蚀	防腐效能试验	光敏作用
致癌性	致畸性	致突变性	

2. 产品开发过程的主要步骤。
3. 化妆品和OTC药妆品检测至关重要的原因。
4. 化妆品相关术语“质量”的含义。
5. 质量管理体系（QMS）、质量保证（QA）和质量控制（QC）之间的区别和关系。
6. 质量检测的目标。
7. 如何检测和验证原材料、半成品和成品的质量。
8. 稳定性的含义。
9. 物理稳定性、化学稳定性、微生物稳定性、性能稳定性和毒理学稳定性的区别。
10. 稳定性测试的目标。
11. 实时稳定性和加速稳定性测试之间的差异。
12. 微生物稳定性的检测方法。
13. 安全性与化妆品的关系。
14. 如何确保和评估产品的安全性。
15. 产品安全性和毒性检测的实例。
16. 性能检测的目标。
17. 客观检测与主观检测，以及受过培训和未受过培训小组成员的区别。
18. 美国OTC专论规定了性能测试方法的产品类别。

主要概念

1. 产品开发过程的主要关键阶段包括创意产生、产品制剂、产品检测、产品制造和产品发布。

2. 化妆品和OTC药妆品在生产前、生产中和生产后的检测是其开发周期的重要组成部分，因为检测可确保产品安全、稳定、高质量和功能正常。

3. 质量是指产品满足预定义需求的程度。

4. 稳定性可定义为产品在规定限度内，以及在储存和使用期间，保持其制造时所具备的特性和特征的程度。

5. 安全性通常是指没有危险或危害的状态。

6. 性能检测，也称为声明验证和功效测试，旨在确保化妆品能够提供所宣称的益处。因此，性能检测可作为相关声明的验证。

8.1　产品开发周期

当一种新产品进入市场时，必须由众多领域的专家对其各项特性进行全面评估，方可正式推出。在讨论对产品进行的各种检测之前，首先需要对产品开发过程有一个大致的了解（图8.1）。❶产品开发过程的主要关键阶段包括创意产生（idea generation）、产品制剂（product formulation）、产品检测（product testing）、产品制造（product manufacturing）和产品发布（product launch）。

图8.1　化妆品开发周期的主要步骤

产品开发周期的第一步通常是创意产生、潜在创意筛选（screening of potential idea）和概念测试（concept testing）[1]。新型化妆品和个人护理产品的创意源自诸多方面，包括科学文献、消费者需求等。例如，消费者偏好的变化能够启发新的发展方向，推动产品竞争并促进行业创新。通常，公司内部会对潜在创意进行筛选。与公司目标一致的创意将被保留，其他创意则会被拒绝。在缩小创意范围之后，便可进一步开发产品概念（product concept）。产品概念是对产品创意的全面阐述，可传达给目标消费者群体以获取其反馈。概念测试能够帮助公司排除那些不可能成功的创意，并保留有希望的创意。当产品的早期原型准备就绪时，便可进行下一阶段的概念测试[2, 3]。

你知道吗?

一些成功的产品往往源于幸运的失误和失败的实验，相关实验虽然没有按计划进行，但却带来了意想不到的成功。例如，Post-It®便笺纸是由3M公司的科学家斯宾塞·西尔弗（Spencer Silver）博士发明的，其原本试图创造一种超强黏合剂，但最终却意外创造出了一种弱黏合剂。这一黏合剂仅具有较弱的黏合力，无法发生紧密黏合[4]。

那些最出色、最具潜力的创意会进入下一步，即产品制剂和原型开发（prototype development）。在此阶段，公司将采购原材料，开发产品原型并检测其稳定性和质量。产品检测可视为产品开发周期中的下一步，但其与产品制剂密切相关。原型会根据稳定性和质量测试结果进行调整。在最终确定产品原型之前，还必须进行安全性和性能检测。通过相关检测，公司能够确保产品符合监管要求，创造出安全的产品，并作出有科学结果支持的声明。在开发原型产品的同时，公司还会确定合适的包装，并在该包装中对产品进行检测，以评估其兼容性。

然后，可将最终确定的产品原型扩大规模（scale up），并进行大规模（large scale）生产。在产品开发过程中，通常会先小批量制作产品原型，以避免浪费原料；但在制造过程中，会生产数千件产品［称为全规模生产（full-scale production）］。扩大规模是指通过扩大生产规模，使大批量产品保持与小规模产品相同特性的工艺过程。通常，在小规模样品制成之后会创建一个中间规模（intermediate size），称为中试规模（pilot-scale）。这一中间步骤有助于对制造过程进行调整[5]。在这一阶段，公司还会完成产品标签，并创建营销材料，以便消费者了解新产品。最后，产品进入商业发布（commercial launch）阶段。产品进入市场并面向消费者。上市后监督（post-marketing surveillance）不仅使公司能够密切关注产品，并评估其在现实生活中的表现，还为消费者提供了一个与公司就产品问题进行沟通的渠道。

产品从创意到上市的开发周期可能为6个月至2年以上，这主要取决于产品及其包装的复杂性，以及品牌是否希望获得相关认证或进行临床研究等[6]。

8.2 产品检测

❷化妆品和非处方（OTC）药妆品在生产前、生产中和生产后的检测是其开发周期中一个重要组成部分，因为检测可确保产品安全、稳定、高质量且功能正常。美国FDA并不规定如何进行相关检测（少数特例除外），但可能会在检测过程中对检测结果进行审核。制造商必须特别重视产品的检测，以满足监管要求，使客户满意，创造成功的制剂，并在多年后获得声誉。

在美国，化妆品按照其说明，以常规或预期方式使用时必须是安全的。如第5章所述，产品制造商或经销商对确保其产品的安全性负有法律责任。此外，产品应在合理的时间内保持稳定，在一个批次内和多个批次之间质量应保持一致，并按要求执行。产品的常规检测是对其质量、稳定性、安全性和适当性能的验证，因此，相关检测在行业内是普遍进行的。就药品而言，FDA要求进行强制性检测，其中包括安全性和有效性检测，通过稳定性测试确保产品的有效期，以及作为强制性生产质量管理规范（GMP）一部分的质量检测[7]。

本章介绍了有关化妆品和非处方药妆品的基本检测类型及其规格。图**8.2**概述了本章涉及的各种检测。

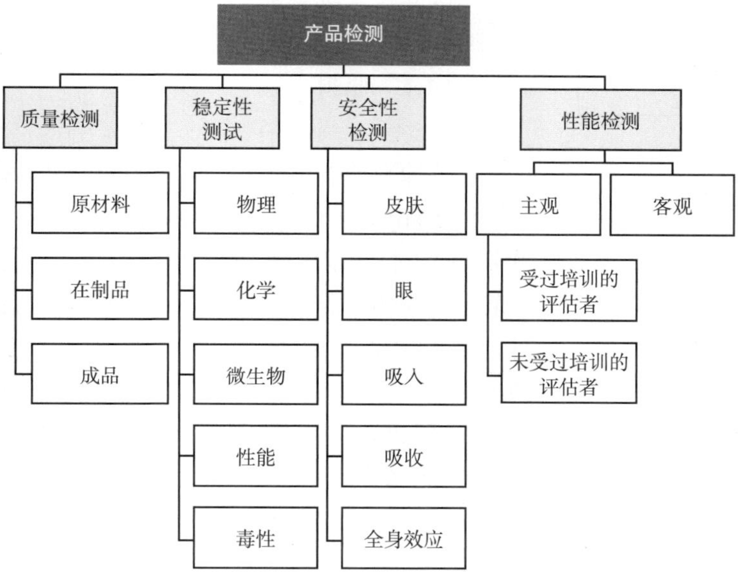

图**8.2**　本章涉及的化妆品检测类型

8.2.1　质量检测

质量是一个主观术语。根据梅里亚姆-韦伯斯特（Merriam-Webster）的观点，质量代表着卓越程度[8]。产品质量是指产品的特性和特征，相关特性和特征决定了产品的需求，并可由制造商控制以满足相关基本要求[9]。同时，质量也可以指不存在缺陷[10]。换言之，❸ *质量是指产品满足其预定义需求的程度*。例如，假设消费者使用了一种浅绿色、不透明的洗发水，其具有如薄荷般的气味，并可通过泵头从瓶中挤出。每次新购一瓶这种洗发水时，消费者都希望获得品质如一的同款产品，包括一致的外观和气味、泵送方式、起泡效果，以及用于头发时的触感。

公司通常具有一个质量管理体系（Quality Management System，QMS）。QMS为每种产品设定质量要求，并制订流程来检查和维护其预定义质量，并防止不合格产品的产生。通过满足质量要求，制造商能够保证每一批产品都具有相同的质量。QMS还涉及结构、流程和职责[11]。此外，还需要了解质量管理的两个方面［即质量保证（quality assurance，QA）和质量控制（quality control，QC）］之间的区别。QA侧重于确保满足质量要求且成品无缺陷的流程。相比之下，QC侧重于满足质量要求和检测制造产品以发现缺陷[12]。如果QC发现质量问题，QA将修改流程以防止将来再次出现问题。如第6章所述，GMP是

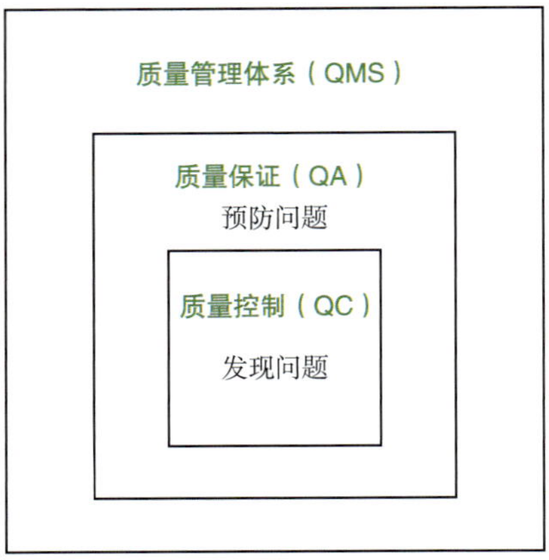

图8.3　QMS、QA及QC的关系

QA的一部分，旨在确保产品始终如一地生产，并根据适合每种产品预期用途的质量标准和对产品规格的要求控制生产[13]。图8.3显示了QMS、QA和QC之间的关系。本章将重点介绍QC。

公司内部的QC部门会对化妆品来料原料、包装材料和出货成品进行取样、检测和复测，这也是GMP指南的建议（参阅第6章）。

8.2.1.1　原料

原料的质量通常由原制造商以检验报告（Certificate of Analysis，COA）的形式进行认证。但是，产品制造商也可根据自身的检测方法和规范，对产品质量进行检测。可进行不同的分析检测，以确保成分符合认证中的规定，杂质含量低于限度，且无微生物污染。还可检测其他参数，如pH、密度和黏度等。此外，还可评估一些视觉特性，包括颜色、气味、不透明度（opacity）和成分的一般外观（如无分离）。通常，产品制造商会制订自身的质量规范，并评估原料是否符合相关标准。如果符合标准，QC实验室会批准这些原料投入使用。此外，GMP指南还建议检测化妆品原料用水的质量[14]。

8.2.1.2　在制品

通常，产品制造商会在制造过程中对其在制品（in-process product）的质量进行检测。这种检测被称为“过程”检测（in-process testing）。如果发现任何与自身标准和规格不一致的情况，制造商可能会修改制造过程，以避免丢弃整个批次。过程检测的实例包括对制造过程中的批次重量和混合容器的精确填充情况进行检测。

8.2.1.3　成品

在将成品（finished product）转移至最终或散装产品容器中时，会对其进行再次检测。该检测与原料的检测相似，但针对某些产品形式，会开展一些特定的检测。相关特殊检测的一些实例包括对化妆品配色（color matching）进行检查，以确保该批产品的颜色与标准一致，或在水下检查气雾罐是否漏气。此外，成品应始终进行微生物污染检测，还应进行挑战性检测——相关检测是稳定性测试方案的一部分，也可视为QC检测。只有当产品质量符合特定要求并通过相关检测后，方可放行发货。

根据GMP的建议，应保留已批准批次的原料和成品样品，并在适当的时间间隔进行重新检测，以确保持续符合既定的规范（正如稳定性测试期间所进行的那样）[14]。

如其他章节所述，文档记录对于质量控制至关重要。所有样品、标准、检测方法和结果均需按照监管机构的要求妥善保存一段时间。

8.2.2　稳定性测试

❹稳定性可定义为产品在规定限度内，以及在整个储存和使用期间，保持其在制造时特性和性质的程度[15]。常见的产品稳定性测试存在多种类型，包括物理、化学、微生物、性能和毒理学稳定性测试[15]。下文将介绍相关术语，以及不同术语间的区别。

- **物理稳定性**是指产品的物理性质不会随时间而改变，如视觉外观、黏度、pH、质地、肤感和铺展性。
- **化学稳定性**是指制剂成分保持其化学结构完整性，从本质上来说成分保持不变，并且不会发生降解，也不会与制剂或包装中的其他成分发生反应。
- **微生物稳定性**是指产品能够抵御微生物的生长。这种稳定性通常由防腐剂或防腐剂混合物来确保，其能够抑制真菌、细菌和酵母菌的生长，从而避免化妆品变质。
- **性能稳定性**是指产品的性能（如清洁头发或掩盖体味）保持不变。
- **毒理学稳定性**意味着产品的毒性不会显著增强，如不会导致皮肤刺激。

稳定性测试是指产品制造商按其配方配制一批产品，并将该批产品的样品置于各种环境条件下进行一段时间的试验。相关环境条件通常涉及温度、湿度和光照的变化，旨在模拟产品在其生命周期中可能遭遇的各种状况[16]。根据稳定性测试结果，公司可预测其产品的保质期（shelf life）。一般而言，化妆品应至少在1年内保持稳定。然而，美国对于化妆品有效期尚无明确的法律规定。对于OTC药妆品而言，则必须标明有效期，除非其被证明具有至少3年的保质期[17]。

稳定性测试的目的：①确保产品在适宜条件下储存、运输和使用的过程中，能够在保质期内保持其物理、化学、微生物性能（功能）和安全特性；②评估并确保产品和包装材料的兼容性[18, 19]。化妆品种类繁多且结构复杂，因此没有一种“标准”的稳定性测试能够适用于所有类型的产品。产品制造商应为其每种产品或产品类型及其包装制订科学合理、经济可行的稳定性测试方案，并建立相应的验收标准。该方案应包括需要测试的每个参数及其验收水平。

8.2.2.1　检测方法

产品的稳定性可通过以下方式确定：①在实时条件下，将特定产品置于环境温度、标准光照和湿度条件下保存一段时间（如1年）；②在加速条件下，使用可能加速产品变质的压力因素，包括在较短时间内（如10周）显著提高和降低温度、光照和湿度。制造商可根据加速测试结果对保质期进行实时预测。化妆品的开发周期相对较短，实时测试并非总是切实可行，因此通常采用加速测试。

8.2.2.2　检测条件

在制订稳定性研究方案时，产品制造商应考虑或预测可能加速产品性状变化的应力因素，并据此进行因素选择，并确定应随时间检测哪些产品参数。通常，会根据产品的特性和敏感度制订一份清单，涵盖温度、湿度、照明条件和采样时间间隔等诸多方面。温度可从4 ℃（冷藏）至室温（20～25 ℃），甚至高达45～50 ℃。相对湿度范围为20%～80%。可采用不同的光源，如阳光或紫外线（UV），甚至可对产品施加机械应力，以观察其随时间变化的稳定性。

8.2.2.3 化学、物理、性能和安全稳定性

稳定性测试期间可评估多种参数，如颜色、气味、外观、pH、黏度、乳剂分层迹象、重量变化、微生物检测和容器内的变化。根据产品和包装，还可增加其他参数。同时，在整个检测期间及检测结束后，均可对产品性能进行评估，如保湿效果或防晒指数（sun protection factor，SPF），以确保产品的物理性质、化学性质、微生物及性能方面的稳定性。安全性检测亦是如此。此外，还建议对成品的保留样品进行实时稳定性测试，以证实加速测试可用于预测市场稳定性。

你知道吗?

冻融测试（freeze-thaw testing）也是一种稳定性测试，其是将样品置于一系列极端、快速的温度变化条件下进行测试。极端温度通常为–10 ℃（冰点）和室温，甚至更高的温度（如40 ℃）。产品在2种或3种温度之间进行循环。例如，产品首先在冰箱中保存24 h，然后在室温下解冻24 h，最后再将样品放回冰箱或放入烤箱保持24 h。样品历经低温至高温，完成一个循环，通常需进行3～6个循环。与恒定条件下的储存相比，温度的循环变化通常会对产品造成更大的压力。该测试能够快速指示产品的稳定性[19, 20]。

8.2.2.4 包装兼容性

稳定性通常在最终包装中确定，以检查产品和容器之间是否存在不兼容的情况。值得注意的是，包装会直接影响成品的稳定性，因为产品、包装和外部环境之间会发生相互作用。例如，产品的成分可能会被吸收到容器中，或与容器发生化学反应[19]。此外，容器可能无法为产品提供充分保护，使其免受氧气和水蒸气的负面影响，而挥发性成分（如香精）则可能会通过容器蒸发。还可能需要从多方位对包装产品进行检测，如直立、倒置、侧面，以确保包装无泄漏，尤其是在运输过程中。建议使用存储在惰性、不渗透容器（如玻璃）中的对照/参考产品。如果仅是成分发生变化，对照品可采用在相同检测条件下稳定的旧批次样品。

8.2.2.5 微生物稳定性检测

大多数化妆品和个人护理产品均为微生物滋生的温床，除非在配方和生产过程中采取

适当的措施来保存产品。化妆品不一定要达到无菌状态，但一定不能含有有害微生物，并且每克所含需氧微生物的数量必须极低[21]。因此，应使用有效的防腐系统对产品进行充分保护。消费者在使用化妆品和个人护理产品的过程中，其不干净的手指可能会反复污染产品。过量的细菌和真菌会以多种方式对产品造成不良影响，如导致恶臭、破坏乳剂的稳定性和引起颜色变化[22, 23]。微生物也可能对消费者产生负面影响，轻则导致皮肤瘙痒，重则引发严重感染，如果产品在眼周围使用，甚至可能导致失明[24-27]。因此，有必要对每批成品进行常规微生物检测。化妆品的两种常见微生物检测类型包括：①含量检测，如需氧菌平板计数法（aerobic plate count，APC）检测，旨在确定产品中的微生物数量；②防腐效能试验（preservative challenge test），如USP＜51＞挑战试验，用于验证产品中防腐剂在受到污染时的有效性[28]。化妆品行业通常遵循美国个人护理产品协会（Personal Care Products Council，PCPC）[29]的指导方针，以及《欧洲药典》（*European Pharmacopoeia*）[30]、《美国药典》（USP）[31]、国际标准化组织（ISO）方法[32]和内部方法[33]。FDA同样拥有一套微生物检测方法和流程，其中一章就是关于化妆品的检测[34]。

> **❓ 你知道吗?**
>
> USP<51>检测采用5种致病微生物，包括3种细菌［即金黄色葡萄球菌（*Staphylococcus aureus*）、大肠杆菌（*Escherichia coli*）和铜绿假单胞菌（*Pseudomonas aeruginosa*）］，以及2种真菌［白念珠菌（*Candida albicans*）和巴西曲霉（*Aspergillus brasiliensis*）］。接种后，连续28天监测微生物存活情况[31]。

8.2.3　安全性检测

❺安全通常是指没有危险或危害的状态[35]。在正常使用条件下，安全的化妆品和个人护理产品不会给消费者带来风险，也不会造成任何损害，如皮疹。确保产品具有安全性并符合监管要求是至关重要的，这一过程应贯穿于产品从概念开发、成分选择，直至最终原型制备的整个阶段，甚至延伸到包装选择，以确保最终产品对消费者是安全的。FDA的主要要求之一是，化妆品在按照标签说明以常规或预期方式使用时，必须证明其安全性[21]。在美国，产品制造商或经销商有责任确保产品的安全。如第7章所述，制造商有权选择不检测其产品。在这种情况下，必须在主要展示面注明警告声明："警告：该产品的安全性尚未确定"[36]。然而，没有任何一家公司会采取此做法，这意味着所有制造商在将产品出售给消费者之前，都会对其产品进行安全检测。

关于如何进行安全检测，并没有正式的协议，制造商的任务是确定如何检测产品，并确保其对人体是安全的。由于缺乏官方协议，各公司在检测的类型、投入的时间和成本上存在很大差异。

从原料选择到最终产品检测，产品安全性是通过多个步骤来确保和评估的。在原料选择阶段，仅选择已知安全的原料。制造商可使用各种来源的安全数据，包括成分供应商；科学文献和数据库，如化妆品成分审查（CIR）报告、香精香料研究所（RIFM）专著（有关CIR和RIFM的更多信息，请参阅第4章）；政府来源，包括FDA和美国国家毒理学计划（National Toxicology Program）；安全数据表；内部使用该成分的经验；有关化学相关成分或含有化学相关成分产品的数据[21, 37]。公司应综合考虑所有成分的安全性。此外，还需考虑以下因素：成分稳定性，产品类型（如免洗、水洗、喷雾产品），制剂中成分的功能和浓度，每次的产品用量，使用频率，接触产品的持续时间，产品暴露区域的类型和大小，成品的局部耐受性，消费者类型（如儿童、皮肤敏感的消费者），使用部位的日晒程度，成分通过皮肤、口腔或肺部吸收的可能性，以及可预见的误用情况[37, 38]。成分并非逐个涂抹于表面，而是包含在成品之中，因此对成品的安全性也必须进行评估。

安全性研究的对象包括细胞培养物、动物或人类志愿者。体外（*in vitro*）研究是在实验室中对人工培养的细胞或组织进行的实验。现如今，随着现代科学的发展，已可使用非常复杂的体外模型。此外，还能人工生成不同类型的细胞和组织，以便进行检测。离体（*ex vivo*）研究是指在实验室中对从生物体中获取的组织进行的实验。在这种情况下，组织并非人工生成的，而是取自生物体。然而，该组织不再是生物体的一部分。体内（*in vivo*）研究是指在活体生物上进行的实验。相关研究通常被称为临床研究。此外，计算机模拟（*in silico*）研究也可作为安全性评估的一部分，是指通过计算机模拟进行的实验。

你知道吗?

“危害”（hazard）和“风险”（risk）这两个术语经常互换使用，但其定义是不同的。危害是物质造成伤害的固有属性。而风险是伤害实际发生的可能性。理解这一区别至关重要，因为这解释了如何安全地使用具有危害属性的物质。例如，乙醇具有危害性，其可能有一定毒性。大量摄入乙醇对健康有害，甚至可能致命。因此，危害在于毒性。然而，当在剃须后护理产品（after-shave product）或除臭剂中使用乙醇时，这种情况不太可能发生，因为乙醇的暴露量非常低。即使是水，如果摄入过量，也可能产生毒性，但没有人会因为水的潜在毒性而禁止将其用作化妆品成分。化妆品公司通过风险管理来确保产品中的成分及其使用方式是安全的。在将每件产品投放市场之前，还会通过“风险评估”对其进行进一步检查。这被称为安全评估[39]。

检测成分及产品安全性和毒性的方法多种多样，下文概述了主要检测方法。

- 大多数产品是涂抹于皮肤上。这里要避免的主要反应是**皮肤刺激**（skin irritation）、**皮肤腐蚀**（skin corrosion）和**皮肤致敏**（skin sensitization）[40]。皮肤刺激是产品涂抹后出现的可逆性皮肤损伤；皮肤腐蚀是不可逆的皮肤损伤；而皮肤致敏则是由皮肤致敏剂引起的。皮肤致敏剂是一种在接触皮肤后能诱发特定免疫反应的物质。一旦个体致敏，随后皮肤接触足够高浓度的化学物质，即可能引发变应性接触性皮炎（allergic contact dermatitis，一种皮肤炎症）[41]。在皮肤刺激和致敏性研究中，会将化学物质置于皮肤/皮肤基质上，并监测皮肤是否有任何反应。
- 若产品经常涂抹在暴露于阳光的皮肤区域，则应考虑和评估产品的**光刺激**（photoirritation）和**光敏作用**（photosensitization）[37, 40]。光刺激是指暴露于阳光后引起的皮肤刺激；而光敏作用则是指皮肤暴露于阳光下引发的过敏反应。在相关研究中，成分的刺激和致敏潜力是基于阳光照射来进行评估的。众所周知，类视黄醇（retinoid）是具有光敏作用潜力的成分之一。

- 涂抹在头皮和直接涂抹于面部的产品可能会接触眼睛。在这种情况下，应将**眼部刺激**（eye irritation）作为产品安全检测的一部分进行评估。眼部刺激是指将检测物质涂抹于眼表后，眼睛发生的变化，且这种变化在涂抹后21天内可完全恢复。在眼部刺激检测中，将化学物质置于眼/眼组织上，并监测是否有任何反应发生[41]。
- 还需要考虑产品的吸入情况（如发胶）和摄入情况（如口红和牙膏）。这些途径可能导致**全身性暴露**，因此应予以考虑和检测。在吸入检测和口服毒性检测期间，制造商会检查成分或产品是否会对人体造成任何毒性作用[41]。
- 普通消费者每天都会使用多种产品，因此，对多种成分来源的**单次和累积暴露**进行评估是产品安全评估过程的重要组成部分[37, 41]。
- 还有特定的检测可用于评估**全身效应**（systemic effect）。在致突变性（mutagenicity）检测中，评估化学物质引起任何基因突变的可能性。术语“诱变剂”（mutagen）是用于描述导致细胞或生物群体突变的物质。致癌性（carcinogenicity）检测旨在评估接触化学物质后是否有可能引发癌症。致畸性（teratogenicity）检测主要确定化学物质是否会影响发育中的胚胎[41]。

值得注意的是，除少数州外（截至2022年1月），美国的安全检测仍可能包括某些类型的动物检测。FD&C法案并未特别要求或鼓励使用动物来检测化妆品的安全性。然而，如果产品制造商确定动物实验是确保产品或成分安全性所必需的，则允许其进行动物实验。无论何时采用动物实验，FDA均倡导公司应从最少数量的动物中收集尽可能多的有用科学信息，并在科学能力的范围内使用尽可能人道的方法。建议优先考虑采用替代方法[21]。

全球范围内正在掀起一场消除动物实验的重大运动，目前已有多种替代方法可供选择。FDA是替代方法验证跨部门协调委员会（Interagency Coordinating Committee on the Validation of Alternative Methods，ICCVAM）的一部分。ICCVAM及其支持中心——美国国家毒理学计划评估替代毒理学方法跨部门中心（National Toxicology Program Interagency Center for the Evaluation of Alternative Toxicological Methods，NICEATM）负责协调整个美国联邦政府替代毒理学检测方法的开发、验证、验收和协调[21]。

8.2.4　性能检测

❻性能检测（performance testing），亦称声明验证（claim substantiation）和功效检测（efficacy testing），旨在确保化妆品能够实现所宣称的功效；因此，性能检测可作为声明验证。如第5章和第7章所述，制造商不得在产品标签或其他广告材料中做出虚假声明。所有声明均须有充分且可验证的证据作为支撑。这意味着，如果制造商宣称其除臭剂能够“让您一整天都保持清新”，其必须证明该产品的效果与广告宣传相一致。如果制造商宣称其乳液可以“滋润您的皮肤”，则其必须证明该产品确实具备滋润皮肤的功效。

如第1章所述，化妆品声明具有不同类型。化妆品声明的主要类型包括成分声明（ingredient claim），如产品含有维生素C，有助于对抗明显的衰老迹象；性能声明

(performance claim)，如洗发水可清洁头发；以及安全声明（safety claim），如适用于敏感肌肤。对于成分声明，制造商必须证明其所声明的成分是产品配方的一部分。而安全声明则由前文讨论过的安全检测所支持。虽然对于性能声明，有一些标准检测方法，但在许多情况下，需要采用专有的特定检测来证明产品声明的真实性。

一般而言，声明验证研究包括两种类型：主观研究（subjective study）和客观研究（objective study）。

- **主观研究**通过人类志愿者来了解消费者对产品的认知程度，如提升头发光泽、皮肤保湿或减少黑眼圈。主观检测使用五种感官，包括视觉、触觉、嗅觉、味觉和听觉进行评估，并提供有关产品的定性信息。在进行主观检测时，公司有两种选择：①选择受过培训的评估人员（专家）；②选择未受过培训的评估人员（消费者）。受过培训的评估人员会被教导如何根据可控量给出一致的评分。例如，专家们会被教导1级油腻感与10级油腻感的护肤霜给人的感觉有何不同。其还需接受盲样测试，以验证其盲评结果是否与给定评分相符。受过培训的评估人员通常会提供更为“客观”的主观数据，但相关研究的成本通常更为高昂。未受过培训的评估人员在评估之前不会接受任何初步的培训。虽然未受过培训的评估人员给出的评分通常存在较大差异，但其可能是产品的潜在消费者。因此，他们的观点对于确定客观衡量的益处是否可感知具有重要价值。用于声明验证研究的评估类型取决于所需的数据类型。
- **客观研究**使用工具来评估产品性能。客观评估是在受控环境中进行的，并提供一致的定量结果。本书后续相关章节将讨论许多常见的客观评估方法。

通常会将客观检测结果与主观评价进行比较，并评估数据的相关性。如果护发素被证明能够改善可梳性，即通过仪器检测表明其可提高梳理头发的容易度，但消费者却感觉不到这一点，那么该产品就不会获得成功。开发仪器检测的主要挑战之一是如何使其切合实际。

下面通过一个实例来帮助读者理解主观方法和客观方法之间的区别。膏霜的黏性是指其在皮肤上涂抹和揉搓时，给皮肤带来的黏腻感受程度[42]，这可通过质构仪（texture analyzer）进行客观评估。该仪器能够检测需要多大的力才能将探针从样品中取出，以及多大的力能使样品从探针上“脱落”。在主观检测中，专家可根据产品的黏性对产品进行评分，而消费者也可通过对产品的评估完成调查问卷，从而提供有关产品黏性的反馈。值得注意的是，虽然仪器能够提供客观、定量的数据，但在解释结果时仍需保持谨慎。例如，涂抹的部位和预期用途会影响消费者将黏性视为一种担忧还是一种益处。黏性值高可能有利或有弊。如果产品是用于极干性皮肤的护手霜，高黏性是可以接受的；但如果产品是用于油性皮肤的面部保湿霜，则黏性将被视为负面特性。综上所述，通过比较客观和主观结果可提供更全面、更真实的产品特性。

在化妆品行业中，存在多种适用于各类产品的性能检测方法，如口红的抗转移性（transfer resistance）测试、护发素的梳头试验（hair combing test）、美白牙膏的美白活性（whitening activity）测试、润肤霜的皮肤水合作用试验（skin hydration test），以及使用美白产品前后的肤色变化测试等。本书在相应章节介绍了不同类型的检测。每一章均专门设有一个“产品评估”部分，更为详尽地探讨了相关性能的检测方法。

虽然各种类型的产品均具有其检测方法，但公司可能会改进其配置和检测环境，因此同一个方法可能存在数十个不同的版本。确切的检测方法通常属于公司机密，不会公开分享。

如第2章所述，OTC专论规定了OTC活性成分的安全性、有效性和标签要求。如果活性成分是从专论中选择的，则无须进一步的检测来证明其功效。例如，如果一种抗痤疮产品含有专论规定量（0.5%～2%）的水杨酸（salicylic acid），则可认为该产品在治疗痤疮方面是安全且有效的。根据OTC专论，抗痤疮产品可从专论中选择获批的声明，如“有助于消除痤疮瑕疵”。然而，对于少数OTC药妆品，OTC专论要求采用特定的检测方法。例如，防晒霜的SPF评估需要进行特定的体内检测。该方法可在美国《联邦法规》（CFR）中找到[43]。在推出新产品时，仅能使用法规中概述的方法来评估SPF，而不接受任何替代方法。此外，为了证明防晒霜的防水性能可达40 min还是80 min，公司必须遵循CFR[43]中概述的防水检测方法。

❓你知道吗?

有时公司会夸大其产品性能，如“市场上最好的润肤露”。这些主观声明通常被称为夸张声明。相关声明非常离谱，理性的消费者不会将其当真。然而，夸张声明通常不被视为误导，因为其明显是在夸大其词。此类声明也不需要被证实，因为其更像是一种观点，而非事实。然而，值得注意的是，如果措辞不当，夸张声明非常容易被视为误导。

术语表

中文术语	英文术语	解释
产品概念	product concept	对产品创意的详细阐述，可传达给目标消费者群体以获取其反馈。
批量	batch	一次操作所生产的产品数量。
原型	prototype	产品的初步版本。
质量	quality	产品满足预定义需求的程度。
质量保证	quality assurance	质量管理的一部分，重点关注确保满足质量要求且成品不会出现缺陷的流程。
质量控制	quality control	质量管理的一部分，重点关注满足质量要求和检测制造的产品以发现缺陷的流程。
中试规模	pilot-scale	介于小规模和大规模（全规模）生产之间的中间批量规模。
扩大规模	scale-up	指通过逐步扩大生产规模，使大批量产品保持与小规模产品相同特性的工艺过程。
检验报告	certificate of analysis	确认成分符合质量规格的文件。

续表

中文术语	英文术语	解释
客观检测	objective test	通过仪器对产品性能进行评估。
主观检测	subjective test	通过真人评估来测定产品性能的方法。
上市后监督	post-marketing surveillance	产品上市后的监督过程。
声明验证	claim substantiation	进行一项检测以确保化妆品能够实现其所宣称的功效。因此，性能检测可作为声明验证。
稳定性	stability	产品在规定的储存和使用期限内，保持其在制造时所具有的相同属性和特征的程度。
安全性	safety	不存在危害或无害的状态。
风险	risk	危害发生的可能性。
危害	hazard	一种物质造成伤害的固有属性。
保质期	shelf life	产品保持品质的期限。
计算机模拟	*in silico*	通过计算机模拟完成的实验。
体外测试	*in vitro*	在实验室中对人工培养的细胞或组织进行的实验。
体内测试	*in vivo*	在活体生物上进行的实验。
离体测试	*ex vivo*	在实验室中对从生物体获取的组织进行的实验。
光刺激	photoirritation	暴露于阳光下引起的皮肤刺激。
皮肤刺激	skin irritation	使用产品后皮肤出现的可逆性损伤。
皮肤致敏剂	skin sensitizer	一种与皮肤接触后能够诱发特定免疫反应的物质。
皮肤腐蚀	skin corrosion	使用产品后皮肤出现的不可逆性损伤。
防腐效能试验	preservative efficacy testing	USP<51>挑战性检测，用于验证产品中防腐系统在受到污染时的功效。
光敏作用	photosensitization	暴露于阳光下引起的皮肤过敏反应。
致癌性	carcinogenicity	化学物质诱发癌症的能力。
致畸性	teratogenicity	化学物质对发育中的胚胎造成伤害的能力。
致突变性	mutagenicity	化学物质引起任何基因突变的能力。

缩略词表

缩略词	英文全称	中文全称
APC	aerobic plate count	需氧菌平板计数法
CFR	Code of Federal Regulations	《联邦法规》
CIR	Cosmetic Ingredient Review	化妆品成分审查
COA	Certificate of Analysis	检验报告

续表

缩略词	英文全称	中文全称
FDA	Food and Drug Administration	美国食品药品监督管理局
GMP	Good Manufacturing Practice	生产质量管理规范
ICCVAM	Interagency Coordinating Committee on the Validation of Alternative Methods	美国替代方法验证跨部门协调委员会
ISO	International Organization for Standardization	国际标准化组织
NICEATM	National Toxicology Program Interagency Center for the Evaluation of Alternative Toxicological Methods	美国国家毒理学计划评估替代毒理学方法跨部门中心
PCPC	Personal Care Products Council	美国个人护理产品协会
QA	quality assurance	质量保证
QC	quality control	质量控制
QMS	quality management system	质量管理体系
RIFM	Research Institute for Fragrance Materials	香精香料研究所
SPF	sun protection factor	防晒指数
USP	*United States Pharmacopoeia*	《美国药典》

（孙春萌　译，白仁仁　陈文超　校）

参考文献

1. Cosmetics Info (2020). What's in my products. cosmeticsinfo.org/whats-my-products (accessed 18 July 2020).
2. Annacchino, M. (2003). *New Product Development*. Amsterdam, Netherlands: Elsevier.
3. Duber-Smith, D.C. and Black, G. (2012). The process of product development. *Glob. Cosmet. Ind.* 4: 30–32.
4. 3M Post-It (2020). History timeline: Post-It® Notes. www.post- it.com/3M/en_US/post-it/contact-us/about-us/ (accessed 18 July 2020).
5. Dixit, S. (2009). Manufacturing process scale-up in the personal care industry: problems and solutions. *Chem. Week* 12: 195–198.
6. Brookman, F. (2019). Does it really take two years to build a blockbuster beauty product? www.beautyindependent.com/product- development-timeline-two-years/ (accessed 24 July 2020).
7. 21 CFR art 211
8. Merriam Webster (2020). Quality. www.merriam-webster.com/dictionary/quality (accessed 1 August 2020).
9. Business Dictionary (2020). Product quality. www.businessdictionary.com/definition/product-quality.html (accessed 1 August 2020).
10. American Society for Quality (2020). Quality glossary. asq.org/quality-resources/quality-glossary/q (accessed 1 August 2020).
11. American Society for Quality (2020). What Is a Quality Management System (QMS)? asq.org/quality-resources/quality-management- system (accessed 1 August 2020).
12. American National Standard: ASQ/ANSI/ISO 9000:2015 (2015). *Quality Management Systems–Fundamentals and Vocabulary*. Milwaukee, WI: Quality Press.
13. Sharp, J. (1991). *Good Manufacturing Practices, Philosophy and Applications*. Buffalo Grove: Interpharm Press.
14. FDA (2013). Guidance for Industry, Cosmetic Good Manufacturing Practices, Draft Guidance. www.fda.gov/

media/86366/download (accessed 9 July 2020).
15. USP/NF <1191>
16. Edwards, K. (2020). Stability testing guidance for product safety and shelf-life insight. www.cosmeticsandtoiletries.com/testing/methoddevelopment/Stabil ity-Testing-Guidance-for-Product-Safety-and-Shelf-life-Insight- 503072831.html (accessed 24 July 2020)
17. Palefsky, I. (2014). Cosmeceutical formulation considerations. In: *Cosmeceuticals* (ed. Z.D. Draelos), 15–22. Philadelphia: Saunders Elsevier.
18. CFTA and Colipa (2004). Guidelines on stability testing of cosmetic products.
19. IFSCC Monograph No. 2 (1992). *The Fundamentals of Stability Testing*. Cranford: Micelle Press.
20. Knowlton, J. and Pearce, S. (1993). *Handbook of Cosmetic Science and Technology*. Oxford, UK: Elsevier Advanced Technology.
21. FDA (2018). Product testing of cosmetics. www.fda.gov/cosmetics/cosmetics-science-research/product-testing- cosmetics (accessed 24 July 2020).
22. Scholtyssek, R. Protection of cosmetics and toiletries. (2005). In: *Directory of Microbicides for the Protection of Materials* (ed. Paulus, W.) 263–266. Berlin, Germany: Springer.
23. Smart, R. and Spooner, D.F. (1972). Microbiological spoilage in pharmaceuticals and cosmetics. *J. Soc. Cosmet. Chem.* 23: 721–737.
24. Alvarez-Lerma, F., Maull, E., Terradas, R. et al. (2008). Moisturizing body milk as a reservoir of Burkholderia cepacia: outbreak of nosocomial infection in a multidisciplinary intensive care unit. *Crit. Care* 12: R10.
25. Taub, S.J. (1975). Contaminated cosmetics as a cause of eye infections. *Eye Ear Nose Throat Mon.* 54: 81.
26. Pitt, T.L., McClure, J., Parker, M.D. et al. (2015). Bacillus cereus in personal care products: risk to consumers. *Int. J. Cosmet. Sci.* 37: 165–174.
27. Wilson, L.A. and Ahearn, D.G. (1977). Pseudomonas-induced corneal ulcers associated with contaminated eye mascaras. *Am. J. Ophthalmol.* 84: 112–119.
28. Brannan, D.K. (2000). Cosmetics microbiology. In: *Encyclopedia of Microbiology* (ed. J. Lederberg), 887–898. San Diego: Academic Press.
29. Personal Care Products Council Technical Guidelines: Microbiology Guidelines. https://access.personalcarecouncil.org/Shop/Publications/Product-Details?productid={77D37D7B-711E-ED11-B83E-0022482235A6}
30. Council of Europe (2019). Chapter 5.1.3. Efficacy of antimicrobial preservation. European Pharmacopoeia (Ph. Eur.). 10e. Strasbourg: Council of Europe.
31. USP <51>
32. ISO 11930 (2019). Cosmetics–microbiology–evaluation of the antimicrobial protection of a cosmetic product.
33. Siegert, W. (2010). Evaluation of the microbiological safety of finished cosmetic products. *Eurocosm* 3: 16–19.
34. FDA (2017). BAM Chapter 23–methods for cosmetics. www.fda.gov/food/laboratory-methods-food/bam-chapter-23-methods-cosmetics (accessed 25 July 2020).
35. Merriam-Webster (2020). Safety. www.merriam-webster.com/dictionary/safety (accessed 12 August 2020).
36. 21 CFR Part 740.10
37. Cosmetics Europe (2004). Guidelines for The Safety Assessment of a Cosmetic Product. https://www.google.com/url? sa=t&rct=j&q=&esrc=s&source=web&cd=&ved=2ahUKEwjrvJCL89v 5AhVUg4kEHcx_CPUQFnoECAoQAQ&url=https%3A%2F%2Fwww. cosmeticseurope.eu%2Ffiles%2F3714%2F6407%2F8024%2FGuideli nes_for_the_Safety_Assessment_of_a_Cosmetic_Product_-_2004.pdf&usg=AOvVaw177ZyYn_4r_cb5Yw6RdC_t.
38. Cosmetics Info (2020). Factors considered in safety evaluation. cosmeticsinfo.org/safety-cosmetics (accessed 11 August 2020).

39. Cosmetics Europe (2020). Safe by design. cosmeticseurope.eu/cosmetic-products/safe-design/ (accessed 11 August 2020).
40. Dooms-Goossens, A. (1993). Cosmetics as causes of allergic contact dermatitis. *Cutis* 52: 316–320.
41. SCCS (2018). The SCCS Notes of Guidance for The Testing of Cosmetic Ingredients and Their Safety Evaluation, 10th Revision.
42. ASTM E1490-11
43. 21 CFR Part 201.327

2

第二部分 护肤产品

简 介

护肤产品是所有化妆品和个人护理产品中使用最为广泛的产品类型。多年来，护肤产品一直是化妆品市场中占比最大的产品，并且其市场规模还在持续增长。过去，护肤产品主要用于清洁和滋润皮肤。随着新原料和先进技术的引入，各种性能更好、更具美容吸引力的创新产品应运而生。如今，相关产品具有多种功能，包括保湿、防晒和防止老化等。有些产品还能帮助预防和治疗一些皮肤护理问题。

本书第二部分介绍了人体皮肤的基本结构、主要功能，以及用于皮肤的各种产品，包括用于清除皮肤上污垢和卸妆、改善肤质、保持和恢复皮肤年轻外观、针对色素过度沉着问题、提供防晒保护，以及帮助缓解各种皮肤疾病症状的产品。第二部分各章还介绍了各类护肤产品的主要特点、成分、制剂技术、检测方法和包装材料。

第 9 章
皮肤解剖学与生理学

学习目标

通过本章的学习，读者将掌握以下内容。

1. 以下术语的定义：

表皮系统	表皮	真皮	角质层
基底细胞层	表皮嵴	细胞间层状脂质	“砖墙”结构
天然保湿因子	角质细胞	角质形成细胞	角质细胞间桥
角质化	角质脂质膜	脱皮	黑色素
黑色素细胞	梅克尔（Merkel）细胞	朗格汉斯细胞	乳头层
网状层	透明质酸	胶原蛋白	弹性蛋白
皮脂腺	汗腺	毛囊皮脂腺单位	皮下组织
经皮水分流失	常驻菌群	暂驻菌群	酸性屏障

2. 表皮系统的关键组成部分。
3. 皮肤的分层。
4. 每层皮肤的功能。
5. 皮下组织的结构和功能。
6. 天然保湿因子的功能。
7. 角质形成细胞的生命周期。
8. 角化和脱皮的区别。
9. 黑色素细胞的功能。
10. 水分通过皮肤流失的过程。
11. 保持皮肤水分流失在最低水平的原因。
12. 紫外线与维生素D生成之间的关系。
13. 胶原蛋白和弹性蛋白的功能。
14. 皮肤中的各种腺体及其功能。
15. 皮肤常驻菌群和暂驻菌群的区别。
16. 人体皮肤的pH和表面电荷。
17. 皮肤表面电荷的优势。
18. 菲茨帕特里克（Fitzpatrick）人体皮肤分类系统。
19. 正常皮肤、干性皮肤、油性皮肤、混合性皮肤和敏感皮肤的区分。

主要概念

1. 皮肤及其附属结构构成了外皮系统，这是机体抵御外界刺激物（如日光、物理磨损、微生物和化学物质）的第一道防线。

2. 人体皮肤主要由两层结构组成：表皮和真皮。在真皮层之下是称为皮下组织的第三层。

3. 表皮是皮肤的外层，起着保护皮肤免受外界影响的作用。

4. 角质层位于皮肤的最外层，是一道天然屏障，具有非常独特的结构，通常被称为“砖墙”结构。

5. 真皮层为皮肤提供弹性和强度，其包含许多附属结构，也作为表皮的支撑框架，通过毛细血管为表皮提供营养和氧气。

6. 皮下组织是一种松散的结缔组织，其将脂肪储存于脂肪细胞中，并将皮肤与深层组织分开。

7. 在正常皮肤中，水分从深层不断向表层移动，最终蒸发。

8. 人体皮肤上存在许多微生物，包括细菌、真菌和病毒，这些微生物统称为皮肤微生态系统。皮肤上的微生物一般分为两类：常驻菌群和暂驻菌群。

9. 在正常情况下，皮肤表面呈弱酸性，pH为4.5～5.5。

10. 皮肤上层蛋白的等电点在3.5～4.5，因此在生理pH条件下带有负电荷。

11. 人体皮肤可以根据颜色、紫外线敏感度、脆弱性、油性、健康状况和特殊需求等进行分类。

9.1 引言

皮肤是大多数化妆品和个人护理产品的主要作用对象。使用者将产品涂抹在皮肤表面，以清洁、保护、保湿、去角质和遮盖皮肤。如前所述，化妆品的使用并不是为了改变皮肤的结构。然而，一些OTC药妆品，甚至一些药妆产品，是能够改变皮肤结构的。因此，了解皮肤的结构和功能非常重要。

9.2 人体皮肤的结构和功能

皮肤是人体最大的感觉器官，成人的皮肤总表面积为1.5～2 m^2[1]。❶皮肤及其附属结构构成了外皮系统，这是机体抵御外界刺激（如日光、物理磨损、微生物和化学物质）的第一道防线。❷人体皮肤主要由两层组成：表皮（epidermis）和真皮（dermis）[2]。表皮由角质化的上皮细胞组成，呈层状结构。真皮由结缔组织、血管和淋巴管、神经和感觉神经元，以及附属结构（appendage）（即附属器）组成，附属结构包括毛囊（hair follicle）和腺体（gland），如皮脂腺（sebaceous gland）和汗腺（sweat gland）[3]。在真皮层之下，还具有第三层结构，称为皮下组织（hypodermis），主要由松散的结缔组织和脂肪组织组成，并将皮肤与深层器官周围的纤维组织相分隔。皮下组织并不是皮下系统的一部分[4]。不过本章也会对其进行介绍，因为其组成部分相互与真皮组成部分相互交织。图 9.1 展示了人体皮肤的基本解剖结构。

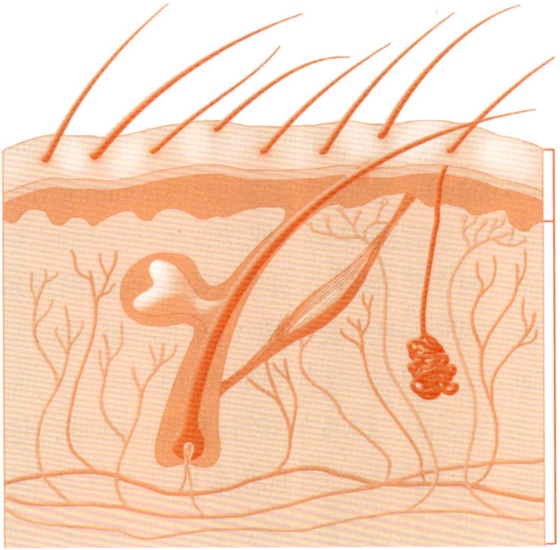

图 9.1　人体皮肤的基本结构和组成部分

9.2.1　表皮

❸表皮是皮肤的外层，起着保护皮肤免受外界影响的作用。表皮由 4～5 层结构组成（图 9.2），根据其具体位置，主要包括以下几层[3–5]。

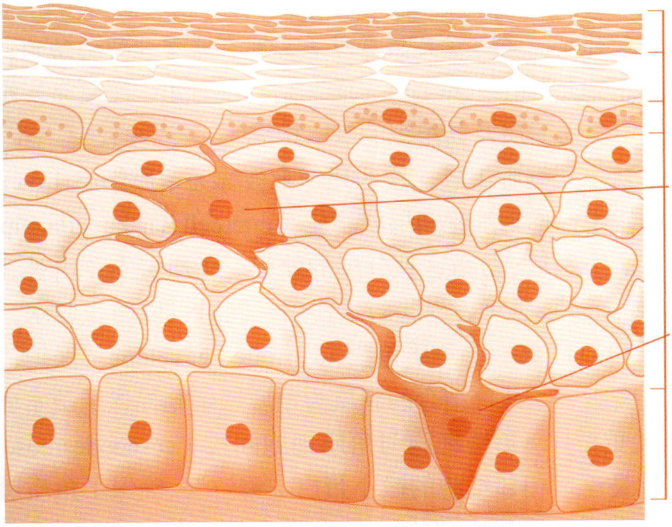

图 9.2　表皮的主要分层

- **角质层（stratum corneum，SC）**：拉丁名为 *horny layer*，由死细胞组成。这些死细

胞不断脱落，并被相邻层的细胞所替换。与其他层结构相比，角质层非常厚，一般包含15～30层死细胞。

- **透明层（stratum lucidum）**：呈半透明或透明状，由3～5层紧密排列的扁平死细胞组成。
- **颗粒层（stratum granulosum）**：即颗粒细胞层，由3～5层开始死亡的扁平角质形成细胞组成。在这一层中，细胞内含有可见颗粒。
- **棘层（stratum spinosum）**：即棘细胞层，包含8～10层细胞。负责脂质和蛋白质的合成，还含有参与免疫反应的树突状细胞，也被称为朗格汉斯细胞（Langerhans cell）。
- **基底细胞层（stratum basale）**：也称为生发层（stratum germinativum），即基底细胞层，由单层基底细胞组成。基底细胞是一种立方体状干细胞，可不断分裂形成新的角质形成细胞。该层还含有黑色素细胞、朗格汉斯细胞和梅克尔细胞（Merkel cell）。

表皮的较深层形成波浪状边界，称为表皮嵴（epidermal ridge）[4]。这是表皮和真皮的分界线，增加了附着的接触面积，有利于两者的牢固连接。

薄皮肤和厚皮肤的表皮厚度不同。厚皮肤位于手掌和脚掌，包括所有五层表皮结构。而覆盖身体其余部分的薄皮肤没有透明层，并且角质层比厚皮肤薄。

> **你知道吗？**
>
> 表皮层结构名称词组中的“stratum”是指“层”，而词组中的另一个词则是指该层的功能或外观。

> **你知道吗？**
>
> 指尖上的表皮嵴纹路形成了典型的指纹（fingerprint）图案。指纹是独一无二的，一生都不会改变[4]。

❹ 角质层位于皮肤的最外层，是一层天然屏障。其具有非常独特的结构，通常被称为“砖墙”结构（“brick and mortar” structure）。“砖墙”结构是对角质层复杂三维结构的一种简化描述，其通常被用于解释角质层及其组织的基本构成。

角质层由紧密堆积的疏水死细胞组成，这些死细胞被称为角质细胞（corneocyte），其被嵌入一种复杂的脂质物质中，称为细胞间层状脂质（intercellular lamellar lipid）。细胞间层状脂质膜由脂质层组成，“层状”是指这种分层的外观。脂质层主要由神经酰胺、胆固醇和脂肪酸组成[6-8]。这种脂质基质对表皮起防水作用，同时可以防止脱水，并为角质层提供必要的水分渗透性。角质层由一层角质包膜（cornified envelope）保护，其由两种成分组成：蛋白质和神经酰胺脂质。共价结合的脂质为角质层细胞提供了疏水表面，这对皮肤水屏障功能的发挥至关重要[9]。角质细胞与角质细胞间桥（corneodesmosome）紧密结合在一起。角质细胞间桥是连接相邻细胞的微小蛋白“铆钉”，确保了角质层的整体完整性。在“砖墙”结构中，角质细胞代表“砖”，而细胞间脂质代表“砂浆”[10]。角质层的详细结构如**图9.3**所示。

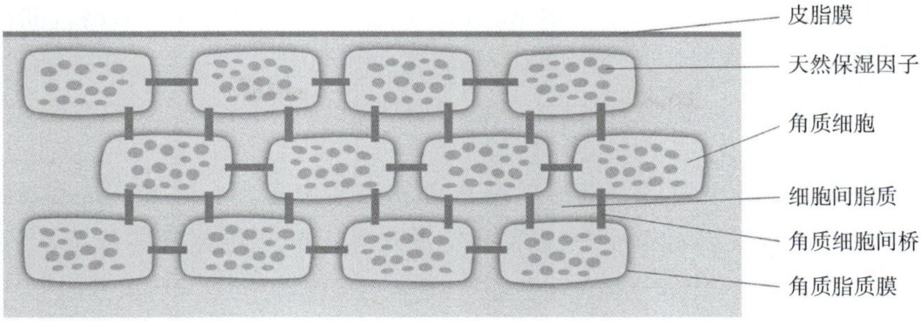

图 9.3　健康角质层的结构[11]

角质层含有一系列吸湿性化合物，统称为天然保湿因子（natural moisturizing factor，NMF），其在维持角质层的水合作用中发挥着至关重要的作用[12]。天然保湿因子作为一种天然保湿剂，可保持皮肤水分。其主要成分包括氨基酸及其衍生物，如吡咯烷酮羧酸、尿刊酸、乳酸、尿素、柠檬酸、糖类和矿物质（如钾、钙、钠和镁）[13]。细胞间脂质有助于防止天然保湿因子的流失。由于天然保湿因子都是水溶性的，如果没有角质脂质膜的保护，很容易从细胞中渗出，特别是在皮肤较干燥的情况下[14]，这就是为什么高乙醇含量的洁面乳会损害皮肤的屏障功能。如果天然保湿因子从角质层细胞中流失，皮肤就会变得干燥、失去弹性，并产生不适感（图 9.4）。在健康的皮肤中，角质层可以防止刺激物和变应原等物质的入侵，同时最大限度地减少经皮水分流失。然而，当皮肤脱水时，角质层细胞会发生收缩，导致细胞间出现缝隙、松弛，造成对外界刺激的抵抗功能下降，使外部刺激物容易进入皮肤，从而引发局部炎症、不适、瘙痒、抓挠，甚至会引起皮肤损伤等。

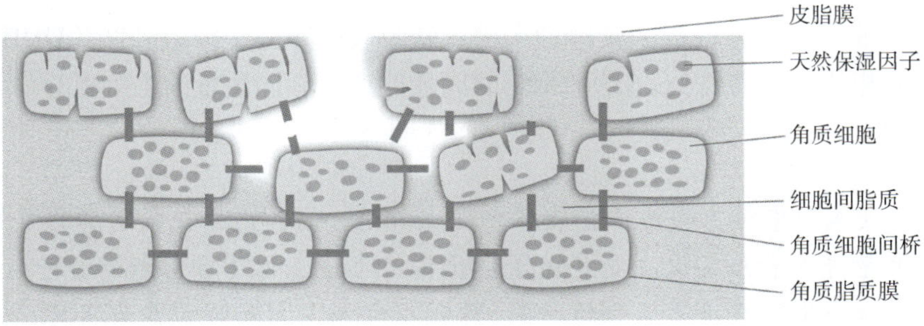

图 9.4　受损角质层的结构

角质化（keratinization 或 cornification）是表皮更新的动态过程。角质化开始于基底细胞层，在其中形成新的皮肤细胞，称为角质形成细胞（keratinocyte），并不断向上推进。当角质形成细胞依次通过基底细胞层细胞、棘层细胞、颗粒层细胞、角质层细胞向表层逐渐移动时，会经历一次“转变”，其组成和形状会发生显著变化。当细胞到达第三层，即颗粒层时，大多数细胞已经停止分裂，开始产生角蛋白（keratin）。随着角蛋白的形成，角质形成细胞变平，细胞膜增厚，同时渗透性变差。当其到达角质层时，已成为死皮细胞，并最终从皮肤表面脱落，这一过程称为脱皮（desquamation，也称为脱屑）[15]。表皮的更新通常需要4周。在此期间，细胞成为角质层的一部分，大约2周后从皮肤表面脱落[16]。由于角质细胞间桥的连接非常紧密，角质细胞通常成群或片状脱落，而不是以单个细胞的形式脱落。

你知道吗?

角化和脱落是连续的过程，其每时每刻都在生活中发生。通常，这些过程是不可见的。当生理平衡被扰乱时，皮肤脱落将变得明显，并可能伴有其他症状，如干燥、瘙痒和发红。

除了角质形成细胞外，表皮还含有其他类型的细胞，包括黑色素细胞、朗格汉斯细胞和梅克尔细胞。黑色素细胞位于基底细胞层，负责分泌黑色素（melanin）（图 9.2）。黑色素是一种浅至深棕色的色素，赋予了皮肤颜色，也为皮肤提供了低水平的紫外线防护[17]。表皮中还含有另一种色素——呈橙黄色的胡萝卜素（carotene），其也会调控皮肤的颜色。朗格汉斯细胞在机体免疫系统中发挥重要作用[18]，其会刺激机体对微生物和浅表皮肤癌产生防御[5]。梅克尔细胞位于基底细胞层的感觉神经末梢附近，作为触觉感受器发挥功能[3]。

你知道吗?

白化病（albinism）是一种由于皮肤无法合成黑色素而导致的疾病，其特征是皮肤呈乳白色或半透明状，头发苍白或无色，虹膜呈粉红色或蓝色[19]。

表皮还会生成维生素D，这也是人体维生素D的主要来源。紫外线会刺激7-脱氢胆固醇（7-dehydrocholesterol，也称为原维生素D_3）前体转化为维生素D_3[20]。维生素D对骨骼发育至关重要。一个有趣的事实是，黑色素是一种光保护基质，因此会影响合成维生素D所需的时间。非裔美国人的皮肤较白种人的皮肤吸收更多的中波紫外线（UVB），因此与白种人的皮肤相比，其需要3～5倍的暴露时间才能产生相同数量的维生素D[21]。

你知道吗?

当皮肤浸入水中时，渗透压会使水分进出细胞。例如，坐在装满水的浴缸中，会导致水分大量进入表皮，这主要是由于水比体液渗透压低（即溶解的分子较少）。此时，细胞可能会膨胀至正常体积的4倍，这种现象在手掌和脚掌尤为明显。因为海水是高渗溶液，所以在海洋中游泳会逆转渗透发生的方向，使水分离开身体。这一过程是缓慢的，但长时间也可能导致严重脱水。

表皮中不含有血管，完全依赖于底层真皮的营养输送。如前所述，这层皮肤包含大量角蛋白，而角蛋白会影响皮肤的强度。总之，表皮的基本功能包括：

- 保持皮肤最佳的水分和脂质含量。
- 限制水分通过皮肤流失。
- 产生新的皮肤细胞。
- 使角质层细胞脱皮。
- 合成维生素D。

- 作为抗氧化屏障，抵抗活性氧。
- 阻挡外部影响的屏障。
- 提供免疫保护。
- 提供光保护作用。
- 提供肤色。

9.2.2　真皮

真皮位于表皮之下，是表皮系统中较大的一部分。❺ 真皮层赋予皮肤弹性和强度。其包含许多附属结构，也作为表皮的支撑框架，通过毛细血管为表皮提供营养和氧气。真皮主要包括两层结构：乳头层（papillary layer）和网状层（reticular layer）。

- 较浅的乳头层由网状结缔组织组成，毛细血管丰富，含有许多游离的神经末梢[22]。在表皮嵴之间，形成许多乳头状突起，也称为真皮乳头（dermal papilla）。
- 更深和更厚的网状层由致密的结缔组织组成，是真皮层的主体。内部的三维结构是无定形的（即没有形状或结构），可作为所有成分的“砂浆”。这种无定形物质包括成纤维细胞（fibroblast）[真皮层的主要细胞类型，可产生胶原纤维（collagen fiber）、弹性纤维（elastin fiber）和细胞间质]、神经和感觉神经元、血管、皮脂腺、汗腺和毛囊，以及含有胶原纤维和弹性纤维的结缔组织[3]。

胶原纤维延伸至乳头层和皮下组织，负责支撑皮肤结构[2, 5]。胶原纤维在伤口愈合中也发挥着重要作用[23]。弹性纤维负责维持皮肤的弹性，即被拉伸后恢复的能力[2]。如果胶原纤维和弹性纤维因日光而受损，皮肤将会变得更松弛，看起来又薄又皱（图 9.5）。

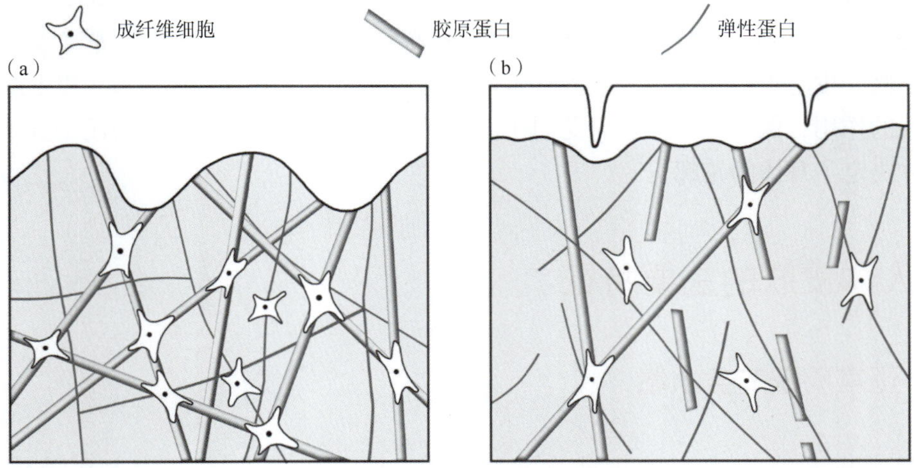

图 9.5　健康皮肤（a）与光损伤皮肤（b）中的胶原蛋白和弹性纤维。日光会减少真皮层中弹性蛋白和胶原蛋白的含量，从而导致皱纹和皮肤松弛

透明质酸（hyaluronic acid 或 hyaluronan）是一种天然保湿剂，存在于表皮和真皮中，但其在真皮中的浓度要高得多。透明质酸可以结合数倍于其质量的水，有助于调节皮肤的含水量和水分在皮肤中的运输。透明质酸在代谢过程、伤口愈合和抵御紫外线损伤方面发

挥着重要作用[24]。

皮脂腺，即油腺，分布于除手掌和脚掌外的全身各部位。其中，面部和头皮中的皮脂腺最多，这也可能是这些部位发生痤疮和其他皮肤病的源头。皮脂腺是毛囊皮脂腺单位（pilosebaceous unit）的一部分，毛囊皮脂腺单位还包括毛囊和小肌肉。只有少部分皮脂腺不附着于毛囊上，被称为“游离”腺体，主要分布于嘴唇的朱红色边缘和眼睑中。皮脂腺的主要功能是产生和分泌皮脂（sebum），而皮脂是一类油性混合物，由甘油三酯和脂肪酸分解产物、蜡酯、角鲨烯、胆固醇和胆固醇酯组成[25, 26]。皮脂通过毛孔进入皮肤表面。皮脂可以润滑皮肤，防止摩擦，并提供一个保护层，以减少皮肤水分流失。此外，其还能运输抗氧化剂，具有抗菌活性，以及预防炎症和抗炎功能[27]。

神经末梢（nerve ending）负责传递来自皮肤的感觉信号，如触觉、压力、疼痛和温度。血管在为表皮提供氧气和营养物质方面发挥着至关重要的作用。此外，血管和汗腺在调节体温方面尤为重要。当水分随汗液从皮肤蒸发时，可实现冷却作用，从而降低体温。

汗腺可以产生一种水溶液，即汗液。排汗有助于调节体温，清除体内的废物和副产物[5]。汗腺由类似线圈的腺体，即顶泌腺（apocrine gland）（通向毛囊）或外泌腺（eccrine gland）（直接通向皮肤表面）组成。这两种类型的腺体在体内的分布不同，分泌的成分也不同。汗腺将在第26章中进行更详细的介绍。

9.2.3 皮下组织

如上所述，真皮层下方有一层脂肪层，称为皮下组织[hypodermis（hypo意为下方），或subcutaneous（sub意为“在……之下”，cutaneous意为皮肤），或subcutis（cutis意为皮肤）]。❻皮下组织是一种松散的结缔组织，将脂肪储存在脂肪细胞中，并将皮肤与深层组织相分隔。皮下组织的浅表区域含有血管，而其余部分主要为脂肪细胞。皮下组织可起到缓冲层的作用，保护重要器官免受创伤，并提供御寒功能。此外，脂肪还是身体的能量储备，并决定了身体的轮廓。

9.3 人体皮肤的主要特征

9.3.1 正常皮肤的含水量

包括表皮和真皮在内的皮肤含水量约为80%。其中角质层的含水量较低，为10%～30%[28]。皮肤表层的含水量对皮肤的许多特性至关重要。当含水量正常时，皮肤会显得光滑、柔软而有光泽；当其含水量低于正常水平时，皱纹会更加明显，而皮肤会感觉紧绷干燥，以及发痒和泛红。

❼在正常皮肤中，水不断从深层向表层移动，最终在表层蒸发。关于皮肤屏障功能的一个常用术语是“经皮水分流失”（transepidermal water loss，TEWL）。经皮水分流失描述

了皮肤通过表皮的被动扩散不断发生流失的水分总量［单位为g/(m²·h)］[29]。角质化的皮肤细胞、天然保湿因子和细胞间脂质使经皮水分流失保持在可接受的最低限度内。

你知道吗?

水分通过皮肤组织到达外部环境主要有两种方式：通过汗腺排汗的主动运输和通过角质层的被动扩散。排汗是控制体温的一种机制，同时也与心理状态有关。相比之下，经皮水分流失是肉眼不可见的。在没有空气湍流的情况下，皮肤表面被一层过渡层覆盖，在过渡层中，水分从皮肤表面散失到空气中。在正常条件下，通过角质层扩散的水分量为300～400 mL/d，为排汗量的1/20～1/10[30]。

经皮水分流失和角质层含水量已被广泛用作评估皮肤屏障功能的指标[31]。经皮水分流失是指通过表皮蒸发的水分[32]，而皮肤水化程度反映了角质层的含水量[33]。如果皮肤受到物理或化学物质的损伤，屏障功能会受到一定程度的损害，经皮水分流失会相应增加[34]。由此产生的水分损失将进一步削弱皮肤的屏障功能，使情况进一步恶化。

水分是保持皮肤弹性所必需的。水作为角质细胞的增塑剂，可使细胞具有弹性。当皮肤过于干燥时，会失去伸展的能力，导致皮肤更容易开裂和脱皮。脱皮的加剧也意味着皮肤细胞脱落得更快，这会加快基底细胞层细胞生长的速度。当细胞生长、迁移和脱落的过程加快时，其屏障功能会明显减弱，因为提供屏障的细胞还没有足够的时间完全发育成熟[35]。当新生细胞上移至皮肤表面时，其失去了除蛋白骨架结构外的所有成分[36]，而正是这种蛋白层充当了防止水分流失的屏障。当细胞更新的过程加快时，细胞会在完全变平并失去其余成分之前就到达皮肤顶部，这些未成熟的细胞无法像成熟细胞一样阻止水分的渗透。因此，皮肤中的水分流失速度更快，皮肤抵御外来入侵的能力也相应减弱。

然而，单靠水分并不能增加皮肤含水量，保护性脂质层是防止水分从皮肤蒸发所必需的。多种类型的保湿成分会以不同的方式增加皮肤的水分含量。这些成分将在第11章中进行介绍。

9.3.2 皮肤菌群和皮肤pH

❽人体皮肤上一直存在多种微生物，包括细菌、真菌和病毒，统称为皮肤微生物群（skin microbiota）。在正常情况下，这些微生物对健康个体是无害的，甚至是有益的。皮肤上的微生物群通常分为两类：常驻菌群（resident flora）和暂驻菌群（transient flora）[37]。

- **常驻菌群：** 由相对固定的微生物组成。但是，常驻菌群的类型和密度会受解剖部位、局部湿度、皮脂和汗液的分泌量、生理差异、饮食、年龄、地理位置、激素水平、药物和其他因素的影响，因此不能严格定义所有人群常驻菌群中所含的物种[38]。最常见的细菌包括棒状杆菌属、链球菌属、葡萄球菌属、奈瑟菌属、链球菌属、不动杆菌属和丙酸杆菌属，最常见的真菌属为马拉色菌属[39, 40]。常驻菌群可保护宿主免受致病菌的侵害[41]，但其不能轻易地通过机械摩擦从皮肤上去除。

- **暂驻菌群：**由非致病性或潜在致病性（即能够引起疾病）微生物组成，这些微生物可在皮肤和黏膜上存在数小时、数天甚至数周。暂驻菌群会随着人体接触物质的不同而变化。只要常驻菌群是完好的，暂驻菌群的组成通常影响不大。然而，当常驻菌群失衡时，暂驻菌群会定居、增殖并引发疾病。由于皮肤经常暴露于环境中并与环境接触，特别容易滋生暂驻菌群。相比之下，暂驻菌群比常驻菌群更容易通过机械摩擦去除。

> **你知道吗?**
>
> “微生物群”（microbiota）和“微生物组”（microbiome）这两个术语经常互换使用，但其所代表的意义略有不同。微生物群是指存在于特定环境中的微生物群落。而微生物组包括微生物群及其基因组、结构元素、代谢产物，以及微生物在周围环境下产生的其他分子[42]。

维持常驻菌群及其保护功能，需要将皮肤pH维持在生理水平，且细菌能附着在皮肤表面，并能在正常脱皮过程中迅速地再次附着[43]。❾pH因性别和身体部位不同而不同，正常情况下，皮肤表面呈弱酸性，pH为4.5～5.5[44-46]。这种酸性环境通常被称为皮肤的“酸性屏障”（acid mantle）。皮肤pH可影响许多参数，包括屏障稳态、角质层的完整性和凝聚力，以及细菌防御机制。pH的升高会导致异常脱屑、干燥和鳞屑，并为致病菌的生长创造最佳环境。因此，维持皮肤的酸性pH是必要的[47]。

大多数化妆品和个人护理产品的pH都接近皮肤的正常pH，以避免对皮肤产生刺激。当使用pH与皮肤自身环境略有差异的产品时，皮肤会通过其自身的缓冲功能，在一段时间内将pH调节至正常范围[48, 49]。这一缓冲能力可以防止皮肤pH的变化。但有些产品的pH非常低或非常高，如可帮助改善皮肤质地并促进角质层剥落的羟基乙酸具有强酸性的pH，而化学脱毛剂则具有强碱性的pH。应该注意的是，相关产品用于特定目的，并只应与皮肤接触较短的时间。

9.3.3 正常皮肤表面电荷

蛋白质等电点是正电荷和负电荷平衡时的pH。在等电点，蛋白质相当于两性离子，同时带有正电荷和负电荷，但其总电荷是中性的。当pH低于等电点时，蛋白质会带正电荷；当pH高于等电点时，蛋白质则会带负电荷。❿皮肤上层蛋白质的等电点在3.5～4.5，因此皮肤在生理pH下带负电荷[50]。因此，带正电荷的成分，即阳离子化合物，容易被皮肤吸附。带正电的分子与皮肤表面的相互作用将有助于改善皮肤表面状态，使其更加光滑、柔软，并增加皮肤的顺应性，这一过程通常被称为调理作用。

皮肤表面带负电荷还有另外一个优势。抗菌皂、水基洗手液和消毒湿巾可能含有带正电荷的具有抗菌活性的表面活性剂分子，如苯扎氯铵（benzalkonium）。这些阳离子活性化合物可吸附于带负电的皮肤表面，使其在皮肤上停留的时间更长。

9.3.4　皮肤类型

对于皮肤类型，目前已有文献报道了几种不同的分类方式，⓫可以根据颜色、紫外线敏感度、脆弱程度、油性、健康状况和特殊需求等对皮肤进行分类。下文主要讨论与化妆品和个人护理产品最为相关的分类方式。

9.3.4.1　基于紫外线敏感度的皮肤类型

肤色，也被称为皮肤感光型（skin phototype），主要取决于皮肤中的黑色素含量，和头发类型一样，肤色是不同种族之间存在的最明显的皮肤特征差异。菲茨帕特里克（Fitzpatrick）于1975年根据皮肤在紫外线照射下的表现，对皮肤进行了分型。该分型将皮肤颜色（即黑色素含量）与其在紫外线照射下晒黑或晒伤的能力相关联，将皮肤分为六型[51]：

- **Ⅰ型：**人群具有红发或金发、蓝眼睛、雀斑和白皙皮肤。这种皮肤不会被晒黑，但很容易晒伤。这种皮肤类型对日光非常敏感。
- **Ⅱ型：**人群具有白皙皮肤、红发或金发，以及蓝色、淡褐色或绿色眼睛。这种皮肤对日光非常敏感，很少晒黑，但很容易晒伤。
- **Ⅲ型：**人群具有乳白色至橄榄色皮肤，头发主要是棕色或沙色且眼睛为任意颜色。这种皮肤对日光敏感，不过其可以逐渐被晒成棕褐色，有时会被晒伤。这是欧洲和北美常见的皮肤类型。
- **Ⅳ型：**人群具有深棕色皮肤、深棕色头发，以及绿色、淡褐色或棕色眼睛。这种皮肤会被晒成适度的棕色，不容易晒伤，对日光不敏感。
- **Ⅴ型：**人群具有深棕色皮肤，通常拥有黑色头发和深棕色眼睛。这种皮肤容易被晒黑，但不容易晒伤，对日光不敏感。
- **Ⅵ型：**人群具有黑色皮肤，通常拥有黑色头发和深棕色眼睛。这种皮肤总会被晒黑，但从不晒伤，对日光也不敏感。

> **你知道吗?**
> 菲茨帕特里克皮肤分型法最初是为了对白种人进行分类，以便为光疗法患者选择适当的长波紫外线（UVA）光剂量。虽然其不是为美容目的而设计的，但常被用作确定白色、橄榄色、棕色或黑色皮肤人群进行各种美容手术安全性的标准。

值得注意的是，无论何种种族或民族，过度暴露于日光下均可能受到潜在伤害。然而，有些皮肤类型比其他皮肤更容易受到日光的有害影响。

FDA提出了一个与菲茨帕特里克分型法相似的分类系统，同时考虑了皮肤对日光照射的反应，其同样将皮肤分为6个类型（**表9.1**）[52]。

表9.1 FDA的皮肤类型分类

皮肤类型	肤色	对日光照射的反应
Ⅰ	苍白	总是会晒伤，不会晒黑
Ⅱ	白色至浅米色	易晒伤，轻微晒黑
Ⅲ	米色	中度晒伤，逐渐晒成浅棕色
Ⅳ	浅棕色	极少晒伤，晒成中度棕色
Ⅴ	中等棕色	几乎不晒伤，极易晒成深棕色
Ⅵ	深褐色或黑色	从不晒伤，极易晒黑

9.3.4.2 基于水合状态和脂质含量的皮肤类型

如前所述，保持皮肤含水量对于维持皮肤屏障的完整性、防止水分流失，以及防止物理和化学物质的渗透至关重要[53]。研究人员将皮肤分为油性、干性、混合性和正常皮肤4种类型，不同类型具有不同的特征。应该强调的是，个体的皮肤类型并不是恒定的，可能会随着时间而发生改变，这取决于一些内部因素（如含水量、脂质含量、pH、与水分的结合能力），以及一些外部因素（如紫外线、风、温度和湿度）。在选择洁面乳和保湿霜等化妆品时经常会使用这种分类。

- **正常皮肤（normal skin）**：没有明确的定义，通常是作为与其他皮肤类型进行比较的参考。正常皮肤通常被描述为不太油也不太干，在结构和功能上是平衡的，毛孔细小，细腻光滑，血液供应良好。此外，正常皮肤没有或只有少量缺陷，没有严重的敏感性，具有容光焕发的皮肤状态。
- **干性皮肤（dry skin）**：较为常见，由于各种因素，大多数人都会出现这种情况。干性皮肤的特征是鳞屑、粗糙和暗沉，这会导致皮肤紧绷和发痒。此外，干性皮肤通常具有红斑，弹性较低。此外，干性皮肤上的细纹更为明显。环境因素，如较低的相对湿度、寒冷的天气和日光照射，反复接触水、表面活性剂和溶剂，以及皮肤病和营养不足，都会导致皮肤干燥。
- **油性皮肤（oily skin）**：特点是毛孔粗大，皮肤表面油脂分泌较多，使得皮肤看起来富有光泽，尤其在前额、鼻部和下颌。毛孔粗大通常是由皮脂腺的过度活跃导致的。油性皮肤通常随着青春期的开始而出现，并影响很大一部分年轻人。有多种因素会引起或促使油性皮肤的出现，包括遗传、激素变化、饮食习惯和压力。这种皮肤类型的人群在青少年时期经常受到痤疮和头皮屑的困扰。
- **混合性皮肤（combination skin）**：顾名思义是指正常皮肤、油性皮肤或干性皮肤的组合。混合性皮肤在前额、鼻部和下颌的中央“T”区往往呈现油性，其他部位的皮肤，如脸颊和发际线则正常或呈现干性。

你知道吗？

应在面部洁净，即未涂任何保湿霜和化妆品时，确定皮肤类型。洁面产品可能会起到干燥作用，因此洁面后无法准确判断皮肤的类型。

- **敏感性皮肤（sensitive skin）：** 是一种复杂且高度不耐受的皮肤状态，往往会产生一些异常的感觉症状，如刺痛、摩擦不适、灼烧感或刺痒感，并可能因各种化学物质（如化妆品、肥皂、水和污染物），或由物理因素（如紫外线、热、冷和风），微生物、心理因素（如压力）和激素（如月经周期）而产生疼痛或瘙痒[54]。敏感性皮肤通常被认为是一种特异性皮肤类型，类似于油性或干性皮肤。然而，事实上不仅仅局限于此，因为正常、油性、干性和混合性皮肤也可能对各种刺激物敏感。“敏感性皮肤”一词主要指面部皮肤，但也可能涉及其他部位，如手部、头皮或生殖器区域[55]。敏感性皮肤在美国很常见，女性受影响的比例更高[56]。其病理状况包括皮肤屏障的改变，引起潜在刺激物和微生物穿透皮肤并产生炎症反应[57]。

在讨论了人体皮肤的基本特征及其一般分类之后，后续将详细介绍应用于皮肤的产品。其他解剖学特征，如汗腺和皮肤问题（如寻常痤疮和衰老），将在其他章节中详细介绍。

术语表

中文术语	英文术语	解释
表皮系统	integumentary system	皮肤（包括表皮和真皮）及其附属结构。
表皮	epidermis	皮肤的外层，作为保护层发挥着抵御外部影响的作用。
真皮	dermis	位于表皮下的皮肤层，作为表皮的支撑框架。真皮通过毛细血管为表皮提供营养和氧气。
角质层	stratum corneum	表皮的最外层。
基底细胞层	basal cell layer	表皮最内层，包括黑色素细胞、朗格汉斯细胞和梅克尔细胞。
表皮嵴	epidermal ridge	表皮和真皮之间的波状边界。
细胞间层状脂质	intercellular lamellar lipids	主要由神经酰胺、胆固醇和脂肪酸构成的层状脂质。角质层的脂质基质中嵌有角质层细胞。
“砖墙”结构	brick and mortar	在角质层独特的三维结构中，角质细胞（死细胞）代表“砖”，分布于角质层中的脂质代表“砂浆”。
天然保湿因子	natural moisturizing factor	由一系列吸湿性化合物组成的位于角质层的混合物，是天然保湿剂，可使皮肤保持水分。
角质细胞	corneocyte	角质层中具有疏水性的死细胞。
角质形成细胞	keratinocyte	新形成的表皮细胞。
角质细胞间桥	corneodesmosomes	主要由蛋白质组成，可将角质层细胞结合在一起。
角质化	keratinization	表皮的更新过程。
角质脂质膜	cornified lipid envelope	由蛋白质和脂质组成，可保护角质细胞。
脱皮	desquamation	死皮细胞从皮肤表面脱落的过程。
黑色素	melanin	一种赋予皮肤颜色的色素。

续表

中文术语	英文术语	解释
黑色素细胞	melanocyte	位于表皮基底细胞层中的细胞，负责分泌黑色素。
梅克尔细胞	Merkel cell	位于表皮基底细胞层中的细胞，作为触觉感受器发挥作用。
朗格汉斯细胞	Langerhans cell	位于表皮基底细胞层中的细胞，在人体免疫系统中发挥重要作用。
乳头层	papillary layer	真皮的顶层。
网状层	reticular layer	真皮的底层。
透明质酸	hyaluronic acid	一种天然保湿剂，有助于调节皮肤的含水量和皮肤中的水分运输。
胶原蛋白	collagen	真皮层中的一种结构蛋白，为皮肤提供支撑力。
弹性蛋白	elastin	真皮层中的一种结构蛋白，使皮肤具有弹性。
皮脂腺	sebaceous gland	位于真皮层的腺体，是毛囊皮脂腺的一部分，可产生皮脂。
汗腺	sweat gland	位于真皮层的腺体，可分泌汗液。
毛囊皮脂腺单位	pilosebaceous unit	位于真皮层，包括皮脂腺、毛囊和小肌肉。
皮下组织	hypodermis	位于真皮层下方的脂肪层。其将脂肪储存于脂肪细胞中，是一种松散的结缔组织。
经皮水分流失	transepidermal water loss	通过表皮被动扩散而损失的水分总量［单位为g/（m^2·h）］。
常驻菌群	resident flora	始终存在于皮肤上，不易被机械摩擦去除的微生物种类。
暂驻菌群	transient flora	在一定条件下、一定时间内可能存在于皮肤上的微生物种类，总是随人体接触物质而不断变化。暂驻菌群比常驻菌群更容易通过机械摩擦去除。
酸性屏障	acid mantle	通常情况下，皮肤具有酸性pH，被称为酸性屏障。

（李可欣　译，白仁仁　校）

参考文献

1. Agache, P. (2004). The human skin: an overview. In: *Measuring the Skin* (ed. P. Agache, P.G. Agache and P. Humbert), 3–5. Berlin: Springer-Verlag.
2. Carlson, B.M. (1994). Integumentary, skeletal, and muscular systems. In: *Human Embryology and Developmental Biology* (ed. B. Carlson), 153–181. St. Louis: Mosby.
3. Krause, J.W. (2005). *Krause's Essential Human Histology for Medical Students*. Boca Raton: Universal-Publishers.
4. Martini, F.H., Nath, J.L., and Bartholomew, E.F. (2012). *Fundamentals of Anatomy and Physiology*, 9ee. San Francisco: Pearson Education, Inc.
5. Allen, C. and Harper, V. (2011). *Laboratory Manual for Anatomy and Physiology*. New Jersey: John Wiley and Sons.
6. Schaefer, H. and Redelmeier, T.E. (1996). *Skin Barrier: Principles of Percutaneous Absorption*. Basel: Karger.

7. Wertz, P.W. and van den Bergh, B. (1998). The physical, chemical, and functional properties of lipids in the skin and other biological barriers. *Chem. Phys. Lipids.* 91: 85–96.
8. Del Rosso, J.Q. and Levin, J. (2011). The clinical relevance of maintaining the functional integrity of the stratum corneum in both healthy and disease-affected skin. *J. Clin. Aesthet. Dermatol.* 4 (9): 22–42.
9. Harding, C.R., Long, S., Richardson, J. et al. (2003). The cornified cell envelope: an important marker of the stratum corneum maturation in healthy and dry skin. *Int. J. Cosm. Sci.* 25: 157–167.
10. Nemes, Z. and Steinert, P.M. (1999). Bricks and mortar of the epidermal barrier. *Exp. Mol. Med.* 31 (1): 5–19.
11. Harding, C.R. (2004). The stratum corneum: structure and function in health and disease. *Dermatol. Ther.* 17: 6–15.
12. Rawlings, A.V., Scott, I.R., Harding, C.R. et al. (1994). Stratum corneum moisturization at the molecular level. *J. Invest. Dermatol.* 103 (5): 731–740.
13. Rawlings, A.V. and Harding, C.R. (2004). Moisturization and skin barrier function. *Dermatol. Ther.* 17: 43–48.
14. Robinson, M., Visscher, M., Laruffa, A. et al. (2010). Natural moisturizing factors (NMF) in the stratum corneum (SC). II. Regeneration of NMF over time after soaking. *J. Cosmet. Sci.* 61 (1): 23–29.
15. Marks, R. (2004). The stratum corneum barrier: the final frontier. *J. Nutr.* 134 (8 Suppl): 2017S–2021S.
16. Matts, P.J. (2008). Water, water everywhere. *IFSCC Mag.* 11 (3): 201–205.
17. Brenner, M. and Hearing, V.J. (2008). The protective role of melanin against UV damage in human skin. *Photochem. Photobiol.* 84 (3): 539–549.
18. Chomiczewska, D., Trznadel-Budźko, E., Kaczorowska, A. et al. (2009). The role of Langerhans cells in the skin immune system. *Pol. Merkur. Lekarski.* 26 (153): 173–177.
19. Summer, G.S. (2009). Albinism: classification, clinical characteristics, and recent findings. *Optom. Vis. Sci.* 86: 659–662.
20. Segaert, S., De Haes, P., and Bouillon, R. (2002). The epidermal vitamin D system. In: *Holick: Biologic Effects of Light* (ed. F. Michael), 245–253. New York: Springer.
21. Clemens, T.L., Henderson, S.L., Adams, J.S. et al. (1982). Increased skin pigment reduces the capacity of skin to synthesise vitamin D3. *Lancet* 1: 74–86.
22. Lai-Cheong, J.E. and McGrath, J.A. (2013). Structure and function of skin, hair and nails. *Medicine* 41 (6): 317–320.
23. Baranoski, S. and Ayello, E.A. (2008). *Wound Care Essentials: Practice Principles*. Philadelphia: Lippincott Williams & Wilkins.
24. Papkonstantinou, E., Roth, M., and Karakiulakis, G. (2012). Hyaluronic acid: a key molecule is skin aging. *Dermatoendocrinology* 4 (3): 253–258.
25. Downing, D.T., Stewart, M.E., Wertz, P.W. et al. (1987). Skin lipids: an update. *J. Invest. Dermatol.* 88: 2–6.
26. Nikkari, T., Schreibman, P.H., and Ahrens, E.H. (1974). in vivo studies of sterol and squalene secretion by human skin. *J. Lipid Res.* 15: 563–573.
27. Zouboulis, C.C. (2004). Acne and sebaceous gland function. *Clin. Dermatol.* 22: 360–366.
28. Agache, P. (2004). Stratum corneum histopathology. In: *Measuring the Skin* (ed. P. Agache, P.G. Agache and P. Humbert), 95–100. Berlin: Springer-Verlag.
29. Watson, A., Clarke, T.S., Yates, D. et al. (2002). Reliable use of the ServoMed Evaporimeter EP-2™ to assess transepidermal water loss in the canine. *J. Nutr.* 132 (6): 1661S–1664S.
30. Gabard, B. and Treffel, P. (2004). Transepidermal water loss. In: *Measuring the Skin* (ed. P. Agache, P.G. Agache and P. Humbert), 553–564. Berlin: Springer-Verlag.
31. Rogiers, V. (2001). EEMCO guidance for the assessment of transepidermal water loss in cosmetic sciences. *Skin Pharmacol. Appl. Skin Physiol.* 14: 117–128.
32. Imhof, R.E., De Jesus, M.E., Xiao, P. et al. (2009). Closed-chamber transepidermal water loss measurement: microclimate, calibration and performance. *Int. J. Cosmet. Sci.* 31: 97–118.

33. Gabard, B., Clarys, P., and Barel, A.O. (2006). Comparison of commercial electrical measurement instruments for assessing the hydration state of the Stratum Corneum, Handbook of Non-Invasive Methods and the Skin. In: 2ee (ed. J. Serup, G.B.E. Jemec and G.L. Grove), 351–358. Boca Raton: CRC Press.
34. Gioia, F. and Celleno, L. (2002). The dynamics of transepidermal water loss from hydrated skin. *Skin Res. Technol.* 8: 178–186.
35. Maes, D.H. and Marenus, K.D. (1994). Main finished products: moisturizing and cleansing creams. In: *Cosmetic Dermatology* (ed. R. Baran and H.I. Maibach), 77–88. Baltimore: Martin Dunitz Ltd.
36. Courtenay, M. (1998). Preparations for skin conditions. *Nursing Times* 7: 54–55.
37. Price, P.B. (1938). The bacteriology of normal skin: a new quantitative test applied to a study of the bacterial flora and the disinfectant action of mechanical cleansing. *J. Infect Dis.* 63: 301–318.
38. Chiller, K., Selkin, B.A., and Murakawa, G.J. (2011). Skin microflora and bacterial infections of the skin. *J. Invest Derm. Symp. Proc.* 6: 170–174.
39. Grice, E.A. (2009). Topographical and temporal diversity of the human skin microbiome. *Science* 324: 1190–1192.
40. Gao, Z., Perez-Perez, G.I., Chen, Y. et al. (2010). Quantification of major human cutaneous bacterial and fungal populations. *J. Clin. Microbiol.* 48 (10): 3575.
41. Lambers, H., Piessens, S., Bloem, A. et al. (2006). Natural skin surface pH is on average below 5, which is beneficial for its resident flora. *Int. J. Cosmet. Sci.* 28 (5): 359–370.
42. Marchesi, J.R. and Ravel, J. (2015). The vocabulary of microbiome research: a proposal. *Microbiome* 3: 31.
43. Feingold, D.S. (1986). Bacterial adherence, colonization, and pathogenicity. *Arch. Dermatol.* 122: 161–163.
44. Fluhr, J.W., Dickel, H., Kuss, O. et al. (2002). Impact of anatomical location on barrier recovery, surface pH and stratum corneum hydration after acute barrier disruption. *Br. J. Dermatol.* 146 (5): 770–776.
45. Chikakane, K. and Takahashi, H. (1995). Measurement of skin pH and its significance in cutaneous diseases. *Clin. Dermatol.* 13: 299–306.
46. Thune, P., Nilsen, T., Hanstad, I.K. et al. (1988). The water barrier function of the skin in relation to the water content of stratum corneum, pH and skin lipids. *Acta Derm. Venereol.* 68: 277–283.
47. Saba, M., Yosipovitch, A., and Yosipovitch, G. (2013). Skin pH: from basic science to basic skin care. *Acta Derm. Venereol.* 93: 261–267.
48. Levin, J. and Maibach, H. (2008). Human skin buffering capacity: an overview. *Skin Res. Techn.* 14: 121–126.
49. Rippke, F., Schreiner, V., and Schwanitz, H.J. (2002). The acidic milieu of the horny layer: new findings on the physiology and pathophysiology of skin pH. *Am. J. Clin. Dermatol.* 3: 261.
50. Wilkerson, V.J. (1935). The chemistry of human epidermis. II. The isoelectric points of the stratum corneum, hair and nails as determined by electrophoresis. *J. Biol. Chem.* 112: 329–335.
51. Fitzpatrick, T.B. (1988). The validity and practicality of sun-reactive skin types I through VI. *Arch. Dermatol.* 124: 869–871.
52. FDA (2019). Radiation-emitting products, your skin. www.fda.gov/radiation-emitting-products/tanning/your-skin (accessed 12 December 2020).
53. Zhai, H. and Maibach, H.I. (2002). Occlusion vs. skin barrier function. *Skin Res. Technol.* 8: 1–6.
54. Primavera, G. and Berardesca, E. (2005). Sensitive skin: mechanisms and diagnosis. *Int. J. Cosmet. Sci.* 27: 1–10.
55. Saint-Martory, C., Roguedas-Contios, A.M., Sibaud, V. et al. (2008). Sensitive skin is not limited to the face. *Br. J. Dermatol.* 158: 130–133.
56. Misery, L., Sibaud, V., Merial-Kieny, C. et al. (2011). Sensitive skin in the American population: prevalence, clinical data, and role of the dermatologist. *Int. J. Dermatol.* 50 (8): 961–967.
57. Luger, T.A. (2002). Neuromediators: a crucial component of the skin immune system. *J. Dermatol. Sci.* 30: 87–93.

第10章 洁肤产品

学习目标

通过本章的学习，读者将掌握以下内容。

1. 以下术语的定义：

肥皂	合成洗涤剂	质地	化学清洁
物理清洁	临界胶束浓度	起泡产品	低泡清洁剂
非起泡清洁剂	洁面产品	磨砂膏	研磨剂
着色剂	防腐剂	吸收剂	收敛剂
清洁湿巾	黏度	剥离式面膜	片状面膜
冲洗式面膜	沐浴产品	淋浴产品	泡泡浴产品
消泡剂	洗手液	消毒剂	消毒洗液
手部消毒剂	防腐剂产品	医疗抗菌剂	抗菌搽剂
产品结块	乳剂分层	酸败	涂抹性
挤出性	坚实度	起泡性	驱动力
硬度	乳液液滴尺寸	密度	比重
pH	体外试验	体内试验	

2. 洁肤产品在美国的法律分类。
3. 面部、身体和手部清洁产品的基本功能。
4. 清洁产品对皮肤的益处和潜在负面影响。
5. 理想洁肤产品所需的特性。
6. 洁肤产品基于化学性质、温和度、清洁原理、起泡性和产品形态的分类及其主要特点。
7. 洁面产品主要成分的类型及其实例。
8. 区分以下产品：面部磨砂膏和爽肤水，冲洗式、剥离式和片状面膜的特性与用途；干湿两用清洁面巾的特点及用途；普通、保湿和特殊功效沐浴露之间的差异。
9. 沐浴油的类型及其功能。
10. 沐浴球的成分及其起泡原理。
11. 抗菌剂和消毒剂的区别。
12. 抗菌洁肤产品的类型。
13. 水基和乙醇基洗手液之间的区别。
14. 洁肤产品制备和使用中常见的质量问题及其原因。

15. 洁肤产品定期检测的典型质量参数及其评价方法。
16. 对羟基苯甲酸酯、硫酸盐、1, 4-二噁烷和微塑料在洁肤产品中的潜在风险。
17. 抗菌洁肤剂的抗菌功效评价。
18. 洁肤产品的常用包装容器。

主要概念

1. 在美国，洁肤产品包括洁面产品、沐浴产品及手部清洁产品。依据其声称的功效和成分的不同，洁肤产品可被归类为化妆品或药品。

2. 洁肤产品含有能将水不溶性物质乳化或溶解为胶束的表面活性剂，便于清洗。

3. 洁肤产品可按照其化学性质、温和程度、清洁机制、起泡性能和产品形态进行分类。

4. 一般而言，洁肤剂的主要功能是清除皮肤上的污垢、彩妆残留、环境污染物和细菌。

5. 除了简单的清洁外，手部清洗在感染控制中发挥着至关重要的作用。

6. 抗菌产品结合了肥皂的清洁作用及抗菌剂的微生物杀灭作用。

7. 尽管公众普遍认为手部消毒剂（即免洗洗手液）可以取代洗手，但美国疾病控制与预防中心（CDC）认为手部消毒剂不应替代肥皂和水的洗手方式，而只能作为辅助清洁手段。

8. 为了选择最合适的皮肤清洁剂，消费者应该考虑自身的皮肤类型、皮肤问题和皮肤过敏情况。

9. 洁肤产品的常见质量问题包括但不限于浴盐和浴球变黏、浴球破碎、肥皂变色、起泡产品起泡活性差、乳剂分层、溶液浑浊、微生物污染、产品结块及酸败。

10. 常用于评价洁肤产品的质量参数包括乳液、面霜和凝胶的涂抹性、挤出性、质地和坚实度，驱动力；起泡性、泡沫持久性、泡沫黏度、泡沫密度、泡沫结构，浴球的硬度，浴球、浴盐、浴珠的崩解时间和溶解速度，防腐功效，乳液液滴尺寸，黏度，密度和比重，pH及稳定性。

11. 最常测试的功效参数是抗菌皮肤清洁剂的抗菌活性。

12. 引起洁肤产品安全性担忧的成分包括对羟基苯甲酸酯、硫酸盐、1, 4-二噁烷和微珠。

10.1 引言

人体皮肤持续与外界环境发生交互，此过程可能会影响皮肤的正常菌群、pH水平及屏障功能，进而引发一系列皮肤问题。因此，适当的皮肤清洁是维持健康皮肤屏障的基础，也是保持皮肤外观美感的关键步骤。洁肤旨在彻底清除污垢、多余油脂、化妆品残留，以及角质层的死皮细胞。作为完整护肤程序的首要环节，清洁皮肤为后续保湿、防护和营养供给奠定了坚实基础。更重要的是，良好的皮肤清洁习惯不仅对身体健康至关重要，还能对个人的心理健康产生积极影响。

皮肤清洁对于所有年龄段、性别和皮肤类型的人群均至关重要。市场上的洁肤产品种类繁多，包括针对面部、全身和手部的专用产品。基于个性化需求，不同消费者对理想洁肤产品的需求因人而异。

本章旨在全面阐述洁肤产品的作用机制及其对皮肤的影响。同时，将探讨消费者的多元化诉求，并介绍一系列常用的面部清洁产品、沐浴产品，以及手部清洁产品。此外，本章将深入剖析相关产品的关键成分、制剂技术、质量检测方法，以及包装材料的选择。

10.2 洁肤产品的类型和定义

❶洁肤产品（skin cleansing product）包括洁面产品、沐浴产品，以及手部清洁产品。根据产品声称的功效和成分，其在美国被归类为化妆品或药品。大多数洁肤产品是为了去除皮肤上的污垢和油脂，这是化妆品的基本功能需求。目前，大多数洁肤产品含有保湿成分，旨在清洁的同时预防皮肤干燥，此类产品同样被归类为化妆品。但是，去除或杀灭可能导致感染的细菌的产品在美国被视为药品，如抗菌洗手皂和手部消毒剂，以及用于对抗引起痤疮的细菌的面部清洁产品。

在深入探讨各类产品的特定成分和要求之前，首先介绍洁肤产品的基本类型及其主要功能。

- **洁面产品**设计的初衷是清洁面部肌肤，有效去除污垢、彩妆残留，同时兼具去角质功能，消除潜在的有害微生物。市面上的产品形式丰富多样，包括但不限于泡沫型与非泡沫型乳液、凝胶、磨砂膏、爽肤水、面膜及清洁湿巾。
- **沐浴产品**旨在去除肌肤上的污垢、汗液和死细胞，增强沐浴体验，兼具滋润与柔软肌肤的效果，并营造令身体放松的氛围，使皮肤感觉干净清爽。此类产品的种类繁多，如肥皂、浴盐（bath salt）、浴球（bath bomb）、浴油（bath oil）、泡泡浴产品（bubble bath product）、沐浴露，以及沐浴啫喱和沐浴胶冻等。
- **手部清洁产品**专为清洁双手而开发，包括固体肥皂、液体肥皂等多种形式。洗手皂中通常含有保湿成分，以呵护手部肌肤。在美国，某些手部肥皂（如抗菌肥皂）、所有的手部消毒剂和消毒湿巾，均被归类为OTC药品。抗菌产品专门用于杀灭或清除手上的微生物，以预防感染并有效减少传染病的传播。抗菌产品有合成洗涤剂、溶液、凝胶和清洁湿巾等形式可供选择。

10.3 洁肤产品的使用历史

自古以来，清洁皮肤就是人类日常生活中的一部分。早在公元前2700年，中国人已开始将盐用于医疗中。埃及人及后来的希腊人也深刻认识到了盐的防腐特性。

多个古老文明都在肥皂的发明与制作上有着重要贡献。现存最早的肥皂类物质的制作记载可追溯至公元前2800年左右的古巴比伦文明。当时的肥皂由脂肪、草木灰和水煮沸制成，主要用于清洗纺织品和治疗皮肤疾病[1]。埃及文化中的很大一部分致力于通过皮肤清洁来追求洁净和美丽。著名统治者克莱奥帕特拉七世（Cleopatra Ⅶ Philopator）以其皮肤护理方法而闻名，其中包括将皮肤浸泡在富含乳酸的牛奶中，这有益于去除角质[2]。古希腊人早期沐浴是出于审美原因。他们使用黏土、沙子、石灰和灰烬，以及一种被称为“刮身板”（strigil）的金属工具来清除皮肤上的油脂和污垢。由于罗马人生活在水资源丰富的地区，他们修建了沟渠将干净水源引入城镇，并使用肥皂清洁身体。其公共浴场设施奢华，且沐浴文化极为盛行[3]。

你知道吗?

根据古罗马传说，“肥皂”（soap）一词源自萨波山（Mount Sapo，位于罗马），人们在那里焚烧动物作为祭品，雨水将山上混合了动物脂肪（或牛脂）和木灰的物质冲刷至台伯河（Tiber River）岸边的黏土中。当地的妇女们发现这种黏土混合物能够帮助她们更加轻松有效地清洁物品[4]。

中世纪罗马帝国灭亡后，洗浴文化逐渐衰落。不良的卫生习惯导致人们患上了多种与卫生有关的疾病，其中，最为著名的是14世纪由个人卫生较差而引起的黑死病（black death）。直到17世纪，注重个人清洁才在欧洲大部分地区再次流行起来。欧洲各地建立了许多小型肥皂制造企业，使用动植物油和植物灰烬制作肥皂。意大利、西班牙和法国拥有充足的原材料供应（如从橄榄树上提取的橄榄油），成为早期肥皂制造中心。

18世纪末，法国化学家尼古拉斯・勒布朗（Nicolas Leblanc）凭借其创新工艺获得了从普通盐制取纯碱（即碳酸钠）的专利，向大规模商业制皂迈出了重要一步。现代肥皂制造（即皂化作用）诞生于19世纪初。另一位法国化学家米歇尔・欧仁・谢弗勒尔（Michel Eugène Chevreul）因发现脂肪、甘油和脂肪酸的化学性质和相互关系而受到赞誉。19世纪60年代，比利时化学家欧内斯特・索尔韦（Ernest Solvay）进一步优化了该过程，显著降低了纯碱的成本，并提高了纯碱的质量和产量，这对肥皂制造业的发展至关重要。直到20世纪初，在德国开发出第一种合成洗涤剂之前，肥皂制造工艺并没有发生显著变化[5]。此后，泡泡浴产品（bubble bath product）和液体洗手液等新型清洁用品的生产和普及迅速增长，标志着个人清洁产品领域的又一次革命[3]。

19世纪中叶，人们首次关注手部消毒剂在感染控制中的重要性。匈牙利产科医生伊格纳茨・塞麦尔维斯（Ignaz Semmelweis）教授被誉“产妇救星”，并在这一领域做出了开创性的贡献。塞麦尔维斯曾在维也纳一家医院工作，推翻了“有毒空气”（poison air）导致产褥热（childbed fever，妇女分娩或流产后发生的感染）的观念。该医院设有两个产科部门：第一个由医生和实习医生负责，而第二个则专为助产士培训所设。当时维也纳医院的惯例是，产科医师们清晨进行尸检（即通过解剖尸体确定死因）后，会直接前往第一病房接诊，而助产士并不参与尸检工作。塞麦尔维斯注意到，第一病房的产妇死亡率显著高于第二病房。他推断尸检室与第一病房之间存在某种关联，认为高死亡率源于医学生们将尸体携带的致病因子通过未清洁的双手传播给了产妇。他下令医学生在检查第一病房的产妇前必须用含氯溶液洗手。实施这一简单措施后，产褥热的发病率显著降低，从而证明了手部卫生在预防感染方面的重要性[6, 7]。

随着时代的变迁、文化的交融及传统的变革，洁肤产品的迭代并未在现代社会停下脚步。目前，合成洗涤剂已成为众多现代皮肤清洁剂的基础。新的成分、技术和产品不断被开发并引入市场。更为重要的是，现如今使用肥皂和水进行手部清洁，以及使用手部消毒剂进行手部消毒，是许多感染预防与控制策略的基础。

10.4 洁肤产品对皮肤的影响

皮肤清洁对维护皮肤健康与美观至关重要。皮肤上的污垢包括汗水、皮脂及其分解产物、死皮细胞、化妆品和个人护理产品残留、灰尘，以及空气中的其他环境污染物。这些物质大多不溶于水，所以仅用清水清洗是不足以有效清除的。❷ 皮肤清洁产品含有能够将不溶于水的成分乳化和溶解为胶束（micelle）的表面活性剂，使其易于从皮肤上被冲洗掉。理想情况下，清洁剂不应破坏皮肤的复杂结构，或引发刺激、干燥、泛红和瘙痒等问题。

但是，有些皮肤清洁剂会导致皮肤结构和屏障功能发生变化，从而引发各种症状。皮肤清洁剂的主要潜在负面影响包括：

- 大多数表面活性剂可以溶解皮肤表面的脂质，从而提供保护作用，甚至可以在清洗过程中带走天然保湿因子（NMF）等皮肤成分。此外，即使用水冲洗清洁产品，表面活性剂仍可能残留在角质层（SC）中。表面活性剂可以破坏SC的结构，特别是脂质层，并削弱其屏障功能（参见第9章）[8]。此外，清洁剂可以降低皮肤中的NMF水平[9]。表面活性剂扰乱了角质层的脂质秩序，从而对皮肤清洁产生了破坏性的副作用[10]。研究显示，清洁会增加经皮水分流失（TEWL），导致皮肤脱水[11]。除破坏皮肤屏障外，表面活性剂渗透还会引发刺激和炎症反应，并通过影响角质细胞的分化和去角质作用来改变屏障再生过程[12, 13]。
- 研究证实，表面活性剂对皮肤蛋白的损伤倾向与表面活性剂聚集体的电荷密度有关[14]。这解释了以下关于表面活性剂的刺激性顺序：阴离子表面活性剂≥阳离子表面活性剂＞两亲性表面活性剂＞非离子表面活性剂。洁肤产品主要以阴离子表面活性剂为主要成分，目前已开发出多种方法来降低其对皮肤的刺激性。常用策略包括增加表面活性剂头部极性基团的尺寸，将阴离子表面活性剂与两性或非离子表面活性剂联用[15, 16]。现如今，市面上有许多更为温和、亲和力更高、刺激性更低的温和型表面活性剂可供选择[17]。
- 清洁产品的pH是造成角质层损伤的另一个重要因素。传统皂基产品呈碱性，而大多数以合成表面活性剂为主的洁肤产品的pH倾向中性或微酸性。研究表明，皂基洁肤产品较含合成表面活性剂的清洗产品更易对皮肤造成刺激[18]。肥皂对皮肤的损害程度和皮肤自我修复能力之间的平衡，决定了使用者的皮肤状态。在寒冷干燥的冬季气候下，许多使用肥皂的人群会出现皮肤干燥、瘙痒等问题；在炎热干燥的地区，使用肥皂后皮肤也会变得干燥；但在温暖湿润的环境中，肥皂通常不会明显引起皮肤干燥现象[19]。目前，市场上的几乎所有“块状”（bar）肥皂都已转为以合成表面活性剂为基础的更加温和的产品。

- 消费者对洁肤产品的进一步担忧包括对产品成分（包括抗菌活性剂、防腐剂和香精）的刺激、瘙痒、炎症反应及过敏反应。并不是表面活性剂渗透至更深层的皮肤才会引发上述问题，细胞因子的增加同样能引发真皮层的反应[20]。
- 自塞麦尔维斯观察到洗手可降低产褥热发病率以来，洗手是传统意义上预防微生物传播和疾病发生的最重要感染控制措施[21, 22]。近年来，市场上涌现了多种手部清洁产品，包括具有抗菌功能的产品，并且部分产品已广泛用于普通大众。临床研究表明，乙醇、异丙醇和苯扎氯铵（benzalkonium chloride）等抗菌剂可有效预防疾病[23, 24]。但是，人们对某些成分长期使用的安全性提出了担忧。有人质疑某些成分可增加微生物对抗菌剂的耐药性。如果抗菌剂确实导致了抗生素耐药性增强，则可能导致更多多重耐药微生物，进而增加患者及其家庭的经济负担，并导致死亡人数上升。
- 在某些职业中，频繁洗手是必需的，如医疗机构、制药企业，以及食品加工行业。但是，频繁洗手可能导致皮肤的长期改变，包括但不限于慢性皮肤损伤、刺激性接触性皮炎和湿疹，并伴随皮肤菌群的改变。
- 含酒精产品具有潜在的易燃性（flammable），这要求在制造、运输和使用此类产品时，必须实施严格的预防措施，以确保安全。
- 关于使用含酒精洗手液的另一个担忧是可能被意外（或故意）使用[25]。对于酗酒的人而言，“酒精”这个词听起来可能非常具有诱惑力。更常见的问题是儿童无意中摄入洗手液[26]。急性乙醇中毒可导致几种严重甚至危及生命的临床症状，包括体温下降、中枢神经系统和呼吸抑制、心律失常、低血压、恶心和呕吐、肝损伤及其他许多严重症状[27]。这一系列问题引发了公众对于此类产品无限制使用的质疑。在医疗保健环境中，手部消毒剂（hand sanitizer）是促进和维护手部卫生的必需品；然而，在有高危患者的场所，需要重新考虑对其不受限制的使用[28]。

你知道吗？

为了使乙醇不适合饮用，在手部消毒剂和许多其他含酒精的个人护理产品中，均添加了变性剂。变性剂会使乙醇更苦，降低其可饮用性。当使用变性酒精时，通常在产品标签上标明为变性酒精（alcohol denat.）或特殊变性（specially denatured，SD）酒精。

- 酒精还可以清除皮肤上的污垢和油脂，这可能对油性皮肤的消费者有益，但过度使用会导致皮肤干燥。基于酒精的制剂通常不推荐用于干燥或老化的皮肤，因为其可能加剧皮肤的干燥。

10.5 洁肤产品所需特性和消费者需求

除了致力于制备稳定、高质量和安全的产品外，制剂研究人员在设计产品时还必须考虑消费者的需求。一个关键点是针对目标受众优化产品的性能、美观度和产明声明，并打造出吸引消费者的产品。从消费者角度而言，一款优质的洁肤产品应具备以下特点：

- 气味中性或令人愉悦，色泽适宜。
- 易于在皮肤上涂抹，具有适当的起泡性。
- 使用时触感舒适。
- 质地柔滑。
- 在有效清洁的同时具备保湿作用。
- 无油腻感。
- 不会在皮肤上残留。
- 不易堵塞毛孔，特别适用于面部清洁产品。
- 耐受性好且无过敏反应。
- 不干燥且能有效杀灭细菌和病毒。

10.6　洁肤产品的基本概念

❸洁肤产品一般依据其化学性质、刺激性（harshness）或温和度（mildness）、清洁机制、发泡特性及产品形态等进行分类（图 10.1）。

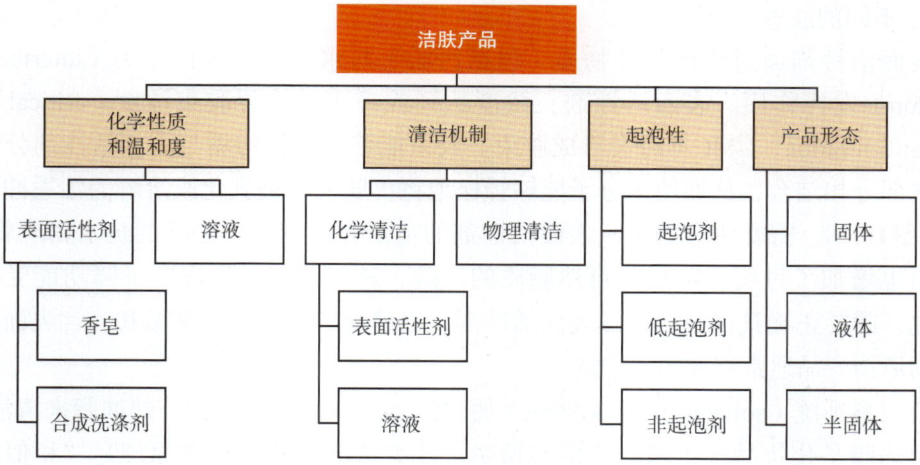

图 10.1　洁肤产品的分类

10.6.1　基于化学性质和温和度分类

依据洁肤产品化学性质与对皮肤的温和度，可将其分为以下几个主要类型。

1. 表面活性剂

- **肥皂**属于脂肪酸盐类物质。如果所使用的碱含有钠、钾或铵离子，则形成水溶性肥皂，而锌和镁离子则会形成不溶于水的金属肥皂。在洁肤产品中，通常使用的是水溶性肥皂。肥皂的 pH 呈碱性，通常介于 9.5～10，这是含皂基洁面产品可能刺激皮肤的主要原因之一。脂质分子兼具亲水性和疏水性基团，既可溶于脂质又可溶于水。脂质是阴离子表面活性剂，因其生产所用的大多数油脂源于自然界，故常被称为**天然表面活性剂**（natural surfactant）。

- **合成表面活性剂**（synthetic surfactant），通常被称为合成洗涤剂，也是两亲性化合物。此类表面活性剂被广泛应用于洁肤产品中，最常用的是阴离子型，与肥皂相似，但合成洗涤剂对皮肤更为温和，因此更受市场欢迎。其与肥皂的关键区别在于分子结构的差异，以及最终产品的pH（通常在7左右）对皮肤较为温和。

2. 溶剂 可根据其极性特征分为极性、半极性和非极性溶剂（参见第2章）。含有矿物油等非极性溶剂的产品对干性皮肤的消费者可能具有潜在优势，因为其能在皮肤表面形成一层保护性的油膜。但是，出于同样原因，通常此类产品不适合油性皮肤的消费者。此外，含有酒精的洁肤产品因能有效去除皮肤表面的油脂，可能会导致皮肤干燥，这对油性皮肤而言可能是有利的，但对干性皮肤则不利。因此，根据不同的皮肤类型选择适合自己的护肤品非常重要。

10.6.2 基于清洁机制分类

洁肤产品的清洁效果主要源自以下两种基本机制。

1. 化学清洁 其机制涉及：①乳化或溶解污垢；②溶解皮肤上的污垢。不同产品会给用户带来不同的肤感和使用效果。

- 表面活性剂通过降低油性物质（包括污垢）与水之间的界面张力（interfacial tension）发挥作用。表面活性剂在浓度达到或高于其临界胶束浓度（critical micelle concentration，CMC）时会形成胶束。胶束能够使油性污垢与表面活性剂分子的疏水部分相结合，从而使水分子能够轻松地将皮肤上已被乳化或溶解的污垢冲洗干净（**图10.2**）。需要注意的是，表面活性剂的清洁力度越强，去除的疏水物质就越多，但也增加了过度去除皮肤自然脂质的风险，进而可能导致皮肤屏障功能受损。因此，需要正确且谨慎地选择表面活性剂，以确保产品既有效又温和。含表面活性剂的清洁产品通常需要用水冲洗。
- 溶剂型系统（solvent-based system）通过溶解皮肤上的皮脂和外部油脂来清洁皮肤，而油脂是化妆品和类似材料的残留物。此类清洁产品的化学原理是“相似相溶”。不同于需要水冲洗的洁肤产品，溶剂型洁肤产品通常是先涂抹再用纸巾或棉球擦拭掉。清洁产品中使用的溶剂包括非极性溶剂（如矿物油）、半极性溶剂（如酒精）及极性溶剂（如水）。

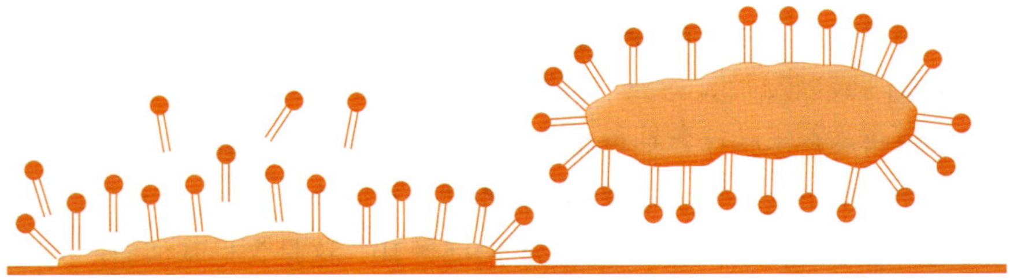

图10.2 表面活性剂去除皮肤表面油性污垢的原理

2. 物理清洁 是化学清洁的一种替代方法，其核心原理是通过毛巾、纸巾、棉球、清洁布或磨砂颗粒与皮肤直接接触产生的摩擦力清除污垢。物理摩擦有助于去除污垢，并增加化学清洁成分与油脂的相互作用。

10.6.3 基于起泡性分类

基于产品的发泡性，市面上的皮肤清洁产品可分为起泡产品（foaming product）、低起泡产品（low-foaming product）和非起泡产品（non-foaming product）三大类。

1. 起泡产品 富含能够产生丰富泡沫的表面活性剂。此类产品在市场上极受欢迎，使用后能给人带来清爽的感觉。大部分沐浴露、洗手液和面部清洁产品属于此类别。此类产品通常是表面活性剂溶液、凝胶、磨砂膏和具有较强清洁能力的O/W型乳液。用于身体和面部的起泡产品可能含有相同的基本成分。但是，面部需要不同的使用感和更温和的制剂，因此通常会使用较温和的表面活性剂组合。

2. 低起泡产品 含有比起泡产品更低水平的高起泡表面活性剂，其对皮肤更温和。此类产品形式包括乳液、凝胶、磨砂膏和膏霜等。当与水混合时，其仍会产生泡沫，但为了达到更温和的效果，通常牺牲了一部分起泡能力。此类产品主要含有非离子表面活性剂，通常与两性型和聚合物型表面活性剂相结合使用，还可以通过添加可增强发泡效果的次级表面活性剂来提升用户体验。低起泡产品通常面向面部护理市场，但在某些情况下也适用于身体护理。

3. 非起泡产品 产品形式包括表面活性剂溶液、膏霜、乳液、沐浴油、浴盐和爽肤水。此类洁肤产品往往是最温和的，因其含有较低含量的高起泡表面活性剂或皂基成分。非起泡洁肤产品可以是溶剂型的，如爽肤水和某些洗手液，也可以是表面活性剂型的，如多数洁肤产品、沐浴露和洗手液[乳化和（或）溶解污垢]。与其他两种产品相比，乳液型非起泡产品含有更高水平的油脂，因此，其在皮肤冲洗后仍然保留并形成一层薄薄的油脂层。出于这一原因，此类产品通常对皮肤干燥的消费者更有效，并不推荐用于油性和易长痤疮的皮肤。此类产品主要为面部而设计，在某些情况下也适用于身体。乳液型的非起泡产品通常被称为保湿或滋养型沐浴露。含有高比例润肤成分的沐浴露对干性皮肤及仅依赖身体清洁剂进行局部保湿的人群有益[29]。

> **你知道吗？**
>
> 起泡性与洁肤产品是否能有效去除污垢并无直接关系。有些高效的表面活性剂并不产生浓密的泡沫。但是，消费者常将洁肤产品的起泡性与其预期清洁效果联系在一起，认为低起泡产品的去污能力不如高起泡产品。尽管起泡性并不是衡量洁肤产品性能的直接指标，但为了满足消费者的喜好，通常在低起泡产品中添加泡沫增强剂以满足用户需求。

10.6.4 基于产品形态分类

根据产品形态，可将洁肤产品分为以下几类。

1. 固体清洁助剂 包括肥皂条、浴盐、浴珠和清洁湿巾。

2. 液体产品 包括表面活性剂溶液、低黏度乳液、爽肤水和两相清洁剂。

3. 半固体产品 包括膏霜、用作面膜的膏状物、磨砂膏和凝胶。值得注意的是，根据其成分差异，膏霜产品可能被制成起泡、低起泡或非起泡产品。

10.7 洁肤产品的典型成分和制剂

❹通常而言，皮肤清洁剂用于去除面部、身体和手部的污垢、化妆品残留、环境污染物及细菌。由于面部、身体和手部的皮肤略有差异，下文将根据不同部位特点介绍相关产品的制剂选择。

10.7.1 洁面产品

10.7.1.1 成分概述

无论对于男性还是女性，面部皮肤清洁均至关重要。研究表明，大多数美国女性每天会清洗脸部两次（早上和睡前），通常是其洗澡频率的2倍[30]。如前所述，洁面产品的主要成分包括表面活性剂或溶剂。以下是常见洁面产品的成分类型概述及其实例。

- **表面活性剂**可作为清洁剂、泡沫增强剂，部分还可作为护发素。一些表面活性剂因其出色的乳化特性而被选用。在乳剂类产品中，乳化剂的作用是形成并稳定产品结构。表面活性剂主要分为四类，具有不同的特性（参见第2章）。通常情况下，会混合使用表面活性剂以便在制剂中达到理想的性能平衡。
- **阴离子表面活性剂**具有良好的起泡和清洁性能，这对有效去除污垢至关重要。阴离子表面活性剂包括十二烷基硫酸盐[如十二烷基硫酸钠（sodium lauryl sulfate，SLS）]、月桂醚硫酸盐[如十二烷基醚硫酸钠（sodium laureth sulfate，SLES）]、肌氨酸盐（如三乙醇胺月桂酰肌氨酸盐）、异硫酸盐（如椰油酰羟乙磺酸钠）、牛磺酸盐（如甲基椰油酰牛磺酸钠）、磺基琥珀酸盐（如二辛基磺基琥珀酸钠），以及近来受到广泛关注的单烷基磷酸盐（如十二烷基磷酸钾）。
- **阳离子表面活性剂**带有正电荷，易于吸附在皮肤上，因此其可用作皮肤调理剂。常见实例包括胺氧化物（如椰油胺氧化物）和季铵盐类化合物（如西曲氯铵）。
- **两性表面活性剂**耐受性好，起泡丰富，常被用作面部清洁剂中的辅助表面活性剂以增强泡沫、改善调理效果并减少刺激。常见实例包括甜菜碱类（如椰油酰胺丙基甜菜碱）和氨基乙酸盐（如椰油酰两性基乙酸钠）。
- **非离子表面活性剂**非常温和，常被用作乳化剂、调理剂和增溶剂，还能降低处方的刺激性，但起泡能力较弱，其与阴离子表面活性剂结合使用时能产生协同效应。清洁剂中的常用非离子表面活性剂包括烷醇酰胺类（如椰油酰胺MEA）、烷基多糖苷（如十二烷基糖苷）、聚山梨酯类（如聚山梨酯60）、山梨醇酯类（如山梨醇硬脂酸酯），以及乙氧基化脂肪醇类（如硬脂醇聚醚-2）。

- **溶剂**作为清洁成分，可为制剂提供载体。常见实例包括水（绝大多数产品中最常用的极性溶剂）、乙醇和异丙醇（作为半极性溶剂），以及矿物油（作为非极性溶剂）。
- **增稠剂**是一种用于凝胶、乳液和膏霜类产品中的结构调节剂。其可为产品提供适当的流变学特性，并有助于维持体系的稳定性。常用实例包括亲水性成分（如纤维素衍生物、胶质、丙烯酸酯和其他类型的聚合物），以及用于油相的蜡质等。
- **皮肤调理剂**，也被称为保湿剂，可以抵消表面活性剂对角质层的破坏作用。常见实例包括甘油、橄榄油、杏仁油、矿物油、硅油、蜡质、泛醇和尿囊素等。

> **你知道吗?**
> 清洁剂可能含有多种保湿成分，不过在用水冲洗时，部分保湿成分会被水冲掉，在清洁后并不会在皮肤表面留下大量的保湿物质。因此，所有皮肤类型的消费者在洁面后均要进行适当的保湿护理。

- **pH 调节剂**用于面部清洁产品的原因多种多样。
- **碱性溶液**主要用于皂化反应。常见的碱剂包括氢氧化钾、氢氧化钠和氢氧化铵。
- **制剂中调节 pH 的成分**包括柠檬酸和乳酸，可将pH调至接近皮肤自然pH的酸性范围，从而减少刺激。
- 在某些情况下，可能需要使用**pH 调节剂**（如三乙醇胺），通过中和增稠剂实现制剂所需的黏稠度。
- **研磨剂**（abrasive）是磨砂膏中的成分，会产生物理去角质效果。常见实例包括水果种子（如桃子和杏的籽）、果壳（如杏仁壳、核桃壳）、谷物（如燕麦）、盐（如海盐）、矿物质（如碳酸氢钠和氧化铝），以及合成蜡质和天然蜡质（如米糠蜡）。
- **着色剂**有助于提高产品的视觉吸引力。无论是天然来源还是合成的着色剂都可用于洁面产品。在某些产品中，二氧化钛或硬脂酸甘油酯被用作乳化剂（为产品提供不透明外观）。需要注意的是，在美国只有经FDA批准的着色剂可用于化妆品中。
- **香精**（fragrance）常被添加至洁面产品中以掩盖原料的气味，但需要注意的是，香精可能会对敏感肌肤产生刺激作用。
- **防腐剂**可防止微生物污染，大多数产品体系都含有防腐剂（如对羟基苯甲酸酯、苯氧乙醇和有机酸）。在选择防腐剂时，应考虑成品的pH。
- **吸收剂**主要用于面膜中，以吸附皮肤上的油脂。此类成分通常是不溶于水的无机化合物，如氧化锌、二氧化钛、高岭土、炉甘石和各类黏土。
- **收敛剂**是面部爽肤水的主要成分，能够紧致毛孔并使皮肤清爽。通常，收敛剂与保湿剂（如酒精和金缕梅提取物）联合使用。
- 某些洁面产品还含有**其他成分**，如维生素和各种源自水果或植物的天然成分。

10.7.1.2 产品形式及其制剂

在当前市场上，琳琅满目的皮肤清洁产品令人目不暇接，常见产品形式包括肥皂、合成洗涤剂、凝胶、磨砂膏、洁面膏、乳液、爽肤水、面膜及清洁湿巾。以下是上述产品形式的主要特性。

- **肥皂**作为皮肤清洁剂时，一般是由天然表面活性剂制成。肥皂有几种主要类型，各种类型在所使用的表面活性剂类型、产生的泡沫量、起泡速度、颜色、气味和与皮肤的相容性方面有所不同。肥皂能有效去除污垢且价格相对便宜，但由肥皂形成的洗涤溶液碱性较高（pH为9.5～11.0），可能导致皮肤刺激、干燥和脱屑。尽管已开发出多种降低肥皂刺激性的产品，但其影响力仍在逐渐减弱[30]。富脂肥皂（superfatted soap）含有比化学反应所需更多的脂肪酸，这些多余的脂肪酸作为保湿剂，可改善产品的温和度[31]。透明肥皂（transparent soap）则因其较高的甘油含量而备受推崇。甘油不仅有助于形成透明外观，也是皮肤保湿的关键成分。
- **合成洗涤剂**与肥皂相似，但因其含有合成表面活性剂而不是天然肥皂，从而导致较低的pH（7～8）。因此，合成洗涤剂较传统肥皂具有更好的皮肤相容性。合成洗涤剂具有出色的清洁效果，且在皮肤上的残留物极少。由于温和的特性，其作为皮肤清洁剂的重要性日益凸显。最常见的合成洗涤剂是以阴离子表面活性剂酰基羟乙基磺酸盐（acyl isethionate）为基底制作而成。新型合成洗涤剂则采用了酰基羟乙基磺酸盐和磺基琥珀酸酯（sulfosuccinate），产品的pH约为5.5[32]。
- **凝胶清洁产品**是一种含有多种增稠剂的水基制剂。如第3章所述，凝胶通常具有透明的外观，是一种受欢迎的产品形式。凝胶与水一同使用，能够提供温和而有效的清洁效果。为了增强物理去角质的效果，凝胶中通常会添加惰性颗粒（如微珠颗粒）。
- **磨砂膏**是一种含有天然或合成颗粒的O/W型乳液或凝胶。其能够提供深层清洁，同时去除死皮细胞，并使皮肤光滑。但是，由于皮肤会定期且持续地脱落角质，不宜频繁使用磨砂膏，以免破坏皮肤屏障并导致潜在的皮肤损伤。使用磨砂膏时，应按照使用说明，轻柔地在皮肤上进行按摩和揉搓。
- **洁面膏和乳液**通常是O/W型乳液，是日常护肤中不可或缺的护理产品。如第3章所述，洁面膏和乳液虽然同属乳液范畴，但其在黏度上有所区别，其中乳液的黏度相对较低。两者通常由相对细腻的表面活性剂制成，相较于肥皂，其对皮肤的刺激性显著降低。洁面膏和乳液可以是起泡、低起泡或非起泡制剂。
- **爽肤水**是一种透明的溶液，由多种溶剂和少量表面活性剂组成。无水洁面产品，如基于乙醇和乙二醇的制剂，因其能溶解皮脂而备受青睐。爽肤水通常使用棉球、纸巾或洗脸巾涂抹，涂抹后能快速挥发，在无水条件下尤为便利。对于油性肌肤而言，尽管此类产品非常具有吸引力，但长期频繁使用可能会对肌肤屏障造成损害。在青年群体中，爽肤水因其具有抗痤疮和收缩毛孔的作用而广受欢迎。
- **面膜**是一种独特的洁面产品，形式多样，有的可以水洗，有的则可以像薄膜一样剥离。片状面膜具有敷贴的便捷性，在推荐使用时长后将其取下来即可。

- **冲洗式面膜**（rinse-off mask）含有吸收性物质（如黏土、氧化锌、炉甘石和高岭土），可有效吸收皮肤上的皮脂，特别适合油性肌肤使用。使用时，将面膜均匀涂抹于面部，形成一层厚厚的干燥层，并在涂抹15～30 min后用温水清洗掉。
- **剥离式面膜**（peel-off mask）由橡胶状物质（如聚乙烯醇或基于橡胶的物质）制成，此类面膜在皮肤上干燥后会形成一层薄、柔软且通常透明的薄膜，可以轻松地从面部撕下来。其主要优点是通过抑制水分散失而增加皮肤的含水量，因此建议面部皮肤较干燥的人群使用此类面膜。
- **片状面膜**（sheet mask）是面膜领域的最新趋势，为消费者提供了一种全新的体验。起源于亚洲的片状面膜现已风靡全球。面膜的材质多样，包括纸、纤维、棉花、纤维素、天然聚合物或硅胶等[33]。面膜上设有适合眼、鼻和口的孔洞，浸泡在富含保湿剂、抗氧化剂、美白成分及其他护肤成分的液体中。片状面膜适合所有肤质，能够解决各种肌肤问题，且通常采用独立包装，仅供一次性使用。使用后，可让肌肤自然吸收剩余的精华液。

- **清洁湿巾**，通常被称为清洁布巾，因其便捷的使用方式而备受欢迎。当没有水源时，清洁湿巾非常实用。清洁湿巾通常设计为一次性使用，因此比传统的块状肥皂更卫生。湿巾含有低浓度的温和去污剂，并添加了保养成分且可以沉积在皮肤之上。湿巾的材质可以是天然纤维（如棉花）或合成纤维（如聚丙烯），或是两者的混合。通过物理和化学清洁相结合的方式，可为面部肌肤提供深层清洁。目前市场上流行的清洁湿巾主要分为干式和湿式两种类型。
- **干式清洁布**（dry cleansing cloths）由涂覆在一次性布巾上的起泡表面活性剂组成。此外，保湿成分（如甘油）也可沉积到布巾上。使用前需要把布巾先润湿并揉搓以产生丰富的泡沫。干式清洁布的独特优势在于其可将不同的成分精确地放置在布巾的不同区域[34]。这种方法使配方设计师能够使用与液体清洁剂不兼容的成分。
- **湿式清洁布**（wet cleansing cloths）是由制造商预先浸湿，并以即用形式进行包装和分发。湿式清洁布在使用时不需要额外的水，通常是非起泡型。湿式清洁布的主要优点是可以在皮肤上沉积少量保湿剂，这一特性使得湿式清洁布特别适合干性或敏感性肌肤群体使用。

> **你知道吗?**
>
> 尽管洁面膏和乳液可能会在皮肤上沉积保湿成分，但不应将它们作为保湿剂使用并留在皮肤上。此类产品含有温和的清洁成分，旨在去除皮肤表面的污垢和油脂。但是，如果洁面产品残留在皮肤上，可能会引起刺激。出于同样的原因，建议洁面后用水将其从皮肤上冲洗干净，而不是用干布擦拭。

在制备起泡型洁面产品时，一个重要的考虑因素是轻柔地混合成分，以防止在配制过程中产生过多的泡沫。不同产品的制剂工艺主要取决于其基础产品形态。

- **洁面清洁凝胶**的制剂通常从增稠剂的水合作用开始，这一过程可以通过将胶凝剂与保湿剂（如甘油或丙二醇）预混合来促进。在完全水合之后，可以添加和充分混合所有其他成分，以制备出均匀的最终产品。

- **爽肤水**的制剂通常是由水或乙醇溶液，以及其他可溶性和相容性成分混合而成。在制备过程中，首先考虑固体成分在液相中的溶解度（即其是否可溶于水相或乙醇相）。待完全溶解后，所有液态成分可以混合到适当的液相中，然后混合各相。
- **洁面膏和乳液**的制剂遵循乳化的一般步骤。
- **磨砂膏**通常以洁面膏或凝胶的形式配制而成，在制剂工艺的后期阶段将研磨剂颗粒混入其中。
- **吸附型（冲洗型）面膜**[absorbent（rinse-off）mask]可以制成粉末，在使用前与液体相混合。在这种情况下，制剂遵循粉末混合的一般步骤。当配制成膏霜或凝胶时，则遵循一般乳化或凝胶制剂工艺。膏状冲洗面膜的制剂需要特殊技术来避免干粉聚集体的形成。通常，吸收剂（如高岭土）被缓慢分散于水中，并进行持续而强烈的搅拌。水合后，可以向该相中加入其他成分。为了避免聚集，最终产品通常具有较高黏度，并常用高剪切搅拌器混合15～30 min，还可以通过研磨机进行处理。
- **肥皂**可通过皂化和中和两种方法制备。在皂化过程中，首先加热脂肪和油脂，并与液体碱相反应，生成肥皂、水（纯皂）及甘油。在中和过程中，脂肪和油脂被水解成粗脂肪酸和甘油。然后对脂肪酸进行提纯并与碱中和，产生纯皂（水和皂）[3]。工业肥皂生产采用连续化过程，包括持续添加脂肪并移除产物。小规模生产采用传统的批量生产工艺。连续法和间歇法都能生产液态形式的纯皂，以及有价值的副产品——甘油。可以通过化学处理、蒸发和精制回收甘油。皂化或中和后的下一步是干燥，即将纯皂转化为干燥的肥皂颗粒，颗粒物含水量会根据肥皂所需特性而调整。然后将干燥的肥皂颗粒与其他成分混合并精制。在最后的制备工艺中，混合物被挤压并切割成块状单位，并塑造成最终形状。

10.7.2 身体清洁产品

身体清洁产品是日常个人护理中的重要组成部分，包括浴缸中使用的泡浴产品和淋浴时使用的沐浴产品。在众多产品形式中，液体沐浴露产品最受欢迎，其种类繁多，包括泡泡浴、沐浴露和淋浴乳等。此类产品除了清洁皮肤外，还能滋润和保湿皮肤。相比于简单的肥皂，液体沐浴露能更有效地沉积润肤成分，并采用较温和的表面活性剂，长期使用有助于改善肌肤状态[30]。

身体（包括躯干、手臂、腿部和生殖器等部位）的皮肤约占全身表面积的90%。但有趣的是，与身体其他部位相比，面部皮肤更受关注。许多消费者在关心是否容易形成痤疮或敏感面部肌肤时，却忽略了其他身体部位肌肤的需求。正如前文所述，皮肤类型会随着时间改变，甚至在同一个人的不同身体部位之间也可能存在差异。同一个人可能同时拥有混合性面部皮肤、正常的身体皮肤和干燥的手部皮肤。因此，在选择个人护理产品时，应根据皮肤的具体情况和需求，精心挑选适合的产品类型。

10.7.2.1　沐浴产品

沐浴产品构成了一个多样化的产品家族，其形式从固体产品（如肥皂、浴盐、浴球和浴珠），到半固体形态产品（如沐浴露、膏霜），再到液体产品（如泡泡浴产品、沐浴油），应有尽有。

- 与面部清洁产品类似，**肥皂**长久以来一直是清洁身体的传统选择。其含有天然肥皂，即脂肪酸的碱性盐。但是，正如前文所述的缺点，以及合成洗涤剂的发展，过去几十年，肥皂的使用已经显著减少。天然表面活性剂在浴缸中使用时还有一个缺点，即在硬水存在时容易形成污垢和环状物质并附着在浴缸上。环状物不容易被冲刷干净，并且会在衣物上产生可见沉积物并使衣物手感发硬。
- 用于清洁身体的**合成洗涤剂**与面部清洁产品相似，含有合成表面活性剂，该成分被认为对皮肤更加温和。

> **你知道吗?**
> 水的硬度是由水中的矿物盐决定的，主要是钙盐和镁盐，有时也包括铁盐和锰盐。相关矿物盐能与天然肥皂发生反应，形成一种不溶性沉淀物（称为“垢”）[3]。

- **液体清洁产品**不仅能够改善皮肤的触感，而且比清洁肥皂更加方便和卫生。此外，大多数液态沐浴产品富含保湿剂，这意味着其在清洁皮肤的同时，还能为肌肤提供额外的滋养和保湿。**泡泡浴产品**，也被称为泡沫浴产品，顾名思义是在浴缸里形成轻盈、丰富的泡沫。其液态制剂因愉悦的使用感受，已成为当今最受欢迎的沐浴制剂之一。**淋浴凝胶**是透明的凝胶状产品，易于使用和冲洗，因此备受欢迎。为了提供额外的去角质和光泽度效果，凝胶中通常会加入惰性颗粒。而作为沐浴凝胶的替代品，**淋浴乳**则具有类似牛奶或奶油的质感，通常为O/W型乳液。在这种形式的身体清洁产品中，也可以加入惰性去角质颗粒。总体而言，淋浴凝胶和乳膏不如泡泡浴产品丰富，且黏度高于泡沫浴产品。

目前市面上的沐浴露主要分为以下三种类型：

- **普通沐浴露**含有温和的表面活性剂和其他添加剂，旨在改善产品的触感。其核心功能是清洁皮肤。
- 具有较高含量保湿剂（如甘油和润肤油）的沐浴露，通常被称为**保湿型沐浴露**。此类产品除了具备基本的皮肤清洁功能外，还可为干燥皮肤提供额外的滋养。研究表明，在液体清洗剂中加入高水平的润肤剂可显著提升产品的温和性和保湿效果[35]。但是，也有研究表明，富含保湿剂的沐浴露可能不如富含亲脂性成分的产品有益。这是因为保湿剂是水溶性成分，在皮肤上的残留量明显少于亲脂物质，所以不能提供相同程度的临床效益。判断一个制剂是否富含保湿剂或亲脂性物质的唯一方法是检查产品标签上所列的成分清单。
- 有些产品属于通常被称为**特制沐浴露**的类别，可以被视为上述两类产品的子类，因为其不仅含有清洁和保湿成分，还含有具有特殊功能的成分。相关特殊成分包括去角质珠或其他磨砂材料（如磨碎的水果种子）以达到去角质效果。此类产品被称为身体磨砂膏。另一个实例是在产品中加入使用后能给皮肤带来温热（如胡椒油）或清凉感觉的成分（如薄荷醇、留兰香油和薄荷油）。

你知道吗?

阴离子表面活性剂溶液可以用氯化钠增稠。产生这种现象的原因是胶束大小的改变。正如第2章所述，表面活性剂在达到CMC后会形成胶束，带有阴离子“头部”的胶束之间相互排斥。盐分的加入减少了胶束表面带电头基团之间的排斥力，并降低了胶束的电荷密度，从而降低了CMC并增大了胶束尺寸。由于黏度取决于胶束的大小和堆积结构，故如果胶束变大，则黏度会增加[36]。但是，这种增稠效果存在一个上限，过多的盐分反而会使产品变稀。在实践中，一般通过绘制盐浓度曲线来确定此类溶液中所需的最佳盐浓度（图10.3）[37]。

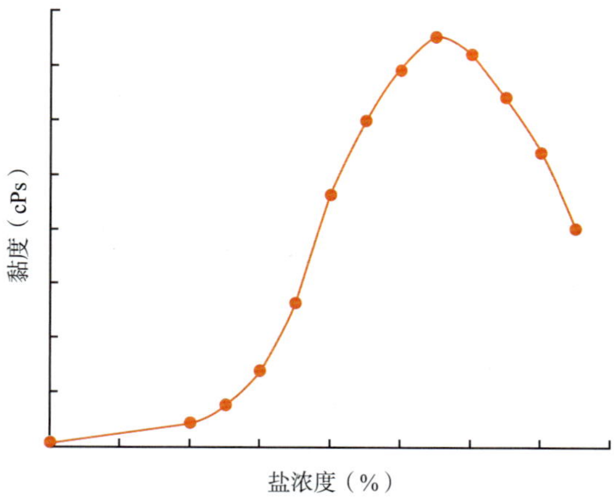

图10.3 盐浓度曲线

泡泡浴产品、沐浴露和膏霜所使用的成分类型通常相似，因此常被归为一类。

- **表面活性剂**是大多数清洁产品的主要成分。泡沫浴中使用的主要起泡剂为阴离子表面活性剂，常见实例包括烷基乙氧基硫酸盐（如SLES）、烷基硫酸盐（如SLS和月桂基硫酸三乙醇胺盐）、异硫酸盐（如椰油酰羟乙磺酸钠）、磺基琥珀酸盐及肌氨酸盐。阴离子表面活性剂具有出色的起泡和清洁能力，但通常具有刺激性。因此，其经常与非离子和两性表面活性剂结合使用，作为辅助表面活性剂降低阴离子表面活性剂的刺激性、使皮肤感觉舒适并增加泡沫稳定性。泡沫稳定剂通常是不具有良好起泡性能的表面活性剂，但其可以改善由阴离子表面活性剂生成的泡沫的稳定性。最常用的成分包括非离子表面活性剂[如椰油酰胺二乙醇胺（cocamide DEA）]。
- **增稠剂**为产品提供了适当的流变性能，并有助于泡沫的稳定性。基于表面活性剂的产品可以通过增加表面活性剂的浓度来增稠，也可以使用多种亲水性增稠剂（如纤维素衍生物、树胶、丙烯酸衍生物）。在某些情况下，还可以加入氯化钠。例如，SLES可以通过氯化钠轻松增稠。
- **水**是制剂的主要载体。

- **皮肤调理剂**（skin conditioning agent）又称保湿剂，能够抵消表面活性剂对角质层的破坏作用。常见实例包括凡士林、橄榄油、杏仁油、矿物油、乳木果油、硅油、蜡质、泛醇和尿囊素。某些非离子表面活性剂也具有润肤特性。
- **研磨剂**可以添加至特制沐浴露中以提供物理去角质作用（具体可参考面部磨砂膏）。
- **防腐剂**是水基制剂中防止微生物污染的基本成分，常见实例包括对羟基苯甲酸酯、苯氧乙醇、甲基异噻唑啉酮和有机酸。
- **其他成分**可能包括FDA批准的着色剂、珠光颜料（赋予产品特殊和独特的外观）、香精、螯合剂（如EDTA），以及天然成分（如草本提取物、维生素和矿物质）。

沐浴露可以是含有表面活性剂的溶液，也可以是含有乳化剂的O/W型乳液。如果还加入了润肤剂，则制备步骤应遵循溶液制备或乳化的一般步骤。

10.7.2.2　沐浴油

沐浴油是如今一类独特的洗浴用品，该类产品富含润肤剂，通常与香精混合使用，旨在为皮肤提供保湿效果。通常，沐浴油是无泡沫制剂。

沐浴油的主要成分是**润肤剂**。最初，矿物油因其卓越的保湿性能而被广泛使用，其可在皮肤上形成一层封闭层，防止水分的经皮流失。但是，矿物油的主要缺点是使用后肤感厚重且油腻。近年来，在沐浴油成分中开始使用新型润肤剂，包括异丙酰肉豆蔻酸酯、棕榈酸异丙酯、异丙酯、聚丙烯乙二醇醚，以及天然油脂（如葡萄籽油、橄榄油、甜樱桃油和茶树油等植物油）。**表面活性剂**在制剂中起增溶的作用，并帮助油脂在水面上均匀扩散，而不是形成较小的浓缩斑块（普通油通常会出现）或者与水混合。通常使用非离子表面活性剂，其中许多也兼具润肤功能。常见实例包括聚山梨醇醚、乙氧基山梨醇酯（如PEG-40山梨糖酸酯）和乙氧基化羧酸（如PEG-12月桂酸酯）。在某些情况下，其他成分可能包括香精、抗氧化剂和着色剂。

沐浴油的主要类型包括浮油（floating oil）、可分散于水中的油（water-dispersible oil）和可溶性油（soluble oil）[38]。

- **浮油**含有较高比例的油脂和较少的表面活性剂，后者有助于油脂的扩散。但是，表面活性剂并不能使油脂在水中溶解。选择合适的表面活性剂非常重要，应考虑油脂的可扩展性和亲水亲油平衡（HLB）值。理想的表面活性剂能够使油脂形成连续的薄膜而不是以单个液滴的形式存在。此外，理想的表面活性剂应该具有相对较高的HLB值（约为9），同时仍能在油脂混合物中保持可溶解状态[39]。浮油可最大限度地增加水中的薄膜面积，使香味更好地挥发，同时使其成分附着在皮肤上。浮油的主要缺点是可能会在浴缸边缘形成一圈油渍，并且很难使表面活性剂在这种环境中起泡，因为润肤剂是优异的消泡剂（defoaming agent，即降低表面活性剂的起泡活性）。此外，浮油还可能使浴缸或地板变得滑腻，带来安全隐患。此类产品是无水制剂，因此可将其装入球形或其他形状的软明胶胶囊中。胶囊可以涂上珠光剂，此类产品通常被称为浴珠或浴颗粒。当将明胶胶囊加入热水浴中时，明胶会溶解在水中并释放其内容物。

你知道吗?

芳香疗法产品如今非常流行。这类产品含有高浓度的香精和精油，可为消费者提供多种体验（如放松、提神醒脑和缓解压力）。在美国，芳香疗法产品通常被视为化妆品，但声称能够放松肌肉、治疗抑郁或起到助眠作用的产品则被视为药品并受到监管[40]。

- **分散性油**（dispersible oil）含有高浓度的香精、润肤剂和表面活性剂，可将油脂均匀分散在水中并产生原位乳液（即瞬间形成的乳液）。当乳液形成时，可能会因胶束的形成而产生白色的云雾状物质。由于此类产品中表面活性剂的含量较高，在浴缸边缘形成油渍的可能性较低。
- **可溶性油**是非离子表面活性剂在水中的溶液，其中含有少量可溶形式的润肤剂。由于含油量较低，此类产品与水混合时会产生一些泡沫。但是，非离子表面活性剂并没有出色的起泡性能，因此通常只是轻微起泡。

浮油和分散性油的制备工艺是一个简单的混合过程，将所有成分混合在一起，直至形成均匀的产品。而可溶性沐浴油的制剂过程采用的则是溶液制备工艺，其中润肤剂被表面活性剂分子包裹，并将其转化为可溶形式。

10.7.2.3 浴盐和浴球

固体身体清洁辅助产品包括浴盐和浴球，这是最古老的用于清洁皮肤并赋予皮肤宜人气味的产品形式。最初，这类产品旨在模拟天然温泉中的盐分含量。大多数此类产品是含有弱酸的钠盐，因此呈碱性，当在浴缸中被大量稀释后被认为是无害的。常见盐类实例包括碳酸钠、碳酸氢钠、倍半碳酸钠、磷酸二氢钠、氯化钠、硼砂（具有温和抗菌作用和收敛特性），以及过硼酸钠。还可添加硫酸镁、硫酸钠、硫代硫酸钠、氯化镁和酒石酸钾来模拟温泉水。表面活性剂、着色剂、香精及各种油脂和植物提取物也可以添加至制剂中。

浴球通常含有碳酸氢钠和一种酸（如柠檬酸或酒石酸）。当产品与水接触时，成分之间的化学反应会产生二氧化碳，其目的是模拟天然碳酸温泉的效果[38]。此类产品需要精心配制和妥善包装，避免受潮而引发碳酸化反应。

着色剂通常以水溶性、醇溶性或水醇溶液的形式喷洒在粉末混合物上。另一种方法是将盐浸泡在含有着色剂溶液的容器中，短时间内完成着色过程。着色后，将盐均匀地铺开、晾干。香精和植物提取物也可以喷洒在盐上，并迅速干燥，最终产品应立即包装以避免香精挥发[38]。

浴球可能含有黏合剂，能够将单个颗粒黏合在一起，并防止立方体/球形物在包装和运输过程中破碎。浴球通常是在稍微湿润的粉末混合物中加入水、油脂和香精的混合物，然后压制成最终形状。水在混合过程中溶解了少量盐类，在干燥过程中水分蒸发时，溶解的盐类会重新结晶，起到连接颗粒的作用。在配制浴盐和浴球时，需要考虑空气湿度，因为许多成分具有很强的吸湿性，并且能够迅速吸收空气中的水分。

10.7.3　洗手液

手部是一天中清洁最频繁的身体部位。❺除了简单的清洁外，正确的洗手习惯对控制感染和预防疾病传播极为关键。许多疾病可以通过不卫生的手传播，因此，保持手部清洁是避免疾病和减少细菌传播的最重要措施之一。公共场所常设有提醒人们洗手重要性的提示，并介绍正确的洗手方式。研究证实，使用肥皂和水洗手比仅用水洗手能更有效地去除致病菌[41]。美国疾病控制与预防中心（CDC）指出，如果没有肥皂和水，则应使用含酒精的手部消毒剂清洁双手[42]。

手部清洁产品种类繁多，包括肥皂、含或不含抗菌剂的液体肥皂、手部清洁湿巾，以及含或不含酒精的手部消毒剂。由于对皮肤温和性要求的提高，传统肥皂逐渐被合成洗涤剂所取代。此类产品通过化学和物理作用清洁双手，去除细菌。在大多数公共场合（如餐馆、医疗机构和教育机构），肥皂已普遍被液体肥皂（包括泡沫型和凝胶型产品）取代。

手部清洁产品的大多数成分与面部和身体清洁产品相似，以下是一些常见成分的总结。

- **水**是制剂的基本载体。
- **表面活性剂**通常以多种类型混合使用，以优化起泡和清洁性能，同时最大限度地减少对皮肤的不良影响。表面活性剂包括温和的阴离子表面活性剂（如脂肪酸羧酸盐、肌氨酸盐、异硫酸盐、磺基琥珀酸盐）、非离子表面活性剂（如胺氧化物）、两性离子表面活性剂（如甜菜碱），以及某些具有防腐作用的阳离子表面活性剂（如十六烷基三甲基溴化铵）。
- **皮肤调理剂**包括润肤剂和保湿剂，可使双手的触感柔软光滑。
- **增稠剂**可将产品的黏度调节至最佳水平。通常是亲水性的，某些洗手液可能会使用氯化钠来增稠。
- 通常在液体洗手产品中添加**防腐剂**，但这些产品中可能还含有其他抗菌剂。抗菌剂旨在杀灭皮肤上的微生物，但可能不足以保护产品免受一般污染水基产品的微生物影响。其常见实例包括DMDM乙内酰脲、对羟基苯甲酸酯、甲基氯异噻唑啉酮和甲基异噻唑啉酮。
- **天然成分**（如芦荟提取物、洋甘菊提取物、薰衣草提取物、肉桂提取物等）可能具有不同的效果（如杀菌、抗炎和舒缓作用）。
- **其他成分**可能包括螯合剂、香精、着色剂和pH缓冲剂。

10.7.3.1　局部外用抗菌产品

市面上有很多抗菌皮肤清洁产品可供大众使用。❻抗菌产品结合了肥皂的清洁功能与防腐剂的杀菌特性。此类产品旨在减少手部的暂驻微生物数量，在美国被归类为药品。

> **你知道吗?**
>
> "抗菌剂"(antiseptics)和"消毒剂"(disinfectant)这两个术语有时会被互换使用,但其含义有所不同。抗菌剂是化学物质,通过杀灭或抑制活体组织(如皮肤)内部或表面的微生物生长来预防感染。相比之下,消毒剂用于无机表面或物体上,以破坏或不可逆地灭活传染性微生物。目前,包含抗菌肥皂和手部消毒剂在内的抗菌产品受FDA的监管,而消毒产品则受到美国环境保护署(EPA)的监管[43]。

目前,医疗用抗菌剂(healthcare antiseptics)和消费者抗菌剂(consumer antiseptics)分属不同的专论。在每个专论中,FDA对冲洗型产品(需水冲洗的洗涤产品)和免洗型产品(无须水冲洗的擦拭产品)进行了区分[44]。

- **医疗用抗菌剂**是专为医疗机构的医务人员设计的,如医院、诊所、医生办公室、门诊和疗养院。医疗用抗菌剂包括医务人员洗手液、手部消毒剂、外科手部擦洗剂和患者术前皮肤准备产品。
- **消费者抗菌剂**供一般公众在各种场所(如家庭、学校、幼儿园和其他公共场所)使用。消费者抗菌剂包括抗菌洗涤剂(也称为抗菌肥皂)和擦拭剂(包括手部消毒剂和消毒湿巾)。

长期以来,大多数局部外用抗菌产品依据"暂定最终专论"(Tentative Final Monograph, TFM)进行销售。FDA发布了有关消费者抗菌洗手液(2016年)、医疗用抗菌剂(2017年)和消费者抗菌擦拭剂(2019年)的最终专论。上述最终专论将许多成分归为Ⅱ类,出于安全性和功效的考量,禁止在相关产品中使用Ⅱ类成分。值得注意的是,最终专论并未对所有潜在成分做出明确决策。对于被推迟审议的成分,FDA预计将从化妆品行业获得更多安全性和功效方面的信息。

下面介绍OTC药物评审过程中活性成分的分类方式(参见第2章)。根据现有的科学信息,活性成分被划分为以下三个类别。

- **Ⅰ类**:被认为是公认安全有效(GRASE)的成分,适用于所声明的治疗用途。
- **Ⅱ类**:通常被视为不安全或无效的成分,或者具有未经获准的适应证(非GRASE)。
- **Ⅲ类**:可获得的数据不足,无法最终分类。

下文简要介绍局部外用抗菌剂的类别。

消毒洗液中最常用的抗菌成分是苯扎氯铵(浓度约为0.1%),其也是目前消费者洗手液中最常用的抗菌成分。截至2022年1月,关于苯扎氯铵和氯二甲苯酚的使用规则仍在审议。除特定抗菌成分外,其他成分与传统(非抗菌)肥皂相同。

新发布的最终规定明确了不再被视为GRASE的成分[如三氯生(triclosan)为Ⅱ类],意味着相关成分将被禁止用于消费者洗手液中,主要原因是未能证明三氯生在预防疾病方面比普通肥皂和水更有效。此外,三氯生的长期安全性也引起了担忧。研究表明,某些微生物可能对三氯生产生耐药性,导致对抗生素产生耐药性[45, 46]。抗生素耐药性已是医疗领域的一个重大问题,继续使用此类成分可能会导致问题加剧,引发医疗保健环境中严重的健康问题、增加医疗保健负担和成本。同时,三氯生可能的内分泌干扰作用也引起了广泛关注[47]。另一种用于抗菌产品的成分三氯二苯脲(triclocarban),也同样被禁用。

抗菌擦剂（antiseptic rub）

- **手部消毒剂**涂在干燥的手上并揉搓后会迅速干燥，无须水冲洗。手部消毒剂通常包括溶液和凝胶两种形式，主要分为醇基（alcohol-based）和水基（water-based）制剂。
  - **醇基手部消毒剂**通常含有乙醇、异丙醇或为两者的混合物。该类产品的抗菌活性是由于其具有使蛋白质变性的特性[48]。60%～95%的乙醇溶液被认为是最有效的，超出此范围则效力减弱[49, 50]。在无水条件下，蛋白质变性较为困难[46]。该类产品中的乙醇浓度通常以体积百分比表示。研究表明，乙醇含量低于60%的产品在减少手部微生物数量方面效果较差[51]。因此，消费者在购买产品之前，检查手部消毒剂中的乙醇浓度非常重要。除乙醇外，乙醇基手部消毒剂中通常还含有水、皮肤保湿剂（如甘油、丙二醇、肉豆蔻酸异丙酯和维生素E）、增稠剂、着色剂和香精。为了对抗可能污染产品的微生物，大多数制剂中还会加入防腐剂。含乙醇的产品具有即时杀菌作用，但其杀菌能力会随乙醇的蒸发而逐渐消失。
  - **水基手部消毒剂**含有水和抗菌成分，最常见的是苯扎氯铵（浓度约为0.1%）和苄索氯铵（浓度约为0.3%）。其他常见成分包括表面活性剂、皮肤调理剂、增稠剂、香精、防腐剂和抗氧化剂。其中，最常用的抗菌成分为苯扎氯铵。将水基产品推向市场的主要目的是提供一种无乙醇干燥效果的手部消毒剂。上述无水制剂通常标注为“无乙醇”和“不干燥”。由于不含乙醇，此类产品对皮肤更为温和，误食风险较低，且不易燃烧。另一个明显的优势是其具有立即和持久的杀菌作用。即使水从皮肤上蒸发，沉积在皮肤上的抗菌成分仍然能提供保护作用。
- **抗菌湿巾**（antibacterial wipe）可以是乙醇基或水基的，成分类似于前述的手部消毒剂。其活性成分通常是苯扎氯铵和苄索氯铵，其余成分与上述湿巾类似。

FDA尚未对某些成分（如苯扎氯铵、乙醇和异丙醇）在消费者擦剂中的使用做出最终决定。目前，此类成分仍被允许用于商业产品。但是，制造商和消费者均应查看FDA官网，以获取关于此类成分使用的最新信息和最终决定。

> **? 你知道吗?**
>
> 由于担心消费者会认为使用手部消毒剂产品可以完全预防微生物引起的特定疾病，FDA不允许制造商声称其产品对特定类型的病原体（如耐甲氧西林金黄色葡萄球菌、沙门菌、大肠杆菌或新型冠状病毒）有效。

10.7.3.2 洗手液产品的制剂设计

此类产品的制剂设计可归为传统剂型。

- 对于**凝胶类产品**，制剂工艺始于增稠剂的水合过程。完成该过程后，添加所有其他成分并充分混合以制备均匀的最终产品。
- **肥皂与合成洗涤剂**的制备沿用了经典的处方工艺，与面部及身体清洁产品完全相同。
- **起泡型手部消毒液**通常以液体肥皂的形式供应，通过独特的分散技术生成细腻的泡沫。其制剂与面部和身体液体清洁剂相同。

- **手部清洁湿巾**是通过浸湿干燥布料，将其折叠在一起或单独包装供单次使用而制造的。溶液或O/W型乳剂制剂通常遵循一般溶液混合或乳化工艺。

10.7.3.3 CDC关于正确手部卫生的建议

正确且定期洗手被认为是去除手部暂驻菌、预防感染及疾病传播的黄金标准。❼尽管公众普遍认为，手部消毒剂可以替代传统的洗手方式，但CDC建议，其不应取代肥皂和水的洗手方式，而只能作为辅助手段使用[52]。当手部出现明显脏污或油腻时，手部消毒剂可能不够有效。在医疗环境中，当手部有明显脏污或蛋白质污染物时，应使用肥皂和水进行清洗，而不是手部消毒剂，这是因为酒精无法充分杀灭某些重要的病原体。手部可能有肉眼看不到的油脂和蛋白质，此类物质可以覆盖并保护病原体免受酒精的作用，并且可能干扰或中和酒精的效力[53, 54]。此外，醇类对细菌孢子（bacterial spore）、囊原虫（protozoan oocyst）和某些无包膜病毒（nonenveloped viruse）的活性较差[55, 56]。肥皂、摩擦和流动水可有效去除脂类物质，并清除有关的病原体。正确的手部卫生包括使用肥皂和温和的流动水，且需充分搓揉双手至少20 s。虽然使用指甲刷并非必要，但确实需要特别注意指甲周围和指间的清洁。研究显示，湿润的手部比干燥或完全未洗的手部更容易传播病原体。因此，双手彻底烘干是防止细菌扩散至皮肤、食物及环境表面的关键步骤。手部消毒剂是在无法获得肥皂和水时的备选（在此情况下，使用手部消毒剂肯定比完全不使用更好），否则应优先使用传统肥皂（或洗手液）和清水洗手，而将手部消毒剂作为可选的后续步骤。值得注意的是，酒精类消毒剂的用量对于其整体效果至关重要。未能覆盖所有手部和指尖表面也会大大降低酒精类消毒剂的效力[57]。

10.8 选择洁肤产品的注意事项

皮肤科医生和消费者在推荐和选择皮肤清洁产品时面临多种选择。已经证明，皮肤清洁产品能以多种方式影响皮肤并产生不同的效果。❽为了选择最合适的皮肤清洁剂，消费者需要全面考量自身的皮肤类型、存在的皮肤问题及过敏反应。首先是准确判断特定身体部位的皮肤类型（干性、油性或正常皮肤）。在确定了皮肤类型之后，评估和考虑任何存在的皮肤问题（如痤疮、干燥或过度脱屑，以及对某些成分过敏）[34]。鉴于皮肤类型和敏感度的个体差异，洁肤产品的选择往往带有主观性。以下是选择此类产品时应考虑的一般属性。

- 相比传统的肥皂，合成洗涤剂提供了一种更为温和的选择。传统肥皂通常具有较高的pH，会去除皮肤表面大部分天然保护性脂质层，导致皮肤紧绷和干燥。
- 肥皂的保湿成分可根据皮肤类型进行调整。油性皮肤需要较少的保湿剂，而干性皮肤则需要含有更多保湿剂的肥皂。消费者应根据身体部位/区域选择适合自己皮肤类型的肥皂。

- 面部爽肤水主要在洁面后、涂保湿霜之前使用，以清除残留在皮肤上的肥皂、油脂和化妆品残留。爽肤水中的收敛剂可使皮肤干燥并紧绷，对油性皮肤而言是合适的选择，但不建议干性皮肤群体使用。
- 去角质剂有助于从皮肤上物理性地去除污垢和细胞碎屑，使皮肤表面更加光滑。当需要更深层次地去角质时，其对于老化的皮肤、痤疮和其他皮肤问题都是有益的。如前文所述，正确使用此类产品至关重要，以避免损害皮肤的屏障功能。使用时应严格遵循制造商的使用说明，以防皮肤损伤。
- 洁面湿巾能有效清除皮肤上的化妆品和污垢，通过各成分的化学作用和物理摩擦达到清洁效果。洁面湿巾可能会在皮肤表面留下润肤成分，这对干燥皮肤尤其有益。
- 水温也会影响皮肤和清洁产品之间的相互作用[58]。建议使用温水而非热水进行沐浴，以减少肌肤的干燥和刺激。
- 对于干燥皮肤，以及在沐浴后不喜欢涂保湿产品的消费者而言，推荐使用保湿沐浴露。此类产品能够在沐浴过程中在皮肤上沉积轻质润肤剂，进而提供必要的保湿效果。

10.9 洁肤产品的常见质量问题

尽管化妆品公司能够精确控制皮肤清洁产品的制剂配方，但有时所制备的批次可能不符合质量规范。本节探讨了❾洁肤产品的常见质量相关问题，具体包括浴盐和浴球变黏、浴球破碎、肥皂变色、起泡剂活性差、乳剂分层、溶液浑浊、微生物污染、产品结块和酸败。此外，本节还介绍了上述问题的成因及相应的解决方案。

10.9.1 浴盐和浴球变黏

固态沐浴产品的主要问题是湿度和成分的吸湿性，尤其是泡腾产品。此类产品可以从环境中吸收水分并开始在室温下溶解，从而使产品变黏。为避免此类问题，需严格控制生产与储存环境的湿度。

10.9.2 浴球破碎

压缩力，即用于将粉末压制成球形的作用力，会影响产品的抗破碎强度。浴球应该足够坚硬，能够在包装和运输过程中保持不破裂。某些产品可能添加淀粉作为崩解剂，同时淀粉也起到黏合剂的作用，可增强颗粒间的结合力。氯化钠等盐类也可用作黏合剂，其在水中部分溶解后，会在干燥过程中重结晶，并形成固态桥接结构以加强颗粒间的连接。润肤剂同样可用作黏合剂。若产品抗碎程度较低，则需检查制剂参数或所用成分。可以考虑增加压缩力或增加处方中黏合剂的用量。若使用盐作为黏合剂，需要调整液体添加量以达到理想的硬度。此外，浴球在储存期间的湿度控制不当也可能导致破碎问题。由于许多浴球含有吸湿性成分，在潮湿环境中会吸收水分并膨胀，膨胀作用可能导致浴球破裂。

10.9.3 肥皂变色

肥皂变色不仅是质量问题，也是美观性问题，可能发生在肥皂的某些区域，表现为颜色变浅或变深，也可能影响整块肥皂。变色的原因可能涉及化学变化（如氧化过程），在光照或无光照条件下均可能发生。成分之间的不兼容性，或其他稳定性问题（如pH波动）也能引起颜色变化。香精对pH及其波动往往十分敏感，可能会引发肥皂的氧化变色。金属离子也可能是导致变色问题的根源，因此建议加入螯合剂以络合金属离子。

10.9.4 起泡剂活性差

在评估产品起泡性能时，首先应明确所评价的清洁剂类型。与起泡产品相比，低泡或非起泡型清洁产品会产生较少泡沫或没有泡沫。表面活性剂的类型和浓度对产品的起泡性和泡沫质量具有重要影响。此外，增稠剂也会影响泡沫的生成，因此还应考虑其类型和浓度。消泡剂（如润肤剂）也可能导致起泡性能差。

10.9.5 乳剂分层

正如第3章所述，乳液本质上是热力学不稳定体系，且随着时间的推移，乳剂存在自然分层的趋势，该现象也被称为破乳。依据不同制剂与工艺参数，乳剂分层可能在数小时至数年之间发生。制剂过程中的目标是找到一种能够稳定乳液并延缓其分层过程的最佳成分组合和加工工艺。乳剂分层可以是可逆或不可逆的。关于乳液物理不稳定性的主要机制如**图10.4**所示[59]，可逆变化包括乳化、沉淀和絮凝；不可逆变化包括相转变、聚结和奥斯特瓦尔德熟化（Ostwald ripening）[60, 61]。乳剂分层的过程复杂，通常会同时发生多个过程，使得确定问题根源颇具挑战性。

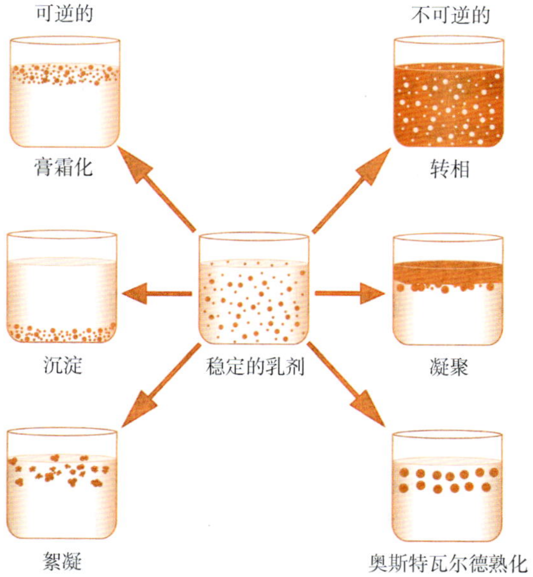

图10.4 乳液的可逆和不可逆物理不稳定性类型

来源：改编自leal-Calderon[59]

- **乳化和沉淀**的发生源于乳液内相与外相之间的密度差异。乳化现象主要出现在水包油（O/W）型乳液中，此时较轻的分散相（即油相）会上浮至乳液表面，形成分层。而沉淀则常见于油包水（W/O）型乳液，其中较重的分散相（即水相）会沉降至乳液底部，同样导致分层。通过搅拌可以逆转乳化和沉淀过程。尽管如此，此现象并不受欢迎，因为分层的乳液在外观上不够美观，并且液滴因距离过近可能导致聚结。
- **絮凝**（flocculation）是指分散的液滴聚集在一起。但是，液滴周围的界面膜仍然存在，并且液滴本身并未失去其独立性。絮凝的发生与否取决于液滴间吸引力和排斥力的相互作用[62]。如果液滴周围的界面膜破裂，絮凝也可能导致聚结。
- **聚结**（coalescence）与絮凝类似，是指乳液中分散相液滴周围的乳化膜破裂导致液滴变大。在聚结过程中，液滴周围的界面膜被破坏，使得液滴能够融合并失去自身特性。这是一个不可逆的过程，最终会导致两个原本不混溶相的完全分离。聚结取决于液滴之间薄膜的稳定性[62]。
- **转相**（phase inversion）是指乳液从一种类型转变为另一种类型，如从W/O型转变为O/W型，或从O/W型转变为W/O型。当乳化剂在分散相中的溶解度高于连续相时，会发生转相，且该过程是不可逆的。
- **奥斯特瓦尔德熟化**是指分散相中的液滴通过连续相从较小的液滴扩散到较大液滴的过程。首先，出现一个较大液滴和一个较小液滴。随着过程的持续，较小的液滴变得更小，并最终在外相中溶解消失，而较大液滴则持续增长并最终分离[63, 64]。奥斯特瓦尔德熟化取决于分散相液滴的溶解度和液滴尺寸分布。随着时间推移，液滴尺寸分布会向更大尺寸偏移。奥斯特瓦尔德熟化是一个不可逆的过程[62]。

10.9.6 溶液浑浊

面部爽肤水可能添加香精和精油以提升用户体验。油性成分通常通过表面活性剂以增溶状态存在，因此面部爽肤水是透明的溶液。如果增溶剂的种类或用量不合适，溶液可能会在一定程度上由于溶液中油滴的粒径而变得不透明。在此情况下，油性成分可能会逐渐上浮至制剂表面，并聚集形成较大的液滴。

> **你知道吗?**
>
> “增溶”（solubilization）是指利用表面活性剂，将通常在特定溶剂中难溶或仅微溶的物质制备成热力学稳定溶液的过程。为了有效增溶，所使用的表面活性剂浓度需达到或超过其CMC。借助增溶作用，油类成分能够溶入溶液中（主要为水基或醇基溶液），否则其只能漂浮在溶液表面上。

10.9.7 微生物污染

大多数皮肤清洁剂是以水为基质的制剂，具有很高的水活性，因此可能会滋生微生物。水是微生物生长的理想环境，许多化妆品成分可以作为微生物的营养源。如第8章所述，化妆品并不要求无菌，但其必须安全，并且微生物数量应该很低。在化妆品中并不一定能观察到微生物污染，但污染可能会破坏乳液稳定性、导致变色，并引起刺激和感染，因此强烈建议使用防腐剂将微生物数量保持在最低水平。基于酒精的手部消毒剂也是一种防腐剂，但其可能无法有效预防产品受到广泛细菌和霉菌的污染。因此，即使是手部消毒剂，也可能含有防腐剂。第8章中详细讨论了最常用的微生物检测方法。

10.9.8 产品结块

在使用亲水性增稠剂增稠的水基制剂中，可能会出现团块，即粉末颗粒相互黏合形成具有干燥核心和湿润表面的团块。某些亲水性增稠剂（如卡波姆和树胶）倾向于聚集并形成团块，使其难以分散。可以通过适当分散和润湿聚合物来避免该现象。重要的是将聚合物缓慢地加入或撒入快速搅拌的水中，并需要事先对水进行加热。某些聚合物可与制剂中的其他成分预先混合润湿。例如，用甘油预先润湿可能有助于在水中均匀分散聚合物。其他非溶剂成分、较低HLB值的非离子表面活性剂（HLB为7～9），也可在将聚合物加入水中之前使其润湿。这种与非溶剂形成的大量聚合物分散体会延缓聚合物溶胀和水化进程的速度，从而最大程度减少结块。

10.9.9 酸败

酸败是脂肪和油脂发生氧化降解的过程，该过程可能产生令人不悦的气味、使稳定性下降，以及使乳剂外观发生变化。酸败可由空气、光照、湿气、高温及微生物引起，从而导致油脂中不饱和键的氧化。酸败具有多种形式，最常见的类型包括水解、氧化和微生物酸败[65]。氧化是一种由自由基催化的连锁反应。抗氧化剂能中和自由基，从而延缓氧化导致酸败的进展。因此，通常需要在所有含有脂肪和油脂的制剂中添加抗氧化剂。此外，将油脂存放在阴凉、避光的环境中，尽量减少其与热、光、湿气和氧气的接触，也可有效减缓酸败的发生。同时，产品中添加的防腐剂能够抑制可能催化氧化反应的微生物，进而防止酸败。

10.10 洁肤产品的评价

本部分主要探讨了用于评价洁肤产品质量和性能的常规检测方法。

10.10.1 常规检测的质量参数

❿常用于评估洁肤产品的质量参数包括乳液、膏霜和凝胶产品的涂抹性、挤出性、质

地及坚实度、驱动力，起泡性、泡沫稳定性、泡沫黏度、泡沫密度和泡沫结构，浴球硬度，浴球、浴盐、浴珠的崩解时间和溶解时间，防腐功效，乳液液滴尺寸，黏度，密度与比重，pH及稳定性。以上指标的合理范围和其他限制因素通常由各制造商自行制订。

10.10.1.1 乳液、膏霜和凝胶产品的涂抹性

涂抹性是评价乳液、膏霜和凝胶产品一致性的指标。涂抹性是指产品在皮肤上涂抹时推开的难易程度。该参数受多种因素影响，具体包括油脂、脂肪、蜡质和黄油的类型及含量，表面活性剂和增稠剂的类型与用量，以及制剂中的含水量。富含脂质的膏霜具有较差的涂抹性，因为其黏度较高，使得肤感油腻、发黏且难以推开。相比之下，低黏度的乳液、膏霜或凝胶产品则易于在皮肤上推开。

涂抹性可通过常规方法进行评价。例如，利用伸长计（extensometer）[也称为平行板法（parallel-plate method）]在玻璃板的中间放置一定重量的产品，将另一个玻璃板小心地放置在产品上方，避免滑落。然后在规定的时间内（如1 min）测量样品在两个玻璃板之间扩散的面积（直径）。可以将重物放置在托盘中央以增强铺展性[66]。目前，更常用的方法是使用质构仪（texture analyzer）和铺展性探针（spreadability probe）。该方法也被称为穿刺测试（penetration test）。如图10.5所示，该设备由一个90° 锥形探针和精确匹配的锥形产品支架组成。通过刮刀将产品填充至样品支架中，并使其表面平整。在对样品进行测试之前，样品支架可以存放在冷冻、冷藏或常温环境中。测量过程中，探头以恒定速度向下移动并穿透样品到达指定深度。在测试过程中，产品被挤压并在探头与样品夹之间向外流动。当达到指定的穿透距离时，探针从样品中退出。该测试可测量穿透样品的难易程度，以及探针从样品中退出所需的力度，可作为衡量产品涂抹性、质地和黏性的指标。

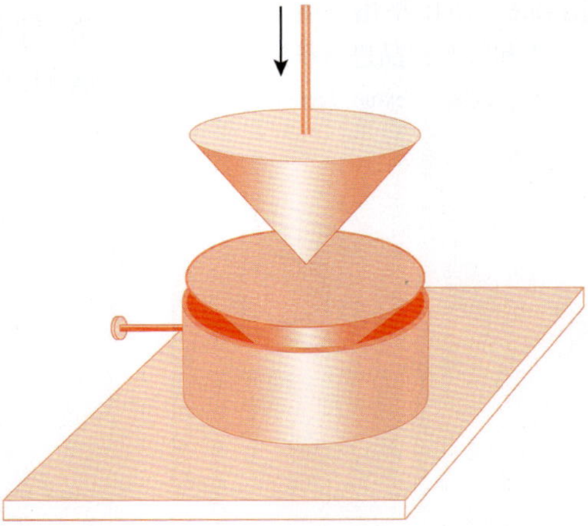

图10.5 使用铺展性探针测试乳液、膏霜和凝胶产品的涂抹性

来源：改编自 Texture Technologies Gorp

10.10.1.2 管装乳液、膏霜和凝胶产品的挤出性

产品开发的一个理想因素是确保产品能轻松地从管中挤出，挤出后又能干净地断开。挤出性测试表明了从软管中挤出膏霜、乳液或凝胶产品的难易程度。具体检测设备如图10.6所示，包装管体由一个机械臂支撑垂直放置，该机械臂通过一个狭窄的开口向上拉动管体，模拟挤压，并测量从管体中挤出产品所需的力度。该方法适用于测试采用管

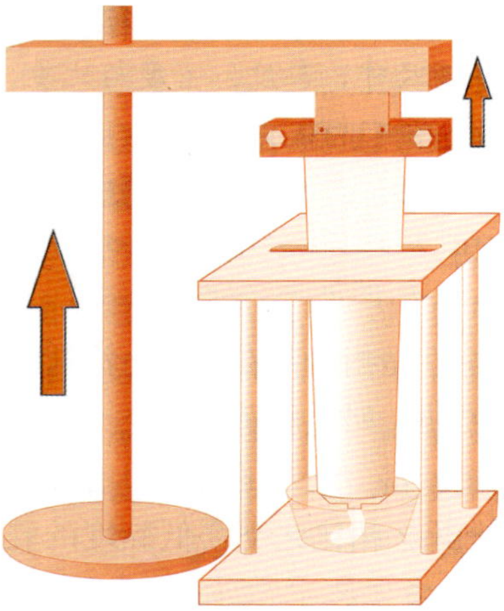

图 10.6 使用挤出装置对乳液、膏霜和凝胶产品进行挤出性测试
来源：改编自 Texture Technologies Corp

体包装的产品。

10.10.1.3 乳液、膏霜和凝胶产品的质地测试

对于乳液、膏霜和凝胶产品的质地及一致性，可使用一个能够正向（前进）和反向（后退）移动的挤出装置进行测试。正向挤压法测量的是活塞盘通过样品架底部标准尺寸出口挤出产品所需的压缩力。这种测试模拟了消费者挤出样品所需的力度（图 10.7）。如图 10.8 所示，反向挤压法的检测设备包括一个位于圆盘柱塞下方的样品架。圆盘柱塞执行压缩测试，将产品向上挤出并绕过圆盘边缘。测试结果与产品结构和流动特性有关，该测试也可用于测试黏性产品的稠度。

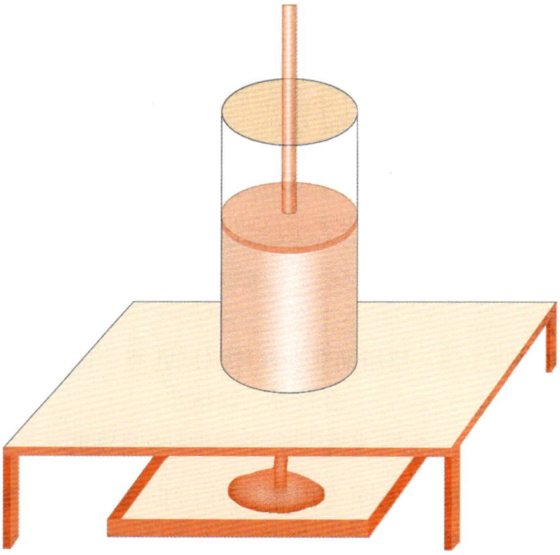

图 10.7 使用正向挤压法评估乳液、膏霜和凝胶产品的质地
来源：改编自 Texture Technologies Corp

图 10.8 使用反向挤压法评估乳液、膏霜和凝胶产品的质地
来源：改编自 Texture Technologies Corp

10.10.1.4 乳液、膏霜和凝胶产品的坚实度测试

坚实度也是产品一致性的一个方面，表示产品能够抵抗外力的程度。抵抗力体现在从容器中取用产品，或是将其涂抹在皮肤上的过程。可以使用之前介绍的铺展性探针或半球形探针来测试坚实度。使用半球形探针进行的测试是一种模拟测试，旨在模拟手指涂抹样品时使之变形的难易程度。如图 10.9 所示，探针以指定速率向样品下移至指定深度，然后返回至起始位置。该测试可评价乳液、膏霜和凝胶产品的一致性。探头穿透膏霜所需的力

度是衡量其坚实度的经典方法。

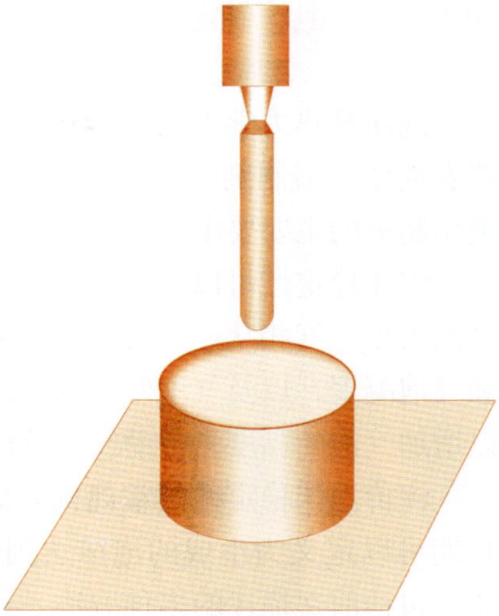

图 10.9　使用半球形探针对乳液和膏霜进行的坚实度测试

来源：改编自 Texture Technologies Corp

10.10.1.5　驱动力

驱动力测试可检测从泵头分配器中释放液体清洁产品所需的力度。手动泵式分配容器依赖消费者施加压力来挤出产品，测试所用设备如图 10.10 所示。通常使用半球形探头进行测试。重要的是，需要测试成人甚至儿童需要多大力度才能将产品从容器中释放。当使用泵式液体肥皂分配器时，儿童可能难以在适当的方向上施加足够的力来操作，这可能导致分配器移动、倾斜或无法将产品释放到预期位置。驱动力测试是一种模拟测试，用于评估此类问题。

10.10.1.6　起泡性

如前所述，大多数洁肤产品均采用起泡制剂，因此，测试其起泡性至关重要。起泡性是衡量产品在标准条件下产生泡沫的能力。多种方法可用于测试起泡性。值得注意的是，水温和水硬度可能会影响测试结果，因此在测试过程中应该考虑相关因素。

一种广泛使用的泡沫高度测量方法是罗斯-迈尔斯（Ross-Miles）测试法，该方法也被美国材料与试验协会（American Society for Testing and Materials，ASTM）批准为标准测试法（ASTM D1173-07）[67]。罗斯-迈尔斯起泡装置由两个同心垂直管组成，外管为内管构成一个温水夹层。将 200 mL 液体以可控速率从玻璃滴管中排出，并流入含有 50 mL 相同液体的接收筒中。当 200 mL 溶液与 50 mL 溶液混合时会产生泡沫。当所有液体从滴管排空后，测试初始和一段时间后的泡沫高度。这一测试还能提供有关泡沫稳定性的有价值信息[68]。

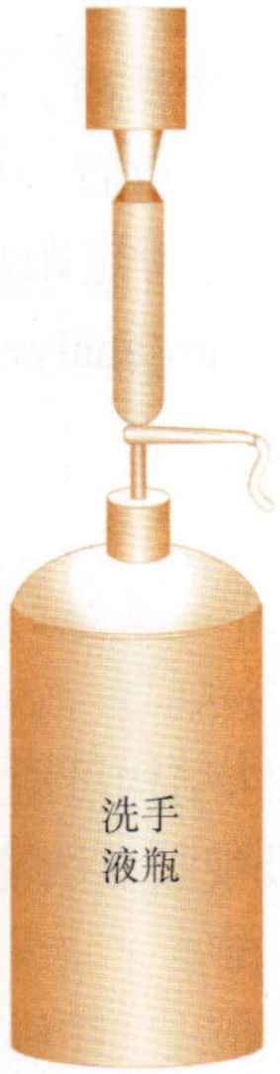

图 10.10　半球形探头对泵头容器的驱动力测试

来源：改编自 Texture Technologies Corp

另一种更简便的方法是圆柱震动试验（cylinder shake test）。测试中，将产品溶液放入刻度量筒中，然后将量筒倒置若干次，或用带孔圆盘棒体在固定时间内拍打量筒。产生泡沫后立即测量泡沫高度，之后定期测量（如 1 min 和 5 min）。该方法简单有效，是区分不易起泡和易起泡溶液的简便方式。更好的方法是以恒定的流速向表面活性剂溶液喷射一定量的气体。在泡沫产生后，立即测量指定容器中的泡沫高度，即可测试起泡性[69]。

10.10.1.7 泡沫稳定性

泡沫是热力学不稳定体系，而由皮肤清洁剂生成的泡沫并不需要长时间保持稳定。消费者期望泡浴制剂能够产生泡沫并保持较长时间（如10～15 min），但这并非大多数其他类型制剂的主要要求。

泡沫稳定性可以被描述为泡沫抵抗破裂或塌陷的能力。泡沫稳定性和持续时间取决于气泡大小、气相从一个气泡扩散到另一个气泡或扩散到泡沫周围的大量气相、气泡壁弱化和气泡凝聚，以及气泡间液体的流体动力排泄，从而导致快速坍塌。例如，表面活性剂可以增加气泡的黏度，帮助气泡抵抗因流体流动而产生的额外负荷和压力[70]。

评价泡沫稳定性的常规方法是测试泡沫高度随时间的变化，并计算泡沫的半衰期。半衰期可以定义为生成的泡沫达到初始体积一半时所需的时间。可以通过多种方式产生泡沫，包括前文描述的多种方法。

10.10.1.8 泡沫黏度

泡沫黏度会影响洁肤产品的流变性。其测试方法与其他化妆品和个人护理产品相似（下文将讨论黏度的测试方法），但其中的挑战在于黏度必须在泡沫形成后立即进行测定，因为随着时间的推移，泡沫会逐渐塌陷。目前，有专门的黏度计（viscometer）和流变仪（rheometer）来测量此类体系的黏度。

10.10.1.9 泡沫密度

泡沫密度是影响泡沫稳定性的另一个因素：泡沫密度越大，稳定性越高。测定泡沫密度的传统方法：首先制备泡沫，然后将其转移至圆柱形容器中，并通过放置一些已知质量的小物品（如橡胶塞）进行测试。测试物品在泡沫中自由沉降时通过特定距离所需的时间，并将其换算为密度值。目前，新型动态泡沫分析仪（dynamic foam analyzer）可测试泡沫衰减动力学及传统的泡沫参数（如比容）[71]。

10.10.1.10 泡沫结构

在液体泡沫中，液体体积分数是影响泡沫结构的最重要参数。泡沫结构可通过多种方法进行测试，包括电导率检测、低倍光学显微镜观察、电子显微镜分析及视频显微镜技术。

10.10.1.11 浴球硬度

硬度是浴球设计和生产中的一个重要因素，尤其是在包装和运输过程中。硬度是衡量固体产品对抗剥落或破碎能力的指标。在测试中，将浴球放置在一个测量表面上，然后以恒定速度下压（图 10.11）。浴球断裂时施加的力被称为破碎力（breaking force）或压碎力

(crushing force)。硬度通常与崩解/溶解时间成反比。片剂越硬，就需要越长的时间才能崩解成较小颗粒并溶解于水中。此外，如果硬度太低，即产品过于柔软，则可能无法搬运、包装和运输。

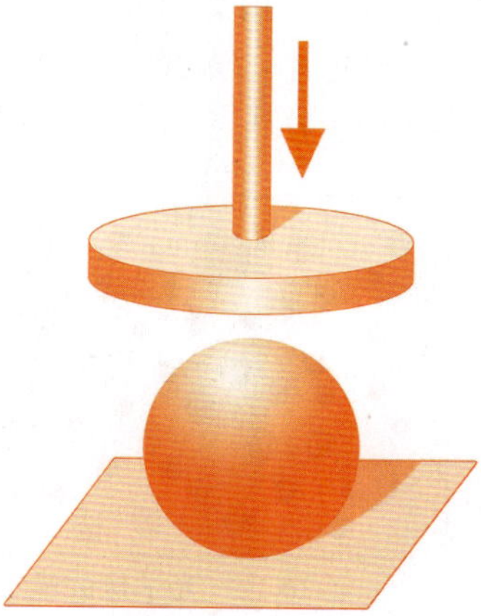

图 10.11 浴球硬度测试

来源：改编自 Texture Technologies Corp

10.10.1.12 浴球、浴盐及浴珠的崩解时间和溶解时间

崩解(disintegration)是指压缩产品(如浴球)在液体介质(如热水)中逐渐分解成较小的碎片。崩解测试是测量浴球在特定条件下崩解所需的时间。可以通过将产品样本放入一个含有特定温度水的样品架中测量崩解时间。

溶解(dissolution)是指被压缩和崩解(如浴球)，或最初未经压缩的产品(如浴盐)以分子状态溶入溶液介质中的过程(溶于洗澡水中)。可以通过将样品放入适量的水中并保持在一定温度(如洗澡水温度)下，简单测试其溶解时间。浴珠和浴盐没有被压缩，其由水溶性成分制成，在热水中迅速溶解，因此不涉及崩解。尽管浴球同样由水溶性材料制成，但因其经过压缩，需要一定时间进行崩解并溶解。

10.10.1.13 防腐功效

如前所述，化妆品不需要完全不含微生物，但其必须不含病原微生物(即可引起疾病的微生物)，且非病原微生物的数量必须控制在较低水平，因此充分的防腐措施是至关重要的。目前，评价防腐剂效果最常用的测试方法是防腐效能试验(preservative challenge test)，也称为《美国药典》(USP)＜51＞试验。这种微生物挑战试验旨在评估产品中的防腐剂在制造、储存和正常消费者使用过程中，对可能被引入产品中的微生物污染的预防能力[72]。有关USP＜51＞挑战测试的更多详细信息，请参见第8章。

10.10.1.14 乳液液滴尺寸

乳液液滴尺寸(droplet size)指的是内相的大小。液滴尺寸是一个重要考虑因素，因为其决定了产品的稳定性和流变学特性。根据斯托克斯定律(Stokes' Law，参见第2章)，较小的液滴尺寸会导致相分离速度较慢，并提供更好的稳定性。液滴尺寸越大，乳化物凝聚并进一步增加液滴尺寸的可能性就越高。液滴尺寸会受到乳化剂和制剂设计的影响。

样品经过适当的处理，即可通过显微镜确定液滴大小和乳化结构[73]。光学显微镜是一种经济实惠且简单的测量工具，在揭示不稳定性的早期迹象方面非常有价值。常用明场显微镜(bright field microscopy)来分析液滴大小。在明场显微镜中，白光从下方照射样品，并从上方观察放置在显微镜载玻片上的样品(图 10.12)。偏振光显微镜(polarized light microscopy)对于观察液晶稳定乳液非常实用[74]。在偏振光显微镜中，从下方射来的白光在照射到样品之前会先通过一个滤光片，然后再通过位于物镜和相机之间的第二个滤光片。光线变成交叉偏振光，从而可以检测到马耳他十字（Maltese cross）结构（图 10.13）[75]。

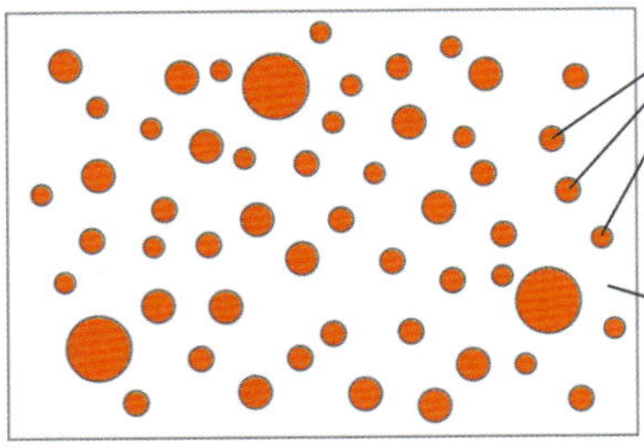

图 10.12　光学显微镜下的乳状液滴

图 10.13　偏振光显微镜下液晶乳剂的马耳他十字图案

其他技术包括动态光散射（dynamic light scattering，DLS）和激光衍射（laser diffraction，LD）。DLS 用于检测分散介质中颗粒的布朗运动（Brownian motion）（布朗运动是颗粒的随机移动），并将其与颗粒大小相关联[75]。LD 用于检测样品中从颗粒散射出的光线角度和强度，然后将信息转化为颗粒大小[75]。大颗粒会以更高强度和较小角度散射光线。需要注意的是，为了准确测量，DLS 和 LD 检测均需要对样品进行显著稀释，这限制了以上技术在外用乳液中的应用。乳液的稀释可能导致乳液结构、液滴大小和液滴分布发生变化，因此可能无法真实地反映样品情况。

10.10.1.15　黏度

黏度（viscosity，η；单位为 Pa · s 或 P）是衡量流体内部摩擦力的一种指标。实质上，其代表了流体流动时所遇到的阻力。剪切应力（shear stress，τ），也称剪切力，是指施加于单位面积上的力，可使物质开始流动。在进行倾倒、涂抹、喷雾和搅拌等物理移动时，会产生剪切效应。剪切速率（shear rate，γ）是材料在受力作用下开始流动的速度。黏度定义为剪切应力与剪切速率的比值：

$$黏度(\eta) = \frac{剪切应力(\tau)}{剪切速率(\gamma)}$$

黏度测试是对所有液体和半固体剂型进行的最常见测试之一，以确保所有生产批次具有一致的黏度。黏度是一个重要特性，因为其能显著影响产品的适用性、铺展性、可泵性和稳定性。黏度取决于多种因素，包括油脂/蜡相与水的含量、增稠剂和乳化剂的浓度、电解质和表面活性剂的类型与浓度、pH 及温度等。

在进行不同化妆品体系的流变学测试时，通常使用两种基本类型的仪器，即黏度计和流变仪。相比于流变仪，黏度计是相对简单的仪器。一种常用的黏度计是通过样品中沿一个方向旋转的搅拌子工作，因此被称为旋转式黏度计（rotational viscometer）。通过黏度计只能确定产品的黏度，而流变仪可确定更复杂的性质（如屈服应力和触变性），并且可以测试黏度。流变仪可以通过旋转和旋转振荡方式工作。

图 10.14 显示了一些代表性转子（垂直主轴）的几何形状。在检测过程中，主轴或浸入样品中，或置于样品上方，并通过电机移动（旋转或摆动）。对该运动的阻力是固有黏度的衡量标准。黏度取决于温度，因此在测试黏度时，指定温度非常重要。对于大多数化妆品和个人护理产品而言，随着温度升高，黏度会降低。

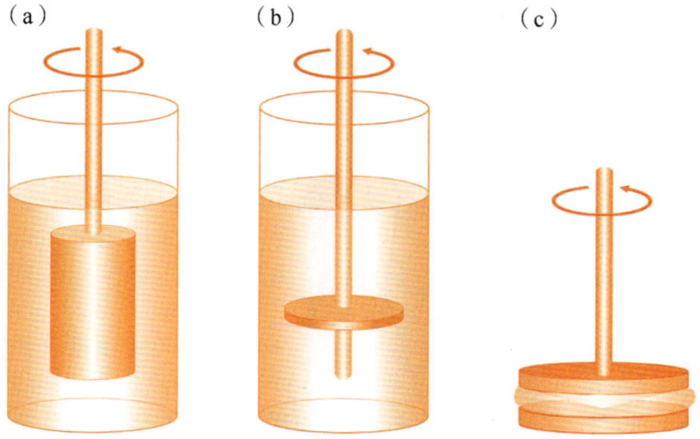

图 10.14 用于黏度和流变行为测试的各类转子及其几何形状：(a) 圆柱形转子；(b) 盘形转子；(c) 锥形转子

10.10.1.16 密度和比重

成分或产品的密度（density，ρ）定义为在25℃下，每单位体积（V，kg/m^3或g/cm^3）的质量（m）与体积（V）的比值[76]。1 g的定义是在4℃下，1 cm^3水的质量。因此，水的密度被定为1 g/cm^3。根据USP，1 mL的体积可近似视为1 cm^3，由此水的密度也可以表达为1 g/mL。密度的计算公式如下：

$$密度(\rho)=\frac{成分或产品质量(m)}{成分或产品体积(V)}$$

比重（specific gravity，又称相对密度）是指成分或产品的密度与参考物质密度之间的关系，而参考物质通常是在指定温度下的水。比重是一个无单位数值，用以表示物质密度相对于标准物质（通常是水）的相对值。其计算公式如下：

$$比重=\frac{成分或产品的密度}{水的密度}$$

密度和比重可通过多种仪器测量。传统的测量工具包括比重计（hydrometer）和比重瓶（pycnometer）[77]。比重计是一种玻璃仪器，需浸入样本中，并能漂浮在样品中（图 10.15）。比重计的球体填充满金属砝码，可直接从仪器上的刻度读取密度值。比重计成本低廉，但需大量液体、精确的温度控制，且由于刻度尺寸较小，可能会导致读数误差。比重瓶则是由烧瓶和塞子组成的玻璃工具（图 10.16）。通过将液体样品倒入瓶中并称量带有样品的瓶子，可以计算出液体样品的密度[76]。比重瓶同样经济实惠，但与比重计一样，其也需要良好的温度控制和精确天平。此外，比重计和比重瓶均为玻璃制品，易碎。另一种测量比重的方法是使用每加仑重量杯（weight per gallon cup），也称为比重杯（gravity cup）

（图10.17）。这些不锈钢圆柱杯能快速准确地测量原料和成品的比重。检测时，先空杯称重，再装满样品，盖上盖子去除溢出物后，再次称重。利用已知的杯子体积和重量差，可以计算出密度和比重。目前，数字密度计（digital density meters）也已广泛使用，可提供高精度测量且所需的样品量较少。

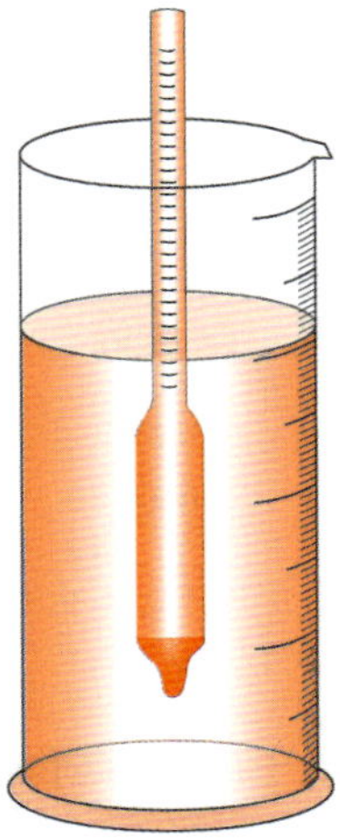

图10.15 比重计

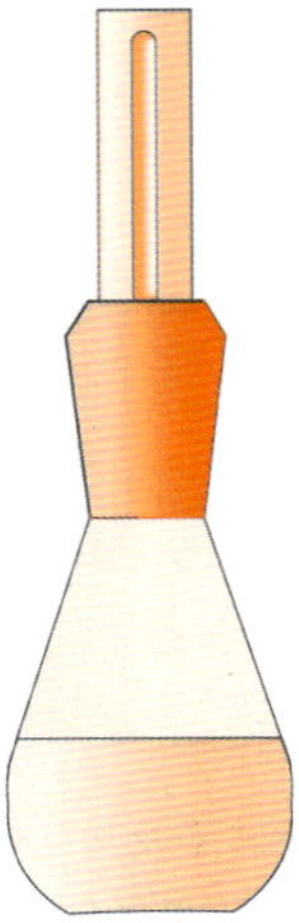

图10.16 比重瓶

图10.17 比重杯

密度和比重在质量控制中用于评价原料和产品一致性，以及包装过程中的填充体积。对于按体积填充至容器中的产品，控制和检查填充体积尤为关键。通过了解产品的密度并测量其重量，可以计算出填充体积。按照法规要求，液体化妆品和个人护理产品必须标注流动单位［如液盎司（fl. oz.）］[78, 79]。产品的重量测量通常更容易且更精确。若已知产品的密度，则可以计算出包装（如塑料瓶）中的产品体积。此外，密度测量还可用于测量和检查产品的组成。

10.10.1.17 pH

pH是衡量溶液酸碱度的指标，其取决于溶液中氢离子的浓度（$[H^+]$）。pH被定义为溶液中H^+浓度的负对数。换言之，当H^+浓度较高时，如1 mol/L = 10^0，对应的pH为0，表示强酸性；而当H^+浓度较低时，如10^{-14} mol/L，pH为14，表示强碱性。不同溶液可通过pH进行客观对比：pH 0代表强酸性，pH 14代表强碱性，而pH 7则为中性（图10.18）。

与黏度类似，pH是化妆品和个人护理产品中最常测量的参数之一。为了测量溶液的pH，需要一个pH电极的测量电极和一个参比电极，两者均被浸入同一溶液中。pH电极采用特制的pH敏感玻璃，能够产生与溶液pH成正比的电位（电压）。参比电极用于在给定温度下保持恒定的电位，并形成溶液中pH测量回路。其为pH电极提供已知且稳定的参考电位。通过测量pH电极和参比电极之间的电位差，能够获得一个与pH成比例的信号。图10.19展示了组合式电极的结构，其玻璃电极和参比电极位于同一外壳内。现如今，组合式pH计已被广泛应用。

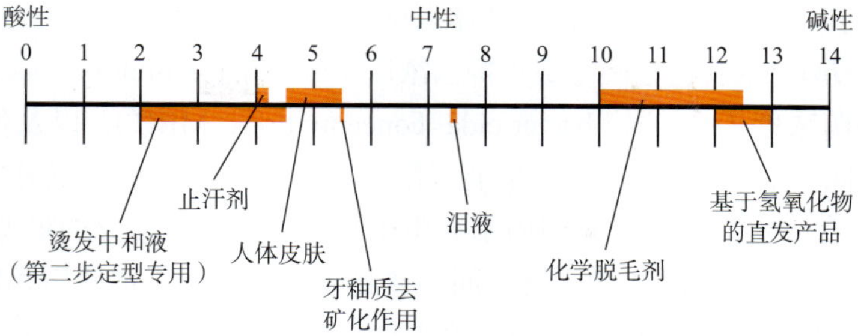

图 10.18　与化妆品和个人护理产品相关的一些常见产品和操作的pH（酸碱度）

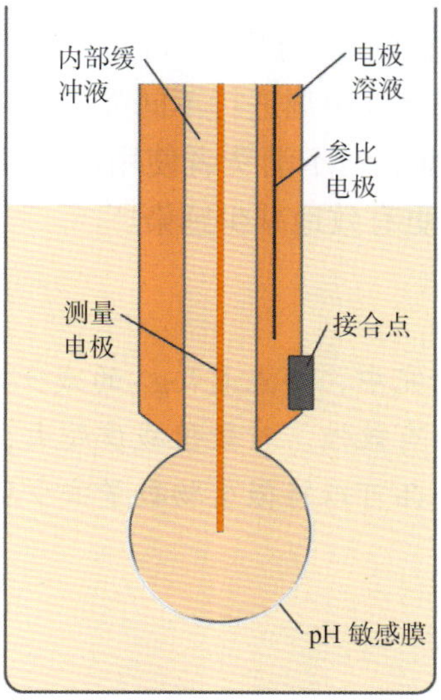

图 10.19　组合式pH计

10.10.1.18　稳定性

有关稳定性测试的详细讨论请参见第8章。

10.10.2　常规检测的功效参数

本节⓫重点探讨抗菌洁面产品中常规检测的功效参数，即抗菌活性。

10.10.2.1　抗菌活性评价

如前所述，FDA已发布针对抗菌洗涤剂和擦剂，以及医疗保健用抗菌产品的最终规定。某些成分未被纳入最终规定；FDA希望化妆品行业提供活性成分处于“公认安全有效”（GRASE）的数据。当提交有关成分安全性和功效的数据时，公司必须遵循FDA提供的测试要求。应对所有成分进行评估，以确保为了更好地耐受皮肤而添加的成分不会以任何方式损害其抗菌作用。所需测试包括体外和体内试验的组合。

- **体外（*in vivo*）试验**包括确定最小抑菌浓度（minimal inhibitory concentration，MIC）或最小杀菌浓度（minimal bactericidal concentration，MBC），以及使用各种微生物进行的时间-杀菌研究。MIC是指能够阻止微生物生长的活性成分的最低浓度；而MBC是指在固定且较长的时间内杀灭微生物所需的活性成分的最低浓度。在时间-杀菌研究中，抗菌产品与微生物之间的接触时间类似于正常使用条件。例如，如果一种洗手液应该在手部停留1 min，在时间-杀菌研究中，产品与微生物之间的接触时间也应为1 min。体外试验存在的一个主要问题是仅在实验室环境下证明了其有效性，并且相关研究不能提供有关产品在实际使用环境中的信息。
- **体内（*in vivo*）试验**是受控的临床试验。目前，FDA要求对消费者使用的抗菌洗涤剂、抗菌擦拭剂及医疗保健抗菌剂进行不同类型的体内试验，以支持判断抗菌活性成分是否符合GRASE标准。对于消费者使用的手部清洁产品而言，必须证明其在使用环境中能比普通肥皂更有效地减少感染。

> **？你知道吗?**
>
> 在许多体外和体内抗菌研究中，终点是log$_{10}$的减少程度。对数值减少量表示的是产品在减少微生物数量方面的有效性。对数值减少越大，表明产品越有效。减少1-log意味着90%的功效，表示该产品可以将微生物数量减少90%；而减少3-log则意味着产品能消除99.9%的微生物[80]。

10.11 引发安全性问题的成分

⓬洁肤产品中可能引发安全性问题的成分包括对羟基苯甲酸酯（parabens）、硫酸盐（sulfates）、1, 4-二噁烷（1, 4-dioxane）和微珠（microbead）。以下是有关其安全性的研究结果和当前声明的总结。

10.11.1 对羟基苯甲酸酯类

对于化妆品和个人护理产品而言，甲基对羟基苯甲酸酯、乙基对羟基苯甲酸酯、丙基对羟基苯甲酸酯和丁基对羟基苯甲酸酯等是最常用和最有效的防腐剂，通常与其他防腐剂结合使用以提供广谱保护作用，抵御微生物侵害。通过相互结合及与其他防腐剂配合使用，可以降低单一成分的浓度并提高防腐效果。

目前，关于对羟基苯甲酸酯的安全使用引发了一些担忧，下文总结了主要研究发现。

- 化妆品成分审查（CIR）委员会多次评价了对羟基苯甲酸酯的安全性，最近一次是在2018年[81-84]。该委员会发布的报告中列出了20种对羟基苯甲酸酯类，其在化妆品中的使用是安全的，其中，丁基对羟基苯甲酸酯、乙基对羟基苯甲酸酯、甲基对羟基苯甲酸酯和丙基对羟基苯甲酸酯等最常用的几种也在CIR名单之中。

- 有研究探索了对羟基苯甲酸酯类与乳腺癌的潜在联系，尤其是基于2004年的一项小型动物实验研究[85]。该研究在对羟基苯甲酸酯的类雌激素特性背景下讨论其关联性。但是，该研究具有局限性。对羟基苯甲酸酯展现出的类雌激素活性远弱于人体内天然存在的雌激素，而后者与某些乳腺癌的发展可能相关。实际上，即使是活性最强的对羟基苯甲酸酯，其类雌激素活性也仅为天然雌激素的1/100 000～1/10 000[86]。此外，某些天然食品（如大豆）和其他果蔬中的化合物也显示出雌激素效应，在类似测试中可能产生与对羟基苯甲酸酯相似的结果。目前，多数研究人员认为化妆品中的对羟基苯甲酸酯无内分泌干扰作用。美国癌症协会同样指出，化妆品中含有的对羟基苯甲酸酯类没有明显的健康风险[87]。
- 对羟基苯甲酸酯类在全球范围内被视为安全，并广泛用于化妆品和护理产品。部分国家对单一和合计使用量设有限制。但是，多种对羟基苯甲酸酯类可以在化妆品中使用而不会引起安全性问题。

尽管没有研究证实使用对羟基苯甲酸酯会给人体健康带来潜在风险，但其可能导致乳腺癌和内分泌紊乱的说法已被广泛流传，迫使化妆品制造商从制剂中去除该成分，并以替代性防腐剂取而代之。

10.11.2　硫酸盐类

硫酸盐类，包括十二烷基硫酸钠（SLS）和十二烷基硫酸铵，属于阴离子表面活性剂，常用于化妆品和护理用品（如洁肤产品、牙膏、洗发水和剃须泡沫）中。硫酸盐在去除油渍和残留物方面非常有效，并具有良好的起泡性能。但是，关于硫酸盐在清洁剂中的安全性一直存在争议。研究显示，硫酸盐能够穿透皮肤的角质层[88-91]。这一过程可能引起蛋白质变性，并破坏角质层中的脂质结构，从而可能导致皮肤刺激、干燥和皮炎等炎症反应，还可能刺激眼部和黏膜[92]。SLS通常被用作评估各种化学物质潜在刺激性的阳性对照物[93]。SLS作为一种刺激性成分的使用使消费者相信含有硫酸盐的洁面产品都会产生同样的效果。但需要考虑的是，在皮肤刺激研究中通常使用的浓度更高，并且硫酸盐与皮肤的接触时间更长，这与洁面产品中硫酸盐含量较低并会被冲洗掉的情况并不相同。SLS可能导致某些消费者出现皮肤刺激，但这取决于暴露水平和持续时间。此外，还存在关于硫酸盐在皮肤和毛囊中沉积、致癌性及引起粉刺的担忧。

针对SLS及其安全性，CIR委员会进行了多次审查，最近一次是在2002年[94, 95]。CIR重申，SLS和十二烷基硫酸铵在短时间皮肤接触并及时冲洗的条件下是安全的。对于免冲洗类产品，CIR设定的浓度上限为1%，该标准自1983年起确立，2002年的审查确认该限制值应保持不变。至于致癌性，CIR委员会认为没有证据表明这两种硫酸盐具有致癌性。该委员会指出，SLS和十二烷基硫酸铵可能增强其他化妆品成分的渗透性，产品制造商应考虑到这一信息。

> **你知道吗?**
>
> 十二烷基硫酸钠（SLS）和十二烷基醚硫酸钠（SLES）均为阴离子表面活性剂，常用于洁肤产品中。但是，两者并非相同的化学物质。SLES是乙氧基化烷基硫酸盐，而SLS则是烷基硫酸盐。虽然SLES被认为更温和，但其起泡能力不如SLS。

10.11.3 1, 4-二噁烷

1, 4-二噁烷可能作为乙氧基化过程的副产物存在于某些清洁剂中，如SLES就是通过乙氧基化过程生成的。动物研究结果显示，美国环境保护署（EPA）认为1, 4-二噁烷可能对人体具有致癌性[96]，但是，基于人体研究的数据不足以支持该结论。此外，1, 4-二噁烷在环境中不易生物降解，会造成环境污染。欧盟委员会消费者安全科学委员会（SCCS）得出结论，化妆品中的1, 4-二噁烷浓度在不超过10 ppm时是安全的[97]（译者注：ppm为一个表示浓度的单位，意为“百万分之一”）。截至2022年1月，FDA尚未设定化妆品中1, 4-二噁烷的最高限值。FDA会定期检测化妆品中1, 4-二噁烷的含量。2018年的调查结果显示，几乎所有测试产品中的1, 4-二噁烷含量均低于10 ppm。值得注意的是，纽约州针对家庭清洁和护理产品中的1, 4-二噁烷出台了新的规定，2022年底降至2 ppm，2023年底降至1 ppm；而化妆品仍维持10 ppm限值（截至2022年底）。

10.11.4 塑料微珠

微珠是洁肤产品中作为磨砂成分使用的微小颗粒，分为天然来源和合成来源（如塑料合成）。但是，塑料微珠的使用引发了严重的环境问题。由于其体积微小，一旦进入废水系统，几乎无法通过过滤手段去除，最终流入湖泊和海洋，导致水体污染并干扰海洋食物链[98, 99]。2015年美国《无微珠水域法案》（*Microbead-Free Waters Act*）禁止在冲洗类化妆品中使用塑料微珠[100]。该禁令也适用于OTC药妆品（如牙膏）。

10.12 洁肤产品的包装

本节主要介绍用于各种洁肤产品的各类包装材料。

- **塑料瓶：** 大多数洁肤产品采用不同类型的塑料瓶包装，配备各种瓶盖（如螺旋盖、圆盘盖或翻转盖）。部分洁面产品、沐浴露、洗手液和洁手凝胶则使用带有专用泵头的塑料瓶或罐体，便于用户每次使用时获取“单次剂量”（single dose）的产品，满足一次使用需求。这不仅提升了使用的便捷性，还降低了因频繁开瓶导致的产品污染风险。此外，市面上还有专为淋浴产品设计的带有挂钩的塑料瓶，便于悬挂在淋浴间内。
- **泡沫泵：** 液体洗手液和洗手消毒剂可以从特殊的分配器中取出，分配器在产品释放

时会将溶液制成泡沫。有一种自动分配器，用户无须触摸即可使用。其具有运动传感器，能够检测到用户的手，并自动释放适量的泡沫。

- **玻璃瓶：** 浴油、浴珠和浴盐常用玻璃瓶包装。尽管玻璃包装美观且环保，但在浴室环境下使用需谨慎，一旦破裂可能造成割伤等安全隐患。
- **纸或塑料箔：** 浴球可以被封装在纸盒、包装纸或塑料箔中。肥皂通常也会用纸包装或纸盒盛装。
- **面部擦拭产品容器：** 大多数清洁湿巾，包括面部湿巾和手部消毒湿巾，均采用独立包装，内含铝箔衬里的小纸袋或塑料袋，或者统一存放于配有密封盖的大号软塑料袋中。该设计可确保产品在连续使用中湿度不会降低，且便于携带。

术语表

中文术语	英文术语	解释
肥皂	soap	由脂肪酸和碱溶液制成的两性化合物。
合成洗涤剂	syndet	由合成表面活性剂制成的两性化合物。
质地	texture*	描述产品物理属性的术语，表示产品的一致性。
化学清洁	chemical cleansing	一种通过乳化或溶解污垢、油脂及化妆品残留物等杂质以清洁皮肤的方法。
物理清洁	physical cleansing	一种通过摩擦物理去除污垢以清洁皮肤的方法。
临界胶束浓度	critical micelle concentration	在表面活性剂溶液中，胶束开始形成的最低浓度。
起泡清洁产品	foaming cleanser	一种使用时可产生大量泡沫的洁面产品。其含有大量具有良好起泡性能的表面活性剂。
低起泡清洁产品	low-foaming cleanser	一种在使用过程中可提供适量泡沫的洁面产品。其高起泡表面活性剂含量较低，对皮肤更温和。
非起泡清洁产品	non-foaming cleanser	一种在使用过程中不起泡的洁面产品。与起泡产品和低起泡产品相比，其高起泡表面活性剂含量最低。
洁面产品	facial cleanser	一种个人护理产品，旨在清洁面部皮肤、去除污垢和化妆品残留物、提供去角质作用，并消除潜在有害微生物。
磨砂膏	scrub	一种含有微小磨砂颗粒的护肤品，可提供深度清洁效果。
研磨剂	abrasive	磨砂产品中起到物理去角质效果的成分。
吸收剂	absorbent	主要用于面膜中以吸附皮肤表面多余的油脂。
收敛剂	astringent	面部爽肤水的主要成分，可以收缩毛孔并使皮肤恢复清爽。
爽肤水	toner	一种无须冲洗的个人护理产品，用于调节肌肤状态，主要由各种溶剂和少量表面活性剂组成。

*由于语境不同，同一个英文在正文和术语表中的译文可能有所不同。

续表

中文术语	英文术语	解释
清洁湿巾	cleansing wipe	一种便捷式的个人护理产品，由预先浸润在含有温和清洁成分的液体中的布料制成。
黏度	viscosity	衡量流动的阻力，即流体内部摩擦的程度。
剥离式面膜	peel-off mask	一种个人护理产品，其在皮肤上干燥后形成一层薄、柔软且通常透明的膜，可以从皮肤上剥离。
片状面膜	sheet mask	一种个人护理产品，由浸泡在液体中的薄片组成。该液体可能含有保湿剂、抗氧化剂、亮肤剂和其他针对皮肤问题的成分。
冲洗式面膜	rinse-off mask	一种含有吸收剂（如黏土、氧化锌、炉甘石和高岭土）的护理产品，可有效吸收皮肤上的油脂。
泡浴产品	bath product	一种在浴缸中使用的个人护理产品，旨在清除身体皮肤上的污垢、汗水和死皮细胞，同时增强沐浴体验，软化和滋润皮肤，带来放松感，并使皮肤保持洁净清新。
淋浴产品	shower product	专为淋浴设计的护理产品，旨在清除身体皮肤上的污垢、汗水和死皮细胞，同时增强沐浴体验，软化和滋润皮肤，带来放松感，并使皮肤保持洁净清新。
泡泡浴产品	bubble bath product	一种专为提升沐浴体验而设计的个人护理产品，其独特之处在于能够使浴缸中的水充满丰富而细腻的泡沫。
浴油	bath oil	一种个人护理产品，含有大量润肤剂和香精，用于浴缸中以滋润皮肤。
消泡剂	defoaming agent	一种可以降低表面活性剂起泡活性的成分。
洗手液	hand cleanser	一种专为清洁双手而设计的个人护理产品。
消毒剂	disinfectant	一种用于非生物体表面或物体上的化学物质，以破坏传染性微生物或使其永久性失活。
消费者抗菌擦剂	consumer antiseptic rub	无须用水即可使用的抗菌个人护理产品，适用于普通大众。
消费者抗菌洗涤剂	consumer antiseptic washes	需要以水冲洗的抗菌个人护理产品，适用于普通大众。
手部消毒剂	hand sanitizer	一种个人护理产品，用于清除手部微生物，旨在预防感染和减少传染病的传播。其在美国被归类为OTC药品。
抗菌产品	antiseptic product	一种个人护理产品，专门用于杀灭或清除手部微生物，以预防感染并减少传染病的传播。
抗菌剂	antiseptic	一种用于预防感染的化学物质，可杀灭活体组织内或表面的微生物，或抑制其生长。
医疗用抗菌剂	healthcare antiseptics	指供医疗机构内医务人员使用的个人护理产品。

续表

中文术语	英文术语	解释
结块	clump	粉末颗粒彼此黏在一起，内部干燥而表面潮湿。通常发生在亲水性增稠剂［如卡波姆和各类树胶］中，当原料在加工过程中处理不当时（如未充分分散或润湿），容易导致此类问题。
乳剂分层	separation of emulsions	乳剂是一种热力学不稳定体系，随着时间推移可能会出现分层现象。这种质量问题包括可逆的变化（如乳化、沉淀和絮凝），以及不可逆的变化（如聚结、转相和奥斯特瓦尔德熟化）。
酸败	rancidity	脂肪和油脂的氧化分解会导致令人不愉快的气味、自身稳定性下降，以及使乳状物外观发生变化。
涂抹性	spreadability	一种评价乳液、膏霜或凝胶产品一致性的指标，是指产品在皮肤上推开的难易程度。
挤出性	extrudability	是指将膏霜、乳液或凝胶从管状包装中挤出的难易程度。
坚实度	firmness	是指膏霜、乳液和凝胶的浓稠度，表明产品能够抵抗外力（如涂抹时的压力）的程度。
起泡性	foamability	一种评价产品产生泡沫能力的指标。
驱动力	actuation force	从泵头分配器中释放液体清洁产品所需的力度。
硬度	hardness	相对于破碎或断裂，衡量固体产品抗冲击能力的指标。
乳液液滴尺寸	droplet size of emulsions	指乳液液滴内相的大小。
密度	density	在25 ℃下，每单位体积中成分或产品的质量。
比重	specific gravity	某种成分或产品的密度与参考物质（通常是特定温度下的水）密度的比值。
	pH	用来表示溶液酸碱性的数值。

缩略词表

缩略词	英文全称	中文全称
ASTM	American Society for Testing and Materials	美国材料与试验协会
CDC	Centers for Disease Control and Prevention	美国疾病控制与预防中心
CIR	Cosmetic Ingredient Review	化妆品成分审查
CMC	critical micelle concentration	临界胶束浓度
DLS	dynamic light scattering	动态光散射
EPA	Environmental Protection Agency	美国环境保护署
FDA	Food and Drug Administration	美国食品药品监督管理局
GRASE	Generally Recognized as Safe and Effective	公认安全有效

续表

缩略词	英文全称	中文全称
HLB	hydrophile lipophile balance	亲水亲油平衡
LD	laser diffraction	激光衍射
MBC	minimal bactericidal concentration	最小杀菌浓度
MIC	minimal inhibitory concentration	最小抑菌浓度
NMF	natural moisturizing factor	天然保湿因子
SC	stratum corneum	角质层
SCCS	European Commission Scientific Committee on Consumer Safety	消费者安全科学委员会
SLES	sodium laureth sulfate	月桂醚硫酸钠
SLS	sodium lauryl sulfate	十二烷基硫酸钠
TEWL	transepidermal water loss	经皮水分流失
TFM	Tentative Final Monograph	暂定最终专论
USP	*United States Pharmacopeia*	《美国药典》

（初　春　译，白仁仁　校）

参考文献

1. Toedt, J., Koza, D., and Van Cleef-Toedt, K. (2005). *Chemical Composition of Everyday Products.* Westport: Greenwood.
2. Makela, C. (1999). *Making Natural Milk Soap.* New York: Storey Publishing.
3. The Soap and Detergent Association (1994). Soaps and Detergents. www.cleaninginstitute.0rg/assets/1/AssetManager/S0apsandDetergents Book.pdf (accessed 10 December 2013).
4. Ertel, K. (2000). Modern skin cleansers. *Dermatol Clin.* 18: 561–575.
5. Partick, B. and Thompson, J. (2011). An *Uncommon History of Common Things.* Washington: National Geographic.
6. Rotter, M.L. (1998). Semmelweis, sesquicentennial: a little noted anniversary of handwashing. *Curr. Opin. Infect. Dis.* 11: 457–460.
7. Semmelweis, I. and Carter, K.C. (translator and extensive foreword) (1983). *Etiology, Concept and Prophylaxis of Childbed Fever.* Wisconsin: University of Wisconsin Press.
8. Ghosh, S., Hornby, S., Grove, G. et al. (2007). Ranking of aqueous surfactant-humectant systems based on an analysis of in vitro and in vivo skin barrier perturbation measurements. *J. Cosmet. Sci.* 58 (6): 599–620.
9. Downing, D.T., Abraham, W., Wegner, B.K. et al. (1993). Partition of sodium dodecyl sulfate into stratum corneum lipid liposomes. *Arch. Dermatol. Res.* 285 (3): 151–157.
10. Gloor, M., Wasik, B., Gehring, W. et al. (2004). Cleansing, dehydrating, barrier-damaging and irritating hyperaemising effect of four detergent brands: comparative studies using standardised washing models. *Skin Res. Technol.* 10 (1): 1–9.
11. Leveque, J.L., de Rigal, J., Saint-Leger, D. et al. (1993). How does sodium lauryl sulfate alter the skin barrier function in man? A multiparametric approach. *Skin Pharmacol* 6 (2): 111–115.
12. De Jongh, C.M., Jakasa, I., Verberk, M.M. et al. (2006). Variation in barrier impairment and inflammation of human skin as determined by sodium lauryl sulphate penetration rate. *Br. J. Dermatol.* 154 (4): 651–657.

13. Denda, M. (2001). Epidermal proliferative response induced by sodium dodecyl sulphate varies with environmental humidity. *Br. J. Dermatol.* 145 (2): 252–257.
14. Lips, A., Ananthapadmanabhan, K.P., and Vethamuthu, M. (2003). On skin protein-surfactant interactions. Paper presented at the Society of Cosmetic Chemists Meeting, Washington, DC (8–9 May 2003).
15. Pierard, G.E., Goffin, V., and Pierard-Franchimont, C. (1994). Corneosurfametry: a predictive assessment of the interaction of personal care cleansing products with human stratum corneum. *Dermatology* 189 : 152–156.
16. Dominguez, J.G., Balaguer, F., Parra, J.L. et al. (1981). The inhibitory effect of some amphoteric surfactants on the irritation potential of alkyl sulfates. *Int. J. Cosmet. Sci.* 3(2): 57–68.
17. Corazza, M., Lauriola, M.M., Bianchi, A. et al. (2010). Irritant and sensitizing potential of eight surfactants commonly used in skin cleansers: an evaluation of 105 patients. *Dermatitis* 21 (5): 262–268.
18. Ananthapadmanabhan, K.P., Lips, A., and Vincent, C. (2003). pH-induced alterations in stratum corneum properties. *Int. J. Cosmet. Sci.* 25:103–112.
19. Ananthapadmanabhan, K.P., Moore, D.J., Subramanyan, K. et al. (2004). Cleansing without compromise: the impact of cleansers on the skin barrier and the technology of mild cleansing. *Dermatol. Ther.* 17: 16–25.
20. Imokawa, G. (1997). Surfactant mildness. In: *Surfactants in Cosmetics. Surfactant Science Series* (ed. M.M. Rieger and L.D. Rhein), 427–471. New York: Marcel Dekker.
21. Nystrom, B. (1994). Review impact of handwashing on mortality in intensive care: examination of the evidence. *Infect. Control Hosp. Epidemiol* 15 (7): 435–436.
22. Rotter, M. and Skopec, M. (2003). Entwicklung der Handehygiene und die Bedeutung der Erkenntnisse von Ignaz Ph. Semmelweis. In: *Hande-Hygiene im Gesundheitswesen* (ed. G. Kampf), 1-27. Berlin: Springer-Verlag KG.
23. Larson, El. (1999). Skin hygiene and infection prevention: more of the same or different approaches? *Clin. Infect. Dis.* 29 : 1287–1294.
24. Zafar, A.B. (1995). Use of 0.3% triclosan (Bacti-Stat) to eradicate an outbreak of methicillin-resistant Staphylococcus aureus in a neonatal nursery. *Am. J. Infect. Control* 23 : 200–208.
25. Schneir, A.B. and Clark, R.F. (2013). Death caused by ingestion of an ethanol-based hand sanitizer. *J. Emerg. Med.* 45 (3): 358–360.
26. American Association of Poison Control Centers (2020). Hand sanitizer. aapcc.org/track/hand-sanitizer (accessed 21 December 2020).
27. Vonghia, L., Leggio, L., and Ferrulli, A. (2008). Acute alcohol intoxication. *Eur. J. Intern. Med.* 19 (8): 561–567.
28. Gormley, N.J., Bronstein, A.C., Rasimas, J.J. et al. (2012). The rising incidence of intentional ingestion of ethanol-containing hand sanitizers. *Crit. Care Med.* 40 (1): 290–294.
29. Hoffman, L., Subramanyan, K., Johnson, A.W. et al. (2008). Benefits of an emollient body wash for patients with chronic winter dry skin. *Dermatol. Ther.* 21 : 416–421.
30. Abbas, S., Goldberg, J.W., and Massaro, M. (2004). Personal cleanser technology and clinical performance. *Dermatol. Ther.* 17: 35–42.
31. Woollatt, E. (1985). *The Manufacture of Soaps, Other Detergents and Glycerin.* West Sussex: Ellis Horwood Limited.
32. Johnson, A.W., Ananthapadmanablan, K.P., Hawkins, S., and Nole, G. (2010). Bar Cleansers. In: *Cosmetic Dermatology* (ed. Z.D. Drealos), 77-87. Hoboken: Wiley Blackwell.
33. Rigano, L. (2017). Facial sheet masks on the go: reviving the face. *Cosm. Toil.* 132 (10): 42–46.
34. Hasenoehrl, E. (2016). Facial cleansers and cleansing cloths. In: *Cosmetic Dermatology* (ed. Z.D. Drealos), 96-102. Hoboken: John Wiley and Sons.
35. Sharko, P.T., Murahata, R.I., Leyden, J.L. et al. (1991). Arm wash with instrumental evaluation—a sensitive technique for differentiating the irritation potential of personal washing products. *J. Dermoclin. Eval Soc.* 2 : 19–27.

36. Balzer, D. and Weihrauch, M. (1995). Colloids and surfaces. *Physicochem. Eng. Asp.* 99: 233–246.
37. Penfield, K. (2008). A look behind the salt curve: an examination of thickening mechanisms in shampoo formulations. *AIP Conf. Proc.* 1027: 899.
38. Butler, H. (2000). *Poucher's Perfumes, Cosmetics and Soaps.* New York: Springer.
39. McKetta, J.J. (1982). *Encyclopedia of Chemical Processing and Design.* Boca Raton: CRC Press.
40. FDA (2020). Aromatherapy, www.fda.gov/cosmetics/cosmetic- products/aromatherapy (accessed 22 December 2020).
41. Burton, M., Cobb, E., Donachie, P. et al. (2011). The effect of handwashing with water or soap on bacterial contamination of hands. *Int. J. Environ. Res. Public Health* 8 (1): 97-104.
42. CDC (2020). Handwashing: clean hands save lives. www.cdc.gov/handwashing/when-how-handwashing.html (accessed 22 December 2020).
43. CDC (2016). The regulatory framework for disinfectants and sterilants. www. cdc. gov/infectioncontrol / guidelines / disinfection / disinfection-methods/regulatorv-framework.html (accessed 22 December 2020).
44. FDA (2020). Topical antiseptic products: hand sanitizers and antibacterial soaps, www.fda.gov/drugs/ information-drug-class/topical- antiseptic-products-hand-sanitizers-and-antibacterial-soaps (accessed 22 December 2020).
45. 81 FR 61106
46. Dann, A.B. and Hontela, A. (2011). Triclosan: environmental exposure, toxicity and mechanisms of action. *J. Appl. Toxicol* 31 (4): 285–311.
47. Weatherly, L.M. and Gosse, J.A. (2017). Triclosan exposure, transformation, and human health effects. *J. Toxicol. Environ. Health B Crit. Rev.* 20 (8): 447–469.
48. Larson, E.L. and Morton, H.E. (1991). Alcohols. In: *Disinfection, Sterilization and Preservation* (ed. S.S. Block), 191-203. Philadelphia: Lea & Febiger.
49. Price, P.B. (1939). Ethyl alcohol as a germicide. *Arch. Surg.* 38: 528–542.
50. Harrington, C. and Walker, H. (1903). The germicidal action of alcohol. *Boston Med. Surg. J.* 148: 548–552.
51. Reynolds, S.A., Levy, F., and Walker, E.S. (2006). Hand sanitizer alert. *Emerg. Infect. Dis.* 12 (3): 527–529.
52. CDC (2020). Frequent questions about hand hygiene. www.cdc.gov/handwashing/faqs.html (accessed 23 December 2020).
53. Charbonneau, D.L., Ponte, J.M., and Kochanowski, B.A. (2000). A method of assessing the efficacy of hand sanitizers: use of real soil encountered in the food service industry. *J. Food Prot.* 63 (4): 495–501.
54. Kjolen, H. and Anderson, B.M. (1992). Handwashing and disinfection of heavily contaminated hands-effective or ineffective. *J. Hosp. Infect.* 21: 61–71.
55. Mbithi, J.N. (1993). Comparative in vivo efficiencies of hand-washing agents against hepatitis A vims (HM-175) and Poliovirus Type 1 (Sabin). *Appl Environ. Microbiol* 59 (10): 3463–3469.
56. Guideline for Hand Hygiene in Health-Care Settings (2013). Recommendations of the Healthcare Infection Control Practices Advisory Committee and the HICPAC/SHEA/APIC/IDSA Hand Hygiene Task Force 2002. www.cdc.gov/mmwr/PDF/rr/rr^n6.pdf (accessed 30 November 2013).
57. CDC Features (2013). Wash your hands. www.cdc.gov/Features/HandWashing/ (accessed 30 November 2013).
58. Clarys, P., Manou, I., and Barel, A.O. (1997). Influence of temperature on irritation in the hand/forearm immersion test. *Contact Dermatitis* 36: 240–243.
59. Leal-Calderon, F. (2012). Emulsified lipids: formulation and control of end-use properties. *OCL.* 111–119.
60. Cox, D.R. (2012). Fundamental emulsion science, part 1. *HPC Today* 7 (3): 28–31.
61. Leal-Calderon, F. (2012). Emulsified lipids: formulation and control of end-use properties. *OCL* 19 (2): 111–119.
62. Tadros, T. (2013). Emulsion formation, stability and rheology. In: *Emulsion formation and stability* (ed. T. Tadros), 1-75. Weinheim, Germany: Wiley-VCH Verlag GmbH & Co. KGaA.
63. Kulkarni, V.S. and Shaw, C. (2016). Preparation and stability testing. In: *Essential Chemistry for Formulators*

of Semisolid and Liquid Dosages (ed. V.S. Kulkrani and C.S. Shaw), 99–135. Waltham, MA: Academic Press.
64. Weiss, J., Canceliere, C., and McClements, D.J. (2000). Mass transport phenomena in oil-in-water emulsions containing surfactant micelles: Ostwald ripening. *Langmuir* 16: 6833–6838.
65. O'Lenick, T. (2018). Comparatively speaking: pathways to rancidity (and how to avoid them). www.cosmeticsandtoiletries.com/research/chemistry/Comparativelv-Speaking-Pathwavs-to-Rancidity-and-How-to-Avoid-Them-qoqo87i8i.html (accessed 28 December 2020).
66. De Paula, I.C. (1998). Development of ointment formulations prepared with *Achyrocline satureioides* spray-dried extracts. *Drug Dev. Ind. Pharm.* 24 (3): 235–241.
67. ASTM D1173-07 (2014). Standard test method for foaming properties of surface-active agents. www.astm.org/Standards/D1173.htm (accessed 2 January 2014)
68. Rosen, M.J. and Solash, J. (1969). Factors affecting initial foam height in the Ross-Miles foam test. *J. Am. Oil Chem. Soc.* 46 (8): 399–402.
69. Weaire, D. L. and Hutzler, S. (2001). *The Physics of Foams.* Oxford: Oxford University Press.
70. Borole, S.N. and Caneba, G.T. (2013). Foaming characteristics of vinyl acetate-acrylic acid (VA-AA) copolymer-based surfactants. *J. Funct. Mater. Res.* 1 (1): 6–16.
71. KRUSS (2020). Dynamic Foam Analyzer, www.kruss.de/products/foam- analvsis/dfaioo/dvnamic-foam-analvzer-dfaioo/ (accessed 28 December 2020).
72. USP <5i>
73. USP <776>
74. Zhang, W. and Liu, L. (2013). Study on the formation and properties of liquid crystal emulsion in cosmetic. *J. Cosmet. Dermatol. Sci. Appl.* 3 (2): 139–144.
75. Osborne, D.W., Dahl, K., and Parikh, H. (2019). Determination of particle size and microsctructure in topical pharmaceuticals. In: *The Role of Microstructure in Topical Drug Product Development* (ed. N. Langley, B. Michniak-Kohn and D.W. Osborne), 89–106. Cham, Switzerland: AAPS, Springer.
76. USP <841>
77. Sawa, M. (2019). *Pharmaceutical Calculations: A Conceptual Approach.* Cham, Switzerland: Springer Nature.
78. 21 CFR Part 701.13
79. 16 CFR Part 500.7
80. Mulhall, R., Schmidt, E., and Brannan, D.K. (2006). Microbial environment of the manufacturing plant. In: *Cosmetic Microbiology: A Practical Approach* (ed. P.A. Geis), 73–96. New York: Taylor and Francis.
81. Elder, R.L. (1984). Final report on the safety assessment of methylparaben, ethylparaben, propylparaben, and butlyparaben. *J. Am. Coll. Toxicol* 3 (5): 147–209.
82. (1995). Final report on the safety assessment of isobutylparaben and isopropylparaben. *J.Am. Coll. Toxicol* 14 (5): 364–372. https://www.google.com/url?sa=i&rct=j&q=&esrc=s&source=web&cd=&cad=rja&uact=8&ved=0CAMQw7AJahcKEwjQm8-4vd75AhUAAAAAHQAAAAAQAg&url=https%3A%2F%2Fjournals.sagepub.com%2Fdoi%2Fpdf%2F10.3109%2F10915819509083597&psig=AOvVaw33YkVajdHkkj6spoU2ug82&ust=1661396151124804.
83. Andersen, F.A. (2008). Final amended report on the safety assessment of methylparaben, ethylparaben, propylparaben, isopropylparaben, butylparaben, isobutylparaben, and benzylparaben as used in cosmetic products. *Int. J. Toxicol* 27 (Suppl. 4): 1–82.
84. Heldreth, B. (2020). Amended safety assessment of parabens as used in cosmetics. *Int. J. Toxicol* 39 (Suppl. 1): 5S–97S.
85. Darbre, P.D., Aljarrah, A., Miller, W.R. et al. (2004). Concentrations of parabens in human breast tumours. *J. Appl. Toxicol* 24 (1): 5–13.
86. Routledge, E.J., Parker, J., Odum, J. et al. (1998). Some alkyl hydroxy benzoate preservatives (parabens) are

estrogenic. *Toxicol Appl Pharmacol* 153 (1): 12–19.

87. America Cancer Society (2020). Antiperspirants and breast cancer risk. www.cancer.org / cancer/cancer-causes / antiperspirants-and-breast-cancer-risk.html (accessed 29 December 2020).
88. Ananthapadmanabhan, K.P., Yu, K.K., Meyers, C.L. et al. (1996). Binding of surfactants to stratum corneum. *J. Soc. Cosmet. Chem.* 47: 185–200.
89. Imokawa, G., Sumura, K., and Katsumi, M. (1975). Study on skin roughness cause by surfactants II. Correlation between protein denaturation and skin roughness. *J. Am. Oil Chem. Soc.* 52: 125–139.
90. Fulmer, A.W. and Kramer, G.J. (1986). Stratum corneum lipid abnormalities in surfactant-induced dry scaly skin. *J. Invest. Dermatol* 86: 598–602.
91. Froebe, C.L., Simion, F.A., Rhein, L.D. et al. (1990). Stratum corneum lipid removal by surfactants: relation to *in vivo* irritation. *Dermatology* 181: 277–283.
92. Beradesca, E., Fideli, D., Gabba, P. et al. (1990). Ranking of surfactant skin irritancy in vivo in man using the plastic occlusion stress test (POST). *Contact Dermatitis* 23: 1–5.
93. Lee, C.H. and Maibach, H.I. (1995). The sodium lauryl sulfate model: an overview. *Contact Dermatitis* 33 (1): 1–7.
94. Elder, R.L. (1983). Final report on the safety assessment of sodium lauryl sulfate and ammonium lauryl sulfate. *J. Am. Coll. Toxicol* 2: 127–181.
95. (2005). Annual review of cosmetic ingredient safety assessments-2002/2003. *Int. J. Toxicol.* 24 (Suppl. 1): 1–102. https://journals.sagepub.com/doi/10.1080/10915810590918625.
96. EPA (2017). Technical fact sheet–1,4-dioxane. www.epa.gov/sites/production/files/2014-03/documents/ffrro_factsheet_contaminant_14-dioxane_january2014_final.pdf (accessed 29 December 2020).
97. SCCS (2015). Scientific opinion on the report of the ICCR working group: consideration an acceptable trace level of 1,4-dioxane in cosmetic products. ec.europa.eu/health/scientific_committees/consumer_safety/docs/sccs_o_194.pdf (accessed 28 December 2020).
98. Browne, M.A., Galloway, T., and Thompson, R. (2007). Microplastic–an emerging contaminant of potential concern? *Integr. Environ. Assess. Manag.* 3: 559–561.
99. Fendall, L.S. and Sewell, M.A. (2009). Contributing to marine pollution by washing your face: microplastics in facial cleansers. *Mar. Pollut. Bull.* 58 (8): 1225–1228.
100. H.R. 114-371: Microbead-Free Waters Act of 2015. https://www.congress.gov/congressional-report/114th-congress/house- report/371/1.

第 11 章 皮肤保湿产品

学习目标

通过本章的学习，读者将掌握以下内容。

1. 以下术语的定义：

润湿剂	润肤剂	封闭剂	皮肤调理剂
神经酰胺	胆固醇	保湿产品	保湿效果
W/O 型乳剂	O/W 型乳剂	精华液	隔离霜
刺激性皮炎	皮肤含水量	皮肤表面粗糙度	皮肤保护剂
无创性方法	感官评价	产品美学	皮肤弹性
涂抹性	触感	直接体验感	

2. 皮肤保湿产品在美国法律中的分类。
3. 针对面部、身体和手部的特定保湿产品。
4. 保湿产品对皮肤的有益影响和潜在负面影响。
5. 理想皮肤保湿剂的特征。
6. 影响角质层弹性的因素。
7. 不同类别产品滋润皮肤的机制，如润湿剂、润肤剂和封闭剂。
8. 神经酰胺和胆固醇在皮肤屏障功能中的作用。
9. 皮肤保湿剂的主要成分类型及实例。
10. 皮肤保湿剂的主要产品类型。
11. 隔离霜及其用途。
12. 皮肤保湿剂在制剂设计和使用过程中易发生的质量问题，并解释其原因。
13. 皮肤保湿剂需定期测试的代表性质量参数，并描述其评估方法。
14. 皮肤保湿剂主要性能参数的测试方法：皮肤水合作用、经皮水分流失、皮肤粗糙度、摩擦、脱屑程度、皮脂分泌和皮肤弹性。
15. 感官研究的主要类型。
16. 皮肤护理产品需要测试的主要感官特性。
17. 香精、羊毛脂、尿素和丙二醇相关的潜在安全性问题。
18. 皮肤保湿剂的典型容器。

主要概念

1. 保湿剂旨在改善皮肤屏障，滋润皮肤，维持和恢复角质层的水分含量，保持皮肤光滑和柔韧，并有助于缓解皮肤干燥症状。

2.“保湿剂”是一个通用术语，用于描述为皮肤保湿和增加皮肤水分的成分。根据其物理、化学性质及作用机制，可以分为四种类型，包括润湿剂、润肤剂、封闭剂和其他皮肤调理剂。

3. 润湿剂是一种吸湿成分，可以增加皮肤表层的水分含量。

4. 润肤剂具有塑化、软化和光滑皮肤的作用，同时还能在皮肤表面发挥保护和润滑作用。

5. 封闭剂可产生一个疏水屏障，物理阻断角质层的经皮水分流失。

6. 皮肤调理剂可改善干燥和受损皮肤的外观，减少脱屑，使皮肤恢复柔软。

7. 以保湿剂形式局部应用的神经酰胺和胆固醇，可有效减轻皮肤的干燥症状。

8. 皮肤保湿剂往往在皮肤经过适当清洁后使用。大多数皮肤保湿剂是乳剂，包括低黏度乳液和高黏度面霜。

9. 隔离霜用于避免不良反应及预防刺激性皮炎。

10. 皮肤保湿剂中与质量相关的代表性问题包括乳剂分层、微生物污染、结块和酸败。

11. 用于评价皮肤保湿剂质量的常用参数包括乳剂类型，乳剂液滴大小，乳剂、面霜和凝胶的涂抹性、挤出性、质地和坚实度，驱动力，防腐性能，黏度，密度和比重，pH和稳定性。

12. 最常测试的性能参数是产品的保湿性能和使用后的皮肤感受。

13. 在临床评估和使用者对产品性能感知之间存在一个关键平衡。大多数情况下，使用者会根据产品的外观对皮肤保湿剂的性能进行初步评价，如与皮肤的适用性、产品的气味、使用后的皮肤感受及对皮肤干燥症状的缓解程度。

14. 可能引起皮肤保湿剂安全性问题的成分包括香精、羊毛脂、尿素、丙二醇和草本提取物。

11.1 引言

如今，护肤品是所有化妆品和个人护理产品中最主要的组成部分，其中皮肤保湿、防护和滋养产品占有最高的市场份额。全世界几乎所有年龄段的人群都会使用保湿剂。一项研究表明，超过75%的年轻人每天都会使用保湿产品[1]。多年来，随着许多新原料的引入，以及表面活性剂和乳剂技术的进步，具有良好功能性和美观性的产品不断涌现。

本章介绍了多种类型的皮肤保湿剂（包括其主要成分、特性、制剂和评价方法），此外，还总结了消费者对此类产品的具体需求，并阐述了保湿产品可能对皮肤产生的影响。

11.2 皮肤保湿剂的类型和定义

❶ 皮肤保湿剂旨在改善皮肤屏障，滋润皮肤，维持和恢复角质层（SC）的水分含量，

保持皮肤的光滑和柔韧，并有助于缓解皮肤干燥等症状。皮肤保湿剂可美化使用者，帮助其保持和恢复肌肤年轻状态，而不会引起皮肤功能或结构的改变。因此，大多数保湿产品在美国被视为化妆品，还有一些产品以“药妆品”的名义销售，宣称能让时间“倒流”，让使用者看起来年轻数岁。正如第5章所讨论的，从监管的角度而言，“药妆品”一词并无实际意义。如果一种皮肤保湿剂改变了皮肤的结构或功能，那么即使公司想将其作为化妆品销售，其仍会被视为药品。

某些保湿剂含有所谓的皮肤保护剂（skin protectant），如胶体燕麦（colloidal oatmeal），这些成分在美国被视为有效成分，并在OTC专论中列出。护肤剂可以暂时保护受伤或暴露的皮肤或黏膜，以免受有害物质的刺激，并可能有助于缓解相关应用部位的不适[2]。OTC专论详细说明了可用成分及其浓度。如果成分的浓度在规定范围内，则该制剂在美国可被视为OTC药品。

面部、身体和手部使用的保湿剂在成分上没有明显区别。然而，市场上的许多产品都是专门针对某些身体部位推荐的。造成这种情况的主要原因是皮肤的水合状态在不同身体部位可能会有所不同。例如，由于经常洗手和持续使用洗手液，医院工作人员的手部可能非常干燥，而他们身体其他部位的水合状态可能是正常的。此外，不同的身体部位对某些状况的敏感性也可能不同。例如，面部皮肤通常比身体其他部位更容易出现痤疮和酒渣鼻，面部和颈部通常比背部更干燥，因为相关部位更容易暴露在阳光和风等条件下。基于以上原因，根据皮肤的需求选择保湿剂是十分必要的。

11.3　皮肤保湿剂的使用历史

在美容护肤的历史上，皮肤保湿始终贯穿其中。在埃及[2]、希腊和罗马[3, 4]的古代墓葬遗址中都发现了护肤产品。人们将不同的脂质、油类、蜡类、黄油和动物脂肪涂于面部皮肤和全身，可达到保护皮肤免受风吹和寒冷等天气影响的目的，以防止皮肤干燥，软化皮肤，并减缓皱纹的形成。所使用保湿剂的类型取决于不同地理位置所特有的具体天然原料。其中，备受大众喜爱的原料包括鳄梨油、棕榈油、橄榄油、芝麻油、黑籽油、印楝籽油、玫瑰果油和动物脂肪。甚至《圣经》也提到，用橄榄油和香料制成的乳液可以保持皮肤的光滑和柔软[5]。橄榄油是古希腊人喜爱的一种原料，古代奥运会选手会在身上涂满橄榄油。古代运动员训练前会将身体涂上橄榄油，并撒上细沙，认为这种组合有助于调节体温，保护运动员免受阳光的伤害[6]。希腊和罗马妇女将面包和牛奶用作抗衰老物质。古罗马著名医生盖伦（Galen）发明了冷霜制剂的前身，即油包水型（W/O）乳剂。他在蜂蜡和橄榄油的混合物中尽可能加入更多的水，该产品可为皮肤提供凉爽和保湿效果[7]。几个世纪以来，大多数产品都是居家制作的，并使用天然原料，如香草、丁香、柠檬、蜂蜜、油、脂肪和蜡类。伊丽莎白女王（Queen Elizabeth）曾使用一种樱草霜（cowslip cream）来保持皮肤年轻状态，防止皱纹形成[8]。后来，樱草霜变得非常受欢迎。

在19世纪，药店和工业公司制造、销售自制产品的原料，随后开始制造完整的制剂。19世纪中期，化学家切泽布罗（Chesebrough）发现了一种如今十分常见的成分——凡士林。他发现，一种粘在钻井平台上的黏稠物质给钻井工人的操作带来了一些问题。他还注意到，这种物质具有治愈伤口和烧伤的功效。经过几个月的试验，他成功提取了可用的凡士林[9]。到1870年，切泽布罗开始销售该新产品，将其命名为凡士林（Vaseline®）。此后，凡士林开始被用于缓解皮肤干燥，治疗割伤、烧伤，保护皮肤。

保湿剂的首次重大突破发生在19世纪，当时开发出了用以制造稳定乳剂的乳化剂。旁氏（Pond's）在19世纪40年代推出了第一款护肤霜，其因含有金缕梅萃取物而具有舒缓和修复作用[10]。硅油在20世纪初开始用于化妆品和个人护理产品，此后，这些材料的使用量不断增加[11]。如今，已有数百种不同类型的适用于不同皮肤状况的保湿剂，甚至开发出了兼具清洁和保湿功能的组合产品。目前，许多产品由于特定的原因添加了特殊的成分，如用于抗衰老的α-羟基酸（alpha hydroxy acid，AHA，即果酸）。

11.4 皮肤保湿剂的护肤作用

皮肤保湿剂的主要功能是保持皮肤的完整性和屏障功能。正如第10章所讨论的，皮肤清洁产品中的表面活性剂会与皮肤产生一定的相互作用。反复和过度接触洁面产品、水，以及低温、寒风和潮湿的空气，均会使皮肤变得干燥，并产生一定的刺激性。如果适度使用性质温和的洗面奶，再配以皮肤保湿剂，则可以使皮肤保持良好和健康的状态。使用保湿剂的有益效果总结如下。

- 保湿产品含有能够为皮肤补水和保湿的成分，可取代角质层中缺失的天然保湿因子（NMF，参见第9章），补充皮肤的细胞间脂质，并在皮肤上形成保护层。保湿剂的优势是可以改变原料的种类和用量，从而满足不同类型皮肤补水保湿的需求。许多消费者认为，如果没有任何症状表明皮肤干燥，那么将产品涂抹在皮肤上，特别是腿部、背部和胸部，是毫无意义的。但实际情况并非如此，因为所有类型的皮肤都需要保湿。干燥是皮肤在视觉上已经显得干燥的阶段，消费者不应等到此时才涂抹保湿产品。
- 如今，人们越来越关注日光照射的潜在破坏性影响及其短期或长期后果，如晒伤、老化和皮肤癌的发生。因此，许多面部保湿产品和粉底中都添加了紫外线（UV）过滤剂，可以使皮肤免受UV辐射的不利影响。
- 越来越多的保湿产品自称含有抗衰老成分，其中最常用的是AHA，这是20世纪后期第一批进入市场的有效抗衰老成分，其他成分将在第12章中讨论。
- 脂肪团（cellulite）是聚集在皮肤表面下的皮下脂肪，其在臀部、大腿、腹部周围形成。含有脂肪团的皮肤也常被称为“橘皮”或“干酪”样皮肤[12]。脂肪堆积会导致皮肤出现皱纹[13]。脂肪团虽不是一种严重疾病，但从审美角度出发，许多女性无法接受[14]，并可能导致社会和心理问题。目前，已有一些利于改善脂肪团的特殊保湿产品上市。
- 痤疮是一种常见的皮肤疾病，特别是在青少年中。许多保湿产品中含有的成分易产生粉刺，即会堵塞皮肤毛孔，因此皮肤科医生通常不建议使用。然而，现已证明，一些曾被误认为会引起粉刺的成分实际上并不会导致毛孔堵塞，甚至对皮肤有益，其中一种就是矿物油，多年来其一直被认为是最具刺激性的成分之一，但近年的动物和人体研究表明，矿物油并不会导致粉刺的形成（参见第13章）[15, 16]。

尽管大部分保湿剂具有强化皮肤屏障的作用，但也有一部分反而会削弱该作用。通常情况下，保湿剂被认为是安全可靠的。然而，不能忽视的是，也有一些保湿剂可能会与皮肤发生相互作用，如引发变应性接触性皮炎[17]。屏障功能受损的个体尤其容易发生不良反应。

- 敏感部位接触轻度刺激性产品可能导致刺激。面部皮肤通常比身体其他部位的皮肤对保湿剂更为敏感。其原因是面部皮肤的屏障效率较低、角质层变薄及毛孔粗大。研究表明，香精是护肤品中的主要刺激性成分。其他高刺激性成分还包括防腐剂、精油和羊毛脂等[18]。
- AHA在化妆品中被广泛应用，但使用时也带来了一些问题，AHA会削弱皮肤对UV的抵抗力，使皮肤对UV敏感性增强，这种情况被称为光敏性（photosensitivity）。然而，研究表明，在停止使用AHA产品的1周内，光敏性会发生逆转。因此，建议在使用AHA产品的同时也要注意防晒，并在停止使用1周内继续使用防晒产品[19]。此外，AHA还可能引起轻度皮肤刺激、红肿、瘙痒和皮肤变色等[20]。

11.5　皮肤保湿剂的特征和消费者需求

除了制备出稳定、高质量和安全的产品外，制剂师在设计产品时还必须考虑消费者的需求。关键点是优化产品性能及美观程度、明确受众人群，并创造出能够吸引消费者的产品。从消费者的角度而言，一款优质的皮肤保湿剂应具备以下特点。

- 中性或宜人的气味和颜色；
- 易于在皮肤上涂抹；
- 使用时和使用后皮肤感觉宜人，不油腻；
- 不会引起粉刺，尤其是面部保湿剂；
- 质地顺滑；
- 有效地补水并保湿；
- 能提高皮肤的屏障功能；
- 避免环境因素的影响，如风吹、低温和UV；
- 减少干燥，改善暗沉；
- 使皮肤光滑和柔软；
- 耐受性好，不过敏。

11.6　皮肤保湿剂的主要成分和制剂

众所周知，角质层的弹性依赖于脂质、NMF、水分及角蛋白的适当平衡。水分是角蛋白的增塑剂，可使角质层在弯曲和拉伸时能够避免开裂和断裂。研究表明，具有高浓度NMF的角质层细胞会保留更多的水分，因此看起来更饱满[21]。此外，水分增加了参与脱皮过程的酶的活性。角质层保持水分的能力很大程度上受到角质细胞和角质层脂质中天然保湿因子浓度的影响。

当清洁皮肤时，覆盖在皮肤表面的脂质会被部分或全部去除，这使得角质层面临潜在损伤风险。如前所述，表面活性剂可能穿透角质层并停留在其中，从而引起其他问题。因此，将皮肤保湿剂作为皮肤护理的一部分十分重要。虽然人们可能认为只有干性皮肤才需要定期保湿，但事实并非如此。油性皮肤人群经常使用含有刺激性表面活性剂的洗面奶和爽肤水，以有效地去除面部的油脂。此外，他们可能认为涂抹额外的保湿剂会使皮肤更油腻，因此经常会跳过保湿的步骤。长此以往，这种护理方法会导致皮肤紧绷和干燥。鉴于此，需要记住的是，所有类型的皮肤都需要通过保湿来维持其屏障功能。当然，保湿成分和产品的种类要根据个人需求来选择，类似于洁面产品。

术语“水分”（moisture）是指水分或其他液体。❷通用术语“保湿剂”（moisturizer），是指能够滋润皮肤并增加皮肤水分的成分。如今，根据物理、化学性质及作用机制，可将其主要分为四种，包括润湿剂（humectant）、润肤剂（emollient）、密封剂（occlusive）和其他保湿成分（miscellaneous moisturizer ingredient）。这些术语经常互换使用，但每种成分对皮肤都具有不同的益处。

11.6.1 皮肤补水保湿成分

11.6.1.1 润湿剂

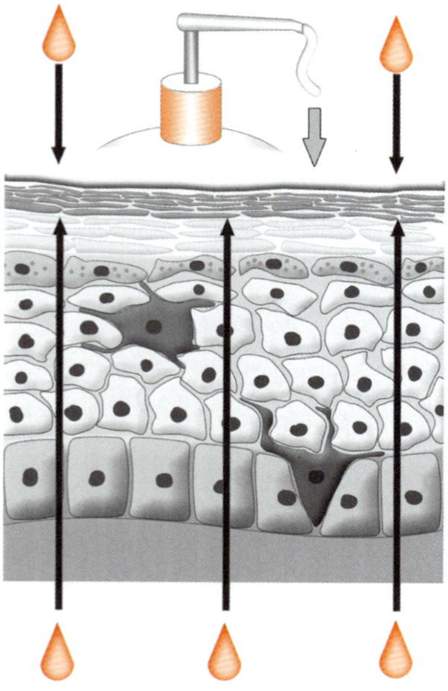

图 11.1 润湿剂的作用原理

❸润湿剂是一种具有高度吸湿能力的成分，可以从真皮层吸引水分到表皮层以增加皮肤表层的含水量（图 11.1）。如果相对湿度非常高（超过80%），润湿剂也可通过吸收外部环境中的水分来给角质层补水[22]。润湿剂还可以通过填充角质层中的空洞来使其膨胀饱满，从而使皮肤更光滑[23, 24]。

润湿剂的作用是补充皮肤中流失或耗尽的NMF，其作用方式与NMF相同。事实上，保湿产品中常用的一些润湿剂也是NMF的成分，如乳酸和尿素。润湿剂的主要功能是与水分子形成氢键。常见的润湿剂包括甘油、丙二醇、AHA（如乳酸、乙醇酸）、吡咯烷酮羧酸、丙二醇、尿素、透明质酸和山梨醇。润湿剂是水溶性成分，保湿产品中一种常用的润湿剂是甘油。甘油是一种有效的保湿剂，可以加速角质细胞的成熟，减少干燥，并增强细胞间脂质的凝聚力。总体而言，当与封闭剂结合使用时，润湿剂可在皮肤中产生显著的保湿效果[25]。

> **你知道吗?**
> 润湿剂可以促进真皮层水分的向上吸收。因此，如果环境湿度较低，润湿剂会促使真皮层中的水分蒸发到环境中，导致水分流失过多，尤其是在皮肤屏障受损时，需要特别注意。通常皮肤保湿产品中同时含有润湿剂和封闭剂，以防止水分的流失[25]。

11.6.1.2　润肤剂

❹润肤剂有助于保持皮肤的光滑、柔软和韧性，这通常是通过填充干燥皮肤角质细胞间的空隙和补充角质层中丢失的脂质而实现的（图 11.2）。此外，润肤剂还可以为皮肤表面提供保护和润滑作用，以减少擦伤，增强皮肤的美观性。润肤剂通常由油溶性成分制成，如油脂、黄油和蜡类。常用的润肤剂包括碳氢化合物（如矿物油、凡士林、角鲨烯、微晶蜡和地蜡）、脂肪酸（如硬脂酸、亚油酸和月桂酸）、脂肪醇（如十六烷基醇和异硬脂醇）、酯类（如棕榈酸异丙酯和椰子酸甘油酯）、植物油和蜡（如杏仁油、椰子油、蜂蜡和大豆蜡）、合成甘油三酯（如辛酸/癸酸甘油三酯）、羊毛脂及其衍生物（如羊毛脂油）和硅酮（如二甲基硅氧烷）。必需脂肪酸，即 C_{18} 不饱和亚油酸和α-亚油酸，能够通过影响皮肤屏障功能、类二十烷酸生成、膜流动性和细胞信号转导来改善皮肤的生理功能，因此在皮肤治疗方面发挥着重要作用[26]。

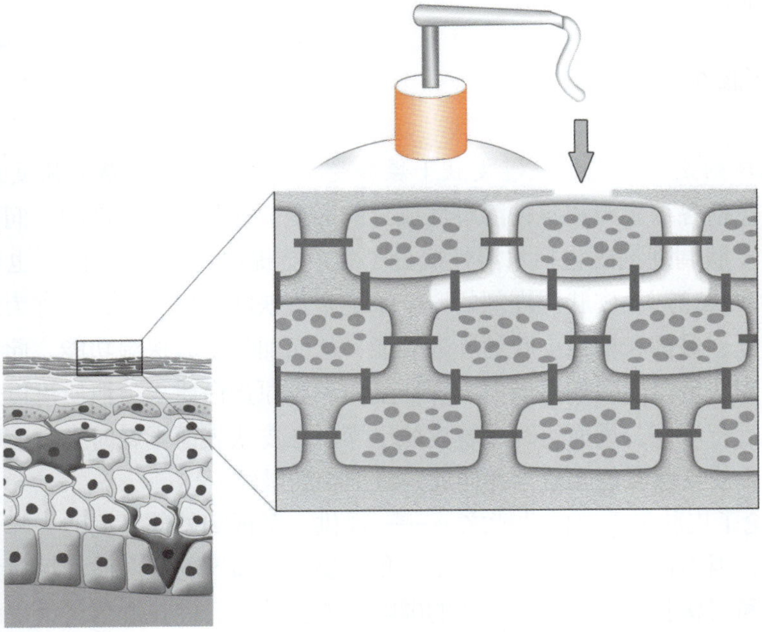

图 11.2　润肤剂的作用原理

> **你知道吗?**
> 动植物油和脂肪是由 1 分子甘油和 3 分子脂肪酸通过酯化反应形成的，也被称为甘油三酯。

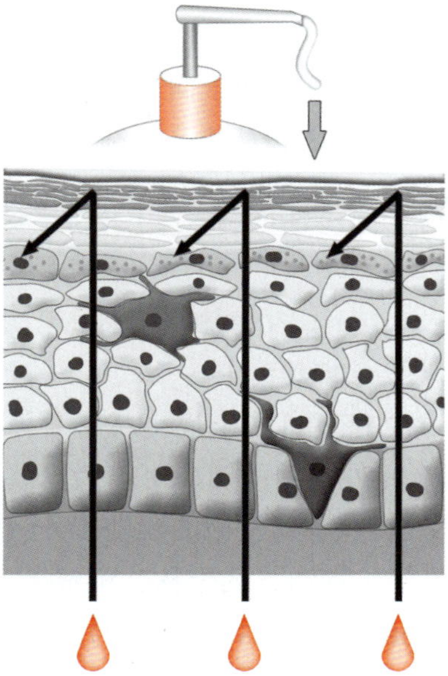
图 11.3 封闭剂的作用原理

11.6.1.3 封闭剂

❺封闭剂通过在皮肤表面形成物理疏水屏障而阻止角质层的经皮水分流失（TEWL），从而维持皮肤的含水量（图 11.3）。在皮肤保湿剂的制剂中，封闭剂可以增加润湿剂的吸水性。其可防止皮肤水分的蒸发，因此对治疗已经受损的干燥皮肤特别有效。封闭剂也有一定的润肤作用，因此许多封闭剂也被当作润肤剂使用。

封闭剂黏稠，不易去除，并且可能让皮肤具有油腻感，因此不受大多数消费者的喜爱，但其对减少TEWL却非常有效。最常用的封闭剂是凡士林，其除了在皮肤上形成一层防水层外，还可以渗透到皮肤的上层，引发细胞间脂质的产生[27]。羊毛脂在过去也很受欢迎，但因其是一种刺激性成分，并且气味不佳，目前的应用已经减少。在化妆品领域，目前已经开发出更具吸引力的新型封闭剂，包括硅酮（如二甲基硅氧烷），其通过独特的“干爽感”进一步提高了护肤产品的质量。硅酮干燥速度非常快，易于涂抹和去除，不会堵塞皮肤上的毛孔（不会产生粉刺），从而能够提供更具竞争力的护肤产品。其他封闭剂包括植物油、碳氢化合物、脂肪酸、脂肪醇和胆固醇。

11.6.1.4 皮肤调理剂

❻皮肤调理剂是一种能够改善皮肤干燥和受损外观、减少脱屑并恢复皮肤柔韧性的化妆品成分。包括各种来源和各种溶解性成分的润湿剂通常是水溶性的，润肤剂和封闭剂是油性的，而皮肤调理剂既包括水溶性成分（如芦荟提取物和黄瓜汁），也包括油性成分（如神经酰胺和视黄醇）。皮肤调理剂的一个子类是皮肤活力恢复剂，也称为皮肤屏障增强剂，其能够恢复、保护和增强皮肤的屏障功能，从而加强皮肤保湿功能。此类成分包括蛋白质，主要是皮肤蛋白质，如角蛋白、弹性蛋白和胶原蛋白质。蛋白质可以通过对角质层的不规则性状进行填充，进而暂时缓解皮肤干燥。在皮肤表面干燥时，其会略微收缩，留下一层蛋白膜，使皮肤看似光滑，并伸展一些细小的皱纹。

第9章讨论了皮肤最重要的功能之一——提供一个抵御外部环境的屏障，防止皮肤过多的水分流失，因为这可能导致皮肤脱水。角质层细胞周围的蛋白质和填充角质层细胞空隙之间的细胞间层状脂质，对健康皮肤的屏障功能至关重要。在继续讨论皮肤保湿剂含有的其他成分之前，需了解两种必不可少的皮肤屏障脂质——神经酰胺和胆固醇，相关成分常用于皮肤保湿剂中。两者都是生理性脂质，本身就存在于角质层中。

神经酰胺是细胞间脂质中最重要的结构成分，能将富含蛋白质的角质细胞连接形成防水屏障，从而保护皮下组织并调节体内稳态[28]。神经酰胺以层状形式有序排列，充当细胞膜，通过填充角质层的细胞间隙来维持皮肤屏障的完整性。在某些疾病中，皮肤脂质代谢异常，导致神经酰胺和NMF缺乏，造成表皮屏障功能受损[28]。胆固醇是角质层中第二丰富的皮肤屏障脂质。研究发现，当皮肤中胆固醇因合成受阻而含量降低时，就会导致皮肤屏障功能障碍[29]。神经酰胺和胆固醇对于层状相的形成都是必不可少的。❼研究表明，神经酰胺和胆固醇以皮肤保湿剂的形式局部应用时，可有效减轻皮肤干燥症状[30]。近年来，这些脂质分子被越来越多地应用于药妆品中，以缓解皮肤干燥[31]。

11.6.2　皮肤保湿剂的其他成分

在市场上的产品中很难找到两种相似的成分，这是因为制剂师可以从多种具有不同特性的原材料中进行选择。实际成分取决于各种因素，包括产品的使用时间（白天还是晚上）、目标群体年龄、目标皮肤类型、产品类型、兼容性问题、审美需求、制剂成本限制、包装需求、产品声明、安全性及是否需要在产品上涂抹彩妆等。尽管有大量不同的制剂，但所用的一般成分类型非常相似。以下是几种主要成分的种类、特点和功能。

- **乳化剂：**是皮肤保湿剂中的重要组成部分，因为大多数皮肤保湿、滋养和护肤产品配方均为乳剂。目前市场上有成千上万种乳化剂，其选择不仅对乳剂的稳定性至关重要，对最终制剂的稠度和黏度、肤感、颜色、气味和护理性能也有很大影响。一般而言，产品制剂中往往会使用不同类型的乳化剂，以满足不同消费者对产品的需求。最常用的类型是非离子型表面活性剂和高分子型表面活性剂，但阳离子型乳化剂因具有一些特殊调节性能也会被使用。
- **增稠剂：**在乳剂的肤感中起着重要的作用，有助于提高制剂的稳定性和改善产品的流变性。皮肤保湿产品中常用的增稠剂包括亲水性成分（胶类，如黄原胶）、纤维素衍生物（如羟乙基纤维素）和丙烯酸聚合物等；也包括一些脂溶性成分，如蜡类（如十六醇）。许多润肤剂也有增稠的特性。此外，某些非离子型乳化剂也具有增稠作用。
- **水：**是乳剂的基本成分。
- **防腐剂：**如对羟基苯甲酸酯、苯氧乙醇和有机酸，能抑制制剂中微生物的生长并防止微生物导致的变质。
- **抗氧化剂：**脂肪、油脂和黄油对氧化过程很敏感，可能导致成分变质，导致颜色变化、产生异味和稳定性问题。抗氧化剂能够防止敏感成分氧化，从而防止酸败，如苯甲醇和丁基羟基茴香醚（BHA）。
- **香精：**可以提高保湿产品的整体美观特性，这对消费者而言非常重要，特别是对应用于面部的产品，香精可用于掩盖原料的自然气味或提供令人愉悦的气味。
- **UV过滤剂：**一些面部产品除了具有保湿功能外，还具有防晒功能。UV过滤剂可以防止皮肤受到阳光的有害辐射。由于皮肤癌的发病率和死亡率不断上升，防晒霜作为日常保护剂，对消费者而言变得越来越重要。需要指出的是，为实现防晒目标，添加UV过滤剂的保湿剂在美国作为药品出售（参见第15章）。
- **着色剂：**大多数皮肤保湿剂不含着色剂，如果有也是浅色着色剂。这是因为具有鲜艳浓烈颜色的制剂可能会在皮肤上留下明显的痕迹。然而，一些有色保湿剂，如BB霜，如今也可以作为彩妆产品购买（参见第22章）。

- **美容剂**：珠光颜料和柔焦成分也可以添加至产品中，增加产品的质感和视觉效果。制剂中也可以加入乳浊剂，有助于掩盖制剂的颜色，并提供均匀的白色外观。常用的乳浊剂是二氧化钛和硬脂酸乙二醇。
- **对皮肤有益的其他成分**：保湿产品中还可能含有具不同功能的其他成分，包括具有保湿、改善皮肤结构、软化、活化、抗炎等功效的成分。主要成分包括以下几种。
  - **天然添加剂**：在过去几年间，对天然产品的需求有所增加。因此，越来越多的制造商在其制剂中加入天然来源成分，如水果和蔬菜的提取物、维生素和氨基酸等。
  - **维生素**：除了维生素的营养作用外，人们对其局部应用也越来越感兴趣。最常用的维生素包括维生素E、维生素A和泛醇（维生素原B_5），这些成分具有抗氧化、改善肤色、减少皱纹的作用。
  - **多肽和蛋白质**：蛋白衍生物（如水解蛋白、氨基酸和蛋白聚糖）对皮肤非常重要，能使皮肤柔软光滑。最受欢迎的是胶原蛋白、透明质酸、牛奶蛋白、丝蛋白和氨基酸。
  - **必需脂肪酸**：γ-亚麻酸是一种天然必需脂肪酸，存在于许多植物籽油中，可以提高皮肤作为TEWL屏障的效率。此外，其也可与皮肤的结构脂质相结合，从而增加表皮的柔软性和弹性。
  - **AHA**：在过去十年里，AHA、β-羟基酸和α-酮酸在治疗皮肤老化方面的应用日益广泛（参见第12章）。
  - **β-葡聚糖**：是从天然燕麦、小麦和面包酵母中提取的多糖材料，可用于伤口愈合和抗衰老领域。
  - **皮肤美白剂**：主要解决皮肤（以面部最为常见）的色素沉着问题。常见成分包括熊果苷、曲酸和维生素C（参见第14章）。

11.7 产品种类

如前所述，皮肤清洁产品中含有一定的保湿成分，这些成分具有清洁和保湿作用，但部分保湿成分在清洗过程中会被冲掉，因此有人认为这种方法的保湿效果不如清洁皮肤后再使用保湿产品效果好。无泡沫洁面产品中含有较多的润肤剂，保湿洁面湿巾也提供了一种舒适的方式来同时清洁和滋润皮肤。

❽ 皮肤保湿剂通常是在适当的皮肤清洁后使用。大多数皮肤保湿剂都是乳剂，包括低黏度乳液和高黏度乳霜。液滴大小通常（但不一定）足以干扰光的路径，因此乳剂通常是白色的（这些被称为粗乳）。

- 最常见的皮肤保湿剂是水包油型（O/W）和硅包水型（W/Si）乳剂。在O/W型乳剂中，水是乳剂的外相。由于外水相的快速蒸发，这些乳剂易于涂抹和快速吸收。此外，其使用后不会留下油腻的感觉。W/Si 型乳剂适用于油性或敏感性皮肤的人群。众所周知，硅酮不易引起粉刺、痤疮，具有低致敏性，使用时能快速干燥，因而使用后皮肤倍感光滑。

- 用于手部和身体的产品通常是 W/O 型乳剂。在这些乳剂中，油相是外相，因此，与 O/W 型乳剂相比，使用此类产品后会感觉更加油腻。W/O 型乳剂对皮肤干燥的人群非常有益。油相中也可以掺入硅酮来改善其美观性能。
- 最近，人们对复合型乳剂越来越感兴趣，如 W/O/W 型乳剂。其优点是可持续释放在内相中包埋的成分，并有可能在同一制剂中使用不相容的成分。

其他产品类型包括软膏、油类、精华液和凝胶。

- 凝胶可给皮肤带来快速、凉爽的水润感，通常用于身体按摩和消除脂肪团（橘皮组织）的产品。凝胶通常是透明的，这限制了许多成分的加入——当被乳化到凝胶基质中时，润肤剂会形成奶油状的不透明产品，称为乳霜凝胶，这类产品如今越来越受欢迎。但实际上，乳霜凝胶是乳剂，而不是凝胶。
- 软膏（如第 3 章所述）是无水的，如果含有水则为 W/O 型乳剂。软膏在缓解皮肤干燥方面非常有效，但大多数消费者并不喜爱其使用后的肤感。
- 精华液是液体，最常见的是水基产品。大多数精华液是透明的，并且具有高含量的润湿剂。润湿剂可增加产品黏度并提供保湿效果。精华液通常含有一种或多种“关键”成分，以解决特定的皮肤问题，如黑眼圈、细纹和水肿。水基精华液通常被包装在滴管瓶中。如今，市场上也有被称为精华液的乳液和乳霜凝胶。相关产品是不透明的，可能具有更高的乳液般的黏度，这使其无法被包装到滴管瓶中。
- 保湿油就黏度而言像是精华液，但其实是油基液体产品。与精华液类似，保湿油通常也含有解决皮肤问题的关键成分。

> **? 你知道吗?**
>
> 润湿剂可使皮肤饱满，当润湿剂从表皮和真皮层的深处吸收水分到达表层时，其会使表层的细胞膨胀，从而使皮肤感觉更光滑[23]。

有一类特殊产品是隔离霜。即使是温和的刺激物，包括防腐剂和清洁产品，长期接触也会损伤皮肤。❾ 隔离霜可用于避免皮肤产生不适感及预防刺激性皮炎的发生。尤其在工作场所内，针对由刺激物与皮肤持续接触而引起的皮肤炎症，隔离霜的使用尤为重要[32]。隔离霜可在皮肤表面形成一种不可渗透的屏障，从而保护皮肤免受潜在的刺激性或致敏物质的影响。但在实际应用中，隔离霜的使用和有益效果仍然存在争议[33]。一些研究人员甚至认为，不恰当地使用隔离霜容易引起额外的刺激，而不是带来益处[34, 35]。

- 防水产品，通常是 W/O 型乳剂，旨在保护皮肤免受亲水性刺激物的影响。封闭剂和润肤剂确实比普通的保湿剂更能起到保护制剂的作用，而且具有防水性的制剂可以进一步增强这种保护效果，如凡士林、羊毛脂和硅酮（如二甲基硅氧烷等）。
- 防油产品，通常是 O/W 型霜剂，旨在保护皮肤免受亲脂性刺激物的影响。防油产品通常含有非脂溶性成膜剂，如阿拉伯胶和海藻酸钠。

- 基于硅酮的乳霜可免受亲脂性和亲水性刺激物的双重影响。

根据声明和使用的成分，隔离霜在美国被视为药品。

11.7.1 皮肤保湿剂的制剂

在大多数情况下，皮肤保湿剂的配制过程是乳化。乳化剂通常分散在乳剂的外相中。水溶性成分混合或溶解于水相中，而脂溶性成分则混合或溶解于油相中。将两相加热，当两相等温时将两相混合。通常，内相在剧烈搅拌下会缓慢地分散至外相中，在混合物冷却并完成乳化过程后，可以向其中添加一些对温度敏感的成分，以增加其稳定性。

复合型乳剂的制备过程有些不同。当制备W/O/W型乳剂时，首先将水相和含有亲脂性乳化剂的油相混合来制备W/O型初乳。接着，将亲水性乳化剂添加至剩余的水中。该水相与W/O型初乳在室温或更高温度下持续搅拌以形成W/O/W型复合型乳剂。

精华液，若为溶液，需要先将固体成分溶解在溶剂中，再将其余成分与之混合在一起制成；若为乳剂，则需通过乳化过程配制；若为乳霜凝胶，则通常先形成凝胶基质，再将聚合物分散至水中使其水化。通过加入润湿剂可避免亲水性聚合物结块。当聚合物完全水化时，可能需要调整pH——这一步骤取决于聚合物类型。最后通过将凝胶状水相与油相混合来形成乳剂。

11.8 选择皮肤保湿剂的注意事项

与皮肤清洁产品一样，皮肤保湿剂也包括很多种类。皮肤保湿剂具有不同的质地、吸收速度、油/水含量、润肤性能，以及与成分和产品形式相关的潜在刺激性，因此，其可以通过不同方式对皮肤产生影响。为了选择最合适的皮肤保湿剂，消费者应该考虑自身身体特定部位的皮肤类型，如干性、油性、中性或混合性，以及皮肤问题，皮肤是否过敏等。基于存在皮肤类型和敏感性的个体差异，在大多数情况下，选择皮肤保湿剂具有一定主观性。

下文总结了选择皮肤保湿产品时应考虑的产品特征。

- 为保持正常皮肤的含水量，含有润湿剂和润肤剂的制剂会表现出很好的效果，能够提供一种轻盈、不油腻的感觉。
- 油性皮肤往往容易产生粉刺和痤疮。尽管油性皮肤油脂分泌旺盛，但仍然需要涂抹保湿剂，尤其是在使用了能去除油脂并使皮肤干燥的护肤品之后。通常，以水为基质的制剂效果最好（如乳液和凝胶），其不含太多油脂，也不会在皮肤上沉积。因此，油性皮肤消费者应该选择既不会堵塞毛孔也不会导致粉刺的皮肤保湿产品。
- 对于干性皮肤，仅使用保湿产品是不够的。干性皮肤人群推荐使用同时含有润湿剂和封闭剂的产品，也可以与润肤剂结合使用。相关产品可能会因含有封闭剂而使皮肤感觉油腻，但这是阻止皮肤水分流失的最有效成分。

- 香精会刺激皮肤并使其敏感，因此，敏感皮肤人群应避免使用带有香精的产品。
- 虽然防腐剂可能会刺激皮肤，但不含防腐剂的制剂对消费者而言更具安全性风险。大多数保湿剂都是水基产品，加上所含其余成分，为细菌和霉菌的滋生提供了有利条件。消费者每天都会用手指取用产品（如果早晚都使用，则每日两次），而手上携带的微生物很容易污染产品。因此，若不含防腐剂，微生物可能在几周甚至几天内就开始快速生长。

11.9　皮肤保湿产品的典型质量问题

❿皮肤保湿产品的典型质量问题包括乳剂分层、微生物污染、结块和酸败。由于这些问题在前面章节中已经讨论过，故此处不再赘述。

11.10　皮肤保湿产品的评价

11.10.1　一般质量检测项目

⓫评估皮肤保湿剂质量的一般检测项目包括乳剂类型的鉴定，乳剂液滴的大小，乳液、面霜和凝胶的涂抹性、挤出性、质地和坚实度，启动压力，防腐性能，黏度，密度和比重，pH及稳定性。此处不再详细回顾在前面章节中已提及的测试项目。

11.10.1.1　乳剂类型的鉴定

乳剂类型的鉴定方法有多种，下面介绍几种常用的测试方法。

- **溶解性测试：**通过使用油溶性或水溶性染料，可对乳剂的其中一相进行染色，然后在显微镜下观察。例如，若使用水溶性染料，如颜料蓝1（Blue 1），将染料加入乳剂中并搅拌均匀。若能在显微镜下观察到蓝色乳滴，则是W/O型乳剂，因为染料对内水相进行了染色。相反，若观察到一个分布清晰透明乳滴的蓝色区域，则为O/W型乳剂。
- **稀释分散法：**利用乳剂能与其外相液体混溶的特点，以水或油性液体稀释乳剂即可确定其类型，若液体与内相混溶则会导致乳剂不稳定甚至分层。例如，用水稀释O/W型乳剂，水是分散介质，因此乳剂将保持稳定和分散状态。然而，若以油稀释，则乳剂就会分层。
- **电导率测定：**该方法的基本原理为水是良好的导电介质。将一对连接灯泡的电极浸入乳剂中，若为O/W型乳剂，则灯泡会发光，表明水是外相；若为W/O型乳剂，则灯泡不会发光。

11.10.2 一般功效（性能）检测项目

⓬最常检测的性能参数是产品的保湿效果和肤感。图 11.4 总结了本书中所讨论的性能检测方法。

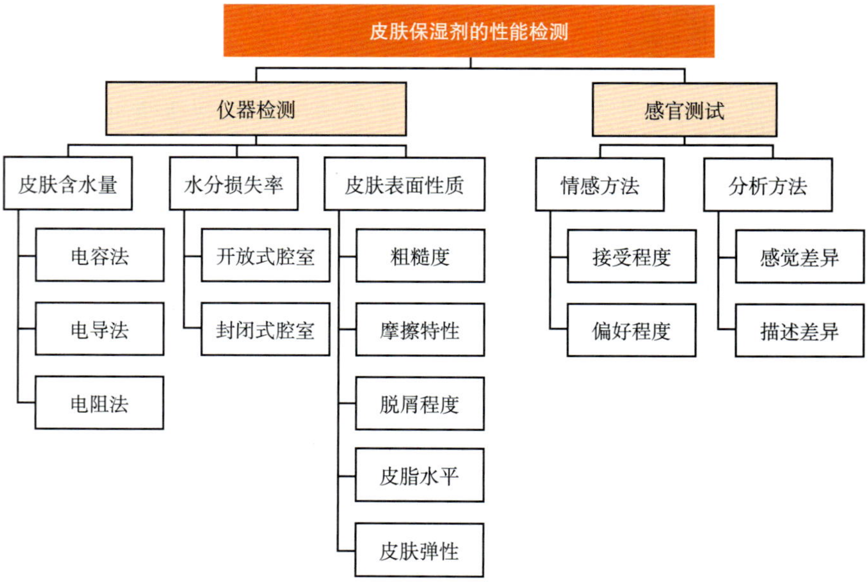

图 11.4 皮肤保湿剂的各类性能检测指标

11.10.2.1 保湿效果

如上所述，皮肤保湿剂的主要目的是增加皮肤中的水分，维持、恢复和增强皮肤的屏障功能及其自然修复过程。在化妆品开发过程中，评估产品的性能非常重要，需考察保湿剂是否能有效滋润皮肤。基于角质层完整性，有多种方法可以客观评估皮肤的水合状态和屏障功能。最常见的是无创方法，其被用作临床检测的一部分。受试者的选择、皮肤特性、种族、年龄、性别、疾病状况和药物摄入是进行临床研究时需要考虑的重要因素。通常，设置纳入和排除标准有助于客观地选择研究对象。

> **你知道吗?**
>
> 临床研究通常分为两大类：概念验证试验和正式临床试验。概念验证试验通常是小规模研究（10～15 名受试者），旨在确定研究方案是否可行，筛选测量技术，以及产品是否显现效果。正式临床试验研究规模更大、更复杂，可以进行头对头比较研究（head-to-head comparison）[36]。

通常在使用保湿产品之前（此时测量的数据被称为基线数据）和使用该产品之后，由专家进行测量。通过对比使用前后的数据，可对产品保湿功能进行有效评价。此外，受试者通常需要进行自我评分和问卷调查。化妆品行业在评估保湿剂性能时，一般测量的功能、结构和外观参数通常包括：

• 皮肤含水量和水分损失率（屏障完整性的衡量标准）；
• 皮肤表面特性：粗糙度、摩擦特性、脱屑程度、皮脂水平和皮肤弹性；
• 皮肤pH；
• 皮肤颜色（用于衡量皮肤美白、暗沉和炎症情况）。

由于保湿剂主要改变皮肤的水合状态、屏障功能和表面特性，因此下文将更为详细地讨论相关参数的评估。

皮肤含水量

目前比较常见的评估角质层含水量的三种检测方法是电容法、电导法和电阻法。

- **电容法：**电容法的仪器示例为Corneometer®（Courage和Khazaka，德国）。Corneometer由一个探针组成，将该探针放置在无毛发的皮肤表面，并施加轻微压力。由于角质层可作为介电介质，仪器可测定角质层的电容[36, 37]。这种检测方法是基于水比其他物质具有更高的介电常数这一机制，甚至可以检测到水合程度的微小变化。该方法的缺点是皮肤表面的盐或离子会影响读数。
- **电导法：**该方法是基于角质层电学性质的变化。众所周知，水是电的良好导体，因此皮肤中的电流量与其含水量直接相关。干燥的角质层导电性较弱，而水合角质层对电场更敏感，会导致介电常数增加[36]。该方法的一个示例仪器是Skicon®（IBS Co.，日本）。
- **电阻法：**该方法使用的是基于电阻的读数。一个示例仪器是Nova™ DPM（Nova™ Technology Corporation，美国）[38]。需要注意的是，该方法对影响角质层的环境和技术因素更为敏感[36, 39]。

水分损失率

TEWL是最常检测的参数之一，被广泛认为是评价皮肤屏障功能的重要指标。受损的角质层会使水分蒸发，导致TEWL读数增高。该设备可检测从皮肤蒸发的水蒸气量。TEWL可通过不同的机制进行检测。

- **开放式腔室设备**，如DermaLab®（Cortex Technology，丹麦）和Tewameter®（Courage和Khazaka，德国）[40, 41]，其与大气相通，包含两个水传感器。当探针置于环境稳定的皮肤表面上时，传感器可以测定皮肤表面上方的蒸气压力梯度。该梯度可转算为每小时每平方米皮肤表面流失的水量[g/（h·m^2）]。该数值是对皮肤保水能力的评估值，也是衡量皮肤屏障功能的重要参数。开放式腔室传感器对环境和身体诱导的气流高度敏感，因此后续开发了封闭式腔室系统[42]。
- **封闭式腔室设备**，如VaporMeter®（Delfin Technologies，芬兰）和AquaFlux™（Biox Systems，英国）[43, 44]，可检测室内湿度或研究扩散梯度，类似于开放式腔室系统，能够在不同的环境条件下正常运行，而不会因为手持装置的角度变化而受到影响[45]。但该方法不能记录连续的TEWL，因为当室内空气饱和时，皮肤蒸发随即停止[36]。

皮肤表面性质

- **粗糙度（形貌）：**皮肤的外观与其水合状态有关。皮肤的外观和质地在很大程度上受皮肤水合状态的影响。现有几种不同方法可以无创分析皮肤表面形貌的粗糙程度。有些仪器能够在皮肤表面上移动，将表面不平整转化为电信号。一种广泛使用的方法是用优质的硅橡胶印模材料铸造皮肤表面的仿制品[36]。另一种方法是检测触觉敏锐度，其通常不直接用于量化皮肤的粗糙度，但与皮肤表面的质地和感觉紧密相关，从而可以间接提供一些关于皮肤状态的信息。皮肤水分越充足，皮肤就越柔软并具有弹性，这种状态下的皮肤对触觉的感知更加敏锐。该方法通常被称为两点阈测定法，是辨别压在受试者皮肤上的两个小金属点，逐渐缩小两点间距，直至将其识别为一个点，此时将其确定为敏锐度阈值[46]。皮肤表面形貌也可以通过成像系统进行分析，如Visioscan®（Courage和Khazaka，德国）。Visioscan可以拍摄皮肤图像，显示皮肤的结构和干燥程度[47]。
- **摩擦特性：**可以使用多种设备检测皮肤的摩擦性能，包括旋转圆盘、旋转磨玻璃圆盘、滑动底座等[48-50]。为了评估皮肤在体内的摩擦特性，需要通过检测拖动物体穿过皮肤表面所需的最小力来评估。皮肤越光滑，所需的力就越小。实际上，光滑的皮肤因与测量设备移动表面的接触面积增加，可能会增加摩擦力[50, 51]。当使用润滑材料时，由于皮肤变得光滑，摩擦力会减弱[48]。因此，相关检测可能会影响对皮肤摩擦特性的准确评估，尤其是在需要精确检测皮肤摩擦力的应用中，润滑材料的使用需要被考虑在内，以避免检测结果有误。
- **脱屑程度：**皮肤干燥会导致脱屑、鳞屑等症状。D-squame® disc（Clinical and Derm，美国）[52]可对皮肤表面进行采样，并客观确定干燥和鳞屑的程度。D-squame® disc是圆形、透明的黏性圆盘，将其用力按压放置于皮肤表面，然后拉开。观察去皮情况，记录去皮量、薄片大小和颜色等参数。使用圆盘检查时，干燥皮肤和正常皮肤之间的差异很明显，可以进一步分析以区分干燥程度和脱屑的定性差异[52]。
- **皮脂水平：**皮脂分泌过多会导致毛囊表面角质细胞堆积，造成封闭性栓塞或粉刺，因此，量化皮脂水平对于皮肤科医生和化妆品研究人员非常重要。Sebumeter®（Courage和Khazaka，德国）[53]是一种用于检测皮肤表面皮脂水平的仪器。其检测原理是，当皮肤表面被脂质覆盖时，具有一定不透明度的磨砂玻璃板会变得透明，而透明度与表面脂质的含量成正比。将设备的头部压在皮肤上30 s，在此期间，由于吸收了皮脂，塑料带会变得透明[54]。这种透明度可以转化为实际数值以表示皮肤表面的皮脂含量。
- **皮肤弹性：**皮肤的黏弹性主要得益于真皮中的胶原蛋白和弹性蛋白纤维。胶原蛋白限制了皮肤被拉伸的程度，而弹性蛋白使皮肤在被拉伸后可恢复原状[36]。角质层的水合状态会影响皮肤的柔软性、柔韧性和延展性，即被拉伸的能力。因此，这些机械性能的评估可能与皮肤的水合状态有关。皮肤的黏弹性可以通过不同装置来评估：Torsional Ballistometer®（Dia-Stron，英国）是一种利用扭转法检测皮肤拉伸程度的仪器，其特点是皮肤拉伸的方向是水平的[55]。该仪器由一个悬挂在扭力线上的刚性臂和一个固定在一端的触针组成。当刚性臂被激活时，臂会振荡，触针会在皮肤上反弹，由传感器监测。Cutometer®（Courage 和 Khazaka，德国）的工作原理是基于吸力法，即通过垂直于皮肤表面的机械刺激来测量皮肤的反应[56]。其依靠负压即真空使皮肤变形，再通过测量规定时间段内皮肤的位移变化，得到皮肤弹性的表征值。

11.10.2.2 产品的感官评价

⓭在临床评估和消费者对产品性能感知之间存在一个关键的平衡。大多数情况下，消费者对保湿剂性能的初步评价是基于产品的外观和适用性，即其是否适用于他们的皮肤，气味如何，在皮肤上的感觉如何，以及在当天晚些时候对皮肤干燥症状的缓解效果。制剂师可能研发出最佳的身体乳液，但如果消费者不喜欢其在皮肤上的感觉或气味，就不会再次购买。因此，除了考虑产品的性能外，有关消费者对产品感知的考量也十分重要。

感官评价已经发展为特定的科学领域，其定义为一种通过视觉、嗅觉、触觉、味觉和听觉来唤起、检测、分析和解释对产品引起的反应的科学方法[57]。感官测试可大致分为两类：情感方法和分析方法。相关方法的目标和检测方法截然不同。

- **情感方法**主要关注消费者的情感反应和满意度评价。评估者根据自己的喜好和满意度对产品进行评价，更加强调消费者的个人感受和情感反应。情感方法可提供产品的主观结果。
- **分析方法**则更加注重通过人的感觉器官分析判断出被检测对象的质量特性。评估者需要感知产品之间的差异或如何使用特殊术语描述和量化产品之间的区别（后一种方法称为描述性测试）。描述性测试是感官评估中使用的最全面、信息最丰富的测试，所提供的是产品的客观结果。

在不同类型的感官测试中，选择不同的评估者，通常被称为小组成员。情感方法通常选择"普通消费者"作为评估员（代表特定产品目标群体），而分析方法通常选择经过训练的小组成员。在某些情况下，经过培训的小组成员可能是经过大量培训的消费者，或者在许多情况下是每天进行感官评估的专家。

以下总结了皮肤护理产品常见感观特性测试[58, 59]。

- **涂抹性**是指产品在使用时吸收的难易程度。这种性质取决于几个因素，包括初始黏度和剪切下的黏度（即铺展性）、含水量和乳剂类型。
- **外观**是指产品的物理外观，包括其光泽，即光亮程度；**黏稠度**，即配制后是否保持原有形状及是否会出现结块现象。
- **触感**是指用手指取用产品时的质感。
- **皮肤水平**取决于制剂中使用的润肤剂和封闭剂的量，以及乳剂类型。W/O 型乳剂在皮肤上感觉比 O/W 型乳剂更黏腻、更油腻。
- **黏性**由油相和水相共同决定。某些油脂涂抹在皮肤上会增加黏腻感，如羊毛脂或鲸蜡醇。此外，某些亲水性增稠剂（如树胶或蛋白质）也会产生黏腻感。
- **铺展崩解**（break）是指产品在皮肤上涂抹时发生的结构分解行为。
- **顺滑度**是指产品在皮肤上涂抹时的顺滑程度。专为受损皮肤设计的产品通常具有更高的顺滑性，以减少受损皮肤受到的摩擦和压力，从而加速伤口的愈合过程并减少瘢痕的形成。

- **肤感**是直接使用产品后皮肤的柔软度和光滑度。肤感取决于前面讨论的一些参数，如油腻度、黏性及皮肤表面的产品残留量。从消费者的角度而言，肤感在产品选择中起着至关重要的作用。
- **延迟肤感**是在使用产品5 min、10 min和30 min后，对皮肤感受的评价。5 min时的评价可以帮助评估产品的快速吸收和即时效果，而10 min和30 min时的评价则能够反映产品对皮肤的持续作用和潜在改善。

在对感官特性结果进行分析时，考虑产品的目标群体和使用场景十分重要。例如，黏性对于正常皮肤的日常保湿剂而言可能是不需要的，但对于干性皮肤人群，其可能是有益的，或者至少不会产生负面影响。

如上所述，确保产品质感符合目标人群的需求是产品成功的关键。目前的问题是，如何选择最佳方法？答案是通过策略规划。在为给定产品选择适当方法时，应考虑许多因素。典型步骤如下[60]。

1. 确定项目目标　例如，评估样品的目的是产品改进、成本降低或成分替代？样品是否与其他样品相似或不同。

2. 定义测试目标　必须确定测试的目标是什么。例如，是询问小组成员更喜欢哪种产品，还是判断小组成员是否接受产品，或者评估产品之间的差异？

3. 筛选样本　应在小组实际评估之前对样本进行评估，以便采用合适的方法以减少潜在偏差。例如，如果测试产品是微黄色的，而另一样品是白色的，这将给小组成员传递不必要的暗示，也可能影响他们的反馈。在这种情况下，可以改变样本外观、光线或其他因素以避免任何偏差。

4. 设计测试　选择测试方法，并规划好所有细节，包括小组成员的选择和培训（如果需要）、记分表的设计、样本展示和统计分析。

5. 进行测试　在完成所有规划之后，进行测试。

6. 分析数据　采用适当的统计方法对所有数据都进行评估。

7. 解释结果　结果以既定目标的形式表示。

11.11　引发安全性问题的成分

⓮引发皮肤保湿剂安全性问题的成分包括香精、羊毛脂、尿素、丙二醇和草本提取物。本节总结了关于这些成分安全性的一些研究结果。

皮肤保湿剂通常不含强刺激性成分，但若敏感部位反复暴露于轻度刺激性成分，可能会引起各种皮肤反应，包括干燥、泛红、灼热感和瘙痒。强刺激性成分通常很容易辨别，但轻度刺激性成分就不那么明显了。以下是可能会引起安全性问题的主要成分。

- **香精**通常被认为是皮肤护理产品中的主要致敏剂，其可能包含50多种成分，其中许多成分具有刺激性。虽然这些香味可能会增强消费者购买产品的意愿，但也应考虑其潜在的刺激性。

- **羊毛脂**也被认为是一种致敏剂。羊毛脂来源于绵羊的羊毛，包含数百种不同的化学物质。羊毛脂潜在的致敏性尚不清楚。某些研究表明，羊毛脂可能引发刺激和过敏，最常见于皮肤屏障受损的人群，如特应性皮炎患者[61]。然而，研究也表明，即使一些消费者对一种含有羊毛脂的产品敏感，也可能耐受其他含有羊毛脂的产品[62]。阳性反应的真实发生率是未知的，因为反应往往无法重现，并且通常会出现假阳性和假阴性[63]。因此，在使用含有羊毛脂的产品之前，用产品进行贴片测试（patch test）是很有意义的。化妆品成分审查（CIR）委员会认为羊毛脂是安全的。此外，其还被专门用作皮肤保护剂、眼部润滑剂和食品添加剂。羊毛脂及其衍生物具有良好的保湿功效，因此，必须在个体的基础上确定其潜在的致敏性。
- **尿素**是一种有效的润湿剂，一些临床研究发现其对皮肤具有刺激性。然而，大多数评估尿素效果的研究并未报告严重刺激反应，即使在较高浓度下也是如此。CIR委员会对尿素的安全性进行了评估，认为尿素用于化妆品和个人护理产品是安全的，同时，也认为尿素可以增加其他成分的透皮吸收，在进行产品安全评估时应考虑这一点[64]。
- **丙二醇**在多种产品中用作润湿剂和溶剂。鉴于皮肤致敏性的阳性结果，对其在化妆品中可能造成的不良影响提出了疑问。CIR委员会对个人护理产品中的丙二醇进行了评估，并得出结论，丙二醇在化妆品中浓度不超过50%时是安全的[65]。在2012年发表的一篇补充声明中，CIR委员会再次指出，安全性评估结果表明丙二醇在目前的使用中是安全且无刺激性的[66]，但皮肤屏障受损的人群即使是在低浓度下使用也会有较高的刺激和致敏风险。还应注意到，在正常受试者中，丙二醇在封闭贴片中很可能是一种刺激物。然而，当用于化妆品和个人护理产品时，其只需简单涂抹在皮肤表面，而不需要在其上覆盖贴片。一些研究结果也表明，针对丙二醇的过敏反应并不常见，其临床意义可能被高估了[67]。与尿素一样，丙二醇也可以提高其他成分的皮肤渗透性，包括药物，这一点值得考虑[68]。
- **草本提取物**也可能引起致敏和刺激，但这些反应是罕见的，可能与皮肤保湿剂中提取物浓度较低有关。

11.12 皮肤保湿剂的包装

皮肤保湿剂常用的包装材料有以下几种。

- **塑料瓶**：大多数身体保湿剂都是以塑料瓶包装的，部分面部和手部保湿剂也使用塑料瓶包装。许多容器都含有一个泵头，用来取用少量的产品。塑料瓶也可配备翻盖、圆盘盖或旋盖。
- **玻璃瓶**：液态面部精华液通常被包装在玻璃瓶中，瓶盖内装有滴管。
- **软管**：大多数护手霜和面霜都是装在带螺旋盖、圆盘盖或翻盖的软管中。
- **塑料罐和玻璃罐**：一些身体乳液、面霜及大多数面部保湿剂都包装在塑料罐或玻璃罐中。玻璃罐存在一定的安全隐患，因为一旦打碎，可能会造成严重伤害。制造商在设计新包装时，通常会考虑目标群体的需求和期望。

- **真空分配器：**是一种很受欢迎的选择，主要用于面部皮肤保湿剂。无气瓶是一种不加压的真空分配系统，瓶内含有一个泵。当消费者按下泵头时，圆盘上移并分配产品。在使用过程中，消费者不会接触到瓶中的产品，产品也不会暴露在光线和空气中。因此，真空分配器可以更长时间地保存和保持产品的完整性。与罐相比，其还可以减少防腐剂的使用量。

术语表

中文术语	英文术语	解释
润湿剂	humectant	一种具有高度吸湿能力的成分，可以从真皮层吸引水分到表皮层，进而增加皮肤表层的含水量。
润肤剂	emollient	一种可以软化和平滑皮肤的保湿成分，并为皮肤表面提供保护和润滑作用。
密封剂	occlusive	一种保湿成分，可以形成疏水屏障，以物理方式阻止角质层的经皮水分流失。
皮肤调理剂	miscellaneous skin conditioner	一种保湿成分，可以改善干燥和受损皮肤的外观，减少脱屑，恢复皮肤的柔韧性。
神经酰胺	ceramide	角质层中细胞间脂质的结构成分，有助于维持皮肤屏障的完整性。
胆固醇	cholesterol	角质层中细胞间脂质的结构成分。
保湿产品	moisturizer product	一种个人护理产品，旨在改善肤质，为皮肤补水，维持或恢复角质层的水分含量，保持角质层光滑柔韧，并有助于缓解皮肤干燥的症状。
保湿效果	moisturizing effect	化妆品给皮肤补水保湿的能力。
W/O 型乳剂	water-in-oil emulsion	油包水型乳剂，其内相由水、水溶性和水混溶性成分组成，外相由油、油溶性和油混溶性成分组成。
O/W 型乳剂	oil-in-water emulsion	水包油型乳剂，其内相由油、油溶性和油混溶性成分组成，外相由水、水溶性和水混溶性成分组成。
精华液	serum	含有润湿剂和一种或多种关键成分，可解决特定皮肤问题的水基液体保湿剂。
隔离霜	barrier cream	一种保湿产品，用于避免不良皮肤反应，预防刺激性皮炎（由刺激物引起的皮肤炎症），尤其适用于工作场景。
刺激性皮炎	irritant dermatitis	由接触各种化学物质而引起的皮肤炎症，如表面活性剂、溶剂和香精。
皮肤含水量	skin hydration	皮肤中水分的含量。

续表

中文术语	英文术语	解释
皮肤表面粗糙度	skin surface roughness	指皮肤表面的纹理参数，可能与皮肤的水合状态有关。
皮肤保护剂	skin protectant	一种OTC专论中的活性成分，可暂时保护受伤或暴露的皮肤或黏膜免受有害刺激，并有助于舒缓皮肤表面的相关刺激。
无创性方法	non-invasive method	一种不将仪器引入人体的测试方法。
感官评价	sensory testing	一种通过视觉、嗅觉、味觉、触觉和听觉来唤起、测量、分析和解释对产品反应的科学方法。
产品美学	product aesthetics	是指产品的外观、气味、在皮肤上应用时和使用后的感觉等一系列特性。
皮肤弹性	skin elasticity	指的是皮肤被拉伸后恢复原始状态的能力。
涂抹性	rubout	一种感官参数，指产品在涂抹或使用时被皮肤吸收的难易程度。
触感	pickup	一种感官参数，指的是用手指取用产品时的质感。
直接体验感	afterfeel	一种感官参数，是指使用产品后皮肤的柔软度和光滑度。

缩略词表

缩略词	英文全称	中文全称
AHA	alpha hydroxy acid	α-羟基酸
BHA	butylated hydroxyanisole	丁基羟基茴香醚
BHT	butylated hydroxytoluene	丁基羟基甲苯
NMF	natural moisturizing factor	天然保湿因子
O/W	oil-in-water	水包油型
SC	stratum corneum	角质层
TEWL	transepidermal water loss	经皮水分流失
W/O	water-in-oil	油包水型
W/Si	water-in-silicone	硅包水型
W/O/W	water-in-oil-in-water	水包油包水型

（李可欣　译，蒋筱莹　白仁仁　校）

参考文献

1. Held, E. (2001). So moisturizers may cause trouble! *Int. J. Dermatol.* 40 (1): 12–13.
2. McDonough, E.G. (1937). *Truth About Cosmetics*. New York: The Drug and Cosmetics Industry.
3. Fernandez Rodriguez, M.C. and Selles, F.E. (1998). The splendour of the cosmetology in the ancient Greece. *Cosmetic News* XXI.
4. Gunn, F. (1983). *The Artificial Face: A History of Cosmetics*. New York: Hippocrene Books.
5. Stepanovs, J. (1999). *Skin Saver Remedies*. Bermagui: Harald Tietze Publishing.

6. The Olympic Museum Educational and Cultural Services (2013). The Olympic Games in Antiquity. www.olympic.org/Documents/Reports/EN/en_report_658.pdf (accessed 17 December 2013).
7. Spelios, T. (1983). An informal history of cosmetics II. *Drug Cosmet. Ind.* 133: 142.
8. University of Chicago Press (1929). *Encyclopaedia Britannica*, 14e. Chicago: University of Chicago Press.
9. Vaseline: Commitment to Quality: For Over 140 Years. https://www.unileverusa.com/brands/beauty- wellbeing/vaseline/ (accessed 17 December 2013).
10. Pond's Institute (2021). A history of Pond's Heritage. www.ponds.com/us/en/about-ponds/our-heritage.html (accessed 7 May 2021).
11. Disapio, A. and Fridd, P. (1988). Silicones: use of substantive properties on skin and hair. *Int. J. Cosmet. Sci.* 10: 75–89.
12. Drealos, Z.D. and Marenus, K.D. (1997). Cellulite: etiology and purported treatment. *Dermatol. Surg.* 23: 1177–1181.
13. Khan, M.H., Victor, F., Rao, B. et al. (2010). Treatment of cellulite: part I pathophysiology. *J. Am. Acad. Dermatol.* 62 (3): 361–370.
14. Rawlings, A.V. (2006). Cellulite and its treatment. *Int. J. Cosmet. Sci.* 28 (3): 175–190.
15. DiNardo, J.C. (2005). Is mineral oil comedogenic? *J. Cosmet. Dermatol.* 4: 2–3.
16. Rawlings, A.V. and Lombard, K.J. (2021). A review on the extensive skin benefits of mineral oi. *Int. J. Cosmet. Sci.* 34: 511–518.
17. Held, E., Johansen, J.D., and Agner, T. (1999). Contact allergy to cosmetics: testing with patients' own products. *Contact Dermatitis* 40 (6): 310–315.
18. Zirwas, M. and Stechschulte, S.A. (2008). Moisturizer allergy. Diagnosis and management. *J. Clin. Aesthet. Dermatol.* 1 (41): 38–44.
19. Kaidbey, K., Sutherland, B., Bennett, P. et al. (2003). Topical glycolic acid enhances photodamage by ultraviolet light. *Photodermatol. Photoimmunol. Photomed.* 19: 21–27.
20. Loden, M. (2003). Do moisturizers work? *J. Cosmet. Dermatol.* 2 (3–4): 141–149.
21. Bouwstra, J.A., de Graaff, A., Gooris, G.S. et al. (2003). Water distribution and related morphology in human stratum corneum at different hydration levels. *J. Invest. Dermatol.* 120: 750–758.
22. Appa, Y. (2010). Facial moisturizers. In: *Cosmetic Dermatology* (ed. Z.D. Drealos), 123–129. Hoboken: Wiley Blackwell.
23. Robbins, C.R. and Fernee, K.M. (1983). Some observations on the swelling of human epidermal membrane. *J. Soc. Cosmet. Chem.* 37: 21–34.
24. Idson, B. (1992). Dry skin: moisturizing and emolliency. *Cosm. Toil.* 107: 69–78.
25. Nolan, K. and Marmur, E. (2012). Moisturizers: reality and the skin benefits. *Dermatol. Ther.* 25 (3): 229–233.
26. Anderson, P.C. and Dinulos, J.G. (2009). Are the new moisturizers more effective? *Curr. Opin. Pediatr.* 21 (4): 486–490.
27. Grubauer, G., Feingold, K.R., and Elias, P.M. (1987). Relationship of epidermal lipogenesis to cutaneous barrier function. *J. Lipid Res.* 28: 746–752.
28. Hon, K.L. and Leung, A.K. (2013). Use of ceramides and related products for childhood-onset eczema. *Recent Pat. Inflamm. Allergy Drug Discov.* 7 (1): 12–19.
29. Cole, C., Kroboth, K., Schurch, N.J. et al. (2014). Filaggrin- stratified transcriptomic analysis of pediatric skin identifies mechanistic pathways in patients with atopic dermatitis. *J. Allergy Clin. Immunol.* 134: 82–91.
30. Zettersten, E.M., Ghadially, R., Feingold, K.R. et al. (1997). Optimal ratios of topical stratum corneum lipids improve barrier recovery in chronologically aged skin. *J. Am. Acad. Dermatol.* 37: 403–408.
31. Hon, K.L., Pong, N.H., Wang, S.S. et al. (2013). Acceptability and efficacy of an emollient containing ceramide-precursor lipids and moisturizing factors for atopic dermatitis in pediatric patients. *Drugs R D* 13 (1): 37–42.

32. Kresken, J. and Klotz, A. (2003). Occupational skin-protection products–a review. *Int. Arch. Occup. Environ. Health* 76: 355–358.
33. Corazza, M., Minghetti, S., Bianchi, A. et al. (2014). Barrier creams: facts and controversies. *Dermatitis* 25 (6): 327–333.
34. Zhai, H. and Maibach, H.I. (2002). Barriers creams–skin protectants: can you protect skin? *J. Cosmet. Dermatol.* 1: 20–23.
35. Schliemann, S., Kleesz, P., and Elsner, P. (2013). Protective creams fail to prevent solvent-induced cumulative skin irritation-results of a randomized double-blind study. *Contact Dermatitis* 69 (6): 363–371.
36. Galzote, C., Suero, M., and Govindarajan, R. (2008). Noninvasive evaluation of skin in the Cosmetic Industry. In: *Dermatologics, Cosmeceutic and Cosmetic Development* (ed. K.A. Walters and M.S. Roberts), 467–485. New York: Informa Healthcare.
37. C+K (2021). Corneometer. www.courage- khazaka.de/en/scientific-products/all-products/16-wissenschaftliche-produkte/alle-produkte/183-corneometer-e (accessed 12 January 2021).
38. Nova™ Technology Corporation (2021). A primer on DPM 9003 impedance measurements. www.novatechcorp.com/dpm.html (accessed 12 January 2021).
39. Leveque, J.L. and de Rigal, J. (1983). Impedance methods for studying skin moisturization. *J. Soc. Cosmet. Chem.* 34: 419–428.
40. Cortex (2021). Skin analysis. cortex.dk/single-parameter- dermalab/ (accessed 12 January 2021).
41. C+K (2021). Tewameter. www.courage-khazaka.de/en/16- wissenschaftliche-produkte/alle-produkte/172-tewameter-e (accessed 12 January 2021).
42. Grove, G.L., Grove, M.J., Zerweck, C. et al. (1999). Comparative metrology of the evaporimeter and the DermaLab® TEWL probe. *Skin Res. Technol.* 5: 1–8.
43. Delfin Technologies (2021). VapoMeter. delfintech.com/products/vapometer/ (accessed 12 January 2021).
44. Biox: AquaFlux Model AF200. www.bioxsystems.com/products/aquaflux/ (accessed 12 January 2021).
45. Charbonnier, V., Paye, C., and Mainbach, H.I. (2010). Determination of subclinical changes of barrier function. In: *Dermatotoxicology* (ed. K.P. Wilhelm, H. Zhai and H.I. Maibach), 563. Boca Raton: CRC Press.
46. Leveque, J.-L., Dresler, J., Ribot-Ciscar, E. et al. (2000). Changes in tactile spatial discrimination and cutaneous coding properties by skin hydration in elderly. *J. Invest. Dermatol.* 115 (3): 454–458.
47. C+K (2021). Visioscan®. www.courage- khazaka.de/en/scientific-products/all-products/imaging/16-wissenschaftliche-produkte/alle-produkte/150-visioscan-e (accessed 12 January 2021).
48. Comaish, S. and Bottoms, E. (1971). The skin and friction: deviation from Amonton' s laws, and the effects of hydration and lubrication. *Br. J. Dermatol.* 84: 37.
49. Prall, J.K. (1973). Instrumental evaluation of the effects of cosmetic products on skin surfaces with particular reference to smoothness. *J. Soc. Cosmet. Chem.* 24: 693–707.
50. Naylor, P.F.D. (1955). The skin surface and friction. *Br. J. Dermatol.* 55 (67): 239.
51. El-Shimi, A.F. (1977). *In vivo* skin friction measurements. *J. Soc. Cosmet. Chem.* 28: 37.
52. CuDerm (2021). D-Squame®. clinicalandderm.com/brands/D%252dSquame.html (accessed 12 January 2021).
53. C+K (2021). Sebumeter®. www.courage-khazaka.de/en/16- wissenschaftliche-produkte/alle-produkte/151-sebumeter-e (accessed 12 January 2021).
54. Elsner, P. (1995). Sebum. In: *Bioengineering of the Skin: Methods and Instrumentation* (ed. E. Berardesca, P. Elsner and K.P. Wilhelm), 81–85. Boca Raton: CRC Press.
55. Dia-Stron Skin Testing Instrumentation. www.diastron.com/app/uploads/2019/10/Dia-Stron-Skin- Instrument-Brochure-V1-web.pdf (accessed 16 January 2021).
56. C+K (2021). Cutometer®. www.courage-khazaka.de/en/16- wissenschaftliche-produkte/alle-produkte/178-cutometer-e (accessed 26 January 2021).
57. Stone, H. and Sidel, J.L. (2004). *Sensory Evaluation Practices*. Cambridge: Academic Press.

58. Aust, L.B., Oddo, L.P., Wild, J.E. et al. (1987). The descriptive analysis of skin care products by a trained panel of judges. *J. Soc. Cosmet. Chem.* 38: 443–449.
59. Barton, S. (2002). Formulation of Skin Moisturizers. In: *Cosmetic Science and Technology: Skin Moisturization* (ed. J.J. Leyden and A.V. Rawlings), 547–589. New York: Marcel Dekker.
60. Erhardt, J.P. (1978). The role of the sensory analyst in product development. *Food Technol.* 32 (11): 57.
61. Giordano-Labadie, F., Rance, F., Pellegrin, F. et al. (1999). Frequency of contact allergy in children with atopic dermatitis: results of a prospective study of 137 cases. *Contact Dermatitis* 40: 192–195.
62. Ortiz, K.J. and Yiannias, J.A. (2004). Contact dermatitis to cosmetics, fragrances, and botanicals. *Dermatol. Ther.* 17 (3): 264–271.
63. De Groot, A.C. (2000). Sensitizing substances. In: *Dry Skin and Moisturizers: Chemistry and Function* (ed. M. Lodén and H.I. Maibach), 403–411. Boca Raton: CRC Press.
64. Cosmetic Ingredient Review Panel (2005). Final report of the safety assessment of urea. *Int. J. Toxicol.* 24 (3): 1–56.
65. Cosmetic Ingredient Review Panel (1994). Final report of the safety assessment of propylene glycol and polypropylene glycols, cosmetic ingredient review. *J. Am. Coll. Toxicol.* 13 (6): 473–491.
66. Fiume, M.M., Bergfeld, W.F., Belsito, D.V. et al. (2012). Safety assessment of propylene glycol, tripropylene glycol, and PPGs as used in cosmetics. *Int. J. Toxicol.* 31 (S2): 245S–260S.
67. Funk, J.O. and Maibach, H.I. (1994). Propylene glycol dermatitis: re-evaluation of an old problem. *Contact Dermatitis* 31 (2): 36–41.
68. Turpeinen, M. (1991). Absorption of hydrocortisone from the skin reservoir in atopic dermatitis. *Br. J. Dermatol.* 124 (4): 358–360.

第12章 抗衰老产品

学习目标

通过本章的学习，读者将掌握以下内容。

1. 以下术语的定义：

内源性衰老	自然衰老	空气污染物	颗粒物
蓝光	光老化	光敏性	老年斑
氧化应激	抗氧化剂	非侵入性技术	侵入性技术
植物提取物	类视黄醇	羟基酸	化学剥脱剂
角质溶解剂	脂质体	囊泡	

2. 内源性衰老和外源性衰老的区别。
3. 皮肤在衰老过程中的变化。
4. 环境因素加速衰老的过程。
5. 抗衰老产品的分类。
6. 预防或治疗皮肤衰老的非侵入性技术和产品。
7. 预防或治疗皮肤衰老的侵入性技术。
8. 各种植物提取物的抗衰老作用。
9. 氧化应激反应导致皮肤衰老的原因。
10. 抗氧化剂、多肽和蛋白质、外用类视黄醇和羟基酸用于延缓皮肤衰老的机制。
11. 影响活性成分渗透进入皮肤的主要因素。
12. 包载抗衰老成分的透皮递送系统。
13. 产品制剂在使用α-羟基酸、类视黄醇、维生素C、蛋白质和多肽等抗衰老成分时面临的挑战。
14. 与α-羟基酸、外用类视黄醇、多肽和蛋白质相关的主要安全性问题。

主要概念

1. 皮肤衰老是一个复杂的生物过程，受内源性因素和外源性因素的共同影响。

2. 皮肤自然衰老的过程是由基因决定的，并且仅由时间引起，称为内源性衰老或自然衰老；而由环境因素引起的皮肤衰老过程，则被称为外源性衰老。

3. 从非侵入性到侵入性技术，目前用于预防或治疗皮肤衰老的产品和程序种类繁多。

4. 植物提取物、抗氧化剂、蛋白质和多肽、类视黄醇、羟基酸和防晒霜可防止氧化反应及自由基形成，促进表皮再生，并促进胶原蛋白和弹性蛋白的自然合成。

5. 化学剥脱术通过可控地烧灼皮肤表层（表皮和真皮），使组织再生并恢复活力，从而改善皮肤质地和表面异常。

6. 许多抗衰老制剂都需要深入皮肤表皮层和真皮层才能发挥最佳效果。

7. 皮肤对化妆品活性成分和药物活性成分的吸收并不像想象的那样简单。

8. 影响特定分子穿透角质层并到达基底细胞层的因素很多，其中最重要的是分子大小和溶解度。

9. 大多数抗衰老制剂都是乳剂，因为其不仅能提供美观的化妆品质地，也能同时包载水溶性和脂溶性成分。

10. 当制备抗衰老产品时，增加主要成分向皮肤深层（如果需要）的渗透量只是挑战之一，还需要考虑光、氧气和水性环境对相关成分的影响。

11. 引起安全性问题的抗衰老成分包括α-羟基酸（AHA）、外用类视黄醇、多肽和蛋白质。

12.1 引言

❶皮肤衰老是一种由内源性因素和外源性因素共同作用引起的复杂生物过程，会导致表皮结构和功能的变化，尤其是在阳光照射的皮肤区域。皮肤健康被视为总体健康和健康感知的主要指标，因此抗衰老护肤产品在近年来变得越来越重要。

本章综述了皮肤衰老的过程、预防衰老的措施及一些目前使用的成分和制剂。

12.2 衰老过程中皮肤结构与功能的变化

目前，大多数消费者对衰老过程及其可见迹象都相当熟悉。众所周知，年轻人拥有柔软、光滑、柔韧的皮肤，但随着年龄的增长，皮肤会出现一些衰老的迹象，如皮肤弹性变差、变得粗糙或出现皱纹等情况。皮肤老化可分为以下几类：❷自然衰老（natural aging）过程是由基因决定的，决定因素只取决于时间，这种衰老被称为内源性衰老（intrinsic skin aging）或时存性衰老（chronological aging）过程。而由环境因素引起的皮肤衰老过程被称为外源性衰老（extrinsic skin aging）。皮肤衰老的每一个过程都会导致一些特定的皮肤衰老迹象[1]。

12.2.1 内源性衰老

内源性衰老是一种自然衰老过程，会影响全身的皮肤，包括避光区域。内源性衰老是缓慢、持续和不可逆的组织退化[2]。然而，即使是相同年龄的，皮肤状态也可能显得更年轻或更衰老，其原因是基因的差异，这在内源性老化中起着重要作用[3]。

从临床角度而言，内源性衰老的皮肤光滑、菲薄、苍白并伴有细纹。从组织学上而言，内源性衰老皮肤的功能会发生改变，如真皮变薄、弹性蛋白网络退化和保湿能力下降。以下是衰老过程中发生的改变。

- 表皮变薄与其胶原蛋白（collagen）含量有关。随着时间的推移，胶原蛋白的合成会逐渐减少，导致皮肤中胶原蛋白含量减少。胶原蛋白对维持皮肤的强度和紧致度至关重要，并且在伤口愈合中发挥着重要作用，其含量的减少会导致皮肤强度下降、真皮萎缩（即弱化和变薄），以及伤口愈合速率减慢[4]。
- 除胶原蛋白外，弹性蛋白（elastin）合成也会减少，导致皮肤弹性下降[5]。
- 衰老也与水分流失有关。皮肤保湿的关键成分为透明质酸（hyaluronic acid），其可在皮肤中结合并保留大量水分。随着年龄的增长，皮肤产生的透明质酸量减少，从而导致脱水和体积减小[6]。
- 面部浅层肌肉萎缩，导致皱纹出现。典型的面部皱纹一般出现在做面部表情时肌肉收缩的部位，包括前额上的“忧思纹”（worry line），眼睛周围和嘴边的“笑纹”（laugh line），以及从眼睛外角向外放射的“鱼尾纹”（crow's feet）。
- 除了面部和颈部外，手背也是衰老迹象明显的部位。手部失去紧实度和圆润感会暴露其下的肌腱、骨骼和血管，使手部看起来骨感明显[7]。
- 此外，免疫细胞的生成也会随着时间的推移减少，这会削弱伤口愈合能力[8]。强度、厚度和愈合能力的丧失使皮肤变得更加脆弱。
- 由于角质形成细胞减少，表皮与真皮之间的表皮嵴（epidermal ridge）逐渐变平，这不仅会导致衰老皮肤更易受损，也会导致真皮和表皮层间营养物质传递的能力下降[9]。
- 随着年龄的增长，皮肤的“砖墙”结构（mortar and bricks）会受到影响，导致角质层脂质含量降低、屏障功能受损、表皮水分丢失增加、皮肤更干燥等情况[10, 11]。

衰老过程中还会发生其他变化，包括皮肤色素沉着和皮脂腺大小的改变。

- 随着内源性衰老的发生，黑色素细胞的密度会下降。这种下降会导致皮肤苍白，这也与血管减少有关。老化皮肤由于黑色素含量降低而对阳光的抵抗力下降，因此，衰老的皮肤更容易患上日光诱发的皮肤癌[9]。
- 皮脂腺的数量在人的一生中大致保持不变，尽管其大小会随着年龄的增长而增加。因此，皮肤毛孔可能会扩大。
- 随着时间的推移，头发的生长速度会减慢，毛囊密度会降低，毛发纤维也会变薄、色素减少，最终变成无色的，即灰白[12]。

12.2.2 外源性衰老

外源性衰老可定义为由各种环境因素（如阳光、风、吸烟和空气污染物）暴露导致的内源性衰老加速进程。若衰老是由日光造成的，则这个过程被称为“光老化”（photoaging）。光老化是一种累积性过程，这意味着随着时间的推移，暴露会不断积累。具有户外生活方式、生活在阳光充足地区和肤色较浅的人群最容易受到光老化的伤害[13]。据估计，光老化占皮肤美容问题的90%以上[14]。在绝大多数人群中，光老化和因吸烟导致的老化掩盖了内在的变化，尤其是在面部、颈部、手部和前臂。就个人而言，外源性衰老的发生率和程度取决于个体对不同环境因素的暴露模式及个体的遗传特质。

与内源性衰老相反，外源性衰老具有明显的形态和生理变化。临床上，外源性衰老的皮肤表现为皱纹、色素沉着、黄疸、脆性增加、质地粗糙，并且皮肤下可见扩张的血管［医学上称为“毛细血管扩张”（telangiectasia）］。外源性衰老的特征包括显著的表皮和真皮改变，总结如下：

- 表皮厚度可能增加或减少，导致皮肤增厚或变薄。皮肤类型会显著影响光老化的临床表现。一个极端的实例是肤色白皙、童年时期就长有雀斑的人群，经过长期日晒后，皮肤会变薄，并出现细纹。相比之下，肤色较深的人群，皮肤会在阳光照射下变得粗糙且呈皮革状[14, 15]。一般而言，随着年龄的增长，表皮会变薄，而粗糙的区域则会变厚。在皮肤较薄的部位，血管可见度更高，并且相关部位的皮肤较正常情况更容易出现瘀伤和出血。
- 在光老化皮肤中，朗格汉斯细胞和免疫细胞因子也会减少，从而导致皮肤免疫功能下降。
- 由于紫外线照射和吸烟，皮肤开始失去正常的粉红色光泽，取而代之的是呈现暗黄的颜色。在阳光照射部位，皮肤会出现更多且更高活性的黑色素细胞。这表现为皮肤上出现颜色较深的斑点，即老年斑（senile plaque）。光损伤的皮肤也经常出现色素减退区。
- 紫外线损伤和吸烟引起的皮肤变化也可在真皮中观察到。反复接触此类不利条件会导致胶原蛋白和弹性蛋白降解，以及异常弹力蛋白［医学上称为“弹性组织变性”（elastosis）］的积累，皮下脂肪层也会变薄。上述改变都会导致皮肤强度和弹性降低、起皱和松弛[16]。研究证明，阳光照射会显著加快胶原蛋白的降解速度，从而导致暴露区域发生巨大的结构性变化[17]。紫外线辐射还会导致真皮中透明质酸降解，导致皮肤脱水、松弛[6]。

与年龄相关的皮肤变化和光照引起的皮肤变化相似。然而，后者更为明显，并可能导致更严重的后果。

? 你知道吗?

根据波长的不同，紫外线可以分为三类。短波紫外线（short-wave ultraviolet，UVC），其大部分会被臭氧层吸收，对皮肤几乎没有影响。中波紫外线（medium-wave ultraviolet，UVB）只能到达表皮，会引起皮肤泛红、晒伤、DNA损伤、色素沉着过度及皮肤癌。长波紫外线（long-wave ultraviolet，UVA）需要相当大的剂量才会造成晒伤，因此曾认为其与皮肤损伤无关。然而，由于UVA比UVB更能深入皮肤，在光老化中发挥着更大的作用。普遍认为UVA导致了大多数与光老化相关的慢性皮肤损伤。因此，防晒产品应能同时防护UVA和UVB辐射[18]。

如上文所述，日光照射是外源性衰老的主要诱因。如今，在紫外线之外，蓝光也被确定为加速外源性衰老的因素之一。蓝光是波长在400～500 nm的可见光[19]。蓝光的主要来源是日光，其他来源包括数字设备发出的光线，如手机、平板电脑、电脑显示器、电视、荧光灯及发光二极管（light-emitting diode，LED）。显然，在当今时代，蓝光接触几乎是不可避免的。

与紫外线类似，蓝光也可以在皮肤中产生氧化应激[20]。但是，蓝光可以比紫外线更深地穿透到皮肤中[21]。虽然低能量、短接触时间的高能蓝光对治疗某些皮肤病是有益的，如痤疮[22]，但长时间接触高能蓝光会引起细胞和组织死亡、导致色素过度沉着、DNA损伤、皮肤屏障受损、光老化，甚至黑变病（即皮肤癌）[23-25]。

> **你知道吗?**
>
> 虽然我们每天都暴露在电子设备中，但来自太阳的蓝光辐射较之要强得多，即使是阴天也如此[26]。

近年来，另一个影响皮肤衰老并越来越受到关注的环境因素是空气污染。空气污染物包括颗粒物（particulate matter，PM）、地面臭氧（ozone，O_3）、挥发性有机化合物（volatile organic compound，VOC）和其他化合物。尽管人体皮肤对空气污染物具有屏障作用，但长期暴露于高水平污染物也会改变正常的皮肤稳态，损害皮肤屏障，并导致过早衰老和炎症性皮肤病，如特应性皮炎和湿疹[27]。

> **你知道吗?**
>
> 颗粒物（PM）是空气污染的一个常见间接指标。PM是指空气中悬浮的固体颗粒物和液体液滴的混合物。通常根据粒径大小对PM进行分类：PM10指的是直径≤10 μm的颗粒物，而PM2.5指的是直径≤2.5 μm的细小颗粒物。作为参考，人体头发的直径为50～70 μm，是最大的细小颗粒物厚度的20～25倍[28]。

12.3　药品还是化妆品

抗衰老产品可以是药品也可以是化妆品，这取决于产品中包含的成分及产品的宣传。参考美国药品和化妆品的定义（参见第1章），这两个类别的主要区别是产品用途。制造商需要按照相关法规要求，根据产品的宣传倾向及使用成分来确定其是否属于药物。

在OTC专论中，已列出一些皮肤保护剂[29]，如果抗衰老制剂按专论中列出的浓度使用皮肤保护剂，并且声称具有皮肤保护功能，那么该产品将被视为药品。

正如前文所讨论的，抗衰老产品通常被宣传为药妆品，并声称比“普通化妆品”（即非药妆品）更具优势。但是，由于大多数抗衰老产品都作为化妆品销售，制造商不能在标签上使用“活性成分”一词。因此，主要成分通常被称为“生物活性”或功能性成分。但相关产品中往往含有一个或多个旨在延缓衰老迹象或消除这些迹象的成分，所以有理由宣称其具有额外功能。该术语不仅在化妆品广告中广泛使用，而且在营销材料中也是如此。

但如第1章所述，“药妆品”一词在美国法律中并未得到承认。

随着抗衰老成分的不断开发和合成，其品种数量也在不断增加，但这些新成分的作用机制并不十分清楚。因此，在推出产品之前，会通过功效研究测试其类药功效。在产品宣传中，将临床研究结果转化为具体的性能声明，需要准确、清晰地传达产品的性能和效果，这是非常重要的。

公司必须谨慎处理宣传的措辞。化妆品不能改变皮肤的结构或功能，因此产品不能声称可以消除皱纹和细纹。常见的策略是使用如“针对衰老迹象”“有助于减少”而不是“减少”“改善皮肤质地外观”等措辞。

12.4 外用抗衰老产品的主要成分

❸如今，从非侵入性技术（noninvasive technology）到侵入性技术（invasive technology），预防或治疗皮肤衰老的产品和方法多种多样。

- **非侵入性技术**包括初级预防措施，如健康的生活方式、戒烟、使用防晒霜及直接涂抹于皮肤的局部化妆品和药品，微晶磨皮术，某些激光疗法，以及包括激素替代疗法在内的全身治疗。
- **侵入性技术**包括化学剥脱术（chemical peeling）；化学注射，如肉毒杆菌毒素和其他皮肤填充物；皮肤磨削术；各种激光疗法；以及矫正手术。

本章主要关注非侵入性治疗方案中的局部应用产品，以及侵入性治疗方案中的化学剥脱术。

健康的皮肤屏障是抵御脱水和各种物理因素、化学物质入侵的重要防线，并能促进皮肤再生、帮助皮肤保持光滑及弹性[30]。因此，日常维护皮肤屏障是抗衰老治疗的重要组成部分。抗衰老治疗的另一种方法是阻止或减慢胶原蛋白和弹性蛋白等皮肤成分随着时间推移的自然降解速度。❹植物提取物、抗氧化剂、蛋白质和多肽、类视黄醇、羟基酸（hydroxy acid，HA）和防晒霜均被宣传可以预防氧化反应和自由基的形成，去除角质，促进胶原蛋白和弹性蛋白的自然合成。本章讨论了其主要特点和常用实例。

12.4.1 植物提取物

植物提取物在当今很受欢迎，经常被用作抗衰老产品的生物活性成分。植物提取物是天然来源的成分，具有多种效果，通常包括抗氧化作用（如咖啡和石榴提取物）[31]，光保护作用（如红茶和橄榄提取物）[32]，舒缓、镇静、抗炎作用（如洋甘菊和蘑菇提取物）[33, 34]，美白作用（如蓝莓和人参提取物）[35]，紧致肌肤作用（如胡椒薄荷和金缕梅提取物）[36]及保湿作用（如霍霍巴油和椰子油提取物）[37]。通常情况下，植物提取物会因其复合益处而被混合使用，但需要注意的是，尽管目前植物提取物很受欢迎，但与合成产品相比，其活性成分往往更多样化。草本植物和其他植物的有效成分高度依赖于多种因素，包括生长条件、气候、天气、采收方法和提取方法。而化妆品中的草本提取物经常以极少量的形式出现，远低于其治疗剂量范围。尽管绿茶等一些提取物已被证明可以通过抗氧化和抗炎作用延缓皮肤衰老，但只对少数此类提取物的制剂进行了临床试验。因此，提取物在抗衰老益处方面的实际效用仍然值得商榷。

12.4.2　抗氧化剂

氧化应激是导致皮肤自然老化和光老化的生物化学途径的基础[36]。人体皮肤具有一个有效的抗氧化系统，可抵消氧化应激的负面影响[37]。然而，在慢性或严重氧化应激的情况下，这种内源性抗氧化系统并不足够有效，因此可能会发生组织损伤[38]。

根据自由基衰老理论，氧化应激会随着年龄的增长而增加，同时体内抗氧化系统的效能会下降[39]。自由基的产生促进了胶原蛋白、弹性蛋白和透明质酸的降解，并导致衰老迹象。抗氧化剂可通过中和自由基来保护细胞免受损伤，因此为皮肤提供抗氧化剂被认为是延缓衰老的有效方法。目前，抗氧化剂在化妆品和OTC药妆产品、饮料和食品中的应用越来越多。常用成分包括维生素（如维生素C、维生素B_3和维生素E），植物提取物（如绿茶和葡萄籽提取物），以及其他活性成分（如白藜芦醇、硫辛酸、没食子酸、辅酶Q10和泛醌）。但是，目前还不清楚哪种抗氧化剂对预防光老化最为有效。为了达到最佳效果，除了使用外用产品外，还应摄入含有抗氧化剂的食物和饮品[40]。抗氧化剂不仅能够充当抗氧化的保护性成分，部分抗氧化剂还能促进胶原蛋白的生成，保持皮肤中透明质酸的水平，并发挥抗炎作用[41]。

12.4.3　多肽和蛋白质

多肽和蛋白质现今也是广受欢迎的抗衰老成分，一般被制成外用制剂及注射产品。多肽和蛋白质具有多重功效，包括抗炎作用、通过促进胶原蛋白合成来减少皱纹、增加皮肤厚度和紧致度、平滑肤质、保湿，以及提供皮肤保护作用。常用的多肽和蛋白质包括天然成分（如胶原蛋白、弹性蛋白、水解小麦和大豆蛋白），合成成分（如基质信号肽、神经肽，包括肉毒杆菌毒素），以及各种酶（如蛋白酶）。

> **? 你知道吗?**
>
> 多肽和蛋白质这两个名词通常作为同义词使用，但两者并不相同。两者虽均由氨基酸组成，但其大小不同。肽由2～50个氨基酸组成。较小的肽称为寡肽（包含2～20个氨基酸），而较大的肽称为多肽（包含20～50个氨基酸）。蛋白质是由超过50个氨基酸组成的大分子[42]。化妆品通常含有所谓的水解蛋白质。水解是一个化学过程，可将较大的蛋白分子分解成较小的氨基酸链。

12.4.4　类视黄醇

类视黄醇是一类包含视黄醇（retinol，维生素A）及其衍生物的物质。相关成分被纳入处方药、OTC药品和化妆品中。视黄酸及其衍生物阿达帕林（adapalene）、他扎罗汀（tazarotene）和贝沙罗汀（bexarotene）都是处方药。目前，浓度0.1%的阿达帕林被用作OTC药品。无须处方即可用于抗衰老制剂的视黄醇衍生物包括视黄醇酯（retinyl ester）、视黄醇、视黄醛（retinaldehyde）和氧化视黄醇（oxiretinoids）[43]。

一般而言，类视黄醇是亲脂性分子，可以穿透表皮并进入真皮[44]。其作用包括改善表面粗糙度，改善老年斑，并通过减少胶原蛋白分解量和刺激新胶原蛋白的产生来减少细纹[45, 46]。类视黄醇通过作用于皮肤细胞中的受体而在分子水平上发挥作用。

视黄酸（tretinoin，也称为维A酸）最初被用于治疗痤疮。然而，临床研究表明，其不仅能有效治疗痤疮，还能防止皮肤老化，改善受损皮肤，因此常作为一种有效的局部治疗手段，用于光老化、痤疮和其他皮肤病。但是，视黄酸对皮肤具有刺激性，这也是限制其使用的主要原因之一。常见的副作用包括“视黄酸皮炎”（retinoid dermatitis）或“视黄酸反应”（retinoid reaction），以及局部反应（如烧灼感、发红和脱皮），主要发生在视黄酸治疗的前几周，但相关反应通常是暂时性的，并且会随着治疗的进行而逐渐减轻[47]。然而，许多消费者在出现这些症状后往往会选择停止治疗。目前，已经提出了一些降低视黄酸刺激性的方法，包括构建特定递送系统及合成新的衍生物[48]。视黄酸治疗引发的另一个副作用是光敏化，即增加了皮肤对日光的敏感性。建议使用视黄酸治疗的消费者避免过度暴露在阳光下，并采取预防措施，如使用防晒霜。但经过几个月治疗后，皮肤对紫外线辐射的反应会恢复正常[49]。

视黄醛（也称为维生素A醛）和视黄醇是视黄酸的衍生物，研究证明其具有抗衰老作用。两者无须处方即可获得。视黄醛和视黄醇都是视黄酸的前体，在体内会转化为视黄酸（皮肤中维生素A的生物活性形式）[50]。视黄醇安全、有效且耐受性优于低浓度的视黄酸[51-53]。目前，视黄醇最为常用，其对外源性皮肤衰老和内源性皮肤衰老均具有改善作用[54]。为了减少刺激，产品应在夜间少量使用。皮肤科医生也经常建议使用保湿霜来防止干燥。由于类视黄醇的光敏作用，使用时要配套使用防晒霜，且尽量在晚间使用，因为其会被光灭活，日光直射会使其降解并降低疗效[55]。当然，应用一些特殊技术，如通过脂质体进行包载，可以增加类视黄醇的光稳定性。

研究表明，使用类视黄醇时，大多数衰老迹象的改善发生在治疗的第一年，并且持续使用长达4年时改善仍能得以维持[56]。

12.4.5 羟基酸

羟基酸类物质是天然存在的有机羧酸，在过去十年间，其在抗衰老领域的应用引起了人们极大的兴趣。羟基酸包括α-羟基酸（AHA），如乳酸、乙醇酸、苹果酸、酒石酸和柠檬酸；β-羟基酸（BHA），如β-羟基丁酸；多羟基酸（PHA），如葡萄糖内酯；生物酸（BA），如乳酸；以及芳香族羟基酸（AMA），如水杨酸。这些有机酸通常是合成的，但也有些可从天然来源中获取，如甘蔗、酸奶、苹果、葡萄和柑橘类水果。羟基酸类物质具有多种改善皮肤的作用，包括去角质、保湿、抗炎和抗氧化作用，而最有益的效果之一是改善光老化，包括降低粗糙度、减少皮肤变色、改善日光性角化和整体色沉，以及增加胶原蛋白并提高弹性纤维质量，使皮肤看起来更紧致[57, 58]。在低浓度（4%～10%）下，羟基酸可制成OTC霜剂和乳液，用于皮肤衰老的治疗；而在高浓度（＞20%）下，可以制成化学剥脱剂，用于胼胝（俗称老茧）、痤疮和光老化的治疗。AHA，如甘醇酸和乳酸，作为化学剥脱剂广泛应用于护肤品中，可实现化学剥脱术和皮肤重塑。柠檬酸在局部制剂中常作为抗氧化剂、pH调节剂和抗衰老成分使用[59]。葡萄糖酸内酯（一种多羟基酸）也常用于化妆品配方中，以增强皮肤屏障功能[60]，是温和的保湿抗氧化成分[61]，同时具有抗衰老功效。其优势在于不会像甘醇酸那样导致UVB照射后晒伤反应加剧[62]，还能与过氧化苯甲酰等氧化性药物复配，降低药物引发的刺激和红斑反应[63]。BA具有吸湿性，其水溶液在室温水分蒸发后会形成凝胶，这种凝胶能对炎症皮肤产生保护和舒缓作用，因此适用于浅层化学剥脱术等破坏皮肤屏障的美容术后护理[64]。乳酸是一种生物酸，对于由日光照射引发的皮肤损伤具有很好的疗效，可防止皱纹形成、皮肤松弛，并抑制可见红斑的形成[65]。水杨酸是一种芳香族羟基酸，由于其具有角质层分离（剥离）作用和抗菌特性，常广泛应用于化妆品、OTC和处方专用制剂[66]。

你知道吗?

当分子含有两个或更多羧基时，某些α-羟基酸同时也是β-羟基酸。在这种情况下，羟基位于一个羧基的α位，同时位于另一个羧基的β位。例如，含有一个羟基和两个羧基的苹果酸（malic acid）既是α-羟基酸又是β-羟基酸。

12.4.6　防晒霜

尽管对皮肤老化具有多种治疗方法，但预防外源性老化仍然是预防老化的最佳方法，包括避免日光照射，当日光照射无法避免时，可通过使用防晒霜、避免吸烟和污染、防止皮肤不必要的拉伸、多吃蔬菜和水果、食用抗氧化剂及局部使用抗氧化剂等进行预防。防晒霜主要通过吸收日光提供光保护，一些紫外线过滤剂也可反射和散射日光。防晒霜将在第15章详细讨论。

12.4.7　化学剥脱术

化学剥脱术是一种促进皮肤再生的美容方法，其效果和侵入程度取决于所使用化学制剂的种类及浓度。在手术过程中，❺将化学制剂涂抹在皮肤表面会引起皮肤层（表皮或真皮）发生可控的化学烧伤，随后组织再生和复原，从而使皮肤结构和表面异常得以改善[67]。化学剥脱术通常用于治疗晒斑及减少皱纹，也可用于治疗某些皮肤病，如光化性或日光性角化病[68]、炎症后色素沉着过度、皮肤变色（即皮肤颜色变化）[69]、浅表瘢痕和寻常痤疮等[70]。光化性角化病的特征是皮肤表面出现粗糙、干燥的皮肤斑块，有时可能伴有鳞屑，其是由于长期暴露在紫外线下而在皮肤上形成的最常见的癌前病变。

化学剥脱术根据伤口的深度分为三类：①浅表剥离（superficial peeling），仅穿透表皮，可导致表面脱皮[71]；②中等剥离（medium-depth peeling），可损伤整个表皮和真皮浅层，导致膜蛋白凝固并破坏活细胞[72]；③深层剥离（deep peeling），可损伤整个表皮和真皮中层，导致蛋白质凝固，表皮完全剥离，重塑基底细胞层并修复真皮层[72]。

羟基酸类物质（主要是乙醇酸、乳酸和水杨酸）通常单独或与其他皮肤科器械联合用于表面脱皮治疗，包括注射填充物、微晶磨皮和激光治疗。化学剥脱术是一个安全过程，但需要由有资格和经验的专业人员操作。然而，这种方式并不推荐用于所有人，消费者应该咨询皮肤科医生，询问这种疗法是否适合。

12.5 外用抗衰老产品的制剂设计

用于皮肤的大多数化妆品并不需要渗透至皮肤深层，而是局部作用于皮肤表面。洁面产品可以去除灰尘和污垢；保湿产品通过向皮肤角质层提供脂质，帮助皮肤水合并使其平滑；而彩妆产品可以改善外观，均匀肤色，掩盖皮肤问题。❻另一方面，许多抗衰老制剂为了取得最佳治疗效果，需要渗透到表皮和真皮深层中。

❼化妆品中的活性成分和药物渗透进皮肤的过程并不容易。首先，活性成分需要处于溶解状态才能被皮肤吸收（渗透皮肤）。在将乳液（大多数化妆品形式）涂抹至皮肤上后，某些成分（包括水）开始蒸发，而蒸发会改变乳液的组成。如果活性成分溶解在脂相中，则水分蒸发是有益的，因为其可加速活性成分向皮肤中的递送。如果活性成分溶解在水相中，则水分蒸发可显著影响所溶解活性成分的量。在这种情况下，可以使用水蒸发阻滞剂来尽可能地减缓水分的蒸发速率[73]。

许多因素会影响活性成分递送至皮肤的效率。角质层由于含有脂质成分而具脂质特性，但表皮和真皮的较深层较角质层更具亲水性，因此，活性成分必须从载体穿透角质层，并能够透过角质层扩散至表皮和真皮上部才能起效。❽影响活性成分穿透角质层到达真皮层的两个最重要因素是分子大小和溶解度[73]。一般而言，大于500 Da的分子不易穿透角质层。至于溶解度，亲脂性成分会比亲水性成分更易穿透角质层中的脂质，但高亲脂性成分往往会停留在角质层，而不是渗透到含水量较高的表皮深层和真皮层。此外，非电离分子会比电离分子更好地渗透进入皮肤。pH可以显著影响分子的电离状态，因此制剂的pH对于获得最佳渗透性至关重要。除了这些主要因素外，其他分子性质也会影响活性成分对皮肤的渗透效率，包括活性成分与皮肤成分（如脂质、蛋白质和酶）的结合、活性成分与组织之间的相互作用、产品基质的成分及活性成分的粒径[74]。有几种技术可以增加活性成分对皮肤的渗透。例如，使用特定溶剂配制主要成分的过饱和溶液、降低主要成分的熔点、改变主要成分的溶解度、使用增强主要成分渗透效率的渗透增强剂等。

❾大多数抗衰老制剂都是乳液形式，不仅制剂外观雅致，而且能有效结合油性和水性成分，提供全面的护肤效果。当水从O/W型乳液中蒸发时，会在皮肤上留下一层薄膜，这有助于提高皮肤的润滑感。当水从W/O型乳液中蒸发时，油脂留在皮肤表面，会形成一层油性更大的保护膜，具有滋润和保护作用，使皮肤更加丝滑细腻。然而，其使用质感

会降低消费者的接受程度。

其他流行的产品形式包括凝胶、泡沫、面膜和精华液，以及更先进的递送系统，如脂质体、囊泡、固体脂质纳米颗粒（solid lipid nanoparticle，SLN）和纳米结构脂质载体（nanostructured lipid carrier，NLC）等。后者可以配制成洗剂、乳膏和凝胶。新型递送系统的主要优势是可增加成分的稳定性、减少成分的刺激性并提高制剂的美观性。下文总结了一些新型递送系统的主要特征。

你知道吗？

凡士林也被称为石油冻（petroleum jelly），是促进皮肤愈合的有效成分，但其肤感黏腻，且不容易洗掉，因此消费者往往不喜欢将凡士林涂抹在皮肤上。当制备成递送系统（如乳剂、精华液或脂质体）后，可实现缓慢而可控地释放，从而发挥其作用[75]。

你知道吗？

如前所述，化妆品不能含有活性成分。但是，“化妆品活性成分”一词经常被原料供应商用于产品声明。有时，其也被称为功能性成分。那究竟什么是化妆品的活性成分呢？其是产品中的关键成分（如一些植物提取物、肽和α-羟基酸），能够实现产品的特定功效或目标。

脂质体（liposome）是具有脂质双层结构的微观球形囊泡，类似于生物膜的自然结构。在单层脂质体中，其核心（内部）是亲水性的，而磷脂双分子层是亲脂性的［图 12.1（a）］。基于这一特征，亲水性和亲脂性活性成分都可以包载于脂质体中，以增强其皮肤渗透性，从而提高疗效。此外，用于构建膜材的磷脂还可用作皮肤保湿剂[75]。但第一代脂质体存在的一个主要问题是物理稳定性较差。例如，在乳剂中，脂质体倾向彼此融合并与油滴融合，最终影响乳剂的稳定性，导致乳剂有效期缩短[76]。随着技术的不断进步，新一代脂质体稳定性更好。此外，研究表明，尽管传统脂质体在某些情况下可能被认为是刚性的，不能渗入皮肤[77]，但通过技术创新，所研发的柔性脂质体具备变形能力，在促进皮肤渗透方面具有显著效果[78]。

（a） （b）

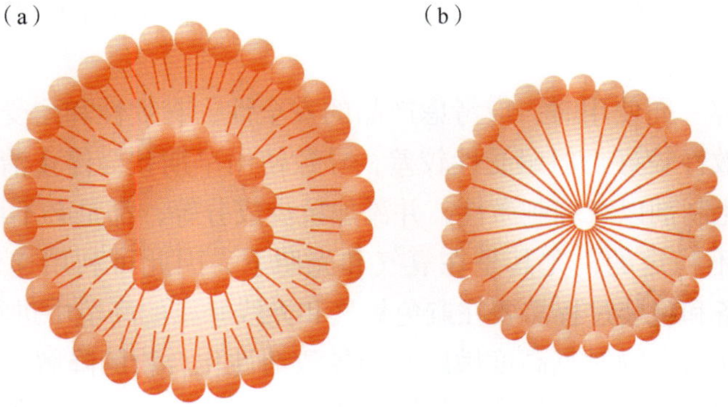

图 12.1 （a）脂质体；（b）胶束

❓你知道吗?

脂质体虽貌似胶束，但两者却具有不同的结构[图12.1(a)(b)]。脂质体由脂质双分子层组成，并具有一个或多个亲水隔室（取决于脂质双层的数量）和亲脂隔室。胶束是一种单层结构，是表面活性剂的聚集体。胶束通常具有亲脂核和亲水表面，或亲水核和亲脂表面（在倒转胶束中）。

类脂质体（niosome）也是类似于脂质体结构的球形囊泡，但不是由磷脂制成的，而是由烷基和二烷基聚甘油醚类的非离子表面活性剂和胆固醇制成的[79]。类脂质体的结构由亲水性、两亲性和亲脂性基团组成，因此可以包载具有广泛溶解度的活性成分（类似于脂质体）[80]。类脂质体不含磷脂，对皮肤表面不具有保湿效果，但往往比脂质体具有更好的氧化稳定性。

SLN和NLC是属于纳米范畴的特殊递送系统。这两种系统都含有固体粒子，即室温和体温下的固体脂质，脂溶性活性成分也可包封在其中。与SLN相比，NLC可以包含更多的活性物质，并提供长期的稳定性。临床研究表明，NLC会在皮肤表面形成一层薄薄的保护层，降低水分的蒸发，从而发挥保湿效果。这与封闭剂的效果相似，而且在美学上，NLC比含有更高剂量封闭剂的产品更具吸引力[81]。除了保湿效果外，封闭剂也增强了活性物质对皮肤的渗透能力[82]。由于粒径很小，与传统递送系统相比，NLC可提供更好的皮肤保湿和封闭功能。例如，微乳的封闭程度可通过改变粒子尺寸来调节，一般而言，粒子尺寸越小，从皮肤蒸发的速度越慢[83, 84]。

众所周知，载体在活性物质的渗透和制剂的功效中发挥着不可或缺的作用，选择合适的载体能够提高产品的稳定性和功效。例如，选择适当的载体可减轻类视黄醇的刺激性，增加不稳定成分的稳定性（如维生素C，其对氧很敏感，极易被氧化）[85]。因此，选择合适的载体至关重要。

12.6 抗衰老产品的配方挑战

❿制备抗衰老产品时，提高成分对皮肤深层的渗透性（如果需要）只是挑战之一，许多成分还对光、氧和水环境高度敏感。因此，还需要采取其他手段提高化妆品原料的稳定性。

- 当与类视黄醇一同使用时，应考虑产品的安全性、有效性和耐受性。虽然某些类视黄醇产品有效性较好，但耐受性较差，导致使用早期就会停止治疗。因此，选择有效成分和优化制剂以减轻刺激性，并添加抗炎成分等，都是必不可少的。
- 类视黄醇是不稳定的，尤其是在氧气和光照下，因此可利用递送系统增加其稳定性，并且制备和包装过程需要在避免氧气和光线暴露的环境中进行[86]。
- 维生素C及其衍生物对氧高度敏感，会导致活性化合物的降解。尽管有各种稳定化策略（如在配制和包装过程排除氧气，使用先进的递送系统，改变制剂的pH，以及使用抗氧化剂），但确保维生素C的稳定性仍然是一个艰巨的挑战[87]。维生素C的另一个问题是皮肤渗透性较差。维生素C是一种水溶性化合物，极性较大，不易进入角质层，因此已采用多种方法来增强其皮肤渗透性，包括降低pH和使用衍生物。当pH为3.5时，其分子上的电荷被去除，有助于提高维生素C的渗透性，使其更容易穿过角质层[88]。

- α-羟基酸具有较低的pH。研究表明，pH越低，α-羟基酸的美容效果越好，但刺激性也越大[89]。在制剂设计时，较低的pH对增稠剂的选择构成了挑战，一些常见增稠剂（如卡波姆）对pH较为敏感，在低pH条件下是无效的。
- 肽和蛋白质的递送同样具有挑战性，这主要是由于其溶解度、电荷和分子大小的特性。向分子中引入亲脂链，使用脂质体等新型递送系统，均可大大增加其渗透性[90]。此外，肽和蛋白质在水溶性环境中的稳定性和高成本问题也是需要克服的挑战[91]。

正如本节中提到的，化妆品配方师必须克服许多挑战，才能获得稳定、美观、安全、有效和耐受性良好的制剂。

12.7　局部非侵入性抗衰老成分的安全性问题

一些抗衰老成分和疗法会产生副作用，通常主要发生于治疗开始时，但副作用会随着持续使用而消退。可能引发安全性问题的抗衰老成分包括α-羟基酸、局部用类视黄醇、多肽和蛋白质等。

12.7.1　α-羟基酸

使用α-羟基酸的主要问题是其会增加皮肤对紫外线的敏感性。不同的α-羟基酸成分导致副作用的程度不同，这取决于成分的类型和浓度。一般而言，副作用包括烧灼感、皮疹、色素改变、脱皮和瘙痒，更严重的不良反应通常发生在剥脱性更强的产品中，如化学剥脱术。FDA和CIR委员会验证了α-羟基酸的安全性，FDA认为局部涂抹含有α-羟基酸的乳霜导致的敏感性是可逆的，在停止使用后不会长期持续下去。在一项研究中，停止治疗1周后，发现不同部位皮肤对紫外线的敏感性没有显著差异[92]。其他研究得出结论，乙醇酸不会影响小鼠的光致癌作用（即与光照有关的癌细胞的进展）；水杨酸则具有光保护作用，即保护小鼠免受光的影响[93]。目前，FDA对含有α-羟基酸的局部应用化妆品提出以下标签建议。晒伤警报：本产品含有α-羟基酸，可能会增加皮肤对日光的敏感性，特别是晒伤的可能性。在使用本产品期间和使用后的1周内，需要涂抹防晒霜，穿防护服，并尽量避免阳光照射[94]。其目的是帮助消费者了解潜在的安全性问题。CIR委员会提出，为了确保α-羟基酸产品的安全性和有效性，建议α-羟基酸浓度不应高于10%，pH应不低于3.5，制备成避免增加阳光敏感的产品制剂。此外，消费者应该每天使用防晒霜，以保护皮肤免受紫外线伤害[95]。

12.7.2 局部用类视黄醇

前文讨论了局部用类视黄醇的安全性问题，如视黄醇皮炎会在使用产品几周后消失，光敏感问题也会在治疗几个月后逐渐恢复。在过去几十年间，对青年群体而言，长期局部使用视黄醇治疗未发现全身副作用，这可能与其全身性吸收不显著有关[96]。然而，仍然建议孕妇在妊娠期间停止局部使用视黄醇。

12.7.3 多肽和蛋白质

某些蛋白质和多肽在自然界中广泛存在，包括小麦和燕麦蛋白（植物中），以及胶原蛋白和弹性蛋白（动物中）。在过去一个世纪，化妆品中使用的动物源性原料，尤其是牛肉蛋白和牛器官及腺体的激素提取物，如果来源于感染疯牛病的动物，那么相关产品可能携带疯牛病病毒，医学上称为牛海绵状脑病（bovine spongiform encephalopathy，BSE）。疯牛病是牛的一种致命性疾病，属于一组被称为传染性海绵状脑病（transmissible spongiform encephalopathy，TSE）的进行性退行性神经系统疾病。“牛”是指这种疾病会影响牛；“海绵状”是指病牛的大脑在显微镜下看起来像海绵；“脑病”表明这是一种大脑疾病。目前，广泛接受的理论是，引起疯牛病的病原体是一种被称为朊病毒的正常细胞蛋白的修饰形式。据报道，疯牛病是通过饲喂牛肉和牛骨粉传播的。大部分疯牛病案例（超过90%）来自英国，其余案例来自其他一些欧洲国家。也存在影响人体的TSE，包括经典的克-雅病（Creutzfeldt-Jakob disease，CJD）和变异的克雅病（variant Creutzfeldt-Jakob disease，vCJD）等。经典CJD是一种罕见疾病，而vCJD病例在过去二十年间的报告数量较多，主要来自英国[97, 98]。目前尚不清楚在完整、破损或擦伤的皮肤上使用含有BSE因子的外用化妆品是否会导致人体神经退行性疾病的发生。为了防止感染，某些牛源材料被美国列入禁用成分清单，不能用于制造化妆品。其中包括来自特定风险器官的成分，如大脑、眼、脊髓等。需要强调的是，牛奶和奶制品不包括在这一清单中[99]。

12.8 抗衰老产品的包装

抗衰老产品常用的包装材料包括以下几类。

- **玻璃瓶：** 液体面部精华液通常装在玻璃瓶中，瓶盖上有一个滴管。
- **软管：** 在抗衰老面霜中很受欢迎，尤其是眼部应用产品，可以通过软膏头部的设计使产品应用更加精准和便利。
- **塑料和玻璃罐：** 大多数抗衰老乳液和面霜包装在塑料或玻璃罐中。
- **无气分配器：** 类似于皮肤保湿剂，也是抗衰老产品的热门选择。
- **胶囊：** 一些抗衰老精华液被包装成软胶囊。胶囊通常有标签，需要扭转打开胶囊，然后将胶囊内容物挤压到相应部位。

术语表

中文术语	英文术语	解释
内源性衰老	intrinsic aging	由遗传基因决定的衰老过程，以相似方式影响全身皮肤（包括非光暴露区域）。
自然衰老	chronological aging	内源性衰老的同义词。
外源性衰老	extrinsic aging	因暴露于各种环境因素，如阳光、风、吸烟环境和空气污染物，进而导致内在衰老的加速。
空气污染物	air pollutant	包括颗粒物质（PM）、地面臭氧（O_3）、挥发性有机化合物（VOC）及其他化合物。
颗粒物	particulate matter	空气中固体颗粒和液滴的混合物。
蓝光	blue light	发射波长在400～500 nm的可见光，也是光老化的因素之一。
光老化	photoaging	由光照引起的衰老。
光敏性	photosensitivity	皮肤对日光的敏感性。
老年斑	age spot	由于过度暴露于阳光下而在皮肤上形成的深色斑点。
氧化应激	oxidative stress	被认为是导致自然衰老和光老化的关键生化通路核心机制。
抗氧化剂	antioxidant	是抗衰老产品中经常使用的成分，可通过中和自由基来保护细胞免受氧化应激损伤。
非侵入性技术	noninvasive technology	一种不侵入人体组织的技术或操作。
侵入性技术	invasive technology	一种侵入人体组织的技术或操作，需要切开或刺穿皮肤才能将仪器插入体内。
植物提取物	botanical extract	源自草本植物的提取物，因其抗氧化、抗炎、舒缓、润肤、美白和紧致皮肤的功能而常用于抗衰老产品中。
类视黄醇	retinoid	一类含有维生素A（视黄醇）及其衍生物的物质，常被用于抗衰老产品中，可以减少皮肤细纹、平滑粗糙的皮肤和淡化老年斑。
羟基酸	hydroxy acid	由羟基取代羧酸组成的一类化学成分。由于其具有去角质、保湿、抗炎和抗氧化作用，通常被用于抗衰老产品中。
化学剥脱剂	chemical peel	一种能引起皮肤可控化学灼伤的化学成分，随后促使组织再生并恢复活力。
角质溶解剂	keratolytic	一种有助于软化和脱落角质层的成分。
脂质体	liposome	由磷脂构成的微小球形囊泡，具有类似生物膜的天然脂质双层结构。
囊泡	niosome	由烷基、二烷基聚甘油醚类非离子表面活性剂和胆固醇构成的球形囊泡。

缩略词表

缩略词	英文全称	中文全称
AHA	alpha hydroxy acid	α-羟基酸
AMA	aromatic hydroxy acid	芳香族羟基酸
BA	bionic acid	乳糖酸
BHA	beta hydroxy acid	β-羟基酸
BSE	bovine spongiform encephalopathy	牛海绵状脑病
CIR	Cosmetic Ingredient Review	化妆品成分审查
CJD	Creutzfeldt-Jakob disease	克-雅病
HA	hydroxy acid	羟基酸
LED	light-emitting diode	发光二极管
NLC	nanostructured lipid carrier	纳米结构脂质载体
PHA	polyhydroxy acid	多重羟基酸
PM	particulate matter	颗粒物
SC	stratum corneum	角质层
SLN	solid lipid nanoparticle	固体脂质纳米颗粒
TSE	transmissible spongiform encephalopathy	传染性海绵状脑病
VOC	volatile organic compound	挥发性有机化合物

（李可欣　译，白仁仁　校）

参考文献

1. Friedman, O. (2005). Changes associated with the aging face. *Facial Plast. Surg. Clin. North Am.* 13: 371–380.
2. El-Domyati, M., Attia, S., Saleh, F. et al. (2002). Intrinsic aging vs. photoaging: a comparative histopathological, immunohistochemical, and ultrastructural study of skin. *Exp. Dermatol.* 11: 398–405.
3. Bergfeld, W.F. (1997). The aging skin. *Int. J. Fertil. Womens Med.* 42: 57–66.
4. Uitto, J. and Bernstein, E.F. (1998). Molecular mechanisms of cutaneous aging: connective tissue alterations in the dermis. *J. Invest. Dermatol. Symp. Proc.* 3: 41–44.
5. Uitto, J., Fazio, M.J., and Olsen, D.R. (1989). Molecular mechanisms of cutaneous aging: age associated connective tissue alterations in the dermis. *J. Am. Acad. Dermatol.* 21: 614–622.
6. Papkonstantinou, E., Roth, M., and Karakiulakis, G. (2012). Hyaluronic acid: a key molecule is skin aging. *Dermatoendocrinology* 4 (3): 253–258.
7. Rivik, A. (2016). Volume correction in the aging hand: role of dermal fillers. *Clin. Cosmet. Investig.* 9: 225–232.
8. Gilchrest, B.A., Vrabel, M.A., Flynn, E. et al. (1984). Selective cultivation of human melanocytes from newborn and adult epidermis. *J. Invest. Dermatol.* 83 (5): 370–376.
9. Baumann, L. (2007). Skin ageing and its treatment. *J. Pathol.* 211 (2): 241–251.
10. Tsutsumi, M. and Denda, M. (2007). Paradoxical effects of beta-estradiol on epidermal permeability barrier homeostasis. *Br. J. Dermatol.* 157: 776–779.
11. Elsner, P., Wilhelm, D., and Maibach, H.I. (1991). Effect of low- concentration sodium lauryl sulfate on

human vulvar and forearm skin. Age-related differences. *J. Reprod. Med.* 36: 77–81.
12. Courtois, M., Loussouarn, G., Hourseau, C. et al. (1995). Ageing and hair cycles. *Br. J. Dermatol.* 132: 86–93.
13. Fisher, G.J., Kang, S., Varani, J. et al. (2002). Mechanisms of photoaging and chronological skin aging. *Arch. Dermatol.* 138 (11): 1462–1470.
14. Garmyn, M. and Van der Oord, J. (2004). Clinical and histological changes of photoaging. In: *Photoaging* (ed. D.S. Rigel, R.A. Weiss, H.W. Lim, et al.), 33–54. New York: Marcel Dekker.
15. Kennedy, C., Bastiaens, M.T., and Bajdik, C.D. (2003). Leiden: skin cancer study. Effect of smoking and sun on the aging skin. *J. Invest. Dermatol.* 120: 548–554.
16. Kang, S., Chung, J.H., Lee, J.H. et al. (2003). Topical N-acetyl cysteine and genistein prevent ultraviolet-light induced signaling that leads to photoaging in human skin in vivo. *J. Invest. Dermatol.* 120: 835–841.
17. Griffiths, C.E., Russman, A.N., Majmudar, G. et al. (1993). Restoration of collagen formation in photodamaged human skin by tretinoin (retinoic acid). *N. Engl. J. Med.* 329 (8): 530–535.
18. Gilchrest, B.A. (1996). A review of skin aging and its medical therapy. *Br. J. Dermatol.* 135: 867–875.
19. Zou, L. and Dai, J. (2015). Blue light and eye health. *Zhonghua Yan Ke Za Zhi* 51 (1): 65–69.
20. Pissavini, M., Pujos, M., and Doucet, O. (2018). Total exposure: the future of Sun care is full light protection. *Cosmet. Toil.* 133 (4): 27–34.
21. Opländer, C., Hidding, S., Werners, F.B. et al. (2011). Effects of blue light irradiation on human dermal fibroblasts. *J. Photochem. Photobiol. B* 103 (2): 118–125.
22. Kawada, A., Aragane, Y., Kameyama, H. et al. (2002). Acne phototherapy with a high-intensity, enhanced, narrow-band, blue light source: an open study and in vitro investigation. *J. Dermatol. Sci.* 30 (2): 129–135.
23. Holtz, R. (2018). Testing tactics in skin: a view of visible light protection. *Cosmet. Toil.* 133 (2): 40–45.
24. Nakashima, Y., Ohta, S., and Wolf, A.M. (2017). Blue light- induced oxidative stress in live skin. *Free Radic. Biol. Med.* 108: 300–310.
25. Passeron, T. (2013). Melasma pathogenesis and influencing factors–an overview of the latest research. *J. Eur. Acad. Dermatol. Venereol.* 27 (Suppl 1): 5–6.
26. Duteil, L., Queille-Roussel, C., Lacour, J.P. et al. (2020). Short- term exposure to blue light emitted by electronic devices does not worsen melasma. *J. Am. Acad. Dermatol.* 83 (3): 913–914.
27. Parrado, C., Mercado-Saenz, S., Perez-Davo, A. et al. (2019). Environmental stressors on skin aging. Mechanistic insights. *Front. Pharmacol.* 10: 759.
28. EPA (2021). Particulate matter basics. www.epa.gov/pm- pollution/particulate-matter-pm-basics#PM (accessed 11 February 2021)
29. 21 CFR Part 347.10
30. Tabata, N., O' Goshi, K., Zhen, Y.X. et al. (2000). Biophysical assessment of persistent effects of moisturizers after their daily applications: evaluation of corneotherapy. *Dermatology* 200: 308–313.
31. Viera, M. and Sadegh, M. (2008). What' s new in natural compounds for photoprotection. *Cosmet. Dermatol.* 21: 279–289.
32. Cornuelle, T. and Lenhart, J. (2006). Topical botanicals. In: *Cosmetic Formulations of Skin Care Products*. New York: Taylor and Francis.
33. Baumann, L. (2007). Less-known botanical cosmeceuticals. *Dermatol. Ther.* 20: 330–342.
34. Skougaard, G., Jensen, A., and Sigler, M. (2006). Effect of novel dietary supplement on skin aging in post-menopausal women. *Eur. J. Clin. Nutr.* 60: 1201–1206.
35. Chanchal, D. and Swarnlata, S. (2008). Novel approaches in herbal cosmetics. *J. Cosmet. Dermatol.* 7: 89–95.
36. Wenk, J., Brenneisen, P., Meewes, C. et al. (2011). UV-induced oxidative stress and photoaging. *Curr. Probl. Dermatol.* 29: 83–94.
37. Thiele, J.J., Schroeter, C., Hsieh, S.N. et al. (2001). The antioxidant network of the stratum corneum. *Curr. Probl. Dermatol.* 29: 26–42.

38. Jacob, R.A. and Burri, B.J. (1996). Oxidative damage and defense. *Am. J. Clin. Nutr.* 63: 985S–990S.
39. Barja, G. (2004). Free radicals and aging. *Trends Neurosci.* 27: 595–600.
40. Passi, S., De Pita, O., Grandinetti, M. et al. (2003). The combined use of oral and topical lipophilic anti-oxidants increases their levels both in sebum and stratum corneum. *Biofactors* 18 (1–4): 289–297.
41. Nusgens, B.V., Humbert, P., Rougier, A. et al. (2001). Topically applied vitamin C enhances the mRNA level of collagens I and III, their processing enzymes and tissue inhibitor of matrix metalloproteinase 1 in the human dermis. *J. Invest. Dermatol.* 116 (6): 853–839.
42. Lintner, K. (2010). Peptides and proteins. In: *Cosmetic Dermatology Products and Procedures* (ed. Z.D. Drealos), 292–301. Hoboken: Wiley-Blackwell.
43. Green, C., Orchard, G., and Cerio, R. (1998). A clinicopathological study of the effects of topical retinyl propionate cream in skin photoaging. *Clin. Exp. Dermatol.* 23: 162–167.
44. Chew, A.L., Bashir, S.J., and Maibach, H.I. (2000). Topical retinoids. In: *Cosmeceuticals: Drugs vs Cosmetics* (ed. P. Elsner and H.I. Maibach), 107–122. New York: Marcel Decker.
45. Sorg, O., Antille, C., Kaya, G. et al. (2006). Retinoids in cosmeceuticals. *Dermatol. Ther.* 19: 289–296.
46. Sorg, O., Kuenzli, S., and Kaya, G. (2006). Proposed mechanisms of action for retinoids derivatives in the treatment of skin. *J. Cosmet. Dermatol.* 4: 237–244.
47. Thiboutot, D. and Del Rosso, J.Q. (2013). Epidermal barrier is acne vulgaris associated with inherent epidermal abnormalities that cause impairment of barrier functions? Do any topical acne therapies alter the structural and/or functional integrity of the epidermal barrier? *J. Clin. Aesthet. Dermatol.* 6 (2): 18–24.
48. MacGregor, J.L. and Maibach, H.I. (2010). Specificity of retinoid-induced irritation and its role in clinical efficacy. In: *Dermatotoxicology* (ed. K.P. Wilhelm, H. Zhai and H.I. Maibach), 423–429. Boca Raton: CRC Press.
49. Torras, H. (1996). Retinoids in aging. *Clin. Dermatol.* 74: 207–215.
50. Bailly, J., Crettaz, M., Schifflers, M.H. et al. (1998). in vitro metabolism by human skin and fibroblasts of retinol, retinal and retinoic acid. *Exp. Dermatol.* 7: 27–234.
51. Bellemere, G., Stamatas, G.N., Bruere, V. et al. (2009). Anti- aging action of retinol: from molecular to clinical. *Skin Pharmacol. Physiol.* 22: 200–209.
52. Kafi, R., Kwak, H.S., and Schumacher, W.E. (2007). Improvement of naturally aged skin with vitamin A (retinol). *Arch. Dermatol.* 143: 606–612.
53. Rossetti, D., Kielmanowicz, M.G., Vigodman, S. et al. (2011). A novel anti-aging mechanism for retinol: induction of dermal elastin synthesis and elastin fibre formation. *Int. J. Cosmet. Sci.* 33 (1): 62–69.
54. Varani, J., Warner, R.L., Gharaee-Kermani, M. et al. (2000). Vitamin A antagonizes decreased cell growth and elevated collagen-degrading matrix metalloproteinases and stimulates collagen accumulation in naturally aged human skin. *J. Invest. Dermatol.* 114 (3): 480–486.
55. Carlotti, M.E., Ugazio, E., Sapino, S. et al. (2006). Photodegradation of retinol and anti-aging effectiveness of two commercial emulsions. *J. Cosmet. Sci.* 57 (4): 261–277.
56. Bhawan, J., Olsen, E., Lufrano, L. et al. (1996). Histologic evaluation of the long-term effects of tretinoin on photoaged skin. *J. Dermatol. Sci.* 11: 177–182.
57. Green, B. (2005). After 30 years ··· the future of hydroxyacids. *J. Cosmet. Dermatol.* 4 (1): 44–45.
58. Yu, R.J. and Van Scott, E.J. (2005). α-Hydroxyacids, polyhydroxy acids, aldobionic acids and their topical actions. In: *Textbook of Cosmetic Dermatology* (ed. R. Baran and H.I. Maibach), 77–93. New York: Taylor & Francis.
59. Bernstein, E.F., Underhill, C.B., and Lakkakorpi, J. (1997). Citric acid increases viable epidermal thickness and glycosaminoglycan content of sun-damaged skin. *Dermatol. Surg.* 23: 689–694.
60. Berardesca, E., Distante, F., and Vignoli, G.P. (1997). Alpha hydroxyacids modulate stratum corneum barrier function. *Br. J. Dermatol.* 137: 934–938.

61. Edison, B.L., Green, B.A., and Wildnauer, R.H. (2004). A polyhydroxy acid skin care regimen provides anti-aging effects comparable to an alpha-hydroxyacid regimen. *Cutis* 73 (2): 14–17.
62. Bernstein, E.F., Brown, D.B., and Schwartz, M.D. (2004). The polyhydroxy acid gluconolactone protects against ultraviolet radiation in an in vitro model of cutaneous photoaging. *Dermatol. Surg.* 30: 1–8.
63. Kakita, L.S. and Green, B.A. (2006). A review of the physical and chemical properties of alpha-hydroxyacids (AHAs) and polyhydroxy acids (PHAs) and their therapeutic use in pharmacologics. *J. Am. Acad. Dermatol.* 54: AB107.
64. Briden, E., Jacobsen, E., and Johnson, C. (2007). Combining superficial glycolic acid (AHA) peels with microdermabrasion to maximize treatment results and patient satisfaction. *Cutis* 79 (1): 13–16.
65. Thibodeau, A. (2000). Metalloproteinase inhibitors. *Cosm. Toil.* 115: 75–76.
66. Herrmann, M. (2003). Salicylic acid: an old dog, new tricks, and staphylococcal disease. *J. Clin. Invest.* 112 (2): 149–151.
67. Khunger, N. (2009). *Step by Step Chemical Peels*. New Delhi: Jaypee Medical Publishers.
68. Skin Cancer Foundation (2021). Actinic keratosis overview. www.skincancer.org/skin-cancer-information/actinic- keratosis/#what (accessed 14 February 2021)
69. Davis, E.C. and Callender, V.D. (2010). Postinflammatory hyperpigmentation. *J. Clin. Aesthet. Dermatol.* 3 (7): 20–31.
70. Chen, X., Wang, S., Yang, M. et al. (2018). Chemical peels for acne vulgaris: a systematic review of randomized controlled trials. *BMJ Open* 8e019607.
71. Fartasch, M., Teal, J., and Menon, G.K. (1997). Mode of action of glycolic acid on human stratum corneum: ultrastructural and functional evaluation of the epidermal barrier. *Arch. Dermatol. Res.* 289 (7): 404–409.
72. Deprez, P. (2007). *Textbook of Chemical Peels. Superficial, Medium, and Deep Peels in Cosmetic Practice*. London: Informa UK.
73. Abbott, S. (2013). How the ‘stuff’ in formulations impacts the delivery of actives. *Cosm. Toil.* 128 (2): 116–123.
74. Williams, A. (2003). *Transdermal and Topical Drug Delivery: From Theory to Clinical Practice*. London: Pharmaceutical Press.
75. Draelos, Z.D. (2010). Eczema Regimens. In: *Cosmetic Dermatology Products and Procedures* (ed. Z.D. Drealos), 502–506. Hoboken: Wiley-Blackwell.
76. Müller, R.H. and Dingler, A. (1998). The next generation after the liposomes: solid lipid nano particles (SLN®, LipopearlsTM) as dermal carrier in cosmetics. *Eurocosmetics* 7 (8): 19–26.
77. Geusens, B., Van Gele, M., Braat, S. et al. (2010). Flexible nanosomes (SECosomes) enable efficient siRNA delivery in cultured primary skin cells and in the viable epidermis of ex vivo human skin. *Adv. Funct. Mater.* 20: 4077–4090.
78. Zylberberg, C. and Matosevic, S. (2016). Pharmaceutical liposomal drug delivery: a review of new delivery systems and a look at the regulatory landscape. *Drug Deliv.* 23 (9): 3319–3329.
79. Malhotra, M. and Jain, N.K. (1994). Niosomes as drug carriers. *Indian Drugs* 31: 81–86.
80. Udupa, N. (2002). Niosomes as drug carriers. In: *Controlled and Novel Drug Delivery* (ed. N.K. Jain). New Delhi: CBS Publishers and Distributors.
81. de Vringer, T. and de Ronde, H.A. (1995). Preparation and structure of a water-in-oil cream containing lipid nanoparticles. *J. Pharm. Sci.* 84 (4): 466–472.
82. Sivaramakrishnan, R. (2004). Glucocorticoid entrapment into lipid carriers–characterization by parelectric spectroscopy and influence on dermal uptake. *J. Control. Release* 97 (3): 493–502.
83. Müller, R.H., Petersen, R.D., Hommoss, A. et al. (2007). Nanostructured lipid carriers (NLC) in cosmetic dermal products. *Adv. Drug Deliv. Rev.* 59: 522–530.
84. Loo, C.H., Basri, M., Ismail, R. et al. (2013). Effect of compositions in nanostructured lipid carriers (NLC) on skin hydration and occlusion. *Int. J. Nanomedicine* 8: 13–22.

85. Raschke, T., Koop, U., Dusing, H.J. et al. (2004). Topical activity of ascorbic acid: from in vitro optimization to in vivo efficacy. *Skin Pharmacol. Physiol.* 17: 200–206.
86. Fluhr, J.W., Vienne, M.P., Lauze, C. et al. (1999). Tolerance profile of retinol, retinaldehyde, and retinoic acid under maximized and long-term clinical conditions. *Dermatology* 199S: 57–60.
87. Bissett, D.L. (2009). Common cosmeceuticals. *Clin. Dermatol.* 27: 435–445.
88. Matsuda, S., Shibayama, H., Hisama, M. et al. (2008). Inhibitory effects of novel ascorbic derivative VCP-IS-2Na on melanogenesis. *Chem. Pharm. Bull.* 56: 292–297.
89. Slavin, J.W. (1998). Considerations in alpha hydroxy acid peels. *Clin. Plast. Surg.* 25: 4–52.
90. Foldvari, M., Attah-Poku, S., Hu, J. et al. (1998). Palmitoyl derivatives of interferon alpha: potent for cutaneous delivery. *J. Pharm. Sci.* 87: 1203–1208.
91. Ruiz, M.A., Clares, B., Morales, M.E. et al. (2007). Preparation and stability of cosmetic formulations with an anti-aging peptide. *J. Cosmet. Sci.* 58: 157–171.
92. Kaidbey, K., Sutherland, B., Bennett, P. et al. (2003). Topical glycolic acid enhances photodamage by ultraviolet light. *Photodermatol. Photoimmunol. Photomed.* 19 (1): 21–27.
93. NTP Technical Report on the Photocarcinogenesis Study of glycolic acid and salicylic acid (CAS Nos. 79-14-1 and 69-72-7) in SKH-1 mice (2007). ntp.niehs.nih.gov/ntp/htdocs/lt_rpts/tr524.pdf (accessed 2 February 2021)
94. FDA (2018). Guidance of industry: labeling for cosmetics containing alpha hydroxy acids. www.fda.gov/regulatory- information/search-fda-guidance-documents/guidance- industry-labeling-cosmetics-containing-alpha-hydroxy-acids (accessed 21 February 2021).
95. Heldrech, B. (2017). 40th anniversary overview and rereview summaries from 2011 to 2015. *Int. J. Toxicol.* 36 (S2): 14S.
96. Krautheim, A. and Gollnick, H. (2003). Transdermal penetration of topical drugs used in the treatment of acne. *Clin. Pharmacokinet.* 42: 1287–1304.
97. Will, R.G., Ironside, J.W., Zeidler, M. et al. (1996). A new variant of Creutzfeldt-Jakob disease in the UK. *Lancet* 347: 921–925.
98. Henry, C. and Knight, R. (2002). Clinical features of variant Creutzfeldt-Jakob disease. *Rev. Med. Virol.* 3: 143–150.
99. FDA (2018). Bovine Spongiform Encephalopathy (BSE) questions and answers. www.fda.gov/vaccines-blood- biologics/safety-availability-biologics/bovine-spongiform- encephalopathy-bse-questions-and-answers (accessed 20 February 2021).

第 13 章 抗痤疮产品

学习目标

通过本章的学习掌握以下内容。

1. 以下术语的定义：

寻常痤疮	雄激素	抗生素耐药性	抗生素
黑头粉刺	粉刺	治疗粉刺的药物	囊肿
角化过度	角化细胞	微小粉刺	结节
痤疮丙酸杆菌	丘疹	毛囊皮脂腺	脓疱
白头粉刺			

2. 寻常痤疮的形成。
3. 导致痤疮的主要原因。
4. 饮食、阳光、面部清洁和化妆品的使用等因素如何导致痤疮的形成。
5. 区分炎症性和非炎症性痤疮。
6. 痤疮的常见体征和症状。
7. 非炎性痤疮如何发展为炎性痤疮。
8. 用于局部痤疮治疗的制剂的主要成分类型及其实例。
9. 用于全身痤疮治疗的制剂的主要成分类型及其实例。
10. 治疗痤疮的方法。
11. 外用类视黄醇类药物，以及口服类视黄醇类药物和抗生素的主要安全问题。

主要概念

1. 寻常痤疮是一种常见的毛囊皮脂腺单位皮肤病，具有复杂的病理生理过程，可由多种因素引发。

2. 痤疮的临床表现可以从轻度、非炎性形式到严重、炎性痤疮。

3. 寻常痤疮通常根据其严重程度进行分级，包括粉刺的数量、炎性病变、病变总数和囊肿。

4. 轻度痤疮最好使用非处方和处方局部外用药物，而全身性、处方药物则适用于更严重的病变。

5. 与抗衰老制剂类似，抗痤疮制剂也必须能渗透进皮肤和毛囊来发挥对痤疮的局部影响。

6. 与痤疮治疗相关的主要安全问题包括许多局部成分引起的刺激和干燥、光敏性和口服类视黄醇类药物引起的致畸性。另一个值得关注的问题是因使用抗生素而导致的抗菌耐药性风险。

13.1 引言

❶寻常痤疮（acne vulgaris）是一种常见的毛囊皮脂腺单位（pilosebaceous unit）皮肤病，具有复杂的病理生理过程，可由多种因素引发。痤疮主要影响青少年，但也会影响成年人，据估计，在美国有4000万～5000万人受此困扰，其中85%的患者年龄为12～24岁[1]，这使其成为皮肤科医生治疗的最常见皮肤病[2, 3]。就性别而言，在所有年龄组中，女性痤疮患者的比例明显高于男性[4]。痤疮主要影响皮肤，还可能导致疼痛，并影响患者的形象和社交活动。此外，痤疮对患者的生活质量（quality of life，QoL）具有显著的负面影响。

本章对痤疮进行了全面概述，包括其主要体征和症状、目前的治疗方案，以及开发抗痤疮产品时的一些制剂方案。

13.2 毛囊皮脂腺单位的解剖学与生理学

皮脂腺（sebaceous gland）是皮脂腺单位的一部分，位于真皮层（图13.1）。毛囊皮脂腺包括毛囊（hair follicle）、皮脂腺和一种名为竖毛肌（arrector pili muscle）的小肌肉。皮脂腺的功能是产生并分泌皮脂（sebum）。皮脂是一种油性物质，通过皮脂管排出，并流入毛囊管。竖毛肌通过收缩促进皮脂从腺体流入导管，并从导管释放至皮肤表面。皮脂本

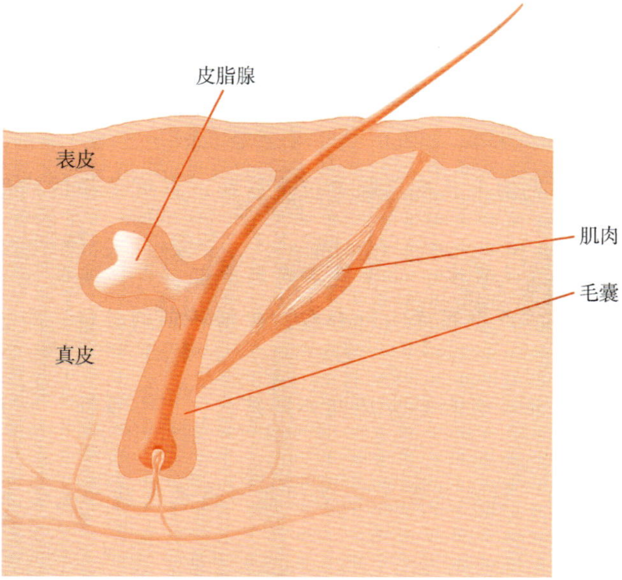

图13.1 皮脂腺单位

身是一种复杂的物质，由甘油三酯、胆固醇、胆固醇酯、脂肪酸、蜡酯和角鲨烯等多种成分构成[5]。在功能上，皮脂是一种天然的润肤剂，不仅可以软化和光滑皮肤，还能调理毛发。除此之外，皮脂还具有抗菌和抗炎活性[6]。

> **你知道吗?**
>
> 人体内有少数皮脂腺并不连接至毛囊导管，而是直接进入皮肤表面。含有这种独特皮脂腺[称为皮脂囊或皮脂腺毛囊（sebaceous follicle）]的身体部位，包括眼睑和包皮[7]。

皮脂腺遍布全身，除手掌和脚掌外[8]。在面部和头皮区域，腺体的分布尤为密集。皮脂腺的大小和分泌活性受雄激素水平的调控。

13.3　痤疮的形成

13.3.1　痤疮的发病机制

寻常痤疮的发病机制与多种因素有关，具体包括（图 13.2）：

- 皮脂分泌旺盛。
- 雄激素通常与男性特征相关，但实际上其在男性和女性体内均存在，其活性的增加对皮脂分泌具有显著影响。
- 异常的角化细胞加剧增殖和脱落，可引起毛囊口过度堆积，最终导致毛囊堵塞。
- 共生菌痤疮丙酸杆菌（*P. acnes*）在毛囊皮脂腺单位的定植。
- 炎症和免疫反应的激活[9-11]。

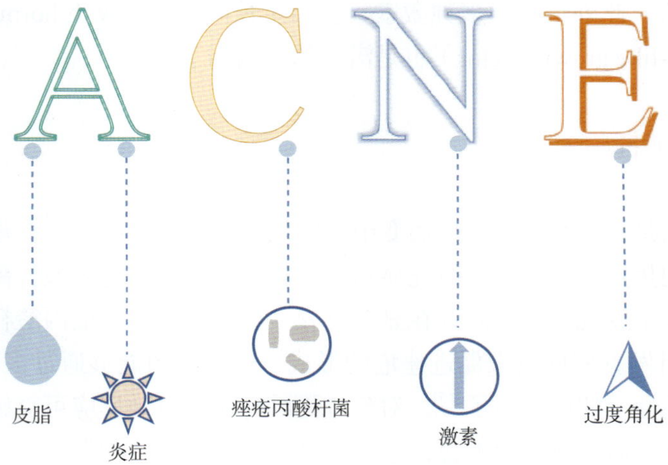

图 13.2　导致寻常痤疮的主要因素

痤疮的确切发病机制尚未完全明确，通常与油脂和皮肤死细胞堵塞毛囊导管有关，以下是痤疮形成的过程概述。雄激素水平的升高促进了表皮细胞过量生成[这一过程被称为角化过度（hyperkeratinization）]，以及皮脂的过量分泌[12]。在正常情况下，毛囊内脱落的细胞和皮脂一同被推向皮肤表面并被清除。然而，在痤疮形成过程中，这些多余皮脂和细胞无法到达皮肤表面，而是在毛囊导管内积聚导致堵塞。这一堵塞形成了一个富含皮脂的缺氧环境，为痤疮丙酸杆菌的增殖提供了理想环境。同时，由于物质的堆积，毛囊管变宽，皮脂腺体积增大。而细菌产生的酶会进一步水解皮脂中的甘油三酯，导致角化过度，也触发了炎症反应。这种早期阶段的痤疮被称为微型粉刺（microcomedo）。微型粉刺发生于皮肤下，甚至微小到肉眼难以觉察。然而，微型粉刺是发展为非炎症性或炎症性痤疮病变的原始前体，因此其在治疗策略中极为关键[13]。

你知道吗?

"粉刺"（comedo）一词指的是堵塞的毛囊。

13.3.2 痤疮的成因和潜在诱发因素

尽管痤疮和毛囊堵塞的确切原因尚未得到完全阐明，但多种因素与之相关，可能导致痤疮的形成。下文将对相关因素进行介绍，同时评估其科学依据及其相关性。

13.3.2.1 激素

雄激素，通常被称为男性激素，但实际上女性体内也存在较低水平的雄激素。在青春期，无论男孩还是女孩，雄激素水平都会上升，这一变化促使皮脂腺增大并分泌更多皮脂，这也被普遍认为是痤疮形成的关键因素[12]。与妊娠和使用避孕药物相关的激素变化也会影响皮脂的分泌。此外，其他多种激素，包括生长激素（growth hormone）和胰岛素样生长因子（insulin-like growth factor）也是潜在的致病因子[14]。

13.3.2.2 痤疮丙酸杆菌

痤疮丙酸杆菌是一种存在于痤疮病变中的厌氧革兰氏阳性菌，其在痤疮形成中的作用一直是学术讨论的焦点。虽然一些研究显示痤疮患者体内的痤疮丙酸杆菌数量高于健康人群，但也有研究并未发现两者之间存在显著差异。尽管如此，痤疮丙酸杆菌的异常增殖仍被认为可能通过引发炎症反应来促进痤疮的形成。这种细菌能够通过多种机制激发炎症，如产生能够渗透毛囊壁的促炎因子[15]。对痤疮丙酸杆菌的过敏反应可能解释了为何某些人会形成炎症性痤疮，而其他人则不会，这一现象存在个体差异[12, 16]。

13.3.2.3 饮食

多年来，饮食与痤疮之间的联系一直是广受讨论和研究的主题。众多流行病学研究、观察性研究及实验性证据都指出，饮食习惯可能与痤疮的发生有着某种联系，特别是乳制品（尤其是牛奶）及高血糖负荷食物（如面包、贝果和意大利面）[17]。尽管目前尚无确凿的证据直接证明饮食是痤疮的诱因，但有迹象表明，某些饮食习惯可能会加重痤疮症状或促进其形成[18-20]。

13.3.2.4 日光

日光对痤疮影响的研究，以及光疗法（light therapy）在痤疮治疗中的应用已有诸多探讨，但目前紫外线或可见光对痤疮的具体作用——是加剧、改善还是无影响，尚无定论。部分研究指出，日光可能对痤疮产生积极影响[21]，而其他研究则未发现其具有明显效果[22]。这些不一致的结果可能源于研究本身的复杂性和挑战性。光疗法作为一种治疗手段，在痤疮治疗中的应用日益增多，部分研究暗示日光对痤疮患者可能有益。然而，在考虑使用光疗法时，必须权衡增加皮肤癌风险的可能性，因此在推荐治疗性日晒时需要格外谨慎[23]。此外，光敏性（photosensitivity）是使用痤疮常用有效药物时需注意的问题，包括四环素（tetracycline），以及局部或口服类视黄醇类（retinoids，维A酸类）药物，这些药物可能会增加患者对日光敏感的风险[24]。

13.3.2.5 面部卫生和洁面

有一种普遍存在的观念，即不良的卫生习惯会促进痤疮的形成或症状的加剧[25]。这种观念驱使痤疮患者除了使用局部治疗药物（这些药物往往会导致皮肤干燥和初步刺激）外，还会过度清洁皮肤。然而，过度清洁可能会破坏皮肤屏障，造成皮肤经皮水分流失（TEWL）增加，导致皮肤粗糙、敏感，细菌定植增加，粉刺形成增加，以及灼烧感加剧。这些负面效应可能降低患者对局部用药的耐受性，并影响患者治疗的依从性[26, 27]。为了验证清洁是否有助于痤疮治疗或可能使其恶化，研究人员进行了多项研究，但大多数研究存在显著的局限性，因此所得证据并不充分。总体而言，相关研究倾向于表明，使用含有有益成分的洗面奶清洁痤疮对治疗是有益的[28]。在选择适合痤疮患者的洗面奶时，应考虑以下关键因素。洗面奶的pH应该与皮肤的自然pH相近。正如第10章所讨论的，合成洗涤剂（syndet bar）[译者注：syndet一词是由“synthetic”（合成的）和“detergent”（洗涤剂）两词的词头组合而来]中含有合成表面活性剂，比传统肥皂更适合皮肤[29]。但是，含有研磨颗粒的磨砂膏会损伤皮肤，加重痤疮症状，因此皮肤科医生经常建议痤疮患者避免使用此类产品。此外，应避免使用含有染料和香水的产品，因为其可能会加剧痤疮和皮肤刺激。高度起泡的液体洗面奶对油性皮肤有益，而干燥、晒伤和敏感的皮肤则适合使用温和的洗面奶，这些洗面奶可能还含有保湿效果。爽肤水主要用在油性皮肤区域，如额头、鼻部和下颌，若用于其他部位，由于其含有酒精，可能会导致皮肤干燥并刺激油脂的分泌[28]。

13.3.2.6 化妆品的使用

长期以来，有一种普遍观念，即化妆产品（包括粉底和遮瑕膏）可能会诱发或加剧痤疮。基于此，皮肤科医生通常建议痤疮患者避免使用相关产品。然而，最新研究提供了新的视角，证明痤疮患者实际上可能更适合使用彩妆。即便这些化妆品不含有治疗活性成分，但其通过遮盖瑕疵、红肿和瘢痕，能够显著提升患者的自我形象、自尊及生活质量[30]。

13.3.2.7 其他因素

除了上述因素外，压力、遗传因素[31]，以及某些药物（包括皮质类固醇[32]），也与痤疮的形成或恶化有关。至于吸烟是否会引发痤疮，目前科学界尚无定论，存在一定的争议[33]。

13.4 寻常痤疮的症状和类型

❷痤疮的临床表现多样，从轻微的非炎症性皮肤损伤到严重的炎症性病变。其主要影响皮脂腺分布最密集的身体部位，尤其是面部、上胸部和背部[34]。

13.4.1 非炎症性痤疮

非炎症性痤疮病变由开放性和封闭性粉刺构成，由于毛囊壁保持完整，相关病变不会出现炎症和红斑（图 13.3）。与微型粉刺不同，这些病变通常足以用肉眼清晰地观察到[35]。

- **黑头（blackhead）粉刺**，也被称为开放性粉刺，其特征为毛囊开口较宽，内部充满了皮脂和死皮细胞。这种粉刺之所以被称为黑头，是因为堵塞在毛囊开口处的物质呈黑色。这种深色外观是由粉刺顶端氧化所致。相较于闭合性粉刺，开放性粉刺较少发展为炎症性痤疮病变。
- **白头（whitehead）粉刺**，也被称为闭合性粉刺，是在毛囊开口封闭的情况下形成的。其通常不易被察觉，并且颜色与正常皮肤相近。尽管闭合性粉刺本身不是炎症性病变，但相较于开放性粉刺，其更有可能发展为炎症性痤疮病变。

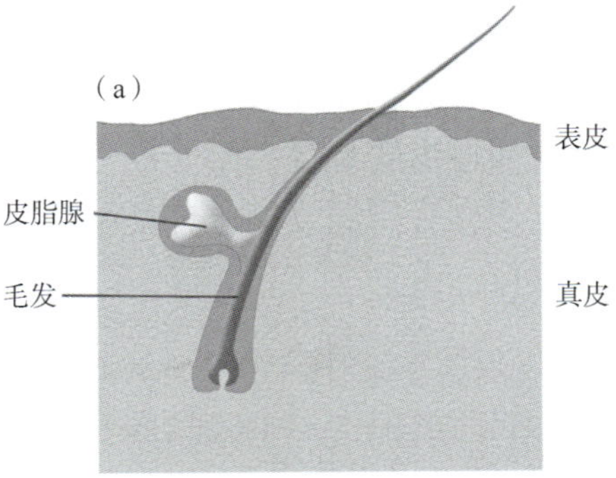

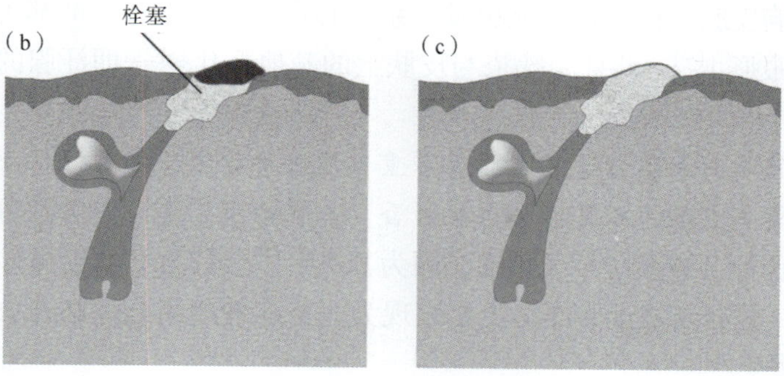

图 13.3 非炎症性痤疮病变。(a) 正常、完整的毛囊;(b) 黑头粉刺;(c) 白头粉刺

13.4.2 炎症性痤疮

炎症性痤疮病变以丘疹(papule)、脓疱(pustule)、结节(nodule)和囊肿(cyst)为主要特征(图 13.4)。这些病变之所以呈红色和发炎状态，是由于毛囊破裂后血液流入毛囊。对相关病变进行分类至关重要，因为其治疗方法与非炎症性痤疮不同。闭合性粉刺可能因痤疮丙酸杆菌的作用而增大并变得更为密集。这种细菌产生的酶会削弱毛囊壁，最终导致其破裂。一旦毛囊壁破裂，白细胞和红细胞就会涌向破裂处，试图对抗并控制感染。此时，病变区域开始变红，标志着闭合性粉刺发展为丘疹[35]。以下是其他炎症性痤疮病变的举例和详细描述。

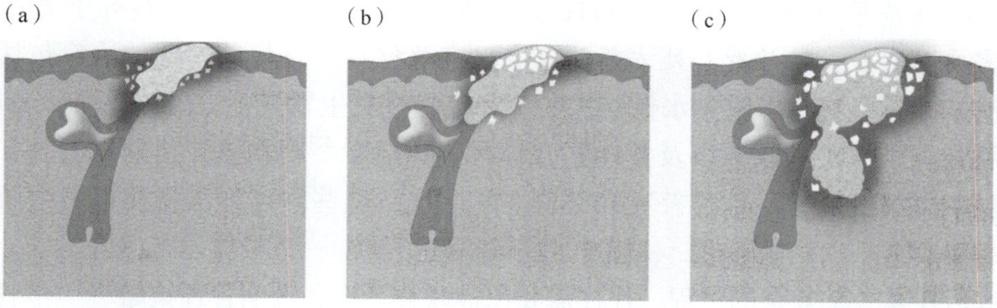

图 13.4 炎症性痤疮病变。(a) 丘疹;(b) 脓疱;(c) 结节和囊肿

- **丘疹**：表现为微小、凸起的红色肿块，以及皮肤表面之下柔软的肿块，属于原发性炎症性痤疮病变。
- **脓疱**：表现为红色、柔软的肿块，顶部带有白色脓点，这是身体在对抗感染过程中白细胞死亡并转化为脓液的结果。当这些脓液上升至皮肤表面，便形成了脓疱，有时也被称为脓性丘疹。
- **结节**：是一种深层皮肤病变，与丘疹类似，但发生在更深层的真皮层。其通常在毛囊壁的底部发生破裂时形成。结节触感坚实，较其他类型的痤疮更为疼痛，且呈现深红色或紫色。结节可能影响多个毛囊，形成一个较大的感染区域。
- **囊肿**：是一种由严重炎症反应引起的充满脓液的大型皮肤病变。由于其影响皮肤的深层组织，囊性痤疮往往会留下瘢痕。

痤疮不仅影响皮肤表面，还可能引发一系列心理（如自卑感、抑郁）和美容问题（如皮肤色素沉着和瘢痕）[36]。此外，痤疮与皮肤上的其他毛孔——即汗腺的开口，通常没有直接关联。

❸寻常痤疮的诊断和治疗通常基于其严重程度进行分级，涉及评估痤疮的数量、炎症性病变的程度、总病变数，以及囊肿存在与否[37]。痤疮的严重程度大致分为轻度、中度和重度三个类别。这种分级系统至关重要，因为其决定了治疗方案的选择[38]。

- **轻度痤疮：**通常局限于面部，主要表现为非炎症性的闭合性和开放性粉刺，伴有少量炎症性病变。
- **中度痤疮：**其特点是面部炎症性丘疹和脓疱数量增多，并可能扩展至身体其他部位。
- **重度痤疮：**当痤疮出现结节和囊肿时，被归类为重度。在这种情况下，除面部病变外，常伴有其他身体部位的广泛病变，包括颈部、胸部和背部[39]。

13.5 寻常痤疮的治疗

寻常痤疮的复杂多因素病因为其治疗带来挑战。病变的特征在很大程度上决定了最佳治疗方法，因此仔细评估痤疮的类型和严重程度是制订治疗策略的关键步骤[40]。目前，有多种有效的痤疮治疗方案可供选择。然而，这并不代表所有治疗方法对每个人都有效。治疗策略应同时针对痤疮的早期阶段（如微型粉刺）和活跃的炎症性病变[40]。

❹轻度痤疮最好使用非处方（OTC）药品和局部用处方药品，而对于更严重的病变，则需要采用全身性治疗和处方药物以实现有效控制[40]。目前痤疮的治疗包括多种药物和方法，如过氧化苯甲酰、水杨酸、局部和全身性抗生素、壬二酸（azelaic acid）、局部和口服类视黄醇类药物，以及女性复方口服避孕药[41, 42]。此外，辅助或新兴方法还包括化学剥脱剂、光疗法，以及补充和替代医疗手段。这些治疗方法将在本书中简要介绍（**图13.5**）。

痤疮治疗是一个复杂的过程，往往需要积极联合治疗和长期管理策略[38]。尽管普遍认为痤疮的治疗并不是一蹴而就的，但在大多数治疗中，可能会在4～8周内首次观察到改善迹象。由于常用药物的副作用，皮肤通常会在好转之前变得更糟。此外，许多患者通常需要维持治疗，以防止痤疮病变在停止治疗后复发。

13.5.1 局部治疗方案

局部治疗通常采用OTC药物，如BPO和SA，以及仅限处方的局部抗生素和局部类视黄醇类药物。OTC专论中已详细列举了相关OTC有效成分，这些专论认定了公认安全有效（GRASE）的痤疮治疗成分。OTC专论中提及的成分包括BPO、SA、间苯二酚（resorcinol）和硫磺（sulfur）[43]。此外，还有一项其他OTC成分也在此进行了总结。

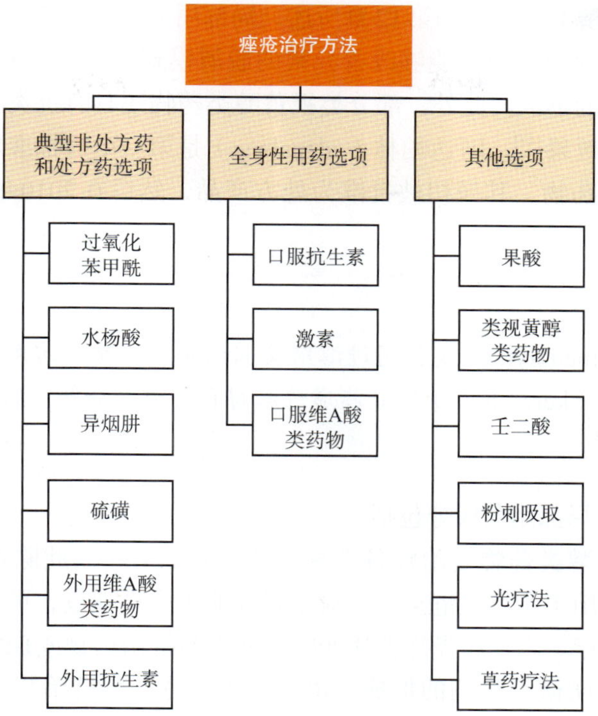

图 13.5 本书中的痤疮治疗方法

- **过氧化苯甲酰（benzoyl peroxide，BPO）：**BPO是一种非抗生素抗菌剂，其作用机制是在堵塞的毛囊内产生活性氧以杀灭细菌。其能促进细胞更新，帮助清洁毛孔，去除皮肤角质，并具备溶解粉刺和抗炎的双重作用。BPO能够迅速改善炎症性痤疮病变[44]。作为治疗轻至中度痤疮的主要方法，BPO常与局部抗生素和类视黄醇类药物联合使用。在多种局部OTC药品中，BPO的含量为2.5%～10%，包括免洗型产品（如面霜、凝胶和乳液），以及冲洗型产品（如洗面奶）。BPO的主要可能副作用包括皮肤脱屑、干燥、灼热感和发红。在治疗初期，持续使用BPO通常会减轻这些刺激性症状。此外，患者应注意BPO可能会漂白衣物、床上用品和头发[45]。
- **水杨酸（salicylic acid，SA）：**SA是一种芳香羟基酸，已在痤疮治疗领域应用多年。SA具有去角质和溶解粉刺的活性。研究指出，尽管SA的效力不及局部用类视黄醇类药物，但其患者耐受性更佳[44]。SA的脂溶性特点使其能够深入皮肤和毛囊皮脂腺单位，成为因皮肤刺激而无法耐受局部用类视黄醇类药物患者的替代选择[46]。在OTC产品中，SA的浓度范围为0.5%～2%，产品形式多样，包括免洗型产品（如乳液、面霜和泡沫），以及清洁产品（如洗面奶、爽肤水和清洁垫）。此外，市场上还有几种含有SA的非处方药妆品，包括粉底和遮瑕膏。这些产品不仅可提供化妆效果，还有助于遮盖皮肤瑕疵，为患者带来额外的好处。局部SA治疗的常见副作用包括皮肤干燥、发红、脱屑、瘙痒和灼烧感，这些症状通常在几周内消退。
- **间苯二酚和硫磺：**是痤疮治疗中的传统成分，但并非一线治疗选择。这些有效成分常见于面霜、面膜、软膏和香皂等产品中[42]。

- **局部用类视黄醇类药物**：如第12章所述，局部用类视黄醇类药物在痤疮治疗中扮演着重要角色。此类化合物能够改善异常的脱屑模式，降低毛囊角质细胞的黏附性，预防微型粉刺的形成。此外，部分类视黄醇类药物还具有抗炎特性，这进一步增强了其痤疮治疗效果[47]。阿达帕林（adapalene）是第一个被批准用于治疗痤疮的局部用类视黄醇类药物。其最初被批准为处方产品，然后在2010年以0.1%的比例被批准为OTC成分。

> **你知道吗?**
>
> 粉刺溶解（comedolytic）是指通过溶解堵塞的角质细胞来溶解（即解体）粉刺的过程。而角质溶解（keratolytic）则是指通过溶解角蛋白来分解皮肤表层角质细胞、指甲和头发的过程[48]。

仅作为处方药的局部用药成分包括：

- **局部用类视黄醇类药物**是治疗各类痤疮的有效成分，因此除口服类视黄醇类药物外，常被推荐用于所有痤疮类型。对于轻度非炎症性痤疮，可采用单一的类视黄醇类药物进行治疗。当存在炎症性病变时，通常与抗菌药物或BPO联用。由于类视黄醇类药物能预防微型粉刺的形成，也适用于痤疮的维持治疗[11]。目前，美国FDA批准的外用类视黄醇类药物包括视黄酸（tretinoin）、阿达帕林和他扎罗汀（tazarotene），这些在美国均为处方药[8]。需要注意的是，阿达帕林具有多种治疗作用，但只有最低浓度被批准用于OTC药品。这些成分可配制成乳霜、凝胶和液体等不同剂型。类视黄醇类药物的使用可能会受到其副作用的限制，如短暂的皮肤刺激、烧灼感、发红、瘙痒和脱屑等。为减轻这些负面影响，可以选择较低浓度的活性成分或改变活性成分的载体，如使用乳霜或泡沫剂型代替凝胶。痤疮症状的改善通常在几周内开始显现，并在治疗3～4个月后达到最佳效果[49]。
- 当发生炎症性痤疮病变时，**局部抗生素**是治疗轻至中度痤疮的有效选择[49]。在痤疮治疗中，常用的抗生素包括克林霉素（clindamycin）和红霉素（erythromycin）[50]，两者具备抑菌和抗炎的双重特性[51]。这些抗生素可制成多种药品，如凝胶、面霜、乳液、泡沫、爽肤水和护垫。然而，抗生素使用的一个难以避免的问题是其耐药性。因此，并不推荐单独使用抗生素进行治疗和维持治疗。同样，仅将局部和全身性抗生素组合使用也不是最佳选择。目前的临床指南建议将抗生素与类视黄醇类药物或BPO联用[41]。BPO可最大限度地减少细菌耐药性，而类视黄醇类药物则可提供协同的粉刺溶解和抗炎效果[52]。

如前所述，为了达到最佳疗效，外用OTC药物通常与外用抗生素和类视黄醇类药物联用。这种联合治疗的好处在于其互补的作用机制，不仅能够降低抗生素耐药性的风险，还能提高治疗结果。现如今，市场上有越来越多的组合产品可供选择[53, 54]。

13.5.2 全身性治疗方案

对于中至重度痤疮，通常推荐使用全身性药物治疗。

- **全身性药物**包括抗生素、激素，以及口服类视黄醇类药物［如异维A酸（isotretinoin）］。这些治疗方法对于大范围受影响的部位（包括颈部、胸部和背部等）同样有效。在这种情况下，仅依赖局部治疗可能难以达到理想的治疗效果。多年来，口服抗生素被广泛用于治疗中度和重度痤疮[11]。与局部用抗生素类似，全身性抗生素也具有抗菌和抗炎作用[40]。最常用抗生素为多西环素（doxycycline）、米诺环素（minocycline）、四环素和红霉素。在选择抗生素时，医生会考虑其副作用及痤疮丙酸杆菌对相关药物的耐药性。痤疮治疗中抗生素使用的一个主要挑战是细菌耐药性的不断增加。因此，口服抗生素应与其他药物（如外用类视黄醇类药物或BPO）联合使用，以降低耐药风险并增强治疗效果[55]。由于这一原因，皮肤科医生通常建议，一旦症状开始改善或药物明显不起作用，就逐渐减少这些药物的剂量[55]。口服抗生素的常见副作用包括胃部不适、头晕和皮肤变色。例如，多西环素可能增加患者对阳光的敏感性，而米诺环素有时会导致皮肤色素沉着。
- **激素治疗**是辅助治疗女性中至重度痤疮的有效手段，尤其对那些希望采用口服避孕药或对传统疗法反应不佳的患者更具价值[56]。虽然激素治疗有助于减少和预防痤疮的暴发，但对现有的痤疮病变并无直接影响。因此，激素治疗通常作为辅助手段而非单一治疗方案[57]。治疗痤疮的激素类药物主要有两种形式：联合口服避孕药（含有雌激素和孕激素）和雄激素受体拮抗剂，前者的作用机制是抑制卵巢雄激素的产生，后者则是阻断雄激素对皮脂腺的作用[58]。常用的雄激素受体拮抗剂包括螺内酯（spironolactone）、醋酸环丙孕酮（cyproterone acetate）和氟他胺（flutamide），但这些药物尚未获得FDA批准用于痤疮的治疗。除了作为辅助手段，口服避孕药也可以作为维持治疗的一部分，常与外用类视黄醇类药物联用[57]。激素治疗的常见副作用包括头痛、乳房胀痛、恶心和抑郁。更严重的潜在并发症可能包括心脏病、高血压和血栓风险的轻微增加[58]。
- **异维A酸**是一种口服类视黄醇类药物，是其他治疗方法无效的中度和重度痤疮的有效药物[59]。异维A酸可针对所有与痤疮形成有关的主要因素：使毛囊脱屑正常化，减少皮脂分泌，抑制痤疮丙酸杆菌的生长，并发挥抗炎作用[60]。因具有多效性，其通常被用作单一治疗方法。然而，异维A酸也可能伴随一些常见的副作用，包括皮肤、眼、口、唇和鼻干燥，瘙痒，流鼻血，肌肉酸痛，日光敏感性，夜视能力差。该药还可能提高甘油三酯和胆固醇水平，以及肝酶水平[61]。此外，异维A酸可能与抑郁和自杀风险增加有关[62]。服用异维A酸的一个主要问题是其具有导致胎儿发育畸形的风险。育龄妇女在服用异维A酸时必须采取一定的预防措施，以确保患者安全（这部分内容在其安全性讨论中有详尽的阐述）。

13.5.3 其他治疗方案

本节将探讨可用于痤疮治疗的一些补充治疗方案。

- **α-羟基酸（AHA，也称为果酸）**：AHA用于痤疮治疗主要是利用其化学剥脱剂作用。AHA通过促进角质层（SC）的脱落，使肌肤表面更加光滑。此外，乙醇酸（glycolic acid）对痤疮丙酸杆菌具有中等程度的生长抑制和杀菌作用[63]。

- **视黄醇（retinol）：** 作为一种流行的局部用物质，视黄醇在化妆品中常用于对抗衰老迹象。尽管视黄醇可能被推荐用于改善痤疮，但其并非专为痤疮治疗而研发的。
- **壬二酸：** 作为一种较新的局部用物质，壬二酸是类视黄醇类药物的替代品，具备溶解粉刺、抗菌和抗炎等作用[41]。然而，FDA并未批准壬二酸用于痤疮的治疗。
- **粉刺提取：** 通过挤压或粉刺提取器，可释放粉刺内容物。尽管粉刺去除对痤疮治疗的证据有限，但其可显著改善患者的外观，可能对治疗依从性产生积极影响。
- **光学疗法：** 用于痤疮治疗的光学疗法包括广谱连续波可见光（蓝光和红光）、强脉冲光、脉冲染料激光、磷酸钛钾激光、光动力疗法和脉冲二极管激光。虽然光学疗法可能初步改善痤疮状况，但目前缺乏标准化治疗方案、长期效果评估、与传统痤疮治疗方法的比较，以及广泛的临床经验。因此，光学疗法并未被纳入一线治疗选项[24]。
- **草药治疗：** 使用草药治疗痤疮的做法相当普遍。常用的草药成分包括芦荟、水果衍生酸和茶树油。尽管这些成分通常耐受性良好，但关于其痤疮治疗的安全性和有效性数据仍然有限[38]。
- **饮食限制：** 目前没有证据表明饮食限制对痤疮治疗具有显著益处。

13.6 制剂设计考量

❺与抗衰老制剂类似，抗痤疮制剂设计也需确保其成分能渗透皮肤和毛囊，以实现针对性效果。在前一章抗衰老产品中讨论的所有制剂考量因素，包括溶解度、分子大小和电荷特性，也都与抗痤疮制剂相关。精心的制剂设计是成功治疗痤疮的保障。制剂（包括载体系统）不仅决定了产品的应用频率，还影响疗效和耐受性，并会对患者的依从性产生巨大影响。抗痤疮药物载体的选择和适当设计是制剂过程的第一步。在设计载体时，应该注意的是，一旦将制剂应用于皮肤，水分将开始蒸发，并且制剂与皮肤表面的脂质混合也会对其成分造成轻微改变。但是，制剂必须仍能在这一轻微改变的组成中保留活性。有效的外用制剂必须具有化学稳定性，以最佳浓度递送有效成分、具备化妆品级使用体验，并且不会增强其自身的副作用[64]。

如前所述，目前使用的局部活性成分主要是类视黄醇类药物和BPO，其在使用过程中经常引起暂时性刺激、灼烧、发红和瘙痒。这些副作用往往会导致早期抗痤疮治疗的终止。虽然相关副作用是暂时的，并会在治疗3～4周内消失，但许多患者往往在早期就放弃了治疗[65]。除了活性成分本身的刺激性，制剂中的其他成分也可能具有潜在刺激性。例如，表面活性剂、香料、防腐剂、高含量的有机溶剂（如乙醇）。为了应对这些挑战，现代抗痤疮产品采用了多种形式，包括溶液、凝胶、乳液、面霜和泡沫等，以适应不同患者的需求。如新型药物递送系统，包括抗衰老产品相关内容中所讨论的，有可能改善抗痤疮成分的局部递送，并减轻副作用。研究表明，脂质体封装的维A酸较凝胶耐受性更好[66]。此外，有研究表明，他扎罗汀泡沫的耐受性优于其凝胶[67]。其他先进的给药系统，包括微球（microsphere）和微海绵（microsponge），已被开发用于增加透皮渗透，从而提高局部用抗痤疮药物的疗效[68]。

13.7　引发安全性问题的成分

❻与痤疮治疗相关的主要安全性问题包括许多局部成分引起的刺激和干燥、光敏性，以及口服类视黄醇类药物引起的致畸性。另一个值得关注的问题是，使用抗生素时产生的耐药性风险。下文将讨论使用相关成分时应该采取的预防措施和注意事项，以确保治疗的安全性。

13.7.1　局部成分

BPO、SA和局部用类视黄醇类药物在使用时通常会引起刺激、干燥、发红，甚至瘙痒。如前所述，这些副作用通常是短暂的，在持续使用几周后会消退。可以通过选择较低浓度的制剂或使用面霜或泡沫来减轻刺激。此外，过度的皮肤清洁可能会加剧皮肤刺激，从而影响患者对痤疮治疗的耐受性和依从性[26]。研究表明，皮肤清洁应限制在每天最多两次，以避免对皮肤状况产生有害影响[69]。使用局部类视黄醇类药物和化学剥脱剂治疗的另一个问题，是增加了皮肤对日晒的敏感性。因此，建议采用相关治疗方法的患者避免过度日晒，并在外出时使用防晒霜，以保护皮肤免受紫外线的伤害。

13.7.2　口服类视黄醇类药物

异维A酸虽然是一种极其有效的痤疮治疗成分，但具有致畸性，这意味着其可能导致胚胎或胎儿发育异常。因此，孕妇，以及在治疗期间或治疗结束后数周内有可能妊娠的女性，不宜使用此类药物。女性患者在开始治疗前必须进行妊娠测试以确保结果为阴性，并在治疗期间采取避孕措施[70]。此外，育龄妇女在获取该处方药前，必须参与FDA批准的监测项目[71]。建议口服类视黄醇类药物的患者在治疗前一个月、治疗期间和治疗后一个月，采取两种避孕措施。即便已使用了激素避孕药，也应联用第二种避孕方式[72]。

13.7.3　抗生素耐药性

抗生素在痤疮的局部和全身性治疗中扮演着重要角色，通过针对痤疮形成过程中的关键环节发挥作用。然而，痤疮丙酸杆菌对常用抗生素的耐药性问题在过去几十年间日益凸显，引起了广泛关注。耐药性的增加通常会导致临床治疗效果的降低。此外，近年来痤疮丙酸杆菌的致病性也有所上升[73]，这使得痤疮的体征和症状更为严重，更难以治疗。这不仅导致药物使用时间的延长，还可能增加药物副作用的发生频率和严重程度。更为关键的是，从公共卫生的视角而言，长期的抗生素治疗可能促进了其他潜在致病菌的耐药性转移，如某些葡萄球菌或链球菌株[74]，相关耐药微生物的出现为临床治疗带来了挑战。为了应对这些问题，当前的痤疮治疗指南推荐采取必要策略以限制耐药性的发展，同时确保治疗效果的最优化。如前所述，将抗生素与BPO等其他成分联用，是降低耐药性风险的有效方法[75]。

13.8 抗痤疮产品的包装

抗痤疮产品最常用的包装材料包括：

- **软管：**是抗痤疮霜的流行包装，特别是用于面部的产品，以及部分洁面乳。其通常配有鼻尖状或斜口喷嘴，以便能够精准地将产品涂抹在目标区域。
- **塑料瓶：**抗痘爽肤水、洁面乳和精华液等产品通常采用塑料瓶包装。这些瓶子配备了泡沫分配器，能够将液体转化为泡沫，方便使用并提高了使用体验感。

术语表

中文术语	英文术语	解释
寻常痤疮	acne vulgaris	毛囊皮脂腺的一种常见皮肤病，以毛孔堵塞为特征。
毛囊皮脂腺单位	pilosebaceous unit	位于真皮层的单位，包括皮脂腺、毛囊和小肌肉。
角质形成细胞	keratinocyte	新形成的表皮细胞。
角化过度	hyperkeratinization	表皮细胞增多。
痤疮丙酸杆菌	*P. acnes*	一种厌氧、革兰氏阳性菌，与痤疮的形成有关。
抗生素	antibiotic	一种用于对抗细菌感染的药物。
抗生素耐药性	antibiotic resistance	细菌抵抗抗生素作用的能力。
雄激素	androgen	男性激素，男性和女性体内均存在。
粉刺	comedo	增宽的毛囊，充满皮脂、细菌和死皮细胞。
微型粉刺	microcomedo	粉刺的第一阶段，肉眼不可见，是毛孔堵塞的开始。
白头粉刺	whitehead	闭合性粉刺，是一种非炎症性痤疮病变，被皮肤死细胞和皮脂堆积堵塞。
黑头粉刺	blackhead	开放性粉刺，是一种非炎症性痤疮病变，由于皮脂氧化和堵塞中的细菌而变黑。
粉刺溶解剂	comedolytic agent	破坏粉刺的试剂。
囊肿	cyst	大体积充盈脓液的炎症性痤疮病变，是严重炎症反应的结果。
结节	nodule	当毛囊壁破裂时，毛囊壁底部深处会出现的严重炎症性痤疮病变。结节触感较硬，比其他类型的皮损更疼痛，颜色呈深红色或紫色。
丘疹	papule	一种炎症性痤疮病变，类似皮肤下的小而柔软的肿块。
脓疱	pustule	一种炎症性痤疮病变，形似红色、柔软的肿块，顶端有白色脓液。

缩略词表

缩略词	英文全称	中文全称
AHA	alpha hydroxy acid	α-羟基酸
BPO	benzoyl peroxide	过氧化苯甲酰
GRASE	Generally Recognized as Safe and Effective	公认安全有效
OTC	over the counter	非处方
QoL	quality of life	生活质量
SA	salicylic acid	水杨酸
TEWL	transepidermal water loss	经皮水分流失
UV	ultraviolet	紫外线

（初 春 译，白仁仁 校）

参考文献

1. White, G.M. (1998). Recent findings in the epidemiologic evidence, classification, and subtypes of acne vulgaris. *J. Am. Acad. Dermatol.* 39: S34–S37.
2. Feldman, S.R. and Fleischer, A.B. (2000). Role of the dermatologist in the delivery of dermatologic care. *Dermatol. Clin.* 18: 223–227.
3. Yentzer, B.A., Hick, J., Reese, E.L. et al. (2010). Acne vulgaris in the United States: a descriptive epidemiology. *Cutis* 86: 94–99.
4. Collier, C.N., Harper, J.C., Cafardi, J.A. et al. (2008). The prevalence of acne in adults 20 years and older. *J. Am. Acad. Dermatol.* 58 (1): 56–59.
5. Picardo, M., Ottaviani, M., Camera, E. et al. (2009). Sebaceous gland lipids. *Dermatoendocrinology* 1 (2): 68–71.
6. Zouboulis, C.C., Baron, J.M., Bohm, M. et al. (2008). Frontiers in sebaceous gland biology and pathology. *Exp. Dermatol.* 17: 542–551.
7. Pierard-Franchimong, C., Quatresooz, P., and Pierard, G.E. (2010). Sebum production. In: *Textbook of Aging Skin* (ed. M.A. Farage, K.W. Miller and H.I. Maibach), 343–352. Berlin: Springer-Verlag.
8. Weston, W.L., Lane, A.T., and Morelli, J.G. (2007). *Color Textbook of Pediatric Dermatology*. Maryland Heights: Elsevier.
9. Kurokawa, I., Danby, F.W., Ju, Q. et al. (2009). Review new developments in our understanding of acne pathogenesis and treatment. *Exp. Dermatol.* 18 (10): 821–832.
10. Thiboutot, D., Gollnick, H., Bettoli, V. et al. (2009). New insights into the management of acne: an update from the global alliance to improve outcomes in acne group. *J. Am. Acad. Dermatol.* 60 (5): S1–S50.
11. Gollnick, H., Cunliffe, W., Berson, D. et al. (2003). Management of acne: a report from a global alliance to improve outcomes in acne. *J. Am. Acad. Dermatol.* 49 (1): S1–S37.
12. Makrantonaki, E., Ganceviciene, R., and Zouboulis, C. (2011). An update on the role of the sebaceous gland in the pathogenesis of acne. *Dermatoendocrinology* 3 (1): 41–49.
13. Thielitz, A. and Gollnick, H. (2008). Topical retinoids in acne vulgaris update on efficacy and safety. *Am. J. Clin. Dermatol.* 9 (6): 369–381.

14. Melnik, B.C. and Schmitz, G. (2009). Review role of insulin, insulin- like growth factor-1, hyperglycaemic food and milk consumption in the pathogenesis of acne vulgaris. *Exp. Dermatol.* 18 (10): 833–841.
15. Kim, J., Ochoa, M.T., Krutzik, S.R. et al. (2002). Activation of toll- like receptor 2 in acne triggers inflammatory cytokine responses. *J. Immunol.* 169 (3): 1535–1541.
16. Webster, G.F. (1998). Inflammatory acne represents hypersensitivity to *Propionibacterium acnes*. *Dermatology* 196 (1): 80–81.
17. Foster-Powell, K., Holt, S.H., and Brand-Miller, J.C. (2002). International table of glycemic index and glycemic load values. *Am. J. Clin. Nutr.* 76: 5–56.
18. Bowe, W.P., Joshi, S.S., and Shalita, A.R. (2009). Diet and acne. *J. Am. Acad. Dermatol.* 63 (1): 124–141.
19. Burris, J., Rietkerk, W., and Woolf, K. (2013). Acne: the role of medical nutrition therapy. *J. Acad. Nutr. Diet.* 113: 416–430.
20. Melnik, B.C. (2012). Diet in acne: further evidence for the role of nutrient signaling in acne pathogenesis. *Acta Derm. Venereol.* 92: 228–231.
21. Al-Ameer, A.M. and Al-Akloby, O. (2002). Demographic features and seasonal variations in patients with acne vulgaris in Saudi Arabia: a hospital-based study. *Int. J. Dermat.* 41: 870–871.
22. Gfesser, M. and Worret, W.I. (1996). Seasonal variations in the severity of acne vulgaris. *Int. J. Dermat.* 35: 116–117.
23. Harrison, S., Hutton, L., and Nowak, M. (2002). An investigation of professional advice advocating therapeutic sun exposure. *Aust. N. Z. J. Public Health* 26: 108–115.
24. Hamilton, F.L., Car, J., Lyons, C. et al. (2009). Laser and other light therapies for the treatment of acne vulgaris: systematic review. *Br. J. Dermatol.* 160: 1273–1285.
25. Tan, J.K., Vasey, K., and Fung, K.Y. (2001). Beliefs and perceptions of patients with acne. *J. Am. Acad. Dermatol.* 44: 439–445.
26. Goodman, G. (2009). Cleansing and moisturizing in acne patients. *Am. J. Clin. Dermatol.* 10 (1): 1–6.
27. Magin, P., Pond, D., Smith, W. et al. (2005). A systematic review of the evidence for 'myths and misconceptions' in acne management: diet, face-washing and sunlight. *Fam. Pract.* 22 (1): 62–70.
28. Choi, Y.S., Suh, H.S., Yoon, M.Y. et al. (2010). A study of the efficacy of cleansers for acne vulgaris. *J. Dermatolog. Treat.* 21 (3): 201–205.
29. Subramanyan, K. (2004). Roel of mild cleansing in the management of patient skin. *Dermatol. Ther.* 17: 26–34.
30. Hayashi, N., Imori, M., Yanagisawa, M. et al. (2005). Make-up improves the quality of life of acne patients without aggravating acne eruptions during treatments. *Eur. J. Dermatol.* 15 (4): 284–247.
31. Bataille, V., Sneider, H., MacGregor, A.J. et al. (2002). The influence of genetic and environmental factors in the pathogenesis of acne: a twin study of acne in women. *J. Invest. Dermatol.* 119: 1317–1322.
32. Callender, V.D. (2004). Acne in ethnic skin: special considerations for therapy. *Dermatol. Ther.* 17: 184–195.
33. Schafer, T., Nienhaus, A., Vieluf, D. et al. (2001). Epidemiology of acne in the general population: the risk of smoking. *Br. J. Dermatol.* 145: 100–104.
34. Brown, S.K. and Shalita, A.R. (1998). Acne vulgaris. *Lancet* 351: 1871–1876.
35. Lees, M. (2013). *Clearing Concepts: A Guide to Acne Treatment*. Stamford: Cengage Learning.
36. AAD (2014). Acne: signs and symptoms. www.aad.org/dermatology-a-to-z/diseases-and-treatments/a- d/acne/signs-symptoms (accessed 4 January 2014).
37. Lehmann, H.L., Robinson, K.A., Andrews, J.S. et al. (2002). Acne therapy: a methodological review. *J. Am. Acad. Dermatol.* 47: 231–240.
38. Strauss, J.S., Krowchuk, D.P., Leyden, J.J. et al. (2007). Guidelines of care for acne vulgaris management. *J. Am. Acad. Dermatol.* 56: 651–663.
39. Rinzler, C.A. (2009). *The Encyclopedia of Cosmetic and Plastic Surgery*. New York: Infobase Publishing.

40. Dawson, A.L. and Dellavalle, R.P. (2013). Acne vulgaris. *Br. Med. J.* 346: f2634.
41. Williams, H.C., Dellavalle, R.P., and Garner, S. (2012). Acne vulgaris. *Lancet* 379 (9813): 361–372.
42. GoUnick, H., Cunliffe, W., Berson, D. et al. (2003). Global alliance to improve outcomes in acne. Management of acne: a report from a global alliance to improve outcomes in acne. *J. Am. Acad. Dermatol.* 49 (1): S1–S37.
43. 21 CFR Part 333.310
44. Gamble, R., Dunn, J., Dawson, A. et al. (2012). Topical antimicrobial treatment of acne vulgaris: an evidence-based review. *Am. J. Clin. Dermatol.* 13: 141–152.
45. Leyden, J.J., Del Rosso, J.Q., and Webster, G.F. (2009). Clinical considerations in the treatment of acne vulgaris and other inflammatory skin disorders: a status report. *Dermatol. Clin.* 27: 1–15.
46. Ramanathan, S. and Hebert, A.A. (2011). Management of acne vulgaris. *J. Pediatr. Health Care* 25: 332–337.
47. James, W.D. (2005). Clinical practice Acne. *N. Engl. J. Med.* 352: 1463–1472.
48. Webster, G.F. and Rawlings, A.V. (2013). *Acne and Its Therapy*. Boca Raton: CRC Press.
49. Haider, A. and Shaw, J.C. (2004). Treatment of acne vulgaris. *JAMA* 292: 726–735.
50. Abad-Casintahan, F., Chow, S.K., Goh, C.L. et al. (2011). Toward evidence-based practice in acne: consensus of an Asian Working Group. *J. Dermatol.* 38: 1041–1048.
51. Tan, H.H. (2004). Topical antibacterial treatments for acne vulgaris: comparative review and guide to selection. *Am. J. Clin. Dermatol.* 5: 79–84.
52. Elston, D.M. (2009). Topical antibiotics in dermatology: emerging patterns of resistance. *Dermatol. Clin.* 27: 25–31.
53. Bowe, W.P. and Shalita, A.R. (2008). Effective over-the-counter acne treatments. *Semin. Cutan. Med. Surg.* 27: 170–176.
54. Simpson, R.C., Grindlay, D.J., and Williams, H.C. (2011). What' s new in acne? An analysis of systematic reviews and clinically significant trials published in 2010-11. *Clin. Exp. Dermatol.* 36: 840–843.
55. Del Rosso, J.Q. and Kim, G. (2009). Optimizing use of oral antibiotics in acne vulgaris. *Dermatol. Clin.* 27: 33–42.
56. Smith, E.V., Grindlay, D.J., and Williams, H.C. (2011). What' s new in acne? An analysis of systematic reviews published in 2009–2010. *Clin. Exp. Dermatol.* 36: 119–122.
57. Ebede, T.L., Arch, E.L., and Berson, D. (2009). Hormonal treatment of acne in women. *J. Clin. Aesthet. Dermatol.* 2 (12): 16–22.
58. George, R., Clarke, S., and Thiboutot, D. (2008). Hormonal therapy for acne. *Semin. Cutan. Med. Surg.* 27: 188–196.
59. Nast, A., Dreno, B., Bettoli, V. et al. (2012). European evidence- based (S3) guidelines for the treatment of acne. *J. Eur. Acad. Dermatol. Venereol.* 26 (1): 1–29.
60. Chivot, M. (2005). Retinoid therapy for acne. A comparative review. *Am. J. Clin. Dermatol.* 6: 13–19.
61. Newman, M.D., Bowe, W.P., Heughebaert, C. et al. (2011). Therapeutic considerations for severe nodular acne. *Am. J. Clin. Dermatol.* 12: 7–14.
62. Marqueling, A.L. and Zane, L.T. (2007). Depression and suicidal behavior in acne patients treated with isotretinoin: a systematic review. *Semin. Cutan. Med. Surg.* 26: 210–220.
63. Takenaka, Y., Hayashi, N., Takeda, M. et al. (2012). Glycolic acid chemical peeling improves inflammatory acne eruptions through its inhibitory and bactericidal effects on Propionibacterium acnes. *J. Dermatol.* 39 (4): 350–354.
64. Ceilley, R.I. (2011). Advances in topical delivery systems in acne: new solutions to address concentration dependent irritation and dryness. *Skinmed* 9 (1): 15–21.
65. Leyden, J.J., Grossman, R., and Nighland, M. (2008). Cumulative irritation potential of topical retinoid formulations. *J. Drugs Dermatol.* 7 (8): s14–s18.

66. Schafer-Korting, M., Korting, H.C., and Ponce-Poschl, E. (1994). Liposomal tretinoin for uncomplicated acne vulgaris. *Clin. Investig.* 72: 1086–1091.
67. Jarratt, M., Werner, C.P., and Saenz, A.B.A. (2013). Tazarotene foam versus tazarotene gel: a randomized relative bioavailability study in acne vulgaris. *Clin. Drug Investig.* 33: 283–289.
68. Nyirady, J., Nighland, M., Payonk, G. et al. (2000). A comparative evaluation of tretinoin gel microsphere, 0.1%, versus tretinoin cream, 0.025%, in reducing facial shine. *Cutis* 66: 153–156.
69. Choi, J.M., Lew, V.K., and Kimball, A.B. (2006). A single-blinded, randomized, controlled clinical trial evaluating the effect of face washing on acne vulgaris. *Pediatr. Dermatol.* 23 (5): 421–427.
70. Harper, J.C. (2004). An update on the pathogenesis and management of acne vulgaris. *J. Am. Acad. Dermatol.* 51 (1): S36–S38.
71. Dai, W.S., LaBraico, J.M., and Stern, R.S. (1992). Epidemiology of isotretinoin exposure during pregnancy. *J. Am. Acad. Dermatol.* 26: 599–606.
72. FDA (2012). REMS, The iPLEDGE Program. www.fda.gov/downloads/Drugs/DrugSafety/PostmarketDrugSafetyI nformationfor PatientsandProviders/UCM234639.pdf (accessed 3 April 2014).
73. Leyden, J. and Levy, S. (2001). The development of antibiotic resistance in Propionibacterium acnes. *Cutis* 67 (2): 21–24.
74. Harkaway, K.S., McGinley, K.J., Foglia, A.N. et al. (1992). Antibiotic resistance patterns in coagulase-negative staphylococci after treatment with topical erythromycin, benzoyl peroxide, and combination therapy. *Br. J. Dermatol.* 126 (6): 586–590.
75. Cunliffe, W.J., Holland, K.T., Bojar, R. et al. (2002). A randomized, double-blind comparison of a clindamycin phosphate/benzoyl peroxide gel formulation and a matching clindamycin gel with respect to microbiologic activity and clinical efficacy in the topical treatment of acne vulgaris. *Clin. Ther.* 24 (7): 1117–1133.

第14章 美白产品

学习目标

通过本章的学习，读者将掌握以下内容。

1. 以下术语的定义：

雀斑	日光性色斑	黄褐斑	褐黄病
白癜风	黑色素	黑色素生成	黑色素小体
黑色素细胞	黑色素瘤	色素沉着过度	酪氨酸酶
光敏性	炎症后（阶段）	脱屑	化学剥脱剂
类视黄醇	非侵入式设备	CIELAB颜色空间	专家评分

2. 黑色素的形成过程。
3. 决定肤色的关键因素。
4. 皮肤色素沉着的几种类型：雀斑、日光性色斑、黄褐斑及炎症后色素沉着。
5. 美白产品在美国的法律归类及其规范。
6. 美白产品对皮肤的有益影响和潜在负面效应。
7. 美白产品应具备的特性。
8. 美白产品中常用的主要成分及其美白作用机制。
9. 防晒霜在治疗皮肤色素沉着过程中的重要性。
10. 在制剂中使用类视黄醇、维生素C和化学剥脱剂时所面临的主要挑战及其应对策略。
11. 美白产品在制备或使用过程中的常见质量问题，以及导致相关问题的潜在原因。
12. 美白产品检测的标准质量参数及其评价方法。
13. 皮肤美白产品相关的肤色测试。
14. 对苯二酚、外用类视黄醇和化学剥脱剂治疗中存在的主要安全性问题。
15. 适用于皮肤美白产品的常见包装容器类型。

主要概念

1. 美白产品被各种肤色［菲茨帕特里克（Fitzpatrick）Ⅰ～Ⅵ型肤色］的消费者广泛使用，以淡化皮肤上较暗的区域。

2. 黑色素是皮肤中黑色素细胞合成的生物色素，赋予了皮肤颜色。

3. 皮肤美白产品用于解决多种皮肤色素问题，但并非所有类型的色素沉着异常都能通过美白产品得到有效改善。

4. 皮肤美白产品因其易获取且使用方便，已成为消费者的热门选择。目前市场上有多种成分和产品可用于治疗皮肤色素沉着，包括美白霜、化学剥脱剂和激光疗法等。

5. 直到最近，对苯二酚在美国仍是治疗色素沉着过度的首选非处方选项。其他流行的美白成分还包括壬二酸、熊果苷、曲酸、甘草提取物、类视黄醇、维生素C及其衍生物，以及*N*-乙酰氨基葡萄糖。

6. 美白成分经常被添加至保湿产品中，如精华液、乳液和面霜。

7. 与抗衰老制剂类似，皮肤美白制剂需要透过皮肤以达到表皮深层或真皮层，具体取决于色素沉着的类型。

8. 皮肤美白产品在质量控制方面面临的常见问题包括乳剂分层、微生物污染、产品结块及酸败等。

9. 大多数美白产品本质上属于特殊类型的皮肤保湿剂。因此，在评价美白产品质量时，化妆品公司经常采用与皮肤保湿产品相同的质量参数。

10. 性能测试中最核心的参数是皮肤色素沉着病变的色泽变化。

11. 美白成分中可能引起安全性问题的成分包括化学剥脱剂、外用类视黄醇及对苯二酚。

14.1 引言

保持或恢复均匀的肤色是众多消费者护肤的重要目标。近十年来，皮肤美白市场日益受到青睐，可供选择的美白成分也日益丰富。❶ *皮肤美白产品适用于各种肤色类型的消费者，具体涵盖了菲茨帕特里克Ⅰ～Ⅵ型肤色，旨在提亮皮肤暗沉区域。*相关暗沉区域通常是由日晒损伤、痤疮、皮肤炎症和创伤等因素造成的。

在深入探讨黑色素生成和皮肤美白产品所用成分之前，有必要了解描述美白效果的多种术语。消费者可能遇到诸如皮肤漂白（bleaching）、美白（whitening）、提亮（brightening）和脱色（depigmenting）等不同的表达方式。科学文献对此类术语进行了区分：皮肤漂白、美白通常涉及改变皮肤的整体外观颜色；脱色则特指减少特定暗斑的色素沉积；而提亮则着重于提升肌肤的光泽度。但是，也有部分研究人员不加区分地使用这些术语。此外，产品常宣称能令肤色看起来更加均匀，这也符合美白的概念。随着化妆品行业对更具包容性描述需求的响应，营销策略和品牌宣传也在持续发展以适应这一变化。

本章全面介绍了肤色和黑色素的生成机制，美白产品适用的典型皮肤问题，美白产品的类型、成分、主要特点、制剂和检测方法。此外，本章还概述了消费者的一般要求，以及相关产品可能对皮肤产生的影响。

14.2 肤色和黑色素生成机制

❷黑色素是由黑色素细胞产生的色素，可赋予皮肤颜色。这些黑色素细胞（melanocyte）位于表皮的基底细胞层（参见第9章）[1]，其树突状突起可延伸至表皮的更深层。黑色素细胞利用氨基酸中的酪氨酸，通过一系列生化反应最终合成了黑色素，这一过程被称为黑色素生成（melanogenesis）。生成的黑色素被包裹在称为黑色素小体（melanosome）的细胞内小囊泡中（图 14.1）。随后，这些黑色素小体中的黑色素通过细胞运输被转移至角质形成细胞（keratinocyte）中，使其呈现颜色。在浅色皮肤中，这种转移主要发生在表皮的较深层；而在较深色皮肤中，黑色素小体还会将黑色素转移至颗粒层，从而使肤色更深且更持久（图 14.2）。最终，黑色素小体在细胞内被分解。

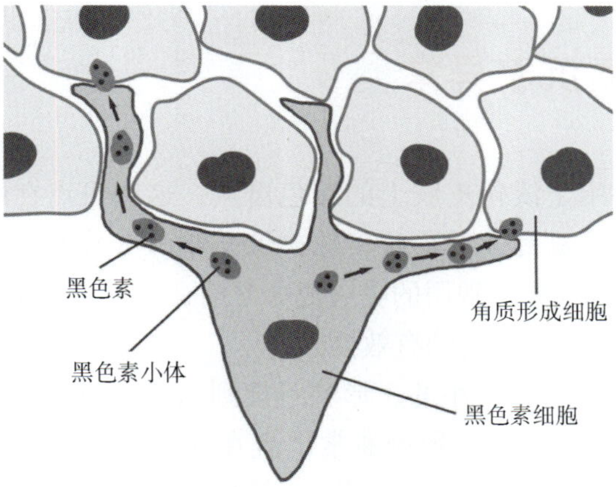

图 14.1 黑色素的生成

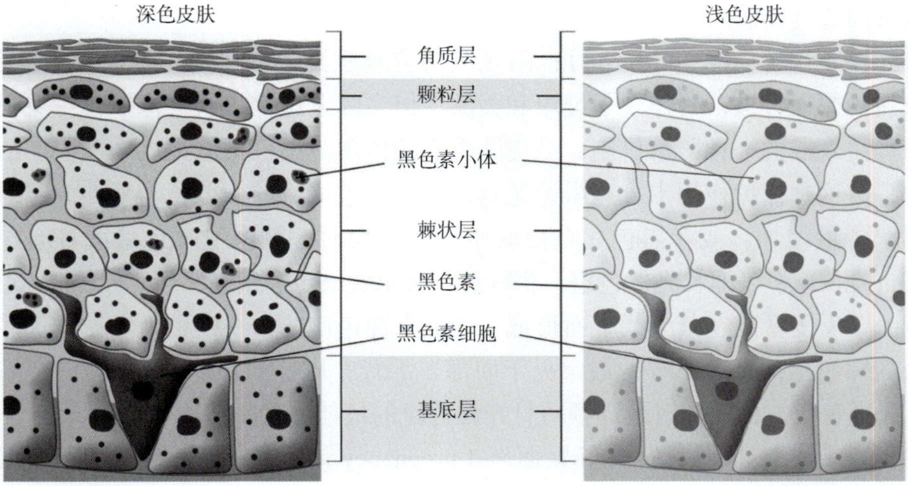

图 14.2 深色皮肤与浅色皮肤的色素沉着

人体皮肤中具有两种类型的黑色素，分别是红黄色的褐黑色素（pheomelanin）和黑棕色的真黑色素（eumelanin）[2, 3]。真黑色素具有更强的抗降解能力，并且在中和活性氧自由基方面更为有效，可为皮肤提供更好的光防护。

尽管不同肤色类型（菲茨帕特里克Ⅰ～Ⅵ型）人群的黑色素细胞数量基本相同，但肤色的差异是由黑色素细胞的活性水平、黑色素小体从黑色素细胞向角质形成细胞转移的效率、角质形成细胞中黑色素小体降解的速度，以及褐黑色素与真黑色素的比例不同造成的[4-8]。黑色素生成受遗传因素、激素变化和紫外线（UV）照射的共同影响。此外，肤色还受以下因素的影响：

- 皮肤的厚度。
- 皮肤血管密度和扩张程度。血管密度越高，血管扩张越明显，皮肤越发红。
- 血液中的含氧量。高含氧量使皮肤呈现粉红色，而缺氧则可能导致皮肤带有蓝灰色调。
- 胡萝卜素，一种赋予皮肤橙黄色调的色素[9]。

14.3 常见的色素沉着异常

皮肤美白产品主要用于淡化皮肤上的深色斑点，这些斑点在医学上称为色素沉着异常。❸ *皮肤美白产品能够应对多种皮肤问题，但并非所有的色素沉着异常都能通过美白产品得到有效改善。* 在深入探讨常用的美白成分之前，首先介绍最常见的色素沉着异常情况，并评价美白产品应对相关问题的有效性。

- **雀斑（freckle）：** 是一种较小的、形状不规则的浅棕色斑点，通常发生于浅色皮肤及浅色和红色头发的人群。雀斑通常出现在儿童早期，并且具有明显的季节性变化——夏天因阳光暴晒颜色较深，冬天则颜色较浅。雀斑最常见于面部，因为面部暴露在阳光下的时间最长。虽然皮肤美白产品能够在一定程度上淡化雀斑，但通常无法彻底将其消除[9, 10]。
- **日光性色斑（solar lentigine）：** 阳光照射会刺激黑色素生成，从而导致肤色变暗。虽然晒黑通常被认为体现了健康和美丽，但实际上这是皮肤为保护自身免受紫外线伤害而采取的一种防御机制，是皮肤受损的体现。黑色素能提供一定程度的防晒保护，但这种保护作用十分有限，尤其是对于浅色皮肤的人群。当紫外线照射促使黑色素含量增加，或者黑色素在皮肤中分布不均时，就会引发色素沉着问题。晒斑[sun spot，学名即日光性色斑，俗称肝斑（liver spot）或老年斑（age spot）]，通常是由于反复暴露在紫外线下而形成，尤其在浅色皮肤人群中更为常见。这些斑点颜色从棕色至棕黑色不等，最常见于面部、手背、肩部和颈部[9, 10]。美白产品在淡化日光性色斑方面更为有效。预防日光性色斑的最佳方法是使用防晒霜。
- **黄褐斑（melasma）：** 又称妊娠面斑（pregnancy mask），在女性中较为常见，尤其是孕妇和育龄妇女，通常呈浅棕色至深棕色的对称性色斑，常见于上唇、前额和下颌区域[9, 10]。黄褐斑的发生与孕期激素水平波动相关，通常会在分娩后数月内逐渐淡化。此外，在少数情况下，使用口服避孕药或其他激素类药物也可能受到影响。虽然有些美白成分可能对减轻黄褐斑有所帮助，但在孕期使用相关成分时，建议先咨询医疗专业人员的意见。

- **炎症后色素病变（postinflammatory pigmented lesion）**：通常是皮肤经历炎症、感染或损伤后出现的现象，常见诱因包括痤疮、创伤、烧伤和特应性皮炎。虽然炎症后色素沉着可发生在所有皮肤类型中，但在深色皮肤人群中更为常见[11]。相关异常在皮肤上呈现为深色斑块，其分布与原发炎症区域一致，颜色的深浅取决于色素沉积的层次，即是在表皮层还是在真皮层。若色素沉积在表皮层，通过皮肤美白成分，联合化学剥脱术和外用类视黄醇药物，治疗通常较为有效。然而，针对真皮层深层的色素沉着，外用药的效果相对有限[12]。此外，防晒在整个治疗过程中至关重要，因为紫外线照射会加剧炎症后色素沉着[12]。

> **你知道吗?**
>
> 炎症后色素沉着是由皮肤中黑色素生成过量或异常分布引起的，可发生在表皮层或真皮层。当黑色素位于表皮时，炎症过程中炎症介质和活性氧会触发黑色素生成，并将其转移至角质形成细胞[13]。表皮色素沉着症表现为棕褐色或棕色斑点，可能需要数月至数年才能痊愈，无须治疗[11]。当炎症位于真皮层时，会损害基底细胞层的角质形成细胞，从而释放大量黑色素。这种游离黑色素停留在真皮上部，使受伤部位的皮肤呈现蓝灰色[14]。此类色素沉着可能是持久性的，或者若不进行治疗，需要相当长的时间才能消退[11]。

> **你知道吗?**
>
> 虽然市面上有许多美白产品，但需要注意的是，并非所有的色素沉着斑都是由黑色素增多引起的。有时，色素沉着病变可能是皮肤癌（黑色素瘤）。关键是要进行适当的评价，并采取后续措施防止皮肤状况的恶化。

14.4 美白产品的使用历史

皮肤美白具有悠久的历史，可以回溯至史前时代。在亚洲文化中，白皙的肌肤自古以来便被视为青春和美貌的象征。历史记载中，肤色的深浅甚至被作为衡量社会地位的指标之一。浅色皮肤被视为无须户外劳作的象征，因而与较高的社会经济阶层相关联。在追求美白的过程中，人们曾使用铅作为美白剂，在中国、韩国和日本，白垩（chalk）和米浆（rice water）也广受欢迎[15, 16]。此外，欧洲对亚洲国家的殖民历史也被认为对当地的美白习俗产生了影响，改变了对美的认知[17]。

历史上，浅色皮肤常被视为理想肤色，并被认为能增强性魅力。古埃及的克莱奥帕特拉（Cleopatra）女王使用汞化合物来提亮皮肤，她还习惯于用驴奶沐浴以达到美白效果[15]。埃及祭司则利用石膏（一种白色的粉末）来为面部增白。其他美白物质还包括白垩、氧化锡、珍珠粉和碳酸铅。在古希腊和古罗马文明中，白皙的皮肤同样是美的理想典范，人们使用石膏、白垩粉、高岭土和铅化物来达到美白目的。进入中世纪的欧洲，极为白皙的皮肤成为美的最高追求[18]。当时，小麦粉成为非常流行的美白材料之一[19]。16 世纪的伊丽莎白（Elizabeth）女王是另一位因美白而闻名的人物。她苍白的肤色成为财富、纯洁、优雅和皇室风范的象征。为了追求这样的审美标准，众多女性采用各式各样的方法来保持皮肤的白皙。当时使用的美白剂之一是威尼斯铅白（Venetian ceruse），这是一种由水、醋和铅混合而成的制剂，但其可能引发脱发、皮肤溃烂、牙齿侵蚀甚至铅中毒[20, 21]。而利用自己的尿液洗脸则被记载为另一种极端的美白手段[19]。

受殖民历史和欧洲文化的影响，皮肤漂白的做法在非洲同样也很流行。20世纪50年代，卡罗克（Krok）兄弟针对南非市场开发了一系列美白产品，其中包括最初的SuperRose系列，以及后来推出的SuperRose雀斑和肤色霜。这些产品早期主要含有汞，该成分当时在全球多地的美白制品中均有使用。之后，产品中又加入了对苯二酚（hydroquinone）作为主要成分。然而，鉴于汞和对苯二酚潜在的健康危害，其后来在南非均被依法禁用[22]。

进入19世纪，含砷的肤色霜开始流行，商家宣称其能赋予肌肤珍珠般的光泽[23]。尽管当时宣称特定剂量的砷是安全的，但由于其本质上的毒性，砷的使用仍会导致许多严重的健康问题。

直至今日，美白产品在全球多种文化中仍高度受欢迎，无论是在肤色较浅还是肤色较深的文化群体中。在亚洲和非洲，皮肤美白产品代表了化妆品市场一个巨大的细分领域，拥有庞大的消费群体。

14.5 药品还是化妆品

众多外用成分被用作皮肤美白剂，其中大多数在美国被归类为化妆品。某些类视黄醇衍生物［如维A酸（retinoic acid）］，在美国只能通过处方获得，但其他衍生物则无须处方即可获得。第12章和第13章已详尽探讨了相关成分，本章将做简要综述。

对苯二酚曾是美国唯一被纳入专论的皮肤漂白剂。虽然对苯二酚尚没有最终定稿的专论，但其多年来一直根据非最终OTC专论合法销售。一项提案建议将对苯二酚列为第Ⅱ类［即非公认安全有效（non-GRASE）］。2020 年颁布的《冠状病毒援助、救济和经济安全法案》（CARES法案）关闭了所有正在进行的非最终OTC药物专论，并在最近适用的提案中做出了最终裁定，这意味着含有对苯二酚的皮肤漂白产品必须从市场上撤下。

14.6 美白产品对皮肤的影响

使用美白产品的主要目的是淡化皮肤暗斑，其积极效果可概括如下。

- 研究显示，炎症后色素沉着是深肤色消费者寻求皮肤科治疗的首要原因[24]。此类色素沉着异常不仅影响外观，还可能深刻影响患者的社交和心理健康。美白产品通过淡化暗斑，有助于提升患者的生活品质。

- 白癜风（vitiligo）是一种导致皮肤上出现浅色斑块的色素脱失性疾病[25]。在受影响的皮肤区域，黑色素细胞的功能受损，导致皮肤颜色的丧失。白癜风可影响所有种族和性别的人群，但在肤色较深的个体中更为明显。虽然白癜风不具传染性，也不直接威胁身体健康，但常给患者带来严重的心理压力。对于白癜风的治疗，首选方法并非使用皮肤漂白成分。然而，在某些情况下，当光疗无效且患者身体超过50%的面积出现色素脱失时，会考虑使用对苯二酚的衍生物，即莫诺苯宗（monobenzone，对苯二酚单苄醚）作为脱色剂。

尽管美白产品有可能显著改善消费者的生活质量，但也可能伴随一些潜在的副作用。

- 除了第12章和第13章中讨论的益处之外，外用类视黄醇和α-羟基酸（AHA）也常用于皮肤美白。然而，外用类视黄醇类药物和AHA可能增加光敏性。因此，建议在使用相关成分期间，以及停用后至少1周内，每日严格采取防晒措施。此外，果酸和外用类视黄醇类药物可能会引起轻微的皮肤刺激、红肿、瘙痒及肤色变化[26, 27]。

14.7 产品所需特性和消费者需求

除了致力于开发稳定、高品质且安全的产品，配方师在设计产品时，还必须深入了解并满足消费者的需求。关键点在于针对目标受众提升产品效能、外观（美学设计），以及宣传卖点，从而打造出对消费者具有吸引力的产品。从消费者的视角出发，一款理想的美白产品应具备以下特性。

- 无异味或令人愉快的气味和色泽。
- 易于被皮肤吸收。
- 在使用期间和使用后，给予肌肤舒适感受，无油腻感。
- 非致痘性，尤其是面部产品。
- 良好的耐受性，低过敏性。
- 刺激性虽然可能存在轻微刺激，但如果产品的效果显著，消费者通常认为这是可以接受的。

14.8 美白产品的常见成分

14.8.1 作用机制

不论肤色如何，肤色均匀是许多消费者的主要护肤目标。虽然日常防晒是防止阳光诱发色素沉着的最佳策略，但鉴于色素沉着问题的高发性，以及并非所有此类问题均由阳光引起，美白产品在皮肤护理市场占据了重要地位。❹美白产品因其易于使用性及方便性，成为消费者的热门选择。如今，市场上提供了丰富的成分和产品，用于局部改善皮肤色素沉着问题，包括美白霜、化学剥脱术和激光疗法等。皮肤美白剂可通过多种途径来达到美白的效果，其潜在作用机制如下[28]。

1. 抑制黑色素形成的一个或多个环节 包括黑色素生成，以及黑色素从黑色素细胞转移至角质形成细胞的过程。本节讨论的多种皮肤美白剂都属于酪氨酸酶（tyrosinase）抑制剂，酪氨酸酶在黑色素形成过程中至关重要，一旦酪氨酸酶的活性被有效抑制，黑色素生成将会减缓，进而有效防止色素沉着区域的形成。

2. 促进表皮细胞的新陈代谢并加速角质层自然脱落过程（即皮肤脱屑） 这是改善色素沉着的关键途径。外用类视黄醇类药物和化学剥脱术治疗正是通过加快老旧角质细胞的脱落来达到美白效果。

3. 减轻炎症反应 这对于治疗因炎症引起的色素沉着异常尤为重要。甘草提取物因其抗炎特性而被广泛认可，有助于减轻炎症后色素沉着。此外，抗氧化剂也是一类能够通过减轻氧化压力来辅助抑制炎症和色素沉着的有益成分。

14.8.2 常见成分

- ❺ 直至近期，对苯二酚一直是美国治疗色素沉着的首选OTC药物。市面上其他广受欢迎的美白成分包括壬二酸（azelaic acid）、熊果苷（arbutin）、曲酸（kojic acid）、甘草提取物、类视黄醇类物质、维生素C（vitamin C，抗坏血酸）及其衍生物，以及*N*-乙酰氨基葡萄糖（*N*-acetyl glucosamine）。本文将探讨相关成分的主要特性。
- **对苯二酚**作为一种酪氨酸酶抑制剂，曾被广泛应用于OTC产品中，用于治疗多种色素沉着问题，包括黄褐斑、雀斑、老年斑和炎症后色素沉着。其曾被纳入非最终OTC专论，允许的最高使用浓度为2%，而处方浓度可达4%。但根据2020年通过的CARES法案，对苯二酚被重新分类，成为非GRASE成分。因此，其只有在通过新药申请（New Drug Application，NDA）后才能在美国销售。
- **对甲氧酚**（mequinol）作为对苯二酚的处方替代品，在美国常以2%的浓度与0.01%的维A酸和维生素C联合用于治疗色素沉着问题[29]。对甲氧酚通过干扰酪氨酸酶的活性来达到美白效果，与对苯二酚不同的是，其不会破坏黑色素细胞。尽管如此，对甲氧酚的美白效力并不及对苯二酚[30]。

你知道吗?

NDA是制药公司正式向FDA提出申请，请求批准一种新药品在美国市场销售的过程。公司必须提供详尽的文件资料，以证明药品的安全性和有效性。FDA在审查过程中，还会对药品的标签和生产工艺进行全面评价。

- **类视黄醇类物质：**是视黄醇的衍生物，其在处方、OTC产品和化妆品中的应用已在第12章和第13章中进行了详细讨论。此类化合物通过促进角质形成细胞的新陈代谢、减少黑色素小体的转移，以及抑制酪氨酸酶活性，有效抑制黑色素生成[31]。视黄酸（即维A酸）、他扎罗汀（tazarotene）和阿达帕林（adapalene）是用于治疗色素沉着问题的处方药物。此外，OTC外用类视黄醇类产品（如视黄醇）也可减轻皮肤的暗色斑块。虽然相关OTC产品的效力不及处方类视黄醇类产品，但其引起的皮肤刺激也较轻[32]。类视黄醇类药物的副作用很大程度上会影响患者的依从性。一般而言，药物的效力越强，伴随的副作用也越显著。常见的副作用包括皮肤刺激、发红和灼烧感，相关症状通常在治疗初期几周后逐渐减轻。此外，类视黄醇类药物还可能增加皮肤光敏性，因此光防护在皮肤美白护理中尤为重要，特别是在使用可能增加光敏性的成分时。有关类视黄醇的更多详细信息，请参见第12章。

- **壬二酸：** 在美国，壬二酸作为处方药，可用于治疗酒渣鼻（15%凝胶）和痤疮（20%乳霜）。在化妆品中以较低浓度使用时，其也可以改善肤色不均。壬二酸通过抑制酪氨酸酶的活性来发挥作用[33]。相较于对苯二酚或维A酸，壬二酸的美白效果更为温和，且安全性和耐受性极佳[34]。壬二酸似乎对异常和过度活跃的黑色素细胞具有选择性，而不影响正常黑色素细胞的功能[35]。
- **曲酸：** 是一种天然化合物，由多种真菌（如曲霉和青霉菌）自然产生。曲酸因具有抑制酪氨酸酶的能力而常被用于黄褐斑的治疗[36]。此外，曲酸也作为增敏剂使用。在使用曲酸的过程中，最常见的副作用包括接触性皮炎症状，如皮肤发红、刺激感、皮疹和疼痛[36]。
- **熊果苷：** 存在于熊果植物的叶子中，也以较低的含量存在于蔓越莓和蓝莓叶中。熊果苷作为一种有效的美白成分，通过抑制酪氨酸酶活性并阻止黑色素小体的成熟来发挥肌肤美白效果。其合成衍生物脱氧熊果苷在阻断酪氨酸酶活性方面展现出更好的效果[37]。
- **维生素C：** 是一种具有抗氧化特性的水溶性维生素，其能减少黑色素生成，对皮肤具有积极的美白效果，并且总体上具有良好的安全性。然而，作为单一的皮肤美白剂，其效果并不显著[35]。因此，维生素C通常与其他外用成分配合使用，以形成有效的美白制剂。然而，维生素C在制剂中的稳定性较差，如何保持其稳定性是研发中的一项挑战[38]。
- **烟酰胺（niacinamide）：** 作为维生素B_3的一种衍生物，其通过抑制黑色素小体向角质形成细胞的转移来发挥美白效果[39]。
- ***N*-乙酰氨基葡萄糖：** 通过抑制酪氨酸酶的生成而发挥美白效果[40]。
- **甘草提取物：** 富含高水平的类黄酮[41]，能抑制酪氨酸酶，分散黑色素，并具有局部抗炎特性[35]。甘草提取物在安全性方面表现优异，但其成本相对较高，可能限制了其在某些产品制剂中的应用。
- **大豆蛋白：** 其中含有的大豆胰蛋白酶抑制剂具有抑制黑色素小体向角质形成细胞转移的能力[42]。这一成分不仅提供了温和的美白效果，而且有良好的安全性，因而广受青睐。
- **化学剥脱术（化学换肤）：** 是一种从微创到侵入性的皮肤美容改善过程，具体程度取决于所使用的化学物质及其浓度。这种换肤技术通过引发皮肤层（包括表皮或真皮层）的可控化学灼伤，促进组织再生和活力恢复[43]。其通常用于减少皱纹，也适用于治疗晒斑和黄褐斑。皮肤剥脱会导致皮肤层黑色素的去除，从而使皮肤变亮[44]。化学剥脱术既可以作为独立的治疗手段，也可以与其他美白产品联合应用，以增强效果。其还能促进其他外用皮肤美白剂的吸收，因此可用于联合治疗。关于化学剥脱术的详细讨论，请参见第12章。

根据对皮肤的创面深度，化学剥脱术可分为三类：①浅层剥脱，仅穿透表皮层，引起表层剥脱[45]；②中层剥脱，影响整个表皮及真皮的上层[46]；③深层剥脱，深入真皮的中层，造成更深层次的创伤[46]。在治疗色素沉着过度时，通常首选浅层剥脱。常见的浅层剥脱剂包括乙醇酸（一种α-羟基酸）、水杨酸（一种β-羟基酸）、三氯乙酸，以及Jessner溶液（一种水杨酸、乳酸和间苯二酚的复合溶液）。

- **防晒霜：** 阳光在加速黑色素生成中起着不可或缺的作用，因此防晒霜是色素沉着症治疗的重要组成部分。紫外线辐射不仅会损伤皮肤，还会导致皮肤出现均匀或局部的色素加深（即晒黑），且对于深色皮肤尤为显著。防晒霜主要通过吸收阳光中的有害射线来提供保护，某些紫外线过滤剂还具备反射和散射阳光的能力。防晒霜将在第15章进行更为详细的讨论。

❻ 美白成分通常被添加至保湿产品中，如精华液、乳液和面霜。除亮肤成分外，其余成分与普通保湿霜成分相似。相关成分包括水溶性成分，如保湿剂和油溶性成分（如润肤剂）。如果配制乳液，还需要加入乳化剂和流变改性剂来稳定配方并调整质地。对于水基制剂，防腐剂是必不可少的，以确保产品的长期稳定性和安全性。此外，美白产品还可能包含螯合剂、抗氧化剂、香精、肤感调节剂和着色剂，以提升产品的整体性能和用户体验。

14.9 外用美白产品制剂的考量和挑战

❼ 和抗衰老制剂一样，皮肤美白制剂也需要穿透皮肤屏障，深入表皮层甚至真皮层，以有效应对不同类型的色素沉着问题。正如第12章中对抗衰老产品制剂深入讨论所强调的，活性成分的溶解度、分子大小和电荷等关键因素在皮肤美白制剂中同样扮演着至关重要的角色。除了上述核心因素外，其他分子特性对活性物质的透皮吸收也起着决定性作用，如活性成分与皮肤脂质、蛋白质及酶的相互作用，以及活性物质在组织中的分布特性。此外，产品pH的调节和活性成分在制剂中的粒径大小也是影响其渗透能力的关键要素[47]。鉴于许多皮肤美白成分对光照、氧气和水分环境的敏感性，制剂的精心设计对于确保产品的稳定性和有效性至关重要。

- **类视黄醇类物质：** 以其显著的刺激性而广为人知，且不同种类的视黄醇及不同个体对其耐受程度都存在差异。这种刺激性通常会导致患者依从性不佳。尽管某些类视黄醇类物质在疗效上表现出色，超越了其他治疗选择，但较差的耐受性可能迫使患者提前终止治疗[48]。因此，精心选择活性成分并调整配方以降低刺激性变得至关重要，如通过整合抗炎成分来缓解不适。研究表明，类视黄醇类物质的稳定性受介质特性、pH、抗氧化剂添加，以及存储环境（如光照和温度）等多种因素的影响，相关因素都可能使其降解[49-52]。类视黄醇类物质的降解不仅可能产生有害的副产物[53]，还会影响制剂的物理稳定性[54]。紫外线照射对类视黄醇类产品的保质期具有显著影响，可能降低活性成分的浓度，从而削弱其疗效[55]。加入紫外线过滤剂有助于增强其光稳定性。商业产品中采用了多种稳定化策略和先进的递送系统，包括微乳液、脂质体和纳米乳液[56]。相关策略和系统已在第12章中进行了更详细的探讨。

- **维生素C**：因其对氧气极为敏感，容易降解，随着科学的不断进步，市场上出现了许多新型维生素C衍生物，展现出了更优的稳定性特性。为了提高维生素C的稳定性，配方师采用了多种策略，包括精心设计的载体系统、添加螯合剂和抗氧化剂等稳定剂，以及根据所用衍生物特性调整pH至最佳水平[57]。此外，采用适当的包装设计也是确保维生素C稳定性的关键因素。除了稳定性问题，维生素C在皮肤中的渗透性也是其应用中的一个难题。第12章详细介绍了多种有效应对策略。
- **化学剥脱产品**：pH通常较低，一般维持在3.5～4。研究表明，pH的降低能够增强化学剥脱的疗效，但同时也不可避免地增加了产品的刺激性[58]。此外，低pH环境对增稠剂的选择构成了挑战，因为许多传统的增稠剂（如某些碳水化合物）在这种极端酸性条件下可能会失效。

为了开发出既稳定美观，又安全有效且具有良好耐受性的产品，配方师面临众多挑战。正如前文所强调的，载体对于活性成分的有效渗透及整体制剂疗效发挥着至关重要的作用。因此，设计合适的载体系统（如凝胶、水油乳液、精华液等），对于实现制剂的最佳效果至关重要。

14.10　使用美白产品时的注意事项

值得注意的是，皮肤美白制剂应仅针对色素沉着的特定区域，避免接触健康的皮肤。此外，皮肤美白产品通常需要数月的时间才能显现显著的效果。由于病变类型和使用成分的不同，期望一夜见效是不现实的。虽然部分病变可能会在几周内逐渐消退，但其他病变可能需要更长时间才能改善。通常会将不同的皮肤美白剂结合使用以达到更好的功效，但需要考虑到这可能会引发皮肤刺激和敏感性问题。因此，在结合不同疗法前，建议咨询皮肤科医生的意见。此外，美白产品可能对健康皮肤产生刺激作用，对于晒伤或已受损的皮肤，这种影响可能会更为明显。因此，在进行皮肤美白治疗时，应使用防晒霜以保护皮肤免受进一步损害。

14.11　皮肤美白制剂的常见质量问题

❽皮肤美白制剂的常见质量问题主要包括乳剂分层、微生物污染、产品结块及酸败现象。鉴于相关质量问题已在前文中详细讨论，本节不再赘述。

14.12　皮肤美白产品的评价

14.12.1　常规检测的质量参数

❾大多数美白产品本质上属于特殊类型的皮肤保湿剂，因此，在评价美白产品质量

时，化妆品公司经常采用与评价皮肤保湿产品相同的检测参数。其中，包括乳剂类型的测定，乳剂的液滴大小，乳液、面霜和凝胶的延展性、挤压性、质地和硬度，启动压力，防腐剂效力，黏度，密度和比重，pH和稳定性。相关测试已在前几章中进行了详细介绍，此处不再赘述。

14.12.2 性能参数的总体测试

❿ 最常采用的性能测试参数是皮肤色素沉着异常的颜色变化。

14.12.2.1 肤色

如前所述，美白产品旨在减轻色素沉着，实现肤色均匀。基于科学证据对产品性能进行分析，并据此做出声明是至关重要的。衡量肤色的常见方法包括：①消费者评估；②临床研究中的专家评分；③使用无创设备；④使用成像系统。

- **消费者评估（自我评估）** 消费者可通过调查问卷来主观评估自己的肤色，将其归为菲茨帕特里克肤色分型中的六个类别之一（更多关于菲茨帕特里克肤色分型的信息请参见第9章）[59]。然而，这种方法因主观性和观察者偏见而存在局限性[60, 61]。该系统中的术语，如“很少或几乎不会晒伤”，可能难以理解，并可能存在文化敏感性问题。
- **专家评分** 通常由皮肤科医生执行，采用如9分制的量化方法，已被证明比消费者自我评估更为可靠[60]。
- **使用无创设备** 现代无创设备提供了简便、准确、定量和客观的肤色检测方法。三色源色度计（tristimulus colorimeter）基于使光通过三个滤光片（绿、蓝、红）进行肤色的颜色分析[62]。色度仪通过CIE $L^*a^*b^*$系统和个体类型学角度（individual typology angle，ITA）值来量化和描述皮肤颜色的外观。虽然色度计体积小且易于操作，但对于复杂的颜色分析并不适用[63]。可用于皮肤颜色分析的色度计包括Chromameter®CR系列［柯尼卡美能达（Konika Minolta），日本］[64]、Antera 3D®［米拉维克斯有限公司（Miravex Limited），都柏林］[65]和Colorimeter®CL 400（Courage-Khazaka，德国）[66]。扫描反射分光光度计（scanning reflectance spectrophotometer）可进行全光谱色彩测量。分光光度计具有更高的精度和更多的功能，可以进行更复杂的色彩分析[67]。分光光度计也可利用色彩空间（如CIA L^* a^* b^*系统）表达和量化肤色。常用的皮肤颜色检测分光光度计是日本美能达公司的CM-700d[68]。分光光度法被认为是评估肤色最为可靠的技术，但其较高的成本和较差的便携性可能影响其在常规临床测试中的应用。窄带简易反射仪（narrow-band simple reflectance meter）专门被设计用于在特定波长下检测皮肤的红斑和黑色素指数[69, 70]。其代表性设备包括DSM Ⅲ皮肤色度计（DSM Ⅲ Skin Colormeter®）（Cortex Technology，丹麦）和Mexameter®（Courage-Khazaka，德国）[71, 72]。
- **使用成像系统** 目前，先进的成像技术已实现了面部的全景成像和精密分析功能。相关设备配有精密的内置光源系统，并以标准化和可重复的方式生成高分辨率图像。拍摄对象通常是静止的，而设备则围绕其进行多角度拍摄。随后，软件可以分析这些图像，并检测皱纹、色斑、毛孔、紫外线斑和肤质等参数。针对特定的皮肤状况（如色斑），软件能够进行定量分析，测量其密度等特征参数，从而实现对基础状态与治疗后图像的科学研究对比。在这一领域内，典型成像设备有VISIA®皮肤分析系统［坎菲尔德科学公司（Canfield Scientific），美国］和ColorFace®［纽通（Newtone），法国］等[73, 74]。

为了全面评估肤色及其变化，通常会综合使用上述多种分析方法，以便更准确地监测肤色均匀度的变化，包括但不限于色素沉着的改善情况，以确保评估的全面性和准确性。

你知道吗？

颜色，包括皮肤颜色，能够通过多种颜色空间和系统来表示。例如，RGB（红、绿、蓝）、XYZ［国际照明委员会（CIE）定义的标准颜色空间］，以及在肤色分析中最为常用的CIELAB或CIE $L^*a^*b^*$色彩系统。CIELAB颜色空间与皮肤颜色及相关参数密切相关，如红斑指数[75]。CIELAB是一个三维颜色空间，其中L^*值与色素沉着的程度（即皮肤的明暗度）相关；a^*表示红/绿值，与红斑相关；b^*表示黄/蓝值，与色素沉着和日晒后的肤色深浅相关（图14.3）。在$L^*a^*b^*$色彩系统中，两种颜色之间的总色差可以通过它们在三维色彩空间中的欧几里得距离（ΔE）来计算。通常情况下，肉眼可识别的最小差异约为1个ΔE单位[76]。根据L^*和b^*值可以计算出ITA，基于ITA可以将肤色分为六类：极浅色、浅色、中间色、棕褐色、褐色和深色[77]。

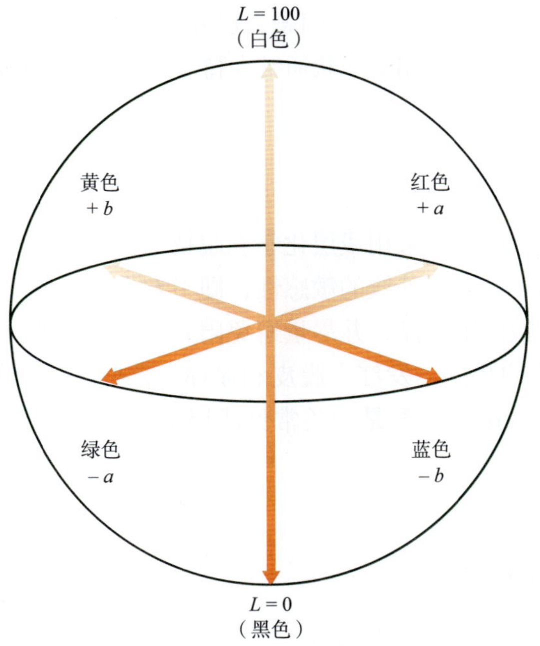

图 14.3　CIE $L^*a^*b^*$ 颜色空间

14.13　引发安全性问题的成分

本章深入探讨了美白产品成分的安全性问题，其中皮肤刺激性是一个关键问题。尽管刺激可能是暂时的，但其常常导致患者依从性下降及治疗过程的中断。除了刺激性问题外，还存在对某些成分使用的其他安全性担忧。⓫引起安全性担忧的美白成分包括化学剥脱剂、外用类视黄醇及对苯二酚（最近在美国已被禁止作为OTC产品销售）。以下是对相关成分安全性的研究结果和当前声明的概括。

14.13.1 对苯二酚

使用对苯二酚的主要安全性问题包括刺激、瘙痒、刺激性皮炎、指甲变色和褐黄病（ochronosis）[78]。褐黄病是一种皮肤呈现青灰色调的色素沉着[79]，通常与长期使用（超过6个月）高浓度对苯二酚相关，并且在深色皮肤个体中更为常见[80]。此外，对苯二酚还存在潜在的致癌风险。动物研究表明，口服对苯二酚可能具有致癌性[81]。但是，目前尚无确凿证据表明外用对苯二酚会增加人体患癌的风险，因此，关于其致癌性的问题仍存在争议。对苯二酚的作用机制不限于抑制酪氨酸酶，还包括形成黑色素细胞毒性产物，从而选择性地损伤黑色素细胞[35]。该作用机制进一步加剧了人们对对苯二酚外用安全性的担忧。

14.13.2 外用类视黄醇类物质

有关外用类视黄醇类产品的安全性问题，已在第12章中进行了论述，主要关注点包括视黄醇类皮炎和光敏性问题，相关症状通常在持续治疗数月后逐渐消退。

14.13.3 化学剥脱剂

在处理色素沉着问题时，常采用浅层化学剥脱技术。然而，浅层化学剥脱治疗的主要挑战之一是其可能增加皮肤对紫外线的敏感性，即引发光敏现象。因此，强烈建议在接受此类治疗期间使用高倍数防晒产品，并尽量避免阳光直射。此外，化学剥脱治疗可能伴随一系列副作用，如皮肤灼热感、发红、脱皮和瘙痒。这些副作用的严重程度取决于所使用剥脱剂的种类和浓度。α-羟基酸是一类常见浅层剥脱成分，已在第12章中进行了深入探讨。

14.14 美白产品的包装

美白产品通常采用与润肤霜相似的包装形式，具体包括以下几类。

- **塑料和玻璃瓶：**相关容器常配有泵头（用于面霜和乳液），或内置滴管（适用于精华液），其因能够精准控制每次用量而备受青睐。

- **软管：**软管包装同样适用于润肤露和乳霜，其特殊喷头设计有助于产品直接且均匀地挤出至所需部位。
- **塑料罐和玻璃罐：**许多乳液和面霜仍然选择使用塑料罐或玻璃罐进行包装。
- **无气分配器：**作为一种与皮肤保湿剂类似的包装选择，因其能够保持产品新鲜度而广受欢迎。

术语表

中文术语	英文术语	解释
雀斑	freckle	较小、形状不规则的浅棕色斑点，通常发生在浅色皮肤，以及浅色或红色头发的人群。
日光性色斑	solar lentigine	皮肤上的色素沉着区，通常由反复暴露在紫外线下造成的，又称晒斑、肝斑和老年斑。
黄褐斑	melasma	一种皮肤病，主要表现为孕妇面部皮肤颜色变深。因此，这种情况也被称为妊娠面斑。
褐黄病	ochronosis	皮肤呈现青灰色的色素沉着。
白癜风	vitiligo	一种以身体不同部位出现浅色斑块为特征的皮肤病。
黑色素	melanin	一种由黑色素细胞产生的色素，赋予了皮肤颜色。
黑色素生成	melanogenesis	新黑色素的形成。
黑色素小体	melanosome	含有黑色素的小囊泡。
黑色素细胞	melanocyte	位于基底细胞层、可产生黑色素的细胞。
黑色素瘤	melanoma	一种皮肤癌。
色素沉着	hyperpigmentation	由于紫外线照射、炎症、外伤、激素变化等各种因素，导致皮肤颜色变深的一种皮肤病。
酪氨酸酶	tyrosinase	一种在皮肤中催化黑色素生成的酶。
光敏性	photosensitivity	皮肤对阳光的敏感度。
炎症后（阶段）	postinflammatory	发生炎症后的阶段。
脱屑	desquamation	皮肤脱皮。
化学剥脱剂	chemical peel	化学换肤剂，一类化学成分，能够引起受控的皮肤化学烧伤，并随后促使组织再生和恢复。
类视黄醇类	retinoids	维生素A（视黄醇）及其衍生物，用于皮肤美白产品等，以改善各种色素沉着病变。
无创设备	noninvasive device	一种不穿透皮肤或进入体内的设备。
CIELAB 颜色空间		一种用于精确测量颜色的三维色彩空间。
专家评分	expert grading	由皮肤科医生对皮肤问题（如老年斑）进行评分。

缩略词表

缩略词	英文全称	中文全称
AHA	alpha hydroxy acid	α-羟基酸
CARES Act	Coronavirus Aid, Relief, and Economic Security Act	《冠状病毒援助、救济和经济安全法案》
CIE	Commission Internationale de l'Eclairage, i.e. International Commission on Illumination	国际照明委员会
GRASE	Generally Recognized as Safe and Effective	公认安全有效
ITA	individual typology angle	个体类型学角度
NDA	New Drug Application	新药申请
O/W	oil-in-water	水包油型

（初　春　译，白仁仁　校）

参考文献

1. Martini, F.H., Nath, J.L., and Bartholomew, E.F. (2012). *Fundamentals of Anatomy and Physiology*. San Francisco: Pearson Education, Inc.
2. Prota, G. (1992). *Melanins and Melanogenesis*. New York: Academic Press.
3. Ito, K., Wakamatsu, K., and Ozeki, H. (2000). Chemical analysis of melanins and its application to the study of the regulation of melanogenesis. *Pigment Cell Res.* 13: 103–109.
4. Yamaguchi, Y. and Hearing, V.J. (2005). Melanocyte distribution and function in human skin: effects of UV radiation. In: *From Melanocytes to Malignant Melanoma* (ed. V.J. Hearing and S.P.L. Leong), 101–116. Totowa: Humana Press.
5. Yamaguchi, Y., Takahashi, K., Zmudzka, B.Z. et al. (2006). Human skin responses to UV radiation: pigment in the upper epidermis protects against DNA damage in the lower epidermis and facilitates apoptosis. *FASEB J.* 20: 1486–1488.
6. Rees, J.L. (2004). The genetics of sun sensitivity in humans. *Am. J. Hum. Gen.* 75: 739–751.
7. Miyamura, Y., Coelho, S.G., Wolber, R. et al. (2007). Regulation of human skin pigmentation and responses to ultraviolet radiation. *Pigment Cell Res.* 20: 2–13.
8. Wakamatsu, K., Kavanagh, R., Kadekaro, A.L. et al. (2006). Diversity of pigmentation in cultured human melanocytes is due to differences in the type as well as quantity of melanin. *Pigment Cell Res.* 19: 154–162.
9. Shai, A., Baran, R., and Maibach, H.I. (2009). Bleaching and bleaching preparations. In: *Handbook of Cosmetic Skin Care* (ed. A. Shai, H.I. Maibach and R. Baran), 158–165. London, UK: Informa Healthcare.
10. Marks, J. and Miller, J. (2013). *Lookingbill and Marks' Principles of Dermatology*. Philadelphia: Saunders.
11. Chang, M.W. (2009). Disorders of hyperpigmentation. In: *Dermatology* (ed. J.L. Bolognia, J.L. Jorizzo and R.P. Rapini), 333–389. Maryland Heights: Elsevier Mosby.
12. Ruiz-Maldonado, R. and Orozco-Covarrubias, M.L. (1997). Postinflammatory hypopigmentation and hyperpigmentation. *Semin. Cutan. Med. Surg.* 16: 36–43.
13. Taylor, S.C., Grimes, P.E., Lim, J. et al. (2009). Postinflammatory Hyperpigmentation. *J. Cutan. Med. Surg.* 13: 183–191.

14. Nordlund, J.J. and Abdel-Malek, Z.A. (1988). Mechanisms for postinflammatory hyperpigmentation and hypopigmentation. In: *Advances in Pigment Cell Research: Proceedings of Symposia and Lectures from the Thirteenth International Pigment Cell Conference* (ed. J.T. Bagnara). New York: Liss.
15. Jablonski, N.G. (2012). *Living Color: The Biological and Social Meaning of Skin Color*. Berkeley: University of California Press.
16. Johnson, G.D., Thomas, K.D., Harrison, A.K. et al. (2019). *Race in the Marketplace: Crossing Critical Boundaries*. London, UK: Palgrave Macmillan.
17. Rodrigo-Caldeira, D. (2016). White skin as a social and cultural capital in Asia and its economic markets. ssrn.com/abstract=2973408 (accessed 12 December 2021).
18. Morpeth, F. (2012). *Preservation of Surfactant Formulations*. Secaucus, NJ: Springer Science and Business Media.
19. Oumeish, O.Y. (2001). The cultural and philosophical concepts of cosmetics in beauty and art through the medical history of mankind. *Clin. Dermatol.* 19: 375–386.
20. Stewart, S. (2017). *Painted Faces: A Colourful History of Cosmetics*. Gloucestershire, UK: Amberley Publishing Limited.
21. Snodgrass, M.E. (2015). *World Clothing and fashion: An Encyclopedia of History, Culture, and Social Influence*. Oxfordshire, UK: Routledge.
22. Thomas, L.M. (2012). Skin lighteners, Black consumers and Jewish entrepreneurs in South Africa. *Hist. Workshop J.* 73 (1): 259–283.
23. Montez, L. (1858). *The Arts of Beauty; Or, Secrets of a Lady's Toilet*. New York: Dick and Fitzgerald.
24. Alexis, A.F., Sergay, A.B., and Taylor, S.C. (2007). Common dermatologic disorders in skin of color: a comparative practice survey. *Cutis* 80: 387–394.
25. Ortonne, J.-P., Mosher, D.B., and Fitzpatrick, T.B. (1983). *Vitiligo and Other Hypomelanoses of Hair and Skin*. New York: Plenum Medical Book Co.
26. Kaidbey, K., Sutherland, B., Bennett, P. et al. (2003). Topical glycolic acid enhances photodamage by ultraviolet light. *Photodermatol. Photoimmunol. Photomed.* 19: 21–27.
27. Bailly, J., Crettaz, M., Schifflers, M.H. et al. (1998). in vitro metabolism by human skin and fibroblasts of retinol, retinal and retinoic acid. *Exp. Dermatol.* 7: 27–234.
28. Guerrero, D. (2012). Dermocosmetic management of hyperpigmentations. *Ann. Dermatol. Venereol.* 139 (Suppl 3): S115–S118.
29. Draelos, Z.D. (2006). The combination of 2% 4-hydroxyanisole (mequinol) and 0.01% tretinoin effectively improves the appearance of solar lentigines in ethnic groups. *J. Cosmet. Dermatol.* 5: 239–244.
30. Jarratt, M. (2004). Mequinol 2%/tretinoin 0.01% solution: an effective and safe alternative to hydroquinone 3% in the treatment of solar lentigines. *Cutis* 74: 319–322.
31. Chaowattanapanit, S., Silpa-archa, N., Kohli, I. et al. (2017). Postinflammatory hyperpigmentation: a comprehensive review. *J. Am. Acad. Dermatol.* 77: 607–621.
32. Chew, A.L., Bashir, S.J., and Maibach, H.I. (2000). Topical retinoids. In: *Cosmeceuticals: Drugs vs Cosmetics* (ed. P. Elsner and H.I. Maibach), 107–122. New York: Marcel Decker.
33. Rigopoulos, D., Gregoriou, S., and Katsambas, A. (2007). Hyperpigmentation and melasma. *J. Cosmet. Dermatol.* 6: 195–202.
34. Lowe, N.J., Rizk, D., Grimes, P. et al. (1998). Azelaic acid 20% cream in the treatment of facial hyperpigmentation in darker-skinned patients. *Clin. Ther.* 20: 945–959.
35. Draelos, Z.D. (2007). Skin lightening preparations and the hydroquinone controversy. *Derm. Therapy* 20: 308–313.
36. Lim, J.T. (1999). Treatment of melasma using kojic acid in a gel containing hydroquinone and glycolic acid. *Dermatol. Surg.* 25: 282–284.

37. Oissy, R.E., Visscher, M., and DeLong, M.A. (2005). Deoxyarbutin: a novel reversible tyrosinase inhibitor with effective in vivo skin lightening potency. *Exp. Dermatol.* 14: 601.
38. Khemis, A., Cabou, J., Dubois, J. et al. (2011). A randomized controlled study to evaluate the depigmenting activity of L-ascorbic acid plus phytic acid-serum vs. placebo on solar lentigines. *J. Cosmet. Dermatol.* 10: 266–272.
39. Hakozaki, T., Minwalla, L., Zhuang, J. et al. (2002). The effect of niacinamide on reducing cutaneous pigmentation and suppression of melanosome transfer. *Br. J. Dermatol.* 147: 20–31.
40. Bissett, D.L., McPhail, S.J., Farmer, T.L. et al. (2006). Topical N-acetyl glucosamine affects pigmentation-relevant genes in in vitro genomics testing. *Pig Cell Res.* 19: 373.
41. Amer, M. and Metwalli, M. (2000). Topical Liquiritin improves melasma. *Int. J. Dermatol.* 39: 299–301.
42. Seiberg, M., Paine, C., Sharlow, E. et al. (2000). Inhibition of melanosome transfer results in skin lightening. *J. Invest Dermatol.* 115: 162–167.
43. Khunger, N. (2008). IADVL Task Force. *Indian J. Dermatol. Venereol. Leprol.* 74: S5–S12.
44. Sheth, V.M. and Pandya, A.G. (2011). Melasma: a comprehensive update: part I. *J. Am. Acad. Dermatol.* 65 (4): 699–714.
45. Fartasch, M., Teal, J., and Menon, G.K. (1997). Mode of action of glycolic acid on human stratum corneum: ultrastructural and functional evaluation of the epidermal barrier. *Arch. Dermatol. Res.* 289 (7): 404–409.
46. Deprez, P. (2007). *Textbook of Chemical Peels. Superficial, Medium, and Deep Peels in Cosmetic Practice.* London: Informa, UK.
47. Williams, A. (2003). *Transdermal and Topical Drug Delivery: From Theory to Clinical Practice*. London: Pharmaceutical Press.
48. Fluhr, J.W., Vienne, M.P., Lauze, C. et al. (1999). Tolerance profile of retinol, retinaldehyde, and retinoic acid under maximized and long-term clinical conditions. *Dermatology* 199S: 57–60.
49. Tan, X., Meltzer, N., and Lindenbaum, S. (1993). Determination of the kinetics of degradation of 13-cis-retinoic acid and all-trans-retinoic acid in solution. *J. Pharm. Biomed. Anal.* 11: 817–822.
50. Carlotti, M., Rossatto, V., and Gallarate, M. (2002). Vitamin A and vitamin A palmitate stability over time and under UVA and UVB radiation. *Int. J. Pharm.* 240: 85–94.
51. Moyano, M.A. and Segall, A. (2011). Vitamin a palmitate and α-lipoic acid stability in O/W emulsions for cosmetic application. *J. Cosmet. Sci.* 62: 405–415.
52. Park, H., Mun, S., and Kim, Y.R. (2019). UV and storage stability of retinol contained in oil-in-water nanoemulsions. *Food Chem.* 272: 404–410.
53. Tolleson, W., Cherng, S., Xia, Q. et al. (2005). Photodecomposition and phototoxicity of natural retinoids. *Int. J. Environ. Res. Public Health* 2: 147–155.
54. Guaratini, T., Gianeti, M.D., and Campos, P.M.B.G.M. (2006). Stability of cosmetic formulations containing esters of vitamins E and A: chemical and physical aspects. *Int. J. Pharm.* 327: 12–16.
55. Temova Rakuša, Ž., Škufca, P., Kristl, A. et al. (2020). Retinoid stability and degradation kinetics in commercial cosmetic products. *J. Cosmet. Dermatol.* 20: 2350–2358.
56. Gallarate, M., Carlotti, M.E., Trotta, M. et al. (2004). Photostability of naturally occurring whitening agents in cosmetic microemulsions. *J. Cosmet. Sci.* 55 (2): 139–148.
57. Lionetti, N. (2020). A balancing act: Stabilizing vitamin C for skin benefits. *Cosm. Toil.* 135 (1): 44-DM14.
58. Slavin, J.W. (1998). Considerations in alpha hydroxy acid peels. *Clin. Plastic Surg.* 25: 4–52.
59. Fitzpatrick, T.B. (1988). The validity and practicality of sun-reactive skin types I through VI. *Arch. Dermatol.* 124: 869–871.
60. Eilers, S., Bach, D.Q., Gaber, R. et al. (2013). Accuracy of self-report in assessing Fitzpatrick skin phototypes I through VI. *JAMA Dermatol.* 149: 1289–1294.
61. Draaijers, L.J., Tempelman, F.R., Botman, Y.A. et al. (2004). Colour evaluation in scars: tristimulus

colorimeter, narrow-band simple reflectance meter or subjective evaluation? *Burns* 30 (2): 103–107.
62. Westerhof, W. (1995). CIE colorimetry. In: *in vivo Examination of the Skin: A Handbook of Non-invasive Methods* (ed. J. Serup and G. Jemec), 385–397. Boca Raton: CRC Press.
63. Ly, B.C.K., Dyer, E.B., Feig, J.L. et al. (2020). Research techniques made simple: cutaneous colorimetry: a reliable technique for objective skin color measurement. *J. Invest. Dermatol.* 140: 3–12.
64. Konika Minota. Chroma Meters/Colorimeters. sensing.konicaminolta.us/us/technologies/chroma-meters-colorimeters (accessed 17 June 2021).
65. Miravex. Miravex Antera 3D®. miravex.com/antera-3d/ (accessed 17 June 2021).
66. Courage+Khazaka Electronic GmbH. C+K Colorimeter CL 400. www.courage-khazaka.de/en/scientific-products/efficacy-tests/skin/16- wissenschaftliche-produkte/alle-produkte/180-colorimeter-e (accessed 17 June 2021).
67. Bjerring, P. (1995). Spectrophotometric characterization of skin pigment and skin colour. In: *In vivo Examination of the Skin: A Handbook of Non- invasive Methods* (ed. J. Serup and G. Jemec), 373–375. Boca Raton: CRC Press.
68. Konika Minolta. Konika Minolta CM-700d. sensing.konicaminolta.us/us/products/cm-700d-spectrophotometer/ (accessed 17 June 2021).
69. Takiwaki, H. and Serup, J. (1995). Measurement of erythema and melanin indices. In: *in vivo Examination of the Skin: A Handbook of Non-invasive Methods* (ed. J. Serup and G. Jemec), 377–384. Boca Raton: CRC Press.
70. Clarys, P., Alewaeters, K., Lambrecht, R. et al. (2000). Skin color measurements: comparison between three instruments: the Chromameter®, the DermaSpectrometer® and the Mexameter®. *Skin Res. Technol.* 6: 230–238.
71. Cortex Technologies. DSM III Skin Colormeter. cortex.dk/skin-color- meter-dsm-iii/#skin-colormeter-features (accessed 17 June 2021).
72. Courage+Khazaka Electronic GmbH. C+K Mexameter®. www.courage- khazaka.de/en/scientific-products/efficacy-tests/skin/16- wissenschaftliche-produkte/alle-produkte/169-mexameter-e (accessed 17 June 2021).
73. Canfield. VISIA® Skin Analysis System. www.canfieldsci.com/imaging- systems/visia-complexion-analysis/ (accessed 17 June 2021).
74. Newtone. ColorFace®. www.newtone.fr/innovate-imaging/#1537804502199-8 (accessed 17 June 2021).
75. Everett, J.S., Budescu, M., and Sommers, M.S. (2012). Making sense of skin color in clinical care. *Clin. Nursing Res.* 21 (4): 495–516.
76. Foltis, S.P. (2012). Formulation and evaluation of self-tanners. *Cosm. Toil.* 127 (6): 442–445.
77. Del Bino, S. and Bernerd, F. (2013). Variations in skin colour and the biological consequences of ultraviolet radiation exposure. *Br. J. Dermatol.* 169 (Suppl.3): 33–40.
78. Rendon, M., Berneburg, M., Arellano, I.M. et al. (2006). Treatment of melasma. *J. Am. Acad. Dermatol.* 54: S272–S281.
79. Bellew, S.G. and Alster, T.S. (2004). Treatment of exogenous ochronosis with a Q-switched alexandrite (755 nm) laser. *Dermatol. Surg.* 30: 555–558.
80. Findlay, G.H., Morrison, J.G., and Simson, I.W. (1975). Exogenous ochronosis and pigmented colloid milium from hydroquinone bleaching creams. *Br. J. Dermatol.* 93: 613–622.
81. National Toxicology Program (NTP) (1989). *NTP Technical Report on the Toxicology and Carcinogenesis Studies of Hydroquinone (CAS No. 123- 31-9) in F344/N rats and B6C3F1 Mice* (*Gavage Studies*). Research Triangle Park, NC: U.S. Department of Health and Human Services; Public Health Service; National Institutes of Health. Report No. NIH Publication No. 89-2821 ntp.niehs.nih.gov/ntp/htdocs/LT_rpts/tr366.pdf (accessed 17 June 2021).

第 15 章
防晒产品

学习目标

通过本章的学习，读者将掌握以下内容。

1. 以下术语的定义：

广谱	紫外线辐射	中波紫外线（UVB）	长波紫外线（UVA）
长波紫外线Ⅰ（UVA Ⅰ）	长波紫外线Ⅱ（UVA Ⅱ）	晒伤	晒黑
皮肤癌	黑色素	黑色素瘤	红斑
防晒产品	物理防晒剂	化学防晒剂	初级防晒产品
二级防晒产品	防晒指数	紫外线过滤剂	晒后护理产品
体外	体内	光老化	驱动力
光不稳定性	光稳定剂	光增强技术	纳米颗粒
微粉化	阀门堵塞	成膜剂	维生素D
喷雾特性	滴点	闪点	熔点
软化点	涂抹量	滑动性	防水剂
防水性			

2. 电磁辐射的类型及其能否到达地球表面。
3. 从晒黑、晒伤和皮肤癌的角度区分长波紫外线和中波紫外线辐射。
4. 防晒指数、广谱防护、防水和高度防水的定义。
5. 影响紫外线辐射量的关键因素。
6. 紫外线对人体健康益处和风险的双重影响。
7. 从防晒产品的功能和法律分类角度来区分防晒产品和晒后护理产品。
8. 防晒产品需具备的关键特性。
9. 物理过滤剂和化学过滤剂在防晒产品中的区别与相关特性。
10. 防晒产品的主要成分类型及其实例。
11. 光增强技术的概念及其实例。
12. 防晒产品的主要形式及其主要优缺点。
13. 晒后护理产品中的降温和镇痛成分。
14. 在制备和使用防晒产品的过程中，可能出现的典型质量问题及其产生原因。
15. 防晒产品常规检测的关键参数及其评价方法。
16. 防晒产品定期检测的典型性能参数及其评价方法。
17. 防晒产品中有机和无机紫外线过滤剂的潜在安全性问题。
18. 适用于防晒产品及晒后护理产品的常见包装容器类型。

主要概念

1. 到达地球表面的紫外线辐射主要由长波紫外线构成，约占95%，而中波紫外线则仅占约5%。

2. 中波紫外线主要影响皮肤的表层，即表皮层。

3. 长波紫外线可穿透至更深的皮肤层，直达真皮层。

4. 防晒指数值是衡量紫外线照射下，受保护皮肤（即涂抹防晒产品的皮肤）与未受保护皮肤（即未涂抹防晒产品的皮肤）出现红斑所需时间的比值。

5. “广谱防护”是指同时防护长波紫外线和中波紫外线的能力。

6. 防晒产品在美国被归类为非处方药，有助于预防多种皮肤状况，包括晒伤、皮肤老化和皮肤癌。除少数产品外，晒后护理产品被视为化妆品。

7. 紫外线过滤剂根据其溶解度和作用机制可分为两类：物理防晒剂和化学防晒剂。

8. 为了减少紫外线过滤剂的用量并实现高效光防护，应用了多种光防护增强技术。

9. 虽然许多人认为晒黑是健康的，但即使皮肤未泛红，任何程度的晒黑都是皮肤受损的标志。

10. 防晒产品和晒后护理产品常见的质量问题包括阀门堵塞、乳剂分层、微生物污染、产品结块及酸败。

11. 评估防晒护理产品质量的常规检测参数包括喷雾特性，气雾罐泄漏，气雾剂产品的驱动力和压力测试，闪点，乳液、膏霜和凝胶的涂抹性、挤出性、质地和硬度，棒状产品的硬度、断裂强度、熔点、软化点、滴点和滑动性，防腐剂功效，黏度，密度和比重，pH及稳定性。

12. 防晒产品性能测试的核心参数包括防晒指数值、防水性能和广谱防护能力。

13. 防晒产品存在的安全性问题涉及有机紫外线过滤剂潜在的皮肤吸收、光刺激，以及对海洋生态（如珊瑚白化）的潜在影响。此外，纳米级物理防晒剂也引发了安全性担忧。

15.1 引言

日光直射可对皮肤产生多方面的影响，短期内会导致皮肤泛红、刺激，最终导致晒黑，这也是许多欧美人喜欢晒太阳的主要原因。尽管很多人追求古铜色的肤色，但晒黑其实是皮肤受损的表现。日光暴露产生的长期效应不可逆转且通常是有害的，其被认为是导致过早产生皱纹和各种皮肤癌的主要原因。因此，防晒已成为一个极其重要的话题。紫外线过滤剂（UV filter）是一种能有效保护皮肤免受紫外线辐射的成分，如今其不仅被添加至防晒产品中，还被用于日常化妆品中，如保湿霜、粉底和口红。任何形式的日光暴露后都应进行适当的皮肤护理，以帮助维持皮肤的完整性和屏障功能。

本章介绍了紫外线辐射及其对人体皮肤的积极和消极双重影响，同时介绍了防晒产品的主要成分、主要产品类型、特性，以及可采取提高产品功效的措施。此外，本章还讨论了防晒产品的主要质量和性能测试方法，以及与之相关的安全性问题。同时，本章概述了晒后护理产品及其主要成分。

15.2 防晒基础知识

15.2.1 光谱

太阳以电磁辐射的形式持续释放能量，其波长范围广泛。电磁波谱（electromagnetic spectrum）可根据波长、频率和能量大小进行分类。电磁波谱的一端是具有最低能量和最低频率的无线电波，其波长较长，峰值之间相距较远（图 15.1）。微波辐射具有高能量，其次是红外线（infrared wave）、可见光（visible light）、紫外线（UV）和X射线（X-ray）。在电磁波谱的另一端，伽马射线（gamma ray）具有最高能量和最短波长，峰值之间相距更近。由于地球大气层的存在，大部分来自外太空的电磁辐射无法直达地球表面。抵达我们身边的电磁波仅包括部分紫外线、可见光、部分红外线［主要是近红外光（near-infrared light）］，以及无线电波（radio wave）[1]。因此，地球表面并未直接暴露于伽马射线、X射线和短波紫外线（short-wave ultraviolet，UVC）照射之下。在到达地球表面的电磁辐射中，紫外线具有最高能量。因此，在日光照射中，紫外线扮演着最为重要的角色。

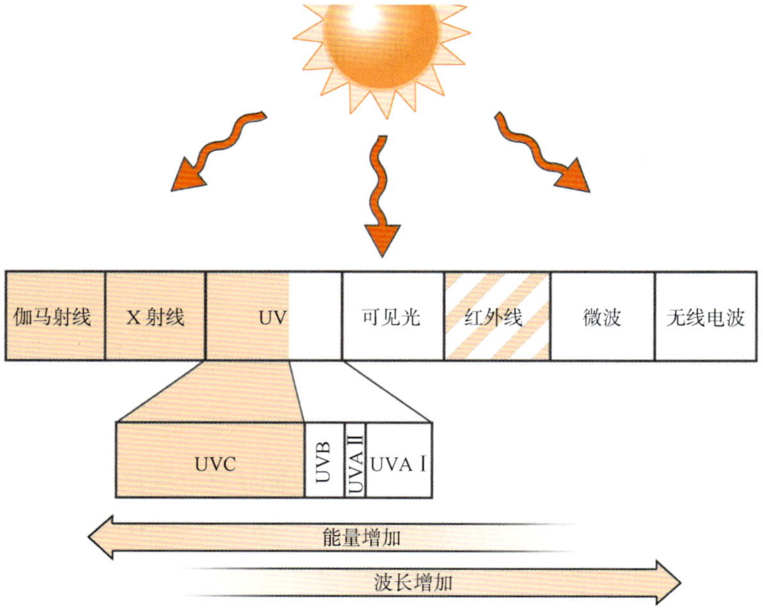

图 15.1　电磁波谱。阴影区域表示未到达地球表面的射线。部分红外线会被过滤

紫外线辐射占到达地球表面太阳总辐射的5%[2]。当日光穿过大气层时，所有的UVC辐射和约90%的中波紫外线（medium-wave ultraviolet，UVB）辐射会被臭氧层、水蒸气、氧气和二氧化碳吸收。而长波紫外线（long-wave ultraviolet，UVA）辐射受大气层的影响较小。因此，❶到达地球表面的紫外线辐射主要由UVA组成（约占95%），另外包含少量

的 UVB（约 5%）[3]。

15.2.2 紫外线辐射

紫外线辐射依据其波长可分为三类，不同射线在生物活性和皮肤穿透能力方面有所差异。波长越短，紫外线辐射对生物组织的危害越大，但波长较短的紫外线对皮肤的穿透能力较弱。

- **UVC** 辐射的波长范围为 100～280 nm，几乎完全被地球的臭氧层阻挡，因而对人体皮肤的影响甚微。
- **❷UVB** 辐射的波长范围为 280～320 nm。UVB 射线主要穿透皮肤表层（即表皮）（图 15.2）。UVB 辐射是导致晒伤的主要原因，晒伤是一种表现为泛红的急性皮肤损伤[2]。此外，UVB 已被确认为引发皮肤癌的关键因素。UVB 辐射的即时效应是皮肤红肿和角质层（SC）增厚，这是人体为了减少 UVB 对表皮损伤的一种防御反应[4]。虽然泛红和伴随的轻微疼痛可能在相对较短的时间内消退，但紫外线造成的深层损伤会逐渐累积，最终可能导致多种类型皮肤癌。此外，UVB 还会促进光老化和晒黑，并具有免疫抑制作用。其有利的一面是，UVB 辐射在促进皮肤合成维生素 D 方面发挥积极作用。UVB 的强度随季节、地点和一天中的时间而变化。在美国，春季和夏季上午 10 点至下午 4 点是 UVB 辐射最强的时段[5]。即便如此，UVB 射线全年都能对皮肤造成灼伤和损伤，尤其是在高海拔地区，以及雪地、冰面等反射性较强的区域[6]。需要注意的是，UVB 无法有效穿透玻璃。

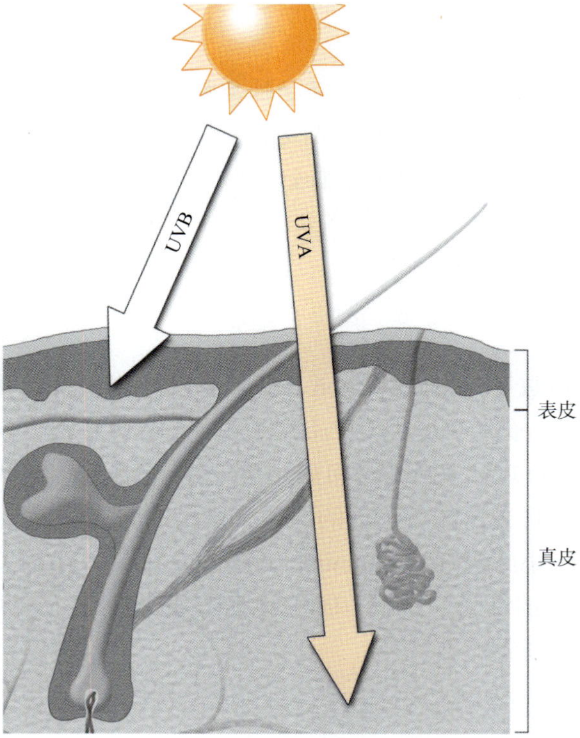

图 15.2　UVA 和 UVB 的穿透深度

- UVA辐射的波长范围在320～400 nm。❸由于UVA波长较长，其能穿透皮肤较深的区域，抵达真皮层（图15.2）。UVA可细分为UVA Ⅱ（320～340 nm）和UVA Ⅰ（340～400 nm）[3]。短期内，UVA辐射会导致皮肤晒黑，这通常被误认为是健康的标志。但是，无论是户外日晒还是室内美黑设备晒黑，实际上都会随着时间积累造成皮肤损伤，并导致皮肤光老化。长期以来，UVA一直被认为是光老化的主要原因，但直至最近研究才发现其与癌症的发生也有关。过去数十年的研究表明，UVA会损伤基底细胞层中的角质形成细胞，而基底细胞层正是大多数皮肤癌发生的起源。因此，从长远而言，UVA不仅会促进皮肤癌的进展，甚至可能是其关键诱因[7-9]。此外，UVA还会削弱免疫系统功能，进一步促进皮肤癌的发生[10]。光敏反应（photosensitivity reaction）也主要由UVA介导[11]。值得注意的是，日光浴床主要是释放UVA辐射。美黑沙龙中使用的灯具可以释放比自然日光高12倍强度的UVA剂量[12]。因此，室内美黑与皮肤癌风险显著增加密切相关，并且青年人（＜25岁）使用时会具有更高风险[13]。需要牢记的是，UVA辐射的能量水平在全年保持相对恒定，无论早晚、冬夏，其对人体的破坏性效果相同。此外，UVA可以穿透窗户玻璃。以上事实凸显了UVA辐射防护的重要性。

你知道吗?

为了便于记住UVA和UVB之间的区别，可以将“A”（UVA）理解为“衰老”（ageing），而“B”（UVB）理解为“灼烧”（burning）。这两种紫外线辐射都会对皮肤造成严重影响，并可能导致皮肤癌。

你知道吗?

紫外线辐射具有高度致癌性，所幸保护性臭氧层几乎过滤了射向地球的所有紫外线辐射。在日常生活中，杀菌灯可释放人造紫外线，用于杀灭物体表面或空气中的细菌，其通常是在受控环境下使用以确保安全。

15.2.3 防晒指数

FDA采用“防晒指数”（sun protection factor，SPF）来表征防晒产品的功效。❹SPF值是衡量紫外线照射下，受保护皮肤（即涂抹了防晒产品的皮肤）与未受保护皮肤（即不涂抹防晒产品的皮肤）出现红斑所需时间的比值。SPF值越高，防晒效果越好。给定SPF值的有效性是以皮肤在日光暴露后出现的红斑来衡量的。皮肤上首次出现可见红斑所需的紫外线能量被称为最小红斑剂量（minimal erythema dose，MED）。红斑反应是UVA和UVB两种射线共同作用的结果，其中，UVB更易造成皮肤泛红。因此，SPF值主要衡量防晒产品对UVB辐射的防护能力[14]。

你知道吗?

值得注意的是，UVA Ⅰ也会导致皮肤泛红。只过滤UVB防晒产品的SPF值仅为11[15]。

在《联邦公报》(*the Federal Register*) 中，SPF值被定义如下：涂抹2 mg/cm^{2}的防晒产品后，受保护皮肤上产生1 MED所需紫外线辐射量与未受保护皮肤上产生1 MED所需紫外线辐射量的比值[16]。

$$SPF=\frac{使用防晒产品的最小红斑剂量}{未使用防晒产品的最小红斑剂量}$$

目前，美国市场上的防晒产品都被要求明确标示SPF值。SPF后面的数字代表理论上涂抹防晒产品后，相较于不使用防晒措施时，所延长的在日光下暴露而皮肤不致晒伤的时间倍数。例如，如果在10 min后开始感到皮肤晒伤，那么使用SPF15的防晒产品后，理论上可获得150 min的防晒保护。然而，这只是理论上的简化理解，实际上，SPF值并不直接对应延长时间，主要关联的是紫外线照射的总量。尽管暴露时间与紫外线辐射量相关，但还包括其他多种因素的共同作用，部分因素列举如下。

- **地理位置**：靠近赤道的地区紫外线辐射最强。
- **海拔**：海拔越高，紫外线暴露量越大，因为大气层较薄而无法吸收紫外线。
- **季节变化**：随着太阳与地球之间夹角的变化，紫外线的强度会有所不同。在夏季，太阳照射角度更直，可导致更多的紫外线辐射。
- **白昼时段**：当太阳处于天空最高点的正午时，紫外线最强。一天中紫外线暴露量最大的时间段是上午10点至下午4点。
- **天气状况**：云层可以吸收紫外线，但即使在阴天也可能被晒伤。
- **反射效应**：某些表面（如雪地、沙滩和水面）可以反射紫外线辐射。因此，在这种环境下，紫外线暴露水平会更高[17]。

除日光本身的强度外，还有多种因素影响着消费者实际接触到的日光辐射量，其中包括：

- **皮肤类型**：在相同环境下，白皙的皮肤可能比深色皮肤吸收更多的日光辐射（参见第9章）。
- **涂抹防晒产品的量**也会影响皮肤吸收的紫外线辐射量。涂抹的防晒产品越多，穿透皮肤的紫外线辐射越少。SPF值有效性测试所使用的防晒产品标准涂抹量为2 mg/cm^2。但研究表明，在实际使用中，消费者通常仅使用所需量的20%～50%，以至于达不到标定的SPF使用效果[18-21]。
- 防晒产品的效果会随时间的推移而减弱，因此**定期补涂**是取得最佳防护效果的关键。体育活动、出汗和跑步可能会摩擦掉产品，甚至游泳也会导致防晒产品被冲洗掉。在上述情况下，需要更加频繁地重新涂抹防晒产品以保持防护效果。

你知道吗?

FDA对SPF测试的标准剂量为2 mg/cm^2，相当于约30 g防晒产品全面覆盖一位成年人的皮肤，包括手臂、腿部、颈部、耳和面部。对于普通体型的人而言，这一用量大致相当于一小玻璃杯（约1盎司，译者注：1盎司=29.54 mL）的防晒产品[22, 23]。

消费者常常疑惑，SPF值高的产品是否比SPF值低的产品能提供更好的防护。对此，可以从两个角度来理解SPF值与防护之间的关系（图15.3）。

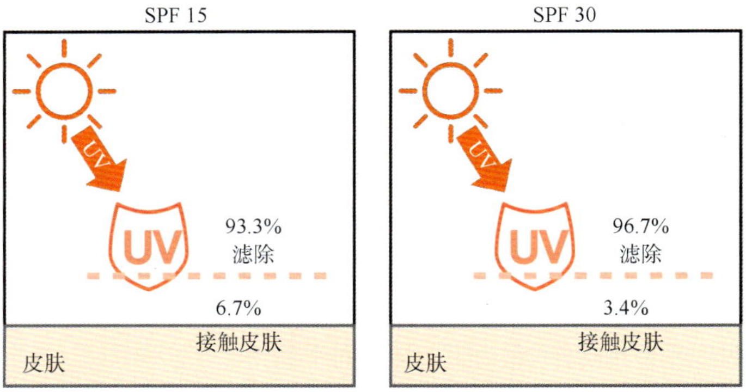

图15.3 SPF与防晒

（1）防晒产品的防护效果与SPF值之间并不是线性关系。具体而言，SPF15的产品能阻挡约93.3%的紫外线，SPF30的产品则能阻挡约96.7%的紫外线，而SPF50的产品能阻挡约98%的紫外线[24-26]。随着SPF值的增加，防护效果的差异会越来越小，甚至可忽略不计。

（2）实际到达皮肤的紫外线量是最关键的因素。在使用SPF15防晒产品的情况下，6.7%的紫外线可照射到皮肤上，而使用SPF30的防晒产品时只有3.3%能到达皮肤。以上情况表明，SPF30的防晒产品确实能够使到达皮肤的紫外线量减半，从而在理论上提供比SPF15更为有效的防护，帮助预防晒伤甚至皮肤癌的发生。

需要再次强调的是，上述计算都是基于正确涂抹足量防晒产品的前提。由于前文所述的各种原因，实际生活中的防护效果可能会有所差异。

15.2.4 广谱防护

❺“广谱防护”（broad spectrum protection）一词是指同时对UVA和UVB的防护。研究表明，即使使用较高SPF值的防晒产品也不能充分保护人体免受UVA辐射的影响，而UVA是导致光老化和皮肤癌的重要因素[27, 28]。因此，为了预防长期影响，需要对两种类型的紫外线均采取有效的防护措施。

截至目前，有关UVA测试和标签要求可参考2011年发布的防晒产品最终规定。通过该最终规定中概述的广谱测试的防晒产品可以标示为“广谱”。广谱测试是一项体外合格/

不合格测试，详细内容将在本章后续的功效测试部分中讨论。

2011年的最终规定明确了在产品标签上使用的说明，以表明该产品是否能防止皮肤老化和皮肤癌，或仅仅是用于防晒[29]。科学研究表明，使用SPF15或SPF值更高的广谱防晒产品，并配合其他皮肤保护措施（如穿戴防晒衣物），可以降低患皮肤癌和早期皮肤老化的风险。根据最终规定，SPF15及以上广谱防护防晒产品标签上可包含以下声明："有助于降低因日晒引起的皮肤癌和早期皮肤老化的风险"。然而，任何非广谱产品或SPF值低于15的防晒产品都必须在其包装标签上标明以下警示信息，以提示消费者关于晒伤的潜在风险："长时间日晒会增加皮肤癌和早期皮肤老化的风险。本产品仅被证明可帮助预防晒伤，并不能预防皮肤癌或早期皮肤老化"[29]。

15.2.5　防水性

出汗、游泳和其他涉水活动会摩擦和冲洗掉防晒产品，从而降低其功效。为了明确产品是否具备防水性（water resistance），防晒产品的最终规定包含了应该使用和可以在标签上使用的术语。此外，最终规定还明确了禁止使用的声明。根据FDA关于防晒产品的专题规定，产品可标示为"防水"（water resistant）或"高度防水"（very water resistant），具体取决于其在水中浸泡后能够保持所述SPF值的时间长度。实际时间长度会显示在使用说明上（参见第7章）。相关测试要求将在功效测试部分详细介绍。防晒产品需要定期重新涂抹以保持所宣称的防晒效果，尤其是在游泳或剧烈出汗后。标签上还必须包含重新涂抹产品的指示[29]。诸如"防晒产品""防水""防晒"等术语不允许在产品标签上使用，因为可能会误导消费者。目前，没有任何防晒产品是百分之百防水的，也没有任何防晒产品能够百分之百阻挡日光。此外，未经FDA批准，防晒产品不得声称能提供超过2 h的防护而不需重新涂抹，或者在涂抹后立即提供保护（如即时保护）。

15.3　紫外线辐射对人体的影响

紫外线辐射对人体健康具有积极和消极的双重影响。首先介绍其相关益处。

- 紫外线辐射的主要积极影响与人体皮肤中维生素D的合成密切相关，该过程主要由UVB催化。维生素D在骨骼健康、预防骨质疏松和软骨病方面发挥着重要作用[30]。此外，维生素D还会影响成年人的健康问题，帮助降低高血压患者的血压[31]，降低心血管疾病[32]的发病率和严重程度，降低2型糖尿病[33]和类风湿关节炎[34]的发病风险，并有助于预防牙齿脱落[35]。维生素D在降低多种癌症（包括结肠癌、乳腺癌、前列腺癌、卵巢癌，甚至最严重的皮肤癌——黑色素瘤）死亡率方面也发挥着重要作用[36-38]。对于大多数儿童和成年人而言，维生素D的主要来源是日光。这也带来了一个公共卫生层面上的难题，因为紫外线辐射同时也会诱引皮肤癌[39]。研究表明，有关日常日光暴露所产生的维生素D的量是否足以达到理想水平，结果仍存在争议。一些研究显示，即使使用防晒产品，皮肤仍能生成适量的维生素D[40]。而另一些研究则指出，许多人在一年中的大部分时间内维生素D水平不足，特别是冬季及之后的时间[41]。

- 此外，通过激光、灯具或相关设备组合形式进行的紫外线辐射，对某些其他疗法无效的皮肤疾病有所帮助。此类皮肤疾病包括银屑病（皮肤极度干燥）、湿疹，以及某些真菌性皮肤感染和痤疮[26, 42]。光疗法（phototherapy）是将患者定期暴露于严格监测剂量的紫外线辐射下，但这种方法并不能消除紫外线照射的负面影响。然而，医疗保健专业人士会严密监督治疗过程，以确保疗效获益大于风险[17]。
- 日光照射还有助于缓解季节性情感障碍患者的抑郁症状[43]。

无论是在户外还是室内，紫外线辐射暴露同样伴随着人体健康的潜在风险。

- 晒黑并不是健康的标志，而是皮肤受损的表现，该种损伤会累积并加速皮肤老化，同时增加罹患多种皮肤癌的风险[44, 45]。美国卫生与公众服务部（Department of Health and Human Services）和世界卫生组织（World Health Organization，WHO）均已确认紫外线是一种已被证实的人体致癌物[46, 47]。紫外线辐射被认为是非黑色素瘤皮肤癌（包括基底细胞癌和鳞状细胞癌）的主要原因。此外，紫外线辐射也是最致命皮肤癌——黑色素瘤的主要风险因素之一，特别是对于肤色较浅的人群[48, 49]。皮肤癌是美国最常见的癌症类型[50, 51]。根据目前的统计数据，在美国每天有超过9500人被诊断为皮肤癌，每小时有超过2人死于皮肤癌[50, 52, 53]。据目前的估计，1/5的美国人将在其一生中罹患皮肤癌[54, 55]。在分子水平上，紫外线辐射可导致DNA损伤，从而形成恶性细胞并引起免疫抑制[56]。
- 紫外线辐射还与各种眼病相关，包括白内障形成和视网膜退化[57]。
- 如前所述，紫外线辐射在皮肤老化、皱纹和晒斑等早衰现象中同样发挥着主导作用。
- 紫外线辐射导致位于表皮基底细胞层的黑色素细胞产生黑色素，黑色素是使皮肤变黑的色素。在探讨皮肤癌防治时，了解皮肤色素沉着与光防护之间的关联尤为重要。研究显示，黑色素通过作为物理屏障和吸收剂为皮肤提供天然防护，可有效对抗日光损伤[58]。然而，拥有白皙肤色的人群在日晒后生成的黑色素相对较少，无法提供足够的保护。因此，消费者需要采取额外的防护措施来防止日光对皮肤的损伤。黑色素作为一种天然防晒剂，其功效相当于SPF1.5～2.0，最高可达SPF4，这意味着其能吸收50%～75%的紫外线辐射。相较于白皙皮肤，深色皮肤含有更多黑色素，因而更能有效抵御紫外线引起的损伤[59]。对于非洲裔美国人，只有7.4%的UVB和17.5%的UVA能穿透皮肤表皮；而对于白种人，24%的UVB和55%的UVA会穿透皮肤表皮[60]。这是有色人种通常比同龄白种人显得更为年轻的原因之一。即便如此，有色人种仍需避免过度的日光暴晒。晒黑对健康有益的说法是具有误导性的，因为这可能让消费者误以为在晒黑的过程中可以获得足够的保护。然而，所产生的黑色素不足以有效过滤紫外线辐射。还应注意，无论是在户外还是在室内，紫外线诱发晒黑均会导致DNA损伤和细胞损伤，并可能导致光致癌作用[61, 62]。

你知道吗?

研究指出，UVA能够氧化黑色素，引发即时的皮肤变黑。而UVB则通过引起炎症反应，促使皮肤释放新的黑色素，并在约72 h内导致更持久的晒黑效果，其持续时间远超UVA所引起的晒黑。所有的黑色素生成都意味着DNA已经受到损伤，这是机体为保护皮肤免遭进一步损伤而进行的“不完美防护措施”。然而，反复暴露于紫外线下会造成积累性损伤，并最终可能导致皮肤癌[62]。

15.4 防晒产品的类型和定义

在日常生活中，人们无法避免地会暴露于日光之下，如果缺少适当的保护措施，日光照射会对皮肤造成短期或长期的损伤。❻实质上，防晒产品在美国属于非处方（OTC）药品，有助于预防各种皮肤问题，包括晒伤、皮肤老化和皮肤癌。除少数例外，晒后护理产品普遍被归类为化妆品。下文介绍不同类型的产品及其如何发挥作用。

防晒产品旨在阻挡太阳的有害射线，包括UVA和UVB辐射，其通过化学过滤和物理阻挡两种方式提供保护。市场上的防晒产品剂型多样，包括乳膏、乳液、棒状产品、湿巾、凝胶和气雾剂等。根据防晒产品的用途，可将其分为两大类。

- **主要防晒霜：**主要是为皮肤提供光防护的产品，如沙滩用防晒产品或户外活动用防晒产品。
- **次要防晒霜：**是指除皮肤防护外其他具有多重用途的产品，如日常保湿霜、抗老面霜和彩妆产品。对于此类产品而言，防晒是附加功能，而非其使用的主要目的。但是，此类产品也被视为具备OTC药品特性的化妆品，因其可提供光防护作用。

即便没有任何泛红迹象，也建议日晒后进行适当的皮肤护理。在日光暴露或其他形式的紫外线辐射后使用此类产品，有助于舒缓和滋润肌肤，带来清凉感，并缓解因晒伤引起的不适。具体产品形式包括乳液、面霜和凝胶等。

15.5 防晒产品的使用历史

防晒产品的使用可追溯至古代。在古埃及和中国，浅色皮肤常被认为比深色皮肤更美，这或许与户外劳动者因长时间暴晒而皮肤黝黑有关。相比之下，贵族阶层能够避免日晒并保持白皙的肌肤。因此，浅色皮肤作为一种高贵的象征，更加受欢迎。在早期时代，衣物是最主要的防晒方式。古埃及、美索不达米亚、中国和印度等地的人们使用伞来遮挡日光。在维多利亚时代，白皙的皮肤依旧是高雅与时尚的标志，而深色皮肤则暗示辛勤劳动和贫困。当时人们使用了多种物理防晒方式，包括油类、焦油、草药和植物提取物等，这些物质可能出于其他美容用途而被使用，但同时也起到了防晒的作用[63]。

直到19世纪，普遍观念认为晒伤是由热损伤引起的。1801年，约翰·里特（Johann

Ritter）发现了紫外线[64]。他正确地推测紫外线辐射会导致皮肤细胞发炎，并造成晒伤。1820年，埃弗拉德·霍姆（Everard Home）揭示了黑色素对皮肤的保护作用，并指出深色皮肤相较于浅色皮肤具有更好的防护能力[65]。20世纪20年代末，卡尔·艾尔汉·豪瑟（Karl Eilham Hausser）和威廉·瓦勒（Wilhelm Vahle）报道称晒伤是由特定波长的紫外线引起的，并意识到通过过滤紫外线可以保护皮肤，这促成了美国在1928年推出了一种含有水杨酸苄酯和肉桂酸苄酯的防晒产品[66]。20世纪30年代，法国欧莱雅（L'Oréal）创始人欧仁·舒莱尔（Eugene Schueller）推出了首款商业化的防晒产品——一种名为"Ambre Solaire"的防晒油[67]。20世纪40年代末，奥地利的弗朗茨·格雷特（Franz Greiter）开发了一款名为"Glacier Cream"的产品，用于保护登山时皮肤免受日光伤害[68]。同时期，美国佛罗里达州的本杰明·格林（Benjamin Green）发明了美国第一款防晒产品，他后来创立了"Coppertone"品牌。起初的防晒产品是一种称为"red vet pet"的红色果冻状物质，这是一种基于石油的兽医产品，该产品在第二次世界大战期间被广泛使用[69]。然而，其存在衣物染色且黏性较大等缺点。后来，本杰明·格林研发出了更适合消费者使用的防晒产品。

SPF值的概念是在20世纪60年代由弗朗茨·格赖特（Franz Greiter）提出的[70]。如今，SPF值已成为全球评价防晒产品效能的标准指标。1972年，FDA将防晒产品重新归类为OTC药品，并且标签要求更加严格[71]。然而，许多消费者仍然倾向于使用低SPF值的防晒乳液，而此类产品提供的紫外线防护效果相当有限。到了20世纪80年代，随着公众对日光伤害认识的加深，低效的防晒乳液逐渐淡出市场。近几十年来，行业不断革新，采用先进的成分技术开发出了新的剂型形式，不仅增强了防晒功能，还提升了产品的整体吸引力。如今，包括口红、面霜和护手霜在内的众多个人护理产品中都含有紫外线过滤剂。

15.6 防晒产品所需特性和消费者需求

除了努力开发稳定、高品质且安全的产品外，制剂研究人员在设计产品时还必须考虑消费者的需求。关键在于针对目标受众优化产品性能、外观和对目标受众的宣传，从而打造既高效又具吸引力的防晒产品。从消费者角度而言，一款优质的防晒产品应具备以下特点：

- 无异味且不黏腻。
- 对皮肤或衣物无染色。
- 使用过程中及使用后感觉舒适。
- 涂抹后迅速干燥且易吸收。
- 易于涂抹，覆盖均匀。
- 使用方便以鼓励消费者经常使用并提供可靠的防护。
- 安全性高、无毒、无刺激性和非致敏性。
- 防晒功效全面。
  - 有效防止UVB和UVA辐射；
  - 经过防水测试，适合多种活动场景；
  - 透明的质感，与肌肤自然融合。

- 预防日晒损伤。
  - 缓解晒伤带来的疼痛；
  - 滋润肌肤，带来舒缓感受；
  - 提供清凉感，减轻日晒引起的灼热。

15.7　防晒产品

防晒产品是专门设计用来提供紫外线防护的产品。防晒产品的有效成分通常被称为紫外线过滤剂，其会在产品标签上作为活性成分列出，并标注各自的含量百分比。防晒产品中的其他成分则被归类为非活性成分（参见第7章）。下文将探讨防晒产品中不同类型的成分及其作用。

15.7.1　紫外线过滤剂

❼根据其溶解性和作用机制，可将紫外线过滤剂分为两类：物理防晒剂［physical sunscreen，也称为物理紫外线过滤剂（physical UV filter）］和化学防晒剂［chemical sunscreen，也称为化学紫外线过滤剂（chemical UV filter）］。常见的防晒产品可能包含多种此类活性成分，既有物理过滤剂又有化学过滤剂，以达到所需的SPF值和广谱防护效果。但值得注意的是，OTC专论对成分的组合和浓度设有明确的限制。

15.7.1.1　物理紫外线过滤剂

物理紫外线过滤剂，也称为无机紫外线过滤剂（inorganic UV filter），可吸收、反射和散射紫外线辐射［图15.4（a）］[72, 73]。在美国有两种获批的物理紫外线过滤剂：二氧化钛（TiO_2）和氧化锌（ZnO）。这两种成分均为不溶于防晒产品基质的白色粉末，在产品中呈悬浮状态。物理紫外线过滤剂只能穿透皮肤的外层，即表皮层[74]，因此具有良好的安全性。此外，物理紫外线过滤剂还具有良好的光稳定性，其能同时吸收、反射和散射UVA和UVB辐射，从而提供广谱防护，其中TiO_2提供UVB和UVA Ⅱ辐射防护，而ZnO则可提供UVB、UVA Ⅱ和UVA Ⅰ辐射提供防护[75]。

物理紫外线过滤剂常规粒径存在的主要问题是会将紫外线辐射反射和散射到可见光（＞400 nm）中，使皮肤在使用后呈现白色外观，通常称为“白斑”。这可能会影响防晒产品的外观吸引力，进而降低消费者的使用意愿和频次。为了减少白斑，可通过减小TiO_2和ZnO的粒径来调整反射光谱。粒径越小，对可见光谱的反射就越少，从而减轻白色残留的程度。因此，如今常见的TiO_2和ZnO会被微粉化（即粒径小于100 nm），以此改善产品使用后的视觉外观。微小颗粒的另一个优势是其在皮肤上更具舒适感。然而，需要强调的是：粒径尺寸减小会导致无机防晒剂的紫外线防护谱向UVB范围偏移，从而使紫外线防护效果失衡[76, 77]。通过结合不同粒径大小的纳米级和微米级颗粒可以提高保护范围。此外，无机过滤剂通常与有机过滤剂结合使用，以在保持良好外观的同时提供广谱防护。

15.7.1.2 化学紫外线过滤剂

化学紫外线过滤剂，亦称为有机紫外线过滤剂（organic UV filter），通常为芳香族化合物，其分子结构可吸收紫外线能量。有机过滤剂在吸收紫外线时，会激发防晒成分达到更高能态。随后，它们返回到基态并将所吸收的能量转化为更长、能量更低的形式，即热能（图15.4）[78]。目前，美国已经批准了14种有机防晒成分，但只有大约一半成分是常用的。常见的有机UVB过滤剂包括甘油辛酸酯、壬基水杨酸酯和羟基苯甲酸酯；最常用的UVA过滤剂是阿伏苯宗（avobenzone）。为了达到所需的广谱防护效果，有机过滤剂通常会相互结合使用。根据防晒产品的OTC专论，其必须具备不低于活性防晒成分种类数乘以2的最低SPF值[79]。

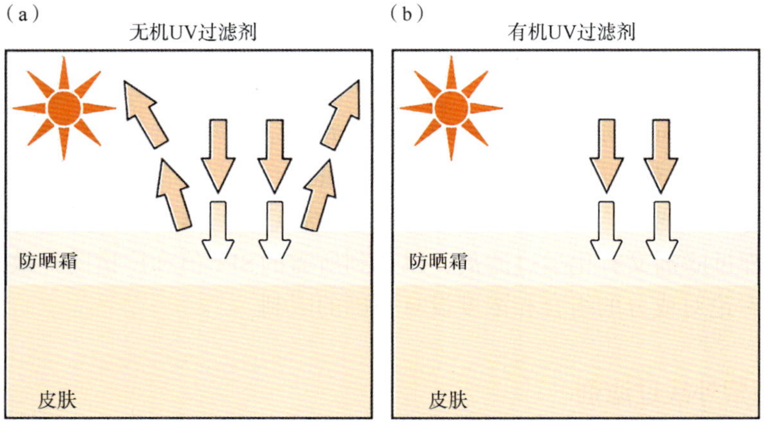

图15.4 两种UV过滤剂的工作原理。(a) 物理防晒霜；(b) 化学防晒霜

> **你知道吗?**
>
> “化学”过滤剂这一名称可能有一定误导性，可能让人误以为无机紫外线过滤剂是“非化学物质”。从化学视角来看，所有紫外线过滤剂，甚至实际上用于任何化妆品和个人护理产品中的成分都属于化学物质，都是由具有特定化学结构的化学分子组成。

大多数有机过滤剂是脂溶性的，在皮肤上会产生一种油腻感。虽然该油腻特性可提供一定程度的防水性，但通常不受消费者欢迎。为此，制剂研究员可使用多种感官成分来减轻令人不愉快的油腻感。由于有机过滤剂具有亲脂性，可以渗透皮肤，这引发了消费者对使用有机防晒产品安全性问题的担忧[80, 81]。此外，多数有机紫外线过滤剂面临光稳定性的挑战。在紫外线辐射下，紫外线过滤剂的分子结构可能受到破坏或发生变化，失去吸收能力而无法返回至稳定的基态。因此，大多数制剂均含有光稳定剂（photostabilizer）（参见15.7.2“其他防晒成分”部分）。

如前所述，无机和有机紫外线过滤剂常结合使用以提供最佳的光保护。无机紫外线过滤剂在日光照射下是稳定的。然而，金属氧化物在紫外线照射后可能产生自由基，进而降解有机过滤剂。因此，当将有机和无机过滤剂联用时，应使用经表面处理的无机过滤剂（如硅胶包覆、铝包覆或硅包覆的二氧化钛或氧化锌），经表面处理的金属氧化物无机紫外线过滤剂的反应活性降低[76]。

15.7.2 其他防晒成分

防晒产品中含有的非活性成分通常取决于剂型。载体的极性和溶解度特性决定了所使用紫外线过滤剂的种类。以下是最常用的防晒成分类型。

- **防水剂（waterproofing agent）：** 被添加至防晒产品中，以增强其防水性能，并使产品能耐受汗水、海水或游泳池水。紫外线过滤剂的选择亦对产品的防水性能具有重要影响。防水剂的常见实例为硅油类（如二甲基硅油350、环甲基硅油及二甲基硅油/三甲基硅油）物质。硅油类成分抗渗透性强、易于涂抹，并可在皮肤表面形成一层薄且均匀的防水膜。此外，聚合物薄膜剂作为防水剂受到了越来越多的关注。与发胶中发现的薄膜形成剂密切相关的烷化聚乙烯吡咯烷酮（polyvinylpyrrolidone，PVP）也可用于防水。
- **光稳定剂：** 作用是保护有机紫外线过滤剂免受紫外线照射而降解。如前所述，某些化学过滤剂对紫外线辐射极为敏感，结构可能会发生显著变化。光稳定剂可通过化学键稳定紫外线过滤剂，或加速对紫外线能量的释放，从而减少甚至消除不必要的化学反应[82]。光稳定剂的常见实例包括用于阿伏苯宗的奥克立林（octocrylene）、聚酯-8，以及二乙基己基-2, 6-萘二甲酸酯等。
- **润肤剂：** 亲脂性成分，由于其不易被水冲洗掉，有效地提升了产品的抗水性能，还常作为亲脂性有机防晒产品的溶剂。紫外线过滤剂的最大吸收波长可根据紫外线过滤剂和溶剂的极性，在更长或更短的波长范围内调整。这种转变对于制剂的影响可能是双向的，既有可能增强也有可能减弱其防护效果[83, 84]。润肤剂的常见实例包括矿物油、$C_{12\sim15}$烷基苯甲酸酯、异丙醇肉豆蔻酸酯、棕榈酸乙基己基和二甲基硅氧烷。
- **水：** 作为基本载体，广泛应用于水基乳液（O/W型或W/O型）和凝胶产品中。水不仅可作为各种水溶性成分的溶剂，而且对于制剂中的活性和非活性成分也具有重要的溶解作用。在气雾产品中，通常使用乙醇作为溶剂。
- **乳化剂：** 通常为产品提供适当的稳定性和质地。此外，乳化剂可增加黏度。消费者通常更喜欢O/W型乳液，主要是因为其赋予皮肤更为舒适和清爽的感觉。O/W型乳化剂的常见实例包括非离子型乳化剂（如硬脂酸甘油酯、PEG-100硬脂酸酯、十六烷基醇），通常也会添加少量阴离子型乳化剂（如磷酸十六烷基钾）以增强无机紫外线过滤剂的稳定性。W/O型乳化剂的一个典型实例是聚甘油-2二聚羟基硬脂酸酯。
- **增稠剂：** 在制剂中起着流变改性剂的作用，会影响防晒产品的使用、涂抹性和功效。增稠剂常见实例包括亲水性增稠剂（如卡波姆、纤维素衍生物、黄原胶等天然或合成胶体），以及其他聚合物（如丙烯酸酯/$C_{10\sim30}$烷基丙烯酸酯交联聚合物）。此外，脂溶性增稠剂（如蜡质）也常用于防晒产品中，二氧化硅和黏土也可以用作增稠剂。

- **成膜成分（film-forming ingredient）**：在涂抹和干燥过程中有助于在皮肤表面形成均匀的薄膜，从而实现更高的SPF值[85]。因此，此类成膜剂常被称为“SPF增强剂”。其常见实例包括水解小麦蛋白/PVP交联聚合物、VP/十六烯共聚物、聚酯-7、二甲基硅氧烷聚丙烯酸酯和丙烯酸酯/辛基丙烯酰胺共聚物等。
- **保湿剂**：可为皮肤提供水分，并帮助在水中分散亲水性增稠剂（如甘油、丙二醇和丙烯醇）。
- **抗氧化剂（antioxidant）**：可防止UVA辐射引起的损害（如皮肤老化），因为在更深层的皮肤中会因为紫外线辐射而产生自由基。虽然人体具有对抗活性氧的天然抗氧化防御系统，但当面临过多的氧化应激时，内源性系统很快就会不堪重负。因此，可以将抗氧化剂添加至防晒产品中以防止氧化反应，但其具体效果在业界尚未完全达成共识[86]。抗氧化剂的常见实例包括维生素E和维生素C。此外，抗氧化剂可以减缓产品中的氧化反应并延长其保质期。
- **防腐剂**：对于含水制剂是必需的。其常见实例包括对羟基苯甲酸酯、苄醇、氯代异噻唑啉酮、异噻唑啉酮和苯氧乙醇等。
- **螯合剂**：通过与金属离子结合形成稳定的络合物，有利于产品的稳定性。螯合剂的常见实例包括乙二胺四乙酸（EDTA）及其衍生物。
- **推进剂**：是气雾剂的必要成分，通过产生压力将内容物从罐体中喷出，使防晒产品等能够以雾状形式均匀分布。推进剂的常见实例包括异丁烷和二甲醚。
- **感官成分（sensory ingredient）**：也可被添加至防晒产品中，以改善肌肤触感和外观。其常见实例包括尼龙基粉末、硅粉和硅胶等。
- **其他功能性成分**：pH调节剂（中和剂）用以调整产品的酸碱度至适宜范围，确保产品的温和性和稳定性。pH调节剂的常见实例包括柠檬酸、三乙醇胺。为了提升产品的愉悦度，还会添加香精和着色剂来赋予产品宜人的香气和色彩。在某些情况下，TiO_2可以作为不透明剂使用，以提供更好的遮盖效果，但随着其颗粒尺寸的减小，这种效果会有所减弱。天然成分（如尿囊素、芦荟、泛醇和维生素）也可以添加到制剂中。

15.7.3 光防护增强技术和消费者接受度

目前，化妆品行业的一大趋势是在保持高SPF值和广谱防护的同时，减少紫外线过滤剂的使用量。这一趋势背后的原因是多方面的：过多的紫外线过滤剂常常会导致不理想的肤感，还会引起制剂稳定性问题。此外，消费者对紫外线过滤剂潜在风险的关注日益增加，经济因素的考量也促进了该趋势的发展。❸ 为了使用较少的紫外线过滤剂而实现高效的光防护，各种光防护增强技术应运而生。下文将深入探讨制剂研究人员可采取的光防护增强策略，以提升产品性能并满足市场需求。

首先探讨哪些参数有助于实现更好的防晒产品性能。无论选择的是物理紫外线过滤剂还是化学紫外线过滤剂，其必须均匀地分散或溶解在防晒产品基质中。涂抹在皮肤上的防晒产品需要形成一层无孔隙的均匀保护膜，以确保所有区域都受到同等防护，避免因防护不均而导致晒伤（图 15.5）。黏稠度较高的产品倾向于形成厚重的薄膜，从而提供更高层次的防护。下文介绍了制备性能良好防晒产品的具体方法。

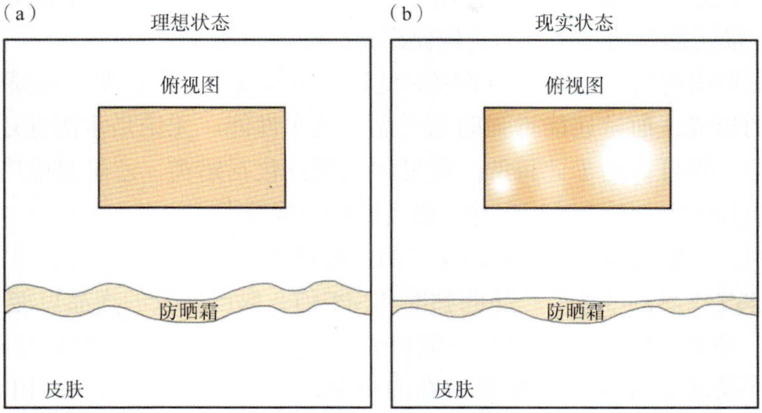

图 15.5 防晒产品在皮肤上的分布。（a）理想状态；（b）现实状态

有几种常用的策略可用于制备具有高 SPF 和广谱防护的防晒产品，以预防紫外线辐射的短期和长期影响。虽然结合各种紫外线过滤剂以实现更好的紫外线防护似乎是合理的，但活性成分并不是唯一能够改变产品性质的成分。非活性成分（即化妆品成分）在优化制剂以提高功效和消费者接受度方面，同样发挥着重要作用。此外，开发和销售新的化妆品基质相比紫外线过滤剂要容易得多，因为紫外线过滤剂通常需要经 FDA 的严格批准。以下是常用策略的概述。

- 单纯 UVB 防护不足以提供全面的保护皮肤，因此，UVB 过滤剂应与 UVA 过滤剂结合使用，以实现最佳防护效果。结合物理和化学紫外线过滤剂，能够更有效地覆盖 UVB/UVA 光谱，从而实现广谱防护。将防护范围扩展到 UVA 区域，不仅能增强对 UVA 的防护，还有助于增强 SPF 值。
- 紫外线过滤剂可分为亲水型和亲脂型，两者联用时能够产生显著的协同效应。该特性可有效提高对 UVB 和 UVA 辐射的防护功效[87]。此外，由于大多数防晒制剂都是基于乳液体系的，即使产品在皮肤表面的分布不够均匀，双相活性成分的存在也能显著改善整体的防护效果。
- 有机和无机紫外线过滤剂的结合策略优势较多。根据每种成分的 SPF 值，将微粉化的 TiO_2 与有机紫外线过滤剂相结合，通常能提供超预期的 UVB 防护效果。研究表明，无机过滤剂在皮肤上形成的薄层通过散射光线增加了紫外线辐射的光程长度，并为有机过滤剂对紫外线的吸收提供了更多机会[20]。
- 类似于无机过滤剂能够延长紫外线辐射的光程长度，具有散射特性的非紫外线过滤剂固体颗粒也可用于此目的。市面上有一种作为紫外线性能增强剂的聚合物微球[88]。
- 在所有含有化学过滤剂的制剂中，添加光稳定剂以防止光降解是非常重要的。如前所述，许多化学过滤剂（如氧苯酮）对紫外线辐射极为敏感。光稳定剂可以通过接受激发态能量来淬灭有机过滤剂的激发态，从而使吸收了紫外线的分子恢复至基态[89]。

- 产品中活性成分的均匀分布同样至关重要。能够均匀溶解和分散紫外线过滤剂的载体可以增强整体的防晒效果，提供对皮肤的均匀覆盖，从而更好地防止晒伤[90]。不溶性无机紫外线过滤剂颗粒会悬浮在制剂中。流变学改性剂在提供适当黏度和保持不溶性颗粒悬浮方面具有关键作用。在理想情况下，产品的黏度应便于涂抹，防止产品在皮肤上滴落或过度流动，确保涂抹后的均匀覆盖。
- 在皮肤上形成均匀且连续的防晒膜对良好的防晒效果至关重要。成膜剂可以改善皮肤上膜的形成，通常还能增强防晒产品的抗水性能。无论是水溶性还是脂溶性/分散性成分，都可以用于此目的。常见的成膜剂包括蜡类、乙烯基吡咯烷酮衍生物、丙烯酸酯共聚物、马来酸衍生物，以及硅酮类成分[91]。
- 研究表明，产品类型显著影响防晒产品在皮肤上的厚度和均匀性。乳霜类产品中含有流变学改性剂，可增加产品的黏度和SPF值。黏度较低的产品可能会聚集在皮肤纹理处，导致防晒膜不均匀并降低SPF值[92]。通常情况下，W/O型面霜外相为油相，紫外线过滤剂通常分散/溶解在油相中，形成的膜更加均匀。相比之下，在O/W型防晒产品中，亲脂性紫外线过滤剂存在于油滴中，这种结构可能会阻碍紫外线过滤剂在皮肤表面的均匀分布[92, 93]。

15.7.4 产品形式

防晒产品具有多种产品形式，包括O/W型或W/O型乳剂、气雾剂、湿巾、凝胶及无水体系（如棒状和油状防晒产品）。

- **乳剂**是最受消费者欢迎的防晒产品形式，其提供多种质地，包括可喷涂的乳液、较厚重的乳液和面霜产品。乳剂的一个优点是可以将脂溶性和水溶性成分都融入其中。O/W型乳剂通常更受欢迎，其在皮肤上的触感更愉悦，美容效果更好，并且生产成本相对较低。此外，乳剂具有良好的延展性，能够均匀地覆盖在皮肤上，外观平滑，SPF值波动较小，并且涂抹厚度也更为理想[94]。相比之下，W/O型乳剂更油腻和黏稠，但防护效果更佳。此外，由于其外相为油相，W/O型乳剂具备更高的防水性能[95]。低黏度乳剂还可被装填至非气溶胶喷雾容器中，使用起来更加便捷和舒适。
- **气雾剂喷雾型防晒产品**也很受欢迎。多方位喷嘴可以快速、方便地涂抹在相对较大的身体区域，即使是难以触及的部位也可以更容易地覆盖。但是，一个常见问题是气雾剂的使用量远低于FDA推荐的量[96]。喷雾型防晒产品需均匀地涂抹在皮肤上，并在涂抹后进行轻轻揉搓以确保充分吸收（而不仅仅是喷在皮肤上）。有消费者在火源附近使用气雾剂时导致严重的烧伤，因此，消费者开始关注防晒产品的安全使用问题。尽管气雾剂被认为是一种安全的产品形式，但消费者在使用产品前应仔细阅读标签，并在使用时采取预防措施。气雾剂通常含有醇类可溶性有机紫外线过滤剂。由于物理防晒产品不溶于醇类，通常不会被配制成气雾剂，否则会堵塞阀门。气雾剂通常含成膜剂以确保在皮肤上形成均匀的保护膜。
- **棒状防晒产品**（stick sunscreen product）常被设计为口红、唇膏和婴儿产品，适用于较小面积区域。将其用于较大面积的身体部位（如成人腿部或背部）可能会非常耗时。由于其无水性质，棒状产品具有良好的防水性和较好的防护效果，但生产成本相对较高。棒材的熔点及其在皮肤上的表现主要取决于所选用的蜡质材料。通过调整润肤剂的含量和种类可以降低熔点，但在高温环境下仍需保持适当的硬度，以保证使用时的便捷性和舒适度。

- 多年前，当时许多人偏爱使用低SPF值产品，并希望获得深色肤色，**油性防晒产品**（oil sunscreen product）因此非常受欢迎。如今，市场上已经推出了高SPF值的油性防晒产品，但因其油腻感，受欢迎程度低于其他剂型。此外，相比于水基产品，油性防晒产品的价格更高昂。
- **凝胶产品**具有良好肌肤触感和迅速吸收的特点，但实现防水性能是相当困难的。此外，可用于该剂型的活性成分有限。如果在制剂中使用酒精，会导致刺激性。
- **凝胶霜**（creamgel）和**凝胶膏**（gel cream）因其轻盈的肤感而逐渐成为受欢迎的产品形式。凝胶霜是乳剂，其水相中含有大量胶凝剂，涂抹时具有类似凝胶的肤感，并带来一种清凉感。
- 最新一种防晒产品形式是**湿巾**（类似于湿面巾）。此类湿巾由制造商预先浸湿，制剂研究人员可以在湿巾中添加润肤剂和其他保湿剂，以提供额外的益处。
- **含有紫外线过滤剂的彩妆产品**，如粉底液、蜜粉、BB霜和CC霜，为女性提供了便捷的面部防晒和遮瑕方案[78]。

目前，FDA认为，防晒油、面霜、乳液、凝胶、膏体、棒状剂型和气雾剂等多种形式的防晒产品，有可能被纳入OTC防晒产品专论。换言之，相关防晒产品可以在无单品审批的情况下在市场上销售。但是，湿巾、擦拭纸巾、爽身粉、沐浴露和洗发水等产品不符合专论要求，因此，申请未经批准不允许上市[97]。

值得强调的是专为婴儿配制的产品（参见第27章）。婴儿皮肤比成人更为敏感，成分能够以更高的浓度和更快的速度渗透进婴儿的皮肤。因此，6个月以下的婴儿应避免日光暴露，并且不应在其皮肤上使用防晒产品。对其而言，最佳的防晒措施是尽量待在阴凉处，并穿长袖衣服、长裤，戴宽檐帽和太阳镜。对于6个月以上的婴儿，可使用婴儿专用防晒产品保护其皮肤免受日光伤害。相关产品通常类似于成人制剂，但一般不含香精，以降低刺激和过敏风险。此外，使用物理防晒产品也可将刺激和过敏风险降至最低，因为该类防晒产品不会渗透到活细胞层中[98]。为婴儿设计的产品应具有高SPF值和防水性能。此外，考虑到婴儿皮肤更容易流失水分，因此制剂应具有额外的保湿作用，以加强皮肤屏障的保护功能[99]。婴儿防晒产品包括多种产品形式，包括气雾剂、乳霜、润肤露、泵式喷雾器和棒状剂型。

? 你知道吗?

阿伏苯宗是美国防晒产品制造商广泛使用的唯一化学UVA过滤剂。但是，该种分子本身不稳定，紫外线照射1 h后，其过滤能力将会损失近50%[100]。此外，在防晒产品中加入其他成分，会加速阿伏苯宗及某些UVB过滤剂的降解。因此，在制剂中加入光稳定剂是极其重要的。

15.7.5 防晒产品的制剂设计

乳剂的配制应遵循标准的乳化工艺。确保不溶性无机过滤剂在产品中均匀分散至关重要，这不仅关乎产品的有效性，也影响其美观度。凝胶制剂也应该遵循一般的凝胶制备工艺，通常从水合增稠剂开始。棒状剂型的成型工艺将在第20章进行详述。类似地，相关产品的制备可参阅第20～23章。防晒湿巾是浸泡在防晒乳液或溶液中的织物，其制备工艺与面部湿巾类似。

气溶胶具有高度的易燃性和潜在易爆性，必须在防爆区域使用特殊设备进行生产。首先，将产品浓缩物按制剂设计进行配制，然后使用一种称为“压力填充”（pressure filling）的特殊技术将其与推进剂一起填充至罐体中[101]。在此过程中，先将产品浓缩液注入罐体内，然后插入并卡紧阀门。最后，在阀门密封后，通过阀孔在高压下将液化推进剂强制注入罐内。罐体内的空气可通过抽真空或用少量推进剂蒸气置换的方法排出。填充操作完成后，需要对阀门进行适当的功能测试[102]。

15.8 晒后护理产品

晒后护理产品也被称为晒伤修复产品，用于滋润、保湿和舒缓因紫外线照射而引发的炎症、泛红及晒伤的皮肤。即使没有发生明显的晒伤，暴露在紫外线辐射下的皮肤也需要护理，包括舒缓、平滑与保湿。

15.8.1 晒伤

❾尽管许多人认为晒黑是健康的表现，但实际上即使没有出现泛红，任何程度的晒黑都是皮肤受损的表现。晒伤是由过度暴露于紫外线辐射而引起的急性炎症反应。紫外线辐射可能有多种来源，包括日光、日光浴床和光疗设备等[9]。晒伤通常被归类为表浅或一度烧伤，可能引发各种体征和症状，如压痛、触摸时轻度疼痛、瘙痒及泛红，并可能伴随脱屑现象[103]。更严重的情况是可能进展至皮肤水肿甚至水疱。研究表明，早年经历多次重度晒伤会显著增加晚年罹患黑色素瘤和其他类型皮肤癌的风险。

? 你知道吗?

1988年，仅有1%的美国成年人使用室内美黑设施。到2007年，该比例已增至27%[55]。与此同时，许多美黑设备采用了功率更强的紫外线灯。这些数据表明，数以千计的人群在未来罹患皮肤癌的风险增加，这将成为潜在公共卫生问题[104]。

15.8.2 晒后的皮肤护理

在日光照射后，皮肤保湿对帮助皮肤保持或恢复其健康状态至关重要。治疗晒伤皮肤的第一步通常是用清水和温和的清洁剂清洁皮肤，以去除任何残留物、汗水和污垢。然后进行保湿护理。大多数晒后护理产品为凝胶和O/W型乳剂，如含有保湿剂、抗炎剂和抗氧化剂的乳液、面霜或喷雾。凝胶因其高含水量，具有即刻清凉效果。下文总结了晒后护理产品的主要功能性成分。

- **舒缓和抗炎成分：**能减轻疼痛、红肿和灼烧感。典型成分包括甘菊蓝、甜没药醇、尿囊素、芦荟提取物和泛醇。金缕梅是一种常用的收敛剂和抗炎剂。如果使用局部镇痛药［如利多卡因（lidocaine）］，则相关产品在美国被归为OTC药物。
- **冷却剂：**如薄荷醇、桉树提取物和酒精，能即时提供清凉感，能在短时间内舒缓晒伤皮肤的灼烧感和紧绷感。
- **抗氧化剂：**有助于补充皮肤中因日晒而耗尽的抗氧化物质，并加强角质层的抗氧化防御能力。其常见实例包括维生素E、维生素A、绿茶提取物和石榴提取物等天然成分。
- **保湿剂：**通过维持水分含量来补充日晒后流失的水分，从而改善皮肤的弹性和干燥问题。使用适当的保湿剂还能预防或延缓晒后皮肤脱屑和剥落等不美观的现象。其主要成分类型包括保湿剂和润肤剂。

在制剂生产过程中，应遵循乳液和凝胶制剂的一般工艺。

15.9　防晒产品的典型质量问题

❿防晒产品和晒后护理产品的典型质量问题包括阀门堵塞、乳剂分层、微生物污染、产品结块及酸败。在之前章节中已讨论过的问题，此处不再赘述[10]。

15.9.1　阀门堵塞

气雾剂产品可能会发生阀门堵塞问题，即无法按压阀门释放产品。如前所述，气雾剂防晒产品是醇基产品，其中的化学过滤剂是可溶性的。阀门堵塞可能由多种原因引起，包括成膜剂的类型或用量不当，推进剂的类型或用量不当，制剂与推进剂之间的不相容性，制剂与气雾剂罐中的塑料组件之间发生反应，或是阀门和喷嘴设计不匹配。此类质量问题可以通过仔细控制制剂与容器组件的兼容性来解决。

15.10　防晒产品的评价

15.10.1　常规检测的质量参数

⓫常用于评价防晒产品质量的参数包括喷雾特性、气雾罐泄漏、气雾剂产品的驱动力和压力测试、闪点、涂抹性、挤压性、质地和坚实度，棒状产品的硬度、断裂强度、熔

点、软化点、滴点、涂抹量、滑动性，防腐剂效果，黏度、密度和比重，pH及稳定性。在之前章节中讨论过的测试，此处不再赘述。

15.10.1.1 喷雾特性

喷雾最重要的特性包括喷射速率（spray rate）、喷射模式和液滴大小。

- **喷射速率**又称为气溶胶排放速率，通常是通过检测随时间的重量减少来确定的。该测试测量给定时间内释放的产品重量。在进行测试之前，先精确称量气溶胶容器的重量，作为初始重量。然后，使用标准装置以恒定速率喷出产品，在给定时间内进行操作。通过重新称重容器，计算每单位时间的质量变化（喷射速率），并以g/s来表示。
- **喷射模式**是指防晒喷雾产品喷洒到皮肤上的覆盖区域（图15.6）。可以使用对酒精敏感的纸张来测试该参数（大多数气溶胶防晒产品以酒精为基质）。当喷雾的液滴落在纸上时，会引起颜色变化（染色）。染色的形状和直径反映了喷雾的分布模式。通常，在纸上观察到一个均匀的圆形印记[图15.6（a）]。而其他形状[图15.6（b）（c）（d）]，如中空锥形或喷向任何方向的平面流，都是不符合要求的。

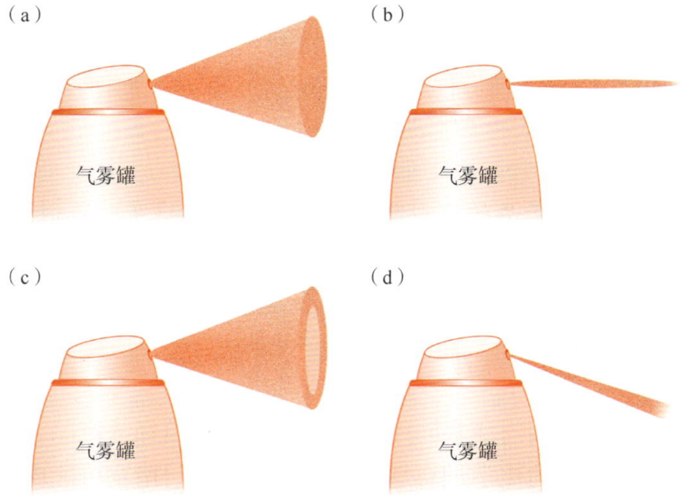

图15.6 气溶胶喷雾的各种喷射模式。（a）正常喷雾模式；（b）（c）（d）异常喷雾模式

- 喷雾防晒液滴是在将产品从罐体中喷出后，随着推进剂的膨胀迅速蒸发而形成的。**液滴大小**受罐内压力、喷雾器类型和制剂物理特性的影响。雾化过程中产生的颗粒大小分布直接影响干燥速率及涂抹后皮肤上形成的实际液滴情况。常用技术是激光衍射法，可用于确定气雾剂的液滴大小及其分布。液滴大小的测量基于粒子（即液滴）对光的散射原理。通过测量不同角度的散射光强度，可得出液滴大小的分布。

15.10.1.2 气雾罐泄漏

泄漏测试是所有气雾罐必须开展的基本测试。其中一种常见的测试方法是浸入法，将充满产品的气雾罐完全浸入冷水或热水中，并检查是否产生气泡。该测试通常在可能导致罐体爆炸、对操作人员或设备造成安全风险的条件下进行。《美国药典》（USP）描述了一种方法，即通过测量和记录充装后气雾罐重量。该方法仅适用于配有连续阀门的局部气雾剂，并应在3天内重新测试重量，通过公式计算泄漏量[102]。

15.10.1.3　气雾罐的驱动力

驱动力测试能够检测从气雾罐中释放防晒产品所需的力。图 15.7 显示了用于测试的设备。测试驱动力对于确定消费者是否能够通过按下喷雾按钮以将产品从容器中释放是很重要的。因此，此测试可模拟实际使用情况，有助于模拟实际使用场景并评估潜在使用问题。

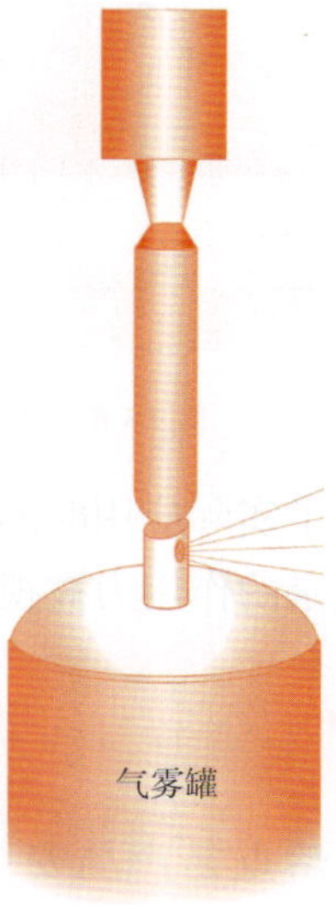

图 15.7　气雾罐驱动力测试

15.10.1.4　压力测试

气雾罐的压力可通过多种方法进行测试，其中一种方法是将容器置于热水中，于测试时间内模拟罐体在55 ℃水中时的罐内压状态。如果内装物对热敏感，浴槽的温度必须设定在20～30 ℃，且每2000个容器中必须选择1个在较高温度下进行测试。试验过程中，容器不得发生泄漏或永久变形[105]。

15.10.1.5　闪点

对于确保加压和非加压的易燃产品（如含酒精产品、指甲油和香精产品）在储存和运输过程中的安全性，闪点测试至关重要。闪点是指易燃产品挥发的蒸气与空气混合形成可燃混合物的最低温度，这种混合物暴露于引火源（如火焰或火花）时会被引燃[106]。成分的挥发性越强，其闪点越低；反之，挥发性越弱，闪点则越高。常用的闪点测试方法包括开杯法（open cup method）和闭杯法（closed cup method）。在测试过程中，将液体样品置于样品支架中，并以恒定速度加热。点火源会被定期引入容器，以判定其闪点。

15.10.1.6　棒材硬度测试

防晒棒的硬度取决于成分的类型和比例。其中，蜡质成分对于光泽度、结构坚固性，以及产品成型和触感至关重要。不同蜡质材料在硬度和熔点上有所区别，调整制剂成分和蜡质含量成为评价和控制产品质量的关键步骤，有助于确认所选蜡质是否能满足生产需求。通常使用ASTM标准测试方法中的穿透测试进行检测[107]。如图 15.8 所示，穿透针包含一个金属针探头，用于穿透产品。具体测试方法有两种：①在一定时间内（如5 s）施

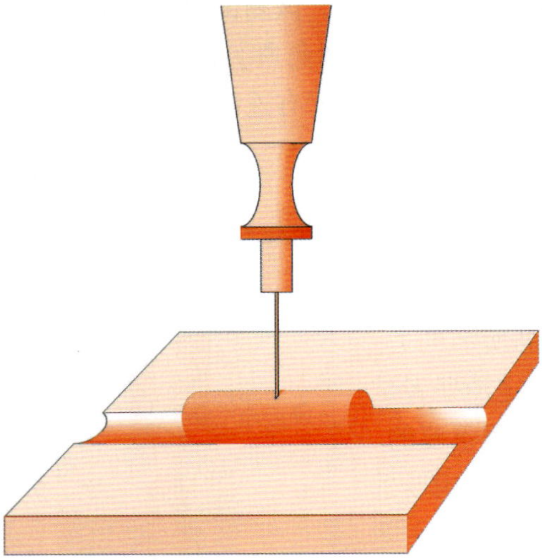

图 15.8　棒材硬度测试

加指定的力来确定穿透深度；②测试当探针穿透至预定深度（如 5 mm）时所需的力。该测试可以监测棒材在运输和储存过程中可能经历的各种温度条件下的硬度变化。除了确定棒材的硬度外，该测试还可揭示产品内部是否存在不必要的气泡或“颗粒状”质地。

15.10.1.7　棒材的断裂强度

棒材的断裂强度（stick break strength）是在使用过程中不发生弯曲、破碎、破裂或断裂的特性。在评价此特性时，采用的测试方法，利用半球形刀刃模拟实际使用中的弯曲应力来引发断裂（图 15.9）。测试中，棒材被水平放置，模拟了实际应用时的受力作用。探针以恒定速度下移至预设距离，直至棒材发生断裂，此时记录的作用力被视为棒材的断裂强度。断裂强度通常用来表征产品的坚固程度或硬度。

15.10.1.8　棒材和蜡质的熔融峰值

熔点是产品安全储存的温度极限，主要由制剂中蜡质的比例和种类决定。熔点是指在1个标准大气压下，物质从固态转变为液态的温度。然而，蜡质及其衍生产品不会在单一温度下完全熔化，而是随着温度的上升逐渐从固态开始液化，并在某一温度下完全液化。因此，在报告中通常会提及熔融范围和熔融峰值（melting peak）。熔融峰值温度是指在物质熔化过程中吸收能量的最大值。

图 15.9　棒材的断裂强度测试

熔融峰值可以通过毛细管法测定，该方法是将少量样品置入薄壁熔点毛细管中，填充深度大约为1 mm。随后，将毛细管置入毛细管装置中，并逐渐加热样品。首次看到液体出现的温度是熔点范围的下限，最后一块固体消失的温度是熔点范围的上限（图 15.10）。虽然熔点仪很常用，但其数值往往不够精确且重复性差。另一种选择是使用差示扫描量热法（differential scanning calorimetry，DSC），这是一种更精确的方法。DSC 不仅能精确测定样品的熔融特性，还可以检测样品可能发生的其他变化，如玻璃化转变和分解等。

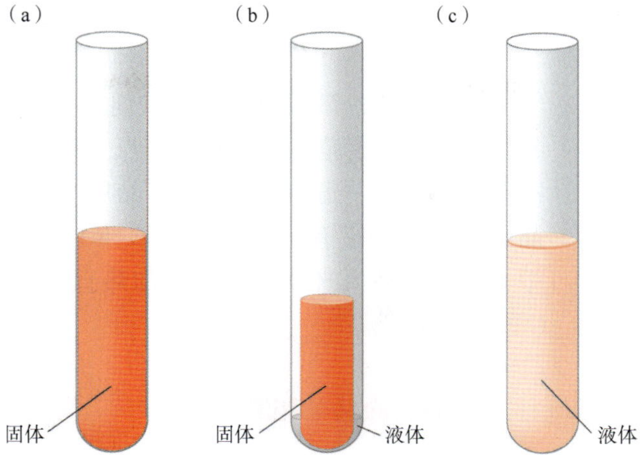

图 15.10　蜡质熔解过程。(a)样品完全固化；(b)样品开始熔化（熔点范围的下限）；(c)样品完全液化（熔点范围的上限）

15.10.1.9　棒材和蜡质的软化点

防晒化妆品应该能够经受消费者手提包中可能遇到的各种环境条件，尤其是温度变化，确保在炎热和寒冷天气中也可方便使用。

软化点（softening point）可以通过环-球法（ring-ball method）测定（图 15.11）：将棒材插入一个环或支撑孔中，并用锋利的刀片去除环或孔外的多余部分，以便在环或孔内部留下一个圆盘状物体。将其置于冰箱内冷却几分钟，然后将环固定到支架上。在室温下，将装满水的烧杯置于带磁性搅拌器的加热板上，小心地将钢球放置在圆盘上。接着将整个装置慢慢浸入水中，并开始加热和缓慢搅拌，同时使用温度计监测温度。软化点是棒材圆盘因受热而变得足够柔软，以至于钢球与其结合并一起落到烧杯底部时的温度。

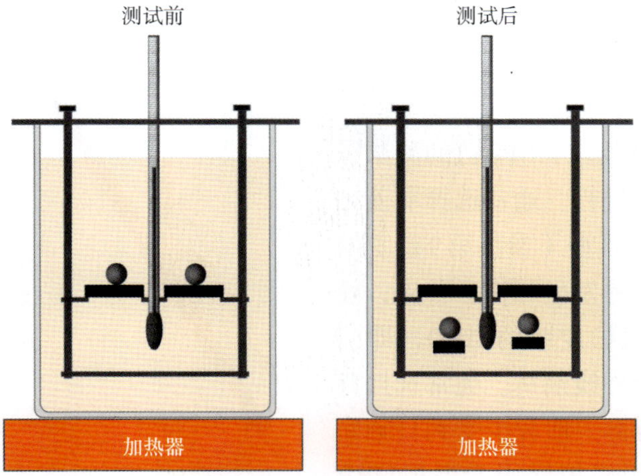

图 15.11　棒材的软化点测试

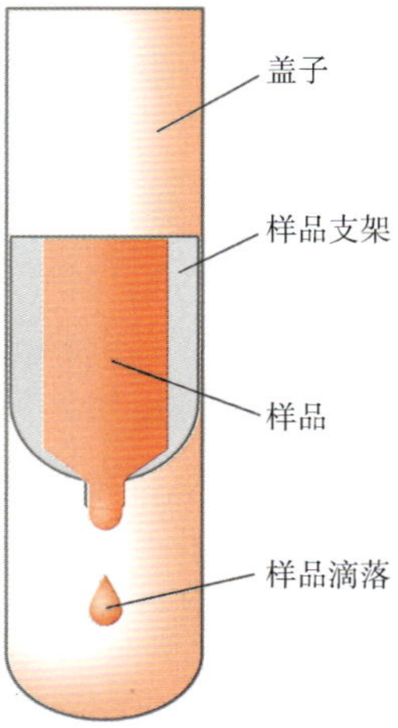

图 15.12　棒材的滴点测试

15.10.1.10　棒材和蜡质的滴点

如前所述，蜡质及蜡基棒状剂型在温度升高时逐渐软化，并在较宽的温度范围内熔化。滴点（dropping point）是指在标准条件下，第一滴熔化成分或产品从样品架上滴落的温度。样品支架是一个带有孔口的圆柱形杯子，垂直放置。测试过程中，将样品放入杯中，并逐渐加热直至其从固态转变为液态（图 15.12）[108]。

15.10.1.11　涂抹量和滑动性

涂抹量（pay-off）是指产品在使用过程中实际转移到目标表面（如皮肤）上的重量。而滑动性（glide）则描述了在应用部位上移动或拉动棒体的难易程度。滑动性可通过测量滑棒在应用部位上移动时的摩擦力来表征[109]。涂抹量和滑动性均取决于制剂中蜡/油的比例，并且与产品的硬度密切相关。较硬的棒材可能导致较低水平的涂抹量，从消费者的角度而言是不利的。然而，含有更多油脂的软质产品可能会在较低的温度下变软并变形。可以使用质构仪（texture analyzer）进行相关测试。通常，在板上附着一层纸或织物，并在标准压力下模拟消费者施加的力量，使棒体以恒定速度在纸张或织物上移动（图 15.13）。涂抹量是指产品转移至纸张或织物上的质量（g）。此外，这一过程中还测试了摩擦力，以此表征产品的滑动性能。

15.10.2　常规检测的性能参数

⓬防晒产品最常测试的性能参数包括SPF值、防水性和广谱防护性。

15.10.2.1　防晒指数测试

根据OTC专论的要求，SPF值的测试需要在人类受试者身上进行。通常选择菲茨帕特里克皮肤分型Ⅰ～Ⅲ型（参见第9章）的受试者，因为其最容易发生晒伤。首先，确定每位受试者未受保护皮肤的MED，即引起明显红斑的最低紫外线剂量。通常选择背部进行测试，因为背部一般较少受到日晒暴露且不易过敏。太阳模拟器用于模拟UVB辐射，发出波长范围为290～400 nm的光

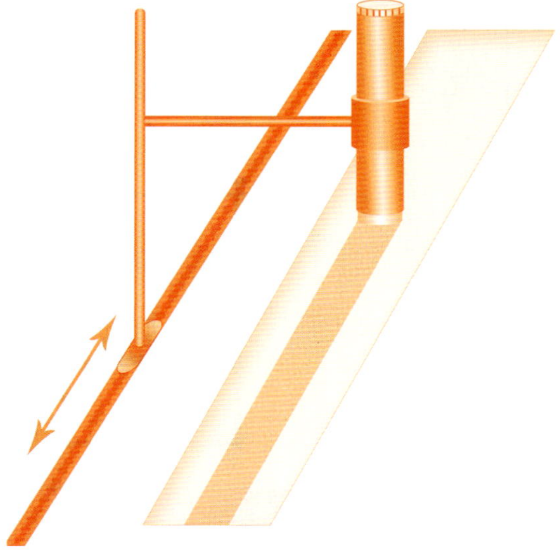

图 15.13　防晒棒的涂抹量和滑动性测试

线，类似正午、盛夏时的日光。确定基线MED后，将防晒产品和参照产品以2 mg/cm^{2}的剂量均匀涂抹于背部指定区域。涂抹防晒产品后需要等待至少15 min。在受试者背部勾画出测试区域，并且每个区域至少有5个子区域接受不同剂量的紫外线照射。评估人员会在特定点上观察背部是否出现红斑，并根据一定标准进行评价。基线MED与涂抹防晒产品后MED之间的比值可用于计算产品的SPF值。

由于SPF值测试依赖于人体志愿者，不可避免地会受到个体差异的影响，具体取决于皮肤类型、皮肤状况（如出汗程度）和产品涂抹的均匀性。为了排除显著差异，OTC专论要求采用一组受试者进行测试，并规定了获得有效数据进行统计分析所需的最小受试者数量[110]。此外，太阳模拟器的灯光差异、环境因素（如温度、湿度）、MED评价的一致性和准确性也会导致测试结果出现差异。而在实际使用环境中（如在海滩上使用产品），还可能受到用户涂抹厚度、补涂频率、是否存在光敏成分、产品持久性、皮肤温度和风等因素的影响。因此，SPF值应被视为防晒保护水平的参考指标，而非绝对衡量标准。

15.10.2.2　防水性测试

防水性是指防晒产品在接触水（如出汗或游泳）时仍能保持其防护能力的性质。剧烈出汗和浸泡在水中是使用防晒产品时常见的现象，因此防晒产品必须在这种条件下维持其功效。防水性测试是一种在人体上进行的实验。根据OTC专论，对于声称具有“防水性”的产品，标签上的SPF应该反映经过40 min浸泡后测得的SPF值。对于宣称“高度防水”的产品，其标签上的SPF应该反映经过80 min浸泡后确定的SPF值。测试过程包括交替进行浸泡和干燥步骤。最终的SPF值是在完成所需浸泡和干燥步骤后测定的。

15.10.2.3　广谱防护性测试

目前，FDA要求进行体外测试，以确定防晒产品在防护UVB的同时，是否还能防护UVA辐射。这种广谱测试程序测试的是产品对UVA的防护能力和对UVB的防护能力。此广谱测试程序采用临界波长法，旨在确保产品对UVA的防护效果与UVB相似，是一种“合格/不合格”的测试。临界波长（critical wavelength）必须大于370 nm才能获得广谱防护[110]。在本测试中，防晒产品以0.75 mg/cm^{2}的剂量均匀涂抹在光学级聚甲基丙烯酸甲酯（polymethylmethacrylate，PMMA）板上，以便进行紫外线透过率的精确测量。测试涉及的紫外线范围涵盖UVB～UVA，即290～400 nm。随后，记录防晒产品的紫外线吸收情况，并根据波长绘制曲线。曲线的跨度反映了防晒产品在紫外线光谱中的有效性。通过计算曲线下面积（area under the curve，AUC），并在吸收率达到90%的波长处绘线（90% AUC）（图15.14），该波长即为临界波长。因此，临界波长越高，防晒产品提供的UVA防护效果就越好[79, 111]。

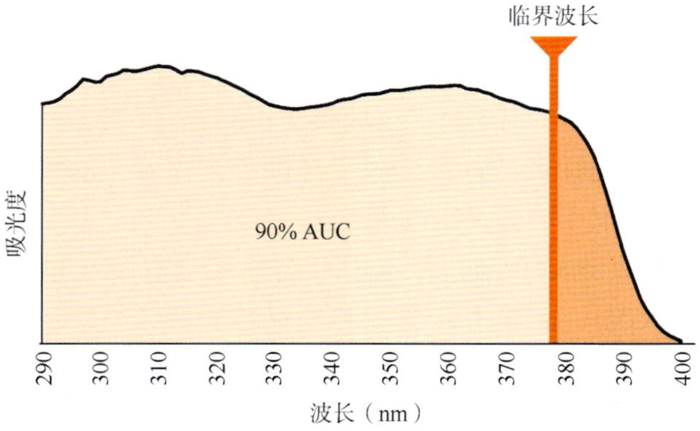

图 15.14　防晒霜的临界波长

15.11　引发安全性问题的成分

⓭引发防晒产品安全性问题的成分主要是有机紫外线过滤剂，因为其可能会被皮肤吸收，以及造成光刺激和珊瑚白化。其他担忧还涉及纳米级物理防晒剂。以下是关于上述问题的主要科学发现及具体概述。

15.11.1　有机紫外线过滤剂的皮肤吸收

有机紫外线过滤剂的主要问题之一是可能产生皮肤渗透，进而引发潜在的全身性毒性效应。鉴于其亲脂性特性，有研究证实某些有机防晒成分能够透过皮肤屏障，并进入血液循环系统[112, 113]。此外，研究还发现，有机紫外线过滤剂一旦被吸收，会在体内滞留较长时间。对此，FDA强调，虽然紫外线过滤剂确实存在被皮肤和身体吸收的现象，但并不意味着紫外线过滤剂是不安全的。建议消费者仍可使用防晒产品，并结合其他预防措施（如穿戴遮阳衣物）以有效避免日光伤害。

15.11.2　有机紫外线过滤剂的光稳定性

另一个广受关注的问题是有机紫外线过滤剂的光稳定性。在紫外线照射下，有机紫外线过滤剂的分子结构可能会发生改变或分解，从而引发几个重要问题：①光降解产物是否会引发短期不良反应（如皮肤刺激或过敏）；②长期暴露于降解产物是否会产生毒性，进而对健康造成深远影响；③防晒产品本身的光降解可能导致其防护能力下降，从而增加紫外线伤害的风险，包括晒伤及慢性皮肤病变（如皮肤癌）。然而，与化妆品产生的皮肤刺激或致敏等不良事件相比，防晒产品的光刺激或过敏反应相对较少[114]。此外，动物实验也未显示出与有机紫外线过滤剂光降解相关的健康风险[115]。研究还表明，长期使用防晒产品可预防皮肤癌，其获益远大于光降解造成的任何潜在不良影响。如前所述，防晒产品在体内和体外均通过了功效测试。在相关研究过程中，防晒产品会暴露在紫外线辐射下。

因此，如果存在显著的光不稳定性和光降解情况，则在相关研究过程中就会显现出来。如今，含有潜在光稳定性紫外线过滤剂的防晒产品往往同时含有光稳定成分[115]。

15.11.3 珊瑚白化现象

珊瑚白化（coral bleaching）是指珊瑚颜色消退、呈现白色的现象。珊瑚可以在白化过程中存活下来，但如果持续承受压力，最终会导致死亡。造成珊瑚白化的因素多种多样，包括海水温度升高、水质污染、地表径流、日光过度照射及极端低潮等[116]。有机紫外线过滤剂可进入海洋环境，其也是导致珊瑚白化的潜在原因之一。当前的研究致力于评估防晒产品对珊瑚礁生态系统的影响，并量化其对珊瑚白化的具体“贡献度”。在美国的某些地区（如夏威夷、基韦斯特和美属维尔京群岛），已禁止使用某些有机紫外线过滤剂（如氧苯酮和桂皮酸盐）。该措施旨在保护珊瑚礁，但一些科学家担心该禁令可能会限制或阻碍防晒产品的使用，进而导致皮肤癌病例的增加。需要指出的是，尽管紫外线过滤剂对珊瑚白化可能具有一定的影响，但相比之下，海洋温度升高和海洋酸化对珊瑚礁的威胁更为严峻[117]。

15.11.4 防晒产品中的纳米颗粒

TiO_2和ZnO是防晒产品中常用的成分，通常单独或联合使用，亦常与化学紫外线过滤剂搭配，以增强防护效果。传统上，这两种成分的大粒径颗粒会使皮肤产生明显的白色残留而影响美观。为解决这一问题，研究人员开发了直径小于100 nm的颗粒，既能保持高效的紫外线阻挡能力，又能使产品在皮肤上更加透明，满足美观需求。但是，人们质疑过小的颗粒能否会穿透人体皮肤到达表皮层并进入真皮层。研究结果表明，TiO_2和ZnO纳米颗粒确实能够部分穿透健康人体皮肤的角质层，但无法达到更深的表皮层和真皮层[74, 118, 119]。此外，局部毒性研究表明，TiO_2和ZnO纳米颗粒具有较低的毒性和良好的耐受性。综合大量科学研究，目前认为防晒产品中含有的纳米级物理防晒成分在正常使用条件下对人体皮肤和整体健康是安全的[120]。其优势在于能有效保护皮肤免受紫外线伤害（包括降低皮肤癌的风险）。

你知道吗?

纳米（nm）比微米（μm）小3个数量级，比毫米（mm）小6个数量级。为了帮助理解纳米颗粒的微小程度，请参考以下示例：白种人头发的直径在50～90 μm[121]，相当于50 000～90 000 nm。试想，如果没有放大镜的辅助，我们几乎无法用肉眼准确识别头发的粗细。通过该例子，可以理解纳米尺度极端微小的含义。

15.12 防晒产品的包装

防晒产品通常采用的包装材料包括以下几种。

- **塑料瓶：**大多数防晒产品采用塑料瓶包装，通常配有翻盖。一些低黏度的防晒乳液和防晒油则常装在带泵头的塑料瓶中。
- **喷雾罐：**喷雾型防晒产品一般被封装在喷雾罐内。通常是单舱罐，其中混合了制剂成分和推进剂。当按下阀门时，借助推进剂的力量喷出产品。该喷雾系统可产生细小颗粒。多角度喷嘴的设计方便快捷，能够迅速且易于覆盖身体上相对较大的区域，因此，即使是难以到达的部位也能轻松涂抹。但要注意的是，需要确保使用足量的产品以达到充分防护效果。
- **湿巾包装：**防晒湿巾中预先添加了防晒制剂。为便于携带与使用，其常被封装在配有可重新密封的盖子或翻盖软包装中。有时，也会采用独立包装或是置于塑料盒内，类似于手部消毒湿巾的包装形式。

术语表

中文术语	英文术语	解释
紫外线辐射	UV radiation	电磁谱中能量较高的部分，分为UVA和UVB辐射，均对皮肤具有影响，并与皮肤老化、晒伤、晒黑及皮肤癌相关。
中波紫外线	medium-wave ultraviolet，UVB	波长介于280～320 nm的紫外线B段辐射。
长波紫外线	long-wave ultraviolet，UVA	波长介于320～400 nm的紫外线A段辐射。
长波紫外线Ⅰ	UVA Ⅰ	波长介于340～400 nm的UVA辐射。
长波紫外线Ⅱ	UVA Ⅱ	波长介于320～340 nm的UVA辐射。
晒伤	sunburn	一种由过度暴露于UVB辐射引起的急性皮肤损伤，特征为皮肤泛红和疼痛。
晒黑	tanning	皮肤因紫外线照射而产生的色素沉着现象。
皮肤癌	skin cancer	是一种皮肤细胞异常且不可控增殖（可能扩散）的疾病，在日晒暴露区域尤为常见。UVA和UVB辐射均被证实与皮肤癌的发展密切相关。
黑色素	melanin	存在于皮肤基底细胞层的色素，决定了皮肤颜色。
黑色素瘤	melanoma	一种严重的皮肤癌类型。
红斑	erythema	医学上指皮肤出现的红色炎症反应。
广谱防护	broad spectrum protection	表示防晒产品同时提供对UVA和UVB辐射的防护。
防晒产品	sunscreen product	一种主要作用是阻挡日光UVA和UVB辐射，保护皮肤免受伤害的个人护肤产品。
物理防晒剂	physical sunscreen	使用无机矿物成分来反射、散射和吸收紫外线的防晒方式。
化学防晒剂	chemical sunscreen	一类有机化合物，能够吸收紫外线并将其转化为热能释放。
防晒指数	sun protection factor	用于衡量紫外线导致涂抹防晒产品后皮肤出现泛红所需时间，与未防护皮肤所需时间的比值。

续表

中文术语	英文术语	解释
紫外线过滤剂	UV filter	防晒产品中能够吸收或反射紫外线的关键活性成分。
晒后护理产品	after-sun product	专为日晒后肌肤设计的个人护理产品，旨在舒缓和滋润皮肤，同时提供清凉感，缓解晒伤带来的不适。
体外	*in vitro*	在实验室环境中使用替代基质（如塑料板）进行的科学研究。
体内	*in vivo*	在活体中（如人体志愿者）进行的试验。
光老化	photoaging	由于长期暴露在紫外线下导致的皮肤加速老化现象，主要由UVA引起。
光不稳定性	photoinstability	指物质在紫外线照射下易发生分解或变化，缺乏稳定性。
光稳定剂	photostabilizer	添加至制剂中以保护紫外线过滤剂免受紫外线降解的成分。
光增强技术	photoboosting technology	提升防晒产品SPF值和全光谱防护能力的技术。
纳米颗粒	nanoparticle	直径为1～100 nm的微小颗粒。
微粉化	micronized	经过粒度缩小的颗粒，其粒径小于100 nm。
阀门堵塞	valve clogging	气溶胶防晒产品常见的问题，导致产品无法通过按压阀门正常释放。
成膜剂	film former	用于皮肤表面并形成一层均匀的薄膜，以增强防晒产品的防护效果。
维生素D	vitamin D	一种脂溶性维生素，对骨骼健康至关重要，能预防骨质疏松和骨软化症，主要通过紫外线照射皮肤生成。
喷雾特性	spray characteristics	一系列用于描述喷雾产品特性的参数，主要包括喷射速率、喷射模式和液滴直径。
滴点	dropping point	在标准条件下，物质从固态转变为液态并开始滴落的温度，如防晒棒。
闪点	flash point	易燃物质挥发出的蒸气与空气混合达到可燃浓度的最低温度，遇火源时会发生燃烧。
熔点	melting point	在1个标准大气压下，固相变为液相的温度。
软化点	softening point	指固体物质开始软化但尚未完全熔化的特定温度。
涂抹量	pay-off	产品在使用过程中实际转移至目标表面（如皮肤）的量。
滑动性	glide	指物体（如操纵杆）在应用部位（如皮肤）上移动的顺畅程度。
防水剂	waterproofing agent	添加至制剂中的成分，旨在增强防晒产品的防水性能。
防水性	water resistance	防晒产品在接触水后仍能保持附着能力，抵抗因擦拭或水流冲刷而从皮肤表面脱落的特性。
驱动力	actuation force	从气雾罐中释放气溶胶产品或从泵头容器中释放液体或半固体产品所需的力。

缩略词表

缩略词	英文全称	中文全称
AUC	area under the curve	曲线下面积
DSC	differential scanning calorimetry	差示扫描量热法
MED	minimal erythema dose	最小红斑剂量
O/W	oil-in-water	水包油型
PMMA	polymethylmethacrylate	聚甲基丙烯酸甲酯
SC	stratum corneum	角质层
SPF	sun protection factor	防晒指数
TiO_2	titanium dioxide	二氧化钛
USP	*United States Pharmacopoeia*	《美国药典》
UV	ultraviolet	紫外线
UVA	ultraviolet A	长波紫外线（紫外线A）
UVB	ultraviolet B	中波紫外线（紫外线B）
W/O	water-in-oil	油包水型
WHO	World Health Organization	世界卫生组织
ZnO	zinc oxide	氧化锌

（初　春　译，白仁仁　校）

参考文献

1. NASA (2013). Electromagnetic Spectrum. imagine.gsfc.nasa.gov/docs/science/know_l1/emspectrum.html (accessed 13 April 2014).
2. Brugè, F., Tiano, L., Astolfi, P. et al. (2014). Prevention of UVA- induced oxidative damage in human dermal fibroblasts by new UV filters, assessed using a novel *In vitro* experimental system. *PLoS One* 9 (1): 1–11.
3. WHO (2016). Ultraviolet radiation and health. www.who.int/uv/uv_and_health/en/ (accessed 01 December 2021).
4. Gambichler, T., Künzlberger, B., Paech, V. et al. (2005). UVA1 and UVB irradiated skin investigated by optical coherence tomography in vivo: a preliminary study. *Clin. Exp. Dermatol.* 30 (1): 79–82.
5. CDC (2014). Skin cancer risk, what can i do to reduce my risk? www.cdc.gov/cancer/skin/basic_info/prevention.htm (accessed 12 April 2014).
6. Moehrle, M. (2008). Outdoor sports and skin cancer. *Clin. Dermatol.* 26 (1): 12–15.
7. Schulman, J.M. and Fisher, D.E. (2009). Indoor ultraviolet tanning and skin cancer: health risks and opportunities. *Curr. Opin. Oncol.* 21 (2): 144–1449.
8. Coelho, S.G. and Hearing, V.J. (2010). UVA tanning is involved in the increased incidence of skin cancers in fair-skinned young women. *Pigment. Cell Melanoma Res.* 23 (1): 57–63.
9. de Gruijl, F.R. (2000). Photocarcinogenesis: UVA vs UVB. *Methods Enzymol.* 319: 359–366.
10. Garland, C.F., Garland, F.C., and Gorham, E.C. (2003). Epidemiologic evidence for different roles of ultraviolet A and B radiation in melanoma mortality rates. *Ann. Epidemiol.* 13: 395–404.

11. Moyal, D. and Binet, O. (1996). Polymorphous light eruption (PLE): its reproduction and prevention by sunscreens. In: *Sunscreens: Development and Evaluation and Regulatory Aspects* (ed. N.J. Lowe, N. Shaat and M. Pathak), 559–582. New York: Marcel Dekker.
12. Miller, S.A., Hamilton, S.L., Wester, U.G. et al. (1998). An analysis of UVA emissions from sunlamps and the potential importance for melanoma. *Photochem. Photobiol.* 68 (1): 63–70.
13. Wehner, M.R., Shive, M.L., Chren, M.M. et al. (2012). Indoor tanning and non-melanoma skin cancer: systematic review and meta-analysis. *BMJ* 345: e5909.
14. Osterwalder, U., Sohn, M., and Herzog, B. (2014). Global state of sunscreens. *Photodermatol. Photoimmunol. Photomed.* 30: 62–80.
15. Sayre, R.M., Dowdy, J.C., Lott, D.L. et al. (2008). Commentary on 'UVB-SPF' : the SPF labels of sunscreen products convey more than just UVB protection. *Photodermatol. Photoimmunol. Photomed.* 24: 218–220.
16. 21 CFR 201.327
17. FDA (2020). Ultraviolet (UV) radiation. www.fda.gov/radiation- emitting-products/tanning/ultraviolet-uv-radiation (accessed 15 March 2021).
18. Autier, P., Boniol, M., Severi, G. et al. (2001). Quantity of sunscreen used by European students. *Br. J. Dermatol.* 144: 288–291.
19. Diaz, A., Neale, R.E., Kimling, M.G. et al. (2012). The children and sunscreen study: a crossover trial investigating children' s sunscreen application thickness and the influence of age and dispenser type. *Arch. Dermatol.* 48: 606–612.
20. Lademann, J., Schanzer, S., and Richter, H. (2004). Sunscreen application at the beach. *J. Cosmet. Dermatol.* 3: 62–68.
21. FDA (2019). Sunscreen: how to help protect your skin from the sun. www.fda.gov/drugs/understanding-over-counter- medicines/sunscreen-how-help-protect-your-skin-sun (accessed 20 March 2021).
22. AAD Sunscreen FAQs. https://www.aad.org/media/stats-sunscreen (accessed 20 March 2021).
23. Petersen, B., Datta, P., Philipsen, P.A. et al. (2013). Sunscreen use and failures–on site observations on a sun-holiday. *Photochem. Photobiol. Sci.* 12: 190–196.
24. Sayre, R.M., Agin, P.P., Levee, G.J. et al. (1979). Comparison of *in vivo* and in vitro testing of sunscreening formulas. *Photochem. Photobiol.* 29: 559–566.
25. Stechschulte, S.A., Kirsner, R.S., and Federman, D.G. (2011). Sunscreens for non-dermatologists: what you should know when counseling patients. *Postgrad. Med.* 123: 160–167.
26. Wilson, B.D., Moon, S., and Armstrong, F. (2012). Comprehensive review of ultraviolet radiation and the current status on sunscreens. *J. Clin. Aesthet. Dermatol.* 5 (9): 18–23.
27. Moyal, D.D. and Fourtanier, A.M. (2008). Broad-spectrum sunscreens provide better protection from solar ultraviolet- simulated radiation and natural sunlight-induced immunosuppression in human beings. *J. Am. Acad. Dermatol.* 58 (5): S149–S154.
28. Jean-Louis Refrégier, M. (2004). Relationship between UVA protection and skin response to UV light: proposal for labelling UVA protection. *Int. J. Cosmet. Sci.* 26 (4): 197–206.
29. US FDA (2011). Labeling and effectiveness testing; sunscreen drug products for over-the-counter human use. *Fed. Regist.* 76: 35620–35665.
30. Holick, M.F. (2007). Optimal vitamin D status for the prevention and treatment of osteoporosis. *Drugs Aging* 24 (12): 1017–1029.
31. Pfeifer, M., Begerow, B., and Minne, H.W. (2002). Vitamin D and muscle function. *Osteoporos. Int.* 13 (3): 187–194.
32. Zittermann, A., Schleithoff, S.S., and Koerfer, R. (2005). Review putting cardiovascular disease and vitamin D insufficiency into perspective. *Br. J. Nutr.* 94 (4): 483–492.
33. Lindqvist, P.G., Olsson, H., and Landin-Olsson, M. (2010). Are active sun exposure habits related to lowering

risk of type 2 diabetes mellitus in women, a prospective cohort study? *Diabetes Res. Clin. Pract.* 90 (1): 109–114.

34. Pelajo, C.F., Lopez-Benitez, J.M., and Miller, L.C. (2010). Review vitamin D and autoimmune rheumatologic disorders. *Autoimmun. Rev.* 9 (7): 507–510.
35. Krall, E.A., Wehler, C., Garcia, R.I. et al. (2001). Calcium and vitamin D supplements reduce tooth loss in the elderly. *Am. J. Med.* 111 (6): 452–456.
36. Berwick, M., Armstrong, B.K., Ben-Porat, L. et al. (2005). Sun exposure and mortality from melanoma. *J. Natl. Cancer Inst.* 97 (3): 195–199.
37. Berwick, M. and Kesler, D. (2005). Ultraviolet radiation exposure, vitamin D and cancer. *Photochem. Photobiol.* 81: 1261–1266.
38. Freedman, D.M., Dosemeci, M., and McGlynn, K. (2002). Sunlight and mortality from breast, ovarian, colon, prostate and non- melanoma skin cancer: a composite death certificate based case- control study. *Occup. Environ. Med.* 59: 257–262.
39. Glerup, H., Mikkelsen, K., Poulsen, L. et al. (2000). Commonly recommended daily intake of vitamin D is not sufficient if sunlight exposure is limited. *J. Intern. Med.* 247 (2): 260–268.
40. Lim, H.W., Gilchrest, B.A., Cooper, K.D. et al. (2005). Sunlight, tanning booths, and vitamin D. *J. Am. Acad. Dermatol.* 52 (5): 868–876.
41. Godar, D.E., Pope, S.J., Grant, W.B. et al. (2011). Solar UV doses of adult Americans and vitamin D3 production. *Dermatoendocrinol.* 3 (4): 243–250.
42. Boztepe, G., Sahin, S., Ayhan, M. et al. (2005). Narrowband ultraviolet B phototherapy to clear and maintain clearance in patients with mycosis fungoides. *J. Am. Acad. Dermatol.* 53 (2): 242.
43. Golden, R.N., Gaynes, B.N., and Ekstrom, R.D. (2005). The efficacy of light therapy in the treatment of mood disorders: a review and meta-analysis of the evidence. *Am. J. Psychol.* 162 (4): 656.
44. AAD Sunscreen FAQs. www.aad.org/media/stats-sunscreen (accessed 26 April 2021).
45. FDA (2015). Indoor tanning: the risks of ultraviolet rays. www.fda.gov/consumers/consumer-updates/indoor-tanning-risks- ultraviolet-rays (accessed 26 April 2021).
46. US Department of Health and Human Services 2016. Public Health Service, National Toxicology Program: Report on Carcinogens, 14 e ntp.niehs.nih.gov/go/roc14 (accessed 26 April 2021).
47. WHO (2022). Ultraviolet radiation. https://www.who.int/news- room/fact-sheets/detail/ultraviolet-radiation (accessed 21 June2021).
48. Wang, T. and Herlyn, M. (2013). The macrophage: a new factor in UVR-induced melanomagenesis. *J. Invest. Dermatol.* 133 (7): 1711–1713.
49. Gallagher, R.P. and Lee, T.K. (2006). Adverse effects of ultraviolet radiation: a brief review. *Biophys Mol. Biol.* 92 (1): 119–131.
50. Rogers, H.W., Weinstock, M.A., Feldman, S.R. et al. (2015). Incidence estimate of nonmelanoma skin cancer (keratinocyte carcinomas) in the US population, 2012. *JAMA Dermatol* 151 (10): 1081–1086.
51. ACS Skin Cancer. www.cancer.org/cancer/skin-cancer.html (accessed 26 March 2021).
52. ACS 2021. Cancer facts and figures. www.cancer.org/content/dam/cancer-org/research/cancer-facts- and-statistics/annual-cancer-facts-and-figures/2021/cancer-facts- and-figures-2021.pdf (accessed 13 January 2021).
53. Mansouri, B. and Housewright, C. (2017). The treatment of actinic keratoses—the rule rather than the exception. *J. Am. Acad. Dermatol.* 153 (11): 1200.
54. Stern, R.S. (2010). Prevalence of a history of skin cancer in 2007: results of an incidence-based model. *Arch. Dermatol.* 146 (3): 279–282.
55. Robinson, J.K. (2005). Sun exposure, sun protection, and vitamin D. *JAMA* 294: 1541–1543.
56. Matsumura, Y. and Ananthaswamy, H.N. (2004). Toxic effects of ultraviolet radiation on the skin. *Toxicol. Appl. Pharmacol.* 195 (3): 298.
57. Lucas, R.M. (2011). An epidemiological perspective of ultraviolet exposure - public health concerns. *Eye*

Contact Lens 37 (4): 168–175.
58. Kaidbey, K.H., Agin, P.P., Sayre, R.M. et al. (1979). Photoprotection by melanin–a comparison of black and Caucasian skin. *J. Am. Acad. Dermatol.* 1 (3): 249–260.
59. Gloster, H.M. and Neal, K. (2006). Review skin cancer in skin of color. *J. Am. Acad. Dermatol.* 55 (5): 741–760.
60. Halder, R.M. and Bridgeman-Shah, S. (1995). Review skin cancer in African Americans. *Cancer* 75 (2): 667–673.
61. Brenner, M. and Hearing, V.J. (2008). The protective role of melanin against UV damage in human skin. *Photochem. Photobiol.* 84 (3): 539–549.
62. Miyamura, Y., Coelho, S.G., Schlenz, K. et al. (2011). The deceptive nature of UVA-tanning versus the modest protective effects of UVB- tanning on human skin. *Pigment. Cell Melanoma Res.* 24 (1): 136–147.
63. Urbach, F. (2001). The historical aspects of sunscreens. *J. Photochem. Photobiol. B* 64 (2–3): 99–104.
64. Rik, R. (2007). History of human photobiology. In: *Photodermatology* (ed. H.W.L. Herbert, H. Honigsmann and J.L.M. Hawk), 1–14. Boca Raton: CRC Press.
65. Norlund, J.J. and Ortonne, J.P. (2006). The normal color of human skin. In: *The Pigmentary System* (ed. J.J. Norlund, R.A. Boissy, V.J. Hearing, et al.), 504–520. Lake Oswego: Blackwell Publishing.
66. Shaath, N.A. (1997). Evolution of modern sunscreen chemicals. In: *Sunscreens: Development and Evaluation and Regulatory Aspects* (ed. N.J. Lowe, N. Shaat and M. Pathak), 3–34. New York: Marcel Dekker.
67. L'Oreal.www.loreal.com/en/videos/group/dyk-heritage-ambre- solaire/ (accessed 26 April 2021).
68. Piz Buin. www.pizbuin.com/en/our-heritage/ (accessed 26 April 2021).
69. Svarc, F. (2015). A brief illustrated history on sunscreens and sun protection. *Pure Appl. Chem.* 87 (9-10): 929–936.
70. Greiter, F. (1984). Der Sonnenschutzfaktor ist nur ein Aspekt moderner Sonnenschutzmitteln. *Seife-Öle-Fette-Wachse* 110: 195–197.
71. (1978). Sunscreen drug products for over-the-counter use. *Fed. Regist.* 43 (166): 38256.
72. Sayre, R.M., Killias, N., and Roberts, R.L. (1990). Physical sunscreens. *J. Soc. Cosmet. Chem.* 41: 103–109.
73. Schlossmann, D. and Shao, Y. (2005). Inorganic ultraviolet filters. In: *Sunscreens–Regulations and Commercial Development, Cosmetic Science and Technology* (ed. N.A. Shaath), 239–279. Boca Raton, FL: Taylor & Francis.
74. Filipe, P., Silva, J.N., Silva, R. et al. (2009). Stratum corneum is an effective barrier to TiO2 and ZnO nanoparticle percutaneous absorption. *Skin Pharmacol. Physiol.* 22 (5): 266–275.
75. Pinnell, S.R., Fairhurst, D., Gillies, R. et al. (2000). Microfine zinc oxide is a superior sunscreen ingredient to microfine titanium dioxide. *Dermatol. Surg.* 26: 309–314.
76. Smijs, T.G. and Pavel, S. (2011). Titanium dioxide and zinc oxide nanoparticles in sunscreens: focus on their safety and effectiveness. *Nanotechnol. Sci. Appl.* 4: 95–112.
77. Anderson, M.W., Hewitt, J.P., and Spruce, S.R. (1997). Broad- spectrum physical sunscreens: titanium dioxide and zinc oxide. In: *Sunscreens: Development and Evaluation and Regulatory Aspects* (ed. N.J. Lowe, N. Shaat and M. Pathak), 353–396. New York: Marcel Dekker.
78. Wolverton, S.E. and Levy, S.B. (2007). *Comprehensive Dermatologic Drug Therapy*. Philadelphia: Saunders.
79. 21 CFR 352
80. Watkinson, A.C. (1992). Prediction of the percutaneous penetration of ultraviolet filters used in sunscreen formulations. *Int. J. Cosmet. Sci.* 14: 263–275.
81. Matta, M.K., Florian, J., Zusterzeel, R. et al. (2020). Effect of sunscreen application on plasma concentration of sunscreen active ingredients. *JAMA* 323 (3): 256–267.
82. Bonda, C. and Steinber, D.C. (2000). A new photostabilizer for full spectrum sunscreens. *Cosm Toil.* 115 (6): 37–45.
83. Agrapidis-Paloympis, L.E., Nash, R.A., and Shaath, N.A. (1987). The effect of solvents on the ultraviolet absorbance of sunscreens. *J. Soc. Cosmet. Chem.* 38: 209–221.

84. Abou-Dahech, M., Schaefer, A., Lam-Phaure, L. et al. (2020). Effect of solvents on the in vitro sun protection factor and broad-spectrum protection of three organic UV filters. *J. Cosmet. Sci.* 71: 149–164.
85. Hunter, A. and Trevino, M. (2004). Film-formers enhance water resistance and SPF in sun care products. *Cosm Toil.* 119 (7): 51–56.
86. Wang, S.Q., Osterwalder, U., and Jung, K. (2011). *ex vivo* evaluation of radical sun protection factor in popular sunscreens with antioxidants. *J. Am. Acad. Dermatol.* 65 (3): 525–530.
87. L' Alloret, F., Candau, D., Seité, S. et al. (2012). New combination of ultraviolet absorbers in an oily emollient increases sunscreen efficacy and photostability. *Dermatol. Ther.* 2 (1): 4.
88. Jones, C. (2002). Hollow sphere technology for sunscreen formulation. *SOFW J.* 128 (9): 36–40.
89. Bonda, C.A., Pavlovic, A. (2007). Method of quenching electronic excitation of chromophore-containing organic molecules in photoactive compositions. US Patent 7597825B2, filed 9 August 2007 and issued 6 October 2009.
90. Schwarzenbach, R. and Huber, U. (2003). Optimization of sunscreen efficacy. In: *Sun Protection* (ed. H. Ziolkowsky). Augsburg: Verlag Fur chemische Industrie.
91. Sohn, M. (2016). UV booster and photoprotection. In: *Principles and Practice of Photoprotection* (ed. S.Q. Wang and H.W. Lim), 227–245. Switzerland: Springer.
92. Sohn, M., Hêche, A., Herzog, B. et al. (2015). Porcine ear skin as a biological substrate for in vitro testing of sunscreen performance. *Skin Pharmacol. Physiol.* 28 (1): 31–41.
93. Schulz, J., Hohenberg, H., Pflucker, F. et al. (2002). Distribution of sunscreens on skin. *Adv. Drug Deliv. Rev.* 54 (Suppl 1): 157–163.
94. Pissavini, M., Diffey, B., Marguerie, S. et al. (2012). Predicting the efficacy of sunscreens *in vivo* veritas. *Int. J. Cosmet. Sci.* 34: 44–48.
95. Latha, M.S., Martis, J., Shobha, V. et al. (2013). Sunscreening agents. *J. Clin. Aesthet. Dermatol.* 6 (1): 16–26.
96. Barr, J. (2005). Spray-on sunscreens need a good rub. *J. Am. Acad. Dermatol.* 52: 180–181.
97. FDA (2019). FDA advances new proposed regulation to make sure that sunscreens are safe and effective. www.fda.gov/news- events/press-announcements/fda-advances-new-proposed- regulation-make-sure-sunscreens-are-safe-and-effective (accessed 10 Aril 2021).
98. Cross, S.E., Innes, B., Roberts, M.S. et al. (2007). Human skin penetration of sunscreen nanoparticles: in-vitro assessment of a novel micronized zinc oxide formulation. *Skin Pharmacol. Physiol.* 20 (3): 148–154.
99. Paller, A.S., Hawk, J.L.M., Honig, P. et al. (2011). New insights about infant and toddler skin: implications for sun protection. *Pediatrics* 128: 92.
100. Bonda, C. (2005). The photostability of organic sunscreen actives: a review. In: *Sunscreens: Regulations and Commercial Development* (ed. N. Shaath), 322–246. Boca Raton: Taylor & Francis.
101. Mitsui, T. (1997). *New Cosmetic Science*. Amsterdam: Elsevier Science.
102. USP34 <601>
103. Goroll, A.H. and Mulley, A.G. (2009). *Primary Care Medicine: Office Evaluation and Management of the Adult Patient*. Philadelphia: Lippincott Williams & Wilkins.
104. Schulman, J.M. and Fisher, D.E. (2009). Indoor UV tanning and skin cancer: health risks and opportunities. *Curr. Opin. Oncol.* 21 (2): 144–149.
105. 49 CFR Part 173.306
106. 16 CFR Part 1500.43a
107. ASTM Standard D1321 10.(2015). Standard test method for needle penetration of petroleum waxes, https://doi.org/10.1520/D1321-10.
108. Riegel, E.R. and Kent, J.A. (2007). *Kent and Riegel's Handbook of Industrial Chemistry and Biotechnology*. New York: Springer.
109. Rouse, J.P., Fan, A. (2013). Payout-glide-flakeoff apparatus for characterizing deodorant and antiperspirant

sticks. US Patent 8661887B2, filed 24 January 2008 and issued 22 May 2013.

110. 21 CFR Part 201.327

111. Diffey, B.L., Tanner, P.R., Matts, P.J. et al. (2000). *in vitro* assessment of the broad-spectrum ultraviolet protection of sunscreen products. *J. Am. Acad. Dermatol.* 43 (6): 1024–1035.

112. Matta, M.K., Zusterzeel, R., Pilli, N.R. et al. (2019). Effect of sunscreen application under maximal use conditions on plasma concentration of sunscreen active ingredients: a randomized clinical trial. *JAMA* 321 (21): 2082–2091.

113. Matta, M.K., Florian, J., Zusterzeel, R. et al. (2020). Effect of sunscreen application on plasma concentration of sunscreen active ingredients: a randomized clinical trial. *JAMA* 323 (3): 256–267.

114. Gaspar, L.R., Tharmann, J., Campos, P.M. et al. (2013). Skin phototoxicity of cosmetic formulations containing photounstable and photostable UV-filters and vitamin A palmitate. *Toxicol. in vitro* 27: 418–425.

115. Nash, J.F. and Tanner, P.R. (2014). Relevance of UV filter/sunscreen product photostability to human safety. *Photodermatol. Photoimmunol. Photomed.* 30 (2–3): 88–95.

116. National Ocean Service (2021). What is coral bleaching? oceanservice.noaa.gov/facts/coral_bleach.html (accessed 12 April 2021).

117. van Hooidonk, R., Maynard, J.A., Manzello, D. et al. (2014). Opposite latitudinal gradients in projected ocean acidification and bleaching impacts on coral reefs. *Glob. Chang. Biol.* 20: 103–112.

118. Pinheiro, T., Allon, J., Alves, L.C. et al. (2007). The influence of corneocytes structure on the interpretation of permeation profiles of nanoparticles across the skin. *Nucl. Inst. Methods Phys. Res. B* 260: 119–123.

119. Xie, G., Lu, W., and Lu, D. (2015). Penetration of titanium dioxide nanoparticles through slightly damaged skin in vitro and in vivo. *J. Appl. Biomater Funct. Mater.* 13 (4): e356–e361.

120. Stern, S.T. and McNeil, S.E. (2008). Nanotechnology safety concerns revisited. *Toxicol. Sci.* 101 (1): 4–21.

121. Robbins, C.R. (2012). *Chemical and Physical Behavior of Human Hair*. Berlin: Springer.

3

第三部分 护 发 产 品

简 介

护发市场是全球最大的个人护理产品市场之一。清洗头发和头皮是日常生活不可或缺的部分。过去，使用护发产品的主要目的是通过去除油脂和污垢来清洁头发。如今，人们希望护发产品能提供更多益处，如美化头发、使头发易于打理或修复头发损伤。除了基本的护发制剂外，还开发了治疗某些头发问题（如头皮屑）的特殊产品。护发市场的很大一部分集中在定型产品上，包括定型剂、染发助剂，以及改变头发纤维自然物理和化学性质的产品（直发和烫发产品）。头发是个人形象的重要构成因素，需要精心护理。尽管头发非常强韧，但很容易受到自然侵蚀、化学损伤、高温和摩擦的影响，因此需使用合适的产品以达到最佳养护效果。

头发是影响个人外貌的一个极其重要的因素，在外表和自我认知中扮演着重要角色，会严重影响消费者的自信心和生活质量。不同性别和族群的头发在长度、粗细、状态、颜色、卷曲度和质地等方面存在多种类型。

本书第三部分各章介绍了人体头发的基本结构、主要功能，以及各类护发产品，其中包括用于清除污垢的产品、头发定型产品、改善发质产品，以及暂时或永久性改变头发形状或颜色的产品。本章还概述了洗发水、护发素、头发定型产品和染发产品的主要特点、成分、制剂技术、检测方法和包装材料。

第16章 毛发解剖学与生理学

学习目标

通过本章的学习，读者将掌握以下内容。

1. 以下术语的定义：

毛囊	胎毛	绒毛	终毛
多孔毛发	发根	毛干	毛母质
毛乳头	毛囊球	髓质	生长期
退行期	休止期	皮质层	角质层
毛发老化	f层	角蛋白	真黑素
褐黑素	侧链氢键	氢键	二硫键
弱键	强键	肽键	离子键
范德瓦耳斯力			

2. 毛囊的关键组成部分。
3. 角质层、皮质层和髓质的功能。
4. 毛发纤维的生命周期。
5. 脱发的过程。
6. 影响毛发生长的因素。
7. 毛发纤维的主要化学成分。
8. 毛发纤维中的强侧键和弱侧键。
9. 毛发纤维中强侧键的特性。
10. 毛发的表面电荷及其重要性。
11. 毛发纤维强度和弹性的影响因素。
12. 可能导致毛发老化的原因。
13. 根据以下因素对毛发进行分类：厚度、颜色、状况、形状、结构、卷曲度和油腻性。

主要概念

1. 毛发是一种柔韧的细角蛋白线，强度大且富有弹性。毛发几乎存在于人体的所有皮肤表面。

2. 毛干的横截面由三个主要部分组成，从外到内分别是角质层、皮质层和髓质。

3. 毛发生长是一个独特而复杂的过程，包括生长和再生（生长期）、过渡（退行期）

和静息（休止期）的连续循环。

4. 毛发的脱落是正常生长过程的一部分，标志着新毛发取代老化的毛发。

5. 毛发纤维主要由各种角蛋白组成。角蛋白纤维由缠绕在一起的长分子链组成，并通过各种键牢固地连接在一起。

6. 毛发纤维中的侧键一般分为强键和弱键。强键包括二硫键，弱键或弱相互作用包括离子键、氢键和范德瓦耳斯力。

7. 毛发通常带有负电荷。

8. 人体毛发的物理特性与其形状和内部成分有关。

9. 老化是进行性头发损伤，主要影响头发纤维的末端。老化通常由外部因素引起。

10. 头发可以根据其颜色、直径（粗细）、形状、质地、状态、长度和卷曲度进行分类。

16.1 引言

在人类文化进程中，头发具有影响外貌的审美功能。数个世纪以来，对头发进行精心的装饰与发型设计，成为传达社会讯息与个人身份的媒介。如今，头发不仅承载着美学价值，还具有社会、心理和性别层面的意义。任何头发外观的改变，如脱发、异常生长或颜色变化，都可能对个人产生情绪影响[1]。此外，头发还可作为伪装和防晒的辅助工具，并提供环境相关的感官信息，捕捉环境信息，同时以其独特的结构缓冲对头部的轻微撞击，进而维护头部的舒适与安全。

16.2 人体毛发的结构和功能

❶ 毛发是一种具有韧性和弹性的纤维状结构，主要由角蛋白构成，广泛分布于除手掌、足底、唇部及特定生殖器官部位之外的人体皮肤表面。毛发从皮肤中的管状细长结构中生长，这种结构被称为毛囊（hair follicle）[2]。每根毛发都具有嵌入真皮层的发根（hair root），确保毛发牢固地锚定在皮肤中，并向外伸出可见的毛干（hair shaft）。发根被上皮细胞组成的管状鞘保护，这层鞘从真皮层延伸，根据身体部位和个体差异会有所不同[3, 4]。发根的根基是一个略膨大的区域，被称为毛囊球（hair bulb）。毛囊球上有一簇血管从真皮层进入毛囊球形成毛乳头（hair papilla），也被称为真皮乳头（dermal papilla）。氧气和营养物质通过毛细血管供应毛囊球周围毛囊中活跃生长的细胞，这些细胞称为毛母质（hair matrix）[3]。相关细胞是新毛发的唯一来源。人体毛发的结构如图 **16.1** 所示。

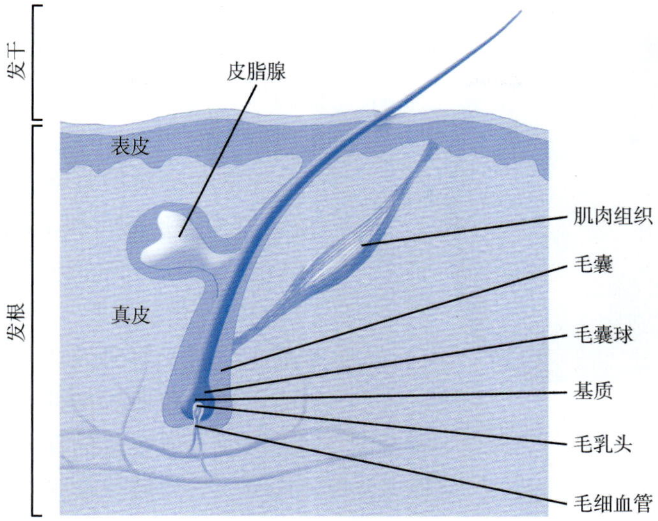

图 16.1　人体毛发的结构

毛干的生成源自毛囊球区域，这是根部最活跃的部分，由快速分裂的角质形成细胞组成[5]。新毛发的形成类似于皮肤细胞的更新，即随着细胞的不断分裂和生长，将较老的细胞推离血液供应方向，导致细胞渐进性死亡和角质化。在发根表面中间的区域，形成的细胞同样经历角质化和死亡的过程。因此，实际上构成毛干的是已经角质化并充满角蛋白的死细胞，其通过一种类似于细胞间黏合剂的物质相互连接，形成了毛发坚韧而富有弹性的特性。

你知道吗？

与普遍看法相反，剪发或剃须并不会影响毛发的生长速度。原因在于，无论是剪发还是剃须，所移除的部分都是已经角质化的死细胞。

如第 13 章所述，毛囊属于毛囊皮脂腺单位（pilosebaceous unit）的一个关键部分，其中还包括一个或多个皮脂腺和一块小肌肉——竖毛肌（arrector pili）。皮脂腺可分泌皮脂（sebum），这些脂类物质会被输送至毛囊内部，进而覆盖和保护毛发及皮肤。当环境温度变化或其他刺激引起竖毛肌收缩时，不仅会使毛发竖立，还会挤压皮脂腺，促使更多的皮脂进入毛囊和皮肤表面[3]。

❷ 毛干的横截面呈现出明显的分层特征，从外至内主要包含三部分，即角质层、皮质层和髓质（图 16.2）。角质层作为最外层防线，由多层角化的扁平细胞紧密排列而成，这些细胞形似鳞片，相互重叠，如屋顶瓦片般紧密贴合，并通过细胞间的黏合物质相互连接。角质层主要由角蛋白构成，这种物质的半透明特性可使光线透过，从而反射出能穿透皮质层的天然色素[1]。角质层不仅可作为屏障保护下面的皮质层，还能调节头发纤维的含水量，维持头发的健康与活力。作为头发特性的关键调节器，角质层对头发的质感、光泽度和柔软性发挥着决定性作用[6]。光泽而柔软的头发是健康角质层的直接体现，展示了头发的内在活力和良好的养护状态。相反，干燥和脆弱的头发往往是由角质层细胞受损所致。健康的

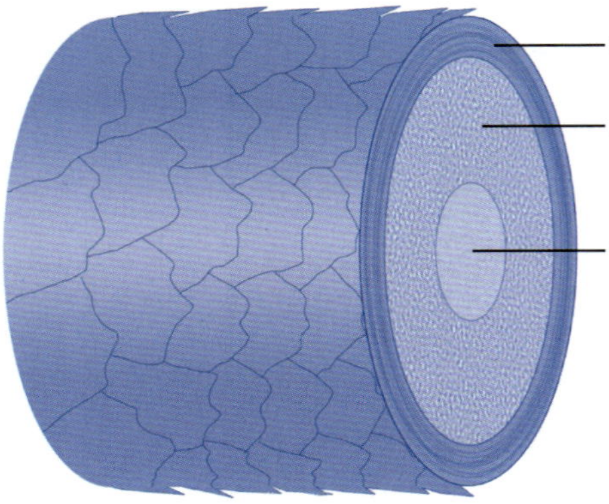

图 16.2　人体毛发的横截面结构

角质层能够为底层皮肤提供强有力的保护，形成疏水性屏障，有助于维持头发的水分平衡并抵御外界侵害。头发的疏水特性部分归功于角质层中的脂质和一层特殊的脂肪酸层——f层。f层与角质层紧密结合，其主要成分是18-甲基二十烷酸（18-methyl eicosanoic acid，18-MEA）[7]。日常的头发护理，如洗发、吹干、日晒及化学处理，均会对头发的f层造成显著损害，进而导致头发老化（weathering）[7]。如前所述，角质层鳞片在正常情况下紧密闭合，形成一道天然的保护屏障。然而，在头发润湿过程中（如游泳或洗发），角质层会吸收水分，导致鳞片膨胀。此外，处于高pH的环境中也会促使角质层膨胀，增加鳞片间的空隙，为化学物质的渗透提供机会，这可能进一步损害头发的内部结构[8]。关于染发剂和造型产品的详细作用机制，将在本书第18章和第19章深入探讨。

你知道吗?

如果轻轻捏起一根健康的头发，置于拇指和食指之间，使手指从靠近头皮的根部开始缓缓沿着发丝滑向末端，在此过程中，会感到顺滑的触感，这是因为手指正顺着角质层的自然生长方向滑动。相反，保持一只手稳固地握着发丝，用另一只手的拇指和食指从发梢开始朝头皮方向逆向轻轻滑动，此时会发现这一方向的触感变得粗糙不平，这是因为手指正逆着角质层的生长方向移动。这种现象在头发湿润时尤为明显，因为水分使得角质层的鳞片更加突显，从而增强了触感上的差异。

皮质层是构成毛干的主要部分，位于角质层下方，对于维持头发纤维的机械性能至关重要，包括其强度、弹性和卷曲度。皮质层由富含角蛋白丝的细长皮质细胞和无定形的硫蛋白基质组成。此外，细胞和细胞间隙中还存在不同程度的气室堆积[9]。皮质层中的黑色素是决定头发颜色的关键因素，没有黑色素，头发纤维将不会显示任何颜色。随着年龄的增长，黑色素的生成量逐渐减少，而气室的数量则会相应增多。这些生理变化是头发逐渐变白的生物学机制。此外，氧化染发、长期烫发和直发，以及热造型所涉及的变化都发生在皮质层区域。类似于角质层，皮质层的光学特性显著影响头发纤维的颜色和光泽，具有重要的美学意义[10]。

你知道吗?

毛发皮质层中的皮质细胞具有独特而复杂的微观结构（图16.3），可为头发提供良好的强度和弹性。每个皮质细胞内部存在着成束的角蛋白巨原纤维束，这也是构成皮质细胞的基础框架。值得注意的是，这些巨原纤维本身并非单一结构，而是由更细小纤维组成的复合体。微原纤维实际上是由11根原纤维紧密缠绕、组装而成的索状结构，这种精细的构造进一步强化了头发的机械性能。然而，即便是原纤维，也非皮质细胞的最小组成单元。事实上，每个原纤维都是由4条角蛋白链以类似缆绳的方式紧密编织而成的[11, 12]。

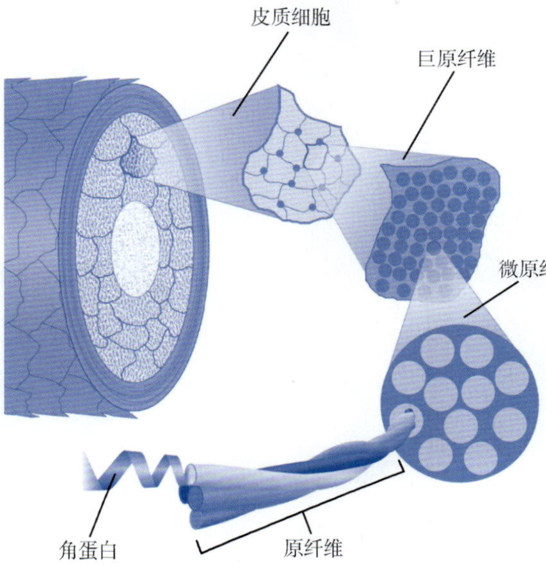

图 16.3　人体毛发皮脂层的显微结构

髓质，常被称为“核心”，由一系列扁平的角质化细胞构成。在对人体毛发纤维进行显微镜观察时，髓质可以呈现出连续、断续或完全缺失的不同形态，从而形成了各自独特的结构特征。髓质被认为是由支持无定形物质的角蛋白组成的框架，黏合着充满空气的气室[13]。一般而言，直径较大的毛发纤维，如来自头皮的毛发和男性胡须，更可能含有发达的髓质[14]。

16.3　人体毛发的主要特征

16.3.1　毛发生长周期和脱发

❸毛发的生长是一个独特而复杂的过程，涉及生长期（anagen phase）、退行期（catagen phase）和休止期（telogen phase）的连续循环（**图 16.4**）。这种周期性活动在整个生命过程中持续进行，但周期的阶段可能随着年龄的增长而变化，并且周期的长度因身体部位不同而呈现出多样性[10, 15]。

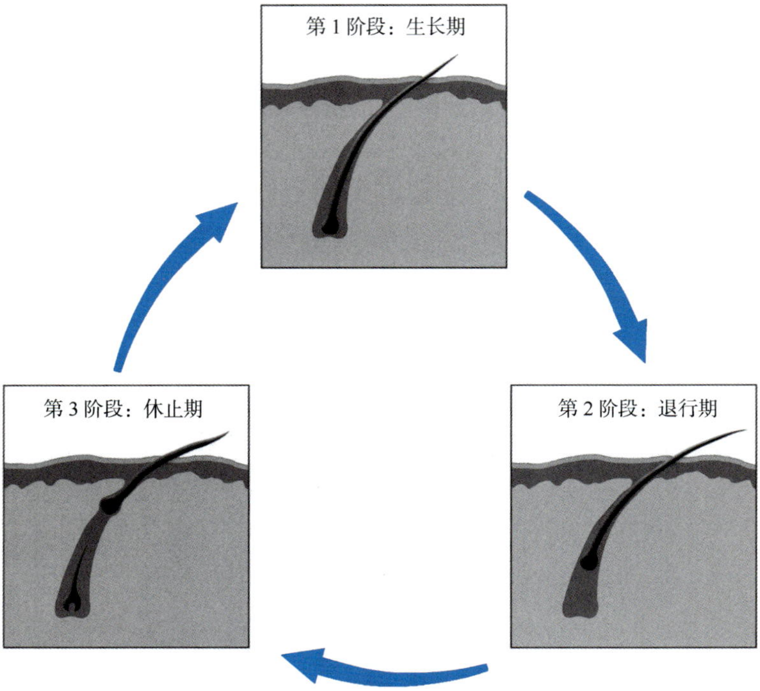

图 16.4 毛发的生长周期

- **生长期**，毛囊的根部会产生新的毛发。正常情况下，大多数头发（85%～90%）处于生长期，其余10%处于休止期或退行期[16]。头发的生长期可持续2～6年[17]；在某些情况下，甚至可以达到8年[18]。生长期越长，头发可以生长得越长。个体头发长度的差异与生长期长度的变化有关。毛发以每3天增长约1 mm的速度生长[2]。相比之下，胳膊和腿部的毛发，以及睫毛和眉毛的生长期则要短得多，且生长速度也较为缓慢，这就解释了为什么这些部位的毛发长度比头发短得多（一般长度在1～3 cm）。
- **退行期**是生长与静止两个阶段间的短暂过渡阶段，标志着生长阶段的结束。对于头发而言，退行期通常持续2～3周[3]。在此期间，细胞分裂活动逐渐停止，毛囊开始收缩并与真皮乳头分离，毛囊的基部向上移向皮肤表面。同时，在这一阶段，黑色素合成停止，使得头发的根部没有色素，直至脱落。
- **休止期**是毛发生命周期的最后阶段，持续至完全成熟的毛发自然脱落。虽然休止期也被称为静止期，但在此期间仍会发生许多活动，旨在促使毛干自然脱落，并为新一轮毛发的生长创造必要条件[3]。毛发在休止期可能会脱落，或者在下一个生长期来临时保持原位，此时新生的毛发会将其推离。头发的休止期通常持续2～3个月[17]。一旦休止期结束，毛发便会重返生长的起始阶段，从而开启新一轮的生长周期。新毛发将从同一毛囊中萌发。休止期结束时的毛发脱落通常是轻松且无痛的，正如我们日常洗发或梳头时不经意间脱落一样。

❹毛发的自然脱落是生长周期的一部分，标志着新生毛发取代衰老化毛发的过程。在正常生理状态下，每个毛囊遵循其独立的生长周期：一部分毛发处于生长期，而另一部分则处

于休止期并逐渐自然脱落。内在的平衡机制确保头皮上的毛发数量和密度维持稳定[19]。每天自然脱落100～150根毛发属于正常的生理现象[17]。然而，如果生长期出现毛发的异常脱落，就需要引起关注。读者可能会有这样一个疑问：如何辨别脱落的毛发是处于休止期还是生长期？事实上，休止期和生长期毛发的鳞茎形状和颜色存在差异。休止期毛发根部呈棒状，并且与生长期毛发相比，其根部没有色素。相关特征可以通过显微镜或放大镜进行观察和区分。

毛发生长受多种因素的影响，包括全身因素，如激素水平（包括雄激素、雌激素和甲状腺激素）、生长因子和细胞因子、应激，以及与环境相关的外部因素，如毒素、营养物质、维生素缺乏和能量供应问题[1]。

> **? 你知道吗?**
>
> 在任何特定的时间，人体任何给定解剖位置的毛囊并不都处于相同的生长阶段。有些处于生长期，而另一部分则处于休止期或退行期，此种现象被称为镶嵌模式（mosaic pattern）。这意味着毛囊之间的生长和脱落并不同步，即便存在休止期也不会秃顶。与人类不同，一些动物的毛囊生长周期是同步的，这使得其在环境温度升高时，像脱去“冬衣”一样自然地更换毛发[1, 20]。

16.3.2　人体毛发的化学成分

16.3.2.1　人体毛发纤维中的化学键

❺ 毛发纤维主要由各种类型的角蛋白组成。角蛋白纤维由相互交织的长分子链组成，并通过各种键牢固地连接。角蛋白是一种由长链氨基酸构成的蛋白质。氨基酸作为蛋白质的基本结构单位，通过脱水缩合过程生成的肽键相连而形成多肽链，肽键是多肽链内的强键。毛发纤维的构成还包括水、脂质、黑色素，以及多种元素（如铝、铬、钙、铜、铁、锰、镁和锌）[21]。在毛发的深层结构中，交叉链接和结合形成了一个强度网络，赋予毛发纤维适应各种造型技术的能力。

> **? 你知道吗?**
>
> 虽然皮肤和头发均由角蛋白组成，但两者角蛋白的类型存在差异。头发中的角蛋白属于硬角蛋白，其质地比皮肤中的软角蛋白更为坚硬。硬角蛋白硫元素含量更高，因此，也具有更多的交联结构。

❻ 毛发纤维中的侧键一般分为强侧键（strong side bond，简称强键）和弱侧键（weak side bond，简称弱键）。强键包括二硫键，弱键或弱相互作用包括氢键、离子键和范德瓦耳斯力（**图 16.5**、**表 16.1**）[22, 23]。

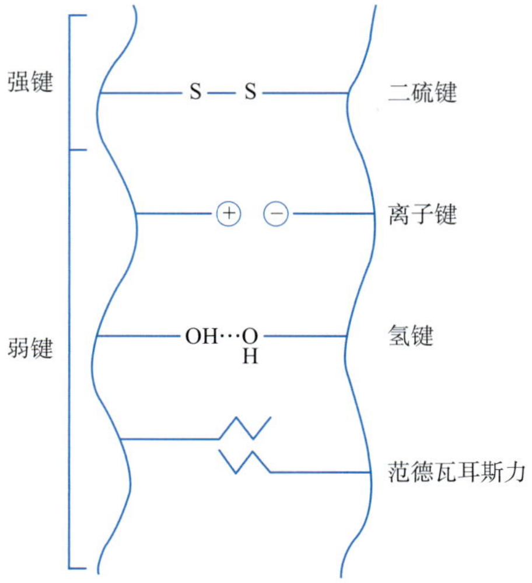

图16.5 毛发纤维中的侧键

强　键

强键之所以“强”，是因为其不能被水或正常的热量破坏，只能通过化学反应（如通过永久性烫发）断裂。当头发遇水变湿时，强键依旧保持着结构的完整性，确保头发的稳定性不受影响。

- **二硫键（S—S）**：毛发角蛋白由多种氨基酸构成，其中半胱氨酸发挥着至关重要的作用。半胱氨酸分子含有巯基（—SH），当两个巯基脱氢后，能够形成牢固的二硫键，并转化为胱氨酸，进而将多肽链紧密地连接在一起[24]。由于毛发纤维中富含半胱氨酸残基，相关残基的巯基促进大量二硫键的形成。二硫键对头发的物理特性具有重要的影响，不仅决定了头发的形状和稳定性，还极大地影响了头发的质感和弹性。

表16.1　毛发纤维中多肽链内部和链与链之间的键

类型	化学键	强度程度	敏感性因素
多肽链内	肽键	强	高pH化合物，如化学脱毛剂（参见第25章）
多肽链间	二硫键	强	极端高温、高pH化合物，如永久性烫发和永久性头发松弛剂
	氢键	弱	水、高温
	离子键	弱	pH
	范德瓦耳斯力	弱	水、高温

弱　键

弱键在水的作用下更易分解，如头发在湿润状态、高温环境和pH变化时所展现的状态。弱键的断裂会使头发的结构暂时失去其固定形态，一旦外界条件恢复正常，便能迅速恢复至其原始形状，展现出内在的弹性和可塑性。

- **氢键**：是在带部分正电荷的氢原子与电负性原子（如氧）之间形成的键。氢键虽然在水的作用下或受热时容易断裂，但其在塑造头发整体形态方面扮演着关键角色。

尽管单个氢键的强度有限，但由于其在头发纤维中的数量最多，其整体作用对增强头发的强度和稳定性具有显著贡献。

- **离子键**：是在一个氨基酸的正电荷端与相邻氨基酸的负电荷端之间形成的键[25]。离子键也被称为盐键、盐桥或库仑相互作用（Coulomb interaction）。离子键对pH很敏感，因此很容易在强碱或酸性溶液中断裂。尽管离子键属于弱键，但其结合在一起，同样构成了头发纤维强度的重要部分。
- **范德瓦耳斯力（弱相互作用）**：是一种存在于紧密相邻的中性分子间的弱引力。尽管这种力十分微弱，但其对物质的物理性质具有重要影响。该作用力遇到水或高温时容易被破坏。

头发的自然形态可以通过暂时或永久性的方式进行调整，这主要取决于被改变的是哪种化学键。如前所述，弱键较易发生改变。例如，头发中的氢键在润湿状态下会变得脆弱，容易断裂。借助物理手段，如吹干、熨平、卷曲或干燥，可以重新排列氢键，从而塑造新的发型，改变头发的外观。值得注意的是，新键也容易受到环境湿度的影响，随着时间的推移，头发可能会恢复到卷曲、波浪或直发的自然状态[26]。若要实现更为持久的发型变化，如长期直发或烫发，则必须改变强键。持久性的发型改变涉及二硫键在新位置的断裂和重组，需要通过化学处理来实现，以确保发型的长期稳定性和持久性。

16.3.2.2　人体毛发的表面电荷

未经处理的毛发所含的蛋白质具有等电点（isoelectric point，pI），其pH大约为3.7（参见第9章）[27]。由于日常使用的护发产品的pH普遍高于头发的等电点，这使得❼头发表面通常带有负电荷。负电荷从发根向发梢逐渐增加，这主要是紫外线的长期辐射导致头发受损的结果。作为头发中老化最严重的部分，发梢承受了最大的应力，也携带最多的负电荷[28]。头发表面带有负电荷，因此阳离子成分更容易被头发吸附；相比之下，阴离子成分则较难附着。这一特性为使用阳离子成分进行头发护理提供了有利条件。

16.3.3　人体毛发的物理特性

❽人体毛发的物理特性与其形状和内部成分（包括角质层和皮质层）有关。头发几何形状的变化，以及角质层和皮质层的损伤，可显著影响头发的弹性、强度和其他特性。

- 头发纤维具有极高的**持久性和强度**，主要归功于其内部的角蛋白成分，相关角蛋白密集地分布于头发的皮质层中。健康头发纤维的抗拉强度类似于相同直径的铜线[25]，维持这种强度离不开完整的角质层，其充当着抵御外界机械和化学侵害的屏障。角质层一旦受损，不仅会显著降低头发的整体质量，还会削弱其强度，甚至可能导致头发的分叉和断裂等问题。
- **弹性**是毛发纤维的另一个重要特性，其赋予毛发在经历物理压力（如梳理）后，能够恢复其原始形态而不发生损伤的能力。由于头发的弹性，其能够承受可能改变其形状、体积或长度的作用力。健康的湿发可以被拉伸至其原始长度的130%，并在干燥后恢复原状。然而，过度拉伸可能导致不可逆的损伤，如永久的延长甚至断裂[29]。值得注意的是，无论是湿发还是干发，其弹性均与发干直径密切相关。一般而言，越粗的头发越能有效抵抗拉伸力[30]。

- 毛发的**含水量**随周围环境的相对湿度变化而波动。为了保持健康的外观，毛发纤维的理想含水量约为17%，但在某些情况下，毛发纤维的含水量可高达35%[25, 31]。当头发湿润时，其皮质层会发生膨胀，同时角质层的鳞片边缘也会翘起。这种变化会导致毛发表面暂时失去原有的光滑度，从而使湿发的摩擦力增大。增加的摩擦力可能导致洗发或梳理过程中毛发打结。
- 毛发具有较高的**电阻率**和相对较低的**介电常数**。在日常生活中，梳理毛发很容易产生静电荷。在炎热且干燥的气候条件下，这种现象尤为显著。当毛发带电时，会出现所谓的"飞翘发"（"flyaway" hair）现象，即头发丝从头皮表面向外突出，形成一种蓬松的外观。

> **? 你知道吗?**
> 湿发相比干发具有更高的弹性，意味着湿发更易于被拉伸。然而，过度拉伸湿发可能导致不可逆的损伤和断裂。因此，应避免对湿发进行过度拉伸[4]。

16.3.3.1 毛发老化

❾ 老化（weathering）是一种渐进性的头发损伤，主要影响头发纤维的末端部分（发梢）。老化通常受外界因素的影响，包括环境因素（如紫外线辐射），以及各种美容操作（如频繁的梳理、热风吹干、高温烫发、永久性直发或烫发、染发和漂白等）。相关因素会引起角质层的机械性磨损，损害皮质层，从而改变毛发纤维的抗拉强度，并使角蛋白中的氨基酸流失[32]。老化迹象包括角质层的损伤、发梢分叉，以及沿毛发纤维的断裂。所有头发都会经历一定程度的老化，但长发和经常烫熨的头发通常呈现出更明显且严重的老化迹象。

16.3.4 头发的分类

❿ 头发可以根据其颜色、直径（粗细）、形状、质地、状态、长度和卷曲度等多种特征进行分类。以下是对主要分类的讨论。

16.3.4.1 按照头发粗细的分类

头发按粗细分类依据的是单根发丝的直径。通常，头发可根据其粗细程度被划分为粗、中、细三种类型。大多数人的头发粗细是混合的，这种情况非常普遍[8]。

- **粗发：**此类头发的直径最大，通常在化学处理（如烫发）时表现出较强的抵抗力，因此，通常需要更多的时间来完成相关处理。

- **中等粗细的头发：**中等发质通常被认为是其他类型头发的标准，粗细介于粗发和细发之间。
- **细发：**直径最小，因此更为脆弱，容易受到损伤。

16.3.4.2　按照颜色的分类

头发的天然颜色源于皮质层中的黑色素。黑色素包括两类：真黑素（eumelanin），其赋予头发深棕色至黑色的色调；褐黑素（pheomelanin），其赋予头发红色到金色的色调。头发的天然颜色从黑色、棕色、金色到红色，每个色系都包含着丰富的细微差别。这种头发色素的多样性主要是由真黑素和褐黑素的含量及其比例的不同组合决定的[33]。

16.3.4.3　基于状态的分类

头发的质感，包括光滑度和柔软性，是评估头发健康状况的关键指标，与头发角质层的完整性密切相关。角质层的完整性通常通过其孔隙度来衡量，即头发中孔隙的数量。孔隙度不仅关系到毛干的结构，还影响头发吸收和保持水分的能力[30]。孔隙度的高低直接反映角质层的健康状况。

- **健康的头发：**通常具有紧密的角质层，展现出自然的疏水性，能有效抵抗水分侵入，从而减少因湿气导致的膨胀和潜在损伤。
- **受损的头发：**随着时间的推移，环境因素和化学处理可能导致角质层受损，从而增加头发的多孔性。受损头发的孔隙结构可能变得不规则，但无论是孔隙增多还是减少，均会造成疏水性能下降，并对湿度的变化更加敏感。这种多孔性使头发吸收水分的速度加快，但同时也会导致头发的质地变得粗糙，失去原有的光泽和柔滑状态（图 16.6）。当角质层受损时，其层状结构变得松弛，不再紧密排列，可能导致头发末端出现分叉。受损的角质层更为脆弱，随着损伤的不断累积，头发整体强度和健康状况将逐渐恶化。

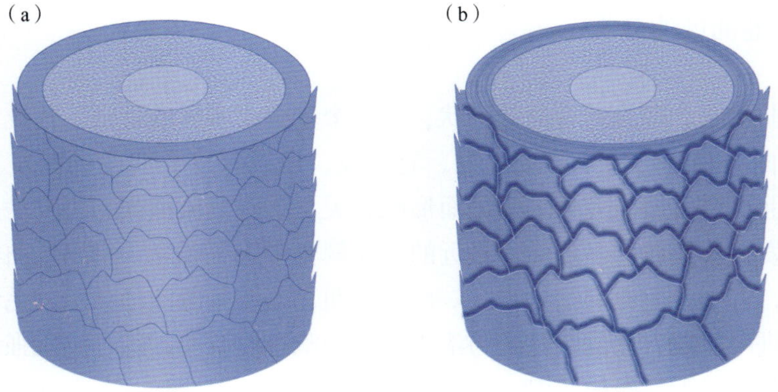

图 16.6　（a）健康头发；（b）多孔头发

在进行任何化学处理之前，评估头发纤维的当前状况是关键步骤，因为受损头发和健康头发在护理需求上存在差异。通常情况下，在头发纤维尖端的损伤更为明显，反映了头发纤维随时间增长的自然老化过程。

> **你知道吗？**
> 可以通过一个简单的测试评估头发的孔隙度：将一滴水置于一组头发上并进行观察。如果水滴保持完整，没有被头发迅速吸收，表明头发的毛鳞片层是健康且紧密的；相反，如果水滴迅速渗透进头发，说明头发的孔隙较大，属于多孔头发。

16.3.4.4 基于形状和结构的分类

根据毛发纤维的微观结构、形态特征、相对大小及生长周期，可将毛发主要划分为三类：胎毛（lanugo hair）、绒毛（vellus hair，也称为毫毛）和终毛（terminal hair）。

- **胎毛：** 自胎儿发育起至第5个月，其全身会被一层极其柔软的毛发所覆盖，这便是胎毛。这些胎毛大部分在出生时脱落，被绒毛取代。
- **绒毛（毫毛）：** 短小且质地柔软，通常为无色或淡色[3]。在成年人身体上，绒毛广泛分布于那些看似无毛的区域，如前额、眼睑及脱发区的头皮，但不包括手掌和足底。绒毛的一个重要作用是辅助汗液的有效蒸发。
- **终毛：** 是有色的，其横截面直径较粗大，且比其他毛发纤维更长。其主要分布在头皮、面部、胸部（主要是男性）、手臂、腿部、腋下和生殖器区域，也可能出现在背部。终毛的大小和形状随身体的位置和功能而变化。例如，头皮上的终毛在抵御紫外线和隔热方面发挥着重要作用，而睫毛则能保护眼睛免受灰尘的伤害。

有些毛囊具有从一种类别转变为另一种类别的能力[1]。例如，成人头皮上的毛囊通常产生终毛，但可能会经历一个渐进的过程，开始生成绒毛，这一变化常常与脱发问题相关。相反，男性胡须区域的毛囊在青春期前只产生细软的绒毛，但随着青春期的到来，这些毛囊开始生成粗硬的终毛。

16.3.4.5 基于卷曲度的分类

头发的卷曲状态，即自然弯曲的形状，是一个复杂而多样的特征。传统上，根据毛干外观将头发卷曲类型分为直发、波纹发、卷曲发，以及极度卷曲的卷曲发。早期理论认为，头发的卷曲性质直接与毛囊的横截面形状相关，如圆形横截面的头发是直的，而椭圆形横截面的头发是波浪状的。然而，最近的研究颠覆了这一观念，指出卷曲实质上源自毛发的生长方式，特别是毛囊的结构[34, 35]。研究表明，即使是椭圆形截面的毛囊，也能生长出直发[34, 35]。进一步地，卷曲特性还与毛皮质内细胞排列有关，这一发现强调了卷曲特征的普遍性，而非专属于某些种族[36]。

传统头发分类方法通常将头发分为三种类型，分别对应非洲、欧洲和亚洲人群的典型特征。通常，亚洲人的头发最直且粗硬，非洲人的头发以其紧密的卷曲为特征，而欧洲人的头发居于两者之间。然而，这种分类方式无法全面反映人体头发的多样性。现代分类方法更为细致，将头发分为多个类型，不再局限于种族背景，类似菲茨帕特里克的皮肤类型分类系统[37]。

16.3.4.6　基于油脂的分类

通常，根据油脂性特征可将头发分为三种类型：中性、干性和油性发质[8]。

- **中性发质：**以其自然光泽、适度的油脂和水分平衡而著称。其既不显得油腻，也不干燥，且通常保持健康、无损的状态。此类头发常被作为评估其他类型头发的基准。
- **干性发质：**由于缺乏足够的水分而显得暗淡无光。这种状况往往是由于角质层和皮质层受损，导致头发纤维无法有效保持水分，从而呈现出不健康的外观。在长发中，这一现象尤为明显，因为随着时间的延长，头发更容易受到环境因素的影响。值得注意的是，干性发质在女性中更为常见，可能与女性更倾向于留长发有关。同时，干性发质往往伴随着干燥的头皮。频繁洗头和化学处理（如烫发、漂白）可能导致头发变得极度干燥，需要特别的护理，并使用温和的清洁产品，以避免进一步损伤。
- **油性发质：**主要由皮脂腺过度活跃、分泌过多皮脂所致。激素水平的变化对皮脂具有显著影响，在青春期等特殊时期，许多人会经历油性发质，这时需要更频繁地清洗来维持头发的清洁和舒适。

（初　春　译，白仁仁　校）

术语表

中文术语	英文术语	解释
毛囊	hair follicle	表皮向下延伸至真皮和皮下的管状鞘。
胎毛	lanugo hair	一种非常纤细且柔软的毛发，覆盖着人类胎儿或新生儿的身体和四肢，大部分在出生时脱落。
绒毛	vellus hair	也称为毫毛，是一种短、柔软、无色的毛发纤维，通常出现在被认为无毛的体表，如前额、眼睑和秃顶的头皮。
终毛	terminal hair	横截面比绒毛大的色素发。末端毛发位于头皮、面部、胸部（主要为男性）、臂和腿、腋下和阴部，也可能出现在背部。
多孔毛发	porous hair	质地粗糙、失去光泽和顺滑度的毛发。这类毛发极易快速吸收液体，并容易形成分叉。
发根	hair root	毛发嵌入真皮层的部分，将毛发固定在皮肤上。

续表

中文术语	英文术语	解释
毛干	hair shaft	突出于皮肤表面的部分毛发。
毛母质	hair matrix	在毛囊球周围毛囊中活跃生长的细胞。
毛乳头	hair papilla	在毛根底部含有一簇血管的结缔组织，为毛球提供氧气和营养。
毛囊球	hair bulb	毛根的基部，具有典型的洋葱形状。
髓质	medulla	毛干的最内层，位于皮质层之下，有时会缺失。
生长期	anagen phase	毛发周期中新细胞形成的活跃生长阶段。
退行期	catagen phase	毛发生长周期的过渡阶段，标志着生长期的结束。
休止期	telogen phase	毛发生长周期的最后一个阶段，即休止阶段。
皮质层	cortex	毛干的内层，位于角质层之下。
角质层	cuticle	毛干的最外层结构，由多层重叠的鳞片结构组成。
毛发老化	hair weathering	进行性毛发损伤，主要影响毛发纤维的末端。其是由外部因素造成的，包括环境因素和化学处理。
f层	f-layer	角质层上的脂质和一层脂肪酸，使头发具有疏水特性。
角蛋白	keratin	一种纤维蛋白，是头发纤维的主要成分。
真黑素	eumelanin	头发中的一种黑色素，可使头发呈现深棕色和黑色。
褐黑素	pheomelanin	头发中的一种黑色素，可使头发呈现红色到金色。
氢键	hydrogen bond	在头发中带有部分正电荷的氢原子和电负性原子（如氧）之间形成的弱侧键。由于其数量很多，对头发纤维的强度具有显著影响。
侧键	side bond	连接头发纤维中多肽链的键，有助于维持人体头发的强度。
二硫键	disulfide bond	由两个相邻半胱氨酸的巯基脱氢后，在硫原子之间形成的强侧键。
弱键	weak bond	头发中存在的一种侧键，甚至可通过润湿头发改变其性质。弱键包括氢键、离子键和范德瓦耳斯力（弱相互作用）。
强键	strong bond	一种交联头发纤维中多肽链的键，有助于增强头发的强度。
肽键	peptide bond	毛发纤维中多肽链内的一种强键，是氨基酸之间形成的化学键。
离子键	ionic bond	也称为盐键、盐桥或库仑相互作用，是指头发中一个氨基酸的正电荷端和相邻氨基酸的负电荷端之间形成的弱侧键。
范德瓦耳斯力	van der Waals force	在头发中紧密接触的中性分子之间形成的弱相互作用。

缩略词表

缩略词	英文全称	中文全称
18-MEA	18-methyl eicosanoic acid	18-甲基二十烷酸
pI	isoelectric point	等电点

参考文献

1. Blume-Peytavi, U., Whiting, D.A., and Trüeb, R.M. (2008). *Hair Growth and Disorders*. New York: Springer.
2. Wingerd, B. (2013). *The Human Body: Concepts of Anatomy and Physiology*. Philadelphia: Lippincott Williams and Wilkins.
3. Martini, F.H., Nath, J.L., and Bartholomew, E.F. (2012). *Fundamentals of Anatomy and Physiology*. San Francisco: Pearson Education, Inc.
4. Draelos, Z.D. (2005). *Hair Care: An Illustrated Dermatologic Handbook*. Boca Raton: Taylor and Francis.
5. Preedy, V.R. (2012). *Handbook of Hair in Health and Disease*. Wageningen: Wageningen Academic Publishers.
6. Bhushan, B., Wei, H., and Haddad, P. (2005). Friction and wear studies of human hair and skin. *Wear* 259: 1012–1021.
7. Wiesche, E.S., Körner, A., Schäfer, K. et al. (2011). Prevention of hair surface aging. *J. Cosmet. Sci.* 62 (2): 237–249.
8. Milady (2016). *Milady Standard Cosmetology*. Boston: Cengage Learning.
9. William, K.J. (2005). *Krause's Essential Human Histology for Medical Students*. Sydney: Universal Publishers.
10. Kharin, A., Varghese, B., Verhagen, R. et al. (2009). Optical properties of the medulla and the cortex of human scalp hair. *J. Biomed. Opt.* 14: 1–7.
11. Agache, P., Agache, P.G., and Humbert, P. (2004). *Measuring the Skin*. New York: Springer.
12. Voet, D. and Voet, J.G. (2011). *Biochemistry*. Hoboken: Wiley.
13. Gray, J. (2008). Human hair. In: *Hair and Scalp Diseases* (ed. A. McMichael and M. Hordinsky), 1–17. New York: Informa Healthcare.
14. Wolfram, L.J. and Lindemann, M.K.O. (1971). Some observations on the hair cuticle. *J. Soc. Cosmet. Chem.* 22: 839.
15. Kligman, A.M. (1959). The human hair cycle. *J. Invest. Dermatol.* 33: 307–316.
16. Wortsman, X., Wortsman, J., Matsuoka, L. et al. (2012). Sonography in pathologies of scalp and hair. *Br. J. Radiol.* 85 (1013): 47–655.
17. Herskovitz, I. and Tosti, A. (2013). Female pattern hair loss. *Int. J. Endocrinol Metab.* 11 (4): e9860.
18. Paus, R. and Cotsarelis, G. (1999). The biology of hair follicles. *N. Engl. J. Med.* 341: 491–497.
19. Harrison, S. and Bergfeld, W. (2009). Diffuse hair loss: its triggers and management. *Cleve. Clin. J. Med.* 76 (6): 361–367.
20. Randall, V.A., Thornton, M.J., Messenger, A.G. et al. (1993). Hormones and hair growth: variations in androgen receptor content of dermal papilla cells cultured from human and red deer (Cervus elaphus) hair follicles. *J. Invest. Dermatol.* 101: 114S–120S.
21. Poucher, W.A. and Butler, H. (1992). *Poucher's Perfumes, Cosmetic and Soaps: Volume 3 Cosmetics*. Secaucus: Springer Science + Business Media Dordrecht.
22. Robbins, C.R. (2002). *Chemical and Physical Behavior of Human Hair*. New York: Springer.
23. Wella, A.G. and Schwan-Jonczyk, A. (2004). *Haar Umformung*. Darmstadt: Procter & Gamble Service.
24. Bhushan, B. (2010). Introduction: human hair, skin, and hair care products. In: *Biophysics of Human Hair: Biological and Medical Physics, Biomedical Engineering* (ed. B. Bhushan), 1–19. Berlin/Heidelberg: Springer-Verlag.
25. Wolfram, L.J. (2003). Human hair: a unique physicochemical composite. *J. Am. Acad. Dermatol.* 48: S106–S114.
26. Davis-Sivasothy, A. (2011). *The Science of Black Hair: A Comprehensive Guide to Textured Hair*. Stafford: SAJA Publishing Company.
27. Wilkerson, V.A. (1935). The chemistry of human epidermis: II. The isoelectric points of the stratum corneum, hair and nails as determined by electrophoresis. *J. Biol. Chem.* 112: 329–335.

28. Lai, K.Y. (2012). *Liquid Detergents*. Boca Raton: CRC Press.
29. Rook, A. and Dawber, R. (1982). *Diseases of the Hair and Scalp*. Oxford: Blackwell Scientific Publications.
30. Marsh, J., Gray, J., and Tosti, A. (2015). Healthy hair: Form and Function. In: *Healthy Hair* (ed. J. Marsh, J. Gray and A. Tosti), 1–28. Berlin: Springer.
31. Mercelot, V. (1998). Application of a tensile-strength test method to the evaluation of hydrating hair products. *Int. J. Cosmetic Sec.* 20: 241–249.
32. Trüeb, R.M. (ed.) (2013). Hair care and cosmetics. In: *Female Alopecia: Guide to Successful Management*, 170–190. New York: Springer.
33. Ito, S. and Wakamatsu, K. (2011). Human hair melanins: what we have learned and have not learned from mouse coat color pigmentation. *Pigment. Cell Mel. Res.* 24: 63–74.
34. Thibaut, S., Gaillard, O., Bouhanna, P. et al. (2005). Human hair shape is programmed from the bulb. *Brit. J. Dermatol.* 152 (4): 632–638.
35. Thibaut, S., Barbarat, P., Leroy, F. et al. (2007). Human hair keratin network and curvature. *Int. J. Dermatol.* 46 (1): 7–10.
36. Lindelof, B., Forslind, B., Hedblad, M.A. et al. (1988). Human hair form. Morphology revealed by light and scanning electron microscopy and computer aided three-dimensional reconstruction. *Arch. Dermatol.* 124: 1359–1363.
37. de la Mettrie, R., Saint-Léger, D., and Loussouarn, G. (2006). Shape variability and classification of human hair: a worldwide approach. *Hum. Biol.* 79 (3): 265–281.

第 17 章
洗发与护发产品

学习目标

通过本章的学习，读者将掌握以下内容。

1. 以下术语的定义：

洗发水	干性洗发水	药物性洗发水	去屑产品
护发素	冲洗型护发素	免洗护发素	头皮屑
脂溢性皮炎	马拉色菌	可梳理性	眼部刺激
成膜剂	安慰剂	季铵盐	水解蛋白
光泽	发梢分叉		

2. 洗发水和护发素的法律分类。
3. 洗发水和护发素的区别。
4. 洗发水和护发素对头皮和头发的有益影响与潜在负面影响。
5. 理想洗发水和护发素应具备的特性。
6. 洗发水清洁头发的机制。
7. 洗发水的主要成分类型及其实例。
8. 目前应用洗发水的各种类型。
9. 头皮屑和脂溢性皮炎的区别。
10. 头皮屑的形成过程及典型症状。
11. 去屑洗发水中的活性成分。
12. 护发素的作用机制。
13. 常用护发成分的类型及其作用原理。
14. 目前应用护发素的主要类型。
15. 洗发水和护发素制剂及其使用时可能出现的典型质量问题及具体原因。
16. 洗发水和护发素常规测试的典型质量参数及其评价方法。
17. 护发素性能的常规测试方法。
18. 洗发水和护发素的典型容器。

主要概念

1. 头发是影响外观最重要的因素之一，洗发水和护发素是广泛使用的个人护理产品。

2. 大多数洗发和护发产品为消费者提供了美容效果，因此其在美国属于化妆品。然而，用于预防和治疗头皮屑等特定问题的产品则是具有美容功效的非处方（OTC）药品。

3. 大多数洗发水都是基于表面活性剂的制剂，因此其清洁原理是乳化作用。

4. 目前洗发水的剂型包括液体、凝胶、乳剂（乳液和乳霜）和粉末。通常，洗发水是各种表面活性剂在水中的胶体分散体，增稠后调至最佳黏度。

5. 头皮屑是最常见的头皮皮肤病之一，表现为发痒，以及形成白色至黄色、鳞片状的皮屑斑块。

6. 护发素在洗发后使用，旨在使头发更光滑，提高其光滑度和光泽度，并对化学损伤、机械损伤和老化的头发发挥修复作用。

7. 洗发水和护发素质量相关的典型问题包括乳剂分层、微生物污染、结块、酸败和起泡性差（洗发水）。

8. 评价洗发水和护发素质量常见的测试参数包括乳液、乳霜和凝胶的铺展性、挤出性、质地和硬度，驱动力，喷雾特性，喷雾泄漏，喷雾产品发泡性能压力测试、泡沫稳定性、泡沫黏度、泡沫密度和泡沫结构，防腐效力，黏度，密度和比重，酸碱度和稳定性。

9. 最常见的功效测试参数包括梳理性、光泽度及去屑洗发水的抗菌活性。

10. 洗发水和护发素的不良反应很少见，但可能引发眼部刺激和灼烧感，主要由作为主要表面活性剂的硫酸盐引起。硫酸盐和月桂醇硫酸盐可能会刺激头皮并导致脱发，因此其安全性在洗发水中也一直备受关注。

17.1 引言

❶ 头发是影响外观的最重要因素之一，洗发水和护发素是广泛使用的个人护理产品。虽然洗发水（shampoo）一直是美发护理产品最常见的形式，主要功能是清洁头发和头皮，但如今消费者期望其拥有更多的选择和功能[1]。环境因素（如紫外线辐射、风和湿度）、美发操作（如染色、烫发和漂白），以及日常梳理，都会导致头发失去强度、弹性和光泽。目前，市场上有许多不同的洗发水、护发素（hair conditioner）及洗护二合一产品，消费者可以根据其护发需求进行选择。洗发水和护发素适用于不同发质、不同的护发习惯，以及与头皮外部状况相关的特定问题[2]。

本章介绍了各种洗发水和护发素，包括其成分、制剂技术、检测方法和包装材料。同时还概述了消费者的一般需求，以及相关产品对头发和头皮的影响。

17.2 洗发和护发产品的类型和定义

❷ 大多数洗发和护发产品为消费者提供了美容效果，因此其在美国属于化妆品，但用于预防和治疗头皮屑（dandruff）等特定问题的产品则是具有美容功效的OTC药品。

- 洗发水用于去除头发和头皮上的各种油脂和污垢，包括皮脂、汗液和环境污垢。护发产品则用于美发，使头发易于处理。

- 去屑产品中含有预防和治疗头皮屑的活性成分。头皮屑是头皮常见的疾病，其特征是脱屑和瘙痒。
- 护发素用于临时性修复由化学、机械和环境因素导致损伤的头发，弥补洗发后天然脂质的流失，便于头发的梳理和造型。护发素通常作为漂洗或涂抹剂在洗发后使用。某些生产商还研发了洗护二合一产品。

17.3 洗发和护发产品的使用历史

自古以来，头发护理对于男女都非常重要。从埃及古墓挖掘中也发现了由回火铜和青铜制成的梳子、刷子、镜子和剃须刀。头发清洁产品可以追溯至肥皂的诞生时期。早期的埃及人用柑橘汁和少量的肥皂洗发以去除头发的油脂[3]。同时，他们将蓖麻油和其他油类用于护发。到了中世纪，人们通过将肥皂与苏打（制作肥皂的原料）混合在一起，开发出了更精致的美发产品[3]。18世纪晚期，英国的美发店为顾客提供一种被称为“Shampoo”的洗发按摩服务。“Shampoo”一词及其按摩手法都源自印度，在印度最初是一种头部按摩，通常使用含碱液、天然油和香料的混合物进行[4]。

到了20世纪末，混合草本香料的洗发香皂变得非常常见。然而，最初的肥皂会在头发上留下一层无光膜，让人感到不适和刺激。20世纪早期，“无肥皂”洗涤剂的发明使得清洗头发且无残留物成为可能。第一款以洗涤剂制成的洗发水是在第一次世界大战后推出的，随即变得非常流行[5]。第一款现代护发素是于20世纪30年代早期开发的，当时开始使用自乳化蜡。这些蜡与蛋白质和聚硅酮相结合，可改善头发的质感和纹理。早期的蛋白质来源主要是明胶、牛奶和鸡蛋[6]。

目前，市场上的洗发水和护发素多种多样，有专门针对干性受损发质、油性发质、正常发质和染发发质的产品，也有许多具有额外造型功效（如丰盈、拉直或加强卷）的产品。

17.4 洗发和护发产品对头发和头皮的影响

洗发产品是当今使用最广泛和最频繁的个人护理产品之一。根据个人需要，在选择和使用得当的情况下，其有助于保持头发健康的外观。本章总结了使用洗发水和护发素的优势。

- 使用洗发水的主要优势是可以去除头发上的污垢和油脂。就像皮肤上的污垢一样，头发上的污垢包括汗液、皮脂及其分解物、死皮细胞、化妆品和个人护理产品的残留物，以及灰尘和空气中携带的其他环境杂质。这些物质大多数不溶于水，因此简单用水清洗不足以将其去除。洗发水中含有表面活性剂（如皮肤清洁剂），可以去除头发中的油性颗粒。
- 头皮屑与其说是一种疾病，不如说是一种美容问题。如果不加以治疗，可能会导致严重的情绪困扰。含有去屑活性成分的洗发水可有效预防和治疗头皮屑。
- 化学处理（如烫发）会对头发造成严重损害。受损的头发看起来比较干燥，没有光泽，其特征是头发末端分叉和纤维断裂。将护发素涂抹在头发上，有助于暂时修复损伤，其中所含各种成分增加了头发的光泽度和易梳理性。

洗发水和护发素的不良反应通常很少见，但在某些情况下仍会引发一些副作用。最常见的副作用如下。

- 一般而言，洗发水不会引起皮肤刺激，因为其在冲洗之前只会与皮肤短暂接触[7]。洗发水中可能的变应原成分包括香料、丙二醇、苯甲酮、对羟基苯甲酸酯和其他防腐剂[8, 9]。
- 护发素也是如此。虽然护发素会残留在头发上，但其通常被涂在头发纤维的末端，而不是头皮上。因此，不良反应很少见。
- 但是，对于洗发水而言，眼部刺激是一个普遍问题，这通常是由洗发水中使用的主要表面活性剂（即发挥清洁作用的表面活性剂）引起的，如十二烷基硫酸钠。为了减少刺激，洗发水中会添加多种成分，如两性表面活性剂、聚硅酮和蛋白质衍生物。
- 除了眼部刺激外，阴离子表面活性剂还会损害角质层（SC）。如第10章所述，较强的表面活性剂可以去除角质层中的屏障脂质和水溶性天然保湿因子（NMF），导致角质层干燥及酶活性的改变[10, 11]。总体而言，角质层成分的变化会影响整体的屏障效果，加速皮屑脱落。减少相关负面影响的一种常见方法是使用结合阴离子和两性表面活性剂的更温和的清洁剂[12]。
- 此外，由于强表面活性剂能强力去除头发上的油脂和污垢，过度使用会导致头发外观发生显著变化，使头发暗淡，易起静电且难以梳理。过度去除油脂对油性头发和头皮有利，但会使头发变干并影响头皮状态。这就是选择合适类型的洗发水对保持头发外观健康至关重要的原因之一。
- 正如在第10章中所讨论的，在过去几十年间，由于更好和更温和产品的出现，传统块状香皂的使用逐渐减少。然而，块状香皂也仍然在使用，主要是老一辈人用来清洁身体和头发。与洗发产品对皮肤的作用相似，传统块状香皂对头发也有刺激性。块状香皂与硬水混合后会留下皂垢，很难从头发和头皮上冲洗掉。残留在头发和头皮上的皂垢可能是加重脂溢性皮炎（seborrheic dermatitis）的因素之一[7]。基于合成表面活性剂成分的合成皂更为温和，具有更适合头皮的pH。

17.5 洗发和护发产品所需特性和消费者需求

除了努力制造稳定、高质量和安全的产品外，制剂研发人员在设计产品时还必须考虑到消费者的需求。一个关键点是优化产品的性能、美观度和宣称效果，并创造出吸引消费者的产品。从消费者的角度而言，高质量的洗发和护发产品应具有以下特点：

- 对头发和头皮温和，不会使其干燥或受损。
- 天然的或令人愉悦的气味和颜色。
- 持久的效果。
- 易在头发上均匀涂抹。

- 易从头发上洗掉。
- 增强头发的光泽和亮度，使其易于梳理。
- 耐受性良好，无致敏性。
- 柔顺的质感。

对于洗发水而言：

- 可去除头发和头皮上的油脂及其他污垢。
- 良好的起泡性。
- 对眼部无刺激性。
- 作为一种载体可将有益物质成分涂抹在头发和头皮上。

对于去屑产品[13]而言：

- 确保活性成分在头皮上留存，特别是去屑洗发产品。
- 活性成分具有良好的生物利用度。

对于护发素而言：

- 不会使头发下垂。

17.6　洗发产品

17.6.1　洗发基础

在皮肤清洁产品中讨论的清洁原理（第10章）同样也适用于洗发水。从化学性质的角度而言，❸大多数洗发水都是基于表面活性剂的制剂，因此其清洁原理为乳化作用。表面活性剂会包裹并捕获微小的油滴，使其可以从头发和头皮上被冲洗掉（图10.2）。通过不溶性颗粒污垢与毛发纤维之间的静电排斥，以及吸附在毛发纤维上的表面活性剂分子和溶解在污垢中表面活性剂分子之间的排斥力，可以去除不溶性的颗粒污垢[14]。

干性洗发水（dry shampoo）则是一个例外，因为其是基于具有良好吸油能力的成分，而非表面活性剂。干性洗发水不能清洁头发和头皮，但能通过吸收油脂使头发变得清爽，让头发看起来不那么油腻。干性洗发水会在头发和头皮上产生残留，长时间残留可能会导致刺激和瘙痒。

17.6.2　洗发水的典型成分

❹目前的洗发水剂型包括液体、凝胶、乳剂（乳液和乳霜）和粉末。通常，洗发水是各种表面活性剂在水中的胶体分散体，经增稠至最佳黏度。本节主要介绍基本类型的洗发水。经典洗发水的主要成分是清洁剂、增稠剂、水，以及因含水而添加的防腐剂。通常，各种添加剂相结合也有助于更好地发挥清洁作用，增强感官特性，增加泡沫，并使头发具有光泽。

市场上洗发水的配方多种多样，几乎找不到两种成分完全相同的洗发水。制造商可以从多种成分中进行选择，但所使用的基本成分类型是相同的。下文介绍了洗发水基本成分的类型及其特性和功能。

- **表面活性剂**通过降低两相之间的表面张力来帮助清洁和起泡。此外，其还可作为发泡剂和泡沫稳定剂。通常，会将几种表面活性剂组合使用以达到预期的效果。例如，用于油性发质的洗发水含有强去脂特性的表面活性剂，而用于染发的洗发水则更为温和。然而，不同表面活性剂对头发和头皮具有不同的特性和影响。阴离子表面活性剂可将头发清洗得非常干净，但会让其具有一种粗糙、毛刺的感觉。虽然非离子表面活性剂可增加头发的光泽，但其起泡性不如阴离子表面活性剂。因此，选择适当类型和用量的表面活性剂至关重要。
- **阴离子表面活性剂**具有良好的清洁作用和起泡性，因此常用于大多数洗发水。阴离子表面活性剂包括十二烷基硫酸盐（如十二烷基硫酸钠）、月桂烷硫酸盐（如月桂烷硫酸钠）、肌氨酸（如月桂酸肌酸钠，肌氨酸是极好的护发素，但不能有效去除油脂），以及磺基琥珀酸盐（如二辛基磺基琥珀酸钠）。
- **阳离子表面活性剂**不像阴离子表面活性剂那样常用，因为其不能很好地形成泡沫，也不能像阴离子表面活性剂一样有效地去除油脂。此外，其通常与阴离子不相容，这是另一个缺点。阳离子表面活性剂主要用于清洁需求较低但需增加头发柔软度和易梳理性的制剂中，如用于染发的日常洗发水[15]。
- **两性表面活性剂**与所有类型的表面活性剂都相容，且其对眼部没有刺激，泡沫适度，还可增加头发的易梳理性。两性表面活性剂经常与阴离子表面活性剂结合使用，如甜菜碱（如丙胺丙基甜菜碱与烷基氨基酸相结合的制剂）。
- **非离子表面活性剂**很受欢迎，而且非常温和。因此，其常与离子表面活性剂结合使用，作为辅助表面活性剂（cosurfactant）、流变改性剂和不溶成分（如芳香油）的助溶剂[16]。非离子表面活性剂的实例包括泊洛沙姆（poloxamer）、胺类氧化物（如氧化复方丙胺），以及聚葡萄糖苷（如月桂烷基葡萄糖苷）。

你知道吗?

传统的块状皂由于具有负面特性，通常不用于洗发。传统块状皂的一个主要缺点是其pH较高，可能会损害头发和皮肤。此外，其会形成钙盐，与自来水一同使用会使其黏附在头发上形成钙盐。所形成的盐类会使头发看起来暗淡、易脆且难以梳理。

你知道吗?

与皮肤清洁剂类似，大多数消费者会追求起泡性能好的制剂，因为他们会将这种特性与洗发水的清洁能力联系在一起。然而，事实并非如此。低泡沫和高泡沫制剂在去除头发油脂的功效方面实际是一样的。另一种普遍观点认为，洗发水和护发素越厚重，其活性成分就越丰富。其实，添加至洗发水中的大多数成分对黏度并没有显著影响，而添加的增稠成分并没有护发作用。相关成分只是为消费者提供了一个更好的洗发体验。

- **增稠剂**为体系提供了必要流变特性。黏度类似于水的洗发水并不好，因为其使用时不会留在手上，也不会保留在头皮上，反而会流入眼睛里。增稠剂还会影响产品的质感。正如在皮肤沐浴产品中所讨论的，含有阴离子表面活性剂的溶液可以通过氯化钠增稠（参见第10章）。增稠剂的实例包括氯化钠、胶质（如黄原胶）、纤维素（如羟乙基纤维素），以及其他聚合物（如卡波姆和各种丙烯酸酯共聚物）。在某些情况下，蜡质护发素和表面活性剂也可为洗发水增加黏度。
- **水**是洗发水的载体。
- **防腐剂**可抑制制剂中微生物的生长。防腐剂实例包括对羟基苯甲酸酯、尿素衍生物（如咪唑烷基脲）、异噻唑酮类（如甲基氯异噻唑啉酮）、有机盐（如苯甲酸钠）及阳离子表面活性剂（如苯扎氯铵）。
- **乳浊剂和珠光剂**（pearlescent agent）通过提供均匀、白色、奶油状的外观和独特珍珠光泽的制剂而起美观作用。乳浊剂实例包括乙二醇（这是一种蜡状成分，也可增加洗发水的黏度）、乳胶剂、二氧化钛和珠光着色剂。
- **护发素**可使头发柔软、有光泽，更容易梳理。虽然使用洗发水的主要目的是清洁头发，但过度清洁的头发会看起来很暗淡，也不那么有光泽。护发素可以加至洗发水中，含有护发素的洗发水通常被称为二合一洗护产品。护发素对于干性发质洗发水和染发漂发洗发水尤其重要，因为相关产品在使用时头发本身就是干燥的，进而会加剧干燥情况。常用护发素成分实例包括阳离子聚合物（如瓜尔胶羟丙基三甲基氯化铵和各种聚季铵盐）、保湿剂（如甘油）、蛋白质（如水解小麦蛋白）、硅酮（如二甲聚硅氧烷）和其他成分。

> **? 你知道吗?**
>
> 二合一洗发水设计的目的是在冲洗头发时将护发素保留在头发上。阳离子聚合物（如瓜尔胶羟丙基三甲基氯化铵）可在冲洗头发时与阴离子表面活性剂形成复合物（凝聚物）。这一复合物会吸附在头发上，并可以改善头发的状况。此外，这种复合物还可以锁住不溶于水的护发素成分（如硅酮）和去屑成分，并在冲洗时将这些成分保留在头发上[17]。

- **pH调节剂**可调节产品的pH。表面活性剂通常为制剂提供碱性pH，这会导致角质层膨胀，使头发更为脆弱。在干性和受过化学损伤的头发中，这一点尤其值得关注。将pH调节至更接近中性或微酸性的范围，可以减少对头发的损害，也可以减少对头皮的刺激。pH调节剂的实例包括柠檬酸和乙醇酸。
- **螯合剂**，也称为隔离剂，其与金属离子的结合有助于增加产品的稳定性。自来水中的金属离子（如镁离子和钙离子）可与洗发水形成不溶性皂类，如果其沉积在头发上，会导致头发变得暗淡、难以梳理。螯合剂实例包括EDTA及其衍生物。
- **其他成分**包括为产品提供独特质感或外观，但不影响其功能（即清洁）特性的成分。具体实例包括着色剂、香精、植物提取物（如茶树油）及维生素（如维生素B_5，也称为泛醇）。

- 洗发水中也可以加入活性成分从而被视为药品，最常见的情况是在洗发水中添加能够预防或治疗头皮屑的成分。相关成分将在后文中的去屑洗发水部分进行讨论。

17.6.3 洗发水的种类和制剂

目前市场上出售的洗发水种类繁多，但仍有一些基本类型值得探讨。在购买洗发水时，通常可以看到洗发水说明中推荐适合的头发类型，包括中性发质、油性发质、干性发质、染后和受损发质。相关制剂的基本成分相似，但不同类型洗发水中的成分浓度可能会大相径庭，因此用户应该根据个人需求选择最适类型洗发水。

- **中性发质洗发水**用于清洁中等出油量和未经化学处理的头发及头皮，其可提供良好的清洁作用，并具有很弱的护发功效[7]。
- **油性发质洗发水**用于去除头发和头皮上多余的油脂，其通过使用强表面活性剂（如月桂基硫酸盐）而达到去油目的，通常没有或仅具有很弱的护发功效。由于含有更强的表面活性剂，这些洗发水较中性发质洗发水对头发的刺激性更强。由于会产生过量的油脂，油性发质一般不需要额外的护发。
- **干性发质洗发水**通过加入温和的表面活性剂（如磺酸盐）而提供温和的清洗效力，同时提供良好的护发功效。因为油脂分泌较少，干性头皮和头发需要特别护理。干性发质洗发水可在头发纤维上形成一层薄薄的涂层，从而减少静电，增加头发的可梳理性。一些公司推荐干性发质洗发水用于干性和受损发质，因为两者的主要特性相似。
- **受损发质洗发水**是为经过化学处理的头发专门设计的，如永久性染色、漂白、烫发、永久性拉直的头发，以及由于过度清洁或用力梳头造成物理性损伤的头发。受损发质洗发水通过在头发上沉积护发素来提供最低限度的清洁功效和良好的护发功效。
- **日用洗发水**配方温和，可每天使用，不会使头发变得干燥或沉积过多的油脂。通常不必每天洗发，除非油脂分泌量很高。
- **深层清洁洗发水**用于彻底清洁头发，通常用于去除残留于头发上的定型产品，如发胶、喷雾和摩丝。深层清洁洗发水含有更强的表面活性剂（如月桂硫酸钠或月桂硫酸铵），类似于油性发质洗发水，可以有效去除污垢。深层清洁洗发水通常较少使用，仅用于清除沉积的定型产品[7]。
- **婴幼儿洗发水**基于两性表面活性剂（如甜菜碱），通常较为温和，无刺激性。婴幼儿产品将在第27章进行更详细的讨论。
- **灰白发洗发水**的重要消费群体是具有灰白头发的消费者，其中，含有蓝色染料的产品可使灰白头发的颜色更亮丽，减少泛黄。过量或频繁使用可能导致头发泛蓝[18]。
- **染发洗发水**是为永久性染发后使用而设计的，其含有阳离子表面活性剂，具有酸性pH，可以中和染发过程中来自染发剂的碱性残留。通过将pH调节至中性，可减少头发角质层的膨胀。正常角质层鳞片应该紧密地黏附于皮质层上，以达到最佳的头发性能和外观（参见第16章）[19]。
- **药妆洗发水**除了具有清洁和护理作用外，还具有额外的功效。大多数药妆洗发水都含有缓解瘙痒和头皮屑的活性成分。相关产品在美国属于OTC药品，后文将进行更详细的讨论。

- **干性洗发水**是最早开发的洗发产品，近年来再次流行起来。“干”一词指的是其产品形式（即粉末或粉末喷雾），而不是产品的适用发质。干性洗发水含具有良好吸油能力的粉末，如淀粉、二氧化硅、硬脂酸镁和高岭土。相关制剂成分不需要与肥皂和水结合使用。其主要用于短期护理，即消费者没有时间洗发或需要延长洗发间隔时间。
- **特定族群洗发水**通常是为非洲人的发质而开发的。非洲人的头发较亚洲人或白种人更为干燥、更易断裂，且更容易受到物理和化学损伤[20]。特定族群洗发水通常护发功效更强，有助于提高梳理性和增加光泽度[21]。

17.6.3.1　去屑洗发水

头皮屑和脂溢性皮炎是头皮和身体其他部位常见的皮肤病。头皮屑和脂溢性皮炎的病理学基本相同[22]，只是症状（脱屑和炎症）的严重程度和发病位置不同。头皮屑是脂溢性皮炎的一种较轻表现形式。头皮屑和脂溢性皮炎均无传染性。❺ *头皮屑是最常见的头皮皮肤病之一*[23]，*表现为白色至黄色、发痒的鳞片状碎屑斑块*。头皮屑仅限于头皮，不伴有可见的炎症。另外，在脂溢性皮炎中，若存在炎症，皮屑面积更大，且皮屑可能出现在头皮以外的部位（如面部和胸部）[24, 25]。

皮脂分泌是头皮屑的一个诱发因素[26]。头皮上的头发创造了一个既相对封闭又富含油脂的环境，而且头发会抑制洗发水对头皮的清洁效果。相关条件为一种头皮和皮肤上常见的酵母菌即马拉色菌（*Malassezia*）的滋生创造了有利环境，该菌以往被称为糠秕孢子菌（*Pityrosporum*）[27]。马拉色菌可产生代谢副产物，进而增强皮脂的分泌[28]，并最终导致炎症和表皮细胞增生。在头皮屑形成过程中，薄片鳞屑的产生是由于细胞代谢的增加，其代谢速率可能达到平均代谢速率的2倍[29]。通常皮肤细胞从基底细胞层迁移到角质层需要28～30天，而头皮屑患者的皮肤细胞只需2周左右即可到达角质层。在头皮屑中，死皮细胞以一种异常方式有序排列，然后在头皮上堆积，最终脱落。如果这种代谢率是合理和正常的，则死亡细胞的脱落是不可见的。但是，如果代谢率增加，那么所生成的细胞数量就会增加，最终会导致脱落率的增加。当细胞生成过快时，其没有足够的时间发育成熟和死亡[30]。细胞相互黏附在一起，形成更大的聚集物，使得其从皮肤上脱落时，变得肉眼可见。图 17.1 中总结了导致头皮屑的因素[31]。

导致头皮屑的确切触发因素尚不清楚。除了油脂和马拉色菌，其他潜在的影响因素包括激素、季节性影响（头皮屑在冬季频发）、情绪压力、皮肤碱性增强、头皮闭塞和个体易感性[26, 32]。

正常（不干也不油）头皮也可能产生头皮屑。有时，如果头皮特别干燥，干燥的头皮脱落也类似于头皮屑。但是，头皮屑在油性发质中更为常见[33]。

头皮屑并非严重疾病，而是一种美容问题，但由于其会带来不适症状，还会令人难堪

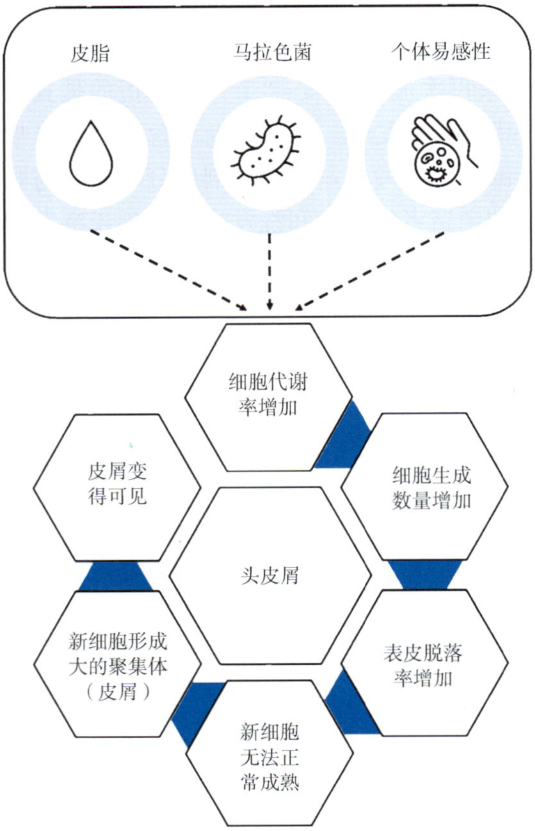

图 17.1 导致头皮屑形成的主要因素[26]

和尴尬，可显著影响自尊心和自信心[34]，故应认真对待。轻度头皮屑症状通常可以通过去屑洗发水洗发、彻底清洁头皮来控制。对于更严重的头皮屑，建议消费者咨询皮肤科医生。根据消费者的年龄（在青少年中更常见），一旦停止治疗，细胞代谢往往又恢复异常速率，头皮屑可能会再次产生。通常，需要一直维持治疗来防止头皮屑的再次发生。

去屑洗发水是含有活性成分的基础洗发水，因此兼具化妆品和药品的功能。一方面，其可清洁头发，使头发保持靓丽的状态；另一方面，其可减少结垢，降低细胞代谢率，并具有抗菌作用。常用的单一活性成分包括吡啶硫酮锌、煤焦油、水杨酸、硫化硒和硫磺。

- **吡啶硫酮锌：** 可减缓细胞代谢，是一种有效的抗真菌成分[35]。其浓度取决于是用于冲洗型产品还是免洗产品。在冲洗型产品（如洗发水）中，其允许浓度为0.3%～2%；而对于免洗产品（如乳霜），其允许浓度为0.1%～0.25%。
- **水杨酸：** OTC药品专论中的允许浓度为1.8%～3%，其具有去角质作用，可软化角质层，使鳞屑松动，促进皮屑脱落。
- **硫磺：** 允许浓度为2%～5%，也具有去角质和抗菌作用[36]，但硫磺是一种具有明显气味的黄色粉末，这一不足也限制了其使用。
- **硫化硒：** 根据颗粒大小不同，允许浓度分别为0.6%或1%，其具有抗真菌和去角质活性[37]，但其使用也受到其红色和类硫气味的限制。
- **煤焦油：** 可减缓表皮代谢率并抑制油脂的生成，具有抗真菌活性[38]。其允许浓度为0.5%～5%。煤焦油是一种黑色的黏性液体，其使用也受到黑色和明显气味的限制。
- **酮康唑（ketoconazole）：** 是一种抗真菌成分，可以控制脱屑和瘙痒。其被广泛用于其他真菌性皮肤病，包括足癣和蛇皮癣。酮康唑的使用需要获得FDA等监管部门的批准。
- **吡罗克酮乙醇胺（piroctone olamine）：** 是一种较新的抗真菌成分，主要是局部使用，不能像上述成分那样大范围使用。去屑洗发水的其他成分与普通的“非去屑”洗发水是一样的，相关成分请参见上一节。

17.6.3.2 洗发水的制剂

目前大多数洗发水都是表面活性剂、增稠剂和其他添加剂的混合溶液。通常，增稠剂先在水中与水充分结合，然后再加入其他成分。增稠剂可以通过诸如甘油等非水相液体成分预润湿以辅助分散，或将其直接添加至水中。在完全水化后，可加入水溶性成分，然后再加入所有其他成分。如果使用氯化钠作为增稠剂，其所需浓度通常通过盐曲线来确定（参见第10章）。一些珠光剂和蜡质在室温下是固态的，因此在使用前需要预先加热。应缓慢添加主要表面活性剂和泡沫增强剂，以避免起泡。洗发水制造容器通常是密闭和抽真空的，以避免加入起泡剂时过度发泡。

干性洗发水的制备是一种粉末混合过程，通常从研磨成分开始，以提供均一的粒径。经过仔细混合，再对混合物进行筛分，最终获得均一的粒径。干洗喷雾在专门厂房内通过专用仪器填充至喷雾罐中。喷雾的典型填充方法为压力填充（参见第15章）。

17.7 护发产品

❻护发素在洗发后使用，旨在柔顺发丝、提升光泽，并修复化学损伤（烫发、漂发或热吹干）、机械损伤（过度梳理）和受损头发（因环境因素，如化学和机械损害，以及日晒、海水、含氯水和游泳池水的侵蚀）。护发素可减少梳理干发后产生的静电，通过填充角质层鳞片间隙提高头发的可梳理性，并通过在发干上形成涂层增加头发光泽[19]，减少发梢分叉，提高头发柔韧性[39]。

天然油脂是理想的护发素。过度清洁会导致头发枯燥而暗淡，因此需要使用合成的油脂类护发产品。

> **你知道吗？**
>
> 当梳理干燥的头发时，头发会产生静电，从而导致头发难以梳理、毛躁蓬乱，这通常被称为“翘发”（flyaway hair）。护发素，特别是季铵盐类化合物，可有效减少静电并减少头发毛躁。

> **你知道吗？**
>
> 当头发角质层受损并从表层皮质和髓质剥落时，就会发生发梢分叉。皮质层中的角蛋白直接暴露在化学、物理和环境损害中，如果缺少顶部的角质层保护，就无法承受相关伤害因素[39]。

> **你知道吗？**
>
> 护发素只能为头发提供暂时的改善效果。应用于头发纤维表面的产品在清洗头发时会发挥有益的调理作用。

17.7.1 护发素的护发成分

护发素包括液体、乳剂或凝胶等形式，其主要成分是护发成分，包括脂质、硅酮、季铵盐、蛋白质衍生物和乙二醇等。以下是使用较为广泛的护发素[40]。

- **季铵盐类护发素**（quaternary conditioner或quat）属于阳离子表面活性剂，在洗发水部分已有讨论。其带正电荷，因此可被带负电荷的头发纤维吸引，即使在冲洗后仍能留在头发表面[41]。季铵盐可中和负电荷，使头发不太容易受静电影响，看起来更闪亮。阳离子成分有利于染发和烫发后角质层受损头发的保护。角质层受损越严重，其表面携带的负电荷就越多，与护发素的结合就越强。护发素通常在洗发后使用，并在头发干燥之前冲洗掉。广泛使用的阳离子护发素包括硬脂酸氯铵、山嵛基三甲基氯化铵、西曲氯铵、硬脂酰胺丙基二甲胺、季铵盐和聚季铵盐（如聚季铵盐-10）。
- **成膜护发素**（film-forming conditioner）可在头发纤维上覆盖一层薄薄的聚合物。这层薄膜可形成更光滑的表面，使头发更有光泽，减少静电，并提高头发的可梳理性。此外，其会暂时填补角质层的缺陷，形成光滑表面[42]。在此类护发素中最常用的成膜剂是聚乙烯吡咯烷酮（polyvinylpyrrolidone，PVP）。成膜护发素是卷曲和蓬乱发质最理想的选择，加大使用量甚至可以使头发更容易拉直。然而，其也会使直发变软，难以定型。成膜护发素通常用于毛巾擦干的头发上，并可保留在头发之上。
- **含蛋白护发素**（protein-containing conditioner）含有少量的蛋白质，可渗透至发干内部孔洞，增加其抗断裂强度。来自动物组织、蚕丝和植物的蛋白质经水解后，可分解成更小的片段，能够渗透入发干[43]。相关成分增强头发强度的能力取决于接触时间。其在头发上停留的时间越长，蛋白质渗透入头发的程度就越深。因此，蛋白质可用作渗透较少的一次性护发素，还可以用作深层护理的免洗护发素（通常在洗发前使用）[21]。
- **硅酮**会在头发上形成一层薄膜而不会使头发看起来油腻和扁塌。硅酮是一种流行的护发成分，具有防水性，因此即使洗发后也能留在发干上。此外，硅酮还可以减少静电和摩擦，并增加光泽[44-47]。硅酮主要实例包括环甲硅酮、二甲硅酮和氨端聚二甲基硅氧烷。

护发素中的其他成分包括水、提供黏度的增稠剂、植物提取物、维生素、防腐剂、着色剂和香料。

17.7.2 护发素种类和配方

根据护发素的实际应用，可将其分为以下几类[48]。

- **速效型护发素（instant conditioner）：**顾名思义，只需在头发上停留几分钟即可冲洗掉。速效型护发素通常为乳液质地，用于洗发后的湿发上。相关护发素通常以季铵盐为主要成分。速效型护发素可以改善湿发的可梳理性，主要推荐给经常洗发和具有较轻头发损伤的消费者使用。

- **冲洗型护发素（rinse-off conditioner）**：适用于毛巾擦干的头发，停留几分钟后冲洗。相关产品的主要成分是季铵盐类，如硬脂氯化铵。此类护发素通常是液体剂型，用于油性发质，只需要较少的用量。其主要功能是帮助理顺头发。
- **深层护发素（deep conditioner）**：也被称为发膜（hair mask），通常推荐用于具有化学损伤发质和干性发质。一般将其涂在湿发上，保持20～30 min后再冲洗。深层护发素通常是含有季铵盐和水解蛋白的乳剂或护发油[15]。
- **免洗护发素（leave-on conditioner）**：通常涂抹于用毛巾擦干的头发之上。顾名思义，其可保留在头发上直至下一次洗发。免洗护发素的制剂包括乳霜、乳液和气雾剂，可用于各种类型的头发。针对浓密卷曲头发的产品是以凡士林、矿物油和硅酮为基质的油性产品，其可保湿头发，同时帮助头发造型。目前，还有更轻薄的免洗护发素，用于有发梢分叉的细发。其中一款流行的免洗护发素是吹头发时使用的乳液，通过将之涂抹在头发纤维上，可保护头发在吹干过程中免受热损伤[21]。

> **你知道吗?**
> 有些护发素含有紫外线过滤成分，可以提供光保护[49]。与皮肤不同，皮肤在紫外线辐射下会导致皮肤癌，而头发并不会因紫外线辐射而致癌。头发的光保护旨在保持头发的美容价值，包括其颜色、光泽和健康状态[50]。

如同皮肤不管类型如何均需要保湿，大多数发质也需要定期护理。细发通常比卷发更容易打理，但也更容易受到化学和物理因素的伤害。有专门设计用于直发、卷发及油性发质和极干性发质的产品，每种类型都具有不同的特点。因此，在选择护发素时应考虑发质的类型。需要注意的是，由于机械和化学损伤、环境因素和激素水平的变化，发质类型可能会随着时间的变化而变化。消费者应该定期评估发质的类型，以确保选择了合适的产品。

17.7.2.1 护发素的制剂

护发素具有多种产品形式，包括喷雾、精油、乳液、乳霜和凝胶。相关产品的制剂可归为一般产品形式，其制剂技术在前几章中已进行了讨论。

17.8 洗发和护发产品的典型质量问题

❼洗发水和护发素的典型质量问题包括乳剂分层、微生物污染、结块、酸败和起泡活性差（对于洗发水）。由于相关问题在前面的章节中已有讨论，本章不再赘述。

17.9 洗发和护发产品的评价

17.9.1 常规测试的质量参数

❽评价洗发水和护发素质量的常见测试参数包括乳液、乳霜和凝胶的铺展性、挤出性、质地和硬度，驱动力，喷雾特性，喷雾泄漏，喷雾产品发泡性能压力测试、泡沫稳定性、泡沫黏度、泡沫密度和泡沫结构，防腐效力，黏度，密度和比重，酸碱度和稳定性。可接受标准和其他限量因素通常由制造商决定。由于相关测试已在前几章中进行了讨论，本章不再赘述。

17.9.2 常见功效（有效性）测试参数

❾最常见的功效测试参数包括梳理性、光泽度及去屑洗发水的抗菌活性。

17.9.2.1 护发效果（梳理性）

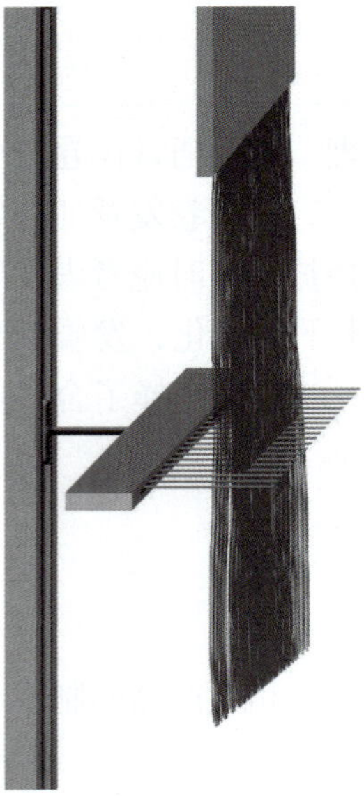

图17.2 护发素可梳理性测试

如前所述，护发素可通过多种机制提高头发的可梳理性。目前还没有标准的测试方案来评估护发素的护发效果，但行业内已经开发了一些方法。最广泛使用的方法是仪器梳理实验。这种方法通过机械测试设备，测量梳理过程中梳子和头发之间产生的摩擦力。因此，润滑程度是通过比较使用护发产品的头发和未使用护发产品的头发（对照）间的梳理力减小程度来评估的。在测试中（图17.2），将发丝悬挂在承载单元上，即连接至拉伸测试装置的十字结头上。发丝垂直固定，靠近梳子。在接收到指令时，机械手臂将梳子从上向下梳理头发，记录在头发上移动的梳力。在一个测试周期结束时，梳子被机械分离，并移动回起始位置，开始下一个梳理周期[51]。通过测试装置检测使用护发产品后的头发，梳子通过头发向下运动的梳力通常会减少。这一测试可以设置多种方式，并可以用于湿发和干发。

17.9.2.2 光泽度

头发的光泽度是由角质层的健康程度决定的（参见第16章），光泽度会影响头发的视觉外观。在消费者的认知中，光泽度通常与头发的健康息息相关，因此声称能增加光泽度的产品更具吸引力。光泽度测量计（gloss meter）是最早开发用于检测头发光泽度的仪器之一，其由一个光源和探测器组成。发射到头发表面的光会被反射回来，根据反射的强度，检测器可以给出头发相应的光泽度值[52]。可变角度光度计（goniophotometer）是一种较新的设备，带有移动探测器，可以检测不同角度的反射光，提供更完整的头发光反射图像，并给出光泽度值[52]。光学成像（optical imaging）系统可提供定量结果及图像测定的光泽度，目前已经成为一种流行且可靠的检测方法。通常，头发被安置在一个样品支架中，并由一个光源照明，通过拍摄数字图像进行分析，并利用计算机软件计算相应的光泽度值[53]。专家评分（expert grading）是另一种检测头发光泽度的方法，但可能更为主观。美发沙龙评估（salon evaluation）是由专业美发沙龙技术人员进行的另一种主观评价[52]。理想情况下，护发素和洗护一体产品应该由仪器、专家或沙龙专业人员共同评估。

17.9.2.3　去屑功效

去屑产品在美国属于OTC药妆品，因此必须证明其功效。只要产品制造商使用已批准浓度和适应证的目录内成分，就不需要进行进一步的功效研究。对于非目录内成分，制造商必须进行研究以证明其安全性和有效性。可使用的测试类型包括：①体外测试，即将活性成分加入酵母中进行培养和检测；②体内测试，在人体上进行产品测试。受试者会被分为几组，一组使用去屑洗发水，一组使用安慰剂（即除了去屑活性成分，其他成分与去屑洗发水完全相同的洗发水），并比较两组的结果。另一种更好的方法是将受试者本身作为对照，即其首先使用普通洗发水，然后使用去屑洗发水。这样，可以对同一个人进行自身比较。这种方法的另一个方式称为半头或分头设计测试，是指在受试者一侧头皮上使用安慰剂，在另一侧头皮上使用药妆洗发水[54, 55]。这种比较更容易且更真实。在研究结束后，将疗效与对照产品的基线结果进行比较，并进行统计学分析，以确定是否具有显著性差异。通常对以下参数进行检查，并与配方的有效性相关联：主观参数（如瘙痒和灼烧感）；客观参数（如头皮屑重量、大小、数量和由图像分析确定的头皮鳞屑面积）[56, 57]。

17.10　引发安全性问题的成分

如前所述，❿洗发水和护发素的不良反应很少见，但可能会引起眼部刺激性和眼部灼烧感，这主要是由硫酸盐类表面活性剂造成的（如作为主要表面活性剂的月桂硫酸钠和十二烷基醚硫酸钠）。因此，对眼部刺激性的评估是化妆品和消费品安全性测试的一个重要组成部分。该测试的具体细节请参见第21章眼妆产品。此外，硫酸盐和月桂醇硫酸盐由于具有潜在的头皮刺激和脱发作用，已经引发了洗发水使用的安全问题。下文总结了关于硫酸盐的安全性结果和当前声明。

17.10.1　硫酸盐和月桂醇硫酸盐

第10章讨论了皮肤沐浴产品中硫酸盐的安全性问题，洗发水也具有类似的安全性问题，即在使用基于硫酸盐的洗发水时，会引发潜在的头皮刺激和有益脂质的去除，通常会造成脱发。硫酸盐和月桂醇硫酸盐属于强阴离子表面活性剂，这意味着其在去除污垢和产生泡沫方面非常有效。需要注意的是，硫酸盐通常不是单独使用的，经典制剂通常将硫酸盐和月桂醇硫酸盐与较温和的表面活性剂结合使用，如两性或非离子表面活性剂，以抵消硫酸盐和月桂醇硫酸盐的潜在干燥作用。在选择洗发水时，对发质类型的考量也同样重要，以确保洗发水与发质类型相匹配。正如第10章所述，硫酸盐和月桂醇硫酸盐在允许量和暴露时间内使用不被认为是刺激物，化妆品成分审查（CIR）委员会认为其是安全的[58, 59]。

17.11 洗发和护发产品的包装

洗发水和护发素最常用的包装材料包括以下几种。

- **塑料瓶：**大多数洗发水和护发素都使用塑料瓶，通常配有翻盖或泵头。干性洗发水也可包装成塑料瓶，配有喷嘴或特殊喷头以便于使用。
- **软管：**护发素也可使用带有螺帽或翻盖的软塑料管包装。
- **喷雾瓶：**是另一种护发素包装形式，特别是免洗护发素一般是用喷雾瓶包装销售。这种喷雾瓶使液体产品的使用更加方便。
- **喷雾罐：**大多数干性洗发水都采用喷雾系统，被包装成喷雾罐。通常，在使用前必须充分摇晃罐体，以使产品悬浮均匀。

术语表

中文术语	英文术语	解释
洗发水	shampoo	一种个人护理产品，旨在去除各种污垢，包括油脂、汗液、环境污染物和护发素残留，可以美化头发，使其易于梳理。
干性洗发水	dry shampoo	一种洗发水，通常是粉末或气溶胶，不需要肥皂和水即可发挥作用。
药妆洗发水	medicated shampoo	一种除了清洁和护理作用外，对头发和头皮起治疗作用的洗发水。
去屑产品	anti-dandruff product	一种OTC药妆品，含有预防和治疗头皮屑的活性成分。
护发素	hair conditioner	一种个人护理产品，旨在暂时修复头发的化学、机械和环境损伤，补充洗发后而流失的天然脂质，使头发便于梳理和造型。
冲洗型护发素	rinse-off conditioner	一种使用后需立即冲洗的护发素。
免洗护发素	leave-on conditioner	一种使用后可保留在头发上的护发素。
头皮屑	dandruff	一种常见的头皮皮肤病，表现为头皮上出现白色至黄色、发痒的鳞片状碎屑斑块。
脂溢性皮炎	seborrheic dermatitis	一种更严重的头皮屑皮肤病类型。
马拉色菌	*Malassezia*	非致病性酵母菌，通常发现于皮肤上，与头皮屑的形成有关。
可梳理性	combability	梳理头发的难易程度。
眼部刺激	eye irritation	洗发的常见副作用，尤其是使用含硫酸盐的洗发水时。

续表

中文术语	英文术语	解释
成膜剂	film-forming agent	一种在头发纤维上形成很薄聚合物层的成分，是一种头发护理成分。
安慰剂	placebo	在本章中特指一种与药妆洗发水相同的产品，主要区别在于安慰剂不含任何活性成分。
季铵盐	quat	一种阳离子表面活性剂，属于季铵盐类化合物，是一类头发护理成分。
水解蛋白	hydrolyzed protein	一种已被分解为更小片段的蛋白质。
光泽度	luster	用于描述反射光亮度质量的术语。
发梢分叉	split end	头发尖损伤，分裂成丝

缩略词表

缩略词	英文全称	中文全称
NMF	natural moisturizing factor	天然保湿因子
PVP	polyvinylpyrrolidone	聚乙烯吡咯烷酮
SC	stratum corneum	角质层

（王　琰　译，白仁仁　校）

参考文献

1. Trüeb, R.M. (2005). Dermocosmetic aspects of hair and scalp. *J. Investig Dermatol. Sympos. Proc.* 10: 289–292.
2. Bouillon, C. (1996). Shampoos. *Clin. Dermatol.* 14: 113–121.
3. Partick, B. and Thompson, J. (2011). *An Uncommon History of Common Things*. Washington: National Geographic.
4. Smith, V. (2007). *Clean: A History of Personal Hygiene and Purity*. Oxford, UK: Oxford University Press.
5. Markland, W.R. (1988). Shampoos. In: *The Chemistry and Manufacture of Cosmetics* (ed. M.G. deNavarre), 1283–1312. Wheaton: Allured Publishing Corporation.
6. deNavarre, M.G. (1988). Hair conditioners and rinses. In: *The Chemistry and Manufacture of Cosmetics* (ed. M.G. deNavarre), 1097–1109. Wheaton: Allured Publishing Corporation.
7. Draelos, Z.D. (2010). Essentials of hair care often neglected: hair cleansing. *Int. J.Trichology.* 2 (1): 24–29.
8. Zirwas, M. and Moennich, J. (2009). Shampoos. *Dermatitis* 20 (2): 106–110.
9. Katugampola, R.P. and Statham, B.N. (2005). A review of allergens found in current hair-care products. *Contact Dermatitis* 53 (4): 234–235.
10. Schepky, A.G., Holtzmann, U., and Siegner, R. (2004). Influence of cleansing on stratum corneum tryptic enzyme in human skin. *Int. J. Cosmet. Sci.* 26: 245–253.
11. Ananthapadmanabhan, K.P., Moore, D.J., Subramanyan, K. et al. (2004). Cleansing without compromise: the impact of cleansers on the skin barrier and the technology of mild cleansing. *Dermatol. Ther.* 17 (1): 16–25.
12. Lips, A., Ananthapadmanabhan, K.P., Vetamuthu, M. et al. (2006). Role of surfactant micelle charge in protein denaturation and surfactant induced skin irritation. In: *Surfactants in Personal Care Products and Decorative*

Cosmetics (ed. L.D. Rhein, M. Schlossman and A. O' Lenick), 177–187. Boca Raton: CRC Press.
13. Schwartz, J.R., Valenzuela, M., and Midha, S. (2010). Shampoos for normal scalp hygiene and dandruff. In: *Cosmetic Dermatology* (ed. Z.D. Drealos), 115–122. Hoboken: Wiley Blackwell.
14. Mottram, F.J. and Lees, C.E. (2000). Hair Shampoos. In: *Poucher's Perfumes, Cosmetics and Soaps* (ed. H. Butler). Boston: Kluwer Academic Publishers.
15. Bouillon, C. (1988). Shampoos and hair conditioners. *Clin. Dermato.* 6: 83–92.
16. Powers, D.H. (1972). Shampoos. In: *Cosmetics Science and Technology* (ed. M.S. Balsam, S.D. Gershon, M.M. Reiger, et al.), 73–116. Hoboken: Wiley-Interscience.
17. Lochhead, R.Y., Huisinga, L.R., and Waller, T. (2016). Deposition from conditioning shampoo: optimizing coacervate formation. *Cosm Toil.* 121 (3): 75–82.
18. Krause, T., Rust, R., and Kenneally, D.C. (2010). Hair styling–technology and formulations. In: *Cosmetic Dermatology* (ed. Z.D. Drealos), 256–265. Hoboken: Wiley Blackwell.
19. Zviak, C. and Bouillon, C. (1986). Hair treatment and hair care products. In: *The Science of Haircare* (ed. C. Zviak), 134–137. New York: Marcel Dekker.
20. Tanus, A., Oliveira, C.C., Villarreal, D.J. et al. (2015). Black women' s hair: the main scalp dermatoses and aesthetic practices in women of African ethnicity. *An. Bras. Dermatol.* 90 (4): 450–465.
21. Draelos, Z. (2005). *Hair Care*. New York: Taylor and Francis.
22. Faergemann, J. (2000). Seborrheic dermatitis (Dandruff). In: *Cosmeceuticals: Drugs vs Cosmetics* (ed. P. Elsner and H. Maibach), 197–202. New York: Marcel Dekker.
23. Gupta, A.K. and Bluhm, R. (2004). Seborrheic dermatitis. *J. Eur. Acad. Dermatol. Venereol.* 18 (1): 13–26.
24. Schwartz, J.R. and Dawson, T.L. (2017). Dandruff and seborrheic dermatitis. In: *Textbook of Cosmetic Dermatology* (ed. R. Baran and H.I. Maibach), 249–258. Boca Raton: CRC Press.
25. Borda, L.J. and Wikramanayake, T.C. (2015). Seborrheic dermatitis and dandruff: a comprehensive review. *J. Clin. Investig Dermatol.* 3 (2): 10.
26. DeAngelis, Y.M., Gemmer, C.M., Kaczvinsky, J.R. et al. (2005). Three etiologic facets of dandruff and seborrheic dermatitis: *Malassezia* fungi, sebaceous lipids, and individual sensitivity. *J. Investig Dermatol. Symp. Proc.* 10 (3): 295–297.
27. Hay, R.J. (2011). Malassezia, dandruff and seborrhoeic dermatitis: an overview. *Br. J. Dermatol.* 165 (2): 2–8.
28. Piérard-Franchimont, C. and Hermanns, J.F. (2000). From axioms to new insights into dandruff. *Dermatology* 200: 93.
29. Pray, W.S. (2006). *Nonprescription Product Therapeutics*. Philadelphia: Lippincott Williams & Wilkins.
30. Tang, E. (2002). Management of an embarrassing problem: dandruff. *Hong Kong Pharm. J.* 11: 106.
31. Trüeb, R.M. (2013). *Female Alopecia: Guide to Successful Management*. New York: Springer.
32. Gupta, A.K. and Nicol, K.A. (2004). Seborrheic dermatitis of the scalp: etiology and treatment. *J. Drugs. Dermatol.* 3: 155.
33. Harding, C.R., Moore, A.E., and Rogers, J.S. (2002). Dandruff: a condition characterized by decreased levels of intercellular lipids in scalp stratum corneum and impaired barrier function. *Arch. Dermatol. Res.* 294: 221.
34. Rippon, J.W. (1984). *Medical Mycology. The Pathogenic Fungi and Pathogenic Actinomycetes*. Philadelphia: WB Saunders Co.
35. Draelos, Z.D., Kenneally, D.C., Hodges, L.T. et al. (2005). Comparison of hair quality and cosmetic acceptance following the use of two anti-dandruff shampoos. *J. Invest. Dermatol. Symp. Proc.* 10: 201–204.
36. Lin, A.N., Reimer, R.J., and Carter, D.M. (1988). Sulfur revisited. *J. Am. Acad. Dermatol.* 18 (3): 553–558.
37. Danby, F.W., Maddin, W.S., Margesson, L.J. et al. (1993). A randomized, double-blind, placebo-controlled trial of ketoconazole 2% shampoo versus selenium sulfide 2.5% shampoo in the treatment of moderate to severe dandruff. *J. Am. Acad. Dermatol.* 29: 1008–1012.
38. Davies, D.B., Boorman, G.C., and Shuttleworth, D. (1999). Comparative efficacy of shampoos containing

coal tar (4.0% w/w; Tarmed™), coal tar (4.0% w/w) plus ciclopirox olamine (1.0% w/w; Tarmed™ AF) and ketoconazole (2.0% w/w; Nizoral™) for the treatment of dandruff/seborrhoeic dermatitis. *J. Dermatolog Treat.* 10: 177–183.
39. Klein, K. (2003). Formulating hair conditioners: hope and hype. *Cosm Toil.* 118: 28–31.
40. Swift, J. (1997). Mechanism of split-end formation in human head hair. *J. Soc. Cosmet. Chem.* 48: 123–126.
41. Braida, D., Dubief, C., and Lang, G. (1994). Ceramide. A new approach to hair protection and conditioning. *Cosm Toil.* 109: 49–57.
42. Idson, B. and Lee, W. (1983). Update on hair conditioner ingredients. *Cosm Toil.* 98: 41–46.
43. Finkelstein, P. (1970). Hair conditioners. *Cutis* 6: 543–544.
44. Fox, C. (1988). An introduction to the formulation of shampoos. *Cosm Toil.* 103: 25–58.
45. Berthiaume, M., Merrifield, J., and Riccio, D. (1995). Effects of silicone pretreatment on oxidative hair damage. *J. Soc. Cosmet. Chem.* 46: 231–245.
46. Reeth, I., Caprasse, V., Postiaux, S. et al. (2001). Hair shine: correlation of instrumental and visual methods for measuring the effects of silicones. *IFSCC* 21–26.
47. Starch, M. (1999). Screening silicones for hair luster. *Cosm Toil.* 114: 56–60.
48. Hordinsky, M., Avancici Caromori, A.P., and Donovan, J.C. (2000). Hair physiology and grooming. In: *Cosmetic Dermatology and Cosmetic Procedures* (ed. Z.D. Drealos), 222–226. Hoboken: Wiley and Blackwell.
49. Gao, T. and Bedell, A. (2001). Ultraviolet damage on natural gray hair and its photoprotection. *J. Cosmet. Sci.* 52: 103–118.
50. Ruetsch, S., Kamath, Y., and Weigmann, H. (2000). Photodegradation of human hair: an SEM study. *J. Cosmet. Sci.* 51: 103–125.
51. Texture Analysis Professionals (2015). Texture analysis in action: the hair combing rig. textureanalysisprofessionals.blogspot.com/2015/06/texture- analysis-in-action-hair-combing.html (accessed 11 June 2021).
52. Schueller, R. and Romanowski, P. (2009). *Beginning Cosmetic Chemistry*. Carol Stream, IL: Allured Publishing Corporation.
53. McMullen, R. and Jachowicz, J. (2003). Optical properties of hair: effect of treatments on luster as quantified by image analysis. *J. Cosmet. Sci.* 54 (4): 335–351.
54. Wessman, L. (2000). The antidandruff efficacy of a shampoo containing piroctone olamine and salicylic acid in comparison to that of a zinc pyrithione shampoo. *Int. J. Cosmet. Sci.* 22 (4): 285.
55. Futterer, E. (1981). Evaluation of efficacy of antidandruff agents. *J. Cosmet Chem.* 32: 327–338.
56. Schwartz, J.R., Bacon, R.A., Shah, R. et al. (2013). Therapeutic efficacy of anti-dandruff shampoos: a randomized clinical trial comparing products based on potentiated zinc pyrithione and zinc pyrithione/climbazole. *Int. J. Cosmet. Sci.* 35 (4): 381–387.
57. Diao, Y., Matheson, J.R., Pi, Y. et al. (2021). Comparison of whole-head and split head design for the clinical evaluation of anti-dandruff shampoo efficacy. *Int. J. Cosmet. Sci.* 43 (5): 510–517.
58. (2005). Annual review of cosmetic ingredient safety assessments–2002/2003. *Int. J. Toxicol.* 24 (Suppl. 1): 1–102.
59. Robinson, V.C., Bergfeld, W.F., Belsito, D.V. et al. (2010). Final report of the amended safety assessment of sodium laureth sulfate and related salts of sulfated ethoxylated alcohols. *Int. J. Toxicol.* 29 (Suppl 4): 151S–161S.

第18章 美发造型产品、直发产品和卷发产品

学习目标

通过本章的学习，读者将掌握以下内容。

1. 以下术语的定义：

美发造型产品	聚合物型美发造型产品	软化型美发造型产品	巴西风产品
护发产品	特定族群护发产品	卷发	烫发
离子烫	拉直头发（直发）	基质（用于头发松弛剂）	碱液
定型乳液	烫发乳液	无水的	亚甲基乙二醇
卷曲保持度	硬度	脱落	蛋白变性
挥发性有机化合物	黏附力	压力填充	阀门堵塞

2. 美发造型产品、直发产品和卷发产品的法律分类。
3. 不同类型美发造型产品的区别。
4. 美发造型产品、直发产品和卷发产品对头发和头皮有益，但也有潜在负面影响。
5. 理想美发造型产品、直发产品和卷发产品所需的特性。
6. 聚合物型和软化型美发造型产品的区别。
7. 聚合物型美发造型产品的主要成分类型及其实例。
8. 聚合物型美发造型产品的实例。
9. 软化型美发造型产品的主要成分类型及其实例。
10. 软化型美发造型产品的实例。
11. 临时烫发和直发的方法。
12. 永久性烫发的流程。
13. 烫发产品的主要成分类型及其实例。
14. 永久性直发的方法。
15. 在制备和使用美发造型产品、烫发产品和直发产品的过程中可能出现的一些典型质量问题，以及可能的原因。
16. 美发造型产品、烫发产品和直发产品需定期检测的典型质量参数，以及具体评价方法。
17. 美发造型产品的性能检测参数及具体评价方法。
18. 烫发产品的性能检测参数及具体评价方法。
19. 挥发性有机化合物、巯基乙酸盐、氢氧化物和甲醛的潜在安全性问题。
20. 美发造型产品、烫发产品和直发产品的典型容器。

主要概念

1. 美发造型产品旨在重塑头发的理想造型，改善发量，增加头发光泽度，使头发变软或变硬（取决于使用的产品），使发型能保持较短时间或更长时间。

2. 卷发和直发产品可改变头发纤维的自然结构，调整其自然直度和卷曲度。

3. 聚合物型美发造型产品在头发纤维之间构建相互作用力，防止纤维之间产生相互滑动。

4. 软化型美发造型产品包括无水制剂产品和水性制剂产品（乳剂），可以使头发顺滑，减少毛躁，改变光泽度，养护头发。

5. 可以使用非电动和电动工具进行暂时头发卷曲或拉直，通过产生弱键作用和改变头发的卷曲样式来重构和重塑头发。

6. 为使头发纤维发生永久性变化，必须破坏强力结合的二硫键，使纤维结构重构至一个新的结构形态。变性是一个由各种化学试剂控制的可逆过程。

7. 永久性卷发，也称为烫发，是一种利用化学过程并结合机械外力处理头发，将直发变为卷发的方法。

8. 永久性直发，也称为直发处理或羊毛硫化处理，是一种常见的美发方法，可将高度卷曲和扭结的头发拉直，使其更易打理。

9. 美发造型产品、直发产品和卷发产品的典型质量问题包括聚合物型造型产品的阀门堵塞、定型摩丝发泡不良、定型摩丝泡沫不稳定、乳剂分层、微生物污染、结块和酸败。

10. 评估美发造型产品质量的参数包括喷雾特性，气溶胶泄漏，喷雾产品的驱动力和压力试验，发泡能力、泡沫稳定性、泡沫黏度、泡沫密度和泡沫结构，乳液、乳霜、凝胶、发油、发泥、发蜡和纤维胶的延展性、可挤出性、质地和硬度，防腐剂效力，黏度，密度和比重，pH及稳定性。

11. 美发造型产品常用性能检测参数包括头发纤维的硬度、固定黏着性、动态头发喷雾分析、卷发保持度、抗湿度和脱屑。对于烫发产品，最常见的检测参数包括紧致性缺陷（deficiency in tightness，DIT）值、卷曲长度和20%指数。

12. 美发造型产品、直发产品和卷发产品的安全性问题涉及挥发性有机化合物、喷雾液滴吸入安全性、巯基乙酸盐、氢氧化物和甲醛。

18.1　引言

无论是直发、波浪卷、卷发和扭结发，还是其他形式，发质与我们的身份认同紧密相关。发型可用来表达个性，也可用来表达社会立场。多种造型产品和工具可用来达到期望的外观。改变发干的正常结构非常普遍，这受到多种因素的影响，包括文化、宗教、时尚甚至名人效应。目前，护发素和造型产品的销售形成了一个价值数十亿美元的产业。

本章介绍了多种美发产品和工具，可用于改变头发的自然排列、直度/卷曲度和发量，同时讨论了相关产品的主要成分、制剂技术、检测及消费者需求。此外，本章还总结了护发产品对头发和头皮的主要影响。

18.2 美发造型产品、直发产品和卷发产品的类型和定义

❶美发造型产品（hair styling product）旨在重塑头发的理想造型，改善发量，增加头发光泽度，使头发变软或变硬（取决于使用的产品），使发型能保持较短时间或更长时间。造型产品不影响头发纤维中的强化学键，只会改变其中的弱化学键，因此对头发的影响只是暂时性的（参见第16章）。造型产品可以应用于清洁或护理后的湿发或干发。所有美发造型产品在美国均被归类为化妆品，因为其只是简单帮助重塑发型，让消费者看起来更漂亮。

由于发质的结构不同、消费者的需求不同，各种时尚趋势也不同，因此开发出了多种多样的美发造型产品。一般而言，美发造型产品可以根据所使用的主要成分类型分为两大类。

- **聚合物型美发造型产品（polymer-based hair styling product）**：通过增加头发硬度和头发纤维的相互作用来改善发量。其可在头发纤维上包裹一层薄膜，彼此之间形成连接。发胶、造型凝胶、摩丝、造型胶和液体定型产品均基于这一工作原理发挥作用。
- **软化型美发造型产品（emollient-based hair styling product）**：可使发卷平滑，通过理顺发丝和促进平整，增加头发光泽度，并具有护理效果。其工作原理是在头发纤维上沉积蜡质和润发剂。发乳（hair pomade）、发蜡（hair wax）、发膏（hair cream）、发泥（hair clay）、亮发膏（hair brilliantine）和油类喷雾均基于这一工作原理发挥作用。

❷卷发产品（hair waving product）和直发产品（hair straightening product）通过改变头发纤维的自然结构，调整其自然直度/卷曲度。根据所使用的技术和成分，其通过影响弱键和强键，可以产生暂时或永久性效果。所有类型的卷发和直发产品在美国均被归类为化妆品。

- **卷发产品和技术**用于使直发发生卷曲或产生波浪卷。临时性卷发可以通过卷发棒来实现，而永久性烫发通常通过烫发产品分两步完成。
- **直发产品和技术**用于将卷发和波浪发拉直。临时性直发可通过电夹板实现，而永久性直发通常通过直发产品分两步完成。

> **你知道吗？**
>
> 永久性造型方法包括结构性二硫键的变性，并将其改造成一个新的结构形态。虽然相关产品可以改变人体外观（头发），但其在美国仍属于化妆品。主要原因为在于发干是由死细胞组成的，而引起这些死细胞的任何变化都不会导致生理变化。

18.3 美发造型产品、直发产品和卷发产品的使用历史

发型设计开始于人类历史的早期。头发通常不会自然地长成每个人期望的风格，因此，通过梳理、涂刷、定型和使用造型产品及技术来打理头发是非常必要的，以将头发整列成理想的形状。

对木乃伊的研究发现，古埃及人使用一种脂肪型凝胶来打理其头发[1]。古埃及人也会留短发甚至剃发以达到整洁舒适的目的，在仪式场合中还会佩戴假发。这些假发由人的头发、羊毛、棕榈纤维和亚麻制成，用蜂蜡进行定型[2]。热造型工具的使用也可以追溯至古埃及文明时期。人们常用木滚筒卷住头发，然后在阳光下烘烤，在头发上形成暂时型的波浪卷。在古希腊，人们喜欢满头卷发，并且经常使用早期的卷发器来实现统一的造型效果。女性的头发过去通常会留很长，常常扎成发髻[3]。在古罗马，发型和今天一样成为个人身份的象征。对于女性而言，头发代表其吸引力和财富[3]。在中世纪，人们流行自然长发，人工卷发不再流行。然而，在文艺复兴时期（尤其是在巴洛克时期），卷发又重新流行。在此期间甚至直到19世纪，头发主要是用热熨斗烫卷的。

19世纪末，马塞尔·格拉托（Marcel Grateau）发明了一种新型的烫卷钳，其打造的发型被称为“马塞尔波浪卷”（Marcel wave）。这种方法是加热铁钳后用其暂时定型卷曲头发，这在当时是一个巨大的成功，热烫卷发的方法至今仍在使用[4]。内斯勒（Nessler）是伦敦的一名理发师，他把头发缠绕在轴棒上，用碱水溶液湿润，通过加热头发打造永久性卷发。人们普遍认为，现代永久性卷发始于内斯勒的方法[5, 6]。内斯勒的加热装置每卷都采用单独的加热器，很重且不舒适，处理时间甚至要持续几个小时[7]。此外，早期的烫发方式很粗糙，对头发损害很大，且发卷紧绷，不易打理。无须外部加热的冷烫方法是在20世纪30年代出现的[8]。冷烫溶液含有巯基乙酸铵和游离氨，并控制在一定pH条件下。这种溶液至今仍然流行，只是略有变化。

首款直发剂是由加勒特·摩根（Garrett Morgan）于20世纪早期发明的。当时其制备了一种化学溶液，用来擦拭抛光缝纫机的针头，以减小工作摩擦力，防止在缝纫时烧焦和损坏织物。他意外发现该溶液可使一块马鬃布变直，他将溶液在犬和自己身上进行试验，发现同样起效。1913年，他创立了公司，并出售了自己研发的直发霜[9]。首款永久性直发剂（permanent hair straightener）是在1940年左右开发的，其由氢氧化钠或氢氧化钾与土豆淀粉混合而成。这些物质对头皮和头发的刺激性非常大。随后，人们加入凡士林和脂肪醇，以减少刺激。首款无碱型松弛剂（no-base relaxer）于20世纪60年代问世。现今，针对不同发质已有丰富多样的造型产品和技术可供选择。

18.4 美发造型产品及相关处理对头发和头皮的影响

头发对外表的影响非常重要，其能反映文化、社会经济地位、政治观点、婚姻状况甚至是情感。各种美发造型产品、化学处理和工具广泛应用于不同性别和发质。如果使用得

当，美发造型产品、器具和化学处理有助于改善头发的外观，使头发更易于打理且美观优雅，并提高消费者的自信心。使用美发造型产品的优点如下。

- 造型产品不仅有助于增加发量和光泽度，也有助于改善毛发病态外观，如头发稀疏、损伤或脱发。多种原因都会导致头发损伤和脱发，包括疾病、激素水平变化、某些药物、遗传和刺激性化学处理。头发稀疏会严重影响人们的自信和生活质量，在很多情况下，还会导致严重的心理和情绪困扰[10]。造型产品，如发胶和凝胶，可以使稀疏的头发变得蓬松，产生丰盈的视觉效果[11]。油质和硅油喷雾可以恢复头发的光泽，改善干燥或分叉的外观。
- 特定族群护发市场是化妆品行业蓬勃发展的一个重要领域。特定族群的发质结构独特，需要特别关注和护理。头发紧密卷曲和蓬松的族裔头发直径与其他发质类型有很大差异（参见第16章）。一般而言，非洲人的头发比白种人或亚洲人更粗、更干燥、更卷曲，且更难打理，可借助头发造型产品、工具和技术，使其更易打理且更加顺滑。

你知道吗?

“特定族群护发产品”传统上指的是为非洲人群发质（紧密、卷曲或弯曲）而设计的产品。

一般而言，造型产品对皮肤和头发都是安全的，而且具有很多益处。然而，消费者经常使用超出其实际需求用量的造型产品，或者没有使用适当类型的造型辅助工具。临时性和永久性卷发及直发技术虽被经常使用，但只有根据消费者的发质类型进行选择并仔细操作，同时遵循制造商的说明，才能确保安全性。即使是最简单的工具（如卷发器），如果使用不当，也会对头发造成严重且不可逆的损害[12]。过度使用和不当使用美发造型产品、处理方法和工具都会对头发的外观产生负面影响。下文总结了相关产品和工具对头发和头皮的主要负面影响，以及在改变头发的自然外观之前应该考虑的主要因素。

- 过度使用聚合物型美发造型产品会使头发产生沉重感，降低头发光泽甚至产生白色碎屑（flake）。在这种情况下，这些碎屑是从毛发纤维上剥落的微小聚合物颗粒，在外观上类似于头皮屑。
- 过度使用软化型美发造型产品可能会使头发看起来油腻、结块，这与消费者预期的效果相反。
- 定期和适当地清除造型产品是必不可少的，因为这些产品会堆积在毛发纤维上，进一步附着灰尘和污垢，最终会导致一种暗淡、油腻的外观。
- 造型产品很少引发刺激和过敏反应。造型辅助产品中使用的主要成分通常不是刺激物。然而，相关制剂中添加的香精和某些防腐剂可能会对皮肤敏感的消费者造成刺激。
- 加热可以有效将头发暂时塑造成所需的发型，但过高的温度可能会导致头发纤维的严重不可逆损伤。据观察，吹干和其他热处理，如卷发器或电夹板，会导致毛发纤维的快速脱水，并在角质层形成裂缝和孔隙。这些变化会永久性损伤头发，导致肉眼可见的变化，如失去光泽、干枯和末端分叉。近年来，温度控制方法的改进提高了热稳定性；涂层材料（如陶瓷和钛）的发展，则提供了持久加热并能减少摩擦。减少摩擦对于保持角质层表面的光滑和减少热处理过程中带来的破坏尤为关键[13]。此外，市场上也有热保护产品。这些产品通常是在加热处理之前使用，可包裹毛干以保护其免受严重损伤。

- 永久性直发和卷发是一种化学处理，包括断开头发结构中结合力强的侧链化学键，将其改造成新的结构形态。对于卷发或直发，应考虑几个关键因素，包括头发的初始状态、卷曲度/拉直度、粗细、孔隙度，以及之前的化学处理（如染色、漂白、烫发和拉直）。相关因素有助于选择合适的卷发/直发成分及浓度。同时，应仔细阅读产品包装上的说明，以保持头发完整性，防止产生不必要的损伤。过度处理，以及还原剂、氢氧化物松弛剂或氧化剂的不当去除和不当中和通常是与永久性直发和卷发产品误用相关的问题。破坏性化学处理中的不当操作会导致严重的头发损伤，包括弹性丧失[14]、疏水性下降、孔隙度增加、末端分叉、头发断裂、粗糙、干燥、干枯和易断，甚至失去角质层保护[15-17]。
- 除了头发损伤，头皮刺激也经常发生在永久性直发和卷发过程中。许多产品都具有较高 pH（约 12），可能导致严重的皮肤损伤。

18.5 产品所需特性和消费者需求

除了努力研制稳定、高质量和安全的产品外，研发人员在设计产品时还必须考虑到消费者的需求。重点在于优化产品性能、提升美学特性，并关注目标受众的需求，创造出吸引消费者的产品。从消费者的角度而言，一款高质量的美发造型产品应具有以下特性：

- 易于使用和清洗除去。
- 气味宜人。
- 聚合物型产品
  - 不产生碎屑；
  - 即使在高湿度下也不黏腻；
  - 干燥速度快；
  - 定型效果好。
- 软化型产品
  - 不油腻，不会使头发看起来油腻、结块；
  - 提高头发的可打理性；
  - 提高头发光泽度。
- 永久性直发/卷发产品
  - 易于使用和清洗除去；
  - 持久的效果；
  - 对头发或头皮没有损伤。

18.6 美发造型产品

美发造型产品并非永久性定型产品，大多数产品都能通过使用洗发水清洗去除。美发造型产品通常是对湿发或干发进行最终造型时使用的产品。

18.6.1 聚合物型美发造型产品

❸聚合物型美发造型产品可在头发纤维之间构建相互作用力，阻止纤维之间产生相互滑动。为了产生这些作用力，相关制剂会在头发表面提供一种“粗糙度”。因此，聚合物型造型产品可以保持更持久的造型。

18.6.1.1 成分

虽然有多种多样的聚合物型产品，但其基本成分类型大都非常相似。目前可用的产品仅在黏度、聚合物类型和浓度方面有所不同。下文对其主要成分展开介绍。

- **聚合物（polymer）：**是所有聚合物型制剂中的主要成分，其负责将头发固定在造型状态并增加发丝挺度。
  - 最早使用的聚合物是聚乙烯吡咯烷酮（PVP），其与水和醇相容，具有良好的成膜性能。PVP主要缺点是对湿度敏感，遇水会变得黏腻且失去定型力[18]。新型聚合物包括PVP/乙酸乙烯酯（VA）的聚合物（PVP/VA），其更耐水，定型力更强，但可能增加清洁难度。目前使用的聚合物还包括其他共聚物（即通过与两种不同的单体反应而制成的聚合物），如乙烯吡咯烷酮/甲基丙烯酸二甲胺乙酯（vinylpyrrolidone/dimethylaminoethylmethacrylat，VP/DMAEMA）共聚物、辛丙烯酰胺/丙烯酸酯/丁氨基甲基丙烯酸乙酯（octylacrylamide/acrylates/butylaminoethyl methacrylate）共聚物，以及乙烯基甲基醚和马来酸半酯[19–21]。
  - 摩丝（mousses）中也含有聚合物，可作为成膜剂和护发素。相关成分通常被称为聚季铵盐，是具有阳离子交联结构的聚合物，如聚季铵盐-11和聚季铵盐-16。其带正电荷，因此对带有负电荷的头发纤维具有很强的亲和力[22, 23]。
- **增稠剂（thickener）：**可控制制剂黏度，但成膜性通常较差。增稠剂是最常用的亲水性成分，主要用于凝胶中。相关凝胶剂的浓度通常保持在较低水平，以防止其覆盖头发纤维并阻碍成膜聚合物的黏附。此外，在这类产品中使用的增稠剂通常具有吸湿性。如果以高浓度使用，可使制剂吸收空气中的水分，导致聚合物膜软化，也可能导致头发纤维变黏[24]。增稠剂实例包括聚丙烯酸酯（如卡波姆）、纤维素衍生物（如羟乙基纤维素），以及多糖。
- **溶剂：**可以溶解聚合物，并作为制剂的载体。在聚合物型制剂中通常使用的溶剂包括水和乙醇。传统上，喷雾类产品主要基于乙醇，而非喷雾类产品则主要基于水。优先使用水可以降低生产成本。随着挥发性有机化合物（VOC）法规的实施，水的使用变得更加重要。首先，提高含水量会对产品性能造成影响，包括干燥时间延长和使用后黏腻感。目前开发的聚合物体系可以很好地与较低含量的乙醇和较高含量的水相互配伍起效[25]。

- **推进剂（propellant）**：是气雾剂的基本成分，如发胶喷雾和喷雾摩丝。推进剂可帮助排出喷雾罐中的内容物，具体实例包括二甲醚、丙烷、丁烷和氟化烃。
- **增塑剂**：可使聚合物薄膜更加柔韧。具体实例包括二甲基亚酮、蓖麻油和矿物油。
- **紫外线过滤剂**：经常用于美发造型产品中，可防止紫外线辐射，并帮助保持头发外观（长期来看紫外线会导致头发褪色和老化）。具体实例包括二苯甲酮-4。
- **螯合剂**：可提供对金属离子的保护，提高凝胶的稳定性，并提高防腐体系的效果。最常用的螯合剂实例是EDTA及其衍生物。
- **防腐剂**：可防止水性体系中的微生物污染。具体实例包括对羟基苯甲酸酯、苯氧乙醇和有机盐，如山梨酸钾。
- **其他成分**：还包括赋予凝胶湿润外观的保湿剂、护发素（如蛋白和季铵盐）、香精、维生素，以及草本提取物。

18.6.1.2　产品类型

聚合物型产品主要类型包括头发喷雾（hair spray）、定型乳液（setting lotion）、摩丝、头发纤维胶（hair styling fiber gum）和发胶（hair gel）[21]。相关产品的主要特性如下。

- **气溶胶产品和非气溶胶产品**：头发喷雾的两种主要形式。两种产品通常都适用于干发，作为最后的头发造型步骤。气溶胶喷雾是消费者和发型师使用最广泛的造型产品之一。在推进剂的帮助下，气溶胶发型喷雾从容器中被释放出来，产生非常细小的微粒（如薄雾）。由于液滴的微粒尺寸很小，喷雾会迅速干燥。非气溶胶发型喷雾是从一个装有泵头的塑料容器中释放出来，其释放是由泵头机械完成，可形成更大的液滴，因此可以更快地润湿头发，但干燥速度较慢。发型喷雾，尤其是那些能提供强定型效果的喷雾，往往会在头发上形成薄屑。
- **定型乳液**：也被称为卷发液（wave set），其是从装有喷嘴的小瓶中挤出，涂抹至用毛巾擦干的头发上，再将头发缠在卷发棒上使用。头发卷起时通常会干燥。定型乳液会包裹在头发纤维上，将其固定成卷曲形状。拿掉卷发棒后，可将头发轻轻梳理成所需样式。定型乳液不是通过将头发纤维粘在一起发挥作用，而是通过包裹每根发丝，增加发丝间摩擦力，减少水分吸收，从而更好地控制头发[26]。
- **摩丝**：有气溶胶和非气溶胶两种形式，但气溶胶产品更受欢迎。这两种产品通常都适用于用毛巾擦干的头发（半干），然后进行干燥后定型；也可以用于干燥的头发，以打造湿发感或立起的尖刺状造型。用于湿发的产品应能提供更好的可梳理性，因此，此类产品通常含具有护发素功效的聚合物。摩丝可以增加发量，改善发质，控制发量，甚至可以染色以提供暂时的自然或非自然挑染效果。
- **头发纤维胶**：是一种新型产品，旨在增加对头发的定型力，通常为胶状不透明乳状质地。纤维胶在留短发的年轻消费者中更受欢迎，具有可弯曲、可塑形的特性，可以打造出各种发型，包括尖刺状或光滑状造型。头发纤维胶通常是从罐子中舀出来，用手指抓取头发进行涂抹。纤维胶可以应用于毛巾擦干后的头发和干发上，具体取决于用户想要的造型。

- **发胶：**也是很流行的美发造型产品，既可提供顺滑定型，也可提供尖刺状造型，具体取决于产品是用于湿发还是干发，以及头发是吹干还是自然风干。凝胶通常是从软管或罐子中取出使用，但也有喷雾凝胶。可喷涂的产品黏度较低，很容易均匀地喷涂在头发上，但定型效果相对较弱。管装和罐装凝胶具有更高的黏度，能提供更强的定型效果，可用于设计“零重力”（gravity-defying）发型。相关产品也经常被称为“雕刻”（sculpturing）凝胶，因为其可以创造出尖刺状造型，而自然状态下这种形状是无法保持的。一般而言，成膜聚合物的含量决定了其定型效果。去除凝胶需要使用洗发水，在某些情况下建议清洗两次头发以彻底清洁。高定型强度凝胶干燥后质地干硬易碎，在接触时会产生碎屑，类似于发胶。

18.6.1.3 聚合物型美发造型产品的制剂

低黏度产品的配方相对简单。一般情况下，成分之间通过搅拌混合至均匀。在调配含有增稠成分产品的过程中，增稠剂的分散是一个关键步骤。增稠剂具有吸湿性，如果加入至分散介质中过快，或者不搅拌或搅拌缓慢，则容易结块。将增稠剂与保湿剂混合（如甘油），可以润湿粉末并促进分散过程。如前几章所讨论的，某些增稠剂需要调整pH（中和）以达到最佳黏度。在这种情况下，应在增稠剂适当水合后加入中和剂，以避免结块。

气溶胶制剂必须在防爆区使用特殊设备进行操作。产品浓缩液的配制是一个溶液制备过程。浓缩液中含有聚合物、中和剂、增塑剂、香精和其他成分，以乙醇或水醇混合液作为载体。如果制剂中含有水，通常在最后一步进行添加。将产品浓缩液和推进剂填充至喷雾罐时通常借助压力填充（参见第15章）。

18.6.2 软化型美发造型产品

❹软化型美发造型产品分为无水制剂和水溶产品（即乳剂），可以使头发顺滑、具有光泽，减少毛躁，并能养护头发。传统上，软化型产品用于较厚、卷曲的头发，此类头发更易断裂，非常干燥，很难打理。但如今，软化型产品已适用于所有类型的头发，从细软直发到质地卷曲的头发均适用。其中还会添加少量聚合物，以增强头发定型力。

18.6.2.1 成分

软化型产品中的主要成分类型如下。

- **无水基质：**为制剂提供了一种蜡质、油质基底。无水基质成分也能提供护发作用，减少摩擦，防止损伤。具体实例包括蜂蜡、凡士林、羊毛脂、植物油、矿物油和硅酮[27]。
- **溶剂：**用于乳液基质产品中，为制剂提供了一种载体。通常以水为溶剂。

- **表面活性剂**：可产生稳定作用以保持乳液稳定，并有助于产品从头发上去除。
- **聚合物**：也可以添加至相关产品中，以提高其定型力。具体实例包括乙烯基吡咯烷酮/乙酸乙烯酯（VP/VA）共聚物。
- **增稠剂**：可用来改变产品的黏度和质地。其可以是蜡类和乳木果脂等脂质成分，也可以是固体微粒（如膨润土和二氧化硅）。对于水基产品，亲水性增稠剂可使用卡波姆和纤维素。
- **其他成分**：可能包括紫外线过滤剂、维生素、香精、抗氧化剂和防腐剂。

18.6.2.2　产品类型

软化型产品的主要类型包括发蜡、发乳、发泥、发膏、亮发膏、喷雾油和硅油产品。软化型和聚合物型产品之间的一个显著区别在于，软化型产品不会干燥变硬，因此头发在一天中都能保持柔韧。软化型产品的主要特点如下。

- **发蜡**：通常是无水产品，具有坚硬的蜡状质地，通常需先用手掌揉搓加热后再涂抹在头发上。由于其质地较厚重，除了能使头发顺滑，还可为头发提供控制和定型效果。发蜡很容易使用过量，导致头发呈现不自然的油腻感。
- **发乳**：也被称为精华乳，是基于凡士林和各种蜡质的无水产品（如棕榈蜡和聚乙二醇），也可以是水基产品。一般而言，无水产品在头发上感觉更油腻，也更难洗掉。发乳的设计是为了拉直和养护头发，增加头发光泽，同时减少毛躁。发乳可用于毛巾擦干的头发和干燥的头发。此类产品质地浓稠，通常在涂抹于头发上之前，需要在手掌之间先揉搓使之软化，类似于发蜡。
- **发泥**：黏稠度从硬蜡到软膏各有不同，其共同特征是含有黏土成分，如膨润土。黏土有利于增加细发的质地和厚度。发泥通常能提供哑光效果。
- **发膏**：是乳剂，质地轻盈柔软，分为水包油（O/W）型或油包水（W/O）型乳剂，在使用时很容易涂抹分散。发膏可为头发提供适度的定型效果和光泽。
- **亮发膏**：是以油脂和硅酮为基质的液体产品。此类产品容易造型，并能增加头发光泽且没有油腻感[28]。
- **喷雾油和硅油**：也被称为油珠气雾剂，通常是雾化油，也可能含有额外的护发素成分（如蛋白质）。非洲人卷曲且蓬松的头发通常需含有更多油脂和硅油的喷雾来改善发质，减少梳理摩擦阻力。喷雾油通常质地轻盈，不会给头发造成过重负担，可以每天使用。

> **? 你知道吗?**
>
> 目前，市场上也有可喷发蜡，即发胶蜡（hairspray waxe）。从名称看，这类产品似乎是聚合物型和软化型产品的混合类别。品牌可以根据自己的需要自行确定发胶蜡的配方。因此，其可以是基于聚合物，也可以是基于乳剂的产品。相关产品通常声称可提供定型力和硬度。要想知道某品牌产品名称的实际含义，最好的办法就是查看成分表，发胶蜡就是一个很好的实例。

18.6.2.3 软化型美发造型产品的制剂

无水产品的制剂相对简单：将液体成分与蜡质混合并加热融化，以制得均匀的混合物，再将其他成分加入混合物，并将终产品灌装至适当的容器中。发油通常是各种液体护发剂的混合物，其制备过程包括先将各种成分混合均匀，再将其填充至容器。发膏通常是乳剂。若配方中含有黏土（如发泥），必须采用高剪切力均质工艺对其进行充分分散，以获得光滑、无结块的质地。

18.7 美发造型程序

头发发型是生活中的重要部分。清洗和护理头发后，头发要么自然风干，要么用吹风机或其他工具吹干。如今，各种非电动和电动工具可以暂时性改变头发的外观，如在几天内将卷发拉直或将直发变成卷发。为了获得更持久的效果，可以将化学处理方法与非电动和电动工具结合使用，这可能会节省时间，因为消费者不必每次洗头后都重新定型。但是，永久性方法对头发的损伤更大。

18.7.1 暂时性卷发和直发工具

❺ 头发可以使用非电动和电动造型工具进行暂时性卷曲或拉直，通过产生弱化学键作用和改变头发的卷曲样式来重构和重塑头发形态。由于相关过程只影响弱化学键，其很容易受湿度影响，如汗水和环境中的水分，并通过清洗头发完全失去卷曲状态[28]。

- **非电动造型工具**：包括卷发棒，其有各种尺寸和类型，如不使用夹子的卷发梳、需用夹子固定头发的光滑卷发棒。此外，还可以使用卷发或直发梳（通常是在吹干时使用）以改变头发的自然形状。
- **电动造型工具**：包括单独加热的带有塑料涂层的卷发棒（称为电热卷发棒）、卷发钳和电热夹板，其中大部分都可以进行恒温控制。温度越高，头发的改变越持久，但对头发的损伤也越重。当使用卷发棒时，头发要么是夹住并缠绕在卷发棒上，要么是用手抓住后缠绕在卷发棒上。对于电热夹板，头发是夹在两片加热的金属板之间，再将工具向下移动至发尖。由于经济实惠，操作简便，此类相关技术一直很受欢迎，即使在家中也可轻松改变头发自然卷曲度/直度，提高其可打理性。

你知道吗?

蛋白质变性是通过外部刺激可逆或不可逆地改变蛋白质结构的过程。对于头发，变性会导致头发纤维的完整性下降。人体皮肤和头发对加热导致变性的敏感度存在显著差异。人体皮肤蛋白质在40 ℃的温度下开始降解，如果降低温度，这种变化可能可逆；从45℃开始，皮肤中的蛋白质会永久变性，表现为局部组织的降解[29]。有趣的是，人体头发在150～220 ℃会出现热变性的最初迹象，这取决于头发的含水量。一般而言，干头发较湿头发能承受更高的温度；水分降低了头发热损伤的阈值[30]。

电热直发棒和卷发棒的流行为隔热喷雾（heat protection spray）和乳液创造了一个巨大的市场。这些产品旨在保护头发免受热损伤，可进行有效隔离，有些产品还可以增强头发的塑形柔韧性和定型能力。隔热产品通常在头发吹干后、使用电热夹板或卷发钳之前涂抹在头发上。常用的成分如硅油，具有良好的热稳定性，可以有效在头发纤维上形成一层薄膜，减少头发与环境的接触[31]。其他成分包括阳离子护发聚合物（如季铵盐-70和季铵盐-11）、成膜聚合物［聚乙烯吡咯烷酮/二甲基丙基丙烯酰胺（VP/DMAPA）丙烯酸酯共聚物］、蛋白质（水解的小麦蛋白）[32, 33]。

你知道吗?

隔热喷雾主要有两种形式：水性产品和乙醇水溶液产品。一项研究表明，乙醇水溶液产品可提供更好的热保护，从而减少头发损伤[34]。

18.7.2　永久性卷发和直发的步骤

永久造型方法是物理和化学处理的结合，头发经化学处理后，可被物理性地塑造成所需的样式[14, 35]。❻为了使头发纤维发生永久性变化，必须对强力结合的二硫键进行变性（denaturation）并重置成一个新的形态。在这里，变性是一个由各种化学试剂控制的可逆过程。应该注意的是，新生长的头发不会受到这些变化的任何影响，仍会以其自然形态生长。因此，需要定期重复卷发和直发处理，以保持造型。

18.7.2.1　永久性卷发

❼永久性卷发，也被称为烫发，是利用化学处理方法结合机械外力处理头发，将直发变为卷发的过程。永久性卷发通常包括两步（**图 18.1**）[35]。

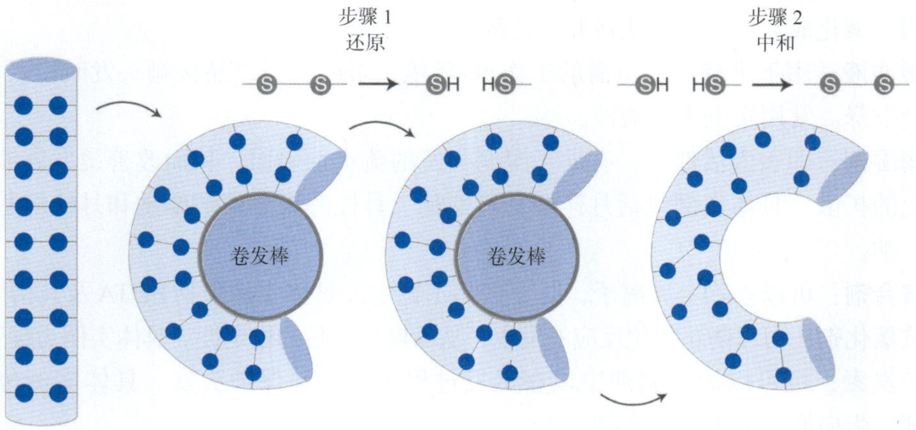

图 18.1　永久性卷发的过程

- **步骤 1：** 首先清洗头发，然后将其分成多个小区域，将每个区域的头发末端包裹薄纸，避免不规则地缠绕在卷发棒上造成错乱的卷曲形态。最后，将头发缠绕在有孔的卷发棒上，使烫发乳液充分接触发干的所有表面。卷发棒的大小决定了所产生卷曲度的大小：发棒越小，卷越紧密。头发应紧紧地缠绕在卷发棒上，但过紧会使头发受损、变脆[36]。头发缠绕好后，将烫发乳液涂抹在头发上，并停留5～20 min（取决于头发的状况）[36, 37]。在此过程中，通常以一个塑料帽罩在头发上，保持一个温暖的环境，加速二硫键断裂的过程。为使烫发乳液更容易扩散和渗透，相关制剂通常都是液体。在这一步骤中，通过破坏头发纤维中20%～40%的二硫键而使之软化[38]。

- **步骤2**：将一种固定乳液（又称中和乳液，含有氧化剂）涂抹于缠绕在卷发棒上的头发纤维上。这种乳液可以终止二硫键的断裂，并在5～10 min内将半胱氨酸残基氧化成一种新的胱氨酸结构。通常，一部分中和乳液涂抹于缠绕在卷发棒的头发上，另一部分涂抹于去掉卷发棒后的头发上。头发展开后，用水彻底冲洗，将中和剂从头发中去除。通常，在中和过程中有大约85%断裂的二硫键发生重组[38, 39]。许多公司建议在烫发后1～2天内避免洗发，以确保卷发持久。

> **你知道吗？**
>
> 当在美容院进行永久性卷发或直发时，会产生一种刺激性臭鸡蛋气味。这种气味源自二硫键断裂时释放的硫元素。

成　分

烫发产品含有混合成分以使烫发反应可控，适合不同的头发类型和质地。一般情况下，烫发乳中包括以下成分（在步骤1中使用）。

- **还原剂**：用于打破二硫键。最常用的是巯基乙酸铵和巯基乙酸钠，其他实例包括甘油单巯基乙酸盐、硫代乳酸（主要用作共还原剂）和亚硫酸钠。
- **碱化剂**：包含在制剂中，以达到还原剂发挥作用所需的pH。巯基乙酸盐通常需要碱性pH（pH 9～9.5）条件[37]，而甘油单巯基乙酸盐和亚硫酸盐则在中性pH下起作用。碱化成分包括氢氧化铵和三乙醇胺。
- **缓冲液**：用于维持产品所需的工作pH环境，否则，当产品接触头发时[38]，pH可能会下降。常用实例为碳酸铵。
- **润湿剂**：即表面活性剂，有助于湿润头发的疏水性表面，从而改善烫发乳液在头发上的扩散。具体实例包括月桂烷基硫酸钠、月桂醇聚醚硫酸酯钠和月桂烷基琥珀酸二钠。
- **螯合剂**：可以去除金属离子，防止产品不稳定。具体实例包括EDTA及其衍生物。
- **抗氧化剂**：可以防止氧化反应的发生，从而增加产品的稳定性。具体实例为维生素E。
- **护发素**：也可以加入制剂中以在烫发过程中打理和保护头发。具体实例包括保湿剂、蛋白质和阳离子聚合物。
- **溶剂**：用作配方中成分的载体。通常使用水作为溶剂。
- **渗透增强剂**：可增加还原活性物质对头发的渗透，加速烫发过程。具体实例包括丙二醇和尿素。

- **增稠剂：** 用于控制制剂的黏度，防止产品在使用时从头发滴落。具体实例包括纤维素衍生物和丙烯酸酯聚合物。
- **其他成分：** 包括混浊剂，以创造美观的不透明产品；还可包括香精及香精增溶剂。

烫发过程的步骤2中使用的中和产品通常包含以下成分。

- **中和成分：** 为氧化剂，可以中和碱性pH并重塑断裂的二硫键。最常用的是浓度为0.5%～3%的过氧化氢，pH为2～4.5[38]。此外，还可以使用溴酸钾溶液或溴酸钠溶液。
- **缓冲液：** 可将pH维持在酸性水平。具体实例包括柠檬酸、乙酸和乳酸。
- **稳定剂：** 可防止过氧化氢在接触头发之前被分解。具体实例包括磷酸氢铵和磷酸。
- **其他成分：** 包括溶剂、增稠剂、护发素、润湿剂、螯合剂、香精和烫发产品中所述相同功能的混浊剂。

你知道吗？

烫发后头发的卷曲度取决于使用的卷发棒，而不是烫发乳液的强度。然而，头发损伤的程度（表现为失去光泽的脆弱发质），则取决于烫发乳液的强度。较强效的乳液可以深入头发纤维，特别是发梢，进而使头发变得暗淡。已受损的头发（如漂白的头发）则需要使用比健康、未处理头发更温和的乳液。因此，在决定使用何种类型和强度的烫发乳液时[29, 37]，应始终考虑头发的质地、健康状况和之前的化学处理。

18.7.2.2　烫发产品的类型

不同烫发产品的主要区别在于所使用还原剂的类型和用量、产品pH和产品形式。

- 如上所述，巯基乙酸盐基质的烫发乳液具有碱性pH（9～9.5），会损害头发的角质层、刺激头皮。
- 为了减少刺激性，也可使用具有酸性或中性pH（6.5～7）的烫发乳液。其通常以甘油单巯基乙酸盐作为还原剂，这些乳液虽然刺激性小，但效果欠佳。
- 亚硫酸盐基质的烫发乳液也具有中性pH，可以降低刺激性，但是使用含有亚硫酸盐乳液烫发后，头发可能会手感粗糙，甚至会造成头发损伤。
- 也可使用所谓的波浪烫。由于过氧化氢和巯基乙酸之间的化学反应，相关产品在烫发过程中会产生热量，给头皮提供一种舒适感。

大多数商业烫发乳液和中和乳液都是水基溶液，也可使用凝胶、乳霜或喷雾[40]。

你知道吗？

皮肤和头发都含有角蛋白，那么烫发产品为什么能破坏头发角蛋白中的二硫键，却又能保持头皮角蛋白的相对完整？这是因为头皮和头发中角蛋白的类型不一样。头皮中的软角蛋白较头发中的硬角蛋白含有更少的半胱氨酸。因此，头皮含有较少的二硫键，也不太容易受到巯基乙酸盐的攻击[41]。

18.7.2.3 永久性烫发产品的制剂考量

巯基乙酸盐可与铁形成红色络合物，因此在配制含有巯基乙酸盐的产品时应避免金属污染。设备最好内衬玻璃或非反应性塑料（如特氟龙）以避免化学反应。中和成分过氧化氢也具有很高的活性，因此，含有过氧化氢产品的制剂也需要严格控制。

> **你知道吗?**
> 用金属盐染色后的头发不应该再烫发。金属盐会在头发上留下一层薄膜，如果烫发，可能会导致发卷不均匀、变色和头发断裂[37]。

18.7.2.4 永久性直发

❽永久性直发，也称为直发处理或羊毛硫化处理，是一种常见的个人美发方法，可将高度卷曲和扭结的头发拉直，使其更容易打理[42]。

18.7.2.5 直发产品的类型

直发产品主要包括氢氧化物型、巯基乙酸盐型和亚硫酸盐型[43]。

- **氢氧化物型直发剂**含有金属氢氧化物，如氢氧化钠、氢氧化锂、氢氧化钾和氢氧化胍。氢氧化物型直发剂与巯基乙酸盐型产品破坏二硫键的方式不同。在氢氧化物直发过程中，氢氧化物型直发剂从二硫键中去除一个硫原子，并以一个羊毛硫氨酸键取代二硫键（图 18.2），其中只包含一个硫原子。被碱液直发剂打破的二硫键则是永久性的，经过碱液直发处理的头发在未来烫发时不会发生反应[37]。

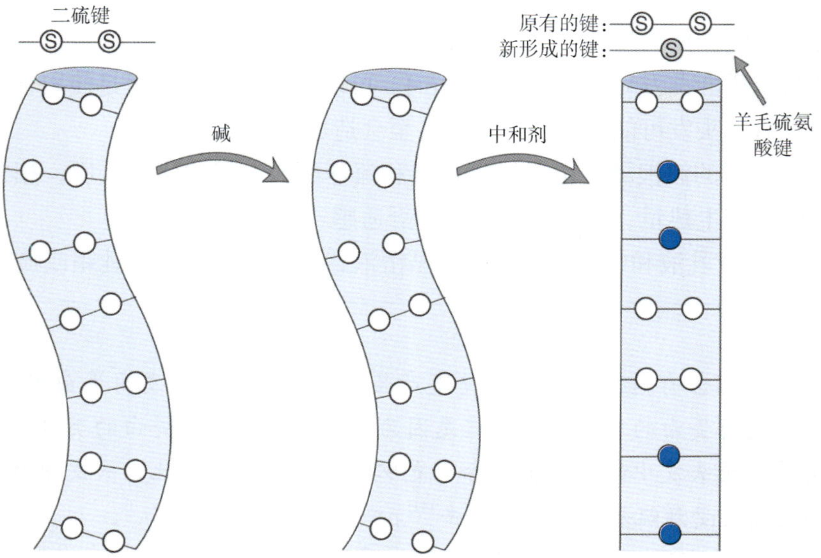

图 18.2 离子烫的过程[44]

氢氧化物型直发剂通常具有高度碱性pH（12～13.5）[45]，因此对头发和头皮都有很大刺激性。对于碱液基质的直发剂，其中的“碱”指的是氢氧化钠，分为“含基质”和“无基质”两种产品。“基质”通常是一种封闭成分，最常见的是凡士林，在化学处理前应用于头皮和发际线，以保护头皮免受刺激。含基质产品氢氧化钠浓度高达3.5%。无基质直发剂则含有较少的氢氧化钠（通常是1.5%～2.5%），仅需将凡士林基质涂在发际线（而不是头皮），这可以节省大量的时间[46]。也可使用非碱液直发剂（non-lye relaxer），其含有替代的氢氧化物，如氢氧化锂、氢氧化钾或氢氧化胍。无碱液直发剂刺激性较小，不需要在头皮或发际线应用任何基质，因此更受欢迎[47]。

氢氧化物型直发剂通常采用乳霜形式，使用时在头发上更易扩散。

使用氢氧化物型产品进行直发处理后，需用水彻底冲洗头发，然后涂抹中和剂或洗发水。中和剂产品主要含有过氧化氢、溴酸盐和过硼酸盐。其可将pH调整至中性水平，尽量减少发干膨胀，并完成直发处理[44]。

你知道吗?

非碱液直发剂通常为“套装”，其中包括直发所需的所有成分。“套装”通常含有乳膏状的氢氧化钙和液态的碳酸胍。这两种物质在使用前会混合形成碳酸钙和“活性”成分氢氧化胍。此类产品因无须基质防护步骤，故使用简单、方便。

- 类似于烫发产品，直发产品中也会使用还原剂[48]。巯基乙酸盐型直发剂的工作原理与巯基乙酸盐型烫发产品相同，但也存在一定差异。在较高pH（＞10）条件下[37]，巯基乙酸盐型直发剂通常具有较高浓度的巯基乙酸铵。在头发拉直的情况下，处理前不需要清洗头发。这是因为拉直对头发的伤害比烫发更大，而且洗发水会去除头发和头皮上的保护性皮脂。此外，直发时头发不是缠绕在直发棒上，而是在还原剂与头发接触时将其梳直。还原剂通常配制成厚奶油状，扩散和使用更为容易。软化头发后，还原剂会被中和，头发会像烫过一样。也可使用亚硫酸盐和亚硫酸氢盐型产品，其pH约为7，因此相关产品对皮肤和头发更为温和。其使用步骤类似于巯基乙酸盐型直发剂，只是在步骤2中没有使用氧化剂。通常使用含有碳酸钠或碳酸氢盐的中和溶液来代替氧化剂，其效果较弱[49]。

直发剂处理会对头发产生脱脂作用，因此，需采用各种护发处理措施来润滑、滋润和增加头发的光泽。常用成分包括各种护发素成分（如聚季铵盐-6、山嵛基三甲基氯化铵和氯化十六烷，以及神经酰胺和泛醇）[50]。

除了氢氧化物和还原剂，其他成分也被用于永久性直发剂。一种特殊产品类型是以角蛋白为基质进行直发处理，也被称为“巴西角蛋白护理”（Brazilian Keratin Treatment）或“巴西风产品”（Brazilian Blowout）。以角蛋白为基质的直发产品通过固定角蛋白来提供半永久性直发而不破坏二硫键[37]。巴西角蛋白护理产品含有二甲基乙二醇（一种甲醛的液体形式），作为主要的直发成分，该成分加热到高温时会释放甲醛气体。该过程包括对头发使用含有角蛋白的直发处理产品，然后使用高温烫发器（150～220℃）将头发分成小部分进行拉直。有一些关于专业人员和消费者在使用此类制剂时产生严重不良反应的报道。

2012年，化妆品成分审查（CIR）委员会已宣布巴西角蛋白护理产品的使用不安全。美国俄勒冈州的职业安全与健康管理局（Occupational Safety and Health Division，OSHA）和FDA建议消费者限制接触巴西角蛋白护理产品[51]。

18.7.2.6 永久性直发产品的制剂

应考虑所讨论的关于巯基乙酸盐的预防措施。直发产品通常制剂为乳膏，主要是水包油型乳剂。在碱液溶解过程中，可加入保湿剂以防止水分过度蒸发（这是一种放热反应）。由于碱的高活性，特别是氢氧化钠，将活性成分添加至乳剂中是关键步骤。否则，相关产品的制备过程一般会发生乳化。

18.8 美发造型产品、直发产品和卷发产品的典型质量问题

❾ 美发造型产品、直发产品和卷发产品典型质量问题包括聚合物型造型产品的阀门堵塞、定型摩丝发泡不良、定型摩丝泡沫不稳定、乳剂分层、微生物污染、结块和酸败。对于前面章节已讨论过的相关质量问题，本章不再赘述。

18.8.1 阀门堵塞

气溶胶头发喷雾产品由于可提供高定型力和快速干燥特性，目前非常流行。高定型力可以通过增加聚合物含量来实现，但聚合物含量的增加可能会导致不希望出现的头发黏腻感，并可能堵塞喷雾罐的阀门。当阀门堵塞时，不能通过按压阀门来释放产品。这可能是由各种原因所致，包括所使用聚合物的类型和用量、所使用推进剂的类型和用量、制剂和推进剂之间的相容性、聚合物被中和的程度、喷雾速率、喷雾阀和致动器等[52]。这一问题可以通过仔细控制制剂的流变特性和成分组成来解决。

18.8.2 定型摩丝发泡不良

消费者希望定型摩丝能产生致密的泡沫，使其可在掌心保持形态，并很容易涂抹于头发上而不会塌陷流失。如果所应用的表面活性剂（如产生泡沫和稳定泡沫的成分）的用量和类型不佳，则产品可能具有较差的发泡能力和泡沫稳定性。需要注意的是，高纯度的表面活性剂不能产生泡沫稳定所需的黏性表面膜。因此，选择合适的杂质有助于获得所需的泡沫。相关杂质可作为商业化表面活性剂的一部分，或由制造商作为泡沫增强剂进行添加[53]。就泡沫而言，推进剂也会影响其发泡能力。当推进剂被排出罐体并发生膨胀时，喷雾泡沫就会原位形成。如果推进剂的用量、类型或分散度不合适，也可能导致不佳的发泡性能。增稠剂也会影响泡沫的产生，因此其类型、用量和效果也应该被考虑在内。

18.8.3　泡沫不稳定

摩丝泡沫应该具有结构稳定性，在形成后可保持其内部形态。不稳定泡沫的结构比正常泡沫分解得更快，会变成“类液体状”。除了影响泡沫的产生外，乳化剂、推进剂和增稠剂也可能在泡沫稳定方面发挥重要作用。

18.9　美发造型产品、直发产品和卷发产品的评价

18.9.1　常规检测的质量参数

❿评价美发造型产品质量的参数包括喷雾特性，气溶胶泄漏，喷雾产品的驱动力和压力试验，发泡能力、泡沫稳定性、泡沫黏度、泡沫密度和泡沫结构，乳液、乳霜、凝胶、发油、发泥、发蜡和纤维胶的延展性、可挤出性、质地和硬度，防腐剂效力，黏度，密度和比重，pH及稳定性。由于相关测试在前面的章节中已经讨论过，本章不再赘述。

18.9.2　美发造型产品常规检测的性能参数

⓫美发造型产品常规性能检测参数包括头发纤维的硬度、固定黏着性、动态头发喷雾分析、卷发保持度、抗湿度和脱屑。对于卷发产品，最常见的测试包括紧致性缺陷（DIT）值、卷曲长度和20%指数测试。以下概述这些测试的主要特点。

18.9.2.1　头发纤维硬度

固发剂可显著改变头发纤维的硬度/柔韧性，可以通过质构仪进行检测。消费者倾向于选择聚合物型美发造型产品，其能使头发保持理想造型，而不会使头发僵硬。硬度可以通过弯曲试验来确定，最常见的是三点弯曲测试（three-point bending test）。在这一测试中，将发丝浸入发胶溶液或稀释的凝胶中，然后在平面位置上干燥。干燥后，使用质构仪检测弯曲硬度，通过设备两端机械臂水平固定一绺头发，再垂直向下移动设备的中心臂，对发丝施加作用力（图18.3）。记录头发弯曲到一定程度所需的力，即为弯曲强度或硬度。通常，硬度与聚合物溶液的黏度和沉积在头发上的聚合物总量成正比[54]。

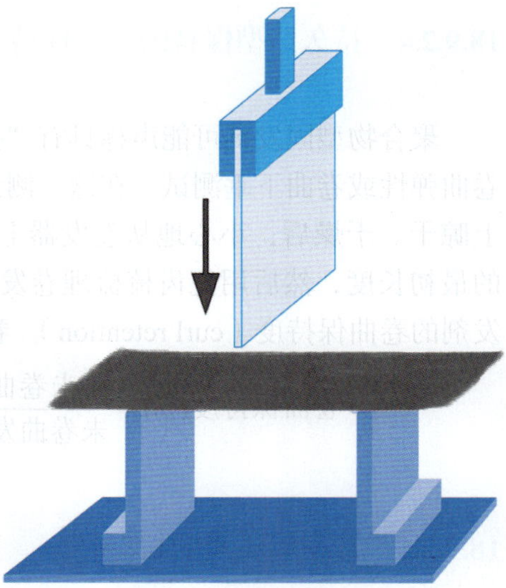

图18.3　三点弯曲测试
改编自Texture Technologies Corp

18.9.2.2 固定黏着性

非喷雾聚合物型美发造型产品，特别是聚合物浓度较高的产品，通常会在头发纤维上形成实际的液滴，其黏附时间更长，需要更长的干燥时间。喷雾分散器可形成细小颗粒，干燥更快，在使用后不会产生非常黏腻的感觉，使发胶更易于使用。消费者通常认为轻微黏性是产品正常发挥作用的标志。然而，黏性过强会导致头发粘在梳子/手上，使其难以造型。在黏着性测试中，使用发胶或其他固发剂处理头发，并由小组成员进行评估。通常需要检测发丝上发胶黏附消失所需的时间，这也是聚合物膜的干燥时间。

18.9.2.3 动态头发喷雾分析

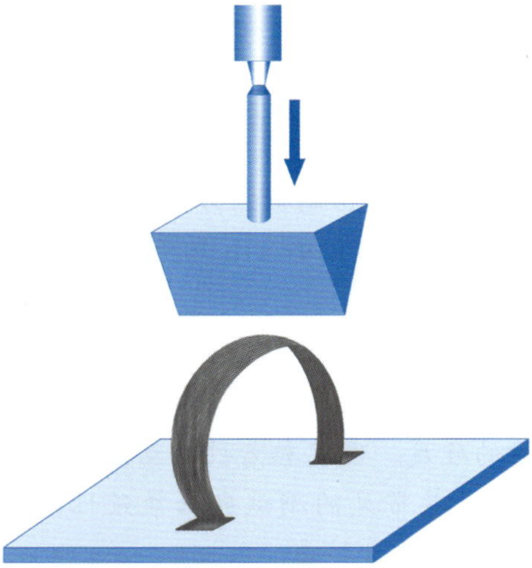

图 18.4 动态头发喷雾分析

动态头发喷雾分析（dynamic hair spray analysis）是检测头发多种参数的一种新方法。该技术是通过质构仪进行检测。在测试中，头发被塑造成一个“欧米伽环”（即形成类似于希腊字母Ω的形状），而头发的两侧被固定在仪器表面（图 18.4）。探头向下移动并接触发丝，使其变形到预设程度（即25%），然后向后移动。以预定次数重复该操作。首先，对未处理的头发进行评估，然后喷洒测试产品，再次进行测试。该设备可检测硬度、使用发胶后增加的硬度、黏着性和干燥时间。实验中还可检测在各种温度和湿度下，相关参数将如何改变产品的性能[54–56]。

18.9.2.4 持久造型保持的卷曲保持度

聚合物型固发剂可能声称具有“持久卷度保持”的能力。证实这一性能的一种方法是卷曲弹性或卷曲下垂测试。在这一测试中，首先在卷发上使用固发剂，然后包裹在卷发器上晾干。干燥后，小心地从卷发器上取下头发，并悬挂在支撑板上（图 18.5）。记录卷发的最初长度，然后用宽齿梳梳理卷发，再次记录头发的长度（最下端部分），进而计算固发剂的卷曲保持度（curl retention）。卷曲保持度的计算方法如下[57]：

$$\text{卷曲保持度(\%)} = \frac{\text{未卷曲发丝的长度} - \text{测量时卷曲的长度}}{\text{未卷曲发丝的长度} - \text{实验开始时卷曲的长度}} \times 100$$

18.9.2.5 造型后头发的抗湿度

许多固发剂声称即使在潮湿的环境中也具有很高的定型力。通常采用与卷曲保持度类似的测试方法进行检测。首先将头发用固发剂处理后包裹起来，然后晾干。记录卷发的初始长度后，将其放置于高湿度环境中。以预设时间间隔记录头发的长度，然后计算卷曲保持度[57]。

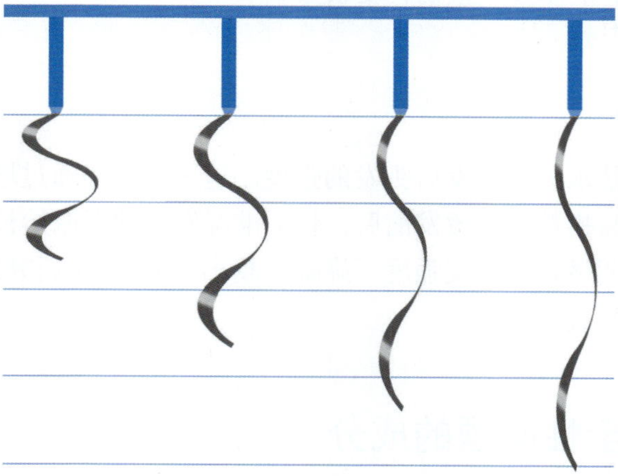

图 18.5　卷曲保持度测试

18.9.2.6　脱屑

如前所述，过度使用聚合物基质的固发剂会导致脱屑。通常，由评估小组参与评估脱屑情况。首先将固发剂涂抹在头发上，并使其干燥，然后将头发悬挂在支撑板上，用小齿梳梳理头发。小组成员对头发、梳子和支撑板下方区域进行检查和分级，以评估脱屑情况[58]。

18.9.3　永久性卷发产品常规检测的性能参数

为确保永久性卷发产品能正常工作而不造成严重头发损伤，必须进行性能测试。最常见的行业评估参数是紧致性缺陷值、卷曲长度和20%指数[35]。

18.9.3.1　紧致性缺陷

紧致性缺陷（DIT）值用于衡量卷曲的紧密度。一般而言，DIT值越高，烫发液的性能越好，卷曲越紧实。DIT通常按以下公式进行计算[36]：

$$\text{DIT}(\%) = \frac{\text{发卷的直径(mm)} - \text{卷棒的直径(mm)}}{\text{卷棒的直径(mm)}} \times 100$$

18.9.3.2 卷曲长度

卷曲长度用于衡量卷曲弹性。理想情况下，卷发棒取下后，发卷应该具有弹性。卷曲长度通常是通过固定一个新的卷曲度，然后观察其弹性来评估的。松弛程度与发干损伤程度成正比。卷曲较长，表示发干损伤程度较大[36]。

18.9.3.3 20%指数

20%指数用于评估永久性烫发后头发的强度。这一参数是通过增加负荷、拉伸新烫过的头发来测试的。20%指数是指烫发前后，将标准湿发拉伸至原始长度的20%所需的负荷比率。指数越高，表明烫发后头发强度下降幅度越小。低于20%指数的头发在施加轻微外力（如梳理）时很容易破裂[36]。

18.10 引发安全性问题的成分

⓬美发造型产品、直发产品和卷发产品的安全性问题涉及挥发性有机化合物（VOC）、喷雾液滴吸入安全性、巯基乙酸盐、氢氧化物和甲醛。有关其安全性的调查结果和最新声明总结如下。

18.10.1 挥发性有机化合物

喷雾产品长期以来一直是监管限制的对象。首先，基于对臭氧层保护的考虑[59]，20世纪70年代末，氯氟烃（chlorofluorocarbons，CFC）推进剂在美国被禁止使用。因此，许多制造商从氯氟烃转向了替代推进剂和机械泵喷雾剂。为了取代相关推进剂，配方师开始使用各种碳氢化合物，这些都属于VOC。当暴露在阳光下时，VOC可与氮氧化物（NO_x）发生反应，形成地面臭氧，而地面臭氧是城市雾霾的主要成分。众所周知，雾霾会对健康产生负面影响，可能会导致呼吸系统问题。对雾霾的担忧导致美国在国家和各州层面对喷雾推进剂的使用进行限制。1998年，美国环境保护署（EPA）制定了国家消费产品的VOC含量限制，包括发胶和除臭剂[60]。各州可以对在本州内销售的产品设定比EPA更严格的限制。加利福尼亚州的限制通常比联邦政府更为严格。应该提到的是，VOC的限制是基于用量，这意味着所有被视为VOC的成分均被同等对待，无论其在大气中的反应性如何。在含55% VOC的发胶中，55%（w/w）制剂可以由VOC制成。只要质量要求不超过55% [61]，单个成分并不重要。有些成分不会导致臭氧的形成，其被归类为“VOC豁免”成分。头发喷雾中的一个例子是氢氟烃（hydrofluorocarbon，HFC）152A[62]。

18.10.2 喷雾液滴吸入

吸入毒性是喷雾发胶的一个重要考虑因素。喷雾发胶会产生细小的液雾，特别是长期使用时可能会被吸入。液体喷雾液滴的安全性取决于几个关键因素，包括气溶胶的化学和物理性质、其在吸入空气中的浓度、吸入暴露时间、吸入液滴的大小，以及气溶胶在呼吸道中的沉积和清除[63]。一个广泛的科学共识是直径大于10 μm的液滴进入呼吸道下部区域的概率基本为零，只有较小的液滴被认为具有所谓的可吸入性[64, 65]。发胶，包括气喷雾和泵喷雾，液滴尺寸均大于10 μm。因此，即使被吸入，其也不会进入肺部，而是沉积在上呼吸道[66, 67]。发胶制造商需要仔细测试其产品的液滴大小和尺寸分布，以确保产品在家庭和美容院的使用是安全的。

> **你知道吗？**
> 有关VOC法规的最新情况，请定期访问美国环境保护署官方网站。

18.10.3 巯基乙酸盐

巯基乙酸盐可破坏头发中的二硫键，因此，其是巯基乙酸盐型永久性烫发和直发产品的主要成分。相关产品被认为是安全的，但仍有各种不良反应的报道，如刺激性接触性皮炎[17, 68]。CIR委员会评估了巯基乙酸盐对头发和皮肤的影响，确定这些化学物质在直发剂、永久性烫发剂、护发液、造型辅剂和其他助发剂、烫发套装、其他非染发产品、染发剂及着色剂中的使用是安全的，安全浓度上限高达15.4%（如巯基乙酸）[69]。为了减少刺激，可以在头皮边缘涂抹一层凡士林以保护未被头发覆盖的皮肤区域[7]。对于敏感皮肤，凡士林也可以应用于头皮，然而，这可能会影响靠近头皮头发部位的烫发效果。

如前所述，虽然甘油单巯基乙酸盐是在中性pH条件下发挥作用，并被认为刺激性较小，但其通常与过敏性接触性皮炎有关[70, 71]。过敏性接触性皮炎是一种在直接接触该成分后发生的炎症性皮肤反应。这种反应可能在永久性烫发后立即发生，或者是由于之前使用过这种成分的消费者头发上有变应原而延迟发生。即使经过多次洗发，仍可能继续产生过敏反应[72]。

18.10.4 氢氧化物

氢氧化物型直发剂也常用于美容院和家庭中。相关产品pH呈强碱性，会导致头发纤维膨胀，并导致严重的头发损伤，如角质层磨损、疏水性降低、孔隙度增加、抗拉强度降低和发干断裂[72]。一段时间内应避免对头发进行额外的化学处理，如着色或漂白，以防止对发干造成进一步损伤。此外，氢氧化物型直发剂是众所周知的皮肤刺激物，会导致头皮发红、瘙痒和化学灼伤。为了减少皮肤刺激，可以在头皮底部和发际线应用凡士林。

18.10.5 甲醛

如前所述，巴西风直发产品使用亚甲基乙二醇（液体形式的甲醛）作为主要直发成分。甲醛在标准温度和压力下是一种气体。因此，其通常以水溶液的形式供应。在溶液中，在中性pH和室温下，亚甲基乙二醇的浓度远远高于甲醛。亚甲基乙二醇-甲醛的转化是一个可逆的过程。这种可逆平衡可以很容易地通过脱水生成更多的甲醛，如加热和干燥。如果将含有亚甲基乙二醇的产品应用到头发上，然后对头发进行热处理，将会释放大量甲醛，这正是巴西风直发产品的作用原理[73]。

近年来，美国和世界其他地区对含有高水平甲醛产品的安全性发出了一些警告和禁令。甲醛被美国环境保护署认为是一种潜在的人体致癌物[74]。其会引发多种健康问题，包括对眼、鼻和喉咙的刺激，过敏反应，皮疹，呼吸短促和肺功能改变[75]。第一个安全问题出现在2010年，当时俄勒冈州波特兰市几家美容院的员工对客户使用巴西风美发产品后，客户投诉出现不适感，包括头痛、鼻出血和呼吸问题[76]。俄勒冈州职业安全与健康管理局对巴西风美发产品的样本进行了测试，发现甲醛含量在6.3%～11.8%，包括那些标注“不含甲醛”的产品[77]。随后，该管理局立即发布了“危险警告”，警告美容院管理者、员工和客户关于实验室的研究发现，并建议他们停用这些产品或安装空气监测设备，以保护健康[78]。同样，联邦职业安全与健康管理局和其他州的相关机构也发布了危险警告，提醒美容院和客户直发产品会向空气中释放甲醛[79]。此外，如果相关产品被发现掺假或错误贴标，FDA会向销售该产品的公司发出警告信[51]。2013年，CIR委员会重新评估了甲醛/亚甲基乙二醇，并得出结论，对于目前的使用方法和产品浓度，甲醛和亚甲基乙二醇是不安全的[73]。

你知道吗?

在美国，只有作为防腐剂和指甲硬化剂时，甲醛/亚甲基乙二醇在化妆品中才被认为是安全的[73]。

你知道吗?

一般而言，美国工作场所的安全由美国职业安全与健康管理局（OSHA）管理。美容院，如美发美容院和美甲美容院，通常也受到州和地方当局的管辖，会规定具体安全措施。FDA没有权力对美容院的运作或美容行业进行管辖[51]。

18.11 美发造型产品、直发产品和卷发产品的包装

最常用的包装材料包括以下几种。

- **塑料瓶：**许多低黏度的固发剂装载在塑料瓶中销售，通常配有翻盖或泵头。非气溶胶喷雾产品通常也以带喷雾头的塑料瓶销售。

- **塑料金属罐**：造型产品配方，特别是具有较高黏度或硬度的产品，如凝胶、乳膏、亮发膏和发蜡，通常由塑料或金属罐包装。
- **软管**：凝胶和乳膏可以用带有拧盖或翻盖的软面管包装。
- **喷雾罐**：发胶喷雾和摩丝装在单隔层罐中，其中制剂和推进剂混合在一起。发胶容器可以由镀锡钢、无锡钢或铝制成。罐体材料是一个重要的考虑因素，因为具有一定pH或特定溶剂的产品可能与罐体发生反应。阀门类型也是一个重要的考虑因素，阀门选择应解决喷射性、堵塞和排出问题。

术语表

中文术语	英文术语	解释
美发造型产品	hair styling product	旨在重塑头发的理想造型，改善发量，增加头发光泽度，使头发变软或变硬（取决于使用的产品），并使发型能保持一段较短或较长的时间。
聚合物型美发造型产品	polymer-based hair styling product	旨在通过增加发丝硬度和头发纤维之间的相互作用来改善发量。此类产品包括发胶、定型乳液、摩丝、美发定型胶和美发定型凝胶。
软化型美发造型产品	emollient-based hair styling product	一种美发定型产品，旨在使发卷平顺，通过理顺头发纤维和减少摩擦来增加头发的光泽度，还对头发纤维具有护理作用。此类产品包括发膏、发蜡、发油、发泥、可喷涂油、硅油和发霜。
巴西风产品	Brazilian Blowout	一种用于半永久性直发的护发产品。其主要直发成分为亚甲基乙二醇，但存在严重的安全性问题。
烫发	perming	使头发永久性卷曲的方法。
离子烫	hair lanthionization	永久性拉直头发，也被称为头发软化。
波浪烫	hair waving	使头发发生暂时性或永久性卷曲的过程。
拉直头发（直发）	hair straightening	暂时性或永久性拉直头发的过程。
基质（用于直发剂）	base	凡士林，涂抹在发际线或头皮上，用于需要打底的直发剂。
碱液	lye	本章指氢氧化钠溶液。
定型乳液	fixing lotion	一种含有中和成分的产品，最常见的是过氧化氢，用于永久性卷发的第2步以停止二硫键断裂并中和碱性pH。
烫发乳	perming lotion	一种含有还原剂（如硫代乙酸铵）的产品，在碱性环境中，用于永久性卷发的第1步，以使二硫键断裂。
无水	anhydrous	不含水、无水状态，制作过程中不添加水。
亚甲基乙二醇	methylene glycol	甲醛的溶液形式。
卷曲保持度	curl retention	基于聚合物型固发剂保持头发卷曲的能力。

续表

中文术语	英文术语	解释
硬度	stiffness	使用聚合物型固发剂后头发纤维的刚性。
脱屑	flaking	在过度使用聚合物型固发剂后，引发微小的薄膜颗粒从头发和头皮上脱落。
蛋白变性	protein denaturation	蛋白质被外部物质破坏进而发生可逆或不可逆改变，并失去其四级、三级和二级结构的过程。
挥发性有机化合物	volatile organic compound	可在正常的室内大气温度和压力条件下挥发的有机化合物。可导致城市雾霾的形成，因此在气雾剂中的使用受到限制。由美国环境保护署（EPA）进行监管。
黏着性	tackiness	黏性。
压力填充	pressure filling	一种用于将产品浓缩物和推进剂填充至喷雾罐的技术。
阀门堵塞	valve clogging	发胶气雾剂的质量问题，通常由成膜剂引起。

缩略词表

缩略词	英文全称	中文全称
CIR	Cosmetic Ingredient Review	化妆品成分审查
EPA	Environmental Protection Agency	美国环境保护署
OSHA	Occupational Safety and Health Division	职业安全与健康管理局
DIT	Deficiency in Tightness	紧致性缺陷
O/W	oil-in-water	水包油型
W/O	water-in-oil	油包水型
CFC	chlorofluorocarbons	氯氟烃
HFC	hydrofluorocarbon	氢氟烃
PVP/VA	polyvinylpyrrolidone/vinyl acetate copolymer	聚乙烯吡咯烷酮/乙酸乙烯酯共聚物
PVP	polyvinylpyrrolidone	聚乙烯吡咯烷酮
VOC	volatile organic compound	挥发性有机化合物
VP/DMAEMA	vinylpyrrolidone/dimethylaminoethyl methacrylate copolymer	乙烯吡咯烷酮/甲基丙烯酸二甲胺乙酯共聚物
VP/DMAPA	polyvinylpyrrolidone/dimethylaminopropyl methacrylamide copolymer	聚乙烯吡咯烷酮/二甲基丙基丙烯酰胺共聚物
VP/VA	vinylpyrrolidone/vinyl acetate copolymer	乙烯基吡咯烷酮/乙酸乙烯酯共聚物

（王　琰　译，白仁仁　校）

参考文献

1. McCreesh, N.C., Gize, A.P., and David, A.R. (2011). Ancient Egyptian hair gel: new insight into ancient Egyptian mummification procedures through chemical analysis. *J. Archaeol. Sci.* 38 (12): 3432–3434.
2. Lucas, A. and Harris, J.R. (1999). *Ancient Egyptian Materials and Industries*. Mineola: Courier Dover Publications.
3. Sherrow, V. (2006). *Encyclopedia of Hair, A cultural history*. Westport: Greenwood Press.
4. Marsh, M. (2009). *Compacts and Cosmetics: Beauty from Victorian Times to the Present Day*. Havertown: Casemate Publishers.
5. Nessler, C. (1910). A new or improved process of waving natural hair on the head. British Patent GB190902931A, approved in 1910.
6. Wall, F.E. (1946). *The Principles and Practice of Beauty Culture*. New York: Key-Stone Publications.
7. Lee, A.E., Bozza, J.B., Huff, S. et al. (1988). Permanent waves: an overview. *Cosm. Toil.* 103: 37–56.
8. Frangie, C.M., Botero, A.R., Hennessey, C. et al. (2008). *Milady's Standard Cosmetology*. New York: Cengage Learning.
9. House-Soremekun, B. (2002). *Confronting the Odds: African American Entrepreneurship in Cleveland Ohio*. Kent: Kent State University Press.
10. Williamson, D., Gonzalez, M., and Finlay, A.Y. (2001). The effect of hair loss on quality of life. *J. Eur. Acad. Dermatol. Venereol.* 15 (2): 137–139.
11. Rushton, D.H., Kingsley, P., Berry, N.L. et al. (1993). Treating reduced hair volume in women. *Cosm. Toil.* 108: 59–62.
12. Gray, J. (2000). *Human Hair Diversity*. Oxford, UK: Blackwell Science.
13. McMullen, R. and Jachowicz, J. (1998). Thermal degradation of hair. I. Effect of curling irons. *J. Cosmet. Sci.* 49: 223–244.
14. Feughelman, M. (1990). A note on the permanent setting of human hair. *J. Soc. Cosmet. Chem.* 41: 209–212.
15. Wilkinson, J.D. and Shaw, S. (2005). Adverse reactions to hair products. In: *The Science of Hair Care* (ed. C. Boullion and J. Wilkinson), 521. Boca Raton: CRC Press.
16. Bergfeld, W.F. (1981). Side effects of hair products on the scalp and hair. In: *Hair Research* (ed. C.E. Orfanos, W. Montagna and G. Stüttgen), 507–512. Berlin, Germany: Springer Verlag.
17. Ishihara, M. (1981). Some skin problems due to hair preparations. In: *Hair Research* (ed. C.E. Orfanos, W. Montagna and G. Stüttgen), 536–542. Berlin, Germany: Springer Verlag.
18. Lochhead, R. (1988). The history of polymers in hair care (1940–present). *Cosm. Toil.* 103: 23–61.
19. Zviak, C. (1986). *The Science of Hair Care*. New York: Marcel Dekker.
20. Stutsman, M.J. (1977). Analysis of hair fixatives. In: *Newburger's Manual of Cosmetic Analysis* (ed. S.H. Newburger and A.J. Senzel), 72. Washington, DC: Association of Official Analytical Chemists.
21. Krause, T. and Rust, R.C. (2016). Hair styling: technology and formulations. In: *Cosmetic Dermatology* (ed. Z.D. Draelos), 270–279. Hoboken: Wiley.
22. Johnson, S.C. (1984). Acetylene-derived polymers. *Cosm. Toil.* 99: 77–81.
23. Martiny, S. (2002). Acetylenic polymers for hair styling products. *Int. J. Cosmet. Sci.* 24: 125–134.
24. Laba, D. (1993). *Rheological Properties of Cosmetics and Toiletries*. New York: Marcel Dekker.
25. Pfaffernoschke, M. (2005). Formulating low VOC aerosol hairsprays. *Int. J. Aerosol. Spray Pack Technol. April*.
26. Butler, H. (2000). *Poucher's Perfumes, Cosmetic and Soaps*. Dordrecht, Netherlands: Kluwer Academic Publishers.
27. Goode, S.T. (1979). Hair pomades. *Cosm. Toil.* 94: 71–74.
28. Wells, F.V. and Lubowe, I.I. (1978). Hair grooming aids: Part II. *Cutis* 22: 270–301.

29. Robbins, C.R. (2002). *Chemical and Physical Behaviour of Human Hair*. Berlin: Springer Verlag.
30. Jeschke, M.G., Kamolz, L.P., and Shahrokhi, S. (2013). *Burn Care and Treatment*. New York: Springer.
31. Robbins, C.R. (1983). Load elongation of single hair fiber coils. *J. Soc. Cosmet. Chem.* 34: 227–239.
32. Dussaud, A. and Fieschi-Corso, L. (2009). Influence of functionalized silicones on hair fiber-fiber interactions and on the relationship with the macroscopic behavior of hair assembly. *J. Cosmet. Sci.* 60: 261–271.
33. McMullen, R. and Jachowicz, J. (1998). Thermal degradation of hair. II. Effect of selected polymers and surfactants. *J. Cosmet. Sci.* 49: 245–256.
34. Christian, P., Winsey, N., Whatmough, M. et al. (2011). The effects of water on heat-styling damage. *J. Cosmet. Sci.* 62: 15–27.
35. Heilingotter, R. (1988). Permanent waving of hair. In: *The Chemistry and Manufacture of Cosmetics* (ed. M.G. de Navarre), 1167–1227. Wheaton: Allured Publishing.
36. Draelos, Z.D. (2005). *Hair Care*. New York: Taylor and Francis.
37. Milady (2016). *Milady Standard Cosmetology*. Boston: Cengage Learning.
38. Schwan-Jonczyk, A., Sendelbach, G., Flohr, A. et al. (2016). Permanent hair waving. In: *Cosmetic Dermatology* (ed. Z.D. Drealos), 215–261. Hoboken: Wiley Blackwell.
39. Wickett, R.R. (1987). Permanent waving and straightening of hair. *Cutis.* 39: 496–497.
40. Inoue, T., Ito, M., and Kizawa, K. (2002). Labile proteins accumulated in damaged hair upon permanent waving and bleaching treatments. *J. Cosmet. Sci.* 53: 337–344.
41. Wickett, R. and Savaides, A. (1993). Permanent waving of hair. In: *Handbook of Cosmetic Science and Technology* (ed. J. Knowlton and S. Pearce), 511–534. Oxford, UK: Elsevier Science.
42. Robbins, C.R. and Fernee, K.M. (1983). Some observations on the swelling of human epidermal membrane. *J. Soc. Cosmet. Chem.* 34: 21–34.
43. Bernard, B. (2003). Hair shape of curly hair. *J. Am. Acad. Dermatol.* 48: S120–S126.
44. Syed, A.N., Ayoub, H., and Kuhajda, A. (1998). Recent advances in treating excessively curly hair. *Cosm. Toil.* 113: 47–56.
45. Cannell, D.W. (1988). Permanent waving and hair straightening. *Clin. Dermatol.* 6: 71–82.
46. Obukowho, P. and Birman, M. (1995). Hair curl relaxers: a discussion of their function, chemistry, and manufacture. *Cosm. Toil.* 110: 65–69.
47. Khalil, E.N. (1986). Cosmetic and hair treatments for the black consumer. *Cosm. Toil.* 101: 51–58.
48. Wong, M., Wis-Surel, G., and Epps, J. (1994). Mechanism of hair straightening. *J. Soc. Cosmet. Chem.* 45: 347–352.
49. Bryant, H., Dixon, F., Ellington, A. et al. (2016). Hair straightening. In: *Cosmetic Dermatology* (ed. Z.D. Draelos), 262–269. Hoboken: Wiley.
50. Bernard, B.A., Franbourg, A., Francois, A.M. et al. (2002). Ceramide binding to African-American hair fibre correlates with resistance to hair breaking. *Int. J. Cosmet. Sci.* 24: 1–12.
51. FDA (2022). Hair smoothing products that release formaldehyde when heated. www.fda.gov/cosmetics/cosmetic-products/hair- smoothing-products-release-formaldehyde-when-heated (accessed 25 February 2022).
52. Benson, A.B., Hourihan, J.C., and Tripathi, U. (1992). Aerosol hair spray composition. US5094838, filed 29 August 1990 and issued 10 July 1992.
53. Prud' homme, R.K. (1995). *Foams: Theory, Measurements, Applications*, 386. Boca Raton: CRC Press.
54. Jachowicz, J. and Yao, K. (1996). Dynamic hairspray analysis I. Instrumentation and preliminary results. *J. Soc. Cosmet. Chem.* 47: 73–84.
55. Jachowicz, J. and Yao, K. (2001). Dynamic hairspray analysis. II. Effect of polymer, hair type, and solvent composition. *J. Cosmet. Sci.* 52: 281–295.
56. Jachowicz, J. (2002). Dynamic hairspray analysis. III. Theoretical considerations. *J. Cosmet. Sci.* 53: 249–261.
57. Rafferty, D.W., Zellia, J., Hasman, D. et al. (2008). Polymer composite principles applied to hair styling gels. *J.*

Cosmet. Sci. 59: 497–509.

58. Lubrizol Test Procedure TP-001 (2002) Flaking test method. http://www.lubrizol.com/Personal-Care/Literature# (accessed 29 January 2014).
59. 42 FR 24536
60. 63 FR 48819
61. Rigoletto, R., Mahadeshwar, A., Foltis, L. et al. (2012). Advances in hair styling. *Cosm. Toil.* 127 (5): 372–382.
62. EPA (2022). Complete list of VOC exemption rules. www.epa.gov/ground-level-ozone-pollution/complete-list-voc- exemption-rules (accessed 25 February 2021).
63. Jensen, P.A. and O' Brien, D. (1993). Industrial hygiene. In: *Aerosol Measurement: Principals, Techniques, and Applications* (ed. K. Willeke and P.A. Baron), 537–559. Hoboken: Wiley.
64. World Health Organization. Occupational and Environmental Health Team (1999). *Hazard Prevention and Control in the Work Environment: Airborne Dust*, Report No. WHO/SDE/OEH/99.14, 1–246. Geneva, Switzerland: World Health Organization.
65. Oberdorster, E.G. and Oberdorster, J. (2005). Nanotoxicology: an emerging discipline evolving from studies of ultrafine particles. *Environ. Health Perspect.* 113 (7): 823–839.
66. Bower, D. (1999). Unpublished information on hair spray particle sizes. Provided at the September 9, 1999 CIR Expert Panel Meeting.
67. Johnsen, M.A. (2004). The influence of particle size. *Spray Technol. Market* 14 (11): 24–27.
68. Orfanos, C.E., Sterry, W., and Leventer, T. (1979). Hair and hair cosmetic treatments. In: *Hair and Hair Diseases* (ed. C.E. Orfanos), 853–885. Stuttgart, Germany: Fischer Verlag.
69. Cosmetics and Toiletries (2008). CIR assesses aminomethyl propanol and more. www.cosmeticsandtoiletries.com/regulatory/region/northamerica/8 202152.html (accessed 17 July 2021).
70. Morrison, L.H. and Storrs, F.J. (1988). Persistence of an allergen in hair after glyceryl monothioglycolate containing permanent wave solutions. *J. Am. Acad. Dermatol.* 19: 52–59.
71. Storrs, F.J. (1984). Permanent wave contact dermatitis: contact allergy to glyceryl monothioglycolate. *J. Am. Acad. Dermatol.* 11: 74–85.
72. Shansky, A. (1963). The osmotic behavior of hair during the permanent waving process as explained by swelling measurements. *J. Soc. Cosmet. Chem.* 14: 427.
73. Boyer, I.J., Heldreth, B., Bergfeld, W.F. et al. (2013). Amended safety assessment of formaldehyde and methylene glycol as used in cosmetics. *Int. J. Toxicol.* 32 (Supplement 4): 5S–32S.
74. US EPA (2010) IRIS toxicological review of formaldehyde (Inhalation) (External Review Draft, 2010). U.S. Environmental Protection Agency, Washington, DC, EPA/635/R-10/002A.
75. Agency for Toxic Substances and Disease Registry (2008). Formaldehyde and your health. www.atsdr.cdc.gov/formaldehyde/ (accessed 17 July 2021).
76. Muldoon, K. (2010). Hair product tests find high formaldehyde. *The Oregonian*.
77. Oregon OSHA Formaldehyde. osha.oregon.gov/Pages/topics/formaldehyde.aspx (accessed 17 July 2021).
78. Oregon OSHA Publications. osha.oregon.gov/pubs/Pages/index.aspx (accessed 17 July 2021).
79. US OSHA Formaldehyde. www.osha.gov/SLTC/formaldehyde/hazard_alert.html (accessed 17 July 2021).

第19章 染发产品

学习目标

通过本章的学习，读者将掌握以下内容。

1. 以下术语的定义：

脱色	附着	染发剂	漂发剂
暂时性染发剂	渐进式染发剂	永久性染发剂	氧化型染发剂
氧化型半永久性染发剂	非氧化型染发剂	非氧化型半永久性染发剂	煤焦油染发剂
指甲花（henna）	染料中间体	皮肤斑贴试验	偶联剂
显色剂	增效剂	补染	

2. 染发的原因。
3. 美国染发产品的法律分类。
4. 区分染发剂和漂发剂。
5. 区分非氧化型和氧化型染发剂的持久度、白发遮盖度、闪亮度和头发损伤潜力。
6. 染发产品对头皮和头发的有益影响和潜在的负面影响。
7. 理想染发产品所需的特性。
8. 染发产品标签上何时及为何需要标注警示声明。
9. 以下产品的染发原理：暂时性染发剂、非氧化型半永久性染发剂、氧化型半永性染发剂、永久性染发剂和渐进式染发剂。
10. 每种非氧化型和氧化型染发剂的主要成分类型。
11. 永久性染发剂需要定期补染的原因。
12. 漂发剂去除发色的原理。
13. 染发产品制备或使用过程中可能出现的一些典型的质量问题及其原因。
14. 染发产品常规检测的典型质量参数及其评估方法。
15. 染发产品常规测试的性能参数及其评估方法。
16. 氧化型染发剂和渐进式染发剂的主要安全问题。
17. 染发产品所使用的典型容器。

主要概念

1. 染发剂被广泛用于不同性别和年龄的人群，通过去除现有发色或增添新发色来改变自然发色。

2. 在美国，已获批和未获批的着色剂都可用于染发产品。

3. 染发产品可根据染发过程中是否发生化学反应（如氧化反应）进行分类。非氧化型产品包括暂时性染发剂和非氧化型半永久性染发剂，而氧化型半永久性染发剂、永久性染发剂和漂发剂则属于氧化型产品的范畴。另一种产品类型是渐进式染发剂，其是永久性的，但不具有氧化性。

4. 头发漂白是一种化学过程，包括去除头发中的天然色素或人造色素。

5. 染发产品中典型的质量相关问题包括阀门堵塞、摩丝发泡性能不佳、泡沫不稳定、乳剂分层、微生物污染、结块和酸败。

6. 评估染发产品质量的常用测试参数包括：喷雾特性，喷雾罐泄漏性，压力测试，乳液、膏霜及凝胶的铺展性、可挤出性、质地和硬度，驱动力，颜色，防腐效果，黏度及 pH。

7. 染发产品最常测试的性能参数为光泽和颜色强度。

8. 氧化型染发剂因其潜在的过敏性和致癌性而引起皮肤科医生和消费者的广泛关注。另一种引起染发剂安全问题的成分是渐进式染发剂中的乙酸铅。

19.1 引言

染发已成为个性、健康、青春和时尚的普遍标志，其在发型设计的视觉感观和心理方面都扮演着重要的角色。据估计，有超过60%的美国女性染发，男性染发的人数也在上升[1]。❶染发剂被广泛用于不同性别和年龄的人群，通过去除现有发色或增添新发色来改变自然发色。染发的主要原因之一是遮盖白发。其他原因包括想要改变发色使其看起来更加时尚、增强现有发色、去除不想要的发色及凸显头发纹理[2]。发色可暂时性改变（洗发1～24次）或永久性改变[3]。可居家使用市售的染发套装进行染发，也可去美发沙龙由美发专业人士来操作。

本章概述了可用于改变自然发色的各种技术和产品，重点介绍了主要的产品类型、成分、质量要求和消费者需求。染发产品的安全性一直都是热门话题，因此本章还讨论了染发剂安全性背后的主要问题和科学依据。

19.2 染发产品的类型和定义

目前的染发产品可去除自然发色［即脱色（lift）］，也可在自然发色中增添［即附着（deposit）］一种新发色，或同时完成这两个过程。染料分子大小、染发剂使用时头发的膨胀度和染发剂产品的碱性强度，决定了染料是否能穿透皮质层而使染色时间更持久，或附着在角质层而产生暂时的染色效果[4]。染发产品有几种分类方式，可根据其作用分为染发剂（hair dye）和漂发剂（hair bleach）。

- **染发剂**：可增添发色，根据所使用染发产品的类型，发色可变得更浅或更深。
- **漂发剂**：仅会淡化发色，而不增添新的发色。

根据新发色的持久性，目前市场上的染发产品可分为以下几种类型。

- **暂时性染发剂（temporary hair dye）**：通过微弱的化学键附着在头发纤维外部，因此1次洗发即可洗掉。
- **非氧化型半永久性染发剂（semipermanent dye）**：附着在头发纤维的外部，并部分穿透角质层，使发色保持更持久。
- **氧化型半永久性染发剂（demi-permanent hair dye）**：能穿透角质层和皮质层。其含有一种氧化剂，具有更强的碱性，因此较前几类产品染色的保持时间明显更长。然而，其仍然不是完全永久性的，不能淡化原有发色。
- **永久性染发剂（permanent hair dye）**：也能穿透角质层和皮质层。与氧化型半永久性染发剂相比，其所含氧化剂的量更高，碱性更强，从而成为永久性染发剂。永久性染发剂可用于将原有发色改变成两种色调，即使其变得更浅或更深。由于其所含成分的损伤性强，永久性染发剂是染发产品中最具破坏性的。
- **渐进式染发剂（progressive hair dye）**：是一种独特的永久性染发产品。其使用金属离子，而不是氧化剂。为了达到良好的白发遮盖效果，需要持续使用。
- **漂发剂**：是通过化学反应去除发色。其既可单独使用，也可与永久性染发剂结合使用。

在美国，所有染发产品都被视为化妆品，因为其具有美化头发外观的作用。

> **你知道吗？**
>
> 头发变白的原因并非是产生了一种新的灰黑色素。然而，其潜在机制尚未完全明确，遗传因素似乎在其中发挥着重要作用。研究发现，毛囊内一些黑色素细胞的凋亡会引发连锁反应，导致同一毛囊内的其他黑色素细胞在相对较短的时间内也发生凋亡[5,6]。

19.3 染发产品的使用历史

历史上，发色的流行和人们对某些色调的偏好一直在发生变化。使用各种物质来改变发色可追溯至几千年前。虽然人类有各种各样的天然发色和色调，但从古代起人们就试图增强或改变其自然发色。最早的染发剂是由植物制品制成的，包括水果、鲜花和蔬菜，如洋甘菊（chamomile）、靛蓝（indigo）、洋苏木（logwood）、指甲花（henna）和核桃壳（walnut shell）提取物[7]。

古代美索不达米亚人和波斯人就经常染发。古埃及人喜欢使用指甲花将头发染成红色，或佩戴假发来改变发色[7]。在古希腊，女性用钾碱水和黄花制成的液体染发，或在头发上撒些黄色的花粉、面粉，甚至金粉，以达到金发的效果[8]。早期的罗马人更喜欢黑发，通常在头发变灰白时开始染发。其他早期社会则更偏爱非自然发色，如红色、绿色、橙色或蓝色，特别是在撒克逊人中，这些发色非常常见。8～13世纪，金发在女性中非常受欢迎。有些人试图用鲜花、鸡蛋、藏红花（saffron）和其他成分来使发色变浅。铜红色在16世纪的意大利非常流行，这种颜色是通过在头发上涂抹苛性钠（caustic soda）并暴露在阳光下来实现的[7]。在同一世纪的英国，伊丽莎白女王推动了天然红色的流行。女性使用藏红花和硫磺粉（sulfur powder）来复制这种发色，但这会导致诸多副作用，包括头痛和鼻出血等[7]。

17世纪，人们通过铅梳使头发逐渐变黑。当时，人们还未意识到铅的毒性。19世纪末，伦敦化学家E. H. 蒂埃莱（E. H. Thiellay）和巴黎美发师L. 雨果（L. Hugot）发现过氧化氢可去除头发的色素，使头发变成黄色，这提供了一种比之前使用碱性溶液更好的方法来使发色变浅。这一发现得到了广泛认可，且目前仍然是漂白剂的基础配方[9]。

现代染发工业始于19世纪中期的法国，当时霍夫曼（Hoffman）注意到对苯二胺（*para*-phenylenediamine，PPD）被氧化后会呈棕黑色，这促进了合成染发剂工业的诞生，直至现今PPD仍在该领域占主导地位。在20世纪初，法国化学家、欧莱雅创始人欧仁·舒莱尔（Eugène Schueller）推出了首款染发产品[10]。20世纪20年代之后，氧化型染发剂得到了极大改进，染发产品的使用也急剧增加。20世纪30年代，伊卡璐（Clairol）作为美国染发行业的领导品牌之一，推出了其首款染发产品——彩色洗发水[11]。最初，染发是在专业美发沙龙进行的。然而，到了20世纪中期，染发产品也开始供居家使用。现如今，消费者可自由选择多种暂时性或永久性染发产品。

19.4 染发产品对头发和头皮的影响

头发塑造脸型，是第一印象中最重要的特征之一。继微笑、眼睛和皮肤特征之后，头发通常是人们在初次见面时会注意到的下一个特征。此外，头发也是描述他人时最常用的特征之一。魅力与自信、积极的自尊心密切相关。好的发型和保养良好的头发可展现良好的形象管理，也有助于产生同样美好的内在感受[12]。染发产品可显著提升健康、管理良好的外在形象，这使得染发产品成为整个护发市场中增长最快的领域之一。

如前所述，染发的主要原因是头发变白。头发变白会显著影响消费者的外在形象，造成情绪和心理上的压力，并降低自尊心。染发产品可遮盖灰白发干，并具有提高生活质量的潜力。统计数据显示，人们在染发后会感觉自己更具吸引力、更年轻，在个人生活和工作中更有信心[13]。此外，人们很少满足于自然发色。各式各样的染发产品提供了可改变发色的多种选择。

然而，即使在推荐的使用条件下，染发产品也会对头发和头皮产生潜在的负面影响。在进行染发前，应考虑以下事项。

- 氧化型染发剂包括半永久性染发剂、永久性染发剂和漂发剂。其含有过氧化氢成分，pH呈碱性，可显著影响发干的结构和物理状态。pH越高，染发过程的破坏性就越大。一般而言，氧化型染发过程会导致头皮角质层损伤，头发多孔，抗拉强度降低，头发断裂增加。这些都会导致不良的感官属性，如光泽度差、质感差、头发粗糙且缺乏光泽[14]。此外，被永久性染色或漂白的头发对物理和环境产生的损伤更为敏感[15]。需要强调的是，相关变化会由于染发剂的频繁使用和使用方法不当而加剧。

- 染发剂可能会引起过敏反应，且主要发生在其应用部位。染发剂不良反应发生率在普通人群中不到0.5%[16]，考虑到使用这类产品的人数，这仍然算是相对少见的。PPD是染发剂的一种关键成分［染料中间体（dye intermediate）］，也被称为皮肤增敏剂。PPD是标准斑贴试验（patch test）的一部分。该成分的主要过敏症状包括头皮发红和瘙痒。渐进式和暂时性染发剂发生过敏反应的风险极低，因为其不含PPD。永久性染发剂中该成分的含量较高，因此对使用者和美发师构成了潜在的风险[17]。对于永久性、氧化型半永久性甚至非氧化型半永久性染发剂，建议消费者遵循制造商的建议，在染发前48 h使用该产品进行皮肤敏感性试验。如果出现过敏反应，应立即清洗掉染发产品，如有必要，可咨询皮肤科医生。为了防止此类过敏反应发生，通常建议美发师在染发过程中戴手套操作。
- 据报道，头发漂白也会引起皮肤刺激，包括头皮灼伤和过敏性皮炎[18–20]。

19.5 染发产品所需特性和消费者需求

除了努力生产稳定、高质量和安全的染发产品外，配方师在设计产品时还必须考虑到消费者的需求。重点之一是优化产品性能、美感和对目标人群的声明，并创造出吸引消费者的产品。从消费者的角度而言，高质量的染发产品应该具有以下特点：

- 易于涂抹在头发上。
- 易于从头发上冲洗掉。
- 对头发和头皮作用温和，无干燥或损伤影响。
- 对白发的遮盖效果良好。
- 染色能力强，但不会使皮肤着色。
- 永久性染发剂的着色效果持久。
- 耐受性良好，无过敏性。

19.6 目前美国对染发剂的监管

如第2章所述，美国对着色剂的监管相当复杂。根据《联邦食品、药品和化妆品法案》(FD&C Act)，所有化妆品着色剂必须经FDA批准。该法案禁止任何事先未经FDA批准、含着色剂成分的化妆品在美国上市销售。然而，存在一个例外情况，即煤焦油染发剂（coal-tar hair dyes）。

除审批外，FDA还可根据颜料成分的来源对着色剂进行认证。该认证旨在确保所生产的每批着色剂都符合批准的标准，以保护公众健康。大多数获批的着色剂（包括经认证和未经认证的颜料成分）的用途都有严格限制。例如，指甲花不能用于眼部或身体，仅允许用于头皮上的头发着色。

“煤焦油”这一名称来自合成着色剂的最初来源。当首批合成有机染料被发现时，由于其最初来自煤炭加工产生的副产物，因此被命名为“煤焦油色素”。现如今，可认证的着色剂仍被称为煤焦油染料，但其主要是由石油原料合成而非煤炭。

❷在美国，经批准和未经批准的着色剂都可用于染发产品。

- **经批准的着色剂**（包括认证和未经认证的颜料成分）都可用于染发（只要未被特别限制用于染发）。相关限制可在FDA网站和《联邦法规》(CFR）中检索到。
- **未经批准的合成有机物**（通常称为煤焦油染发剂）也可用于染发。但是，在这种情况下，必须按照FDA的要求在标签上注明“特别警示”。警示声明如下：“注意——本产品所含成分可能会对特定人群造成皮肤刺激，应首先根据相应指示进行初步测试。本产品不得用于染睫毛或眉毛，否则可能会导致失明”[21]。此外，标签上还应包含进行上述初步测试的充分指示说明。

值得注意的是，这一例外情况仅适用于煤焦油染发剂。因此，其他来源的染发剂在被用作染发剂之前，需要获得FDA批准[22]。如果含煤焦油色素的染发产品标签不包含上述警示声明和初步测试的指示说明，一旦确定在常规使用条件下带来危害，则可能会受到监管处罚[23]。

19.7 染发产品的类型、典型成分和制剂

现如今，消费者可购买到各种各样的染发产品。❸染发产品可根据染发过程中是否发生氧化反应进行分类。非氧化型产品包括暂时性染发剂和非氧化型半永久性染发剂，而氧化型半永久性染发剂、永久性染发剂和漂发剂都属于氧化型产品。另一种产品类型是渐进式染发剂，其是永久性的，但不属于氧化型产品。

19.7.1 非氧化型产品

顾名思义，此类产品不含氧化剂。因此，非氧化型染发剂不能产生比最初色调更浅的颜色，也不能使最初颜色明显加深。

19.7.1.1 暂时性染发剂

暂时性染发剂中的染料分子过大，无法穿透头发皮质层，而且与头发的亲和力也很低，这意味着头发角质层和染料分子之间的结合力很弱[24]。因此，暂时性染发剂只会在头发角质层上形成一层弱涂层（图19.1，表19.1），

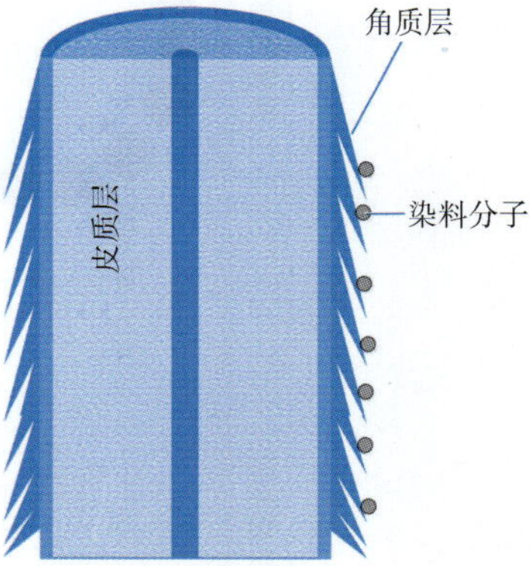

图19.1 暂时性染发剂的染发原理

表 19.1 各类染发剂的特点

染发剂类型	渐进式染发剂	暂时性染发剂	非氧化型半永久性染发剂	氧化型半永久性染发剂
染发部位			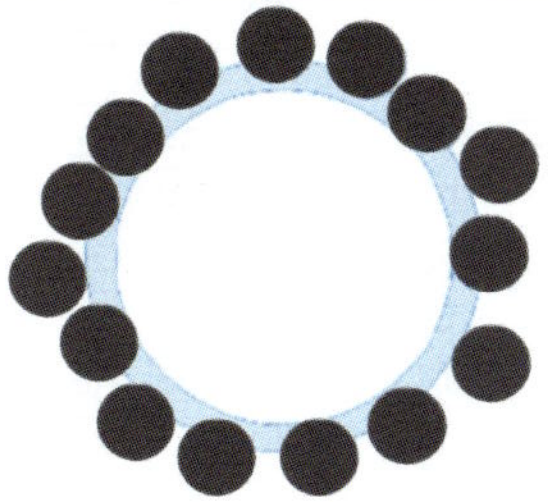	
类型	非氧化型			氧化型
染色持久度	需持续使用	1次洗发	6～8次洗发	12～24次洗发
头发损伤	破坏潜力增大 →			
发色变浅	x	x	x	x
白发遮盖	最高可达100%	x	大于30%	最高可达50%

译者注：表中“x”代表不具备该功能/特性。

并且很容易在洗发时脱色。然而，值得注意的是，曾永久性直发、永久性烫发，甚至之前有永久性染发的消费者，其头发角质层可能受损，从而使头发对染料的抵抗力降低。在这种情况下，染料可进入皮质层，需要多次洗发才能脱色。暂时性染发产品通常用于轻微增加色调，提亮头发，使已染色的头发焕然一新，或作为永久性染发之前的染发尝试[25]。

暂时性染发剂通常含有酸性染料，是在中性至微酸性pH下制备的。通常，将4～5种化合物混合在一起以获得给定的色调。产品中还含有阳离子表面活性剂或聚合物，有助于将染料附着在头发表面[26]。此外，产品中通常还包括溶剂、香精和防腐剂。典型的产品形式包括液体［通常称为染发洗液（color rinse）］、洗发水（shampoo）、发用摩丝（hair mousse）、凝胶、定型喷雾（hair spray）、染发粉笔（hair chalk）、发根遮瑕膏粉（root concealer powder）、染发棒和气雾剂。相关产品可随时使用，无须进行斑贴试验。

- **染发洗液**通常是洗发后使用的液体产品，通过冲洗去除多余的染发剂。其在老年群体中相当流行，可突出现有发色或增添新发色，也可帮助消费者将头发染成铂金色。
- **增色洗发水**（color-enhancing shampoo）结合了洗发水与染发洗液的作用，通常含有经认证的色素，有助于产生加强效果并可略微增添色调。
- **染发喷雾**（hair color spray）含有暂时性染料，使其易于去除，通常是用于干燥头发的气雾剂产品。
- **摩丝**有鲜艳和天然的颜色可供选择。
- **凝胶产品**与头发定型胶相似，仅是颜色不同。在摩丝和凝胶中，除染料外，还使用成膜剂，因此相关产品可为头发定型和染色。含有闪亮成分的产品也非常受欢迎，能给头发带来闪闪发光的效果[27]。
- **染发粉笔**是一种用于暂时性染发的新型产品。其有不同的产品形式，如粉笔棒、粉末和粉笔梳。
- **发根遮瑕膏粉**用于修饰发根，为稀疏的头发增添层次感。当头发开始长出后，其会以自然的发色（通常与所染发色不同）生长。发根遮瑕膏粉有粉末、棒状和气雾剂三种产品形式。

暂时性染发剂不能提供永久性的白发遮盖，非常适合白发率小于15%的人群使用[28]。其易于使用，引起接触性皮炎的风险极低，因此相关制剂非常受欢迎[29]，但是相关染料很容易污染头皮和皮肤。

19.7.1.2 非氧化型半永久性染发剂

非氧化型半永久性染发剂通常使用体积足够小以在某种程度上渗透到头发角质层的染料（图19.2，表19.1）。因此，其除了能够从外部对头发进行染色，还可深入头发内部，经6～8次洗发后，仍可保留在健康的头发上[3]。非氧化型半永久性染发剂通常用于天然、未漂白的头发，以遮盖白发、增添亮色及掩盖不想要的色调[30]。

非氧化型半永久性染发剂的pH呈弱碱性（7.0～9.0），从而使头发皮质层膨胀并增大。

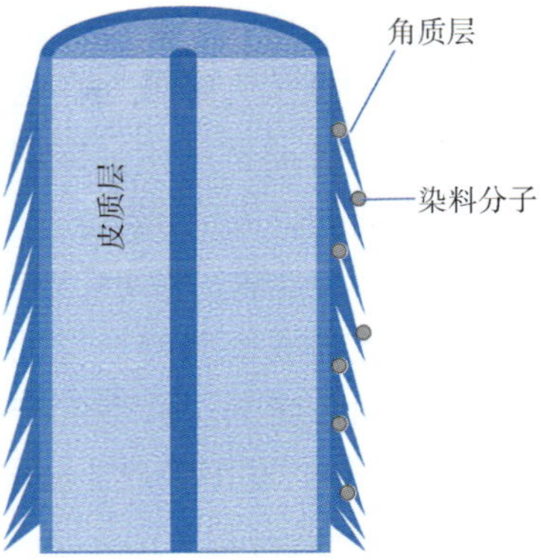

图 19.2 非氧化型半永久性染发剂的染发原理

小尺寸和弱碱性pH可使染料在一定程度上渗透至更深的角质层。洗发时角质层鳞片会打开，由于染料在水中的溶解性，颜色会随着时间的推移而逐渐褪去。非氧化型半永久性染发剂包括硝基染料、酸性染料和碱性染料，统称为直接染料[31]。通常需要混合10～12种染料，以获得所需的色调[32]。与暂时性染发剂类似，如果应用于受损、多孔性头发，则产生的效果可能会更持久。

非氧化型半永久性染发剂通常含有染料、碱化剂、溶剂、表面活性剂、增稠剂和香精。相关染发剂包括洗发水、凝胶、乳液、膏霜、护发膜和摩丝等产品形式。该类产品均随时可用，通常在头发上保持20～30 min即可获得所需的颜色。

非氧化型半永久性染发剂非常适合白发率小于30%，并希望恢复自然发色的消费者[33]。由于可能会引起过敏性接触性皮炎，根据FDA的规定，产品包装上应标注使用前进行皮肤斑贴试验的法定警示[29]。

> **你知道吗?**
> 指甲花是一种非氧化型半永久性染发剂，可为自然黑发增添红色，已使用了数千年。最近有研究将指甲花与金属盐结合，可以实现更多样化的发色[29]。

19.7.1.3 渐进式染发剂

渐进式染发剂也被称为渐变式染发剂或金属染发剂，其含有水溶性金属盐，如果连续使用，会逐渐附着在发干上（表19.1）。随着时间的推移，渐进式染发剂会逐渐改变发色，从灰色变为黄棕色再变为黑色[34]。金属盐可与角质层中的半胱氨酸相互作用形成金属络合物，并形成附着物逐渐积聚在角质层上[35]。在美国，最常用的金属盐成分是乙酸铅。2018年，出于安全考虑，FDA禁止在染发剂中使用乙酸铅[36]。柠檬酸铋是另一种获批的着色剂，过去使用频率较低。渐进式染发剂价格低廉，可居家使用，这使其广受欢迎，但仍不如氧化型染发产品普及。有时，头发上残留的微量金属盐会与漂白和永久性烫发产品相互作用，因此建议在进行其他染发或烫发步骤之前，需要耐心等待新的头发生长出来后再进行染色[37]。渐进式染发剂在男性中更受欢迎，男性消费者通常不会选择永久性烫发，且理发也更为频繁，因此渐进式染发剂对其带来的潜在的破坏性影响也相对较低。

19.7.2 氧化型产品

氧化型染发剂是目前最常用的染发剂。氧化型染发剂由两种组分系统组成：①一种组分含有无色的初级染料中间体（也称为碱基），如PPD、对甲苯二胺（*p*-toluenediamine）

和对氨基酚（*p*-aminophenol）；以及次级染料中间体，也称为偶联剂（coupler），如强碱性制剂中的间苯二酚（resorcinol）和间氨基酚（*m*-aminophenol）。②另一种组分含有氧化剂，也称为显色剂（developer）或活化剂，如过氧化氢。这两种组分是分开独立包装的，仅在使用前混合以产生化学反应。

碱性试剂可使头发角质层膨胀，从而有助于相对较小的染料中间体渗透至皮质层。此外，碱性试剂还会导致过氧化氢不稳定，从而释放氧气。释放的氧气会破坏头发的天然黑色素（使发色变浅），并氧化染料中间体，使其与发干中的偶联剂发生反应，形成有色分子[38]。最终由于染料分子太大，无法通过洗发去除，使得发色变得耐洗[39, 40]，具体过程如图 19.3 所示。需要强调的是，偶联剂不会产生发色，但会改变氧化型染料中间体的颜色。发色取决于所用染料中间体和偶联剂的类型及用量。

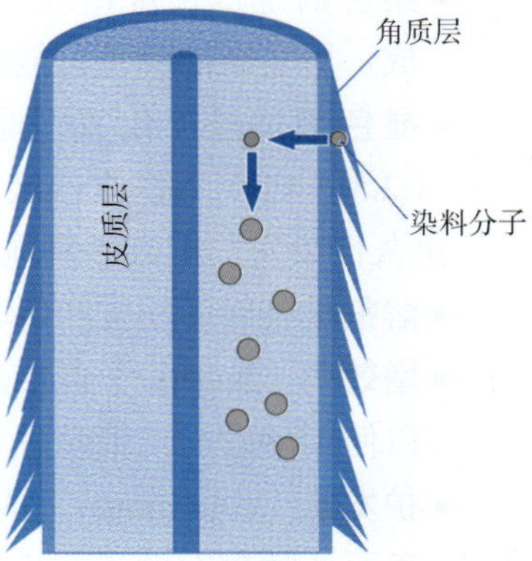

图 19.3　氧化型染发剂的染发原理

氧化型染发产品可分为两大类：氧化型半永久性染发剂和永久性染发剂。两者的主要区别在于碱化剂的类型和水平，以及过氧化氢的浓度。相关差异实现了不同的发色、遮盖度、持久力及发色淡化能力。

19.7.2.1　氧化型半永久性染发剂

氧化型半永久性染发剂是一种较新的染发产品，其通常含有 2% 的过氧化氢和较低水平的碱化剂［一般为单乙醇胺（monoethanolamine）］[26]。过氧化氢的浓度通常以体积表示。使用的体积量越大，可实现头发变浅的效果就越显著[41]。与非氧化型半永久性染发剂相比，其染色效果更持久。然而，由于使用单乙醇胺而非氨作为碱化剂，其染色效果仍然不是永久性的，通常在 12～24 次洗发后颜色会逐渐被褪去（表 19.1）。

氧化型半永久性染发剂可遮盖高达 50% 的白发，可用于增强和提亮自然发色、翻新变淡的永久性染色，以及混合或遮盖白发。然而，由于过氧化氢的含量较低，不会使发色变浅。出于同样的原因，其较永久性染发剂对头发的作用更温和，使用时产生的刺激性气味更小。氧化型半永久性染发剂含有氧化型染料，也可能含有硝基染料和碱性染料，以增强效果，但硝基染料和碱性染料并不参与氧化过程[31]。在使用相关产品之前，需要进行皮肤斑贴试验。

氧化型半永久性染发产品包括凝胶、膏霜或液体等形式。相关产品必须先混合再使用，然后在头发上停留 20～30 min 以达到理想的发色。

19.7.2.2　永久性染发剂

永久性染发剂是当今最受欢迎的染发剂，其之所以广受欢迎，是由于可提供多种色调，且能够使发色变浅或变深。永久性染发剂可完全遮盖白发，并产生全新的发色

（**表19.1**）。通常，相关产品仅以氧化型染发剂作为着色剂。

永久性染发剂过氧化氢含量高达6%，并以氨作为碱化剂，从而使最终产品的pH达到9.0～10.5[26]，这就可使其完全渗透整个皮质层。

永久性染发剂均以套装出售，其中包含染色剂和显色剂，这两种组分需要在使用前立即混合，然后涂抹在头发上。

- **染色剂**是一种膏霜或乳液形式，由染料中间体、偶联剂和碱化剂（通常是氨）组成。更复杂的颜色可能包含几种染料前体和多种偶联剂，涉及多个反应。
- **显色剂**是过氧化氢，通常以液体、凝胶或乳液的形式出售。过氧化氢需在低pH（2.5～4.5）下供应，这是保持其稳定性的必需条件[2]。

永久性染发剂配方的其他成分如下：

- **溶剂**是染料中间体和偶联剂的载体。常用的溶剂包括水、甘油和乙醇。
- **增效剂**（booster）包括过硫酸铵或硫酸钾等。深色头发的消费者想要染成金发时可以使用增效剂。单靠过氧化氢不能完全去除黑色素，而增效剂可增强其效果。
- **护发素**（conditioner）成分主要包括季铵盐、蛋白质和润肤剂。
- **表面活性剂**有助于在染发过程中湿润头发，染发后去除头发上的染料配方和稳定配方。其实例包括阴离子、两性及非离子表面活性剂。
- **缓冲液**（buffer）可稳定制剂并将pH保持在所需范围内。
- **增稠剂**（thickener）可增加黏度以保持产品在使用部位。
- **抗氧化剂**（antioxidant）、**防腐剂和螯合剂**（chelating agent）有助于保持产品稳定性，并防止瓶中染料被氧化。

永久性染发剂在各成分混合后必须立即使用，因为此时化学反应正在进行。产品通常需在头发上停留25～45 min，具体时间取决于所选择的发色和头发的状况[25]。

当头皮（如前所述，通常称为“发根”，但其并非真正的发根，真正的发根位于头皮深处）上长出新头发时需要再次染发，通常每4～6周需要进行1次重染[染补（touch-up）]。永久性染发剂可为头发提供持久而强烈的发色。但是，有一些因素会加速发色变化和褪色，包括染发剂使用不当、机械因素（如洗发和会破坏角质层的永久性染发操作），以及环境因素（如紫外线照射和水暴露）。

> **你知道吗?**
>
> 红色色调往往褪色最快，因为其染料分子尺寸相对较小，容易从头发中扩散出来，因此相比于其他色调，其可被更快地洗掉[9]。

> **你知道吗?**
>
> 永久性染发剂和漂发剂的主要区别在于，前者既可作为漂白剂（使发色变浅），也可作为着色剂，而后者不会增添新发色。然而，永久性染发剂并不能显著淡化发色。例如，仅使用永久性染发剂并不能够将棕色头发染成金黄色。在这种情况下，首先需要对头发进行漂白处理，当发色被去除后，再使用永久性染发剂染发。

19.7.2.3 漂发剂

❹发色淡化通常被称为“漂白”，是一种化学过程，涉及从头发中去除天然色素或人造色素。漂发剂可与皮质层中的黑色素发生反应，以不可逆化学反应去除发色。漂白剂能氧化黑色素，虽然黑色素仍然存在，但其氧化形式是无色的。过氧化氢会破坏头发中的化学键，释放硫，从而解释了在这个过程中产生的特有刺激气味。由于黑色素位于皮质层，必须打开角质层以使漂白剂的渗透达到最佳效果。因此，漂白剂是含有过氧化氢的碱性溶液，通常添加增效剂（如过硫酸铵或硫酸钾）以加速漂白过程并提高效力。由于过氧化氢在碱性pH下不稳定，通常以稀释（6%～12%）[42]的水溶液或膏霜的形式提供。在使用前需要立即将其与碱性氨溶液或膏霜混合。氨有助于加速氧化反应。由于体温的原因，反应通常在头皮上发生得更快，因此漂白产品通常首先涂抹于发梢，然后再用于靠近头皮的部分[42]。漂发剂的pH（通常为10～11）远高于永久性染发剂，过氧化氢的含量也更高[2]。相关条件虽能提供一种有效的头发漂白过程，但会对头发结构和整体状况产生显著的负面影响。在头发上停留特定的时间后，需用酸性洗发水或护发素去除产品，从而将pH降至正常水平，以尽量减少头发损伤。

漂白后的发色通常缺乏层次感且难以控制，可使用调色剂（即染料的稀释溶液）以获得更美观的发色[35]。调色剂可从永久性或非氧化型半永久性染发剂类别中进行选择。

漂发剂既可单独使用，也可在着色之前去除原有色素。与永久性染发剂类似，定期漂白是必要的，以遮盖自然生长的深色头发。

19.7.3 染发产品的配方

如前所述，染发剂具有各种各样的产品形式，包括定型喷雾、洗发水、乳液、膏霜、发膜和凝胶。相关产品的制剂形式包括气雾剂、凝胶、膏霜和乳液等。

由于过氧化氢的反应性，在配制含有该成分的染发产品时，应采取特别预防措施对过氧化氢进行仔细稳定处理以保持其活性。如前所述，过氧化氢通常在低pH下稳定，且仅在使用前才与碱性成分混合。

19.8 染发产品的典型质量问题

❺染发产品的典型质量相关问题包括阀门堵塞、摩丝发泡性能不佳、泡沫不稳定、乳液分层、微生物污染、结块和酸败。由于相关质量问题已在之前章节中讨论，此处不再详述。

19.9 染发产品的评价

19.9.1 常规测试的质量参数

❻评估染发产品质量的常规测试参数包括喷雾特性，驱动力，气雾罐泄漏性，压力测试，乳液、膏霜及凝胶的铺展性、可挤出性、质地和硬度、颜色、防腐效果、黏度、密度和比重、pH及稳定性。可接受标准范围和其他限制因素通常由各个制造商决定。相关测试可参见之前的章节。

19.9.2 常规测试的性能参数

❼染发产品常规测试的性能参数是光泽和颜色强度。

19.9.2.1 光泽和颜色强度

光泽和颜色强度是头发外观的重要特性，也是护发市场中消费者关心的核心目标。检测相关特性具有很大的挑战性，因为对其的感知取决于多种因素，包括光线、发色、表面光滑度、头发形态、头皮上的头发质量密度和头发纤维排列等[43]。最近，博萨诺瓦（Bossa Nova）公司开发了一款名为SAMBA®的摄像机，具有高偏振对比度并可进行快速拍摄，可有效分离镜面反射光和漫射光。事实证明，仪器测定数据与专家小组和消费者的主观评价具有良好的相关性[44]。实验中会捕捉两张头发图像。第一张通过平行偏振器拍摄，以捕捉所有反射光；第二张使用垂直偏振器拍摄，仅捕捉漫反射光。相关偏振器消除了镜面反射。通过减法运算，可计算出镜面反射光。相关参数与技术文献中的多种光泽方程可用来描述光泽[45]。此外，也可使用原子力显微镜研究头发光泽和其他头发表面特性，如角质层高度、角质层角度和表面粗糙度[46, 47]。

19.10 引发安全性问题的成分

❽氧化型染发剂因其潜在的过敏性和致癌性而引起皮肤科医生和消费者的广泛关注。另一种引发染发剂安全性问题的成分是渐进式染发剂中的乙酸铅。有关其安全性的研究结果和最新声明总结如下。

19.10.1 氧化型染发剂

如前所述，永久性染发剂含有最高剂量的“对位”染料成分，如苯酚、二胺和氨基酚，其还可能包含可与“对位”染料发生相互作用的组分。使用永久性染发剂后，敏感人群可能会出现过敏性接触性皮炎和面部水肿等情况[48]。PPD和其他化学性质类似的化合物仍然是引发职业性过敏的重要原因，尤其是对于化妆师和美发师[49]。近年来，尽管工业化国家染发剂的使用越来越普遍，但美国PPD接触性过敏的患病率似乎有所下降。这一趋势归因于成功引入风险管理措施，即预防性标签；更好地遵循职业安全措施，如戴防护手套并在使用过程中尽量减少染发剂与头皮的接触；以及消费者和美发师风险意识的提高[50]。化妆品成分审查（CIR）委员会不断审查各种染料中间体和偶联剂的安全性，并在《国际毒理学杂志》（*International Journal of Toxicology*）上发表相关结论。值得注意的是，反复暴露于染发剂会引发过敏反应，这意味着染发后未出现任何问题的消费者仍然可能发生过敏反应。这进一步强调了遵循染发产品标签说明和每次染发前进行皮肤斑贴试验的重要性。

所有氧化型染发剂（包括氧化型半永久性产品、永久性产品和漂发剂）均含有碱化剂和过氧化氢，应小心混合。过氧化氢在碱性环境下会显著改变头发结构，导致头发的光泽度降低，使其质感变差，脆性增加[14]。相关问题会随着频繁使用而更加严重，尤其是当过氧化氢含量过高或使用不当时。虽然有家用染发套装可供选择，而且价格更实惠，但向专业人士咨询有助于防止头发结构和色调发生不必要的变化。

有关氧化型染发剂的另一个安全性问题是其是否会导致癌症。氧化型染发剂的成分属于芳香胺这一庞大化学家族，其中包括已知的人体致癌物质，如2-萘胺。19世纪末，一些芳香胺的致癌活性得到了确证，有证据显示染料行业职工的膀胱癌发病率有所增加[51]。尽管已知一些芳香胺在人体和其他哺乳动物中易致癌，但这一大化学类别中的许多物质并没有致癌性。然而，鉴于芳香胺的潜在危害性，染发剂成分的致癌潜力一直都是关注的焦点。染料和染发剂行业、美国国家毒理学计划（National Toxicology Program，NTP）、独立调查员和世界卫生组织（WHO）的国际癌症研究机构（International Agency for the Research on Cancer，IARC）[52, 53]都对其进行了调查。对染发剂的安全性问题已进行了大量研究，其中绝大多数研究得出的结论是，染发剂使用和癌症风险增加之间并无关联。2008年，IARC的主要癌症专家审阅了迄今为止发表的有关染发剂使用和致癌性的相关科学文献，得出的结论是，并无足够的证据可证明染发剂的使用会致癌[53]。2011年，CIR委员会得出了同样的结论，指出现有流行病学研究不足以证明染发剂的使用和癌症及其他终点之间存在因果关系，这是基于关联性不强和研究结果不一致而得出的结论[54]。

? 你知道吗?

随着时间的推移，用水清洗染过色的头发会明显导致其褪色。为了保持发色，应避免频繁洗发，尤其是新染的头发[26]。

19.10.2 乙酸铅

在美国，乙酸铅是一种经批准的化妆品着色剂，仅用于给头皮上的头发着色。如前所述，持续使用乙酸铅会导致头发逐渐变黑。2018年，美国FDA发布了一项最终规定，出于安全考虑（包括皮肤吸收和铅暴露），撤销了染发剂中使用乙酸铅作为着色剂的批准[36]，并于2022年1月生效。欧洲化妆品和非食品科学委员会[Scientific Committee on Cosmetic Products and Non-Food Products，现已更名为消费品科学委员会（Scientific Committee on Consumer Products，SCCP）]也发现在化妆品中使用乙酸铅存在安全风险[55]，主要安全顾虑包括对未出生婴儿的潜在伤害和消费者生育的潜在延迟。

19.11 染发产品的包装

染发产品最常用的包装材料包括以下几种。

- **喷雾罐：**可提供暂时性染发喷雾和摩丝，类似于非染发定型喷雾和摩丝。
- **塑料瓶：**洗发水、凝胶和乳液通常装在塑料容器中，类似于非染发产品。
- **染发套装：**大多数氧化型染发剂是按套装供应的，其中包含两种成分，并以金属管、塑料管或瓶子单独包装。除了实际的染色产品之外，还提供了一副手套和带有特殊喷嘴头的塑料瓶，以便于使用。某些套装还包含一个小刷子，以辅助产品使用。

术语表

中文术语	英文术语	解释
脱色	lift	去除发色。
附着	deposit	增添发色。
染发剂	hair dye	一种旨在为现有发色增添色彩的产品。
漂发剂	hair bleach	一种通过化学反应去除发色的产品。
暂时性染发剂	temporary hair dye	一种仅附着在头发纤维外部的非氧化型染发产品，因此仅可提供一种暂时性的染色效果（1次洗发）。
渐进式染发剂	progressive hair dye	一种非氧化型染发产品，通过将金属离子附着在头发上来逐渐染发。
永久性染发剂	permanent hair dye	一种氧化型染发产品，可渗透角质层和皮质层，提供永久性染发效果。
氧化型染发剂	oxidative hair dye	一种基于氧化反应的染发产品。
氧化型半永久性染发剂	demi-permanent hair dye	一种可渗透角质层和皮质层的氧化型染发产品，能提供持久的染色效果（最多20～24次洗发）。
非氧化型染发剂	non-oxidative hair dye	一种不含氧化剂的染发产品。
非氧化型半永久性染发剂	semipermanent hair dye	一种非氧化型染发产品，附着在头发纤维外部，可部分渗透角质层，因此染发效果可持续数天或数周（通常为6～8次洗发）。

续表

中文术语	英文术语	解释
煤焦油染发剂	coal-tar hair dye	在历史上，煤焦油染发剂曾经源自煤炭，因此合成有机染发剂被命名为“煤焦油”。现如今，相关染发剂都是从石油中获得的。
指甲花	henna	在美国属于经批准的用于化妆品的非认证着色剂，仅获批用于头发染色，而不能用于皮肤、睫毛或眉毛。指甲花是一种非氧型化半永久性染发剂。
染料中间体	dye intermediate	氧化型染发剂中使用的无色小分子，一旦进入头发皮质层，就会与过氧化氢和偶联剂发生反应，形成无法通过洗发去除的有色大分子。
皮肤斑贴试验	skin patch testing	消费者在使用含有未经批准的合成有机染料的染发产品之前，需要进行的安全性试验。产品标签会给出详细操作说明，指导如何进行试验。
偶联剂	coupler	一种用于氧化型染发剂的成分，可在头发纤维内部将无色染料中间体结合在一起。这种反应能够使染料的体积变大，从而使其不易从头发上洗掉。
显色剂	developer	一种用于氧化型染发剂的成分（通常是过氧化氢），可使头发纤维内的无色染料中间体显色。
增效剂	booster	一种用于永久性染发剂和漂发剂的成分，可增强过氧化氢去除发色的功效。
补染	touch-up	将自然发色或白发快速修复到想要的发色，通常需要靠近头皮进行补染。

缩略词表

缩略词	英文全称	中文全称
CIR	Cosmetic Ingredient Review	化妆品成分审查
FD&C Act	Federal Food，Drug，and Cosmetic Act	《联邦食品、药品和化妆品法案》
IARC	International Agency for the Research on Cancer	国际癌症研究机构
NTP	National Toxicology Program	国家毒理学计划
PPD	*para*-phenylenediamine	对苯二胺
SCCP	Scientific Committee on Consumer Product	消费品科学委员会

（王 琰 译，陈文超 白仁仁 校）

参考文献

1. Happi (2013). A colorful history. www.happi.com/issues/2013-01/view_features/a-colorful-history/ (accessed 23 July 2021)
2. Milady (2016). *Milady Standard Cosmetology*. Boston: Cengage Learning.
3. Corbett, J. (1991). Hair coloring processes. *Cosm Toil*. 106: 53–67.
4. Wojnarowska, F.T. Hair cosmetics. In: *Diseases of the Hair and Scalp* (ed. A. Rook and R. Dawber), 465–479. Oxford, UK: Blackwell Science.
5. Cesarini, J.P. (1990). Hair melanin and hair colour. In: *Hair and Hair Diseases* (ed. C.E. Orfanos and R. Happle), 166–197. Berlin, Germany: Springer-Verlag.
6. Nishimura, E.K., Granter, S.R., and Fisher, D.E. (2005). Mechanisms of hair graying: incomplete melanocyte stem cell maintenance in the niche. *Science* 307: 720–724.
7. Sherrow, V. (2001). *For Appearance's Sake: The Historical Encyclopedia of Good Looks, Beauty and Grooming*. Westport: Greenwood Publishing.
8. Partick, B. and Thompson, J. (2011). *An Uncommon History of Common Things*. Washington: National Geographic.
9. Bouillon, C. and Wilkinson, J. (2005). *The Science of Hair Care*. Boca Raton: CRC Press.
10. L'Oreal The first step, constructing a model. www.loreal.com/en/group/culture-and-heritage/l-oreal-history/ (accessed 22 July 2021).
11. Clairol Professional Heritage. www.clairolpro.com/inside-clairol-pro/heritage (accessed 22 July 2021).
12. Diller, V. (2012). The challenges of aging in today' s culture. www.psychologytoday.com/blog/face-it/201202/the-psychology-behind-good-hair-day (accessed 18 February 2014).
13. Gray, J. (2005). *The World of Hair Colour*. London, UK: Thomson.
14. Jachowicz, J. (1987). Hair damage and attempts to its repair. *J. Soc. Cosmet. Chem*. 38: 236–286.
15. Takada, K., Nakamura, A., Matsua, N. et al. (2003). Influence of oxidative and/or reductive treatment on human hair (I): analysis of hair damage after oxidative and/or reductive treatment. *J. Oleo Sci*. 52: 541–548.
16. Schnuch, A. (2009). Data presented during a recent BfR symposium on the safety of hair dyes. www.bfr.bund.de/cd/31861 (accessed 15 February 2014).
17. Goldberg, B.J., Herman, F.F., and Hirata, I. (1987). Systemic anaphylaxis due to an oxidation product of p-phenylenediamine in a hair dye. *Ann. Allergy*. 58: 205–208.
18. Forster, K., Lingitz, R., Prattes, G. et al. (2012). Hair bleaching and skin burning. *Ann. Burns Fire Disasters* 25 (4): 200–202.
19. Lee, J.M.S., Jeong, C.M., Kim, W.J. et al. (2010). Significant damage of the skin and hair following hair bleaching. *J. Dermatol*. 37 (10): 882–887.
20. Jensen, C.D. and Sosted, H. (2006). Chemical burns to the scalp from hair bleach and dye. *Acta Derm. Venerol*. 86: 461–462.
21. FD&C Act Section 601(a)
22. 21 CFR Part 70.3(u)
23. FDA (2022). Hair dyes. www.fda.gov/cosmetics/cosmetic-products/hair-dyes (accessed 25 February 2022).
24. Corbett, J.F. (1988). Hair coloring. *Clin. Dermatol*. 6: 93–101.
25. Draelos, Z.D. (2005). *Hair Care*. New York: Taylor and Francis.
26. Rust, R.C. and Schlatter, H. (2016). Hair dyes. In: *Cosmetic Dermatology* (ed. Z.D. Draelos), 239–249. Hoboken: Wiley Blackwell.
27. Corbett, J.F. (1971). Hair dyes. In: *The Chemistry of Synthetic Dyes* (ed. K. Venkataraman), 479–534. New York: Academic Press.

28. Da França, S., Dario, M., Esteves, V. et al. (2015). Types of hair dye and their mechanisms of action. *Cosmetics* 2 (2): 110–126.
29. Draelos, Z.D. (1991). Hair cosmetics. *Dermatol. Clin.* 9: 19–27.
30. Spoor, H.J. (1976). Semi-permanent hair color. *Cutis* 18: 506–508.
31. Salvador, A. and Chisvert, A. (2007). *Analysis of Cosmetic Products*. Amsterdam, Netherlands: Elsevier.
32. Robbin, C.R. (1988). *Chemical and Physical Behavior of Human Hair*. New York: Springer- Verlag.
33. Zviak, C. (1986). Hair coloring, nonoxidation coloring. In: *The Science of Hair Care* (ed. C. Zviak), 235–261. New York: Marcel Dekker.
34. Pohl, S. (1988). The chemistry of hair dyes. *Cosm Toil.* 103: 57–66.
35. Brown, K.C. (1977). Hair colouring. In: *Hair and Hair Care* (ed. D.H. Johnson), 191–215. New York: Marcel Dekker.
36. 83 FR 54665
37. O'Donoghue, M.N. (1987). Hair cosmetics. *Dermatol. Clin.* 5: 619–625.
38. Corbett, J.F. (1998). *Hair Colorants: Chemistry and Toxicology. Cosmetic Science Monographs*. Weymouth: Micelle Press.
39. Westman, M. (2008). Demi-perm hair dyes–important and misunderstood. *Cosmet. Dermatol.*14 (5): 1–7.
40. Tucker, H.H. (1968). Formulation of oxidation hair dyes. *Am. J. Perfum. Cosmet.* 83: 69.
41. Wolverton, S.E. (2012). *Comprehensive Dermatologic Hair Therapy*. Amsterdam, Netherlands: Elsevier Health Sciences.
42. Bolduc, C. and Shapiro, J. (2001). Hair care products. Waving, straightening, conditioning, and coloring. *Clin. Dermatol.* 19: 431–436.
43. Gao, T., Pereiara, A., and Zhu, S. (2009). Study of hair shine and hair surface smoothness. *J. Cosmet. Sci.* 60: 187–197.
44. Lim, J.M., Chang, M.Y., Park, M.E. et al. (2006). A study correlating between instrumental and consumer' s subjective luster values in oriental hair tresses. *J. Cosmet. Sci.* 57: 475–485.
45. McMullen, R. and Jachowicz, J. (2004). Optical properties of hair–detailed examination of specular reflection patterns in various hair types. *J. Cosmet. Sci.* 55 (1): 29–47.
46. Swift, J.A. and Smith, J.R. (2000). Atomic force microscopy of human hair. *Scanning* 2 (2): 310–318.
47. Ruetsch, S.B., Kamath, Y.K., Kintrup, L. et al. (2003). Effects of conditioners on surface hardness of hair fibers: an investigation using atomic force microscopy. *J. Cosmet. Sci.* 54: 579–588.
48. Thyssen, J.P. and White, J.M. (2008). European Society of Contact Dermatitis). Epidemiological data on consumer allergy to p-phenylenediamine. *Contact Dermatitis* 59 (6): 327–343.
49. Schnuch, A., Geier, J., and Uter, P.J. (1997). National rates and regional differences in sensitization to allergens of the standard series. *Contact Dermatitis* 37: 200–209.
50. DeGroot, A.C. (1998). Fatal attractiveness: the shady side of cosmetics. *Clin. Dermatol.* 16: 167–179.
51. Rhen, L. (1895). Blasengeschwülste bei Anilinarbeitern. *Archiv für klinische Chirurgie* 50: 588–600.
52. IARC monographs on the evaluation of carcinogenic risks to humans (2010). *Some Aromatic Amines, Organic Dyes, and Related Exposures*, vol. 99. Lyon, France: International Agency for Research on Cancer.
53. Baan, R., Straif, K., Grosse, Y. et al. (2008). Carcinogenicity of some aromatic amines, organic dyes and related exposures. *Lancet Oncol.* 9: 322–323.
54. CIR (2014). Hair dye epidemiology. www.cir-safety.org/supplementaldoc/hair-dye-epidemiology (accessed 23 July 2021).
55. The Scientific Committee on Cosmetic Products and Non-Food Products Intended for Consumers (SCCNFP) (2004). Opinion concerning lead acetate. SCCNFP/0832/04. https://ec.europa.eu/health/archive/ph_risk/committees/sccp/documents/out286_en.pdf.

4

第四部分 彩妆产品

简 介

如今，彩妆产品已成为文化和时尚不可或缺的一部分。彩妆在满足个人自我完善、自我修饰、幸福感，以及吸引他人关注等方面发挥着重要作用。但是，情况并非总是如此。彩妆诞生于数千年前。早期使用彩妆的目的是美化、保持青春容颜、保护身体不受环境影响、为宗教仪式做准备，甚至是为了治疗疾病。虽然彩妆中使用的许多成分都有剧毒，但在埃及、中东和亚洲仍非常流行。然而，当化妆品开始在欧洲传播时，一些文化中出现了抵触情绪。许多文化认为彩妆是奢侈、可憎和不必要的。有些国家甚至不允许化妆，只有不化妆的女性才被认为是美丽的。随着电影、摄影和电视的发展，化妆又开始在各个阶层流行起来。目前，彩妆业已成为全球价值数十亿美元的产业。彩妆产品的最新发展趋势包括可抗摩擦脱妆的产品（称为抗转移产品）、可在涂抹表面长期保持而无须重复使用的长效产品，以及将几种产品合而为一的多功能产品，以满足消费者日益增长的需求。

本书第四部分的四个章节重点介绍了多种类型的彩妆产品，包括用于唇部、眼睑和睫毛、面部皮肤和指甲的产品。通过这一部分的介绍，读者将了解相关产品的用途、功能及其制备和检测方法。

第20章 唇妆产品

学习目标

通过本章的学习，读者将掌握以下内容。

1. 以下专业术语的定义：

唇红缘	口红	唇彩	唇线笔
润唇膏	液体口红	唇染	丰唇口红
唇部打底	模具	成型	火焰处理（flaming）
挤压	曝气	梯状分层	开裂
变形	凹陷	条痕	发汗（sweating）
软塌失效	接缝	渗色	断裂强度
刚性			

2. 嘴唇的不同解剖学区域。
3. 导致嘴唇干燥的原因。
4. 嘴唇在衰老过程中的变化。
5. 口红、唇彩、唇线笔和润唇膏之间的区别。
6. 唇部护理产品的法定分类。
7. 唇妆产品的益处和潜在负面影响。
8. 理想的唇妆产品应具备的化妆品特性。
9. 唇妆产品的主要成分类型及相关实例。
10. 口红的主要类型及特点。
11. 唇妆产品“成型”的方法及基本步骤。
12. 将颜料混合至口红基质中之前，对颜料进行预研磨至关重要的原因。
13. “成型”过程中处理特殊效果颜料的方式。
14. 简单混合过程及适合使用该技术的产品类型。
15. 挤压过程及适合使用该技术的产品类型。
16. 唇妆产品制备过程中可能出现的典型质量问题及其原因。
17. 唇妆产品常规检测的典型质量参数及评估方法。
18. 宣称具有保湿功能的唇妆产品常规测试的功效参数及评估方法。
19. 口红铅污染的潜在安全性问题。
20. 可用于唇妆产品的典型容器。

主要概念

1. 嘴唇由黏膜和皮肤组成，解剖学结构复杂。

2. 唇膏、唇彩和唇线笔在美国属于化妆品。相关产品用于修饰或着色嘴唇，单纯为了提升美感和魅力，符合化妆品的定义。

3. 虽然润唇膏和口红、唇彩一样也是涂抹于嘴唇，但在美国，大多数润唇膏被视为非处方（OTC）药妆品。

4. 唇妆产品，包括化妆品和OTC药妆品，包含许多不同的成分。尽管成分和颜色多种多样，但可分为几个基本类别。

5. 成型是制备口红和润唇膏最常用的技术，通常包括以下几个步骤：①颜料预研磨；②熔化和混合；③铸模成型和包装；④火焰处理。

6. 其他制备技术包括无火焰成型、无加热简单混合和挤压。

7. 唇部护理产品的典型质量问题包括曝气、梯状分层、碎裂、变形、凹陷、条痕、"发汗"、软塌失效、接缝、渗色和释放不良。

8. 评估唇妆产品和唇部护理产品质量的常用参数包括硬度、断裂强度、熔点、软化点、滴点、释放性能、棒状剂型的滑动性、铅笔式产品的刚性、颜色匹配度、颜色亮度和条纹性、黏度、密度、比重及稳定性。

9. 保湿效果是唇妆产品最常测试的功效参数。

10. 铅是导致唇妆产品安全性问题的主要成分。

20.1 引言

唇妆产品（lip makeup product）主要由女性使用，以提升其魅力和女性气质，但也有专为男性设计的产品。流行的男性产品包括无色唇膏（uncolored lipstick），其具备保湿和防晒功能。传统的唇妆产品设计为棒状剂型的形式，目前也有各种液态和膏霜状产品可供选择，以在唇部创造出不同的妆效。

本章主要介绍嘴唇的主要解剖学和生理学特征，以及应用于唇部的各种化妆品和OTC药妆品及其典型成分、制剂技术、检测方法和包装材料，还探讨了消费者的普遍需求及相关产品对嘴唇的影响。

20.2 嘴唇的解剖学与生理学

❶嘴唇由黏膜和皮肤组成，解剖学结构复杂。

嘴唇周围的表面覆盖着皮肤、毛发、汗腺和皮脂腺[1]。在称为唇红缘（vermilion border）的过渡区，嘴唇周围的皮肤与口腔黏膜相接。该过渡区的特征是上皮轻度角质化，且不含毛发或汗腺。嘴唇的内表面与口腔黏膜相连，而口腔黏膜覆盖着非角质化的上皮细胞，并含有许多小唾液腺[2]。在嘴唇的红色区域（即唇红缘），上皮的角质化和色素沉着减少。边界区域的红色是由于角质密度的降低和组织的半透明性而形成的，从而使毛细血管清晰可见[3]。这一边界区域是唇部护理产品和唇妆产品的应用区域。丘比特弓（Cupid's bow）是位于上唇正上方的凹陷。图 20.1 展示了嘴唇的各个部分，而图 20.2 展示了嘴唇的横截面结构。

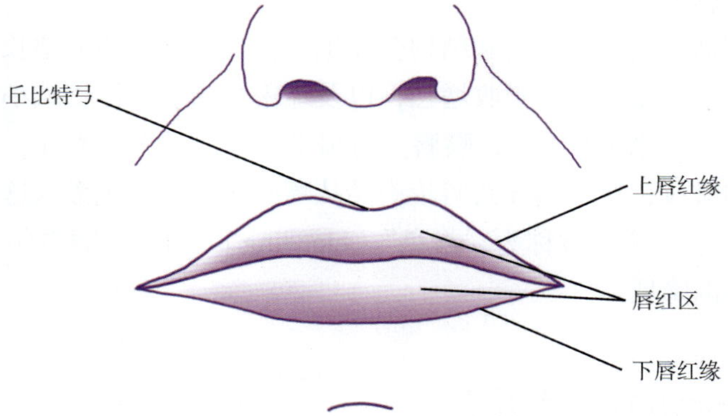

图 20.1 嘴唇的结构

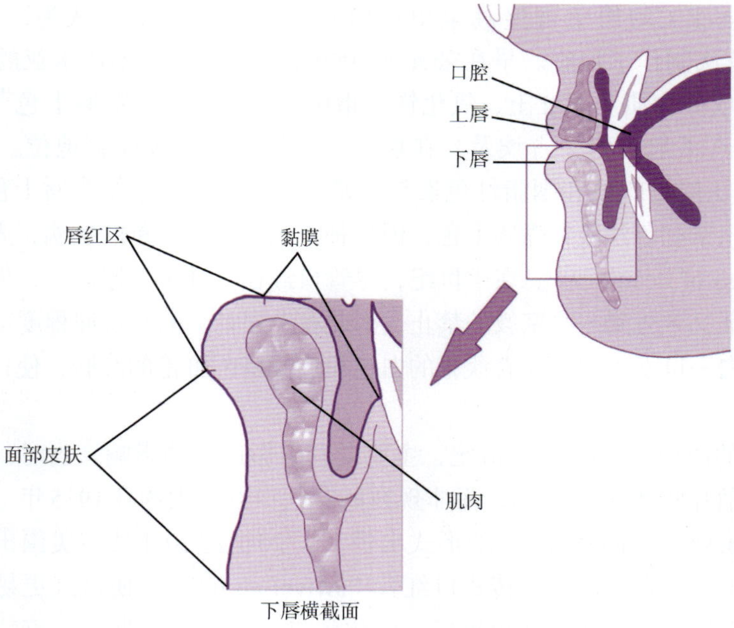

图 20.2 嘴唇的横截面结构

嘴唇因其肌肉和疏松结缔组织而具有特定的形状。口轮匝肌（orbicularis oris muscle）在唇红区的边缘向外形成一条钩状曲线，赋予嘴唇独特的形态。丘比特弓的外观也是由下层肌肉的布局形成的[4]。

嘴唇持续暴露于外部因素中，如水分、空气、化妆品、牙科产品、口服药品、食物和紫外线[3]。嘴唇中天然润肤剂的生成量非常低，且其含水量比其他面部区域低，水分流失速度快于脸颊[5]，因此嘴唇极易变得干燥和开裂。

唇红缘一个有趣特征是细胞更新非常快，这就是嘴唇在受伤或灼伤后能够很快恢复的原因。嘴唇的另一个特点是具有许多感受器（sensory receptor）和高度的触觉敏感性。根据文献报道，嘴唇的敏感性与舌头和指尖相似[6]。除了对触摸敏感外，嘴唇对化学、物理和微生物损伤也非常敏感。嘴唇中没有丰富的角质化细胞和黑色素，这是导致其敏感性的主要原因。长时间暴露于阳光下可能会造成嘴唇损伤。与其他皮肤部位相比，嘴唇更易受到酵母菌和细菌的感染。

随着时间的流逝，嘴唇的质地和结构会发生变化。随着年龄的增长，皮肤变薄、肌肉支撑力下降、骨骼结构变化、骨吸收增强，以及疏松结缔组织体积减小，这些因素共同导致嘴唇周围区域发生一系列变化[7]，嘴唇变得扁平、较薄且形状不佳。此外，上下嘴唇会出现细纹和较深的皱纹，这可能导致唇妆产品从嘴唇的红色区域渗入这些细纹中，产生一种类似于出血的现象，通常被称为“渗色”（bleeding）。同时，随着年龄的增长，嘴唇的触觉敏感性也会逐渐降低。

20.3　唇妆产品的使用历史

口红（lipstick）的历史可追溯至史前时代。许多历史学家认为，古代苏美尔人（Sumerians）首次制作了口红。早在公元前3000年，古代美索不达米亚的女性就用压碎的宝石和无机成分物质（如红土、氧化铁、指甲花和白铅）给嘴唇上色[8]。其他历史学家则将口红的真正起源归于古埃及。在埃及，口红通常代表社会地位。克莱奥帕特拉（Cleopatra）将压碎的蚂蚁和胭脂红色素与蜂蜡基底混合，用于给嘴唇上色[9]。古埃及人从植物中榨取出紫红色汁液为嘴唇上色，但这种方法导致了严重的疾病，人们称之为“死亡之吻（the kiss of death）”[10]。在中世纪，尽管口红在女性中普遍流行，但当时其被视为下层女性的象征，并受到一些宗教的禁止，因此在上层社会的受欢迎程度逐渐降低[11]。16世纪，伊丽莎白一世女王常常涂着淡雅的白色粉底并搭配鲜艳的红唇，使口红再度被大众所认可。

现代口红的历史可追溯至19世纪，主要受到电影产业的影响。当时，口红是以有色纸张或装在纸管中的形式出售的，而非现在的管状口红。大约在1915年，口红开始以可推式金属管（push-up metal tube）的形式出售[12]。20世纪20年代，美国田纳西州的纳什维尔（Nashville）发明了首款旋转式口红管（swivel-up tube），使口红更易于使用[13]。唇彩（lip gloss）最早是于20世纪30年代，由化妆界的先驱马克斯·法克特（Max Factor）发明的。在20世纪40年代末，有机化学家毕晓普女士（Ms. Bishop）推出了首款持久且不易晕染的口红[14]。

现如今，消费者将唇妆产品视为日常生活的一部分。口红的颜色、形状和香味种类繁多，且日益丰富，制剂技术也有了显著提高。同时，结合了多种功效的多功能产品也得到了长足发展。

20.4 唇妆产品的类型和定义

出于多种原因，市场上有多种不同类型的唇妆产品。下文将介绍最常见的唇妆产品类型及其特点。❷在美国，口红、唇彩和唇线笔（lip liner）被视为化妆品。这些产品用于凸显唇部或为嘴唇增添色彩，单纯为了提升美感和魅力，符合化妆品的定义。

- **口红**可通过赋予嘴唇色彩和光泽来提升嘴唇外观。传统的固体口红由蜡质、植物脂、脂肪、油类和烃类化合物组成，相关成分通常统称为基底，再向其中添加颜料。其他成分可能包括香料、香精、抗氧化剂、紫外线过滤剂和丰唇剂（plumping agent）。液体口红（liquid lipstick）具有持久性和不易晕染性，是口红的一个较新类别。
- **唇彩**为嘴唇赋予光泽，有时还能增添一抹微妙的色彩。其通常比传统口红的黏度更低，并且更加透明。唇彩所含油类的比例较高，而蜡质的比例较低，因此涂抹起来更顺滑，光泽度更高，但持久性不如口红。唇彩可以是透明或半透明的液体和凝胶，并展现出各种透明度，同时具有各种妆效，如金属光泽、闪光效果、玻璃质感和磨砂效果。
- **唇线笔**可勾勒出嘴唇的轮廓。唇线笔由蜡质、植物脂、脂肪、油类和颜料混合而成，与口红相似，但产品的质地更加坚硬。唇线笔最常见的是细长的铅笔状，但也有配备毛毡笔尖的特殊笔式液体唇线笔可供选择。

市场上还有另外一种类型的产品，即润唇膏[lip balm，也称为护唇膏（lip protectant）]。❸虽然润唇膏与口红和唇彩一样也是涂抹于嘴唇上，但在美国，大多数润唇膏属于OTC药妆品。这是因为润唇膏能够暂时防止嘴唇干燥、缓解嘴唇干裂，其预防性功效符合药品的定义。在护肤药品中，OTC药品专论规定了OTC药品中应有活性成分的制剂及其浓度的合格范围[15]。在美国，如果产品中含有超过一种护肤成分，则该产品就被归类为OTC药品。以下列举了一些用于唇部保护的成分。

- **尿囊素**（allantoin）：含量范围为0.5%～2%。
- **可可脂**：含量范围为50%～100%。
- **二甲基硅油**：含量范围为1%～30%。
- **白凡士林**：含量范围为30%～100%。

在OTC药品专论中，允许产品功效介绍中含有以下描述用语，如“有助于预防”“暂时性保护”，或“有助于缓解”“皲裂或干裂的嘴唇”等。此外，还可选择性地添加以下描述“有助于预防刮风和寒冷天气带来的干燥影响”。

润唇膏由蜡质、油类、脂肪、植物脂、烃类和其他成分制成，用于防止嘴唇皲裂和干燥。润唇膏通常为无色或仅带有轻微的颜色。

值得注意的是，目前许多唇妆产品具有多重功效，这意味着相关产品可同时满足多种功能需求。唇妆产品最常见的附加功能之一是防晒效果。值得注意的是，根据当前对防晒产品的监管要求，在美国，含有紫外线过滤剂的唇妆产品也被归类为药品（更多详细信息，请参见第15章）。

20.5 唇妆产品对嘴唇的影响

唇妆产品因其着色效果而被广泛使用。使用唇妆产品还有其他益处，具体如下。

- 近期研究表明，**唇癌**（lip cancer）在男性中的发病率高于女性[16, 17]，这种差异可归因于女性广泛使用含有紫外线过滤剂的口红和润唇膏。紫外线过滤剂可保护皮肤免受阳光伤害，并防止阳光穿透皮肤。但遗憾的是，许多消费者尚未意识到持续保护嘴唇的重要性。如第15章所述，反复涂抹含有紫外线过滤剂的产品以维持其有效保护同样非常重要。
- 含有紫外线过滤剂的润唇膏还可防止**单纯疱疹病毒**（herpes simplex virus，引发唇疱疹的病毒）感染的复发，因为这种病毒可被光活化[18]。当感染病毒（如唇疱疹）时，应避免与他人共用口红和润唇膏，以防止病毒的传播。

虽然唇妆产品常用于提升使用者的容貌和自信心，但其也存在一些不足之处。以下是对其相关缺点的简要介绍。

- 某些口红，主要是长效和哑光口红，在涂抹时往往会使嘴唇感到干燥。干燥可归因于这些口红的成分。长效口红含有防转印剂（transfer-proofing agent），如硅树脂和某些烃类。相关成分将颜色固定于嘴唇上，使口红具有“耐亲吻”（kiss resistant）特性。值得注意的是，得益于聚合物技术的不断进步，目前长效和哑光口红在使用体验上更加舒适，面具般的感觉大大减轻，并且干燥感也得到了显著改善[19]。含有薄荷醇和樟脑成分的丰唇口红（lip plumping lipstick）也可能导致唇部干燥和刺激。其他可能导致嘴唇干燥的因素还包括鼻塞、习惯性张口呼吸，以及佩戴不合适的义齿（常见于年龄较大的人群）[20]。吮指的儿童也可能出现嘴唇干燥的情况。如前所述，嘴唇干燥可通过润唇膏来预防或治疗。

> **你知道吗？**
>
> 舔嘴唇并不能改善嘴唇的干裂情况，仅能暂时缓解。嘴唇沾水后，水分会迅速从皮肤表面蒸发，蒸发的水分还会带走皮肤外层更多的水分。因此，频繁使用唾液来湿润嘴唇实际上会使嘴唇更为干燥。此外，唾液中含有酶，可能会破坏嘴唇保护屏障，进一步加剧干燥[21]。可使用保湿成分（如润唇膏）来预防和治疗嘴唇干燥。

20.6 唇妆产品所需特性和消费者需求

除了努力制备稳定、高质量且安全的产品外，配方师在设计产品时还必须考虑消费者的需求。关键点之一是优化产品性能和宣称效果，以满足消费者需求，并鼓励其开始使用并持续使用产品。从消费者角度而言，一款优质的唇妆产品或OTC药妆唇部产品应具备以下特性。

- 吸引人的色调。

- 涂抹时颜色均匀。
- 良好的遮盖力。
- 持久保持色彩强度，且随时间推移不变色。
- 易于涂抹，在各种温度下都能顺滑延展。
- 涂抹时唇部感觉舒适。
- 味道和气味宜人。
- 效果持久。
- 防紫外线（常见要求）。
- 紧密贴合唇部。
- 唇周细纹不会出现染色或渗色。
- 唇彩：提供水润和闪亮的妆效。
- 唇线笔：高色素含量，能够凸显嘴唇轮廓，质地足够坚实，不会晕染至唇周。
- 润唇膏：滋润唇部，防止干裂。

20.7 唇妆产品的典型成分

❹唇妆产品，包括化妆品和OTC药妆品，可能包含多种不同的成分。尽管成分数量和颜色种类繁多，但仍可将其归为几个基本类别。本节主要介绍这些典型成分的类型、主要特征及功能。

- **蜡质作为结构剂**（structuring agent）可赋予口红硬度和坚实性。此外，蜡质还能稳定口红的形状，使其易于成型。通过融合具有不同特性（如高光泽、柔韧性和脆性）的蜡质，可实现最佳的化妆品性能。蜡质的熔点因其独特成分和链长而存在显著差异。其通常与油类混合使用，以达到所需的柔软度，而单独使用则会过于坚硬。唇妆产品中使用的蜡质包括蜂蜡、堪地里拉蜡（candelilla wax）、巴西棕榈蜡（carnauba wax）、石蜡（paraffin wax）、地蜡（ozokerite wax）、微晶蜡（microcrystalline wax）、聚乙烯和羊毛醇（lanolin alcohol）。
- **油类、脂肪和植物脂**在制剂中的主要作用是赋予产品光滑柔软的质地。此外，其还具有保湿效果，可作为润肤剂以防止嘴唇干燥和皲裂等问题。油类还可用于分散颜料和珠光剂。但是，高浓度（通常超过50%）的油类可能会产生油腻和黏稠的感觉，在制剂设计时应予以注意。植物脂和脂肪酸酯可增强产品对嘴唇的黏附性，也可考虑使用低分子量的硅酮，由于其良好的挥发性，可为防褪色口红提供优异的载体性能。唇妆产品中使用的油类、脂肪和植物脂包括植物油（如蓖麻油、葡萄籽油、杏仁油、绣线菊籽油、橄榄油、椰子油、棕榈油和甘油三酯），植物脂（如鳄梨脂、乳木果脂和可可脂），脂肪酸酯（如异丙基肉豆蔻酸酯、异丙基棕榈酸酯、异硬脂醇异硬脂酸酯和丁基硬脂酸酯），以及烃类化合物（如聚异丁烯、矿物油、凡士林、异十二烷和异二十烷）。此外，还可使用硅酮（如二甲基硅油和环甲基硅油）。
- 从商业和外观的角度而言，**着色剂**可视为口红中最为关键的成分，因为在大多数消费者的心中，口红的独特之处在于其色彩。着色剂的使用受到FDA的严格监管，并且是针对不同的应用领域而进行特别审批。

在有色唇部护理产品中，通常使用以下类型的着色剂：有机颜料、无机颜料、色淀，以及特殊的效果颜料（effect pigment）和特种颜料（special pigment）。如第2章所述，染料易溶于介质/载体，而颜料则在其所应用的介质/载体中不溶。唇妆产品中通常不使用染料，因为其可能会导致唇部染色，这通常是不希望出现的状况。在唇妆产品中，效果和特种颜料可能包括提供珠光、闪耀、光泽感、闪光、哑光、金属光泽和其他类型效果的颗粒。效果颜料通常有多种颜色和粒径可供选择，通过改变其粒径可实现不同的妆效。较小粒径（在20 μm范围内）的颗粒可产生丝滑如缎面般的效果，并增加基质的不透明度。而较大粒径（在120 μm范围内）的颗粒则可产生闪耀或闪光的高光泽效果，同时兼具高亮度和透明度。效果和特种颜料通常不会为制剂增添太多颜色，因此其通常与常规着色剂配合使用。但是，在低色彩饱和度产品（如唇彩或润唇膏）中，其可单独使用。唇妆产品中使用的无机颜料包括氧化铁（红色、黄色、棕色和黑色）、二氧化钛和氧化锌，有机颜料包括红色颜料（如红色6号、7号和21号）、黄色颜料（如黄色6号）、橙色颜料（如浓度≤5%的橙色5号），以及色淀（如红色7号色淀和黄色5号色淀）。最常用的效果颜料包括涂有氧化铁和二氧化钛的云母（其可根据涂层提供闪耀或闪光效果、柔和光泽或珠光效果），以及可提供珠光效果的氯氧化铋。

? 你知道吗?

尽管颜料在制剂所用的介质中不能溶解，如由蜡质和油类制成的口红基质，但其仍可分散于相关液体或载体中。此分散体系是一个两相体系，其中一种物质（如红色颜料）以颗粒或液滴的形式存在，并分散于另一种物质（如口红基底）之中。两相之间是分离的，因为其不会互溶。融化的有色口红混合物可能呈现为均一的溶液，但在显微镜下观察，便能看到两相之间相互分散。这意味着该分散体系中的组分虽然不溶于彼此，但仍能形成相对稳定且均匀的混合物。

- **抗氧化剂：**可防止变质和敏感成分的氧化。在唇妆产品中常用的抗氧化剂实例包括维生素E、丁基羟基茴香醚（BHA）和丁基羟基甲苯（BHT）。
- **防腐剂：**可防止微生物污染。实例包括苯氧乙醇（phenoxyethanol）和辛甘醇（caprylyl glycol）。

? 你知道吗?

部分口红含有防腐剂，但也有许多口红并不含防腐剂。那么，消费者可能会质疑唇部产品是否真的有必要使用防腐剂。口红之类的无水产品并非微生物滋生的理想环境，因此可能无须防腐。但是，一旦产品被涂抹于嘴唇上，微生物可能会从皮肤表面及通过嘴唇上的唾液转移至唇部护理产品的表面。在这种情况下，口红表面可能会出现微生物滋生。制造商在决定是否使用防腐剂时，通常会考虑这一因素。

- **香精**：可用于唇妆产品中以掩盖脂肪或蜡质的气味。其不能具有刺激性和毒性，即使被摄入也应味道宜人。此外，唇妆产品的制备通常在较高温度下进行，因此其在高温下应保持稳定。
- **调味剂**：也是制剂中可能添加的成分，以提供令人愉悦的口感。与大多数化妆品不同，唇妆产品可能会触及味蕾，因此产品的口感也应予以考虑。通过甜味剂（如糖精钠）可调节口感。目前，含有肉桂或薄荷的丰唇口红备受青睐，这些成分为产品增添了独特的味道。在美国，调味剂的安全性由香精香料和提取物制造商协会（FEMA）进行评估（更多信息，请参见第4章）。
- **质地调节成分（texturing ingredient）**：如滑石粉、二氧化硅和云母，可提升产品的质地、使用感和稳定性。其他实例还包括二氧化钛，其能提供柔焦效果（soft-focus effect）。球形组分能够以不同方向散射光线，使皮肤看起来柔和而朦胧，这种效果即被称为柔焦效果。
- **增稠剂**：常用于液态唇妆产品中以增加产品的黏度，如液态唇妆中使用的增稠剂海泡石黏土。液态唇妆产品需要足够的黏度，以便轻松涂抹并覆盖于嘴唇上而不会滴落，同时颜料也需悬浮分散于溶液中。
- **定色剂（fixative）**：是持久性产品中通常含有的成分，可防止颜色在嘴唇上晕染，并有助于将口红固定于嘴唇上。常用定色剂主要为有机硅树脂（如三甲基硅氧烷）。
- **活性成分（active ingredient）**：也可用于唇妆产品中，包括唇部保护成分和紫外线过滤剂，这两类成分均被纳入相关的OTC药品专论中。

20.8 常见唇妆产品的类型

口红制造商创造了众多术语来描述其产品，其中一些术语可互换使用，而其他术语则特指更具体的类别。以下是当前市场上口红基本类型的简要概述。

- **固体口红（solid lipstick）**：是目前最受欢迎的类型。固体口红呈子弹形状，可在使用时从容器中旋出。
- **液体口红（liquid lipstick）**：则属于较新的口红类别。其具有奶油般的质地，通常包装于配备有唇刷的细长瓶中。虽然液体口红并非总是能够保持长久妆效，但许多品牌都推出了具有长效且抗转移性能的液体口红。过去的长效液体口红通常采用双管系统，包括有色底妆和无色覆盖层。而现今，长效口红则是一款融合了底妆和封层的液态形式的单一产品。液体口红易于涂抹，一旦挥发性溶剂开始蒸发，就会在嘴唇上形成薄膜。待薄膜完全形成后，颜色就会固定于嘴唇上，且不易褪色[22]。虽然这听起来像是保持口红全天都不褪色的理想选择，但此类制剂可能会使嘴唇变得干燥。
- **唇染（lip stain）**：大多也是液态产品。除了颜料成分外，唇彩还含有染料（如红色21号、红色27号和橙色5号）[22]，这些染料即使在产品本身脱落后，仍能在嘴唇上保留较长时间[23]。

- **丰唇口红：**旨在通过轻微刺激嘴唇上的娇嫩皮肤，使其看起来更加饱满。可产生这种效果的成分包括生姜、肉桂、辣椒、樟脑和薄荷醇。
- **唇部打底（lip primer）产品：**是一种无色的棒状或铅笔状产品，可使唇部平滑，并为涂抹口红做好准备。唇部打底产品可延长口红的持久度，并防止渗色和起皱。

> **你知道吗？**
>
> 唇部磨砂膏（lip scrub）能够有效提升干燥嘴唇的外观，相关产品旨在温和地平滑唇部皮肤并去除角质，许多产品还可为嘴唇提供保湿效果。糖类（如红糖）和酶类（如木瓜酶）是唇部磨砂膏中常用的去角质成分。使用方法是将唇部磨砂膏涂抹于干燥的唇部皮肤上，轻轻按摩嘴唇，然后擦除。

固体口红和液体口红可为嘴唇带来多种质感和效果，包括哑光、光泽、奶油般丝滑和微光。

- **哑光（matte）口红：**富含颜料和蜡质，但润肤剂的含量相对较少。由于其含油量较低，会导致光线偏转，因此光泽度较低。哑光口红还常含有更多具有质地调节和哑光效果的成分，如滑石粉和二氧化硅，这些成分不仅能够创造哑光外观，还能提升触感。哑光口红的效果通常比闪亮型口红更为持久。
- **光泽（glossy）或釉彩（glaze）口红：**富含油类，并常含有香味。其通常能为嘴唇增添光泽和立体感。一般而言，光泽口红的颜色较浅，遮盖力比唇彩更为持久，但不如奶油口红。其主要缺点是容易脱落。
- **奶油（crème）、丝绒（satin）和轻透（sheer）口红：**通常介于哑光和光泽口红之间。其富含润肤剂，并能够创造出闪亮的效果。奶油口红通常含有粒径较小的颜料，以达到丝滑的质感，但是其容易脱落，因此需要频繁补涂。
- **微光（shimmer）口红：**也称珠光（frosted）口红，含有光反射颗粒，如粒径较大的涂覆云母，可为色彩增添光泽。其更常用于特殊场合，并且颜色较浅。

20.9 唇妆产品的制剂

有多种唇妆产品的制剂技术可供选择。大多数口红的制备采用成型技术（molding technique），该技术涉及四个步骤，通常耗时较长。润唇膏的制备虽然也采用类似的技术，但并非需要经典成型技术的所有步骤。唇彩不一定需要加热，因为其成分在室温下呈液态或半固态。而唇线笔则可通过成型和挤压技术进行制备。下文将详细探讨相关制备技术。

20.9.1 成型技术

❺ 成型技术是制作口红和润唇膏最常用的技术。该技术通常包括以下步骤：①颜料预

研磨；②熔化和混合；③成型与包装；④火焰处理。

- **颜料预研磨：**是一个分解粉末状颜料团聚体的步骤。为了使口红呈现均匀、平滑且色彩一致的效果，应对颜料进行精细研磨。这一步骤通常是先将颜料与蓖麻油等油类混合，然后通过三辊研磨机（three-roll mill）、珠磨机（bead mill）或类似传统研磨机来制备颜料浆（更为详细的分散过程，请参阅第3章）。现如今，市场上也有现成的微米级颜料可供选择，这些颜料无须进行研磨，但可能仍需通过一些剪切力来分解其中的团聚体。此外，即用型颜料分散液也常被使用，这类分散液无须进行预处理，可直接添加至口红基质中。

值得注意的是，效果颜料（如珠光颜料）不宜进行研磨处理。相关颜料颗粒是通过在芯材上涂覆一层或多层金属氧化物制备而成的。研磨可能会使得涂层受损或从芯材上脱落，从而导致光泽损失和颜色变化。因此，应在口红混合物完全混合后添加效果颜料，并且仅需轻轻搅拌即可。

- **熔化和混合：**蜡质在室温下呈固态，不能直接与其他成分混合后倒入口红模具中，因此，为了实现模塑，需提前将蜡质加热至熔化状态。蜡质通常可与油类混合在一起熔化。为了便于混合，可使用各种类型的混合器/分散器。当口红基质熔化后，可加入颜料分散液并混合，直至获得均匀混合物。然后将混合物稍微冷却，可添加效果颜料、特种颜料、防腐剂、抗氧化剂、香精和其他成分，并继续混合直至均匀。
- **成型与包装：**是指将熔化的口红混合物倒入塑料、金属或硅胶模具的过程。混合物应在高温液态时倒入，待其稍微冷却（但不开始凝固）后更佳，此时混合物的温度应高于其熔点大约10 ℃。这是由于随着混合物冷却，其黏度增加，而这样处理有助于避免悬浮颜料在口红尖端沉积，从而实现颜料的均匀分布。此外，这还能确保混合物中的空气在成型前从表面排出。应将稍微冷却的混合物不间断地倒入模具中。如果填充过程出现中断，可能会导致口红分层，在使用时容易断裂。口红棒在冷却过程中会发生收缩，因此在倒入混合物时通常会稍微过量，然后将模具放置于冷却台或冰箱中，直至其硬化，再将口红底部多余的材料去除。当口红硬化后，可轻轻按压将其从模具中取出，并放入口红盒中。如有需要，可将口红尖端以一定角度削平，以更易于涂抹。通常采用垂直分型模具（vertical split mold）制造口红（图20.3）。其内表面必须光滑，以制备出不易粘连的口红。如果模具由金属制成，可预先进行加热处理并在高温下使用，但这在大规模生产中可能难以操作。考虑到兼容性，在成型前使用油类或硅油润滑模具或许会有所帮助。现今，软硅胶模具备受青睐，其可在品牌标识方面

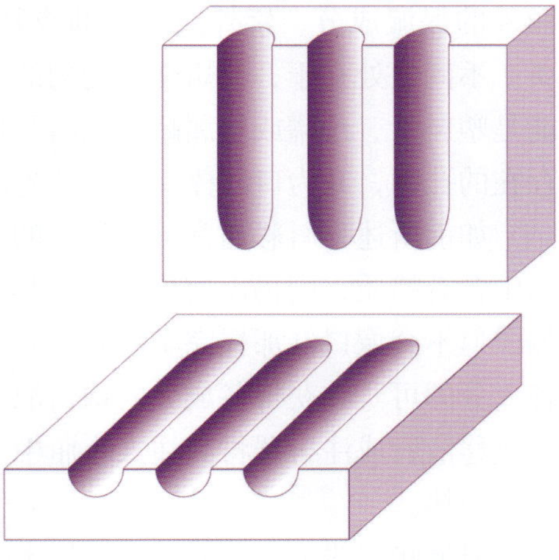

图20.3　常用于口红制造的垂直分型模具

实现更为丰富的变化，如印制徽标或定制口红的子弹形状和设计[23]。

- **火焰处理：**是口红制剂的最后一步，旨在通过火焰使口红具有光泽（**图 20.4**）。火焰温度调节至足以融化口红表面的温度。通常，将口红置于火焰中旋转并保持1 s，然后取出，以避免融化和变形。最后，将口红帽置于口红支架上，并为其贴上标签。

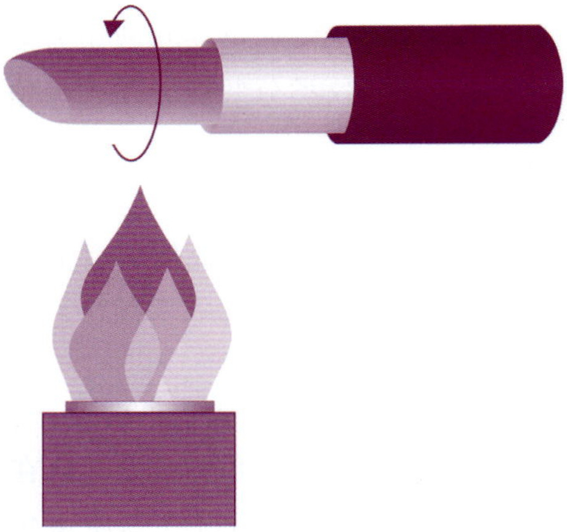

图 20.4 口红的火焰处理

在制造过程中，需考虑的一个重要因素是尽可能减少空气混入原料之中。原料中的空气难以排除，可能会在成型过程中使口红棒上出现气泡，从而导致生产速度变慢且废品率提高。避免过度搅拌口红原料，可最大限度地减少空气混入。此外，相对缓慢且持续的填充方式也有助于解决这一问题。

目前，大多数口红都是通过自动口红机进行生产的。自动机器由装有金属模具的旋转台组成，该旋转台会依次通过各种加热和冷却室。首先，可通过喷涂少量油类来加热和润滑模具。其次，通过填充头将熔融的口红填充至模具中，随着模具在旋转台上移动，口红在冷藏室内冷却。然后，通过一股微小的压缩空气喷射，使口红从模具中弹出，并落入口红盒中。最后，整个口红盒将穿过一个“火焰”隧道，口红在热空气喷射下旋转，从而为其表面赋予光泽[24]。

20.9.2 其他技术

❻ 其他制剂技术包括无火焰成型、无加热简单混合和挤压。

润唇膏的制剂通常与口红相似，即由蜡质和油类混合而成，但其不含色素，而是含有额外的保湿成分、紫外线过滤剂或其他活性成分。棒状润唇膏通常采用成型技术进行制备。不同之处在于，已熔化且均匀的混合物可直接倒入最终的润唇膏容器中，相关容器可能是塑料管、小罐或金属罐。润唇膏通常无须进行火焰处理。有时，为了去除成型后可能存在的孔洞，并为口红棒尖端赋予光泽，会对口红棒尖端进行火焰处理。

如前所述，唇彩通常含有较少的蜡质和较多的油类，因此其黏度远低于口红。如果唇彩中含有蜡质，则仍需熔化后再与其他成分混合。随着唇彩混合物冷却，其黏度会显著增加，但不会像口红那样完全凝固。对于不含蜡质或其他需熔化成分的唇彩，仅需简单混合各成分即可。在获得各成分的均匀混合物后，便可将其转移至最终使用的容器中，通常是通过移液管或注射器将其注入小瓶中。虽然制造过程无须熔化，但为了便于分装，可能需轻微加热。

铅笔状唇线笔也可通过成型技术来制备。在这种情况下，使用注射器将熔化的混合物直接注入空心笔杆之中。可将注射器尖端插入铅笔的一端，然后将已熔化且仍然炽热的混合物缓慢且不间断地注入笔杆内。当填充物开始从唇线笔的另一端滴落时，则表示唇线笔已填满。注射完成后，应将唇线笔水平放置，以避免填充物滴落。可将产品放入冰箱中直至填充物凝固。使用前，应将唇线笔削尖。

唇线笔和一些口红可制成铅笔状。相关产品可通过一种被称为挤压的特殊技术进行制备。图 20.5 显示了挤压机的主要部件。在此过程中，口红混合物被装入料斗中，并通过一个狭窄的模头（通常为圆形）强制挤出。首先，蜡笔状的长条形薄型蜡质材料通常较为柔软且富有弹性，在达到最佳质地和硬度之前，必须经历数天的回火阶段（tempering phase）。然后，将其放置于木制隔板上进行塑形、尖端处理、上色和磨尖。这些产品的颜料/蜡质浓度较高，因此物料体积较厚，通常需进行揉捏以确保充分混合。通常使用辊压机进行操作。设备内部的旋转螺杆也有助于混合成分，从而制成光滑、无结块的产品。

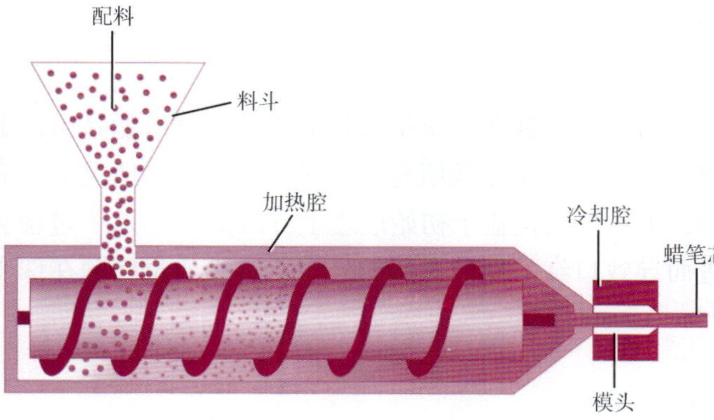

图 20.5　常用于唇线笔制造的挤压机

20.10　唇妆产品的典型质量问题

❼唇妆产品的典型质量问题包括曝气、梯状分层、剥落（chipping）或开裂、变形、凹陷、条痕、口红“发汗”、软塌失效、接缝、渗色（图 20.6），以及释放不良。下文还将讨论相关问题的潜在原因及其解决方案。

图 20.6　口红的常见质量问题：（a）曝气；（b）梯状分层；（c）剥落或开裂；（d）变形；（e）凹陷；（f）条痕；（g）口红“发汗”；（h）软塌失效；（i）接缝

20.10.1 曝气

"曝气"（也称为"针孔"现象），是指口红表面形成微小孔洞的现象[25]。在混合或灌注过程中，如果熔化的成分快速混合并立即成型，可能会产生曝气现象。在混合过程中，空气也会被混入熔化的混合物中，这些空气应在成型前从混合物中排出。但是，如果空气没有足够的时间从熔化的混合物中排出，其就会在口红内部以小孔的形式出现。此外，如果模具中使用了过多的油脂进行润滑，则可能会在口红表面形成一层薄膜。当口红进行火焰处理时，其表面的油脂会立即燃烧，从而在口红表面留下一个小孔。

20.10.2 梯状分层

口红的梯状分层是指口红呈现多层或阶梯状的外观，这可能是由以下原因造成的：模具温度过低、口红混合物加热不充分或填充速度过慢。在上述情况下，混合物的首层会填充模具的空腔并凝固，下一层则覆盖于初始层之上并凝固[25]。这一过程会重复进行，直至形成一系列层叠，进而导致口红呈现阶梯状的外观。这一质量问题在珠光制剂产品中尤为明显。

20.10.3 剥落或开裂

如果口红混合物脆性过高，则可能会出现剥落或开裂现象[25]，这可能是由蜡质和油类的比例失衡或冷却技术不当造成的。在这种情况下，需调整制剂或优化冷却技术。

20.10.4 变形

口红变形是指口红形状出现异常的现象[25]，这在质地较为柔软的制剂中更为明显。变形是由于在成型过程中，口红棒内部存在不适宜的温度梯度。应确保收缩过程始终在模具的顶部进行，以便口红从模具中顺利释放。然而，如果口红棒的顶部过早凝固，则收缩不能发生在顶部，而是发生在其他部位，即口红棒的侧面。这可能是由将模具过快地放置于冷板上或预热至过高的温度所致。此外，还可能由于制剂不均衡，在较高温度下出现了软化和变形。这种情况下，口红棒的软化点会偏低。

20.10.5 凹陷

凹陷是指在火焰处理过程中口红棒表面形成的凹坑（斑点）现象[25]，这可能是由于存在微量的油类或硅油。在进行火焰处理前，先将口红棒静置数天，有助于改善这一状况。

20.10.6 条痕

条痕是指口红棒表面出现的不连续的纹理和条纹，即一条细线或不同颜色的物质条带[25]。对于此问题的原因，存在几种假设。其中一种理论认为，粒径和吸湿度是产生该现象的主要原因[26]。而另一种理论则与口红基质的表面张力有关，需对基质进行重新配制，虽然这种做法或许能够解决问题，但也可能会带来新的问题[27]。

20.10.7 口红“发汗”

口红“发汗”是一种形象的说法，具体是指口红表面出现油滴的现象。这可能是由制剂中个别成分不兼容或成分比例失衡所致，如油类含量过高或蜡质成分混合性能不佳。这一问题与制剂设计直接相关，而与口红混合物的制备和处理方式无关，因此解决方案应为重新调配产品[25]。

20.10.8 软塌失效

软塌失效是指口红棒的中心部位结构疏松且容易断裂，这一问题通常与成型速度和温度有关[25]。如果混合物倒入过快，或过程中出现多次中断，或在低于最佳温度下进行，口红混合物会沿着模具腔壁流下，并在封闭空气的腔体顶部硬化，进而使口红中心出现孔洞。为避免这一问题，应以恒定速度在适当温度下不间断地注入混合物。

20.10.9 接缝

接缝（也称垂直痕迹）可能出现于口红表面，尤其是在使用分型模具（split mold）时。如果两部分连接不精确，可能会留下一条细线，从而在口红上留下痕迹。为避免这一质量问题，每次成型前均需检查连接是否恰当。

20.10.10 渗色

“渗色”一词涵盖两种现象。首先，其可能是指彩色液体从蜡质基质中分离出来，导致颜色分布极不均匀，这可能是溶解度问题或成分之间的不兼容问题。其次，更为常见的是口红流入嘴唇周围细纹中的现象，这通常是由制剂不均衡导致的，需微调成分比例。

20.10.11 释放不良

过于坚硬和蜡质含量过高的口红可能会在嘴唇上产生拖拽感，并导致产品释放不良。释放不良意味着产品无法从口红表面充分涂抹至嘴唇上，通过调整蜡质和润肤剂的比例可解决这一问题。此外，添加在皮肤温度下容易软化或熔化的植物脂，也有助于改善释放性能。

20.11 唇妆产品的评价

20.11.1 常规检测的质量参数

❽评估唇妆产品质量时，通常检测的质量参数包括硬度、断裂强度、熔点、软化点、滴点、释放性能、棒状品的滑动性、铅笔状产品的刚性、颜色匹配度、颜色亮度和条纹性、黏度、密度、比重及稳定性。质量参数的可接受范围和其他限制因素通常由各个制造商自行确定。之前章节中已讨论过的测试方法，本章将不再赘述。

图 20.7 唇线笔的刚性测试

20.11.1.1 唇线笔和唇彩笔的刚性

唇线笔或唇彩笔的笔芯必须具有一定的刚性，以便其能够被削尖至一定的程度，从而在使用时形成清晰的线条，同时不会划伤消费者的嘴唇。理想的产品不应过于柔软，以免在嘴唇周围产生污迹，也不应在长时间或低温储存后变得易碎或易折断。如图 20.7所示，相关测试设备具有一个用于在45° 角固定削尖铅笔的固定臂。其能够测试使笔尖端断裂所需的力（即载荷），进而对笔尖的硬度/刚性进行定量评估。

20.11.1.2 颜色匹配度

每当公司生产口红时，必须生产出具有相同颜色的产品。颜色匹配是指将分散的颜料和成品与先前已批准的标准颜色进行比较的过程。可通过目视或使用分光光度计进行测试，后者能够提供产品颜色的定量信息。如果进行目视测试，测试环境和照明条件应标准化，因为许多人工光源可能会使颜色失真。有关颜色测量设备的详细讨论，请参见第14章。

20.11.1.3 颜色亮度和条纹性

唇妆产品的颜色亮度和条纹性可通过目视及使用分光光度计或色差仪进行评估。分光光度计和色差仪均可提供产品颜色的定量信息，并可识别其与先前批次的一致性。此外，还可通过图像分析技术对应用部位的颜色进行评估。该技术可研究不同大小的皮肤区域，无须与皮肤接触即可进行测量，并对图像进行逐像素分析，根据定位提供定量信息[28]。有关颜色测量设备的详细讨论，请参见第14章。

20.11.2 常规测试的性能（功效）参数

❾唇妆产品常规测试的性能参数为保湿效果。

20.11.2.1 保湿效果

对于宣称具有保湿功效的润唇膏和其他唇妆产品，在使用时应能够提供保湿效果。唇妆产品保湿效果的评估方法通常与皮肤保湿产品相似。相关测试方法主要包括无创技术，如经皮水分流失（TEWL）和电容测试。在实验初始阶段，通常会测量嘴唇的屏障功能和水分状态，以获得基线值，并在研究期间进行持续测量。研究结束后，将基线值与研究期间的测量值进行比较，并进行统计分析。有关皮肤滋润度和皮肤水分含量的各种无创测量方法，请参见第11章。

20.12 引发安全性问题的成分

❿铅是导致口红安全性问题的主要成分。有关其安全性的研究结果和最新声明总结如下。

20.12.1 铅含量

口红中的着色剂（特别是红色着色剂）可能含有铅。口红在使用过程中可能会被吞食，而铅被血液吸收后具有高度的毒性，因此口红中的铅污染被视为一个重要的安全性问题。随着时间的推移，体内的铅会不断蓄积，这可能导致学习、语言和行为方面的问题。口红中的铅污染确实令人担忧，但是有一些因素需予以考虑。铅需被吸收后才能在体内蓄积并产生副作用。实际上，从口红中摄入的铅大部分并不会被血液吸收，而是会被排出体外[29]。FDA对着色剂中的铅含量有明确限定，即允许在化妆品中使用着色剂的最大铅含量为10 ppm。此外，FDA对某些着色剂的强制性批量认证也包括了对每批次产品进行铅含量检测[30]。

对口红安全性的首次关注可追溯至20世纪90年代。当时，一家商业测试实验室的分析报告表明，口红中的铅含量可能令人担忧。2007年，FDA再次收到了有关口红铅污染的额外报告。FDA的科学家开发并验证了一种高度灵敏的方法，用以分析口红中的总铅含量。其得出结论，当使用获批的着色剂和其他成分，且在遵循生产质量管理规范（GMP）的前提下，所制成口红的铅含量（0.09～3.06 ppm）均在符合上述生产规范的产品铅含量预期范围内[31]。FDA于2010年进行了后续评估，当时检查了各种颜色、价格和制造商生产的口红。2010年，FDA对美国市场上的400种口红进行了总铅含量的检测，这些口红是FDA根据母公司的市场份额进行选择的，此外还包括一些小众市场的口红。FDA发现，其平均铅含量（1.11 ppm）接近最初的研究结果[32]。

口红是一种仅限于外用且被人体有限吸收的产品。在使用过程中，仅有极少量的口红会被人体摄入。FDA表示，口红中的铅含量不应被视为安全性问题[30]。

20.13 唇妆产品的包装

唇妆产品最常用的包装材料包括以下几种。

- **口红盒：**口红和润唇膏的常用包装包括塑料盒（也称为管），也有较为少见的金属盒。这些管状容器底部设计有旋转、扭曲或推压装置，以便将口红从空心圆柱体中推出。在成型和冷却后，口红被装入盒中，而润唇膏则可直接倒入管中。
- **唇彩管：**唇彩通常包装于透明的玻璃管或塑料管中，涂抹器固定于管盖上。中等黏度的唇彩和较为柔软的润唇膏可从配备有斜头涂抹器的软管中挤出，而黏度较低的唇彩则可装于配备有滚珠的软管中。
- **小罐和金属盒：**唇彩和润唇膏还可包装于小罐、盒子或轻薄金属罐中。在使用此类产品时，通常需从相应容器中取出并进行涂抹。
- **笔盒：**唇线笔和一些唇彩被包装于木质或塑料笔盒中，塑料笔盒与口红盒相似。在使用时，均可通过旋转的方式将蜡笔状产品推出。

术语表

中文术语	英文术语	解释
唇红缘	vermilion border	面部皮肤和口腔黏膜之间的过渡区，是唇部护理产品的应用部位。
口红	lipstick	一种彩妆产品，通过增添色彩和光泽以提升嘴唇的外观。
唇彩	lip gloss	一种彩妆产品，旨在为嘴唇赋予光泽，也能增添一抹微妙的色彩。
唇线笔	lip liner	一种彩妆产品，用于勾勒嘴唇的轮廓。
润唇膏	lip balm	一种个人护理产品，可暂时防止嘴唇干燥，并有助于缓解嘴唇皲裂。其也可以是有色的。
液体口红	liquid lipstick	一种具有奶油般质地的口红，通常包装于配备有涂抹器的细长瓶中。
唇染	lip stain	一种液体唇妆产品，用于在嘴唇上留下更持久的色彩，即使产品本身已脱落。
丰唇口红	lip plumping lipstick	一种通过轻微刺激嘴唇娇嫩的皮肤使其肿胀，从而使嘴唇看起来更丰满的口红。
唇部打底	lip primer	一种无色唇妆产品，旨在平滑嘴唇并为涂抹口红做好准备。
模具	mold	一种空心模型，用于在口红混合物冷却和硬化时赋予口红特定的形状。
成型	molding	一种通常用于口红和唇线笔的制剂技术。

续表

中文术语	英文术语	解释
火焰处理	flaming	将口红通过火焰操作以产生光滑表面的过程。
挤压	extrusion	将混合物强制通过具有所需横截面模具的过程，可用于制备唇线笔。
曝气	aeration	口红的一种质量问题，表现为在口红表面形成微小孔洞。
梯状分层	laddering	口红的一种质量问题，表现为形成多层阶梯状外观。
开裂	cracking	口红的一种质量问题，可导致产品碎裂。
变形	deformation	口红的一种质量问题，可导致形状异常。
凹陷	cratering	口红在火焰处理过程中出现的一种质量问题，表现为在口红表面形成凹坑。
条痕	steaking	口红的一种质量问题，表现为在口红表面出现不连续的纹理和条纹。
“发汗”	sweating	口红的一种质量问题，是一种形象的说法，表现为在口红表面出现油滴。
软塌失效	mushy failure	口红的一种质量问题，表现为在口红的中心部位形成孔洞，导致硬度不当。
接缝	seam	口红上的垂直痕迹。
渗色	bleeding	该词具有双重含义。①口红的一种质量问题，使得有色液体与口红中的蜡质基底分离；②口红渗入嘴唇周围的细纹中。
断裂强度	breaking strength	衡量固体产品在不破裂的情况下可承受逐渐增加张力的能力。
刚性	rigidity	衡量唇线笔在负载下抵抗弯曲、拉伸、扭曲或其他变形的相对刚度的指标。

缩略词表

缩略词	英文全称	中文全称
BHA	butylated hydroxyanisole	丁基羟基茴香醚
BHT	butylated hydroxytoluene	丁基羟基甲苯
FEMA	flavor and extract manufacturers association	香精香料和提取物制造商
ppm	parts per million	百万分之一
TEWL	transepidermal water loss	经皮水分流失

（王　悦　陈文超　译，白仁仁　校）

参考文献

1. Rohrich, R.J. and Pessa, J.E. (2009). The anatomy and clinical implications of perioral submuscular fat. *Plast. Reconstr. Surg.* 124 (1): 266–271.

2. Fritsch, H. and Kühnel, W. (2008). *Color Atlas of Human Anatomy: Internal Organs*. New York: Thieme.
3. Zugerman, C. (1986). The lips: anatomy and differential diagnosis. *Cutis* 38 (2): 116–120.
4. Mulliken, J.M., Pensler, J.M., and Kozakewic, H.P.W. (1993). The anatomy of vermilion bow in normal and cleft lip. *Plast. Reconstr. Surg.* 92: 395–404.
5. Kobayashi, H. and Tagami, H. (2005). Functional properties of the surface of the vermilion border of the lips are distinct from those of the facial skin. *Br. J. Dermatol.* 150: 563–567.
6. Stevens, J.C. and Choo, K.K. (1996). Spatial acuity of the body surface over the life span. *Somatosens. Mot. Res.* 13: 153–166.
7. Lévêque, J.L. and Goubanova, E. (2004). Influence of age on the lips and perioral skin. *Dermatology* 208: 307–314.
8. Corson, R. (2005). *Fashions in Makeup from Ancient to Modern Times*. London, UK: Owen Publishers.
9. Kozlowski, K., Ragas, M.C., and Vienne, V. (1998). *Read My Lips: A Cultural History of Lipstick*. San Francisco: Chronicle Books.
10. Pallingston, J. (1999). *Lipstick: A Celebration of a Girl's Best Friend*. London, UK: Simon & Schuster.
11. Gunn, F. (1975). *The Artificial face: A History of Cosmetics*. New York: Hippocrene Books.
12. Riordan, T. (2004). *Inventing Beauty: A History of the Innovations that Have Made Us Beautiful*. New York: Broadway.
13. Sagarin, E. and Balsam, M.S. (1957). *Cosmetics: Science and Technology*. New York: Wiley-Interscience.
14. Sherrow, V. (2001). *For Appearances' Sake: The Historical Encyclopedia of Good Looks, Beauty and Grooming*. Westport: Greenwood.
15. 21 CFR Part 347.10
16. Czerninski, R., Zini, A., and Sgan-Cohen, H.D. (2010). Lip cancer: incidence, trends, histology and survival: 1970–2006. *Br. J. Dermatol.* 162 (5): 1103–1109.
17. Pogoda, J.M. and Preston-Martin, S. (1996). Solar radiation, lip protection, and lip cancer risk in Los Angeles County women (California, US). *Cancer Causes Control* 7: 458–463.
18. Whitley, R.J. (2011). Herpes simplex virus infections. In: *Cecil Medicine* (ed. L. Goldman and A. Schafer), 2125. Philadelphia: Saunders Elsevier.
19. Lockhead, R. and Lockhead, M. (2015). Two decades of transfer- resistant lipstick. *Cosm Toil.* 130 (1): 18–29.
20. Lugović-Mihić, L., Pilipović, K., Crnarić, I. et al. (2018). Differential diagnosis of cheilitis - how to classify cheilitis? *Acta. Clinica. Croatica.* 57 (2): 342–351.
21. Fonseca, A., Jacob, S., and Sindle, A. (2020). Art of prevention: practical interventions in lip-licking dermatitis. *Int. J. Women's Dermatol.* 6 (5): 377–380.
22. Dobos, K. (2021). Durable beauty: formulating transfer-resistant, persistent color cosmetics. *Cosm Toil.* 136 (8): 56–60.
23. Mallon, R., Ripamonti, N., and O' Hanlon, N.W. (2014). Lipsticks: how they have changed and where they are going. *Cosm Toil.* 129 (1): 40–44.
24. Mitsui, T. (1997). *New Cosmetic Science*. Amsterdam, Netherlands: Elsevier.
25. Dweck, A.C. and Burnham, C.A.M. (1980). Moulding techniques in lipstick manufacture: a comparative evaluation. *Int. J. Cosmet. Sci.* 2: 143–173.
26. Dweck, A.C. and Burnham, C.A.M. (1981). Lipstick moulding techniques—comparison and statistical analysis. *Cosm Toil.* 96: 61–72.
27. Rhein, L.D., Schlossman, M., O' Lenick, A. et al. (2010). *Surfactants in Personal Care Products and Decorative Cosmetics*. Boca Raton: CRC Press.
28. Korichi, R., Provost, R., Heusèle, C. et al. (2000). Quantitative assessment of properties of make-up products by video imaging: application to lipsticks. *Skin Res. Technol.* 6: 222–229.
29. Philip, A.T. and Gerson, B. (1994). Lead poisoning–Part I. *Clin. Lab. Med.* 14: 423–444.

30. FDA (2022). Limiting lead in lipstick and other cosmetics. www.fda.gov/cosmetics/cosmetic-products/limiting-lead-lipstick- and-other-cosmetics (accessed 02 February 2022).
31. Hepp, N.M., Mindak, W.R., and Cheng, J. (2009). Determination of total lead in lipstick: development and validation of a microwave- assisted digestion, inductively coupled plasma–mass spectrometric method. *J. Cosmet. Sci.* 60: 405–414.
32. Hepp, N.M. (2012). Determination of total lead in 400 lipsticks on the U.S. market using a validated microwave-assisted digestion, inductively coupled plasma-mass spectrometric method. *J. Cosmet. Sci.* 63 (3): 159–176.

第21章
眼部化妆品

学习目标

通过本章的学习，读者将掌握以下内容。

1. 以下专业术语的定义：

眼睑	睫毛	睫毛膏	饼状睫毛膏
眼线笔	眉线笔	眼影	眼部卸妆产品
成膜剂	黏合剂	填充剂	睫毛打底膏
睫毛染色	睫毛烫卷	颜色扩展	偏析
防水	耐水	张力	等渗性
碎裂	晕染	饼体强度	堆积密度
振实（tapped）密度	釉光效果	释放量	抗转移
德莱兹（Draize）眼刺激试验			

2. 人体眼睑和睫毛的功能。
3. 眼部化妆品的法律分类。
4. 睫毛膏、眼线笔和眼影的区别。
5. 眼部化妆品的益处和潜在负面影响。
6. 理想眼部化妆品和眼部卸妆产品的必要特性。
7. 防水和耐水睫毛膏的区别，液体眼线笔和眼线笔的区别，散粉状和粉饼状眼影的区别。
8. 液体睫毛膏的主要成分类型及相关实例。
9. 粉状眼影的主要成分类型及相关实例。
10. 眼部卸妆产品的主要成分类型及相关实例。
11. 制备眼部卸妆产品时应考虑的因素。
12. 制备眼部化妆品过程中可能出现的一些典型质量问题及其产生的原因。
13. 眼部化妆品的典型质量检测参数及其评估方法。
14. 目前用于检测眼部化妆品的安全性测试。
15. 用于眼部化妆品包装的典型容器。

主要概念

1. 眼部化妆品主要应用于眼睑外层、睫毛和眉毛。
2. 市场上有多种类型的眼部化妆品可供选择，包括睫毛膏、眼线笔、眉线笔、眼影和眼部卸妆产品，这些均可应用于眼睑、睫毛和眉毛。在美国，所有相关产品均被归类为化妆品。

3. 眼部对刺激特别敏感，因此眼部卸妆产品需要采取特别的防护措施。

4. 眼部化妆品典型的质量问题包括碎裂、粘连、晕染、干涸、释放不良、乳剂分层、微生物污染、结块、酸败，以及第20章中已详细讨论过的与化妆品相关的特定质量问题。

5. 通常用于评估眼部化妆品质量的检测参数如下：粉饼的饼体强度，粉末的流动性、堆积密度、振实密度、可压缩性和粒径，釉光效果和释放量，棒状剂型的硬度、碎裂强度、熔点、软化点、滴点、释放量和滑动性，耐水性、抗转移性、颜料的颜色均匀性和分散性，黏度，密度，比重，pH，眼线笔和眉线笔的刚性，颜色匹配性，膏霜和凝胶的铺展性、质地和坚实性，以及稳定性。

6. 眼部化妆品因直接与眼和角膜接触，历来被认为具有较高的人体风险。

21.1 引言

现如今，眼部化妆品已成为面部妆容不可或缺的一部分，广泛应用于眼部区域娇嫩的皮肤、睫毛和眉毛上。

本章主要介绍了人体睫毛和眼睑的主要解剖和生理特征，以及各种眼部化妆品及其成分、配方技术、测试方法和包装材料。虽然眼部卸妆产品的使用目的并非美化消费者，但由于其同样应用于较为敏感的眼部区域，也被纳入本章的讨论范围。此外，本章还探讨了眼部化妆品可能存在的安全性问题，以及消费者对眼部化妆品的一般需求。

21.2 人体眼睑和睫毛的解剖学与生理学

❶眼部化妆品主要应用于眼睑外层、睫毛和眉毛。眼睑的功能是保护眼球免受伤害。此外，其还有助于调节进入眼的光线、泪膜维持和泪液流动，并在眨眼时将泪膜分布于眼球表面（即角膜）[1]。有规律地眨眼，即每分钟眨眼10～12次，可通过均匀分布泪液来预防眼睛干涩。机械性刺激物（如沙粒）会引发瞬目反射（blink reflex）[2]。人体具有上眼睑和下眼睑，两者结构相似，主要区别在于其肌肉排列有所不同[3]。图21.1显示了人体眼的主要特征。眼睑的皮肤是人体中最薄的部位（厚度＜1 mm）[4]。虽然眼睑外层的主要结构与面部其他部位的皮肤基本相同，但其真皮层更薄，皮下层也更薄或缺失。眼睑的外层与环境接触，而其内层则直接与眼球表面接触。眼睑的外层由皮肤、汗腺、睫毛腺（一种改良的汗腺）、皮脂腺、肌肉和神经末梢组成[5]。

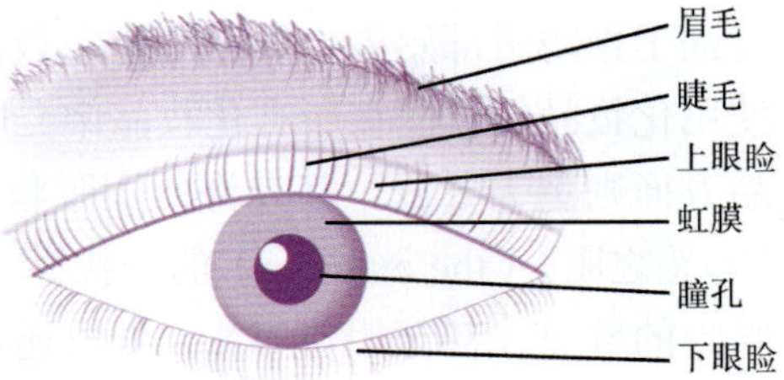

图21.1 眼部的主要特征

睫毛和眉毛共同勾勒出眼部轮廓，并对整体面部美学效果起到了非常重要的作用。除了美学价值外，睫毛还可阻挡杂物，当物体靠近时可触发眼睑闭合的信号，从而保护视力。此外，睫毛还能为眼遮挡阳光，并防止汗水流入眼睛。睫毛属于终毛（terminal hair），其毛囊位于眼睑内。与其他终毛一样，睫毛比绒毛（vellus hair，即覆盖儿童和成人身体大部分区域的细毛）更粗、更长，且含有的色素更多（有关不同类型毛发的更多详细信息，请参阅第16章）。与人体所有毛发一样，睫毛是由结合在一起的角化死细胞、黑色素、矿物质、脂质和少量水分构成。睫毛和睫毛毛囊具有一些特定属性。与头皮毛发相比，其色素脱失而导致变白的速度非常缓慢。此外，其缺乏使毛发竖立的竖毛肌（arrector pili）[6]。睫毛不受雄激素的影响，雄激素会导致头皮上一些毛发的脱落。上下眼睑的睫毛数量不同：上眼睑的毛囊数量是下眼睑的2倍，因此上眼睑具有100～150根睫毛，而下眼睑只有大约一半的数量[7]。眉毛也属于终毛，与睫毛相似，其也能防止汗水流入眼睛。

你知道吗?

睫毛的自然生长周期通常为5～6个月。相比之下，头皮毛囊的生长周期则长达6～7年，这是头皮毛发如此长的原因之一。此外，睫毛的生长速度要慢得多，平均每天仅生长0.12mm[8]，约为头皮毛发生长速度的一半。

21.3 眼部化妆品的使用历史

在化妆品使用的历史中，眼部妆容一直颇具争议，这可能是因为眼睛在不同文化和时代中均被视为神秘、富有表现力且引人注目的元素[9]。在现代，眼部化妆品的普及和大规模市场推广相对较晚。

古埃及时期，眼妆是不可或缺的重要部分。古埃及人主要使用黑色和绿色的颜料来加深睫毛、眉毛和眼睑的颜色，相关颜料可能由方铅矿、铅、铜、烧杏仁、赭石、碎锑、灰烬、孔雀石，以及木炭或烟灰制成。除了美化外观外，kohl（传统眼线黑颜料）还被认为有助于预防眼部感染，并可用于宗教仪式及遮阳[9, 10]。在古希腊，尊贵的女性是不被允许使用化妆品的，而在所有化妆品中，眼妆尤其令人厌恶[9]。相比之下，罗马人在使用化妆品方面则更为开放，其允许使用眼妆。伊拉克人则相信眼影（eyeshadow）可保护其免受“邪恶之眼”（the evil eye）的侵扰[11]。自青铜时代以来，kohl在印度被广泛用于加深上下眼睑的颜色，甚至用作眼影。kohl还被用来抵御婴儿和成人身上的“邪恶之眼”，并提供眼部防晒[9]。除了印度，kohl还在北非和摩洛哥等其他地区使用。

与唇部化妆品相似，在中世纪的欧洲，眼妆并不受欢迎，也未被广泛接受。即使在伊丽莎白（Elizabethan）时代的英国，眼妆也未能成为一种时尚。相比之下，意大利和法国的眼妆风格则更为精致复杂。化妆品历史上的真正变革始于20世纪初。那时，化妆品已不再与欲望联系在一起，但仍主要是富人才能负担得起的化妆品，而贫穷的女性则习惯于自制化妆品。

现代早期的睫毛膏（mascara）最初是以压饼（pressed cake）形式出现的。1917年，美宝莲（Maybelline）推出了首款饼状睫毛膏（cake mascara）[12]，这是一种需要用湿润的刷子涂抹于睫毛上的压饼状产品。膏霜睫毛膏［与乳液（lotion）相似］是其一种变体，并包装于管状容器中。使用者需从管中挤出适量睫毛膏至小刷子上进行涂抹，这是一个烦琐的过程。随着20世纪60年代睫毛膏涂抹器（mascara applicator）的发明，这一过程得到了极大的改善。

首款眼影和眉部化妆品（eyebrow cosmetic）诞生于20世纪30年代初，但直至20世纪60年代才开始流行。到了20世纪70年代，防水（waterproof）睫毛膏开始上市并迅速走红。在过去的50年间，由于颜料和聚合物种类的日益丰富及性能的不断提升，使眼部化妆品效果更为持久且更具吸引力。

21.4 眼部化妆品的类型和定义

❷ *市场上具有多种眼部化妆品，包括睫毛膏、眼线笔（eyeliner）、眉线笔（eyebrow liner）、眼影，以及眼部卸妆产品，均可应用于眼睑、睫毛和眉毛。在美国，所有相关产品均被归类为化妆品。*其可用于修饰、提升和凸显眼部，或清洁敏感的眼部区域，因此符合化妆品的定义。

- **睫毛膏**旨在打造浓密的睫毛妆效，使睫毛显得更为浓密、纤长且深邃。睫毛膏通过突出虹膜（iris，即眼睛的彩色部分）与巩膜（sclera，即眼睛的白色部分）之间的对比，使眼部更加有神。睫毛膏通常由蜡质、颜料、质地调节剂、成膜剂、乳化剂和溶剂混合而成。目前，睫毛膏主要以液态形式使用。
- **眼线笔**用于在睫毛根部描绘线条以勾勒眼部的轮廓。通过眼线笔，可营造出眼睛更大或更小的视觉效果，并突出虹膜与巩膜之间的对比。其通常被制备成乳剂，主要成分包括水或其他溶剂、质地调节剂、颜料、成膜剂和乳化剂。为了增加产品的黏度（viscosity）、改善质地并增强与眼睑的黏附性（adhesiveness），通常还会添加聚合物。眼线笔具有多种形式，如铅笔型、液体型、凝胶型、膏霜型和饼型。
- **眉线笔**旨在凸显自然眉形，打造更浓密的眉毛，或遮盖无眉区域。眉部化妆产品包括眉粉、眉膏、眉笔、眉胶和眉霜。
- **眼影**的设计旨在增添眼睛的层次感和立体感，从而吸引人们对眼部外观或色彩的注意。通常，眼影被应用于眼睑部位，其主要产品形式为粉剂，包括粉饼和散粉，此外还有液态、凝胶、膏霜和棒状制剂等其他产品形式。
- **眼部卸妆产品**用于卸除睫毛和眼睑上的眼妆。其中，膏霜、乳液、膏和卸妆棉是最受欢迎的产品形式。一个重要的要求是，产品必须与眼睑和眼部区域的娇嫩肌肤兼容。

21.5 眼部化妆品对眼部区域的影响

消费者每天使用各种眼部化妆品来凸显眼部，从而增加眼部的吸引力。眼部化妆品能够提升消费者的自信心和自尊感。

- 癌症治疗可能给患者带来多种副作用，这些副作用可能会对消化系统、心血管系统、呼吸系统、内分泌系统、肌肉骨骼系统、神经系统和皮肤系统的正常功能产生不良影响。从美容角度而言，相关症状可能表现为皮肤干燥、瘙痒、皮疹、皮肤颜色变化，以及头皮和面部（包括眉毛和睫毛）的脱发。这些副作用会对患者的生活质量造成严重影响，目前已建立相应的支持系统，旨在帮助患者妥善应对相关副作用。眼部化妆品，特别是眼线笔和眉部化妆产品，可在癌症治疗后使用，以塑造眉毛和睫毛效果。眉毛在修饰面部轮廓方面发挥着重要作用，而使用化妆品代替眉毛直至眉毛重新长出，会对患者产生显著影响。虽然相关产品只是暂时性的解决方案，但研究表明，眼部化妆品能够显著提升患者的生活质量和自尊感，并减轻其焦虑和抑郁症状[13, 14]。

值得注意的是，对于敏感肌肤的消费者或使用不当的情况，眼部化妆品可能会引起轻微至严重的刺激、炎症和其他类型的不良反应。下文概述了使用和卸除眼部化妆品时可能出现的主要问题。

- **睫毛和眉毛染色**是一种全球流行的美容方式，用于增强睫毛和眉毛的颜色。然而，值得注意的是，FDA没有批准任何用于睫毛和眉毛永久性染色的着色剂。用于睫毛和眉毛染色的染料可能会引起**严重的眼部损伤**，包括眼睑肿胀和炎症、眼部感染，甚至失明[15]。有的消费者经常使用染发剂给睫毛和眉毛上色，以便与头发的颜色相匹配。然而，值得注意的是，FDA禁止将染发剂用于除头皮、头发以外的身体部位。
- **液体睫毛膏**容易被细菌、酵母菌和霉菌污染。皮肤科医生建议，应在使用3个月后丢弃睫毛膏[16]。FDA指出，用户不宜使用唾液来湿润干涸的睫毛膏，因为口腔中的细菌可能会在睫毛膏中滋生并**引发感染**。同样，FDA也警告用户不要与他人共用睫毛膏，因为其他用户的皮肤细菌可能会对其造成危害[17]。
- **睫毛嫁接**（eyelash extension）也非常受欢迎，因其可用于增加自然睫毛的长度和浓密度。通常，人工睫毛使用基于甲基丙烯酸酯（methacrylate-based）的黏合剂固定，消费者可在商店购买到配套的产品。然而，值得注意的是，这些胶水可能会引起**刺激、眼睛发红和过敏反应**。同样，用于卸除人工睫毛的溶剂也可能引起某些过敏反应[18]。因此，睫毛嫁接应由专业人员谨慎操作。
- **佩戴隐形眼镜**的消费者在使用眼部化妆品时需格外谨慎，因为眼部化妆品的污染可能会**弄脏或损坏隐形眼镜**[19]。眼部化妆品的不当使用甚至可能对眼睛造成损伤。美国验光协会（American Optometric Association，AOA）为隐形眼镜佩戴者提供了安全使用眼部化妆品的建议。建议用户在涂抹眼部化妆品前应佩戴软性隐形眼镜，而在涂抹眼部化妆品之后应佩戴硬性透气性隐形眼镜。同时，建议在卸除眼部化妆品前摘下隐形眼镜。AOA还建议，在处理隐形眼镜前，避免使用可能在镜片上留下油膜的产品，如护手霜。此外，AOA不建议使用加长型睫毛膏（lash-extending mascara），因为纤维可能会脱落并进入眼睛，从而引起刺激。同时，AOA还建议用户避免使用防水睫毛膏，因为其不仅难以卸妆，还可能会对隐形眼镜造成污染[20]。

你知道吗?

kohl是一种着色剂，能够提供深黑色调。自古以来，世界各地的人们都用其来美化眼睛的外观。然而，在美国，其并未被批准用于化妆品中。因为kohl中含有重金属盐，如锑和铅，而这些均不是安全成分。在美国，可找到标有“kohl”字样的眼部化妆品，这可能会令人疑惑是否合规。实际上，“kohl”在标签上仅表示色调，即非常深的黑色，并不意味着产品实际含有这种成分。FDA警告人们不要使用kohl，因为其可能与儿童铅中毒有关[21-23]。

21.6 眼部化妆品所需特性和消费者需求

除了致力于制造稳定、高质量且安全的产品外，配方师在设计产品时还必须考虑消费者的需求。一个关键的着力点是优化产品性能和声明，以满足消费者需求，并鼓励其开始或继续使用相关产品。从消费者的角度而言，一款优质的眼部化妆品应具备以下特性。

- 吸引人的色调。
- 涂抹时颜色均匀。
- 色彩饱和度高。
- 良好的遮盖力。
- 效果持久。
- 易于涂抹与卸除，不会伤害眼周娇嫩的皮肤。
- 牢固的附着力，不会变脆和发黏。
- 耐水性（部分消费者偏好此选择）。
- 速干性能。
- 睫毛膏：不结块、不剥落。
- 眼影棒和眼线笔：滑动顺畅，不过于柔软，以免进入眼部细纹。
- 粉饼必备特性：良好的释放量。
- 散粉必备特性：易于从容器中取用，不随时间而结块。
- 无致敏性且无刺激性。

眼部卸妆产品代表了一种不同的产品类型，因此所需特性与眼部化妆品不同。在制备眼部卸妆产品时，应考虑以下特性。

- 良好的耐受性，无刺激性。

- pH与人体泪液相接近。
- 等渗性，以避免引起眼部不适。
- 足够的清洁力，能够轻松卸除眼妆，无须过度揉搓。
- 气味宜人或中性。
- 不油腻、不黏腻。
- 皮肤安全性。

21.7 眼部化妆品的典型成分与制剂

21.7.1 睫毛膏

自古以来，人们常用混合了油脂和蜡质的颜料来美化睫毛。现今，在成膜基底中加入被许可使用的颜料，并添加各种成分（如增长成分），用以优化睫毛的颜色、粗细、浓密度和长度。

睫毛膏可分为耐水型和防水型两类。耐水型睫毛膏能够抵御晕染和脱妆，但并非完全防水，即不能完全阻止水分渗透。而防水型睫毛膏则意味着在出汗、游泳或流泪等测试条件下，产品能够完全抵御晕染和脱妆。

21.7.1.1 饼状睫毛膏

饼状睫毛膏作为20世纪20年代推出的首款眼部化妆品，虽然选择有限，但至今仍在市场上销售。饼状睫毛膏具有蜡质质地，使用时需先将涂抹刷浸湿，然后在膏体上摩擦以蘸取产品，最后将产品涂抹至睫毛上。饼状睫毛膏在接触水或摩擦时，对水的敏感度较低，且不易晕染。这是因为饼状睫毛膏是基于皂/蜡/颜料的混合物，当润湿的涂抹刷触及其表面时会发生乳化[24]。通过调整相关材料的比例，可控制所需的硬度和防水性。蜡质可增加膏体的光泽度，而皂基则使其呈现哑光效果。在理想的制剂中，皂基含量较低，而蜡质和其他脂肪类物质的浓度较高，以确保睫毛膏膜的防水性能。

饼状睫毛膏的成分包括皂基（如甘油单硬脂酸酯和三乙醇胺硬脂酸酯）、润肤剂（如异丙基肉豆蔻酸酯）、蜡质（如巴西棕榈蜡和蜂蜡）、颜料和抗氧化剂。

饼状睫毛膏的制备过程通常是将颜料加入热蜡和皂基混合物中，并充分加热混合。待混合物冷却后，将其转移至三辊研磨机中并研磨，从而形成光滑均匀的膏体。然后再将此膏体压缩至金属或塑料盘中，或重新熔化后倒入温热的模具中。

21.7.1.2 液体睫毛膏

耐水型液体睫毛膏，也称为膏霜睫毛膏，通常以水包油（O/W）型乳剂的形式制备，内含蜡质、聚合物、颜料和其他成分。可将其视为饼状睫毛膏的升级版，其中已含有水分。水分含量由配方师决定，而非消费者。防水型液体睫毛膏通常是无水配方，通过将蜡质分散在非水溶剂中来制备。相关溶剂不仅确保了产品的防水效果，同时还有助于制剂的快速干燥。防水型睫毛膏可在睫毛上形成一层持久的膜，具有防水、防晕染及防脱妆的特点。这种睫毛膏的主要缺点在于防水性能导致其难以从睫毛上卸除，需要使用专门的眼部卸妆产品。

液体睫毛膏可能包含十几种甚至更多成分，可归纳为几个基本类别。下文介绍了相关典型成分的类型，包括其主要特性、功能及相关实例。耐水型和防水型睫毛膏的成分类型相似，主要区别在于防水型睫毛膏基于非水溶剂和无水成分配制。

- **溶剂**作为载体，有助于将其他成分输送至睫毛。在耐水型睫毛膏中，水是主要溶剂。其他溶剂包括甘油、丙二醇和山梨醇。防水型溶剂在涂抹后迅速蒸发，进而使睫毛膏更快地变干。防水型溶剂实例包括乙醇、烃类化合物（如异十二烷和异链烷烃）、硅酮类（如环甲硅油）和石蜡馏分。
- **润肤剂**常与蜡质结合使用以提供配方所需的黏稠度。通常需要平衡高挥发性和低挥发性润肤剂（溶剂）的比例，以提供最佳的干燥时间。在睫毛膏中，常用的润肤剂实例包括植物油（如荷荷巴油）、合成油（如矿物油）和硅酮（如环戊硅氧烷）。
- **赋形剂**也被称为增稠成分，可为制剂提供理想的乳霜质地，从而使其能够顺滑地涂抹在睫毛上。赋形剂的主要实例包括蜡类（如蜂蜡、小烛树蜡、巴西棕榈蜡、地蜡和鲸蜡醇）。
- **成膜剂**有助于提升睫毛膏的附着力，并强化睫毛上的膜形成。在睫毛膏中，成膜剂扮演着至关重要的角色，因为相关成分与挥发性溶剂共同作用，能够创造出持久且抗转移（transfer-resistant）的妆效。睫毛膏中使用的成膜剂实例包括纤维素聚合物（如羟乙基纤维素）、树胶（参见增稠剂的实例）、丙烯酸酯共聚物，以及其他类型的聚合物［如聚乙烯吡咯烷酮/乙酸乙烯酯（PVP/VA）共聚物、聚乙烯醇（PVA）和VP/二十烷共聚物］。
- **增稠剂和稳定剂**可提高制剂的黏度，并赋予其适宜的质地。相关实例包括蜡类（如地蜡）、黏土类（如膨润土）、纤维素衍生物（如羟乙基纤维素）、树胶（如阿拉伯胶和黄原胶）、丙烯酸酯共聚物，以及具有增稠特性的某些乳化剂（如硬脂酸）。此外，高岭土、二氧化硅和淀粉也可用作增稠剂和质地调节剂。
- **着色剂**在每种睫毛膏配方中都占据至关重要的地位，因为消费者购买睫毛膏的核心目的是给睫毛上色。如第2章所述，并非所有着色剂都可被批准用于眼部区域。根据《联邦法规》（CFR），“眼部区域”涵盖了“眉弓（supra-orbital ridge）和眶下缘（infra-orbital ridge）所界定的范围，包括眉毛、眉毛下方的皮肤、眼睑和睫毛、眼结膜囊（conjunctival sac）、眼球，以及位于眶下缘周长范围内的柔软蜂窝组织（areolar tissue）”[25]。最常选用的颜色包括黑色、棕色和蓝色。
- **乳化剂**是乳剂中的基本成分，其功能是稳定制剂中两个不相溶的部分，并防止其分层，主要包括非离子表面活性剂（如硬脂醇聚醚-2、甘油硬脂酸酯和异鲸蜡醇-20）。
- **防腐剂**可防止微生物污染，特别是在水基制剂中。具体实例包括对羟基苯甲酸酯类、山梨酸钾、辛甘醇和苯氧乙醇。

- **抗氧化剂**可防止蜡类和油脂变质。具体实例包括维生素E、丁基羟基甲苯（BHT）和丁基羟基茴香醚（BHA）。
- **螯合剂**通过捕获金属离子来提高产品稳定性。具体实例包括乙二胺四乙酸（EDTA）及其衍生物（如EDTA二钠盐和EDTA四钠盐）。
- **睫毛延长合成材料**可营造出假睫毛的视觉效果，其可附着在睫毛上，并延伸至自然睫毛末端之外。具体实例包括人造丝、蚕丝和尼龙纤维。
- **其他成分**可能包括丙二醇等保湿剂、可打造更浓密的睫毛的空心颗粒、可增添额外效果的珠光颜料，以及香料。

21.7.1.3 睫毛膏的制剂

水基睫毛膏的制备是一个水包油型的乳化过程。首先，将水溶性增稠剂在水中进行水合，并在必要时进行中和。待水合过程结束后，将所有水溶性成分添加至水相中，并加热水相。与此同时，将蜡类、油脂和其他润肤剂混合并加热至融化状态。当两相温度一致时，可将其分成小部分，并在持续搅拌下混合。着色剂可以是仅能分散在油脂中的粉末，也可以是预混合的分散体（dispersion）。通常，会在下一步将着色剂分散体添加至乳剂中。当混合物开始冷却时，可添加防腐剂和其他对温度敏感的成分，并充分混合。

21.7.1.4 睫毛美化的趋势

通常，女性将更长、更浓密的睫毛视为一种理想的外貌特征。除了睫毛膏之外，目前还有许多其他产品可供选择，用以美化睫毛。

- **睫毛打底膏**（lash primer）目前既可作为单独的产品，有时也可作为双面睫毛膏（double-sided mascara）的组成部分，相关产品均可购买。睫毛打底膏通常为半透明或白色制剂，在涂抹睫毛膏之前使用，可使睫毛更浓密、更纤长。
- **假睫毛**（false lash）可显著增加睫毛的长度。假睫毛可整条或单簇出售，并使用非永久性黏合剂黏附在眼睑之上。含有假睫毛成分（如尼龙或人造丝纤维）的睫毛膏同样在市场上销售。
- **睫毛染色**（lash tinting）是一种常见的着色技术，其过程类似于半永久性染发（参见第19章）。在进行睫毛染色时，会先将睫毛染色剂与过氧化氢混合，然后将混合物涂抹于睫毛上。在显色过程中，部分染料会渗透至睫毛内部。染色效果通常可持续长达6周。但需要特别注意，不应使用美发产品来进行睫毛染色，因为染发剂中含有强效化学物质，不适用于眼部区域。
- **睫毛烫卷**（eyelash perming）已成为当今的一个流行趋势。其与头发烫卷相似（参见第18章），能够提供持久效果。首先，将睫毛卷绕在细棉管上。然后，在睫毛上涂抹烫发乳液，这是一种高pH乳液，可渗透至睫毛内部并破坏二硫键。10～15 min后，在睫毛上涂抹中和剂以降低pH（中和），并在移除棉管后在新的位置上重新形成二硫键。

- **睫毛嫁接**（eyelash extensions）是通过氰基丙烯酸酯黏合剂将合成纤维粘贴在天然睫毛上，其效果通常可持续1～2个月，之后便需要重新进行嫁接。

> **你知道吗?**
>
> Latisse®是唯一获得FDA批准的睫毛增长精华液，其已被证实可以使睫毛更纤长、更浓密，以及加深睫毛颜色，并通过了安全性测试。Latisse®含有与青光眼治疗药物卢美根（Lumigan）相同的有效成分，但浓度有所不同。Latisse®只能通过处方获得。虽然存在其他作为化妆品销售的睫毛精华液，其也可能宣称能够通过增长和丰盈睫毛来达到美化效果，但几乎没有独立证据来支持相关说法并证明其安全性。此外，依据美国法律，化妆品不得宣称具有与药物相似的功效。

21.7.2　眼线笔

眼线笔通常是在眼影之后使用以使眼睛更加引人注目，通常包括铅笔型、液态、凝胶、膏霜和饼状等多种产品形式。

21.7.2.1　液体眼线笔

如果使用得当，液体眼线笔能够打造出最完美的眼线，并且比其他类型的眼线笔效果更持久。其所含着色剂分散在溶剂中，可使用类似于细笔尖的涂抹器进行涂抹。在液体眼线笔包装中，内置的棉芯被浸泡在含有超细颜料的液体眼线笔制剂中，通过毛细作用（capillary action），液体被输送至涂抹器笔尖。

就其产品形式而言，液体眼线笔是水基（耐水）或非水基（防水）的高色素乳剂，其还含有类似于睫毛膏中所使用的成膜剂。乳剂必须具有足够的黏性以避免流动，并能够迅速干燥，形成光滑、坚实的薄膜。因此，通常会加入聚合物作为增稠剂。此外，聚合物还可增强产品对眼睑的黏附性。

液体眼线笔的乳剂可参照睫毛膏中使用的乳剂。

液体眼线笔含有与睫毛膏相似的原材料类型，但眼线笔的黏性较低。液体眼线笔的典型成分包括溶剂［如水、烃类化合物（如异十二烷）］，增稠剂（如丙烯酸酯共聚物），表面活性剂/乳化剂（如山嵛醇聚醚-30），赋形剂（如蜡），颜料，成膜剂（如丙烯酸衍生物、丙烯酸酯/辛基丙烯酰胺共聚物），保湿剂（如丁二醇），以及防腐剂（如苯氧乙醇和山梨酸钾）。相关产品与耐水型液体睫毛膏相似，因此其制剂也较为相似。相关简要说明，请参见“液体睫毛膏”部分。

21.7.2.2　铅笔型眼线笔（软蜡笔型眼线笔）

铅笔型眼线笔（pencil eyeliner）有木质笔杆和机械（塑料）笔杆两种包装形式。后者通常更柔软，仅需施加极小的压力便可使用。铅笔型眼线笔是由蜡质、硬化脂、油脂、质地调节剂和颜料均匀混合而成的。与唇线笔相似（参见第20章），笔芯的柔软度可通过所用成分的种类和比例来调节。例如，提高高熔点硬蜡的含量会增强笔芯的硬度。正如唇线笔，铅笔型眼线笔的笔芯通常是通过挤压或模塑工艺制成。需要注意的一个重要区别是产品的柔软度。眼线笔通常更柔软，因为眼睛周围的皮肤相较于嘴唇更为敏感。

21.7.3 眉线笔

眉部产品可供选择的颜色较为丰富，从黑色到深浅不一的棕色。相关产品形式包括眉粉、眉膏、眉笔、眉胶和眉霜。眉线笔的成分与唇线笔相似，但含有更高比例的蜡以增强硬度。眉毛下方的皮肤并非高度敏感区域，因此眉线笔可以设计得更硬一些。眉胶、眉霜和眉膏均为半固态产品，需借助刷子将无水基底的颜色附着于眉毛上。眉部产品的制备方法与唇线笔和眼线笔相似，通常采用挤压或模塑工艺。而眉粉则是通过压制工艺生产，具体将在下文的眼影部分详述。

21.7.4 眼影

眼影包括粉饼、散粉、膏霜、棒状和铅笔型制剂等多种产品形式。

21.7.4.1 粉状眼影

散粉状（loose powder）和粉饼状（pressed powder）眼影是这一产品类别中最受欢迎的形式。粉状（powder）眼影通常借助柔软的海绵头涂抹器或细刷子轻轻地涂抹在皮肤上。粉饼状眼影是散粉状眼影的便携版本，虽然两者在成分上相似，但两种产品类型之间存在明显差异：粉饼状眼影含有更多的黏合剂，以确保粉末颗粒在压缩状态下仍能紧密结合在一起。粉饼状眼影和散粉状眼影主要由填充剂、颜料和珠光颜料等粉末成分构成。

- **填充剂**为颜料提供载体（基质），有助于提升粉末的滑爽度、黏稠度和可压缩性。填充剂通常是白色粉末，因此还有助于淡化颜色，使其不那么浓烈。眼影中常见的填充剂实例包括滑石粉、云母、绢云母和二氧化硅。二氧化硅还可作为抗结块剂。特殊填充剂［如氮化硼（boron nitride）］还可提升制剂的肤感。
- **助流剂**有助于提高粉末的流动性，并促进制造和填充过程的顺利进行，进而确保每个眼影容器的重量均匀一致。常用的助流剂实例包括滑石粉、硬脂酸镁、淀粉和二氧化硅。
- **润滑剂**，亦称滑爽剂，用于减少颗粒之间的摩擦，并在制造过程中防止粉末黏附到压制工具上，其实例包括滑石粉和硬脂酸锌等。
- **吸收剂**是一种密度较高的粉末，不仅能够提高粉状眼影的整体密度，使其更易于压缩，还可为眼影及其涂抹表面提供哑光效果。在与粉状眼影混合之前，吸收剂能够有效吸收香料等液体。常用的吸收剂实例包括高岭土和淀粉等。

- **黏合剂**有助于眼影饼在金属盘中黏结成型，并可增强产品的防水性及对皮肤的附着力。粉饼眼影所采用的黏合剂可以是固体或液体成分。固体黏合剂实例包括淀粉和纤维素衍生物等；而液体黏合剂实例则主要包括润肤剂（如棕榈酸乙基己酯、辛酸/癸酸甘油三酯和硅油等）。液体黏合剂（润肤剂）也常用于粉剂制剂的显色。在散粉中，润肤剂的用量仅需足够辅助显色，并提供一定的凝聚力，而不会使产品结块。
- **染色剂**是消费者选购眼影时的核心考量因素。与其他眼部化妆品一样，适用于眼部皮肤的获批着色剂种类有限。相关着色剂实例包括免于认证的染色剂（如氧化铁、氧化铬绿、锰紫和群青），以及一些需要批次认证的染色剂（如D&C黑色2号和FD&C黄色5号）。特殊效果颜料，如珠光颜料和金属颜料，也可用于眼部区域，但存在相关使用限制。效果颜料和金属颜料可产生独特的效果，其中较小的效果颜料可营造微光效果，而较大的效果颜料则可营造闪亮效果。
- **防腐剂**的添加是为了防止微生物对粉状眼影配方造成污染。相关防腐剂实例主要包括苯氧乙醇和辛甘醇（通常溶解于液体中，如乙基己基甘油）等。

21.7.4.2 粉状眼影的制剂

制造散粉状眼影与粉饼状眼影的初始步骤是相同的，但粉饼状眼影需要额外的压缩步骤。粉状眼影的制作基本步骤包括：研磨与混合粉末、颜色扩展、将液体和其他无须研磨的成分（如珠光颜料）混合均匀，必要时进行筛分、填充散粉，粉饼则需在后续进行压缩[26-29]。实际操作时的步骤取决于产品的成分，为确保完全混匀，可能需要进行重复研磨与混合。

粉状眼影产品配方制备中的关键考虑因素包括粒径、粒径分布、粒子形状、粉末密度、粉末化学性质、流动性及含水量[29, 30]。理想情况下，为避免粉末随时间推移而发生偏析（segregation，即粉末分离），不同粉末应具有非常相似的特性，其中粒径是一个重要因素。在各成分混合前，通过对其进行研磨和筛分，可得到相似的粒径。然而，除了粒径外，粉末通常还在多种特性上存在差异。密度较大的粉末倾向沉降至底部，而较轻的粉末则上升至粉末混合物的顶部。粉末的比例也非常重要，如果各组分比例相似，则更容易实现均匀混合[30]。若上述因素未得到有效控制，粉末可能出现分离现象，进而导致其分布不均。

处理着色粉末产品的关键步骤是使颜料在其他成分组成的混合物中均匀分散。相关成分通常被称为“载体”，并呈现为白色或米白色。通过将颜料与其中一种载体成分进行充分研磨和混合，可实现产品的均匀性，这一过程被称为“扩展”。待颜料得到适当扩展后，再与剩余的白色载体混合。最后，通常会将液体润肤剂喷洒在持续混合的粉末上。

对于粉饼，通常在形成均匀分散体后添加液体黏合剂，也可与香料一同添加。接着，持续研磨和混合，直至混合物完全成型。如果使用珠光颜料或金属颜料，则需在最后一步加入并轻轻混合。研磨这些颜料可能会破坏颗粒或损坏其涂层，进而导致其失去光泽和颜色变化。随后，将准备好的粉末进行压缩，这一步在粉末压片机中进行。压片机类型［如气动式（pneumatic type）、液压式（hydraulic type）或冲压式（ram type）]和工作原理[如冲头（即将粉末压入盘中的金属工具）是降落在粉末上还是保持固定，金属盘是否从下方推动]可能有所不同。粉饼状眼影通常是通过直接压缩至金属盘中制成的。除此之外，也有其他制备方法，如将其嵌入合适的凹槽中，随后取出。粉状眼影通常是通过压纹带（pressing ribbon）（一种布料）进行压制，以赋予粉饼表面所需的纹理效果[28]。

21.7.4.3 霜状眼影和凝胶状眼影

霜状（cream）和凝胶状（gel）眼影可以是基于黏土凝胶剂或蜡增稠的油性无水产品，也可以是乳剂。无水（anhydrous）眼影常被称为“霜转粉”（cream-to-powder）眼影，因为其在眼睑上滑动时呈霜状，随即转化为柔软的粉状。霜状眼影通常具有高黏度，因此颜料和珠光颗粒不会下沉或上浮，但由于其流变性（rheology），仍可轻松涂抹。此类产品的制备工艺主要涉及：①加热和混合各成分，确保颜料和珠光颗粒在热混合物中均匀分布；②冷却；③将混合物装入适当的容器中。

乳剂形式的霜状眼影含有水、润肤剂和增稠剂，以确保产品、颜料、珠光颗粒和防腐剂具有适当的流变性能。乳状眼影是通过乳化，必要时辅以加热来制备的。

凝胶状眼影可选无水或水基制剂，其中含有适当的溶剂（如水、快速挥发的烃类或硅油）、增稠剂、乳化剂、防腐剂和颜料。

21.7.4.4 眼影棒

眼影棒（eyeshadow stick）以蜡类、油脂和质地调节剂为基础，颜色分散其中。其具有膏状质地，能够顺滑地涂抹于眼睑，主要成分类型和制备工艺与唇膏相似（参见第20章），但眼影棒的质地通常较唇膏更为柔软。

21.7.5 眼部卸妆产品

❸眼部卸妆产品需要格外注意安全性，因为眼睛对刺激尤为敏感。目前市场上有多种眼部卸妆产品，包括基于水包油型乳剂的洁面乳、含有极温和表面活性剂的水溶液形式的卸妆水[cleansing water，常被称为“胶束水”（micellar water）]、洁面膏，以及浸有卸妆溶液的洁面巾和湿巾。

各类眼部卸妆产品的成分类型包括：

- **溶剂**：如水（在水基配方中）。
- **润肤剂**：如异十二烷、异癸醇油酸酯和环己硅氧烷。
- **极其温和的表面活性剂**：如泊洛沙姆和椰油酰胺丙基甜菜碱二钠。
- **保湿剂**：如甘油和丁二醇。
- **增稠剂**：如卡波姆和丙烯酸酯共聚物。
- **乳化剂**：如PEG-40氢化蓖麻油。

- **pH 调节剂**：如磷酸钾或三羟甲基氨基甲烷。
- **防腐剂**：如苯氧乙醇和山梨酸。
- **螯合剂**：如乙二胺四乙酸二钠。
- **其他成分**：着色剂、香料、蛋白质和天然提取物（如芦荟提取物和黄瓜提取物）。

眼部卸妆产品是根据特定的溶液制剂或乳化工艺制造的。在此过程中，所有亲水性成分均需在缓慢搅拌的情况下分散或溶解于水中，而某些表面活性剂则可能需要分散于40 ℃的热水中。此外，水相中还会添加防腐剂和表面活性剂。油相则在最后一步加入，此时需要充分搅拌和混合以完成乳化过程。如有必要，还需对产品的pH进行调整。

21.7.5.1　特殊注意事项

鉴于眼部区域的敏感性和特殊要求，在配制眼部卸妆产品时应谨慎考虑相关因素。在卸妆过程中，眼部卸妆产品可能会进入眼睛，因此理想情况下，其pH应尽量与人体泪液接近。人体泪液的pH呈弱碱性，约为7.4（通常范围在7.39～7.7）[31-33]。因此，眼部卸妆产品应含有适当的成分以确保其pH与人体泪液相近。

此外，对于眼部卸妆产品，特别是为隐形眼镜佩戴者设计的产品，如有需要，应含有张力剂（tonicity agent）以建立与泪液的等渗性（即产品的盐浓度应与泪液相等），从而避免对眼睛造成不适和刺激。泪液的渗透压与0.9%氯化钠溶液相当[34]。值得注意的是，眼睛通常可耐受相当于0.5%～1.8%的溶液，但在配制此类产品时，应考虑最佳耐受浓度值。如有需要，可使用氯化钠来调节渗透压。

21.8　眼部化妆品的典型质量问题

❹眼部化妆品的典型质量问题包括碎裂、粘连、晕染、干涸（drying up）、释放不良、乳剂分层、微生物污染、结块、酸败，以及第20章中详细讨论的与棒状剂型相关的特定质量问题。本节将讨论相关问题的特点、潜在原因及解决方案。对于之前章节已讨论过的质量问题，本节不再赘述。

21.8.1　碎裂

碎裂是粉饼类产品（如粉饼状眼影）的一个典型质量问题。若粉饼在未经摔落的情况下就发生碎裂，可能是因为粉末混合物中残留了空气。如果在压制过程中，空气未被完全排出，一旦压制工具释放，空气膨胀会导致粉饼碎裂或分层。在这种情况下，则需调整压制机器，确保在压缩过程完成前能够将空气完全排出。造成此问题的另一可能原因是碎裂力（breaking force）不适当，即粉饼硬度不足以承受正常的加工过程。例如，在将粉末压制成型时用力过小，则可能会导致粉饼碎裂。

21.8.2 粘连

粉末混合物粘连于压制工具上，可能是由润滑不足所致。若粉末混合物中的润滑成分不足，则容易粘连在工具表面，这一问题可通过合理设计配方来避免。但一般而言，这是一个相对少见的问题，因为粉饼状眼影制剂中通常含有为粉末提供滑爽性和润滑性的成分。滑爽性是眼影的主要要求之一，在产品使用过程中，这些必需的滑爽成分也有助于避免产品粘连于压制工具上。

21.8.3 晕染

晕染是眼部化妆品使用过程中可能出现的一个问题。如前所述，耐水产品不能完全阻止水分渗透，但其在使用后不应导致晕染。晕染通常与产品干燥时间有关，而干燥时间受油脂或甘油浓度的影响较大。为了解决晕染问题，可向产品中加入挥发性硅油和烃类，而非仅使用传统油脂。如此，涂抹产品后，随着挥发性成分蒸发，会在眼睑和睫毛上留下一层干燥膜，从而减少晕染。通常需要平衡高挥发性和低挥发性溶剂的比例以获得产品的最佳干燥时间[35]。如果制剂合适，可用传统成膜剂替代蜡质。如果甘油的浓度是导致晕染问题的根源，则应减少其用量。

21.8.4 干涸

化妆品干涸是指在容器底部形成硬饼。在睫毛和眼睑上使用的眼部化妆品的快速干燥是用户所期望的。然而，如果产品在容器内便发生干涸，则会成为产品的缺陷。干涸的产品无法达到预期效果，如睫毛膏会结块、眼线笔无法均匀薄涂。如果容器敞口，溶剂可能轻易挥发，从而导致产品干涸。如前所述，防止晕染需平衡溶剂比例以提供适当的干燥时间，但不能使产品干涸。蜡结晶（wax crystallization）可能是产品黏度增加和干涸的另一原因。因此，需优化蜡质的用量。增稠剂用量过低可能导致稳定性问题，而用量过高则可能导致产品随时间而增稠[35]。

21.9 眼部化妆品的评价

21.9.1 常规检测的质量参数

❺评估眼部化妆品质量时，常规检测的参数包括粉饼的饼体强度、粉末的流动性、堆积密度（bulk density）、振实密度（tap density）、可压缩性和粒径，釉光效果（glazing）和释放量，棒状制剂的硬度、碎裂强度、熔点、软化点、滴点、释放量和滑动性，耐水性、抗转移性，颜料的颜色均匀性和分散性，黏度，密度，比重，pH，眼线笔和眉线笔的刚性，颜色匹配性，膏霜和凝胶的铺展性、质地和坚实性，以及稳定性。

制造商通常会为每个特性设定其自身的可接受范围，对于在之前章节中已讨论过的测试，此处将不再赘述。

21.9.1.1 饼体强度

粉饼状眼影必须压实到足够硬度以确保在运输和使用过程中不会碎裂（crumbling）、剥落或掉粉（dusting）。粉饼强度可通过测量硬度或“饼体强度”来评估，主要包括两种测试方法。

- **跌落测试**（drop test）：将满盘产品从一定高度（如30 cm）跌落至标准表面（如木地板或橡胶垫），以考察其承受冲击的能力。记录产品破碎前的跌落次数，或将产品多次跌落，然后根据公司的可接受范围决定产品是否通过测试。这一测试模拟了消费者意外掉落产品的情况。
- **穿透测试**（penetration test）：是另一种测量饼体强度的方法（**图 21.2**），其方法与唇膏的测试方法相似。在测试中，使用针状探头（needle probe）以设定力度穿刺粉饼，并记录刺入的距离，或者使探头穿透至设定的距离并测定所需的穿透力。通过此测试，甚至能够测定样品内部是否存在气孔，而气孔是产品中不希望出现的质量问题。

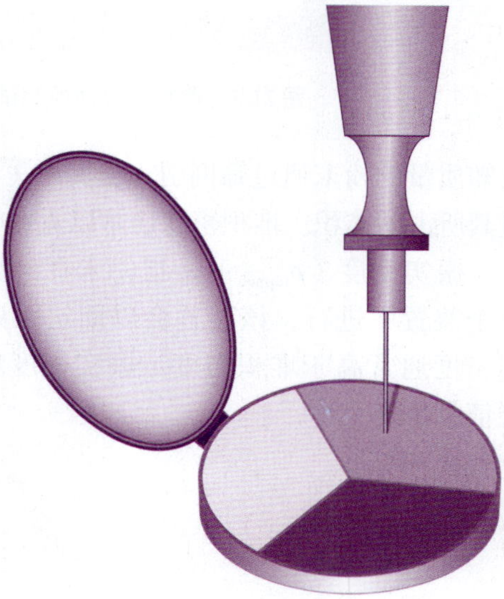

图 21.2 通过穿透测试评估压制眼影的饼体强度

21.9.1.2 粉末的流动性

在填充过程中，无论是将散粉灌注入最终容器，还是将粉饼装入压饼机的进料器，最终得到的粉末产品都是按体积进行分配的。考虑到这一点，显然对粉末的流动性和密度的精准控制对于确保产品高质量和重量均匀性至关重要。粉末的流动性可通过给定体积（如100 mL）粉末的流动时间和其休止角（angle of repose）来检测（**图 21.3**）：休止角越小，流动性越好；休止角越大，粉末的内聚性越强，流动阻力越大。

21.9.1.3 堆积密度和振实密度

堆积密度（ρ_{bulk}）的测量是为了确保散粉不夹带空气，并尽量减少不正确的填充重量（fill weight）。堆积密度指的是粉末“倾倒”或被动填充至测量容器时的密度。其大小取决于粉体颗粒的密度和粉末床（powder bed）中颗粒的空间排列。为了确定堆积密度，可将

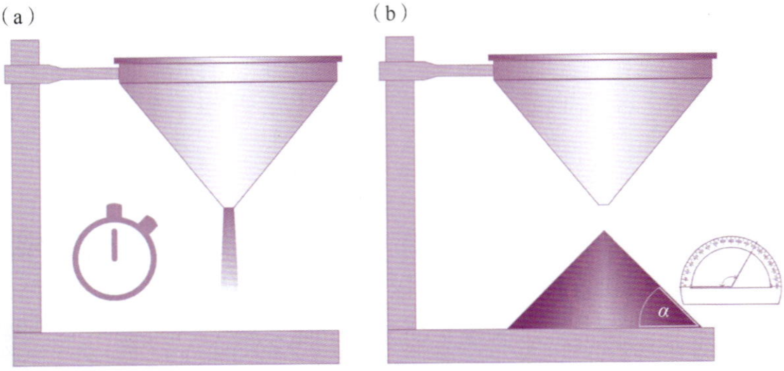

图 21.3 散粉的流动性测试：(a) 流动时间测试；(b) 休止角测试

已知质量的粉末通过筛网引入量筒中（**图 21.4a**），或通过体积检测装置装入杯中，然后测量其所占的体积。堆积密度通常以克每毫升（g/mL）为单位进行表示[36]。

振实密度（ρ_{tapped}）是指粉末在经机械“振实”后所达到的密度，这一过程通常在一个装置中进行，该装置会以固定距离升降装有粉末的体积测量筒（**图 21.4b**）[36]。振实密度通常高于堆积密度。振实密度和堆积密度均为粉末混合物的可压缩性提供了重要信息。

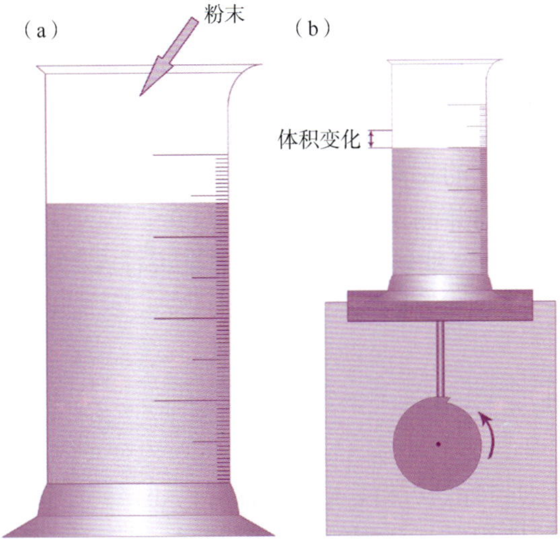

图 21.4 散粉的堆积密度（a）和振实密度（b）测试

21.9.1.4 粉末混合物的可压缩性

颗粒间的相互作用对粉末的流动性具有显著影响。通过对比堆积密度和振实密度，可衡量这些相互作用在待测粉末中的相对重要性[36]，这种对比可用来预测粉末的流动性。在流动性良好的粉末中，颗粒间的相互作用较小，其堆积密度和振实密度较为接近。对于流动性较差的材料，由于相互作用更强，其堆积密度和振实密度的差异较大，相关差异通常可通过可压缩性指数（compressibility index）和豪斯纳比率（Hausner ratio）反映出来，较小的数值表示流动性更好，较大的数值则表示颗粒间的相互作用水平更高。计算公式如下[36]：

$$可压缩性指数 = 100 \times \left[\frac{\rho_{\text{tapped}} - \rho_{\text{bulk}}}{\rho_{\text{tapped}}}\right]$$

$$豪斯纳比率 = \frac{\rho_{\text{tapped}}}{\rho_{\text{bulk}}}$$

21.9.1.5　粉末的粒径

如前所述，粉末的粒径及粒径分布是至关重要的考虑因素，因为其会对粉状眼部化妆品的质量和性能产生影响。粉末的粒径可通过多种技术进行测定，包括显微镜观察、计算机辅助图像分析［如傅里叶分析（Fourier analysis）］、筛分法、沉降法（sedimentation procedure）和衍射仪（diffractometer）分析[37]。

筛分法是确定粒径和粒径分布的最古老方法之一，至今仍在使用。作为一种经济、可靠且简单的测量方法，筛分法适用于广泛的粒径范围。筛子是一种测量装置，能够截留超过其筛孔尺寸的颗粒，同时允许较小颗粒通过。可将筛子以孔径大小来标识。选择一系列不同尺寸的筛子，并将孔径最大的筛子置于顶部，依次堆叠。接着，将粉末倾倒于顶部的筛子上。随后，对这些堆叠的筛子进行一定时间的振动，最后称量每个筛子上的粉末量。

显微镜观察是粉末表征的常用技术，其中光学显微镜可对颗粒进行二维直接观察。除了测量粒径和粒径分布外，显微镜还可观察颗粒的形状。粒径通常指的是与颗粒投影图像具有相同投影面积的球体直径[37]。光学显微镜是一种经济且简单的测量方法，而扫描电子显微镜（scanning electron microscopy，SEM）则能够以更高的分辨率观察颗粒的三维结构，适合分析更小的颗粒。

动态光散射（dynamic light scattering，DLS）和激光衍射（laser diffraction，LD）也是常用的测量方法。有关这些方法的详细讨论，请参见第 10 章。

21.9.1.6　釉光效果和释放量压力测试

释放量指的是产品在涂抹过程中转移至使用部位的重量。而釉光效果则描述了压制饼表面所呈现的暗色、油性且硬化的特性。通常使用粉扑（puff）或小涂抹器，在预定时间内以圆周运动方式在压制饼上进行摩擦，并通过观察压制饼的外观，以及测量转移至涂抹器的产品量来进行评估。对消费者而言，这些特性非常重要。为了制备出具有良好释放量、硬度足够而不易破碎且无釉光效果的压制饼，必须在黏合剂体系、黏合剂用量和施加压力之间达到精确的平衡。

21.9.1.7 耐水性

眼部化妆品可配制成具有耐水或防水性能的产品。对于耐水性测试，首先将一定量的产品转移至手背，待其干燥后，再将手浸入水中或在水流下保持1 min。从水中移出后，通过目视检查、色差仪（colorimeter）或图像分析来评估剩余的产品量。

21.9.1.8 抗转移性

宣称具有抗转移性能的化妆品必须能够抵抗磨损消散，即具备防止产品从皮肤转移至其他表面（如衣物）的能力。对于该特性的测试，首先通过将一定量的产品转移至手背，待其干燥1 min后，再将纸巾覆盖在该区域上，轻轻按压一段时间，但不进行摩擦。随后，通过目视检查、色差仪或图像分析来评估转移至纸巾上的产品量。

21.9.1.9 颜料的分散性和颜色均匀性

颜料的均匀分散对于高品质制剂而言至关重要。在粉状眼影中，颜料的使用量通常较大，因此任何未分散的颜料在应用于皮肤时，通常会显示为条纹状（streak）。颜色均匀性和条纹性（streakiness）的评估方法与唇妆产品相似，可通过目视检查、分光光度计、色差仪或图像分析来进行。

21.10 眼部化妆品的安全性测试

❻眼部化妆品因直接与眼部和角膜接触，历来被认为具有较大的安全性风险。化妆品有可能遭受微生物污染，因此，所有化妆品都必须妥善保存以避免微生物侵害。这对于眼部化妆品尤为重要，因为使用受污染的眼部化妆品可能导致严重的眼部炎症、感染和并发症。20世纪30年代初，一款未经测试的睫毛染料被推向市场，引发了严重的过敏反应，甚至导致失明[38]，这是美国众多促使FDA开始对化妆品进行监管的案例之一。特别重要的是，这一事件催生了一份专门用于眼部化妆品的着色剂清单[39]。

因此，对于可能进入眼睛的产品，特别是眼部化妆品，进行眼部刺激性测试至关重要，以确保其不会引起消费者的过敏反应或其他刺激性反应。德莱兹眼刺激试验由一位美国科学家于1944年开发，旨在评估各种化学物质对眼部的刺激效应，并沿用至今[40]。在这一体内测试中，受试物质将被置于兔子的一只眼睛中，并以另一只眼睛作为对照。该测试为期21天，并在预定的时间间隔内对眼睛进行评估。通过观察角膜、结膜、虹膜和眼睑对眼部刺激程度进行数字评分。然而，这一测试方法因其不可靠性、主观性，以及对实验动物的残忍性而备受批评。

全球监管机构已开发和通过了许多德莱兹眼刺激试验的替代方法，下面介绍几种常用的方法。

- **牛角膜浑浊度和渗透性**（bovine cornea opacity and permeability，BCOP）**测试**：该试验使用的是离体牛角膜。将测试化学物质置于角膜上，并检测其浑浊度，浑浊度越高，说明损伤程度越大。同时，使用荧光素染料测试其渗透性。如果在分析过程中能够检测到染料，则表明角膜受损；而检测到的染料浓度越高，说明损伤程度越大[41]。
- **绒毛尿囊膜血管试验法**（chorioallantoic membrane vascular assay，CAMVA）：该试验使用的是母鸡的受精卵。该测试旨在测试受试化学物质对尿囊膜（即母鸡的卵膜）血管影响的存在及其程度[42]。
- **EpiOcular™**：是一种商业化的3D重建人角膜样上皮模型，用于模拟人角膜。EpiOcular™眼部刺激性测试已获得经济合作与发展组织（Organization for Economic Cooperation and Development，OECD）的批准，作为一种体外非动物测试方法，其能够有效识别可能对眼睛产生刺激性的物质[43]。

那些能够消除严重眼部刺激却无法检测轻微刺激性物质的方法，通常不适宜作为独立的测试方法。目前，新方法正在开发之中，随着方法开发、组织工程和分析精度的进步，预计新方法将能够克服现有方法的局限性。

21.11 眼部化妆品的包装

眼部化妆品最常用的包装材料包括以下几种。

- **液体睫毛膏容器**：睫毛膏通常包装在独特容器中，该容器由细长瓶子和附于瓶盖上的涂抹器组成。以往，涂抹器通常由尼龙材质制成，而现在市场上涌现出一款新型睫毛膏涂抹器——模压式涂抹器（molded applicator）。其优势在于具有较小的睫毛膏装载量。得益于刷毛之间始终如一的间隙，此类涂抹器能够使刷毛深入睫毛，在有效分离睫毛的同时，转移更多的睫毛膏。涂抹器通过容器颈部的一个小孔（称为刮板）插入，可去除多余的产品。涂抹器和刮板必须协同配合，以确保去除多余的睫毛膏。然而，如果去除过多，则会导致上妆效果不佳。目前，涂抹器的颜色、质地和形状多种多样，数不胜数。
- **铅笔盒**：眼线笔、眉线笔和一些眼影均以铅笔的形式包装于木盒中，可削尖以描绘精细的线条。其也可装于塑料（机械）笔盒中，在使用时可通过旋转将笔芯推出（如唇线笔）。眉笔的笔帽上可能附有一个小刷子以方便涂抹。此外，还有一种特殊的铅笔类型：一端是铅笔，另一端是尖橡胶头，用于晕染产品。
- **液体眼线笔容器**：液体眼线笔通常装于细长瓶子中销售，并配备一支细尖的刷子。此外，还包括毛毡头眼线笔（felt-tip eyeliner），其与毛毡头笔（felt-tip pen）相似，但笔尖更精细。
- **盘**：粉饼和饼状睫毛膏通常置于金属或塑料盘中，随后将这些盘放入塑料或纸质容器中进行固定。相关产品可单独销售，也可附带涂抹器一同销售，许多公司还会提供镜子作为额外配件。

- **附带涂抹器的塑料容器：**霜状和散粉状眼影通常包装于塑料瓶中，有些还附带了涂抹器。通常还会使用附带涂抹器的管状容器[类似于唇彩管（lip gloss tube）]。
- **罐子：**霜状和凝胶状眼线笔，以及部分霜状眼影，均可包装于小型塑料或玻璃罐中。

术语表

中文术语	英文术语	解释
眼睑	eyelid	覆盖眼睛的皮肤褶皱，是眼线笔和眼影的应用部位。
睫毛	eyelash	眼睑基部的终毛，是睫毛膏的应用部位。
睫毛膏	mascara	一种彩妆产品，旨在打造浓密、纤长和深邃的睫毛效果。
饼状睫毛膏	cake mascara	一种固体睫毛膏，使用湿刷涂抹。
眼线笔	eyeliner	一种彩妆产品，用于在睫毛根部描绘精细的线条，以勾勒眼形。
眉线笔	eyebrow liner	一种彩妆产品，用于凸显自然眉形、打造更浓密的眉毛或遮盖无眉区域。
眼影	eyeshadow	一种彩妆产品，用于为眼睛增添层次度和立体感，从而吸引人们对眼睛外观或眼睛颜色的注意。
眼部卸妆产品	eye makeup remover	一种个人护理产品，用于去除睫毛和眼睑上的眼妆。
成膜剂	film former	在睫毛膏和眼线笔中使用的成分，以促进产品黏附于应用部位并增强成膜效果。
黏合剂	binder	一种添加至粉饼中的成分，有助于颗粒黏合在一起。
填充剂	filler	在散粉和粉饼中使用的成分，为颜料提供载体。
睫毛打底膏	lash primer	一种半透明或白色的化妆品，在涂抹睫毛膏之前使用，用于使睫毛更加浓密纤长。
睫毛染色	eyelash tinting	使用染料为睫毛上色的过程，染色效果通常可持续数周。
睫毛烫卷	eyelash perming	使用烫发液使睫毛卷曲的过程。
颜色扩展	color extension	将颜料与白色载体成分混合以制备出均匀混合物的过程。
偏析	segregation	粉末分离现象。
防水	waterproof	不透水，产品遇水不会晕染或脱妆。
耐水	water-resisitant	能够抵抗但无法完全防止水分渗透。
张力	tonicity	两种溶液之间渗透压的度量。
等渗性	isotonicity	一种溶液的渗透压与另一种溶液（通常指生理体液）相同。
碎裂	breaking	粉饼的一种质量问题，指的是饼体在未经摔落的情况下，破碎并形成小块。
晕染	smudging	眼部化妆品在使用后出现涂抹不均，渗入眼周细纹，或揉搓时在睫毛周围脱落的现象。

续表

中文术语	英文术语	解释
饼体强度	cake strength	衡量压制产品（饼体）抵抗碎裂的能力。
堆积密度	bulk density	粉末在“倾倒”或被动填充至测量容器时的密度。
振实密度	tap density	粉末经机械振实后所达到的密度。
釉光效果	glazing	压制饼表面所呈现的暗色、油性且硬化的特性。
释放量	pay-off	眼影在涂抹过程中转移至眼睑上的物质重量。
抗转移	transfer-resisitant	能够抵御磨损消散。
德莱兹眼刺激试验	Draize eye irritation test	一种动物实验，用于评估眼部化妆品的安全性。

缩略词表

缩略词	英文全称	中文全称
AOA	American Optometric Association	美国验光协会
BCOP	Bovine Cornea Opacity and Permeability	牛角膜浑浊度和渗透性
BHA	butylated hydroxyanisole	丁基羟基茴香醚
BHT	butylated hydroxytoluene	丁基羟基甲苯
CAMVA	chorioallantoic membrane vascular assay	绒毛尿囊膜血管试验法
CFR	Code of Federal Regulations	《联邦法规》
DLS	dynamic light scattering	动态光散射
EDTA	ethylenediaminetetraacetic acid	乙二胺四乙酸
LD	laser diffraction	激光衍射
O/W	oil-in-water	水包油型
OECD	Organization for Economic Cooperation and Development	经济合作与发展组织
PVA	polyvinyl alcohol	聚乙烯醇
SEM	scanning electron microscopy	扫描电子显微镜
PVP/VA	polyvinylpyrrolidone/vinyl acetate	聚乙烯吡咯烷酮/乙酸乙烯酯

（王　悦　陈文超　译，白仁仁　校）

参考文献

1. Sharma, Y.R. and Sudan, R. (2007). *Concise Textbook of Ophthalmology*. New Delhi, India: Elsevier.
2. Evinger, C. (2011). Eyelid anatomy and the pathophysiology of blinking, encyclopedia of the eye. In: *Ocular Periphery and Disorders* (ed. D.A. Dartt, P. Bex, P. D’Amore, et al.), 3–8. Oxford, UK: Academic Press.
3. Matsuo, T., Takeda, Y., and Ohtsuka, A. (2013). Stereoscopic three-dimensional images of an anatomical dissection of the eyeball and orbit for educational purposes. *Acta Med. Okayama* 67 (2): 87–91.

4. Chopra, K., Calva, D., Sosin, M. et al. (2015). A comprehensive examination of topographic thickness of skin in the human face. *Aesthet. Surg. J.* 35 (8): 1007–1013.
5. Reid, R.R., Said, H.K., Yu, M. et al. (2006). Revisiting upper eyelid anatomy: introduction of the septal extension. *Plast. Reconstr. Surg.* 117 (1): 65–72.
6. Krstic, R.V. (1997). *Human Microscopic Anatomy: An Atlas for Students of Medicine and Biology*. New York: Springer.
7. Elder, M.J. (1997). Anatomy and physiology of eyelash follicles and its relevance to lash ablation procedures. *J. Plast. Reconstr. Surg.* 13: 21–25.
8. Thibaut, S., De Becker, E., Caisey, L. et al. (2010). Human eyelash characterization. *Br. J. Dermatol.* 162 (2): 304–310.
9. Pitts-Taylor, V. (2008). *Cultural Encyclopedia of The Body*. Westport: Greenwood Press.
10. Kleiner, F.S. (2010). *Gardner's Art Through the Ages: A Global History*. Boston: Cengage Learning.
11. James, P. and Thorpe, N. (1994). *Ancient Inventions*. New York: Ballantine Books.
12. Sherrow, V. (2006). *Encyclopedia of Hair - A Cultural History*. Westport: Greenwood Press.
13. Richard, A., Harbeck, N., Wuerstlein, R. et al. (2019). Recover your smile: effects of a beauty care intervention on depressive symptoms, quality of life, and self-esteem in patients with early breast cancer. *Psycho-Oncology* 28: 401–407.
14. Morales-Sánchez, L., Luque-Ribelles, V., Gil-Olarte et al. (2021). Enhancing self-esteem and body image of breast cancer women through interventions: a systematic review. *Int. J. Environ. Res. Public Health* 18 (4): 1640.
15. Teixeira, M., de Wachter, L., Ronsyn, E. et al. (2006). Contact allergy to para-phenylenediamine in a permanent eyelash dye. *Contact Dermatitis* 55 (2): 92–94.
16. Draelos, Z.D. (2011). *Cosmetics and Dermatological Problems and Solutions. A Problem Based Approach*. Boca Raton: CRC Press, Taylor & Francis Group.
17. FDA (2022). Eye cosmetic safety. www.fda.gov/cosmetics/cosmetic-products/eye-cosmetic-safety (accessed 28 June 2022).
18. O'Donoghue, M.N. (2000). Eye cosmetics. *Dermatol. Clin.* 18: 633–639.
19. Tlachac, C.A. (1994). Cosmetics and contact lenses. *Optom. Clin.* 4: 35–45.
20. American Optometric Association Contact lens care. www.aoa.org/healthy-eyes/vision-and-vision- correction/contact-lens-care?sso=y (accessed 17 September 2021).
21. Alkhawajah, A.M. (1992). Alkohl use in Saudi Arabia: extent of use and possible lead toxicity. *Trop. Geogr. Med.* 44 (4): 373–377.
22. Nir, A., Tamir, A., Nelnik, N. et al. (1992). Is eye cosmetic a source of lead poisoning? *Isr. J. Med. Sci.* 28 (7): 417–421.
23. Rahbar, M.H., White, F., Agboatwalla, M. et al. (2002). Factors associated with elevated blood lead concentrations in children in Karachi, Pakistan. *Bull. World Health Organ.* 80 (10): 769–775.
24. Butler, H. (2000). *Poucher's Perfumes, Cosmetic and Soaps*. Dordrecht, Netherlands: Kluwer Academic Publishers.
25. 21 CFR Part 70.3(s)
26. Rumpf, H. (1974). Science of agglomeration. *Chem. Tech.* 45 (1): 1–11.
27. Tsolis, P. and Sahagun, G. (2014). Approaches and issues in powder formulations. *Cosm Toil.* 129 (4): 76–82.
28. Buell, D., Khosravani, R., Melenkevitz, D.J. et al. (2015). Cosmetic manufacturing processes. In: *Harry's Cosmeticology* (ed. M.R. Rosen), 2078–2187. Gloucester: Chemical Publishing Co.
29. Aiache, J.-M. and Beyssac, E. (2007). Powders as dosage forms. In: *Encyclopedia of Pharmaceutical Technology* (ed. J. Swarbrick), 2971–2982. New York: Informa Healthcare.
30. Howard, S.A. (2007). Solids: flow properties. In: *Encyclopedia Pharm. Technol.* (ed. Swarbrick J.), 3275–

3296. New York: Informa Healthcare.
31. Fischer, F.H. and Wiederholt, M. (1982). Human precorneal tear film pH measured by microelectrodes. *Graef. Arch. Clin. Exp.* 218 (3): 168–170.
32. Abelson, M.B., Udell, I.J., and Weston, J.H. (1981). Normal human tear pH by direct measurement. *Arch. Ophthalmol.* 99 (2): 301.
33. Andrés, S., García, M.L., Espina, M. et al. (1988). Tear pH, air pollution, and contact lenses. *Am. J. Optom. Physiol. Optic* 65 (8): 627–631.
34. Garg, A. (2002). Tear film physiology. In: *Textbook of Ophthalmology* (ed. S. Agarwal, A. Agarwal and D.J. Apple), 43–44. New Delhi, India: Jaypee Brothers Publishers.
35. Tsolis, P. and Camacho, A.D. (2013) Viscosity, dispersion and more in mascara. www.cosmeticsandtoiletries.com/formulating/category/color/p remium-Viscosity-Dispersion-and-More-in-Mascara- 226498721.html?utm_source=newsletter- html&utm_medium=email&utm_campaign=CT+E-Newsletter+01-02-2020&absrc=hdl (accessed 22 September 2021)
36. USP 43 <616>
37. Jillavenkatesa, A., Dapkunas, S.J., and Lum, L.-S.H. (2001). *Particle Size Characterization*. Washington, DC: National Institute of Standards and Technology.
38. McCally, A.W., Farmer, A.G., and Loomis, E.C. (1933). Corneal ulceration following use of lash lure. *JAMA* 101: 1560–1561.
39. 21 CFR Part 700, Subchapter G
40. Draize, J.H., Woodard, G., and O' Calvary, H. (1944). Methods for the study *of* irritation and toxicity of substances applied topically to the skin and mucous membranes. *J. Pharmacol. Exp. Ther.* 82: 377.
41. OECD (2020). *Test No. 437: Bovine Corneal Opacity and Permeability Test Method for Identifying (i) Chemicals Inducing Serious Eye Damage and (ii) Chemicals Not Requiring Classification for Eye Irritation or Serious Eye Damage*, OECD Guidelines for the Testing of Chemicals, Section 4. Paris: OECD Publishing.
42. OECD (2019). *Guidance Document No. 263 on Integrated Approaches to Testing and Assessment (IATA) For Serious Eye Damage and Eye Irritation. Series on Testing and Assessment, Number 263*. Paris: OECD Publishing.
43. OECD (2019). *Test No. 492: Reconstructed human Cornea-like Epithelium (RhCE) test method for identifying chemicals not requiring classification and labelling for eye irritation or serious eye damage*, OECD Guidelines for the Testing of Chemicals, Section 4. Paris: OECD Publishing.

第22章
面部化妆品

学习目标

通过本章的学习，读者将掌握以下内容。

1. 以下定义的术语：

粉底	遮瑕膏	腮红	修容产品
高光产品	妆前乳	定妆产品	粉饼
致痤疮性	致粉刺性	BB霜	矿物粉
无油产品	控油产品	无水的	非转移性粉底
单色的			

2. 粉底、腮红、修容产品、高光产品、遮瑕膏、妆前乳和定妆产品之间的区别。
3. 美国面部化妆品的法定分类。
4. 面部化妆品的益处和潜在负面影响。
5. 理想面部化妆品应具备的特性。
6. 粉状面部化妆品的主要类型和典型实例。
7. 面部粉剂中使用黏合剂的重要性。
8. 液态和半固态面部化妆品的不同类型及主要特点。
9. 液态和半固态面部化妆品的主要成分类型和典型实例。
10. 向液态和半固态粉底的白色基底中添加着色剂的不同方法。
11. 棒状粉底、两用粉底和霜转粉型粉底产品之间的区别。
12. 面部化妆品制备过程中可能出现的典型质量问题及其原因。
13. 面部化妆品常规检测的典型质量参数及其评估方法。
14. 滑石粉的潜在安全性问题。
15. 可用于面部化妆品的典型容器。

主要概念

1. 面部化妆品不仅能够使皮肤显得更加自然，肤色变得光滑且均匀，还能够塑造面部轮廓。此外，其还可用于遮盖瑕疵，如眼部下方的黑眼圈和面部的老年斑。

2. 市场上有多种类型的面部化妆品，包括粉底、遮瑕膏、腮红、修容产品、高光产品、妆前乳和定妆产品。在美国，将相关产品被归类为化妆品还是OTC药妆品，取决于其成分和声明。

3. 粉剂是面部化妆品中备受欢迎的产品形式，包括诸如粉底、遮瑕膏、腮红、修容产品和高光产品等众多产品，均有散粉和粉饼两种形式可供选择。

4. 现如今，液态和半固态面部化妆品备受青睐。相关制剂主要是乳液、膏霜和摩丝形式的乳剂。

5. 目前可用的其他产品类型包括无水液体、棒状制剂、两用粉底、霜转粉型粉底、粉转霜型粉底、透明面部粉和妆前乳。

6. 面部化妆品的典型质量问题包括粉饼的破裂、粘连和释放不良，乳剂分层、结块、微生物污染、酸败，以及在第20章中已详细讨论的有关棒状制剂的特有质量问题。

7. 评估面部化妆品时，通常检测的质量参数包括乳液、膏霜和凝胶的可涂抹性、可挤出性、质地和坚实性，棒状制剂的断裂强度、硬度、熔点、滴点、软化点、释放性能和滑动性，粉饼的饼体强度，粉末的流动性、堆积密度、振实密度、可压缩性、粒度、光泽度和释放性能，抗转移性，颜色匹配度，颜料分散性和颜色均匀性，防腐性，黏度，比重，pH和稳定性。

8. 滑石粉是导致面部化妆品安全性问题的主要成分。

22.1　引言

❶面部化妆品不仅能够使皮肤显得更加自然，肤色变得光滑且均匀，还能够塑造面部轮廓。此外，其还可用于遮盖瑕疵，如眼睛下方的黑眼圈和面部的老年斑。本章主要介绍目前市场上的各种面部化妆品，包括粉底（foundation）、遮瑕膏（concealer）、修容粉（bronzer）和腮红（blush）等，以及相关产品的主要特性、典型成分、制剂技术、检测方法和包装材料，同时还探讨了消费者的普遍需求及相关产品对皮肤的影响。

22.2　面部化妆品的类型和定义

❷市场上有多种类型的面部化妆品，包括粉底、遮瑕膏、腮红、修容产品（contour product）、高光产品（highlighter）、妆前乳（primer）和定妆产品（finishing product）。在美国，相关产品被视为化妆品还是OTC药妆品，主要取决于其成分和声明。例如，具有防晒功能的粉底在美国被视为OTC药妆品。主要的面部化妆品包括以下几种。

- **粉底**旨在打造均匀肤色，遮盖皮肤瑕疵，并调和面部肤色不均的问题，且适用于所有肤色。粉底通常适用于整个面部区域。为满足消费者需求，其提供了多种颜色和产品形式。其中，液体形式备受青睐，此外还包括粉饼、棒状制剂、膏霜、摩丝和散粉等多种形式。
- **遮瑕膏**的成分和粉底相似，其用于遮盖皮肤问题，如可见的小瑕疵、粉刺、老年斑和黑眼圈。相较于粉底，遮瑕膏的颜料质地更为浓稠且厚重，因此妆感更加明显。遮瑕膏中所含颜料能够遮盖或中和面部不理想的肤色（如发红或发黄），因此也被称为色彩修正剂（color corrector）。其主要用于面部特定区域，而非整个面部。遮瑕膏有各种产品形式，包括散粉、膏霜、棒状制剂和液体。

- **腮红**又称胭脂，旨在为面颊增添色彩。腮红通常涂抹于粉底之上以凸显颧骨，并优化面部轮廓。粉状腮红制剂类似于面部粉剂（facial powder），但添加了更为鲜艳的颜料。膏霜状腮红类似于无水粉底，均含有润肤剂、蜡质和颜料。
- **修容产品和修容粉**旨在营造面部轮廓更分明的视觉效果。这些产品被有针对性地应用于面部的特定区域以强化面部轮廓，并塑造出明晰的线条。修容产品通常具有哑光效果，用于塑造面部轮廓；而修容粉往往具有微光效果且更偏橙色，能够营造出一种自然柔和的晒妆效果。这两种产品均有粉剂、棒状制剂和膏霜等形式。
- **高光产品**旨在提亮阳光自然照射的面部区域，其产品形式包括粉剂、棒状制剂、液体和膏霜。
- **妆前乳**旨在使皮肤表面光滑，为涂抹粉底做好准备。因此，妆前乳通常是化妆的第一步。妆前乳既可以是无色的，也可以是有色的。有色妆前乳能够遮盖皮肤瑕疵，并改善肤色不均。妆前乳包括膏霜和液体两种形式。
- **定妆产品**旨在提供哑光和轻薄遮盖效果，用于完成面部妆容。定妆产品是化妆的最后一步，也可在白天补妆时用于遮盖面部油光。定妆产品包括气雾剂和粉剂两种形式。

目前，包括面部化妆产品在内的众多化妆品已被制成多功能产品。其中，BB霜（BB cream）和CC霜（CC cream）就是突破性制剂的实例，其同时具有多种功能。BB霜和CC霜通常是带有色彩的保湿霜，即保湿霜和粉底的结合体。此外，众多相关产品中均含有紫外线过滤剂和抗衰老成分。

22.3 面部化妆品的使用历史

面部化妆品的使用历史可追溯至史前时期。早在公元前3000年，古代美索不达米亚女性使用含有“talak”（源自“talc”一词）的矿物颜料混合物作为化妆品。总体而言，女性大都渴望拥有白皙的面部肌肤和均匀无暇的肤色，因为这些是休闲优渥生活的象征。纵观历史，白色肌肤通常被视为休闲生活的标志，而棕褐色的肌肤则意味着长期从事户外劳作。人们使用各种化学物质（其中许多有剧毒，甚至致命）遮盖皮肤以隐藏皮肤瑕疵。古埃及的祭司会用石膏（一种白色粉末）来遮盖瑕疵并增白面部肌肤。古埃及人使用的其他成分还包括白垩、氧化锡、珍珠，以及与脂肪和蜡质混合的碳酸铅[1]。同样，在古希腊和古罗马，白色且具有哑光感的面部肤色被视为纯洁的象征，这种肤色通常是通过与古埃及人所用相似的成分来实现的，如石膏、白垩、高岭土和碳酸铅[2]。

在中世纪，苍白的肤色备受青睐。这一时期的化妆品是以水、玫瑰和面粉为基础[3]。在公元6世纪，贵族女性经常采取放血的极端手段来获得苍白的肤色[4]。在意大利文艺复兴时期，人们使用含铅涂料来提亮肤色，而这对使用者的皮肤造成了极大伤害。在伊丽莎白时代的英国，尽管女性会使用蛋清和铅来打造光滑的面容，但使用化妆品仍被视为一种健康威胁。铅和醋混合制成一种被称为铅白（ceruse）的糊状物。铅白的使用通常会导致头发脱落，这一时期出现的高额角就与其广泛使用密切相关[4]。18世纪法国复辟时期，人们持续使用具有毒性的铅基产品来美白面部。此外，红色胭脂（腮红）和口红的使用营造出一种健康、热爱生活的印象[5]。在日本，艺妓因其妆容而闻名。她们通常将铅和米粉混合后制成稠糊状物，然后涂抹于面部。在白色粉底之上，通过眉部产品、红色口红和眼妆产品来打造标志性妆容[5]。在摄政时代（19世纪10～20年代），胭脂非常流行。为保持象征悠闲生活的白皙肤色，女性通常会佩戴遮阳帽、手套、围巾，并撑起遮阳伞[5]。当时的皮肤美白产品仍然含有毒性成分，如铅和汞，相关产品甚至含有多种致命成分。在维多利亚时代（19世纪20年代至20世纪10年代），人们普遍鄙视化妆，并将其与妓女和女演员联系在一起。

19世纪70年代，德国歌手路德维希·莱希纳（Ludwig Leichner）发明了粉底，这是现代最早的面部化妆品之一[3]。面部化妆品的真正变革始于20世纪。1914年，马克斯·法克特（Max Factor）推出了其为电影设计的油彩（greasepaint）。此后，马克斯·法克特推出了轻薄粉饼妆（Pan-Cake makeup），该产品主要由硬脂酸盐、羊毛脂和干粉混合而成，但难以涂抹[3]。不久后，粉饼状腮红相继问世。虽然化妆在女性中更为流行，但在当时化妆仍并非日常行为。20世纪50年代，化妆品市场蓬勃发展。粉饼类化妆品（compact makeup）被制成膏霜基产品形式，粉底则变成了流体膏霜。现今，融合过去多种妆容风格的自然妆容备受青睐。

22.4　面部化妆品对皮肤的影响

目前，面部化妆品已成为众多消费者日常生活的一部分，消费者通常每日使用以使面部肤色均匀，并遮盖皮肤瑕疵。如果使用得当，面部化妆品可显著提升消费者的自信心和生活质量。特别的是，相关产品能够遮盖可见的皮肤问题，如痤疮、红斑痤疮（rosacea）、瘢痕，甚至色素沉着。

- **痤疮**是一种常见的皮肤疾病，主要影响面部、颈部、背部和胸部。如前所述，痤疮的形成是由于皮肤毛孔被过度产生的细胞和皮脂所堵塞，进而导致细菌滋生，引发各种症状[6, 7]。如果不进行治疗，痤疮会显著影响患者的生活质量。许多皮肤科医生认为化妆是导致痤疮恶化的重要因素。尽管如此，许多接受痤疮治疗的女性仍继续使用化妆品。近期研究表明，当遵循皮肤科医生的建议使用护肤和化妆产品时，彩妆产品对提升女性痤疮患者的生活质量和人际关系具有积极的影响[8-10]。
- **红斑痤疮**是另一种常见的皮肤疾病，主要影响面部，包括脸颊、鼻部、下颌和前额。红斑痤疮的特点是皮肤发红或出现丘疹，在病情严重的情况下，还可能产生脓疱[11]。研究表明，使用彩妆产品能够掩盖红斑痤疮的症状，从而提升患者的生活质量。因此，面部化妆品可作为相关治疗的重要组成部分[8]。对于红斑痤疮患者，建议使用绿色化妆品和粉底，因为绿色和红色是互补色。

> **你知道吗?**
> 美国国家红斑痤疮协会（National Rosacea Society）为红斑痤疮患者提供了详细的化妆品使用建议。如需了解更多详细信息，请访问其网站。

- **“痤疮化妆品”**（acne cosmetica）这一术语起源于20世纪70年代早期，用以描述化妆品使用和痤疮发病之间的关联[12]。一直以来许多成分都被认为具有“致痤疮性”（acnegenic，即能够引发痤疮）或“致粉刺性”（comedogenic，即能够导致毛孔堵塞），包括表面活性剂（如十二烷基硫酸钠）、润肤剂（如肉豆蔻酸异丙酯和棕榈酸辛酯），以及阻塞成分（如矿物油和羊毛脂）[13]。值得注意的是，许多上述成分广泛用于各种面部产品中，因为其能够提升产品的美感和性能。人们普遍认为这些成分可能会引发或加剧痤疮，而痤疮患者倾向选择市场上的温和产品，并最终购买标有“非致痤疮性”、“无油”和“低过敏性”的产品。如第1章所述，“低过敏性”尚无公认的定义，“非致痤疮性”和“无油”也是如此。近期研究表明，一些化妆品可能会导致痤疮，但是数量并未如过去想象的那么多。研究指出，“痤疮化妆品”的概念已过时[13]，含有致粉刺性成分的化妆品未必会导致粉刺[14]。此外，研究还证实，具有潜在致粉刺性成分的凡士林和矿物油实际上并不会对人体造成粉刺问题[15, 16]。
- **多功能化妆产品**（如BB霜和CC霜）是当今最成功的创新之一，其结合了美容和护肤的优点，可用于遮盖面部瑕疵。BB最初代表“遮瑕膏”（blemish balm）。现今，各品牌对这一缩写有不同的诠释，如“美颜膏”（beauty balm）和“美颜滋养霜”（beauty benefit crème）[17]。CC代表“色彩校正”或“色彩控制”。相关产品将面部粉底、精华素、保湿和滋养成分、防晒霜融合于单一制剂中，并在许多情况下还添加了抗衰老成分[18]。

22.5 面部化妆品所需特性和消费者需求

除了致力于制备稳定、高质量且安全的产品外，配方师在设计产品时还必须考虑消费者的需求。关键点之一是优化产品性能和宣称效果以满足消费者需求，并鼓励消费者开始使用并持续使用相关产品。从消费者角度而言，一款优质的面部化妆品应具备以下特性。

- 令人愉悦且易于涂抹。
- 柔软舒适的感觉。
- 遮盖瑕疵（如皱纹和毛孔）。
- 良好的遮盖力。
- 一致且均匀的颜色。
- 在皮肤上形成均匀一致的薄膜。
- 哑光和光滑的妆效。
- 无沉淀、不发黏、无油腻感。

- 自然提升外观，但不显人工痕迹。
- 效果持久。
- 抗转移性。
- 快速干燥以便涂抹均匀。
- 宜人且中性的气味。
- 对皮肤有良好的黏附性。
- 瓶身色调与肤色一致。
- 粉末制剂释放性能良好。

22.6 面部化妆品的典型成分和制剂

面部化妆品具有多种分类标准，可根据其颜色（如棕色和粉色）、应用部位（如整个面部区域、面部斑点或颧骨），以及产品形式（如棒状制剂、乳液、膏霜和粉剂）进行分类。从制剂角度而言，基于产品形式的分类最为合理，因为相同产品形式的成分和制剂技术具有相似性。下文将详细探讨面部化妆品的成分和制剂。

22.6.1 粉状面部化妆品

❸粉剂是面部化妆品中备受欢迎的产品形式，包括粉底、遮瑕膏、腮红、修容产品和高光产品等诸多产品，均有散粉和粉饼两种形式可供选择。粉状产品在成分类型和制剂技术方面与粉状眼影相似。粉剂常见于腮红、修容产品和高光产品，而膏霜和液体形式在粉底和遮瑕膏中更为常见。但是，对于追求完全遮瑕及出色控油效果的消费者而言，粉状粉底的表现更为出色。与眼影一样，面部粉饼是散粉的“便携”（on-the-go）形式。

> **你知道吗？**
> “矿物粉”（mineral powder）通常是指散粉形式的面部粉底。

22.6.1.1 成分

粉状面部化妆品的基本成分相似，因此，所有相关成分都将在同一章节中详细讨论。不同粉状面部化妆品的主要区别在于每种成分的用量比例和产品呈现的色调。

- **填充剂：**用于为颜料提供载体，并有助于粉末的流动性和一致性。其通常为白色粉末，因此也有助于淡化色彩，使其不那么浓烈。填充剂（尤其是滑石粉）通常被用作色彩的延伸剂。常用于面部粉剂的填充剂实例包括滑石粉、二氧化硅、氮化硼、氯氧化铋和云母。

你知道吗?

淀粉经常被用于化妆品粉末中，旨在打造蜜桃般的色泽和光滑的皮肤表面。但是，淀粉的主要缺点在于受潮后容易结块，而且其潮湿时会为细菌滋生提供绝佳环境[19]。

- **吸收剂：** 通常是用来增加面部粉剂整体密度的致密粉末。吸收剂能够提升制剂的外观并吸收皮肤上多余的油脂，因此经常被用于控油制剂中。此外，其还具有一定程度的皮肤黏附性。面部粉剂的常用吸收剂包括高岭土、淀粉（大米淀粉、玉米淀粉及改性淀粉）和碳酸钙（白垩）。
- **黏合剂：** 有助于饼体粘结，为制剂提供一定的防水性能，并使其能够黏附于皮肤。面部粉剂中使用的黏合剂通常可分为固体和液体两大类。固体黏合剂包括淀粉，液体黏合剂主要包括油类（如棕榈酸乙基己酯和硅油）。黏合剂可用于散粉和粉饼，但在两者中的用量不同。在散粉中，仅添加适量的黏合剂以帮助显色，但需确保粉末仍然保持流动性。

你知道吗?

配方师使用三种无机颜料（即黄色、红色和黑色氧化铁），结合白色颜料[氧化锌或二氧化钛，或两者兼有（取决于所需色度）]以实现各种肤色。氧化铁负责产生色调，而白色颜料则起到遮盖作用并可调节色调的深浅。若有必要，还可在粉底中加入色彩修正剂（如群青蓝和氧化铬）以中和不需要的颜色。

你知道吗?

虽然粉底中使用了三种不同颜色（即黄色、红色和黑色）的氧化铁，但在成分标签上统一标注为“氧化铁”。

- **着色剂：** 主要使用无机颜料，包括黄色、红色和黑色氧化铁，群青蓝和绿色氧化铬，这些无机颜料色调暗淡。除无机颜料之外，还可加入有色和无色的珍珠，使皮肤焕发光泽。为提高颜料分散性和制剂稳定性，可使用经处理或涂覆的颜料。例如，可使用硅酮涂覆颗粒以提供滑爽性，并便于分散。涂覆是有益的，因为其无须研磨颜料，而研磨颜料通常是未涂覆颜料分解团聚体所必需的。二氧化钛和氧化锌也经常用于面部粉剂，但并非因为其颜色。这些在制剂中起到遮盖作用的白色粉末也被称为遮光剂。此外，其还可用作紫外线过滤剂以防止UVA和UVB射线的损伤。在腮红中，遮盖力并非优先考虑因素。因此，腮红通常不含二氧化钛或氧化锌。

你知道吗?

近年来，素颜妆逐渐变得流行起来。为了达到这种妆效，可通过减少遮光剂（如氧化锌和二氧化钛）的用量，从而制备出更加透明的粉底。

- **防腐剂：** 鉴于粉末体系中使用的成分类型，其通常不会发生微生物污染。但不幸的是，某些成分（如淀粉）是微生物滋生的理想培养基，因此防腐剂也经常用于粉剂之中。粉状粉底中常用防腐剂实例包括苯氧乙醇和辛二醇。
- **抗氧化剂：** 粉剂中可能还需添加抗氧化剂以防止一些成分降解和酸败，必要时可使用少量的丁基羟基茴香醚（BHA）、丁基羟基甲苯（BHT）和维生素E。
- **附加成分：** 香精也可加入面部粉剂中。吸收剂可在香精与制剂的其他成分混合之前加入，以预先吸收香精。聚合物，如尼龙、聚乙烯、聚丙烯、二氧化硅珠、硅酮粉和特氟龙（聚四氟乙烯），可用作面部粉剂的质地增强剂，促进其他成分均匀混合，同时提供额外的滑爽性，并增强其抗转移性和耐油性。

22.6.1.2　面部粉剂

粉状粉底的制备过程和粉状眼影一致，基本步骤包括研磨和混合粉末、颜色扩展、液体和其他无须研磨成分（如珠光颜料）的混合，若有必要，可进行筛分及散粉填充，而粉饼则需在最后一步中进行压缩。有关粉状眼影制剂的更多详细信息，请参见第21章。

22.6.2　液态和半固态面部化妆品

❹现如今，液态和半固态面部化妆品备受青睐。相关制剂主要包括乳液、膏霜和摩丝形式的乳剂。其可以是油基、无油、水基或无水制剂[19]。下文将探讨相关制剂的主要特性。

- **油基粉底**属于油包水（W/O）型或硅包水（W/Si）型乳剂，并且在油/硅油相中含有悬浮着色剂。30多年来，油基粉底在市场上一直占据主导地位，并且至今仍然深受消费者的青睐。油基粉底易于涂抹的原因是其外相为油相，在涂抹数分钟后，着色剂便可稳固地附着于面部。随着涂抹后粉底中水分的挥发，油相中的颜料会留存于面部[19]。这会给皮肤带来一种湿润感，对于干性皮肤而言尤为适宜。其主要缺点在于乳剂类型。干性皮肤的消费者通常不宜使用W/O型乳剂，因为其可能会感觉过于油腻和厚重。硅基粉底通常是为油性皮肤的消费者设计的，因为其会给皮肤带来干燥感。硅酮之所以在粉底液和膏霜中备受欢迎，是因为其对皮肤的非致粉刺性[20]、非致痤疮性和低过敏性。硅基粉底涂抹顺滑且干燥迅速，所以必须快速混合以实现均匀遮盖的效果。由于着色剂通常分散于硅油相中，标准的油分散性着色剂可能不适用于这种乳剂类型。因此，建议使用硅树脂处理过的着色剂。W/Si型乳剂通常含有电解质（如柠檬酸钠、硫酸镁、氯化钠或四硼酸钠），浓度为1%～2%。研究表明，相关盐能够进一步降低界面张力，从而有利于提高乳剂的稳定性[21]。
- 一些粉底产品标注为“**无油**”（oil-free）**制剂**。根据“无油”一词的真正定义，消费者会期望无油产品不含动物、植物或矿物油。无油产品可使用硅酮（如二甲基硅油或环戊硅氧烷）代替传统油类，从而制成W/Si型乳剂。油性皮肤或有皮肤问题（如痤疮）的消费者往往追求无油制剂，以避免加重油性皮肤和皮肤毛孔堵塞问题。但是，“无油”的含义比字面意思更为复杂。无油制剂通常不含任何国际化妆品成分命名（INCI）名称中含有“油”（oil）字的成分，如矿物油或荷荷巴（Jojoba）籽油。但是，许多润肤剂（如棕榈酸乙基己酯和肉豆蔻酸异丙酯）在其INCI名称中并无字面上的“油”字。有时，这种润肤剂会被添加到无油产品中。但由于其本身具有油性，实际上不应被归类为无油产品。由于并未违反这一术语的使用规则，制造商并非总是严格避免在无油制剂中使用相关成分。

- **水基粉底**是O/W型乳剂，颜料悬浮于水相中，适用于中性和油性皮肤的消费者。在20世纪90年代之前，O/W型乳剂非常流行，现如今人们对其重新产生了浓厚的兴趣。O/W型乳剂比W/O和W/Si型乳剂的干燥速度更快，这可能会影响其涂抹的均匀性。

> **你知道吗?**
> “无油”和“控油”是粉底液常用的宣传术语，虽然两者可能听起来相似，但是其所指属性并不相同。控油粉底制剂旨在减少面部的油光，通常含有吸油成分（如高岭土和淀粉），但也可能含有硅酮和油类。相比之下，无油粉底则是基于硅酮，不含任何油类成分。因此，控油制剂与无油制剂并不等同。

- **无水**（即不含水分的）**产品**具有防水性能。相关产品中包含各种油类（如植物油）、碳氢化合物（如异十二烷和合成酯）、硅酮（如二甲基硅氧烷），以及色素浓度较高的蜡质。相较于前文讨论过的其他粉底类型，其质地通常更为不透明。无水粉底和遮瑕膏是面部具有瘢痕、追求遮瑕效果消费者的理想选择。这种粉底的主要缺点在于难以卸除，因此消费者需使用专门的卸妆产品。

22.6.2.1 成分

液态和半固态制剂的基本成分类型相同，主要区别在于各成分的用量、乳化剂类型，以及着色剂与其分散剂的类型。乳剂型液态和半固态粉底、腮红和遮瑕膏是由粉末分散体及含有其余成分的乳剂基底组成的。相关产品的主要成分介绍如下。

粉末分散体通常由颜料填充剂和颜料组成。

- **颜料填充剂：**作为哑光剂和质感剂，常被用来扩展和充分显色。其也可作为皮脂和汗液的吸收剂，能够使皮肤变得柔软，肤色更加均匀，并有助于提升产品的涂抹性能。其常见实例包括滑石粉、硬脂酸锌、淀粉、云母、二氧化硅和氯氧化铋等。
- **颜料：**与面部粉剂中使用的颜料种类相同，包括氧化铁、群青蓝、氢氧化铬、氧化铬、二氧化钛和氧化锌等。腮红更倾向于粉紫色或桃红色调，修容产品则多为棕橙色调，而高光产品则通常为珠光金银色调。颜料需分散于乳剂的外相中，从而使乳剂外观均匀。为确保着色剂能够适当地分散于特定的相中，通常需对颜料进行表面处理。

乳剂基底含有的其余成分如下。

- **润肤剂：** 在乳剂中作为油相。其质地光滑柔软，且具有保湿效果。蜡质在一些制剂中可作为结构剂、增稠剂和乳化剂。近年来，硅酮被引入面部粉底中，并逐渐取代了许多传统油类的作用。随着挥发性硅酮的蒸发，着色薄膜会集中于皮肤上。这种着色薄膜在干燥过程中会黏附于皮肤表面，能够承受摩擦，并且不会沾染衣物，这就是所谓的非转移性粉底（non-transfer foundation）。液态和半固态面部化妆品中常用的润肤剂包括碳氢化合物（如矿物油和异十二烷）、植物油（如荷荷巴油）、合成脂肪醇和脂肪酸酯（如棕榈酸异丙酯和硬脂酸甘油酯）、植物脂（如乳木果脂）、蜡质（如蜂蜡），以及硅酮（如环甲基硅油、环戊硅氧烷和二甲基硅油）。
- **水：** 是乳剂的基本成分，具有载体的作用。
- **乳化剂：** 能够稳定乳剂中两种不相混溶的成分以防止其分离，同时还可作为颜料的润湿剂。需根据配制的乳剂类型（即O/W型、W/O型或W/Si型），严格选择乳化剂。O/W型乳剂通常使用阴离子型和非离子型混合乳化剂，如椰油酰肌氨酸钠（阴离子型）和硬脂酸甘油酯（非离子型）；W/O型乳化剂常用聚甘油-3二异硬脂酸酯和月桂醇聚醚-7；而W/Si型乳化剂则使用PEG-10二甲基硅油。
- **增稠剂：** 颜料必须均匀地混悬于乳剂中，并且不会随时间推移而沉淀。增稠剂能够提供合适的黏度，从而提高产品的稳定性。增稠剂包括硅酸盐等黏土（如硅酸镁铝）、膨润土和锂蒙脱石、纤维素衍生物、树胶、丙烯酸酯共聚物、蜡质（如氢化蓖麻油），以及硅酮交联聚合物。
- **防腐剂：** 含水乳剂应添加防腐剂，因为水会增加制剂微生物污染的可能性。其常用实例包括山梨酸、苯甲酸钠和辛二醇。
- **抗氧化剂：** 用以防止油性成分的酸败。
- **螯合剂：** 能够与金属离子结合，从而防止金属离子的催化-氧化作用，如混悬剂中的氧化铁。其常用实例包括乙二胺四乙酸及其衍生物和多膦酸。后者还被证实能够改善成分的分散性，并有助于颜料的润湿。
- **成膜剂：** 对确保充分的耐水性和持久的耐磨性至关重要。聚丙烯酸酯衍生物因其非黏性触感和耐磨性等优点，常被作为成膜剂使用。此外，硅树脂也是一种常用的成膜剂。
- **附加成分：** 包括抗衰老成分（如抗氧化剂、植物提取物和蛋白质）、紫外线过滤剂、香精和保湿剂。

22.6.2.2　液态和半固态面部化妆品的制剂

乳化是指O/W型、W/O型和W/Si型乳剂的制备过程，在这一过程中，可先将颜料进行干混或湿磨处理，然后将其分散于外相中。即使加工过程已达到最高精度，往往仍需进行色调校正。

乳剂基底可采用不同方式进行着色和配色，如使用直接颜料、颜料分散体、颜料混合物或单色溶液[19, 22]。每种方法都具有各自的优缺点，以下是对此的详细探讨。

- **直接颜料法**：是指将颜料直接称量后加入其中一相中，随后使用均化器或研磨机（如胶体磨）进行分散处理，最后采用常规方法制备成乳剂。这种方法的缺点在于需进行大量的调色操作，且实现精确配色极为困难。
- **颜料分散体法**：是指将各种颜料与填充剂（如滑石粉）混合，且混合物的颜色需与标准色相匹配。采用此方法可减少色彩校正次数，然而分散体的制备增添了额外步骤，且分散体需要更大的储存空间。
- 当使用**混合颜料**时，需先将颜料与填充剂进行预混合及粉碎处理，且混合物的颜色需与标准色相匹配，然后将颜料混合物分散于乳剂的一个相中，最后按照常规方法制备成乳剂。颜色匹配在混合阶段完成，从而减少了颜色校正次数。
- **单色颜料分散浓缩物**：是单种颜料浓缩物的即用型成品形式。使用单色溶液进行颜色匹配非常容易，但需要更大的存储空间。

22.6.3 其他面部化妆品

❺目前可用的其他产品类型包括无水液体、棒状制剂、两用粉底、霜转粉型粉底、粉转霜型粉底、透明面部粉和妆前乳。下文将探讨相关产品类型。

- **无水液体**以润肤剂、硅油、植物脂和蜡质为基质，还添加了调质剂和成膜剂，并被配制成液体或奶油状质地。此类产品对干性皮肤消费者尤为有益。此外，相关产品中还包括一些腮红和高光产品。
- **棒状制剂**（如棒状粉底、遮瑕膏、修容产品、高光产品和腮红）作为模制粉底，与口红的制备方法相似（参见第20章），但通常直径较大。棒状制剂属于无水产品，含有油类、植物脂、蜡质、颜料、颜料湿润剂和质感剂。具体实例包括聚甲基丙烯酸甲酯、云母、氮化硼和二氧化硅等。
- **两用粉底**是一种致密粉末，可使用湿海绵或干海绵涂抹于皮肤上[23]。在诸多方面，两用粉底兼具妆前乳和面部粉的双重特性，在干燥状态下使用时其遮盖效果较为轻薄，而在湿润状态下使用时其遮盖效果较为厚重。双重特性的粉底要求大部分成分具有疏水性，因此制剂在受潮时也不会结块，并且颜料主要以硅树脂进行处理。
- **霜转粉型粉底**通常以粉饼形式供应。顾名思义，当与皮肤接触时，其会由天鹅绒般的膏霜质地转变为超细的粉末，并且通常借助海绵进行涂抹。
- 市场上推出的一款新产品采用了**"粉中霜"（或粉转霜）型制剂**，其在应用过程中会从粉末状转变成膏霜状，属于含有高比例液相的散粉。这些产品基于处理过的颜料，在产品转变成膏霜状时充当增稠剂的化妆品粉末，以及水性或油性液相的组合。在粉转霜型制剂中使用的增稠剂包括用于水性产品的羧甲基淀粉钠，以及用于油性产品的云母[24]。
- **定妆产品**主要有粉剂和气雾剂形式，也广受欢迎。定妆粉可以是无色或有色粉末，不仅能够用于定妆，还能吸收先前涂抹粉底的油脂。定妆粉通常不含颜料，因为色彩和遮盖力并非其优先考虑因素。此外，定妆粉还可用于日间的补妆。定妆喷雾则是一种轻质液体，当喷洒于面部后会迅速蒸发，并在定妆的同时留下一层防晕染层。

- **妆前乳**通常为无色或略带颜色的半固态制剂，可用于平滑皮肤表面，并能防止面部妆容出现晕染和褶皱。妆前乳通常为硅基制剂，在使用后会迅速蒸发，并在皮肤上留下干爽的涂层。绿色妆前乳通常用于中和泛红，紫色调则适用于调和泛黄和暗沉肤色，而桃色调和橙红色调则能够中和眼下青黑色。

22.7　面部化妆品的典型质量问题

❻面部化妆品的典型质量问题包括粉饼的破裂、粘连和释放不良，乳剂分层、结块、微生物污染、酸败，以及在第20章中详细讨论过的化妆品特有的质量问题。之前章节已讨论过的相关产品质量问题，本章将不再赘述。

22.8　面部化妆品的评价

22.8.1　常规检测的质量参数

❼评估面部化妆品时，常规检测的质量参数包括乳液、膏霜和凝胶的可涂抹性、可挤出性、质地和坚实性，棒状制剂的断裂强度、硬度、熔点、滴点、软化点、释放性能和滑动性，粉饼的饼体强度，粉末的流动性、堆积密度、振实密度、可压缩性、粒径、光泽度和释放性能，抗转移性，颜色匹配度，颜料分散性和颜色均匀性，防腐性，黏度，比重，pH和稳定性。质量参数的可接受范围和其他限制因素通常由制造商自行决定。在之前章节中已讨论过的测试方法，本章将不再赘述。

> **你知道吗？**
>
> 当有色面部化妆品用于皮肤时，一般会评估其性能和颜色。通常选择前臂内侧作为测试部位。其原因是，产品经涂抹揉开后在皮肤上形成的着色薄膜颜色可能与产品本身的颜色存在差异。而消费者希望产品涂抹于皮肤的颜色与产品本身的颜色保持一致，因此需精心设计产品并确保着色剂的稳定性以避免这种情况的发生。产品在皮肤上的颜色取决于所使用白色和彩色着色剂的透明度、粒径大小、分散程度、涂抹膜层厚度、含水量、涂抹表面的油脂状况和肤色等因素[23]。

22.9　引发安全性问题的成分

❽滑石粉是导致面部化妆品安全性问题的主要成分。有关其安全性的研究结果和最新声明，总结如下。

22.9.1 滑石粉

据20世纪60年代的科学文献记载，滑石粉可能致癌。滑石粉是一种天然矿物质，从化学角度而言，其为一种水合硅酸镁盐。滑石粉可广泛应用于面部化妆品、其他类型的化妆品，以及各种个人护理产品中。滑石粉按其纯度可分为多个等级，其中化妆品级滑石粉的纯度最高。仅有达到极高质量和纯度的滑石粉才被允许用于化妆品中。化妆品级滑石粉符合《美国药典》(USP)和行业规范。值得注意的是，化妆品级滑石粉与工业滑石粉不同，工业滑石粉可能含有杂质，其中石棉是可能导致最大安全性问题的主要杂质。石棉也是一种天然硅酸盐矿物，但具有不同的晶体结构。与滑石粉不同，石棉属于已知的致癌物质。因此，FDA认为化妆品级滑石粉不可被石棉污染[25]。当爽身粉用于外生殖器，即在会阴部位使用时，其中的滑石粉可能会导致卵巢癌，这进一步引发了人们对于其安全性问题的担忧。有关会阴部位使用的更多详细信息，请参见第29章。

对于滑石粉作为化妆品成分使用及其安全性，此前已进行了多次评估，现将评估情况总结如下。

- 1994年，FDA、美国个人护理产品协会(Personal Care Products Council)和国际监管毒理学与药理学学会(International Society of Regulatory Toxicology and Pharmacology，ISRTP)共同举办公开研讨会，审查滑石粉安全性的所有相关数据。其得出的结论是，目前尚无确凿证据证明，在正常使用条件下，化妆品级滑石粉会对人体健康造成危害[26, 27]。
- 2004年，美国国家毒理学计划(NTP)通过2000年进行的一项审查发现，人们对滑石粉的矿物属性和接触滑石粉所产生的后果存在相当大的困惑，因此考虑将滑石粉列为致癌物。但是，2005年10月，NTP又指出现有的数据不足以支持将滑石粉确定为致癌物，并将其从审查流程中撤销[28]。
- 国际癌症研究机构(IARC)于20世纪80年代和2006年曾对滑石粉进行过安全性评估。IARC明确了先前未被石棉污染的滑石粉在吸入方面安全性的相关声明，仍然将其归为第3组，即“无法确定其对人体的致癌性”。至于在爽身粉中使用滑石粉的问题，目前所发现的证据有限。因此，滑石粉被视为2B组，即在这种使用情况下“可能对人体具有致癌性”[29]。
- 有关滑石粉中可能存在石棉而造成的安全性问题会被定期提出，FDA在2009～2010年对化妆品级滑石粉，以及当时上市的含有滑石粉的化妆品进行探索性调查，分析了4种不同的化妆品级滑石粉和34种含有滑石粉的化妆品。调查结果显示，未在任何化妆品级原料滑石粉或含有滑石粉的化妆品样品中发现石棉纤维或结构[25]。2018～2019年，FDA还开展了后续调查工作，对50多种含有滑石粉的化妆品进行是否含有石棉的测试。大多数样本的石棉检测结果为阴性，少数呈阳性。目前对于相关阳性样本的进一步研究工作正在进行中[30]。
- 化妆品成分审查(CIR)委员会评估了滑石粉的安全性，并于2015年得出相关结论，即目前在化妆品中使用的滑石粉浓度是安全的。据报道，滑石粉在化妆品中的使用率可高达100%[31]。

尽管未被石棉污染的滑石粉被视为安全，但迫于持续的安全担忧和来自消费者的压力，可能会重塑化妆品行业，从而迫使基于滑石粉的化妆品采用滑石粉替代品进行重新配制。

22.10　面部化妆品的包装

面部化妆品最常用的包装材料包括以下几种。

- **瓶子和软管**：大多数液态面部化妆品都采用玻璃瓶、塑料瓶或软管进行包装。液态产品可使用手指、刷子或海绵进行涂抹。瓶子通常配备一个泵头，以便于产品的分配。此外，这也降低了微生物污染的可能性。部分化妆品公司更倾向使用配备遮瑕膏涂抹器的软管，类似于唇彩的包装容器。无气软管在此类产品中也备受青睐。
- **塑料粉末容器**：散粉通常包装于透明的塑料容器中，通常使用粉扑或大刷子直接从容器中取出并进行涂抹。为防止泄漏并辅助产品分配，在盖子下方的罐体上安装有筛网。目前有一种新型分配系统，将刷子直接固定在塑料瓶上，从而使产品的使用更加便捷舒适。
- **玻璃罐和塑料罐**：通常将膏霜、摩丝和霜转粉型产品包装于玻璃罐或塑料罐中销售。
- **棒状盒**：棒状面部化妆品可采用棒状盒包装（类似于口红）。
- **金属盘**：粉饼、两用粉底通常采用金属盘包装，与便携式眼影相似。容器可能配备一个小刷子或海绵，并且大多数产品的包装中还附有一面镜子。
- **铅笔**：一些产品（如遮瑕膏、修容粉和高光产品）被设计成软芯蜡笔或铅笔的形式，类似于眼影笔。

术语表

中文术语	英文术语	解释
粉底	foundation	一种彩妆产品，旨在打造均匀肤色，遮盖皮肤瑕疵，并调和面部肤色不均，适用于所有肤色。
遮瑕膏	concealer	一种彩妆产品，旨在遮盖皮肤问题，如细微可见的瑕疵、粉刺、老年斑和黑眼圈。
腮红	blush	一种彩妆产品，旨在为面颊增添色彩。
修容产品	contour product	一种彩妆产品，旨在营造面部轮廓更加分明的视觉效果。
高光产品	highlighter	一种彩妆产品，旨在提亮面部自然受阳光照射部位。
妆前乳	primer	一种化妆品，旨在使皮肤表面光滑，并为涂抹粉底做好准备。
定妆产品	finishing product	一种化妆产品，旨在提供哑光和轻薄遮盖效果，用于完成面部化妆。
粉饼	compact powder	压缩的粉末。

续表

中文术语	英文术语	解释
致痤疮性	acnegenic	能够引发痤疮。
致粉刺性	comedogenic	能够导致皮肤毛孔堵塞。
BB霜	BB cream	一种彩妆产品，具有多重功能，包括面部保湿、底妆、防晒，甚至抗衰老。
矿物粉	mineral powder	通常是用于描述散粉的一个术语。
无油产品	oil-free product	一个经常在产品标签上出现的术语，表示不含油性成分的产品，但目前尚无标准定义，有时是指不含润肤剂的产品；在其他情况下，是指不含名称中带“油”字成分的产品。
控油产品	oil-control product	一种旨在减少面部油光的产品，含有吸油成分（如高岭土和淀粉）。
无水的	anhydrous	干性的，不含水的。
非转移性粉底	non-transfer foundation	能够抵抗机械磨损的粉底。
单色的	monochromatic	由单一颜色构成/制成的。

缩略词表

缩略词	英文全称	中文全称
BB	blemish balm，beauty balm，beauty benefit crème	遮瑕膏，美颜膏，美颜滋养霜
BHA	butylated hydroxyanisole	丁基羟基茴香醚
BHT	butylated hydroxytoluene	丁基羟基甲苯
CC	color correction，color control	色彩校正，色彩控制
CIR	Cosmetic Ingredient Review	化妆品成分审查
EDTA	ethylenediaminetetraacetic acid	乙二胺四乙酸
IARC	International Agency for Research on Cancer	国际癌症研究机构
ISRTP	International Society of Regulatory Toxicology and Pharmacology	国际监管毒理学和药理学学会
NTP	National Toxicology Program	国家毒理学计划
O/W	oil-in-water	水包油型
PCPC	Personal Care Products Council	美国个人护理产品协会
PMMA	polymethylmethacrylate	聚甲基丙烯酸甲酯
QoL	quality of life	生活质量
W/O	water-in-oil	油包水型
W/Si	water-in-silicone	硅包水型

（沈奇英　陈文超　译，白仁仁　校）

参考文献

1. Balsam, M.S. and Sagarin, E. (1974). *Cosmetics: Science and Technology*. Chichester, UK: Wiley.
2. Rimmel, E. (1865). *The Book of Perfumes*. London, UK: Chapman & Hall.
3. Guichard, S. and Roulier, V. (2016). Facial foundation. In: *Cosmetic Dermatology: Products and Procedures* (ed. Z.D. Draelos), 177–185. Hoboken: Wiley.
4. Toedt, J., Koza, D., and van Cleef-Toedt, K. (2005). *Chemical Composition of Everyday Products*. Santa Barbara: Greenwood Publishing Group.
5. Milady (2016). *Milady Standard Cosmetology*. Boston: Cengage Learning.
6. Zouboulis, C.C. (2009). *Propionibacterium acnes* and sebaceous lipogenesis: a love-hate relationship? *J. Invest Dermatol.* 129 (9): 2093–2096.
7. Makrantonaki, E., Ganceviciene, R., and Zouboulis, C.C. (2011). An update on the role of the sebaceous gland in the pathogenesis of acne. *Dermatoendocrinol.* 3 (1): 1–49.
8. Boehncke, W.H., Ochsendorf, F., Paeslack, I. et al. (2002). Decorative cosmetics improve the quality of life in patients with disfiguring skin diseases. *Eur. J. Dermatol.* 12 (6): 577–580.
9. Hayashi, N., Imori, M., Yanagisawa, M. et al. (2005). Make-up improves the quality of life of acne patients without aggravating acne eruptions during treatments. *Eur. J. Dermatol.* 15 (4): 284–287.
10. Matsuoka, Y., Yoneda, K., Sadahira, C. et al. (2006). Effects of skin care and makeup under instructions from dermatologists on the quality of life of female patients with acne vulgaris. *J. Dermatol.* 33: 745–752.
11. Marks, J.G. and Miller, J.J. (2019). *Lookingbill and Marks' Principles of Dermatology*. Amsterdam, Netherlands: Elsevier.
12. Kligman, A.M. (1972). Acne cosmetica. *Arch. Dermatol.* 106 (6): 843–850.
13. Draelos, Z.D. and DiNardo, J.C. (2006). A re-evaluation of the comedogenicity concept. *J. Am. Acad. Dermatol.* 54: 507–512.
14. Singh, S., Mann, B.K., and Tiwary, N.K. (2013). Acne cosmetica revisited: a case-control study shows a dose-dependent inverse association between overall cosmetic use and post-adolescent acne. *Dermatology* 226: 337–341.
15. Kligman, A.M. (1996). Petrolatum is not comedogenic in rabbits or humans: a critical reappraisal of the rabbit ear assay and the concept of 'acne cosmetica' . *J. Soc. Cosmet. Chem.* 47: 41–48.
16. DiNardo, J.C. (2005). Is mineral oil comedogenic? *J. Cosmet. Dermatol.* 4: 2–3.
17. Matthews, I. (2012). Multifunctional BB creams versus tailored approaches in beauty. www.cosmeticsandtoiletries.com/formulating/category/skinca re/Multifunctional-BB-Creams-Versus-Tailored-Approaches-in- Beauty-177499591.html (accessed 1 October 2021).
18. Rigano, L. (2013). BB creams. *Cosm Toil.* 128 (2): 88–91.
19. Schlossman, M.L. (2001). Decorative products. In: *Handbook of Cosmetic Science and Technology* (ed. A.O. Barel, M. Paye and H.I. Maibach), 645–683. New York: Marcel Dekkel, Inc.
20. Fulton, J.E. (1989). Comedogenicity and irritancy of commonly used ingredients in skin care products. *J. Soc. Cosmet. Chem.* 40: 321–333.
21. Dahms, G.H. and Zombeck, A. (1995). New formulation possibilities offered by silicone copolyols. *Cosm Toil.* 110 (3): 91.
22. Dweck, A.C. (1986). Foundations—a guide to formulation and manufacture. *Cosm Toil.* 4: 41–44.
23. Butler, H. (2000). *Poucher's Perfumes, Cosmetic and Soaps*. Dordrecht, Netherlands: Kluwer Academic Publishers.
24. Desmarthon, E. (2007). Cream in powder form: a new concept in makeup. *Cosm Toil.* 122 (12): 71–74.
25. FDA Talc. www.fda.gov/cosmetics/cosmetic-ingredients/talc (accessed 12 October 2021).

26. Carr, C.J. (1995). Talc: consumer uses and health perspectives. *Regul. Toxicol. Pharmacol.* 21 (2): 211–215.
27. Wehner, A.P. (1998). Is cosmetic talc “safe” ? *Comments Toxicol.* 6 (5): 337–366.
28. 70 FR 60548
29. IARC (2010). *Monographs on the Evaluation of Carcinogenic Risks to Humans*, vol. 93, 466. Lyon Cedex: International Agency for Research on Cancer.
30. FDA in Brief (2020). FDA releases final report of talc- containing cosmetic products tested for asbestos. www.fda.gov/news-events/fda-brief/fda-brief-fda-releases- final-report-talc-containing-cosmetic-products-tested-asbestos (accessed 10 October 2021).
31. Fiume, M.M., Boyer, I., Bergfeld, W.F. et al. (2015). Safety assessment of talc as used in cosmetics. *Int. J. Toxicol.* 34 (S1): 66S–129S.

第23章 指甲护理产品

学习目标

通过本章的学习，读者将掌握以下内容。

1. 以下术语的定义：

甲板	甲小皮	指甲硬化剂	指甲保湿霜
角质去除剂	甲醛	指甲油	底油
顶油	树脂	增塑剂	触变性
人造指甲	雕塑指甲	光固化指甲油	指甲油卸除剂
起泡	剥落	耐磨性	涂刷性

2. 人体指甲单元的独特解剖结构。
3. 人体指甲硬度和柔韧性的决定因素。
4. 指甲护理产品在美国的法律分类。
5. 功能性和装饰性指甲护理产品的区别。
6. 指甲护理产品的益处和潜在负面影响。
7. 理想护甲产品所需的特性。
8. 指甲硬化剂的功能及主要成分。
9. 指甲保湿霜的功能及主要成分。
10. 角质去除剂的功能及主要成分。
11. 顶油、底油和常规指甲油之间的差异。
12. 指甲油的主要成分类型及典型示例。
13. 雕塑指甲产品的化学原理和主要成分。
14. 光固化指甲油的化学原理和主要成分。
15. 传统指甲油和光固化凝胶指甲油之间的区别。
16. 指甲油卸除剂的化学原理和主要成分。
17. 指甲油配制和使用过程中可能出现的一些典型质量问题及产生原因。
18. 指甲护理产品常规检测的典型质量参数及其评估方法。
19. 指甲油成分和紫外线指甲灯的潜在安全性问题。
20. 指甲护理产品的典型容器。

主要概念

1. 人体指甲单元由甲板、甲母质、甲襞、甲床、甲上皮和甲下皮组成。

2. 大多数指甲护理产品通过保湿和增添色彩使指甲和甲襞更加美观，因此在美国属于化妆品范畴。

3. 功能性指甲护理产品能够强化和滋养甲板、甲襞和甲上皮，并有助于保持指甲的硬度。相关产品不一定会在甲板上形成光亮的薄膜，因此此类指甲护理产品男女皆可使用。化学性角质去除剂也属于功能性指甲护理产品。

4. 装饰性指甲护理产品是具有颜色的产品，用于提升指甲的外观。此类产品包括各种类型的指甲油和人造指甲。

5. 指甲油卸除剂通过重新溶解树脂来去除指甲油。

6. 指甲油常见的质量问题包括起泡、开裂、剥落和变稠。

7. 在评估指甲护理产品质量时，通常检测的参数包括耐磨性、光泽度、膜层柔韧性、附着力、硬度、干燥时间、涂刷性能、闪点、颜色和颜色均匀性、颜料分散性、密度、比重、黏度和稳定性。

8. 容易引发指甲护理产品安全性问题的成分包括甲苯、邻苯二甲酸盐和甲二醇。此外，消费者对紫外线指甲灯的安全性也提出了质疑。

23.1 引言

指甲化妆品（nail cosmetic）是彩妆市场的一个重要组成部分，在女性中更为流行，但男性美甲市场也在蓬勃发展。指甲护理已成为日常身体护理中日益重要的一环，因为美观健康的指甲能够反映一个人的整体健康状况。在一定程度上，指甲的状况还可能反映一个人的社会地位。

本章将介绍人体指甲的主要解剖学和生理学特征，以及应用于指甲的各种产品及其成分、制剂技术、测试方法和包装材料，还将探讨消费者的普遍需求及相关产品对指甲的影响。

23.2 人体指甲的解剖学和生理学

人体指甲的功能包括保护手指，帮助捡起小物体，以及辅助精细的手工活动。趾甲在保护作用方面同样重要。❶人体指甲单元由甲板（nail plate）、甲母质（nail matrix）、甲襞（nail fold）、甲床（nail bed）、甲小皮（nail cuticle）和甲下皮（hyponychium）组成[1]。图 23.1 和图 23.2 展示了人体指甲的基本组成部分。

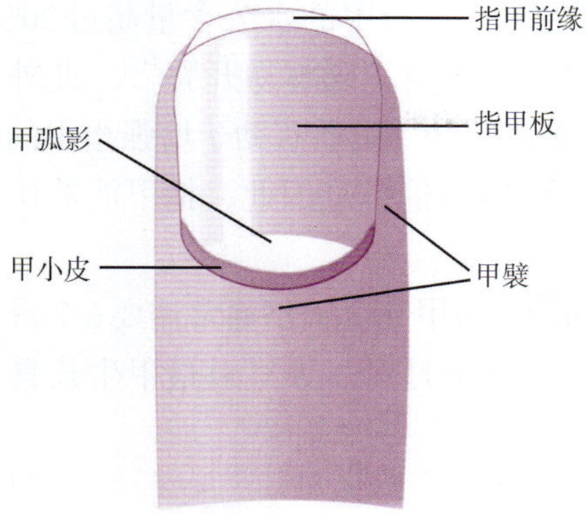

图 23.1　指甲的结构

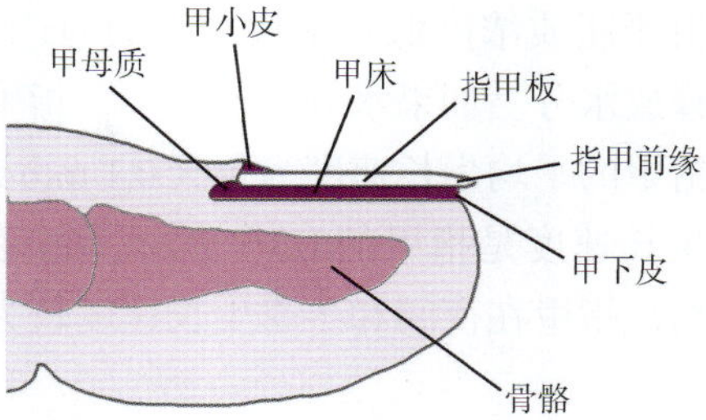

图 23.2　指甲的横截面结构

> **你知道吗?**
>
> “母质”（matrix）一词指的是一种物质，其是包裹于其内部物质的起源[2]。甲母质是指位于手指甲或趾甲根部的增厚上皮组织，新的甲板就是由此生长而成。

甲板是指指甲外部的可见部分。甲母质是指甲的根部，即人体指甲的活体部分。母质细胞位于甲弧影区和指甲根部皮肤褶皱下方的区域。母质细胞不断分裂，因此指甲不断生长。母质细胞在人出生时就已形成，并且受伤后无法再生。因此，任何对甲母质的损伤或创伤都可能导致指甲永久变形，无法修复且无法正常生长[3]。甲弧影（lunula）是指甲根部的浅色结构，代表了指甲母质的可见前端，指甲由此生长出来。甲襞围绕并保护指甲单元，将其与微生物和环境刺激物隔绝，并紧密附着于甲板之上。

甲床是位于甲板下方薄而柔软的组织，包含活表皮（living epidermis），由于真皮中可见的毛细血管网而呈现粉红色。从伸出手指边缘的部分可看出，甲板实际上是白色的。甲小皮是指甲根部的皮肤褶皱，可在指甲和皮肤之间形成防水的隔离层。甲小皮受损会导致水、化学物质、霉菌和细菌侵入母质细胞，引发严重感染。因此，皮肤科医生建议不要以任何方式移动、推回、修剪或操作甲小皮[4-6]。甲下皮是甲板游离边缘下方的皮肤边界。其功能与甲小皮相似，即密封指甲单元以保护其免受损伤[7]。在修剪指甲时，不应过度操作甲下皮，以避免甲板与甲床分离。

人体指甲主要由角蛋白（keratin）组成，与头发和皮肤表面的蛋白质相同，不过，这是一种特殊类型的角蛋白。指甲由“硬角蛋白”（hard keratin）构成，其含硫量远高于皮肤角蛋白[8]。

> **你知道吗?**
>
> 一种普遍的观点是，指甲的强度与其钙含量有关。但是，事实并非如此[9]，因为指甲的硬度和强度取决于角蛋白纤维的数量，以及将角蛋白的半胱氨酸组分连接在一起的二硫键的数量。

除角蛋白外，指甲还含有水、脂质，以及钙、铁、铝、铜和锌等微量元素。人体指甲的正常含水量在10%～15%，平均为12%[10]。研究发现，当指甲的水分含量超过20%时，其就会变得柔软并容易形成双层；而当水分含量低于10%时，则容易开裂[11]。此外，指甲中的脂质含量较低（约5%），远低于皮肤中的脂质含量[12]。脂质有助于增强指甲的柔韧性。由于脂质浓度低，甲板对水的通透性高于皮肤约1000倍[13]。因此，指甲能够快速吸收和释放水分。如果水分含量减少，指甲则会变脆。

指甲的平均生长速度为每天0.1 mm或每月3 mm[7]。指甲完全长出通常需要6个月。趾甲的生长速度是指甲的1/3～1/2，完全长出需要12～18个月[14]。天气对指甲生长具有显著影响，指甲在夜间和冬季生长速度较为缓慢。

23.3 指甲护理产品的使用历史

如同其他产品一样，指甲护理产品（nail care product）的使用可追溯至史前时代。据悉，指甲油（nail polish）起源于约公元前3000年的中国。最初的指甲油由蛋清、蜂蜡、植物染料及明胶制成，有时可能会用到阿拉伯树胶（gum arabic）。大约公元前600年，皇室贵族偏爱使用金色和银色，后来逐渐转向红色和黑色系[15]。古埃及人和印度人使用指甲花（henna）和其他天然植物染料给指甲上色。在埃及，只有最高阶层的女性可涂抹鲜艳的红色，而地位较低的女性则仅限于使用淡色调。在中国明朝（14～17世纪），贵族女性佩戴的长款人造指甲（artificial nail）是一种身份的象征，表明其无须从事体力劳动。在维多利亚时代，洁净和卫生非常重要，干净的指甲是不可或缺的，当时最流行的美甲（manicure）方式仅是打磨指甲并用红油上色。

在19世纪和20世纪初，"指甲油"作为一种有色油或粉末，用来擦拭和打磨指甲，同时给指甲抛光和上色[16]。至于如今我们所熟知的现代指甲油的发明者，据记录是20世纪20年代的法国化妆师米歇尔·梅纳德（Michelle Menard）。梅纳德与查尔斯·雷夫森（Charles Revson）及其兄弟合作，从用于汽车涂漆的珐琅漆（enamel）中获得灵感，这种珐琅漆与其为指甲涂漆而研制的物质相似。梅纳德成功研发出了一种现代漆，由溶解在溶剂中的同一种硝化纤维素制成（尽管强度有所不同），这种溶剂也用于汽车涂漆[17]。查尔斯·雷夫森公司（Charles Revson Company）后来更名为露华浓（Revlon）公司，名字中间增加了字母"L"以纪念另一位联合创始人（一位化学家）。首款露华浓指甲油于1932年上市，在好莱坞助力下大受欢迎，且价格相对便宜（这也是非常关键的因素）。涂指甲油并搭配同色口红为女性增添了一丝好莱坞式的魅力。这款指甲油的配方与米歇尔·梅纳德发明的配方相似，仅经过了一些微调以使其效果更为持久且能更快干燥，但两者在本质上是一致的。

丙烯酸树脂（acryl）用作指甲延长材料始于一次偶然。20世纪50年代，费城一位名为斯莱克（Slack）的牙医发明了这一材料[18]。斯莱克在工作时弄伤了指甲，于是使用诊所里现有的材料——铝箔和牙科丙烯酸进行修复，意外发现修复后的指甲看起来非常自然，疼痛感也消失了。于是，其尝试使用了不同的丙烯酸单体和聚合物，并很快为此项发明申请了专利。其发明的产品有助于强化指甲并使其延长，最终该产品非常受欢迎，至今仍然如此。斯莱克家族开发了首款不会变黄且具有交联结构的产品，至今仍广泛应用于传统丙烯酸体系[19]，并率先推出玻璃纤维增强聚合物、光活化液体和粉末丙烯酸、紫外线固化凝胶，以及空气和热活化抛光密封剂。现如今，研发总监弗雷德·斯莱克（Fred Slack）和总裁里克·斯莱克（Rick Slack）父子领导的国际美甲系统（Nail Systems International，NSI）公司，满足着全球对美甲产品的需求[19]。

现如今，指甲油产品有多种颜色可供选择。除涂指甲外，许多人还会尝试指甲艺术，使用不同的颜色在指甲上绘制复杂的设计图案。有些人甚至在指甲上添加3D元素，如小珠子、亮片和其他装饰品。

23.4　指甲护理产品的类型和定义

指甲护理产品可根据其主要功能进行分类：①功能性指甲护理产品；②装饰性指甲护理产品。

功能性指甲护理产品旨在促进指甲的健康生长，帮助正常维护指甲，并去除角质层。此类产品包括指甲硬化剂（nail hardener）和角质去除剂（cuticle remover）。装饰性指甲护理产品则用于为自然指甲和人造指甲上色。此类产品包括各种指甲油和人造指甲。尽管指甲油卸除剂（nail polish remover）未被归类为装饰性化妆品，但其也用于甲板，与指甲油相似，因此在本章中也会进行讨论。

❷大多数指甲护理产品通过保湿和上色使指甲和甲襞更加美观，因此在美国被视为化妆品。但是，用于治疗感染（如真菌性指甲感染）的产品在美国被视为药品。

- **指甲硬化剂**可在甲板上形成一层保护膜以增加指甲的硬度和强度。指甲硬化剂通常含有化学交联剂，除此以外，其成分与传统透明指甲油相似。其主要目的并非为指甲上色，因此属于功能性指甲护理产品。但是，某些产品可能因具有闪亮的光泽而兼具装饰功能。
- **指甲保湿霜**通过为甲板提供保湿成分来强化甲板，通常为直接涂抹于甲板上的油类、乳液或膏霜。许多产品也可应用于甲小皮和甲襞。
- **角质去除剂**通过化学方法去除甲小皮，化学性角质去除剂（chemical cuticle remover）是液体或膏霜的形式，其中含有碱性成分以分解角质层中的角蛋白。
- **指甲油**用于给指甲上色并提升美观度，其主要成分为混悬在挥发性非水性溶剂中的颜料，并添加了成膜剂，也可添加特殊效果颜料。
- **人造指甲**由可增强指甲长度的材料制成，包括预成型塑料、丙烯酸材料、光固化指甲油（light-cured nail polish），以及相关成分的组合。预成型塑料指甲尖用胶水固定于指甲表面；丙烯酸凝胶是丙烯酸单体和聚合物的混合物，可在指甲表面硬化；光固化指甲油是液体产品，经紫外线照射后固化成型。
- **指甲油卸除剂**为液体，通常为有机溶剂，可溶解甲板上的指甲油，而不会去除甲板的层状结构。制剂中还可添加其他成分，如油类和香精。使用时通常采用化妆棉涂抹，最近市场上也出现了一种新型海绵设计的洗甲产品。

23.5 指甲护理产品对指甲的影响

指甲油可打造出美观的指甲。此外，指甲护理产品还可用于解决美容方面的轻微问题和疾病。

- 例如，指甲护理产品可用于治疗脆性、柔软和开裂的指甲。“脆甲”（brittle nail）一词通常指的是美容问题，但是若变得严重，则可能影响指甲的功能，进而成为治疗层面的问题[20]。脆甲的特点是指甲脆弱无弹性，容易分裂、剥落和碎裂。环境和职业因素在引起甲板逐渐脱水及脆甲的发展中起着重要作用[21]。过度接触洗涤剂（如洗洁精）及过于频繁地使用指甲油卸除剂会破坏角蛋白，并降低指甲的水分含量，使其更加易碎。即使是简单的手部清洁，如果过于频繁，也可能导致脆甲。指甲油和指甲保湿霜通过锁住可能蒸发的水分[22]，有助于保持指甲的水润度。指甲油、指甲硬化剂、凝胶指甲油和人造指甲可通过提供一个外部耐用的保护层来物理增厚、增强和保护柔软、脆弱或易碎的指甲[23]。指甲硬化剂可修复易碎的指甲，但是长期使用可能会适得其反，导致指甲变脆。
- 研究人员对于使用指甲油的益处仍存在争议。一些人认为，指甲油可抵御环境刺激物，并通过防止水分快速蒸发来锁住甲板中的水分。但是，也有人担心过度使用指甲油卸除剂可能会加剧指甲脆化和干燥[24]。根据建议，美甲频率应控制在每周1次或更低。

令人遗憾的是，当指甲护理产品使用不当时，会导致指甲变色、发炎、感染和指甲疾病。以下是一些与使用指甲化妆品相关的问题实例。

- 角质层具有保护功能，皮肤科医生通常不建议进行化学去除或过度物理操作，因为相关操作可能会导致损伤、炎症和感染。此外，角质层去除剂会导致甲板软化，并且是刺激性接触性皮炎的常见诱因，尤其是当长时间停留在指甲上时[7]。
- 在使用人造指甲延长物（artificial nail extension）之前，通常会打磨甲板表面以便于产品附着。甲板厚度大约为100层细胞，如果必须打磨，应仅去除甲板厚度的5%，即大约5层细胞，这足以去除甲面光泽并增加指甲护理产品的附着力[7]。
- 人造指甲延长物，如塑料甲片和丙烯酸指甲，可强化和覆盖易碎的指甲，但其不如天然甲板灵活，并且在机械性创伤后更容易发生甲剥离（onycholysis，即甲板与甲床的分离），尤其是长指甲[5, 25]。甲剥离的指甲也更容易发生继发性感染。
- 持续涂抹指甲油后，指甲往往会呈现泛黄染色（yellow staining），尤其是指甲油中含有红色6号和7号或黄色5号色料时[26]。指甲染色通常在卸除指甲油后约2周消退。但是，如果指甲油保留时间较长，着色剂可能会深入渗透至甲板中。在这种情况下，指甲染色问题只能等变色的指甲完全长出后方能得以解决[27]。
- 技术错误、不良的指甲护理习惯或佩戴人造指甲产品的时间过长会导致副作用，如脆甲、甲板变色、甲剥离和指甲断裂[26, 28]。
- 使用不同类型的指甲产品时可能会发生过敏和刺激性反应。传统指甲油中的一个常见变应原是对甲苯磺酰胺-甲醛树脂（tosylamide-formaldehyde resin，TSFR）[29]，这是一种软树脂，可提高主要成膜剂形成薄膜的附着力、光泽度、柔韧性和耐抗性。目前，许多产品中都使用其他物质替代TSFR。甲醛是指甲硬化剂中使用的另一种过敏性成分。长期使用甲醛会导致指甲变硬和开裂，在某些情况下还会导致其他指甲问题，如甲剥离和甲沟炎（paronychia，即甲襞的炎症）[30, 31]。在使用含有甲醛的指甲硬化剂时应保护皮肤，并且该产品仅能涂抹于指甲游离缘（nail's free edge）。人造指甲产品中的甲基丙烯酸酯（methacrylate）也可能导致过敏和皮肤刺激，并可能影响下颌、脸颊和眼睑[32, 33]。

23.6 指甲护理产品所需特性和消费者需求

除了致力于制备稳定、高质量且安全的产品外，配方师在设计产品时还需考虑消费者的需求。关键点之一是优化产品性能和宣称效果以满足消费者需求，并鼓励其开始使用并持续使用产品。从消费者角度而言，一款优质的指甲护理产品应具备以下特性。

- 均匀的颜色和光泽。
- 光稳定性，随时间推移不褪色。
- 良好的遮盖力。
- 使用愉悦，易于涂抹且易于铺展。
- 干燥速度适中以便均匀涂抹。
- 不会产生条纹。
- 长效持久（至少4～5天）。
- 良好的黏附性。
- 抗碎裂、开裂和剥落。
- 使用指甲油卸除剂（nail lacquer remover）可轻松卸除。
- 卸除后不留痕迹。

23.7 功能性指甲护理产品

❸功能性指甲护理产品能够强化和滋养甲板、甲襞和甲小皮，并有助于保持指甲的硬度。这类产品适用于所有性别，因为其不一定会在甲板上留下光泽膜。化学性角质去除剂也属于功能性指甲护理产品。

23.7.1 指甲硬化剂

顾名思义，指甲硬化剂用于硬化脆弱的指甲，并防止甲板开裂。市场上存在两种类型的指甲硬化剂。

1. 交联型指甲硬化剂（cross-linking nail hardener） 许多现代指甲硬化剂含有化学

交联剂，如福尔马林（formalin，常被误认为等同于甲醛）和二甲基脲（dimethyl urea，DMU）。这些成分可与指甲中的角蛋白反应，形成更多交联，从而硬化指甲。虽然更多的交联意味着更坚硬的指甲，但过多的交联会使指甲变得干燥、易碎和发黄（尤其是使用福尔马林时）[34]。最初，指甲硬化剂被配制成含10%或更高浓度的甲醛溶液。但是，由于有报道称其会导致不良反应，如甲剥离和致敏[35]，FDA已召回相关产品。1%～2%浓度的甲醛仍被允许使用，因此部分指甲硬化剂仍含有游离甲醛。相关产品仅可涂抹于指甲的自由边缘，同时需对皮肤进行保护[36]。近年来，福尔马林逐渐被其他物质（如DMU）所取代。在2%的浓度下，DMU不会引起过敏，也不会过度交联角蛋白[36]。

> **你知道吗？**
> 甲醛是一种高反应活性气体，因此不能以纯气体形式直接用于化妆品中。当甲醛被添加至化妆品中时，几乎可以肯定使用的是福尔马林（37%的甲醛水溶液）。福尔马林由甲醛和水反应而成，主要含有甲二醇和水，以及少量甲醇和极少量游离甲醛（0.02%～0.1%）。甲醛和甲二醇同时存在于水溶液中，因此通常被称为甲醛当量[37]。

2. 非硬化产品　目前市场上存在许多声称能够硬化指甲但不含交联剂的产品。相关指甲硬化剂本质上是不同溶剂和树脂浓度指甲油的改良版。其被涂抹于清洁的甲板上，形成一层保护层。许多产品还可用作底油（base coat）。相关产品还可能含有水解蛋白、尼龙纤维（nylon fiber）、聚酯（polyester）、聚酰胺（polyamide）和丙烯酸类共聚物（acrylates copolymer）以进一步增强指甲的硬度[36]。过度使用相关产品不会导致指甲变脆或变黄。

23.7.2 指甲保湿霜

指甲保湿霜旨在为甲板补充水分，并有助于缓解指甲变脆，其产品形式通常为油状、膏霜和乳液。相关产品含有各种保湿成分，包括密封剂和润肤剂，还可能添加蛋白质。此外，还可能添加增强指甲保水能力的成分，如尿素和乳酸。

没有科学证据表明外用明胶、钙、植物提取物和生物素能够有效治疗指甲脱水。研究证明，口服生物素对脆性指甲有益[21, 38-40]，但尚无数据证明外用生物素具有相同的效果。与之相比，指甲保湿霜则更为有效，其通常在夜间使用，并配合棉手套或其他保护和封闭的辅助工具。

23.7.3 化学性角质去除剂

化学性角质去除剂通过破坏角蛋白中半胱氨酸的二硫键来溶解甲板上多余的角质层组织。典型成分包括角质溶解剂（cuticle-dissolving agent），如氢氧化钠和氢氧化钾（浓度为2%～5%），此类产品通常具有强碱性（pH＞12），可能对皮肤产生刺激。效果较弱的温和配方含有三磷酸钠或焦磷酸四钠[27]。角质去除剂通常为水基制剂（如液体、凝胶和膏霜），通过刷子或管体本身涂抹于甲板上，停留5～10 min后去除。使用角质去除剂时应严格遵循制造商的建议，并避免与皮肤接触。过度使用相关产品可能导致接触性皮炎和甲板软化[27]。

> **你知道吗？**
> 角质软化剂（cuticle softener）是较为温和的一种角质去除剂，其仅软化并磨损角质，以便更轻松地进行操作，如推回或通过后续的切割或修剪进行机械去除。

23.8　装饰性指甲护理产品

❹装饰性指甲护理产品是指用于美化指甲外观的彩色产品，包括各种类型的指甲油和人造指甲。本节将介绍相关产品的特性、成分和制剂。

23.8.1　指甲油

指甲油是美甲产品中最大的类别，可用于着色、美化、掩盖表面不规则或变色部位，并增强脆性指甲的强度。指甲油还存在几个同义词，包括指甲漆（nail varnish）、指甲釉（nail enamel）、指甲涂料（nail paint）和亮甲油（nail lacquer）。

23.8.1.1　类型

指甲油可分为多个类别，其在颜色、基本功能和成分浓度上有所不同，具体介绍如下。

- **底油：**是清洁甲板后涂于指甲上的透明溶液，能够促进指甲的正常健康生长，并含有营养成分和保湿剂。底油还能够防止指甲油使指甲染色，为指甲油提供更好的附着力，形成光滑的指甲表面，并增强指甲油的持久性。底油通常含有较少的主成膜剂（primary film former）和较多的次成膜剂（secondary film former），而且比彩色指甲油黏度更低。
- **顶油**（top coat）：是涂抹于指甲油上的透明溶液，提供一层保护层，以防止已涂指甲油褪色和剥落，并增强光泽度及缩短干燥时间。顶油含有更多主成膜剂、增塑剂和较少的次成膜剂，且比彩色指甲油黏度更低。
- **指甲油：**是一种含有黏度调节剂（viscosity-modifying agent）的彩色混悬液，分散于挥发性溶剂中。

23.8.1.2　指甲护理产品的主要成分

指甲油可能含有十多种不同的成分。尽管成分数量较多且颜色各异，但可将其分为几个基本类别。底油、顶油和指甲油中的成分非常相似，通常只是各成分的比例存在差异。

- **树脂**（resin）：也被称为成膜剂，可将指甲油中的成分结合在一起，增强指甲油对指甲的附着力，还可在指甲上形成坚固的薄膜，并赋予指甲油特有的光泽外观。从化学角度而言，树脂是固体或胶状聚合物。根据指甲油所需的效果，会使用不同浓度的两种树脂——硬质光泽树脂（也称为主成膜剂）和软质柔韧树脂（也称为次成膜剂）。
- **硬质光泽树脂**（hard，glossy resin）：为指甲油提供坚硬而脆性的薄膜。具体实例包括硝酸纤维素、乙烯基聚合物、甲基丙烯酸酯和丙烯酸酯聚合物或共聚物、丙烯酸酯、丙烯酰胺，以及如醋酸丙酸纤维素等纤维素衍生物。硝酸纤维素是指甲油中最常用的主成膜剂[41]。
- **软质柔韧树脂**（softer，pliable resin）：可增强由主成膜剂形成的薄膜的附着力、光泽度、柔韧性和耐抗性[41]。长期以来，TSFR一直是最受欢迎的树脂，但其可能引起过敏性接触性皮炎。目前，通常使用其他类别的成分来替代TSFR。具体实例包括甲苯磺酰胺/环氧树脂、聚酯树脂、丙烯酸酯和甲基丙烯酸酯共聚物，以及聚乙烯醇缩丁醛。

在制剂中应将两种成膜剂以适当比例配制，以获得具有适宜干燥时间和柔韧性的薄膜。次成膜剂过多会导致薄膜过软且干燥缓慢，而过少则会导致薄膜过硬且干燥过快。

- **溶剂**是指甲油的载体，具有多种功能。溶剂可溶解树脂和增塑剂，混悬颜料，并从指甲上蒸发，留下光滑的薄膜；还有助于调节黏度、产品涂抹性和在指甲上的流平性，以及干燥时间、硬度、光泽度和稳定性[41]。通常，使用混合溶剂以实现最佳的干燥时间和成膜效果。溶剂的沸点会影响指甲油溶液的黏度。常用溶剂包括乙酸乙酯、正丁酸乙酯和正丙酸乙酯，以及乙醇、异丙醇和正丁醇等醇类[41]。
- **稀释剂**（diluent）是挥发性成分，可与溶剂混溶，但其并非树脂和增塑剂的溶剂。具体实例主要包括甲苯和正庚烷。在过去，甲苯曾是常用的溶剂，但是由于其引发的健康问题（如美甲师和消费者的暴露风险），现已被淘汰。
- **增塑剂**可提高树脂的柔韧性和抗碎裂性。具体实例包括樟脑、蓖麻油、甘油三苯甲酸酯、磷酸三苯酯、三甲基戊基二异丁酸酯、乙酰柠檬酸三丁酯、乙基对甲苯磺酰胺、苯甲酸蔗糖酯，以及名为NEPLAST（一种聚醚-聚氨酯）的聚合物增塑剂[42]。邻苯二甲酸二丁酯（dibutyl phthalate，DBP）曾是一种流行的增塑剂，但由于美国加利福尼亚州和欧盟的明令禁止，现已不再广泛使用。

> **你知道吗？**
>
> 由于硝化纤维素的玻璃化转变温度（glass transition temperature）较高（约50 ℃），在室温下会形成易碎的薄膜[43]。玻璃化转变温度是聚合物的一个特征温度，低于该温度，玻璃聚合物呈刚性，类似于玻璃；高于该温度，聚合物呈橡胶性，较为柔韧。增塑剂降低了硝化纤维素的玻璃化转变温度，从而使其在较低温度下即可具有柔韧性。

- 对于**着色剂**，目前存在各种各样的色调可供选择，但在众多可用的着色剂中，仅限于选择那些具有良好持久性且不易溶于溶剂的着色剂，以避免指甲染色、褪色或与指甲油发生化学反应。其中，无机和有机着色剂均会被使用。有机颜料通常作为指甲油色淀，通过加入铝粉、云母片和氯氧化铋来制造闪光效果。此外，通过在云母片上涂覆二氧化钛和氧化铁，还可实现其他的效果。

- **触变剂**（thixotropic agent）也被称为增稠剂或混悬剂，可以控制流动性并保持着色剂的分散性。混悬剂在静止时可增加指甲油的黏度，而一旦施加机械力（如摇晃瓶子或刷涂），其就会变得如流体一般。不含着色剂的产品（如底油和顶油）不含混悬颗粒，因此不需要添加增稠剂。最常用的增稠剂是黏土衍生物，如硬脂铵膨润土（stearalkonium bentonite）或硬脂基三甲基铵锂蒙脱石（stearalkonium hectorite）。此外，二氧化硅也可用作增稠剂。

触变性（thixotropy）是指材料的非牛顿流体特性，其特点在于凝胶至溶胶的可逆转变，且体积或温度不发生变化。“触变性”一词意为“因触摸而改变”。具有触变性的体系通常表现出表观黏度随时间可逆性降低的现象。图 23.3 展示了这种特殊的流变行为。当这种触变性材料受到剪切力时，其黏度会降低。一旦剪切力消失，物质结构则会重新形成。这一过程并非立即发生的，而是随着时间的推移，分子在布朗运动的影响下回到原始状态，黏度也会随之逐渐增加。滞后环（hysteresis loop）的存在表明结构发生了破坏，环内的面积可作为破坏程度的指标。

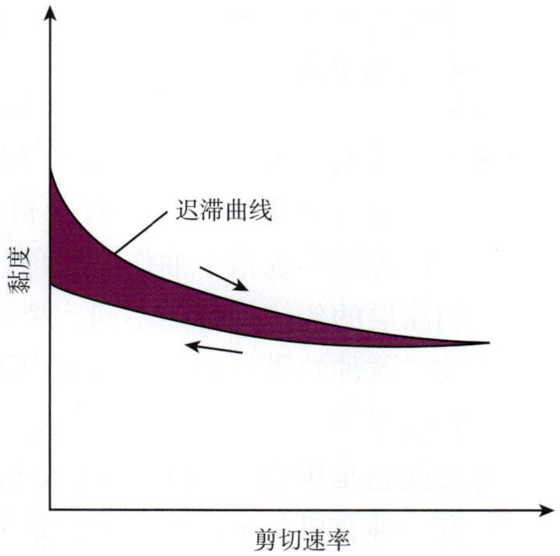

图 23.3　触变性材料的黏度曲线特征

- **颜色稳定剂/紫外线过滤剂**可防止指甲油在紫外线照射下发生颜色变化。一些顶油也含有紫外线过滤剂，以防止随时间而褪色。颜色稳定剂的一个实例是二苯甲酮-1（benzophenone-1）。

> **? 你知道吗？**
> 一些指甲油制剂和顶油中含有紫外线过滤剂。紫外线过滤剂在指甲护理产品中的应用并非为了预防癌症，而是为了提供色彩保护。

- **指甲护理成分**可添加至指甲油中以增强指甲强度，并促进指甲健康。相关成分包括维生素、矿物质、植物油、草本提取物和纤维（如丝绸）。有一种名为聚脲氨酯（poly ureaurethane）的新物质，该物质于 2012 年获得 FDA 批准，用于改善指甲营养不良的症状（即指甲开裂和脆弱）[44]。
- 传统产品中使用的溶剂不利于微生物的滋生，因此指甲油中无须添加防腐剂。

23.8.1.3　其他类型的指甲油

除了有机溶剂型指甲油外，还存在其他类型的产品可供消费者选择，具体包括以下几种。

- **水基指甲油**（water-based nail polish）：现已上市，其优点包括价格低廉、不易燃、无气味。此类产品建议添加防腐剂以防止微生物随时间延长而滋生。由于水分的蒸发速率较慢，因此产品的干燥时间远长于有机溶剂型指甲油，因此在可预见的未来，此类产品不太可能取代传统溶剂型（solvent-based）产品。
- **磁性指甲油**（magnetic nail polish）：含有铁粉，产品附带一个内置于指甲油容器盖上的小磁铁。使用时，应在溶剂蒸发之前将其置于指甲上方，进而使产品中的铁粉向磁铁处聚集，从而形成所需的图案。

> **你知道吗?**
> *在进行磁共振成像（magnetic resonance imaging，MRI）之前，必须先去除含有磁性材料的指甲油。*

- 近年流行一种新的指甲油，被称为“**裂纹**”（cracked）或“**爆裂**”（crackle）**指甲油**。这种指甲油在干燥时会自然碎裂，以产生碎裂的艺术效果。操作步骤分为两步：先涂传统指甲油作为底色，然后在其上涂抹裂纹指甲油。与干燥后形成坚固均匀涂层的传统指甲油不同，裂纹指甲油的制剂会使涂层分离，并形成随机分布的裂纹。这种效果是通过在制剂中添加乙醇实现的，乙醇会导致涂抹后快速干燥并引发收缩碎裂。
- **光变色指甲油**（photochromic nail polish）：可通过光照来改变颜色。相关指甲油含有一种有机分子，该分子在紫外线照射下会发生结构改变，并在指甲不再暴露于紫外线时恢复其原始状态。其工作原理与自动变色的太阳镜相似[45]。
- **温变色指甲油**（thermochromic nail polish）：也能够改变颜色，但这种颜色改变是由温度触发的[45]。

23.8.1.4 指甲油的制剂

指甲油制剂涉及高度易燃和挥发性材料的密集混合，因此生产过程具有较高的危险性。建筑和生产设备必须采取防火措施，并对有害蒸气进行仔细监测。

如前所述，有色指甲油是混悬液，其配制过程通常包括以下步骤：颜料分散体（pigment dispersion）的配制、指甲油基底（nail polish base）的配制，以及指甲油基底的着色。与其他彩妆产品配制相似，分散颜料是关键步骤，其决定了产品的颜色和光泽。

指甲油的颜料通常被制备成色卡（color chip），这些色卡由颜料、硝化纤维素和增塑剂组成。其制备过程是在双辊研磨机等上完成的，待干燥后，再进行“切碎”处理（即破碎成更小的碎片）。然后，相关色卡可分散于指甲油基底中。指甲油基底由所有组分混合制成。指甲油配制中的一个关键步骤是分散触变剂，这通常需要高剪切力。触变剂可与颜料一起加工成色卡，也可作为分散体或碎片与颜料分开进行处理[46]。如前所述，底油和顶油的制剂中不含触变剂和颜料。

23.8.2　人造指甲产品

人造指甲在20世纪开始非常流行。人造指甲比自然指甲更持久，且高度抗裂和抗剥落。对于脆性指甲或指甲变色的消费者来说，人造指甲可以用来掩盖瑕疵。过去，人造指甲几乎完全由受过专业培训的美甲师在美甲沙龙中制作。现如今，许多商店也出售居家使用的人造指甲套装。下文将介绍常用的人造指甲类型、成分，以及在甲板上的应用。

23.8.2.1　指甲贴片

指甲贴片（nail tip）因易于使用而广受欢迎，其通常由尼龙或塑料制成，具有各种设计、形状和颜色。指甲贴片既可是预先粘好的，也可由用户在使用前自行黏合。黏合剂通常是甲基丙烯酸酯基或氰基丙烯酸酯基胶水。在使用时，将粘好的塑料尖部放在甲板上5～10 s以确保正确黏合，然后可根据需要对指甲贴片进行塑形和涂色。

23.8.2.2　指甲雕塑

指甲雕塑（nail sculpturing）是一种日益流行的美甲技术，用于打造更为坚韧、修长且富有吸引力的指甲，通过这种技术制成的指甲也被称为丙烯酸指甲（acrylic nail）和陶瓷指甲（porcelain nail）。“雕塑”一词是指在附着于自然甲板的模板上定制指甲的过程。雕塑指甲可与自然指甲完美贴合，如果应用得当，几乎无法与自然指甲区分开来。其基本步骤包括清洁和打磨指甲、佩戴雕塑模具、打底、混合液体和粉末成分，以及雕塑和修饰。以下是对这些基本步骤的简介。

- 首先，在甲板上涂抹溶剂（如异丙醇）以便清除指甲油残留物和油脂。随后，使用浮石或锉刀对指甲表面进行打磨，以进一步清洁甲板并创造出最适合雕塑指甲黏附的表面。一些皮肤科医生建议涂抹具有抗真菌和抗细菌功效的产品，以防止细菌和真菌感染。涂抹溶剂时需谨慎，因为溶剂可能会使甲小皮周围的皮肤变得干燥。
- 然后，在自然甲板下方放置一个柔性模板（如特氟龙材质）以提供超出自然甲板范围的额外表面。
- 在雕塑之前，还可在甲板上涂抹底油以增强附着力。大多数类型的底油均具有类似于双面胶的特性，一面黏附于指甲增强剂，而另一面则牢固地黏附于甲板。
- 雕塑是通过刷子将丙烯酸聚合物和丙烯酸单体混合而成的小滴珠涂抹于自然指甲表面和模板上。首先，将刷子浸入液态单体中；然后，蘸取聚合物粉末，这样就会在刷子末端形成一个个聚合物小珠。液体成分中的催化剂会激活粉末中的引发剂，从而启动聚合过程并使小珠硬化。
    - 大多数单体液体（monomer liquid）由甲基丙烯酸乙酯和其他甲基丙烯酸酯单体组成以提供交联反应。此外，还含有抑制剂（如氢醌）以减缓聚合过程（即甲板上聚合物的硬化过程，因为如果硬化速度过快，则可能没有足够的时间使指甲上的聚合物层变得平整）；此外还有紫外线稳定剂、催化剂（当液体和粉末成分混合时即可加速硬化过程）、增塑剂及其他添加剂[47, 48]。

- 粉末聚合物（powder polymer）由涂有苯甲酰过氧化物（benzoyl peroxide）的甲基或乙基甲基丙烯酸酯聚合物组成，其中苯甲酰过氧化物作为聚合引发剂。此外，粉末聚合物中还可能含有着色剂[47, 48]。

- 雕塑完成后，可将硬化的聚合物塑形至所需的长度和宽度，然后从手指上取下模板。
- 最终的雕塑指甲将被打磨至高光泽度。根据客户的需求，可添加指甲油、珠宝、贴纸及装饰性金属条。

由于单体液体和粉末聚合物之间的化学反应，雕塑指甲在室温下会发生硬化。这些人造指甲会随着自然指甲生长，因此在甲小皮和丙烯酸指甲之间会产生间隙，需要定期进行填充。去除相关产品并不容易，且耗时较长（有时甚至长达1 h）。通常，将手指放入小碗并浸入丙酮等溶剂中。在将指甲浸入溶剂之前先锉指甲，可大幅加快去除过程，因为这样可去除大部分的人造指甲。

你知道吗?

人们普遍认为，应该定期卸除人造指甲以便指甲能够“呼吸”。但是，人造指甲并非为了频繁卸除而设计的。即使谨慎操作，完全卸除也可能会损伤甲板并使其变得干燥。

除了使用柔性模板外，还可使用塑料甲片来塑造指甲。这种甲片与前文讨论过的黏附于整个指甲表面上的甲片相似，但区别在于，该甲片仅粘贴于指甲的尖端，甲片填充有丙烯酸聚合物（液体和粉末），使用甲片可大大缩短塑形时间。

23.8.2.3 凝胶指甲油

在紫外线光下固化的指甲油是一种相对较新且具有创新性的制剂，因此其也被称为UV凝胶、光固化或光敏凝胶。尽管相关产品与传统指甲油含有相同的颜料，但凝胶指甲油（gel nail polish）基于与传统溶剂/树脂基指甲油，以及之前讨论的塑形液体和粉末雕刻体系完全不同的技术[49]。由于凝胶指甲油在室温下不会固化，因此在涂抹后，需将指甲置于紫外线灯或发光二极管（light-emitting diode，LED）灯下数分钟，以确保其完全固化。

凝胶指甲油的核心成分是聚氨酯甲基丙烯酸酯或丙烯酸酯低聚物和单体，以及光引发剂（photoinitiator）。当暴露于紫外线光下时，光引发剂会导致单体和低聚物的聚合，从而实现液态向固态的转变，并形成一层聚合物/颜料的硬质涂层。各种凝胶指甲油之间的区别在于配方中所使用的光引发剂类型，这决定了光引发剂响应光的类型。LED灯发出窄波段紫外线光，而紫外线灯则产生更宽波段的紫外线光[49]。如果发出的光与光引发剂的吸收光谱不相匹配，则凝胶指甲油将无法固化或仅会轻微固化。紫外线固化过程仅需数分钟，无须进行额外干燥。消费者在使用相关产品时，通常不会出现污迹或剥落问题。与传统指甲油相比，凝胶指甲油形成的薄膜更为坚硬、闪亮且持久，还具有更强的抗剥落性能。凝胶指甲油既可用于自然指甲，也可用于人造指甲。

市场上有两种类型的凝胶指甲：硬凝胶指甲和软凝胶指甲。两者的主要区别在于交联程度不同，交联程度决定了指甲的硬度。软凝胶交联程度较低，可通过将指甲浸泡于丙酮中来去除。而硬凝胶交联程度则非常高，只能通过指甲锉来去除。

你知道吗?

"mono" 表示一个，"oligo" 表示几个，"poly" 表示许多，"mer" 表示部分。将两部分组合起来，单体（monomer）即指一个单位。当几个单体结合在一起时，就形成了低聚物（oligomer），而由许多单体组成的则称为聚合物（polymer）。

你知道吗?

当你去牙科诊所补牙时，会发现牙医在补牙的过程中会使用紫外线灯，这是因为补牙材料在紫外线照射下会变硬。光固化凝胶指甲油（light-cured gel nail）与这种聚合物原理非常相似，同样也是在紫外线照射下发生固化。

23.9 指甲油卸除剂

如前所述，当普通液态指甲油在甲板上干燥时，随着溶剂的蒸发，树脂会在甲板上沉积。因此，当将指甲油中所含溶剂添加至干燥的指甲油膜上时，树脂会重新溶解于溶剂中。❺ 指甲油卸除剂通过重新溶解树脂来去除指甲油膜，之后这些树脂可从指甲上擦拭掉。

23.9.1 成分

指甲油卸除剂主要使用有机溶剂，如丙酮、乙酸乙酯、乙酸甲酯、乙酸丁酯、甲基乙基酮、甲苯和乙醇。其中，许多溶剂被认定为挥发性有机化合物（VOC），包括指甲油卸除剂在内的众多产品的VOC含量均受到严格监管。在配制产品时，必须考虑联邦和州政府规定的VOC限值。由于加利福尼亚州的空气质量法规限制，指甲油卸除剂中禁止使用乙酸乙酯、甲基乙基酮和其他丙酮替代品，其他州和国家也在考虑采取类似行动。

指甲油卸除剂的一个明显缺点是可能导致皮肤脱水，引起眼部刺激，并使指甲变得干燥易脆。指甲油卸除剂还具有强烈的化学气味，并且极易燃。在某些情况下，也可能使用浓度较低（最高10%）的水。含水产品对皮肤屏障的损害较小。但是，在这种情况下，去除时间可能会更长。

除了溶剂外，指甲油卸除剂通常还含有润肤剂，以缓解溶剂的脱水作用并滋养皮肤。在某些情况下，配方中还可能加入维生素。其他成分还包括香精（以中和有机溶剂的独特气味，这种气味往往难以用香精掩盖），以及着色剂（为产品增添轻微的颜色）。

23.9.2 指甲油卸除剂的类型

市场上有多种形式的产品可供选择，包括溶液、清洁棉片和海绵型卸甲产品。

- 用棉球或纸巾蘸取溶液擦拭指甲，可去除指甲油。
- 清洁棉片预先用指甲油卸除剂溶液浸湿，使用方法与棉球相同。
- 有一种特殊类型是海绵型卸甲产品，其也浸泡于指甲油卸除剂溶液中，由一块浸满溶液的泡沫海绵组成，该海绵被置于一个中心有孔的容器中。使用时将手指通过一个孔插入海绵中，以去除指甲油。

相关产品的配方较为简单。去除人造指甲产品所需时间更长。指甲贴片的去除过程如下：首先，将指甲贴片浸入盛有丙酮的罐中几分钟；然后，使用木制推杆将指甲贴片从指甲上推出。在推出大部分产品后，使用指甲锉去除残留的黏合剂。液态和粉末雕塑产品及凝胶指甲油具有高度交联性，因此更难以去除，通常需30～60 min才能使其软化。之后使用木制推杆将软化的产品从指甲上推掉，然后轻轻锉平。在去除相关产品（尤其是硬质凝胶）时，可首先使用指甲锉去除大部分指甲增强剂；然后再浸泡于丙酮中以加快去除过程。在去除所有人造指甲产品时，必须小心操作，切勿强行撬动人造产品，以免造成甲板损伤，如引起甲剥离[48]。

23.10 指甲护理产品的典型质量问题

❻ 指甲油典型的质量问题包括起泡、开裂、剥落和变稠。下文将介绍相关问题的潜在原因，并探讨其解决方案。

23.10.1 起泡

起泡是指在使用传统指甲油后，指甲表面出现可见的起泡现象，这通常发生于干燥过程中。目前认为过度摇晃瓶子所混入的空气是起泡的主要原因。许多化妆品技术人员指出，不应摇晃瓶子而只能在手掌间滚动。如果在前一层指甲油完全干燥之前就涂抹下一层，也可能导致起泡。甲板上的油渍也可能会导致起泡，因为指甲油无法在油性部位附着。此外，另一个原因可能是产品变稠。在涂抹过程中，微结构塌陷，使得溶剂在干燥过程中无法快速逸出，从而被困于最终的膜层之中。而在干燥过程中产生的气泡可能会导致指甲油剥落。

23.10.2 开裂

开裂是指涂抹的传统指甲油膜层不均匀，且表面出现裂痕。这可能是由于膜层的柔韧性不适宜，而这通常由增塑剂浓度过低导致。如前所述，增塑剂使指甲上形成的膜层更加柔韧，从而降低其刚性。如果增塑剂浓度过低，则形成的膜层刚性过高，从而无法适应指甲的自然弯曲。

23.10.3　剥落

剥落是指甲板上出现小块破碎或缺失的指甲油膜层。对于传统指甲油，这一现象通常在使用数天后发生，并主要出现在甲板尖端。问题根源在于指甲油膜层的柔韧性不适宜；涂抹层数过多或过厚也可能导致最终膜层过硬，从而引发剥落。选择适宜浓度的增塑剂可在一定程度上防止这一现象的发生。

23.10.4　变稠

变稠是指产品的黏度相对于初始黏度有所增加。适宜的稠度应能确保在重新蘸取前，至少能涂抹一层指甲油。在长期使用过程中，部分挥发性溶剂会挥发，从而导致产品变稠。

23.11　指甲护理产品的评价

23.11.1　常规检测的质量参数

❼用于评价指甲护理产品质量的常规检测参数包括耐磨性、光泽度、膜层柔韧性、附着力、硬度、干燥时间、涂刷性能、闪点、颜色及颜色均匀性、颜料分散性、密度、比重、黏度及稳定性。质量参数可接受范围及其他限制因素通常由各个制造商自行确定。在之前章节中已讨论过的测试方法，本章将不再赘述。

23.11.1.1　耐磨性

在使用过程中，指甲油膜层会与许多物体直接接触。从消费者角度而言，膜层的耐磨性，即其抵抗机械磨损的能力，是一个重要属性，因为其决定了指甲上膜层的持久性。耐磨性可在一组涂有指甲油的受试者中进行测试，任何磨损迹象均可通过肉眼或相机及适当的软件进行检测。但是，这种方法并非十分可靠，因为磨损状况取决于指甲油膜层所暴露的条件（包括机械因素和化学试剂）。虽然视觉分析可大致评估耐磨性，但如果不进行标准化处理，就无法进行定量分析，而标准化是非常困难的。

还有其他一些测试膜层耐磨性的方法。这些方法最常用的设备之一是“研磨机”（abraser），其由两个能够产生特征性摩擦磨损作用（rub-wear action）的磨轮组成。**图 23.4** 展示了该设备的基本工作原理。将指甲油涂抹于钢板上，磨轮在样品膜层上滑动并旋转，形成特征性图案。解释结果的方法多种多样，包括在一定循环次数后膜层厚度的减少［通常称为磨损深度（depth of wear）］、一定循环次数后的重量损失［通常称为磨损指数（wear index）］，或穿透已知厚度涂层所需的磨损循环次数[50]。该测试是基于美国材料与试验协会（American Society for Testing and Materials，ASTM）的方法[51]。

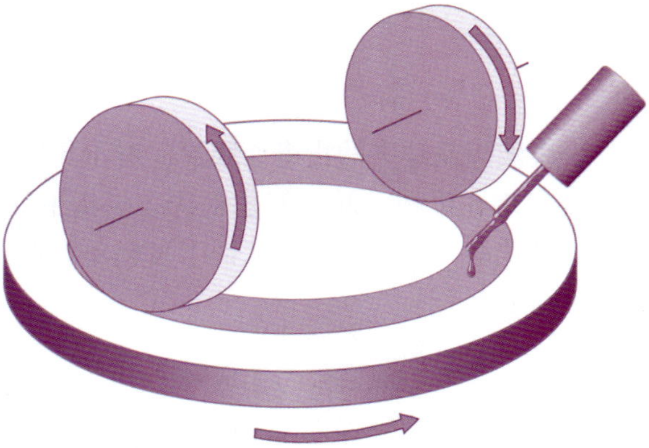

图23.4 指甲油膜层的耐磨性测试

23.11.1.2 光泽度

光泽度是表面（如指甲油膜层）的一种光学特性，由其反射光线的能力决定。在考虑对消费者的心理影响时，光泽度与颜色同样重要。光泽度是通过向表面发射已知量的光线，并定量测定反射光线的量来进行量化。这种设备称为光泽度仪（gloss meter），其可向测试表面以特定角度发射光线并测量反射量，反射强度取决于材料和光照角度。许多行业都采用了国际标准化组织（International Organization for Standardization，ISO）2813/ASTM D523中规定的20°/60°/85°几何角度（数字指入射光的角度）[52]。将光泽度仪的测量结果与黑色高抛光玻璃标准品（具有特定折射率）的反射光线量进行比较，该标准品的反射率被视为100个光泽度单位。该衡量标准适用于非金属膜层（如塑料和涂料），因其通常在此范围内。但值得注意的是，这一数字并非百分比值。使用光泽度仪能够测量人眼无法察觉的光泽度差异。

23.11.1.3 膜层柔韧性

指甲油膜层应足够柔韧，以免在使用过程中开裂或剥落。通过在柔性基材上涂抹指甲油，然后按照标准化方法弯曲基材，可评估指甲油膜层的柔韧性[53]；将其与使用相同方法测试的对照品进行比较，还可对膜层裂纹、剥落，以及与基材的附着力损失进行评估。

23.11.1.4 附着力

为了确保指甲油涂层的效果良好，其必须牢固地附着于指甲上。可使用多种公认的方法来确定指甲油涂层与甲板的黏合程度，其中常用的两种方法是使用胶带或拉拔式附着力测试仪（pull-off adhesion tester）。

- **胶带测试**（tape test）：也称为十字划痕测试（cross hatch test）。测试中，将压敏胶带以对角线方式贴于涂层表面，该表面具有用标准涂抹器制成的特定切割图案（**图 23.5**）。贴上胶带并将其牢固地按压在表面上后，将胶带拉回。从表面去除的涂层量反映了指甲油与指甲或底油的黏附性[54]。

图 23.5　指甲油膜层的胶带测试

- **拉拔式附着力测试**：测量膜层的附着力和机械拉伸强度。装载夹具，通常称为滑块（dolly），通过黏合剂固定在膜层上（**图 23.6**）。逐渐增加施加于表面的载荷，直至滑块被拉脱。将滑块拉脱所需的力或滑块所能承受的力即为拉伸强度[55]。

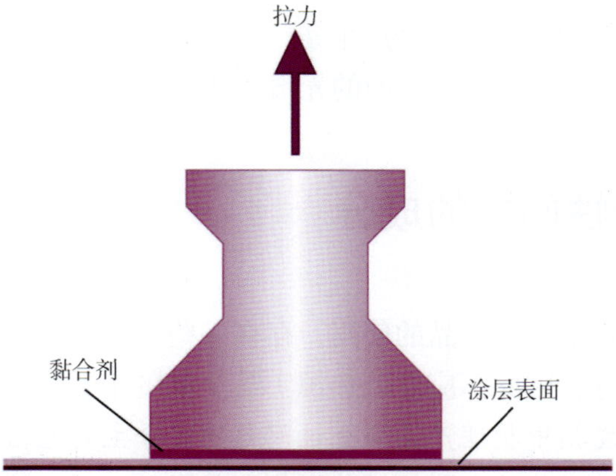

图 23.6　指甲油膜层的拉拔式附着力测试

23.11.1.5　硬度

划痕测试（scratching test）用于测定薄膜和涂层的表面机械性能。可使用以特定角度安装于测试表面的划痕工具来得到划痕，如霍夫曼划痕测试仪（Hoffmann Scratch Tester）。划痕硬度（scratching hardness）通常通过在测试表面上以已知压力移动尖锐物体来测量。霍夫曼划痕测试仪是以圆周运动进行的，其测试结果为穿透膜层到达基材所需的力，即划痕硬度；或者是当触针开始在未涂甲面（uncoated panel）上移动时，刮擦薄膜所需的力，即附着力[50]。

另一种评估指甲油膜层硬度的方法是斯沃德摇摆法（Sward Rocker method）[56]。摇摆器由两个间隔开的金属环组成。在测试过程中，将摇摆器放置于涂有指甲油的水平测试表面上，并使其振动。摇摆器完整振荡（一个周期）的次数可反映出膜层的硬度，周期数越多，则表示膜层的硬度越大[50]。

23.11.1.6 干燥时间

指甲油的应用、性能和干燥时间在很大程度上取决于溶剂的挥发性。如果干燥速度过快，则可能没有足够的时间在指甲上铺展并形成均匀平整的膜层。反之，如果干燥速度过慢，膜层便无法在指甲上固定，可能会转移至消费者所触及的物体上。对于干燥时间的测试，可在干净的玻璃/金属表面上涂上一层薄膜，并测量膜层完全干燥所需的时间。干触状态（dry-to-touch）是指膜层可用指尖触摸而不会转移至手指上的状态[50]。

23.11.1.7 涂刷性能

在指甲上涂抹指甲油时，消费者希望产品能够提供均匀、光滑的膜层，且无条纹出现。黏度较低的指甲油不仅涂抹时更均匀，而且更易于在指甲表面铺展。但是，在这种情况下形成的膜层较薄，可能需要两层以上方可达到所需的颜色效果。较高的黏度会将更多的产品转移至甲板上，但刷涂时可能会产生条纹，并且干燥时间可能会延长。涂刷性能可通过将产品涂抹于测试表面，并检查表面的光滑度或粗糙度来进行简单测试。

23.12 引发安全性问题的成分

有关指甲油和其他指甲护理产品的使用，存在一些令人担忧的安全性问题。许多指甲护理制剂中含有易燃成分，因此不应靠近热源（甚至电熨斗）。此外，如果不慎进入眼睛，可能会非常危险。❽引发指甲护理产品安全性问题的成分主要包括甲苯、邻苯二甲酸盐和甲二醇。最常暴露于相关成分的人群包括美容师和美甲师，因为其工作环境中此类化合物的含量较高[57]。这些化合物可能引起多种症状，包括眼睛和鼻子的刺激、头痛、头晕和嗜睡。消费者对紫外线指甲灯的安全性也提出了质疑。下文将探讨相关担忧背后的主要原因，以及监管机构的意见。

23.12.1 甲苯

甲苯曾被用作指甲油、指甲硬化剂和指甲油卸除剂中的稀释剂。化妆品成分审查（CIR）委员会对该溶剂进行了两次审查，发现其在化妆品中的使用是安全的（含量低于

50%)[58, 59]。自20世纪90年代美国加利福尼亚州对甲苯的使用设限以来，甲苯的使用量已大幅下降。此外，由于对其他健康问题的担忧，也促使了甲苯被其他溶剂所替代[41]。

23.12.2 邻苯二甲酸盐

邻苯二甲酸盐是常用于指甲护理产品中的一类化学物质，其作为增塑剂，能够增强指甲油膜层的柔韧性和抗碎裂性。在指甲油配方中，邻苯二甲酸二丁酯（DBP）是最为常用的成分。但是，研究表明，该成分及其代谢产物可能具有致畸性和内分泌干扰作用。根据现有的暴露和毒性研究数据，CIR委员会得出结论，在目前的化妆品使用方式和浓度下，DBP、邻苯二甲酸二甲酯（DMP）和邻苯二甲酸二乙酯（DEP）在局部使用是安全的，并且自最初得出该结论以来，该观点已被重申两次[60-62]。FDA表示，没有足够的数据证明化妆品中的邻苯二甲酸盐会对人体健康造成危害[63, 64]。FDA进行的调查显示，化妆品中邻苯二甲酸盐的使用量呈显著下降趋势[65, 66]。

值得注意的是，邻苯二甲酸盐不仅用于化妆品，还用于塑料和玩具，在这些领域其可能对消费者构成更大的健康风险。在欧盟，某些增塑材料（如儿童玩具）中所含常用的邻苯二甲酸盐（包括DBP）如果浓度超过规定限度，则会被禁止使用[67]。许多制造商在全球范围内销售增塑剂，因此目前的趋势是尽量避免使用相关增塑剂，转而采用替代品。

? 你知道吗?

邻苯二甲酸盐广泛用于我们日常生活中接触和使用的各种产品，包括洗涤剂、食品包装、药品、乙烯基地板、玩具，以及指甲油和个人护理产品。就个人护理产品而言，DMP可作为增塑剂应用于发胶中，而DEP则可作为香味固定剂（fragrance fixative）应用于此类产品中。如前所述，根据美国FDA对化妆品的调查，DBP和DMP的使用罕见。

23.12.3 甲二醇

甲二醇（不能稳定存在，很快脱水生成甲醛）是指甲硬化剂中的重要成分，其可通过交联角蛋白来改变甲板的结构。甲醛会导致指甲变脆、刺激和过敏反应，特别是对于敏感人群。此外，甲醛虽与癌症有关，但仅通过吸入途径而非皮肤或指甲接触。甲二醇是非挥发性的，因此在空气中不会以高浓度存在。正如直发产品部分所讨论的，甲醛在标准室温和压力下为气体。因此，其通常以水溶液（称为福尔马林）的形式供应。福尔马林是甲醛和甲二醇的平衡混合物，100%的福尔马林相当于37%的甲醛当量。在中性pH和室温条件下，溶液中甲二醇的浓度远高于甲醛。虽然甲醛和甲二醇是不同的分子，但从安全角度而言，两者被归为一类，并统称为甲醛当量[68]。

CIR委员会于2012年得出结论，当产品中确保是以最小有效浓度添加时，甲醛和甲二醇在化妆品中使用是安全的，但福尔马林浓度不得超过重量的0.2%（相当于0.074%的甲醛或0.118%的甲二醇)。此外，CIR委员会还得出结论，在目前的使用习惯和浓度下，甲醛和甲二醇在指甲护理产品(如指甲硬化产品)中使用是安全的[68]。

关于甲醛的另一个误区与一种名为TSFR的树脂有关。由于其名称中包含“甲醛”，人们便认为其含有甲醛。该树脂是通过甲苯磺酰胺和甲醛反应获得的，但其最终产品——树脂，基本上不含有任何甲醛。尽管如此，仍有过敏反应的报道，这可能与合成过程中的副产物有关[69]。但是，在工业生产中，目前的趋势是使用替代品取代这种树脂。

23.12.4 紫外线指甲灯

紫外线灯用于紫外线固化凝胶指甲油。如前所述，LED灯和紫外线灯均可发射紫外线，其区别在于发射光的光谱。鉴于紫外线与皮肤癌之间的已知关联，消费者对紫外线灯和LED灯的安全使用产生了担忧。最近的一项研究对皮肤暴露于各种紫外线灯产生的紫外线光下的潜在风险进行了评估。研究人员得出结论，正午的自然阳光导致非黑色素瘤皮肤癌的风险是紫外线指甲灯的11～46倍[70]。此外，其他研究也进一步证实了紫外线指甲灯的安全性。

23.13 指甲护理产品的包装

指甲护理产品最常用的包装材料包括以下几种。

- **玻璃瓶：**几乎所有指甲油和指甲硬化剂包装均为不同形状的玻璃瓶。液体角质去除剂也可装入玻璃瓶中，涂抹刷通常固定于瓶盖上。一些指甲油卸除剂也采用玻璃瓶包装。
- **塑料瓶：**大多数指甲油卸除剂销售时采用塑料瓶包装。
- **软管：**角质软化剂、角质去除剂和指甲保湿产品通常以配备涂抹器的软管形式供应。
- **塑料罐：**如前所述，有一种特殊类型的指甲油卸除剂是将海绵浸泡于指甲油卸除剂溶液中，这类产品以罐装形式供应。海绵中间有一个孔，消费者通过此孔将手指浸入海绵中。指甲油卸除剂棉片通常也预先用指甲油卸除剂溶液浸湿，通常以塑料罐的形式供应。某些制造商会将其单独包装以便于旅行携带。指甲保湿霜也可采用塑料罐包装。
- **指甲贴片：**以“即用型”(ready-to-use)形式供应，通常与必要的工具和材料一起成套供应。

术语表

中文术语	英文术语	解释
甲板	nail plate	指甲的外部可见部分，是指甲油的涂抹表面。

续表

中文术语	英文术语	解释
甲小皮	nail cuticle	指甲根部的皮肤褶皱。
指甲硬化剂	nail hardener	一种用于在甲板上形成保护层，并增加指甲硬度和强度的化妆品。
指甲保湿霜	nail moisturizer	一种旨在通过提供保湿成分来护理甲板的个人护理产品。
角质去除剂	cuticle remover	一种旨在通过化学方式去除角质的个人护理产品。
甲醛	formaldehyde	一种高反应活性气体，因其交联性能，其水溶液常被应用于指甲硬化剂中。
指甲油	nail polish	一种为指甲着色并提升指甲美感的彩妆产品。
底油	base coat	在涂抹指甲油之前，涂于干净甲板上的透明指甲油。
顶油	top coat	涂抹于指甲油上的透明指甲油。
树脂	resin	指甲油制剂中使用的成膜成分，用于将各成分结合在一起，增强指甲油与指甲的附着力，并在指甲上形成坚固的薄膜，同时赋予指甲油特有的光泽外观。
增塑剂	plasticizer	传统指甲油中使用的一种成分，用于提高树脂的柔韧性和抗剥落性。
触变性	thixotropy	一种非牛顿流变特性，其特征为在体积或温度不变的情况下，从凝胶至溶胶的形成过程是可逆的。
人造指甲	artificial nail	为延长指甲长度制成的指甲产品。
雕塑指甲	sculptured nail	即丙烯酸指甲，一种人造指甲产品。丙烯酸凝胶是丙烯酸单体和聚合物的混合物，可在指甲表面硬化。
光固化指甲油	light-cured nail polish	一种通过紫外线照射硬化的人造指甲产品。
指甲油卸除剂	nail polish remover	一种用于溶解甲板上的指甲油而不去除甲板层的产品。
起泡	bubbling	导致新涂指甲上出现气泡的质量问题。
剥落	chipping	导致指甲油薄膜碎片从指甲上脱落的质量问题。
耐磨性	abrasion resistance	用于衡量指甲油薄膜抵抗机械磨损能力的指标。
涂刷性	brushability	使用刷子将指甲油涂抹于指甲上的便捷性。

缩略词表

缩略词	英文全称	中文全称
ASTM	American Society for Testing and Materials	美国材料与试验协会
CIR	Cosmetic Ingredient Review	化妆品成分审查
DBP	dibutyl phthalate	邻苯二甲酸二丁酯
DEP	diethyl phthalate	邻苯二甲酸二乙酯
DMP	dimethyl phthalate	邻苯二甲酸二甲酯

续表

缩略词	英文全称	中文全称
DMU	dimethyl urea	二甲基脲
ISO	International Organization for Standardization	国际标准化组织
LED	light-emitting diode	发光二极管
TSFR	tosylamide-formaldehyde resin	甲苯磺酰胺-甲醛树脂
VOC	volatile organic compound	挥发性有机化合物

（王 悦 陈文超 译，白仁仁 校）

参考文献

1. Tosti, A. and Piraccini, B.M. (2007). Biology of nails and nail disorders. In: *Fitzpatrick's Dermatology In General Medicine* (ed. K. Wolff, L.A. Goldsmith, S.I. Katz, et al.), 778–794. New York: McGraw-Hill Companies Inc.
2. Barnhart, C.A. (2008). *The Facts On File Student's Dictionary of American English*, 392. New York: Facts On File, Inc.
3. Bharathi, R.R. and Bajantri, B. (2011). Nail bed injuries and deformities of nail. *Indian J Plast Surg* 44 (2): 197–202.
4. Sterry, W., Paus, R., and Burgdorf, W.H.C. (2005). *Dermatology*. Stuttgart: Thieme.
5. Lawry, M. and Rich, P. (1999). The nail apparatus: a guide for basic and clinical science. *Curr Probl Dermatol* 11: 202–204.
6. AAD Tips for healthy nails. www.aad.org/public/everyday-care/nail- care-secrets/basics/healthy-nail-tips (accessed 15 October 2021).
7. Rich, P. and Kwak, H. (2010). Nail physiology and grooming. In: *Cosmetic Dermatology Products and Procedures* (ed. Z.D. Draelos), 197–205. Hoboken: Wiley-Blackwell.
8. Seshadri, D. and De, D. (2012). Nails in nutritional deficiencies. *Ind J Dermatol Venerol Leprol* 78: 237–241.
9. Ohgitani, S., Fujita, T., Nishio, H. et al. (2005). Nail calcium and magnesium content in relation to age and bone mineral density. *J Bone Miner Metab* 23: 318–322.
10. Barba, C., Méndez, S., Martí, M. et al. (2009). Water content of hair and nails. *Thermochim Acta* 494 (1–2): 136–140.
11. Sugawara, T., Kawai, M., and Suzuki, T. (1999). The relationship between moisture content of human fingernails and the mechanical properties of the fingernail. *J Soc Cosmet Chem Jpn* 33: 283–289.
12. Cashman, M.W. and Sloan, S.B. (2010). Nutrition and nail disease. *Clin Dermatol* 28: 420–425.
13. Paus, R. and Peker, S. (2003). Biology of hair and nails. In: *Dermatology* (ed. J. Bolonia, J. Jorizzo and R. Rapini), 1007–1032. London, UK: Mosby.
14. Yaemsiri, S., Hou, N., Slining, M.M. et al. (2010). Growth rate of human fingernails and toenails in healthy American young adults. *J Eur Acad Dermatol Venereol* 24 (4): 420–423.
15. Patrick, B.K. and Thompson, J.M. (2009). *An Uncommon History of Common Things*. Washington: National Geographic Books.
16. Gorton, A. (1993). *History of Nail Care*. Torrance: Bobit Business Media.
17. Botero, A.R., Douglas, T., King, N. et al. (2020). *Milady Standard Nail Technology*. Boston: Cengage.
18. Slack, T.S. (1957). Device for extending fingernails. US Patent US2799282A, filed 18 May 1955 and issued 16 July 1957.

19. NSI About NSI. nsinails.com/about-nsi/ (accessed 16 October 2021).
20. Daniel, C.R. and Elewski, B. (2001). Simple brittle fingernails. *J Cosmet Dermatol* 14: 53–54.
21. Iorizzo, M., Pazzaglia, M., Piraccini, B.M. et al. (2004). Brittle nails. *J Cosmet Dermatol* 3: 138–144.
22. Rich, P. (2005). Nail cosmetics: the Benefits and pitfalls. In: *Nails: Diagnosis, Therapy, and Surgery* (ed. R.K. Scher, C.R. Daniel, A. Tosti, et al.), 221–227. China: Elsevier Saunders.
23. Rich, P. (2006). Nail cosmetics. *Dermatol Clin* 24: 393–399.
24. Stern, D.K., Diamantis, S., Smith, E. et al. (2007). Water content and other aspects of brittle versus normal fingernails. *J Am Acad Dermatol* 57 (1): 31–36.
25. Rich, P. (2009). Nail cosmetics. In: *An Atlas of Diseases of the Nail* (ed. P. Rich and R. Scher), 97–100. New York: Parthenon Publishing.
26. Baran, R. (2002). Nail cosmetics: allergies and irritations. *Am J Clin Dermatol* 3 (8): 547–555.
27. Jefferson, J. and Rich, P. (2012). Update on nail cosmetics. *Dermatol Ther* 25: 481–490.
28. Baran, R. (2002). Nail beauty: an attractive enhancement or a potential hazard? *J Cosmet Dermatol* 1: 24–29.
29. Schoon, D. (2005). *Trauma and damage. Nail Structure and Product Chemistry*. New York: Thomson Delmar Learning.
30. Mitchell, J.C. (1981). Non-inflammatory onycholysis from formaldehyde-containing nail hardener. *Contact Dermatitis* 7: 173.
31. Helsing, P., Austad, J., and Talberg, H.J. (2007). Onycholysis induced by nail hardener. *Contact Dermatitis* 57 (4): 280–281.
32. Hemmer, W., Focke, M., Wantke, F. et al. (1996). Allergic contact dermatitis to artificial fingernails prepared from UV light-cured acrylates. *J Am Acad Dermatol* 35: 377–380.
33. Fisher, A.A. and Baran, R. (1991). Adverse reactions to acrylate sculptured nails with particular reference to prolonged paresthesia. *Am J Contact Dermatitis* 2: 38–42.
34. Bryson, P.H. and Sirdesai, S.J. (2010). Colored nail cosmetics and hardeners. In: *Cosmetic Dermatology Products and Procedures* (ed. Z.D. Draelos), 206–214. Hoboken: Wiley-Blackwell.
35. Helsing, P., Austad, J., and Talberg, H.J. (2007). Onycholysis induced by nail hardener. *Contact Dermatitis* 57: 280–281.
36. Baran, R. and Schoon, D. (2004). Nail fragility syndrome and its treatment. *J Cosmet Dermatol* 3: 131–137.
37. Boyer, I.J., Heldreth, B., Bergfeld, W.F. et al. (2013). Amended safety assessment of formaldehyde and methylene glycol as used in cosmetics. *Int J Toxicol.* 32 (Supplement 4): 5S–32S.
38. van de Kerkhof, P.C., Pasch, M.C., Scher, R.K. et al. (2005). Brittle nail syndrome: a pathogenesis-based approach with a proposed grading system. *J Am Acad Dermatol* 53 (4): 644–651.
39. Scheinfeld, N., Dahdah, M.J., and Scher, R. (2007). Vitamins and minerals: their role in nail health and disease. *J Drugs Dermatol* 6 (8): 782–787.
40. Lipner, S.R. and Scher, R.K. (2018). Biotin for the treatment of nail disease: what is the evidence? *J Dermatol Treat* 29 (4): 411–414.
41. Pagano, F.C. (2011). A review of nail polish: the industrial cosmetic. *Cosm Toil* 126 (5): 372–380.
42. Schoon, D. (2005). Nail varnish formulation. In: *Textbook of Cosmetic Dermatology* (ed. R. Baran and H.I. Maibach), 313–318. London, UK: Martin Dunitz.
43. Warren, R.C. (1988). Transitions and relaxations in plasticized nitrocellulose. *Polymer* 29: 919–923.
44. Nasir, A., Goldstein, B., van Cleeff, M. et al. (2011). Clinical evaluation of safety and efficacy of a new topical treatment for onychomycosis. *J Drugs Dermatol* 10 (10): 1186–1191.
45. Pagano, F.D. (2014). Technology-driven trends in nail polish color and texture. *Cosm Toil* 129 (1): 60–67.
46. Remz, H.M. (2017). Nail product technology. In: *Rheological Properties of Cosmetics and Toiletries* (ed. D. Laba), 153–222. New York: Marcel Dekker.
47. Shoon, D. (2016). Cosmetic processes as artificial nail enhancements. In: *Cosmetic Dermatology: Products*

and Procedures (ed. Z.D. Draelos), 226–233. Hoboken: Wiley.
48. Milady (2016). *Milady Standard Cosmetology*. Boston: Cengage Learning.
49. Pagano, F.D. (2015). A review of gel nail technologies. *Cosm Toil* 130 (1): 40–49.
50. Schlossman, M. (1981). Techniques for evaluation of nail enamel. *J Soc Cosmet Chem* 32: 43–52.
51. ASTM D4060-19 (2019). *Standard Test Method for Abrasion Resistance of Organic Coatings by the Taber Abraser*. West Conshohocken: ASTM International.
52. ASTM D523-14 (2018). *Standard Test Method for Specular Gloss*. West Conshohocken: ASTM International.
53. ASTM D522 / D522M-17 (2017). *Standard Test Methods for Mandrel Bend Test of Attached Organic Coatings*. West Conshohocken: ASTM International.
54. ASTM D3359-17 (2017). *Standard Test Methods for Rating Adhesion by Tape Test*. West Conshohocken: ASTM International.
55. ASTM D4541-17 (2017). *Standard Test Method for Pull-Off Strength of Coatings Using Portable Adhesion Testers*. West Conshohocken: ASTM International.
56. ASTM D2134-19 (2019). *Standard Test Method for Determining the Hardness of Organic Coatings with a Sward-Type Hardness Rocker*. West Conshohocken: ASTM International.
57. Tsigonia, A., Lagoudi, A., Chandrinou, S. et al. (2010). Indoor air in beauty salons and occupational health exposure of cosmetologists to chemical substances. *Int J Environ Res Public Health* 7: 314–324.
58. McNary, J.E. and Jackson, E.M. (2007). Inhalation exposure to formaldehyde and toluene in the same occupational and consumer setting. *Inhalat Toxicol* 19: 573–576.
59. Cosmetic Ingredient Review Expert Panel (2006). Annual review of cosmetic ingredient safety assessments–2004/2005. *Int J Toxicol* 25 (S2): 1–89.
60. Cosmetic Ingredient Review Expert Panel (1985). Final report on the safety assessment of dibutyl phthalate, dimethyl phthalate, and diethyl phthalate. *J Am Coll Toxicol* 4 (3): 267–303.
61. Cosmetic Ingredient Review Expert Panel (2005). Annual review of cosmetic ingredient safety assessments–2002/2003. *Int J Toxicol* 24 (S1): 1–102.
62. Fiume, M. and Heldreth, B. (2017). 49th Anniversary overview and rereview summaries from 2011 to 2015. *Int J Toxicol* 36 (S2): 14S.
63. Hubinger, J.C. and Havery, D.C. (2006). Analysis of consumer cosmetic products for phthalate esters. *J Cosmet Sci* 57 (2): 127–137.
64. Koo, H.J. and Lee, B.M. (2004). Estimated exposure to phthalates in cosmetics and risk assessment. *J Toxicol Environ Health A* 67 (23–24): 1901–1914.
65. Hubinger, J.C. (2010). A survey of phthalate esters in consumer cosmetic products. *J Cosmet Sci* 61: 457–465.
66. FDA (2022). Phthalates. www.fda.gov/cosmetics/cosmetic- ingredients/phthalates#pht (accessed 19 May 2022).
67. Commission Regulation (EU) 2018/2005 of 17 December 2018 amending Annex XVII to Regulation (EC) No 1907/2006 of the European Parliament and of the Council concerning the Registration, Evaluation, Authorisation and Restriction of Chemicals (REACH) as regards bis(2-ethylhexyl) phthalate (DEHP), dibutyl phthalate (DBP), benzyl butyl phthalate (BBP) and diisobutyl phthalate (DIBP).
68. Boyer, I.J., Heldreth, B., Bergfeld, W.F. et al. (2013). Amended safety assessment of formaldehyde and methylene glycol as used in cosmetics. *Int J Toxicol* 32 (Supplement 4): 5S–32S.
69. Hausen, B.M., Milbrodt, M., and Koenig, W.A. (1995). The allergens of nail polish. (I). Allergenic constituents of common nail polish and toluenesulfonamide-formaldehyde resin (TSFR). *Contact Dermatitis* 33 (3): 157–164.
70. Dowdy, J.C. and Sayre, R.M. (2013). Photobiological safety evaluation of UV nail lamps. *Photochem Photobiol* 89 (4): 961–967.

5

第五部分 其他个人护理产品

简介

除了前文讨论的化妆品和个人护理产品外，市场上还有其他类别的产品。有些产品是专为具有特殊需求的人群开发的（如婴儿护理产品和女性卫生产品），而一些产品则应用于更多的人群（如口腔和牙齿护理产品、除臭剂和止汗剂、脱毛产品）。与护肤、护发或彩妆产品相比，上述产品类别的市场份额通常较小。但是，其在日常生活中同样发挥着重要作用。

本书第五部分介绍了六类产品，包括口腔和牙齿护理产品、脱毛产品、除臭剂和止汗剂、婴儿护理产品、防晒产品及女性卫生产品。各章概述了特定身体部位的解剖结构和生理功能，介绍了每类产品的具体产品类型、主要成分、特点和制剂技术，以及使用相关产品的潜在利弊。此外，本部分还讨论了质量控制问题、主要检测方法和消费者需求。

第24章 口腔和牙齿护理产品

学习目标

通过本章的学习，读者将掌握以下内容。

1. 以下术语的定义：

牙骨质	牙本质	牙釉质	致龋物质
龋齿	牙龈炎	牙龈疾病	口臭
牙菌斑	牙结石	牙齿敏感	去矿化
再矿化	美国牙科协会认证	宾汉（Bingham）塑性体	假塑性体
屈服应力	研磨剂	牙膏	牙线
漱口水	牙齿美白产品	氟化物	氟斑牙
过氧化氢			

2. 人体牙齿的解剖学结构。
3. 牙釉质、牙本质和牙骨质的位置和功能。
4. 去矿化和再矿化的过程。
5. 对于牙菌斑、龋齿、牙结石、牙龈疾病、牙齿敏感、牙渍和口臭等口腔保健问题，哪些因素在其形成中发挥重要作用。
6. 口腔护理产品的标准分类。
7. 口腔护理产品对口腔和牙齿的有益作用及可能的不良影响。
8. 理想口腔护理产品的所需特征。
9. 牙膏和漱口水的异同。
10. 牙膏中的主要非活性成分类型及其实例。
11. 牙膏中的主要有效成分类型、作用机制及其实例。
12. 基于黏度曲线解释牙膏和牙膏凝胶的黏度随外力作用的变化。
13. 漱口水的主要成分类型及其实例。
14. 各种牙齿美白产品及其美白机制。
15. 口腔和牙齿护理产品的制备方法，及其使用过程中可能出现的典型质量问题和原因。
16. 口腔和牙齿护理产品定期检测的关键质量参数及具体评价方法。
17. 抗菌活性、美白活性和降低过敏感反应性的检测方法。
18. 氟化物和过氧化氢的潜在安全问题。
19. 可用于口腔和牙齿护理产品的典型容器。

主要概念

1. 人体口腔包括嘴唇、颊黏膜、唾液腺、牙龈、牙齿、颚、舌头和口腔底。口腔是人体最复杂、最易滋生微生物的生态系统。

2. 去矿化和再矿化对牙釉质的硬度和强度具有重要影响。

3. 不良的口腔卫生可能导致许多口腔和牙齿疾病。最常见的问题包括牙菌斑、龋齿、牙结石、牙龈疾病、牙齿敏感、牙渍和口臭，这些问题都可以通过经常使用口腔和牙齿护理产品来预防。

4. 牙膏和漱口水可根据其声明的功效和活性成分的浓度，归类为化妆品或非处方药妆品。

5. 牙膏是一种用于清洁牙齿的温和化妆品清洁剂。牙膏最初旨在清新口气和去除牙齿上的沉积物，也用于预防龋齿、牙结石、过敏和牙龈疾病。

6. 漱口水是一种透明且通常具有颜色的溶液，漱口后可呼出清新口气。与牙膏类似，漱口水也可具有额外作用，如预防龋齿、牙龈炎、牙菌斑形成、牙结石。

7. 美国的大多数牙齿美白产品都是以过氧化氢为基础。

8. 牙线是一种细丝，用于清洁口腔中难以用牙刷刷到的区域。

9. 口腔和牙齿护理产品的典型质量相关问题包括硬化、黏度不当、沙砾感、溶液混浊、微生物污染和结块。

10. 评估口腔和牙齿护理产品质量的一般检测参数包括牙膏和牙膏凝胶的涂抹性和挤压性、起泡性、气味、防腐效果、密度、比重、黏度、颜色、色泽均匀性、pH和稳定性。

11. 功效参数的一般检测包括抗菌活性、美白活性和敏感降低反应性。

12. 氟化物和过氧化氢是引起口腔和牙齿护理产品安全问题的主要成分。

24.1 引言

保持口腔牙齿的卫生清洁一直都是日常生活的一部分。过去，口腔护理产品主要是清洁辅助工具，用于去除残渣和抛光牙齿。目前，大多数口腔护理产品也在预防常见口腔问题（如龋齿或牙龈炎）中发挥重要作用。

与皮肤和头发化妆品相比，口腔护理产品只占化妆品行业很小的一部分，但却在日常生活中发挥着至关重要的作用，相关产品种类繁多且非常实用。值得强调的是，尽管产品种类多样，制造商在广告上投入了大量资金，但在世界许多地区，口腔护理产品的人均使用量仍低于专业卫生人员建议的水平。

本章介绍了人体牙齿和牙龈的主要解剖和生理特征，讨论了用于口腔的各种化妆品和非处方（OTC）药妆品，包括其成分、制备技术、测试方法和包装材料。此外，本章还概述了消费者的需求，以及相关产品对牙齿和口腔的影响。

24.2 人体口腔的解剖学和生理学

口腔（oral cavity）这一术语是指口的内部。❶人体口腔包括嘴唇、颊黏膜、唾液腺、牙龈、牙齿、颚（构成口腔顶部）、舌头和口腔底[1]。口腔是人体最复杂、最易滋生微生物的生态系统[2]。口腔的不同部位为微生物提供了不同的滋生表面。口腔中不断分泌的唾液，以及食物中的糖和氨基酸为微生物的生长提供了营养。一般而言，在单一受试者中，健康的口腔可以鉴定出20～50种细菌。而在患病部位，不同微生物的数量更多，甚至达到200种或更多[2]。

> **你知道吗?**
> 迄今为止，在牙齿和口腔黏膜上发现的细菌已多达700余种[3]。

人体共有32颗恒牙，大约在6岁时开始长出，慢慢取代最初的乳牙。牙齿排成两排，固定在上颌和下颌之上。牙齿在咀嚼、撕咬、研磨食物和说话的过程中起着重要作用。此外，牙齿在个人自尊心和生活质量方面同样发挥着关键作用。

从解剖结构角度而言，人体的牙齿由三个主要部分组成（图 24.1）。

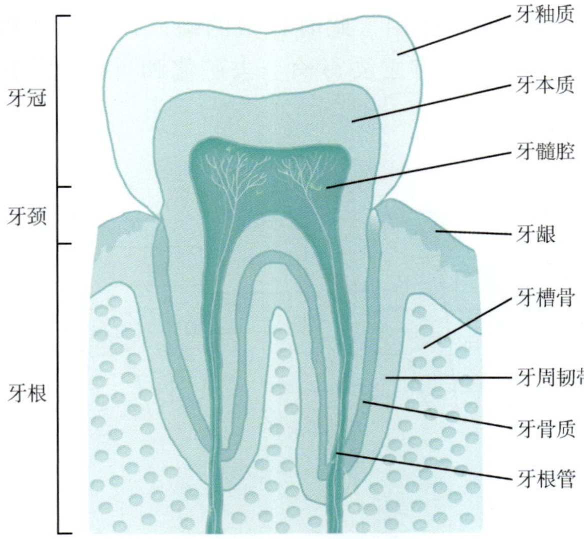

图 24.1　人体牙齿结构

（1）外露可见的牙冠，延伸至牙龈上方。

（2）牙根，位于上颌和下颌，一般位于牙龈中不可见，而当牙龈萎缩后才会露出一部分牙根。

（3）牙颈，是牙根和牙冠的交界处[1]。

牙龈是覆盖上颌和下颌的黏膜，包围着牙齿的根部。牙腔也称为牙髓腔，内部包含着牙髓，其是一种含有神经和血管的软结缔组织。牙髓腔通过一条狭窄的管道（即位于牙齿根部的根管）与血管和神经相连。牙质形成细胞（dentin-forming cell）则位于牙腔和牙本质（dentin，牙质）的交界处。

每颗牙齿由三种类似骨骼的坚硬物质组成。

（1）牙釉质：是人体内最坚硬的物质，是牙齿外部白色的部分。牙釉质的功能是防止牙齿在咀嚼压力下发生磨损。牙釉质中的钙以羟基磷灰石（hydroxyapatite）的形式存在。

（2）牙本质：构成牙齿物质中比例最大的部分，是围绕在牙腔周围的一层淡黄色骨状物质。在牙冠处，牙本质被牙釉质覆盖。牙本质的密度小于牙釉质，因此更多孔、更柔软、更敏感，如果暴露在外，更容易腐烂和磨损。

（3）牙骨质：在牙根部位，牙本质被牙骨质覆盖。牙骨质是一种特殊的结缔组织，负责通过牙周韧带把牙根牢牢地黏在牙龈和颌骨之上[1]。

牙釉质每天都在反复流失和累积矿物质。钙在pH低于5.5时开始溶解，而果汁和许多碳酸饮料的pH都低于5.5。因此，大量饮用此类饮料会改变口腔内的pH，促进牙釉质溶解，使牙齿钙和磷酸盐发生去矿化（demineralization）作用。此外，糖的摄入也会导致牙釉质的腐蚀。口腔中的细菌会将糖分解发酵，形成酸性环境[4]。唾液能在一定程度上缓冲该pH。然而，反复接触酸性物质可大大增加去矿化作用。在正常情况下，pH接近7（中性）（如在两餐之间），牙釉质倾向从唾液中重新获得矿物质离子，发生再矿化（remineralization）作用，此时轻微的龋齿损伤可能被修复。❷ 去矿化和再矿化对牙釉质的硬度和强度具有重要影响。去矿化和再矿化作用过程分别如图24.2和图24.3所示。

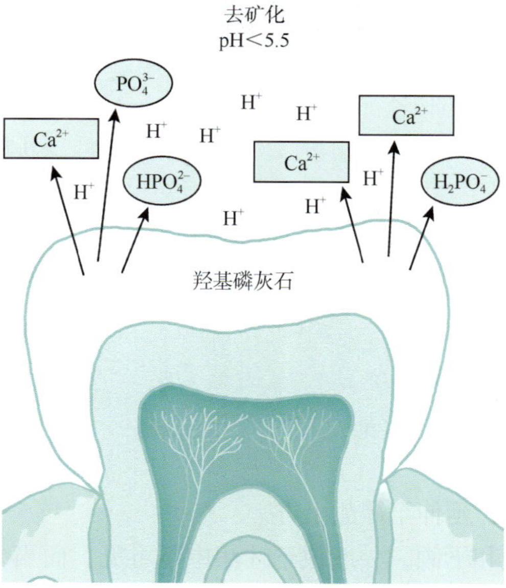

图24.2　牙齿的去矿化过程

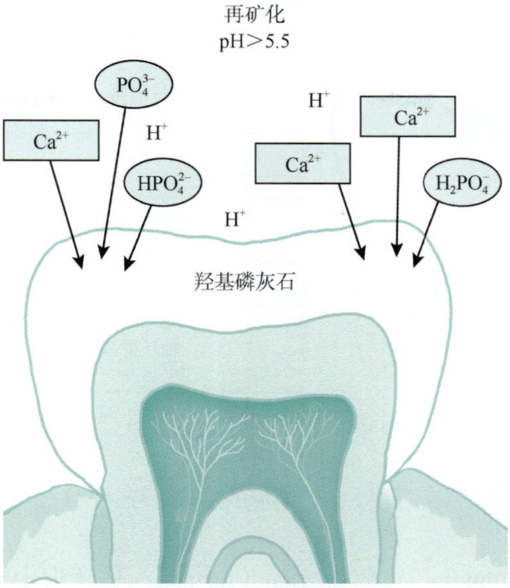

图 24.3　牙齿的再矿化过程

24.3　常见口腔和牙齿护理问题

❸不良的口腔卫生可能导致诸多口腔和牙齿疾病。最常见的问题包括牙菌斑的形成、龋齿、牙结石的形成、牙龈疾病、牙齿敏感、牙渍和口臭，相关问题都可以通过经常使用口腔和牙齿护理产品进行预防。

- **牙菌斑：**是一种黏性的、无色的细菌膜，在牙齿上不断形成。牙菌斑是导致龋齿和牙龈疾病的主要原因，如果不每天清除，牙菌斑会硬化成牙结石[5]。
- **龋齿：**也被称为蛀牙，是牙齿表面的棕色孔洞，是影响所有年龄段人群的全球普遍问题，也是全世界儿童和成人最常见的慢性疾病之一[6]。龋齿可定义为由去矿化导致牙齿硬组织破裂和破坏的疾病[7]。当食用糖分时，牙菌斑中的龋齿致病菌，尤其是变形链球菌（*Streptococcus mutans*），可产生破坏牙釉质的酸性物质[8]。细菌牢固黏附于牙齿之上，造成这些酸性物质持久接触并损伤牙齿。久而久之，会导致牙釉质破裂，最终形成龋齿（图 24.4）。
- 目前普遍认为，经常使用氟化物，即在牙膏和饮用水中添加适量氟化物，能非常有效地预防龋齿。美国疾病控制与预防中心（CDC）指出：水的氟化是20世纪最重要的十大公共卫生措施之一[9]。

由于许多国家未进行水的氟化处理，牙膏成为最重要的氟化物来源之一[10]。目前，大多数牙膏含有足够浓度的氟化物以防止龋齿的形成。随着氟化物的广泛使用，龋齿的发生率已显著降低[11, 12]。进入21世纪，虽然幼儿（2～5岁）龋齿的患病率显著下降，但龋齿仍然是世界范围内的一个主要健康问题[13]。因此，使用含氟牙膏以保持口腔卫生至关重要。

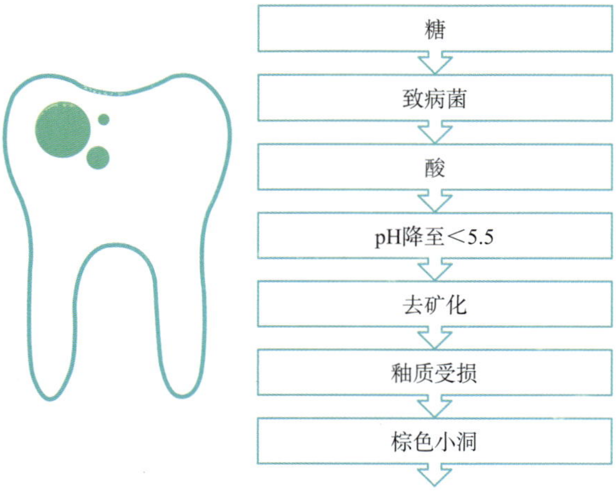

图 24.4　龋齿的形成过程

- **牙结石**（dental calculus）：又称为牙垢（tartar），是牙齿上硬化（钙化）的牙菌斑。牙结石也会形成于牙龈和牙床下面，进而刺激牙龈。牙结石可使牙菌斑具有更大的生长表面积，并可能成为其他牙齿疾病的致病因素。长期而言，牙结石会使牙齿变成黄褐色。由于牙结石会在牙齿上发生硬化，单靠刷牙是无法清除的，必须由口腔科专业人员通过机械方式去除[14]。
- **牙龈疾病**：也被称为牙周病（periodontal disease），是一种牙龈感染，可影响牙齿周围和支撑牙齿的骨骼。牙龈疾病是成年人牙齿脱落的主要原因[15]。该疾病由斑块的形成引起。牙菌斑可通过定期刷牙和使用牙线清除。一旦清除不力，最终可导致感染和炎症。牙龈疾病的早期阶段被称为牙龈炎（gingivitis），即牙龈部位的炎症，通常会导致牙龈红肿、容易出血，但结缔组织和骨骼尚未受到影响，因此这一阶段通常是可逆的。但如果不及时治疗，牙龈炎就会发展成牙周炎（periodontitis），即牙齿周围发生的炎症。在这一阶段，牙龈脱离牙齿，在牙龈线下形成小袋（牙周袋）。牙周袋可隐藏食物和菌斑，最终导致更严重的感染和炎症。如果不治疗，支撑牙齿的骨骼、牙龈和组织会被破坏，最终导致牙齿松动并可能脱落[16]。
- **牙齿敏感**：是一种常见的牙齿疾病。据报道，高达57%的成年人患有该疾病[17]。当牙齿受到各种刺激（如冷热饮料和食物、刷牙和气流）时，患者会经历短暂的局部剧烈疼痛。牙齿变敏感的原因有很多，牙釉质磨损、填充物磨损、牙龈萎缩、龋齿、牙齿破裂、刷牙过度导致的牙根暴露、牙龈疾病，甚至牙科手术都会导致暂时的敏感。根据原因不同，牙齿敏感可通过几种方法进行治疗。使用抗敏感牙膏是自我护理的主要方法之一。
- **牙渍**：又称牙齿变色（tooth discoloration），是指牙齿上的斑点，或牙齿小区域与其他部分颜色形成的鲜明对比。牙渍可能由多种局部和全身性原因引起，通常分为内源性和外源性两类[18]。内源性牙渍是指牙齿的牙釉质或牙本质变暗，因此牙齿呈现黄色。变色可能是由牙齿材料、龋齿、外伤、感染、药物（如四环素类[19]）等因素引起的，甚至是由于在牙齿发育过程中摄入了过量的氟化物。外源性牙渍是由饮食中的某些分子和金属离子引起的[20]，如咖啡、茶、酒和烟草。对于牙渍或牙齿变色，如果不进行治疗，就会影响个人的外在形象，造成暂时性或永久性的社会和心理问题。

- **口臭**：也被称为口腔异味，是普通人群普遍存在的一种情况。据估计，高达50%的成年人至少偶尔会出现口臭[21]。因此，口臭已成为一个重要的社会问题，常令人尴尬。虽然异味可能由多种因素引起，如某些食物、烟草、酒精、某些药物、牙龈疾病、消化或代谢紊乱[22, 23]，但研究表明，10个人中有9个人的口腔异味起源于口腔本身[24, 25]。口腔内的细菌会导致一系列异味。相关细菌会受到饮食、口腔卫生和睡眠的影响。口腔中分泌的唾液有助于清除细菌。在睡眠过程中，口腔唾液流量减少，细菌增多，导致早晨口腔异味[26]。

24.4 口腔和牙齿护理产品的使用历史

口腔和牙齿的清洁有着悠久的历史，可追溯至公元前5000年，当时埃及人开始使用一种由牛蹄灰、磨碎和烧焦的蛋壳及浮石制成的粉末来清洁牙齿[27]，这甚至早于牙刷的发明。刷牙工具可以追溯至公元前3500年至前3000年。第一把牙刷是由巴比伦人和埃及人用小树枝制成的。中国、希腊和罗马的早期著作也描述了许多糊剂和粉剂的混合物，用于清洁牙齿和牙龈、美白牙齿、清新口气。早期牙膏的成分包括浮石粉、醋[28]、水果粉、烧焦的贝壳、滑石粉、人参、草药薄荷、盐、蜂蜜、磨碎的贝壳和干燥的花朵。罗马人也曾使用尿液，其中的氨（现代某些牙膏的成分）可以清洁牙齿[29]。罗马人和希腊人还尝试了其他研磨材料，如碎骨和贝壳。在中世纪，细沙和浮石是牙齿清洁配方的主要成分。欧洲人会求助于理发师和外科医生，让他们用硝酸来打磨和涂饰牙齿，但这会破坏牙釉质[28]。虽然这样处理后牙齿看起来洁白美丽，但效果很短暂。后来发现，使用砖块和瓷器粉末的牙膏也有类似的效果[28]。

现代牙膏的发展始于19世纪。英国化学家在牙膏中添加了用于增白的碳酸氢钠，以及用于强化牙齿的锶（strontium）。19世纪早期，意大利牙医注意到，尽管部分患者的牙齿有斑点，但并没有龋齿，其原因是牙釉质与当地土壤和水中的高浓度氟化物相互作用。到了19世纪40年代，意大利和法国的牙医都建议人们经常食用含氟糖果（lozenge）[30]。20世纪40年代，氟化物被添加至饮用水中；1955年，宝洁（Procter & Gamble）公司率先将其添加至牙膏中[31]。

在早期，牙膏是粉末状的。从19世纪50年代开始，牙膏就以我们如今使用的形式问世了。1873年，高露洁（Colgate）开始大规模生产罐装牙膏。1892年，谢菲尔德（Sheffield）博士首次制成软管状牙膏，并将其命名为“谢菲尔德博士牙齿清洁霜”（Dr. Sheffield's Crème Dentifrice）[32]。1896年，高露洁也开始批量生产软管牙膏[33]。特定的活性成分在20世纪下半叶开始加入到配方中。从那时起，活性成分、聚合物，甚至包装材料都有了显著的发展。

牙线是于1815年由美国新奥尔良的一位牙医发明的，当时是一根丝线[34]。1882年开始大规模生产丝质牙线，而20世纪40年代发明了目前使用的尼龙牙线。

24.5 口腔和牙齿护理产品的类型与定义

❹ 牙膏和漱口水（mouthwash，oral rinse，mouth rinse）可根据其声明的功效和活性成分的浓度，被归类为化妆品或OTC药妆品。相关产品的主要功能是清洁及清新牙齿和口腔，是纯粹的美容功效。牙齿美白也属于化妆品声明范畴，如美白产品在美国被视为化妆品。专门针对口臭的漱口水能暂时控制（掩盖）口臭并清新口腔。由于其不能杀灭引起口臭的细菌，也不经化学作用灭活引起异味的化合物，同样在美国被视为化妆品。药品声明（drug claims）可能包括减轻、预防或治疗相关口腔及牙齿疾病。当产品同时具有化妆品和药品声明的功效（如其声明为美白和预防牙龈炎），在美国则被视为非处方药妆品。在美国，牙线被认为是一种医疗器械。

下文介绍了一些基本产品类型的定义（忽略它们的法律意义）。

- **牙膏**：或称口腔洁牙剂（oral dentifrice），是一种膏体或凝胶，用于去除牙齿上的牙菌斑和污渍，清新口气。牙膏提高了牙刷机械刷洗的能力。牙膏通常含有研磨成分、着色剂、香料、甜味剂和其他成分，相关成分使牙膏光滑、有光泽，并使牙膏易于起泡并保持湿润。活性成分通常被添加至牙膏中，以获得额外益处，如预防龋齿。牙粉（tooth powder）是牙膏的替代品，是一种温和的研磨粉，需配合牙刷使用。牙粉的作用与牙膏相似，但产品形式和口感不同。
- **漱口水**：是一种旨在清新口气和增强口腔卫生的液体。大多数漱口水建议在刷牙后使用，以提供更有效的清洁效果。
- **牙齿美白产品**：目的是增亮牙齿。市场上有多种产品可供选择，包括牙膏、凝胶、漱口水、含溶液的牙托和美白牙贴。
- **牙线**：是一种细丝，用于清除牙刷难以触及的口腔区域的残渣和细菌膜，如牙齿之间和牙齿与牙龈之间。

24.6 口腔和牙齿护理产品对牙齿与龋齿的影响

如前所述，在过去20年间，由于氟化物的广泛使用，龋齿等口腔疾病的发病率有所下降。牙科疾病会导致炎症，严重时甚至会导致牙齿脱落，因此牙齿护理产品在维持牙齿健康和预防疾病方面发挥着重要作用。

- **口味**（taste）极大地影响了牙膏和漱口水的使用，以及消费者再次购买的倾向。糖分可以作为不同制剂的掩味剂（masking agent）和甜味剂（sweetener）。然而，众所周知，糖的摄入会增加龋齿的发病率。因此，牙膏生产公司不会使用糖来为制剂提供甜味，取而代之的是甜味剂。这些甜味剂具有强烈的甜味，但不会促进龋齿的发生和进展。目前使用的甜味成分包括糖醇类，如木糖醇（xylitol）、赤藓糖醇（erythritol）和山梨醇（sorbitol），以及其他非糖类成分，包括阿斯巴甜（aspartame）、安赛蜜（acesulfame）和糖精（saccharin）[35]。

牙齿护理产品是日常使用的，但需注意的是，如果误吞、滥用或过度使用，也可能会导致疾病。

- 含氟牙膏对儿童的主要影响之一是发生**氟斑牙**（fluorosis）。氟斑牙表现为牙釉质正常外观的改变。这种变化可以从轻微不易察觉的白斑发展到更严重的着色（staining）和凹陷（pitting）。氟斑牙只会发生在年幼儿童牙龈下恒牙发育期间，并且长期摄入过量氟化物的情况下。只有8岁及以下的儿童才会发展成氟斑牙，因为这一阶段正是恒牙在牙龈下发育的时期[36]。但是，氟斑牙不会在牙齿萌出至口腔后发生。大多数氟斑牙病例是由于儿童时期饮用的水已含氟，同时又服用氟化物补充剂或误吞含氟牙膏。市场上有针对2岁及以上儿童的防龋齿膏。然而，由于儿童在6岁前对吞咽反射的控制能力较差，可能会经常吞下牙刷上的大部分牙膏。父母应只给孩子提供大约豌豆大小的少量牙膏，并确保孩子不会吞下它。需强调的是，氟斑牙不是一种疾病，不影响牙齿的功能，而是一种美观问题。然而，由于牙斑和牙渍是永久性的，且可能随着时间而加深，氟斑牙可能会导致显著的心理社会影响，并影响患者的生活质量[37]。

对外观的担忧可通过牙齿美白，去除表面污渍或采用其他手法使之覆盖改色[38]。

> **你知道吗?**
>
> 随着世界范围内龋齿发病率的下降，过去20年间氟斑牙的流行率一直在上升[39, 40]。氟化物的使用是非常有益的，但过度使用会导致牙齿的美观问题。

- **牙齿美白**产品目前非常流行，广泛用于家庭场景，无须口腔科专业人员指导。然而，这类产品在美白牙齿的同时，也可能引发副作用。漂白材料可能会影响牙齿填充材料，并可能导致牙齿与现有填充物或牙冠出现颜色不匹配。此外，美白产品可能会造成多种损害，如牙齿敏感、牙釉质流失、透明度改变、牙齿腐蚀和牙龈损伤[41]。若牙齿病变的唯一迹象是牙齿变色，那么牙齿漂白去色可能会不利于发现潜在的疾病。美白虽可以改变牙齿颜色，但易掩盖其他潜在的异常。由于变色的真正原因未被找出，在严重情况下可能会导致牙齿脱落或其他并发症。

在美国，许多牙科和口腔护理产品可以随意购买。因此，当消费者遇到牙齿问题时，他们通常会购买一些产品并尝试自己解决问题，而不是去求助口腔科专业人士。需要注意的是，尽管口腔和牙齿护理产品可能提供暂时的帮助，但其也可能掩盖潜在的问题。例如，如果消费者需要频繁使用口腔科产品来维持口气正常，则建议其前往口腔科诊所检查牙齿问题的根源。

24.7 口腔和牙齿护理产品所需特性与消费者需求

除了致力于打造稳定、高质量和安全的产品外，配方师在设计产品时还必须考虑消费者的需求。其中关键点之一是优化产品性能和功效，以迎合消费者并鼓励其开始使用并持续使用该产品。从消费者的角度而言，优质的口腔和牙齿护理产品应该具备以下特性。

- 令人愉悦的味道和气味。
- 每次使用后带来清新洁净感。
- 能清除碎屑、菌斑和污渍。
- 良好的起泡性能。
- 口感好：不黏腻，质地好。
- 吸引人的外观：适当的光泽，无气泡，颜色均匀。
- 适当的流变特性：牙膏挤出后能立在牙刷上且不会渗入刷毛中。

24.8 口腔和牙齿护理产品的典型组分与配方

24.8.1 牙膏

❺牙膏是一种温和的化妆品清洁剂，用于清洁牙齿。最初旨在清新口气和去除牙齿上的沉积物，也用于预防龋齿、牙结石形成、过敏和牙龈疾病。

> **你知道吗?**
> 美国牙科协会（American Dental Association，ADA）提供的认证标识是牙科产品安全性和有效性的重要标志，可证明该产品已经在广泛的实验室和临床研究中进行安全性和有效性的客观评估[42]。

24.8.1.1 牙膏的主要成分

市场上的牙膏种类繁多，甚至几乎找不到两种成分完全相同的牙膏。牙膏制造商可以从多种成分中进行选择，但基本成分类型是相同的。本节将介绍相关成分的类型及其基本特性和功能。

非活性成分

- **研磨剂**：通常是不溶于水的无机成分，用于清洁和抛光牙齿，去除残渣和残留的表面污渍。在选择研磨剂时，应考虑几个因素，包括硬度、韧性、化学惰性、粒度和形状。研磨剂不应损伤牙龈、牙釉质和牙本质。牙釉质的莫氏硬度（Mohs scale）为5，而牙本质为3～4（莫氏硬度标度以滑石粉为1，金刚石为10）[43]。理想的研磨剂硬度应该低于牙本质和牙釉质的硬度。韧性指的是研磨剂在刷牙过程中承受外力的能力。有些成分硬度过高，则不适合用作研磨剂。然而，如果其在刷牙的力度下能分解成更小的颗粒，便允许使用。研磨剂应是化学惰性的，且与其他成分兼容。粒度和形状对研磨力和清洁特性影响显著。较大的颗粒在口腔中产生沙砾感，可能会损伤牙龈和牙釉质。也应该考虑颗粒的形状。理想情况下，研磨剂应该是球形的，没有锋利的边缘。研磨剂去除污渍的能力通常随着其在牙膏中浓度的增加、颗粒尺寸增大和硬度提高而增加。然而，特定配方的研磨力也会根据外力而变化，包括牙刷类型、刷牙的力度及个人牙齿特征。牙膏中使用的研磨剂包括水合二氧化硅、磷酸钙（如二水合磷酸钙和无水磷酸钙）、碳酸钙、水合氧化铝（在过去20年间其使用显著减少），以及碳酸氢钠（即小苏打）。

你知道吗?

在含有氟化钠的牙膏中应避免使用基于钙的研磨剂，因为不溶性钙盐的形成会降低活性氟化物的浓度。含钙研磨剂与单氟磷酸钠的相容性明显优于与氟化钠的相容性[44]。

- **表面活性剂**：有助于清洁和起泡。在牙膏制剂中通常使用阴离子表面活性剂，因为其具有强大的清洁效果，并且通常与其他成分兼容。常用的表面活性剂包括月桂醇硫酸钠（应用最广泛）、十二烷基苯磺酸钠和月桂酰肌氨酸钠。
- **增稠剂**：也称为黏合剂，是可在水中分散和膨胀的亲水性胶体。增稠剂可维持牙膏的整体稳定性，防止研磨剂沉降，并为牙膏制剂提供特定的流变特性。由于增稠剂的使用，牙膏可以直立在牙刷上而不会流入刷毛中。增稠剂实例包括纤维素（如羧甲基纤维素钠，也称为纤维素胶）、海藻酸盐（如海藻酸钠）、胶（如黄原胶）、卡拉胶（从海藻中提取的增稠剂的通用名称）、卡波姆、聚丙烯酸酯、黏土（包括天然加工的膨润土和合成黏土）等。
- **pH调节剂**：通常用于中和增稠剂，如氢氧化钠。
- **pH缓冲液**：可将牙膏的pH保持在所需范围（通常为中性至弱碱性）。缓冲液包括磷酸三钠和柠檬酸钠。
- **保湿剂**：可防止牙膏干燥（即能保持水分），防止瓶盖与喷嘴的粘连，以及防止膏体硬化至不合适的程度。同时，其还为膏体提供光泽和一定的可塑性。牙膏中使用的保湿剂实例包括甘油、山梨糖醇和丙二醇。
- **水**：是用来分散增稠剂、溶解可溶性成分、混合可混液体，以及作为所有其他成分载体的介质。
- **防腐剂**：可防止水基配方中微生物的生长。虽然一些香精油可以起到一定的防腐效果，但仍建议使用防腐剂，如对羟基苯甲酸酯和苯甲酸钠。

你知道吗?

根据消费者驱动的趋势，在所有类型的化妆品和个人护理产品（包括牙膏）中已逐步摒弃一些传统防腐剂。如果牙膏在不支持微生物生长的pH和水活度条件下生产，并通过微生物稳定性测试，则可以不使用防腐剂。目前有很多品牌的牙膏都不含防腐剂。

- **甜味剂**：对于产品的接受度非常重要。最终产品既不应过甜，也不应过咸或过苦。值得注意的是，由于甜味剂和香味剂的协同作用，两者需结合起来考量。由于甜味剂具有极高的甜度，通常以极低的浓度使用。除了提供甜味外，甜味剂还可用来掩盖原料的味道。甜味剂的实例包括糖精钠（使用最为广泛）、木糖醇和山梨醇等。

你知道吗?

尽管甜味剂的甜度可能是蔗糖的百倍至数千倍，但其不会导致龋齿。这是因为，与糖不同，甜味剂不会被牙菌斑的微生物群发酵[45]。木糖醇是一种甜味剂，已被证明可以抑制口腔中有害细菌的生长[46]。

- **香味剂**：成分非常复杂，是牙膏中最昂贵且可能最关键的部分之一，这由消费者的偏好决定。香味剂通常是由许多成分混合而成，如薄荷、绿薄荷油、百里酚、薄荷醇、丁香油、肉桂油、桉叶油、冬青油，以及具有泡泡糖香精和水果香精（如芒果味、草莓味、苹果味和香蕉味）的成分。一般而言，薄荷味在成人牙膏中占主导地位，而泡泡糖口味和水果味在儿童牙膏中占主导地位。
- **着色剂**：牙膏的颜色也会显著影响消费者的购买意愿。如第2章所述，FDA对着色剂的使用进行了规范。可以向整个膏体中添加少量色素以营造悦目外观，或者作为一小部分只添加至局部制成彩色条纹产品。着色剂的实例包括无机颜料（二氧化钛和云母）及有机颜料（如蓝1号、蓝1号色淀和红30号）等。

你知道吗?

条纹牙膏（striped toothpaste）通常含有作为着色剂的颜料。正如第2章所述，颜料在其所分散的介质中是不溶的。由于其不溶性，颜料不会渗出到相邻的相中，只会留在颜料混合的相中。

- **天然成分**：可以提供多种功能，如抗菌、防腐、抗炎、清洁、美白和掩盖口臭。如今，越来越多的消费者喜欢不含合成成分的产品，如十二烷基硫酸钠、氟化物、染料、防腐剂或甜味剂。市场上有几种天然产品含有天然来源的成分。这些天然成分可能是矿物成分，如水合二氧化硅；可能源自草药，如紫锥菊、没药、金盏菊、洋甘菊、迷迭香和精油；也可能源于顺势疗法（homeopathy）制剂或蜜蜂的副产品，如蜂胶。然而，应注意的是，成分的来源并不能定义其安全性。关于天然成分更详细的讨论，请参阅第1章。

活性成分

牙膏制剂中使用的活性成分具有治疗效果，相关活性成分可预防或减缓牙科常见问题的发展和进程。

- **抗龋组分**：是活性成分中唯一已制定官方最终专论（final monograph）的成分。相关成分通过强化牙釉质、防止脱矿化和促进再矿化来预防龋齿。非处方药专论（OTC monograph）列出了三种活性成分：氟化钠、单氟磷酸钠和氟化锡。氟化物的作用机制包括启动和加速再矿化，以及减缓脱矿化作用[47-49]。当pH＞5.5时，唾液在一定程度上可补充牙釉质丢失的矿物质（如钙和磷酸盐离子）。当唾液中含有氟化物时，该过程可被增强。在来自水或牙膏的氟化物影响下，除了羟基磷灰石外，还会形成氟羟基磷灰石，这种复合物会在牙釉质外形成过饱和溶液。因此，唾液和细菌生物膜中的氟化物可帮助钙和磷酸盐离子更有效地再吸收（图 24.5）[47]。此外，氟羟基磷灰石比羟基磷灰石更难溶解，因此更能抵抗酸性环境引起的脱矿化。如前所述，保持氟离子处于稳定状态至关重要。氟离子如果形成不溶性盐，则会失去抗龋活性。牙膏中氟化物的浓度限定因国家而异。FDA允许2岁及以上儿童和成人使用总氟浓度为850～1150 mg/kg的牙膏，6岁及以上儿童和成人使用总氟浓度为1500 mg/kg的牙膏[50]。一些处方含氟牙膏氟含量可能高达5000 mg/kg。

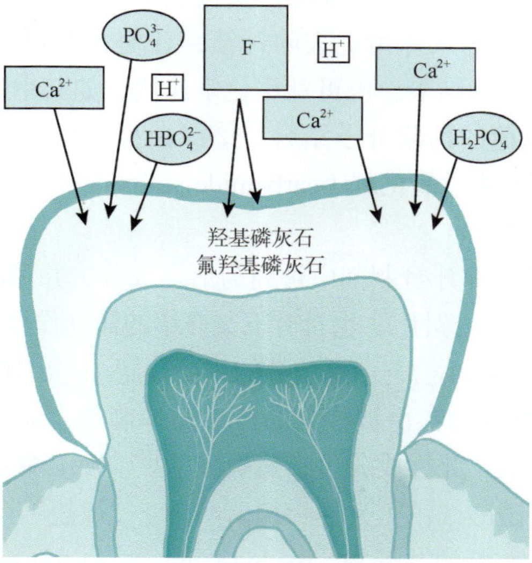

图 24.5　氟化物的再矿化过程

> **你知道吗？**
>
> 市场上有一些不含氟的牙膏。虽然有些消费者在寻求无氟牙膏，但应该强调的是，氟化物在安全使用和预防龋齿方面有着悠久的历史。消费者可能认为饮用水中已含有足够的氟，但必须指出的是，饮用水和牙膏中氟的可用性和效果是不同的[51]。此外，世界各地水中的氟含量不同，个人饮水量也会影响每天能否摄入足量的氟[52]。因此，通过牙膏和漱口水额外补充氟一般是有益的，强烈推荐大多数消费者使用。

- **抗牙菌斑和抗牙龈炎成分**：是根据FDA的拟定规则的预先通知（Advance Notice for Proposed Rulemaking，ANPR）进行监管的。这意味着抗牙菌斑和抗牙龈炎成分尚未有最终的专论（有关各种类型专论的更多信息，请参见第2章）。口腔中使用的抗牙菌斑和抗牙龈炎剂通常是杀菌剂或抗菌剂，能够杀死或抑制导致牙菌斑和牙龈炎的细菌。最常用的两种成分是氟化锡和三氯生（triclosan）。氟化锡的作用机制包括其杀菌（即抗菌）效果和对细菌酶的抑制作用[53, 54]。三氯生是一种抗菌剂，目前美国已禁止在洗手液中使用三氯生（参见第11章）。这一禁令促使其他个人护理产品类别（如口腔护理产品）也在其制剂中去除了三氯生。如今，牙膏中已不再添加三氯生。多数品牌使用氟化锡，因为其具有多重功效，包括抗龋、抗牙龈炎和抗敏感。
- **抗敏感剂**：保护暴露的牙齿表面和牙龈边缘。如今市面上的牙膏通常使用硝酸钾或氟化锡[55]来缓解牙本质过敏感。不同研究小组还使用氯化钾、柠檬酸钾[56]和钙钠硅酸盐[57]。

具有美容效果的成分

牙膏中还可添加其他美容成分，相关成分可与前述活性成分结合使用，也可单独使用以实现美容效果。这些成分在产品标签上被列为非活性成分。

- **美白成分**：美白牙膏在过去20年间广受欢迎。其通常含有以下两种成分或其中之一：非漂白成分和漂白成分。①非漂白美白成分通过物理或化学作用仅去除牙齿表面污渍。由于研磨剂能从牙齿上去除污渍，任何含有研磨剂的牙膏均具有美白作用。为了获得更有效的结果，也可利用化学作用，如其中带正电荷的成分（如六偏磷酸钠）与带负电荷的污渍分子结合。②漂白型牙膏实际上可改变牙齿的自然颜色。其含有过氧化氢或过氧化脲（carbamide peroxide），可去除深层（内源性）和表面（外源性）的污渍。

氟化锡具有多种功效，在牙膏制剂中被列为活性成分，并可能具有上文提及的所有功效（即抗龋、抗牙龈炎和抗敏感性），也具有下文介绍的额外作用。由于下文列出的保护功能尚未被纳入专论，相关功能不会与活性成分的主要功能一起出现在标签上（参见第7章）。

- **抗牙结石/牙垢控制成分**：也被称为晶体生长抑制剂，通过控制矿化过程来防止牙齿表面的牙结石形成。此类成分包括焦磷酸盐[58]，如焦磷酸四钠、焦磷酸四钾、焦磷酸二氢二钠、聚磷酸四钠（又称六偏磷酸钠）；锌盐[59, 60]，如柠檬酸锌、乳酸锌；甲基乙烯醚与马来酸酐的共聚物（methyl vinyl ether and maleic anhydride，PVM/MA）[61]。如前所述，已证明氟化锡具有抑制牙垢石的作用[62]。
- **抗口臭成分**：如前所述，使用牙线和漱口水、定期刷牙和舌苔，可较好地改善口臭。当这些基本操作仍达不到效果时，可使用特定配方。其中所使用的成分包括通过掩盖难闻气味来清新口气的香味剂。不过这种效果只是暂时的，因为唾液很快就会将矫味成分冲走。抗菌剂与香味剂的作用不同，也被用来杀灭引起口臭的细菌，具有长效作用且能从根源上解决问题。此类抗菌成分包括锌盐[63, 64]（如氯化锌）、氟化亚锡[65]。

牙膏制剂的流变学

牙膏是一种非牛顿流体，具有特殊的流变特性，称为宾汉塑性体（Bingham plastic）。需要挤压牙膏管才能挤出牙膏，仅仅倒立牙膏管，牙膏并不会流动。宾汉塑性体在静止状态下表现为固态，即不流动，然而当施加了必要的最小力时，就会像黏性流体一样开始流动。流动所需的最小力被称为屈服应力（yield stress）。一旦停止施加力（即挤压牙膏管的动作停止），塑性体就会恢复成固态。这种性质使牙膏在没有外力作用下不会从开口容器中流出，且可以直立在牙刷上而不会流入刷毛中或从侧面滚落。图 24.6 显示了宾汉塑性体的黏度曲线特征。可以看出，曲线不经过原点，而是与剪切应力轴相交。这意味着塑性体在高于一定剪切应力之前不发生流动。塑性体制剂通常具有较高的黏度和屈服点，尽管"挤出"牙膏所需的压力并不太高（儿童也能够挤出牙膏）。牙膏的流变学特性极大地影响了其在口腔中的分散性、泡沫的产生，尤其是香味成分的释放。然而，从生产的角度而言，这种特性可能会造成实际的困难，因为清空容器或开始泵送"液体"（实际上是固体）可能相当困难[66]。

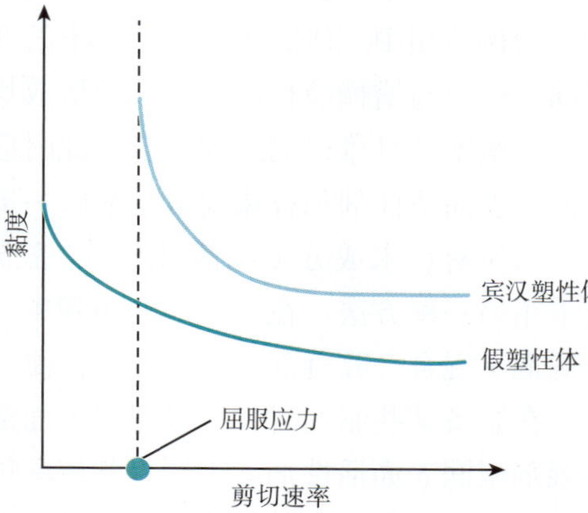

图 24.6　宾汉塑性体和假塑性体的黏度曲线特征

需要注意的是，这种现象与第 23 章中介绍的指甲油制剂的触变性不同。在触变性情况下，体系可以随时流动。而在较高的剪切应力下，随着结构逐渐被破坏，黏度会降低，并且在剪切应力停止后，结构会重新形成，黏度随之增加（这通常需要一定的时间）。然而，宾汉塑性体表现为固态，在低剪切应力下不发生流动，当达到屈服应力值时才开始移动。屈服应力值就像是固态和液态之间的临界线。

市场上的一些牙膏凝胶可以随时流动，属于假塑性体（pseudoplastic），也称为剪切变稀体（shear-thinning material），与大多数化妆品和个人护理产品类似（图 24.6）。剪切变稀体在无外力（如挤压瓶子）之前保持黏稠，施加力后会变得更容易流动且不那么黏稠。一旦移除剪切力，黏度就会恢复至原来的高值。这种剪切变稀行为的原因是增加剪切力时颗粒会发生变形或重新排列，导致流动阻力降低，因此黏度降低。剪切变稀体在消除剪切力后几乎可以立即恢复其黏度，因此，这种特性是时间非依赖性的。黏度对剪切率的依赖关系取决于温度和浓度，不同产品和特定液体在很大程度上是不同的。此时，不存在为使材料流动而必须达到并超过的屈服应力值。

24.8.1.2　牙膏制剂的制备

牙膏可以是白色或有色的不透明膏体，也可以是透明（通常有色）的凝胶。一般而言，膏体中含有较高浓度（40%～50%）的研磨剂和较低浓度的保湿剂，而凝胶中则含有较高浓度的保湿剂和较低浓度（10%～15%）的研磨剂。凝胶可能是半透明或透明的，取决于研磨剂和保湿剂之间折射率的接近程度等因素[67]。

牙膏的生产工艺根据产品的类型和所用成分而有所不同。典型的制备方法概述如下[68]：将胶凝成分在水中充分水合，根据所用增稠剂的类型，可能需要加热。增稠剂可选用非水性液体（如甘油或香精油）预先湿润助其分散，也可直接加入水中（需注意，某些增稠剂需要中和才可达到最佳黏度）。除表面活性剂外，甜味剂和活性成分等水溶性成分先溶解在少量水中，然后将所有水相混合。水合完成后，将所有的水相（除香味剂外）都加入增稠液相中。研磨剂通常是水不溶性粉末，也可用保湿剂（如甘油或山梨糖醇）预先湿润，然后与增稠液相混合，直至形成均匀的膏体。需要考虑的是，某些组分（如水合硅酸盐）密度低且难以润湿和结合。此时应避免混入空气，防止膏体中出现气泡。为了避免起泡，表面活性剂和香味剂常在最后一步缓慢搅拌下加入。

当所有粉末成分（包括研磨剂、胶凝剂、活性成分、甜味剂和色素）能均匀混合时，可采用另一种方法。在接下来的步骤中，这种粉末混合物与牙膏中的所有液体（包括水和保湿剂）混合。胶凝剂完全水合后，便可得到均匀的膏体[69]。

在制备某些制剂时，可以先将表面活性剂溶解在水中。为了促进溶解，可以考虑先用保湿剂湿润表面活性剂。十二烷基硫酸钠需要加热才能溶解，如果首先添加这一物质，制剂设计师就不必担心其他成分的热敏感性。接下来可在真空下添加研磨剂粉末以去除粉末中的空气，避免气泡的出现。增稠剂可在最后一步添加，最好与香味剂预先混合，以缩短水合时间[70]。

你知道吗？

刚生产出的牙膏黏度远低于我们所使用的牙膏。制造后可能要放置长达1个月，牙膏的黏度才能达到所需的水平[70]。

你知道吗？

十二烷基硫酸钠是最常用的表面活性剂之一，但称重或倒出其干粉时，其会对眼睛、口腔和肺部产生高度刺激。因此，当将其作为牙膏配方时，添加过程务必小心。

牙膏制剂的一个关键问题是防止活性成分被其他成分或水灭活或降解。某些成分可能会被水水解，导致无法发挥预期效果。在牙膏的生产中，曝气（aeration）是另一个需要特别注意的问题。所有粉末中均含有一定量的空气，表面活性剂可能会加重这一问题。通常，混合过程会在真空条件下进行，以避免类似问题。然而，体系的脱气可能需要很长时间[70]。如果空气没有被除去，会产生类似摩丝的质地，这是不可取的。

24.8.2 漱口水

漱口水虽然不能取代日常刷牙，但仍是常规口腔护理的有益补充。❻漱口水是一种透明、通常具有颜色的溶液，旨在用其漱口后呼出清新口气。漱口水是在刷牙前还是刷牙后使用取决于其制剂成分。消费者可阅读标签并遵循生产制造商的建议。与牙膏类似，漱口水也可具有额外的作用，如预防龋齿、牙龈炎，以及预防牙菌斑和牙结石的形成。

漱口水通常是一种水醇溶液，其中混合了香味剂、精油和其他成分，以提供更长时间的口气除臭效果。加入多糖醇（如甘油或山梨糖醇）可改善口感。阴离子和非离子表面活性剂可用来溶解香味剂，帮助从口腔中清除残渣和细菌。

24.8.2.1　成分

漱口水属于溶液，是制剂中最简单的类型之一。根据其产品形式，成分可能因制剂和声明不同而有所差异，但基本成分类型是相似的。

非活性成分

非活性成分构成了漱口水的制剂基础，可以添加具有治疗或美容效果的成分。

- **溶剂**：是其他成分的载体。通常，在漱口水制剂中使用两种主要溶剂：水和乙醇（酒精）。乙醇具有抗菌活性，起收敛作用，并有助于产品带来清新感。乙醇还通过溶解香精油增加产品的稳定性。
- **保湿剂**：提供良好的口感，并抑制瓶盖封口处析出结晶。如果没有保湿剂，漱口水会具有强烈的化学物质的味道和感觉。保湿剂还有助于增加甜味，并略微提高产品的黏度。常用的保湿剂包括甘油、丙二醇和山梨糖醇。

> **你知道吗？**
>
> 当你使用漱口水几周或几个月时，是否发现漱口水瓶口周围出现了固体物质？这是由于配方中水分和乙醇的挥发，导致剩余成分（包括糖）结晶析出。

- **表面活性剂**：可溶解香精油并使制剂稳定。表面活性剂具有温和的起泡作用，有助于产品的清洁效果。具体包括非离子表面活性剂，如泊洛沙姆（聚氧乙烯聚氧丙烯醚非离子嵌段聚合物）、聚山梨醇酯（如聚山梨醇酯80）及阴离子表面活性剂（如甲基椰油酰基牛磺酸钠和十二烷基硫酸钠）。
- **收敛剂**（astringent）：可作为临时除臭剂来掩盖口臭，如氯化锌、乙醇和金缕梅。
- **防腐剂**：尽管乙醇具有抗菌活性，但其抗菌特性无法抑制可能污染此类制剂的所有微生物。漱口水是水/湿润剂系统，为微生物生长提供了理想环境。因此，大多数制剂中同时含有额外的防腐剂，如苯甲酸酯（苯甲酸和苯甲酸钠）及山梨酸钾。
- **香味剂**：与牙膏一样，从消费者的角度而言，口感至关重要。口感也有助于提升产品的清新效果，并提供一种令人愉悦的气味。一些香味剂可能还具有抗菌作用。香味剂通常使用香精混合物，如薄荷、薄荷醇、薄荷油、桉叶油、水杨酸甲酯、麝香草酚和泡泡糖口味的香精。牙膏制剂中列出的许多口味也可以出现于漱口水制剂中。
- **甜味剂**：用于调节制剂的口味。具体可以参考牙膏制剂中的实例。
- **着色剂**：也是漱口水的重要组成部分。颜色可能从蓝色到绿色、紫色或黄色和红色不等，只需添加少量的水溶性色料即可实现。

- **天然成分：**与牙膏类似，漱口水也可以添加天然成分以提供额外的功效或替代合成成分。

活性成分

为发挥治疗作用，可向漱口水中加入各种活性成分，主要成分类型与牙膏中讨论的成分相同，包括抗菌、抗龋和抗敏感成分。唯一要求是这些活性成分必须是水溶性或醇溶性的。主要成分类型如下。

- **抗龋剂：**氟化钠、氟化锡和单氟磷酸钠。
- **抗牙菌斑/抗牙龈炎剂：**常见的成分包括氯己定，这是一种抗菌剂，能非常有效地减少牙菌斑形成和牙龈炎。然而，氯己定可能会导致牙齿变色，改变味觉，增加牙结石的形成[71]。值得注意的是，氯己定在美国只能凭医生处方获得。氯化十六烷基吡啶（cetylpyridinium chloride）是另一种抗菌剂[72]，其缺点是阴离子表面活性剂会使其失活，因此通常不建议在刷牙后使用。香精油，如桉叶油精（桉树油的主要成分）、水杨酸甲酯（冬青油的主要成分）和百里香（百里香油的主要成分）也因具有控制牙菌斑和抗牙龈炎的作用而用于漱口制剂中[73]。

具有美容效果的成分

和牙膏一样，漱口水也可添加额外的具有美容效果的成分，常用成分类型和实例如下。

- **抗敏感剂：**一水合草酸二钾。
- **抗牙结石剂：**焦磷酸盐、PVM/MA。
- **美白剂：**非漂白剂（如六偏磷酸钠）用于去除外源性污渍，漂白剂（如过氧化氢）用于改变牙齿颜色。
- **除臭剂：**氯化十六烷基吡啶、香精油。

24.8.2.2 漱口水制剂的制备

漱口水是一种简单的调味有色溶液，其制剂制备过程就是溶液配制的过程。根据溶解性，各种成分被溶解在水或乙醇中，然后将水相和乙醇相混合。关键步骤是正确溶解精油或其他亲脂性成分以保持溶液的清澈，并防止油性成分的分离。

> **你知道吗?**
> 通过溶解作用可产生一种清澈的溶液，与乳化作用不同，后者的最终产品是不透明的乳液。尽管表面活性剂既用于增溶也用于乳化，且形成胶束使油融入水相，但两者组分的亲水/亲油比差异很大。

24.8.3 其他产品

除了牙膏和漱口水外，市场上还有其他具有美容功效的产品。本节主要介绍美白辅助剂、牙粉及牙线的基本成分和主要特点。

24.8.3.1　牙齿美白辅助剂

过氧化氢用于牙齿美白的历史可追溯至一个多世纪前[74]。前文已提及，但值得再次强调的是，去除牙渍和牙齿美白是不同的概念。去除牙渍可有效去除表面染色（外源性染色），而要改变牙齿的原始颜色，必须使用漂白剂。美白对内源性和外源性染色都有效。

牙齿美白是一个氧化过程，其改变了牙齿结构的光吸收/反射特性，增加了其白色的感知度。牙齿漂白的机制与纺织品和纸张漂白类似：由过氧化氢形成的自由基与色素相互作用而产生美白效果[75]。此外，在漂白过程中发生的牙釉质脱水也可能导致暂时的美白作用。仅牙釉质脱水就能产生显著可见的牙齿暗色减少。然而，这种效果会在牙釉质重新水合后消失[76]。

在过去几十年间，美国的牙齿美白产品已经发展为以下四种类别。

- 专业应用的产品（在牙科诊所内使用）。
- 凭牙医处方获得的产品（由患者居家使用）。
- 消费者购买的非处方产品（由患者自行应用）。
- 非口腔科应用的其他产品，如在理发店、水疗中心甚至游轮上提供的护理。

在美国，目前所有牙齿美白产品都被归类为化妆品，包括前述所有基于过氧化氢的产品。美白产品有多种形式，包括凝胶、溶液、口香糖、牙膏、漱口水和牙贴（strip）。通常使用定制漂白托盘涂抹凝胶和溶液。刷牙后，将托盘放入口中并维持较短时间（约30 min）或较长时间（甚至8～10 h）。诊所内的美白治疗也涉及光疗法，以加速美白作用。牙贴通常由聚乙烯和聚丙烯聚合物制成，一侧涂有黏性凝胶。当牙贴放置在牙齿上时，胶凝剂（如卡波姆、聚乙烯吡咯烷酮和丙烯酸聚合物）开始膨胀，提供黏附性和适当的表面覆盖。牙贴在牙齿上放置大约半小时，取下后，刷牙以去除任何残留物。

❼ 美国的大多数牙齿美白产品都是基于过氧化氢，少部分含有过氧化脲。过氧化氢是一种具有高度活性的化学物质，也是一种强氧化剂，可形成自由基。过氧化氢以水溶液的形式存在，其含有高达33%～37%的纯过氧化氢及其他添加剂，以防止分解。过氧化脲在水介质中会分解释放过氧化氢，10%的过氧化脲大约可产生3.5%的过氧化氢[75]。诊所内漂白材料含有高浓度的过氧化氢（通常为25%～40%），而家用漂白产品中的过氧化氢含量一般在3%～10%，不过有些产品也会高达15%。

？你知道吗？

在欧盟，只有过氧化氢不超过0.1%的口腔卫生产品才能自由销售给消费者。而在美国，销售给消费者的美白产品可含有更高浓度的过氧化氢。在欧盟，过氧化氢浓度超过0.1%的产品只能销售给口腔科专业人士。此外，在欧盟，过氧化氢的最高浓度仅允许到6%，而在美国则可高达40%[77]。

24.8.3.2 牙粉

牙粉最初是用于清洁牙齿的产品，如今仍然可购买到，并且可作为牙膏的替代品。

牙粉是一种物理混合物，由牙科研磨剂、香料和起泡剂组成，需配合湿牙刷使用。尽管其高效且经济，但牙粉也有一些缺点。例如，其很难涂至牙刷上，而且氟化物等成分的添加/剂量控制颇具挑战性。总体而言，与牙膏和牙膏凝胶相比，牙粉不能提供愉快的刷牙体验，起泡活性也不佳。因此，与牙膏相比，牙粉的应用已经减少了。

其制备方法是粉末之间简单的混合过程。如果使用着色材料，通常以溶液形式添加。

24.8.3.3 牙线

❽ 牙线是一种细丝，用于清洁口腔中难以用牙刷刷到的区域，如牙齿之间的表面及牙齿与牙龈之间的区域。牙带（dental tape）与牙线类似，也是一种涂蜡或不涂蜡的尼龙或聚乙烯纤维条，两者的主要区别在于丝线的横截面形状。牙线具有圆形的横截面，而牙带有一个非常薄、几乎呈矩形的横截面，这有助于清洁牙齿之间更宽的空间。口腔医生推荐使用牙线进行日常口腔护理。

牙线通常由涂蜡或不涂蜡的尼龙丝、特氟龙丝或塑料制成，如聚乙烯单丝。蜡质，如蜂蜡和巴西棕榈蜡，可以帮助将牙线引入牙齿之间。丝线可经过香料处理，以增强用户使用体验。典型的口味包括薄荷和留兰香。此外，天然成分（如阿拉伯胶、蜂胶和没药）也可涂在牙线上。

> **❓ 你知道吗？**
>
> 最近的一项研究分别考察了在刷牙前或刷牙后使用牙线，以证明哪种方式在去除牙菌斑方面更有效，结果显示两种方式同样有效[78]。

牙线和牙带的生产需要特殊设备和独特技术。首先，形成细丝，拉伸，然后缠绕在大卷轴上。正确的拉伸过程是至关重要的，因为其可增加牙线的强度，同时大大减少磨损或断裂。牙线是在口腔中使用的，因此必须满足符合要求的卫生条件。首先，清洗丝线去除污垢，然后进行涂层上蜡。其次，丝线的表面喷洒薄荷粉和其他所需成分。最后，细丝被放回卷轴上。最后，将牙线绕成小线卷，插入内置塑料卷轴的塑料容器内。

24.9 口腔和牙齿护理产品的典型质量问题

❾ 口腔和牙齿护理产品的典型质量问题包括硬化、黏度不当、沙砾感、溶液混浊、微生物污染和结块。本节讨论了这些问题的可能原因和解决办法，之前已讨论过的质量问题不再赘述。

24.9.1 硬化

硬化意味着比平时更难于从牙膏管中挤出牙膏，需要异常高的压力，而且牙膏的稠度不够。这一问题的原因通常在于湿润剂的浓度。低湿度不能防止水分蒸发，导致在日常使用过程中出现干燥。在这种情况下，需重新设计制剂配方。

24.9.2 黏度不当

黏度是牙膏能正确使用的重要因素。如果增稠剂的浓度不够高，产品无法在牙刷上保持形状，可能会流入刷毛中。另外，如果牙膏太稠，就不容易从牙膏管中挤出，也不容易在口腔中扩散。为了解决这类问题，应重新考虑哪些成分（如增稠剂和研磨剂）会影响黏度？其浓度如何？

24.9.3 沙砾感

如果研磨剂的硬度、粒度和形状不适当，牙膏在口腔中可能会有沙砾感，并且会损伤牙龈和黏膜。这一问题可以通过监测成分的研磨力、使用具有推荐硬度和粒度的研磨剂来解决。

24.9.4 溶液混浊

漱口水可能含有作为防腐剂和香料成分的精油。这些含油成分通常用表面活性剂溶解，因此，漱口水应是澄清的溶液。如果增溶剂的类型或含量不合适，可能会导致溶液不同程度地浑浊。

24.10 口腔和牙齿护理产品的评价

24.10.1 质量参数的常规检测

⑩评估口腔和牙齿护理产品质量的常规检测参数包括牙膏和牙膏凝胶的涂抹性和挤压性、起泡性、气味、防腐效果、密度、比重、黏度、颜色、色泽均匀性、pH和稳定性。可接受范围和其他限制因素通常由制造商自行决定，已在前文中介绍的检测不再赘述。

24.10.1.1 气味

气味是极大影响消费者总体印象和产品选择的最重要因素之一。牙膏、牙粉或漱口水的口感通常由一组人群在使用测试产品后，通过刷牙感觉问卷来进行评估。

24.10.1.2 黏度

黏度会显著影响产品的使用体验，是一个重要的参数。可能影响黏度的因素包括黏合剂浓度、固体/液体比例和保湿剂/水比例。

屈服应力的评估是牙膏质量测试中至关重要的一部分。测试通常使用流变仪进行。

24.10.2 功效（性能）参数的常规检测

⓫功效参数的常规检测包括抗菌活性、美白活性和抗敏感效果。牙膏和漱口水制剂所声明的治疗或美容效果包括预防龋齿、去除牙菌斑、预防牙结石形成、杀灭引起口臭的细菌、减轻敏感性、美白、清新口气等。具体功效可根据成分的作用机制进行相应的检测。

24.10.2.1 抗菌活性

抗菌活性检测可在体外和体内水平进行。体外检测通常使用口腔病原体，如变形链球菌、微肽链球菌、乳酸杆菌、唾液链球菌和口腔链球菌。常用的抗菌试验是琼脂孔扩散法（agar well diffusion）。该方法的步骤如下：制备琼脂培养基，然后在培养基中接种目的样品微生物。在琼脂凝胶表面制孔，将牙膏或漱口水样品填充到孔中。在较高温度（如35 ℃）下培养1～2天，然后评估结果。通过测试抑制区的直径来评估其抗菌活性[79]。体内检测的步骤如下：志愿者按照牙膏或漱口水的使用说明，在规定时间内使用一段时间，在研究之前、期间和结束后，从志愿者口腔中采集唾液样本，将样本接种至各种培养基平板上（包括需氧和厌氧两种），并对微生物菌落进行计数和比较[80, 81]。

24.10.2.2 美白活性

美白活性也可通过体外检测评估，如使用动物牙齿进行检测。牙齿样本可使用染色能力强的有色饮料染色（如咖啡），然后追踪和比较不同美白产品的效果。可在检测前、检测中和检测后使用分光光度计、色度计或图像分析来评估颜色变化[82]。美白活性检测还可以在体内进行，志愿者被分成不同的组别参与测试。必须精心设计志愿者选择、研究方案和数据评估流程，以获得可靠的结果。

24.10.2.3 降低敏感反应

诸如降低敏感反应的某些声明，最好是在受试者中进行检测。敏感反应是指暴露于热、冷、辛辣、甜等因素时引起疼痛而感到不适。如果敏感的牙齿被拔除，刺激一般不会直接接触神经，因此表现得将与正常牙齿不同。通常，口腔专业人员在临床研究中评估这些产品，并确定这些脱敏产品与安慰剂（即不含抗敏感成分的产品）、阴性对照品或阳性对照品的疗效差异[83]。

24.11 引发安全性问题的成分

牙膏和漱口水不宜食用，但其有可能会被消费者不小心吞下，尤其是儿童更值得关注。为了增强儿童刷牙的积极性，儿童牙膏通常有鲜艳的颜色、香味和甜味，但儿童在刷牙时和刷牙后经常吞咽膏体。⓬氟化物和过氧化氢是引起口腔和牙齿护理产品安全性问题的成分。下文对其安全性研究结果和当前声明进行了介绍。

24.11.1 氟化物

无意或故意吞下牙膏后的最大问题是其中氟化物的含量。总体而言，氟化物是一种有效的活性成分，但即使食用相对较小的剂量，也可能引起急性氟中毒症状。一般认为氟的“可能毒性剂量”（probably toxic dose）为5 mg/kg体重[84]。可能毒性剂量是指能导致严重毒性（包括死亡在内），并应立即采取治疗干预和住院治疗的剂量[84]。早期症状包括胃肠道疼痛、恶心、呕吐和头痛。然而，应该注意的是，较低剂量（约0.3 mg）也可能引起毒性症状[85, 86]。

你知道吗?

根据FDA的建议，6岁以下儿童每次应只使用豌豆大小的牙膏（豌豆大小的牙膏与牙刷的比例如图24.7所示），通常重约0.25g（0.0088盎司）[87]。对于体重为10 kg（22磅）的幼儿，能产生中毒症状的最低氟剂量是50 mg。这意味着，当一名体重10 kg的幼儿在使用含有平均浓度（0.15%氟化物）的含氟牙膏时，需摄入大约32 g牙膏（大约130个豌豆）才会出现一种或多种症状。这听起来像是大量的牙膏，但实际上可能只是1/3管的量[88]。

图 24.7 挤有豌豆大小牙膏的牙刷
改编自 the National Institute of Dental and Craniofacial Research

如前所述，在牙龈中长出恒牙的幼儿摄入氟可能会增加患氟斑牙的风险。为了防止儿童意外从牙膏中摄入过量氟，FDA要求所有含氟牙膏的标签上贴有如下警告：“请放置于

6岁以下儿童接触不到的地方。如果不小心吞咽了超过刷牙用量的牙膏，请立即就医或联系中毒控制中心（Poison Control Center）”[89]。

24.11.2 过氧化氢

过氧化氢是引起患者和专业人士安全担忧的另一种成分。如前所述，过氧化氢用于牙齿美白产品。过去20年的研究表明，基于过氧化物的牙齿美白产品在使用得当的情况下是安全有效的。牙齿美白最常见的副作用包括暂时性轻中度的牙齿敏感、牙龈刺激，以及一些填充物成分的释放[75]。

较高浓度的过氧化氢产品，如用于诊所内漂白的产品，应配合适当的牙龈保护以避免严重损伤[75]。非口腔科环境中的牙齿漂白需尤为关注[75]。在商场摊位、美容院、水疗中心和游轮上进行漂白，可能营造出专业牙科服务的假象，但这些非口腔科机构往往没有经过充分培训和获得执业许可的口腔保健专业人员在场。在开始任何牙齿美白护理之前，建议咨询口腔专业人员，最好在专业监督下进行牙齿漂白。

错误使用基于过氧化物的美白产品可能会损害牙齿和牙龈。然而，意外摄入，如吞咽美白溶液，则可能会造成更严重的损害。摄入过氧化氢可能会刺激胃肠道，引起恶心、呕吐、吐血和口腔起泡。严重时，泡沫可能会阻塞呼吸道或导致肺部吸入。胃中可能会释放大量氧气，导致疼痛和呃逆[90]。因此，确保儿童不使用此类制剂非常重要，即使是成人也必须注意，在美白治疗后不要吞咽凝胶或溶液。

24.12 口腔和牙齿护理产品的包装

现行法规要求液体口腔卫生产品（如漱口水）在零售时必须使用防篡改（tamper-resistant）包装。防篡改包装需具有开启指示或关卡（如收缩或密封胶带、密封纸盒、管子或小袋、烟雾容器），若这些被破坏或缺失，就能提醒消费者产品可能已遭篡改。指示标志必须在设计上具有明显的区别，如易碎的盖子或外观（如logo），以防止被替代。防篡改特征可设计在直接接触容器或外包装容器上，或两者都有。包装还必须在一个显著位置进行声明，提醒消费者注意防篡改功能。如果防篡改特征被破坏或缺失，这一声明必须不受影响[91]。

口腔和牙科产品最常用的包装材料包括以下几种。

- **塑料管（plastic tube）和分配器（dispenser）**：大多数牙膏都是装在软塑料可折叠的管中销售的，这些软管配有可拆卸的盖子或翻盖。管的体积可能有所不同，但形状非常相似。这是多年来一直使用的经典容器。一些牙膏还使用立式塑料分配器。分配器内部含有一个活塞，在应用过程中，活塞抬起膏体并密封容器，防止牙膏干燥。开合盖子的动作可控制剂量，并且关闭时可防止干燥。分配器牙膏虽然特别但非常实用，然而只有少数牙膏可使用此类容器。
- **牙线塑料分配器（dental floss plastic dispenser）**：在标准情况下，牙线由一个或两个部件构成，带有一个托住牙线卷的插入件。通常，塑料外壳的一部分含一个小刀片，用于在应用期间切断所需长度的牙线。

- **塑料瓶**：漱口水通常在带盖塑料瓶中销售。盖子也用作剂量定量装置，其内侧有一个刻度，帮助量取产品。一些牙膏凝胶使用带有翻盖的塑料瓶做容器。

术语表

中文术语	英文术语	解释
牙骨质	cementum	覆盖在牙齿根部牙本质上的一种特殊结缔组织，将牙根牢固地连接在牙龈和颌骨上。
牙本质	dentin	围绕在牙腔周围的淡黄色骨状层。在牙冠，其被一层釉质覆盖；在牙根处，牙本质被牙骨质覆盖。
牙釉质	enamel	牙齿外部可见的白色部分，是人体内最坚硬的生物组织。牙釉质主要由羟基磷灰石组成。
致龋物质	cariogenic	一种能导致龋齿的成分。
龋齿	dental caries	又称蛀牙，一种常见的牙齿问题，导致牙釉质破裂和破坏，在牙齿表面出现棕色小洞。
牙龈炎	gingivitis	牙龈的炎症。
牙龈疾病	gum disease	牙周病，即牙龈感染，可以影响周围和支撑牙齿的骨骼。
口臭	halitosis	口腔异味。
牙菌斑	plaque	持续在牙齿表面形成的黏性无色细菌膜。
牙结石	tartar	一种常见的牙齿问题，由牙齿上的牙菌斑硬化引起，会导致黄褐色变色，并刺激牙龈。需专业人士清除。
牙齿敏感	tooth sensitivity	一种以对各种刺激（包括冷热、刷牙和气流）敏感性增强为特征的牙齿状况。
去矿化	demineralization	牙釉质失去钙和磷酸盐的过程。
再矿化	remineralization	将流失的钙和磷酸盐补充到牙釉质的过程。
美国牙科协会认证	American Dental Association seal of acceptance	由美国牙科协会授予的权威认证，用于标识符合安全性和有效性标准认证的产品。
宾汉塑性体	Bingham plastic	一种非牛顿流体的流变学特性，是牙膏的特征之一。宾汉塑性体在静止时表现为固体，但在外力作用下会像液体一样流动。
假塑性体	pseudoplastic	牙膏凝胶和大多数化妆品特有的非牛顿流变特性。假塑性（剪切变稀）产品在受力后黏度会降低而更具流动性，去除外力后就会恢复到原来的高黏度水平。
屈服应力	yield stress	启动宾汉塑性体成分流动所需的最小力。

续表

中文术语	英文术语	解释
研磨剂	abrasive	牙膏中的不溶性无机成分，用于清洁和抛光牙齿，去除牙齿表面的碎屑和残留污渍。
牙膏	toothpaste	一种个人护理产品，用于去除牙齿上的牙菌斑和污渍，清新口气。
牙线	dental floss	一种个人护理产品，用于清洁口腔中牙刷难以触及的区域。
漱口水	mouthwash	一种液体个人护理产品，旨在清新口气和加强口腔卫生。
牙齿美白产品	tooth whitening product	一种个人护理产品，旨在提亮牙齿。
氟化物	fluoride	预防和控制龋齿的主要成分。氟化物存在于水、食物、膳食补充剂、牙膏和漱口水中。
氟斑牙	fluorosis	8岁以下儿童因过量摄入氟而引起的一种疾病。氟斑牙会改变牙釉质的外观。
过氧化氢	hydrogen peroxide	牙齿美白（漂白）产品的主要成分。

缩略词表

缩略词	英文全称	中文全称
ADA	American Dental Association	美国牙科协会
ANPR	Advance Notice for Proposed Rulemaking	拟定规则的预先通知
CDC	Centers for Disease Control and Prevention	美国疾病控制与预防中心
PVM/MA	copolymer of methyl vinyl ether and maleic anhydride	甲基乙烯醚与马来酸酐的共聚物
PVP	polyvinylpyrrolidone	聚乙烯吡咯烷酮

（田吉来　译，白仁仁　校）

参考文献

1. Faller, A. and Schünke, G. (2004). *The Human Body: An Introduction to Structure and Function*. New York: Thieme.
2. Lamont, R.J. and Jenkinson, H.F. (2010). *Oral Microbiology at a Glance*. Hoboken: Wiley.
3. Kilian, M., Chapple, I., Hannig, M. et al. (2016). The oral microbiome–an update for oral healthcare professionals. *Br. Dent. J.* 221: 657–666.
4. Abou Neel, E.A., Aljabo, A., Strange, A. et al. (2016). Demineralization-remineralization dynamics in teeth and bone. *Int. J. Nanomedicine* 11: 4743–4763.
5. Marsh, P.D. (2004). Dental plaque as a microbial biofilm. *Caries Res.* 38 (3): 204–211.
6. Berg, J.H. (2006). The marketplace for new caries management products: dental caries detection and caries management by risk assessment. *BMC Oral. Health* 6 (Suppl 1): S6.
7. Pitts, N.B., Zero, D.T., Marsh, P.D. et al. (2017). Dental caries. *Nat. Rev. Dis. Primers.* 3: 17030.
8. Johansson, A.K., Lingström, P., Imfeld, T. et al. (2004). Influence of drinking method on tooth-surface pH in

relation to dental erosion. *Eur. J. Oral Sci.* 112 (6): 484–489.
9. CDC (1999). Ten great public health achievements - United States, 1900–1999. *CDC Morbid. Mortal. Wkly. Rep.* 48 (12): 241–243.
10. Bratthall, D., Hänsel-Petersson, G., and Sundberg, H. (1996). Reasons for the caries decline: what do the experts believe? *Eur. J. Oral Sci.* 104 (4(Pt 2)): 416–422.
11. Topping, G. and Assaf, A. (2005). Strong evidence that daily use of fluoride toothpaste prevents caries. *Evid. Based Dent.* 6 (2): 32.
12. Rasines, G. (2010). Fluoride toothpaste prevents caries in children and adolescents at fluoride concentrations of 1000 ppm and above. *Evid. Based Dent.* 11 (1): 6–7.
13. Frencken, J.E., Sharma, P., Stenhouse, L. et al. (2017). Global epidemiology of dental caries and severe periodontitis–a comprehensive review. *J. Clin. Periodontol.* 44 (S18): S94–S105.
14. White, D.J. (1997). Dental calculus: recent insights into occurrence, formation, prevention, removal and oral health effects of supragingival and subgingival deposits. *Eur. J. Oral Sci.* 105 (5 Pt 2): 508–522.
15. Eke, P.I., Thornton-Evans, G.O., Wei, L. et al. (2018). Periodontitis in US Adults: National Health and Nutrition Examination Survey 2009–2014. *J. Am. Dent. Assoc.* 149 (7): 576–588.e6.
16. ADA (2005). For the dental patient. Treating periodontal disease. *J. Am. Dent. Assoc.* 136: 127.
17. Irwin, C.R. and McCusker, P. (1997). Prevalence of dentine hypersensitivity in a general dental population. *J. Ir Dent. Assoc.* 43 (1): 7–9.
18. Sulieman, M. (2005). An overview of tooth discoloration: extrinsic, intrinsic and internalized stains. *Dent. Update* 32 (8): 463–471.
19. Addy, M. and Moran, J. (1995). Mechanism of stain formation on teeth, in particular associated with metal ions and antiseptics. *Adv. Dent. Res.* 9: 450–456.
20. Nathoo, S.A. (1997). The chemistry and mechanisms of extrinsic and intrinsic discolouration. *J. Am. Dent. Assoc.* 128: 6S–10S.
21. Spielman, A.I., Bivona, P., and Rifkin, B.R. (1996). Halitosis. A common oral problem. *NY State Dent. J.* 62: 36–42.
22. Moss, S. (1998). Halitosis and oral malodor. *FDI World* 5: 14–20.
23. Ratcliff, P.A. and Johnson, P.W. (1999). The relationship between oral malodor, gingivitis and periodontitis. A review. *J. Periodontol.* 70: 485–489.
24. Delanghe, G., Ghyselen, J., Feenstra, L. et al. (1997). Experiences of a Belgian multidisciplinary breath odour clinic. *Acta Otorhinolaryngol. Belg.* 51 (1): 43–48.
25. Rosenberg, M. (2002). The science of bad breath. *Sci. Am.* 72–79.
26. Rosenberg, M. (1996). Clinical assessment of bad breath: current concepts. *J. Am. Dental. Assoc.* 127: 475–482.
27. Ciancio, S.G. (1995). Chemical agents: plaque control, calculus reduction and treatment. *Periodontol. 2000* (8): 75–86.
28. Patrick, B.K. and Thompson, J.M. (2009). *An Uncommon History of Common Things*. Washington: National Geographic Books.
29. Guerini, V. (1909). *A History of Dentistry from the Most Ancient Times Until the End of the 18th Century*. Philadelphia: Lea and Febiger.
30. Panati, C. (2013). *Extraordinary Origins of Everyday Things*. New York: HarperCollins.
31. Crest History of toothpaste. crest.com/en-us/oral-care-tips/toothpaste/history-toothpaste (accessed 15 November 2021).
32. Sheffield Pharmaceuticals Our history. www.sheffieldpharma.com/our-history/ (accessed 15 November 2021).
33. Colgate-Palmolive Our history. www.colgatepalmolive.com/en- us/who-we-are/history (accessed 15 November 2021).

34. OralB The history of dental floss. oralb.com/en-us/oral-health/dental-floss-history/ (accessed 15 November 2021).
35. Gupta, M. (2018). Sugar substitutes: mechanism, availability, current use and safety concerns-an update. *Open Access Maced J. Med. Sci.* 6 (10): 1888–1894.
36. Mascarenhas, A.K. (2000). Risk factors for dental fluorosis: a review of the recent literature. *Pediatr. Dent.* 22 (4): 269–277.
37. Celik, E.U., Yildiz, G., and Yazkan, B. (2013). Clinical evaluation of enamel microabrasion for the aesthetic management of mild-to- severe dental fluorosis. *J. Esthet. Restor. Dent.* 25: 422–430.
38. Giovanni, T.D. and Eliades, T. (2018). Interventions for dental fluorosis: a systematic review. *J. Esthet. Restor. Dent.* 30: 502–508.
39. Aoba, T. and Fejerskov, O. (2002). Dental fluorosis: chemistry and biology. *J. Clin. Epidemiol.* 13: 155–170.
40. Bharath, K., Subba Reddy, V.V., Poornima, P. et al. (2014). Comparison of relative efficacy of two techniques of enamel stain removal on fluorosed teeth. An in vivo study. *J. Clin. Pediatr. Dent.* 38: 207–213.
41. Bruzell, E., Pallesen, U., Thoresen, N. et al. (2013). Side effects of external tooth bleaching: a multi-centre practice-based prospective study. *Br. Dent. J.* 215: E17.
42. ADA ADA Seal. www.ada.org/resources/research/science-and- research-institute/ada-seal-of-acceptance (accessed 18 November 2021).
43. Anusavice, K.J., Phillips, R.W., Shen, C. et al. (2012). *Phillips' Science of Dental Materials*. Philadelphia: Elsevier Health Sciences.
44. Hattab, F.N. (1989). The state of fluorides in toothpastes. *J. Dent.* 17 (2): 47–54.
45. Söderling, E., Hirvonen, A., Karjalainen, S. et al. (2011). The effect of xylitol on the composition of the oral flora: a pilot study. *Eur. J. Den.* 5 (1): 24–31.
46. Nayak, P.A., Nayak, U.A., and Khandelwal, V. (2014). The effect of xylitol on dental caries and oral flora. *Clin. Cosmet. Investig. Dent.* 6: 89–94.
47. Cury, J.A. and Tenuta, L.M.A. (2009). Enamel remineralization: controlling the caries disease or treating early caries lesions? *Braz. Oral. Res.* 23 (S1): 23–30.
48. ten Cate, J.M. and Featherstone, J.D. (1991). Mechanistic aspects of the interactions between fluoride and dental enamel. *CRC Crit. Rev. Oral Biol. Med.* 2: 283–296.
49. ten Cate, J.M. (1999). Current concepts on the theories of the mechanism of action of fluoride. *Acta Odontol. Scand.* 57: 325–329.
50. 21 CFR Part 355.50.
51. Hellwig, E. and Lennon, A.M. (2004). Systemic versus topical fluor ide. *Caries Res.* 38: 258–262.
52. Cressey, P., Gaw, S., and Love, J. (2010). Estimated dietary fluoride intake for New Zealanders. *J. Public Health Dent.* 70 (4): 327–336.
53. Haraszthy, V.I., Raylae, C.C., and Sreenivasan, P.K. (2019). Antimicrobial effects of a stannous fluoride toothpaste in distinct oral microenvironments. *J. Am. Dent. Assoc.* 150 (4): S14–S24.
54. Hu, D., Li, X., Lie, H. et al. (2019). Evaluation of a stabilized stannous fluoride dentrifice on dental plaque and gingivitis in a randomized controlled trial with 6-month follow-up. *J. Am. Dent. Assoc.* 150 (4): S32–S37.
55. Bae, J.-H., Kim, Y.-K., and Myung, S.-K. (2014). Desensitizing toothpaste versus placebo for dentin hypersensitivity: a systematic review and meta-analysis. *J. Clin. Periodontol.* 42 (2): 131–141.
56. Shen, S.-Y., Tsai, C.-H., Yang, L.-C. et al. (2009). Clinical efficacy of toothpaste containing potassium citrate in treating dentin hypersensitivity. *J. Dent. Sci.* 4 (4): 173–177.
57. Pradeep, A.R. and Sharma, A. (2010). Comparison of clinical efficacy of a dentifrice containing calcium sodium phosphosilicate to a dentifrice containing potassium nitrate and to a placebo on dentinal hypersensitivity: a randomized clinical trial. *J. Periodontol.* 81 (8): 1167–1173.
58. Chikte, U.M., Rudolph, M.J., and Reinach, S.G. (1992). Anti- calculus effects of dentifrice containing

pyrophosphate compared with control. *Clin. Prev. Dent.* 14 (4): 29–33.
59. Mandel, I.D. (1995). Calculus update: prevalence, pathogenicity and prevention. *J. Am. Dent. Assoc.* 126: 573–580.
60. Fairbrother, K.J. and Heasman, P.A. (2000). Anti-calculus agents. *J. Clin. Periodontol.* 27: 285–301.
61. Barnes, V.M., Richter, R., Vandeven, M. et al. (2008). Clinical investigation of the antiplaque efficacy of a new variant of a commercially available triclosan/copolymer/fluoride dentifrice. *J. Clin. Dent.* 19 (3): 81–84.
62. He, T., Anastasia, M.K., Zsiska, M. et al. (2017). In vitro and In vivo evaluations of the anticalculus effect of a novel stabilized stannous fluoride dentifrice. *J. Clin. Dent.* 28 (Spec Iss B): B21–B26.
63. Suzuki, N., Nakano, Y., Watanabe, T. et al. (2018). Two mechanisms of oral malodor inhibition by zinc ions. *J. Appl. Oral Sci. 26*: e20170161.
64. Cho, E.-J., Lee, H.-W., Park, S.-M. et al. (2016). The effect of zinc- citrate-containing dentifrice for oral malodor control: a clinical study. *Int. J. Clin. Prev. Dent.* 12 (2): 57–64.
65. Zsiska, M., Schneidermann, E., Jin, Y. et al. (2021). Investigation of oral malodor prevention by dentifrices as measured by VSC reduction. *J. Breath Res.* 15: 036001.
66. Barnes, H.A. (1999). The yield stress–a review–everything flows? *J. Non-Newtonian Fluid Mech.* 81 (1–2): 133–178.
67. Laba, D. (1993). *Rheological Properties of Cosmetics and Toiletries*. Boca Raton: CRC Press.
68. Silverson Manufacture of toothpaste. www.silverson.com/us/toothpaste.html (accessed 4 October 2013).
69. Butler, H. (2000). *Poucher's Perfumes, Cosmetics and Soaps*. London, UK: Kluwer Academic Publishers.
70. Rigano, L. (2012). Toothpastes. *Cosm Toil.* 127 (5): 324–334.
71. Strydonck, D.A.C., Timmerman, M.F., Van Der Velden, U. et al. (2005). Plaque inhibition of two commercially available chlorhexidine mouthrinses. *J. Clin. Periodontol.* 32 (3): 305–309.
72. Rawlinson, A., Pollington, S., Walsh, T.F. et al. (2008). Efficacy of two alcohol-free cetylpyridinium chloride mouthwashes–a randomized double-blind crossover study. *J. Clin. Periodontol.* 35 (3): 230–235.
73. Alshehri, F.A. (2018). The use of mouthwash containing essential oils (Listerine®) to improve oral health: a systematic review. *Saudi Dent. J.* 30: 2–6.
74. Fitch, C.P. (1861). Etiology of the discoloration of teeth. *Dent. Cosmos.* 3: 133–136.
75. Li, Y. and Greenwall, L. (2013). Safety issues of tooth whitening using peroxide-based materials. *Brit. Dent. J.* 215: 29–34.
76. Tavares, M., Stultz, J., Newman, M. et al. (2003). Light augments tooth whitening with peroxide. *J. Am. Dent. Assoc.* 134: 167–175.
77. Scientific Committee on Consumer Products (2007). Opinion on hydrogen peroxide, in its free form or when released, in oral hygiene products and tooth whitening products. SCCP/1129/07.
78. Silva, C., de Albuquerque, P., Assis, P. et al. (2022). Does flossing before or after brushing influence the reduction in the plaque index? A systematic review and meta-analysis. *Int. J. Dent. Hyg.* 20 (1): 18–25.
79. Karadağlıoğlu, Ö.İ., Ulusoy, N., Başer, K.H.C. et al. (2019). Antibacterial activities of herbal toothpastes combined with essential oils against *Streptococcus mutans*. *Pathogens* 8 (1): 20.
80. Ciuffreda, L., Boylan, R., Scherer, W. et al. (1994). An *in vivo* comparison of antimicrobial activities of four commercial mouthwashes. *J. Clin. Dent.* 5 (4): 103–105.
81. Haraszthy, V.I., Zambon, J.J., and Sreenivasan, P.K. (2010). Evaluation of the antimicrobial activity of dentifrices on human oral bacteria. *J. Clin. Dent.* 21 (4): 96–100.
82. Torres, C.R., Perote, L.C., Gutierrez, N.C. et al. (2013). Efficacy of mouth rinses and toothpaste on tooth whitening. *Oper. Dent.* 38 (1): 57–62.
83. Holland, G.R. (1997). Guidelines for the design and conduct of clinical trials on dentine hypersensitivity. *J. Clin. Periodontol.* 24 (11): 808–813.
84. Shulman, J.D. and Wells, L.M. (1997). Acute fluoride toxicity from ingesting home-use dental products in

children, birth to 6 years of age. *J. Public Health Dent.* 57 (3): 150–158.
85. Whitford, G.M. (1999). Fluoride metabolism and excretion in children. *J. Public Health Dent.* 59 (4): 224–228.
86. Gessner, B.D., Beller, M., Middaugh, J.P. et al. (1994). Acute fluoride poisoning from a public water system. *N. Engl. J. Med.* 330 (2): 95–99.
87. DenBesten, P. and Ko, H.S. (1996). Fluoride levels in whole saliva of preschool children after brushing with 0.25 g (pea-sized) as compared to 1.0 g (full-brush) of a fluoride dentifrice. *Pediatr. Dent.* 18 (4): 277–280.
88. Akiniwa, K. (1997). Re-examination of acute toxicity of fluoride. *Fluoride* 30: 89–104.
89. 21 CFR Part 330.1
90. Watt, B.E., Proudfoot, A.T., and Vale, J.A. (2004). Hydrogen peroxide poisoning. *Toxicol. Rev.* 23 (1): 51–57.
91. 21 CFR Part 700.25

第25章 脱毛产品

学习目标

通过本章的学习后，读者将掌握以下内容。

1. 以下术语的定义：

终毛	生长期	脱毛	除毛
脱毛器	化学脱毛剂	毛囊炎	内生毛囊
剃须产品	修剪	剃须	镊子脱毛
打蜡脱毛	糖化脱毛	细线脱毛	预处理产品
后处理产品	袋装阀		

2. 绒毛和终毛的差异。
3. 毛干的形状和直径对剃须的影响。
4. 永久性脱毛需要考虑头发生长周期的原因。
5. 脱毛与除毛方法的不同。
6. 美国法律对脱毛产品的分类。
7. 脱毛方法和产品对皮肤、毛囊的有益影响及潜在负面影响。
8. 理想脱毛产品所需要的特性。
9. 各种预处理产品的功能。
10. 预处理制剂中的主要成分类型及其实例。
11. 泡沫型、免刷型和气雾剂型剃须膏的区别。
12. 剃须膏的主要成分类型及其实例。
13. 泡沫和泡沫凝胶从气雾剂型剃须膏罐中产生的机制。
14. 化学脱毛剂的工作机制。
15. 化学脱毛剂的主要成分类型及其实例。
16. 冷蜡和热蜡的差异。
17. 脱毛蜡的主要成分类型及其实例。
18. 各种后处理产品的功能。
19. 后处理产品的主要成分及其实例。
20. 在脱毛产品制备和使用过程中可能发生的典型质量问题及其可能原因。
21. 脱毛产品一般检测的常见质量参数及其评估方法。
22. 巯基乙酸盐和推进剂的潜在安全性问题。
23. 可用于脱毛产品的典型容器。

主要概念

1. 目前有众多的脱毛技术和产品可供选择。暂时性脱毛方法是根据其技术和个体的生理特征，使皮肤在短时间（1～3天）或较长时间（1～3周）内保持无毛状态。而永久性脱毛方法可以将脱毛效果延长至数年。

2. 脱毛技术和产品只去除皮肤表面突出部分的毛发。

3. 除毛技术和产品能去除包括真皮根部的整个毛发纤维。

4. 预处理产品旨在使脱毛更容易、更舒适，并减少潜在的皮肤刺激。

5. 剃须是在男性人群和女性人群中都非常受欢迎的脱毛方法。有各种各样的此类产品，包括剃须皂、剃须膏、喷雾剃须泡沫和喷雾剃须凝胶，都旨在使剃须更容易、更舒适。

6. 化学脱毛剂的作用是减少毛发角蛋白中的二硫键，导致毛发断裂，使毛发与皮肤分离。

7. 打蜡脱毛是一种脱毛方法，包括将热蜡或冷蜡涂在有毛发的皮肤上，并迅速剥离蜡质和被黏附的毛发。

8. 后处理产品旨在减少红肿、减轻脱毛后的疼痛和灼烧感，并舒缓和滋润皮肤。

9. 脱毛产品的典型质量问题包括剃须凝胶和膏霜起泡不佳、泡沫不稳定、蜡质变脆、乳液分层、微生物污染、结块和酸败。

10. 通常用于评估脱毛产品质量的参数包括起泡性、泡沫稳定性、泡沫黏度、泡沫密度和泡沫结构，喷雾特性、喷雾罐体泄漏性、压力检测、驱动力，闪点，防腐效力，密度、比重，pH，黏度，颜色及稳定性。

11. 一些脱毛产品声称具有补水保湿功效，相关性能声明可以通过第11章中讨论的方法得到证实。

12. 在脱毛产品中引起安全性和环境问题的成分包括巯基乙酸盐和挥发性有机化合物。

25.1 引言

脱毛（hair removal）是个人护理行业中越来越重要的一个领域，男女均适用。许多消费者因为美容、社交、文化或医疗等原因选择去除多余的毛发[1]。多年来，已开发出了许多脱毛技术和产品用于暂时性脱毛和永久性脱毛，其中大多数技术和产品可居家使用，也有些项目只能在专业美容院和皮肤科诊所中进行。

本章介绍了各种脱毛技术和产品，并详细介绍了最主流的暂时性脱毛方法和产品，包括其成分、特性、制备技术、质量控制及包装材料，同时概述了消费者的一般要求，以及相关产品是如何影响人体皮肤和毛发产生的。

25.2 人体毛发的结构和功能

如第16章所述，人体几乎所有表面都覆盖着毛囊，但其可见度和颜色不尽相同。

绒毛（vellus hair）非常细小，颜色浅（黑色素含量较低），几乎是看不见的。相比之下，终毛（terminal hair）则更长、更厚、更黑、更明显。在脱毛领域，终毛通常是产品和技术的主要目标。

你知道吗?

一些医疗处理可能会在绒毛生长部位触发可见毛发的生长。一个实例是雄激素水平的异常，如女性体内的睾酮水平。女性通常具有一定水平的睾酮，但某些激素紊乱可能会导致睾酮水平的升高。此时，腹部或面部可能会出现多余的终毛[2]，这种现象通常被称为毛发过多或毛发多余[3]。在这种情况下，患者不应自主拔除毛发，应该寻求包括皮肤科医生、妇科医生和内分泌医生的医疗帮助，并找出导致这种情况的主要原因。

如前所述，毛干（hair shaft）是毛囊单位的一部分，该单位还包括皮脂腺（sebaceous gland）和竖毛肌（arrector pili）（图 16.1）。毛囊单位位于真皮层，但毛干突出于皮肤表面。已经证明，面部毛发纤维（如胡须）具有较大的直径，通常是不对称的[4]。在剃须时需要考虑相关结构特性，因为其可能会影响剃须效果。剃发所需的力量与其直径有关：直径越大，所需的力就越大。剃除须发（beard hair）所需的力量大约是头发（scalp hair）或腿部毛发的3倍[5]。众所周知，水分可以使毛干变软，这减少了对剃刀的阻力，使剃须变得更容易。短时间的补水还能提高皮肤的弹性，使其在剃刀划过表面时更容易变形和复原[6]。

本书第16章介绍了毛发生长的周期性（图 16.4），具体可分为以下几个阶段：第一阶段是生长期（anagen phase），这是毛发活跃生长的阶段，这一阶段决定了不同身体部位毛发的长度。第二阶段是退行期（catagen phase），也称为过渡阶段。在这一阶段，细胞分裂停止，毛发生长也随即停止。第三阶段是休止期（telogen phase），或称为休息阶段。此时，细胞复制和随后的毛发生长在几个月内都是不活跃的。休止期结束时，毛发会脱落。休止期的持续时间因身体部位而异。休止期结束后，细胞再次开始分裂，形成新的毛干，并开始生长。如果想实现永久性脱毛，需要考虑毛发的生长周期。研究表明，生长期的毛囊处于活跃状态，因此对激光和电解脱毛较为敏感。而处于退行期或休止期的毛囊却对此无反应，毛发处理后会重新生长[7]。非生长期的毛发通常需要4～8周才能进入生长期，这就是永久性脱毛疗程通常间隔4～8周进行的原因[8]。

25.3　脱毛工具的使用历史

数千年来，从身体各部位去除毛发已经成为个人美容习惯的重要组成部分。史前洞穴壁画和考古证据表明，在公元前3万年左右，人们已有了剃须习惯，当时使用了多种工具，包括贝壳、燧石斧、火山玻璃，甚至是磨尖的动物牙齿[9]。面部蓄须在历史上时兴时衰。在古埃及，脸面光滑是地位的象征。人们长期使用研磨剂去除多余的毛发（即所谓的摩擦法）。古印度、古罗马和古埃及的男性和女性使用浮石来达到这一效果。此外，这些文化中还第一次出现了由铁、青铜、铜或金制成的剃须刀——一种只有单一刀片的直剃刀。剃须在当时通常由专业理发师进行。理发师使用肥皂和水制造泡沫，在剃须前涂抹在皮肤上。糖化（sugaring）也是一种常用的脱毛方法。在古代文化中，女性使用蜂蜡或由碱制成的脱毛膏（cream depilatory）来去除腿部的毛发。此外，女性也流行使用剃刀、镊子和浮石等去除毛发。古埃及人、早期中东人和亚洲文化中使用细线来脱毛。这一过程是用线把毛发缠绕成一圈，进而从根部去除多余的头发[10]。在当今的某些文化中，这种方法又重新流行起来。中世纪的剃须比之前更为普遍，特别是在欧洲。对于女性而言，完全无毛，甚至连头发都没有，曾是非常时尚的，这使她们能够佩戴上大而奢华的时髦假发和头饰。当时的女性几乎每天都要拔毛、剃毛，去除眉毛、头部和颈部的毛发。中美洲和北美的阿兹特克人（Aztec）则使用由火山黑曜石制成的剃须刀，刀片锋利有效，但易碎[9]。

早期的剃须刀在使用过程中会造成许多伤害，且具有潜在的危险，因此人们多次尝试改进剃须刀的设计。18世纪60年代，法国理发师发明了第一个带有木制护板的“L”形剃须刀片[11]，被称为佩雷特剃刀（Perret razor）。这种型号的剃须刀可以防止深度皮肤割伤，但需要移除护板来磨刀，所以仍然不够实用。19世纪末，美国的坎普（Kampfe）兄弟解决了这一问题[9]。他们发明了一个“T”形装置，这在当时非常成功。然而，该装置在每次使用前仍需磨刀。随着剃须工具的改进，剃须辅助工具也在不断发展。19世纪初，市场上推出了一种特殊的肥皂，将这种肥皂放入一个加了水的杯子里，用刷子搅起泡沫，然后涂在脸上[9]。金·C.吉列（King C. Gillette）在20世纪初创造了第一个双刀片的安全剃须刀，并具有可更换的一次性刀片，这项革命性的发明改变了脱毛行业。第一次世界大战时期，这项发明已经流行起来。美国政府与其签订了合同，向军队提供剃须刀[9]。随后，剃须刀的改进包括使用新的刀片材料（如不锈钢），通过防止腐蚀而延长刀片的使用寿命。20世纪，脱毛技术的其他重大进展如下：发明了第一个电动剃须刀、推出了巯基乙酸盐（thioglycolate）脱毛剂，以及首次使用罐装喷雾式剃须膏。喷雾式剃须膏很快成为最受欢迎的剃须产品，其不需要使用刷子就可以产生和涂抹泡沫。然而，20世纪80年代起，人们开始担忧喷雾污染问题，此时，剃须皂和手敷乳霜的使用再次兴起。

此后，刀片技术也取得了巨大的进步。吉列公司推出了五刀片剃须刀，为消费者带来愉快且安全的剃须体验。同时，市场上出现了各种各样的剃须辅助产品、预处理和后处理产品。

25.4 脱毛方法

❶ 如今，已有众多的脱毛技术和产品可供选择。暂时性脱毛方法（temporary method）是根据其技术和个体的生理特征，使皮肤在短时间（1～3天）或较长时间（1～3周）保持无毛状态。而永久性脱毛方法（permanent method）可将脱毛效果延长至数年。图25.1总结了目前可用的脱毛方法。图中粗框内是一些涉及使用化妆品的方法。相关方法将在本

章详细介绍。

25.4.1 暂时性脱毛方法

有两种不同类型的暂时性脱毛方法：脱毛（depilation）和除毛（epilation）。

25.4.1.1 脱毛

❷脱毛技术和产品只去除皮肤表面凸出部分的毛发（图 25.2）。如果未发生皮肤损伤，该技术一般是无痛的。脱毛技术包括剃毛（shaving）、修剪（trimming），以及使用研磨剂（abrasive）和化学脱毛剂（chemical depilatory）。

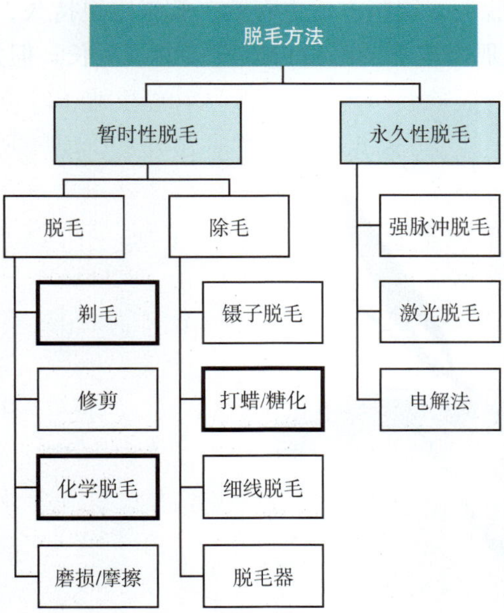

图 25.1 目前可用的脱毛方法总结

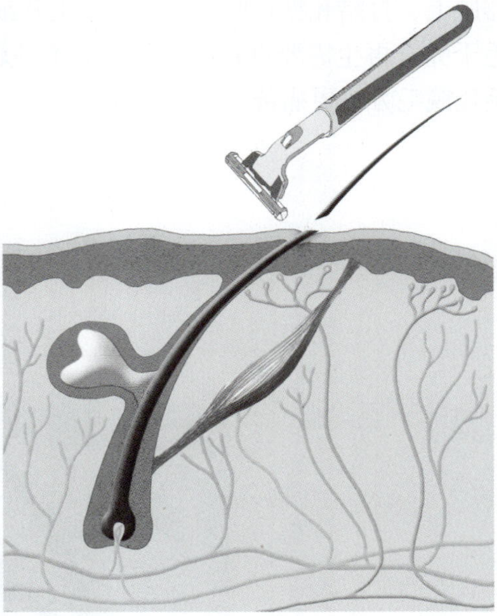

图 25.2 脱毛方法实例——剃毛

- 剃毛是一种常用的方法，其快速、简单、无痛、有效，而且相对便宜。剃毛仅需一个剃毛工具，即剃刀。
- 修剪是使用剪刀剪短毛发，如修剪较长的眉毛。
- 研磨剂，如浮石或由细砂纸制成的手套，通过物理方式去除皮肤表面的毛发。研磨剂对皮肤可能会非常刺激，如今已很少用于脱毛。
- 化学脱毛剂可溶解毛发纤维，导致毛发断裂，进而很容易从皮肤上洗掉毛发。可用的产品形式包括面霜、乳液和气雾剂。

> **你知道吗?**
>
> 人们习惯将漂白看作一种脱毛技术。然而，漂白不会去除毛干的任何部分，而只会改变皮肤外毛发的颜色。

你知道吗?

人们普遍认为，剃毛会使毛发生长得更快更粗。然而，事实并非如此。临床研究表明，剃毛对毛发生长速度、生长类型和毛发厚度并没有影响[12]。然而，剃毛确实会改变再生毛发尖端的形状，这可能会改变毛发重新长出时的外观。由于毛发的自然生长，其具有一个精细的锥形尖端。剃毛在皮肤表面剪掉毛发，此处的毛发直径更大，留下的毛发尖头比较粗，会给人一种粗糙的印象。

25.4.1.2 除毛

❸除毛技术和产品能去除包括真皮根部的整个毛发纤维（图25.3）。除毛技术包括脱毛器脱毛、打蜡和糖化脱毛、镊子脱毛和细线脱毛。这些方法更有效，效果也更持久，因为毛干完全再生需要更长的时间，而不像剃毛那样皮下的毛发可以直接继续生长。但是，除毛比脱毛方法更痛苦。

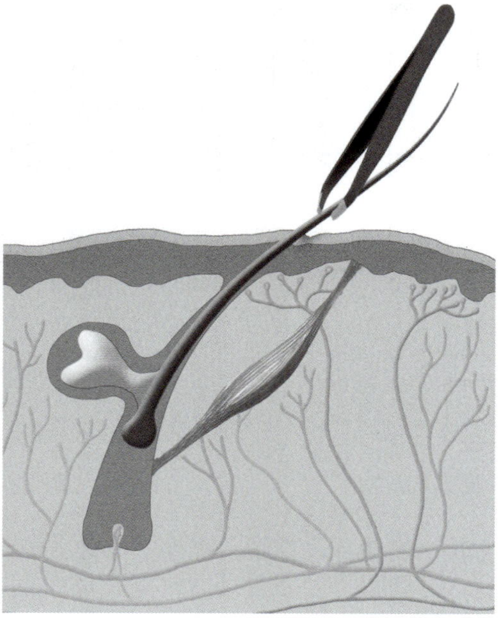

图25.3　除毛方法实例——镊子拔毛

- **镊子拔毛**：拔毛最好使用镊子。这种方法可用于脱毛器难以触及的小面积区域。例如，对于去除眉毛上的一小部分毛发而言，这是一种有益的方法。然而，这种方法非常耗时且乏味。
- **打蜡脱毛**：将热或冷的脱毛蜡涂在多毛生长的皮肤上，然后沿着毛发生长的方向迅速剥去蜡和毛发。打蜡可以从更大的表面区域大量一次性去除毛发。糖化与打蜡类似，但其是糖、柠檬汁和水的混合物，用来形成糖浆而不是蜡油。

- **细线除毛：**是一种古老的手工技术，使用一根长细线，将线环绕在毛发上，使毛发被紧密缠绕在线圈中，然后快速将毛发拉下。这种技术在许多阿拉伯国家很流行。
- **脱毛器：**是一种电动装置，通过机械抓取和拔出毛发来去除毛发。

> **你知道吗?**
>
> 依洛尼塞盐酸盐（Eflornithine hydrochloride），商品名为 Vaniqa^{TM}，是一种处方外用面霜，用于女性暂时性减少毛发。Vaniqa 已被 FDA 批准用于去除女性多余的面部毛发[13]。使用这种面霜不会脱毛，但会降低毛发的生长速度[14]。

25.4.2 永久性脱毛法

永久性脱毛法可在治疗后显著、长期地减少毛发数量，这种效果在其毛囊完整生长周期以上的时间内是稳定的[15]。永久性脱毛技术包括激光设备、强脉冲光设备和电解法。永久性脱毛听起来很有吸引力，也是去除多余毛发的一种理想方法。然而，相关方法往往价格高昂，可能并不适合每个人。因此，有必要首先咨询皮肤科医生并检查皮肤和毛发。

- **激光治疗**（laser treatment）：能够在很长一段时间内使毛发的活跃生长停止。激光脱毛的原理在于毛囊和皮肤之间存在颜色差异。毛囊中的色素（即黑色素）所吸收的光能会对毛囊造成损伤，从而抑制毛发的生长。皮肤越浅，毛发越深，激光就越能更加有选择性地影响毛囊而不是周围组织。激光仪器产生一个由单一波长组成的强大、聚焦的光束[8]。激光脱毛可减少毛发长出数量，减缓毛发生长，使毛发变薄。然而，这种方法可能无法实现永久和完全的毛发去除，过一段时间毛发可能会重新长出[16]。
- **强脉冲光**（intense pulsed light）：同样利用类似于激光的热破坏原理（即光热分解），并且也针对毛囊中的黑色素。然而，强脉冲光通常使用500～1200 nm的一系列波长，而不是单一波长[17]。该设备的治疗效果与激光设备相似，也可能无法实现完全和永久脱毛[16]。
- **电解法**（electrolysis）：也称为电疗学（electrology），该法将一根细小的针状电极插入毛囊，然后发射一电流脉冲使之损伤并最终破坏毛囊[18]。因此，毛发从根部脱落，然后可以用细镊子轻松拔除毛发。由于会破坏毛囊，电解法是一种永久性脱毛方法，且通常行之有效，特别是在局部小区域，如面部和颈部。

> **你知道吗?**
>
> 激光治疗和电解脱毛的效率取决于毛发所处的生长阶段，这两种方法只有在毛发生长初期才真正有效。为了检测毛囊是否处于活跃生长期，消费者可在治疗前剃毛。剃毛后重新长出的毛发均处于生长期，从而有针对性地选择脱毛方法。由于并非所有毛发都处于生长期，即使是永久性治疗也需要多疗程重复进行，以捕捉新长出的毛发[19]。

25.5 脱毛产品的类型和定义

本节介绍的多数产品在美国均归属于化妆品，而使皮肤失去知觉的产品则属于药物范畴。

- **预处理产品**：在脱毛前使用。需要使用此类产品的脱毛方法涉及涂蜡（waxing）和使用电动剃须刀干剃。预剃用品旨在清洁和滋润皮肤表面。预蜡处理旨在去除皮肤上的汗水，润滑和滋润皮肤，并确保蜡只黏附于毛囊而不是皮肤上。也可能会使用皮肤麻醉产品，不过只推荐用于较痛苦的脱毛方法（如拔毛、打蜡和永久性脱毛方法）之前。麻醉膏（numbing cream）是一种局部麻醉剂，可暂时缓解痛觉，在美国属于药物。利多卡因（lidocaine）通常用于这些产品之中。
- **剃须产品**：涂抹在皮肤上，通过软化毛发和润滑皮肤来促进毛发的去除。剃须是去除不需要毛发最常见的方法，而相关产品使剃须过程的体验更加愉悦。此类产品包括剃须皂、剃须膏、剃须泡沫喷雾和剃须凝胶喷雾。
- **化学脱毛产品**：也称为脱毛剂（depilatory），通过化学方法破坏毛发纤维。此类产品以乳液、乳霜和泡沫的形式出售，通常以巯基乙酸盐作为主要成分。
- **蜡类产品**：是基于混合松香和松香酸盐的毛发黏合剂，通常还含有皮肤调理剂（skin conditioning agent）、着色剂和香精。蜡可以热涂或冷涂，通过手工或使用条带（strip）可将其连同毛发一同去除，去除方法取决于所用蜡的类型。
- **后处理产品**：旨在减少红肿，缓解脱毛后的疼痛和灼烧感，提供凉爽、清新的肤感，并发挥温和的皮肤收紧效果。石蜡油用于去除皮肤上残留的蜡质。后处理制剂可能含有防腐剂，以防止伤口感染，也可能含有保湿剂，以舒缓和滋润皮肤。后处理产品的产品形式包括溶液、凝胶、乳液、面霜、香脂、粉末和油等。

25.6 脱毛产品对皮肤和毛发的影响

去除多余的毛发已成为许多人群日常生活的一部分。例如，在青春期，胡须区域的绒毛会变成终毛，这是年轻男性开始剃须的原因之一。在某些文化中，无毛发的面部被认为更加卫生。有的传统要求在人们达到一定年龄时强制性去除毛发。相反，在其他一些文化中，出于宗教原因则可能禁止去除毛发。频繁或不适当脱毛会导致不良反应和皮肤反应。各种脱毛技术常见的副作用总结如下。

- 许多预处理产品和剃须制剂中的酒精具有抗菌作用，并为皮肤提供凉爽感。然而，酒精可能会使皮肤干燥，且在刚刚剃须结束的皮肤上使用时会产生灼烧感。
- 使用剃刀时，刀片可能会割伤皮肤，导致出血。如果处理不当，受损皮肤可能会发生感染和炎症。若皮肤被严重割伤，则可能会造成永久性瘢痕。
- 脱毛可能会导致局部暂时的疼痛、瘙痒、肿胀、敏感和刺激。虽然剃须一般无痛（除非皮肤受损），但通常也会感到不适。剪断毛发引起的毛囊内纤维移位、旋转和伸长是造成不适的主要原因[20]。剃须还可以去除隆起的不规则皮肤，进而刺激皮肤[21]。

- 剃须时最常见的不良反应之一是毛囊炎（folliculitis），即毛囊的炎症。毛囊受到损伤可能导致毛囊炎（如剃须损伤到毛囊），或者受到一种称为假性毛囊炎（pseudofolliculitis barbae）病症的影响。受损的毛囊最容易感染葡萄球菌，引起须疮（barber's itch），其常发于面部、腹股沟和腋下，一般也见于腿部或手臂[22, 23]。和须疮不同的是，须癣（tinea barbae）感染则是由真菌引起的。
- 脱毛方法比较痛苦，这是因为当毛发被拔掉时，位于毛囊根部周围真皮层的感觉神经会向大脑传递疼痛信号。但是，这种疼痛是暂时的，通常会自行消退。
- 某些修脸润肤露制剂中含有的香精可能会刺激并导致接触性变态反应[24]。

你知道吗?

假性毛囊炎是一种慢性炎症，最常见于非裔美国人和西班牙裔毛发卷曲的男性及女性[25]。剃须后，毛发可能会重新生长并卷曲，然后刺入皮肤，导致炎症。

- 脱毛后可能出现的另一个常见问题是内生毛发（ingrown hair）。在剃须或拔毛后，毛发重新生长时没有穿透皮肤表面，而是向皮肤内生长，导致毛发内生，产生局部疼痛、刺激，并可能在皮肤上出现肿块。内生的毛发也会导致炎症，但这种炎症是轻微的，只影响一小部分毛囊。但是，当消费者需要大面积去毛时，应该去看皮肤科医生，考虑是否有其他脱毛方式可供选择。
- 脱毛蜡的设计目的是使毛发尽可能地紧贴皮肤。当蜡被去除时，应附着在毛发上并将其从毛囊中去除。如果脱毛蜡使用不当，或者在错误的温度下使用，或者没有很好地清洁皮肤，毛发就不会脱落。如果脱毛蜡太热，会引起皮肤刺激、烫伤和起疱。如果脱毛不正确，会导致皮肤表层也随着毛发一起脱落。
- 化学脱毛剂是一种高度碱性产品，会破坏和降解皮肤蛋白，如果在皮肤上停留的时间超过建议的时间，会引起皮肤刺激、过度脱落或接触性皮炎。不过这种皮肤反应通常是暂时的，只持续数小时或一天。在使用前，消费者应仔细阅读产品说明，并在皮肤的较小面积上进行产品测试。测试区域的评估应持续1～2天。还建议消费者选择适合所用部位的产品，因为皮肤敏感性因部位不同而异。
- 某些药物可能会影响皮肤的愈合能力，因此，在服用此类药物时应避免同时使用某些脱毛技术。例如，口服类视黄醇（retinoid）可治疗严重痤疮，但可能会导致永久性瘢痕。因此，消费者在服用此类药物时应避免使用激光脱毛、磨皮、脱蜡等方法脱毛[26]。

你知道吗?

神经外科医生在手术前剃掉患者部分毛发是一种常规做法，这基于去除毛发可以防止术后感染的观点。但是，目前的研究清楚地表明，在这种情况下剃毛并没有额外的益处。由于剃毛既不能给手术带来益处，也不能降低伤口感染的风险，但对患者的外貌却具有不利的影响，许多学者建议颅脑手术无须剃毛[27]。

25.7 脱毛产品所需特性和消费者需求

除了努力创造稳定、高质量和安全的产品外，配方设计师在设计产品时还必须考虑消费者的需求。优化产品的性能和要求以迎合消费者，鼓励消费者开始使用和持续使用产品也是产品设计的一个重点。从消费者的角度而言，一款优质的脱毛产品应该具备以下特点。

- 良好的润滑性能，保护皮肤免受剃刀的伤害。
- 保湿特性，软化皮肤和毛发。
- 耐受性好，无刺激性。
- 愉快的气味。
- 应用简单，扩展性好。
- 易于从剃刀和皮肤上去除。
- 相对无痛。
- 预处理产品：使脱毛更为容易，去除皮肤上的油脂和汗水。
- 后处理产品：补水、清凉肌肤，缓解疼痛与红肿，预防感染。

25.8 脱毛产品的种类、典型成分和制剂

25.8.1 预处理产品

❹预处理产品旨在使脱毛更容易、更舒适，并减少潜在的皮肤刺激。

25.8.1.1 打蜡前产品

清洁产品可用来去除皮肤上的污垢、化妆品、汗水和其他化学物质。其可能含有抗菌（antiseptic）和收敛（astringent）成分，如金缕梅（witch hazel）或乙醇，以减少感染。打蜡前产品（pre-wax product）中的油和乳液有助于硬蜡只黏在毛干而不黏在皮肤上。这对皮肤非常干燥的消费者也有帮助。然而，过多使用此类产品，蜡就不能适当地黏附在毛发上[28]。打蜡前油类和乳液主要含有润肤剂和植物提取物，如大豆油、茶树油、葡萄籽油和芦荟提取物，其可能具有镇静和舒缓的作用。预处理的目的还包括通过粉末来减少皮肤上的水分以增强蜡的脱毛效果，尤其是软蜡质。像油类一样，过多使用粉末会降低蜡质对毛发的附着力。市售的麻醉膏是在脱蜡前使用的。相关制剂中含有局部麻醉剂，如苯佐卡因（benzocaine）、丁卡因（tetracaine）和利多卡因，能可逆地阻断操作部位附近的神经传导，从而在有限区域内产生暂时的感觉丧失[29]。

25.8.1.2 剃须前产品

剃须前产品（pre-shave product）主要用于干式电动剃须，也有适用于刀片剃须的产品。这两类剃须前产品都旨在使剃须更容易、更快、更舒适，对皮肤的刺激更小。

如果毛发又干又硬，则干式剃须更加有效。因此，电动剃须前产品主要用于干燥并硬化毛发和皮肤，使毛发竖立起来。相关产品还可能具有抗菌效果和清洁作用，以去除面部的汗水并收紧皮肤毛孔。此类产品包括粉末、基于润滑成分的粉饼（如滑石粉）、含有如乙醇和金缕梅等收敛剂的乳液等类型，也可含少量的润肤剂［如二异丙基己二酸酯（diisopropyl adipate）或异丙基棕榈酸酯（isopropyl palmitate）］、硅油，以及润滑性聚合物（如聚乙烯吡咯烷酮），以减少皮肤和刀片之间的摩擦。

正如前文所述，胡须需要更大的力量才能被去除。剃须时所需的压力越大，皮肤就越有可能被割伤、抓伤和刺激[20]。湿剃前产品被设计用于润滑和滋润皮肤，以防止脱毛过程中的损伤。建议在湿剃前以肥皂和温水清洗皮肤和毛发，这样做的目的是去除污垢和细菌，以及去除毛发上的油脂，使毛发纤维能够吸收水分、膨胀并更容易软化。这样，毛发对切割的阻力较小，能防止对皮肤造成创伤。使用磨砂膏可以去除皮肤上的污垢和角质细胞，也有助于毛发竖立在皮肤表面[30]。湿剃所使用的剃须前产品包括乳液、磨砂膏和乙醇溶液。

25.8.2 剃须产品

❺剃须是非常受欢迎的脱毛方法（无论男女）。目前有各种各样的产品，包括剃须皂、剃须膏、喷雾剃须泡沫和喷雾剃须凝胶，都旨在使剃须更容易、更舒适。

25.8.2.1 剃须皂

剃须皂是一种硬质肥皂块或棒，用剃须刷涂抹在脸上形成泡沫。对剃须皂进行介绍是因为其在历史上的重要性，它是最早用于皮肤以辅助剃须的产品。在过去几十年间，随着更舒适和更方便的产品进入市场，剃须皂的使用已经减少了。

剃须皂的制作过程与其他传统肥皂相同，但二者又有所不同，传统肥皂通常由氢氧化钠制成，而剃须皂则还含有相当剂量的氢氧化钾。将这种成分与脂肪酸和甘油进行适当配比，可产生更柔软的肥皂基质并增强起泡特性。

25.8.2.2 剃须膏

剃须膏主要有三种类型：泡沫型（lathering cream）、免刷型（brushless cream，不起泡）和气雾剂型。泡沫型和免刷型至今仍在销售，但两者远不如气雾剂型受欢迎。

泡沫型剃须膏

泡沫型剃须膏可在皮肤上形成泡沫（即气泡层）。泡沫的形成确保了对毛发充分供应水分，以保持毛发的湿润，并能润滑皮肤。在其作用下，剃须刀可以更有效地工作，并减少了摩擦损伤的可能性。泡沫型剃须膏可通过剃须刷涂抹，也可直接用手涂抹。由于泡沫和凝胶的剃须体验更加愉悦，过去几年中使用霜类产品的情况有所减少。泡沫型剃须膏的主要成分如下。

- **乳化剂**：可以使泡沫型剃须膏产生理想、均匀的泡沫。乳化剂通常是脂肪酸盐的混合物，也可能是合成的表面活性剂，如脂肪酸（硬脂酸、椰子油和棕榈酸）的钾盐、钠盐和三乙醇胺盐。合成的表面活性剂包括聚山梨醇酯、十二烷基硫酸钠、甘油硬脂酸酯和聚氧乙烯。
- **富脂剂**（superfatting agent）：通常被添加到所有泡沫型剃须膏中，以中和任何存在的游离碱，并稳定霜体和泡沫。具体实例包括游离脂肪酸，如硬脂酸、椰子油、植物油、矿物油和羊毛脂。
- **保湿剂**：能够滋润皮肤，并在剃须过程中减少霜体的干燥，如甘油、丙二醇和山梨糖醇。
- **水**：作为配方的载体。
- **增稠剂**：是为产品适当增加黏度的一种稠度剂，可使产品在涂抹前在手掌上直立，在剃须期间能保持在皮肤之上。增稠剂还有助于泡沫的稳定。具体实例包括胶质（如黄原胶）、纤维素（如羟乙基纤维素和羧甲基纤维素钠），以及其他类型的聚合物。
- **中和剂**：调节产品的pH，因为产品在皮肤残留膜的pH应与皮肤的pH水平相匹配。具体实例包括三乙醇胺和氢氧化钾。
- **防腐剂**：由于泡沫型剃须膏是肥皂-甘油-水体系，建议使用防腐剂以防止微生物滋生。具体实例包括苯氧乙醇和苯甲酸钠。
- **润肤剂**：作为皮肤调理剂，其可提供平滑和舒缓的感觉，并为皮肤提供水分。具体实例包括黄油（如椰子油和乳木果油）、油类（如葵花籽油、矿物油和红花油），以及蜡质（如蜂蜡）。
- **天然成分**：此外，剃须膏中也可加入天然成分，以提供抗炎、舒缓、清新和防腐效果，如芦荟提取物、洋甘菊提取物、金盏花提取物、薄荷油和肉桂油。如果需要，还可以添加香精。

免刷型剃须膏

对于干燥和敏感肌肤的消费者而言，免刷型剃须膏比泡沫型剃须膏更易接受。免刷型剃须膏类似于泡沫型剃须膏，但其不会产生泡沫，优势在于不需要用刷子来涂抹，这使得剃须更快、更容易，并且由于其更强的润滑能力，可以提供更舒适的触感。此类剃须膏的主要缺点是难以从剃须刀上冲洗掉；且由于油含量较高，软化效果较差，制剂可能会在皮肤上留下油腻感[31]。此类剃须膏通常是一种含有高浓度油分和乳化剂的乳液，成分包含保湿剂、润肤剂、增稠剂、乳化剂、水和防腐剂，还可能添加额外成分，如香精、植物提取物和稳定剂以增强功效。剃须膏通常是水包油（O/W）型乳液，因此制备过程是乳化过程。

25.8.2.3　喷雾剃须泡沫和喷雾剃须凝胶

喷雾剃须泡沫和喷雾剃须凝胶在很大程度上已经取代了传统的剃须膏。喷雾剃须泡沫本质上是通过碳氢化合物推进剂从容器中喷出的稀释剃须膏。喷雾式剃须膏也可包含乳化剂，以确保在使用前摇晃产品时推进剂能均匀乳化。总体而言，泡沫型剃须膏、剃须泡沫和剃须凝胶提供了类似的剃须体验。然而，喷雾产品的额外益处是易于涂抹。

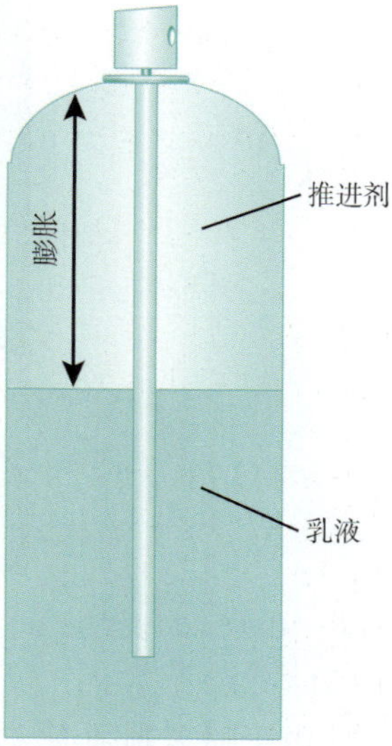

图 25.4　剃须膏喷雾罐

图 25.4 展示了一个装有液态推进剂的普通剃须泡沫喷雾罐。喷雾剃须泡沫为油包水型乳液的复杂系统，其中推进剂在内相，而剃须膏在连续相[图 25.5(a)]。这种结构维持了泡沫的稳定性，使之足够稳定以停留于手掌和面部并持续至整个剃须过程。大多数推进剂在水中相对不溶，因此，在基于水的制剂中也是如此，但是可通过表面活性剂乳化成这样的体系。当阀门被激活时开始产生泡沫。摇晃时，部分推进剂暂时乳化在霜体中。当阀门启动时，推进剂将浓缩物推上浸渍管并通过阀门排出。当达到大气压力时，乳化推进剂蒸发并被限制在乳液中瞬间形成稳定的泡沫[图 25.5(b)]。泡沫中的气泡由薄膜层隔开，薄膜层由表面活性剂稳定（图 25.6）。

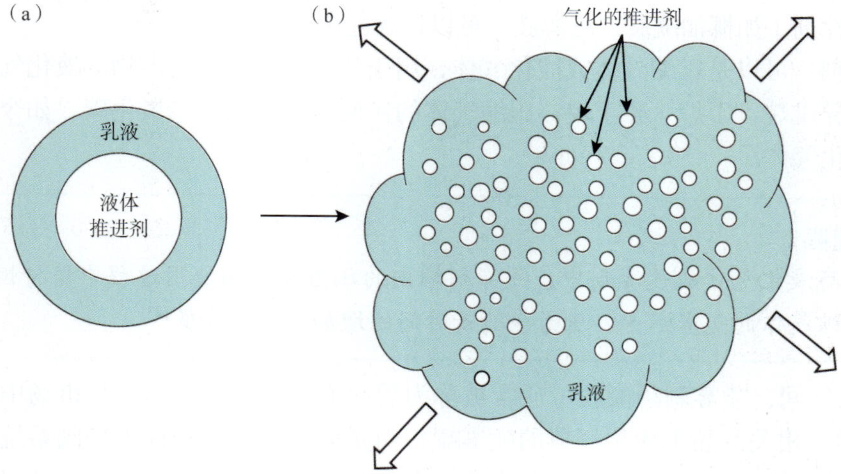

图 25.5　(a) 气雾剂型膏霜油滴；(b) 按压启动器后形成泡沫

在制备泡沫时，应考虑泡沫的稳定性和剃须后皮肤的感觉[32]。剃须泡沫在整个剃须过程中的稳定性非常重要，而其主要取决于所使用表面活性剂的类型和数量。剃须后皮肤的感觉主要受推进剂和保湿剂用量的影响。推进剂含量低会产生水状泡沫，推进剂含量较高则会产生橡胶状的干泡沫。保湿剂含量过高可能会从毛发中吸收水分，使剃须过程变得更加困难[32]。

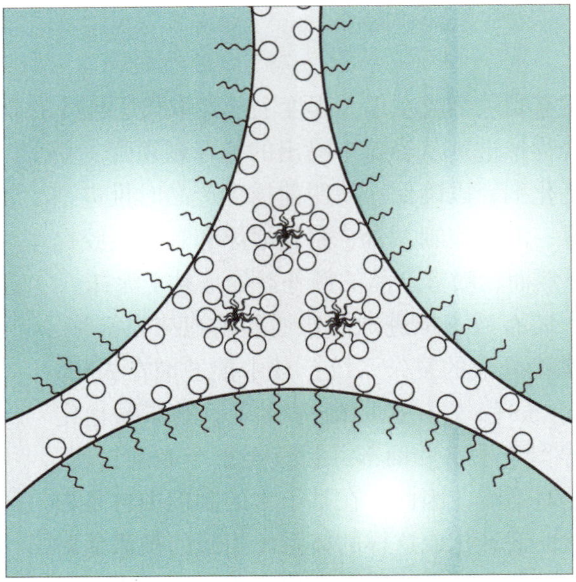

图 25.6 表面活性剂稳定薄膜

由于喷雾剃须泡沫本质上是稀释的泡沫型剃须膏，两者成分是相似的。喷雾剃须泡沫和凝胶中添加的成分包括：

- **泡沫稳定剂**：确保了泡沫从罐中释放后的稳定性。前文列出的表面活性剂和辅助表面活性剂（如椰油酰胺二乙醇胺）可以作为泡沫增强剂。
- **推进剂**：可以是压缩气体或液化气体，用于从气雾罐中排出产物。液化气体的实例包括异戊烷、丁烷、异丁烷；压缩气体的实例包括氮气和二氧化碳。如今，主要使用液化气体。

你知道吗？

在含有液化气体的气雾剂中，气雾剂罐内的压力在产品使用过程中保持恒定。而在使用压缩气体的气雾剂中，压力会随着时间的增加而逐渐降低[33]。

过去几年间，喷雾剃须凝胶（通常被称为后起泡凝胶）在剃须产品市场中占有越来越大的份额。相关产品不使用经典的喷雾罐，而是填充至一种被称为袋阀系统（bag-on-valve，BOV）（图 25.7）的双室系统。该双室系统通常由喷雾罐和附着在阀门上的柔性内袋组成。袋内含有产品浓缩物，即以水溶性聚合物稳定的凝胶，以及一种低沸点的推进剂。外室（即袋子和喷雾罐内壁之间的空间）由少量碳氢化合物推进剂或压缩气体填充[34, 35]。当阀门打开时，外室中的推进剂会将产品推出。当凝胶喷至湿润的双手之间进行操作时，皮肤的热量和机械动作会使低沸点的碳氢化合物推进剂气化，将凝胶转化为浓密的奶油状泡沫。

另一种包装方案包括一个罐体和一个活塞式分配器（图 25.8）。凝胶浓缩物位于罐内活塞的上方。活塞下方的腔室充满加压空气或碳氢化合物推进剂，通过向上移动活塞来分配凝胶[36]。

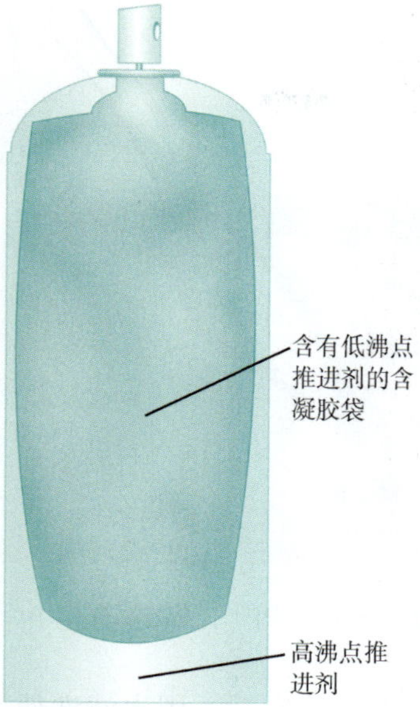

图 25.7　用于剃须凝胶的气雾剂罐

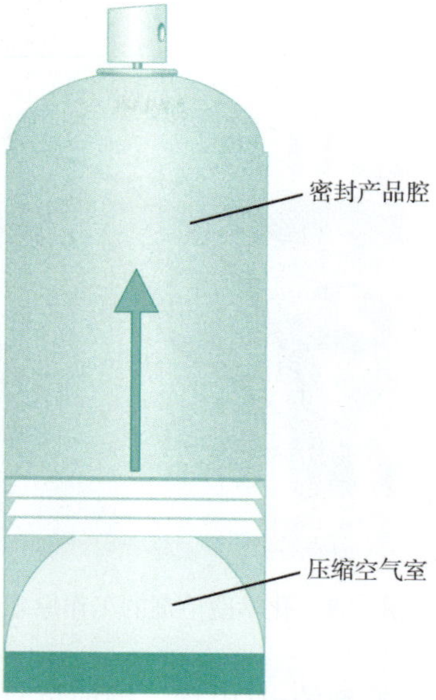

图 25.8　带有活塞式分配器的气雾剂罐

产品浓缩物可配制成传统的剃须膏，即通过油包水形式进行乳化，或制成凝胶。容器的罐装通常采用压力填充方法进行。根据包装类型的不同，填充技术也有所不同。压力填充通常通过杯下填充机或阀门进行[36]。与其他喷雾产品类似，喷雾剃须膏和凝胶也是在专用建筑内使用特殊设备配制的。碳氢化合物推进剂是易燃的，因此在填充过程中应遵循特定的安全指示。

25.8.3　化学脱毛剂

❻化学脱毛剂的作用是减少毛发角蛋白中的二硫键，导致毛发断裂，使毛发与皮肤分离（图 25.9）[37]。然后，可以用塑料刮刀从皮肤表面去除毛发。脱毛剂适用于腿部、比基尼线（bikini line）、面部和腋下。当毛发长度适中时，脱毛剂效果最好。涂抹在较大的皮肤区域之前，应该先在小块皮肤部位进行测试。该产品不应用于眉毛、破损皮肤或黏膜附近，因为即使在正常皮肤上，其碱性也会导致高度刺激性。此类脱毛方法不会破坏真皮乳头（dermal papilla），因此，毛发会长得比较快。化学脱毛剂通常有乳膏、乳液和泡沫剂型。

脱毛制剂可在5～15 min内产生最佳效果，具体取决于产品的pH。pH至少为10，在约为12.5时脱毛最快。用于面部的产品通常比用于四肢的产品含有更少的巯基乙酸酯，pH也更低。化学脱毛剂中的常见成分如下。

- 化学脱毛剂中最常见的断键剂（bond breaking agent）包括硫化物和巯基乙酸盐。钙、钡和硫化锶的作用更快、更有效。然而，在使用此类物质时会形成硫化氢，因此刺激性更强，并且具有令人厌恶的臭鸡蛋气味[37]。因此，目前硫化物的使用已大大减少。巯基乙酸盐（通常使用浓度约为5%），如巯基乙酸及其钠盐、钾盐和钙盐，往往刺激性较小。与硫化物相比，其气味也不那么令人反感。但是，以巯基乙酸盐断裂毛发需要更长的时间。

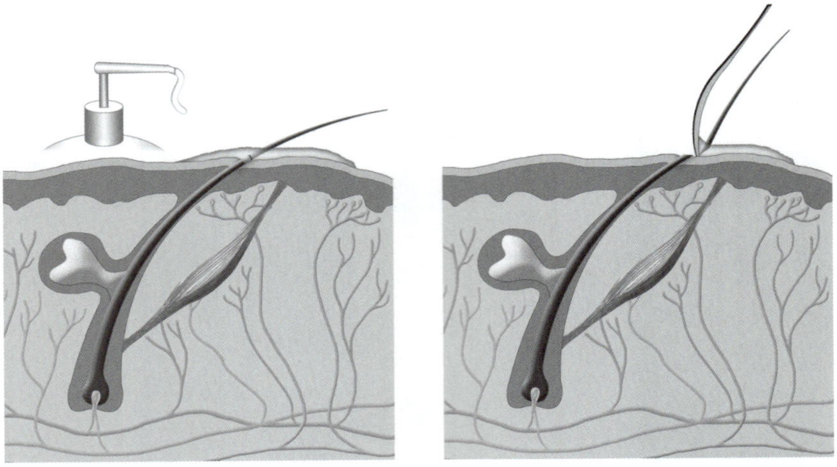

图 25.9 化学脱毛剂的工作原理：断键剂通过破坏毛发中的二硫键发挥作用

- 化学脱毛剂的pH由钙、锶或氢氧化钾决定。去除毛发后，用水清洗使用部位，并涂抹各种调理产品，使皮肤的pH恢复正常。
- 可加入渗透增强剂（如尿素），使断键剂更易穿透毛发[38]。
- 化学脱毛剂的其他成分包括制备乳剂所需的成分，如水、湿润剂（如甘油）、润肤剂（如矿物油）、乳化剂（如鲸蜡硬脂醇和鲸蜡硬脂醇聚醚-20）、抗氧化剂（如维生素E醋酸酯）、螯合剂（如EDTA）、防腐剂（如山梨酸钾），还可以添加香精、精油和植物提取物。

你知道吗?

皮肤含有角蛋白，类似于毛发纤维。这意味着很难生产出一种化学产品，既能去除/分解毛发中的角蛋白，又不影响皮肤中的角蛋白。幸运的是，半胱氨酸占毛发纤维角蛋白的15%，但仅占皮肤角蛋白的1%～2%。因此，毛发角蛋白更容易受到化学脱毛剂作用的影响[39]。

25.8.4 蜡

❼打蜡脱毛是一种脱毛方法，其是将热蜡或冷蜡涂抹在有毛发的皮肤上，并迅速剥离蜡质和嵌入的毛发。有三种脱毛蜡广泛用于去除多余的毛发：①热软脱毛蜡（hot soft strip wax）；②冷软脱毛蜡（cold soft strip wax）；③热硬无条脱毛蜡（hot hard stripless wax）[9]。所有相关产品都需要经过培训才能正确使用。

- **热软脱毛蜡：**在涂抹时具有更多的液态特性。由于其是通过涂抹器以热态形式涂抹在皮肤上，更容易流向毛干根部。它以薄膜形式铺开，并通过无纺布或纱布脱毛条（muslin waxing strip）去除。热软蜡以与毛发生长相同的方向涂抹，以相反的方向去除。
- **冷软脱毛蜡：**其工作原理与热软蜡相似，不同之处在于冷软蜡是在室温下应用的。

预先涂蜡的脱毛条按毛发生长方向压在皮肤上，然后按相反的方向去除。

- **热硬无条脱毛蜡**：通过刮刀将一层较厚的加热蜡涂抹在皮肤上。随着蜡的冷却并硬化，毛发会嵌入其中。硬蜡通常更厚，凝固更快，一般推荐应用于较小区域的较粗毛发。可用手迅速撕去蜡，毛发随之被拔除。

蜡制品的稠度不同，熔点也不相同。蜡的熔点必须高于体温才能在皮肤上凝固。然而，其熔点需足够低，以便涂抹时不烫伤皮肤。此外，蜡必须足够牢固，以便夹住毛发。硬蜡合宜的工作温度在125～140 °F（相当于51.67～60 ℃）[9]。例如，由于用于制作口红的原料蜡都不符合该标准，脱毛用蜡是以松香为基础，并与简单的蜡（如蜂蜡）混合，从而调整其熔点并增加强度。蜡的主要成分如下。

- **发胶**（hair binding agent）：提供黏性，使发蜡能“黏住”头发。松香是从松树和其他植物中提取的坚硬而半透明的成分，如木松香、树胶松香、二聚松香和松香酯。松香酯是由甘油和松香制成的甘油单酯，其有助于提高蜡的附着力。具体实例包括甲基氢化松香酯（methyl hydrogenated rosinate）、甘油氢化松香酯（glyceryl hydrogenated rosinate）、聚乙二醇氢化松香酯（polyethylene glycol hydrogenated rosinate）和三甘醇松香酯（triethylene glycol rosinate）。
- **皮肤调理剂和皮肤保护剂**：在打蜡脱毛过程中可保护皮肤免受损伤，并调整松香和松香酯的熔点，使其更加柔韧。具体实例包括蜡（如蜂蜡、小烛树蜡和巴西棕榈蜡）、油类（如矿物油、杏仁油、亚麻籽油、大豆油和红花油）、黄油（如可可脂和乳木果油），以及硅油。天然成分可能还具有其他益处，如抗炎作用。具体实例包括蜂蜜提取物、金盏花提取物和芦荟提取物。
- **其他成分**：可能包括防腐剂，如苯氧乙醇和苯甲酸盐；抗氧化剂，如丁基羟基甲苯（BHT）和丁基羟基茴香醚（BHA）。如果制剂中使用水，也可添加水溶性增稠剂以提供最佳质地。此外，着色剂（如氧化铁、氢氧化铝、二氧化钛和有机颜料）和香精也可以加入到制剂中。

糖化脱毛是一种类似于打蜡脱毛的脱毛方法。这种糖混合物是通过加热糖、柠檬汁和水形成糖浆来制备的。最常见的是以蔗糖作为糖主体，其他糖成分包括右旋糖和葡萄糖。基于糖化的脱毛产品可以用手或抹刀涂抹在皮肤上，然后迅速去除。与打蜡脱毛方法类似，毛发是从毛干上完全移除的。对于对蜡敏感的人群而言，可选择糖化脱毛。由于糖化脱毛产品是在室温下使用的，故不会有灼伤皮肤的风险；并且该类产品可用温水洗掉，因此去除皮肤上的任何残留物都很简单[28]。

这种技术的主要缺点是糖混合物可能发生结晶。蔗糖和其他糖衍生物含有大量的水，这些水会随着时间的推移而挥发。在这一过程中，糖蜡变得过饱和，导致糖的结晶，进而使产品的脱毛能力下降，也会导致瓶盖更难打开。产品中使用的酸性物质（如柠檬汁、柠檬酸、醋）可通过生成转化糖来使产品避免结晶。转化糖是将蔗糖水解成葡萄糖和果糖的过程。优化蔗糖与转化糖的正确比例对于获得有效稳定的糖蜡非常重要。转化率受pH、沸腾温度和沸腾时间的影响[40]。转化糖的结晶温度比蔗糖高，这就是转化糖可防止糖结晶的原因。

25.8.5 后处理产品

❽后处理产品旨在减少红肿，减轻脱毛后的疼痛和灼烧感，并舒缓和滋润皮肤。此外，后处理产品可以冷却和清新皮肤，发挥温和的收敛作用，并具有抗菌活性，防止感染，同时使皮肤从脱毛造成的轻微创伤中恢复。打蜡后处理产品用于去除皮肤表面的蜡残留物。

修面润肤露（须后水）和脱毛后处理产品一般具有以下几种形式。

- **透明的溶液**，也被称为爽肤水，含有40%～70%的乙醇、水和香精。
- **凝胶**也很受欢迎，其含水量高，具有冷却效果。
- **乳液**，也被称为香脂和膏霜，也很受欢迎，特别是在皮肤对酒精产品敏感的消费者中。这两种产品都具有舒缓和保湿效果。香脂通常具有较低的黏度（参见第3章）。

蜡的后处理制剂主要以油和浸有油性配方湿巾的形式提供。其还可能含有防腐剂和抗炎成分，以防止感染和炎症。

各种后处理产品的确切成分是不同的，这取决于产品形式和所需后处理的脱毛类型，但其主要成分类型是相似的。后处理产品的典型成分如下。

- **收敛剂：**可以收缩毛孔，帮助小伤口止血。具体实例包括乙醇、金缕梅、茶树油、硼酸、铝盐和锌盐（如硫酸锌、氯化锌和硫酸铝）。
- **润肤剂和保湿剂：**可舒缓和滋润皮肤。润肤剂的实例包括橄榄油、甜杏仁油、白池花籽油、乳木果油和二甲基硅油。湿润剂实例包括甘油、丙二醇。
- **冷却剂：**有助于制剂的清爽效果。典型实例是薄荷醇。
- **草本提取物和精油：**通常具有联合作用，包括抗炎、防腐、促进愈合和舒缓作用。提取物实例包括芦荟提取物、葡萄籽提取物、洋甘菊提取物和金盏花提取物。精油实例包括橙皮油和薰衣草油。
- **香精：**通常也是制剂的一部分，但其可能具有刺激性，尤其是对于敏感型皮肤。
- **水：**是溶液、凝胶、乳液和面霜的基础成分。
- **其他成分：**包括防腐剂、乳化剂、着色剂和增稠剂。
- 蜡脱毛后处理产品主要是**油类**，包括矿物油、杏仁油、肉豆蔻酸异丙酯和葵花籽油，以去除皮肤上的蜡残留物。

须后水溶液的配制是一个溶液制备过程。乙醇可以作为香精的增溶剂。为了获得清澈透明的溶液，可能还需要使用额外的增溶剂。须后水凝胶的配制是从增稠剂的水化开始。值得一提的是，某些类型的增稠剂需要中和剂（如碳水化合物）以达到其最佳厚度。然后，可以添加其他配料。须后香脂和膏霜的配制是O/W型乳化过程。

25.9 脱毛产品的典型质量问题

❾脱毛产品的典型质量问题包括剃须凝胶和膏霜起泡不佳、泡沫不稳定、蜡质变脆、乳液分层、微生物污染、结块和酸败。在前文中已叙述过的内容，此处不再赘述。

25.9.1 蜡质变脆

热蜡是在微波炉中加热后使用的。如果加热过度或冷却过度，其可能会变脆，不能轻易从皮肤上去除，导致潜在的皮肤和毛发损伤及刺激。在自然状态下，松香是硬而脆的材料。如果蜡基中添加剂的用量或种类不当，也可能导致蜡质变脆。

25.10 脱毛产品的质量评价

25.10.1 质量参数的一般检测

❿通常用于评估脱毛产品质量的参数包括起泡性、泡沫稳定性、泡沫黏度、泡沫密度和泡沫结构，喷雾特性、喷雾罐体泄漏性、压力检测、驱动力，闪点，防腐效力，密度、比重，pH，黏度，颜色及稳定性。可允许范围和其他限制因素通常由生产商自行决定。由于相关质量参数在前面的章节中已详细讨论过，此处不再赘述。

25.10.2 功效参数的一般检测

⓫一些脱毛产品声称具有水合和润肤功效。相关性能声明可参见第11章中讨论的方法，包括电容法、电导法和经皮水分流失率。

25.11 引发安全性问题的成分

⓬在脱毛产品中引发安全性和环境问题的成分包括巯基乙酸盐和挥发性有机化合物（VOC）。相关研究发现和目前的安全性声明如下。

25.11.1 巯基乙酸盐

如前所述，巯基乙酸盐是化学脱毛剂的主要成分，其工作原理是将角蛋白溶解成果冻状的物质，进而可以很容易地用塑料刮刀去除。巯基乙酸盐也用于永久性卷发和直发产品，第18章已对其安全性问题进行了讨论。据报道，化学脱毛剂最常见的副作用包括皮肤刺激、红肿、灼伤、起疱、刺痛、瘙痒性皮疹和皮肤脱皮[41]。巯基乙酸盐（包括巯基乙酸钙、巯基乙酸钾、巯基乙酸钠和巯基乙酸），都经过了美国化妆品成分审查（CIR）委员会的审查。在推荐使用条件下，如果相关化合物被设计成的制剂不会引起刺激，那么其在化学脱毛剂中也被认为是安全的[41]。建议消费者按照制造商在产品标签中的说明进行操作，在使用产品前进行皮肤过敏反应和刺激测试。此外，产品不得应用于受刺激、晒伤、发炎或受损的皮肤或接触黏膜，以避免引起任何刺激。

25.11.2 挥发性有机化合物

推进剂是喷雾剃须膏和剃须凝胶中的关键成分。许多推进剂被认为是VOC，其通过形成烟雾对健康产生不利影响。因此，类似于其他气雾剂产品，其一直是脱毛产品中监管限制的目标。美国环境保护署（EPA）就VOC规定了许多气雾剂型个人护理产品的联邦法规，各州也可以设定自己的VOC限值[42, 43]。

25.12 脱毛产品的包装

脱毛产品最常用的包装材料如下。

- **塑料管和塑料罐**：热无条脱毛蜡通常以塑料罐形式供应，相关罐体可通过微波炉加热后使用。一些制造商提供的产品罐体一侧带有手柄，这样使用者就可在不烫手的情况下处理热蜡。产品中可能还会提供木制刮勺，便于产品的使用。脱毛霜、预处理霜和乳液及后处理凝胶则被包装在软管和塑料罐中。一些脱毛霜通过带有泵头的塑料容器供应。化学脱毛剂的包装通常包含一个塑料刮勺，用于移除产品和溶解的毛发。
- **脱毛蜡条**（wax strip）：冷软蜡以即用形式供应。通常，细棉布脱毛条上涂有蜡，可以直接涂抹在皮肤上。
- **带滚头的蜡容器**：热软蜡（通常用一块细棉布脱毛条来移除）一般供应在带有滚轮头的塑料容器中。这种包装使得从加热到应用的过程变得舒适和便捷。
- **玻璃瓶和塑料瓶**：许多预处理产品和须后水制剂都是以玻璃瓶和塑料瓶供应的。
- **气雾剂罐**：气雾剂型剃须泡沫一般装在单室罐中，其中制剂和推进剂混合在一起。如前所述，喷雾剃须凝胶可以填充到双室罐中，也可以填充至带有活塞的单室罐中。

术语表

中文术语	英文术语	解释
终毛	terminal hair	比绒毛横截面更大的含有色素的头发。终毛分布在头皮、面部、胸部（主要是男性）、胳膊和腿部、腋下和阴部，也可能出现在背部。
生长期	anagen phase	毛发周期的活跃生长阶段，在此期间有新细胞形成。
脱毛	depilation	去除皮肤上方外露的毛发。
除毛	epilation	从根部去除整个毛发纤维。
脱毛器	epilator	用来脱毛的电子装置。
化学脱毛剂	chemical depilatory	一种个人护理产品，通过减少毛发角蛋白中的二硫键来去除毛发纤维。

续表

中文术语	英文术语	解释
毛囊炎	folliculitis	毛囊的炎症。
内生毛囊	ingrown follicle	一种向后卷曲或向皮肤侧面生长的毛发纤维，可导致炎症并形成柔软的肿块。
剃须产品	shaving product	一种个人护理产品，旨在软化毛发和润滑皮肤，提供愉悦的脱毛体验。
修剪	trimming	一种脱毛技术，用剪刀把毛发剪掉。
剃须	shaving	一种脱毛技术，用剃刀去除毛发。
镊子脱毛	tweezing	一种脱毛技术，用镊子拔除毛发。
打蜡脱毛	waxing	一种脱毛技术，用热或冷的脱毛蜡将毛发迅速从皮肤上剥离。
糖化脱毛	sugaring	一种脱毛技术，类似于打蜡脱毛。糖蜡是由水、糖和柠檬汁制成的。
细线脱毛	threading	一种脱毛技术，用线脱毛。
预处理产品	pretreatment product	用于脱毛前的个人护理产品，主要在使用电动剃须刀剃须和打蜡前使用。
后处理产品	aftertreatment product	一种个人护理产品，旨在减少红肿，缓解脱毛后的疼痛和灼烧感，提供凉爽、清新感，并发挥温和的收敛效果。
袋装阀	bag-on-valve，BOV	是一种双室系统，由气雾剂罐和黏附在阀上的柔性袋组成。产品浓缩液被放入袋中。这一包装用于喷雾剃须凝胶。

缩略词表

缩略词	英文全称	中文全称
BHA	butylated hydroxyanisole	丁基羟基茴香醚
BHT	butylated hydroxytoluene	丁基羟基甲苯
BOV	bag-on-valve	袋装阀
EPA	Environmental Protection Agency	美国环境保护署
VOC	volatile organic compound	挥发性有机化合物

（田吉来　译，白仁仁　校）

参考文献

1. Bercaw-Pratt, J.L., Santos, X.M., Sanchez, J. et al. (2011). The incidence, attitudes and practices of the removal of pubic hair as a body modification. *J. Pediatr. Adolesc. Gynecol.* 25 (1): 12–14.
2. Castelo-Branco, C. and Cancelo, M.J. (2010). Comprehensive clinical management of hirsutism. *Gynecol. Endocrinol.* 26 (7): 484–493.
3. Bulun, S.E. (2011). Physiology and pathology of the female reproductive axis. In: *Williams Textbook of Endocrinology* (ed. H.M. Kronenberg, S. Melmed and K.S. Polonsky), 589–663. Philadelphia: Saunders Elsevier.

4. Tolgyesi, E., Coble, D.W., Fang, F.S. et al. (1983). A comparative study of beard and scalp hair. *J. Soc. Cosmet. Chem.* 34: 361–382.
5. Deem, D. and Rieger, M.M. (1976). Observations on the cutting of beard hair. *J. Soc. Cosmet. Chem.* 27: 579–592.
6. Auriol, F., Vaillant, L., Machet, L. et al. (1993). Effects of short-term hydration on skin extensibility. *Acta Derm. Venereol.* 73: 344–347.
7. Lin, T.Y., Manuskiatti, W., Dierickx, C.C. et al. (1998). Hair growth cycle affects hair follicle destruction by ruby laser pulses. *J. Invest. Dermatol.* 111 (1): 107–113.
8. Ibrahimi, O.A., Avram, M.M., Hanke, C.W. et al. (2011). Laser hair removal. *Dermatol. Ther.* 24 (1): 94–107.
9. Partick, B. and Thompson, J. (2011). *An Uncommon History of Common Things*. Washington: National Geographic.
10. Bickmore, H. (2003). *Milady's Hair Removal Techniques: A Comprehensive Manual*. Stamford: Cengage Learning.
11. Sherrow, V. (2001). *For Appearance' Sake: The Historical Encyclopedia of Good Looks, Beauty, and Grooming*. Westport: Greenwood Publishing Group.
12. Vreeman, R.C. and Carroll, A.E. (2007). Medical myths. *BMJ* 335 (7633): 1288–1289.
13. (2000). *Physician and Patient Information Leaflet for VANIQA* [package insert]. New York: Bristol-Myers Squibb Company.
14. Balfour, J.A. and McClellan, K. (2001). Topical eflornithine. *Am. J. Clin. Dermatol.* 2 (3): 197–201.
15. FDA Docket K980517 (1998). Summary of the safety and effectiveness of the EpiLaswer normal mode ruby laser. www.accessdata.fda.gov/cdrh_docs/pdf/K980517.pdf (accessed 30 November 2021).
16. Haedersdal, M. and Wulf, H.C. (2006). Evidence-based review of hair removal using lasers and light sources. *J. Eur. Acad. Dermatol. Venereol.* 20: 9–20.
17. Goldberg, D.J. (2012). Current trends in intense pulsed light. *J. Clin. Aesthet Dermatol.* 5 (6): 45–53.
18. Richards, R.N. and Meharg, G.E. (1995). Electrolysis: observations from 13 years and 140,000 hours of experience. *J. Am. Acad. Dermatol.* 33 (4): 662–666.
19. Shenenberger, D.W. and Utecht, L.M. (2002). Removal of unwanted facial hair. *Am. Fam. Physician* 66 (10): 1907–1911.
20. Cowley, K. and Vanoosthyze, K. (2016). The biomechanics of blade shaving. *Int. J. Cosmet. Sci.* 38 (S1): 17–23.
21. Ertel, K. and McFeatm, G. (2010). Blade shaving. In: *Cosmetic Dermatology: Products and Procedures* (ed. Z.D. Draelos), 156–163. Oxford, UK: Blackwell Publishing.
22. Khanna, N., Chandramohan, K., Khaitan, B.K. et al. (2014). Post waxing folliculitis: a clinicopathological evaluation. *Int. J. Dermatol.* 53 (7): 849–854.
23. Dawber, R.P.R. (1997). *Diseases of the Hair and Scalp*. Oxford, UK: Blackwell.
24. Draelos, Z.D. (1995). *Cosmetics in Dermatology*. New York: Churchill Livingstone.
25. Perry, P.K., Cook-Bolden, F.E., Rahman, Z. et al. (2002). Defining pseudofolliculitis barbae in 2001: a review of the literature and current trends. *J. Am. Acad. Dermatol.* 46 (2): S113–S119.
26. Accutane® isotretinoin capsules (2008). Package insert. www.accessdata.fda.gov/drugsatfda_docs/label/2008/018662s059l bl.pdf (accessed 1 December 2021)
27. Sebastian, S. (2012). Does preoperative scalp shaving result in fewer postoperative wound infections when compared with no scalp shaving? A systematic review. *J. Neurosci Nurs.* 44 (3): 149–156.
28. Gerson, J., D' Angelo, J., Deitz, S. et al. (2009). *Milady's Standard Esthetics: Fundamentals*. Stamford: Cengage Learning.
29. Kundu, S. and Achar, S. (2002). Principles of office anesthesia: part II. Topical anesthesia. *Am. Fam. Physician* 66 (1): 99–102.

30. Draelos, Z.D. (2012). Male skin and ingredients relevant to male skin care. *Br. J. Dermatol.* 166 (1): 13–16.
31. Tadros, T.F. (2006). *Applied Surfactants: Principles and Applications*. Hoboken: Wiley.
32. Tadros, T.F. (2015). *Interfacial Phenomena and Colloid Stability: Industrial Applications*. Berlin: Walter de Gruyter GmbH & Co KG.
33. Allen, L.V. and Ansel, H.C. (2014). *Ansel's Pharmaceutical Dosage Forms and Drug Delivery Systems*. Philadelphia: Wolters Kluwer.
34. Treu, J. and Maurer, P. (2005). Cosmetics for men. In: *Handbook of Cosmetic Science and Technology* (ed. A. Barel, M. Paye and H.I. Maibach). Boca Raton: CRC Press.
35. Monson, J. (1967). Package containing a post-foaming gel. US3541581A, filed 13 November 1967 and issued 17 November 1970.
36. Sciarra, J.J. and Sciarra, C.J. (2013). Aerosol technology. In: *Kirk- Othmer Chemical Technology of Cosmetics* (ed. Kirk-Othmer), 661–679. Hoboken: Wiley.
37. Olsen, E.A. (1999). Methods of hair removal. *J. Am. Acad. Dermatol.* 40 (2): 143–155.
38. Draelos, Z.D. (2005). *Hair Care*. New York: Taylor and Francis.
39. Ahluwalia, G. (2008). Management of unwanted hair. In: *Cosmetics Applications of Laser and Light-Based Systems* (ed. G. Ahluwalia), 239–252. Norwich: William Andrew.
40. Potter, N.N. and Hotchkiss, J.H. (1998). *Food Science*. New York: Springer.
41. Burnett, C.L., Bergfeld, W.F., Belsito, D.V. et al. (2009). Final amended report on safety assessment of ammonium thioglycolate, butyl thioglycolate, calcium thioglycolate, ethanolamine thioglycolate, ethyl thioglycolate, glyceryl thioglycolate, isooctyl thioglycolate, isopropyl thioglycolate, magnesium thioglycolate, methyl thioglycolates, potassium thioglycolate, sodium thioglycolate, and thioglycolic acid. *Int. J. Toxicol.* 28 (4S): 68–133.
42. 40 CFR Part 59
43. California Air Resources Board The California consumer product regulations. ww2.arb.ca.gov (accessed 7 December 2021).

第26章 除臭剂和止汗剂

学习目标

通过本章的学习，读者将掌握以下内容。

1. 以下术语的定义：

除臭剂	止汗剂	体味	外泌汗腺
顶泌汗腺	多汗症	排汗	滚珠剂
固体棒	可挤压凝胶	可挤压膏霜	软固体
气雾剂	甘氨酸	收缩	结块
阀门堵塞	织物染色	释放量	嗅闻测试
减汗测试	测定重量		

2. 从位置、大小、结构、开口、活动和功能等方面区分外泌汗腺和顶泌汗腺。
3. 体味的形成过程。
4. 除臭剂和止汗剂的区别。
5. 除臭剂和止汗剂在美国的相关法律分类。
6. 除臭剂和止汗剂对皮肤的益处和潜在负面影响。
7. 理想除臭剂和止汗剂的特性。
8. 控制和减少体臭的方法及其具体实例成分。
9. 止汗剂如何减少汗液的产生。
10. 甘氨酸在铝锆基止汗剂中的作用。
11. 下列除臭剂和止汗剂的主要特性：滚珠剂、固体棒、可挤压凝胶、可挤压固体和气雾剂。
12. 在配制除臭剂和止汗剂产品时应考虑的一些重要因素。
13. 在配制及使用保湿剂和止汗剂的过程中可能出现的一些典型质量问题，以及可能原因。
14. 除臭剂和止汗剂定期检测的典型质量参数及其评估方法。
15. 测试除臭效果、标准和额外止汗效果参数的方法。
16. 铝、锆和推进剂的潜在安全性问题。
17. 可用于除臭剂和止汗剂的典型容器。

主要概念

1. 人体皮肤中的汗腺可分为两种不同类型：外泌汗腺和顶泌汗腺。

2. 汗液本身是无味的，而皮肤表面菌群的活动会产生一种特有气味。细菌分解汗液中的各种有机物，生成挥发性副产物，从而产生可识别的体味。

3. 除臭剂是通过除臭或抗菌作用来减少或掩盖令人不快的体味。

4. 止汗剂通过限制身体排汗来减少腋下出汗。

5. 有许多方法可掩盖或减少体味和降低排汗率。

6. 除臭剂和止汗剂存在多种产品形式，最常见的形式包括滚珠剂、固体棒、可挤压透明凝胶、可挤压软固体和气雾剂。

7. 当配制除臭剂和止汗剂产品时，必须仔细选择除臭剂和止汗剂成分、载体、结构剂和附加组分，以满足法规要求和消费者需求。

8. 除臭剂和止汗剂的典型质量问题包括可挤压凝胶收缩、气溶胶结块、阀门堵塞、染色和织物损坏、释放不良、乳剂分层、微生物污染、结块和酸败。

9. 评估除臭剂和止汗剂产品质量的常用测试参数包括固体棒熔点、软化点、滴点、释放量、滑动性和硬度，干燥时间，凝胶和膏霜的铺展性、坚实性和质地，闪点、喷雾罐泄漏性，气雾剂的驱动力、压力测试和喷雾特性，黏度、密度、比重和防腐功效，pH及稳定性。

10. 最常进行的性能测试包括体外微生物测试、除臭剂的嗅闻测试和止汗剂的减汗测试。

11. 引起关于除臭剂和止汗剂安全性问题的成分包括铝盐、用于络合铝盐的锆，以及用作气雾剂中推进剂的挥发性有机化合物。

26.1 引言

除臭剂（deodorant）和止汗剂（antiperspirant）的应用具有很长的历史。古代使用的首批产品主要是基于香料，仅能简单掩盖体味。相关产品逐渐演变成含有铝和锆盐的复杂化合物，可减少排汗量。体味（特别是腋下气味）和过度排汗被世界上大多数文化视为令人不适，因此在过去几十年间，腋下护理变得越来越重要。现今，大多数消费者认为除臭剂和止汗剂是基本个人护理产品[1]。因此，相关产品是目前个人护理产品的重要组成部分。

本章介绍了人体腋窝的解剖学和生理学，以及体味形成的机制；总结了控制体味和排汗率的主要方法，以及除臭剂和止汗剂的成分及产品类型。此外，本章还讨论了除臭剂和止汗剂的主要质量问题，以及评估此类产品质量和性能的最常用测试参数。相关产品的安全性多年来一直备受关注，因此本章也对主要安全性问题进行了回顾。

26.2 人体汗腺的解剖学和生理学

排汗对人体具有重要的生物学作用。排汗是由交感神经系统调节的，是一种重要的体温调节方式，特别是在天气温暖潮湿、进行剧烈运动，或在压力情况下。汗腺广泛分布于皮肤中，大多数人有数百万个汗腺，遍布全身[2]。❶人体皮肤中的汗腺可分为两类：外泌汗腺（eccrine gland）和顶泌汗腺（apocrine gland）（图 26.1）。表 26.1 总结了两种不同类型汗腺的主要特征。

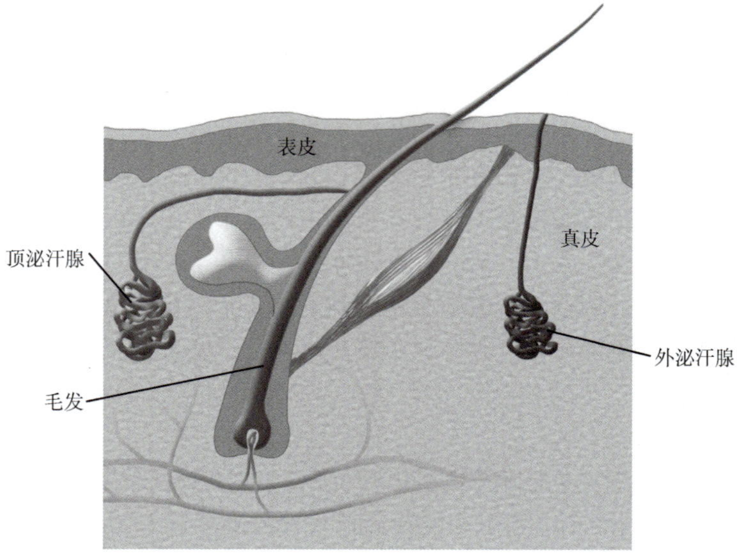

图 26.1　外泌汗腺和顶泌汗腺

表 26.1　外泌汗腺和顶泌汗腺的比较

	外泌汗腺	顶泌汗腺
分布	整个身体，手掌、足掌、腋下和前额密度最高	仅限于某些身体部位，如腋下、肛门和乳房
腺体尺寸和结构	腺体较小，导管细长	腺体较大，位于真皮深层，导管短粗
腺体开口	至皮肤表面	进入毛囊导管
作用	出生时即存在，从幼儿期开始发挥作用	出生时即存在，在青春期开始发挥作用
触发器	高温	情绪，如兴奋、愤怒和恐惧
分泌物	主要为水和各种盐	脂质、胆固醇、脂肪酸、蛋白质、含硫氨基酸和类固醇

- **外泌汗腺**：是卷曲的管状腺体。其分泌部分位于真皮中，导管从真皮直接通向皮肤表面。外泌汗腺遍布全身，特别是在手掌、足掌、腋窝（腋下）和前额[3]。其主要功能是通过从体表汗液中蒸发水分来维持体温和电解质平衡，并保护身体免受环境危害[4, 5]。外泌汗腺从出生时就存在，并从幼儿期开始发挥作用，主要受温度调控。身体核心温度和皮肤温度的升高触发了温度感受器，从而使其产生汗液。相关腺体的分泌物被称为“显汗”（sensible perspiration），主要由水和各种盐（主要是氯化钠和氯化钾）组成。此外，外泌汗液含有少量氨基酸、肽、蛋白质、尿酸、尿素和各种电解质成分（如氨、钙、铜、乳酸、钾和磷）[6]。汗液还可通过抑制微生物对皮肤的黏附，以及通过一种具有抗生素特性的肽［被称为“皮离蛋白”（dermicidin）］来抑制微生物在皮肤上的生长[7]。

- **顶泌汗腺：** 也存在于真皮中，但其可延伸至真皮更深处，比外泌汗腺体积大，而且具有一个更短、更粗的导管，并通向毛囊导管[3]。顶泌汗腺主要局限于身体的某些部位，如腋窝、肛门和乳房。在腋窝，顶泌汗腺的数量是外泌汗腺的10倍[8]。顶泌汗腺出生时就存在，但在青春期性激素产生时才开始发挥作用。相关腺体通常是由情绪触发的，如兴奋、愤怒和恐惧。其会产生黏稠、混浊的分泌物，主要由脂肪、胆固醇、脂肪酸、蛋白质、含硫氨基酸和各种类固醇组成[9, 10]。

❷刚分泌的汗液是无味的。特有的气味是由皮肤表面菌群活动产生的。细菌可分解汗液中的各种有机物，产生挥发性副产物，从而产生可识别的（通常被描述为令人不适的）体味（图 26.2）。相关微生物包括细菌［如棒状杆菌（*Corynebacterium*）、链球菌（*Streptococcus*）、丙酸杆菌（*Propionibacterium spp.*）、微球菌（*Micrococcus*）］和酵母菌［如马拉色菌（*Malassezia*）］。产生体味的主要微生物包括棒状杆菌、链球菌和丙酸杆菌[11, 12]。人体气味由基因控制，并受饮食、药物摄入量及香水产品使用的综合影响[13, 14]。从皮肤表面收集的汗液中含有各种各样的代谢产物，这取决于受试者的生理状态，以及汗腺的功能和发育状态。

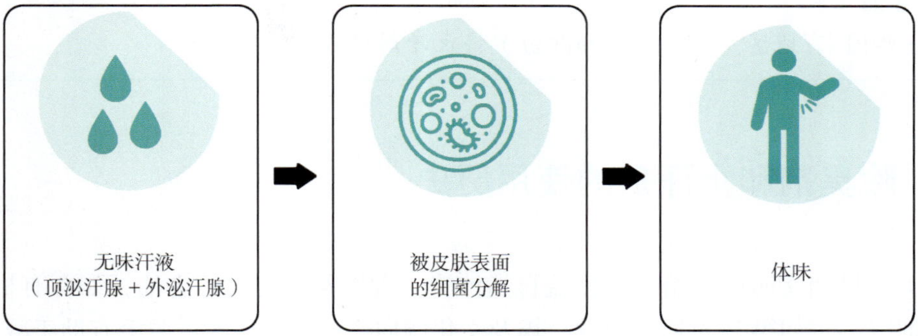

图 26.2　体味的形成

> **? 你知道吗?**
>
> 体内流失过多的盐分和水分会使人迅速脱水，导致循环系统出现问题、肾衰竭和中暑。排汗具有降温作用，对保持体温非常重要。同时，在锻炼或高温下外出时，补水也非常重要，以补充流失的水分和电解质[15]。

26.3　减少体味产品的类型和定义

大多数人会混用“止汗剂”和“除臭剂”这两个术语，尽管这两种产品的作用截然不同。

- ❸除臭剂的设计目的是通过除臭或抗菌作用来减少或掩盖令人不适的体味。其不会干扰汗腺分泌物的排出，没有任何治疗效果，在美国被视为化妆品。
- ❹止汗剂的设计目的是通过限制身体排汗来减少腋下出汗。其通过抑制外泌汗腺分泌汗液来影响身体的结构和功能。因此，相关产品在美国被归类为非处方药。其通常含有铝基或铝锆基化合物，可在汗管（sweat duct）内形成暂时性堵塞，从而阻止汗液流向皮肤表面。

需要注意的是，“除臭剂”并非“止汗剂”，但“止汗剂”可以是“除臭剂”。这是因为铝盐具有杀菌性能，经常使用会迅速减少固有细菌数量。因此，市售的大多数止汗剂不仅具有减汗药物声明，还具有化妆品类除臭剂声明。然而，除臭剂产品却不能被贴上双重声明的标签。

你知道吗?

由于相关声明有时会让人困惑，消费者想知道如何判断购买的产品是除臭剂还是止汗剂/除臭剂。如果查看产品包装的背面板，会看到成分列表。如果在背面板上看到任何一种被列为“活性成分”的物质，那就意味着所看到的是止汗剂/除臭剂产品。如果仅看到“成分”而没有说明“活性成分”，那么所看到的就是除臭剂产品。

你知道吗?

一些国家/地区（如加拿大和欧盟）将止汗剂视为化妆品。

26.4 除臭剂和止汗剂的使用历史

人类在早期文明就开始尝试掩盖自然体味。古埃及人使用芳香油，如含有柑橘和肉桂的制剂[16]。正如第25章所讨论的，埃及文化倾向去掉多余毛发。脱毛有助于减少体味，因为腋下的毛发为细菌生长提供了更大的表面积，这些细菌最终将汗液分解为有气味的化学物质。明矾石（钾明矾）最早在古罗马文明中用作除臭剂，以减少体味[17]。罗马人和希腊人使用芳香油和香料[18]。其他国家（包括阿拉伯、中国和印度）也经常使用芳香产品[19]。在早期几个世纪里，用各种商品换取香水是非常常见的。13世纪，醇基香水从中东运往欧洲。16世纪，意大利和法国成为欧洲巨大的香水中心。在富人中，香水、香料和香精的使用在当时已成为日常生活的重要组成部分[20]。

首款现代除臭剂于19世纪末问世，其是一种含有氧化锌的膏霜，具有抗菌特性[21]。它是一种蜡质的膏霜，既难以涂抹，又难以清理。20世纪初，首款现代含铝止汗剂EverDry®问世。其是一种具有收敛作用的基于氯化铝的溶液，表现出极强的酸性（pH约为3）[22]。这会导致皮肤刺激和织物损坏。水合氯化铝在20世纪40年代问世，其内部缓冲剂可将pH维持在4左右。与氯化铝相比，这些产品刺激性更小，对织物的破坏也更少[23]。Stopette®是一种除臭气雾剂（deodorant spray或spray deodorant），于20世纪50年代推出。这是一种液体除臭剂，其包装是一个柔性塑料挤压瓶[24]，因此被称为“喷雾除臭剂”。首款滚珠除臭剂（roll-on deodorant）也于20世纪50年代问世，其设计灵感源于圆珠笔。首款气溶胶止汗剂（aerosol antiperspirant）于20世纪50年代末推出，并很快就流行起来。然而，20

世纪70年代后期人们对气雾剂产品的安全使用产生了环境和健康方面的担忧。在气雾剂配方中禁止使用锆基止汗剂[25]，也禁止使用含氯氟烃（chlorofluorocarbon，CFC）的推进剂[26]。此后，又出台了其他法规，限制使用推进剂，以保护环境和消费者。现今，存在各种各样的除臭剂和止汗剂，包括滚珠剂、气雾剂、棒状剂型、凝胶和膏霜等形式。据统计，固体和凝胶是美国最受欢迎的产品形式[27]。

26.5　除臭剂和止汗剂对人体皮肤与身体的影响

排汗是降低体温的自然过程。然而，细菌降解汗液而产生的气味可能会令人尴尬，影响自尊，并对心理产生不利影响。因此，除臭剂和止汗剂对于大多数消费者的日常个人护理是必不可少的。

- 有一种情况称为多汗症（hyperhidrosis）或过度排汗（excessive sweating）。大量汗液可出现在腋窝、手掌、足部、面部、躯干中的任何一个部位，或所有上述部位的任意组合。过度排汗会导致难闻的体味，从而对正常、健康的生活质量产生不利影响[28]。大约5%的美国人患有多汗症，年轻成人的患病率更高[29]。多汗症的治疗通常从非处方止汗剂（OTC antiperspirant）开始。然而，目前的非处方止汗剂都不是专为多汗症研发的，也没有声明对过度排汗具有良好的效果。根据过度排汗的部位，其他治疗方案还包括处方强效止汗剂（prescription-strength antiperspirant）、口服药物、局部注射和手术。处方止汗剂（prescription antiperspirant）含有较高剂量的氯化铝，会引起刺激并损坏衣物[30]。2004年，FDA批准了Botox®[A型肉毒毒素（botulinum toxin type A）]，这是一种用于暂时性消除皱纹以达到美容目的的药物，用于治疗局部药物无法控制的严重腋下排汗[31]。Botox®被批准用于治疗腋下部位的过度排汗，但不适用于足部和手掌等其他部位。

通常，如果按照产品标签上的建议使用，除臭剂和止汗剂产生副作用的概率非常低。然而，也可能会出现轻微的负面影响。相关负面影响总结如下。

- 通常报道的负面影响包括皮肤刺激和过敏。皮肤刺激的主要原因之一是在破损的皮肤上使用产品，如剃须导致的皮肤破损。如果不在皮肤破损后使用此类产品，则这种刺激是可避免的。过敏和皮肤敏感常常与止汗剂中存在的香精有关[32]。
- 止汗剂可控制腋下外泌汗腺产生的汗液量。通常情况下，消费者不会在身体表面的其他部位涂抹止汗产品。虽然腋下排汗不足全身排汗率的1%[33]，但一些消费者（特别是炎热国家的消费者）担心止汗剂可能会干扰人体的自然降温过程，从而导致过热[34]。研究表明这并非真实情况，原因如下：腋下区域更多地涉及由情绪刺激引发的顶泌排汗，而非调节体温的外泌排汗。即使发生外泌排汗，由于腋下区域的闭塞性质，汗液也不能有效地蒸发而使身体降温。此外，使用止汗剂影响的表面积相对较小[35]。
- 止汗剂会弄脏衣物，从消费者的角度而言，这是一种负面影响。具体细节将在除臭剂和止汗剂的质量问题部分进行讨论。

26.6 除臭剂和止汗剂所需特性与消费者需求

除了努力创造稳定、高质量、安全的产品外，配方师在设计产品时还必须考虑消费者的需求。一个关键的着力点是优化产品的性能和声明，以满足消费者的需求，并鼓励消费者开始和继续使用产品。从消费者的角度而言，优质除臭剂和止汗剂应具备以下特征。

- 中性或令人愉悦的气味。
- 易于涂抹。
- 使用时感觉舒适。
- 速干性能。
- 良好的耐受性和非致敏性。
- 能够长效除臭。
- 不弄脏衣物。

26.7 除臭剂和止汗剂成分的作用机制

在讨论除臭剂和止汗剂中各种类型的成分之前，应熟悉控制或减少体味的各种方法。❺许多方法可掩盖或减少体味并降低排汗率。已公开发表了数百项专利、研究论文和综述文章，聚焦于相关问题的各种先进解决方案。常用的除臭方法通常使用以下成分类型。

- **气味掩盖（odor masking）成分**：通过与腋下气味混合并将其掩盖来减少气味，如香水[36]。
- **气味中和（odor neutralizing）成分**：通过化学反应中和有气味的化合物，以产生无味的物质。具体实例包括碳酸氢钠、碳酸氢钾及碳酸锌[37-39]。
- **气味淬灭（odor quenching）成分**：与有气味的化学物质结合并形成复合物。具体实例包括蓖麻油酸锌（zinc ricinoleate）和某些金属氧化物（如氧化锌）[40-42]。羟基磷灰石（hydroxyapatite）也可有效结合有气味的化学物质[43]。
- **气味吸收/吸附（odor absorbing/adsorbing）成分**：通过吸收或吸附，物理中和腋窝中形成的气味分子，使这些气味分子固定化，挥发性降低，从而减少可感知到的气味。研究人员已尝试将各种树脂掺入制剂中以吸收气味[44, 45]。此外，多种硅树脂（silicone）和硅酸盐（silicate）也被证明具有气体吸收作用[46]。
- **酯酶抑制剂（esterase inhibitor）**：直接抑制腋下细菌的某些酶，从而减少气味的产生，如甘氨酸锌（zinc glycinate）[47, 48]。抑制酶的另一种方法是将有助于产生腋臭（underarm odor）的最佳pH（pH = 6）调节至酸性范围，如柠檬酸的亲脂性衍生物[49]。
- **抗菌（antimicrobial）成分**：在目前除臭剂中的使用非常普遍，通过抑制或灭活导致异味（malodor）的细菌来防止腋臭。使用后，汗液成分不会或仅发生轻微代谢，因此可防止或减轻体味。抗菌成分的实例包括乙醇、季铵盐、甘油脂肪酸酯（如单月桂酸二甘油酯），以及蔗糖脂肪酸酯（如蔗糖单硬脂酸酯）[50, 51]。百里香（thyme）

和丁香油（clove oil）等精油除了掩盖难闻的气味外，还具有抗菌功效。止汗剂活性成分也具有抗菌特性，有助于抑制皮肤表面的细菌生长。一种因其天然来源而开始流行的产品类型被称为“晶体”（crystal）产品，其由一种名为硫酸铝钾（或钾明矾）的矿物质制成。与止汗剂中使用的铝盐不同，明矾不会阻止排汗，仅有助于抑制可能导致腋臭的细菌生长[52]。

不同止汗剂活性成分的作用机制是不同的。止汗剂通过在外泌汗腺上部形成暂时性的凝胶状栓塞，进而可逆地阻断汗腺分泌，从而减少（但不阻止）腋下排汗（图 26.3）[53-56]。相关阻塞会阻止汗液到达腋窝的皮肤表面。这些阻塞物可在汗管内停留 7～14 天，具体取决于皮肤脱屑速率，以及使用者的卫生习惯、活动类型及产品质量[57]。止汗剂的最终 OTC 专论列出了其活性成分、允许浓度、可配制的产品形式，以及可为其做出的声明。

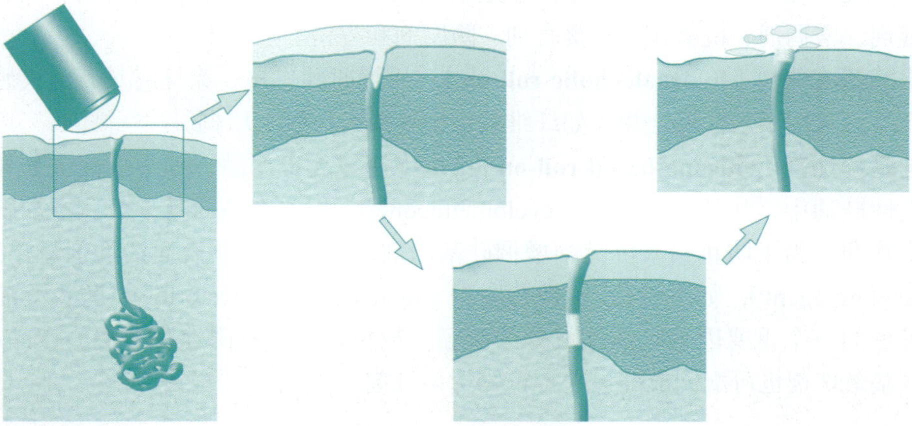

图 26.3　止汗剂的作用机制

目前制剂中使用的活性成分可大致分为两类。

- **铝基（aluminum-based）试剂：**如氯化铝、氯化羟铝、倍半氯化羟铝、二氯化羟铝和硫酸铝。氯化羟铝可与聚乙二醇或丙二醇络合，以溶解活性成分，降低折射率，从而确保形成澄清的产品。
- **铝锆基（aluminum-zirconium-based）试剂：**如三水合、四水合、五水合和八水合铝锆。锆络合物可通过甘氨酸进行缓冲，以使其稳定并降低酸性强度，从而避免在腋下使用时产生刺激[58]。

最终的 OTC 专论还规定了复合物是否可配制成气雾剂、非气雾剂产品。此外，禁止将含锆止汗剂配制成气雾剂产品，因为担心吸入此类复合物会导致肉芽肿瘤形成的潜在风险[59]。

26.8　除臭剂和止汗剂常见的产品形式

❻除臭剂和止汗剂存在多种产品形式，最常见的形式包括滚珠剂（roll-on）、固体棒

（solid stick）、可挤压透明凝胶（extrudable clear gel）、可挤压软固体（extrudable soft solid）和气雾剂。由于除臭剂和止汗剂的基本产品形式、主要成分类型和制剂技术相似，相关特性将统一进行讨论。

26.8.1 滚珠剂

滚珠除臭剂和止汗剂的用途非常广泛。因为此类产品在腋下皮肤上涂抹时不会感觉油腻且易于铺展，所以很受欢迎。存在几种不同类型的滚珠剂，其载体各不相同。

- **水基滚珠剂（water-based roll-on）**：通常是不透明的水包油（O/W）型乳剂。活性成分通常配制在外相中，以达到更好的功效。相关系统通常基于非离子表面活性剂（如聚乙二醇或丙二醇的乙氧基化表面活性剂），可作为油相的增溶剂、润肤剂、保湿剂、增稠剂、抗氧化剂、螯合剂、防腐剂和香精。
- **水醇基滚珠剂（hydroalcoholic roll-on）**：干燥时间更短，涂抹时具有清爽感。相关产品通常用亲水性聚合物（如纤维素衍生物或卡拉胶）增稠。
- **硅基滚珠剂（silicone-based roll-on）**：可配制成无水产品，其中活性成分悬浮在挥发性硅油中，如环甲基硅酮（cyclomethicone）。相关产品因其干爽、不黏腻感而广受欢迎。为了防止粉末沉淀和增稠硅基制剂，通常使用非表面活性剂悬浮剂（suspending agent），如季铵盐-18锂蒙脱石（quaternium-18 hectorite）。防止沉淀还需要考虑的一个重要因素是活性成分的粒径。粒径越小，沉降速率越慢，产品越稳定。硅基滚珠剂也可配制成硅包水（W/Si）型乳剂。

26.8.2 固体棒

固体棒是目前非常流行的产品形式。

- **除臭棒（deodorant stick）**：通常以硬脂酸钠作为凝胶剂。除臭剂和香精通常溶解在亲水性载体中，该载体主要是水和丙二醇或二丙二醇的混合物。也有以乙醇为载体的产品，但其不如乙二醇基（glycol-based）制剂受欢迎。非离子表面活性剂可提高产品澄清度，如PPG-3肉豆蔻醇醚（myristyl ether）、PPG-14丁醚（butyl ether）和异硬脂醇聚醚-20（isosteareth-20）。此外，硬脂酸钠也可提高制剂的澄清度。固体除臭棒通常还含有防腐剂、抗氧化剂和螯合剂，以提高稳定性和延长保质期。相关制剂中也可添加着色剂。
- **止汗棒（antiperspirant stick）**：通常是无水混悬液，其含有的止汗活性成分悬浮在硅基载体中。硅基载体包括环戊硅氧烷和环甲基硅酮，能够提供快速干燥和清爽的肤感，并且不黏腻。此外，固体棒通常含有各种蜡状和液体润肤剂，如肉豆蔻醇肉豆蔻酸酯（myristyl myristate，固体）和辛基十二烷醇（octyldodecanol，液体），以提高皮肤柔软平滑感。非离子表面活性剂（如PPG-14丁醚）通常用作止汗活性成分的分散剂（dispersing agent）。硬化剂（hardening agent）通常是白色蜡状固体，如硬脂醇、山嵛醇和氢化蓖麻油，其可维持止汗棒的棒状结构，使制剂中组分保持完整，还可起到润滑剂的作用。季铵盐-18锂蒙脱石是常用的增稠剂，其蜡状固体也可用于增稠配方，能够使悬浮颗粒处于悬浮状态并减缓沉降。也可使用滑石粉和二氧化硅，因为其是有效的悬浮剂，并为制剂提供润滑性。其他成分包括着色剂、二氧化钛［作为乳浊剂（opacifying agent）］、香精和抗氧化剂（如BHT）。止汗棒是白色固体制剂。

你知道吗？

环状硅氧烷（如环戊硅氧烷）易挥发且挥发迅速。然而，从法规的角度而言，其在美国被视为非挥发性有机化合物（non-VOC），符合联邦和各州的法规要求，因此可用于止汗剂[60]。

26.8.3 可挤压透明凝胶

可挤压凝胶（extrudable gel）是透明制剂，因其使用后不会在皮肤上留下白色残留物而广受欢迎。相关制剂通常是W/Si型乳剂，其中水相和硅油相的折射率匹配。止汗活性成分通常溶解在内相水中。内相还可能包含醇和保湿剂（如丙二醇）。常用的有机硅包括环戊硅氧烷、二甲基硅氧烷、环甲基硅酮和三硅氧烷。对于W/Si型乳剂，需要添加特殊的硅基表面活性剂以达到最佳稳定性。在可挤压透明凝胶中常用的表面活性剂是PEG/PPG-18/18二甲基硅氧烷[61]。可挤压透明凝胶还可能含有增稠剂、具有稳定作用的电解质及香精。

26.8.4 可挤压软固体

可挤压软固体通常是白色无水硅酮悬浮膏（suspension paste）。在相关制剂中，粉末活性成分悬浮在硅酮（如环戊硅氧烷）或烃类（如异十六烷）载体中。膏体用蜡［如C18-36酸甘油三酯（C18-36 acid triglyceride）和山嵛酸甘油酯］增稠至所需黏度。产品还可能包含螯合剂、抗氧化剂、着色剂和香精。相关产品可快速涂抹，不黏腻，几乎没有可见残留物，且可高效止汗。与无水硅基止汗棒类似，应考虑活性成分的粒径大小。理想情况下，粒径小于45 μm的活性成分能够确保良好的肤感[60]。粒径越小，沉降速度越慢，系统就越稳定。

26.8.5 气雾剂

气雾剂因其卫生且易于使用的产品形式而受到消费者青睐。通常，在配制气雾剂时，应考虑一些关键因素，包括喷雾速率、喷雾形状、粒径、产品浓缩比例、推进剂与产品比例、香精浓度，以及喷雾罐内的压力。必须对相关因素进行优化，以确保在使用气雾剂时有干爽的肤感，且阀门不会发生堵塞。

- **除臭气雾剂（deodorant aerosol）**：通常含有除臭成分的溶液（如抗菌活性成分的乙

醇或丙二醇溶液），并与液化推进剂混合。在相关体系中，除臭成分溶解在载体中。丙烷、丁烷和异丁烷是最常用的推进剂，被压缩成透明、无色、无味的液体。除臭气雾剂是无水配方，因此可提供干爽的肤感。

- **止汗气雾剂（antiperspirant aerosol）**：也是无水制剂。然而，止汗气雾剂和除臭气雾剂之间存在很大差异：止汗剂活性成分悬浮而非溶解在产品浓缩物中。载体通常由挥发性硅油（如环甲基硅酮或酯油和硅酮的混合物）组成。使用悬浮剂（如无定形二氧化硅）或黏土［如膨润土（bentonite）和锂蒙脱石］可最大程度地减少固体颗粒的凝聚和悬浮活性成分的沉降。相关体系通常包含与除臭气雾剂相同的推进剂。这些体系通常具有混悬液特性，即便已添加增稠剂，仍存在沉降的可能性。因此，许多止汗气雾剂都附有使用前摇动罐体的说明，以确保产品的均匀性。

> **? 你知道吗?**
> 在止汗气雾剂中，当使用黏土作为增稠剂时，若存在油/硅油相，则会形成一种弱凝胶，这种凝胶状态可通过使用前摇动喷雾罐来打破。然而，其在静置后会重新形成，以确保体系的稳定性。由于有机黏土是团聚状态，需要剪切力来解聚颗粒。为此，通常使用极性活化剂（如碳酸丙烯酯或乙醇）以分散黏土并诱导油相凝胶化[62]。

26.9 除臭剂和止汗剂产品的配方

❼在配制除臭剂和止汗剂产品时，配方师必须仔细选择除臭剂和止汗剂成分、载体、结构剂（structuring agent）和额外组分，以满足法规要求并使消费者满意。在配制止汗剂时应考虑一些一般规则，具体总结如下。

- 止汗剂活性成分是**水溶性**的。然而，涂抹浓缩的水溶液可能给皮肤带来黏腻感[63]。用硅油或酯类油可改善产品质量和肤感[64]。
- 铝粉作为粉末，在配制成无水体系（如棒状剂型和气雾剂）时，容易在皮肤甚至衣物上留下可见的**白色残留物**。润肤剂（如PPG-14丁基醚）可帮助最大限度地缓解这一问题[53, 63, 65]。
- 止汗剂活性成分溶于水时的**pH呈酸性**（pH范围为4.0～4.2）。在选择亲水性增稠剂等成分时应考虑这一点。如前几章所述，一些增稠剂（如卡波姆）必须中和至特定pH才能达到最佳黏度。这些增稠剂在如此低的pH下是不稳定的，因此不能用于相关体系[53]。
- 止汗气雾剂含有**悬浮状态**的止汗活性成分。如前所述，沉降和阀门堵塞可能是此类体系的潜在问题。可通过使用适当的助悬剂（如季铵盐-18锂蒙脱石）来防止沉降，还可增稠制剂，从而使粉末更难沉降。此外，使用细粒径的粉末也有助于防止这一问题。从另一个角度而言，粒径也非常重要。如果颗粒太大，则涂抹时可能会卡在阀门中，从而导致阀门堵塞。作为载体的硅油也可润滑阀门，以防止堵塞。

- 止汗剂活性成分可溶于汗液，因此会在导管中形成黏性堵塞物。**疏水性**（hydrophobic）成分（如润肤剂）可覆盖汗腺孔，并阻止活性成分进入外泌汗腺导管，从而极大地影响止汗剂的功效。因此，相较于无水配方，水基系统的止汗剂活性成分往往会表现出更高的效力[53, 66]。
- 如前所述，当配制成水基体系时，止汗剂活性成分会溶解在水中。如果**水相**是乳剂的外相，预计止汗剂活性成分将更易获得，从而发挥更佳效果。同样地，以水溶液为载体，使用后活性成分从载体向皮肤的扩散预计是最迅速且最为容易的。从效果最优的类型开始，其顺序如下：首先是水溶液，其次是以水相为外相（即O/W型）的低黏度乳剂，最后是黏度较高的O/W型乳剂[66, 67]。
- 对于可挤压膏霜（extrudable cream）和棒状剂型而言，悬浮的止汗剂成分必须溶解或可溶于汗液中才能起到止汗作用。其功效在很大程度上取决于溶解速率，而溶解速率受固体**粒径**和配方**黏度**的影响。粒径越小，溶解越快。同样地，黏度越低，溶解越快，因为厚重的质地会阻碍溶解[63]。不过，黏度越低，沉降就会越快。因此，必须对黏度进行优化，以确保产品的稳定性和有效性。

除臭剂和止汗剂产品的制剂应遵循基本剂型的一般制备步骤，如乳剂（O/W型或W/Si型）、溶液（水基和水醇基）、凝胶和混悬液。就气雾剂而言，通常先将浓缩产品配制成均匀的混悬液，然后将其装入罐中。推进剂通常采用压力灌装法进行添加，与相关防晒产品类似。

26.10 除臭剂和止汗剂的典型质量问题

❽除臭剂和止汗剂的典型质量问题包括可挤压凝胶收缩、气溶胶结块、阀门堵塞、染色和织物损坏、释放不良、乳剂分层、微生物污染、结块和酸败。下文讨论了相关问题的主要特征、形成原因及潜在的解决方案。对于前文已讨论过的问题，在此不再详述。

26.10.1 可挤压凝胶收缩

收缩指的是凝胶尺寸的明显减小，这种现象可能与产品中溶剂的挥发性有关。通过使用蒸发抑制剂（evaporation retardant）（如甘油或山梨醇等保湿剂），可降低水和醇类溶剂的蒸发速率[68, 69]。

26.10.2 气溶胶结块

止汗气雾剂中的活性成分悬浮在油相和硅基载体中，如果该相黏度过低，可能会导致活性成分沉降至罐底。沉降可能导致形成难以重新悬浮的硬块。为解决这一问题，应适量添加增稠剂（如锂蒙脱石或膨润土）。

26.10.3 阀门堵塞

阀门堵塞是指无法通过按下阀门来分配产品。现如今，提供悬浮止汗剂（suspended antiperspirant）活性成分的气溶胶止汗剂（aerosol antiperspirant）非常受欢迎。为了不堵塞阀门，在配制此类体系时，需要考虑以下几个因素：配方中的原材料、活性成分的粒径、推进剂的类型，以及阀门本身。阀门堵塞通常可归因于配方组成或阀门的类型和材料。如果产品浓缩液中悬浮颗粒的粒径过大，或细小颗粒形成较大的聚集体，就可能堵塞阀门。黏土增稠剂浓度过高也可能堵塞阀门。此外，阀门系统设计不当也可能导致堵塞。产品和阀门之间可能会发生相互作用，这可能会在持续使用过程中逐渐导致堵塞[70]。硅油可有效防止堵塞。

26.10.4 染色和织物损坏

使用含铝盐的止汗剂时，衣物（尤其是腋下区域）的染色和织物损坏非常常见。所谓“染色”是指在浅色衣物上形成黄色至棕色污渍，或在深色衣物上形成灰白色污渍。污渍通常不会在穿衣后立即形成，而是要经过一段较长的时间。造成变色的原因有许多，其中之一可能是产品中铝盐的积累。如果清除方法不当（通常需要在洗涤前进行预处理），就会形成坚硬的残留物。此外，用碱性洗涤剂清洗脏衣物时也会形成不溶于水的铝盐，这些铝盐无法通过水洗去除。有时，服装制造商使用对酸敏感的染料来给衣物着色，这可能会导致衣物在接触酸性止汗剂后变色。通过将已变色区域浸泡在弱碱性溶液（如稀释的氨溶液）中，可逆转相关变化[71]。

织物损坏可能由几种原因导致，其中之一是止汗剂的酸性pH可能会腐蚀织物。当铝盐与皮肤上的汗液和皮脂结合时，会对织物（主要是棉质材料）造成化学损伤[71]，还可能导致织物变色并使其强度下降。

26.10.5 释放不良

当除臭/止汗棒在皮肤表面涂抹时，其薄膜成分会转移至皮肤。释放量（pay-off）描述了在常规使用过程中，除臭/止汗棒薄膜成分转移至皮肤表面的质量。释放不良是指转移至皮肤的产品量不足以达到最佳的除臭/止汗效果。造成释放不良的一个典型原因是配方中硬化剂（hardening agent）的类型不当或浓度不足。通过正确选择相关组分，可解决这一问题。

26.11 除臭剂和止汗剂的评价

26.11.1 常规测试的质量参数

❾评价除臭剂和止汗剂产品质量的常用参数包括棒状制剂的熔点、软化点、滴点、释

放量、滑动性和硬度，干燥时间，凝胶和膏霜的铺展性、硬度和质地，闪点、气溶胶罐泄漏性，气雾剂的驱动力、压力测试和喷雾特性，黏度、密度、比重和防腐效力，pH及稳定性。对于之前章节中已讨论过的测试，在此不再详述。

26.11.1.1　棒状制剂的硬度

除臭/止汗棒的硬度测试与防晒棒类似。然而，对于除臭/止汗棒，穿透产品所使用的是金属锥体而非针头（图26.4）。

图26.4　除臭/止汗棒的硬度测试

26.11.1.2　干燥时间

液体除臭剂和止汗剂（如滚珠剂和可挤压凝胶）中的溶剂应在涂抹后迅速从皮肤表面蒸发。干燥过慢会导致黏腻感，而且如果消费者不等到产品在皮肤上完全干燥就穿上衣物，可能会在衣物上留下污渍。干燥时间可通过评估黏性来衡量。黏性是指腋下区域的黏附程度[72]。这一测试通常由专业人士进行。

26.11.2　通常测试的性能参数

❿最常进行的性能测试包括体外微生物测试（*in vitro* microbiological testing）、除臭剂的嗅闻测试（sniff test）和止汗剂的减汗测试（sweat reduction test）。以下讨论了相关测试的主要特点。

26.11.2.1　体外微生物测试

如前所述，除臭剂和止汗剂可能含有抗菌成分。由于体味的形成与腋下细菌的活动有关，抑制或灭活细菌有可能减少体味。在含有抗菌剂的产品中，体外抗菌活性测试是产品性能测试的一部分。微生物测试通常是在琼脂平板上培养选定的细菌。在适宜条件下培养一定时间后，对微生物生长情况进行评估。体外测试的主要缺点在于，其可靠性不足以说明制剂在体味控制方面的真正潜力。因此，通常还会进行其他研究（如体内嗅闻测试）。

26.11.2.2　嗅闻测试

通过嗅闻测试对体味进行感官评估是评估除臭剂体内功效的公认方法。评估通常由专业人士进行，相关人士常被称为“嗅探员”（sniffer）[73]。测试通常从持续数天的调节阶段

(conditioning phase)开始。在这一阶段，受试者使用无香、非抗菌肥皂清洁腋下区域，并通常建议其不要使用止汗剂和除臭剂。在调节阶段结束时，受试者身上很容易闻到体味。在随后的治疗阶段(treatment phase)，在受试者的一侧腋窝使用测试除臭剂数天，而另一侧腋窝则使用对照制剂。对照制剂除不含除臭成分外，其他成分通常与测试制剂相同。体味强度通常可按照0～5的等级进行评分，其中0表示没有气味，5表示气味非常强烈。受试者在不清洗身体的情况下进行正常活动，在一天中要记录数次(如每6 h进行1次)体味强度，将两侧腋窝平均得分的差异作为评估性能的依据。如果24 h后治疗一侧和未治疗一侧之间存在显著差异，则证明测试制剂有效[74]。

26.11.2.3 止汗剂的减汗测试

止汗剂可减少外泌汗腺的汗液分泌量。此类产品的性能声明通常指的是实际效果(如“最大保护”和“额外有效”)，或效果持续时间(如“持续整天的气味保护”或“48 h气味保护”)。止汗剂在美国被视为非处方药，因此所有相关声明都必须按照最终专论的描述进行临床验证。该专论将效果分为标准有效性和额外有效性两类，并提供了相应的测试来支持相关声明。值得注意的是，FDA推荐的测试程序以指南的形式发布，并强调为了证明止汗剂的有效性，采用替代方法也可能是适合的。因此，制造商可使用其他方法。无论测试方法如何，最终目标是成品应符合FDA指南中确立的标准[75]。

FDA指南规定，止汗剂若要标注为“标准有效性”，其必须至少在50%的测试人群中达到24 h至少减少20%的排汗量，而若标注“额外有效性”则至少在50%的测试人群中达到至少减少30%的排汗量[76]。

受试者通常由专门小组筛选。合格的受试者必须在控制环境中20 min内至少产生100 mg的汗液。此外，受试者应代表更广泛的人群。因此，受试者之间最高和最低排汗率的差异必须超过每侧腋下600 mg/20 min[76]。

受试者首先经历一个调节阶段(通常是一个为期17天的干燥期)。在此期间，除测试机构发放的止汗剂或除臭剂外，受试者不得使用其他止汗剂或除臭剂。实际研究通常称为“热室”(hot room)研究，通过高温(约100 °F/37 ℃)和高湿(30%～40%)刺激受试者排汗。汗液通过重量法(gravimetric method)连续收集(每次20 min)。顾名思义，重量法是一种重量检测方法，将吸收垫(棉垫)放置在腋下，分别测量其在20 min前后的重量。将止汗剂每天1次涂抹在一侧腋下，安慰剂涂抹在另一侧腋下。对于“额外有效性”，在声明时间内应至少进行2次重量测试。对排汗量的变化进行统计计算，并以变化百分比表示[76]。

你知道吗?

一些产品声称“pH平衡配方”，这可能会使消费者感到安心。然而，这一声明其实并无科学依据，因为所有稳定的制剂都是pH平衡的，而且止汗剂和除臭剂产品的pH通常由活性成分决定。目前在专论中列出的所有止汗剂活性成分均呈酸性pH。pH的变化可能会对制剂的稳定性产生负面影响。

26.12 引发安全性问题的成分

尽管许多人每天都在使用止汗剂，并且被认为是安全的，但消费者对其使用和长期影响仍心存顾虑。⓫引发对除臭剂和止汗剂安全性担忧的成分包括铝盐、用于与铝盐形成复合物的锆，以及用作气雾剂推进剂的挥发性有机化合物（VOC）。下文讨论了相关担忧背后的主要发现和监管机构的意见。

26.12.1 铝

人们对止汗剂的主要担忧之一是其是否会导致乳腺癌（breast cancer）。有关乳腺癌与止汗剂的担忧最早出现于20世纪90年代[30]，如今仍不断流传。有虚假信息称，止汗剂可能通过腋下剃须造成的伤口被人体吸收并沉积在淋巴结中。由于止汗剂可阻止排汗，使用者无法通过排汗来排出毒素，于是会残留在体内，从而导致癌症[77]。实际上，汗腺与淋巴结并不相连，止汗剂能够阻塞汗腺但不会影响淋巴结。另一个常见的担忧是，铝被皮肤吸收后，可能具有类似雌激素的效果。雌激素是一种女性激素，可促进乳腺细胞（正常细胞和癌细胞）的生长，这又引发了铝可能导致乳腺癌的担忧。一项研究测试了在腋下涂抹止汗剂后，会有多少铝被吸收，并发现每分钟仅有极少量的铝（0.012%）被吸收[78]。实际吸收的铝量将远低于预期从食物中吸收的量。此外，乳腺癌组织中的铝含量似乎并不比正常乳腺组织中多[79]。虽然一些研究提供了相反的结果[80, 81]，但大多数研究表明，乳腺癌与止汗剂中的铝含量之间并无关联[82-84]。2014年的一篇综述得出结论，没有明确的证据表明使用止汗剂会提高患乳腺癌的风险[85]。美国癌症协会（American Cancer Society）和美国国家癌症研究所（National Cancer Institute）[86, 87]也表示，止汗剂和乳腺癌之间没有明确的联系。

FDA要求所有止汗剂产品都必须具有警示声明，建议肾病患者在使用产品前咨询医生[88]。这样做的原因是，肾脏在铝的体内清除方面发挥着重要作用。因此，肾功能损伤患者可能面临更高的铝暴露风险。

> **❓ 你知道吗?**
>
> 建议在进行乳房X线检查当天不要使用止汗剂，这是因为止汗剂中的铝——一种金属离子，可能在乳房X线检查中显示为微小的斑点。这些斑点可能被误认为是微钙化，而微钙化通常会被医生视为癌症的可能特征迹象之一。不使用止汗剂或除臭剂有助于防止乳房X线检查影像上的任何混淆[86]。

20世纪60年代，人们对使用含铝止汗剂与阿尔茨海默病（Alzheimer’s disease）的关联产生了更多的健康担忧。这种怀疑引起了对通过炊具、铝箔、饮料罐、抗酸剂和止汗剂中铝成分日常接触的担忧。此后的研究未能重复20世纪60年代特定研究的结果，也未能确认铝在导致阿尔茨海默病中的作用。研究界普遍认为，铝并非导致阿尔茨海默病的关键风险因素。FDA得出结论，现有证据不足以证明铝与阿尔茨海默病有关[89]。

26.12.2 锆

锆被用作络合剂，可形成各种铝-锆水合氯化物复合物。人们担忧吸入铝-锆水合氯化物的气雾剂产品可能致癌，因此引起了广泛关注。FDA宣布，所有锆基止汗气雾剂均属于Ⅱ类（即不被认为是安全的）产品，最终导致此类产品撤市[90]。如今，任何含锆的活性成分都不能出现在止汗气雾剂产品的配方中。

26.12.3 挥发性有机化合物

许多推进剂被视为VOC。当暴露于阳光下时，VOC可与氮氧化物（NO_x）反应，形成地面臭氧，这是城市“雾霾”（smog）的主要成分。众所周知，雾霾对健康具有负面影响，如其可能导致人体呼吸系统问题。在美国，VOC由美国环境保护署（EPA）在联邦层面进行监管，各州可对其境内销售的产品设定比EPA更严格的限制标准[91, 92]。

现行法规将VOC分为高挥发性有机化合物（high-volatility organic compound，HVOC）和中等挥发性有机化合物（medium-volatility organic compound，MVOC）。任何在20 ℃下测量的蒸气压＞80 mmHg（1 mmHg=0.133 kPa）的有机化合物都被视为HVOC，而蒸气压＞2 mmHg但≤80 mmHg的有机化合物被视为MVOC[93]。

26.13 除臭剂和止汗剂的包装

除臭剂和止汗剂最常用包装材料包括以下几种。

- **棒状容器：** 止汗和除臭棒装在内部带有升降平台的空心管中，该平台可上下移动以分配产品。在大多数包装中，通过转动容器底部的螺丝使产品沿中央螺纹柱向上移动来提升产品。可挤压软固体和凝胶所使用的塑料瓶与棒状瓶类似，但其包含一个带有小圆形、椭圆形或其他形状开口的内盖。通过转动容器底部的螺丝，产品可通过这些开口挤出。
- **滚珠容器：** 由空心玻璃或塑料体、盖子和滚珠组成。滚珠由一个空心球和球的外壳组成。在使用过程中，滚珠在外壳中自由滚动，同时带出少量黏附在其上的产品。
- **气溶胶罐：** 气溶胶除臭剂/止汗剂采用单室罐包装，配方和推进剂混合在一起。气溶胶容器可由镀锡钢、无锡钢或铝制成。

术语表

中文术语	英文术语	解释
除臭剂	deodorant	一种局部应用的个人护理产品，旨在通过除臭或抗菌作用来减轻或掩盖难闻的体味。

续表

中文术语	英文术语	解释
止汗剂	antiperspirant	一种局部应用的个人护理产品，旨在通过限制身体排汗来减少腋下湿度。在美国被视为非处方药。
体味	body odor	在汗腺产生的无味汗液被皮肤表面的细菌分解后形成的特征性气味。
外泌汗腺	eccrine gland	一种从幼儿时期就存在并开始发挥作用的汗腺。这些腺体遍布全身，主要功能是控制体温。其分泌物主要由水和各种盐组成。
顶泌汗腺	apocrine gland	一种汗腺，出生时就存在但仅在青春期开始发挥作用。其仅分布于某些身体部位，如腋窝、肛门和乳房。通常由情绪触发，分泌物主要由脂质、胆固醇、脂肪酸、蛋白质、含硫氨基酸和各种类固醇组成。
多汗症	hyperhidrosis	一种医学症状，其特征是即使在室温或更低温度下，或在休息状态下，也会过多排汗。
排汗	sweating	从汗腺分泌和释放液体的过程。
滚珠剂	roll-on	一种除臭剂或止汗剂产品形式，通过容器颈部的旋转球体进行涂抹。
固体棒	solid stick	一种除臭剂或止汗剂产品形式，通过旋转棒状容器底部的螺栓进行涂抹。
可挤压膏霜	extrudable cream	一种除臭剂或止汗剂产品形式，也称为软固体。挤压霜是厚霜，通过容器带有小开口的盖子进行涂抹。
可挤压凝胶	extrudable gel	一种除臭剂或止汗剂产品形式。可挤压凝胶是一种透明凝胶，通过带有小开口的盖子从容器中挤出。
软固体	soft solid	参见可挤压膏霜。
气雾剂	aerosol	一种除臭剂或止汗剂产品形式。气雾剂不仅卫生且使用方便，采用单室罐包装和分配。
甘氨酸	glycine	一种氨基酸，可用作铝锆基止汗剂的稳定剂，并可减轻产品的酸性刺激。
收缩	shrinkage	体系（如凝胶）尺寸的明显减小。
结块	caking	属于气溶胶止汗剂（一种油基和硅基混悬液）的质量问题。结块指的是在容器底部形成难以重新悬浮的不溶性颗粒聚集体。
阀门堵塞	valve clogging	气雾剂产品无法通过按下阀门进行分配的质量问题。
织物染色	fabric staining	由于长期使用止汗剂，浅色衣物上出现黄色至棕色的污渍，或深色衣物上出现灰白色污渍的过程和现象。
释放量	pay-off	在常规使用过程中，从除臭/止汗棒转移至皮肤表面的质量。
嗅闻测试	sniff test	用于评估除臭产品性能（功效）的体内测试。
减汗测试	sweat reduction test	用于评估止汗剂性能（功效）的体内测试。
测定重量	gravimetric	重量测试的相关因素。

缩略词表

缩略词	英文全称	中文全称
CFC	chlorofluorocarbon	氯氟烃
EPA	Environmental Protection Agency	美国环境保护署
HVOC	high-volatility organic compound	高挥发性有机化合物
MVOC	medium-volatility organic compound	中等挥发性有机化合物
O/W	oil-in-water	水包油型
VOC	volatile Organic Compound	挥发性有机化合物
W/Si	water-in-silicone	硅包水型

（王　鹏　译，白仁仁　陈文超　校）

参考文献

1. Statista Size of the global antiperspirant and deodorant market from 2012 to 2025 (in billion US dollars). www.statista.com/statistics/254668/size-of-the-global- antiperspirant-and-deodorant-market/ (accessed 19 May 2021).
2. Standring, S. (2004). *Gray's Anatomy: The Anatomical Basis of Clinical Practice*. London, UK: Churchill Livingstone.
3. Eroschenko, V.P. and di Fiore, M.S.H. (2012). *DiFiore's Atlas of Histology with Functional Correlations*. Philadelphia: Lippincott Williams & Wilkins.
4. Venkataramm, M. (2012). *ACSI Textbook on Cutaneus and Aesthetic Surgery*. Clayton: JP Medical Ltd.
5. Martini, F.H., Nath, J.L., and Bartholomew, E.F. (2012). *Fundamentals of Anatomy and Physiology*. San Francisco: Pearson Education, Inc.
6. Udby, L., Cowland, J.B., Johnsen, A.H. et al. (2002). An ELISA for SGP28/CRISP-3, a cysteine-rich secretory protein in human neutrophils, plasma and exocrine secretions. *J. Immunol. Methods* 263: 43–55.
7. Schittek, B., Hipfel, R., Sauer, B. et al. (2001). Dermcidin: a novel human antibiotic peptide secreted by sweat glands. *Nat. Immunol.* 2 (12): 1133–1137.
8. Quinton, P.N., Elder, H., Jenkinson, D.M. et al. (1999). Structure and function of human sweat glands. In: *Antiperspirant and Deodorants* (ed. K. Laden), 17–58. New York: Marcel Dekker.
9. Labows, J.N., Preti, G., Hoelzle, E. et al. (1979). Steroid analysis of human apocrine secretion. *Steroids* 34: 249–258.
10. Jacoby, R.B., Brahams, J.C., Ansari, S.A. et al. (2004). Detection and quantification of apocrine secreted odor-binding protein on intact human axillary skin. *Int. J. Cosmet. Sci.* 26: 37–46.
11. Kanlayavattanakul, M. and Lourith, N. (2011). Body malodours and their topical treatment agents. *Int. J. Cosmet. Sci.* 33 (4): 298–311.
12. Taylor, D., Daulby, A., Grimshaw, S. et al. (2003). Characterization of the microflora of the human axilla. *Int. J. Cosmet. Sci.* 25 (3): 137–145.
13. Bhutta, M.F. (2007). Sex and the nose: human pheromonal responses. *J. R. Soc. Med.* 100: 268–274.
14. Preti, G., Willse, A., Labows, J.N. et al. (2006). On the definition and measurement of human scent: comments on Curran et al. *J. Chem. Ecol.* 32: 1613–1616.
15. Rados, C. (2005). FDA antiperspirant awareness: it' s mostly no sweat. *FDA Consum.* 39 (4): 18–24.

16. Patrick, B. and Thompson, J. (2011). *An Uncommon History of Common Things*. Washington: National Geographic.
17. Plinius (1997). *Naturkunde*. 35. Dusseldorf, Germany: Artemis & Winkler.
18. Rimmel, E. (1865). *The Book of Perfumes*. London, UK: Chapman & Hall.
19. Crawford, T.H. and Nagarajan, T.S. (1954). Perfumery and cosmetics in ancient and modern India. *J. Soc. Cosmet. Chem.* 5: 202.
20. Barraclough, G. (1978). *The Times Atlas of World History*. London, UK: Times Books.
21. MUM www.mum-deo.com/about-mum/history/ (accessed 13 March 14).
22. IFSCC (1998). *Antiperspirants and Deodorants, Principles of Underarm Technology*, IFSCC *Monograph No 6*. Weymouth: Micelle Press.
23. Cuzner, B. and Klepak, P. (1993). Antiperspirants and deodorants. In: *Poucher's Perfumes Cosmetics and Soaps* (ed. H. Butler), 3–26. London, UK: Chapman & Hall.
24. *Life* . (1949). 25.
25. 42 FR 41374
26. EPA (2012). Protecting the stratospheric ozone layer. www.epa.gov/air/caa/peg/stratozone.html (accessed 10 March 2014).
27. Statista (2020). Size of the global antiperspirant and deodorant market from 2012 to 2025 (in billion US dollars). www.statista.com/statistics/254668/size-of-the-global- antiperspirant-and-deodorant-market/ (accessed 22 May 2021).
28. Ruchinskas, R. (2007). Hyperhidrosis and anxiety: chicken or egg? *Dermatology* 214 (3): 195–196.
29. Doolittle, J., Walker, P., Mills, T. et al. (2016). Hyperhidrosis: an update on prevalence and severity in the United States. *Arch. Dermatol. Res.* 308 (10): 743–749.
30. Rados, C. (2005). Antiperspirant awareness: it' s mostly no sweat. *FDA Consum. Mag.* 39: 18–24.
31. Hornberger, J. and Grimes, K. (2004). Recognition, diagnosis and treatment of primary focal hyperhidrosis. *J. Am. Acad. Dermatol.* 51: 274–286.
32. Johansen, J.D., Rastogi, S.C., Bruze, M. et al. (1998). Deodorants: a clinical provocation study in fragrance-sensitive individuals. *Contact Dermatitis* 39 (4): 161–165.
33. Sato, K., Kane, N., Soos, G. et al. (1995). The eccrine sweat gland: basic science and disorders of eccrine sweating. *Derm. Found.* 29: 1–11.
34. (2013). Can too much antiperspirant cause me to overheat? *Pop. Sci.* 282 (1):–74.
35. Burry, J.S., Evans, R.L., Rawlings, A.V. et al. (2003). Effect of antiperspirant on whole body sweat rate and thermoregulation. *Int. J. Cosmet. Sci.* 25: 189–192.
36. Geria, N. (1990). Fragrancing antiperspirants and deodorants. *Cosm. Toil.* 105: 41–45.
37. Lamp, J.H. (1946). Sodium bicarbonate: an excellent deodorant. *J. Invest. Dermatol.* 7: 131–133.
38. Berschied, J.R. (1994). Homogenous cosmetic stick products. WO199413256A1, filed 28 September 1993 and issued 23 June 1994.
39. Winston, A.E. (1994). Microporous alkali metal carbonate. WO1994024996A1, filed 3 May 1993 and issued 10 November 1994.
40. Zekorn, R. (1996). Deowirkstoff auf basis Zinkricinoleat. *Parf. Kosmet.* 77: 682–684.
41. Zekorn, R. (1997). Zinc ricinoleate. *Cosm. Toil.* 112: 37–40.
42. Kanda, F., Yagi, E., Fukuda, M. et al. (1993). Quenching short chain fatty acids responsible for human body odors. *Cosm. Toil.* 108: 67–72.
43. Yagi, E., Fukuda, M., Ota, T., et al. (1987). Deodorant. JPS62135411A, filed 9 December 1985 and issued 18 June 1987.
44. Thurmon, F.M. and Ottenstein, B. (1952). Studies on the chemistry of human perspiration with especial reference to its lactic acid content. *J. Invest. Dermatol.* 18: 333–339.

45. Ikai, K. (1954). Deodorizing experiments with ion-exchange resins. *J. Invest. Dermatol.* 23: 411–422.
46. Nakahara, Y., Shimai, Y., Yoshikawa, T. (1987). Powdery deodorant. JPS62212315A, filed 13 March 1986 and issued 18 September 1987.
47. Charig, A., Froebe, C., Simone, A. et al. (1991). Inhibitor of odor producing axillary bacterial exoenzymes. *J. Soc. Cosmet. Chem.* 42: 133–145.
48. Wachter, R., Maurer, K-H., Tesmann, H. (1995). Use of monoalkyl or dialkyl ester(s) of aliphatic, satd. dicarboxylic acids. DE4343265A1, filed 17 December 1993 and issued 22 June 1995.
49. Reese, G., Osberghaus, R. (1977). Process of suppressing odors employing deodorants containing esters of citric acid. US4010253A, filed 2 April 1975 and issued 1 March 1977.
50. Cox, A.R. (1987). Efficacy of the antimicrobial agent triclosan in topical deodorant products. *J. Soc. Cosmet. Chem.* 38: 223–231.
51. Dillenburg, H., Jakobsonm G., Klein, W., et al. (1994). Cosmetic deodorant preparations containing di- or triglycerin esters. WO1994009753A1, filed 3 November 1992 and issued 11 May 1994.
52. Abrutyn, E.S. (2010). Antiperspirants and deodorants. In: *Cosmetic Dermatology* (ed. Z.D. Drealos), 150–155. Hoboken: Wiley Blackwell.
53. Abrutyn, E.S. (2011). Antiperspirants. *Cosm. Toil.* 126 (11): 780–786.
54. Swaile, D.F. (2003). Variation in efficacy of commercial antiperspirant products based on differences in active composition and manufacturing method. In: 61st Annual Meeting of the American Academy of Dermatology, San Francisco, P 337.
55. Reller, H.H. and Luedders, W.L. (1977). Mechanism of action of metal salt anti-perspirants. *Adv. Mod. Toxicol.* 4: 18–54.
56. Quatrale, R.P., Coble, R.P., Stoner, K.L. et al. (1981). The mechanism of antiperspirant action of aluminum salts. III. Histological observations of human eccrine sweat glands inhibited by aluminum zirconium chlorohydrate glycine complex. *J. Soc. Cosmet. Chem.* 32: 195–222.
57. Wild, J.E., Lanzalaco, A.C., and Swaile, D.F. (2006). Antiperspirants. In: *Cosmetic Formulation of Skin Care Products* (ed. Z.D. Drealos and L.A. Thaman), 123–134. New York: Taylor & Francis.
58. Abrutyn, E. (2000). Antiperspirant and deodorants. In: *Harry's Cosmeticology* (ed. M.M. Reiger). New York: Chemical Publishing Company Inc.
59. FDA (1977). Title 21, Chapter 1, Subchapter D, Part 310, Subchapter G, Part 700: Aerosol drug and cosmetic products containing zirconium, final rule. *Fed. Regist.* 42 (158): 41374–41376.
60. Abrutyn, E.S. (2009). Antiperspirant sticks, soft solids and gels. *Cosm. Toil.* 124 (5): 24–35.
61. Dow Corning A Quick Guide to Dow Corning® brand Silicone Emulsifiers. https://pdf.directindustry.com/pdf/dow-corning/quick- guide-to-dow-corning-brand-silicone-emulsifiers/21122-310815.html (accessed 10 March 2014).
62. Schreiber, J. (2009). Antiperspirants. In: *Handbook of Cosmetic Science and Technology* (ed. A.O. Barel, M. Paye and H.I. Maibach), 631–641. New York: Informa Healthcare.
63. Abrutyn, E.S. and Bahr, B.C. (1993). Formulation enhancements for underarm applications. *Cosm. Toil.* 108: 51–54.
64. Alexander, P. (1994). Monograph antiperspirants and deodorants. *SOFW* 120: 117–121.
65. ICI Speciality Chemicals (1989). A new emollient for antiperspirant sticks. HAPPI 50–51.
66. Osborne, G.E. and Lausier, J.M. (1982). Statistical evaluation of vehicle effect on antiperspirant activity with a limited number of subjects. *J. Soc. Cosmet. Chem.* 33: 179–191.
67. Majors, P.A. and Wild, J.E. (1974). The evaluation of antiperspirant efficacy–influence of certain variables. *J. Soc. Cosmet. Chem.* 25: 139–152.
68. Juneja, P.S. (1994). Deodorant gel sticks containing 1-hydroxy pyridinethione active. US5284649A, filed 29 September 1992 and issued 8 February 1994.

69. Geria, N. (1984). Formulation of stick antiperspirants and deodorants. *Cosm. Toil.* 99: 55–66.
70. Chadwick, J. (2007). Aerosol anatomy, aerosol product litigation–Part 2. *Spray* 11: 20–22.
71. Andrasik, M.J. (2009). Deodorants and antiperspirants. *Int. Fabr. Instit. Bullet.* 626.
72. Meilgaard, M.C., Carr, B.T., and Civille, G.V. (2006). *Sensory Evaluation Techniques*. Boca Raton: CRC Press.
73. Maxeiner, B., Ennen, J., Rützel-Grünberg, S. et al. (2009). Design and application of a screening and training protocol for odour testers in the field of personal care products. *Int. J. Cosmet. Sci.* 31 (3): 193–199.
74. Smits, J., Senti, B., and Herbst, N. (2012). usNeoTM - a Naturally Effective Deodorant and Antibacterial Active. *Cosmet. Sci. Technol.* 1–8.
75. 21 CFR Part 350.60
76. FDA Guidelines for effectiveness testing of OTC antiperspirant drug products. www.fda.gov/downloads/AboutFDA/CentersOffices/CDER/ucm106 437.pdf (accessed 10 March 2014).
77. American Cancer Society (2013). Antiperspirants and breast cancer risk. www.cancer.org/cancer/cancercauses/othercarcinogens/athome/an tiperspirants-and-breast-cancer-risk (accessed 10 March 2014).
78. Flarend, R., Bin, T., Elmore, D. et al. (2001). A preliminary study of the dermal absorption of aluminium from antiperspirants using aluminium. *Food Chem. Toxicol.* 39 (2): 163–168.
79. Rodrigues-Peres, R.M., Cadore, S., Febraio, S. et al. (2013). Aluminum concentrations in central and peripheral areas of malignant breast lesions do not differ from those in normal breast tissues. *BMC Cancer* 13: 104.
80. Darbre, P.D. (2005). Aluminium, antiperspirants, and breast cancer. *J. Inorg. Biochem.* 99 (9): 1912–1919.
81. McGrath, K.G. (2003). An earlier age of breast cancer diagnosis related to more frequent use of antiperspirants/deodorants and underarm shaving. *Eur. J. Cancer Prev.* 12 (6): 479–485.
82. Mirick, D.K., Davis, S., and Thomas, D.B. (2002). Antiperspirant use and the risk of breast cancer. *J. Natl. Cancer Inst.* 94 (20): 1578–1580.
83. Gikas, P.D., Mansfield, L., and Mokbel, K. (2004). Do underarm cosmetics cause breast cancer? *Int. J. Fertil. Womens Med.* 49 (5): 212–214.
84. Namer, M., Luporsi, E., Gligorov, J. et al. (2008). The use of deodorants/antiperspirants does not constitute a risk factor for breast cancer. *Bull. Cancer* 95 (9): 871–880.
85. Willhite, C.C., Karyakina, N.A., Yokel, R.A. et al. (2014). Systematic review of potential health risks posed by pharmaceutical, occupational and consumer exposures to metallic and nanoscale aluminum, aluminum oxides, aluminum hydroxide and its soluble salts. *Crit. Rev. Toxicol.* 44 (Suppl 4): 1–80.
86. American Cancer Society (2014). Antiperspirants and breast cancer. www.cancer.org/cancer/cancer-causes/antiperspirants-and-breast- cancer-risk.html#references (accessed 25 May 2021).
87. National Cancer Institute (2016). Antiperspirants/deodorants and breast cancer. www.cancer.gov/about-cancer/causes- prevention/risk/myths/antiperspirants-fact-sheet#r5 (accessed 25 May 2021).
88. 21 CFR Part 350.50(c)
89. 68 FR 34273
90. 47 FR 36492 at 36498 and 36499
91. 42 FR 24536
92. 63 FR 48819
93. 40 CFR Part 59

第27章 婴儿护理产品

学习目标

通过本章的学习，读者将掌握以下内容。

1. 以下术语的定义：

婴儿	婴儿清洁产品	婴儿保护产品	痤疮
特应性皮炎	接触性皮炎	婴儿湿巾	尿布疹
婴儿爽身粉	渗透增强剂	皮肤保护剂	温和表面活性剂
眼睛刺激性	可吸入的		

2. 婴儿护理产品的制剂设计主要针对的年龄段。
3. 婴儿和成人在皮肤结构、功能和成分上的主要差异。
4. 婴儿和成人头发的本质区别。
5. 婴儿清洁和保护产品的主要特点。
6. 婴儿清洁和保护产品在美国的法律归类及其规范。
7. 婴儿护理产品可能对肌肤、头发和眼睛产生的积极效果和潜在的不良影响。
8. 婴儿护理产品应具备的特性。
9. 婴儿护理产品在研发过程中需遵循的基本原则及应考虑的因素。
10. 婴儿沐浴产品、洗发产品和湿巾的主要特征和成分类型。
11. 婴儿保护产品：润肤霜、婴儿爽身粉和防晒霜的主要特征和成分类型。
12. 尿布疹的成因及其有效的治疗策略。
13. 皮肤保护剂的效用及其在预防和治疗尿布疹中的重要性。
14. 婴儿防晒霜功效降低的影响因素。
15. 婴儿护理产品在制备或使用过程中的常见质量问题，以及导致相关问题的潜在原因。
16. 婴儿护理产品检测的标准质量参数及其评价方法。
17. 尿布疹膏性能测试的标准方法和程序。
18. 婴儿产品中滑石粉的潜在安全性问题。
19. 适用于婴儿护理产品的常见包装容器类型。

主要概念

1. 婴儿护理产品是一类专为婴儿的娇嫩皮肤和头发而研制的护理用品。

2. 婴儿的皮肤和头发在结构、功能和组成成分上与成人存在明显差异[1]，相关差异对于婴儿产品的研发至关重要，需要在制剂设计时予以充分理解和考虑。

3. 根据婴儿护理产品的功能，可将其分为清洁产品和保护产品两大类。

4. 大多数婴儿护理产品在美国按照其用途被归类为化妆品，但是防晒霜和尿布疹产品则被归类为药品。

5. 婴儿清洁产品通常以温和表面活性剂为基础，制备成洗发水、沐浴露及湿巾等。

6. 最常见的婴儿保护产品是乳剂，此类产品还包括婴儿油、尿布疹产品、婴儿爽身粉，以及婴儿防晒产品。

7. 婴儿护理产品在品质管理上的常见问题包括产品起泡性能不良、乳液类产品分层、气溶胶型防晒霜阀门堵塞、微生物污染、产品结块及油脂酸败等。

8. 评价婴儿护理产品质量常用的检测参数包括气雾剂密封性、喷射动力与持久性、压力安全性测试和喷雾模式，闪点，乳液、面霜、凝胶、膏剂和软膏的涂抹性、挤出性、质地与硬度，清洁产品的起泡性、泡沫稳定性、泡沫密度、泡沫黏度和泡沫结构，粉末产品中粉末的流动性和粒度分析，棒状物的熔点、软化点、滴点、出料量、滑动性和硬度，颜色，防腐剂功效，黏度，密度，比重，pH及稳定性。

9. 衡量性能的关键检测参数通常包括尿布疹产品防护效能、保湿产品的滋润效果，以及防晒产品的紫外线防护能力。

10. 含滑石粉婴儿护理产品的安全性，以及对羟基苯甲酸酯和硫酸盐可能对婴儿皮肤造成的影响。

27.1 引言

❶婴儿护理产品是专门为婴儿的娇嫩皮肤和头发而研制的一类特殊产品。婴儿护理产品主要是功能性产品，而不是装饰性用品，包括专为婴儿设计的护肤产品、护发清洁产品，以及皮肤保护产品。鉴于婴儿皮肤的敏感性和脆弱性，此类产品在研发和生产过程中需要经过特别的考量和设计。

本章将深入探讨婴儿皮肤与成人皮肤之间的解剖学和生理学差异，同时概述了目前可用婴幼儿护理产品的种类，重点关注其成分、特性及检测方法。此外，本章还介绍了消费者需求，并探讨了此类产品在实际使用过程中可能对婴儿皮肤和头发产生的影响。

27.2 婴儿与成人皮肤和毛发的解剖学及生理学差异

从新生儿到青少年，儿童群体具有多样化的生理特征。随着儿童年龄的增长，其皮肤需求也发生相应的变化，因此儿童产品通常可分为以下几类[2, 3]。

- **婴幼儿产品**（0～2岁）：通常被称为婴儿产品。这一年龄段婴儿的皮肤最为敏感脆弱。主要皮肤护理需求包括适当的皮肤清洁与皮肤刺激物防护，特别是尿布区域的特殊照护和皮肤的全面防晒。

- **儿童产品**（2～11岁）：针对此年龄段的儿童，皮肤护理的主要需求包括防晒、适当的皮肤与头发清洁，以及皮肤保护，防范因水上活动引起的皮肤干燥问题。
- **青少年产品**（12～16/18岁，视地区而定）：这一群体面临的常见皮肤问题通常与激素变化相关，如痤疮。

本章将重点介绍第一类婴幼儿产品，又称婴儿护理产品。❷婴幼儿与成人的皮肤和头发在结构、功能和成分上存在明显差异，在研发婴儿护理产品的过程中，深刻理解并周全考虑其独特的差异性是至关重要的[1]。

27.2.1 皮肤

尽管婴儿的皮肤在解剖学上已发育良好，但在其生命的第一年，皮肤会经历巨大的生理和结构性变化。大约在出生后20周左右，婴儿的皮肤开始发挥功能，并形成保护屏障[4]。值得注意的是，该屏障功能在初始阶段尚未成熟，而是在不断持续地发育和完善之中[5]。

以下是婴儿皮肤与成人皮肤之间的主要差异。

27.2.1.1 结构差异

婴儿角质层（stratum corneum，SC）比成人角质层薄约30%[6, 7]，其皮肤的整个表皮比成人薄20%～30%[8]。婴儿皮肤的角质层细胞更小，表明表皮细胞更新更快，这也解释了为什么婴儿的伤口愈合能力优于成人[9]。婴儿皮肤含有的黑色素细胞较少，因此新生儿肤色较浅。如第9章所述，黑色素为皮肤提供了一定的天然防晒保护。因此，对婴儿而言，由于其黑色素含量相对较低，采取额外的防晒措施甚至比年长的孩子更为重要。此外，婴儿皮肤的免疫保护功能及其相关受体的活性在生命初期也得到了显著发展[1]。

在结构上，婴儿的真皮层与成人皮肤存在差异。婴儿皮肤中胶原纤维的密度较低，真皮与表皮之间的连接较为平直，与成人皮肤中高密度胶原纤维及波浪状的连接结构形成了鲜明对比[10]。

27.2.1.2 构成差异

出生后的最初一段时间，婴儿皮肤的含水量明显低于成人皮肤[11]。但是，在出生后的第一个月里，婴儿皮肤的含水量通常会增加。在接下来几个月里，婴儿皮肤的含水量较年轻成人更高[11]。值得注意的是，研究发现，皮肤水合值（hydration value）和经皮水分流失（TEWL）值存在较大的波动，这表明婴儿皮肤屏障尚未发育完全[12]。婴儿皮脂腺的活动较弱，皮脂分泌较少[13]。研究表明，作为皮肤自身保湿剂的天然保湿因子（NMF）在婴儿皮肤中的浓度低于成人皮肤[12]。新生儿皮肤的pH在6.3～7.5，但在出生后前2周内，这一中性pH会变得更为酸性（大约为5），与成人皮肤的pH范围（4.5～5.5）相似[14]。

27.2.1.3　功能差异

虽然婴儿皮肤中的皮脂分泌量远低于健康成人水平，但其皮肤屏障在出生时已具备基本的防护功能[5]。此外，婴儿皮肤的其他功能，如保水能力，在出生后仍需进一步完善。尽管婴儿皮肤的含水量高于成人皮肤，但其水分流失速度却比成人皮肤更快，即婴儿皮肤的TEWL值较高。婴儿皮肤吸水能力较强，能吸收比成人皮肤更多的水分，但不能有效地保持水分[12]，这凸显了使用保湿产品保护婴儿皮肤的重要性。此外，与体重相比，新生儿的皮肤表面积比例相对较大，可能使得皮肤更容易吸收水分，这一高比例在婴儿出生后的第一年内会逐渐下降。

外泌汗腺存在于婴儿皮肤中并发挥作用，但与成人相比，其汗腺的活性较低。正因如此，婴儿调节核心体温的能力有限[15]。值得注意的是，顶泌汗腺直到青春期才开始活跃。在婴儿出生后的第一年，皮肤表面微生物群落及其组成会持续进化。出生时，婴儿皮肤的微生物群落在身体各部位是没有差异的。随后，皮肤微生物群的组成逐渐形成具有特定皮肤区域的特征，类似于成人皮肤微生物分布模式。由于婴儿皮肤含水量较高，其皮肤上微生物群落类似于含水量较高的成年人皮肤区域[16]。

27.2.2　头发

新生儿的头发虽已发育良好，但其色素含量普遍较低。婴儿体表覆盖着一层绒毛，其颜色比成人的头发更浅、更细[17]。出生后，婴儿的毛发会从生长期逐渐过渡至休止期，该转变通常会导致在出生后8周左右出现毛发脱落的现象。此后，毛发的生长周期与成人相似，毛囊开始经历生长、休止和脱落的循环过程[18]。值得注意的是，婴儿皮肤上每平方厘米的毛囊数量高于成人皮肤，这提高了皮肤外用物质渗透到皮肤深层的风险[19]。由于婴儿皮脂腺的活性较低，毛发上附着的油脂较少，因此，为婴儿清洁头发时，无须使用强效表面活性剂。

27.2.3　其他领域

27.2.3.1　新生儿痤疮

虽然婴儿的皮脂腺活动通常低于成人，但新生儿痤疮（acne neonatorum，也称婴儿痤疮或新生儿疹）是一种可能影响婴儿的常见皮肤问题。据报道，新生儿痤疮的发病率约为20%[20]，通常出现在婴儿出生后2～3周，并可能持续数月。新生儿痤疮发病的主要原因是母体或婴儿雄激素对皮脂腺的刺激[21]。新生儿痤疮主要出现在面部，但有时也会蔓延至颈部、胸部和背部。值得注意的是，新生儿痤疮在男性婴儿中更为常见[20]。其通常在几个月内自行消退，不需要特别治疗，只有在症状较为严重的情况下，才需要进行治疗。随着婴儿的成长，皮脂腺的活动会降低至低于成年人的水平，通常在青春期重新被激活。

> **你知道吗?**
> 皮脂腺的活动受雄激素的调控。

27.2.3.2 眼睛

除了前文讨论的差异之外，婴儿的眼睛相较于成人也更容易受到外界刺激。婴儿的瞬目反射和对意外暴露的预期行为性眨眼反应（如洗澡时可能发生此情况）尚未发育成熟，婴儿使用的护理产品需要特别温和，应尽可能减少刺激性成分，并确保这些成分的浓度极低，以减少对婴儿娇嫩眼睛的潜在刺激[22]。鉴于婴儿皮肤和眼睛对环境中的刺激物较成人更加脆弱和敏感，要求在其护理中采取更多的预防措施。此外，出生后婴儿的皮肤仍在持续发育，恰当的皮肤护理产品对于维持皮肤屏障的自然适应和发育至关重要[23]。

27.3 婴儿护理产品的类型和定义

❸根据婴儿护理产品的功能，可以将其分为清洁产品和保护产品两大类。一般而言，婴儿护理产品具有适当的清洁、皮肤调理和防止水分流失的功能，是化妆品的基本功能。因此，❹大多数婴儿护理产品在美国被认定为化妆品。然而，专门用于抵御紫外线（UV）辐射的防晒霜，以及用于预防和缓解尿布区皮肤刺激及炎症的尿布疹（diaper rash）产品，则属于药品范畴。

- **清洁产品：**此类产品的设计目的是清洁婴儿的娇嫩肌肤和头发，有效去除唾液、鼻分泌物、汗液、尿液、粪便、细菌、牛奶残留物和其他污垢刺激物。一般而言，婴儿清洁产品与成人清洁产品相似。但是，此类产品中的表面活性剂更为温和，以减少对婴儿肌肤的刺激。此外，许多产品采用无香或淡香配方，以避免香气对婴儿造成不适。清洁产品具体包括婴儿沐浴产品、洗发水和清洁湿巾。
- **保护产品：**此类产品旨在维持婴儿皮肤的水分平衡，减少水分流失，防止皮肤干燥，减少尿布区域的刺激，并抵御紫外线伤害。大多数针对婴儿的保湿产品是油包水（W/O）型乳化剂，以赋予肌肤滋润和保湿效果。而防晒霜和尿布疹产品制剂主要是水包油（O/W）型乳化剂，以便提供更好的防水性能和持久保护。保护产品具体包括保湿乳液和面霜、尿布疹膏、软膏和膏药、防晒霜及婴儿爽身粉（baby powder）。

27.4 婴儿护理产品的使用历史

相较于成人护理产品，婴儿护理产品的历史记载并不详尽。这种差异的产生或许源于人们长期以来对婴儿皮肤特殊护理需求的认知不足。直到20世纪中期，主要的清洁助剂是由脂肪和碱液制成的手工肥皂。随后，以合成洗涤剂为基础的合成皂（syndet bar）被引入市场，为清洁领域带来革新。专门为婴儿设计的肥皂可追溯至19世纪末，如维尔齐肌肤皂（Velvet Skin soap）、象牙皂[Ivory soap，宝洁（Procter & Gamble）公司]和天鹅香皂（Swan soap）。然而，同一产品还常常被宣传为能清洗餐具和衣物[24-26]。19世纪90年代，强生（Johnson & Johnson）公司推出了婴儿爽身粉，这是该公司婴儿护理产品线中的第一款产品。在很长一段时间内，婴儿爽身粉都很受欢迎，因为其能为尿布区提供润滑和干燥的环境。尽管如今婴儿爽身粉的使用已有所减少，但其在婴儿护理产品发展史上占有一席之地。20世纪50年代，强生公司再次引领行业创新，推出了首款专为婴儿设计的洗发水，其温和性使之对婴儿的眼睛几乎没有刺激[27]。该产品以其标志性的"无泪配方"（No More Tears）的宣传而闻名，至今仍在市场上销售。该创新标志着婴儿护理产品新时代的开启。此后，市场上陆续出现了更多专为婴儿娇嫩肌肤和敏感眼睛设计的产品。

27.5　婴儿护理产品对婴儿皮肤、头发和眼睛的影响

婴儿的肌肤是其防御外界环境损害的首道防线，因此，保持良好的皮肤卫生对婴儿的整体健康至关重要。在此过程中，婴儿护理产品扮演着重要角色，其不仅可维护婴儿皮肤的天然屏障，还能有效防止细菌、变应原、微粒、污染物，以及其他可能引起皮肤刺激或感染的外源性物质的侵入。

- 婴儿皮肤极为敏感，容易受到细菌、细菌酶和其他污垢的侵扰，可能导致刺激、红肿、瘙痒、炎症甚至感染。因此，**婴儿专用清洁产品**的使用显得尤为重要，能有效地去除有害物质、消除刺激物、预防感染，并抑制皮肤表面微生物的扩散。对于有吮吸手指习惯的婴儿而言，保持手部清洁变得更为关键，这能有效降低或避免微生物通过口腔进入婴儿体内的风险。值得注意的是，仅用水无法有效去除油溶性污垢，并且水的pH缓冲能力较弱[28]。研究表明，如果使用合适的温和产品，不会对婴儿皮肤的TEWL值、角质层水合作用、皮肤表面pH和皮脂分泌量造成显著影响[29]。目前，儿科和皮肤科医生推荐使用液态、温和、pH中性或微酸性的产品来为婴儿清洁皮肤[30]。
- 如前所述，婴儿皮肤难以有效在表皮的角质层和更深层锁住水分[31]。因此，使用精心配制的**保湿霜和润肤剂**对维持婴儿皮肤的水分平衡至关重要。这些润肤成分通常被融入乳液和面霜中，通过向皮肤补充水分和必需脂质，抑制水分的流失，旨在维护、加强和保护婴儿皮肤的天然屏障功能，确保其处于最佳状态。
- 环境中的**紫外线暴露**对婴儿的娇嫩皮肤构成了不可忽视的挑战。研究表明，紫外线辐射引起的皮肤变化可能在生命最初的夏季就已开始显现[32]。这一发现凸显了采取防晒措施的重要性，尤其是对大多数家长而言，意味着需要合理地使用防晒霜。但是，婴儿皮肤在结构和功能上与成人存在着显著差异，更为薄嫩，这使得婴儿皮肤对防晒产品中的化学成分吸收更强，且对紫外线的敏感性更高。此外，目前尚缺

乏充分的测试来验证新生儿和婴儿使用局部防晒霜的安全性。因此，包括美国疾病控制与预防中心（CDC）、美国国家皮肤癌预防委员会（National Council on Skin Cancer Prevention，NCSCP）、美国食品药品监督管理局（FDA）、美国皮肤病学会（American Academy of Dermatology，AAD）、美国儿科学会（American Academy of Pediatricians，AAP）在内的多个美国公共卫生组织和专业机构，均积极倡导公众认识全面防晒的重要性。针对6个月以下的婴儿，首选防晒策略是避免阳光直射，而不是依赖防晒霜。除此之外，推荐的防晒措施还包括穿戴专门的防晒衣物和帽子、太阳镜和使用遮阳伞，尤其是在紫外线辐射最为强烈的时段[33-35]。

- **尿布疹：**是婴儿最常见的皮肤炎症反应之一。婴儿出生后第1个月的尿布疹总体患病率为4% ～ 15%[36]。通常，超过50%的婴儿在穿戴尿布阶段会经历至少一次尿布疹[37]。一般润肤剂在预防或治疗尿布疹方面效果有限，因此，专门针对该问题而制备的含有皮肤保护成分的乳霜、软膏和膏剂等特殊产品应运而生。

尽管良好的卫生习惯对维护婴儿的整体健康至关重要，但使用婴儿护理产品仍存在争议。婴儿护理产品最常见的潜在负面影响如下。

- **pH或成分不合适的护肤品**会对皮肤造成显著的不良影响。传统碱性肥皂能有效清洁皮肤，但会破坏皮肤表面的pH平衡，减少角质层的厚度，并改变皮肤的天然脂质结构，从而引发干燥和刺激问题[38]。鉴于以上原因，碱性肥皂并不适用于婴儿皮肤的日常护理。此外，仅用水清洁不仅效果有限，还可能因为其不具备保湿效果而导致婴儿皮肤干燥[30]。现代的香皂产品多采用合成表面活性剂制成，称为合成香皂。此类产品是pH更接近皮肤pH的温和制剂，对婴儿皮肤更为友好。不建议婴儿使用含有抗菌成分的清洁产品，因为其可能引起皮肤刺激，并带来潜在的负面影响。此外，也不推荐使用粗糙的布料擦拭婴儿皮肤，以免造成表皮损伤[39]。
- 婴儿的皮肤比成人更加脆弱，更容易引发**刺激性接触性皮炎**（irritant contact dermatitis）和**过敏性接触性皮炎**（allergic contact dermatitis）[40]。在婴儿中，尿布疹是最常见的刺激性接触性皮炎，主要由皮肤长期接触粪便和尿液等刺激物引起[41]。此外，婴儿的过敏性接触性皮炎通常与某些香精和防腐剂有关。成人护理产品中的一些常见保湿成分，如羊毛脂、高浓度丙二醇，以及某些阳离子表面活性剂，已被确认为潜在的皮肤刺激物和致敏剂[42]。在婴儿娇嫩的皮肤上使用这些成分，同样可能会引起刺激。因此，在设计婴儿护理产品时应谨慎使用或尽量减少相关成分的使用。

你知道吗?

接触性皮炎是一种常见的皮肤炎症，是由外源性物质引起的，表现为刺激性和过敏性两种形式。刺激性接触性皮炎是一种非特异性皮肤反应，源于直接接触对皮肤具有毒性的刺激物，如酸、碱、溶剂和表面活性剂。相比之下，过敏性接触性皮炎是一种后天获得性免疫反应，涉及特定的化学物质——变应原，相关物质包括但不限于金属（如镍）、植物（如毒葛）、药物、化妆品（如香水）及橡胶制品[43]。

- 众所周知，过度清洁可能会诱发**特应性皮炎**（atopic dermatitis），这是一种常见的湿疹类型[40]。特应性皮炎是一种严重的慢性炎症性皮肤病，主要与免疫系统的过敏反应有关。该病在儿童群体中的发病率为15%～20%，往往在生命早期阶段出现：49%～70%的儿童特应性皮炎在6月龄之前有所表现，而80%～90%的患者在5岁之前就会出现症状[44, 45]。特应性皮炎的发展和严重程度与皮肤屏障功能受损情况密切相关，患者通常伴有皮肤干燥、脱屑和瘙痒等症状[44]。因此，对于患病儿童而言，采取特别的护理措施，以及选用适宜配方、性质温和的清洁产品和保湿产品显得尤为重要。
- 当前市场上，许多成人洗发水所面临的普遍问题是对**眼部的刺痛和灼烧感**。正如第17章所讨论的，高度发泡的阴离子表面活性剂是造成该负面影响的主要成分。尽管阴离子表面活性剂的清洁效果显著，但对于婴儿而言是非必需的。因为婴儿的头发比成人更细软、脆弱，不像成人那样油腻，也不需要使用更强力的表面活性剂来清洁。因此，婴儿洗发水倾向采用更为温和的两性或非离子表面活性剂，其对眼部和皮肤的刺激性较小。此外，也可能包含较低浓度的、经过特别选择的温和的阴离子表面活性剂，以确保产品的有效性和安全性。

27.6 婴儿护理产品所需特性和消费者需求

配方师在开发稳定、高品质且安全的产品过程中，不仅要考虑产品的技术层面，还需深刻理解并满足消费者的期望，进而优化产品的性能、外观，以及满足目标用户的特定要求，打造出让消费者心仪的产品。从消费者的角度而言，婴儿护理产品应具备以下特征。

- 温和。
- 皮肤中性pH。
- 不破坏婴儿皮肤的正常pH。
- 易于涂抹。
- 易于清除。
- 略带香味或无香味。
- 耐受性好，无刺激，不过敏。
- 清洁产品：
  - 泡沫丰富；
  - 为肌肤补充水分；
  - 不改变皮肤结构；
  - 对眼部无刺激，不会引起眼部刺痛。
- 保湿产品：
  - 为肌肤补充水分；
  - 改善并保护皮肤屏障。
- 尿布疹产品：
  - 在皮肤上形成防水层；

- 预防/治疗尿布疹；
- 防晒霜：抵御UVB和UVA辐射。

27.7 婴儿护理产品的类型、主要成分和剂型

27.7.1 制剂设计的注意事项

尽管婴儿护理产品的市场范围较为集中，主要围绕清洁和保湿两大核心需求展开，但在为婴儿设计护理产品时，需深思熟虑每一步，综合考虑一系列关键因素。在深入探讨各类婴儿护理产品之前，首先介绍和审视在制剂设计中至关重要的因素。

- **成分安全性：** 应严格选用已证实对婴儿肌肤安全的成分，避免使用任何可能引起刺激或过敏的成分[46]。
- **避免刺激性物质：** 考虑到婴儿皮肤的高度敏感和未发育成熟，制剂中应避免使用已知的刺激物、致敏物及常见变应原[46]，如十二烷基硫酸钠、乙醇，以及某些强效或高浓度的防腐剂和香精。
- **防腐系统：** 大多数婴儿产品以水为基质，因此添加防腐剂至关重要，以防止微生物污染。建议采用多种防腐剂的复方制剂方案以达到广谱抗菌效果，同时控制每种防腐剂的用量在最低水平。
- **天然成分的考量：** 应谨慎使用标榜为“天然”防腐剂或其他天然成分的产品，相关成分可能未经过针对婴儿皮肤的安全性测试，缺乏明确使用安全的保障信息。
- **温和性和pH平衡：** 制剂应极其温和，其pH应接近皮肤的自然pH，避免干扰皮肤自身的微生物平衡。
- **避免渗透增强剂：** 考虑到婴儿皮肤比成人更易吸收外用物质，应避免使用能增加其他成分透皮吸收的物质（如尿素或丙二醇等），以降低刺激和炎症的风险[32]。
- **润肤剂的选择：** 婴儿使用的润肤剂产品需要经过精心挑选，以免引起过敏反应、刺激或其他问题，并有效地滋润和保护婴儿皮肤。
- **眼部安全性：** 制剂中不应含有会引起婴儿眼部刺激的成分。在冲洗清洁产品时容易进入眼睛，甚至免洗产品（如防晒霜）也可能因为婴儿的活动而擦入眼内或眼周，因此需要注意。与眨眼一样，婴儿的眼睛保护机制在出生后的第一年仍在继续发育，其眼睛更为敏感，更容易受到外界物质的刺激[47]。

27.7.2 婴儿清洁产品

❺专为婴儿设计的清洁产品，通常是以温和表面活性剂为基质的制剂设计，包括洗发水、沐浴露和湿巾。相关产品的基本成分类型（除了表面活性剂之外）与成人清洁产品相似，因此本节不再赘述（参见第10章）。下文重点介绍婴儿清洁产品不同于成人清洁产品的主要特征和成分。

27.7.2.1　婴儿沐浴产品

婴儿沐浴的理想水温为38～40 ℃，洗澡时间应控制在5～10 min[39, 48]。婴儿皮肤的污染程度通常低于成人皮肤，因此，婴儿沐浴产品不需要具有高强度的清洁能力。出于相同原因，成人清洁产品因含有较强效的清洁成分，不适用于婴儿的敏感皮肤。如前所述，强效阴离子表面活性剂可以去除表皮脂质和NMF，甚至可能渗入皮肤屏障而迅速导致其屏障改变或破坏，并引起刺激、干燥、发红和瘙痒等不适反应[49-51]。因此，婴儿沐浴产品的核心要求在于既要有效清洁，又要温和无刺激。婴儿沐浴产品在使用时通常会在水中稀释，且常兼作洗发用途，因此，需要对眼部具有低刺激性。基于上述因素，婴儿沐浴产品的处方倾向采用温和表面活性剂，优选两性表面活性剂（如椰油酰胺丙基甜菜碱），以及非离子表面活性剂［如聚乙二醇（PEG）-80山梨醇月桂酸酯］。此外，温和阴离子表面活性剂［琥珀磺酸盐（如月桂醚琥珀磺酸二钠）、谷氨酸盐（如椰子酰谷氨酸钠）］也可在较低浓度下使用。混合使用不同类型的表面活性剂，所形成的混合胶束往往比成人清洁产品中阴离子表面活性剂形成的胶束更大，表面电荷更低（图27.1）[52]，有助于形成更温和的制剂，从而提高产品的耐受性[22, 53]。

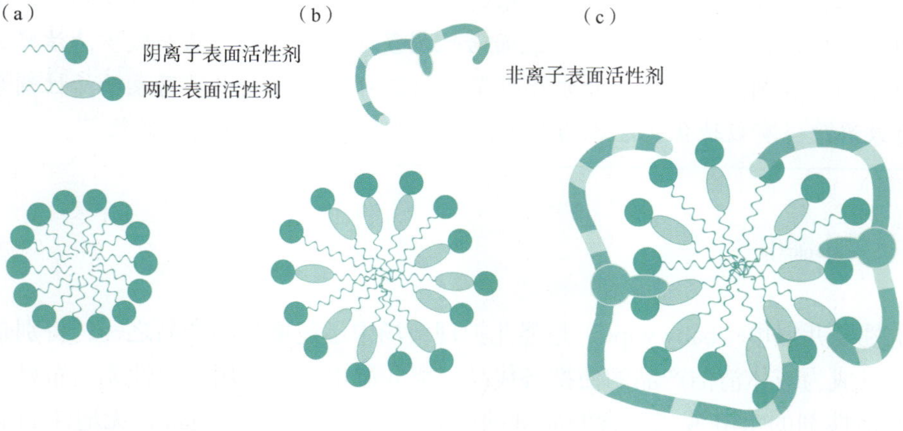

图27.1　（a）成人清洁剂的胶束；（b）（c）婴儿清洁剂的胶束[52]

在婴儿护理产品的制剂设计中，黏度是一个至关重要的参数，其能有效防止产品流入眼睛，降低刺激风险。为达到适宜的黏度，通常会采用亲水性的增稠剂（如纤维素衍生物、树胶或丙烯酸酯聚合物）。此外，制剂中还包含溶剂（通常是水）、防腐剂、抗氧化剂和螯合剂，以确保产品的稳定性和安全性。

为了使产品具有更好的保湿性能，避免使用后可能出现的皮肤干燥，制剂中还会特别加入保湿剂、润肤剂和阳离子聚合物（如聚季铵盐-10），有助于增强皮肤使用后的柔软性和触感。根据产品的市场定位和消费者喜好，还可能添加着色剂和香精，以提升产品的感官体验。尽管婴儿沐浴产品的处方工艺与成人产品相似，但更加注重产品的温和性与安全性。一般而言，生产过程始于增稠剂的分散和水化，终于小心地添加表面活性剂，轻轻混合以避免产生过多泡沫，确保产品适合婴儿的敏感肌肤。

27.7.2.2 婴儿洗发水

婴儿头发的皮脂分泌量少于成年人，且无须使用任何发型定型产品，更易于清洗。基于这一特点，婴儿洗发水的设计更侧重于其温和性，且不必每天使用。与婴儿沐浴产品类似，其通常采用温和表面活性剂，包括非离子表面活性剂（如PEG-80山梨醇月桂酸酯和癸基葡萄糖苷）、两性表面活性剂（如椰油酰胺丙基羟磺胺）、温和阴离子表面活性剂［如谷氨酸盐（如椰油酰谷氨酸钠）、异硫酸盐（如椰油基异硫酸钠）］[17]。为了进一步降低产品对婴儿眼部的刺激，可以通过增加黏度来避免产品进入眼睛。婴儿洗发水所使用的表面活性剂产生的泡沫量少于成人洗发水，这可能导致部分家长认为婴儿洗发水的清洁效果不佳。然而，如前所述，起泡的多少并不能反映洗发水的清洁能力，低泡制剂也能达到高效的清洁效果。婴儿洗发水的生产工艺与成人洗发水及婴儿沐浴产品相似，但更加注重产品的温和性和对婴儿敏感肌肤的适应性。

你知道吗?

在婴儿清洁产品中，除采用非离子表面活性剂降低刺激性外，近年来还开发了一种创新策略，即在以表面活性剂为基础的清洁产品中融入疏水改性聚合物。该聚合物的作用在于促进大分子聚合物——表面活性剂复合体的形成，从而减少清洁产品对皮肤角质层的潜在刺激。此外，疏水改性聚合物还可降低溶液中游离表面活性剂形成胶束的有效浓度，有效地优化泡沫的产生，从而提升使用体验并减少刺激[54]。

27.7.2.3 婴儿湿巾

一次性婴儿湿巾（baby wipe）是婴儿护理市场中迅速增长的产品之一，特别是在尿布领域，其已成为液体清洁产品的便携替代品。婴儿湿巾通常采用一次性无纺布材料，浸润含有表面活性剂的水溶液或富含润肤剂的O/W型乳液[36]。湿巾通常是无泡沫制剂，擦拭皮肤后无须冲洗。在此类产品中，常用的清洁成分包括温和非离子表面活性剂（如椰油基葡糖苷、月桂基糖苷、PEG-40氢化蓖麻油）和两性表面活性剂（如可可两性二乙酸二钠和椰油酰胺丙基甜菜碱）。为了增强保湿效果，也会在溶液或乳液中添加保湿剂。增稠剂（如黄原胶）作为亲水性成分，也可以添加到产品中，为溶液或乳液提供最佳的黏度。鉴于湿巾高含水量的特点，必须使用防腐剂以确保产品在有效期内保持稳定不变。此外，为了提高用户体验度，可能还会添加防腐剂和香精，但其也可能成为刺激源[35]。制剂研究人员还会考虑加入具有舒缓和抗炎特性的成分（如尿囊素及多种植物提取物，如洋甘菊提取物、万寿菊提取物和芦荟提取物）。

婴儿湿巾通常具有温和性，且耐受性良好，适用于敏感皮肤或患有皮炎相关问题的婴儿[55-57]。在挑选湿巾时，应考虑其pH、香精，以及所含表面活性剂的类型和含量。应尽量避免使用含有强烈刺激成分的产品，如酒精、香水，以及未经过敏测试（pH与婴儿皮肤pH差异大）的湿巾，以避免伤害婴儿皮肤或加重尿布疹的情况。

婴儿湿巾的生产与洁面湿巾类似，先配制表面活性剂溶液和制作湿巾材料，随后将湿巾浸泡在清洁溶液中，再进行单片或多片的包装。

27.7.3 婴儿保护产品

❻最常见的婴儿保护产品是保湿乳剂。此类产品还包括婴儿油、尿布疹产品、婴儿爽身粉及婴儿防晒霜。鉴于婴儿肌肤娇嫩且易干燥，可选用含有保湿剂和润肤剂的产品来预防。为防止尿布皮炎和尿布区域的其他刺激性反应，需要使用通过润肤剂和闭塞剂增强皮肤防水能力的产品。此外，防晒是皮肤保护的另一个重要方面，尤其是对于婴儿而言，其细嫩的皮肤对紫外线更为敏感。本节将深入探讨婴儿防晒产品，阐明其如何为婴儿提供必要的保护。与清洁产品类似，本节将着重介绍婴儿防晒产品的主要特点，以及其与成人防晒产品的区别。

27.7.3.1 婴儿乳液、面霜和婴儿油

婴儿保湿乳液和面霜大多设计为轻盈的O/W型乳剂，确保其易于涂抹且能被迅速吸收。油相一般包含多种润肤剂和闭塞成分，旨在显著降低婴儿的TEWL[29]。常见的油相成分包括矿物油、各种植物油（如甜杏仁油、葵花籽油、白池花籽油、棕榈油和乳木果油），以及黄油。许多植物油面临氧化敏感性问题，易导致产品变质[19]。因此，特别是针对正在发育的婴儿的皮肤，使用不稳定的润肤剂或快速降解的润肤剂可能会导致不良影响。抗氧化剂（如生育酚）和螯合剂（如谷氨酸四钠二乙酸酯）通常也会被添加至产品中，以减少金属离子和自由基变质。矿物油是一种稳定的成分，更适合用于婴儿皮肤。其是一种闭塞剂，可在皮肤表面形成保护层，减少水分流失，同时也具有润肤功效，拥有长期安全使用记录[58]。即使在炎热潮湿的环境中，矿物油也不易变质，使其成为婴儿护理产品的理想选择。近年来，硅油因其对皮肤的有益作用而受到广泛关注。此外，类似于清洁湿巾，一些舒缓和抗炎成分（如尿囊素、泛醇，以及天然提取物如金盏花提取物）也可添加至产品中。水相通常含有湿润剂，其中，甘油最为常见，其具有良好的保湿效果。婴儿乳液和面霜的制备流程应遵循标准的乳化工艺。

婴儿油（baby oil）是一种含有液体润肤剂的产品，如矿物油、椰子油、棕榈酸异丙酯、甜杏仁油，以及微量香精。婴儿油可有效地滋润皮肤，有助于预防或缓解皮肤干燥，并被卫生保健专家推荐在按摩时使用[59]。

27.7.3.2 尿布疹霜和软膏

尿布疹，医学术语为尿布皮炎（diaper dermatitis），是婴儿使用尿布期间最常见的皮肤问题之一[60]。尿布疹通常发生在婴儿的腹股沟、大腿、臀部和肛周区域。其形成机制复杂，涉及多种因素（图 27.2）。其中，关键因素包括婴儿尿液、粪便造成的皮肤持久湿润，以及尿布更换频率低，延长了皮肤与刺激物的接触时间[35]。

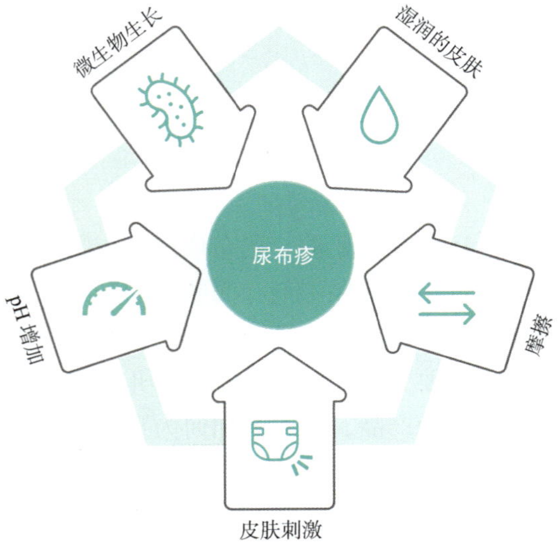

图27.2 导致尿布疹的主要因素

水分可使皮肤变得更为脆弱，对尿布的摩擦、压力和擦伤更加敏感。尿布疹产生的根本原因是尿液和粪便中的刺激物、水分及摩擦的共同作用[61]。当尿布区域有残留尿液和粪便时，局部环境的pH将更偏碱性，从而加剧对皮肤的刺激，导致皮肤蛋白和脂质发生降解，进而损害皮肤的天然保护屏障[36]。

此外，皮肤pH的变化为微生物（念珠菌、葡萄球菌及链球菌等）提供了滋生环境[35]。尿布疹的典型临床表现包括疼痛性红斑（即皮肤变红）和轻度脱屑[62]。若未能得到及时妥善处理，症状可能会加重，出现丘疹、水肿，甚至可能更严重，会发展为溃疡性病变[39]。

为了防止尿布疹的恶化，需要勤换尿布，并适当清洗尿布区域，以缩短皮肤与尿液、粪便的接触时间[63]。此外，用于治疗尿布疹的产品应易于涂抹。为尿布区域设计的产品多为油包水型乳液、软膏或无水膏剂。软膏根据其基质的不同，分为含水型和无水型两类。无水型膏剂比含水型膏剂更浓稠、持久，且具有更好的防水性，更易于黏附在皮肤上，提供更持久的保护。如第3章所述，膏体是一种含有较高比例固体（即20%～50%）的厚质半固体产品。高固体含量使得膏体质地较为坚实，难以涂抹均匀，但其在皮肤上形成保护层的效果更为显著。

尿布疹产品作为保护性制剂，旨在保护皮肤免受尿液和粪便等潜在刺激物的侵害。在美国，此类产品大多数被归类为药品。非处方（OTC）皮肤保护剂专论列出了相关药品成分及其浓度标准[64]。在药品标签上，这些专论中的皮肤保护成分被标记为有效成分。根据规定，若产品的皮肤保护剂的浓度低于OTC专论中指定的浓度，那么该产品就不能宣称其具有皮肤保护功能，即使含有与药品相同的成分，也会被视为化妆品。以下是尿布疹治疗产品中常用的皮肤保护剂及其在OTC专论中给出的浓度[64]。

- 尿囊素：0.5%～2%。
- 可可脂：50%～100%。
- 二甲基硅油：1%～30%。
- 甘油：20%～45%。
- 高岭土：4%～20%。
- 羊毛脂：12.5%～50%。
- 凡士林：30%～100%。
- 氧化锌：1%～25%。

天然提取物（如芦荟提取物）因具有舒缓和抗炎的特性，常被添加至尿布疹产品中，以提供额外的皮肤护理效果。此外，加入有机硅可增强产品的防水性能。此类产品可在婴儿娇嫩的皮肤上形成保护层，有助于减少摩擦和疼痛，使肌肤保持柔软和光滑。如果尿布疹表现出念珠菌感染的迹象，需要由皮肤科医生诊断，还需要进行抗真菌治疗[65]。

氧化锌作为一种白色粉末，既不溶于水也不溶于油。将氧化锌作为皮肤保护剂添加至尿布疹霜和膏剂中时，必须确保粉末在产品基质中均匀分散。生产过程通常始于乳液或无水碱基的制备。在乳液制备过程中，首先将亲水性增稠剂充分溶解并水化于水中，随后与油相结合。制备完毕后，将氧化锌加入其中，并借助均质机密集搅拌，确保其完全融入基质。为了更好地分散氧化锌，可以预先制备氧化锌分散体，然后将其加入产品基质中。也可以将冷却后的膏体或乳膏通过研磨机（如三辊研磨机）进行处理，以消除粉末团块，从而获得平滑细腻的膏体或乳膏。

你知道吗?

氧化锌可作为皮肤保护剂或紫外线屏蔽剂的活性成分。在这两种应用中，氧化锌的作用和粒径是不同的。尿布疹产品中氧化锌的粒径较大，在使用后会在皮肤上留下可见的白色层。相比之下，防晒霜中含有微细化的氧化锌颗粒，其直径小于100 nm（1 mm = 1000 μm = 1000 000 nm）。由于颗粒尺寸较小，含有微细氧化锌的防晒产品不会在皮肤上留下明显的白色痕迹，产生透明、自然的覆盖效果。

你知道吗?

近数十年间，尿布技术取得了显著进步。有些尿布可以将凡士林和氧化锌输送至皮肤表面，形成一层保护性防水层。这一设计已被研究证实能显著降低尿布疹的患病率和严重程度[66]。此外，尿布创新性地使用高吸收性凝胶材料，可迅速吸走水分，保持皮肤干爽。研究表明，使用吸水凝胶材料的尿布可减轻尿布疹的症状[67]。

27.7.3.3　婴儿爽身粉

爽身粉是一种历史悠久且广为人知的婴儿护理产品，但当下其使用率已有所下降。婴儿爽身粉的主要用途是吸收皮肤上多余的水分，提供温和的润滑效果，预防摩擦和刺激[48]。目前，婴儿爽身粉中用于提供润滑作用的主要成分是淀粉，尤其是玉米淀粉，其因温和性和安全性而受到青睐。

尽管滑石粉曾是婴儿爽身粉中的主要吸收剂，但由于潜在的安全性问题，其使用已逐渐减少。制剂中也可能包含其他类型的吸收剂，如高岭土，这种天然黏土矿物具有良好的吸湿性。此外，婴儿爽身粉中还可能添加香精以提供宜人的气味，添加天然提取物（如芦荟提取物）以提供舒缓和保湿效果，以及添加抗氧化剂以防止产品氧化变质。氧化锌具有温和的抗菌特性，有时也被加至爽身粉中，为皮肤提供保护。

27.7.3.4　婴儿防晒霜

由于婴儿皮肤和成人皮肤在结构和功能之间的显著差异，紫外线更容易穿透婴儿皮肤，使其对阳光的伤害更加敏感。1935年出生的儿童患黑色素瘤的风险为1∶15 000；而如今，新生儿患黑色素瘤的风险达到了1∶33，患病风险显著增加[68]。因此，防晒对婴儿群体至关重要。根据美国公共卫生组织和专业机构的建议，6个月以下婴儿免受紫外线辐射的最佳方法是避免阳光直射，如用帽子、衣服遮住头部和身体。在无法避免阳光直射的情况下，应在裸露的身体表面涂抹防晒霜[69, 70]。在选择防晒产品时，优选既能阻挡长波紫外线（UVA）辐射也能阻挡中波紫外线（UVB）辐射，且具有高防晒指数（SPF）的广谱防晒产品[71]。

为了获得有效的防护，必须确保涂抹适量的防晒产品。理想的涂抹量应达到2 mg/cm^2[3]。然而，在实际使用中，大多数情况下涂抹的量远低于推荐量，这可能导致防晒霜的保护效果不能达到预期[72]。此外，涂抹防晒霜时可能会忽略某些部位，如耳朵、发际线、颈部和脚部[73, 74]。日常活动中的摩擦、出汗或游泳等活动可能导致防晒霜脱落，从而削弱其保护效能，因此，在一天中需要补涂，尤其是在初次涂抹量不足时[75]。

由于婴儿皮肤的防御系统较弱，相比于成人皮肤，防晒成分更易渗透到婴儿皮肤中。因此，对于婴儿而言，物理紫外线过滤剂（包括微细氧化锌和二氧化钛）常用作化学紫外线过滤剂的替代品。物理紫外线过滤剂仅能穿透皮肤表层的角质层的几层细胞，从而降低了潜在刺激或过敏反应的风险，对婴儿来说既有效又安全[76-78]。

防水性是防晒霜的一个重要特性，大多数婴儿防晒产品含有防水成分，类似于成人产品中的制剂（参见第15章）。婴儿防晒产品的开发需特别注意温和性和安全性。其产品形式多种多样，包括面霜、乳液、泵喷喷雾、棒状产品和气雾剂等，以满足不同使用需求和个人喜好。

27.8 婴儿护理产品的常见质量问题

❼婴儿护理产品在使用过程中可能存在的常见质量问题包括清洁产品的起泡性能不佳、乳剂分层、气溶胶防晒霜阀门阻塞、微生物污染、产品结块，以及油脂酸败等问题。鉴于以上问题在前面的章节中已详细讨论，本节不再赘述。

27.9 婴儿护理产品的评价

27.9.1 质量参数常规检测

❽常用于评价婴儿护理产品质量的检测参数包括气雾剂罐泄漏、驱动力、压力试验及喷雾特性，闪点，乳液、面霜、凝胶、膏剂和软膏的涂抹性、挤出性、质地及硬度，清洁产品的起泡性、泡沫稳定性、泡沫密度、泡沫黏度和泡沫结构，粉末的流动特性和粒径，棒状物的熔点、软化点、滴点、出料量、滑动性和硬度，颜色，防腐剂功效，黏度，密度，比重，pH及稳定性。由于上述各项评价内容已在之前的章节详尽阐述，本节不再赘述。

27.9.2 性能参数的常规测试

❾功效测试通常包括尿布疹产品的保护效果、保湿产品的滋润性和保湿能力，以及防晒霜的紫外线保护作用。婴儿防晒霜的效能测试遵循与成人产品相同的严格标准。以上测试的详细方法已在第15章进行具体介绍。同样，保湿产品性能评价已在第11章中进行了讨论，因此，相关测试的具体内容不再赘述。

27.9.2.1 尿布疹产品的功效

如前所述，尿布疹产品的主要功能是在皮肤上形成一层防水层，以保护婴儿皮肤免受尿液和粪便中刺激性成分的侵害。该产品的功效通常在婴儿群体中进行人体试验，并由专家对试验结果进行评价。典型的研究程序可概括为以下步骤。研究对象被随机分为两组：一组使用尿布疹产品，而另一组使用对照产品（安慰剂）或仅是常规护理。在每次更换尿布时，轻柔地清洁相应区域，随后，在尿布区域使用尿布疹产品或安慰剂，并在婴儿沐浴后使用，每日1次，持续涂抹数周。专家在治疗开始前、治疗期间及治疗的最后一天，对尿布区域的皮疹面积和严重程度进行临床评价。该评价会细致到特定部位（如臀部、生殖器周围、肛周周边、背部及大腿区域等），并通过预定的评分标准进行量化。此外，尿布区域的整体状况也采用类似的量表进行评价[79]。研究结束后，对收集的数据进行综合评价，并运用统计学方法分析不同组别间的差异，以判断所产生的差异是否具有统计学上的显著意义。

27.10 引发安全性问题的成分

由于婴儿皮肤的极度脆弱性，❿社会长期以来对含有滑石粉的婴儿护理产品的安全性存在顾虑，同时也关注对羟基苯甲酸酯和硫酸盐等成分可能对婴儿娇嫩皮肤造成的影响。以下是对相关成分主要科学研究结果的概述。此外，婴儿护理产品对眼睛的刺激和安全性也是相关研发的一个关键考量点。第21章已详细介绍了近期开发的替代眼部刺激的测试方法，此处不再赘述。

27.10.1 滑石粉

> **你知道吗?**
>
> 可吸入颗粒，即粒径小于10 μm的颗粒，受美国环境保护署（EPA）监管。其可显著影响心脏和肺部，对健康造成严重影响[80]。

滑石粉应用于婴儿爽身粉中曾引发安全争议，尤其是关于滑石粉可能受到石棉污染，以及使用时可能被吸入的风险。有关滑石粉的石棉污染问题和相关科学论据已在第22章中详述。当产品应用于婴儿皮肤或化妆品气雾剂和面部粉末时，可能导致滑石粉的吸入。可吸入并深入肺部的颗粒称为可吸入颗粒物，其粒径应小于10 μm，较大的颗粒通常沉积在上呼吸道[80]。滑石粉的颗粒大小（空气动力学直径）根据其所使用的产品类型和滑石粉供应商的不同而存在显著差异。散粉（如婴儿爽身粉）中的滑石粉粒径通常比其他化妆品（如粉底）中所用的滑石粉粒径大。因此，婴儿爽身粉中的滑石粉不会大量进入肺部，也不会破坏肺部的清除机制。此外，在松散粉末中，由于各种因素，颗粒也可能发生聚集，导致颗粒尺寸增大。基于这些信息，化妆品成分审查（CIR）委员会认为滑石粉在化妆品中的使用是安全的[81]。尽管如此，在过去十年间，由于持续存在的安全性问题和消费者压力，滑石粉在化妆品中的使用已有所减少。

27.11 婴儿护理产品的包装

婴儿护理产品的包装材料主要分为以下几类。

- **塑料瓶**：大多数清洁产品、保湿霜和婴儿防晒霜均采用塑料瓶包装，配有翻盖、螺旋头、倾斜头或泵头。婴儿爽身粉的容器也由塑料制成，配备特殊的分装盖，盖子上设有若干小孔，使用时必须扭动盖子以开启或关闭孔口，该设计既实用又可避免浪费。
- **软管和罐体**：部分保湿产品和婴儿防晒霜采用软管包装，类似于护手霜的包装方式，而其他产品则使用罐装。
- **喷雾罐**：防晒霜也常采用喷雾容器包装，其设计与成人产品类似。
- **婴儿湿巾容器**：婴儿湿巾的包装设计需兼顾耐用性和便捷性，适用于清洁婴儿娇嫩的皮肤，并确保每片湿巾仅在使用时才暴露。目前有多种包装材料可供选择，包括单独包装湿巾的小包装和大包装的软质或硬质塑料容器。大多数婴儿清洁湿巾采用折叠式包装，并置于具重封标签或翻盖的塑料容器内，旨在便于单片抽取，并保持湿巾在使用前的湿润状态。

术语表

中文术语	英文术语	解释
婴儿	baby	从出生至两岁的幼儿。
婴儿清洁产品	baby cleansing product	专为婴儿设计的个人护理产品，旨在温和而有效地清洁婴儿肌肤和头发，清除唾液、鼻腔分泌物、汗液、尿液、粪便、细菌、奶渍等污垢及潜在刺激物。
婴儿保护产品	baby protecting product	专为婴儿研发的个人护理产品，旨在保湿，减少水分流失，避免尿布区域的刺激，并提供防晒保护。
特应性皮炎	atopic dermatitis	一种严重的慢性皮肤炎症，常伴有过敏反应，与免疫系统功能相关。

续表

中文术语	英文术语	解释
新生儿痤疮	acne neonatorum	一种常见的婴儿皮肤状况，特指在新生儿时期出现的痤疮样皮损。
接触性皮炎	contact dermatitis	一种常见的由外源性物质引起的皮肤炎症反应。
婴儿湿巾	baby wipe	专为婴儿设计的用于清洁皮肤的护理产品，特别是尿布区域。
尿布疹	diaper rash	在婴儿尿布覆盖区域常见的一种刺激性炎症，属于接触性皮炎的一种。
婴儿爽身粉	baby powder	专为婴儿设计的护理产品，旨在吸收皮肤的水分、润滑皮肤，以及防止刺激。
渗透增强剂	penetration enhancer	一种能提高其他成分透过皮肤能力的添加剂。
皮肤保护剂	skin protectant	属于OTC专论中的活性成分，用于保护皮肤免受损害。许多防治尿布疹的产品中都含有此类成分。
温和表面活性剂	mild surfactant	一种表面活性剂，因其特殊的化学结构和分子大小，对皮肤的刺激性较低。
眼部刺激	eye irritation	婴儿洗发用品可能引起的一种不良反应。
可吸入性	inhalable	指物质能以粒径小于10 μm的颗粒被吸入呼吸道的特性。

缩略词表

缩略词	英文全称	中文全称
AAD	American Academy of Dermatology	美国皮肤病学会
AAP	American Academy of Pediatricians	美国儿科学会
CDC	Centers for Disease Control and Prevention	美国疾病控制与预防中心
EPA	Environmental Protection Agency	美国环境保护署
NCSCP	National Council on Skin Cancer Prevention	美国国家皮肤癌预防委员会
NMF	natural moisturizing factor	天然保湿因子
O/W	oil-in-water	水包油型
PEG	polyethylene glycol	聚乙二醇
SC	stratum corneum	角质层
TEWL	transepidermal water loss	经皮水分流失
W/O	water-in-oil	油包水型

（初　春　译，白仁仁　校）

参考文献

1. Stamatas, G.N., Nikolovski, J., Mack, M.C. et al. (2011). Infant skin physiology and development during the

first years of life: a review of recent findings based on *in vivo* studies. *Int. J. Cosmet. Sci.* 33 (1): 17–24.

2. Zàhejsky, J. (1994). Cosmetic for children from the point of view of dermatologie. *Eur. Secur.* 34: 3–4.
3. ICH Harmonized guideline (2017) Addendum to ICH E11: clinical investigation of medicinal products in the pediatric population E11(R1). https://database.ich.org/sites/default/files/E11_R1_Addendum.pdf (accessed 12 December 2021).
4. Hoath, S.B. and Maibach, H.I. (2003). *Neonatal Skin: Structure and Function*. New York: Marcel Dekker.
5. Fluhr, J.W., Darlenski, R., Taieb, A. et al. (2010). Functional skin adaptation in infancy—almost complete but not fully competent. *Exp. Dermatol.* 19 (6): 483–492.
6. Stamatas, G.N., Nikolovski, J., Luedtke, M.A. et al. (2010). Infant skin microstructure assessed *in vivo* differs from adult skin in organization and at the cellular level. *Pediatr. Dermatol.* 27 (2): 125–131.
7. Stamatas, G. and Martin, K. (2009). Baby skin vs. adult skin structure, functions and compositions. *Cosm Toil.* 124 (4): 50–53.
8. Nikolovski, J., Luedtke, M., Chu, M. et al. (2007). Visualization of infant skin structure and morphology using in vivo confocal microscopy. *J. Am. Acad. Dermatol.* 56: AB4.
9. Stamatas, G., Estanislao, R.B., Suero, M. et al. (2006). Facial skin fluorescence as a marker of the skin' s response to chronic environmental insults and its dependence on age. *Br. J. Dermatol.* 154 (1): 125–132.
10. Evans, N.J. and Rutter, N. (1986). Development of the epidermis in the newborn. *Biol. Neonate* 49: 74–80.
11. Hoeger, P.H. and Enzmann, C.C. (2002). Skin physiology of the neonate and young infant: a prospective study of functional skin parameters during early infancy. *Pediatr. Dermatol.* 19 (3): 256–262.
12. Nikolovski, J., Stamatas, G.N., Kollias, N. et al. (2008). Barrier function and water-holding and transport properties of infant stratum corneum are different from adult and continue to develop through the first year of life. *J. Invest Dermatol.* 128 (7): 1728–1736.
13. Agache, P., Blanc, D., Barrand, C. et al. (1980). Sebum levels during the first year of life. *Br. J. Dermatol.* 103 (6): 643–649.
14. Lund, C., Kuller, J., Lane, A. et al. (1999). Neonatal skin care: the scientific basis for practice. *Neonatal Netw.* 18 (4): 15–27.
15. Sherman, T.I., Greenspan, J.S., St Clair, N. et al. (2006). Optimizing the neonatal thermal environment. *Neonatal Netw.* 25: 251–260.
16. Capone, K.A., Dowd, S.E., Stamatas, G.N. et al. (2011). Diversity of the human skin microbiome early in life. *J. Invest Dermatol.* 131: 2026–2032.
17. Trüeb, R.M. (1998). Shampoos: composition and clinical applications. *Hautarzt* 49: 895–901.
18. Sams, W.M. (1996). Structure and function of the skin. In: *Principles and Practice of Dermatology* (ed. W.M. Sams and P.J. Lynch). New York: Churchill-Livingstone.
19. Rigano, L. (2013). Baby Creams. *Cosm Toil.* 128 (7): 454–461.
20. Katsambas, A.D., Katoulis, A.C., and Stavropoulos, P. (1999). Acne neonatorum: a study of 22 cases. *Int. J. Dermatol.* 38 (2): 128–130.
21. O'Connor, N.R., McLaughlin, M.R., and Ham, P. (2008). Newborn skin: Part I. common rashes. *Am. Fam. Physician* 77 (1): 47–52.
22. Walters, R.M., Fevola, M.J., LiBrizzi, J.J. et al. (2008). Designing cleansers for the unique needs of baby skin. *Cosm Toil.* 123 (12): 53–60.
23. Darmstadt, G.L. and Dinulos, J.G. (2000). Neonatal skin care. *Pediatr. Clin. N. Am.* 47: 757–782.
24. American Magazine (1890). *Frank Leslie's Popular Monthly*, vol. 29. New York: Frank Leslie' s Publishing House.
25. The Outlook, a weekly newsletter (1910). Vol. 96. New York: The Outlook Company.
26. Life Magazine. (1945). January.
27. Life Magazine (1954). March.

28. Gelmetti, C. (2001). Skin cleansing in children. *J. Eur. Acad. Dermatol. Venereo.* 15 (1): 12–15.
29. Bartels, N.G., Scheufele, R., Prosch, F. et al. (2010). Effect of standardized skin care regimens on neonatal skin barrier function in different body areas. *Pediatr. Dermatol.* 27 (1): 1–8.
30. Blume-Peytavi, U., Lavender, T., Jenerowicz, D. et al. (2016). Recommendations from a European roundtable meeting on best practice health infant care. *Pediatr. Dermatol.* 33 (3): 311–321.
31. Saijo, S. and Tagami, H. (1991). Dry skin of newborn infants: functional analysis of the stratum corneum. *Pediatr. Dermatol.* 8 (2): 155–159.
32. Paller, A.S., Hawk, J.L.M., Honig, P. et al. (2011). New insights about infant and toddler skin implications for sun protection. *Pediatrics* 128 (1): 92–102.
33. FDA (2021). Should you put sunscreen on infants? Not usually. www.fda.gov/consumers/consumer-updates/should-you-put- sunscreen-infants-not-usually (accessed 19 December 2021).
34. AAD Infant sun protection: how parents can keep their baby safe. www.aad.org/public/diseases/skin-cancer/prevent/sun- babies (accessed 19 December 2021).
35. Eichenfield, L.F., Frieden, I.J., and Esterly, N.B. (2008). *Neonatal Dermatology*. Philadelphia: Saunders Elsevier.
36. Adam, R. (2008). Skin care of the diaper area. *Pediatr. Dermatol.* 25: 427–433.
37. Adalat, S., Wall, D., and Goodyear, H. (2007). Diaper dermatitis frequency and contributory factors in hospital attending children. *Pediatr. Dermatol.* 24 (5): 483–488.
38. Ananthapadmanabhan, K.P., Moore, D.J., Subramanyan, K. et al. (2004). Cleansing without compromise: the impact of cleansers on the skin barrier and the technology of mild cleansing. *Dermatol. Ther.* 17 (1): 16–25.
39. Association of Women' s Health, Obstetric and Neonatal Nurses and the National Association of Neonatal Nurses (2007). *Neonatal Skin Care: Evidence-Based Clinical Practice Guideline*. Washington, DC: Association of Women' s Health, Obstetric and Neonatal Nurses and the National Association of Neonatal Nurses.
40. Callard, R.E. and Harper, J.I. (2007). The skin barrier, atopic dermatitis and allergy: a role for Langerhans cells? *Trends Immunol.* 28 (7): 294–298.
41. Stamatas, G.N. and Tierney, N.K. (2013). Diaper dermatitis: etiology, manifestations, prevention, and management. *Pediatr. Dermatol.* 31 (1): 1–7.
42. Waard-van der Spek, F.B., Andersen, K.E., Darsow, U. et al. (2013). Allergic contact dermatitis in children: which factors are relevant? (review of the literature). *Pediatr. Allergy Immunol.* 24 (4): 321–329.
43. Marks, J.G. and Miller, J.J. (2019). *Lookingbill's and Mark's Principles of Dermatology*. New York: Elsevier.
44. Laughter, D., Istvan, J.A., Tofte, S.J. et al. (2000). The prevalence of atopic dermatitis in Oregon schoolchildren. *J. Am. Acad. Dermatol.* 43 (4): 649–655.
45. Niwa, Y., Sumi, H., Kawahira, K. et al. (2003). Protein oxidative damage in the stratum corneum: evidence for a link between environmental oxidants and the changing prevalence and nature of atopic dermatitis in Japan. *Br. J. Dermatol.* 49: 248–254.
46. Abrutyn, E.S. (2011). Baby care. *Cosm Toil.* 126 (7): 486–491.
47. Lawrenson, J.G., Birhah, R., and Murphy, P.J. (2005). Tearfilm lipid layer morphology and corneal sensation in the development of blinking in neonates and infants. *J. Anat.* 206 (3): 265–270.
48. Dhar, S. (2007). Newborn skin care revisited. *Indian J. Dermatol.* 52: 1–4.
49. Imokawa, G., Akasaki, S., Minematsu, Y. et al. (1898). Importance of intercellular lipids in water-retention properties of the stratum corneum: induction and recovery study of surfactant dry skin. *Arch. Dermatol. Res.* 281: 45–51.
50. Lopez-Castellano, A., Cortell-Ivars, C., Lopez-Carballo, G. et al. (2000). The influence of Span 20 on the stratum corneum lipids in Langmuir monolayers: comparison with azone. *Int. J. Pharm.* 203: 245–253.
51. Saad, P., Flach, C.R., Walters, R.M. et al. (2012). Infrared spectroscopic studies of sodium dodecyl sulphate

permeation and interaction with stratum corneum lipids in skin. *Int. J. Cosmet. Sci.* 34: 36–43.

52. Stamatas, G.N., Walters, R.M., and Martin, K.M. (2011). Keeping infant skin healthy through proper cleansing. *Personal Care.* 31–36.
53. Löffler, H. and Happle, R. (2003). Profile of irritant patch testing with detergents: sodium lauryl sulfate, sodium laureth sulfate and alkyl polyglucoside. *Contact Dermatitis* 48 (1): 26–32.
54. Fevola, M.J., Walters, R.M., LiBrizzi, J.J. et al. (2010). A new approach to formulating mild cleansers: hydrophobically- modified polymers for irritation mitigation. In: *Polymeric Delivery of Therapeutics* (ed. S.E. Morgan and R.Y. Lochead), 221–242. Washington, DC: American Chemical Society.
55. Ehretsmann, C., Schaefer, P., and Adam, R. (2001). Cutaneous tolerance of baby wipes by infants with atopic dermatitis, and comparison of the mildness of baby wipe and water in infant skin. *J. Eur. Acad. Dermatol. Venereol.* 15 (1): 16–21.
56. Odio, M., Streicher-Scott, J., and Hansen, R.C. (2001). Disposable baby wipes: efficacy and skin mildness. *Dermatol. Nurs.* 13 (2): 107–112.
57. Lavender, T., Furber, C., Campbell, M. et al. (2012). Effect on skin hydration of using baby wipes to clean the napkin area of newborn babies: assessor-blinded randomised controlled equivalence trial. *BMC Pediatr.* 12: 59.
58. Nash, J.F., Gettings, S.D., Diembeck, W. et al. (1996). A toxicological review of topical exposure to white mineral oils. *Food Chem. Toxicol.* 34 (2): 213–225.
59. Cooke, A., Cork, M.J., Danby, S. et al. (2011). Use of oil for baby skincare: a survey of UK maternity and neonatal units. *Br. J. Midwifery* 19 (6): 354–362.
60. Hoekelman, R., Adam, H.M., and Nelson, N.M. (2001). *Primary Pediatric Care.* Maryland Heights: Mosby.
61. Ravanfar, P., Wallace, J.S., and Pace, N.C. (2012). Diaper dermatitis: a review and update. *Curr. Opin. Pediatr.* 24 (4): 472–479.
62. Atherton, D.J. (2001). The aetiology and management of irritant diaper dermatitis. *J. Eur. Acad. Dermatol. Venereol.* 15 (1): 1–4.
63. Nield, L.S. and Kamat, D. (2007). Prevention, diagnosis, and management of diaper dermatitis. *Clin. Pediatr.* 46 (6): 480–486.
64. 21 CFR Part 347.
65. Schönrock, U. (2001). Baby care. In: *Handbook of Cosmetic Science and Technology* (ed. A.O. Barel, M. Paye and H.I. Maibach), 715–722. New York: Marcel Dekker Inc.
66. Odio, M.R., O' Connor, R.J., Sarbaugh, F. et al. (2000). Continuous topical administration of a petrolatum formulation by a novel disposable diaper. 2. Effect on skin condition. *Dermatology* 200 (3): 238–243.
67. Farrington, E. (1992). Diaper dermatitis. *Pediatr. Nurs.* 18 (8): 81–82.
68. Rigel, D.S. (2008). Cutaneous ultraviolet exposure and its relationship to the development of skin cancer. *J. Am. Acad. Dermatol.* 58 (5): S129–S132.
69. CDC (1998). Sun-protection behaviors used by adults for their children: United States, 1997. *MMWR Morb. Mortal. Wkly Rep.* 47 (23): 480–482.
70. Etzel, R. and Balk, S. (2003). *Pediatric Environmental Health.* Elk Grove Village: American Academy of Pediatrics.
71. Diffey, B.L. (2001). Sunscreens: use and misuse. In: *Sun Protection in Man* (ed. P.U. Giacomoni), 523–534. Amsterdam, Netherlands: Elsevier Science.
72. Azurdia, R.M., Pagliaro, J.A., and Rhodes, L.E. (2000). Sunscreen application technique in photosensitive patients: a quantitative assessment of the effect of education. *Photodermatol. Photoimmunol. Photomed.* 16 (2): 53–56.
73. Diffey, B.L. (2000). Has the sun protection factor had its day? *BMJ* 320: 176–177.
74. Bandi, P., Cokkinides, V.E., Weinstock, M.A. et al. (2010). Sunburns, sun protection and indoor

tanning behaviors, and attitudes regarding sun protection benefits and tan appeal among parents of U.S. adolescents-1998 compared to 2004. *Pediatr. Dermatol.* 27 (1): 9–18.

75. Diffey, B.L. (2001). When should sunscreen be reapplied? *J. Am. Acad. Dermatol.* 45: 882–885.
76. Cross, S.E., Innes, B., Roberts, M.S. et al. (2007). Human skin penetration of sunscreen nanoparticles: in-vitro assessment of a novel micronized zinc oxide formulation. *Skin Pharmacol. Physiol.* 20 (3): 148–154.
77. Schlossman, D. and Shao, Y. (2005). Inorganic ultraviolet filters. In: *Sunscreens, Regulations and Commercial Development* (ed. N.A. Shaath), 240–282. Boca Raton: Taylor and Francis.
78. van der Molen, R.G., Hurks, H.M.H., and Out-Luiting, C. (1998). Efficacy of micronized titanium dioxide containing compounds in protection against UVB-induced immunosuppression in humans *in vivo*. *J. Photochem. Photobiol. B* 44: 143–150.
79. Alonso, C., Larburu, I., Bon, E. et al. (2013). Efficacy of petrolatum jelly for the prevention of diaper rash: a randomized clinical trial. *J. Special Pediatr. Nurs.* 18: 123–132.
80. EPA (2022). What is particulate pollution. www.epa.gov/pmcourse/what-particle-pollution (accessed 05 July 2022).
81. Fiume, M.M., Boyer, I., Bergfeld, W.F. et al. (2015). Safety assessment of talc as used in cosmetics. *Int. J. Toxicol.* 34 (S1): 66S–129S.

第28章 女性卫生产品

学习目标

通过本章的学习，读者将掌握以下内容。

1. 以下术语的定义：

女性内生殖器	女性外生殖器	阴道	外阴
乳酸杆菌	乳酸	糖原	绝经期
私密润滑剂	私密保湿剂	局部止痒产品	局部抗真菌产品
清洁和除臭产品	冲洗	缓冲剂	渗透压摩尔浓度
安全套兼容性			

2. 女性生殖器的不同结构。
3. 乳酸在阴道中产生的原因及其在阴道生态系统中的作用。
4. 绝经期对外阴阴道部位的影响。
5. 用于女性外生殖器和内生殖器部位的女性卫生产品及其实例。
6. 清洁产品、女性除臭剂、润滑剂和阴道保湿剂的区别。
7. 女性卫生产品的法律分类。
8. 女性卫生产品的益处和潜在负面影响。
9. 理想女性卫生产品应具备的特点。
10. 女性清洁和除臭产品的主要特点和主要成分类型。
11. 女性保湿剂和润滑剂的主要特点和主要成分类型。
12. 需要考虑润滑剂渗透压的原因。
13. 女性止痒和抗真菌药物的主要特点和主要成分类型。
14. 在配制和使用女性卫生产品过程中可能出现的一些典型质量问题，以及出现相关问题的原因。
15. 女性卫生产品定期检测的典型质量参数及其评估方法。
16. 以下参数的检测方法：安全套与阴道润滑剂的兼容性和抗真菌功效。
17. 滑石粉和润滑剂的潜在安全性问题。
18. 女性卫生产品常用的典型容器。

主要概念

1. 女性生殖器部位具有复杂的解剖和生理结构，可细分为内生殖器和外生殖器。

2. 细菌、糖原的存在，以及酸性pH是确保阴道生态系统健康的先决条件。

3. 女性清洁和除臭产品可用于外生殖器部位或阴道内，这取决于清洁产品的类型。产品形式多种多样，包括女性洗液、清洁湿巾、除尘粉、非药用冲洗剂和私密除臭气雾剂。

4. 女性保湿剂可缓解阴道和外阴部位的干涩，其效果通常持续时间较长（数天）。

5. 私密润滑剂的效果较为短暂（数小时），因此，在性生活中适当使用可提升快感并减少可能的损伤。

6. 药用止痒和抗真菌膏霜用于缓解外生殖器和阴道的瘙痒、刺激、灼热感、白带异常，以及感染等症状。

7. 女性卫生产品的典型质量问题包括气雾剂产品的阀门堵塞、女性洗液起泡性差、乳剂分层、阴道栓剂形状异常、微生物污染、结块和酸败。

8. 评价女性卫生产品质量的常用检测参数包括渗透压，喷雾罐泄漏性，气雾剂的驱动力、压力测试和喷雾特性，凝胶、乳剂和膏霜的铺展性、可挤出性、质地和硬度，清洁产品的起泡性、泡沫稳定性、泡沫密度、泡沫黏度和泡沫结构，粉剂的流动性和粒径，颜色，黏度，密度、比重、防腐功效，pH及稳定性。

9. 最常检测的有效性参数包括阴道润滑剂与安全套的兼容性和抗真菌功效。

10. 过去，女性卫生产品的安全使用曾引起了一些担忧。其主要关注焦点在于女性私密爽身粉中的滑石粉及润滑剂对正常乳酸菌群的负面影响。

28.1 引言

“卫生”（hygiene）一词是指旨在保持健康状况的程序和原则[1]。女性卫生对于保持整体私密健康和管理不适症状非常重要。基于卫生问题、个人喜好、文化标准、宗教习俗，以及每个月经周期可能出现的症状，每位女性都有自己独特的女性护理需求。在世界范围内，许多女性都会定期使用各种女性卫生产品。其涵盖多种类型的产品，主要包括清洁剂（cleanser）、除臭剂（deodorant）、润滑剂（lubricant）、保湿剂（moisturizer）、药膏（medicated cream）、乳液（lotion）、卫生巾（sanitary pad）、护垫（panty liner）、卫生棉条（tampon）和失禁垫（incontinence pad）。从制剂的角度而言，在生产女性生殖器（female genitalia）相关产品时应考虑一些特殊的特性和要求。

本章概述了女性生殖器部位的解剖学和生理学，使用卫生产品的优缺点，以及最常见的产品类型、成分和制剂考虑因素，还介绍了用于评估相关产品性能及质量的主要质量控制问题和测试，并对最常见的安全性问题进行了讨论。

28.2 女性生殖器部位的解剖学和生理学

❶女性生殖器部位具有复杂的解剖和生理结构。其可细分为内生殖器（internal feminine genitalia）和外生殖器（external feminine genitalia）。内生殖器包括阴道、宫颈、子宫、输卵管和卵巢。外生殖器又称外阴，包括阴阜（即耻骨前方的圆形区域，在青春期会被阴毛覆盖）、大阴唇（即外阴唇）、小阴唇（即内阴唇）、阴蒂、尿道口、阴道口及其腺体、外阴前庭（即尿道口和阴道口周围的皮肤）和会阴（即阴道口和肛门口之间的区域）[2, 3]。外阴既具有角化上皮，也具有非角化上皮。阴阜、大阴唇和会阴被角化的分层上皮覆盖。小阴唇前庭和内表面的上皮为非角化上皮[4, 5]。阴阜和大阴唇被阴毛覆盖，含有汗腺和皮脂腺，而小阴唇通常没有皮肤附属物[5, 6]。

28.2.1 外阴

清洁剂、湿巾、粉剂、某些保湿剂、药膏和除臭剂均为应用于外阴的产品。此外，在使用过程中，卫生巾和护垫也会与外阴部位皮肤产生持续性接触。

在许多特征上，外阴与其他皮肤表面存在功能性差异。生殖器部位的角质层（SC）是人体中最薄的[7]。衣物和卫生巾所形成的封闭环境，以及阴道分泌物的存在，使外阴相较于身体其他部位更为湿润。此外，外阴部位的皮肤单位表面积上，毛囊和汗腺密度高于其他身体表面；外阴部位的摩擦系数较高，尤其是在使用卫生巾时，更容易受到机械性损伤；此外，与前臂相比，外阴部位的失水率更高，并且化学物质的渗透性更强[8-10]。这些特点表明，与其他皮肤表面相比，外阴的屏障功能更弱。屏障功能减弱可能导致人们认为，外阴部位对刺激物和变应原更为敏感，因此接触性皮炎在这一区域的发病率可能更高。但是，研究表明，对于所有刺激物，外阴的刺激反应性并不比前臂高[4]。在许多情况下，对女性卫生产品产生过敏反应的消费者，其身体其他部位通常对化学物质也更为敏感[11]。外阴的pH维持在3.5～4.7[9]，这一范围对微生物定植发挥着至关重要的作用。研究表明，外阴的微生物群具有丰富的多样性。

28.2.2 阴道

阴道可使用润滑剂、保湿剂、冲洗剂（douche）、药膏、栓剂（suppository）和卫生棉条等产品。阴道通过外生殖器与外界相通，构成了一个独特且动态的生态系统，该系统在女性的一生中不断发生变化。众多因素，如激素水平的变化、疾病、性生活、药物和个人卫生习惯等，都会引起生态系统的变化[12]。在生育期，调节月经周期的激素水平波动是影响阴道微生物群的重要因素[13]。

在出生后的24 h内，阴道穹窿（vaginal vault）就会被微生物定植，并且这种定植会一直持续至死亡[14]。健康育龄女性的阴道内含有大量微生物，包括乳酸杆菌（*Lactobacillus*）、葡萄球菌（*Staphylococcus*）、脲原体（*Ureaplasma*）、棒状杆菌（*Corynebacterium*）、链球菌（*Streptococcus*）、加德纳菌（*Gardnerella*）、消化链球菌（*Peptostreptococcus*）、拟杆菌（*Bacteroide*）、支原体（*Mycoplasma*）、肠球菌（*Enterococcus*）、大肠杆菌（*Escherichia*）、韦荣球菌（*Veillonella*）、双歧杆菌（*Bifidobacterium*）和念珠菌（*Candida*）[15, 16]，其中以乳酸杆菌为主[17]。

在具备生育能力的女性中，脱落的阴道上皮细胞会释放糖原（一种碳水化合物），成为乳酸杆菌的营养来源。这些细菌能够降解糖原并将其转化为乳酸，从而营造一个酸性环境，有效抑制病原微生物的生长[18]。这一循环（**图 28.1**）对维护阴道健康具有至关重要的作用。在健康的育龄女性中，阴道的正常pH在3.5～4.5，典型值为4.2[19]。❷ *细菌、糖原的存在，以及酸性pH是确保阴道生态系统健康的先决条件*[20]。

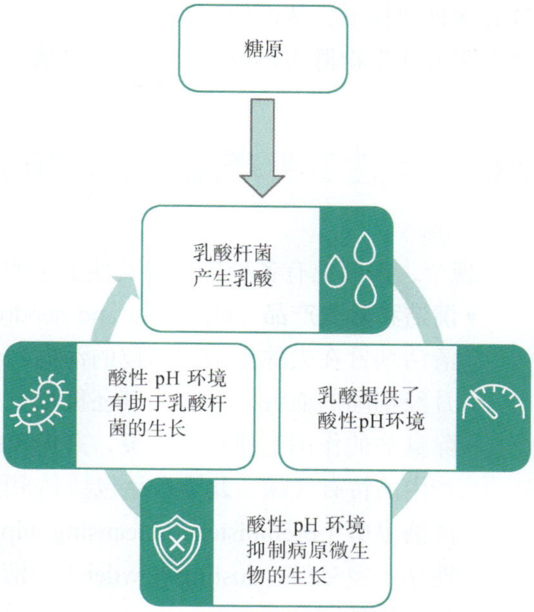

图 28.1　乳酸和乳酸杆菌对阴道的保护作用

病原微生物会从环境中进入阴道，进而引起不适、瘙痒和炎症。

乳酸杆菌有益于阴道健康，因为其能够与外源性微生物竞争营养，并通过多种机制抑制外源性病原微生物在阴道的定植和生长，相关机制包括将pH维持在5以下，以及阻止其他微生物附着于阴道上皮细胞[17, 21-23]。乳酸和过氧化氢的产生促进了这种保护作用的发挥[24]。对于那些能够产生极少或不产生过氧化氢清除酶的其他微生物，过氧化氢是具有毒性的。因此，能够产生过氧化氢的乳酸杆菌能够调节其他阴道微生物的生长，进而使环境对其他微生物不利。阴道微生物平衡还能抑制性传播疾病（sexually transmitted disease，STD）的传播[25]。

尽管缺乏腺体，但阴道上皮通常由一层黏稠的表面薄膜保持湿润，这一层薄膜通常被称为阴道液或黏液，主要由阴道和宫颈细胞分泌。其还包含皮脂腺、汗腺和位于阴道口的其他腺体的分泌物和宫颈黏液，以及来自子宫内膜和输卵管的液体[26]。阴道分泌物是多种成分的混合物，包括离子（如钠、钙和氯离子）、蛋白质和多肽、糖蛋白、乳酸、乙酸、甘油、尿素和糖原，相关成分随雌激素和孕激素的水平和比例、性刺激和微生物群的状态而变化[26, 27]。阴道上皮细胞还会产生具有抗菌活性的化合物（如溶菌酶）[28]。

多种因素可能改变阴道的正常pH平衡，包括不注意卫生、过度清洁、使用含香精过多的清洁产品和除臭剂、清洁产品冲洗不彻底、高碳水化合物饮食，以及某些药物治疗（如使用抗生素和口服避孕药）等。相关因素都会扰乱阴道的正常菌群和生理功能[29, 30]。众所周知，阴道微生物群紊乱可能是导致阴道感染和其他疾病（如早产、盆腔炎和不孕症）的初步原因[31]。

女性激素系统的两个重要时期是青春期和绝经期（menopause，也称为更年期）。在青春期，外阴和阴道会经历形态和生理上的变化[32]。随着青春期的到来，周期性激素模式开始建立，规律的月经也随之开始。在周期中期，雌激素水平会使阴道上皮的糖原含量达到峰值，并增加产生乳酸微生物的数量，从而导致酸性环境的出现[13]。绝经期标志着激素系统的另一个重大变化，雌激素分泌急剧减少。随着雌激素水平的降低，阴道上皮会变得干涩和萎缩[33]。此外，雌激素水平降低还会导致阴道上皮细胞中糖原含量的减少，这可能导致乳酸杆菌耗竭，从而使阴道pH升高[34]。高pH会促进病原菌的生长，从而导致感染和炎症。阴道微生物群的组成取决于雌激素缺乏的持续时间、速度和严重程度[35]。

28.3 女性卫生产品的类型和定义

现今，市面上有各种各样的女性卫生产品，可针对内外生殖器部位的不同需求。

- **清洁和除臭产品**（cleansing and deodorizing product）：是最大的私密卫生产品类别。清洁剂旨在去除生殖器部位的污垢，包括死细胞、汗液、尿液残留、阴道分泌物和月经期间的血液。此外，其还能使生殖器部位保持清爽，有助于维持其正常的pH。除臭剂的作用是使外阴清爽，并掩盖由于白天外阴紧绷、细菌活动和各种残留物而产生的特有气味。此类产品包括私密除臭气雾剂（intimate deodorant spray）、预浸湿清洁湿巾（premoistened cleansing wipe）、非药用冲洗剂（non-medicated douch）、女性私密爽身粉（dusting powder）和清洁沐浴露。在美国，清洁和除臭产品通常被视为化妆品。
- **私密润滑剂和保湿剂**（intimate lubricant and moisturizer）：可缓解女性阴道干涩的症状。在美国，用于插入医疗工具、冲洗器、卫生棉条和避孕套的润滑剂可能被视为医疗器械而受到监管。润滑剂通常用于妇科诊室和医院手术。其他声称可缓解干燥引起的不适或提高性快感的产品被视为非处方（OTC）药品[36]。保湿剂通常声称可长期缓解阴道干涩，而不仅仅是提供临时效果的性润滑剂。
- **局部止痒和抗真菌产品**（topical anti-itch and antifungal product）：是一类特殊产品，含有预防或治疗特定疾病的活性成分。因此，相关产品在美国被视为OTC药品或处方药，具体取决于其所使用的活性成分类型。有几种止痒和抗真菌药膏、洗液、软膏、湿巾、软胶囊和栓剂可用于外生殖器或阴道。
- **吸收剂**（absorbent）：是一类特殊产品，用于在月经周期和尿失禁情况下吸收液体。此类产品包括卫生棉条、卫生巾、护垫和尿失禁控制垫。在美国，吸收剂产品被视为医疗器械并受到监管。其成分和制造技术与其他产品存在极大差异，故不在本章讨论范围之内。

你知道吗?

根据《联邦食品、药品和化妆品法案》(FD&C Act)，医疗设备是指仪器、设备、器具、机器、装置、植入物、体外试剂或其他类似或相关物品，包括组成部件或配件，其特征为：①在美国《国家处方集》(*National Formulary*)或《美国药典》或其任何增补本中得到认可；②用于诊断人或其他动物的疾病或其他状况，或用于治愈、减轻、治疗或预防疾病；③旨在影响人或其他动物身体的结构或任何功能，且不通过在人或其他动物体内或体表的化学作用来实现其任何预期目的，也不依赖于代谢来实现其任何主要预期目的[36]。

你知道吗？

杀精剂（spermicide）是为了防止意外妊娠而设计的阴道应用产品。相关产品在美国被视为OTC药品。最常用的杀精成分是壬苯醇醚-9（nonoxynol-9），包括凝胶、膏霜、薄膜和阴道栓剂等剂型。杀精剂的最大优点之一是使用时不需要伴侣配合。虽然杀精剂为女性提供了一种简便舒适的避孕选择，但其并不是最有效的避孕方法[37, 38]。此外，值得注意的是，杀精剂并不能预防人类免疫缺陷病毒（human immunodeficiency virus，HIV）感染或其他STD[39]。

28.4 女性卫生产品的使用历史

各种女性卫生产品的历史可追溯至古代。最早的清洁剂包括家庭自制的肥皂，其可用于清洁身体和外生殖器部位。如前几章所述，合成表面活性剂直至20世纪初才被开发出来。此后，人们开始使用更先进、更温和的清洁剂来替代肥皂。

埃及最早的相关记录可追溯至公元前19世纪，其中描述了使用简单天然成分［如金合欢（acacia）、碳酸钠和蜂蜜］混合物来避孕的各种方法。这些混合物起到了抵御精子的物理屏障作用，金合欢还有助于维持阴道的酸性pH[40]。其他文化则使用草药和草药提取物（如花朵、根茎和淘米水）来避孕。橄榄油（olive oil）也是各种文化中常用的避孕药物。另一种避孕方法是将岩盐与油混合后放入阴道，可起到杀精剂的作用，但如果妇女的阴道有损伤，会引起疼痛[41]。灌洗（douching）自古以来就被用来清洁阴道和防止意外妊娠。早期的灌洗液是由醋和水、柠檬汁和水，以及其他酸性水果提取物混合制成的。20世纪初，自制产品（主要是灌洗液和栓剂）含有棉絮或棉花等成分，与橄榄油或酸性果汁混合使用[42]。20世纪20年代，著名的消毒剂品牌Lysol®开始销售一款女性卫生产品。该产品广告宣称，该清洁剂可用作阴道灌洗剂，既能有效、安全地消除病菌和异味，又能作为一种节育方式[43]。目前，科学数据表明，灌洗会对健康产生严重的负面影响，因此不建议女性将灌洗作为日常习惯。目前，消费者有了更现代化的避孕选择。

至于阴道润滑剂，早期使用的是植物油，其中最常见的是橄榄油。凡士林油（petrolatum）于19世纪70年代被发现，并以“凡士林”（Vaseline®）作为商品名在市场上销售[44]。凡士林和矿物油这两种具有润滑特性的碳氢化合物成分也进入个人润滑油市场。虽然其具有润滑作用，但也存在不自然、油腻、难以清洁，且与乳胶安全套（condom）不兼容的缺点。第一款水基（water-based）润滑剂诞生于20世纪初。K-Y Jelly®产品可追溯至1904年，至今仍在市场上销售[45]。水基产品具有更好的肤感，更易于清洁，并且与乳胶安全套相兼容。现如今，除了水基和油基（oil-based）产品外，多种品牌还提供硅基（silicone-based）和混合产品。

28.5 女性卫生产品对人体和女性生殖器部位的影响

许多女性经常使用各种私密卫生产品，源于其所带来的诸多有益功效。下文总结了使用女性卫生产品的主要优点。

- 清洁产品可**清除**残留的死细胞、尿液、阴道分泌物、汗液和其他碎屑，从而保持外生殖器部位的清洁。专为敏感而独特的生殖器环境配制的产品有助于维持正常的酸碱度和菌群生态，从而防止致病菌的定植和过度繁殖。
- 润滑剂和保湿剂可缓解**阴道干涩**症状，提高性交时的快感。对于暂时或长期受到阴道干涩困扰的女性而言，润滑剂和保湿剂具有显著优势。此外，润滑剂还能使患者在进行医疗和妇科手术时更加舒适。
- 目前普遍使用一次性卫生巾、护垫和卫生棉条，其提供了一种舒适的**经期保护**（menstrual protection）方式。

尽管女性卫生产品在大多数情况下都是有益的，但也可能产生潜在的不良影响。相关不良影响总结如下。

- **过度使用**清洁产品可能会损伤本就薄弱的角质层，改变外阴和阴道的微生物群，从而导致刺激。因此，切勿太过频繁使用相关产品，以保持生殖器部位的健康状态。
- **灌洗**是指将一种装置插入阴道，将液体冲入阴道穹窿，这是全世界普遍的做法。女性进行灌洗的原因有很多，包括杀灭细菌、避孕、预防STD、缓解阴道瘙痒和白带异常、控制阴道异味，以及提高清洁度[46, 47]。从理论上而言，灌洗有利于帮助阴道pH和微生物菌群恢复正常。然而，过去10年间出现了一些令人担忧的问题。由于灌洗量大，灌洗液会破坏阴道的防御功能，促进细菌定植或改变阴道pH，从而使致病菌和酵母菌大量繁殖。阴道灌洗与诸多不良后果有关，包括盆腔炎、细菌性阴道病、宫颈癌、低出生体重、早产、HIV传播、性传播疾病、异位妊娠、复发性外阴阴道念珠菌病和不孕症[48, 49]。目前的观点认为，正常的阴道无须进行灌洗，因为阴道具有天然的自洁功能[50]。存在异味、白带异常（如呈白色或黄色）等阴道症状的女性，应咨询药剂师或其他医疗保健专业人员，以确定是否存在需要治疗的潜在感染，并建议到妇科就诊[48]。
- **润滑剂**可缓解阴道干涩症状，提升性体验。在备孕的夫妇中，由于经常使用润滑剂，阴道干涩的发生率可能有所上升[51]。但是，研究表明，某些阴道润滑剂会对体外精子活力和生育能力产生负面影响。因此，建议备孕的夫妇在性生活时避免使用阴道润滑剂[52]。
- **油基润滑剂**会导致乳胶安全套的强度迅速降低，使其无法有效预防意外妊娠和STD。因此，不建议同时使用乳胶安全套和油基润滑剂[53]。
- 阴道酵母菌和细菌感染在女性中极为普遍。通常，相关病症无须就医，使用OTC药品进行**自我治疗**即可。然而，如果缺乏适当的医疗诊断，相关感染往往难以得到有效治疗。此外，耐药菌株的数量会增加，从而使后续治疗更具挑战性[54]。因此，如果女性出现阴道感染的迹象和症状，建议咨询妇科医生[55]。

- 与使用卫生棉条有关的主要健康问题是其与月经中毒休克综合征（toxic shock syndrome，TSS）的相关性。TSS是一种罕见且严重的疾病，甚至可能导致死亡。其是由金黄色葡萄球菌（*Staphylococcus aureu*）和化脓性链球菌（*Streptococcus pyogene*）引起的一种疾病。这种疾病与高吸收性卫生棉条的使用有关，但确切的联系仍不清楚[56]。美国已不再使用相关材料。在美国，包装上的说明建议女性应使用吸收性最低的产品，以降低感染TSS的风险[57]。此外，不建议每天使用卫生棉条，而应与卫生巾交替使用。基于以上措施，近年来报告的TSS病例已明显减少。
- 在月经期间，水分易于积聚在外阴皮肤表面。尽管卫生巾会吸收这些水分，但若其吸收能力不足，皮肤也会变得更加水润和柔软，从而更容易受到摩擦损伤。久坐时的压力和运动时（如走路等）的摩擦会在卫生巾和外阴部位之间产生摩擦，从而导致皮疹。体育活动（如跑步等）会加剧这种不良影响[58]。

28.6 女性卫生产品所需特性和消费者需求

除了生产稳定、优质和安全的产品外，配方师在设计产品时还必须考虑消费者的需求。关键重点是优化产品的性能、美感和对目标受众的诉求，从而开发出能够吸引消费者的产品。从消费者的角度而言，一款优质的女性卫生产品应具备以下特点。

- 应用简便。
- 易于清洗。
- 舒适的体验感。
- 耐受性良好，且无刺激性。
- 具有清洁剂和除臭剂功效。
    - 可提供清新的气味。
    - 对敏感的生殖器部位温和。
    - 与生殖器部位的pH接近。
    - 可去除污垢。
- 具有保湿剂和润滑剂功效。
    - 对生殖器部位具有良好的润滑功能，从而防止干燥。
    - 可提升性生活的快感。
    - 不影响乳胶安全套的使用。
    - 不会对阴道壁产生负面影响。
- 具有药品功效。
    - 能够缓解感染和刺激。

28.7 女性卫生产品的类型、经典成分和配方

28.7.1 清洁和除臭产品

如前所述，❸女性清洁和除臭产品也可应用于外生殖器部位或阴道，具体取决于产品类型。有多种产品形式可供选择，包括女性洗液（feminine wash）、清洁湿巾、女性私密爽身粉、非药用冲洗剂和私密除臭气雾剂。用于生殖器部位的清洁产品必须性质温和，因此，应根据这一敏感区域的需求选择表面活性剂。相关清洁剂通常是低泡配方，具有清爽效果和适宜的pH。

28.7.1.1 女性洗液

女性洗液在质地和主要成分上与沐浴露相似，但在产品制剂选择过程中，应该注意和考虑一些重要特性，包括表面活性剂的温和度、产生的泡沫量、是否易于冲洗且无残留、在冲洗过程中可能存在的产品稀释，以及在冲洗过程中产品的pH变化[59]。通常，女性洗液是温和的水基酸性表面活性剂溶液，其中含有多种有益成分。

- 女性洗液中的**表面活性剂**应能快速湿润皮肤。易于冲洗且无残留是另一个重要的考虑因素。由于外阴部位的解剖结构，且该部位的冲洗时间通常较短，清洁剂的冲洗可能不够彻底[59]。此外，生殖器部位的毛发可能会增加冲洗的难度。表面活性剂一般包括较低浓度阴离子表面活性剂，如月桂醇聚醚硫酸酯钠或月桂醇聚醚硫酸铵；或更温和的配方，如磺基琥珀酸盐、月桂醇聚醚磺基琥珀酸二钠；非离子表面活性剂，如癸基葡萄糖苷；以及两性表面活性剂，如椰油酰胺丙基甜菜碱和椰油酰胺二乙酸钠。
- **增稠剂**在控制产品质地和流动性方面发挥着重要作用。在选择女性清洁产品的增稠剂时，应考虑到产品pH的敏感性。女性卫生产品中使用的增稠剂包括黄原胶（xanthan gum）等胶类，羟乙基纤维素（hydroxyethyl cellulose）等纤维素衍生物，以及硅酸铝（aluminum silicate）。也可使用氯化钠，因为相关体系含有阴离子表面活性剂。
- **pH缓冲剂**在女性卫生产品中非常重要，因为其能够提供与生殖器部位相同的pH，并在冲洗后仍能维持这一pH。常用的pH缓冲剂包括乳酸和乳酸钠，以及柠檬酸和柠檬酸钠。

> **你知道吗?**
>
> 乳酸钠可通过氢氧化钠和乳酸中和反应制备。在女性洗液中，通常会使用部分中和的乳酸，洗液中既含有乳酸又含有乳酸钠。因此，在成分标签中会发现含有乳酸和氢氧化钠。

- **皮肤调理剂**（skin conditioner）可用于降低清洁剂的刺激性，具体实例包括水解蛋白

和阳离子聚合物。

- **天然提取物**因其具备有益的舒缓、抗炎和止痒特性而被广泛应用，具体实例包括芦荟、洋甘菊、绿茶和石榴提取物。
- **防腐剂**在相关水基产品中是必不可少的，具体实例包括苯氧乙醇、苯甲酸钠、DMDM 乙内酰脲和山梨酸钾。
- 清洁产品的**其他成分**与身体清洁产品相似，可包括螯合剂、抗氧化剂、保湿剂、着色剂和香精。香精应温和而清爽，并能掩盖特有的气味。

女性洗液的配方类似于常规的沐浴露。

28.7.1.2 女性清洁湿巾

预湿的女性清洁湿巾与用于尿布区的清洁湿巾相似，均为一次性的，并且通常是由无纺布制成的可冲洗材料。湿巾浸泡在温和的表面活性剂溶液中，然后单独包装或装入更大的可重封包装袋中。防腐剂对这些产品也至关重要。产品在使用后无须冲洗，因此也可加入皮肤调理剂并沉积在皮肤表面。女性在经期可使用卫生巾，也可使用湿巾。女性湿巾的唯一缺点是会使皮肤湿润，需要几秒钟才能干燥。

28.7.1.3 女性冲洗剂

阴道冲洗剂是一种酸性溶液，用于冲洗阴道，具有清洁、预防感染[60]、避孕和控制异味等多种作用[50]。消费者可居家用盐、醋和水来自制非药用冲洗剂，也可从商店购买。但是，研究表明，冲洗可能会对健康产生不利影响。普遍的共识是，阴道具有自我清洁功能，因此无须进行阴道冲洗来维持其卫生。

28.7.1.4 女性私密爽身粉

女性私密爽身粉与婴儿爽身粉一样，都可用于控制异味。吸收力强的成分可吸收汗液、尿液残留和阴道分泌物，而添加的香精可掩盖特有的气味，使皮肤更干燥、干净和清爽。可将其直接涂抹在外阴部位，或间接涂抹在卫生巾上使用。目前的女性私密爽身粉通常以玉米淀粉为主要吸收剂，还可添加中和气味的成分（如碳酸氢钠）。其他成分可能包括提供滑爽感的粉末（如硬脂酸镁）、天然提取物、润肤剂、香精及抗氧化剂。女性私密爽身粉的主要缺点在于使用起来可能操作繁琐且容易弄得脏乱。

28.7.1.5 女性除臭气雾剂

女性除臭气雾剂可以是气溶胶产品，也可以是应用于外生殖器部位的非气溶胶泵式气雾剂，可用来消除气味和吸收水分。其产品概念类似于腋下除臭剂，但女性产品通常不含有乙醇（非醇基的），以避免刺激。气雾剂通常含有干爽润肤剂，如以碳酸二辛酯（dicaprylyl carbonate）为载体。非气雾剂通常是水基的。除臭剂成分与腋下除臭剂相似，包含用于掩盖气味的香精、用于消除气味的蓖麻油酸锌（zinc ricinoleate）、用于中和气味的碳酸氢钠，以及作为吸收剂的玉米淀粉。除臭气雾剂也可能含有抗菌剂和收敛剂，如金缕梅（witch hazel）。

> **你知道吗?**
> 在女性卫生产品中不建议使用止汗剂，因为女性生殖器部位不需要减少排汗，而且止汗剂中盐类所产生的酸性pH可能会刺激这一敏感区域[59]。

28.7.1.6 女性除臭栓剂

目前市场上还有女性除臭栓剂（deodorant suppository）。这些非药用栓剂可溶解于阴道分泌物中，从而为消费者带来洁净清新的感觉和香味。典型的栓剂基质包括聚乙二醇（PEG），如PEG-20和PEG-32，以及甘油和明胶。其他成分可包括pH调节剂（如乳酸）、防腐剂和香精。此类产品的主要缺点在于可能需要使用护垫，因为可能会发生轻微渗漏。

28.7.2 女性保湿剂和润滑剂

由于避孕药物的使用，阴道干涩症状会随激素水平（特别是雌激素）的每月波动而发生，还会出现在围绝经期（perimenopause，即绝经前的阶段），此时雌激素水平开始持续性下降，因此阴道干涩也成为绝经期典型症状。导致干涩的非激素因素包括生殖器过度清洁、性唤起不足、药物及潜在疾病[61]。❹女性保湿剂可缓解阴道和外阴部位的干涩，其效果通常维持时间较长（数天）。❺私密润滑剂的效果较为短暂（数个小时），在性生活中适当使用可提升快感和减少可能的损伤。

28.7.2.1 女性保湿剂

长期受阴道干涩困扰的女性通常会使用女性保湿剂，这种干涩症状的特点是干燥感、瘙痒，以及行走甚至久坐时的刺痛感[62]。其通常用作维持疗法，以补充和替代正常的阴道分泌物和润滑作用，从而缓解阴道干涩。女性保湿剂包括凝胶、膏霜、软胶囊和栓剂等剂型。膏霜和凝胶中的保湿成分包括透明质酸（hyaluronic acid）、透明质酸钠（sodium hyaluronate）、聚卡波非（polycarbophil）、乳铁蛋白（lactoferrin）和溶菌酶。聚卡波非是一种生物黏附性聚合物，其可黏附在阴道壁的细胞上，且仅在细胞外层脱落时才会脱离[63]。聚卡波非可延长产品在阴道内的停留时间，并改善阴道组织的水合作用[64]。乳铁蛋白和溶菌酶是女性生殖道先天免疫防御系统的一部分，有助于恢复阴道免疫稳态[65]。

保湿和润滑凝胶可以是水基的（如基于甘油），也可以是无水凝胶（如基于液体润肤剂和黄油），并使用蜡质进行增稠[59]。软胶囊以明胶为基础，含有硅酮类物质（如二甲基硅酮）和甘油。阴道栓剂可以是基于PEG的，可溶于阴道分泌物；也可以是基于脂肪的（如可可脂、甘油三酯和蜂蜡），其在体温下会融化。

> **你知道吗?**
> 除了使用保湿剂，其他治疗方案也可用来控制外阴阴道干涩，如局部雌激素治疗、选择性雌激素受体调节剂和全身雌激素治疗[66]。

28.7.2.2 阴道润滑剂

受干涩问题困扰的女性也可使用润滑剂，但相关产品通常只能提供短期的缓解效果。因此，此类产品通常在性行为前和性行为过程中用于女性或两性的生殖器，以减少摩擦和疼痛。相关产品也可用于妇科诊所和医院的手术过程中。根据其成分，润滑剂可分为水基、油基、硅基，以及混合型产品。

- **水基润滑剂**（water-based lubricant）：以水为溶剂，包含甘油、丙二醇和丙三醇等保湿剂，以增强润滑性和保湿效果；同时含有亲水性聚合物，如树胶（如黄原胶）、纤维素（如羟乙基纤维素）和卡波姆等以提供润滑、增加黏度，并赋予产品所需的质地；还包含乳酸等pH调节剂，以调节润滑剂的酸碱度；以及山梨酸钾和苯甲酸钠等防腐剂，以防止润滑剂受到微生物污染。其他成分可能包括抗氧化剂、香精、甜味剂、天然提取物（如芦荟）及乳酸薄荷酯等成分，以提供一种清凉感[42]。水基润滑剂与乳胶安全套一起使用是安全的。但是，其缺点在于容易快速变干并变得黏稠。
- **油基润滑剂**（oil-based lubricant）：包含植物油（如葵花籽油、蓖麻油、椰子油）、合成油（如棕榈酸乙基己酯），以及抗氧化剂（如维生素E）。然而，这些产品不宜与乳胶安全套同时使用，因为其可能会损坏乳胶，从而使乳胶安全套无法预防意外妊娠和STD。此外，油基润滑剂可能会污染衣物和床单，难以清理。
- **硅基润滑剂**（silicone-based lubricant）：此类产品具有优秀的润滑性，其效果持续时间比水基和油基润滑剂更持久，而且不会变干或变得黏稠。其和乳胶安全套同时使用也非常安全。顾名思义，硅基产品通常基于各种硅酮，如聚二甲基硅氧烷、聚二甲基硅氧烷醇和环甲硅脂。其缺点是难以清理。
- **混合型润滑剂**（hybrid lubricant）：同时含有水和硅酮，也可能含有油。其结合了水基和硅基产品的优点，因此，与水基润滑剂相比，效果持续时间更持久且触感更丝滑；而与硅基产品相比，更易于清理。

> **你知道吗?**
> 温热型（warming formulation）润滑剂是一种较新型的润滑剂，其以甘油和丙二醇为基质，但不含水分，因此是无水的。使用时，乙二醇与体表水分接触并与水分子发生反应，从而导致温度升高[45]。

对于润滑剂，需要注意的一个重要事实是，为了确保适当的保质期而向其中添加的防腐剂可能会对生殖器微生态环境产生不利影响[67]。部分润滑剂将氯己定（chlorhexidine）作为防腐剂，这是一种常用于术前皮肤准备和抗牙龈炎漱口水的杀菌剂[68]。该成分会清除阴道中的乳酸杆菌菌群。

你知道吗?

渗透压体积摩尔浓度（osmolarity）是每升溶液中溶质的摩尔数（mol/L、molar或M）。溶液的体积会随着溶质加入量，以及温度和压力的变化而变化，因此渗透压体积摩尔浓度难以测定。

渗透压质量摩尔浓度（osmolality）是指每千克溶液中溶质的摩尔数（mol/kg，molal或m）。温度和压力变化时溶液的质量保持不变，因此渗透压质量摩尔浓度更容易评估，在实践中更为常用。

在配制润滑剂时，需要考虑的另一个重要因素是其渗透浓度（osmotic concentration）。渗透压体积摩尔浓度或渗透压质量摩尔浓度反映了溶液中渗透活性粒子的量。含有与正常组织等量渗透活性粒子的溶液称为等渗溶液（isoosmotic solution）。高渗溶液（hyperosmotic solution）含有比正常组织更高浓度的渗透活性粒子，而低渗溶液（hypoosmotic solution）则含有比正常组织更低浓度的渗透活性粒子（图28.2）。

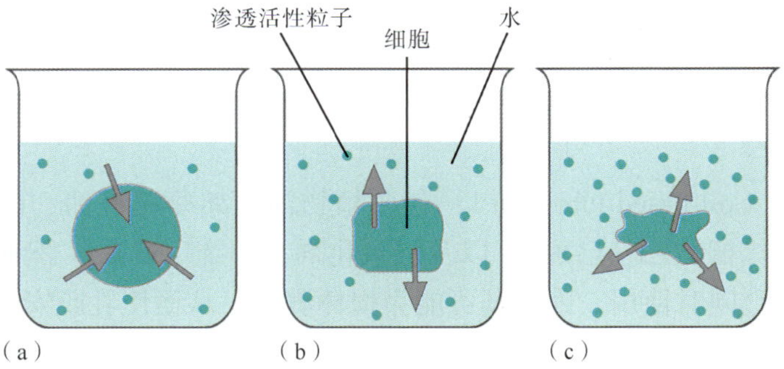

图28.2 渗透压的概念。（a）低渗溶液，其会导致细胞膨胀，甚至可能胀破；（b）等渗溶液，细胞大小不会改变；（c）高渗溶液，其会导致细胞内水分过度流失，并且引发细胞收缩

市售的许多水基润滑剂都是高渗透性的，会从阴道组织中吸收水分，从而削弱阴道屏障功能，这会提高组织损伤风险及疾病传播率[69]。因此，在产品制剂设计和产品测试过程中均应考虑产品的渗透压及渗透浓度。决定润滑剂渗透压的主要因素是二醇类物质的浓度[70]，包括甘油和丙二醇，其作为保湿剂被添加至润滑剂中。大多数润滑剂产品的渗透浓度范围在1500～6000 mOsm/kg[71, 72]。相比之下，女性阴道分泌物的正常渗透浓度为260～290 mOsm/kg[19]。理论上，个人润滑剂的渗透浓度不应超过380 mOsm/kg，以尽量降低上皮细胞损伤的风险。但是，根据世界卫生组织（WHO）的规定，渗透浓度高达1200 mOsm/kg的润滑剂仍然被认为是安全的。

你知道吗？

如果将高渗溶液涂抹在皮肤上，皮肤中的水分会渗透出来以稀释这一高渗溶液。在这一过程中，细胞会发生收缩且可能会破裂。

28.7.3 局部止痒和抗真菌药物

❻药用止痒和抗真菌膏用于缓解外阴和阴道的瘙痒、刺激、灼烧感、白带异常及感染等症状。瘙痒可能由多种因素引起，包括细菌和酵母菌感染[73]、绝经期激素水平变化[74]、洗涤剂、衣物柔顺剂、阴道除臭剂、阴道冲洗剂和其他局部应用产品中的化学物质等原因[75]。止痒和抗真菌产品的剂型包括膏霜、乳液、软膏、湿巾、软胶囊和含有活性成分的阴道栓剂等。相关产品的制剂与传统非药用产品相似。其活性止痒成分主要包括外用镇痛剂（即止痛药），如苯佐卡因（benzocaine）、盐酸普莫卡因（pramoxine hydrochloride）和间苯二酚（resorcinol）；以及局部类固醇，如氢化可的松（hydrocortisone）。这些止痒产品仅限外用（即外阴部位），而不适用于阴道内部。常用的阴道抗真菌活性成分包括克霉唑（clotrimazole）和硝酸咪康唑（miconazole nitrate）。

如前所述，自我治疗的主要问题在于，如果没有得到准确的诊断，患者可能无法使用合适的活性成分，并且有可能产生耐药性。

28.8 女性卫生产品的典型质量问题

❼女性卫生产品的典型质量问题包括气雾剂产品的阀门堵塞、女性洗液起泡性差、乳剂分层、阴道栓剂形状异常、微生物污染、结块和酸败。对于前几章已讨论过的质量问题，本章不再赘述。

28.8.1 阴道栓剂形状异常

阴道栓剂通常呈椭圆形或泪滴状，以便于使用。形状异常可能是由多种因素造成的，如高温储存、成型技术存在缺陷，以及不合适成分导致栓剂在室温下软化。在成型过程中，确保混合物熔化时无气泡是极为重要的，如果气泡未在栓剂凝固前排出，则可能导致栓剂内部出现孔洞。

28.9 女性卫生产品的评价

28.9.1 一般检测的质量参数

❽评估女性卫生产品质量的常用检测参数涵盖多个方面，包括渗透压，喷雾罐泄漏

性，气雾剂驱动力、压力测试和喷雾特性，凝胶、乳剂和膏霜的铺展性、可挤出性、质地和硬度，清洁产品的起泡性、泡沫稳定性、泡沫密度、泡沫黏度和泡沫结构，粉剂的流动性和粒径，颜色，黏度，密度、比重、防腐功效，pH及稳定性。

阴道栓剂的质量控制测试涉及多个物理及化学参数。物理测试包括外观、重量均匀性、质地均匀性、熔点、液化时间、熔融凝固时间、机械强度等。化学测试包括活性分析和溶解试验。相关测试在USP中有详细描述。对于前几章中已讨论过的测试，本章不再赘述。

28.9.1.1 渗透压

渗透压通过渗透压计（osmometer）进行测量。市售渗透压计的主要类型包括冰点渗透压计（freezing point osmometer）、蒸气压渗透压计（vapor pressure osmometer）、膜渗透压计（membrane osmometer）和沸点渗透压计（boiling point osmometer）。其中，冰点渗透压计利用冰点降低原理来测量溶液的渗透强度；蒸气压渗透压计则通过测定溶液中能降低蒸气压的渗透活性粒子的浓度来确定渗透压；膜渗透压计通过半透膜分隔的溶液的渗透压进行测量；而沸点渗透压计则是利用溶液的沸点升高原理来确定其渗透压摩尔浓度[76]。

28.9.2 常规检测的性能参数

❾ 常规检测的性能参数包括安全套与阴道润滑剂的兼容性和抗真菌功效。

28.9.2.1 安全套与阴道润滑剂的兼容性测试

已知天然乳胶在与某些润滑剂（特别是石油基产品）接触后会发生弱化。因此，阴道润滑剂的生物相容性测试对于确认预期用途的安全性至关重要。目前的方法用于确定阴道润滑剂是否对天然乳胶安全套的拉伸强度和气爆性能具有重要影响[77]。在拉伸试验中，会对安全套筒体上的一段进行测试，以检验其拉伸性。在气爆试验中，向安全套内充气直至其破裂，以其所能承受的最大空气体积来衡量强度。

28.9.2.2 抗真菌功效

抗真菌产品在美国被视为OTC药品，因此其必须具有已被证实的疗效。只要公司在获批适应证中使用药典收载的成分并按批准浓度配方，就无须进一步开展功效研究。对于非单一成分，其安全性和有效性必须通过制造商的研究来证明。抗真菌产品的功效可通过琼脂平板或使用能引起真菌性阴道炎的真菌进行体外测试，也可通过对受试人群进行体内实际使用进行测试。在后一种情况中，受试者被随机分组，分别使用不同的产品、受试产品和安慰剂。随后在预定时间段内，对产品疗效进行比较，并计算统计学差异。

28.10 引发安全性问题的成分

❿过去，关于女性卫生产品的安全使用引发了一些担忧。其主要关注的焦点在于女性私密爽身粉中的滑石粉和润滑剂对正常乳酸菌群的不良影响。本节将讨论相关担忧背后的发现，以及监管机构的意见。

28.10.1 滑石粉

与面部化妆粉和婴儿爽身粉相似，滑石粉在女性私密爽身粉中的应用也引发了安全性方面的担忧，其中一个担忧与滑石粉中的石棉污染有关。但是，许多科学组织已对化妆品级滑石粉进行了评估，并未发现其受到石棉污染（参见第22章）。

有关滑石粉的另一个担忧是，如果将其用于外生殖器，是否会导致卵巢癌。有观点认为，如果将滑石粉直接涂抹在生殖器部位或间接通过卫生巾、避孕隔膜或安全套接触生殖器部位，则可能会导致卵巢癌。为了研究会阴处使用滑石粉与卵巢癌之间的关联，已进行了许多研究，同时很多研究仍正在进行之中。就已完成的研究而言，其结果喜忧参半[78-82]。大多数研究发现，患卵巢癌的风险并无随接触滑石粉而增加的趋势。一些研究报道称风险略有增加，但还有一些研究却发现了相反的趋势。化妆品成分审查（CIR）委员会对多项有关评估会阴部位使用滑石粉与卵巢癌之间关系的研究进行了审查，并据此得出了有关滑石粉安全性的结论。CIR委员会指出，缺乏有说服力的证据表明滑石粉可从会阴部位转移至卵巢，没有研究能够提出一种合理的生物机制解释滑石粉如何导致卵巢癌，也没有研究报道会阴部位使用滑石粉与宫颈癌和子宫癌风险增加之间的关联——这可根据女性生殖器官的解剖结构来预测。CIR委员会最终的结论是，综合已审查的所有研究，并不能证明滑石粉会导致卵巢癌[83]。国际癌症研究机构（IARC）分别在20世纪80年代和2006年对滑石粉进行了评估。基于人体研究的有限证据，滑石粉在此应用类别中被视为2B类，即“可能对人体致癌”[84]。虽然尚未发现会阴部位使用滑石粉与卵巢癌之间的明确关联，但类似于婴儿爽身粉，女性私密爽身粉中滑石粉的使用量已大幅减少。

28.10.2 润滑剂对乳酸杆菌菌群的影响

如前所述，非杀精润滑剂也可能对阴道正常的乳酸杆菌菌群产生不利影响。乳酸杆菌的缺乏可能引发感染并使得疾病更容易传播。因此，在使用润滑剂后检测乳酸杆菌的存活力非常重要。这种检测可在体外进行，即在琼脂平板上培养细菌，涂抹润滑剂后评估抑菌圈大小和菌落形成单位（colony forming unit，CFU）的数量。此外，还可使用细胞系进行离体研究[67, 85]。

28.11 女性卫生产品的包装

与口腔液体护理产品相似，依据现行法规，阴道卫生产品也必须使用防篡改包装。如果产品面向公众销售，那么制造商和包装商有责任确保使用防篡改包装（参见第24章）[86]。此外，标签上应标注警告声明，告知消费者包装具有防篡改特性，并建议其若发现包装破损或缺失，切勿使用该产品。女性卫生产品最常用的包装材料如下。

- **塑料管和塑料瓶：**大多数药用膏霜和凝胶都使用具有螺旋盖或翻盖帽的塑料管包装。润滑剂通常包装在具有翻盖帽或泵头的塑料管或塑料瓶中。女性洗漱产品通常使用塑料瓶包装，并配有翻盖帽或泵头。女性爽身粉则通常包装在塑料容器中销售。
- **箔纸包装：**栓剂通常被单独包装于塑料壳、铝箔或泡罩中。由于药物需要用于阴道内，大多数产品均附带专门的一次性给药器，以方便给药。
- **小袋包装：**湿巾被单独包装于小袋中，或大量包装于软塑料容器内。
- **喷雾罐：**女性专用除臭剂通常采用喷雾罐包装。

术语表

中文术语	英文术语	解释
女性内生殖器	internal feminine genitalia	位于体内的女性生殖器官，包括阴道、宫颈、子宫、输卵管和卵巢。
女性外生殖器	external feminine genitalia	位于体外的女性生殖器官，包括阴部、大阴唇、小阴唇、阴蒂、尿道口、阴道口及其腺体、外阴前庭和会阴。
阴道	vagina	女性内生殖器的一部分。
外阴	vulva	女性外生殖器。
乳酸杆菌	*Lactobacillus*	正常情况下阴道内的优势菌群。
乳酸	lactic acid	控制阴道酸性pH环境并抑制病原微生物生长的主要成分。
糖原	glycogen	由脱落的阴道上皮细胞释放的一种碳水化合物，为乳酸杆菌菌群提供营养。
绝经期	menopause	也称为更年期，是指女性月经周期的终止阶段。
私密润滑剂	intimate lubricant	一种个人护理产品，旨在提高性生活的快感，并减少可能造成的组织损伤。
私密保湿剂	intimate moisturizer	一种个人护理产品，旨在为遭受外阴阴道干涩症状困扰的女性提供长期缓解效果。
局部止痒产品	topical anti-itch product	一种药用产品，能够缓解外生殖器的瘙痒症状。
局部抗真菌产品	topical antifungal product	一种药用产品，用于预防和治疗外生殖器和内生殖器真菌感染。

续表

中文术语	英文术语	解释
清洁和除臭产品	cleansing and deodorizing product	一种为女性设计的个人护理产品，旨在清除生殖器部位产生的死皮细胞、汗液、尿液残留、阴道分泌物及经期血液等污垢。
灌洗	douching	将器具置于阴道内，从而使清洗液流入阴道穹窿内以杀灭细菌、避孕、预防STD、缓解阴道瘙痒和分泌物异常、控制阴道异味，以及提高清洁度。
缓冲剂	buffer	一种化学系统，可抵御酸碱加入对pH产生的影响，以维持溶液pH的相对稳定。
渗透压	osmolality	渗透浓度，溶液中渗透活性粒子的量度。
安全套兼容性	condom compatibility	一项为评估润滑剂与乳胶安全套兼容性而进行的测试。

缩略词表

缩略词	英文全称	中文全称
CFU	colony forming unit	菌落形成单位
CIR	Cosmetic Ingredient Review	化妆品成分审查
FD&C Act	Federal Food，Drug，and Cosmetic Act	《联邦食品、药品和化妆品法案》
HIV	human immunodeficiency virus	人类免疫缺陷病毒（艾滋病病毒）
IARC	International Agency for Research on Cancer	国际癌症研究机构
PEG	polyethylene glycol	聚乙二醇
SC	stratum corneum	角质层
STD	sexually transmitted disease	性传播疾病
TSS	toxic shock syndrome	中毒休克综合征
USP	*United States Pharmacopoeia*	《美国药典》
WHO	World Health Organization	世界卫生组织

（王　鹏　译，陈文超　白仁仁　校）

参考文献

1. Collin, P.H. (2007). *Dictionary of Medical Terms*. London, UK: A&C Black.
2. Chung, K.W. (2000). *Gross Anatomy*. Philadelphia: Lippincott Williams & Wilkins.
3. Fritsch, H., Kuehnel, W., and Fritsch, H. (2007). *Color Atlas of Human Anatomy*. Stuttgart, Germany: Thieme.
4. Farage, M.A. (2005). Vulvar susceptibility to contact irritants and allergens: a review. *Arch. Gynecol. Obstet.* 272: 167–172.
5. Lewis, F., Bogliatto, F., and van Beurden, M. (2017). Basic histology of the vulva. In: *A Practical Guide to Vulval Disease: Diagnosis and Management* (ed. F. Lewis, F. Bogliatto and M. van Beurden). Hoboken: Wiley.

6. Farage, M.A. and Maibach, H.I. (2004). The vulvar epithelium differs from the skin: implications for cutaneous testing to address topical vulvar exposures. *Contact Dermatitis* 51: 201–209.
7. Tagami, H. (2002). Racial differences on skin barrier function. *Cutis* 70: 6–7.
8. Elsner, P., Wilhelm, D., and Maibach, H.I. (1990). Frictional properties of human forearm and vulvar skin: influence of age and correlation with transepidermal water loss and capacitance. *Dermatologica* 181: 88–91.
9. Chen, Y., Bruning, E., Rubino, J. et al. (2017). Role of female intimate hygiene in vulvovaginal health: global hygiene practices and product usage. *Women Health* 13 (3): 58–67.
10. Wakashin, K. (2007). Sanitary napkin contact dermatitis of the vulva: location-dependent differences in skin surface conditions may play a role in negative patch test results. *J. Dermatol.* 34: 834–837.
11. Nardelli, A., Degreef, H., and Goossens, A. (2004). Contact allergic reactions of the vulva: a 14-year review. *Dermatitis* 15: 131–136.
12. Eschenbach, D.A., Thwin, S.S., and Patton, D.L. (2000). Influence of the normal menstrual cycle on vaginal tissue, discharge, and microflora. *Clin. Infect. Dis.* 30: 901–907.
13. Farage, M.A. and Maibach, H.I. (2006). Lifetime changes in the vulva and vagina. *Arch. Gynecol. Obstet.* 273: 195–202.
14. Marshall, W. and Tanner, J. (1974). Puberty. In: *Scientific Foundations of Paediatrics* (ed. J. Davis and J. Dobbing). London, UK: Heinemann.
15. Larsen, B. and Monif, G.R. (2001). Understanding the bacterial flora of the female genital tract. *Clin. Infect. Dis.* 32: e69–e77.
16. Redondo-Lopez, V., Cook, R.L., and Sobel, J.D. (1990). Emerging role of lactobacilli in the control and maintenance of the vaginal bacterial microflora. *Rev. Infect. Dis.* 12: 856–872.
17. Witkin, S.S., Linhares, I.M., and Giraldo, P. (2007). Bacterial flora of the female genital tract: function and immune regulation. *Best Pract. Res. Clin. Obstet. Gynaecol.* 21 (3): 347–354.
18. Boskey, E.R., Cone, R.A., Whaley, K.J. et al. (2001). Origins of vaginal acidity: high D/L lactate ratio is consistent with bacteria being the primary source. *Hum. Reprod.* 16 (9): 1809–1813.
19. Owen, D.H. and Katz, D.F. (1999). A vaginal fluid simulant. *Contraception* 59 (2): 91–95.
20. Boskey, E.R., Telsch, K.M., Whaley, K.J. et al. (1999). Acid production by vaginal flora in vitro is consistent with the rate and extent of vaginal acidification. *Infect. Immun.* 67 (10): 5170–5175.
21. Osset, J., Bartolome, R.M., Garcia, E. et al. (2001). Assessment of the capacity of Lactobacillus to inhibit the growth of uropathogens and block their adhesion to vaginal epithelial cells. *J. Infect. Dis.* 183 (3): 485–491.
22. Boris, S., Suarez, J.E., Vazquez, F. et al. (1998). Adherence of human vaginal lactobacilli to vaginal epithelial cells and interaction with uropathogens. *Infect. Immun.* 66 (5): 1985–1989.
23. Boris, S. and Barbes, C. (2000). Role played by lactobacilli in controlling the population of vaginal pathogens. *Microbes Infect.* 2 (5): 543–546.
24. Larsen, B. and Monif, G.R. (2001). Understanding the bacterial flora of the female genital tract. *Clin. Infect. Dis.* 32: 69–77.
25. Newton, E.R., Piper, J.M., Shain, R.N. et al. (2001). Predictors of the vaginal microflora. *Am. J. Obstet. Gynecol.* 184: 845–853.
26. Paavonen, J. (1983). Physiology and ecology of the vagina. *Scand. J. Infect. Dis. Suppl.* 40: 31–35.
27. Huggins, G.R. and Preti, G. (1981). Vaginal odors and secretions. *Clin. Obstet. Gynecol.* 24 (2): 355–377.
28. Valore, E.V., Park, C.H., Igreti, S.L. et al. (2002). Antimicrobial components of vaginal fluid. *Am. J. Obstet. Gynecol.* 187 (3): 561–568.
29. Ravel, J. (2011). Vaginal microbiome of reproductive- age women. *Proc. Natl. Acad. Sci.* 108 (1): 4680–4687.
30. Delucchi, L., Fraga, M., Perelmuter, K. et al. (2008). Vaginal lactic acid bacteria in healthy and ill bitches and evaluation of in vitro probiotic activity of selected isolates. *Can Vet. J.* 49 (10): 991–994.
31. Hillier, S.L., Krohn, M.A., Cassen, E. et al. (1995). The role of bacterial vaginosis and vaginal bacteria in

amniotic fluid infection in women in preterm labor with intact fetal membranes. *Clin. Infect. Dis.* 20 (2): 276–278.

32. Jones, I.S. (1983). A histological assessment of normal vulval skin. *Clin. Exp. Dermatol.* 8: 513–521.
33. Galhardo, C.L., Soares, J.M.J., Simões, R.S. et al. (2006). Estrogen effects on the vaginal pH, flora and cytology in late postmenopause after a long period without hormone therapy. *Clin. Exp. Obstet. Gynecol.* 33: 85–89.
34. Gupta, S., Kumar, N., Singhal, N. et al. (2006). Vaginal microflora in postmenopausal women on hormone replacement therapy. *Indian J. Pathol. Microbiol.* 49: 457–461.
35. Farage, M.A., Miller, K.W., and Sobel, J.D. (2010). Dynamics of the vaginal ecosystem—hormonal influences. *Infect. Dis. Ther.* 3: 1–15.
36. 68 FR 75585
37. Trussell, J. (2011). Contraceptive failure in the United States. *Contraception* 83 (5): 397–404.
38. Shears, K.H. and Aradhya, K.W. (2008). Helping women understand contraceptive effectiveness. *Fam. Health Int.* July: 3–6.
39. 21 CFR Part 201
40. Touitou, E. and Barry, B.W. (2010). *Enhancement in Drug Delivery*. Boca Raton: CRC Press.
41. Stromquist, N.P. (2014). *Women in the Third World: An Encyclopedia of Contemporary Issues*. London, UK: Routledge.
42. Michael, A. (1999). *Bellesiles: Lethal Imagination: Violence and Brutality in American History*. New York: NYU Press.
43. Tone, A. (2002). *Devices and Desired: A History of Contraceptives in America*. New York: Hill and Wang.
44. Morrison, D.S. (1996). Petrolatum: a useful classic. *Cosm Toil.* 111 (1): 59–69.
45. Fevola, M.J., Gentner, L., Ahmad, N. et al. (2008). Getting intimate with polymers: personal lubricants. *Cosm Toil.* 123 (6): 59–68.
46. Oh, M.K., Funkhouser, E., Simpson, T. et al. (2003). Early onset of vaginal douching is associated with false beliefs and high-risk behavior. *Sex. Transm. Dis.* 30 (9): 689–693.
47. Wilson, T.E., Uusküla, A., Feldman, J. et al. (2001). A case- control study of beliefs and behaviors associated with sexually transmitted disease occurrence in Estonia. *Sex. Transm. Dis.* 28 (11): 624–649.
48. Cottrell, B.H. (2010). An updated review of evidence to discourage douching. *MCN Am. J. Matern. Child Nurs.* 35 (2): 102–107.
49. Misra, D.P. and Trabert, B. (2007). Vaginal douching and risk of preterm birth among African American women. *Am. J. Obstet. Gynecol.* 196 (2): 140:e1–140.e8.
50. Martino, J.L. and Vermund, S.H. (2002). Vaginal douching: evidence for risks or benefits to women' s health. *Epidemiol. Rev.* 24: 109–124.
51. Ellington, J. and Daugherty, S. (2003). Prevalence of vaginal dryness in trying-to-conceive couples. *Fertil. Steril.* 79 (2): 21–22.
52. Practice Committee of American Society for Reproductive Medicine in collaboration with Society for Reproductive Endocrinology and Infertility (2008). Optimizing natural fertility. *Fertil. Steril.* 90 (5) Supplement 1: S1–S6.
53. Steiner, M., Piedrahita, C., Glover, L. et al. (1994). The impact of lubricants on latex condoms during vaginal intercourse. *Int. J. STD AIDS* 5 (1): 29–36.
54. Sihvo, S. (2000). Self-medication with vaginal antifungal drugs: physicians' experiences and women' s utilization patterns. *Fam. Pract.* 17 (2): 145–149.
55. McCaig, L.F. and McNeil, M.M. (2005). Trends in prescribing for vulvovaginal candidiasis in the United States. *Pharmacoepidemiol. Drug Saf.* 14 (2): 113–120.
56. Berkley, S.F. (1987). The relationship of tampon characteristics to menstrual toxic shock syndrome. *JAMA*

258: 917.

57. 21 CFR Part 801.430
58. Tang, K.-P.M., Li, C.-H., and Kan, C.-W. (2020). Instrumentation for measuring the wet frictional property of sanitary pads. *Fibers Polym.* 21 (1): 216–223.
59. Rigano, L. (2012). Feminine hygiene products. *Cosm Toil.* 127 (12): 838–845.
60. Aral, S.O., Mosher, W.D., and Cates, W. (1992). Vaginal douching among women of reproductive age in the United States: 1988. *Am. J. Public Health* 82 (2): 210–214.
61. Wilhite, M. (2018). Vaginal Dryness. In: *Integrative Medicine* (ed. D. Rakel), 592–599. Amsterdam, Netherlands: Elsevier.
62. Lobo, R.A. (2012). Menopause and care of the mature woman. In: *Comprehensive Gynecology* (ed. G.M. Lentz, R.A. Lobo, D.M. Gershenson, et al.), 273–300. Philadelphia: Mosby Elsevier.
63. Milani, M., Molteni, B., and Silvani, I. (2000). Effect on vaginal pH of a polycarbophil vaginal gel compared with an acidic douche in women with suspected vaginal bacterial vaginosis: a randomized, controlled study. *Curr. Ther. Res.* 61 (11): 781–788.
64. Valenti, P., Rosa, L., Capobianco, D. et al. (2018). Role of *Lactobacilli* and lactoferrin in the mucosal cervicovaginal defense. *Front. Immunol.* 9: 376.
65. de Araújo Pereira, R.R. and Bruschi, M.L. (2012). Vaginal mucoadhesive drug delivery systems. *Drug Dev. Ind. Pharm.* 38: 643–652.
66. Krapf, J.M., Belkin, Z.R., and Goldstein, A.T. (2013). Advances in the treatment of vulvovaginal atrophy. *Expert. Rev. Obstet. Gynecol.* 8 (5): 457–465.
67. Dezzutti, C.S., Brown, E.R., Moncla, B. et al. (2012). Is wetter better? An evaluation of over-the-counter personal lubricants for safety and anti-HIV-1 activity. *PLoS One* 7 (11): e48328.
68. Basrani, B. and Lemonie, C. (2005). Chlorhexidine gluconate. *Aust. Endod. J.* 31: 48–52.
69. Blaskewicz, C.D., Pudney, J., and Anderson, D.J. (2011). Structure and function of intercellular junctions in human cervical and vaginal mucosal epithelia. *Biol. Reprod.* 85: 97–104.
70. WHO/UNFPA/FHI (2012). *Use and Procurement of Additional Lubricants for Male and Female Condoms.* Geneva, Switzerland: WHO/UNFPA/FHI.
71. Begay, O., Jean-Pierre, N., and Abraham, C.J. (2011). Identification of personal lubricants that can cause rectal epithelial cell damage and enhance HIV Type 1 replication in vitro. *AIDS Res. Hum. Retrov.* 27 (9): 1019–1024.
72. Ayehunie, S., Wang, Y.Y., Landry, T. et al. (2017). Hyperosmolal vaginal lubricants markedly reduce epithelial barrier properties in a three-dimensional vaginal epithelium model. *Toxicol. Rep.* 5: 134–140.
73. Wilson, C. (2005). Recurrent vulvovaginitis candidiasis: an overview of traditional and alternative therapies. *Adv. Nurse Pract.* 13 (5): 24–29.
74. Perrotta, C., Aznar, M., and Mejia, R. (2008). Oestrogens for preventing recurrent urinary tract infection in post-menopausal women. *Cochrane Database Syst. Rev.* 16 (2): CD005131.
75. Rietschel, R.L. and Fowler, J.F. (2001). *Fisher's Contact Dermatitis.* Philadelphia: Lippincott Williams and Wilkins.
76. Shah, J.C. (2007). Tonicity. In: *Encyclopedia of Pharmaceutical Technology* (ed. J. Swarbrick), 3768–3781. New York: Informa Healthcare.
77. ASTM D7661-18 (2018). *Standard Test Method for Determining Compatibility of Personal Lubricants with Natural Rubber Latex Condoms.* West Conshohocken: ASTM International.
78. Cramer, D.W., Liberman, R.F., Titus-Ernstoff, L. et al. (1999). Genital talc exposure and risk of ovarian cancer. *Int. J. Cancer* 81 (3): 351–356.
79. Gertig, D.M., Hunter, D.J., Cramer, D.W. et al. (2000). Prospective study of talc use and ovarian cancer. *J. Natl. Cancer Inst.* 92 (3): 249–252.

80. Huncharek, M., Geschwind, J.F., and Kupelnick, B. (2003). Perineal application of cosmetic talc and risk of invasive epithelial ovarian cancer: a meta-analysis of 11,933 subjects from sixteen observational studies. *Anticancer Res.* 23 (2C): 1955–1960.
81. Huncharek, M., Muscat, J., Onitilo, A. et al. (2007). Use of cosmetic talc on contraceptive diaphragms and risk of ovarian cancer: a meta-analysis of nine observational studies. *Eur. J. Cancer Prev.* 16 (5): 422–429.
82. Rosenblatt, K.A., Weiss, N.S., Cushing-Haugen, K.L. et al. (2011). Genital powder exposure and the risk of epithelial ovarian cancer. *Cancer Causes Control* 22 (5): 737–742.
83. Fiume, M.M., Boyer, I., Bergfeld, W.F. et al. (2015). Safety assessment of talc as used in cosmetics. *Int. J. Toxicol.* 34 (S1): 66S–129S.
84. IARC Working Group on the Evaluation of Carcinogenic Risks to Humans (2010). *IARC Monographs on the Evaluation of Carcinogenic Risks to Humans*, vol. 93. LYON, FRANCE: International Agency for Research on Cancer.
85. Łaniewski, P., Owen, K.A., Khnanisho, M. et al. (2021). Clinical and personal lubricants impact the growth of vaginal *Lactobacillus* species and colonization of vaginal epithelial cells: an *in vitro* study. *Sex. Transm. Dis.* 48 (1): 63–70.
86. 21 CFR Part 700.25

第29章 免晒型美黑产品

学习目标

通过本章的学习，读者将掌握以下内容。

1. 以下术语的定义：

着色剂	二羟基丙酮	L^*a^*b色度系统	美拉德反应
类黑素	指甲变色	免擦喷雾美黑剂	纹理
免晒型美黑剂			

2. 免晒型美黑产品在美国的法律分类。
3. 使用美黑产品对人体的益处与潜在风险。
4. 理想美黑产品应具备的特性。
5. 常用美黑产品及其作用原理。
6. 当前市场上流行的美黑产品类型。
7. 美黑产品制剂设计时需考虑的关键因素：pH平衡、热稳定性、成分间相互作用、气味，以及产品的储存条件。
8. 使用美黑产品时可能遇到的质量问题及其成因分析。
9. 免晒型美黑产品的典型质量参数及其评价方法。
10. 二羟基丙酮的潜在安全性问题。
11. 常用于免晒型美黑产品的包装容器类型。

主要概念

1. 免晒型美黑产品的设计理念在于，无须肌肤直接接触紫外线辐射就能产生类似自然日光晒黑后的色泽。

2. 最广泛使用和最有效的免晒成分为二羟基丙酮。

3. 二羟基丙酮已被开发成多种产品形式，涵盖了乳液、面霜、溶液、泡沫、凝胶、气雾剂及湿巾等，极大丰富了消费者的选择。目前市场上的最新趋势包括免揉搓的喷雾式美黑产品和套装组合。

4. 二羟基丙酮制剂对多种制剂因素极为敏感，包括pH、温度、聚合物增稠剂、香精、含氮物质及金属氧化物等，相关因素均可能影响产品的保质期。

5. 传统免晒型美黑产品在品质管理上的常见问题包括色泽变化、产生异味、乳液分层、微生物污染、产品结块及油脂酸败等。

6. 评价免晒型美黑产品质量时常用的测试参数，对于气雾剂类产品，主要包括密封性、喷射动力与持久性、压力安全性测试和喷雾模式的评估；对于凝胶、乳液和面霜类产品，则侧重考察其涂抹性、可挤压性、质地与硬度、闪点、色泽、防腐效能、黏度、密度与比重，以及不同pH下的整体稳定性。

7. 衡量免晒型美黑产品性能的关键参数通常包括晒黑效果显现的初始时间、晒黑颜色的深度，以及晒黑效果的持续时间。

8. 尽管二羟基丙酮作为免晒型美黑产品的成分已有数十年的使用历史，并且普遍被认为是安全的，但仍存在一些健康疑虑，包括可能引发过敏反应、在喷雾使用过程中被吸入的风险，以及使用后皮肤对阳光敏感度增加等问题。

29.1 引言

在当今多元文化背景下，古铜色肌肤常被视为健康甚至是富足的标志。随着人们对阳光照射潜在危害意识的增强，免晒型美黑产品（sunless tanning product）逐渐受到青睐（参见第15章）。此类产品为追求古铜色肌肤而又希望规避紫外线伤害的消费者提供了良好的替代方案。免晒型美黑产品能够在短时间内为皮肤增添色泽，模拟自然晒黑的效果。

本章全面综述了免晒型美黑产品的主要成分，深入剖析了相关成分的作用机制、制剂要点，以及如何满足消费者的期望。同时，本章也介绍了有关美黑产品对健康的影响，包括其积极效果和潜在不良影响。此外，本章还详细阐述了评估美黑产品质量和效能的主要测试方法。

29.2 免晒型美黑产品的类型和定义

❶免晒型美黑产品，也称为自晒黑产品（self-tanning product）、人工美黑产品（artificial tanning product）或无紫外线美黑产品（UV-free tanning product）。其核心设计理念在于使肌肤呈现出类似传统日晒后的健康色泽，而无须直接暴露于紫外线下。根据产品类型和所使用美黑成分的类型及用量，颜色显现时间各异，从立即显现到持续数小时不等，有些甚至可持续1周。当前市场上的免晒型美黑产品种类繁多，包括面霜、乳液、凝胶、气雾剂、喷雾、摩丝、湿巾，以及免揉搓喷雾等多种形式。在美国，相关产品均归为化妆品范畴。

29.3 免晒型美黑产品的使用历史

纵观历史长河，肤色一直在身份认同、自尊和社会阶层中扮演着重要的角色。尽管如今古铜色皮肤在全球被广泛认为是有魅力的象征，但情况并非历来如此，而是随着时代的变迁和文化背景的转变发展起来的。在19世纪，白皙的皮肤在上流社会女性中备受青睐，因为黝黑的肤色往往与户外劳动相联系，被视为社会底层的标志。那时的富裕女性常常携带遮阳伞，避免皮肤暴露在阳光下以防晒黑，以此彰显她们的社会地位。即使在当代，某些文化中古铜色皮肤仍不被认为是美的体现，因此，人们尽可能地避免皮肤直接暴露在阳光下[1]。然而进入20世纪后，古铜色皮肤逐渐成为经济稳定的象征，意味着个人拥有足够的闲暇时间享受充满阳光的长假。这一转变很大程度上归功于欧洲时尚偶像可可・香奈儿（Coco Chanel）。20世纪20年代，她在法国里维埃拉度假时晒出的健康小麦色肌肤吸引众多女性效仿[2, 3]。二羟基丙酮（DHA）是当今最常用的免晒美黑成分，其历史可追溯至20世纪50年代，最初是作为治疗糖原贮积病（glycogen storage disease）的口服药物而被人们所知[4]。在辛辛那提大学，伊娃・维特根斯坦（Eva Wittgenstein）开展了一项试验，参与试验的儿童口服大剂量的DHA，偶然发现DHA与皮肤接触后几小时内会产生棕色的色素沉着[5]。经过测试DHA溶液，她能够重复复制这种皮肤上的色素沉着效果。20世纪50年代末，首批免晒型美黑产品问世。初期产品存在诸多不足，如不自然的橙色调、手和指甲变色（nail discoloration）、条纹（streaking）和不均匀覆盖等问题，未获得人们的广泛接受[6]。然而，随着制剂技术的显著进步，现代美黑产品已能够提供更加自然、均匀且持久的晒黑效果。如今，免晒型美黑产品的销量在过去几十年里呈指数增长，并且在美容院和沙龙中，由专业人员操作的喷雾美黑服务也变得极为流行，尤其是在美国和欧洲地区。

29.4 免晒型美黑产品对人体的潜在影响

免晒型美黑产品为追求美黑却希望避免阳光直射的人士提供了理想选择。以下是使用免晒型美黑产品的几项显著优势。

- 免晒型美黑产品的核心优势在于无须紫外线照射即可实现晒黑效果，显著降低了皮肤过早老化和患皮肤癌的风险。
- 免晒型美黑产品能迅速提供晒黑的效果。用户在涂抹后几分钟到几小时内即可体验晒黑的色泽。
- 相较于传统日光浴需要经历初期的微红才能逐渐转变为晒黑色泽的过程，免晒型美黑产品则能直接赋予肌肤所需的晒黑颜色，跳过泛红阶段。
- 作为室内和户外日光浴的安全替代品，免晒型美黑产品因不依赖紫外线而被广泛推荐。有研究指出使用此类产品并不一定减少人们对日光浴床或户外晒太阳的依赖；但也有证据显示，通过教育普及免晒美黑的益处和紫外线照射导致患皮肤癌的风险，可以积极影响消费者的日光浴行为，并有助于降低晒伤的发生率[7-9]。

免晒型美黑产品为追求晒黑效果提供了便捷途径，但其潜在的负面影响同样值得重视，具体总结如下。

- **防晒保护的局限性：**消费者需要意识到，免晒型美黑产品无法提供全面的防晒保护。研究显示，此类产品主要是在可见光谱的低端提供微弱光线防护效果，对长波紫外线（UVA）的防护能力有限[10]，并且仅能提供SPF 3～4级别的中波紫外线（UVB）防护[11]。这种程度的防晒效果取决于产品中的成分浓度和使用频率。特别是，含有20%DHA的产品通常只能提供最低限度的防护[12]。然而，市面上大多数商业制剂仅含有约5%或更少的DHA，因而其防晒效果较弱[11]。此外，这种有限的防晒效果仅在应用后数个小时内有效，并不能涵盖整个晒黑过程。因此，建议使用至少SPF 15的防晒霜，以确保足够的保护，进而避免皮肤晒伤、老化和患皮肤癌[3]。在美国市场上，不含紫外线过滤剂的免晒型美黑产品需在标签上明确警告，指出产品不含防晒剂，不能防止晒伤。在美黑过程中，缺乏适当保护的皮肤若反复暴露于紫外线下，也会增加皮肤老化、患皮肤癌及其他不良皮肤效应的风险。尽管市面上的一些产品结合了DHA与紫外线过滤剂以期提供更全面的保护，但根据FDA 2011年发布的防晒霜使用指南[13]，所有OTC防晒霜的标签上必须标明“至少每两小时重新涂抹一次”的标识[14]。这与免晒型美黑产品的常规用法存在冲突，后者通常建议每日多次使用，连续使用几天以达到预期效果[15]。如果频繁重新涂抹SPF 15或更高防晒值的免晒型美黑产品，可能导致颜色比预期得更深。消费者为了维持日常的充分保护，可能需要考虑额外使用其他防晒产品，这无疑增加了日常护肤的复杂性。

- **变色问题：**使用含DHA的美黑产品可能会出现指甲、手部，甚至衣物染色问题。为了避免这一情况，使用后应立即洗手，以避免手掌、手指和指甲变黑。有些产品会提供手套或擦拭布，以辅助使用并避免染色。在接受美黑服务时，通常建议使用防护性润肤品，以避免指甲、趾甲和足部染色。衣物上可能会留下橙色或棕色的污渍，通常情况下，常规洗涤即可清除污渍。
- **涂抹不均匀问题：**从消费者的角度而言，使用免晒型美黑产品的主要缺点之一是自我涂抹时难以实现均匀覆盖。不均匀的涂抹可能导致条纹和斑点，尤其是在难以触及的区域（如背部）。某些皮肤状况，如晒伤、衰老、色斑、瘢痕或肘部角质层增厚，也可能影响晒黑的均匀性效果。使用去角质产品可能有助于改善这些身体部位的皮肤质地，从而获得更为均匀的美黑效果[3]。
- **产品气味与持续使用的需求：**含DHA的美黑产品可能会产生一些令消费者不愉悦的气味，这是美黑过程的自然副产物。
- 此外，随着时间的推移，颜色会逐渐淡化，为了使美黑效果持续几天及以上，需要连续使用美黑产品。尤其是考虑到上述提到的种种问题，这可能会给消费者带来不便。

29.5 免晒型美黑产品所需特性和消费者需求

在开发稳定、高品质、安全的产品的同时，配方设计师也需将消费者的需求置于研发过程的核心位置。关键在于提升产品的整体性能和美学，确保产品不仅能满足目标消费者的期望，还能具备强大的市场吸引力。对于消费者而言，理想的防晒产品应具备以下特质。

- 易于涂抹，能够迅速铺展，提供顺滑的使用体验。

- 能赋予肌肤自然而均匀的棕褐色调，避免任何不均匀色差。
- 避免手部、指甲和衣物的染色现象。
- 散发令人愉悦的香味，从而提升使用过程中的感官享受。
- 具有高度耐受性，确保温和无刺激，适用于各种类型肤质。

29.6 免晒型美黑产品的种类和标志性成分

29.6.1 美黑成分

29.6.1.1 二羟基丙酮

❷二羟基丙酮（DHA）是目前应用最为广泛且效果显著的免晒型美黑产品成分。FDA批准DHA用作唯一的免晒美黑剂，仅供外部使用，以实现人体的美黑效果[16]。作为一种糖类衍生物，DHA拥有数十年的安全使用历史，通过被称为美拉德反应（Maillard reaction）的非酶褐变化学反应引发皮肤表皮颜色的变化。该化学反应发生在表皮蛋白和已死亡细胞（即角质细胞）的游离氨基酸中的氨基上，促成共价键的生成，进而形成类黑素（melanoidin）。这种色素沉积赋予皮肤深褐色调，通常在使用美黑产品1～2 h内开始呈现，并可能需要24～48 h才能完全显现[17]。所产生的颜色与自然晒黑相似。形成的色素是通过共价键结合的，因此这种美黑效果是持久且防水的，会随着角质层细胞的自然脱落而逐渐消退。免晒型美黑产品的DHA含量取决于所需的晒黑强度，一般含量范围为2.5%～10%，常见浓度为5%[18]。产品通常会根据色泽效果标注为浅色、中等色和深色，为消费者提供了直观的选购指南。

> **你知道吗?**
> 虽然FDA批准DHA在皮肤上进行“外用”，但其使用仍受到特定限制。应避免吸入、吞食DHA，以及接触黏膜区域，如嘴唇、鼻腔周边、眼周及附近部位[19, 20]。

> **你知道吗?**
> DHA作为一种无色染料，本质上呈白色粉末状。其在皮肤表面发生化学反应，使皮肤表面产生一种暂时性的颜色改变，而不仅仅是简单的着色过程。

> **你知道吗?**
> 使用免晒型美黑产品后使皮肤变色的美拉德反应，与烹饪过程中的反应原理相似。例如，在烤面包时，蛋白质与碳水化合物之间发生美拉德反应，使面包在高温下变成棕色。这一反应的最佳温度在140 ℃以上，但在室温条件下也能缓慢进行[21]。

DHA，作为一种白色且水溶性的粉末，在制成乳液时自然呈现白色。然而，许多现代免晒型美黑产品已经采用了有色制剂。这些有色产品的优势在于，消费者在涂抹过程中可清晰地看到哪些区域已经被涂抹，以及产品是否均匀分布，从而确保使用的便捷性和效果的均匀性。使用相关着色产品时，可以立即看到颜色效果，而DHA所引起的颜色变化则会在接下来几小时内逐渐显现，并具有更持久的效果。通常，免晒型美黑产品中使用的着色剂包括但不限于红色4、红色40、黄色5、黄色10、扩展紫2、橙色4、蓝色1、云母和焦糖色。对于粉底霜类产品，颜料铁氧化物是首选着色剂，因为其不仅能促进DHA的降解，还能提供即时的着色效果[22]。这些含有染料的产品虽然会在皮肤上产生暂时性的颜色变化，但这种表面染色效果会在几天内随着皮肤细胞的自然更新而逐渐消失，进而恢复肌肤的自然状态。

29.6.1.2 可替代的美黑剂

如前所述，目前FDA只批准了DHA作为免晒美黑成分，但研究人员已发现其他一些能够模拟自然晒黑效果的替代成分。相关成分具有与DHA相似的化学结构，也能够触发皮肤变黑的化学反应。其中，赤藓酮糖（erythrulose）作为另一种还原糖，已被应用多年，其所产生的褐色比DHA更为均匀自然。为了达到更持久且均匀的美黑效果，一些制剂将DHA和赤藓酮糖结合使用。此外，为了提升最终色泽的自然度，抗氧化剂（如咖啡酸苯乙酯）也被添加至美黑产品中，此类添加剂有助于减轻DHA可能在皮肤上引起的不自然橙色或黄色调，从而使消费者获得更加自然和理想的肤色[23, 24]。

你知道吗?

尽管人们可能会误以为紫外线和免晒型美黑产品的晒黑方式相同，但实际上二者有着本质的区别。如第15章所述，UVA和UVB辐射能够刺激皮肤中黑色素的生成，导致皮肤晒黑。然而，这种晒黑实际上是DNA受损的外部迹象，长期暴露于紫外线之下可能会增加患皮肤癌的风险。相比之下，使用免晒型美黑产品时，皮肤并不会遭受任何形式的损害。大多数免晒型美黑产品的美黑效果归功于DHA，其与皮肤表层的蛋白质反应，生成一种被称为类黑素的褐色色素，从而赋予皮肤类似自然晒黑的外观，而不会带来健康风险。

29.6.2 主要产品形式

❸DHA作为一种多功能成分，已被巧妙地融入各种产品形式中，包括乳液、乳霜、溶液、摩丝、凝胶、气雾剂，以及方便使用的湿巾。随着美黑产品不断创新，市场上最新趋势包括无须揉搓即可均匀着色的免擦喷雾美黑产品（no-rub spray tan product），以及为用户提供一体化美黑的套装产品。

29.6.2.1 免晒型美黑霜和乳液

与其他护肤产品一样，水包油型（O/W）乳液和乳霜免晒型美黑产品广受欢迎，这主要归功于其易用性和良好的质感。在相关产品制剂中，成分选择对乳液的稳定性发挥着重要作用，尤其是考虑到DHA的不稳定性——这是免晒型美黑产品开发中的一大挑战。乳液和乳霜通常含有多种润肤成分（如油脂、黄油、蜡、硅酮和水分）；此外，还有增稠剂，包括亲水性分子（如胶和纤维素），以及亲脂性增稠剂（如蜡质成分和非离子乳化剂）。非离子乳化剂不仅增强了产品的整体稳定性，而且对改善产品质地也具有积极作用[24]。润肤剂在美黑霜制剂中起着重要作用，不仅为皮肤提供必要的保湿，确保产品的涂抹性，还赋予肌肤丝滑的触感[25]。

29.6.2.2 免晒型美黑溶液和发泡剂

DHA水溶液因其简便性和清新感而备受青睐。相关产品根据所使用的包装容器不同，可以呈现出喷雾或泡沫形态。值得注意的是，相关泡沫也被称为发泡剂，是由泡沫泵瓶产生的非气溶胶泡沫。

29.6.2.3 凝胶和凝胶状美黑产品

目前，市场上还推出了以硅包水型（W/Si）乳胶为基础的免晒型美黑产品，通常被称为“凝胶状产品”。从外观而言，其呈现出与凝胶相似的质地，但使用时却能提供更加细腻且无凉感的触感体验。相较于其他产品形式，凝胶型产品在皮肤触感方面不如其他形式受欢迎，其普及度相对较低。这主要是因为凝胶状产品制剂在稳定性上更具挑战性，且消费者对其皮肤触感接受度也有所不同。

29.6.2.4 气溶胶美黑产品

免晒型美黑气溶胶因其便于使用而广受欢迎。相关产品体系多样，包括水基、水醇基及硅基等多种体系。根据所选用的阀门和驱动器类型，气溶胶能够产生细腻如雾的小滴或形成浓密泡沫，从而满足不同的使用需求。

29.6.2.5 湿巾美黑产品

免晒型美黑湿巾是人工美黑领域的新兴选择。相关产品是预先湿润的即用型纸巾形式，通常采用单独包装。这不仅保证了产品的卫生标准，而且非常方便携带和使用。

29.6.2.6 免揉搓喷雾美黑产品

气雾剂产品的最新形式之一是免揉搓气雾剂。此类产品不仅在理发店中使用，一些品牌也开始推出适合居家使用的套装。正如其名，使用这种产品时无须揉搓，简化了传统的美黑过程。美容院常设有自动喷雾室，利用自动喷涂系统将自体着色剂从多角度喷涂在全身表面。这种喷雾系统可以实现简单、均匀且无须手动操作的喷涂[26]。因此，其有效避免了使用自助式美黑产品所带来的不便，包括指甲和手掌的染色问题，以及由涂抹不均导致的肤色不匀。近年来，空气喷涂着色技术进入市场。在这项技术中，经过培训的专业人士使用手持气动喷枪设备为客户皮肤喷涂着色产品，提供了更高层次的个性化服务。然而，无论是自动喷涂室还是气动喷枪美黑服务，通常都比自用的着色产品更为昂贵。此外，全身美黑产品的主要潜在问题是吸入风险。目前，为了满足家庭用户的需求，一些品牌推出了喷雾着色套装，包括喷雾着色设备和着色溶液，使得消费者可以在家中安全、便捷地享受专业级的美黑效果。

你知道吗?

在使用美黑产品之前进行去角质处理，有助于实现更均匀的肤色，并延长美黑效果的持续时间。这是因为去角质能够有效去除角质层表面的松散细胞层，从而使皮肤表面变得更加平滑[27]。

29.7 制剂设计的要素

如前所述，目前，在未添加防晒成分时，DHA是效果最佳的美黑成分，并且其是FDA批准的唯一用于此目的的成分。因此，大多数美黑产品都以DHA作为主要的着色剂。DHA在固态和结晶状态下以二聚体形式存在，这种形态更为稳定。然而，一旦溶解，二聚体会转化为单体形式，这种形式更具反应性，可能导致其逐渐降解[28]。在制备含有DHA的产品制剂时，需要考虑多个关键因素以维持DHA的稳定性，从而确保产品的有效性和安全性。❹DHA制剂对多种制剂要素非常敏感，包括pH、温度、聚合物增稠剂、香精、含氮化合物和金属氧化物，这些因素都会影响最终产品的保质期[24, 29]。在产品制剂研发过程中，由于涉及众多参数和成分，确保制剂的稳定性可能会非常具有挑战性。DHA降解时会产生黄色变色和异味，表明分子结构发生了化学变化。若DHA降解，便无法正常使皮肤着色。此外，DHA的降解还可能生成副产物，如甲醛、甲酸和乙酸[30]。这些副产物会降低体系的pH，从而产生酸臭味。同时，副产物还可能是潜在的刺激物。因此，需通过合理的制剂技术和成分筛选来避免。以下是关于最典型的挑战性因素和成分的概述，以及为何应当避免使用相关成分的详细说明。

- **pH**：在储存期间，含有DHA制剂的pH会随着时间的推移而变化，趋向3～4这一DHA最稳定的pH范围。高于此范围的pH会促进DHA的降解[31]。为了保障产品的稳定性，建议利用缓冲液来调整并维持制剂的pH在3～4。然而，pH的调节必须谨慎进行，因为可能会引发皮肤刺激风险。近期研究显示，可将柠檬酸、乙酸/乙酸钠缓冲液，以及全氟聚醚磷酸盐作为pH调节和缓冲剂[29]。但需注意的是，基于磷酸盐的缓冲剂可能会增加不稳定情况，应避免使用此类成分[29]。

- **温度：**DHA在高温环境（＞40 ℃）下会迅速降解。因此，在产品加工和储存过程中应避免暴露于高温。对于需要加热的制剂方法，应将DHA与其他敏感成分进行类似处理，并在冷却时予以添加，如大多数乳液制备过程。此外，含有DHA的成品应装入不透明的容器内，以此来提供避光保护，减少因光线引起的分解。
- **相互作用：**应避免使用离子型乳化剂，因为其会导致DHA的降解。可使用非离子型乳化剂。在选择增稠剂时，应考虑DHA稳定所需的中性pH，应选择无须调节至高pH的增稠剂，以降低DHA降解的风险。推荐使用纤维素衍生成分，如甲基纤维素、胶体（如黄原胶、硅胶、蜡和脂肪醇），以及市面可用的酸稳定的丙烯酸酯基聚合物。DHA能与氧气、氧化剂和含氮化合物（如胶原蛋白、氨基酸和蛋白质）发生反应，这可能导致其降解、功效降低、颜色变化和产生不良气味。因此，在向制剂中添加天然提取物之前，务必确认其与DHA的兼容性。此外，氧化物（如氧化铁、氧化锌和二氧化钛）也可能导致DHA的不稳定和降解，因此，建议使用螯合剂来抑制这种效应[17]。此外，建议使用钝化（passivation）的生产设备以避免与DHA制剂发生反应[17]。
- **气味：**如前所述，不良气味的产生是DHA降解的一个特征标志。然而，皮肤着色过程中也会产生气味。在使用免晒型美黑剂时，皮肤会散发出一种特有的令大多数消费者不悦的气味。为了掩盖这种气味，研究人员已尝试使用香精和环糊精将其包裹或隔离。由于香精是潜在的刺激物，不建议过量使用。至于环糊精，尚未明确其是否能有效且持续地掩盖着色过程中不断产生的气味[32]。目前，如何控制不良气味的形成是美黑产品配方师面临的主要挑战之一[33]。
- **储存：**DHA具有轻微的吸湿性，因此应存放在干燥的环境中。由于其热敏感性，通常建议将DHA存放在冷藏室中。此外，应定期测试其功效，以确保产品质量未因降解而受到影响。

> **你知道吗？**
>
> 钝化是一种精密的表面处理工艺，应用于制造设备，旨在形成一层稳定的保护膜，以有效抑制金属表面的活性，进而避免在制造过程中产品与设备的不良相互作用，可显著提升设备的抗腐蚀能力[34]。

29.8 免晒型美黑产品的常见质量问题

❺免晒型美黑产品的常见质量问题包括变色、异味形成、乳剂分层、微生物污染、产品结块，以及酸败现象。鉴于相关问题在前几章已有详细讨论，此处不再赘述。

29.8.1 变色和异味形成

如前所述，DHA在成品中的降解可能是导致此类不良现象的原因。上文已详细探讨了如何通过精心的制剂设计来预防相关问题。

29.9　免晒型美黑产品的评价

29.9.1　一般质量参数测试

❻评估自晒黑产品质量的常见质量参数包括喷雾罐的密封性，气雾的开启力、压力测试和喷涂特性，凝胶、乳液和乳霜的铺展性、挤出性、质地和硬度的考量，闪点，颜色，防腐剂功效，黏度，密度和比重，pH及稳定性。鉴于相关测试项目已在前几章中详尽探讨，本章不再赘述。

29.9.2　性能评估

免晒型美黑产品的主要功能在于赋予肌肤自然的色泽。❼常见的性能参数主要包括着色时间、着色强度和颜色持久性。针对兼备防晒功能的产品，还需进行额外的功效验证，相关内容在第15章中已详尽阐述。

色泽性能的评估包括着色时间、着色强度和颜色持久性。着色时间是指产品涂抹后肌肤开始显现色泽的时间。着色强度用来描述产品所提供色泽的深浅程度。颜色持久性用来衡量肌肤色泽保持时间的长短。色泽性能的测试工具包括色度计和分光光度计，相关仪器能够精确评估免晒型美黑产品的色泽效果，并敏锐地区分基础肤色与产品作用后的色差。依据国际照明委员会（CIE）的$L^*a^*b^*$色彩系统，其是一种三维颜色表示法，其中，L^*代表明暗度，a^*代表红/绿值，b^*代表黄/蓝值。通过计算两种颜色在三维空间中的欧几里得距离（ΔE），即可量化色差（参见第14章）。在$L^*a^*b^*$色彩系统中，ΔE值反映了两种颜色之间的总体色差，当这一数值接近1 ΔE时，标志着达到了人眼可辨识的最小色差阈值[25]。

29.10　成分安全性考量

日光浴不仅会增加罹患致命性皮肤癌（如恶性黑色素瘤）和非黑色素瘤皮肤癌的风险，还会加速皮肤老化过程，因此，免晒型美黑产品较之更安全[35, 36]。❽尽管含有DHA的免晒型美黑产品的应用历史已有数十年，并普遍被认为是安全的，但公众对DHA可能的引发过敏反应、在喷雾使用过程中的吸入风险，以及使用后皮肤对阳光敏感度增加等问题的担忧逐渐加深。下文将深入探讨此类问题的研究发现，以及监管机构的相关观点。

29.10.1　DHA

关于致敏问题，据报道，仅有几例过敏和接触性皮炎病例[37]。这些问题主要与制剂中的辅助成分有关，如香精、润肤剂和防腐剂，而与DHA本身无关[38]。

相比真正的过敏，由刺激引起的不良反应更为常见。DHA应用于美黑舱或气雾喷涂技术时，其潜在吸入风险成为主要关注点之一。在美国，DHA仅被批准作为外部着色添加剂，且不得应用于嘴唇、眼部和其他黏膜覆盖的身体部位。此外，美国监管机构不支持使用美黑舱和全身喷涂设备。在接受喷涂美黑服务时，顾客需要在喷雾下站立一段时间。通常建议他们在治疗过程中保持眼和嘴闭合，或使用专门的眼部和鼻腔保护装置。信誉良好的美黑沙龙和专业人员通常会提供保护眼镜和鼻过滤器，同时也建议使用唇膏和防护内衣以增强保护效果。尽管如此，意外吸入的风险依然存在，吸入剂量取决于应用的频率和保护措施的有效性。消费者安全科学委员会（Scientific Committee on Consumer Safety）（关于消费者安全科学委员会的更多信息，请参见第4章）认为，喷涂晒黑设备中使用DHA作为美黑剂，在浓度不超过14%的情况下是安全的，不会对消费者造成健康风险[39]。然而，FDA认为需要进行更多的研究，以便确定喷涂美黑产品的安全性。使用美黑产品后，人们还担心皮肤对阳光敏感性的增加。研究表明，DHA与角质层之间的化学反应会导致皮肤中自由基的形成，而紫外线照射会加速这一过程[40]。因此，建议在使用美黑剂后避免阳光直射，并使用防晒霜。

29.11 免晒型美黑产品的包装

免晒型美黑产品最常用的包装材料包括以下几种。

- **塑料瓶和塑料管：**大多数免晒型美黑产品采用塑料瓶或塑料管进行包装，瓶盖设计多样，包括翻盖式、泵头式或卷曲式。通常，包装中还提供橡胶手套，以防止使用者的指甲和手部被染色。部分包装还附带擦拭巾，有助于更均匀地涂抹产品，并防止染色。
- **喷雾罐：**气雾产品通常装在铝制喷雾罐中。
- **湿巾：**包装容器类似防晒霜湿巾，大多数采用独立包装，方便携带和使用。

术语表

中文术语	英文术语	解释
着色剂	color additive	一种化妆品成分，用于为产品或皮肤增添色彩。在美国，着色剂是唯一受到严格监管的化妆品成分。
DHA	dihydroxyacetone	二羟基丙酮，是最常用的自晒黑成分。
$L^*a^*b^*$色彩系统	$L^*a^*b^*$ color system	由CIE提出的色彩系统，有助于客观区分颜色。
美拉德反应	Maillard reaction	非酶褐变反应，一种氨基酸和还原糖之间的化学反应。
类黑素	melanoidin	一种类似黑色素的棕褐色色素分子。
指甲变色	nail discoloration	指甲呈现橘棕色，是不戴手套使用免晒型美黑剂的常见副作用。

续表

中文术语	英文术语	解释
免揉搓喷雾美黑剂	no-rub spray tan	一种个人护理产品，用于美黑舱中或由专业人员通过手持设备喷洒在身体上，以产生人工晒黑的效果。
条纹	streaking	由于使用日光浴粉饼时涂抹不均匀而在皮肤上出现浅色和深色的线条。
免晒型美黑剂	sunless tanner	一种个人护理产品，用于在不暴露于紫外线的情况下产生与传统日晒相似的肤色。免晒型美黑剂通过化学反应使皮肤着色。

缩略词表

缩略词	英文全称	中文全称
CIE	International Commission on Illumination	国际照明委员会，即国际照明协会
DHA	dihydroxyacetone	二羟基丙酮
O/W	oil-in-water	水包油型
SCCS	Scientific Committee on Consumer Safety	消费者安全科学委员会
SPF	sun protection factor	防晒指数
W/Si	water-in-silicone	硅包水型

（初　春　译，白仁仁　校）

参考文献

1. Butler, H. (2000). *Poucher's Perfumes, Cosmetics and Soaps*. New York: Springer.
2. Campo, R. (2010). *Best in Beauty: An Ultimate Guide to Makeup and Skincare Techniques, Tools, and Products*. New York: Atria Books.
3. Draelos, Z.D. (2002). Self-tanning lotions: are they a healthy way to achieve a tan? *Am. J. Clin. Dermatol.* 3: 317–318.
4. Goldman, L., Barkoff, J., and Blaney, D. (1960). Investigative studies with the skin coloring agents dihydroxyacetone and glyoxal: preliminary report. *J. Invest Dermatol.* 35: 161–164.
5. Guest, G.M., Cochrane, W., and Wittgenstein, E. (1959). Dihydroxyacetone tolerance test for glycogen storage disease. *Mod. Prob. Paediat.* 4: 169–178.
6. Wittgenstein, E. and Berry, H.K. (1960). Staining of skin with dihydroxyacetone. *Science* 132 (3431): 894–895.
7. Brooks, K., Brooks, D., Dajani, Z. et al. (2006). Use of artificial tanning products among young adults. *J. Am. Acad. Dermatol.* 54 (6): 1060–1066.
8. Sheehan, D.J. and Lesher, J.L. (2005). The effect of sunless tanning on behavior in the sun:a pilot study. *South. Med. J.* 98 (12): 1192–1195.
9. Pagoto, S.L., Schneider, K.L., Oleski, J. et al. (2010). The sunless study: a beach randomized trial of a skin cancer prevention intervention promoting sunless tanning. *Arch. Dermatol.* 146 (9): 979–984.
10. Fusaro, R.M. and Johnson, J.A. (1975). Protection against long ultraviolet and/or visible light with topical

dihydroxyacetone. *Dermatologica* 150: 346–351.

11. Faurschou, A., Janjua, N.R., and Wulf, H.C. (2004). Sun protection effect of dihydroxyacetone. *Arch. Dermatol.* 140: 886–887.
12. Faurschou, A. and Wulf, H.C. (2004). Durability of the sun protection factor provided by dihydroxyacetone. *Photodermatol. Photoimmunol. Photomed.* 20 (5): 239–242.
13. 21 CFR Part 740.19
14. 76 FR 35620
15. 21 CFR Part 201
16. 21 CFR Part 73.1150
17. Tsolis, P. and Lahanas, K.M. (2013). DHA-based self-tan products. *Cosm. Toil.* 128 (4): 230–233.
18. Maes, D.H. and Marenus, K.D. Self-tanning products. In: *Textbook of Cosmetic Dermatology* (ed. R. Baran and H.I. Maibach), 225–227. London. UK: Taylor and Francis.
19. 21 CFR Part 73.2150
20. FDA (2019). Tanning Products. www.fda.gov/radiation- emitting-products/tanning/tanning-products (accessed 29 December 2021).
21. Maillard, L.C. (1912). Action of amino acids on sugars. Formation of melanoidins in a methodical way. *Compt. Rend.* 154: 66–68.
22. Chaudhuri, R.K. (2006). Formulating with Dihydroxyacetone (DHA). In: *Surfactants in Personal Care and Decorative Cosmetics* (ed. L.D. Rhein, M. Schlossman and A. O' Lenick), 325–339. New York: Marcel Dekker.
23. Sudina, G.F., Mirzoeva, O.K., and Pushkareva, M.A. (1993). Caffeic acid phenethyl ester as a lipoxygenase inhibitor with antioxidant properties. *FEBS Lett.* 329 (1–2): 21–24.
24. Muizzuddin, N., Marenus, K.D., and Maes, D.H. (2000). Tonality of suntan vs. sunless tanning. *Skin Res. Technol.* 6 (4): 199–204.
25. Foltis, S.P. (2012). Formulation and evaluation of self-tanners. *Cosm. Toil.* 127 (6): 442–445.
26. Heckman, C.J. and Manne, S.L. (2011). *Shedding Light on Indoor Tanning*. Berlin, Germany: Springer.
27. Galdi, A., Foltis, P., and Oresajo, C. (2010). Sunless tanning products. In: *Cosmetic Dermatology: Products and Procedures* (ed. Z.D. Draelos), 139–143. Hoboken: Wiley-Blackwell Publishers.
28. Davis, L. (1972). The structure of dihydroxyacetone in solution. *Bioorg. Chem.* 2: 197–201.
29. Pantini, G., Ingoglia, R., Brunetta, F. et al. (2007). Sunless tanning products containing dihydroxyacetone in combination with a perfluoropolyether phosphate. *Int. J. Cosmet. Sci.* 29 (3): 201–219.
30. Ostrovskaya, A., Rosalia, A.D., Landa, P.A. et al. (1996). Stability of dihydroxyacetone in self-tanning cosmetic products. *J. Cosmet. Sci.* 47: 275–278.
31. Chaudhuri, R.K. (2002). Dihydroxyacetone: chemistry and applications in self-tanning products. In: *The Chemistry and Manufacture of Cosmetics* (ed. M.L. Schlossman), 383–402. Carol Stream: Allured Publishing.
32. Caswell, M. (2000). Sunscreen formulations and tanning formulations. In: *The Chemistry and Manufacture of Cosmetics*, vol. II (ed. M.L. Schlossman). Carol Stream: Allured Publishing.
33. Dobos, K.A. (2010). Formulating sunless tanning products with DHA: current challenges. *Cosm. Toil.* 125 (6): 42–45.
34. Wegman, R. and F., Twisk, J.V. (2013). *Surface Preparation Techniques for Adhesive Bonding*. Norwich: William Andrew.
35. Ghissassi, F.E., Baan, R., Straif, K. et al. (2009). A review of human carcinogens-Part D: radiation. *Lancet Oncol.* 10: 751–752.
36. Singh, S.D., Henley, S.J., and Ryerson, A.B. (2017). Surveillance for cancer incidence and mortality - United States, 2013. *MMWR Surveill. Summ.* 66 (4): 1–36.
37. Morren, M., Dooms-Goossens, A., Heidbuchel, M. et al. (1991). Contact allergy to dihydroxyacetone. *Contact*

Dermatitis 25: 326–327.

38. Foley, P., Nixon, R., Marks, R. et al. (1993). The frequency of reaction to sunscreens: results of a longitudinal population- based study on the regular use of sunscreens in Australia. *Br. J. Dermatol.* 128: 512–518.
39. Scientific Committee on Consumer Safety. Opinion on Dihydroxyacetone. (2010). SCCS/1347/10. https://ec.europa.eu/health/scientific_committees/consumer_ safety/docs/sccs_o_048.pdf.
40. Jung, K., Seifert, M., Herrling, T. et al. (2008). UV-generated free radicals (FR) in skin: their prevention by sunscreens and their induction by self-tanning agents. *Spectrochim. Acta A Mol. Biomol. Spectrosc.* 69: 1423–1428.